3e

MAGBOOK

भारत एवं विश्व का भूगोल

UPSC, राज्य PCS एवं अन्य प्रतियोगी परीक्षाओं
के लिए अत्यन्त उपयोगी

3e

MAGBOOK

भारत एवं विश्व का भूगोल

UPSC, राज्य PCS एवं अन्य प्रतियोगी परीक्षाओं के लिए अत्यन्त उपयोगी

मनोहर पाण्डेय

सहयोगकर्ता

संजीत कुमार

रवि शंकर

MAGBOOK

अरिहन्त पब्लिकेशन्स (इण्डिया) लिमिटेड

卐 रजि. कार्यालय

'रामछाया' 4577/15, अग्रवाल रोड, दरिया गंज, नई दिल्ली—110002

फोन: 011-47630600, 43518550

卐 मुख्य कार्यालय

कालिन्दी, टी०पी० नगर, मेरठ (यूपी)– 250002, **फोन:** 0121-7156203, 7156204

卐 शाखा कार्यालय

आगरा, अहमदाबाद, बरेली, बंगलुरु, चेन्नई, दिल्ली, गुवाहाटी, हैदराबाद, जयपुर, झाँसी, कोलकाता, लखनऊ, नागपुर तथा पुणे

卐 मूल्य : ₹ 375.00

Published by Arihant Publications (India) Ltd.

卐 PO No : TXT-59-T069761-3-26

'अरिहन्त' की पुस्तकों के बारे में अधिक जानकारी के लिए हमारी वेबसाइट **www.arihantbooks.com** पर लॉग इन करें या **info@arihantbooks.com** पर सम्पर्क करें।

Follow us on   

MAGBOOK

संशोधित संस्करण का प्राक्कथन

वर्तमान समय में सभी प्रतियोगी परीक्षाओं में सिविल सेवा परीक्षा का स्थान सबसे सर्वश्रेष्ठ एवं प्रतिष्ठित है। इस परीक्षा का उद्देश्य अभ्यर्थी के विश्लेषणात्मक, तार्किक, विषय आधारित एप्रोच, विषयवार समसामयिक मुद्दों पर समझ आदि की जाँच करना है।

भारत एवं विश्व का भूगोल की यह पुस्तक उपरोक्त सभी उद्देश्यों को पूर्ण करती है, साथ ही अभ्यर्थी की विषय पर बेहतर समझ एवं मजबूत पकड़ का दावा भी करती है। यह पुस्तक प्रीलिम्स परीक्षा में भूगोल विषय के लिए ब्रह्मास्त्र की तरह कार्य करती है, क्योंकि इसमें सिलेबस का सम्पूर्ण कवरेज तथा प्रैक्टिस हेतु प्रश्न (प्रारम्भिक एवं मुख्य दोनों परीक्षा हेतु) समाहित हैं।

इस पुस्तक के सम्पूर्ण अवलोकन के पश्चात् अभ्यर्थी निश्चय ही ब्रह्माण्ड एवं सौरमण्डल, स्थलमण्डल, वायुमण्डल, जलमण्डल, जैव-मण्डल आर्थिक भूगोल, मानव भूगोल, महाद्वीप, भारत का भूगोल आदि चैप्टर्स को सरलता से समझ सकेंगे।

पुस्तक के अन्तर्गत अवधारणाओं को सरल और आसान तरीके से इस प्रकार प्रस्तुत या समझाने का प्रयास किया गया है कि अभ्यर्थी वस्तुनिष्ठ एवं विषयनिष्ठ सभी प्रकार के प्रश्न हल करने में सक्षम हों।

संशोधित संस्करण की प्रमुख विशेषताएँ

- सम्पूर्ण सिलेबस, NCERT फैक्ट्स एवं अपडेटेड फैक्ट्स का संकलन।
- प्रीलिम्स फैक्ट्स का अतिरिक्त कवरेज, जिसमें IAS एवं PCS परीक्षाओं में पूछे गए महत्त्वपूर्ण तथ्य दिए गए हैं।
- चैप्टर के अन्त में सेल्फ चैक का कवरेज, जिसके अन्तर्गत प्रश्नों को प्रैक्टिस हेतु संकलित किया गया है।
- पुस्तक के अन्त में IAS मुख्य परीक्षा (2024-2015) के प्रश्नों का टॉपिकवाइज संकलन है, जिसकी प्रैक्टिस के माध्यम से अभ्यर्थी मुख्य परीक्षा हेतु अपनी समझ और तैयारी का स्तर जाँच सकते हैं।

इस पुस्तक को पूरा करने में विशेषज्ञों की एक टीम ने उत्साह के साथ कार्य किया है। इस पुस्तक के संकलन में विशेषज्ञों के साथ-साथ प्रोजेक्ट मैनेजमेण्ट टीम का भी विशेष योगदान रहा, जिसमें मोना यादव (प्रोजेक्ट मैनेजर), मानसी गुप्ता (प्रोजेक्ट कॉर्डिनेटर), पूनम सैनी, पूजा रानी (प्रूफ रीडर्स), अनिल कुमार (डीटीपी ऑपरेटर) और बिलाल एवं अंकित प्रजापति (कवर एवं इनर डिजाइनर) प्रमुख हैं।

आशा है कि सिविल सेवा तथा अन्य प्रतियोगी परीक्षाओं के अभ्यर्थी इस पुस्तक का अध्ययन कर अपने लक्ष्य को निश्चित ही प्राप्त कर अपने सपने को साकार करेंगे। आपके उपयोगी सुझाव सदैव हमें बेहतर संस्करण बनाने में सहायक सिद्ध हुए हैं। इसलिए आप हमें अपने सुझाव अवश्य भेजें, जिनके आधार पर हम पुस्तक के आगामी संस्करण को और भी बेहतर बना सकें।

लेखकगण

विषय-सूची

विश्व का भूगोल

1. **भूगोल : सामान्य परिचय** 1-5
   - भूगोल की उत्पत्ति एवं विकास
   - भूगोल की शाखाएँ
   - प्रादेशिक उपागम
2. **ब्रह्माण्ड एवं सौरमण्डल** 6-19
   - ब्रह्माण्ड की उत्पत्ति
   - आकाशगंगा एवं निहारिका
   - तारे
   - सौरमण्डल
   - सूर्य
   - ग्रह
   - प्राकृतिक उपग्रह
   - धूमकेतु या पुच्छलतारे
   - क्षुद्रग्रह
   - उल्कापिण्ड
3. **पृथ्वी की गतियाँ** 20-23
   - ऋतु चक्र/ऋतु परिवर्तन/संक्रान्ति
   - ग्रहण
4. **अक्षांश, देशान्तर एवं मानक समय**
   - अक्षांश रेखाएँ 24-27
   - महत्त्वपूर्ण अक्षांश रेखाएँ
   - देशान्तर रेखाएँ
   - देशान्तर एवं समय
   - अन्तर्राष्ट्रीय तिथि रेखा
5. **पृथ्वी की उत्पत्ति एवं विकास** 28-31
   - पृथ्वी की उत्पत्ति
   - पृथ्वी का भू-गर्भिक इतिहास
6. **पृथ्वी की आन्तरिक संरचना** 32-34
   - पृथ्वी के भू-गर्भ की जानकारी
   - पृथ्वी की संरचना व परतें
7. **चट्टानें** 35-37
   - चट्टानों के प्रकार
   - शैल चक्र
8. **अन्तर्जात/बहिर्जात बल एवं सम्बन्धित स्थलाकृतियाँ** 38-42
   - अन्तर्जात बल/संचलन
   - वलन
   - भ्रंश
   - बहिर्जात बल
9. **महाद्वीपीय एवं महासागरीय संचलन**
   - महाद्वीपीय प्रवाह 43-46
   - सागर नितल का प्रसरण सिद्धान्त
   - प्लेट विवर्तनिकी सिद्धान्त
10. **भूकम्प, सुनामी एवं ज्वालामुखी**
    - भूकम्प 47-55
    - सुनामी
    - ज्वालामुखी
    - ज्वालामुखी के प्रकार
11. **भू-पटल के विभिन्न उच्चावच**
    - विश्व के प्रमुख उच्चावच 56-63
    - पर्वत
    - पठार
    - झीलें
    - मरुस्थल
12. **धरातल की विभिन्न स्थलाकृतियाँ एवं विकास** 64-73
    - नदी द्वारा निर्मित स्थलाकृतियाँ
    - भूमिगत जल द्वारा निर्मित स्थलाकृतियाँ
    - पवन द्वारा निर्मित स्थलाकृतियाँ
    - सागरीय जल द्वारा निर्मित स्थलाकृतियाँ
    - हिमानी द्वारा निर्मित स्थलाकृतियाँ
13. **वायुमण्डल : संघटन एवं संरचना**
    - वायुमण्डल का संघटन 74-76
    - वायुमण्डल की संरचना
14. **सूर्यातप, ऊष्मा बजट एवं तापमान**
    - सूर्यातप (सौर विकिरण) 77-85
    - सूर्यातप का वितरण
    - वायुमण्डल का तापन एवं शीतलन
    - पृथ्वी का ऊष्मा बजट
    - तापमान
    - तापमान का लम्बवत् वितरण
    - तापमान का क्षैतिज वितरण
    - तापमान का व्युत्क्रमण (प्रतिलोमन)
    - तापान्तर
15. **वायुदाब एवं पवनें** 86-94
    - वायुदाब
    - वायुदाब प्रणाली/वायुदाब के प्रकार
    - वायुमण्डलीय परिसंचरण
    - पवन
    - जेट स्ट्रीम
16. **आर्द्रता, बादल एवं वर्षण** 95-99
    - आर्द्रता
    - संघनन
    - बादल या मेघ
    - वर्षा
17. **वायुराशि, वाताग्र, चक्रवात एवं प्रतिचक्रवात** 100-106
    - वायुराशि
    - वाताग्र
    - चक्रवात
    - प्रतिचक्रवात
    - प्रतिचक्रवात के प्रकार
18. **जलवायु एवं जलवायु प्रदेश** 107-109
    - जलवायु का वर्गीकरण
    - कोपेन का जलवायु वर्गीकरण
    - कोपेन के अनुसार जलवायु के प्रकार
    - विश्व के प्रमुख जलवायु प्रदेश
19. **महासागरीय नितल के उच्चावच** 110-114
    - महासागरीय नितल का उच्चावच
    - महाद्वीपीय मग्नतट
    - महासागरीय गर्त
    - महासागरीय नितल के अन्य उच्चावच
    - प्रशान्त महासागर का नितल उच्चावच

– अटलाण्टिक महासागर का नितल उच्चावच
– हिन्द महासागर का नितल उच्चावच

20. महासागरीय तापमान, लवणता एवं घनत्व 115-117
– महासागरीय जल का तापमान
– महासागरीय लवणता
– महासागरीय लवणता का वितरण
– महासागरीय जल का घनत्व

21. महासागरीय निक्षेप, प्रवाल एवं प्रवाल भित्ति 118-119
– महासागरीय निक्षेप
– प्रवाल एवं प्रवाल भित्ति

22. महासागरीय तरंगें, ज्वार-भाटा एवं महासागरीय धाराएँ 120-130
– महासागरीय तरंगें
– ज्वार-भाटा
– महासागरीय धाराएँ
– दक्षिणी विषुवतीय जलधारा
– महासागरीय मण्डल
– महासागरीय संसाधन

23 मृदा एवं प्राकृतिक वनस्पति 131-135
– मृदा
– मृदा परिच्छेदिका
– मृदा का वर्गीकरण
– प्राकृतिक वनस्पति

24. कृषि एवं पशुपालन 136-143
– कृषि
– कृषि के प्रकार/प्रणालियाँ
– कृषि विधि एवं तकनीक
– विश्व की फसलें
– पशुपालन (पशुचारण)
– मत्स्यन (मत्स्यपालन)

25. खनिज एवं ऊर्जा संसाधन 144-150
– संसाधन
– संसाधनों के प्रकार
– खनिज संसाधन
– ऊर्जा संसाधन

26. प्रमुख उद्योग एवं औद्योगिक नगर 151-156
– उद्योग एवं विनिर्माण
– विश्व के प्रमुख औद्योगिक प्रदेश
– विश्व के प्रमुख उद्योग

27. परिवहन एवं संचार 157-164
– परिवहन
– परिवहन के प्रकार
– संचार
– उपग्रह संचार
– वैश्विक संस्थान-निर्धारण प्रणाली (जीपीएस)

28. मानव प्रजाति/जनजातियाँ 165-168
– मानव प्रजातियाँ/जनजातियाँ
– विश्व के प्रमुख जनजातीय प्रदेश
– विश्व की कुल विलुप्त प्राय जनजातियाँ
– विश्व की प्रमुख जनजातियाँ
– विश्व के सांस्कृतिक प्रदेश

29. जनसंख्या तथा नगरीकरण और मानव प्रवास 169-176
– जनसंख्या तथा नगरीकरण जनसंख्या घनत्व
– जनसंख्या परिवर्तन
– जनसंख्या भूगोल की आधारभूत संकल्पनाएँ
– जनसंख्या के सिद्धान्त
– जनसंख्या संघटन
– आयु संरचना
– आयु पिरामिड
– मानव अधिवास एवं जनजाति
– ग्रामीण बस्ती
– नगरीय बस्तियाँ
– मानव प्रवास

30. प्रादेशिक भूगोल 177-194
– एशिया
– अफ्रीका
– उत्तरी अमेरिका
– दक्षिण अमेरिका
– यूरोप
– ऑस्ट्रेलिया
– अण्टार्कटिका

भारत का भूगोल

1. भारत का भौगोलिक परिचय 195-198
– भौगोलिक अवस्थिति एवं विस्तार
– राजनीतिक एवं प्रशासनिक विभाजन
– भारत का आकार
– भारत के जल क्षेत्र
– भारत की स्थलीय सीमा से लगे पड़ोसी देश

2. भारत की भू-गर्भिक संरचना 199-201
– भू-गर्भिक चट्टानों का वर्गीकरण
– भू-गर्भिक संरचना के आधार पर भारत का विभाजन

3. भारत के भौतिक प्रदेश 202-217
– उत्तर तथा उत्तर-पूर्वी पर्वतमाला
– हिमालय का अनुदैर्ध्य विभाजन
– हिमालय का प्रादेशिक विभाजन
– उच्चावच पर्वत श्रेणियों के संरेखण के आधार पर विभाजन
– उत्तर भारत का विशाल मैदान
– प्रायद्वीपीय पठार
– पूर्वी पठार
– उत्तर-पूर्वी पठार
– दक्षिणी पर्वतीय क्षेत्र
– पश्चिमी घाट एवं पूर्वी घाट

– भारतीय मरुस्थल
– तटीय मैदान
– द्वीप समूह
– अन्य प्रमुख द्वीप

4. भारत का अपवाह तन्त्र **218-230**
– अपवाह प्रणाली
– भारतीय अपवाह तन्त्र का वर्गीकरण
– अपवाह प्रतिरूप
– भारतीय अपवाह तन्त्र
– जलप्रपात
– झीलें
– मानव निर्मित झीलें

5. भारत की जलवायु **231-237**
– भारतीय जलवायु को प्रभावित करने वाले कारक
– कोपेन का जलवायु वर्गीकरण
– मानसून
– मानसून की उत्पत्ति से सम्बन्धित प्रमुख सिद्धान्त
– हिन्द महासागर डायपोल एवं भारतीय मानसून
– दक्षिण–पश्चिम मानसून
– भारत की ऋतुएँ

6. भारत की मृदा **238-242**
– मृदा
– मृदा का वर्गीकरण
– मृदा की प्रमुख समस्याएँ
– मृदा अपरदन
– मृदा संरक्षण

7. भारत : प्राकृतिक वनस्पति **243-248**
– भारत की वनस्पति का वितरण एवं प्रकार
– वन
– वनों का वर्गीकरण
– वनों की उपयोगिता
– वन संरक्षण अधिनियम
– राष्ट्रीय वन नीति, 2018
– भारत वन स्थिति रिपोर्ट, 2023

8. कृषि एवं पशुपालन **249-260**
– कृषि
– कृषि के प्रकार
– कृषि जलवायु प्रदेश
– भारत में फसल ऋतुएँ
– भारतीय कृषि की समस्याएँ
– हरित क्रान्ति
– पुशपालन

9. सिंचाई एवं बहुउद्देशीय परियोजनाएँ
– सिंचाई **261-265**
– सिंचाई परियोजनाओं का वर्गीकरण
– सिंचाई के साधन
– बहुउद्देशीय परियोजनाएँ

10. खनिज संसाधन **266-271**
– भारत की प्रमुख खनिज पेटियाँ
– खनिज संसाधनों का वर्गीकरण
– भारत के प्रमुख धात्विक खनिज
– भारत के प्रमुख अधात्विक खनिज

11. ऊर्जा संसाधन **272-280**
– ऊर्जा संसाधनों का वर्गीकरण
– परम्परागत या अनवीकरणीय ऊर्जा
– गैर–परम्परागत ऊर्जा या नवीकरणीय ऊर्जा

12. उद्योग **281-295**
– भारत के प्रमुख उद्योग
– धात्विक उद्योग
– वस्त्र उद्योग
– चीनी उद्योग
– सूचना प्रौद्योगिकी उद्योग
– औद्योगिक गलियारे
– सूक्ष्म, लघु एवं मध्यम उद्योग (एमएसएमई)

13. परिवहन एवं संचार **296-305**
– परिवहन के साधनों का वर्गीकरण
– संचार

14. जनसंख्या एवं नगरीकरण **306-313**
– जनसंख्या
– जनांकिकीय संक्रमण सिद्धान्त
– भारत में जनसंख्या का वितरण
– जनसंख्या घनत्व
– लिंगानुपात
– आयु संरचना
– अनुसूचित जातियों का वितरण/अनुसूचित जातियों की जनसंख्या
– धर्म आधारित जनगणना
– राष्ट्रीय जनसंख्या नीति, 2000
– नगरीय अधिवास
– भारत में नगरीकरण

15. भारत की प्रजातियाँ एवं जनजातियाँ **314-318**
– भारत की प्रजातियाँ
– भारतीय प्रजातियों का वर्गीकरण
– भारत की जनजातियाँ
– भारत के प्रमुख जनजातीय समूह

16. राज्य तथा केन्द्रशासित प्रदेश
– भारत के प्रमुख राज्य **319-325**
– केन्द्रशासित प्रदेश

प्रीलिम्स फैक्ट्स **326-333**
प्रीलिम्स अभ्यास **334-358**
UPSC मुख्य परीक्षा के प्रश्न (2024-2015) **359-360**

"भूगोल के अन्तर्गत विस्तृत पैमाने पर सभी भौतिक व मानवीय तथ्यों की अन्त: क्रियाओं से उत्पन्न स्थलरूपों का अध्ययन किया जाता है। एक वैज्ञानिक विषय के रूप में भूगोल में सांस्कृतिक तथा प्राकृतिक विशेषताओं का अध्ययन किया जाता है।

अध्याय एक

भूगोल : सामान्य परिचय

भूगोल की उत्पत्ति एवं विकास

- **ज्योग्राफी** शब्द ग्रीक भाषा के दो मूल शब्द **Ge** (पृथ्वी) एवं **Grapho** (अध्ययन) से मिलकर बना है, जिसका अर्थ होता है-**पृथ्वी का अध्ययन।** भूगोल का अंग्रेजी शब्द **ज्योग्राफी** (Geography) है, जिसकी शाब्दिक परिभाषा ''पृथ्वी तथा इसके ऊपर जो कुछ भी है, उसके बारे में लिखना या वर्णन करना है।''
- सर्वप्रथम भूगोल शब्द का प्रयोग **इरेटोस्थनीज** (एक ग्रीक विद्वान्) ने 276-194 ई. पू. में किया, इसलिए इन्हें **भूगोल के पिता** की संज्ञा दी जाती है। इसके अन्तर्गत भू-आकृतियों, जलवायु, मिट्टियों, वनस्पतियों, प्राणियों, संसाधनों, मनुष्यों के वितरण एवं परस्पर सम्बन्धों का भी अध्ययन किया जाता है।
- 19वीं शताब्दी में भूगोल का एक स्वतन्त्र विषय के रूप में अध्ययन प्रारम्भ हुआ, जिसमें **ए. बी. हम्बोल्ट** एवं **कार्ल रिटर** ने पथ-प्रदर्शक के रूप में कार्य किया। 20वीं शताब्दी के आरम्भ में भूगोल मानव-पर्यावरण के पारस्परिक सम्बन्धों के रूप में विकसित हुआ।
- **रिचर्ड हार्टशोर्न** के अनुसार, ''भूगोल का उद्देश्य धरातल की प्रादेशिक/क्षेत्रीय भिन्नता का वर्णन एवं व्याख्या करना है।'' अथवा ''क्षेत्रीय विभेदीकरण मानव भूगोल में क्षेत्रीय भिन्नताओं के अध्ययन को सन्दर्भित करता है।''
- **अल्फ्रेड हैटनर** के अनुसार, ''भूगोल धरातल के विभिन्न भागों में कारणात्मक रूप से सम्बन्धित तथ्यों में भिन्नता का अध्ययन करता है।'' अथवा ''भूगोल पृथ्वी की सतह के विभिन्न भागों तथा भिन्न प्रवृत्तियों का अध्ययन है।''
- **स्ट्रैबो** के अनुसार, ''भूगोल एक ऐसा स्वतन्त्र विषय है, जिसका उद्देश्य लोगों को इस विश्व का, आकाशीय पिण्डों का, स्थल, महासागर, जीव-जन्तुओं, वनस्पतियों, फलों तथा भू-धरातल के क्षेत्रों में देखी जाने वाली प्रत्येक वस्तु का ज्ञान प्राप्त कराना है।''
- **टॉलमी** के अनुसार, ''भूगोल पृथ्वी की झलक को स्वर्ग में देखने वाला आभामय विज्ञान है।''

मानव-पर्यावरण सम्बन्ध से सम्बन्धित प्रमुख विचारधाराएँ

भूगोल, मानव और पर्यावरण के पारस्परिक सम्बन्धों के सम्बन्ध में भूगोलवेत्ताओं के द्वारा दी गई प्रमुख विचारधाराएँ निम्न हैं

1. **सम्भावनावाद** (Possibilism) इसके अनुसार मानव अपने पर्यावरण में परिवर्तन करने में समर्थ होते हैं। इस विचारधारा के समर्थक **विडाल-डि-ला ब्लॉश** तथा **लूसियन फैब्रे** थे। ब्लॉश ने अपनी पुस्तक **प्रिन्सिपल्स ऑफ ह्यूमन ज्योग्राफी** में समाज की वृद्धि एवं विकास के लिए सांस्कृतिक पर्यावरण का सिद्धान्त प्रतिपादित किया।
2. **नियतिवाद** (Determinism) इसके अनुसार मानव के सभी कार्य पर्यावरण द्वारा निर्धारित होते हैं। इस विचारधारा के समर्थक **फ्रेडरिक रेटजेल** तथा **ई. हण्टिंग्टन** थे। **रेटजेल** ने अपनी पुस्तक **एन्थ्रोपोज्योग्राफी** में विश्व के विभिन्न लोगों पर भौतिक पर्यावरण के प्रभावों को रेखांकित किया है।
3. **पर्यावरणीय निश्चयवाद** (Environmental Determinism) मानव द्वारा प्रकृति के अनुरूप स्वयं को समायोजित करने की अन्योन्यक्रिया पर्यावरणीय निश्चयवाद है। इसमें प्राकृतिक शक्तियाँ प्रबल होती हैं।
4. **सम्भाव्यतावाद** (Probabilism) यह निश्चितता को असम्भव मानकर सम्भवता को विश्वास एवं क्रिया संचालन का आधार मानने वाला प्रमुख दर्शन है। ऑस्कर हरमन स्पेट ने **सम्भाव्यतावाद** के सिद्धान्त को प्रभावी बनाया तथा इसे सम्भववाद से अधिक उपयुक्त माना।

5. नव-निश्चयवाद (Neo-Determinism) यह ग्रिफिथ टेलर का नव नियतिवाद का सिद्धान्त है, जिसे पर्यावरणीय निश्चयवाद तथा सम्भववाद के बीच मध्य मार्ग की एक नवीन संकल्पना के रूप में प्रस्तुत किया गया है। इसे रुको और जाओ निश्चयवाद (Stop and go Determinism) भी कहा जाता है। अन्तरिक्ष में घटित होने वाली विभिन्न घटनाओं से लेकर पृथ्वी की उत्पत्ति एवं विकास, स्थलरूपों का निर्माण, जीवन की उत्पत्ति, सामाजिक, आर्थिक, सांस्कृतिक एवं राजनीतिक परिवर्तन को इस विषय के अन्तर्गत रखा जाता है। डॉ. टैथम ने नव-निश्चयवाद को क्रियात्मक सम्भववाद (Programatic Possibilism) का नाम दिया है।

भूगोल की शाखाएँ

भूगोल का अध्ययन एक समाकलित विषय (Integrating Discipline) है। प्रत्येक विषय का अध्ययन कुछ उपागमों के अनुसार किया जाता है। भूगोल के अध्ययन के दो उपागम इस प्रकार हैं

क्रमबद्ध उपागम

क्रमबद्ध उपागम (Systematic Approach) ही होता है, जो सामान्य भूगोल का होता है। यह जर्मन भूगोलवेत्ता अलेक्जेण्डर वॉन हम्बोल्ट (1769-1859 ई.) द्वारा प्रवर्तित किया गया है। इसमें एक तथ्य का सम्पूर्ण विश्व स्तर पर अध्ययन किया जाता है, तत्पश्चात् क्षेत्रीय स्वरूप के वर्गीकृत प्रकारों की पहचान की जाती है। विषय-वस्तुगत या क्रमबद्ध उपागम पर आधारित भूगोल की शाखाएँ निम्न हैं

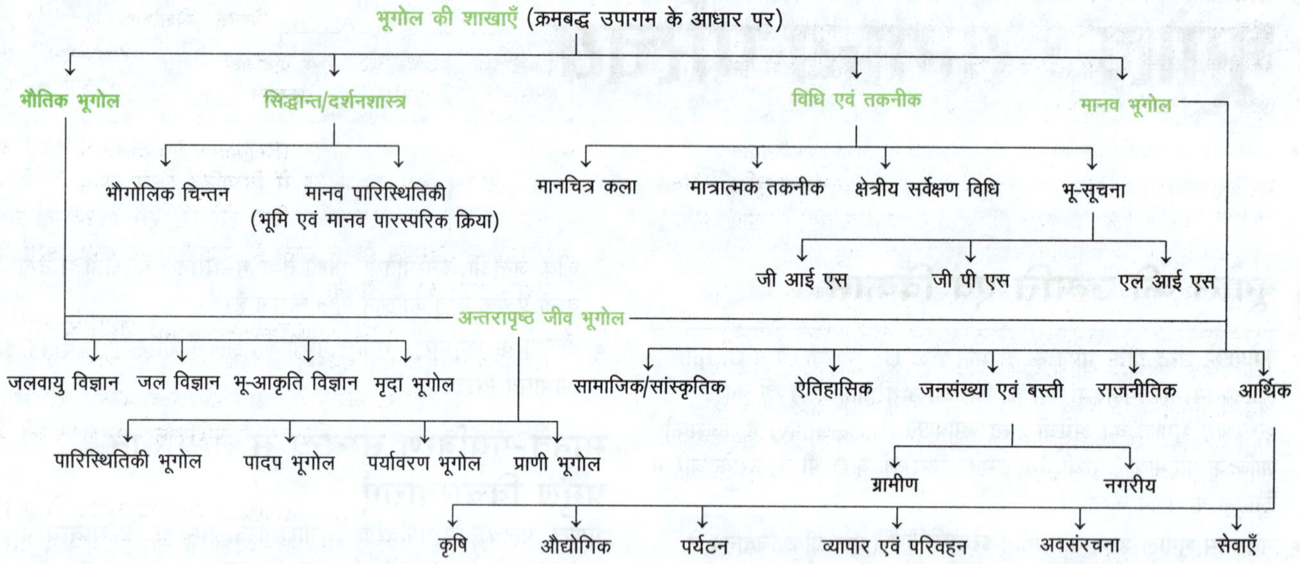

भौतिक भूगोल

भौतिक भूगोल (Physical Geography) में भूमण्डल, वायुमण्डल, जलमण्डल, जैवमण्डल (पृथ्वी पर विद्यमान जीवनदायी मण्डल, जिसमें सभी प्रकार के जीव विद्यमान हैं। इस क्षेत्र में जीवन के लिए आवश्यक घटक; जैसे—भूमि, वायु, जल आदि विद्यमान होते हैं।) इत्यादि का अध्ययन किया जाता है।

- भू-आकृति विज्ञान (Geomorphology) इसमें भू-आकृतियों, उनके क्रम, विकास एवं सम्बन्धित प्रक्रियाओं का अध्ययन किया जाता है।
- जलवायु विज्ञान (Climatology) इसके अन्तर्गत वायुमण्डल की संरचना, मौसम एवं जलवायु के प्रकार तथा जलवायु प्रदेश का अध्ययन किया जाता है।
- जल विज्ञान (Hydrology) इसके अन्तर्गत धरातल के जल परिमण्डल, जिसमें समुद्र, नदी, झील तथा अन्य जलाशय सम्मिलित हैं तथा इनका मानव सहित विभिन्न प्रकार के जीवों एवं उनके कार्यों पर प्रभाव का अध्ययन किया जाता है।
- मृदा भूगोल (Soil Geography) इसमें मिट्टी निर्माण की प्रक्रियाओं, मिट्टी के प्रकार, उनका उत्पादकता स्तर, वितरण एवं उपयोग आदि का अध्ययन किया जाता है।

सिद्धान्त/दर्शनशास्त्र भूगोल

इसके अन्तर्गत भौगोलिक चिन्तन एवं मानव पारिस्थितिकी (भूमि एवं मानव पारस्परिक क्रिया) का अध्ययन किया जाता है। मानव पर्यावरण सम्बन्ध का एक महत्त्वपूर्ण पहलू है, जिसे निश्चयवादियों द्वारा नहीं माना गया था। मानव अपने कार्यों के माध्यम से भौतिक पर्यावरण पर प्रभाव डालता है।

विधि एवं तकनीक

इसके अन्तर्गत सामान्य एवं संगणक आधारित मानचित्रण, परिमाणात्मक तकनीक/सांख्यिकी तकनीक, क्षेत्र सर्वेक्षण विधियाँ, भू-सूचना विज्ञान तकनीक; जैसे—दूर संवेदन तकनीक, भौगोलिक सूचना तन्त्र (जीआईएस) (यह सभी प्रकार के स्थानिक या भौगोलिक डेटा को प्राप्त करने, संग्रहित करने, जाँचने और प्रदर्शित करने के लिए एक कम्प्यूटर प्रणाली है।), वैश्विक स्थितीय तन्त्र (जीबीएस) आदि विषयों का अध्ययन किया जाता है। इस प्रकार उपरोक्त विवरण भूगोल की शाखाओं की विस्तृत रूपरेखा प्रस्तुत करता है।

मानव भूगोल

मानव भूगोल पृथ्वी तथा मानव के बीच अन्तर्सम्बन्धों (एल्सवर्थ हण्टिंग्टन), भौगोलिक पर्यावरण एवं मानवीय गतिविधियों एवं गुणों के बीच सम्बन्धों की प्रकृति एवं वितरण का अध्ययन (पॉल विडाल-डी-ला-ब्लॉश) किया जाता है।

मानव भूगोल (Human Geography) के अन्तर्गत निम्न विषयों का अध्ययन इस प्रकार है

- सामाजिक/सांस्कृतिक भूगोल (Social/Cultural Geography) इसके अन्तर्गत समाज तथा इसकी स्थानिक/प्रादेशिक गत्यात्मकता एवं समाज के योगदान से निर्मित सांस्कृतिक तत्त्वों का अध्ययन किया जाता है।
- ऐतिहासिक भूगोल (Historical Geography) यह उन ऐतिहासिक क्रियाओं का अध्ययन करता है, जो क्षेत्र को संगठित करती हैं। प्रत्येक प्रदेश वर्तमान स्थिति में आने के पूर्व ऐतिहासिक अनुभवों से गुजरता है। भौगोलिक तत्त्वों में भी सामयिक परिवर्तन होते रहते हैं और इसी की व्याख्या ऐतिहासिक भूगोल का ध्येय है।
- जनसंख्या एवं अधिवास भूगोल (Population and Settlement Geography) यह ग्रामीण तथा नगरीय क्षेत्रों में जनसंख्या वृद्धि, उसका वितरण, घनत्व, लिंग अनुपात, प्रवास एवं व्यावसायिक संरचना आदि का अध्ययन करता है। अधिवास भूगोल में ग्रामीण तथा नगरीय अधिवासों के वितरण प्रारूप तथा अन्य विशेषताओं का अध्ययन किया जाता है।
- राजनीतिक भूगोल (Political Geography) यह प्रत्येक क्षेत्र को राजनीतिक घटनाओं की दृष्टि से देखता है तथा सीमाओं के निकटस्थ पड़ोसी इकाइयों के मध्य भू-वैन्यासिक सम्बन्ध, निर्वाचन क्षेत्र का परिसीमन एवं चुनाव परिदृश्य का विश्लेषण करता है। यह जनसंख्या के राजनीतिक व्यवहार को समझने के लिए सैद्धान्तिक रूप-रेखा विकसित करता है।
- आर्थिक भूगोल (Economic Geography) यह मानव की आर्थिक क्रियाओं; जैसे-कृषि, उद्योग, पर्यटन, व्यापार एवं परिवहन, अवस्थापना तत्त्व तथा सेवाओं का अध्ययन करता है।

अन्तरापृष्ठ जीव भूगोल

भौतिक भूगोल एवं मानव भूगोल के अन्तरापृष्ठ (Interface) के फलस्वरूप जीव भूगोल का अभ्युदय हुआ। इसके अन्तर्गत निम्नलिखित शाखाएँ सम्मिलित हैं

- पारिस्थितिकी भूगोल (Ecology Geography) इसमें प्रजातियों के निवास/स्थिति, क्षेत्र का वैज्ञानिक अध्ययन किया जाता है।
- पादप भूगोल या वनस्पति भूगोल (Phytogeography) यह प्राकृतिक वनस्पति का उसके निवास क्षेत्र में स्थानिक प्रारूप का अध्ययन करता है।
- पर्यावरण भूगोल (Environmental Geography) सम्पूर्ण विश्व में पर्यावरणीय प्रतिबोधन के फलस्वरूप पर्यावरणीय समस्याओं; जैसे-भूमि ह्रास, प्रदूषण, संरक्षण की चिन्ता आदि का अनुभव किया गया, जिसके अध्ययन हेतु इस शाखा का विकास हुआ।
- प्राणी भूगोल (Zoogeography) इसमें पशुओं एवं उनके निवास क्षेत्र के स्थानिक स्वरूप एवं भौगोलिक विशेषताओं का अध्ययन किया जाता है।

प्रादेशिक उपागम

- प्रादेशिक उपागम (Regional Approach) का विकास हम्बोल्ट के समकालीन जर्मन भूगोलवेत्ता कार्ल रिटर (1779-1859 ई.) द्वारा किया गया।
- इसमें विश्व को विभिन्न पदानुक्रमिक स्तर के प्रदेशों में विभक्त किया जाता है, तत्पश्चात् एक विशेष प्रदेश में सभी भौगोलिक तथ्यों का अध्ययन किया जाता है।
- प्रादेशिक उपागम पर आधारित भूगोल की शाखाएँ निम्नलिखित हैं

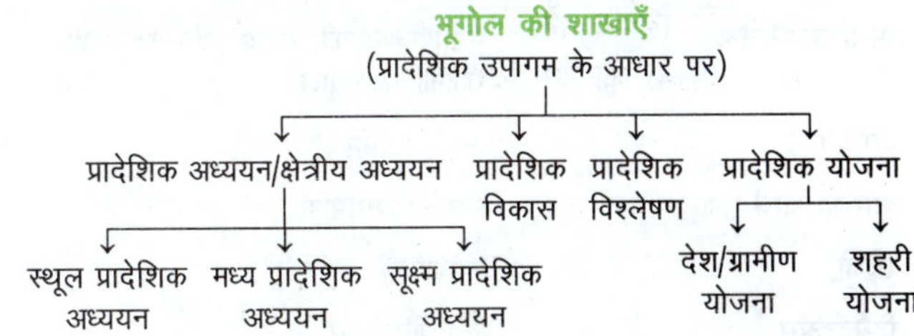

- प्रादेशिक या क्षेत्रीय अध्ययन (Regional Studies) क्षेत्रीय अध्ययन के अन्तर्गत पृथ्वी को प्रदेशों में विभाजित किया जाता है। ये प्रदेश स्वयं में पूर्ण और एकरूपता लिए होते हैं। ऐसे प्रदेशों का सम्पूर्ण भौगोलिक अध्ययन किया जाता है। उदाहरण के लिए, तराई के मैदानी भाग का अध्ययन।
- प्रादेशिक विकास (Regional Development) प्रादेशिक क्षेत्रों में सन्तुलित विकास का सम्बन्ध आर्थिक प्रगति के लाभों से उन क्षेत्रों में नियोजित विकास करना है, जो उद्योग तथा अन्य प्रगतिशील नियोजनों से दूर हैं। यह विकास में प्रादेशिक असन्तुलन को कम करता है।
- प्रादेशिक विश्लेषण (Regional Analysis) जब भूगोल में किसी प्रदेश को उप-विभागों तथा उप-प्रदेशों में बाँटकर उसका अध्ययन किया जाता है, तब यह विवरणात्मक अध्ययन प्रादेशिक विश्लेषण कहलाता है।
- प्रादेशिक योजना (Regional Planning) मानव अपने लिए स्थायी निवास बनाता है। इस आधार पर इसकी योजना दो रूपों में होती है
  - (i) ग्रामीण योजना (Rural Planning) इसमें ग्रामीण बस्तियों का अध्ययन किया जाता है। इसके अन्तर्गत ग्रामीण अर्थव्यवस्था और भूमि उपयोग का भी अध्ययन किया जाता है।
  - (ii) शहरी योजना (Urban Planning) इसके अन्तर्गत नगरों की स्थिति, उनका विकास तथा विभिन्न प्रकार के क्षेत्रों का अध्ययन किया जाता है।

भूगोल के अन्य उपागम

- विश्लेषणात्मक उपागम इसके अन्तर्गत आँकड़ों व उनकी विधियों को शामिल किया जाता है।
- पर्यावरण उपागम इसके अन्तर्गत पर्यावरण अवनयन (पर्यावरण की गुणवत्ता में कमी) तथा प्रदूषण के विभिन्न आयामों का अध्ययन एवं प्रबन्धन को शामिल किया जाता है।

भूगोल से सम्बन्धित लेखक एवं उनकी पुस्तकें

लेखक	पुस्तक
निकोलस जॉन स्पाइकमैन	द ज्योग्राफी ऑफ द पीस
अलेक्जेण्डर वॉन हम्बोल्ट	कॉसमॉस
कार्ल रिटर	अर्थ साइंस (डाई एर्डकुण्ड)
टॉलमी	द ज्योग्राफी
मुहम्मद इब्न हावकल	किताब सूरत-अल-अर्द (The Face of the earth)
फ्रेडरिक रेटजेल	एन्थ्रोपोज्योग्राफी, मानव जाति का इतिहास, राजनीतिक भूगोल
आर्यभट्ट	आर्यभट्टीयम्
भास्कराचार्य (भास्कर द्वितीय)	सिद्धान्त शिरोमणि
स्ट्रेबो	ज्योग्राफिक
हिकैटियस	जेस पीरियोडस
अरस्तू	पॉलिटिक्स
अलबरूनी	किताब-उल-हिन्द
प्लिनी द एल्डर	नेचुरल हिस्ट्री/नेचुरलिस हिस्टोरिया

भूगोल सम्बन्धी महत्त्वपूर्ण सिद्धान्त एवं उनके प्रतिपादक

प्रमुख सिद्धान्त / संकल्पना	प्रतिपादक
श्रेष्ठता की अतिजीविता, नेचुरल सेलेक्शन	चार्ल्स डार्विन
नियतिवाद	हम्बोल्ट व रिटर
नव-नियतिवाद	जी. टेलर
पर्यावरणीय नियतिवाद	रेटजेल
वातावरणवाद के प्रेणता	हेरोडोटस
स्थानीयकरण का त्रिकोण	वेबर
कृषि स्थानीयकरण सिद्धान्त	वॉन थ्यूनेन
केन्द्रीय स्थान सिद्धान्त	क्रिस्टॉलर
औद्योगिक स्थानीयकरण सिद्धान्त	वेबर
हृदय स्थल सिद्धान्त	मैकेण्डर
प्रवसन सिद्धान्त (मॉडल ऑफ माइग्रेशन)	एवरेट ली
प्रवास सिद्धान्त	ई.जी. रेविन्स्टीन
उपयुक्त जनसंख्या सिद्धान्त (अनुकूलतम जनसंख्या का सिद्धान्त)	एडविन कैनन
सामाजिक अपसमायोजन	हेनरी जॉर्ज
जनसंख्या खाद्यान्न आपूर्ति सिद्धान्त	माल्थस
जनसंख्या संक्रमण सिद्धान्त	वॉरेन थॉम्पसन

प्रमुख भूगोलवेत्ता/विद्वान एवं उनके उपनाम

उपनाम	भूगोलवेत्ता/विद्वान
भूगोल का जनक	इरेटोस्थनीज
मानव भूगोल का पिता	फ्रेडरिक रेटजेल
आधुनिक भूगोल का जनक (व्यवस्थित भूगोल का विकास)	अलेक्जेण्डर वॉन हम्बोल्ट
भौतिक भूगोल का जनक	पोलीडोनियस
सांस्कृतिक भूगोल का जनक	कार्ल ओ सावर
क्षेत्रीय भूगोल का जनक	कार्ल रिटर
भू-गणितीय भूगोल के संस्थापक	थेल्स व एनेक्सीमेण्डर
विश्व ग्लोब का निर्माणकर्ता	मार्टिन बैहम
भारत का प्रथम मानचित्र निर्माता	एनविले (1752)
विश्व मानचित्र पर भारत को सर्वप्रथम दर्शाने वाला	टॉलमी
विश्व मानचित्र का निर्माणकर्ता	एनेक्सीमेण्डर

मानचित्र अध्ययन

- मानचित्र भूगोल का एक अनिवार्य यन्त्र है, जो सम्पूर्ण धरातल या उसके एक भाग को किसी पैमाने के अनुसार प्रदर्शित करता है। इसे प्राकृतिक, राजनीतिक आदि अनेक भागों में विभक्त किया जाता है।

- संसार का **सबसे पुराना मानचित्र मेसोपोटामिया** (Mesopotamia) (बेबीलोन) में पाया गया था, जो लगभग 2500 ई. पूर्व पुराना माना जाता है। हालाँकि मिस्र के ट्यूरिन पैपीरस में भी प्राचीन मानचित्र प्राप्त हुए हैं।
- **एनेक्जीमैण्डर** ने 600 ई. पूर्व के लगभग विश्व का प्रथम मानचित्र बनाया था, हालाँकि आधुनिक मानचित्र कला की नींव अरब तथा यूनान के भूगोलविदों द्वारा रखी गई है।

मानचित्र के घटक

- **दूरी** (Distance) किन्हीं दो स्थानों के बीच की दूरी को स्पष्टता व सटीकता से प्रदर्शित करना, ऐसे सक्षम मानचित्र को छोटे पैमाने वाला मानचित्र भी कहा जाता है। इसके लिए विभिन्न मापकों का उपयोग किया जाता है।
- **दिशा** (Direction) मानचित्र निर्माण के समय **दिशा सूचक रेखा** का प्रयोग किया जाता है। इसके माध्यम से चारों दिशाओं को ज्ञात किया जाता है। इसके ऊपरी भाग को **उत्तरी दिशा का सूचक** कहा जाता है। मानचित्र पर उत्तरी दिशा ज्ञात होने के बाद अन्य दिशाएँ-दक्षिण, पूर्व और पश्चिम दिशा सरलता से जानी जा सकती हैं।

उत्तर-पूर्व, दक्षिण-पूर्व, दक्षिण-पश्चिम और उत्तर-पश्चिम चार मुख्य दिशाओं के मध्य की दिशाएँ हैं।

- **प्रतीक** (Symbol) किसी भी मानचित्र का एक प्रमुख घटक 'प्रतीक' है। किसी भी मानचित्र पर वास्तविक आकार एवं प्रकार में विभिन्न आकृतियों—भवनों, सड़कों, पुलों, वृक्षों, रेल की पटरियों को दिखाना सम्भव नहीं होता, इसलिए इनके लिए निश्चित अक्षरों, छायाओं, रंगों, चित्रों तथा रेखाओं का उपयोग करके दर्शाया जाता है।

मानचित्रों का वर्गीकरण

- **राजनैतिक मानचित्र** (Political Map) देश और उनके राज्यों की सीमाएँ, राज्यों की राजधानियों, शहरों आदि को प्रदर्शित करने वाले मानचित्रों को राजनैतिक मानचित्र कहते हैं। इसमें स्थानों को रंगों व प्रतीक चिह्नों द्वारा भी दर्शाया जाता है।
- **भौतिक मानचित्र** (Physical Map) जिन मानचित्रों में पृथ्वी के भौतिक लक्षणों तथा विभिन्न ऊँचाइयों की स्थलाकृतियों; जैसे—पर्वत, पठार और मैदान, नदियाँ, महासागर आदि को प्रदर्शित किया जाता है, ऐसे मानचित्रों को भौतिक मानचित्र कहते हैं।
- **थिमैटिक मानचित्र** (Thematic Map) कुछ मानचित्रों में विभिन्न प्रकार के मौसम या वनों, उद्योगों और जनसंख्या आदि का वितरण प्रदर्शित किया जाता है तथा उसके अनुरूप उनका शीर्षक रखा जाता है। इस प्रकार के मानचित्र को थिमैटिक मानचित्र कहा जाता है।

मानचित्र के प्रकार

मानचित्रों के प्रकारों का प्रवृत्तियों के आधार पर अध्ययन किया जाता है, जो निम्न हैं

मापनी पर आधारित मानचित्रों के प्रकार

(i) **वृहत मापनी मानचित्र** (Large Scale Maps) इस मानचित्र में छोटे क्षेत्रों को अपेक्षाकृत विस्तृत कर दिखाया जाता है। इस मापनी मानचित्र को निम्न प्रकारों में वर्गीकृत किया जाता है

(a) **भू-सम्पत्ति** (Cadastral Map) यह मानचित्र **व्यक्तिगत परिसम्पत्तियों** को दर्शाता है।

(b) **स्थलाकृतिक मानचित्र** (Topographical Map) यह मानचित्र राज्य अथवा **देश की परिसम्पत्तियों** को एक मानचित्र पर दर्शाता है।

(ii) **लघुमापनी मानचित्र** (Short Scale Map) इस मानचित्र को निम्न वर्गों में विभाजित किया जाता है

(a) **भित्ति मानचित्र** (Wall Maps) यह मानचित्र बड़े आकार के कागज या प्लास्टिक पर बनाया जाता है।

(b) **एटलस मानचित्र** (Atlas Maps) यह मानचित्र भौगोलिक आलेखों का विश्वकोश है।

मानचित्र प्रक्षेप

प्रक्षेप	मापन/प्रदर्शन/प्रयोग
ज्यावक्रीय (Sinusoidal) या मालवीड (Mollweide) प्रक्षेप	सम्पूर्ण ग्लोब, भूमध्यरेखीय क्षेत्रों का मापन/ प्रदर्शन/केला, नारियल, रबर, गन्ना, चावल आदि को दर्शाना।
खमध्य समक्षेत्र प्रक्षेप (Zenithal Equal Area Projection)	ध्रुवीय क्षेत्रों का प्रदर्शन।
केन्द्रीय खमध्य प्रक्षेप (Central Zenithal Projection)	वायुमार्गों का प्रदर्शन/दर्शाना
शंक्वाकार प्रक्षेप (Conical Projection)	ट्रान्स साइबेरिया रेलवे व किसी पूर्व व पश्चिम की विस्तृत पेटी को दर्शाना।
मर्केटर प्रक्षेप (Mercator)	जलयानों व समुद्री यातायात, समुद्री धाराओं को दर्शानें के लिए उपयुक्त।

मानचित्र पर अंकित कुछ महत्त्वपूर्ण रेखाएँ

रेखाएँ	विवरण
डेटम रेखा (Datum Line)	समुद्र तल की ऊँचाई व गहराई की माप करने वाली क्षैतिज रेखा।
आइसोहेल (Isohel)	समान सूर्यातप को व्यक्त करने वाली रेखा
आइसोनेफ (Isoneph)	मेघाच्छादन के समान क्षेत्रों को मिलाने वाली रेखा।
सममान रेखा (Isopleth)	समदाब, समलवण तथा समताप रेखाओं के उचित अन्तराल पर खींची गई रेखा।
आइसोथर्म (Isotherm)	समान तापमान वाले क्षेत्रों को मिलाने वाली रेखा।
आइसोराइम (Isoryme)	पाला गिरने की समान मात्रा वाले स्थानों को मिलाने वाली रेखा।
होमीसीस्मल (Homeoseismal)	भूकम्प के एक ही समय आने वाले स्थानों को मिलाने वाली रेखा।
आइसोहाइप या समोच्च रेखा या कण्टूर लाइन (Isohype or Contour line)	समुद्र तल से उच्चावच की समान ऊँचाई एवं आकार को दर्शाने वाली रेखा।
आइसोहायट (Isohyet)	वर्षा की समान मात्रा वाले स्थानों को मिलाने वाली रेखा।
आइसोथर्मोबाथ (Isothermobath)	सागरीय जल की गहराई के लिए समान ताप वाले बिन्दुओं व स्थानों को मिलाने वाली रेखा।
आइसोक्लाइनल (Isoclinal)	एक ही दिशा में समान मात्रा में होने वाली नतियों (ढालों) को मिलाने वाली रेखा।

> पृथ्वी पर घटित होने वाली विभिन्न परिघटनाएँ एवं परिवर्तन, पृथ्वी एवं अन्य ब्रह्माण्डीय पिण्डों के अन्तर्सम्बन्धों का परिणाम होते हैं, जो मानवीय जीवन एवं उसके पर्यावरण को प्रभावित करते हैं।

अध्याय दो

ब्रह्माण्ड एवं सौरमण्डल

परिचय

- आकाशगंगा के सभी पुंजों (Stars) को सम्मिलित रूप से ब्रह्माण्ड (Universe) कहा जाता है अर्थात् सूक्ष्मतम अणुओं से लेकर महाकाय आकाशगंगाओं के सम्मिलित स्वरूप को ब्रह्माण्ड कहते हैं। हमारी पृथ्वी सौरमण्डल का भाग है तथा सौरमण्डल आकाशगंगा का एक भाग है।
- ब्रह्माण्ड का अध्ययन खगोल विज्ञान (Astronomy) कहलाता है। ब्रह्माण्ड का विस्तार तारों, ग्रहों, उपग्रहों, आकाशगंगा तथा अन्य खगोलीय पिण्डों के रूप में देखा जा सकता है।

ब्रह्माण्ड से सम्बन्धित प्रमुख अवधारणाएँ

खगोलशास्त्री	अवधारणाएँ
क्लॉडियस टॉलमी (मिस्र-यूनान)	इन्होंने 140 ई. में सौरमण्डल के सन्दर्भ में भूकेन्द्रीय मॉडल या जियोसेण्ट्रिक अवधारणा को प्रस्तुत किया, जिसके अनुसार, "पृथ्वी ब्रह्माण्ड के केन्द्र में है तथा सूर्य एवं अन्य ग्रह इसकी परिक्रमा करते हैं।"
जोहान्स केपलर (जर्मनी)	इन्होंने 16वीं शताब्दी के आस-पास ग्रहीय गतियों के नियमों की व्याख्या को प्रस्तुत किया, जिसके अनुसार, "प्रत्येक ग्रह सूर्य के परित: दीर्घवृत्ताकार पथ पर गति करता है तथा सूर्य उस दीर्घवृत्त के किसी एक फोकस पर होता है।" अत: नवीन खगोलशास्त्र का जनक केपलर को माना जाता है।
निकोलस कॉपरनिकस (पोलैण्ड)	इन्होंने 1543 ई. में सूर्यकेन्द्रित अवधारणा/हेलियोसेण्ट्रिक अवधारणा का प्रतिपादन किया तथा टॉलमी के सिद्धान्त का खण्डन किया। सूर्य केन्द्रित सिद्धान्त के अनुसार, "ब्रह्माण्ड के केन्द्र में सूर्य है तथा पृथ्वी एवं अन्य ग्रह इसकी परिक्रमा करते हैं।" अत: आधुनिक खगोलशास्त्र का जनक कॉपरनिकस को माना जाता है।
स्टीफन हॉकिंग (ब्रिटेन)	इन्होंने वर्ष 1974 में अपनी महत्त्वपूर्ण खोज **काले विवर विकिरण** उत्सर्जित करते हैं, का सिद्धान्त प्रतिपादित किया।
विलियम हर्शेल (ब्रिटेन)	इन्होंने 1805 ई. में कहा कि "ब्रह्माण्ड मात्र सौरमण्डल तक ही सीमित नहीं है, अपितु सौरमण्डल आकाशगंगा का एक अंश मात्र है।"
एडविन पॉवेल हब्बल (अमेरिका)	इन्होंने वर्ष 1925 में बताया कि दृश्यपथ में आने वाले ब्रह्माण्ड का व्यास 250 करोड़ प्रकाश वर्ष है तथा इसके अन्दर हमारी आकाशगंगा की भाँति लाखों आकाशगंगाएँ हैं और कहा कि ब्रह्माण्ड का विस्तार अभी भी जारी है।
वराहमिहिर (भारत)	इन्होंने छठी शताब्दी ई. में प्रतिपादित किया कि चन्द्रमा पृथ्वी की परिक्रमा करता है और पृथ्वी सूर्य की परिक्रमा करती है।

ब्रह्माण्ड की उत्पत्ति

आधुनिक समय में ब्रह्माण्ड की उत्पत्ति सम्बन्धी सिद्धान्त निम्नलिखित हैं

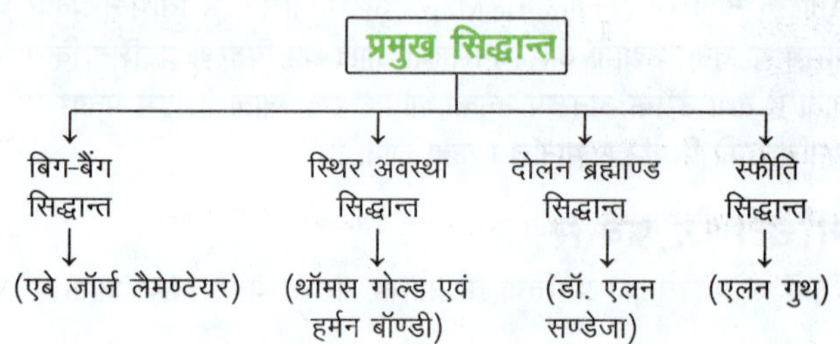

बिग-बैंग सिद्धान्त

- यह ब्रह्माण्ड की उत्पत्ति के सम्बन्ध में सर्वमान्य सिद्धान्त है, जिसे विस्तारित ब्रह्माण्ड परिकल्पना (Expanding Universe Hypothesis) भी कहा जाता है। एडविन हब्बल ने वर्ष 1920 में बताया कि ब्रह्माण्ड का विस्तार हो रहा है।
- इस सिद्धान्त का प्रतिपादन बेल्जियम के खगोलशास्त्री एवं पादरी जॉर्ज लैमेत्रे या लैमेण्टेयर ने वर्ष 1927 में ब्रह्माण्ड, आकाशगंगा एवं सौरमण्डल की उत्पत्ति की जानकारी हेतु किया।
- वर्ष 1949 में फ्रेड होयल ने बिग-बैंग नाम दिया था। हालाँकि पहली बार वर्ष 1964 में इसके बारे में स्पष्ट रूप से पता चला।
- इसके बाद रॉबर्ट वेगनर ने वर्ष 1967 में बिग-बैंग सिद्धान्त की व्याख्या प्रस्तुत की। इस सिद्धान्त के अनुसार, ब्रह्माण्ड का विस्तार निम्न अवस्थाओं में हुआ है
  - आरम्भ में वे सभी पदार्थ, जिनसे ब्रह्माण्ड बना है, अति छोटे गोलक (एकाकी परमाणु) के रूप में एक ही स्थान पर स्थित थे, जिनका आयतन अत्यधिक सूक्ष्म एवं तापमान और घनत्व अनन्त था, जिन्हें सिंगुलैरिटी (Singularity) कहा गया।
  - बिग-बैंग की प्रक्रिया में अति छोटे गोलक में भीषण विस्फोट हुआ तथा इसके पश्चात् इसका विस्तार हुआ। हाइड्रोजन एवं हीलियम के बादल कुछ अरब वर्ष पश्चात् संकुचित होकर तारों एवं आकाशगंगाओं (Galaxies) का निर्माण करने लगे।

- इस प्रक्रिया से कालान्तर में ग्रहों एवं उपग्रहों का निर्माण हुआ, ब्रह्माण्ड की उत्पत्ति हुई तथा वर्तमान में भी ब्रह्माण्ड का विस्तार जारी है, जिसकी पुष्टि डॉप्लर प्रभाव द्वारा भी की गई है।
- बिग-बैंग की घटना आज से 13.7 अरब वर्ष पूर्व हुई थी तथा बिग-बैंग घटना के पश्चात् सौरमण्डल का विकास आज से लगभग 4.5 अरब वर्ष पूर्व हुआ और ग्रह एवं उपग्रह निर्मित हुए।

- स्ट्रिंग थ्योरी, इवेण्ट होराइजन, स्टैण्डर्ड मॉडल ब्रह्माण्ड के प्रेक्षण और बोध से सम्बन्धित पाए जाते हैं।

डॉप्लर प्रभाव

प्रकाश स्रोत तथा प्रेक्षक की सापेक्ष गति के कारण प्रकाश की आवृत्ति या तरंगदैर्ध्य में प्रेक्षित आभासी परिवर्तन को प्रकाश में डॉप्लर प्रभाव कहा जाता है।

बिग-बैंग सिद्धान्त के प्रमाण

रेडशिफ्ट की परिघटना	इससे स्पष्ट होता है कि आकाशगंगाएँ लगातार तेजी से दूर होती जा रही हैं।
कॉस्मिक माइक्रो वेब-रेडिएशन बैकग्राउण्ड	यह समान रूप से उत्पन्न होने वाला कॉस्मिक माइक्रोवेब रेडिएशन है, यह बिग-बैंग की घटना के बाद बचे हुए कण या ऊर्जा अवशेष के रूप में प्रमाण है।

स्थिर अवस्था सिद्धान्त

- स्थिर अवस्था सिद्धान्त (Steady State Theory) को सतत् सृष्टि सिद्धान्त या साम्यावस्था सिद्धान्त भी कहा जाता है, इसे हर्मन बॉण्डी, थॉमस गोल्ड तथा फ्रेड हॉयल ने प्रस्तुत किया था।
- इसके अनुसार, ब्रह्माण्ड का विस्तार लगातार जारी है तथा पुरातन आकाशगंगाएँ लगातार नवीन आकाशगंगाओं की ओर बढ़कर उनका स्थान ले रही हैं। इससे ब्रह्माण्ड के घनत्व में स्थिरता बनी हुई है।

दोलन ब्रह्माण्ड सिद्धान्त

- दोलन ब्रह्माण्ड सिद्धान्त (Pulsating universe Theory) का प्रतिपादन डॉ. एलन सण्डेजा ने किया था। प्रारम्भिक ब्रह्माण्ड में ऊर्जा तथा पदार्थ का वितरण समान नहीं था।
- घनत्व में आई भिन्नता से गुरुत्वाकर्षण में भी भिन्नता आई, जिसके कारण पदार्थों का एकत्रीकरण आरम्भ हुआ। यही एकत्रीकरण आकाशगंगाओं के विकास का आधार बना।

स्फीति सिद्धान्त

- स्फीति सिद्धान्त (Inflationary Theory) का प्रतिपादन अमेरिकन वैज्ञानिक एलन गुथ (Alun guth) ने वर्ष 1980 में किया था। इनके अनुसार, ब्रह्माण्ड के दृश्य द्रव्यमान के घनत्व की तुलना में उसका वास्तविक घनत्व बहुत अधिक होता है अर्थात् ब्रह्माण्ड में अदृश्य काले पदार्थों का अस्तित्व है।
- ब्रह्माण्ड के असाधारण त्वरित गति के फैलाव (Rapid Expasion or Intiation) से तथा काले पदार्थों के समूहन से आकाशगंगाओं का निर्माण हुआ।

आकाशगंगा एवं निहारिका

- आकाशगंगा असंख्य तारों का समूह होता है। इसके केन्द्र को बल्ज कहा जाता है, जहाँ तारों का सर्वाधिक संकेन्द्रण होता है। एक आकाशगंगा में लगभग 100 अरब तारे होते हैं।
- यह करोड़ों तारों, बादलों तथा गैसों की एक प्रणाली है, जिससे ब्रह्माण्ड का निर्माण होता है। आकाशगंगा के निर्माण की शुरुआत हाइड्रोजन गैस से बने विशाल बादलों के संचयन से हुई, जिसे निहारिका (Nebula) कहा गया।
- यह समयानुसार बढ़ती गई और इसमें गैस के विशाल पुंज विकसित हुए, जो बढ़कर घने गैसीय पिण्ड बने, जिनसे तारों का निर्माण आरम्भ हुआ। तारों का निर्माण लगभग 5 से 6 अरब वर्ष पूर्व हुआ था।
- इससे विभिन्न प्रकार की विकिरण; जैसे—अवरक्त किरणें, गामा किरणें, रेडियो किरणें, X-किरणें, दृश्य प्रकाश एवं पराबैंगनी किरणें आकाशगंगा से निकलती रहती हैं।
- इसका विस्तार इतना अधिक होता है कि इसकी दूरी हजारों प्रकाश वर्ष में होती है। एक आकाशगंगा का व्यास 80 हजार से 1 लाख 50 हजार प्रकाश वर्ष के मध्य हो सकता है।
- एडविन हब्बल ने वर्ष 1920 में आकाशगंगाओं के प्रतिसरण नियम का प्रतिपादन किया।

आकाशगंगा के प्रकार

आकाशगंगा	विशेषता
सर्पिलाकार आकाशगंगा (Spiral Galaxy)	• यह **समतल डिस्क** के समान विस्तृत है, जिसकी सर्पिलाकार भुजाएँ उन तरंगों को घेरती हैं, जो नए तारों के निर्माण हेतु उत्तरदायी होती हैं। • यह सुन्दर दृश्य प्रस्तुत करती है। **मिल्की वे** (मन्दाकिनी) इसका प्रमुख उदाहरण है, जिसमें सौरमण्डल स्थित है।
दीर्घ वृत्ताकार आकाशगंगा (Elliptical Galaxy)	• यह दीर्घवृत्ताकार तथा गोलाकार होती है, इसमें **एक ट्रिलियन तारे** होते हैं। इसमें धूलकण एवं ग्रहाणु कम होते हैं तथा इसके तारे विकसित अवस्था वाले पुराने होते हैं। • इसमें सबसे बड़ी ज्ञात आकाशगंगा माफेई-1 है। ब्रह्माण्ड की अधिकांश आकाशगंगा इसी आकृति की हैं।
अनियमित आकाशगंगा (Irregular Galaxy)	• यह आकाशगंगा न तो सर्पिलाकार और न ही दीर्घवृत्ताकार या अण्डाकार होती है अर्थात् यह किसी निश्चित आकार की नहीं होती है। • इसका प्रमुख कारण आकाशगंगाओं के निकट खगोलीय पिण्डों का गुरुत्वाकर्षण के अधीन होना पाया जाता है। • **Sextans A** आकाशगंगा इसका प्रमुख उदाहरण है।

मन्दाकिनी आकाशगंगा

- हमारा सौरमण्डल मन्दाकिनी (Milky-Way) आकाशगंगा या स्वर्ग की गंगा का भाग है। सूर्य, पृथ्वी, ग्रह एवं उपग्रह आदि मन्दाकिनी आकाशगंगा के ही भाग हैं। यह खुले आकाश में एक ओर से दूसरी ओर तक फैली चौड़ी सफेद पट्टी में दिखाई देती है।
- प्राचीन भारत में इसकी कल्पना प्रकाश की बहती नदी से की गई थी। इसमें लगभग एक अरब तारे पाए जाते हैं तथा एक ब्लैक होल भी पाया जाता है। गुरुत्वाकर्षण बल की अधिकता के कारण तारों का अधिक संकेन्द्रण होता है। गैलीलियो ने सर्वप्रथम मन्दाकिनी को देखा था।

ओरियन नेबुला

नए तारों का जन्म मन्दाकिनी की तीसरी भुजा में होता है, जबकि मध्यवर्ती घूर्णनशील भुजा में हमारा सौरमण्डल स्थित है। हमारी आकाशगंगा मन्दाकिनी का सबसे शीतल तथा चमकीले तारों का क्षेत्र **ओरियन नेबुला** कहलाता है।

अन्य प्रमुख आकाशगंगाएँ

- **एण्ड्रोमिडा आकाशगंगा** (Andromida Galaxy) यह हमारी मन्दाकिनी आकाशगंगा के सर्वाधिक निकट स्थित है। यह सौरमण्डल से 22 लाख प्रकाश वर्ष दूर है। इसमें तारों की संख्या हमारी मन्दाकिनी से दोगुनी अर्थात् दो खरब तारे हैं। इस आकाशगंगा से पृथ्वी तक प्रकाश पहुँचने में 3 मिलियन वर्ष का समय लगता है।
- **लाइमैन अल्फा ब्लॉब्स** (Lyman-Alpha Blob) यह एक विशालकाय आकाशगंगाओं और गैसों का समूह है एवं इसका आकार **अमीबा** की भाँति होता है। इस विशालकाय आकृति की चौड़ाई **20 करोड़ प्रकाश वर्ष** है। इस विशाल संरचनात्मक आकृति में उपस्थित आकाशगंगाएँ, अन्य ब्रह्माण्डीय आकाशगंगाओं की अपेक्षा तीन-चार गुना समीप होती हैं।
- **सुपरक्लस्टर** (Super cluster) छोटे आकाशगंगा समूहों या आकाशगंगा समूहों का एक बड़ा समूह है। यह ब्रह्माण्ड में सबसे बड़ी ज्ञात संरचनाओं में से एक है। ये आकाशगंगाएँ परस्पर गुरुत्वाकर्षण बल द्वारा बँधी होती हैं।
- **सरस्वती सुपरक्लस्टर** (Saraswati Supercluster) यह पृथ्वी से 4 बिलियन प्रकाश वर्ष दूर है एवं यह अनुमानत: 600 मिलियन प्रकाश वर्ष की दूरी तक (ग्रेटवाल) विस्तृत है। यह अब तक ज्ञात सर्वाधिक दूरी पर स्थित **सुपरक्लस्टर** है। सरस्वती में **42 सुपरक्लस्टर** हैं। इनकी खोज भारतीय खगोलविदों ने की थी।
- **क्वैसर** यह एक चमकीला आकाशीय पिण्ड है, जो आकार में आकाशगंगा से छोटा होता है, परन्तु अधिक मात्रा में ऊर्जा का उत्सर्जन करता है। यह 4 से 10 अरब प्रकाश वर्ष की दूरी पर स्थित है। इसकी खोज वर्ष 1962 में की गई थी।
- **इण्टरनेशनल लिक्विड मिरर टेलीस्कोप** (ILMT) यह एशिया का सबसे बड़ा **टेलीस्कोप** है, जो 4 मी लम्बा है। इसे 21 मार्च, 2023 को उत्तराखण्ड के **आर्यभट्ट प्रेक्षण विज्ञान शोध संस्थान** (ARIES) के **देवस्थल वेधशाला परिसर** में 2450 मी की ऊँचाई पर स्थापित किया गया है।

तारे

- अन्तरिक्ष में उपस्थित तारे (Stars) एक प्रकार के चमकीले खगोलीय पिण्ड होते हैं। मूलरूप से तारे हीलियम तथा हाइड्रोजन गैसों से निर्मित होते हैं। प्राय: एक तारे में 70% हाइड्रोजन, 28% हीलियम, 1.5% कार्बन, नाइट्रोजन एवं नियॉन और 0.5% में लौह एवं अन्य तत्त्व होते हैं।
- तारों के पास अपनी ऊष्मा तथा प्रकाश होता है। **ध्रुव तारा** तथा **सूर्य** तारों के उदाहरण हैं। ध्रुव तारा रात्रि में उत्तर दिशा की ओर स्थिर दिखाई देता है।
- सूर्य, पृथ्वी का सबसे **निकटतम तारा** है। यह पृथ्वी से 14.96 करोड़ किमी की दूरी पर है। सूर्य के प्रकाश को पृथ्वी तक पहुँचने में 8.3 मिनट (500 सेकण्ड) का समय लगता है।
- सौरमण्डल के उपरान्त पृथ्वी का सबसे निकटतम तारा **प्रॉक्सिमा सेंचुरी** (Proxima Century) है, जिसकी दूरी पृथ्वी से 4.28 प्रकाश वर्ष है।
- **प्रॉक्सिमा सेंचुरी-बी** को केवल **प्रॉक्सिमा-बी** भी कहते हैं। पृथ्वी सदृश, प्रॉक्सिमा-बी एक नया ग्रह है, जो सूर्य के सबसे निकट के तारे प्रॉक्सिमा सेंचुरी की परिक्रमा करता है। इसका द्रव्यमान, पृथ्वी के द्रव्यमान का 1.3 गुना है तथा यह प्रॉक्सिमा सेंचुरी से 7.5 मिलियन किमी दूर है।
- **साइरस** या **डॉगस्टार**, प्रॉक्सिमा सेंचुरी के बाद सबसे समीप का तारा है, जो हमारे सौरमण्डल से 8.6 प्रकाश वर्ष दूर है। इसका द्रव्यमान सूर्य के द्रव्यमान का दोगुना होता है। यह रात्रि के समय दिखाई देने वाला सबसे चमकीला तारा है।

तारों का रंग, तापमान एवं उम्र

- मन्द लाल – 175° सेल्सियस-वृद्ध
- मटमैला लाल – 600° सेल्सियस
- सुर्ख लाल – 700° सेल्सियस
- तेज लाल – 850° सेल्सियस
- नारंगी – 900° सेल्सियस-प्रौढ़
- पीला – 1000° सेल्सियस
- नीला सफेद – 1150° सेल्सियस-युवा तारा
- तारों का रंग इनके पृष्ठताप द्वारा निर्धारित होता है; जैसे—लाल अपेक्षाकृत निम्न पृष्ठताप, श्वेत उच्च पृष्ठताप तथा नीले अत्यधिक उच्च पृष्ठताप वाले होते हैं। तारों द्वारा उत्सर्जित मुक्त ऊष्मा के आधार पर उसकी अनुमानित आयु ज्ञात की जाती है।
- अन्त में तारा विस्फोट की प्रक्रिया के फलस्वरूप नष्ट हो जाता है और **कृष्ण छिद्र** (ब्लैक होल) बन जाता है। यदि कोई प्रेक्षक तारों को क्षितिज से लम्बवत् उठते देखता है, तो वह विषुवत् रेखा पर स्थित होता है।

तारों का जीवन चक्र

- ब्रह्माण्ड में **नाभिकीय संलयन** (Nuclear Fusion) की प्रक्रिया से हाइड्रोजन के हीलियम में परिवर्तित होने के कारण नए तारों का निर्माण होता है। यही बादल **स्टेलर नर्सरी** कहलाता है।
- आकाशगंगा में जब हाइड्रोजन का बादल बड़ा होता है, तो गुरुत्वाकर्षण के प्रभावस्वरूप गैसीय पिण्ड सिकुड़ने लगते हैं तथा यही तारे के जन्म की प्रारम्भिक अवस्था होती है, जिसे **आदि तारा** कहा जाता है। इसका केन्द्र सघन होता है। अत: इसे **भ्रूण तारे** (Embryo star) या **प्रोटोस्टार** (Proto star) की संज्ञा भी दी जाती है।
- आदि तारे के सिकुड़ने से गैस के बादलों में परमाणुओं की टक्करों की संख्या में वृद्धि होने से हाइड्रोजन की हीलियम में परिवर्तित होने की प्रक्रिया शुरू हो जाती है। इसमें हीलियम बनने के दौरान उत्पन्न ऊर्जा **प्रोटोस्टार** को चमक प्रदान करती है तथा इस अवस्था में आदि तारे पूर्ण तारे का स्वरूप धारण कर लेते हैं।
- **नाभिकीय संलयन** (Nuclear Fusion) की अभिक्रिया, तारे के केन्द्र में निरन्तर चलती रहती है, अत: इसके परिणामस्वरूप क्रोड में हीलियम की प्रधानता हो जाने से अभीष्ट संलयन प्रक्रिया रुक जाती है। क्रोड में कम दबाव होने के परिणामस्वरूप तारों में संकुचन होने लगता है।
- हाइड्रोजन का हीलियम में परिवर्तन होने से तारे के बाह्य कवच में ऊर्जा विकिरण की तीव्रता कम हो जाती है एवं इसका रंग बदलकर लाल हो जाता है, जिसे **रक्त दानव** या **लाल दानव तारे** (Red Giant Stars) कहा जाता है। लाल दानव तारे की दो प्रमुख अवस्थाएँ होती हैं

(i) जब तारे का प्रारम्भिक द्रव्यमान सूर्य के बराबर या चन्द्रशेखर सीमा के बराबर होता है, तब इसके बाहरी आवरण का विस्तार नहीं होता है तथा केन्द्र सिकुड़ता है, जिससे **श्वेत वामन तारा** (White Dwarf Star) बनता है, इसे जीवाश्म तारा (Fossil Star) भी कहते हैं।

जब श्वेत वामन अधिक ठण्डा हो जाता है, तब वह काला वामन (Black Dwarf) में बदल जाता है।

(ii) जब तारे का द्रव्यमान सूर्य से अधिक या चन्द्रशेखर सीमा से अधिक होता है, तब सुपरनोवा विस्फोट (Supernova Explosion) होता है तथा तारे का क्रोड संकुचित होकर न्यूट्रॉन तारा या ब्लैक होल में परिवर्तित हो जाता है।

चन्द्रशेखर सीमा

- वर्ष 1983 में नोबेल पुरस्कार से सम्मानित भारतीय मूल के अमेरिकी खगोल एवं भौतिक विज्ञानी एस. चन्द्रशेखर के अनुसार, 1.44 सौर द्रव्यमान ही श्वेत वामन तारे के द्रव्यमान की ऊपरी सीमा है, जिसे चन्द्रशेखर सीमा (Chandra Shekar Limit) कहा जाता है। इस सीमा के बाद तारे को मृत अवस्था तारा माना जाता है।
- सुपरनोवा या मृत प्राय या अभिनव तारा (Super Nova or New Star) यह तारे के विस्फोट के परिणामस्वरूप सामने आता है। इससे ही न्यूट्रॉन तारों (पल्सर) का निर्माण होता है। इसमें भी अत्यधिक परिमाण में द्रव्यमान अन्तत: एक ही बिन्दु पर केन्द्रित होता है।
- पल्सर (न्यूट्रॉन तारा) यह एक खगोलीय पिण्ड है, जो स्पन्दन के रूप में नियमित अन्तराल पर रेडियो तरंगें उत्सर्जित करता रहता है। क्रैब आकाशगंगा के पल्सर्स द्वारा प्रति 1/30 सेकण्ड में रेडियो तरंगों का उत्सर्जन होता है। पल्सर का द्रव्यमान सूर्य से अधिक, चुम्बकीय क्षेत्र पृथ्वी के चुम्बकीय क्षेत्र से 20 ट्रिलियन गुना अधिक तथा इसके घूमने की गति लगभग 7000 किमी प्रति सेकण्ड पाई जाती है।

तारों का जीवन चक्र

जन्म	मुख्य विकास	वृद्धावस्था	मृत्यु	अवशेष
प्रोटोस्टार	सूर्य के समान तारे	रक्त दानव	ग्रहीय नेबुला	श्वेत बौने तारे → काले बौने तारे
	वृहद् तारे रक्त दानव तारे	लाल रक्त दानव	सुपरनोवा	नेबुला → न्यूट्रॉन तारा ब्लैक होल

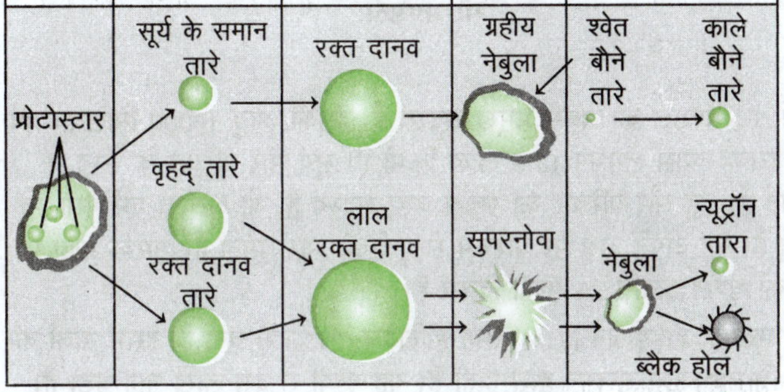

कृष्ण छिद्र या ब्लैक होल

- जब न्यूट्रॉन तारे में अत्यधिक परिमाण के द्रव्यमान अन्तत: एक ही बिन्दु पर संकेन्द्रित हो जाते हैं, तो ऐसे असीमित घनत्व के द्रव युक्त पिण्ड को कृष्ण छिद्र या ब्लैक होल या कृष्ण विवर कहते हैं।
- सापेक्षता के सिद्धान्त के माध्यम से वर्ष 1916 में अल्बर्ट आइन्स्टीन ने पहली बार ब्लैक होल की भविष्यवाणी की थी।
- भौतिक वैज्ञानिक जॉन व्हीलर ने वर्ष 1967 में सार्वजनिक व्याख्यान में सर्वप्रथम ब्लैक होल (Black Hole) शब्द का प्रयोग किया था।
- कृष्ण छिद्र (ब्लैक होल) में द्रव्यों का घनत्व नहीं मापा जा सकता। कृष्ण छिद्र का गुरुत्वाकर्षण क्षेत्र इतना प्रबल होता है कि इससे किसी भी पदार्थ का यहाँ तक कि प्रकाश का भी पलायन नहीं हो सकता।
- कृष्ण छिद्र का क्षेत्र अत्यन्त प्रबल होने के कारण इसे दूरबीन से भी नहीं देखा जा सकता है। कृष्ण छिद्र आकार की दृष्टि से लघु या दीर्घ हो सकता है।
- रॉग ब्लैक होल (Rogue Black Hole) दो या दो से अधिक ब्लैक होलों का समूह है। यह किसी वस्तु के गुरुत्वाकर्षण से बँधा हुआ नहीं होता है।
- लघु कृष्ण छिद्र (ब्लैक होल) ये परमाणु के समान छोटे हो सकते हैं, परन्तु इनका द्रव्यमान अत्यधिक होता है। ऐसे तारे, जिनका द्रव्यमान सूर्य के द्रव्यमान से तीन गुना से अधिक होता है, वे विघटित होने के फलस्वरूप कृष्ण छिद्र में परिवर्तित हो जाते हैं।
- इवेण्ट होराइजन (घटना क्षितिज) यह दिक् काल (Space time) में एक ऐसी सीमा है, जो ब्लैक होल के चारों ओर के क्षेत्र को सन्दर्भित करती है।
- इवेण्ट होराइजन टेलीस्कोप यह मैसाचुसेट्स इन्स्टीट्यूट ऑफ टेक्नोलॉजी (अमेरिका) व मैक्स प्लैंक इन्स्टीट्यूट (जर्मनी) के खगोल वैज्ञानिकों द्वारा विश्व में लगाया गया रेडियो टेलीस्कोपों का एक नेटवर्क है।
- इसके माध्यम से ब्लैक होल की तस्वीर खींचने एवं वेरी लॉन्ग बेसलाइन इण्टरफेरोमेट्री (VLBI) तकनीक द्वारा समायोजित कर विश्लेषण करने की योजना है। इसके साथ ही मिल्की-वे आकाशगंगा के केन्द्र में स्थित सेजिटेरियस ए (Sagittarias A) ब्लैक होल का पर्यवेक्षण करना है।

तारामण्डल

- मन्दाकिनी में पाए जाने वाले तारों में कुछ तारे सुन्दर आकृतियों के रूप में व्यवस्थित होते हैं, इन आकृतियों को तारामण्डल (Constellation) कहा जाता है; जैसे—सप्तऋषि मण्डल, ओरिआँन, हरक्यूलिस आदि।
- इण्टरनेशनल एस्ट्रोनॉमिकल यूनियन के अनुसार, आकाश में 88 तारामण्डल हैं। इनमें सबसे बड़ा तारामण्डल सेण्टॉस (Sentos) है, जिसमें 94 तारे हैं। हाइड्रा तारामण्डल में कम-से-कम 68 तारे हैं।

इकारस तारा

इकारस तारा, ब्रह्माण्ड में अब तक ज्ञात तारों में सर्वाधिक दूर स्थित तारा है। यूनान के पौराणिक पात्र के आधार पर इसका नाम **इकारस** रखा गया है। इस विशाल तारे को नीले रंग के कारण **ब्लू सुपरजायण्ट** (Blue Super Giant) भी कहा जाता है एवं इसका आधिकारिक नाम MACS OJJ1149 + 2223 Lensed Star-1 है।

नेमिस तारा

वैज्ञानिक मतानुसार, लगभग 4-5 अरब प्रकाश वर्ष पूर्व सूर्य एवं उसका जुड़वा तारा निर्मित हुआ था। इस काल्पनिक तारे का नाम **नेमिस** (Nemesis) है, जिसका शाब्दिक अर्थ है-**सजा की देवी**।

ध्रुव तारा

- प्राचीन समय में लोग रात्रि में दिशा का निर्धारण तारों की सहायता से करते थे। उत्तरी तारा उत्तर दिशा को बताता है। इसे ध्रुव तारा (Polar Star) भी कहा जाता है।
- यह लिटिल बियर तारा (Little Bear Star) समूह का सदस्य है, जो आकाश में सदैव एक ही स्थान पर रहता है, हम सप्तऋषि की सहायता से ध्रुव तारे की स्थिति ज्ञात कर सकते हैं।

- यदि सप्तऋषि मण्डल के संकेतक तारों को आपस में मिलाते हुए एक काल्पनिक रेखा खींची जाए एवं उसे आगे की ओर बढ़ाया जाए, तो यह रेखा ध्रुव तारे की ओर इंगित करेगी।
- यह पृथ्वी से 390 प्रकाश वर्ष दूर है। आकार में बड़ा होने के कारण खगोलशास्त्री इसे अत्यन्त रोशनी वाला महादानव तारा (Great Gaint Star) भी कहते हैं।

प्रमुख माप इकाइयाँ

- **प्रकाश वर्ष** (Light Year) यह दूरी की माप है। 1 लाख 86 हजार मील/से के वेग से तय की गई 1 वर्ष की दूरी को प्रकाश वर्ष कहते हैं। 1 प्रकाश वर्ष 9.46×10^{12} किमी के बराबर होता है। सूर्य एवं पृथ्वी की औसत दूरी 14 करोड़ 95 लाख 98 हजार किमी है। प्रकाश वर्ष के सन्दर्भ में यह प्रकाश वर्ष का केवल 8.311 मिनट है।
- **पारसेक** (Parsec) एक पारसेक पृथ्वी से किसी खगोलीय पिण्ड की वह दूरी होती है, जब वह पिण्ड एक आर्क सेकण्ड के दिग्भेद कोण पर होता है। 1 पारसेक $= 3.08 \times 10^{16}$ मी $= 3.262$ प्रकाश वर्ष
- **ब्रह्माण्ड** (Universe) **वर्ष** ब्रह्माण्डीय वर्ष जिसे गांगेय वर्ष के रूप में भी जाना जाता है। यह आकाशगंगा के केन्द्र के चारों ओर एक बार सूर्य की परिक्रमा करने के लिए आवश्यक समय की अवधि होती है। एक गांगेय वर्ष 230 मिलियन पृथ्वी वर्ष के बराबर है।
- **खगोलीय इकाई** (Astronomical Unit) खगोलीय इकाई सामान्य सन्दर्भ में पृथ्वी और सूर्य के बीच की औसत दूरी को रेखांकित करती है। एक AU की दूरी लगभग 93 मिलियन मील (150 मिलियन किमी) है।

नक्षत्र

- आकाश में हम तारों के विभिन्न समूहों द्वारा बनाई गई विविध आकृति को देखते हैं, जिन्हें **नक्षत्र** कहते हैं। इनकी संख्या **27** मानी जाती है। (अभिजीत नामक 28वें नक्षत्र की परिकल्पना भारतीय मनीषियों द्वारा की गई है।)
- अर्सा मेजर तथा बिग बीयर एक प्रकार का नक्षत्र मण्डल है, जो सरलता से पहचान में आने वाला नक्षत्र मण्डल **सप्तऋषि** (सप्तऋषि सन्त) है।
- यह सात तारों का समूह है, जोकि नक्षत्र मण्डल **अर्सा मेजर** का भाग है, जिसे रात्रि में देखा जाता है तथा ये आकाश में पृथ्वी के **चतुर्दिक** में स्थित होते हैं।
- हम सप्तऋषि की सहायता से ध्रुव तारे की स्थिति ज्ञात कर सकते हैं। चित्रा, हस्त, विशाखा, श्रवण, घनिष्ठा, माघा, आर्द्रा, अनुराधा, रोहिणी कुछ प्रमुख नक्षत्र हैं।

नक्षत्र दिवस

इसकी गणना सूर्य को आकाशगंगा का चक्कर लगाते हुए मानकर की जाती है। यह दिवस 23 घण्टे 56 मिनट की अवधि का होता है। इससे स्पष्ट होता है कि सौर दिवस नक्षत्र दिवस से लगभग 4 मिनट लम्बी अवधि का होता है।

सौरमण्डल

- यह सूर्य, ग्रहों एवं उपग्रहों तथा हजारों अन्य पिण्डों; जैसे—क्षुद्रग्रह, धूमकेतु तथा उल्काओं से मिलकर बना है। यह सौरमण्डल आकाशगंगा के केन्द्र से लगभग 27000 प्रकाश वर्ष दूर है। सम्पूर्ण सौरमण्डल का 99.9% भाग केवल सूर्य से निर्मित है तथा ऊर्जा का प्रमुख स्रोत भी सूर्य ही है।
- सूर्य एक प्रमुख तारा है, जो हमारे सौरमण्डल के केन्द्र में स्थित है। आठ ग्रह (बुध, शुक्र, पृथ्वी, मंगल, बृहस्पति, शनि, अरुण व वरुण) गुरुत्वाकर्षण बल के कारण सूर्य की परिक्रमा दीर्घवृत्ताकार पथ में करते हैं।
- निहारिका को **सौरमण्डल का जनक** माना जाता है। इसके ध्वस्त होने व क्रोड के बनने की शुरुआत लगभग 5 से 5.6 अरब वर्ष पूर्व हुई तथा ग्रहों का निर्माण लगभग 4.6 से 4.56 अरब वर्ष पूर्व हुआ।
- कुछ खगोलीय पिण्ड बड़े आकार वाले तथा गर्म होते हैं। ये गैसों से बने होते हैं। इनके पास अपनी ऊष्मा तथा प्रकाश होता है, जिसे वे बहुत बड़ी मात्रा में उत्सर्जित करते हैं। इन खगोलीय पिण्डों को **तारा** कहा जाता है। **सूर्य** भी एक तारा है।
- कुछ खगोलीय पिण्डों में अपना प्रकाश एवं ऊष्मा नहीं होती है। वे तारों के प्रकाश से प्रकाशित होते हैं, ऐसे पिण्ड **ग्रह** कहलाते हैं।

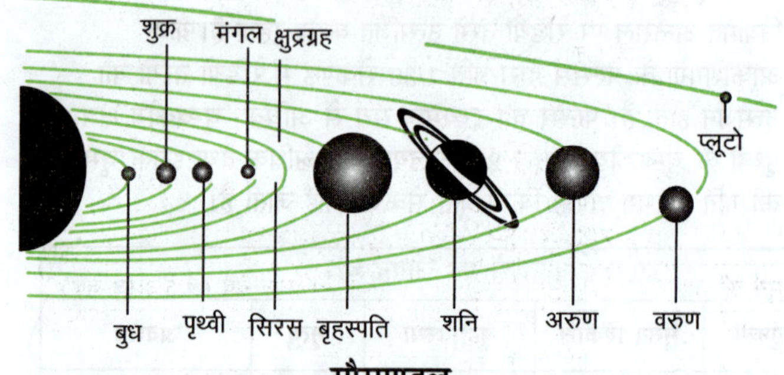

सौरमण्डल

सूर्य

- सूर्य, सौरमण्डल का सबसे प्रमुख सदस्य है। इसकी आयु 46000 मिलियन वर्ष है। इसका व्यास लगभग 13.9 लाख किमी है। सूर्य सौर परिवार के केन्द्र में स्थित है। यह सौर परिवार का सबसे बड़ा सदस्य है, जो अत्यन्त गर्म गैसों से बना है। यह अपने अक्ष पर पश्चिम से पूर्व की ओर घूमता है। भूमध्य रेखा पर इसकी घूर्णन अवधि 25 पृथ्वी दिवस है।
- यह मुख्यत: हाइड्रोजन (71%) तथा हीलियम (27%) से बना है। इसमें ऊर्जा की उत्पत्ति नाभिकीय संलयन द्वारा होती है। यह पृथ्वी से दस लाख गुना बड़ा है। यह सम्पूर्ण सौर परिवार के लिए ऊर्जा अर्थात् ऊष्मा और प्रकाश का स्रोत है।
- 107°C ताप पर सूर्य के केन्द्र पर चार हाइड्रोजन नाभिक मिलकर एक हीलियम नाभिक का निर्माण करते हैं।

सूर्य की आन्तरिक संरचना

- केन्द्र, विकिरण क्षेत्र, संवहनी क्षेत्र, प्रकाश मण्डल, क्रोमोस्फीयर एवं कोरोना सूर्य की संरचना के छ: महत्त्वपूर्ण क्षेत्र हैं।
- सूर्य के केन्द्र का तापमान 1.57×10^{7} केल्विन या 15 मिलियन डिग्री सेण्टीग्रेट है, जबकि सतह का तापमान 6000°C है। इसके केन्द्र में **गैस** एवं **प्लाज्मा** (Plasma) (इसका निर्माण गैस को गर्म करने से होता है।) होते हैं। सूर्य की बाह्य परत (प्रकाश मण्डल) का तापमान केन्द्र के तापमान से कम है।

- सूर्य की बाह्य सतह (फोटोस्फीयर) से 10,000 किमी तक की दूरी को क्रोमोस्फीयर कहते हैं अथवा प्रकाश मण्डल की ऊपरी परत से क्रोमोस्फीयर का प्रारम्भ होता है, जहाँ ऋणात्मक हाइड्रोजन कम हो जाती है। यह लाल रंग का होता है। इसमें गैसों के उठते प्रवाह को स्पीक्यूलस कहते हैं। क्रोमोस्फीयर के बाह्य भाग को कोरोना कहते हैं, जो सूर्यग्रहण के समय दिखाई देता है।
- 100 किमी की एक संकीर्ण पट्टी क्रोमोस्फीयर और कोरोना के मध्य पाई जाती है, जहाँ तापमान एकाएक बढ़ जाता है। सूर्य का प्रभामण्डल पक्षाभ मेघों के हिमस्फिटिकों के अपवर्तन से उत्पन्न होता है।

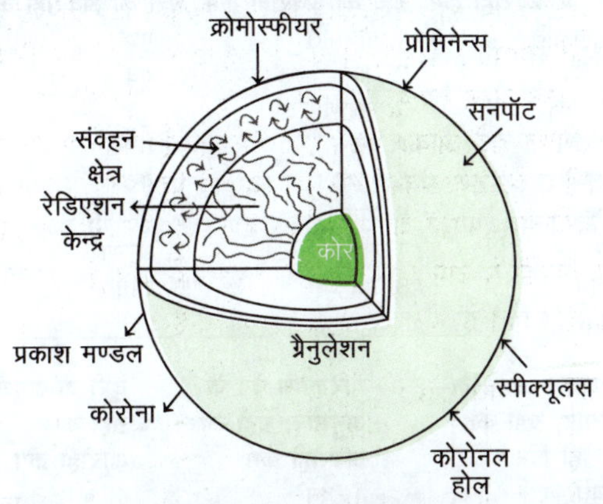

सूर्य की आन्तरिक तथ्य

सूर्य से सम्बन्धित महत्त्वपूर्ण तथ्य

सूर्य की आयु	5 बिलियन वर्ष (4.5 अरब वर्ष)
पृथ्वी से न्यूनतम दूरी	14.70 करोड़ किमी
पृथ्वी से अधिकतम दूरी	15.21 करोड़ किमी
पृथ्वी से माध्य दूरी	14.96 करोड़ किमी
सूर्य का व्यास	13,92000 किमी
सूर्य का आयतन	पृथ्वी से 13 लाख गुना
द्रव्यमान	पृथ्वी का 3,32000 गुना
तलीय गुरुत्व	पृथ्वी से 28 गुना
केन्द्रीय घनत्व	150 ग्राम प्रति घन सेमी
केन्द्रीय दबाव	1 अरब एटमोस्फेयर
औसत घनत्व	1.40 ग्राम/सेमी^{3}
सूर्य के प्रकाश की चाल	3 लाख किमी/सेकण्ड
सूर्य के प्रकाश का पृथ्वी तक पहुँचने में समय	8 मिनट 20 सेकण्ड
घूर्णन अवधि	भूमध्यरेखा के सापेक्ष (25.38 दिन) ध्रुवों के सापेक्ष (35 दिन)
रासायनिक संघटन	हाइड्रोजन 71%, हीलियम 26.5% अन्य तत्त्व 2.5%
एक सामान्य तारे का जीवनकाल	10 बिलियन वर्ष
फोटोस्फीयर ताप (सतह का तापमान)	6000 °C
केन्द्र का तापमान	15 मिलियन डिग्री सेल्सियस
सूर्य धब्बों का तापमान	6500 °C
ऊर्जा का उत्सर्जन	3×10^{26} जूल/सेकण्ड

फोटोस्फीयर

यह सूर्य के वायुमण्डल की सबसे निचली परत है, जहाँ सूर्य की अधिकांश ऊर्जा उत्सर्जित होती है। इसका मुख्य कारण यहाँ फोटॉन (Photon) की अधिकता का पाया जाना है। इस गैसीय संरचना में 90% हाइड्रोजन, 9% हीलियम तथा 1% भारी तत्त्व सम्मिलित होते हैं।

ग्रैनूल अनगिनत छोटे-छोटे प्रकाशित कण होते हैं, जो असमान मोटाई वाली फोटोस्फीयर की सतह पर पाए जाते हैं।

फोटोस्फीयर (Photosphere) के गर्म एवं प्रकाशित भाग को फैकुला कहा जाता है

सौर ज्वाला

जब प्रकाशमण्डल से परमाणुओं का तूफान अत्यधिक वेग से निकलता है, तब वह सूर्य की आकर्षण शक्ति को पार करके अन्तरिक्ष में चला जाता है, जिसे सौर ज्वाला (Solar Flares) कहा जाता है।

अरोरा (Aurora)

- जब सौर ज्वाला/लपटें फोटोस्फीयर से उत्पन्न होकर कोरोना में प्रविष्ट होती हैं, तब इससे पृथ्वी के वायुमण्डल में ध्रुवीय प्रकाश दृष्टिगत होता है।
- यह प्रकाश उच्च अक्षांशों में रात में अधिक दिखाई देता है। जब इसे उत्तरी ध्रुव पर देखा जाता है, तो इसे उत्तरी ध्रुवीय ज्योति तथा दक्षिण ध्रुव पर दक्षिणी **ध्रुवीय ज्योति** कहा जाता है।

सौर कलंक

- सौर ज्वाला जहाँ से निकलती है, वहाँ दिखाई देने वाले ठण्डे व काले धब्बों को सौर कलंक (Sunspots) कहते हैं। इसका तापमान 6500°C होता है।
- यह कलंक सूर्य के 5° से 40° उत्तरी तथा दक्षिणी अक्षांशों के मध्य उत्पन्न होता है। इसके सर्वाधिक काले केन्द्रीय भाग को अम्ब्रा (Umbra) तथा हल्के काले भाग को पेनम्ब्रा (Penumbra) कहा जाता है।
- इसके बनने व बिगड़ने की प्रक्रिया लगभग 11 वर्षों में पूर्ण होती है, जिसे सौर कलंक चक्र (Sunspot -Cycle) कहा जाता है।
- विगत सौर वर्षों में सौर कलंकों की तीव्रता सबसे कम वर्ष 2019 में दर्ज की गई, जिसे सौर न्यूनतम (Solar minimum) कहा गया। वर्तमान में 11 वर्ष का नया सौर चक्र (25वाँ) शुरू हो चुका है।
- यह प्रबल चुम्बकीय विकिरण का उत्सर्जन करता है, जिससे पृथ्वी की संचार व्यवस्था बाधित होती है।

सौर पवनें

- विद्युत चुम्बकीय लघु तरंगों के विकिरण के अतिरिक्त सूर्य से प्रोटॉन एवं इलेक्ट्रॉन के आवेशित कण का उत्सर्जन होता है। इसी आयन तथा इलेक्ट्रॉन के प्रभाव से सौर पवनों (Solar winds) का प्रवाह होता है।
- इसके प्रभाव से वायुमण्डल की आयनीकृत गैस परत का ह्रास होता है तथा ध्रुवों पर अरोरा (Aurora) की घटना उत्पन्न होती है।

सूर्य का अध्ययन करने वाला प्रथम मिशन आदित्य-L_1

- भारतीय अन्तरिक्ष अनुसन्धान संगठन (ISRO) ने अपना पहला सौर मिशन आदित्य-L_1 को 2 सितम्बर, 2023 को सफलतापूर्वक प्रक्षेपित किया।
- यह 1.5 मिलियन किमी की दूरी से सूर्य का अध्ययन करने वाला पहला अन्तरिक्ष आधारित वेधशाला श्रेणी का भारतीय सौर मिशन है, जिसे L_1 (लैग्रेंजियन बिन्दु L_1) पर पहुँचने में 125 दिन लगे।
- इसका उद्देश्य **सौर कोरोना** (Solar corona), **प्रकाशमण्डल** (photosphere), **क्रोमोस्फीयर** (chromosphere), **सौर पवन** (solar wind), **सौर विकिरण** आदि का अध्ययन करना है।

लैग्रेंज बिन्दु (L बिन्दु)

- लैग्रेंज या लैग्रेंजियन बिन्दु अन्तरिक्ष में वह स्थान है, जहाँ **सूर्य और पृथ्वी** या **पृथ्वी और चन्द्रमा** का संयुक्त गुरुत्वाकर्षण बल किसी बहुत छोटे पिण्ड पर लग रहे **अपकेन्द्रीय** (centrifigal) बल के बराबर होता है, जहाँ पिण्ड स्थिर होता है।
- इस बिन्दु का नाम गणितज्ञ जोसेफ **लुई लैग्रेंजे** के नाम पर पड़ा है। पृथ्वी और सूर्य के बीच ऐसे 5 बिन्दु क्रमशः L_1, L_2, L_3, L_4 तथा L_5 हैं।

सूर्य के अध्ययन से सम्बन्धित प्रमुख मिशन/उपग्रह

मिशन/उपग्रह	विशेषता/उद्देश्य
आदित्य-एल 1	• यह सूर्य का अध्ययन करने वाला भारत का पहला अन्तरिक्ष मिशन है।
सनराइज (Sun Radio Interferometer space experiment-Sun RISE)	• यह नासा (अमेरिकी अन्तरिक्ष एजेन्सी) का मिशन है, जो सूर्य की उत्पत्ति तथा सूर्य पर होने वाले विशाल मौसमी अन्तरिक्ष तूफान (सौर कण तूफान) का अध्ययन करता है।
सौर अन्वेषण उपग्रह (शीहे) (Xihe)	• यह चीन द्वारा (14 अक्टूबर, 2021 को) प्रक्षेपित पहला सौर अन्वेषण उपग्रह है। • यह सौर ज्वालाओं के दौरान सूर्य में होने वाले परिवर्तनों का निरीक्षण करता है।
पार्कर सौर प्रोब मिशन	• यह नासा का प्रमुख सौर मिशन है, जिसे 12 अगस्त, 2018 में केनेडी स्पेस सेण्टर से डेल्टा IV प्रक्षेपणयान द्वारा प्रक्षेपित किया गया। यह मिशन 'लिविंग विद ए स्टार' कार्यक्रम का भाग है। • इसने 28 अप्रैल, 2021 को सूर्य के कोरोना को स्पर्श किया तथा यह वर्ष 2025 में सूर्य के सबसे निकट (61.6 लाख किमी) होगा।

ग्रह

- ग्रह, जिसे अंग्रेजी में **प्लेनेट** कहते हैं, यह ग्रीक भाषा के **प्लेनेटाइ** (Planetai) शब्द से बना है, जिसका अर्थ है—परिभ्रमक अर्थात् चारों ओर घूमने वाले वे आकाशीय पिण्ड, जिनमें अपना प्रकाश एवं ऊष्मा नहीं होती है तथा ये तारों के प्रकाश से प्रकाशित होते हैं, **ग्रह** कहलाते हैं। ये तारों की तुलना में अधिक निकट होते हैं।
- ग्रहों द्वारा प्राप्त ऊष्मा की मात्रा ग्रह की सूर्य से दूरी पर निर्भर करती है। ग्रह सूर्य की परिक्रमा अपने दीर्घ वृत्ताकार पथ में करते हैं, जिन्हें कक्षा कहा जाता है, इसके साथ ही ग्रह अपने अक्ष पर भी घूमते हैं।
- हमारे सौरमण्डल में 8 ग्रह हैं, जो सूर्य से दूरी के अनुसार क्रमशः बुध, शुक्र, पृथ्वी, मंगल, बृहस्पति, शनि, यूरेनस (अरुण) तथा नेप्च्यून (वरुण) हैं।
- शुक्र एवं अरुण के अतिरिक्त सभी ग्रह सूर्य की परिक्रमा पश्चिम से पूर्व दिशा में करते हैं, इसलिए ग्रहों के सापेक्ष दिन-प्रतिदिन स्थिति बदलती रहती है।

ग्रहों का अवरोही क्रम

आकार के अनुसार, ग्रहों का अवरोही क्रम	द्रव्यमान के अनुसार, ग्रहों का अवरोही क्रम	घनत्व के अनुसार, ग्रहों का अवरोही क्रम
1. बृहस्पति	1. बृहस्पति	1. पृथ्वी
2. शनि	2. शनि	2. बुध
3. अरुण	3. अरुण	3. शुक्र
4. वरुण	4. वरुण	4. मंगल
5. पृथ्वी	5. पृथ्वी	5. वरुण
6. शुक्र	6. शुक्र	6. बृहस्पति
7. मंगल	7. मंगल	7. अरुण
8. बुध	8. बुध	8. शनि

परिक्रमण अवधि के अनुसार, ग्रहों का अवरोही क्रम	परिक्रमण वेग के अनुसार, ग्रहों का अवरोही क्रम	दूरी के अनुसार, ग्रहों का आरोही क्रम
1. बुध	1. बुध	1. बुध
2. शुक्र	2. शुक्र	2. शुक्र
3. पृथ्वी	3. पृथ्वी	3. पृथ्वी
4. मंगल	4. मंगल	4. मंगल
5. बृहस्पति	5. बृहस्पति	5. बृहस्पति
6. शनि	6. शनि	6. शनि
7. अरुण	7. अरुण	7. अरुण
8. वरुण	8. वरुण	8. वरुण

ग्रहों का निर्माण

- तारे, निहारिका के अन्दर गैस के गुन्थित झुण्ड होते हैं। इन झुण्डों में गुरुत्वाकर्षण बल से गैसीय बादल में **क्रोड** का निर्माण हुआ और इस गैसीय क्रोड के चारों ओर गैस व धूलकणों की घूमती तश्तरी विकसित हुई।
- इस अवस्था में गैसीय बादल का संघनन आरम्भ हुआ और क्रोड को ढकने वाला पदार्थ छोटे गोलों के रूप में विकसित हुआ। ये छोटे गोले ससंजन अणुओं से पारस्परिक आकर्षण प्रक्रिया से ग्रहाणुओं के रूप में विकसित हुए।

पार्थिव एवं जोवियन ग्रह

- पार्थिव ग्रह (Terrestrial Planet) सौरमण्डल में बुध, शुक्र, पृथ्वी व मंगल **भीतरी ग्रह** कहलाते हैं, क्योंकि ये सूर्य तथा क्षुद्रग्रहों की पट्टी के बीच स्थित होते हैं। इन्हें स्थलीय ग्रह भी कहा जाता है।
- **जोवियन ग्रह** (Jovian Planet) बृहस्पति, शनि, यूरेनस (अरुण) तथा नेप्च्यून (वरुण) ग्रह **बाहरी ग्रह** अथवा **जोवियन** ग्रह कहलाते हैं, जोवियन का अर्थ है—बृहस्पति के समान। ये अधिकतर पार्थिव ग्रहों से विशाल होते हैं और हाइड्रोजन व हीलियम से बने होते हैं।

पार्थिव एवं जोवियन ग्रह में अन्तर

पार्थिव ग्रह	जोवियन ग्रह
इनकी उत्पत्ति जनक तारे के निकट हुई, जहाँ अत्यधिक तापमान के कारण गैस घनीभूत न हो सकी।	इनकी उत्पत्ति जनक तारे से अधिक दूरी पर हुई।
सौर वायु सूर्य के निकट शक्तिशाली होने के कारण यह धूलकणों को अपने साथ ले जाती है।	सौर वायु शक्तिशाली न होने के कारण यह अपनी गैसों को हटा नहीं सकती है।
इन ग्रहों की गुरुत्वाकर्षण शक्ति अत्यन्त कम होती है, जिससे यह गैसों को अपनी ओर आकर्षित करने में असमर्थ होती है।	इनकी गुरुत्वाकर्षण शक्ति अधिक होने के कारण यहाँ गैसों का संकेन्द्रण अधिक पाया जाता है। यह मूलत: गैसीय ग्रह है।
इनकी भू-पर्पटी में पतली, चट्टानी परत, मैटल में लोहा और मैग्नीशियम तथा क्रोड में भारी धातु लोहा एवं निकिल पाए जाते हैं।	यह गैसीय पिण्ड है, जिनके चारों ओर वलय (रिंग सिस्टम) पाए जाते हैं।
इनका वायुमण्डल विरल एवं महीन कणों से युक्त है तथा कुछ के ही प्राकृतिक उपग्रह होते हैं।	इनके प्राकृतिक उपग्रहों की संख्या अधिक पाई जाती है।

ग्रहों का विवरण

बुध

- बुध (Mercury) सूर्य का सबसे निकटतम ग्रह है। सूर्य से इसकी दूरी 58 मिलियन (5.8 करोड़) किमी है। यह **सबसे छोटा ग्रह** भी है। इसका व्यास 4880 किमी है तथा इसका घनत्व 5.43 ग्राम/घन सेमी है। इसका कोई **उपग्रह** नहीं है। यहाँ रातें **बर्फीली** तथा दिन **अत्यधिक गर्म** होते हैं, अत: इसका तापान्तर (560°C) अन्य ग्रहों की अपेक्षा सर्वाधिक होता है।
- इसलिए यहाँ जीवन सम्भव नहीं है। बुध का द्रव्यमान पृथ्वी के द्रव्यमान का 1/18 है। यह सर्वाधिक कक्षीय गति वाला ग्रह है। इसके क्रोड में लोहा अर्थात् चुम्बकीय क्षेत्र विद्यमान है। इसका **एल्बिडो** (Albedo) मान पृथ्वी से कम होता है।

शुक्र

- शुक्र (Venus) ग्रह **पृथ्वी के सर्वाधिक निकटतम** है। यह सर्वाधिक चमकीला खगोलीय पिण्ड (सूर्य एवं चन्द्रमा के बाद) है।
- यह सूर्य से 108 मिलियन (10.8 करोड़) किमी दूर है। इसका औसत व्यास लगभग 12104 किमी तथा औसत घनत्व 5.24 ग्राम/घन सेमी है। यह अपने अक्ष पर 243 दिन में एक घूर्णन पूरा करता है।
- यह आकार तथा द्रव्यमान में पृथ्वी के समान है, इसलिए इसे **पृथ्वी की जुड़वाँ बहन** कहा जाता है। यह सर्वाधिक चमकीला तथा सर्वाधिक तापमान वाला ग्रह है, इसे **शाम का तारा** तथा **सुबह का तारा** भी कहा जाता है। यह अपने चारों ओर घने बादलों से युक्त वायुमण्डल के प्रकाश के लगभग 3/4 भाग को परावर्तित कर देता है।
- इसके वायुमण्डल में 90-95% कार्बन डाइऑक्साइड गैस पाई जाती है। यह प्रेशर कुकर जैसी स्थिति में पाई जाती है। इसके चारों ओर सल्फर डाइऑक्साइड के बादल भी पाए जाते हैं, क्योकि यहाँ सक्रिय ज्वालामुखी विद्यमान है।
- इसका कोई भी प्राकृतिक उपग्रह नहीं है। इसकी परिक्रमण गति **विपरीत दिशा** में (Anti-clockwise) (पूर्व से पश्चिम की ओर) या **दक्षिणावर्त** होती है।
- सितम्बर, 2020 में वैज्ञानिकों ने शुक्र के वातावरण में फॉस्फीन गैस (Phosphine Gas) का पता लगाया है, जिस कारण यहाँ जीवन की सम्भावना देखी गई है।
- इसरो (ISRO) का शुक्र मिशन प्रस्तावित है, जो शुक्र के वातावरण का अध्ययन करेगा। इसरो के शुक्र ऑर्बिटर मिशन (Venus Orbiter Mission) को मार्च, 2028 में प्रक्षेपित करने का लक्ष्य रखा गया है।

पृथ्वी

- सौरमण्डल के सभी ग्रहों में पृथ्वी (Earth) एकमात्र ग्रह है, जहाँ जीवन सम्भव है। इसे **ग्रीन प्लैनेट** कहा जाता है। यह अपने अक्ष पर पश्चिम से पूर्व की ओर घूमती है।
- **चन्द्रमा** (Moon) इसका एकमात्र उपग्रह है। पृथ्वी का रंग आकाश से नीला दिखाई पड़ता है (जल एवं वायुमण्डल की उपस्थिति के कारण)।
- पृथ्वी सूर्य से दूरी के क्रम में तीसरा तथा आकार में पाँचवाँ बड़ा ग्रह है। पृथ्वी अपने अक्ष पर 23½° झुकी हुई है। यह ध्रुवों पर चपटी है, अत: इस स्थिति को **भू-आभ** कहा जाता है तथा आकार व बनावट में यह शुक्र के समान है।
- **ऑन द हेवेन्स** पुस्तक में **अरस्तू** ने उल्लेख किया है कि पृथ्वी का आकार गोलाकार है। उसके पश्चात् टॉलमी, स्ट्रेबो एवं कॉपरनिकस ने पृथ्वी को गोलाकार बताया है।
- पृथ्वी अपने परिक्रमा पथ में 29.8 किमी/सेकण्ड के वेग से सूर्य का चक्कर लगाती है। यह अपने अक्ष पर 1610 किमी प्रति घण्टे की चाल से 23 घण्टे, 56 मिनट और 4 सेकण्ड में एक चक्कर पूरा करती है तथा सूर्य के चारों ओर परिक्रमा 365 दिनों में पूर्ण करती है। पृथ्वी द्वारा सूर्य के एक चक्कर में लगे समय को **सौर वर्ष** कहा जाता है।
- पृथ्वी, सौरमण्डल में सक्रिय ज्वालामुखी पाए जाने वाले ग्रहों में से एक है। अन्य ग्रहों; जैसे—बृहस्पति, शनि, शुक्र एवं वरुण ग्रहों पर सक्रिय ज्वालामुखी पाए जाते हैं।

पृथ्वी : महत्त्वपूर्ण तथ्य

आकृति	जियॉड (Geoid)
अक्षध्रुवीय व्यास	12,714 किमी
सूर्य से न्यूनतम दूरी	14.70 करोड़ किमी
सूर्य से अधिकतम दूरी	15.21 करोड़ किमी
सूर्य से माध्य दूरी	14.96 करोड़ किमी
चन्द्रमा से दूरी	3,84,000 किमी
समुद्रतल से स्थल की सर्वाधिक ऊँचाई	8,848 मी (माउण्ट एवरेस्ट)
समुद्रतल से सागर की सर्वाधिक गहराई	11,033 मी (मैरियाना ट्रेंच)
भूमध्यरेखीय व्यास	12,756 किमी
ध्रुवीय परिधि (घेरा)	40,008 किमी
विषुवत् रेखीय परिधि	40,075 किमी
द्रव्यमान	5.97×10^{24} किग्रा
जलीय भाग	71%
स्थलीय भाग	29%
आयतन	10.83×10^{11} घन किमी

पृथ्वी : महत्त्वपूर्ण तथ्य

औसत घनत्व	5.52 g/cm³ (पानी के घनत्व के सापेक्ष)
पृथ्वी की अनुमानित आयु	4.6 बिलियन वर्ष
धरातल के क्षेत्रफल	51.1 करोड़ वर्ग किमी
परिभ्रमण समय	23 घण्टे 56 मिनट 4 सेकण्ड
परिक्रमण समय	365 दिन 5 घण्टे 48 मिनट 46 सेकण्ड
परिक्रमण वेग	29.8 किमी/सेकण्ड
परिक्रमण मार्ग की लम्बाई	96 करोड़ किमी

गोल्डीलॉक जोन

- सौरमण्डल के अन्तर्गत **गोल्डीलॉक्स जोन** (Goldilocks Zone) ऐसा क्षेत्र है, जहाँ पृथ्वी के समान दशाओं वाले ग्रहों के होने की सम्भावना होती है।
- इस जोन में तापमान मानव के अनुकूल होता है तथा सतह पर तरल जल की विद्यमानता होती है। यह जोन सामान्यत: **क्यूपर बेल्ट** से आगे का सौरमण्डलीय क्षेत्र होता है। इसे **आवास योग्य क्षेत्र** भी कहा जाता है। केपलर मिशन द्वारा इस जोन के सम्बन्ध में अधिक जानकारी उपलब्ध कराई गई है।

मंगल

- मंगल (Mars) सौरमण्डल में सूर्य से दूरी के क्रम में चौथा तथा आकार में सातवाँ बड़ा ग्रह है। आन्तरिक ग्रहों में मंगल सबसे बाहरी ग्रह है।
- यह सौरमण्डल का दूसरा सबसे छोटा तथा पृथ्वी के लगभग आधे आकार का ग्रह है।
- मंगल का अपने अक्ष के परित: झुकाव 25° होने के कारण यहाँ पृथ्वी के समान दिन एवं रात बराबर होते हैं।
- फोबोस और डीमोस मंगल के दो उपग्रह हैं। डिमोस सौरमण्डल का सबसे छोटा प्राकृतिक उपग्रह है। इसकी सतह पर लाल रंग लौह-ऑक्साइड की उपस्थिति के कारण है। अत: इसे लाल ग्रह की संज्ञा दी जाती है।
- कार्बन डाइऑक्साइड (95%) नाइट्रोजन, ऑर्गन, कार्बन मोनोऑक्साइड, ऑक्सीजन आदि मंगल के वायुमण्डल में उपस्थित हैं।
- इस ग्रह का सबसे ऊँचा पर्वत निक्स ओलम्पिका (ओलम्पस मॉन्स) है, जो एवरेस्ट से तीन गुना ऊँचा है। यह सौरमण्डल का सबसे बड़ा ज्वालामुखी भी है। मंगल ग्रह पर मेरीनेरिस घाटी (सबसे छोटी घाटी) अवस्थित है।

मंगल ग्रह : स्मरणीय तथ्य

सूर्य से दूरी	22.79 करोड़ किमी (228 किमी)
व्यास	6792 किमी (लगभग 6800 किमी)
सूर्य की परिक्रमा	686.98 किमी (687 दिन)
घूर्णन गति	24 घण्टे, 37 मिनट, 23 सेकण्ड (24.6 घण्टे)
घनत्व	3.94 ग्राम/सेमी³ (पृथ्वी का 0.71)
गुरुत्वाकर्षण	पृथ्वी का 0.38
सतह का तापमान	– 87° C से – 5° C (औसत तापमान-65° C)
अक्षीय झुकाव	25° (लगभग पृथ्वी के समान)

भारत का मार्स ऑर्बिटर मिशन या मंगलयान

- भारत का प्रथम मंगलयान मिशन, इसरो (ISRO) द्वारा 5 नवम्बर, 2013 को सतीश धवन अन्तरिक्ष केन्द्र हरिकोटा से ध्रुवीय उपग्रह प्रक्षेपणयान (PSLV.C.25) द्वारा सफलतापूर्वक प्रक्षेपित किया गया।
- यह मंगल की कक्षा में 24 सितम्बर, 2014 को पहुँचा, इसके साथ ही भारत मार्शियन इलीट क्लब (अमेरिका, रूस और यूरोपीय संघ) में शामिल हो गया।
- प्रमुख उद्देश्य मंगल की सतह तथा उसके वातावरण का अन्वेषण करना है। इसकी भौगोलिक, जलवायवीय एवं वायुमण्डलीय प्रक्रियाओं के अध्ययन हेतु मंगलयान पर पाँच वैज्ञानिक नीति भार (पेलोड) लगाए गए हैं।

बृहस्पति

- यह सूर्य से पाँचवाँ निकटतम, परन्तु सबसे बड़ा ग्रह (Jupiter) है। बड़ा ग्रह होने के कारण इसे तारा सदृश ग्रह कहते हैं। इसे मास्टर ऑफ गॉड्स की उपमा प्रदान की जाती है।
- बृहस्पति मुख्यत: हाइड्रोजन एवं हीलियम का बना है, जो सौरमण्डल के शेष समस्त ग्रहों के सम्मिलित द्रव्यमान से 2.5 गुना अधिक द्रव्यमान वाला है। इसका रंग पीला है।
- यह सर्वाधिक तेज गति से घूर्णन करने वाला ग्रह है। यह सूर्य से 778 मिलियन (77.8 करोड़) किमी दूर है। इसका व्यास 1,42,984 किमी तथा घनत्व 1.33 ग्राम/घन सेमी है।
- यह सूर्य के चारों ओर एक परिक्रमण 11 वर्ष, 11 घण्टे अर्थात् लगभग 12 वर्ष में पूरा करता है तथा यह अपने अक्ष पर लगभग 9 घण्टे, 56 मिनट में अर्थात् लगभग 10 घण्टे में एक चक्कर लगाता है।
- इसका पलायन वेग 59.24 किमी/सेकण्ड है, जो सर्वाधिक है।
- यह सूर्य से जितनी मात्रा में ऊर्जा ग्रहण (अवशोषित) करता है, उससे अधिक मात्रा में विकरित करता है।
- इसका वायुमण्डलीय दबाव पृथ्वी के वायुमण्डलीय दबाव से एक करोड़ गुना अधिक है। इसके वायुमण्डल में तीव्र संवहन हवाएँ चलती हैं।
- बृहस्पति में तारा एवं ग्रह दोनों के गुण विद्यमान हैं, क्योंकि इसके वायुमण्डल में हाइड्रोजन, हीलियम, मीथेन एवं अमोनिया गैसें पाई जाती हैं तथा इसमें स्वयं की रेडियो ऊर्जा होती है। अत: इसे लघु सौर तन्त्र की संज्ञा दी जाती है।
- बृहस्पति के वलयों (Rings) का निर्माण सिलिकेटों से हुआ है। इन वलयों को जोवियन वलय कहा जाता है, जिनकी खोज सर्वप्रथम वर्ष 1979 में वॉयजर/स्पेस प्रोब ने की थी। इसके उपग्रहों की संख्या फरवरी, 2023 तक 92 थी, किन्तु वर्तमान (2025) में 95 है।
- इसके चार सबसे बड़े उपग्रह-गैनीमेड, इयो, यूरोपा और कैलिस्टो हैं, जिन्हें पहली बार गैलीलियो गैलिली (Galileo Galilei) ने 1610 ई. में देखा था, जिसके कारण इन्हें गैलिली उपग्रह कहा जाता है।
- गैनीमेड (Ganyamede) सौरमण्डल का सबसे बड़ा उपग्रह है। इस पर तथा यूरोपा पर बर्फ पाई जाती है और कैलिस्टो बर्फीली चट्टानों से ढका है। यूरोपा पर मानव जीवन सम्भव है।

- इसके अन्य उपग्रह क्रमश: लो, पारसीफाई, हिमालय एवं मेटिस आदि प्रमुख हैं। लो (आयो) सर्वाधिक सक्रिय ज्वालामुखी वाला उपग्रह है।
- ग्रेट रेड स्पॉट (The Great Red Spot) यह बृहस्पति के दक्षिणी गोलार्द्ध का एक विशाल, चक्राकार एवं स्थायी तूफान है। यह पृथ्वी के हरिकेन के समान है। इनका आकार पृथ्वी से दो गुना बड़ा है।
- स्ट्रिंग ऑफ पर्ल यह बृहस्पति के दक्षिण गोलार्द्ध में सफेद अण्डाकृतियों में दिखाई देने वाला विशाल तूफान है। इसकी वर्तमान में 8 सफेद अण्डाकृतियाँ दृश्यमान हैं।

बृहस्पति ग्रह के मिशन

- **गैलीलियो का उद्देश्य** बृहस्पति और प्राकृतिक उपग्रहों का अध्ययन करना। **प्रमाण** गैलीलियो प्रोब को बृहस्पति के यूरोपा, गैनीमेड तथा कैलिस्टो पर उपसतही लवणीय जल का साक्ष्य मिला।
- **जूनो** (JUNO) **का उद्देश्य** बृहस्पति का अध्ययन एवं विश्लेषण करना तथा जल की उपस्थिति का पता लगाना। यह वर्ष 2016 में बृहस्पति पर पहुँचने वाला अन्तिम अन्तरिक्ष यान है।
- यूरोपा क्लिपर मिशन (14 अक्टूबर 2024; नासा) का उद्देश्य बृहस्पति के बर्फीले उपग्रह यूरोपा की सतह का अध्ययन करना है।

शनि

- शनि (Saturn) आकार में दूसरा सबसे बड़ा ग्रह है तथा सूर्य से दूरी के क्रम में छठा ग्रह है। इसके वायुमण्डल में मीथेन एवं अमोनिया के बादल विद्यमान हैं। इसका वायुमण्डल पीली अमोनिया की परत से घिरा है। अत: आकाश में यह पीले तारे के समान प्रतीत होता है।
- शनि के चारों ओर पूर्ण विकसित वलय पाया जाता है, जिनकी संख्या 7 है।
- ये वलय अत्यन्त छोटे बर्फीले कणों से बने हैं, जो गुरुत्वाकर्षण के कारण सामूहिक रूप से शनि की परिक्रमा करते हैं।
- यह सूर्य से 1427 मिलियन (142.7 करोड़) किमी दूर है। इसका औसत घनत्व 0.687 ग्राम/घन सेमी है, जो सभी ग्रहों में सबसे कम है। इसका गुरुत्वाकर्षण 7.2 मी/सेकण्ड^2 है।
- इसका औसत व्यास 120660 किमी है तथा इसका पलायन वेग 36 किमी/सेकण्ड है, जिसके कारण इस पर हल्की गैसें नहीं पाई जाती हैं।
- यह अपने अक्ष पर एक घूर्णन 10 घण्टे 40 मिनट (10.7 घण्टे) में तथा सूर्य के चारों ओर एक परिक्रमा 29 वर्ष 5 महीने में पूर्ण करता है।
- इसके उपग्रहों की संख्या 146 (फरवरी, 2025 तक) है। टाइटन सबसे पहले खोजा गया उपग्रह है, जोकि सौरमण्डल का द्वितीय सबसे बड़ा उपग्रह है।
- यह आकार में बुध के लगभग बराबर है। इस उपग्रह के पास अपना स्थायी वायुमण्डल है।
- इसके वायुमण्डल में नाइट्रोजन एवं मीथेन गैस सर्वाधिक पाई जाती है। यह मंगल ग्रह के समान नारंगी रंग का है।
- इसके अन्य उपग्रह क्रमश: मीसांसा, एनसीलाडु, टेथिस, डीआन, रीया, इंक्लेड्स हाइपेरियन, इयोपेटस और फोबे (फोइबे) हैं। इसके एन्सेलेड्स उपग्रह पर सक्रिय ज्वालामुखी पाए जाते हैं।
- बृहस्पति की भाँति इसका भी आन्तरिक भाग उष्ण है। शनि का उपग्रह फोबे अन्य सभी उपग्रहों से विपरीत दिशा में परिक्रमा करता है।
- शनि नग्न आँखों से देखा जा सकने वाला अन्तिम ग्रह है। शनि के वायुमण्डल में हाइड्रोजन, हीलियम, नाइट्रोजन एवं हाइड्रोकार्बन गैसें पाई जाती हैं। अत: इसे गैसों का गोला या गैलेक्सी समान ग्रह (Galaxy like planet) कहते हैं।

डैगनफ्लाई (Dragonfly) **मिशन** इसे वर्ष 2026 में टाइटन के अध्ययन हेतु भेजा जाएगा, जो वर्ष 2034 में पृथ्वी पर पुन: वापस आएगा।

अरुण

- अरुण (Uranus) को GOD of Heavens भी कहा जाता है। 1781 ई. में विलियम हरशेल ने अरुण ग्रह की खोज की थी। यह आकार में तीसरा बड़ा एवं सूर्य से सातवाँ निकटतम ग्रह है तथा सूर्य से इसकी दूरी 287.3 करोड़ किमी है।
- इसके भी चारों ओर शनि, बृहस्पति तथा वरुण की भाँति वलय हैं, जो क्रमश: अल्फा, बीटा, गामा, डेल्टा इंटा, लैम्ब्डा एवं इपसिलॉन हैं।
- इसका व्यास 51800 किमी है तथा औसत घनत्व 1.27 ग्राम/सेमी^{3} और इसका द्रव्यमान पृथ्वी से 14.54 गुना ज्यादा है।
- यह एकमात्र ऐसा ग्रह है, जो सूर्य की परिक्रमा एक ध्रुव से दूसरे ध्रुव की ओर करता है। 84 वर्ष में अरुण सूर्य की परिक्रमा पूर्व से पश्चिम दिशा में पूरी करता है। अत: यहाँ पश्चिम में सूर्योदय तथा पूरब में सूर्यास्त होता है।
- 97.8° अक्षीय झुकाव की अधिकता के कारण इसे लेटा हुआ ग्रह भी कहते हैं। इसे ध्रुवीय सूर्य से अधिक ताप और प्रकाश मिलता है।
- इसका वायुमण्डल घना है, जिसमें हाइड्रोजन, हीलियम, मीथेन एवं अमोनिया गैसें पाई जाती हैं।
- यह ग्रह मीथेन की अधिकता के कारण नीले-हरे रंग का दिखाई देता है। अरुण के ज्ञात उपग्रहों की संख्या 27 है, जिनमें टाइटेनिया सबसे बड़ा तथा फार्डेलिया सबसे छोटा उपग्रह है। ओवेरॉन, उपब्रियल, एरियल एवं मिराण्डा इसके अन्य प्रमुख उपग्रह हैं।

वरुण

- वरुण (Neptune) को GOD of Sea कहा जाता है। जॉन काउच एडम्स व अर्बेनली वेरियर ने इस ग्रह की परिकल्पना प्रस्तुत की। 1846 ई. में जोहान गाले ने ली वेरियर के मापदण्डों के आधार पर वरुण ग्रह की खोज की।
- यह सौरमण्डल का चौथा सबसे बड़ा एवं सर्वाधिक ठण्डा ग्रह है। सूर्य से दूरी के क्रमानुसार यह आठवें स्थान पर है। इसके चारों ओर वलय पाए जाते हैं तथा ये वलय सिलिकेट या कार्बन आधारित तत्त्वों से बने होते हैं। इसके चारों ओर विशाल मीथेन गैस के बादल विद्यमान हैं।
- वरुण लगभग 165 वर्ष में सूर्य की परिक्रमा पूरी करता है। इसके वायुमण्डल में 80% हाइड्रोजन एवं 19% हीलियम गैस उपस्थित होती है। साथ ही इसमें मीथेन की उपस्थिति भी पाई जाती है। इस ग्रह के 14 ज्ञात उपग्रह हैं।
- इसका उपग्रह ट्रिटॉन पृथ्वी के चन्द्रमा से बड़ा एवं वरुण की सतह के अधिक निकट है।
- उपोष्ण गीजर के प्रमाण ट्रिटॉन पर मिले हैं। इसे हरा ग्रह भी कहते हैं। इसके अन्य ग्रह मेरीड (नेरीड) है।

प्लूटो

वर्ष 1930 में **क्लाइड टॉम्बेग** द्वारा खोजे गए ग्रह प्लूटो को 24 अगस्त, 2006 में प्राग (चेक गणराज्य की राजधानी) में हुए इण्टरनेशनल एस्ट्रोनॉमिकल यूनियन (IAU) के सम्मेलन में ग्रह के दर्जे से हटा दिया तथा इसे **बौना ग्रह** (Dwarf planet) माना।

बौने ग्रह

अन्तर्राष्ट्रीय खगोलीय संघ द्वारा वर्ष 2006 में बौने ग्रह (Dwarf Planet) के लिए चार मानदण्ड निर्धारित किए गए हैं, जो निर्धारित ग्रहों की परिभाषा से भिन्नता रखते हैं; जैसे—आकार, द्रव्यमान, गुरुत्वाकर्षण बल तथा परिभ्रमण काल।

वर्तमान में सेरेस, प्लूटो (यम), एरीस, हौमिया, मेकमेक आदि बौने ग्रह की श्रेणी में रखे गए हैं।

केल्ट-9बी

- **केल्ट-9बी** नामक उपग्रह पृथ्वी से लगभग 650 प्रकाश वर्ष दूर है। यह अब तक ज्ञात ग्रहों में से सबसे गर्म विशाल गैसीय ग्रह है। इसकी खोज **केल्ट** (KELT - Kilodegree Extremely little Telescope) द्वारा की गई थी।
- **केल्ट-9बी** उपग्रह एक विशालकाय तारे **केल्ट-9** की परिक्रमा 1.5 दिन में पूर्ण करता है। इसका आकार बृहस्पति की तुलना में 2.8 गुणा अधिक है।
- **केल्ट-9** तारे की अनुमानित आयु 300 मिलियन वर्ष है, अत: यह युवा तारे की श्रेणी में आता है।

ग्रह से सम्बन्धित महत्वपूर्ण तथ्य

1.	सर्वाधिक तापान्तर वाला ग्रह	बुध
2.	सर्वाधिक उपग्रहों वाला ग्रह	शनि
3.	हरे रंग का दिखाई देने वाला ग्रह	अरुण
4.	धुरी पर सर्वाधिक तीव्र परिभ्रमण गति वाला ग्रह	बृहस्पति
5.	न्यूनतम परिभ्रमण गति वाला ग्रह	शुक्र
6.	समान परिभ्रमण एवं परिक्रमण अवधि वाला ग्रह	शुक्र
7.	पृथ्वी के समान अवधि के दिन वाला ग्रह	मंगल
8.	पृथ्वी के समान अक्षीय झुकाव वाला ग्रह	मंगल
9.	पृथ्वी के समान परिभ्रमण अवधि वाला ग्रह	मंगल
10.	पूर्व से पश्चिम की ओर परिभ्रमण वाला ग्रह	शुक्र व यूरेनस
11.	सर्वाधिक तीव्रगति से परिक्रमा करने वाला ग्रह	बुध
12.	न्यूनतम गति से परिक्रमा करने वाला ग्रह	वरुण
13.	वह ग्रह जिस पर सूर्योदय पश्चिम दिशा, (सामान्य के विपरीत) में होता है	अरुण
14.	सूर्य से निकटतम ग्रह	बुध
15.	पृथ्वी का जुड़वा ग्रह	शुक्र
16.	सर्वाधिक घनत्व वाला ग्रह	पृथ्वी
17.	वलय युक्त या छल्लेवाला ग्रह	बृहस्पति, शनि, अरुण व वरुण।

ग्रह : संक्षिप्त विवरण

ग्रह	तापमान (°C)	तापमान (°K)	परिक्रमण	घूर्णन/परिभ्रमण	औसत घनत्व	अक्षीय झुकाव	उपग्रहों की संख्या	ग्रहों पर उपस्थित गैसें	प्रमुख उपग्रह
बुध	दिन में 390, रात्रि में –170	452	88 दिन	58.65 दिन	5.43	0.034	0	हल्का हाइड्रोजन का आवरण, वायुमण्डल रहित	0
शुक्र	464	737	224.7 (225) दिन	243 दिन	5.24	177.4°	0	CO_2, SO_2	0
पृथ्वी	15	260-310	365 दिन, 5 घण्टे, 40 मिनट, 46 सेकण्ड	24 घण्टे	5.52	$23\frac{1}{2}°$	1	N_2, O_2, CO_2	चन्द्रमा
मंगल	65°	150-310	687 दिन	24.6 घण्टे	3.94	25°	2	CO_2, N_2, Ar	फोबोस, डीमोस
बृहस्पति	–110°	120	12 वर्ष (11.8 वर्ष)	9.8 घण्टे (लगभग 10 घण्टे)	1.32	3.1°	95	He, H_2, CH_4, NH_3	गैनीमिड, यूरोपा, लो, कैलिस्टो
शनि	–140°	88	29.5 वर्ष	10.7 घण्टे	0.68	26.7°	146	NH_3, CH_4 हाइड्रोजन, हीलियम	टाइटन, दिया, लापेटस, वेस्टला, टेथिस, पण्डोरा
अरुण	–195°	59	84 वर्ष	17 घण्टे 2 मिनट	1.27	97.8°	27	CH_4	टाइटेनिया, ओवेरॉन, एरियल
वरुण	–200°	48	165 वर्ष कुछ स्रोतों में (164 वर्ष)	16.1 घण्टे	1.63	28.3°	14	CH_4	ट्राइटन, लारिसा, प्रोटियस

नोट *संशोधित सौरमण्डल तन्त्र में ग्रह (तीन बाह्यतम ग्रह को प्लूटोइड कहा गया है)*

प्राकृतिक उपग्रह

उपग्रह को अंग्रेजी में सैटेलाइट कहते हैं, जिसका अर्थ होता है—साथी या सहचर। ये अपने ग्रह की परिक्रमा करते हैं। इसके साथ ही ये सूर्य की परिक्रमा भी करते हैं। वर्तमान में हमारे सौरमण्डल परिवार में लगभग 219 प्राकृतिक उपग्रहों की खोज हो चुकी है। ग्रहों के समान उपग्रहों का भ्रमण पथ भी परवलयाकार (Parabolic) होता है।

चन्द्रमा (उपग्रह)

- पृथ्वी का एकमात्र प्राकृतिक उपग्रह चन्द्रमा (Moon) है। यह सौरमण्डल का 5वाँ सबसे बड़ा उपग्रह है, जो अपने दीर्घवृत्ताकार तथा झुकावयुक्त कक्षा के सहारे, एक निश्चित एवं नियमित पथ पर पृथ्वी की परिक्रमा करता है।
- पृथ्वी का गुरुत्वाकर्षण चन्द्रमा को अपनी कक्षा में स्थिर रखता है। यह सूर्य के प्रकाश से प्रकाशित होता है।
- चन्द्रमा, पृथ्वी से लगभग 3,84,400 किमी दूर है। इसका व्यास पृथ्वी के व्यास का लगभग एक-चौथाई है तथा पृथ्वी के भार का लगभग 1/81 है। चन्द्रमा द्वारा परावर्तित प्रकाश पृथ्वी पर 1.34 सेकण्ड में पहुँचता है।
- चन्द्रमा का घूर्णन और परिक्रमण समय समान (27 दिन 7 घण्टे 43 मिनट) होने के कारण चन्द्रमा का केवल आधा भाग (59%) ही सदैव पृथ्वी की ओर रहता है।
- चन्द्रमा अपनी परिक्रमण गति के समय जब अपनी कक्षा में पृथ्वी से न्यूनतम दूरी पर होता है, तो उस स्थिति को उपभू (Perigee) तथा जब अधिकतम दूरी पर होता है, तो उस स्थिति को अपभू (Apogee) कहते हैं।
- चन्द्रमा पृथ्वी के चारो ओर 29 दिन 12 घण्टे तथा 44 मिनट में एक परिभ्रमण (Potation) पूरा करता है, जिसे चन्द्र मास कहते हैं। 12 चन्द्र मास की अवधि को चन्द्र वर्ष (Luner year) कहा जाता है।
- चन्द्रमा का जो भाग दिखाई नहीं देता, उसे सी ऑफ ट्रांक्यूलिटी (Sea of Tranquility) कहा जाता है। चन्द्रमा का गुरुत्वीय क्षेत्र पृथ्वी के गुरुत्वीय क्षेत्र का 1/6 भाग होता है।
- चन्द्रमा की सतह पर पर्वत, मैदान व गड्ढे हैं, जो छाया बनाते हैं। नील आर्मस्ट्रांग पहले व्यक्ति थे, जिन्होंने 21 जुलाई, 1969 को सर्वप्रथम चन्द्रमा की सतह पर कदम रखा।

चन्द्रमा की उत्पत्ति

- 1838 ई. में **सर जॉर्ज डार्विन** ने अनुमान लगाया कि प्रारम्भ में पृथ्वी व चन्द्रमा तेजी से घूमते हुए पिण्ड थे।
- यह पूरा पिण्ड डम्बल (बीच से पतला व किनारों से मोटा) की आकृति में परिवर्तित हुआ और टूट गया। इसके अनुसार चन्द्रमा का निर्माण उसी पदार्थ से हुआ है, जहाँ आज प्रशान्त महासागर एक गर्त के रूप में उपस्थित है। ऐसा माना जाता है कि पृथ्वी के उपग्रह के रूप में चन्द्रमा की उत्पत्ति एक बड़े टकराव का परिणाम है, जिसे **द बिग स्प्लैट** (The Big Splat) कहा गया है।
- ऐसा भी माना जाता है कि पृथ्वी के बनने के बाद पृथ्वी का एक हिस्सा टूटकर अन्तरिक्ष में बिखर गया तथा पृथ्वी के कक्ष में घूमने लगा और चन्द्रमा का निर्माण हुआ। इस घटना या चन्द्रमा की उत्पत्ति लगभग 4.44 अरब वर्ष पूर्व हुई।

अन्य देशों के प्रमुख चन्द्र मिशन

देश	प्रमुख मिशन
पूर्व सोवियत संघ	लूना-1, लूना-2 (चन्द्रमा की सतह पर उतरने वाला पहला अन्तरिक्षयान), लूना-3, लूना-9 (प्रथम अन्तरिक्ष यान, जो चाँद की सतह पर उतरा)
संयुक्त राज्य अमेरिका (नासा)	लूनर ऑर्बिटर-1, अपोलो 11 (पहली बार मानव ने चन्द्रमा पर कदम रखा), लूनर रिकोनिसेंस ऑर्बिटर (LRO) आर्टेमिस-I, 16 नवम्बर, 2022 को मानव रहित चन्द्रमा मिशन भेजा गया। आर्टेमिस-II (2024) तथा आर्टेमिस III (2026) मिशन भेजने की योजना। आर्टेमिस मिशन के अन्तर्गत (नासा) द्वारा पहली बार महिला अन्तरिक्ष यात्री को चन्द्रमा पर भेजने की योजना बनाई गई।
जापान	सेलेनी, लेव-1, स्लीम, हकूती
चीन	चांग-E1 : चीन का पहला चन्द्र मिशन, चेंग-6

भारत के प्रमुख चन्द्र मिशन

चन्द्रयान-1

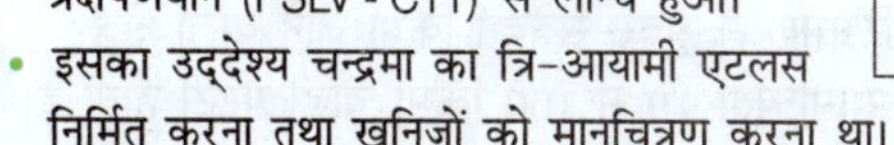

- प्रक्षेपण वर्ष 22 अक्टूबर, 2008 को सतीश धवन अन्तरिक्ष केन्द्र (हरिकोटा) से ध्रुवीय उपग्रह प्रक्षेपणयान (PSLV - C11) से लॉन्च हुआ।
- इसका उद्देश्य चन्द्रमा का त्रि-आयामी एटलस निर्मित करना तथा खनिजों को मानचित्रण करना था।
- इसने चन्द्रमा की सतह पर पानी (बर्फ) होने, चन्द्रमा के भूमध्य रेखा के ऊपर 1.2 किमी लम्बी गुफा या लावा ट्यूब की जानकारी दी, जिसका तापमान लगभग –20 रहता है।

चन्द्रयान-2

- प्रक्षेपण वर्ष 22 जुलाई, 2019 को हरिकोटा से जीएसएलवी मार्क -III M-1 अन्तरिक्ष यान से प्रक्षेपण किया गया।
- इसका उद्देश्य चन्द्रमा के दक्षिणी ध्रुव पर पहुँचना तथा पानी-बर्फ तथा खनिजों का पता लगाना।
- इसमें एक आर्बिटर, लैण्डर तथा रोवर शामिल थे। 7 सितम्बर, 2019 को चन्द्रमा की सतह पर सॉफ्ट लैंडिंग के दौरान सतह से 2.1 किमी. दूरी पर इसरो का लैण्डर से सम्पर्क टूट गया। अन्तत: यह आंशिक रूप से सफल रहा।

चन्द्रयान-3

- प्रक्षेपण वर्ष 14 जुलाई, 2023 को श्रीहरिकोटा से LVM3 रॉकेट द्वारा चन्द्रयान-3 मिशन का सफल प्रक्षेपण किया गया तथा यह 23 अगस्त, 2023 को चन्द्रमा के दक्षिणी ध्रुव पर सफलतापूर्वक उतरा।
- इसका उद्देश्य चन्द्रमा की सतह पर सुरक्षित और सॉफ्ट लैण्डिंग करना, रोवर को चन्द्रमा की सतह पर विचरण क्षमता का अवलोकन करना, लैण्डर व रोवर के माध्यम से चन्द्रमा की सतह का वैज्ञानिक अध्ययन करना तथा वैज्ञानिक प्रयोग को संचालित करना।
- यह उन्नत तकनीकों से लैस है। इसके साथ ही भारत चन्द्रमा के दक्षिण ध्रुव पर पहुँचने वाला विश्व का पहला देश बन गया है, जबकि चन्द्रमा की सतह पर उतरने वाला चौथा देश (रूस, अमेरिका तथा चीन के बाद) है।

कृत्रिम उपग्रह

- कृत्रिम उपग्रह (Artificial Satelite) शब्द का प्रयोग सामान्य रूप से किसी यन्त्र के लिए किया जाता है, जिसे पृथ्वी या किसी अन्य आकाशीय पिण्ड की परिक्रमा हेतु प्रक्षेपित किया जाता हैं
- इसे पृथ्वी की घूर्णन दिशा से साम्यता स्थापित करते हुए पूर्व की ओर प्रक्षेपित किया जाता है।
- पृथ्वी के परित: घूमने वाले कृत्रिम उपग्रह से बाहर गिराई गई गेंद, पृथ्वी के परित: उपग्रह के समान आवर्तकाल के साथ उसी की कक्षा में घूमती रहेगी।

प्रमुख कृत्रिम उपग्रह निम्न दो प्रकार के हैं

दूर संवेदी उपग्रह

- ये ध्रुवीय सूर्य समतुल्य कक्षा (Polar sun synchronous orbit) में 320-1100 किमी की दूरी पर स्थापित किए जाते हैं। इनका घूर्णन (परिभ्रमण) काल 24 घण्टे होता है।
- ये भूमध्य रेखा को एक निश्चित स्थानीय समय पर पार करते हैं, जो सामान्यत: 9 से 10 बजे का समय होता है।
- इसके द्वारा पृथ्वी के परिभ्रमण में सुदूर-संवेदन किया जाने वाला क्षेत्र स्वाथ कहलाता है, जो सामान्यत: 10 से 100 किमी चौड़ी पट्टी होती है।

दूर संचार उपग्रह

- ये भू-स्थैतिक कक्षा (Geo-stationary orbit) में 36000 किमी की ऊँचाई पर स्थापित किए जाते हैं। ये पृथ्वी के घूर्णन काल से समानता रखने के कारण एक स्थान पर स्थिर दिखाई देते हैं।
- इस कारण इन्हें भू-स्थैतिक उपग्रह कहा जाता है। इस प्रकार के तीन उपग्रहों से सम्पूर्ण पृथ्वी को एकसाथ कवर किया जा सकता है।

एस्ट्रोसैट

- यह भारत की प्रथम बहु-तरंगदैर्ध्य अन्तरिक्ष वेधशाला (Multi - wave length space observation) है। यह खगोलीय शोध को समर्पित है।
- यह पृथ्वी की निचली भूमध्य रेखीय कक्षा (Low earth Near equational orbit) में लगभग 650 किमी की ऊँचाई पर स्थापित की गई है।
- इसकी सफलता के साथ ही भारत अमेरिका, रूस, जापान और यूरोपीय संघ के समूह में शामिल हो गया है, जिनकी अपनी अन्तरिक्ष वेधशालाएँ हैं।

धूमकेतु या पुच्छलतारे

- धूमकेतु या पुच्छलतारा (Comet) पत्थर, धूल, बर्फ, जलकणों और हिमानी गैसों के वे चट्टानी तथा धातुई पिण्ड, जो सूर्य के चारों ओर परवलयाकार एवं अति परवलयाकार पथ पर अनियमित कक्षा में घूमते रहते हैं, इनकी संख्या लाखों में है।
- ये अपेक्षाकृत छोटे एवं अनिश्चित आकार के पिण्ड होते हैं। ये सौर परिवार के स्थायी सदस्य हैं। सर्वप्रथम टाइको ब्राहे ने धूमकेतु की खोज की थी।
- सामान्य अवस्था में ये बिना पूँछ के होते हैं, किन्तु कभी-कभी लाखों किमी लम्बे होते हैं।
- लम्बी अवधि के धूमकेतु 70 से 90 वर्षों के अन्तराल पर दिखाई देते हैं। इनकी पूँछ सदैव सूर्य के विपरीत दिशा में होती है।
- हेली पुच्छल तारा प्रत्येक 76 वर्ष के बाद दिखाई देता है, जो किसी धूमकेतु के लिए पृथ्वी के पास से गुजरने की सबसे कम अवधि है। इसके पूर्व यह वर्ष 1986 में दिखाई दिया था, जो अब वर्ष 2062 में पुन: दिखाई देगा।

धूमकेतु के भाग

- **नाभि** यह मुख्यत: धूल, बर्फ एवं अन्य ठोस पदार्थों से मिलकर बना होता है। यह धूमकेतु का मुख्य स्थायी भाग है।
- **कोमा** ये धूमकेतु के शीर्ष भाग होते हैं, जब ये सूर्य से दूर होते हैं, तो ठण्डे होते हैं, लेकिन जैसे ही सूर्य के समीप आते हैं, तो वाष्पीकृत हो जाते हैं, जिसके परिणामस्वरूप बड़ी मात्रा में निकलने वाली धूल और गैस की यह धारा धूमकेतु के चारों ओर अत्यन्त कमजोर वातावरण बना लेती है।
- **पूँछ** इसमें गैस और धूल होती है, जो कोमा से करोड़ों किमी तक फैली रहती है। धूमकेतु की पूँछ सूर्य से दूर की ओर इशारा करती है। अधिकांश धूमकेतु में दो पूँछ होती हैं- आयनित गैस से बनी एक प्लाज्मा की पूँछ और छोटे ठोस कणों से बनी धूल की पूँछ।

क्षुद्रग्रह

- क्षुद्रग्रह, जिन्हें अप्रधान ग्रह या ऐस्टेरॉएड (Asteroid) भी कहा जाता है। सौरमण्डल में विचरण करने वाले ऐसे खगोलीय पिण्ड हैं, जो अपने आकार में ग्रहों से छोटे और उल्का पिण्डों से बड़े होते हैं।
- ये मंगल एवं बृहस्पति ग्रह के मध्य क्षेत्र में पाए जाने वाले छोटे-छोटे आकाशीय पिण्ड हैं, जो एक पट्टी के रूप में विद्यमान हैं। क्षुद्रग्रह सूर्य की परिक्रमा दीर्घवृत्तीय कक्षा में ग्रहों की भाँति पश्चिम से पूर्व में करते हैं। इन्हें लघु ग्रहिकाएँ भी कहा जाता है।
- इनका आकार सैकड़ों किमी से लेकर सूक्ष्म रूप में भी हो सकता है। सबसे बड़ा एवं चमकीला क्षुद्रग्रह सेरेस है, जिसका निर्माण भारी धातुओं से हुआ है।
- अन्तरिक्ष में लगभग 1 बिलियन क्षुद्रग्रह हैं, जिनका व्यास 1 मी से अधिक है। इसके साथ ही 150 से अधिक क्षुद्रग्रहों के दो चन्द्रमा भी हैं, जिन्हें बाइनरी क्षुद्रग्रह कहा जाता है।
- इनका वर्गीकरण मुख्य क्षुद्रग्रह पट्टी ट्रोजंस (Trojans) तथा पृथ्वी के निकट स्थित क्षुद्रग्रह के रूप में किया जाता है। इनकी उत्पत्ति ग्रहों के विस्फोट से टूटे हुए खण्ड से हुई है।
- बर्नार्डिनेली बरस्टीन, वर्ष 2010 में खोजा गया सबसे बड़ा बर्फीला धूमकेतु है।
- चिक्सुलुब इम्पैक्टर (Chicxulub Impactor) क्षुद्रग्रह के 66 मिलियन वर्ष पूर्व पृथ्वी से टकराने से डायनासोर की प्रजातियाँ विलुप्त हो गई थीं। इसका व्यास 10 किमी से अधिक था।
- 4 वेस्टा, 52 यूरोपा, 243 इण्डा, 1862 अपोलो अन्य क्षुद्रग्रह हैं। अन्तर्राष्ट्रीय खगोलीय संघ द्वारा प्लूटो को वर्ष 2006 में ग्रहों की श्रेणी से हटाकर क्षुद्रग्रह की श्रेणी में रखा गया है।
- क्षुद्रग्रह जब पृथ्वी से टकराता है, तो पृथ्वी के पृष्ठ पर विशाल गर्त बनाता है। महाराष्ट्र की लोनार झील इसी प्रकार से बनी झील है।

- नासा ने वर्ष 2005 में पृथ्वी को क्षुद्रग्रहों से बचाने के लिए ग्रैविटी ट्रैक्टर (Gravity Tractor) नामक डिवाइस प्रस्तुत की है।
- ट्रोजन्स (Trogens) क्षुद्रग्रह एक बड़े ग्रह के साथ कक्षा साझा करते हैं, लेकिन इसके साथ टकराते नहीं हैं, क्योंकि ये एक विशेष स्थान के पास एकत्रित होते हैं, जहाँ सूर्य और ग्रहों के बीच सन्तुलित गुरुत्वाकर्षण खिंचाव होता है।
- सौरमण्डल में छ: ऐसे ग्रह हैं, जिनकी कक्षाओं में ट्रोजन क्षुद्रग्रह स्थित हैं, जो इस प्रकार हैं-बृहस्पति, वरुण, मंगल, शुक्र, अरुण और पृथ्वी।
- जापान द्वारा वर्ष 2018 में रयुगु (Ryugu) क्षुद्रग्रह पर रोबोटिक रोवर उतारा गया, ऐसा करने वाला वह विश्व का पहला देश है।

क्षुद्रग्रह का नामकरण

जब किसी क्षुद्रग्रह को खोजा जाता है, तो उसका आठ अक्षरों का लम्बा नामकरण किया जाता है, जैसे-वर्ष 2006 में खोजे गए क्षुद्रग्रह (2006 UP32) को सितम्बर, 2019 से पण्डित जसराज नाम से जाना गया, जिसके लिए 300125 संख्या निश्चित की गई है।

अप्रैल, 2015 में क्षुद्रग्रह 316201 को पाकिस्तान की सामाजिक कार्यकर्ता **मलाला यूसुफजई** का नाम दिया गया।

अन्तर्राष्ट्रीय क्षुद्रग्रह दिवस

यह प्रतिवर्ष 30 जून को मनाया जाता है। इसकी घोषणा वर्ष 2017 में संयुक्त राष्ट्र के द्वारा क्षुद्रग्रह के खतरों को लेकर की गई थी।

क्षुद्रग्रह से सम्बन्धित मिशन

मिशन	विवरण
डबल एस्टेरॉयड रीडायरेक्शन टेस्ट (DART)	• नासा द्वारा 21 नवम्बर, 2021 को प्रक्षेपित पहला मिशन। • इसका उद्देश्य क्षुद्रग्रह की कक्षा में बदलाव करना है। • यह गतिज ऊर्जा आघात तकनीक पर कार्य करता है। इसे जॉन हॉपकिंस एप्लाइड फिजिक्स लैबोरेटरी द्वारा विकसित किया गया है।
हेरा (Hera)	• यह यूरोपीय अन्तरिक्ष एजेन्सी द्वारा वर्ष 2024 में भेजा गया है।
साइके मिशन	• इसका उद्देश्य 16 साइकी नामक क्षुद्रग्रह की खोज करना है, जो वर्ष 2030 में क्षुद्रग्रह बेल्ट में पहुँचेगा। इसे अक्टूबर 2023 में नासा द्वारा प्रक्षेपित किया गया।
लूसी मिशन	• नासा द्वारा बृहस्पति के ट्रोजन क्षुद्रग्रहों के अध्ययन हेतु अक्टूबर, 2021 में लूसी मिशन प्रक्षेपित किया गया।

उल्कापिण्ड

- सूर्य के चारों ओर चक्कर लगाने वाले धूल, गैस, पत्थरों के छोटे-छोटे टुकड़ों या ब्रह्माण्डीय कण को उल्कापिण्ड (Meteorite) कहते हैं।
- जब उल्कापिण्ड पृथ्वी के वायुमण्डल में प्रवेश करते हैं, तो गुरुत्वाकर्षण के कारण तेजी से पृथ्वी की ओर आते हैं या गिरते हैं।
- पृथ्वी पर गिरने के दौरान वायु से घर्षण होने के कारण ये गर्म होकर जल जाते हैं, अत: इन्हें ही टूटता हुआ तारा कहते हैं। इसके परिणामस्वरूप चमकदार प्रकाश उत्पन्न होता है, जब ये बिना जले पृथ्वी पर गिरते हैं, तब धरातल पर गड्ढे या गर्त बन जाते हैं।
- उल्का निर्माण के आधार पर तीन प्रकार के होते हैं- लोहा एवं निकिल से, दूसरा लोहा एवं सिलिका से और तीसरा सिलिकेट से निर्मित उल्का।
- पिण्ड का वह भाग जो पृथ्वी पर पहुँचने से पहले ही जलकर समाप्त हो जाता है, उल्काश्म कहलाता है।
- मंगल एवं बृहस्पति के मध्य क्षुद्रग्रहों के साथ उल्का पाए जाते हैं। उल्का का सबसे बड़ा क्षेत्र वरुण ग्रह तत्पश्चात् क्यूपर बेल्ट है।
- जब पृथ्वी पर एकसाथ कई उल्कापिण्ड पहुँचते हैं या गिरते हैं, तो उसे उल्का बौछार (Metear shower) कहा जाता है, जैसे—6 से 30 नवम्बर, 2021 में लियोनिड्स उल्का बौछार (Leonids Metear shower) सक्रिय हुआ था।

कुछ अन्य आकाशीय पिण्ड

क्विपर बेल्ट

नेप्च्यून की कक्षा से बाहर सूर्य के चारों ओर परिक्रमा करने वाले बर्फीले छोटे निकायों से निर्मित वलय।

वैम्पायर स्टार

जब एक छोटा तारा अपने से बड़े तारे से द्रव्यमान और ऊर्जा खींचता है, तो यह विशाल उष्ण एवं नीला हो जाता है। छोटा तारा वैम्पायर तारा कहलाता है।

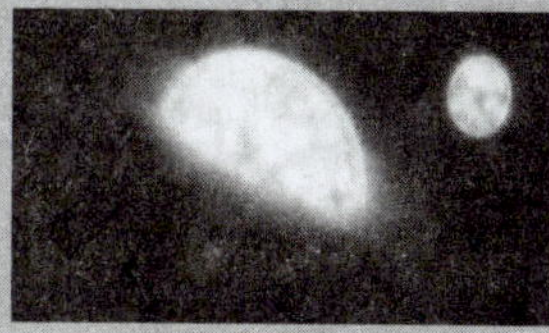

सर्कमबाइनरी ग्रह

यह वह ग्रह होता है, जो दो तारों की परिक्रमा करता है, जैसे-केप्लर 1647वी।

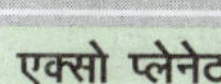

एक्सो प्लेनेट

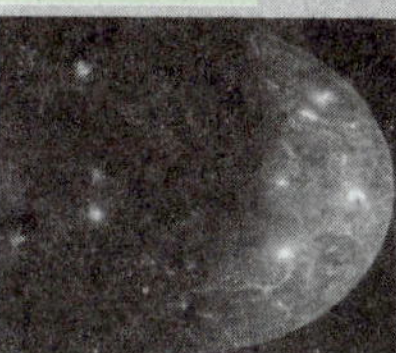

एक्सो प्लेनेट या एक्स्ट्रासोलर प्लेनेट सूर्य के अतिरिक्त अन्य किसी तारे की परिक्रमा करते हैं।

ब्लेजार्स

एक आकाशगंगा, जिसमें एक अति उज्ज्वल केन्द्रीय नाभिक होता है। इसमें एक विशाल ब्लैक होल होता है।

क्वासर्स

यह एक तारावत रेडियो स्रोत है, जो 4 से 10 अरब प्रकाश वर्ष दूर स्थित है। इसके केन्द्र में ब्लैक होल की सम्भावना।

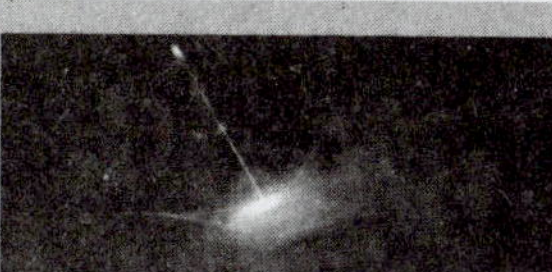

“

पृथ्वी की गतियाँ मुख्यतः घूर्णन एवं परिक्रमण हैं। घूर्णन, दैनिक गति है, जबकि परिक्रमण, वार्षिक गति

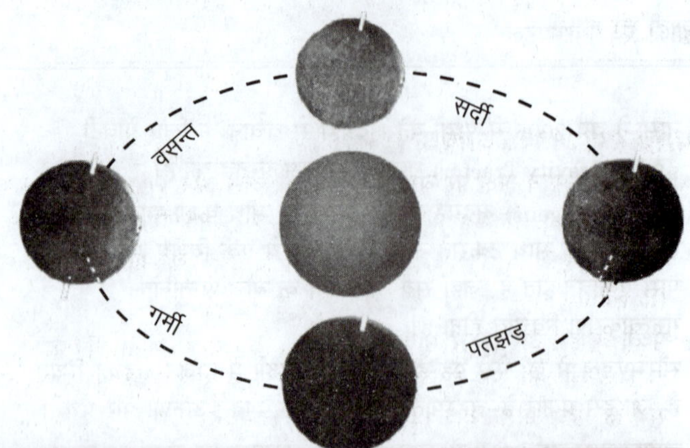

अध्याय तीन

पृथ्वी की गतियाँ

परिचय

- पृथ्वी, सूर्य से दूरी के अनुसार **तीसरा**, जबकि आकार में **पाँचवाँ** बड़ा ग्रह है। पृथ्वी का अक्ष उसके कक्षा तल पर बने लम्ब से झुका हुआ है। दूसरे शब्दों में पृथ्वी का अक्ष पृथ्वी के कक्षा तल से $66\frac{1}{2}^{\circ}$ का कोण बनाता है। इसे पृथ्वी के **अक्ष का झुकाव** कहते हैं। अत: पृथ्वी अपने अक्ष पर $23\frac{1}{2}^{\circ}$ झुकी हुई है।
- इस अक्ष के उत्तरी सिरे पर **उत्तरी ध्रुव** और दक्षिणी सिरे पर **दक्षिणी ध्रुव** है। पृथ्वी अपने अक्ष पर पश्चिम से पूर्व दिशा में घूमती है। कॉपरनिकस के अनुसार, 'पृथ्वी सूर्य के चारों ओर घूमती है।'
- पृथ्वी के परिक्रमण कक्ष द्वारा बने तथा पृथ्वी के केन्द्र से गुजरने वाले तल को **कक्षा तल** के रूप में सन्दर्भित किया जाता है।
- पृथ्वी का आकार **भू-आभ** (जियॉड) होने के कारण, इसके आधे भाग पर सूर्य का प्रकाश पड़ता है तथा शेष आधे भाग पर प्रकाश नहीं पड़ता है। प्रकाश वाले स्थान पर दिन तथा प्रकाश की अनुपस्थिति वाले भाग में रात होती है। **प्रदीप्ति वृत्त** पृथ्वी पर दिन-रात को विभाजित करता है।

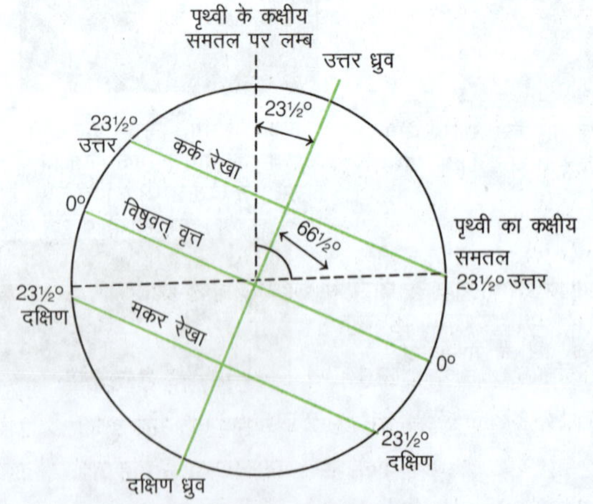

- पृथ्वी की दो प्रकार की गतियाँ हैं—घूर्णन (Rotation) अथवा दैनिक गति एवं परिक्रमण (Revolution) अथवा वार्षिक गति।

घूर्णन अथवा दैनिक गति

- पृथ्वी का अपने अक्ष पर पश्चिम से पूर्व दिशा की ओर घूमना **घूर्णन** कहलाता है। इसे **परिभ्रमण गति** से भी सन्दर्भित करते हैं।
- पृथ्वी पश्चिम से पूर्व लगभग 1,670 किमी प्रति घण्टे (27.8 किमी/मिनट) की चाल से 23 घण्टे, 56 मिनट व 4 सेकण्ड (24 घण्टा) में एक घूर्णन पूर्ण करती है।
- घूर्णन के समय काल को पृथ्वी का दिन कहा जाता है। यह पृथ्वी की दैनिक गति होती है।
- पृथ्वी के घूर्णन के कारण ही उसके सभी भागों में क्रम से दिन और रात होते हैं।
- पूरे वर्ष विषुवत् रेखा पर दिन व रातें समान होती हैं। इसका प्रमुख कारण है—विषुवत् रेखा का सूर्य के **सापेक्ष कोणीय झुकाव** (Relative Angular Tilt) का सदैव शून्य होना।
- ज्वारीय घर्षण पृथ्वी की घूर्णन गति को सापेक्ष रूप से कम कर देता है, इस क्रिया के परिणामस्वरूप दिन की अवधि 0.002 सेकण्ड प्रति शताब्दी की दर से अधिक हो जाती है।
- पृथ्वी के घूर्णन की गति भूमध्य रेखा पर 0.46 किमी प्रति सेकण्ड है, 60° अक्षांश पर 0.23 किमी प्रति सेकण्ड एवं ध्रुवों पर शून्य हो जाती है, अत: ध्रुवों की ओर चलने पर गति कम होती जाती है।

> नक्षत्र दिवस (Sidereal Day) वह समय है, जोकि पृथ्वी को अपने अक्ष पर एक बार 360° घूमने में लगता है। यह अवधि 23 घण्टे, 56 मिनट व 4 सेकण्ड की होती है।

- **सौर दिवस** (Solar Day) सौर समय आकाश में सूर्य की स्थिति के आधार पर समय बीतने की गणना है। सौर समय की मूलभूत इकाई दिन है, जोकि **सिनोडिक रोटेशन अवधि** (यह एक खगोलीय वस्तु के लिए उस तारे के सम्बन्ध में एक बार घूमने की अवधि है, जिसकी वह परिक्रमा कर रही है और यह सौर समय का आधार होता है।) पर आधारित होती है। इसकी अवधि 24 घण्टे की होती है।

नोट *औसत सौर दिवस, नक्षत्र दिवस से 3 मिनट, 56 सेकण्ड अधिक होता है।*

परिक्रमण अथवा वार्षिक गति

- पृथ्वी का अपने अक्ष पर घूमते हुए सूर्य के चारों ओर (365 दिन, 5 घण्टे, 48 मिनट, 46 सेकण्ड में) एक चक्कर पूरा करना परिक्रमण कहलाता है अर्थात् सूर्य के चारों ओर एक स्थिर कक्ष में पृथ्वी की गति को **परिक्रमण** (Revolution) कहते हैं।
- पृथ्वी के इस अण्डाकार मार्ग को **भू-कक्षा** (Earth's Orbit) कहते हैं। इससे पृथ्वी और सूर्य के बीच की दूरी परिवर्तित होती रहती है। पृथ्वी और सूर्य के बीच औसत दूरी 149.6 मिलियन किमी है।
- यह पृथ्वी की वार्षिक गति होती है। पृथ्वी अपने अक्ष पर घूमती हुई लगभग 1,00,000 किमी प्रति घण्टा (30 किमी/मिनट) की गति से सूर्य की परिक्रमा करती है।
- सूर्य की परिक्रमा में पृथ्वी **दीर्घ वृत्ताकार** (Earth Elliptical Orbit) पथ पर चक्कर लगाती है, इसमें पृथ्वी का अक्ष सदैव एक ओर झुका हुआ रहता है। अत: उत्तरी गोलार्द्ध का अधिकांश भाग 6 माह तक सूर्य की ओर झुका रहता है। इसके परिणामस्वरूप यहाँ दिन बड़े होते हैं तथा रातें छोटी होती हैं। वहीं इसके विपरीत दक्षिणी गोलार्द्ध में रातें बड़ी तथा दिन छोटे होते हैं।
- इसके विपरीत जब दक्षिणी गोलार्द्ध सूर्य के सामने झुका होता है, तो उसके सभी स्थानों पर दिन बड़े तथा रातें छोटी होती हैं। इस स्थिति में दक्षिणी ध्रुव पर रात नहीं होती है और उत्तरी ध्रुव पर दिन नहीं होता है।
- विषुवत् वृत्त पर दिन और रात की अवधि बराबर होती है।
- विषुवत् वृत्त से जैसे-जैसे हम उत्तर या दक्षिण की दिशा में दूर होते जाते हैं, वैसे-वैसे दिन और रात की अवधि में अन्तर बढ़ता जाता है।

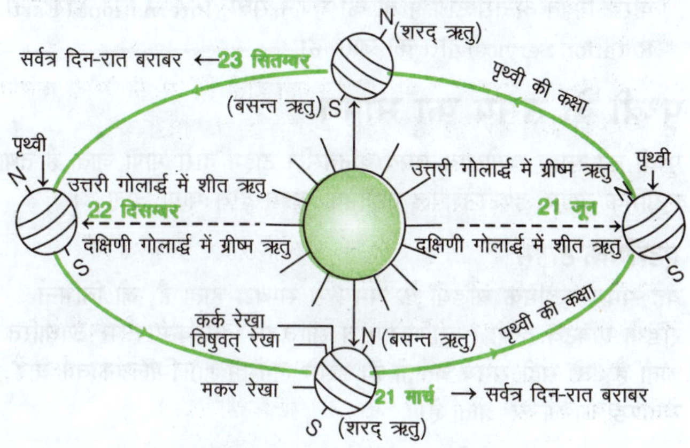

पृथ्वी का परिक्रमण एवं ऋतुएँ

परिक्रमण/वार्षिक गति के प्रभाव तथा ऋतु परिवर्तन का होना

- दिन-रात का छोटा-बड़ा होना प्राय: परिक्रमण गति का प्रभाव है। इसके द्वारा कर्क एवं मकर रेखाओं का निर्धारण होता है।
- **विषुव** (Equinox) तथा **उपसौर** एवं **अपसौर** की स्थिति का बनना भी पृथ्वी की परिक्रमण गति के कारण ही सम्भव है। ध्रुवों पर 6 माह का दिन व 6 माह की रात का होना परिक्रमण गति का प्रभाव दर्शाता है।

सूर्य और पृथ्वी के बीच की दूरी

पृथ्वी की परिक्रमा का मार्ग दीर्घवृत्तीय होने के कारण सूर्य एवं पृथ्वी के बीच की दूरी वर्षभर एकसमान नहीं रहती है। कुछ प्रमुख स्थितियाँ निम्न हैं

- **उपसौर** (Perihelion) **3 जनवरी** को सूर्य पृथ्वी के सर्वाधिक निकट होता है अर्थात् सूर्य, पृथ्वी से 14.73 करोड़ किमी दूर होता है। इस स्थिति को **उपसौर** कहा जाता है।
- **अपसौर** (Aphelion) **4 जुलाई** को सूर्य पृथ्वी से सर्वाधिक दूर होता है अर्थात् सूर्य, पृथ्वी से 15.21 करोड़ किमी दूर होता है। इस स्थिति को **अपसौर** कहा जाता है।

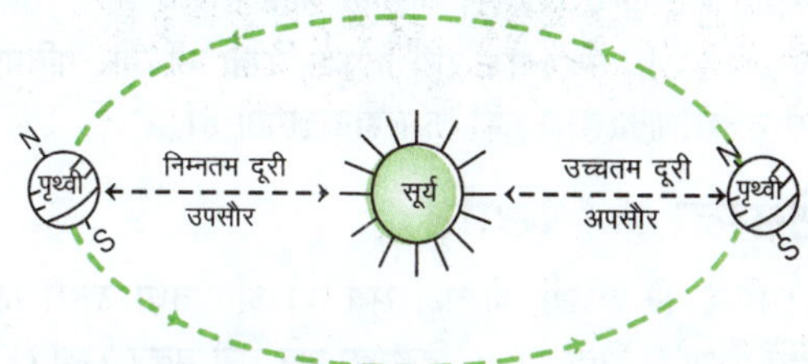

दिन-रात का बड़ा-छोटा होना

यदि पृथ्वी अपनी धुरी पर झुकी हुई न होती, तो दिन-रात की अवधि सदैव समान होती तथा पृथ्वी अपने अक्ष पर न घूमती और सूर्य की परिक्रमा न करती, तो

- एक गोलार्द्ध में सदैव दिन बड़े व रातें छोटी होती।
- दूसरे गोलार्द्ध में सदैव रातें बड़ी एवं दिन छोटे होते।
- विश्व के सभी भागों में विभिन्न ऋतुओं के समय दिन-रात की अवधि में अधिक अन्तर पाया जाता है। केवल विषुवत् रेखा पर सदैव दिन-रात की अवधि बराबर होती है, क्योंकि इसे प्रकाशवृत्त दो बराबर भागों में विभजित करता है। अत: विषुवत् रेखा का आधा भाग सदैव एकसमान सूर्यातप प्राप्त करता है।

ऋतु चक्र/ऋतु परिवर्तन/संक्रान्ति

सामान्यत: वर्ष को गर्मी, सर्दी, बसन्त एवं शरद् ऋतुओं में बाँटा जाता है। ऋतुओं में परिवर्तन सूर्य के चारों ओर पृथ्वी की स्थिति के कारण होता है।

21 जून की स्थिति

- 21 जून को उत्तरी गोलार्द्ध सूर्य की ओर झुका होता है। इस समय सूर्य की किरणें कर्क रेखा ($23\frac{1}{2}^\circ$ उत्तरी अक्षांश) पर सीधी पड़ती हैं। इसके परिणामस्वरूप इन क्षेत्रों में ऊष्मा अधिक प्राप्त होती है। फलत: ग्रीष्म ऋतु का आगमन होता है।
- ध्रुवों के पास वाले क्षेत्रों में कम ऊष्मा प्राप्त होती है, क्योंकि वहाँ सूर्य की किरणें तिरछी पड़ती हैं। उत्तरी ध्रुव सूर्य की ओर झुका होता है तथा उत्तरी ध्रुव रेखा के बाद वाले भागों पर लगभग 6 माह तक लगातार दिन रहता है।

- 21 मार्च से 21 जून की अवधि को उत्तरायण (North Movement) कहते हैं। इस दौरान उत्तरी गोलार्द्ध में दिन की अवधि बढ़नें लगती है।
- उत्तरी गोलार्द्ध के बहुत बड़े भाग में सूर्य की रोशनी प्राप्त होती है, इसलिए विषुवत् वृत्त के उत्तरी भाग में गर्मी का मौसम होता है, इसके विपरीत दक्षिणी गोलार्द्ध में शीत ऋतु होती है।
- 21 जून को विषुवतीय वृत्त के उत्तरी भाग में सबसे बड़ा दिन (जून माह का दूसरा पखवाड़ा) तथा सबसे छोटी रात होती है तथा आर्कटिक वृत्त, प्रकाश वृत्त में रहता है। इस समय नॉर्वे में अर्द्धरात्रि में भी सूर्य दिखता है।
- पृथ्वी की इस अवस्था को उत्तर अयनान्त (North Solstice) कहते हैं, इस स्थिति को ग्रीष्म संक्रान्ति भी कहा जाता है।
- 21 जून से 23 सितम्बर तक सूर्य विषुवत् रेखा की ओर गतिमान होता है, जिससे उत्तरी गोलार्द्ध में गर्मी कम होने लगती है।

22 दिसम्बर की स्थिति

- 22 दिसम्बर को दक्षिणी गोलार्द्ध सूर्य की ओर तथा उत्तरी गोलार्द्ध इसके विपरीत दिशा में होता है। 22 दिसम्बर को सूर्य मकर रेखा ($23\frac{1}{2}^\circ$ दक्षिणी अक्षांश) पर लम्बवत् होता है। अत: इसी कारण दक्षिणी गोलार्द्ध में अधिक प्रकाश आच्छादित होता है। इस दिन दक्षिणी गोलार्द्ध में दिन सबसे बड़े और रातें सबसे छोटी होती हैं। इस स्थिति को मकर संक्रान्ति या शीत अयनान्त (Winter Solstice) या दक्षिणी अयनान्त कहते हैं। 22 दिसम्बर को उत्तरी गोलार्द्ध में सबसे छोटा दिन होता है।
- 23 सितम्बर से 22 दिसम्बर की अवधि को दक्षिणायन कहते हैं। इस दौरान दक्षिणी गोलार्द्ध में दिन की अवधि बढ़ने लगती है। 22 दिसम्बर के पश्चात् 21 मार्च तक सूर्य विषुवत् रेखा की ओर गतिमान होता है, जिससे दक्षिणी गोलार्द्ध में धीरे-धीरे ग्रीष्म ऋतु समाप्त होने लगती है।

विषुव (21 मार्च एवं 23 सितम्बर)

- 21 मार्च एवं 23 सितम्बर को सूर्य की किरणें विषुवत् वृत्त पर लम्बवत् पड़ती हैं। इस अवस्था में कोई भी ध्रुव सूर्य की ओर झुका हुआ नहीं होता है, इसलिए सम्पूर्ण पृथ्वी पर रात और दिन बराबर होते हैं, इसे विषुव (Equinox) कहा जाता है।
- 23 सितम्बर को उत्तरी गोलार्द्ध में शरद् ऋतु होती है, जबकि दक्षिणी गोलार्द्ध में बसन्त ऋतु होती है।
- 21 मार्च को इसके विपरीत स्थिति होती है, जब उत्तरी गोलार्द्ध में बसन्त ऋतु होती है, तब दक्षिणी गोलार्द्ध में शरद् ऋतु होती है। अत: पृथ्वी के घूर्णन एवं परिक्रमण के कारण दिन एवं रात तथा ऋतुओं में परिवर्तन होता है।
- 21 मार्च की स्थिति को बसन्त विषुव (Spring Equinox) तथा 23 सितम्बर वाली स्थिति को शरद विषुव (Autumnat Equinox) कहते हैं।

ध्रुवों पर 6 माह का दिन तथा रात

- 21 मार्च से 23 सितम्बर की अवधि में, उत्तरी गोलार्द्ध में 12 घण्टे या अधिक समय तक सूर्य का प्रकाश रहता है। इस समय दिन बड़े तथा रातें छोटी होती हैं। उत्तरी ध्रुव की ओर बढ़ने पर दिन की अवधि में भी वृद्धि होती है।
- इस दौरान उत्तरी ध्रुव पर 24 घण्टे का दिन अर्थात् 6 माह का दिन तथा दक्षिणी ध्रुव पर 6 माह की रातें होती हैं।
- 23 सितम्बर से 21 मार्च तक दक्षिणी गोलार्द्ध में 12 घण्टे या अधिक समय तक सूर्य का प्रकाश रहता है।
- इस समय दक्षिणी ध्रुव पर दिन की अवधि लम्बी तथा रातें छोटी होती हैं अर्थात् दक्षिणी ध्रुव पर 6 माह का दिन तथा उत्तरी ध्रुव पर 6 माह रात्रि होती है।
- ध्रुवों पर पूरब एवं पश्चिम दिशा नहीं होती है तथा इसे समय विहीन कहा जाता है।

लीप वर्ष व लीप सेकण्ड

- परिक्रमण में 4 वर्ष में 24 घण्टे अथवा एक दिन का अन्तर हो जाता है, इसलिए प्रत्येक चौथा वर्ष, 366 दिन का वर्ष होता है, इसे अधिवर्ष (Leap year) कहते हैं।
- यह अतिरिक्त दिन फरवरी के महीने में जोड़ा जाता है और इस महीने में 28 दिन के स्थान पर 29 दिन होते हैं।
- पृथ्वी के घूर्णन के अनुरूप एटॉमिक घड़ियों को सिंक्रनाइज करने हेतु अतिरिक्त सेकण्ड को समय में जोड़ने की आवश्यकता होती है, इस अतिरिक्त सेकण्ड को लीप सेकण्ड कहा जाता है।
- वर्ष 1972 में पहली बार लीप सेकण्ड जोड़ा गया था। पृथ्वी की घूर्णन गति प्रतिदिन सेकण्ड के 2000 वें भाग के बराबर धीमी होती जा रही है। इससे प्रत्येक 100 वर्ष में लगभग 15 सेकण्ड का अन्तर आ रहा है।
- लीप सेकण्ड का समायोजन 24 घण्टे या शून्य काल में तथा गणना पेरिस स्थित अन्तर्राष्ट्रीय पृथ्वी की घूर्णन सेवा (International Earth Rotation Service) द्वारा की जाती है।

पृथ्वी के समय का मापन

पृथ्वी का समय खगोलीय समय/यूनिवर्सल टाइम द्वारा मापा जाता है तथा एटॉमिक टाइम, इण्टरनेशनल एटॉमिक टाइम द्वारा मापा जाता है।

एटॉमिक टाइम

यह समय एटॉमिक घड़ियों के समय से सम्बद्ध होता है, जो विभिन्न रेडियो एक्टिव तत्वों (स्ट्रोण्टियम व सीजियम) के कम्पन पर आधारित होती है, जो सही समय बताती हैं। इसमें लगभग 30 मिलियन वर्ष बाद 1 सेकण्ड का अन्तर आता है।

उषाकाल एवं गोधूलि

- सूर्योदय और दिन के उजाले के बीच की छोटी अवधि को उषाकाल तथा सूर्यास्त और पूर्ण अन्धेरे के बीच की अवधि को गोधूलि कहा जाता है।
- इस अवधि के दौरान सूर्य क्षितिज से नीचे होता है तथा पृथ्वी सूर्य से प्रकीर्णित या अपवर्तित प्रकाश को प्राप्त करती है।
- ट्वीलाइट (Twilight) सूर्योदय के पूर्व एवं सूर्यास्त के बाद वायुमण्डलीय धूलिकण द्वारा सूर्य की विकरित या विसरित प्रकाश की किरणों को ट्वीलाइट कहा जाता है।

ग्रहण

- ग्रहण (Eclipses) का अर्थ किसी खगोलीय पिण्ड के अन्धकारमय हो जाने से होता है, जोकि किसी अन्य खगोलीय पिण्ड के उस खगोलीय पिण्ड के प्रकाश मार्ग में आने के कारण होता है।
- जब सूर्य, पृथ्वी और चन्द्रमा दीर्घवृत्ताकार पथ पर एक सीधी रेखा में होते हैं, तब ग्रहण की स्थिति होती है। ग्रहण दो प्रकार के होते हैं, जिनका विवरण निम्न है—

सूर्यग्रहण

- जब सूर्य व पृथ्वी के बीच चन्द्रमा आ जाता है, तब यह स्थिति युति (Auspicious) कहलाती है। इसमें पृथ्वी के जिन क्षेत्रों में चन्द्रमा, सूर्य को ढक लेता है, वहाँ सूर्यग्रहण (Solar Eclipse) होता है।
- इस स्थिति में चन्द्रमा के बीच में होने के कारण पृथ्वी पर सूर्य का प्रकाश न पड़कर चन्द्रमा की छाया पड़ती है।
- सूर्यग्रहण हमेशा अमावस्या (New Moon) के दिन होता है, किन्तु प्रत्येक अमावस्या को नहीं, क्योंकि चन्द्रमा अपने अक्ष पर 5° झुका हुआ है।
- जब चन्द्रमा व पृथ्वी परिक्रमा के दौरान एक बिन्दु पर पहुँचते हैं, तब अक्षीय झुकाव के कारण चन्द्रमा थोड़ा आगे निकल जाता है। इस कारण प्रत्येक अमावस्या को सूर्यग्रहण नहीं लगता है।
- जिस अमावस्या को चन्द्रमा, पृथ्वी के कक्ष तल में आता है, उसी अमावस्या को सूर्यग्रहण होता है। सूर्यग्रहण पूर्ण या आंशिक हो सकता है। पूर्ण सूर्यग्रहण में सूर्य का कोरोना भाग दिखाई देता है।
- इसमें चन्द्रमा पश्चिम दिशा में सूर्य को ढकना आरम्भ करता है और आकाश में नीला या काला दिखाई देता है। वर्ष में न्यूनतम 2 तथा अधिकतम 5 सूर्यग्रहण हो सकते हैं।
- सूर्यग्रहण के दौरान अन्धकारमय काल अवधि अधिकतम 7 मिनट, 40 सेकण्ड की हो सकती है। सामान्यत: इसकी औसतन अवधि 2 मिनट, 50 सेकण्ड की होती है।
- डायमण्ड रिंग की घटना पूर्ण सूर्यग्रहण के दिन होती है। सूर्यग्रहण को कभी भी नग्न आँखों से नहीं देखना चाहिए, क्योंकि इस समय कोरोना के विकिरण (पराबैंगनी किरणों) से आँखें खराब होने का खतरा होता है।

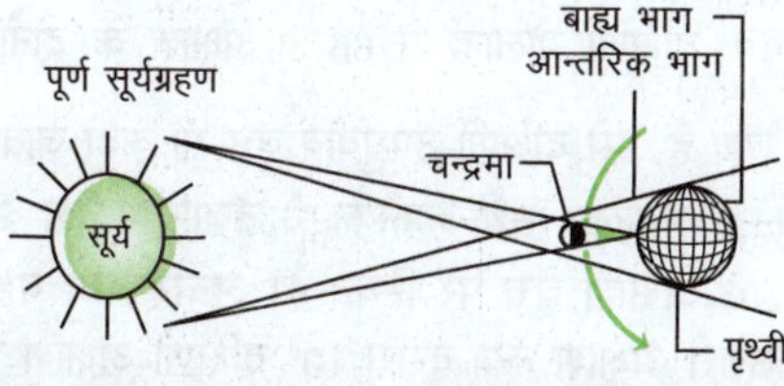

अम्ब्रा (प्रच्छाया) एवं पेनुम्ब्रा उपछाया

प्रकाशमण्डल में उपस्थित **सौर कलंक** में काले केन्द्र को **अम्ब्रा** (Umbra) तथा इसके चारों ओर हल्के रंग का भाग **पेनुम्ब्रा** (Penumbra) कहलाता है। **प्रच्छाया** के अन्तर्गत किसी भी स्थान से देखने पर प्रकाश स्रोत ढका हुआ दिखाई देता है, जब इसके दोनों ओर कम घनी छाया होती है, तो वह **उपछाया** होती है।

चन्द्रग्रहण

- जब सूर्य और चन्द्रमा के बीच पृथ्वी आ जाती है, तब यह स्थिति वियुति (Opposition) कहलाती है। यह चन्द्रग्रहण की स्थिति होती है। यह तभी होता है, जब सूर्य, पृथ्वी और चन्द्रमा इस क्रम में लगभग एक सीधी रेखा में अवस्थित हों।
- इसमें सूर्य की रोशनी चन्द्रमा तक नहीं पँहुच पाती तथा पृथ्वी की छाया के कारण उस पर अँधेरा छा जाता है।
- यह स्थिति सिजिगी (Syzygy) या युति-वियुति बिन्दु कहलाती है। इस ज्यामितीय प्रतिबन्ध के कारण चन्द्रग्रहण (Lunar Eclipse) केवल पूर्णिमा के दिन ही होता है, किन्तु प्रत्येक पूर्णिमा को चन्द्रग्रहण नहीं होता है।
- जब पूरा चन्द्रमा ढक जाता है, तो पूर्ण चन्द्रग्रहण एवं जब अंशत: ढक जाता है, तो आंशिक चन्द्रग्रहण कहलाता है।
- चन्द्रग्रहण प्राय: पूर्णिमा को होता है, किन्तु प्रत्येक पूर्णिमा को नहीं, क्योंकि चन्द्रमा के कक्षा तल में 5° झुकाव पाया जाता है। अर्द्धचन्द्र की स्थिति में सूर्य, पृथ्वी एवं चन्द्रमा के बीच 90° का कोण होता है।
- एक वर्ष में अधिकतम सात चन्द्रग्रहण और सात सूर्यग्रहण की सम्भावना हो सकती है तथा युति स्थिति हमेशा सूर्यग्रहण के समय तथा वियुति स्थिति हमेशा चन्द्रग्रहण के समय ही देखने को मिलती है।

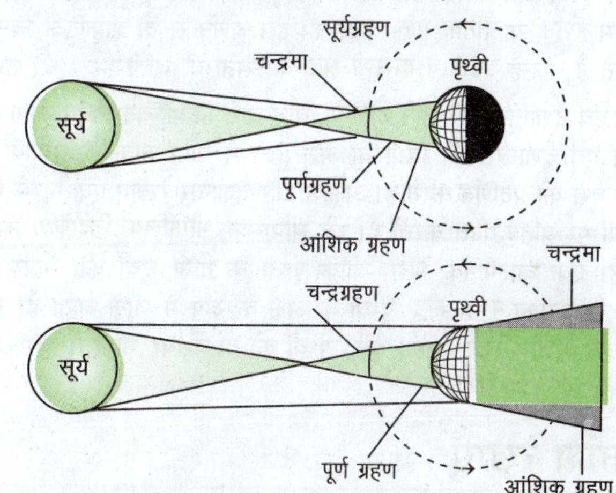

प्रमुख चन्द्र दशाएँ

- **सुपर मून** (चन्द्रमा के पृथ्वी की परिक्रमा दीर्घवृत्ताकार पथ) सुपर मून (Super Moon) वह स्थिति है, जिसमें चन्द्रमा, पृथ्वी के सबसे निकट होता है। इस अवस्था को पेरिजी/फुल मून की संज्ञा दी जाती है। इस स्थिति में चन्द्रमा पहले की अपेक्षा 14% दीर्घ एवं 30% अधिक चमकीला प्रतीत होता है।
- **ब्लू मून** यह पूर्णिमा के दिन होने वाली एक खगोलीय घटना है। यह एक ऋतु की चार पूर्णिमाओं में से तीसरी या कैलेण्डर के अनुसार, एक महीने की दूसरी पूर्णिमा की रात को प्रकट होने वाला चन्द्रमा ब्लू मून होता है अर्थात् यदि कैलेण्डर में एक महीने में दो पूर्णिमाएँ हों, तो दूसरी पूर्णिमा के चन्द्रमा को **ब्लू मून** (Blue Moon) कहते हैं।
- **ब्लड मून** इस स्थिति में पृथ्वी की छाया चन्द्रमा की रोशनी को ढक लेती है, जिसके कारण सूर्य की रोशनी जब पृथ्वी के वायुमण्डल से टकराकर चन्द्रमा पर पड़ती है, तो यह अधिक चमकीला हो जाता है। जब चन्द्रमा पृथ्वी के पास पहुँचता है, तो उसका रंग अधिक चमकीला अर्थात् गहरा लाल हो जाता है। इस घटना को **ब्लड मून** (Blood Moon) या टेट्राड भी कहा जाता है।

"

पृथ्वी लगभग एक गोले के समान है। ऐसा इसलिए है, क्योंकि पृथ्वी की विषुवतीय त्रिज्या तथा ध्रुवीय त्रिज्या एक समान नहीं है। अक्षांश एवं देशान्तर रेखाओं को सामान्यतः भौगोलिक निर्देशांक कहा जाता है।

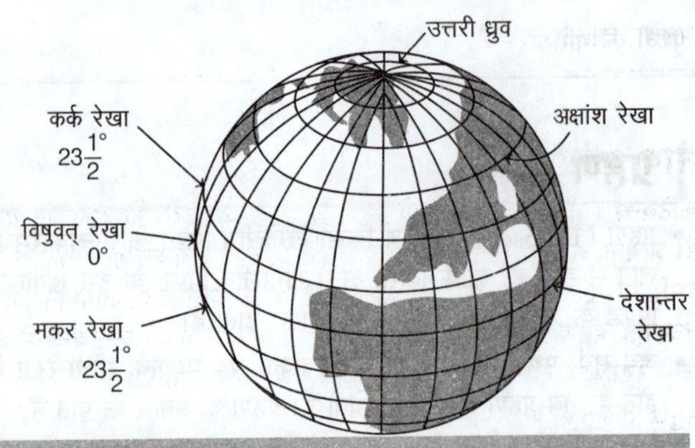

अध्याय चार

अक्षांश, देशान्तर एवं मानक समय

अक्षांश (Latitude) और देशान्तर (Longitude) के अध्ययन के द्वारा पृथ्वी के तल पर किसी स्थान, देश अथवा नगर की स्थिति का निर्धारण किया जाता है। ग्रिड दो अक्षांशों तथा दो देशान्तरों के मध्य अवस्थित भाग होता है। पृथ्वी अपने अक्ष पर पश्चिम से पूर्व की ओर घूमती रहती है, जिसे हम घूर्णन या दैनिक गति कहते हैं। इस घूर्णन से दो प्राकृतिक बिन्दु ज्ञात होते हैं, जिन्हें उत्तरी व दक्षिणी ध्रुव की संज्ञा दी जाती है।

अक्षांश एवं देशान्तर का मापन कोणीय विधि द्वारा क्रियान्वित किया जाता है। अक्षांशों एवं देशान्तरों को डिग्री या अंश (0°) में मापा जाता है, क्योंकि ये कोणीय दूरी को प्रदर्शित करते हैं। अक्षांश और देशान्तर रेखाएँ एक-दूसरे को समकोण पर प्रतिच्छेदित करती हैं। इसे सामान्यतः भौगोलिक निर्देशांक कहा जाता है। एक काल्पनिक रेखा, जोकि पृथ्वी के दोनों ध्रुवों को आपस में जोड़ती है, उसका मध्य केन्द्र पृथ्वी के अक्ष के रूप में जाना जाता है। यह काल्पनिक अक्षीय रेखा (वृहत् वृत्त) पृथ्वी को दो बराबर भागों में विभाजित करती है।

अक्षांश रेखाएँ

- किसी स्थान की भूमध्य रेखा से उत्तर तथा दक्षिण की ओर कोणात्मक दूरी को उस स्थान का अक्षांश कहते हैं। एक ही कोणात्मक दूरी वाले स्थानों को मिलाने वाली रेखा को अक्षांश रेखा कहते हैं।
- इसे अंशों (डिग्री), मिनटों व सेकण्ड में दर्शाया जाता है। 0° अक्षांश विषुवत् या भूमध्य रेखा या विषुवत् वृत्त को निरूपित करती है, जो सबसे बड़ी अक्षांश रेखा है। यह पृथ्वी को दो बराबर भागों में बाँटती है।
- विषुवत् वृत्त की उत्तर दिशा में स्थित सभी अक्षांश रेखाओं को उत्तरी अक्षांश रेखा एवं दक्षिण दिशा में स्थित सभी अक्षांश रेखाओं को दक्षिणी अक्षांश रेखाएँ कहते हैं।
- यही कारण है कि प्रत्येक अक्षांश मान के साथ उसकी दिशा को उत्तर-N या दक्षिण-S के द्वारा निरूपित किया जाता है।
- भूमध्य रेखा से ध्रुवों तक 90° अक्षांश होते हैं (दोनों ध्रुवों की ओर 90°-90°)। भूमध्य रेखा (Equator) से हम जैसे-जैसे ध्रुवों की ओर जाएँगे, वैसे-वैसे अक्षांश रेखा का मान बढ़ता जाता है, किन्तु लम्बाई कम होती जाती है।
- दोनों गोलार्द्धों (उत्तरी व दक्षिणी) सहित पृथ्वी पर कुल अक्षांश रेखाओं की संख्या 181 है, किन्तु उत्तरी व दक्षिणी ध्रुव पर यह बिन्दु के रूप में होता है, अतः कुल अक्षांश रेखाओं की संख्या 179 है।
- सभी अक्षांश रेखाएँ समान्तर होती हैं तथा दो अक्षांशों (1° के अन्तराल) के मध्य की दूरी लगभग 111 किमी होती है।
- विषुवत् रेखा सबसे बड़ी अक्षांश रेखा (40,076 किमी) होती है। विषुवत् रेखा से ध्रुवों की ओर जाने पर वस्तु के भार में बढ़ोतरी होती है, जो घूर्णन बल में कमी के कारण होती है।
- विषुवत् वृत्त से दोनों ओर ध्रुवों के बीच की दूरी पृथ्वी के चारों ओर के वृत्त का एक चौथाई है। अतः इसकी माप 360° का 1/4 अर्थात् 90° है।

कुछ प्रमुख अक्षांश रेखाएँ

- कर्क रेखा उत्तरी गोलार्द्ध में विषुवत् रेखा या विषुवत् वृत्त से $23\frac{1}{2}$° अक्षांश पर खींची गई काल्पनिक रेखा है।
- मकर रेखा दक्षिणी गोलार्द्ध में विषुवत् रेखा से $23\frac{1}{2}$° अक्षांश पर खींची गई काल्पनिक रेखा है।
- आर्कटिक वृत्त उत्तरी गोलार्द्ध में $66\frac{1}{2}$° अक्षांश के दोनों बिन्दुओं को मिलाने वाली रेखा है, इसे उत्तरी उप आर्कटिक वृत्त भी कहा जाता है।
- अण्टार्कटिक वृत्त दक्षिणी गोलार्द्ध में $66\frac{1}{2}$° अक्षांश के दोनों बिन्दुओं को मिलाने वाली रेखा है, इसे दक्षिणी उपध्रुवीय वृत्त भी कहा जाता है।
- केरल राज्य का एर्णाकुलम तथा अफ्रीका के तंजानिया देश के लिण्डी नगर 10° अक्षांश वृत्त पर स्थित हैं। अन्तर मात्र यह है कि एक 10° उत्तरी अक्षांश तथा दूसरा 10° दक्षिणी अक्षांश पर स्थित है। अक्षांशों को ग्रीक भाषा के अक्षर फाई (ϕ) से निरूपित किया जाता है।
- इसी प्रकार महाराष्ट्र का चन्द्रपुर तथा ब्राजील (दक्षिण अमेरिका) का बेलों होरिजोण्टे दोनों ही 20° अक्षांश पर अवस्थित हैं। इसमें एक उत्तरी गोलार्द्ध तथा दूसरा दक्षिणी गोलार्द्ध में अवस्थित है।
- सर्वाधिक उत्तरी-दक्षिणी (अक्षांशीय) लम्बाई वाली सीमा वाला देश चिली है।

ताप कटिबन्ध

कटिबन्ध (जोन) दो अक्षांश रेखाओं के बीच की दूरी को सन्दर्भित करता है। प्रत्येक अक्षांश रेखा एक सम्पूर्ण वृत्त होती है, लेकिन 90° अक्षांश रेखा इसमें सम्मिलित नहीं होती है। अक्षांश के साथ-साथ वर्षा, तापमान और वनस्पति भी बदलती है। भारत का दक्षिणी भाग शीतोष्ण कटिबन्ध में और कर्क रेखा का दक्षिणी भाग उष्णकटिबन्ध में अवस्थित है। अत: पृथ्वी के प्रमुख ताप कटिबन्ध निम्न हैं

- **उष्ण कटिबन्ध** (Torrid Zone) कर्क रेखा एवं मकर रेखा के बीच के सभी अक्षांशों पर सूर्य वर्ष में एक बार दोपहर में सिर के ठीक ऊपर होता है। इसके फलस्वरूप इस क्षेत्र में सबसे अधिक ऊष्मा प्राप्त होती है और इसे उष्ण कटिबन्ध कहा जाता है।
- **शीतोष्ण कटिबन्ध** (Temperate Zone) ध्रुव की ओर सूर्य की किरणें तिरछी होती जाती हैं। इस प्रकार उत्तरी गोलार्द्ध में कर्क रेखा एवं उत्तर ध्रुव वृत्त तथा दक्षिणी गोलार्द्ध में मकर रेखा एवं दक्षिण ध्रुव वृत्त के बीच वाले क्षेत्र का तापमान मध्यम रहता है, इसलिए इन्हें शीतोष्ण कटिबन्ध कहा जाता है।

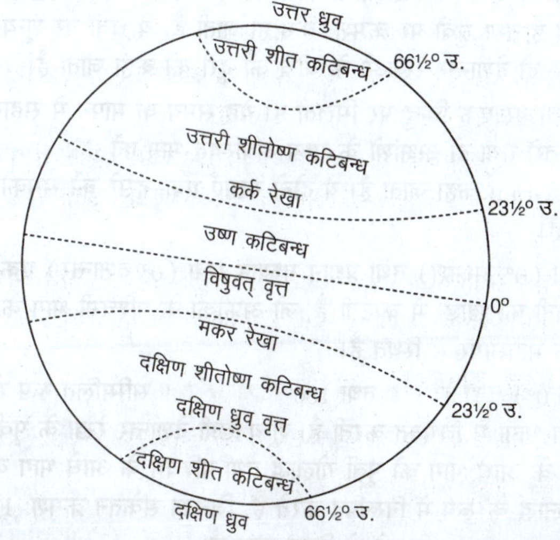

- **शीत कटिबन्ध** (Frigid Zone) उत्तरी गोलार्द्ध में उत्तर ध्रुव वृत्त एवं उत्तरी ध्रुव तथा दक्षिणी गोलार्द्ध में दक्षिणी ध्रुव वृत्त एवं दक्षिणी ध्रुव के बीच स्थित क्षेत्र, जहाँ सूर्य क्षितिज से अधिक ऊपर नहीं आ पाता है। फलत: यहाँ ठण्ड बहुत पड़ती है, इसलिए इन्हें शीत कटिबन्ध कहा जाता है।

महत्त्वपूर्ण अक्षांश रेखाएँ

कुछ महत्त्वपूर्ण अक्षांश रेखाओं का विवरण निम्नलिखित है

भूमध्य रेखा/विषुवत् रेखा

- भूमध्य रेखा या **विषुवत् रेखा** (Equator) को शून्य डिग्री (0°) अक्षांश रेखा के नाम से भी जाना जाता है। इसकी लम्बाई 40076 किमी है।
- **विषुवत् रेखा** द्वारा अनेक समान्तर वृत्तों का निर्माण दोनों ध्रुवों एवं दोनों गोलार्द्धों में होता है। यह ग्लोब को क्षैतिज रूप में अर्ध समान भागों में विभाजित करती है।
- भूमध्य रेखा पर अधिकतम सूर्यातप की प्राप्ति होती है। इसका प्रमुख कारण यह है कि भूमध्य रेखा पर सूर्य की किरणें वर्षभर लम्बवत् आच्छादित होती हैं। यहाँ वार्षिक तापान्तर न्यूनतम होता है।
- भूमध्य रेखा पर सूर्य वर्ष में 21 मार्च एवं 23 सितम्बर को लम्बवत् चमकता है। यही कारण है कि यहाँ तापमान उच्च तथा वार्षिक एवं दैनिक तापान्तर निम्न रहता है। भूमध्य रेखा पर उच्च तापमान रहने के कारण, शीत ऋतु का प्राय: अभाव होता है। यहाँ पर पूरे वर्ष दिन एवं रात की अवधि समान होती है।
- भूमध्य रेखा से उत्तर एवं दक्षिण की ओर दिन और रात की अवधि मौसम के अनुसार परिवर्तित होती रहती है।
- **भूमध्य रेखा** अफ्रीका महाद्वीप में स्थित कांगो नदी (जायरे) इसको दो बार काटती है। भूमध्य रेखा विक्टोरिया झील से होकर गुजरती है। विक्टोरिया झील केन्या, युगाण्डा एवं तंजानिया की सीमा पर स्थित है।
- पृथ्वी की चुम्बकीय विषुवत् रेखा दक्षिण भारत में थुम्बा (केरल) से गुजरती है।

विषुवत् रेखा पर स्थित देश

महाद्वीप (3)	देश (13)
एशिया	मालदीव, इण्डोनेशिया, किरिबाती (ओशेनिया)
अफ्रीका	साओ टोम और प्रिन्सेप, कांगो, लोकतान्त्रिक गणराज्य कांगो, गैबोन, (गैबन), युगाण्डा, केन्या, सोमालिया
दक्षिण अमेरिका	इक्वाडोर, कोलम्बिया, ब्राजील
जल निकाय (Water Bodies) :	हिन्द महासागर, अटलाण्टिक महासागर तथा प्रशान्त महासागर

कर्क रेखा/कर्क वृत्त

- उत्तरी गोलार्द्ध में $23\frac{1}{2}^\circ$ उत्तरी अक्षांश रेखा को **कर्क रेखा** (Circle of Cancer) कहा जाता है। यह विषुवत् वृत्त से $23\frac{1}{2}^\circ$ उत्तर की कोणीय दूरी पर है। यह भारत को लगभग दो बराबर भागों में बाँटता है।
- यह रेखा मिस्र के नासिर झील से होकर गुजरती है तथा भारत में माही नदी इसको दो बार काटती है।

कर्क रेखा पर अवस्थित देश

महाद्वीप (3)	देश (18)
एशिया	ताइवान, चीन, म्यांमार, बांग्लादेश, भारत, ओमान, संयुक्त अरब अमीरात, सऊदी अरब
अफ्रीका	मिस्र, लीबिया, नाइजर, अल्जीरिया, माली, पश्चिमी सहारा, मॉरीतानिया
उत्तरी अमेरिका	हवाई द्वीप (अमेरिका), मैक्सिको, बहामास
जल निकाय (Water bodies) जलसन्धि/खाड़ी	हिन्द महासागर, अटलाण्टिक महासागर, प्रशान्त महासागर, लालसागर। ताइवान जलसन्धि, मैक्सिको की खाड़ी

मकर रेखा/मकर वृत्त

- दक्षिणी गोलार्द्ध में $23\frac{1}{2}^\circ$ दक्षिणी अक्षांश रेखा को **मकर रेखा** (Circle of Capricorn) कहा जाता है।
- 22 दिसम्बर को दक्षिणी ध्रुव के सूर्य की ओर झुके होने के कारण मकर रेखा पर सूर्य की किरणें लम्बवत् पड़ती हैं या अद्य: सौर बिन्दु

22 दिसम्बर को मकर रेखा पर लम्बवत् होती हैं। इससे दक्षिणी गोलार्द्ध के बड़े भाग पर प्रकाश प्राप्त होता है, फलस्वरूप दक्षिणी गोलार्द्ध में बड़े दिन तथा छोटी रातों वाली ग्रीष्म ऋतु होती है।

- अद्य: सौर बिन्दु पृथ्वी पर स्थित वह बिन्दु होता है, जहाँ सूर्य की किरणें 90° का कोण बनाती हैं। यह बिन्दु 16 मिनट अक्षांश की यात्रा लगभग एक दिन में करता है।

मकर रेखा पर स्थित देश

महाद्वीप (3)	देश (12)
दक्षिण अमेरिका	चिली, अर्जेण्टीना, ब्राजील, पराग्वे
अफ्रीका	नामीबिया, बोत्सवाना, दक्षिण अफ्रीका, मोजाम्बिक तथा मेडागास्कर
ऑस्ट्रेलिया	ऑस्ट्रेलिया
द्वीपीय देश	टोंगा तथा फ्रेंच पोलीनेशिया (फ्रांस)
जल निकाय (Water bodies)	हिन्द महासागर, अटलाण्टिक महासागर तथा प्रशान्त महासागर

आर्कटिक वृत्त

- आर्कटिक वृत्त (Arctic Circle) पृथ्वी के मानचित्र में अक्षांश द्वारा चिह्नित पाँच प्रमुख क्षेत्रों में सबसे उत्तरी क्षेत्र है। उत्तरी गोलार्द्ध में विषुवत् रेखा से $66\frac{1}{2}^{\circ}$ कोणीय दूरी को आर्कटिक वृत्त की संज्ञा दी जाती है।

- $66\frac{1}{2}^{\circ}$ कोणीय दूरी होने के कारण आर्कटिक वृत्त के क्षेत्रों पर सूर्य की किरणें तिरछी पड़ती हैं, अत: सूर्यातप कम मात्रा में प्राप्त होता है। फलत: यह अत्यधिक शीत जलवायु वाला प्रदेश है।
- उत्तरी गोलार्द्ध में पृथ्वी का उत्तरी चुम्बकीय ध्रुव इलेसमेयर प्रायद्वीप (उत्तरी कनाडा) में अवस्थित है।
- आर्कटिक वृत्त आर्कटिक महासागर, स्कैण्डिनेवियाई प्रायद्वीप उत्तरी एशिया, उत्तरी अमेरिका और ग्रीनलैण्ड से होकर गुजरता है।
- रूस में मास्को आर्कटिक वृत्त के दक्षिण भाग में स्थित है। आर्कटिक वृत्त कनाडा के ग्रेट बियर झील से होकर गुजरती है।

ध्रुवीय कोड

यह ध्रुवीय जल राशियों में परिचालन कर रहे जहाजों के लिए सुरक्षा से सम्बन्धित कोड है। इस कोड को अन्तर्राष्ट्रीय समुद्री संगठन द्वारा जारी किया जाता है।

अण्टार्कटिका वृत्त

- यह वृत्त दक्षिणी गोलार्द्ध में स्थित है, जिसे ध्रुवीय वृत्त (Polar Circle) भी कहा जाता है।
- यह विषुवत् रेखा से दक्षिण 66½°की कोणीय दूरी पर स्थित वृत्त होता है। इस क्षेत्र में बड़े हिमखण्ड और अन्य हिमनद प्रचुर मात्रा में पाए जाते हैं। पूरा क्षेत्र बर्फ की चादर से ढका होता है, अत: इसे सफेद महाद्वीप की संज्ञा दी जाती है।

देशान्तर रेखाएँ

- प्रधान याम्योत्तर रेखा (0°) के पूर्व या पश्चिम में स्थित किसी बिन्दु की कोणीय दूरी देशान्तर के रूप में सन्दर्भित की जाती है। ये रेखाएँ ऊर्ध्वाधर काल्पनिक रेखा होती हैं, जो पृथ्वी को समान ऊर्ध्वाधर भागों में बाँटती हैं। यहाँ दो स्थानों के बीच की दूरी न्यूनतम होती है।
- देशान्तर रेखाएँ याम्योत्तर रेखाओं के रूप में भी जानी जाती हैं। सभी देशान्तर रेखाएँ अर्द्धवृत्ताकार होती हैं, ये समान्तर नहीं होती तथा उत्तरी एवं दक्षिणी ध्रुवों पर अभिसारित होकर मिल जाती हैं।
- विषुवत् रेखा पर देशान्तर रेखाओं के बीच की दूरी सर्वाधिक (111.321 किमी) होती है तथा ध्रुवों पर क्रमश: कम हो जाती है। ये ध्रुवों पर शून्य हो जाती हैं। गोर दो देशान्तर रेखाओं के बीच की दूरी को कहा जाता है।
- ये रेखाएँ ध्रुवों पर एक बिन्दु पर मिलती हैं। यह समय के मापन में सहायक है। दो देशान्तरों तथा दो अक्षांशों के मध्य अवस्थित भाग को ग्रिड (Craticule/Grad) कहा जाता है। ये दोनों रेखाएँ एक-दूसरे को समकोण पर काटती हैं।
- विषुवत् रेखा (0° अक्षांश) तथा प्रधान मध्याह्न रेखा (0° देशान्तर) एक दूसरे को गिनी की खाड़ी में काटती है, जो अफ्रीका के पश्चिमी भाग के अटलाण्टिक महासागर में स्थित है।
- शून्य डिग्री (0°) देशान्तर रेखा तथा 180° देशान्तर रेखा सम्मिलित रूप से पृथ्वी को दो भागों में विभक्त करती है। शून्य डिग्री देशान्तर रेखा के पूर्व में स्थित पृथ्वी के आधे भाग को पूर्वी गोलार्द्ध तथा पश्चिम के आधे भाग को पश्चिमी गोलार्द्ध के रूप में निरूपित करते हैं, जिनका संकेतन क्रमश: E (East) और W (West) अक्षरों से किया जाता है।

ग्रीनविच मध्याह्न या प्रधान रेखा

- 22 अक्टूबर, 1884 को सम्पन्न हुई अन्तर्राष्ट्रीय गोष्ठी में लन्दन के पूर्व में ग्रीनविच नामक स्थान पर स्थित रॉयल वेधशाला से गुजरने वाली देशान्तर रेखा (0°) को प्रधान मध्याह्न या ग्रीनविच मध्याह्न माना गया।
- इसे शून्य मानकर अन्य देशान्तरों की गणना की जाती है तथा समय का निर्धारण किया जाता है। इसे सर्व सम्मति से मानक समय रेखा माना गया है।
- पृथ्वी अपने अक्ष पर पश्चिम से पूर्व की ओर घूमती है, इसलिए ग्रीनविच से पूर्व के स्थानों का समय ग्रीनविच समय से आगे तथा पश्चिम के स्थानों का समय ग्रीनविच समय से पीछे होता है।
- प्रधान याम्योत्तर के पश्चिम में स्थित सभी देशान्तर रेखाओं को पश्चिमी देशान्तर रेखाएँ तथा पूर्व में स्थित सभी देशान्तर रेखाओं को पूर्वी देशान्तर रेखाओं की संज्ञा दी जाती है। प्रधान याम्योत्तर रेखा यूनाइटेड किंगडम, स्पेन, फ्रांस, घाना, अल्जीरिया, माली, टोगो, बुर्किना फासो एवं अण्टार्कटिका से होकर गुजरती है।

- ग्रीनविच की प्रधान मध्याह्न रेखा पर जब सूर्य आकाश में सबसे अधिक ऊँचाई पर होता है, तो इस देशान्तर रेखा पर स्थित सभी स्थानों पर मध्याह्न (दोपहर) होता है, इसलिए देशान्तर रेखा को **मध्याह्न रेखा** कहा जाता है।

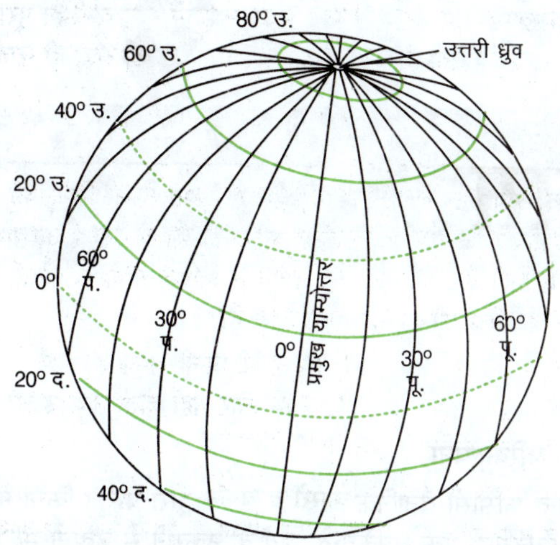

देशान्तर एवं समय

- 0° देशान्तर के समय को **ग्रीनविच माध्य समय** (Greenwich Mean time - GMT) या **विश्व समय** (Universal time) अथवा **जूलू समय** (Julu time) कहा जाता है।
- पृथ्वी 24 घण्टे में 360° देशान्तर घूमती है, इसलिए इसकी घूर्णन गति 15° देशान्तर प्रति घण्टा या प्रति 4 मिनट में 1° देशान्तर है अर्थात् प्रति देशान्तर पूर्व में (बाएँ) 4 मिनट की वृद्धि तथा पश्चिम में 4 मिनट की कमी होती है।
- जब दो स्थानों की स्थिति में 90° देशान्तर का अन्तर होगा, तो उनमें 6 घण्टे का समयान्तर होगा। 90°30' पूर्वी देशान्तर पर भारत में सूर्योदय की प्रथम किरण दिखाई देगी।
- 0° से 180° पूर्व व पश्चिम के समय में 12-12 घण्टों का अन्तर पाया जाता है अर्थात् 180° पूर्व व पश्चिम के समय में कुल 24 घण्टे या एक दिन या रात का अन्तर होता है। 180° देशान्तर को **अर्द्ध रात्रि का देशान्तर** भी कहा जाता है। यह देशान्तर प्रधान याम्योत्तर से मिलकर वृहद् वृत्त का निर्माण करते हैं।
- समय मापने का सबसे उत्तम साधन पृथ्वी, चन्द्रमा और ग्रहों की गति है। सूर्य नियमित रूप से उदय और अस्त होता है, अत: यह विश्व का सर्वोत्तम प्राकृतिक समय मापक है।

स्थानीय समय

- स्थानीय समय (Local Time) का तात्पर्य सूर्य की छाया के आधार पर समय का निर्धारण है।
- किसी स्थान पर सूर्य आसमान में सीधे सामने होता है और प्रतिच्छाया न्यूनतम होती है, तो वहाँ का स्थानीय समय दोपहर के 12 बजे होगा।
- एक ही देशान्तर पर स्थित सभी स्थानों का स्थानीय समय एक ही होता है अर्थात् सूर्योदय, मध्याह्न तथा सूर्यास्त एक साथ होगा।

मानक समय एवं समय जोन

- किसी भी देश का मानक मध्याह्न रेखा का स्थानीय मान मानक समय (Standard Time) होता है। भारत में $82\frac{1}{2}^{\circ}$ पूर्वी देशान्तर रेखा को मानक मध्याह्न रेखा कहा गया है, जो लगभग भारत के मध्य से होकर गुजरती है।
- इसे **भारतीय मानक समय** (Indian Standard Time) भी कहते हैं, जो ग्रीनविच समय से 5.30 घण्टे आगे है। इस समय को सम्पूर्ण देश का मानक समय माना जाता है।
- मानक समय का निर्धारण $7\frac{1}{2}^{\circ}$ के गुणक में किया जाता है।
- कुछ देशों का देशान्तरीय विस्तार अधिक है, अत: वहाँ एक से अधिक मानक समय का निर्धारण किया जाता है। उदाहरणस्वरूप, रूस में **11 मानक समय** हैं।
- विश्व को **24 समय जोन** में विभाजित किया गया है। यह विभाजन ग्रीनविच मीन टाइम व मानक समय में 1 घण्टे के अन्तराल के आधार पर किया गया है। संयुक्त राज्य अमेरिका में **9 समय जोन** तथा ऑस्ट्रेलिया में **3 समय जोन** हैं।

> - **बागान टाइम** असम में चाय के बागानों में अंग्रेजी शासनकाल से ही प्रात: 8 बजे से काम शुरू करने की परम्परा है।
> - **डेलाइट सेविंग टाइम** यह दिन की रोशनी के बेहतर उपयोग के साथ-साथ मानक समय में परिवर्तन से सम्बद्ध है। इसमें बसन्त की शुरुआत में घड़ी को एक घण्टा आगे तथा शरद ऋतु में एक घण्टा पीछे समायोजित किया जाता है।

अन्तर्राष्ट्रीय तिथि रेखा

- 180° देशान्तर रेखा को अन्तर्राष्ट्रीय तिथि रेखा (International Date Line) कहा जाता है। यह एक काल्पनिक रेखा है, जो स्थलखण्डों को छोड़कर 180° देशान्तर के मध्य से गुजरती है, इसे 1884 ई. में **वाशिंगटन** में हुई सन्धि में अपनाया गया था।
- यह रेखा आर्कटिक सागर, चुक्सी सागर, बेरिंग जलसन्धि व प्रशान्त महासागर से गुजरती है। **बेरिंग जलसन्धि** अन्तर्राष्ट्रीय तिथि रेखा के समानान्तर सर्वाधिक निकट स्थित है।
- इस रेखा के पूर्व से पश्चिम की ओर यात्रा करने या पार करने पर एक दिन घट जाएगा, जबकि पश्चिम से पूर्व की ओर यात्रा करने पर एक दिन बढ़ जाएगा।
- तिथि निर्धारक रेखा अर्थात् अन्तर्राष्ट्रीय तिथि रेखा पर ग्रीनविच से 12 घण्टे का अन्तर पाया जाता है। इसके साथ ही इसके पूर्व व पश्चिम में एक दिन का अन्तर पाया जाता है।
- इसे साइबेरिया को विभाजित होने से बचाने एवं अलास्का से अलग रखने हेतु 75° उत्तरी अक्षांश पर मोड़ा गया है।
- बेरिंग सागर में इसे पश्चिम की ओर तथा फिजी द्वीप समूह एवं न्यूजीलैण्ड के भागों को एक समूह में रखने हेतु इसे दक्षिणी प्रशान्त महासागर में पूर्व की ओर मोड़ा गया है।
- वर्ष 2011 से **समोआ द्वीप** को अन्तर्राष्ट्रीय तिथि रेखा के पश्चिम में कर दिया गया है, इसी प्रकार **टोकेलाऊ** भी इस रेखा के पश्चिम में आ गया है। इस परिवर्तन का मुख्य कारण इन द्वीपों की ऑस्ट्रेलिया व न्यूजीलैण्ड से भौगोलिक समीपता एवं व्यापार की अधिकता है।

"

पृथ्वी की उत्पत्ति के सम्बन्ध में सम्भवतः सर्वप्रथम तर्कपूर्ण परिकल्पना का प्रतिपादन फ्रांसीसी वैज्ञानिक कास्ते द बफन ने 1749 ई. में किया था।

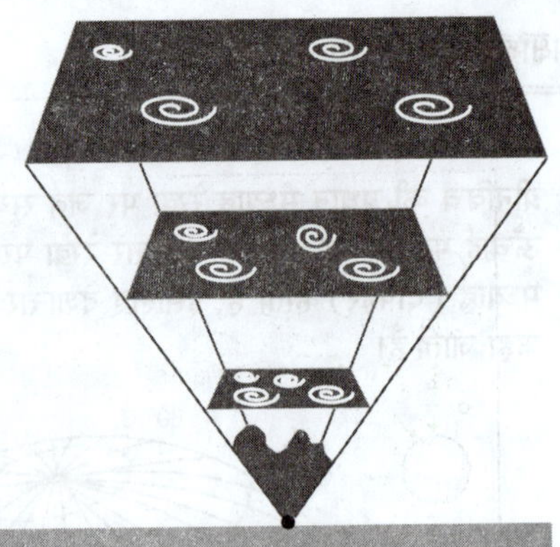

अध्याय पाँच

पृथ्वी की उत्पत्ति एवं विकास

पृथ्वी की उत्पत्ति

- पृथ्वी की आयु निर्धारित करने में **यूरेनियम डेटिंग विधि** का प्रयोग किया जाता है। इसे **रेडियोमेट्रिक डेटिंग विधि** भी कहा जाता है। इस विधि के अनुसार पृथ्वी की आयु 4.5 अरब वर्ष है।
- उल्कापिण्डों एवं चन्द्रमा की चट्टानों के नमूनों के अध्ययन से पृथ्वी की आयु 4.6 अरब वर्ष, प्राचीन चट्टानों के परीक्षण से 3.9 बिलियन वर्ष तथा पियरे क्यूरी एवं रदरफोर्ड के अनुसार 2-3 अरब वर्ष है।
- पृथ्वी पर सर्वप्रथम कवच वाले जीवों की उत्पत्ति 520 मिलियन वर्ष पूर्व हुई थी। इसे ही पृथ्वी पर उत्पन्न होने वाला प्रथम जीव माना जाता है।
- वर्तमान समय में पृथ्वी एवं अन्य ग्रहों की उत्पत्ति से सम्बन्धित दो प्रकार के वैज्ञानिक सिद्धान्त प्रचलित हैं।

अद्वैतवादी संकल्पना

इस सिद्धान्त के विद्वानों का मानना है कि ग्रहों की उत्पत्ति एक ही पिण्ड से हुई है। इसके अन्तर्गत निम्न चार परिकल्पनाओं का अध्ययन किया जाता है

पृथ्वी व अन्य ग्रहों की उत्पत्ति विषयक संकल्पना

अद्वैतवादी संकल्पना या पैतृक संकल्पना (Monistic Concept)

- पुच्छल तारा परिकल्पना-कास्ते द बफन (1749)
- वायव्य राशि परिकल्पना-इमैनुएल काण्ट (1755)
- निहारिका परिकल्पना-लॉप्लास (1796) (बाद में रॉस द्वारा संशोधित)
- उल्कापिण्ड परिकल्पना-लॉकियर (1919)

द्वैतवादी संकल्पना (Binary Concept)

- ग्रहाणु परिकल्पना - टी सी चैम्बरलिन (1905)
- ज्वारीय परिकल्पना - जेम्स जीन्स (1919) (जेफ्रीज द्वारा 1929 में संशोधित)
- द्वैतारक परिकल्पना - एन एन रसेल
- विखण्डन का सिद्धान्त - जॉर्ज डार्विन (1879)
- नवतारा परिकल्पना - प्रो. फ्रेड होयल एवं लिटिलटन (1939)
- अन्तरतारक धूल परिकल्पना - ऑटो श्मिड (1943)

पुच्छल तारा परिकल्पना

- यह सिद्धान्त फ्रांसीसी वैज्ञानिक **कास्ते द बफन** द्वारा प्रस्तुत किया गया था। इनके अनुसार, एक धूमकेतु के सूर्य के टकराने से उत्पन्न मलबों से ग्रहों की उत्पत्ति हुई है।
- इनके अनुसार, एक विशालकाय धूमकेतु सूर्य से टकराया था, जिससे अत्यधिक मात्रा में पदार्थों का उत्सर्जन हुआ। कालान्तर में इस बिखरे हुए पदार्थ के बड़े पिण्ड, ग्रहों के रूप में तथा छोटे पिण्ड उपग्रहों के रूप में परिवर्तित हो गए।

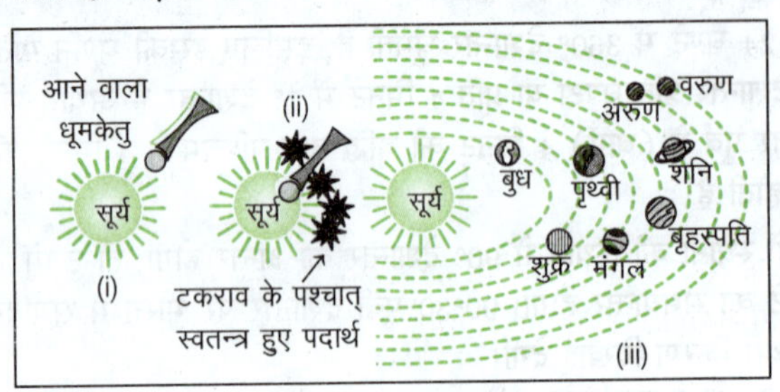

पुच्छल तारा परिकल्पना

काण्ट की वायव्य राशि परिकल्पना

- 1755 ई. में जर्मन दार्शनिक **इमैनुएल काण्ट** ने **न्यूटन के गुरुत्वाकर्षण के नियमों पर आधारित** वायव्य राशि परिकल्पना का प्रतिपादन (Gaseous Hypothesis of Kant) किया।
- इसके अनुसार, **अपकेन्द्रीय बल** (केन्द्र से बाहर की ओर कार्य करने वाला बल) के प्रभाव से सूर्य की एक तप्त एवं गतिशील निहारिका से **नौ छल्ले** अलग हुए, जिनके शीतलन से सौरमण्डल के विभिन्न ग्रहों का निर्माण हुआ।
- कालान्तर में उपयुक्त प्रक्रिया की पुनरावृत्ति के कारण ग्रहों से उनके उपग्रहों का निर्माण हुआ, परन्तु इस सिद्धान्त में काण्ट ने गणित के गलत नियमों का प्रयोग किया, जो कोणीय संवेग संरक्षण या स्थिरता के सिद्धान्त के गलत नियमों का सही पालन नहीं करता है, क्योंकि कणों के आपसी टकराव से गति उत्पन्न नहीं हो सकती।

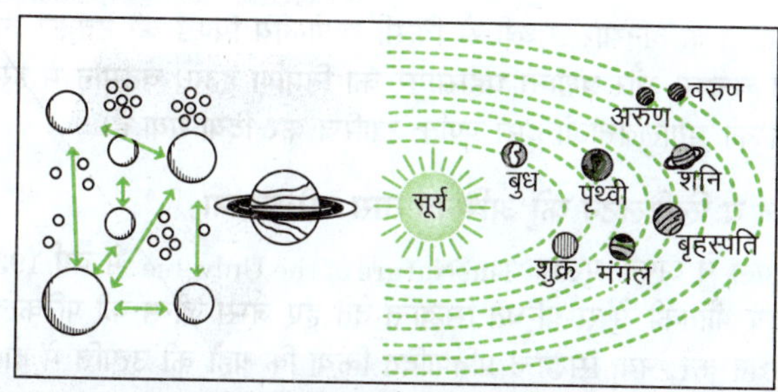

वायव्य राशि परिकल्पना

लॉप्लास की निहारिका परिकल्पना

- फ्रांसीसी खगोलविद् **लॉप्लास** ने निहारिका परिकल्पना (Nebular Hypothesis of Laplas) का वर्णन 1796 ई. में अपनी पुस्तक Ex position du systeme du monde (The System of World) में किया।
- लॉप्लास ने काण्ट की परिकल्पना की कमियों को दूर करने के लिए एक नया सिद्धान्त प्रतिपादित किया।
- **लॉप्लास** के सिद्धान्तानुसार, एक विशाल एवं तृप्त निहारिका से पहले एक छल्ला बाहर निकला एवं बाद में नौ छल्ले धीरे-धीरे बाहर हो गए। ये छल्ले अपने पितृ छल्ले के चारों ओर एक ही दिशा में घूमने लगे। बाद में शीतलन के पश्चात् विभिन्न ग्रहों का निर्माण हुआ, जिनमें पृथ्वी भी शामिल है। निहारिका का शेष भाग हमारा सूर्य है।
- इस परिकल्पना के मतानुसार, सभी ग्रहों के उपग्रहों को अपने पितृ ग्रह की दिशा में ही घूमना चाहिए, परन्तु इस तथ्य के विपरीत शनि तथा बृहस्पति के उपग्रह अपने पितृ ग्रह की विपरीत दिशा में भ्रमण करते हैं।
- कालान्तर में फ्रांसीसी वैज्ञानिक **रॉस** ने लॉप्लास की परिकल्पना में संशोधन किया।
- रॉस के सिद्धान्तानुसार, निहारिका से अनेक पतले छल्ले क्रमश: अलग हो गए तथा प्रत्येक छल्ला घनीभूत होकर ग्रह में परिवर्तित हो गया।

लॉकियर की उल्कापिण्ड परिकल्पना

- ब्रिटिश वैज्ञानिक **नार्मन लॉकियर** के अनुसार, "सौरमण्डल की उत्पत्ति छोटी-छोटी उल्काओं से हुई है।"
- लॉकियर के अनुसार, अतीत में दो विशालकाय तारे आपस में टकराए, इस टक्कर के फलस्वरूप तारे टूटकर विखण्डित हो गए एवं उनके आपसी घर्षण से भीषण ताप, प्रकाश व वात की उत्पत्ति हुई।
- ताप की अधिकता से उल्का के अधिकांश टुकड़े पिघलकर द्रव बन गए और कुछ वायव्य रूप में परिणत होकर बादल की भाँति आकाश में छा गए।
- आकर्षण शक्ति के प्रभाव से एक बड़े वायव्य महापिण्ड का आविर्भाव हुआ, जो **सर्पिल निहारिका** (Nebula) (आकाश में गैसों व धूलकणों का विशाल पिण्ड, जिससे आकाशगंगा, ग्रहों, तारों आदि का निर्माण हुआ) कहलाई। इस निहारिका के एक-एक करके नौ भाग अलग हुए, जो सौरमण्डल के नौ ग्रह के रूप में हैं और जो केन्द्रीय पिण्ड सूर्य का चक्कर लगाते हैं।

द्वैतवादी संकल्पना

द्वैतवादी संकल्पना के अनुसार, ग्रहों की उत्पत्ति **दो तारों के संयोग** से मानी जाती है, इसलिए इस संकल्पना को **Bi-Parental Hypothesis** भी कहते हैं। इसके अन्तर्गत निम्न छ: परिकल्पनाओं का अध्ययन किया जाता है

चैम्बरलिन तथा मोल्टन की ग्रहाणु परिकल्पना

- वर्ष 1905 में ग्रहाणु परिकल्पना (Planetesimal Hypothesis) का प्रतिपादन **चैम्बरलिन** तथा **मोल्टन** ने किया था। इनके अनुसार, ग्रहों का निर्माण **तप्त गैसीय निहारिका** से नहीं, वरन् **ठोस पिण्ड** से हुआ है। अत: ग्रहों का निर्माण सूर्य एवं उसके एक सहायक तारे से हुआ है।
- प्रारम्भ में ब्रह्माण्ड में दो विशाल तारे थे-एक सूर्य तथा दूसरा सहायक भ्रमणशील तारा। जब सहायक तारा सूर्य के निकट से गुजरा, तो उसके आकर्षण बल के कारण सूर्य की सतह से अनेकों छोटे-छोटे कण बाहर आकर अलग हो गए, जिन्हें **ग्रहाणु** की संज्ञा दी गई।
- यह तारा जब सूर्य से अधिक दूर हो गया, तो सूर्य की सतह से बाहर निकलते हुए ये कण सूर्य के चारों ओर भ्रमण करने लगे और धीरे-धीरे संघनित होकर **ग्रहों** के रूप में परिवर्तित हो गए।
- इस सिद्धान्त की परिकल्पना के अनुसार, पृथ्वी की उत्पत्ति, संरचना, वायुमण्डल की उत्पत्ति, महासागरों व महाद्वीपों की उत्पत्ति, पर्वतों का निर्माण आदि की व्याख्या करने का प्रयास किया गया है।

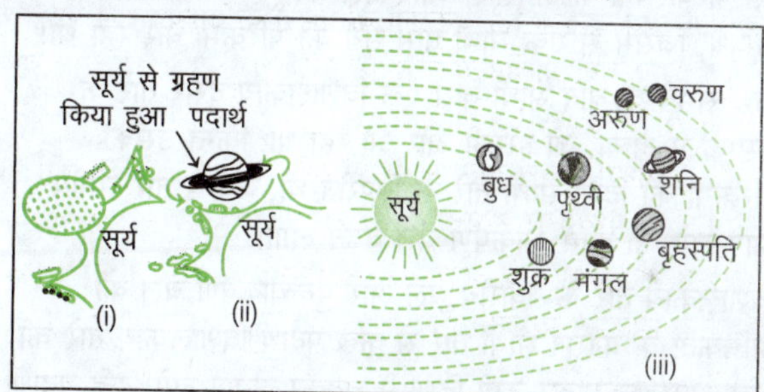

ग्रहाणु परिकल्पना

- इस संकल्पना में यह प्रस्तुत किया गया है कि ग्रह सदैव ठोस अवस्था में थे, परन्तु पृथ्वी प्रारम्भ में तरल अवस्था में थी, साथ ही यह भी विधिवत् स्पष्ट नहीं है कि केवल नौ ग्रह ही क्यों निर्मित हुए।

जेम्स जीन्स व जेफ्रीज की ज्वारीय परिकल्पना

- **ज्वारीय परिकल्पना** (Tidal Hypothesis) का प्रतिपादन वर्ष 1919 में ब्रिटिश वैज्ञानिक **सर जेम्स जीन्स** ने किया। जेफ्रीज ने वर्ष 1929 में जीन्स के सिद्धान्तों में महत्त्वपूर्ण संशोधन किया। इस सिद्धान्त के अनुसार, ग्रहों का निर्माण सूर्य एवं तारे के संयोग से हुआ है।
- तारे के सूर्य के निकट आने से सूर्य का कुछ भाग ज्वारीय उद्भेदन के कारण फिलामेण्ट के रूप में परिवर्तित हो गया है। यह फिलामेण्ट कुछ समय बाद अलग होकर सूर्य का चक्कर लगाने लगा, यही सौरमण्डल के विभिन्न ग्रहों की उत्पत्ति का कारण बना।
- जेफ्रीज ने ज्वारीय परिकल्पना का संशोधित रूप प्रस्तुत किया। इनके मतानुसार, **दो तारों के अतिरिक्त एक और तारा** था, जो सूर्य का साथी तारा था। साथी तारे एवं अन्य तारे के मध्य हुई टक्कर के फलस्वरूप उत्पन्न तत्त्वों से पृथ्वी एवं अन्य ग्रहों व उनके उपग्रहों की उत्पत्ति हुई।

- यह परिकल्पना ग्रहों, उपग्रहों के विकास, क्रम, आकार व संरचना की भी व्याख्या करती है।
- इस परिकल्पना में तारों के मध्य परस्पर टक्कर की सम्भावनाओं, विशाल तारों के अस्तित्व तथा सूर्य व ग्रहों के मध्य वास्तविक दूरी सम्बन्धी तथ्य पूर्ण रूप से सही सिद्ध नहीं होते हैं।

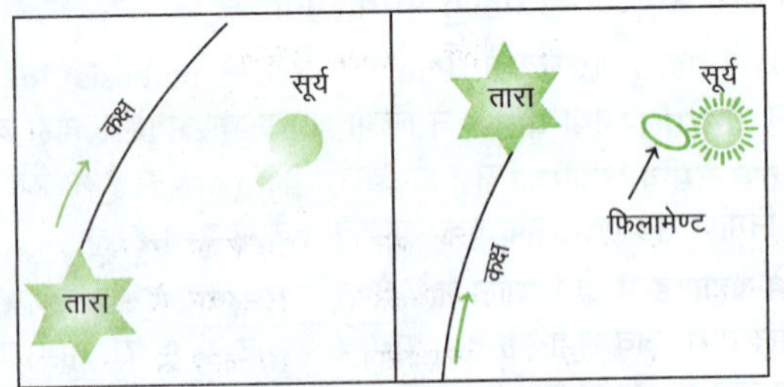

ज्वारीय परिकल्पना का संशोधित रूप

एन एच रसेल की द्वैतारक परिकल्पना

- यह सिद्धान्त जीन्स व जेफ्रीज की परिकल्पना का ही एक प्रकार से संशोधन है। रसेल ने इस सिद्धान्त का प्रतिपादन सूर्य तथा ग्रहों की वर्तमान दूरी तथा ग्रहों की कोणीय आवेग (Angular Momentum) की अधिकता सम्बन्धी समस्याओं के समाधान हेतु किया।
- इस परिकल्पना के अनुसार, आदिकाल में सूर्य के अतिरिक्त दो और तारे थे, जिसमें से एक साथी तारा सूर्य की परिक्रमा कर रहा था।
- कुछ समय के बाद साथी तारा एक विशालकाय दूसरे तारे के सम्पर्क में आया, जो इसकी ओर आ रहा था, किन्तु उसकी परिक्रमा की दिशा साथी तारे के विपरीत थी, जब ये तारे समीप आने लगे, तो इनमें आकर्षण बल बढ़ने लगा।
- विशालकाय तारे के ज्वारीय बल और गुरुत्वाकर्षण बल की अधिकता के कारण साथी तारे से कुछ पदार्थ विशालकाय तारे की ओर आकर्षित होकर उसी दिशा में चक्कर लगाने लगे। इन्हें पदार्थों के आगे चलकर से ग्रहों का निर्माण हुआ।
- इन्हीं ग्रहों में आपसी आकर्षण बल के कारण निकले पदार्थों से उपग्रहों का निर्माण हुआ, परन्तु इस अवधारणा में साथी तारे से निस्सृत अवशिष्ट पदार्थ पर प्रकाश नहीं डाला गया है।

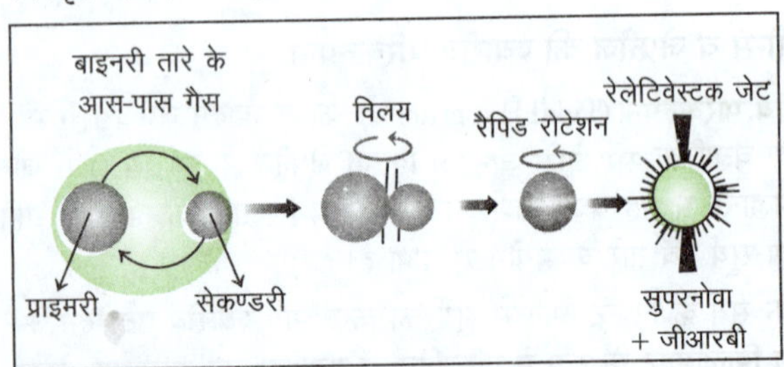

द्वैतारक परिकल्पना

विखण्डन का सिद्धान्त

- विखण्डन के सिद्धान्त (Fission Theory) का प्रस्ताव 1879 ई. में जॉर्ज डार्विन ने दिया। इस सिद्धान्त के अनुसार, चन्द्रमा की उत्पत्ति पृथ्वी से हुई है। इस सिद्धान्त के द्वारा अन्य ग्रहों-उपग्रहों के निर्माण की बात कही गई है।
- इस सिद्धान्त के अनुसार, पृथ्वी से किसी खगोलीय पिण्ड की टक्कर के उपरान्त चन्द्रमा और प्रशान्त महासागर का निर्माण हुआ। वर्तमान में इस सिद्धान्त को भूगोलवेत्ताओं द्वारा पूर्णत: खारिज कर दिया गया है।

फ्रेड होयल व लिटिलटन की अभिनव तारा परिकल्पना

- फ्रेड होयल ने अपनी पुस्तक The Nature of the Universe में वर्ष 1939 में नाभिकीय भौतिकी से सम्बन्धित सिद्धान्त देते हुए जेम्स जीन्स की परिकल्पना में संशोधन कर, नया सिद्धान्त प्रतिपादित किया कि ग्रहों की उत्पत्ति में दो नहीं, बल्कि तीन तारों की भूमिका रही है-सूर्य, उसका साथी तारा एवं पास आता हुआ एक अन्य तारा। इस सिद्धान्त के अनुसार, ग्रहों का निर्माण सूर्य से न होकर उसके साथी तारे के विस्फोट से हुआ है।
- अभिनव तारे (Supernova Hypothesis) के सिद्धान्त के अनुसार, ग्रहों की आपसी दूरी, सूर्य से उनकी दूरी, ग्रहों में कोणीय संवेग की अधिकता एवं कुछ ग्रहों का सूर्य की तुलना में अधिक घनत्व का होना आदि की व्याख्या के लिए यह सिद्धान्त सर्वोत्तम है, किन्तु ग्रहों एवं उपग्रहों की उत्पत्ति के सम्बन्ध में यह सन्तोषजनक नहीं पाया गया है।

ऑटो श्मिड की अन्तरतारक धूल परिकल्पना

- रूसी वैज्ञानिक ऑटो श्मिड द्वारा वर्ष 1943 में अन्तरतारक धूल परिकल्पना (Inter-Steller Dust Hypothesis) प्रस्तुत की गई थी। इस परिकल्पना में ग्रहों की उत्पत्ति गैस व धूलकणों से मानी गई है।
- इस परिकल्पना के अनुसार, जब सूर्य आकाशगंगा के पास से गुजर रहा था, तो सूर्य के आकर्षण बल से कुछ गैसीय बादल सहित धूलकण भी आकर्षित होकर सूर्य के चारों ओर परिक्रमा करने लगे। इन्हीं धूलकणों के संगठित व घनीभूत होने से पृथ्वी व अन्य ग्रहों का निर्माण हुआ।
- यह परिकल्पना सूर्य एवं ग्रहों के बीच कोणीय संवेग में अन्तर, विभिन्न ग्रहों की संरचना में अन्तर, ग्रहों की गति में अन्तर, सूर्य एवं ग्रहों के बीच की दूरी इत्यादि की वैज्ञानिक व्याख्या करने में समर्थ है।
- इस संकल्पना से यह स्पष्ट नहीं होता है कि गैस व धूलकणों जैसे छोटे अणुओं को सूर्य ने कैसे आकर्षित किया।

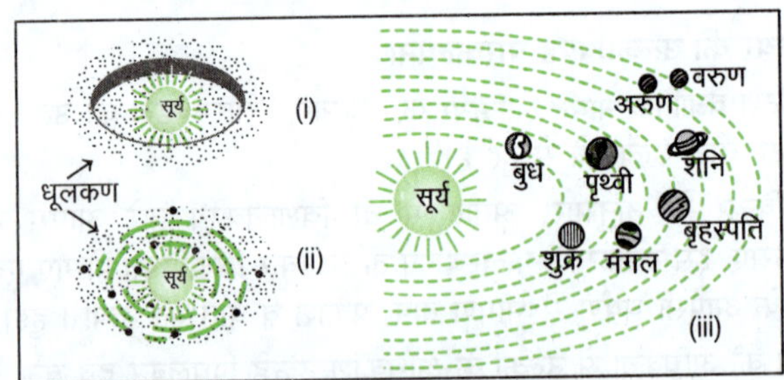

अन्तरतारक धूल परिकल्पना

पृथ्वी की उत्पत्ति से सम्बन्धित अन्य सिद्धान्त

- थेल्स का एकतत्ववाद थेल्स प्रथम दार्शनिक थे, जिन्होंने पृथ्वी की उत्पत्ति के सम्बन्ध में विशुद्ध वैज्ञानिक व्याख्या का प्रतिपादन किया। इनके अनुसार, जल से ही समस्त वस्तुओं की उत्पत्ति एवं विकास हुआ है और अन्त में सभी वस्तुएँ जल में समाहित हो जाती हैं। यही थेल्स का एकतत्त्ववाद सिद्धान्त है।
- पाइथागोरस का सिद्धान्त इनके सिद्धान्तानुसार संसार के सभी पदार्थ संख्या मात्र हैं। ये समस्त सांसारिक पदार्थ एक-दूसरे से भिन्न होते हुए भी एक स्वरूप प्रदर्शित करते हैं।

- हेराक्लीटस का सिद्धान्त इन्होंने विश्व की उत्पत्ति का मूल कारण अग्नि को माना है, इनके अनुसार संसार में कुछ भी स्थायी नहीं है।

पृथ्वी के प्रमुख मण्डल

- स्थलमण्डल का विकास पृथ्वी की उत्पत्ति के दौरान तथा बाद में जब पदार्थ गुरुत्व बल के कारण संहत (Compact) हो रहा था, तो इससे अत्यधिक ऊष्मा उत्पन्न हुई और ताप से पदार्थ पिघलने व गलने लगा। इस क्रम में अत्यधिक ताप के कारण पृथ्वी आंशिक रूप से द्रव अवस्था में परिवर्तित हो गई। हल्के तथा भारी घनत्व के मिश्रण वाले पदार्थ घनत्व में अन्तर के कारण पृथक् होने लगे। इस अलगाव से भारी पदार्थ (जैसे-लोहा) पृथ्वी के केन्द्र में चले गए और हल्के पदार्थ पृथ्वी की सतह या ऊपरी भाग की ओर आ गए। इसके पश्चात् ये ठण्डे होकर ठोस रूप में परिवर्तित हो गए और भू-पर्पटी के रूप में विकसित हो गए। इसके साथ ही विभिन्न परतों की संरचनाएँ विकसित हुईं।
- वायुमण्डल का विकास आरम्भ में वायुमण्डल में जलवाष्प, नाइट्रोजन (N_2), कार्बन डाइ-ऑक्साइड (CO_2), मीथेन (CH_4) व अमोनिया (NH_3) अधिक मात्रा में थी और स्वतन्त्र ऑक्सीजन कम थी, किन्तु हाइड्रोजन तथा हीलियम अधिक मात्रा में विद्यमान थे। वर्तमान में वायुमण्डल में नाइट्रोजन एवं ऑक्सीजन दो प्रमुख गैसें हैं। ऑक्सीजन को जीवनदायी गैस कहा जाता है।
- जलमण्डल का विकास वायुमण्डल में उपस्थित कार्बन डाइ-ऑक्साइड का वर्षा के जल में घुलने से तापमान में और गिरावट आई। इसके फलस्वरूप संघनन व अत्यधिक वर्षा हुई। पृथ्वी के धरातल पर वर्षा का जल गर्तों में एकत्रित होने लगा, जिससे महासागर बने।
- जैवमण्डल का विकास जैवमण्डल पृथ्वी का वह परिवेश है, जहाँ जीवन की सम्भावनाएँ विद्यमान हों। पृथ्वी का धरातल से बहिर्मण्डल वातावरण प्राय: जैवमण्डल कहलाता है।

पृथ्वी का भू-गर्भिक इतिहास

पृथ्वी के भू-गर्भिक इतिहास को क्रमश: महाकल्प (Era), युग (Epoch) तथा कल्प या शक (Period) में बाँटकर अध्ययन किया जाता है। इसका संक्षिप्त विवरण इस प्रकार है

भू-गर्भिक समय सारणी

महाकल्प (Era)	युग (Epoch)	शक (Period)	आयु/वर्तमान से पूर्व वर्ष
नूतन महाकल्प (नियोजोइक)	चतुर्थ युग	2. होलोसीन	10 हजार वर्ष पूर्व से वर्तमान
		1. प्लीस्टोसीन	10 हजार से 10 लाख वर्ष
नवजीवी महाकल्प (सेनोजोइक)	तृतीय युग	5. प्लायोसीन	10 लाख से 1.1 करोड़ वर्ष
		4. मायोसीन	1.1 करोड़ से 2.5 करोड़ वर्ष
		3. ओलिगोसीन	2.5 करोड़ से 4 करोड़ वर्ष
		2. इओसीन	4 करोड़ से 6 करोड़ वर्ष
		1. पैलियोसीन	6 करोड़ से 7 करोड़ वर्ष
मध्यजीवी महाकल्प (मेसोजोइक)	द्वितीय युग	3. क्रिटेशियस	7 करोड़ से 13.5 करोड़ वर्ष
		2. जुरैसिक	13.5 करोड़ से 18 करोड़ वर्ष
		1. ट्रियासिक	18 करोड़ से 22.5 करोड़ वर्ष
पुराजीवी महाकल्प (पैल्योजोइक)	प्रथम युग	6. पर्मियन	22.5 करोड़ से 27 करोड़ वर्ष
		5. कार्बोनीफेरस	27 करोड़ से 35 करोड़ वर्ष
		4. डिवोनियन	35 करोड़ से 40 करोड़ वर्ष
		3. सिल्यूरियन	40 करोड़ से 44 करोड़ वर्ष
		2. आर्डोविशियन	44 करोड़ से 50 करोड़ वर्ष
		1. कैम्ब्रियन	50 करोड़ से 60 करोड़ वर्ष
आद्य महाकल्प (प्रीपैल्योजोइक)	–	2. प्री-कैम्ब्रियन	60 करोड़ से 70 करोड़ वर्ष
	–	1. आर्कियन	70 करोड़ से 80 करोड़ वर्ष

“

पृथ्वी की आन्तरिक संरचना का अध्ययन मुख्यतः भू-गर्भशास्त्र (Geology) का विषय है। यह संरचना अनुमानों तथा प्रत्यक्ष प्रेक्षणों एवं पदार्थों के विश्लेषण पर आधारित पाई जाती है।

अध्याय छः

पृथ्वी की आन्तरिक संरचना

पृथ्वी के भू-गर्भ की जानकारी

- पृथ्वी के भू-गर्भ की जानकारी प्रत्यक्ष व अप्रत्यक्ष तथा प्राकृतिक एवं अप्राकृतिक और अन्य साक्ष्यों व स्रोतों से प्राप्त होती है।
- भू-गर्भ की जानकारी के प्रत्यक्ष एवं अप्रत्यक्ष स्रोतों का विवरण निम्न है

प्रत्यक्ष स्रोत

- **खनन से प्राप्त ठोस पदार्थ या धरातलीय चट्टानें**, जो पृथ्वी पर सरलता से उपलब्ध होती हैं।
- **ज्वालामुखी उद्गार** से जब लावा पृथ्वी के धरातल पर आता है, तब यह अन्वेषण के लिए उपलब्ध होता है।

अप्रत्यक्ष स्रोत

- **आन्तरिक भाग के तापमान और दबाव**, विभिन्न तरंगों का घनत्व, भूकम्पीय तरंगों का आचरण तथा उल्काओं से प्राप्त प्रमुख प्रमाण।
- **गुरुत्वाकर्षण चुम्बकीय क्षेत्र व भूकम्प** सम्बन्धी क्रियाओं के प्रमुख स्रोत।

पृथ्वी की आन्तरिक संरचना के प्रमुख स्रोत

पृथ्वी की आन्तरिक संरचना का अध्ययन करने के लिए प्रमुख स्रोतों में प्राकृतिक एवं अप्राकृतिक स्रोत शामिल हैं

अप्राकृतिक स्रोत

- **घनत्व** पृथ्वी का औसत घनत्व 5.51 ग्राम/सेमी^{3} है, जबकि भू-पर्पटी का घनत्व 3.0 ग्राम/सेमी^{3} है। पृथ्वी के आन्तरिक भाग का घनत्व सामान्य रूप से 11 ग्राम/सेमी^{3} पाया जाता है, जो जल से 7 से 8 गुना भारी है। अत: पृथ्वी के क्रोड का घनत्व (13g/cm^3) सर्वाधिक है।
- **दबाव** पृथ्वी की गहराई में तापमान एवं दाब बढ़ने से घनत्व बढ़ता है, किन्तु पृथ्वी के आन्तरिक भागों के दाबों में अन्तर पाया गया है, लेकिन यह अन्तर वहाँ पाए जाने वाले पदार्थों के अधिक घनत्व से है अर्थात् आन्तरिक भाग की चट्टानें अधिक घनत्व वाली व भारी धातुओं से बनी हैं।
- **गुरुत्व विसंगति** पृथ्वी के धरातल के विभिन्न अक्षांशों पर गुरुत्वाकर्षण बल का मान ध्रुवों पर अधिक एवं भूमध्य रेखा पर कम होता है। गुरुत्व का मान पदार्थ के द्रव्यमान के अनुसार बदलता रहता है। पृथ्वी के अन्दर पदार्थों का असमान वितरण भी इस भिन्नता को प्रभावित करता है। इस भिन्नता को **गुरुत्व विसंगति** (Gravity Anomaly) कहा जाता है।
- **तापमान** धरातल के नीचे जाने से तापमान में वृद्धि होती है। तापमान में इस वृद्धि की औसत दर प्रत्येक 32 मी की गहराई पर 1 डिग्री सेल्सियस होती है। इसके साथ ही गहराई में वृद्धि के साथ तापमान की वृद्धि दर में भी गिरावट होती है। प्रथम 100 किमी की गहराई में 12°C तापमान प्रति किमी की वृद्धि तथा 300 किमी की गहराई में प्रति किमी पर 2°C एवं उसके बाद प्रति किमी की गहराई पर 1°C ताप की वृद्धि होती है।

प्राकृतिक स्रोत

- **ज्वालामुखी क्रिया** ज्वालामुखी उद्गार से निकलने वाले तप्त व तरल मैग्मा से स्पष्ट होता है, कि पृथ्वी के अन्दर एक ऐसी परत अवश्य है, जहाँ तरल या अर्द्धतरल मैग्मा विद्यमान है, जिसे **मैग्मा भण्डार** (Magma chamber) कहा जाता है।
- **भूकम्पीय तरंगें** भूकम्पीय प्राथमिक (P), द्वितीयक (S) तथा धरातलीय (L) तरंगों से पृथ्वी की आन्तरिक संरचना, चट्टानों के प्रकार की जानकारी प्राप्त होती है, जिसे भू-वैज्ञानिकों ने महत्त्वपूर्ण साक्ष्य माना है। इसमें P तरंगें ठोस, तरल तथा गैस इन तीनों माध्यम से संचलन करने योग्य हैं, जबकि S तथा L तरंगें केवल ठोस में ही गमन करने में सक्षम हैं। इससे ज्ञात होता है कि पृथ्वी के आन्तरिक भाग में बहुस्तरीय संरचना है।
- **उल्कापिण्ड** अन्तरिक्ष में विद्यमान ठोस संरचना वाला उल्कापिण्ड जब पृथ्वी के वायुमण्डल में आता है, तो केवल उसका बाहरी भाग ही जलकर नष्ट होता है, जबकि केन्द्रीय भाग में विद्यमान ठोस भारी पदार्थों के संघटन से पृथ्वी की आन्तरिक संरचना की जानकारी प्राप्त होती है।

पृथ्वी की संरचना व परतें

अन्तर्राष्ट्रीय भू-गर्भशास्त्र और भू-भौतिकी संघ (International union of Geodesy and geophysics - IUGG) के शोध तथा भूकम्पीय तरंगों के अध्ययन के आधार पर पृथ्वी की आन्तरिक संरचना को तीन प्रमुख मण्डलों व परतों में विभाजित किया गया है, जो निम्न हैं

भू-पर्पटी

- पृथ्वी की सतह की सबसे ऊपरी परत को भू-पर्पटी (Crust) कहते हैं। यह सबसे पतली परत होती है। यह ठोस एवं बहुत भंगुर भाग है, जिसमें जल्दी टूट जाने की प्रवृत्ति पाई जाती है।
- इसकी औसत मोटाई 30 किमी तथा अन्य स्रोतों से 100 किमी तक पाई जाती है।
- इसकी मोटाई महाद्वीपों व महासागरों के नीचे अलग-अलग होती है। महासागरों के नीचे इसकी औसत मोटाई 5 किमी है, जबकि महाद्वीपों के नीचे यह 30 किमी तक है।
- हिमालय पर्वत श्रेणियों के नीचे भू-पर्पटी की मोटाई लगभग 70 किमी तक है अर्थात् मुख्य पर्वतीय शृंखलाओं के क्षेत्र में मोटाई अधिक पाई जाती है।
- महाद्वीपीय भू-पर्पटी की अधिक मोटाई होते हुए भी यह महासागरीय भू-पर्पटी की अपेक्षा कम सघन है, क्योंकि यह हल्की और भारी शैलों के मिश्रण से बनी होती है।
- भू-पर्पटी को दो भागों में विभाजित किया गया है

ऊपरी क्रस्ट

- इसका अधिकांश भाग सिलिका (Silica) एवं एल्युमीनियम से बना है। अत: इसे सियाल (SiAl) भी कहा जाता है। महाद्वीपों के अधिकांश भाग ऊपरी क्रस्ट (ग्रेनाइट चट्टानों) से निर्मित हैं।
- इस भाग में 'P' भूकम्पीय तरंगों की गति 6.1 किमी/सेकण्ड होती है। इसका औसत घनत्व 2.7 ग्राम/सेमी^{3} तथा मोटाई लगभग 28 किमी पाया जाता हैं।

निचली क्रस्ट

- इस भाग में 'P' भूकम्पीय तरंगों की गति 6.9 किमी/सेकण्ड होती है तथा इसका औसत घनत्व 3.0 ग्राम/सेमी^{3} तथा औसत मोटाई लगभग 6.7 किमी पाया जाता है।
- पृथ्वी के आयतन का केवल 1% भाग (0.5 से 1% तक) ही भू-पर्पटी के विस्तार क्षेत्र के अन्तर्गत आता है, जो बहुत कम है।
- ऊपरी क्रस्ट तथा निचले क्रस्ट के बीच के सीमा क्षेत्र को कोनराड असम्बद्धता (Conrad Discontinuity) कहा जाता है।
- भू-पर्पटी तथा मैण्टल के बीच के सीमा क्षेत्र को मोहो-असम्बद्धता (Moho-Discontinuity) कहा जाता है, जिसकी खोज वर्ष 1909 में रूसी वैज्ञानिक ए. मोहोरोविकिक (A. Mohorovicic) ने की थी।

मैण्टल

- भू-पर्पटी के नीचे का भाग मैण्टल (Mantle) कहलाता है, जिसका विस्तार मोहो असम्बद्धता से लेकर 2900 किमी की गहराई तक पाया जाता है।
- क्रस्ट के निचले भाग में P तरंगों की गति अचानक बढ़कर 7.9 से 8.1 किमी/सेकण्ड हो जाती है। यह वेग में परिवर्तन ही मोहो असम्बद्धता को प्रदर्शित करता है।
- मैण्टल का निर्माण मुख्यत: बेसाल्ट चट्टानों से हुआ है। इसमें सिलिका एवं मैग्नीशियम की अधिकता पाई जाती है। इसे सीमा (SiMa) परत भी कहा जाता है।
- इसका आयतन पृथ्वी के कुल आयतन का लगभग 83% तथा द्रव्यमान का लगभग 68% है। इसका औसत घनत्व 3.5 ग्राम/सेमी^{3} से 5.5 ग्राम/सेमी^{3} पाया जाता है।
- इसका तापमान 900°C से 2200°C के बीच होता है, जिसका प्रमुख कारण है, मैग्मा की उपस्थिति का होना। यह उच्च घनत्व वाले पदार्थों; जैसे—ऑक्सीजन, लोहा और मैग्नीशियम से बना है।
- मैण्टल को निम्न दो भागों में विभाजित किया गया है

ऊपरी मैण्टल

इसका विस्तार 400 किमी की गहराई तक पाया गया है। इसमें 100 से 200 किमी की गहराई में भूकम्पीय तरंगों की गति मन्द पड़ जाती है। अत: इसे निम्न गति का मण्डल भी कहा जाता है।

- इसे दुर्बलतामण्डल या एस्थेनोस्फीयर (Asthenosphere) कहा जाता है। एस्थेनो (Astheno) शब्द का अर्थ दुर्बलता होता है। ज्वालामुखी उद्गार के दौरान, जो लावा धरातल पर पहुँचता है, उसका स्रोत दुर्बलता मण्डल है। यह पृथ्वी के आन्तरिक भागों में होने वाली सभी प्रक्रियाओं के लिए महत्त्वपूर्ण है।
- महाद्वीपीय प्रवाह, भूकम्प, ज्वालामुखी आदि घटनाओं के लिए यह मण्डल ऊर्जा की आपूर्ति करता है, क्योंकि यहाँ संवहन धाराओं की उत्पत्ति होती है।
- भू-पर्पटी तथा मैण्टल के ऊपरी भाग (10 से 200 किमी) को स्थलमण्डल (3.09 ग्राम/सेमी^{3}) कहा जाता है, जो दुर्बलतामण्डल पर तैर रहा है। इसका घनत्व 4.5 ग्राम/सेमी^{3} है। यहाँ भूकम्पीय तरंगों में मन्दन (Deceleration) उत्पन्न होता है।

निचला मैण्टल

- यह ठोस तथा धातुओं और सिलिकेट के मिश्रण से बना परिवर्तित क्षेत्र है।
- ऊपरी मैण्टल तथा निचला मैण्टल के बीच के सीमा क्षेत्र या असम्बद्धता को रेपेटी असम्बद्धता कहा जाता है।

क्रोड

- क्रोड (Core) पृथ्वी का सबसे आन्तरिक भाग है, जो मैण्टल के नीचे से लेकर पृथ्वी के केन्द्र तक फैला है। मैण्टल के निचले भाग में 'P' भूकम्पीय तरंगों की गति अचानक बढ़कर 13.6 किमी/सेकण्ड हो जाती है, जिससे गुटेनबर्ग असम्बद्धता (Gutenberg Discontinuity) की उत्पत्ति होती है।
- गुटेनबर्ग असम्बद्धता 2900 किमी की गहराई पर पायी जाती है जो मैण्टल तथा कोर को अलग करती है।
- कोर 2900 किमी से 6371 किमी (पृथ्वी के केन्द्र) तक विस्तृत है।
- यह धातुओं से बनी है, इसलिए इसे धात्विक क्रोड (Metallic Core) भी कहा जाता है। बहुत ऊँचे तापमान तथा भारी दबाव के कारण यह गाढ़े तरल या प्लास्टिक अवस्था में होता है।

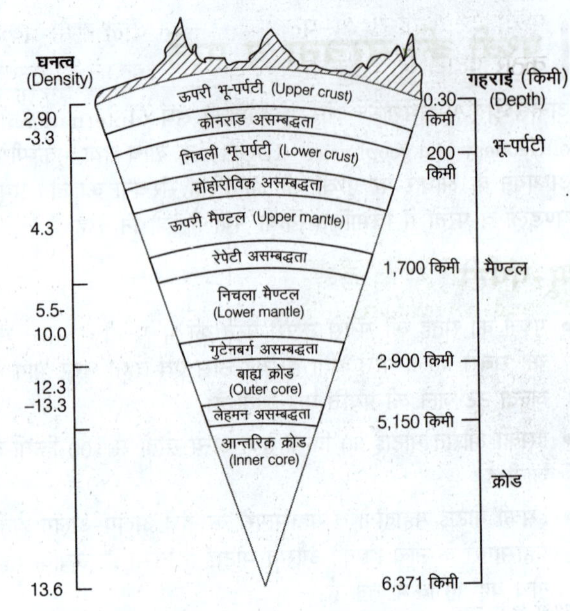

- पृथ्वी के क्रोड भारी पदार्थों मुख्यत: निकिल (Ni) और लोहे (Fe) के बने होते हैं। अत: इसे निफे (Nife) भी कहा जाता है।
- क्रोड में निकिल तथा लोहे की प्रधानता के कारण ही पृथ्वी में चुम्बकत्व की शक्ति पाई जाती है। पृथ्वी के आयतन का 15% भाग क्रोड का है तथा पृथ्वी की त्रिज्या की लम्बाई 6371 किमी है।
- क्रोड को दो भागों में विभाजित किया जाता है

बाह्य क्रोड

- इसका विस्तार 2900 से 5150 किमी तक है। इसमें 'S' तरंगें प्रवेश नहीं कर पाती हैं, अत: यह तरल अवस्था में होता है। इसका घनत्व 10 ग्राम/सेमी^{3} है।

आन्तरिक क्रोड

- इसका विस्तार 5150 से 6371 किमी तक होता है। यहाँ भूकम्पीय तरंगें 'P' की गति 11.23 किमी/सेकण्ड होती है। यह अर्द्ध तरल या प्लास्टिक अवस्था में होता है। इसका घनत्व 13.6 ग्राम/सेमी^{3} है। यह सिलिकन (20%), लोहे तथा निकेल (80%) से बना है।
- बाह्य क्रोड तथा आन्तरिक क्रोड के मध्य पाई जाने वाली सीमा क्षेत्र या घनत्व सम्बन्धी असम्बद्धता को लेहमन असम्बद्धता (Lehman Discontinuity) कहा जाता है।

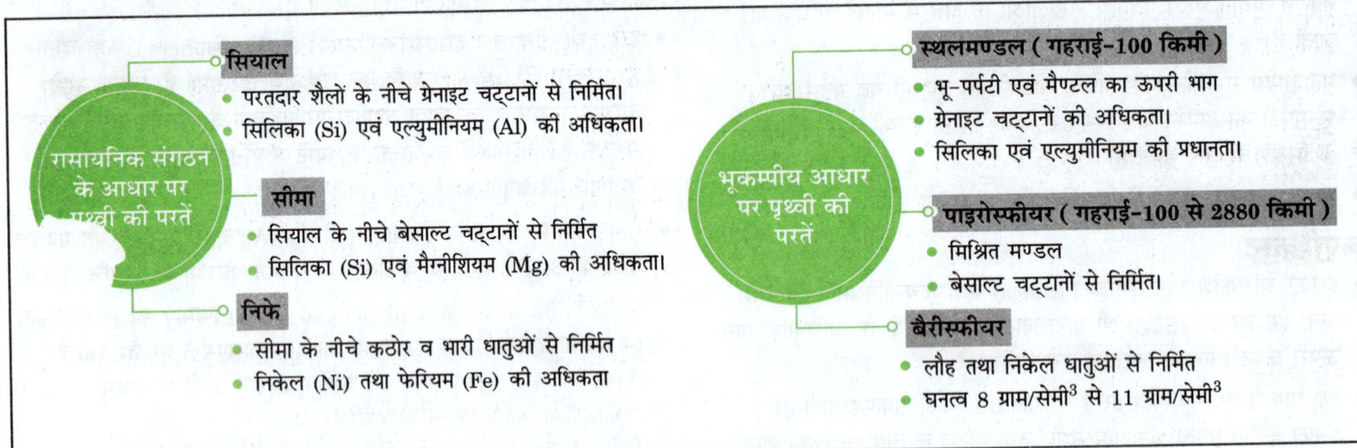

समस्त पृथ्वी एवं भू-पर्पटी के तत्त्व

भू-पर्पटी (क्रस्ट)		समस्त पृथ्वी	
तत्त्व	प्रतिशत (%)	तत्त्व	प्रतिशत (%)
ऑक्सीजन	46.60	लोहा	35.5
सिलिकॉन	27.72	ऑक्सीजन	30.0
एल्युमीनियम	8.13	सिलिकॉन	15.0
लोहा	5.0	मैग्नीशियम	13.0
कैल्शियम	3.63	निकेल	2.4
सोडियम	2.83	गन्धक (सल्फर)	1.9
पोटैशियम	2.59	कैल्शियम	1.1
मैग्नीशियम	2.09	एल्युमीनियम	1.1

नोट *सम्पूर्ण भू-पर्पटी का लगभग 98% भाग ऊपर वर्णित 8 प्रमुख तत्त्वों से बना है तथा शेष भाग टाइटेनियम हाइड्रोजन, फॉस्फोरस, मैंगनीज, सल्फर, कार्बन, निकेल एवं अन्य तत्त्वों से बना है।*

पृथ्वी की सतह या भू-पटल पर मिलने वाले सभी प्रकार के मुलायम व कठोर पदार्थ जो धातु नहीं हैं, चट्टान कहलाते हैं। इनका निर्माण विभिन्न प्रकार के खनिजों के सम्मिश्रण से हुआ है।

अध्याय सात

चट्टानें

पृथ्वी की ऊपरी परत का निर्माण चट्टानों से हुआ है। चट्टान एक या अधिक खनिजों का सम्मिश्रण है। चट्टानों की संरचना कठोर या मुलायम तथा विभिन्न रंगों की हो सकती है।

चट्टानों के प्रकार

चट्टानों का वर्गीकरण निम्न प्रकार है

चट्टान के प्रकार

आग्नेय चट्टानें	अवसादी चट्टानें	रूपान्तरित या कायान्तरित चट्टानें
• ग्रेनाइट	• सेलखड़ी	• नीस
• बेसाल्ट	• बलुआ पत्थर	• क्वार्ट्जाइट
• बिटुमिनस	• चूना पत्थर	• संगमरमर
• ग्रेबो	• स्लेट	• शिस्ट
• डायोराइट	• लिग्नाइट	
• पेग्मैटाइट		

आग्नेय चट्टान (प्राथमिक या मूल चट्टानें)

- आग्नेय शब्द लैटिन भाषा के Ignis शब्द से बना है, जिसका अर्थ अग्नि होता है।
- आग्नेय शैलों का निर्माण पृथ्वी के आन्तरिक भाग के मैग्मा एवं लावा से होता है, अत: इन्हें प्राथमिक शैलें (Primary Rocks) भी कहते हैं। पृथ्वी की उत्पत्ति के पश्चात् सर्वप्रथम इसी का निर्माण हुआ।
- मुख्य रूप से मैग्मा का ठण्डा होकर घनीभूत हो जाने पर आग्नेय शैलों का निर्माण होता है। ग्रेनाइट, ग्रेबो, पैग्मेटाइट, बेसाल्ट, डायोराइट, पिचस्टोन, प्यूमिस, ज्वालामुखीय ब्रेसिया तथा टफ प्रमुख आग्नेय शैल हैं। रन्ध्रविहीन ग्लासी मैग्मा के अन्तर्गत प्यूमिस, परलाइट पिचस्टोन तथा ऑब्सीडियन आते हैं।
- आग्नेय चट्टान (Igneous Rock), क्रिस्टलीय तथा अक्रिस्टलीय दोनों प्रकार की होती हैं तथा इन चट्टानों में सिलिका होती है। क्रस्ट का लगभग 90% भाग इसी चट्टान से बना है।
- इन चट्टानों में महत्त्वपूर्ण खनिज; जैसे—निकेल, ताँबा, सीसा, जस्ता, सोना, प्लेटिनम आदि मिलते हैं।
- ये चट्टानें जीवाश्म रहित होने के कारण, इनमें खनिज तेल, प्राकृतिक गैस एवं कोयले की प्राप्ति नगण्य होती है। आग्नेय चट्टानों की प्रकृति कठोर तथा रवेदार होने के कारण इन पर रासायनिक अपक्षय का प्रभाव कम, किन्तु भौतिक व यान्त्रिक अपक्षय का प्रभाव अधिक पड़ता है।

आग्नेय (प्राथमिक) चट्टानों का वर्गीकरण

- ज्वालामुखी उद्गार के फलस्वरूप तप्त एवं तरल मैग्मा का जमाव पृथ्वी के आन्तरिक एवं बाह्य दोनों स्थानों पर होता है।
- मैग्मा के जमाव की प्रकृति के आधार पर इनको निम्न भागों में वर्गीकृत किया जाता है; उत्पत्ति के आधार पर तथा रासायनिक संघटन के आधार पर।

उत्पत्ति के आधार पर आग्नेय चट्टान

- आन्तरिक या अन्तर्जात (अन्त:निर्मित) या अन्तर्भेदी आग्नेय चट्टान
- बाह्य या बहिर्भेदी आग्नेय चट्टान

आन्तरिक आग्नेय चट्टान

जब मैग्मा धरातल के ऊपर न पहुँचकर धरातल के अन्दर ही ठण्डा होकर ठोस रूप धारण कर लेता है, तब आन्तरिक या अन्तर्भेदी आग्नेय चट्टान का निर्माण होता है।

आन्तरिक आग्नेय चट्टानों के प्रकार

पातालीय चट्टान (कायान्तरित चट्टान)	• मैग्मा के अत्यन्त गहराई में जमने से निर्मित होना। • गहराई में होने से ठण्डा होने में समय लगने के कारण रवे का बड़ा होना। • यूनानी देवता प्लूटो या पाताली के नाम पर नामकरण। • ग्रेनाइट व डायोराइट प्रमुख उदाहरण हैं।
मध्यवर्ती चट्टान	• मैग्मा का पृथ्वी के अन्दर ही दरारों या सन्धियों या परतों में जमने से निर्मित होना। इसका तेजी से ठण्डा होने के कारण रवे का अपेक्षाकृत छोटा होना। • डोलोमाइट, पैग्मेटाइट, बैथोलिन, फैकोलिथ, लैपोलिथ, डाइक, सिल, सीट आदि प्रमुख उदाहरण हैं।

बाह्य आग्नेय चट्टान

- जब मैग्मा ज्वालामुखी लावा के रूप में भू-पर्पटी से बाहर निकलकर ठोस हो जाता है, तो **बाह्य आग्नेय** चट्टान का निर्माण होता है।
- इन चट्टानों में रवे बहुत छोटे-छोटे होते हैं एवं कण बहुत महीन होते हैं, इसी कारण ये काँच जैसे दिखाई देते हैं। बेसाल्ट इसका प्रमुख उदाहरण है।
- दक्कन लावा क्षेत्र में यह बहुलता से मिलता है, जिसका प्रयोग सड़क बनाने में किया जाता है। इन्हीं चट्टानों के क्षरण से रेगुर मृदा का निर्माण होता है।

नोट *ग्रेनाइट, डियोराइट, रियोलाइट, फेनेरिटिक बनावट का उदाहरण है।*

रासायनिक आधार पर आग्नेय चट्टान

अम्लीय आग्नेय चट्टान	क्षारीय आग्नेय चट्टान
इसमें सिलिका की मात्रा 65-85% तक होती है। अन्य तत्त्वों में सोडियम, पोटैशियम एवं एल्युमीनियम प्रमुख हैं।	इसमें सिलिका की मात्रा 45-55% तक होती है। अन्य तत्त्वों में लोहा, मैग्नीशियम तथा चूना प्रमुख हैं।
इसका घनत्व कम तथा रंग हल्का पीला होता है।	इसका घनत्व अधिक एवं रंग गहरा तथा भारी होता है।
इसमें क्वार्ट्ज एवं फेल्सपार खनिजों की मात्रा अधिक तथा फेरो मैग्नीशियम की मात्रा कम होती है।	इसमें फेरो-मैग्नीशियम की प्रधानता अधिक तथा फेल्सपार की कमी होती है।
इसे बालू या सिलिका प्रधान चट्टान कहा जाता है।	इसे फेरो—मैग्नीशियम प्रधान चट्टान कहा जाता है।
ग्रेनाइट, रायोलाइट पिचस्टोन, तथा ऑब्सीडियन आदि इसके प्रमुख उदाहरण हैं।	ग्रेबो, बेसाल्ट तथा डोलोमाइट आदि इसके प्रमुख उदाहरण हैं।
इससे अधिक ऊँचाई वाले ज्वालामुखी पर्वतों का निर्माण होता है तथा इनका अपरदन निम्न गति से होता है।	इस चट्टान से मुख्यत: पठारों का निर्माण होता है।

आग्नेय चट्टानों का आर्थिक महत्त्व

- विश्व के अधिकांश खनिज इन्हीं चट्टानों में मिलते हैं। इनमें चुम्बकीय लोहा, निकेल, ताँबा, सीसा, जस्ता, क्रोमाइट, मैंगनीज, टिन, क्वार्ट्ज, कैल्साइट, अभ्रक, मैग्नीशियम युक्त सिलिकेट तथा कुछ दुर्लभ खनिज; जैसे—सोना, हीरा, प्लेटिनम आदि सम्मिलित हैं।
- बेसाल्ट एवं ग्रेनाइट का उपयोग भवन एवं सड़क निर्माण में होता है।

नोट *बड़े पैमाने पर बारीक पिसी बेसाल्ट शैल खेतों में बिछाना, चूना मिलाकर महासागरों की क्षारीयता बढ़ाना, उद्योगों के द्वारा निर्मुक्त कार्बन डाइऑक्साइड का अधिग्रहण करना आदि को **सिकेस्ट्रेशन** के लिए प्रयोग में लाया जा सकता है।*

अवसादी चट्टान

- आग्नेय एवं रूपान्तरित चट्टानों (Sedimentary Rocks) के अपरदन व निक्षेपण के पश्चात् निर्मित चट्टान को **अवसादी चट्टान** (Sedimentary Rocks) कहा जाता है।
- **सेडीमेण्ट** (Sediment) शब्द की व्युत्पत्ति लैटिन भाषा के शब्द **सेडीमेण्ट्स** (Sediments) से हुई है, जिसका अर्थ है—व्यवस्थित होना।
- इनका निर्माण उन पदार्थों से हुआ है, जिन्हें अनाच्छादन के साधनों; जैसे—नदी, वायु, हिमनद आदि घटकों ने निम्न प्रदेशों में निक्षेपित किया है, यह प्रक्रिया **अवसादन** कहलाती है।
- अनाच्छादित पदार्थ ही तलछट या निक्षेप है, जो परत-दर-परत जमा हो जाते हैं, अत: इन्हें **परतदार चट्टान** (Sedimentary Rocks) भी कहते हैं।
- सघनता के कारण संचित पदार्थ शैलों में परिणत हो जाते हैं। इस प्रक्रिया को **शिलीभवन** (Lithification) कहा जाता है। बालुकाश्म शैल में विविध सान्द्रता वाली अनेक सतह पाई जाती हैं।
- सम्पूर्ण क्रस्ट के लगभग 75% भाग पर अवसादी चट्टानों का विस्तार है, परन्तु क्रस्ट के निर्माण में इनका योगदान 5% पाया जाता है।
- गर्म तथा शुष्क प्रदेशों में धूल व मिट्टी भी अवसादी चट्टानों के निर्माण में सहायक होते हैं। **लाओस** मैदान इसका उदाहरण है।
- भारतीय उपमहाद्वीप में गंगा-सिन्धु का जलोढ़ मैदान नदियों के द्वारा लाए गए अवसादों के जमाव से ही बना है। इन चट्टानों में जीवाश्म की अधिकता होती है, जिसके कारण इनमें प्राकृतिक गैस, कोयले के भण्डार व खनिज तेल के भण्डार पाए जाते हैं।
- इसका 80% भाग शैल, 12% भाग बलुआ पत्थर तथा 8% भाग चूने के पत्थर का होता है। इसके अनेक रंग होते हैं।
- इन चट्टानों में जीव-जन्तुओं तथा वनस्पति के जीवाश्म मिलते हैं। इन चट्टानों में रवे नहीं होते अर्थात् ये **रवे रहित** होती हैं।

अवसादी चट्टानों का वर्गीकरण

अकार्बनिक रूप से निर्मित अवसादी चट्टानें	इनमें समुद्री जीव-जन्तु के अवशेष पाए जाते हैं, जो जीवों की मृत्यु के बाद उनके अस्थि पंजर के निक्षेपण से अवसादी चट्टानों के रूप में निर्मित होते हैं। उदाहरण-बालुकाश्म शैल
कार्बनिक रूप से निर्मित अवसादी चट्टानें	इनमें कार्बनिक तत्त्वों की प्रधानता होती है। इनका निर्माण वनस्पति तथा जीव जन्तुओं के मिट्टी के नीचे दबने से होता है; जैसे-खड़िया, डोलोमाइट, चूना पत्थर एवं कोयला।
रासायनिक रूप से निर्मित अवसादी चट्टानें	जिप्सम, शोरा एवं सेन्धा नमक जैसे रासायनिक पदार्थों के घोल जमा होने पर एवं वाष्पीकृत होकर बचे अवशेष अवसादी चट्टान का रूप धारण कर लेते हैं। उदाहरण-पोटाश जिप्सम, सेन्धा नमक।

अवसादी चट्टानों का आर्थिक महत्त्व

- आर्थिक महत्त्व वाले खनिज आग्नेय चट्टानों की अपेक्षा अवसादी चट्टानों में कम पाए जाते हैं, परन्तु **लौह-अयस्क, फॉस्फेट शैल चक्र, इमारती पत्थर संगमरमर, कोयला** एवं **सीमेण्ट** बनाने वाले पदार्थों के स्रोत अवसादी चट्टानों में ही पाए जाते हैं।
- खनिज तेल भी अवसादी चट्टानों में ही पाया जाता है। अप्रवेश्य चट्टानों की दो परतों के बीच यदि प्रवेश्य शैल की परत आ जाए, तो खनिज तेल के निर्माण के लिए अनुकूल स्थिति उत्पन्न होती है।
- बॉक्साइट, मैंगनीज, टिन आदि खनिज व खनिजों के गौण अयस्क भी इसी चट्टान में मिलते हैं।
- इसमें पेट्रोलियम एवं प्राकृतिक गैस के विशाल भण्डार पाए जाते हैं।
- भारत के उप-हिमालयी क्षेत्र, गंगा, कावेरी, गोदावरी, कृष्णा नदियों के डेल्टा क्षेत्र, कच्छ एवं खम्भात की खाड़ी में पेट्रोलियम के भण्डार विद्यमान हैं।

रूपान्तरित या कायान्तरित चट्टानें

कायान्तरित शैल का अर्थ होता है 'स्वरूप में परिवर्तन'। परतदार शैल तथा आग्नेय शैल में रूप परिवर्तन के फलस्वरूप रूपान्तरित शैल (Metamorphic Rocks) का निर्माण होता है।

- रूपान्तरण की क्रिया के दौरान चट्टान का संगठन तथा रूप बदल जाता है, परन्तु चट्टान में किसी प्रकार का विघटन एवं वियोजन नहीं होता है।
- साधारणतया रूप परिवर्तन, परतदार तथा आग्नेय शैलों का होता है, परन्तु कभी-कभी रूपान्तरित शैल का भी रूपान्तरण हो जाता है। इस क्रिया को पुन:रूपान्तरण (Re-transformation) कहते हैं।
- रूपान्तरण की क्रिया के दौरान जब चट्टानों का रूप बदलता है, तो यह दो रूपों में सम्भव होता है-भौतिक रूपान्तरण (Physical Transformation) अथवा रासायनिक रूपान्तरण (Chemical Transformation)। कभी-कभी ये दोनों रूपान्तरण साथ-साथ कार्य करते हैं।
- पट्टिताश्मीय ग्रेनाइट, सायनाइट, स्लेट, शिस्ट, संगमरमर, क्वार्ट्ज आदि रूपान्तरित शैलों के कुछ उदाहरण हैं।
- ये सामान्यत: कठोर होती हैं तथा इनके मध्य रिक्त स्थान नहीं होता है। इनका आपेक्षिक घनत्व अधिक होता है तथा ऊष्मीय कायान्तरण के कारण शैलों के पदार्थों में रासायनिक परिवर्तन एवं पुन: क्रिस्टलीकरण (Re-Crystalise) होता है।
- इसमें जीवाश्मों तथा परतों का भी अभाव पाया जाता है।

ऊष्मीय या तापीय कायान्तरण के प्रकार

- सम्पर्क कायान्तरण (Contact Metamorphism) इसमें शैलें, ऊपर आते हुए गर्म मैग्मा एवं लावा के सम्पर्क में आती हैं तथा उच्च तापमान में शैलों के पदार्थों का पुन: क्रिस्टलीकरण होता है, इससे नए पदार्थ उत्पन्न होते हैं।
- प्रादेशिक कायान्तरण (Regional Metamorphism) इसमें उच्च तापमान अथवा दबाव अथवा इन दोनों के कारण एवं शैलों में विवर्तनिक दबाव के कारण विकृतियाँ होती हैं, जिससे शैलों में पुन: क्रिस्टलीकरण प्रारम्भ होता है।

प्रमुख कायान्तरित चट्टानें

आग्नेय चट्टानों के रूपान्तरण से बनी शैलें

मौलिक चट्टान	रूपान्तरित चट्टान
ग्रेनाइट	नीस
बेसाल्ट	एम्फीबोलाइट/सिस्ट

अवसादी चट्टानों के रूपान्तरण से बनी शैलें

शैल	स्लेट
चूना पत्थर तथा डोलोमाइट	संगमरमर
बालुका पत्थर	क्वार्ट्जाइट
चॉक एवं डोलोमाइट	संगमरमर
कांग्लोमेरेट	क्वार्ट्जाइट
कोयला	ग्रेफाइट/हीरा

रूपान्तरित चट्टानों के पुन: रूपान्तरण से बनी शैलें

स्लेट	फाइलाइट/शिस्ट
फाइलाइट	शिस्ट
गैब्रो	गैब्रो/सरपेण्टाइन

कायान्तरित चट्टानों का आर्थिक महत्त्व

- नीस, शैल, क्वार्ट्जाइट, स्लेट, संगमरमर आदि का उपयोग भवन निर्माण सामग्री के रूप में किया जाता है।
- ग्रेफाइट का उपयोग पेन्सिल बनाने में तथा विद्युत गृह में होता है।
- स्टेटाइट का उपयोग टैल्कम पाउडर तथा अन्य सौन्दर्य प्रसाधन सामग्री के निर्माण में होता है।
- अभ्रक का उपयोग अग्नि प्रशामक के रूप में तथा गार्नेट का उपयोग अपघर्षण (Abrasives) बनाने में होता है, जो एक मूल्यवान पत्थर है।

शैल चक्र

- एक वर्ग की शैलों अथवा चट्टानों के विभिन्न परिस्थितियों में दूसरे वर्ग में बदलने को चट्टानों का चक्र अथवा शैल चक्र (Rock Cycle) कहते हैं।
- इस चक्र में शैलें अपने मूल रूप में अधिक समय तक नहीं रहती हैं, बल्कि इसमें परिवर्तन होते रहते हैं। अत: शैल चक्र एक सतत् प्रक्रिया होती है, जिसमें पुरानी शैलें परिवर्तित होकर नवीन रूप ग्रहण करती हैं।
- इसमें चट्टानों का अपक्षय व अपरदन भी होता है। इसके अपक्षय में वर्षा भी एक कारक होती है तथा वर्षा जल में ऑक्सीजन विद्यमान होती है।
- इस चक्र को शक्ति देने वाली ऊर्जा के दो स्रोत हैं
  - पहला स्रोत यह पृथ्वी के अन्दर पाई जाने वाली ऊष्मा है, जो ठोस चट्टानों को पिघलाने की शक्ति रखती है।
  - दूसरा प्रमुख स्रोत यह सूर्य की ऊर्जा (Solar Energy) है, जिसके प्रभाव से धरातल की चट्टानें टूटती हैं और महीन कणों वाले मलबों के रूप में परिवर्तित होकर बिखर जाती हैं। इसी अवसाद से अवसादी चट्टानें बनती हैं, जो कालान्तर में रूपान्तरित हो जाती हैं।
- आगे कालान्तर में ज्वालामुखी के माध्यम से मैग्मा का परिवर्तन आग्नेय चट्टानों में होता है, अत: सम्पूर्ण चक्र की घटना घटित होती है।

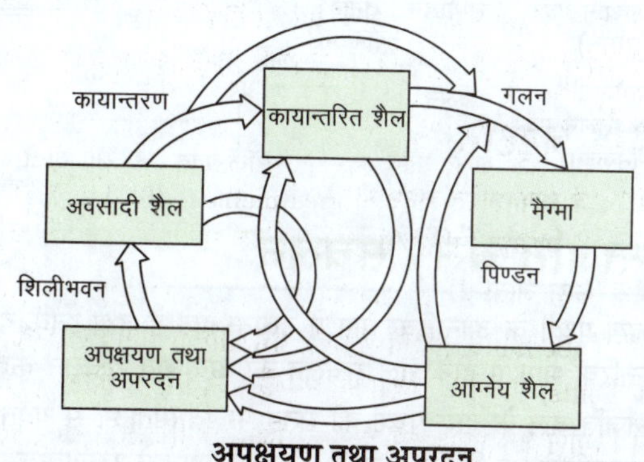

अपक्षयण तथा अपरदन

"

भू-पृष्ठ या भू-खण्डों में पृथ्वी के अन्तर्गत बलों से उत्पन्न होने वाली गति को भू-संचलन, भू-संचरण या भू-पृष्ठीय संचरण कहते हैं। भू-पृष्ठ में होने वाली सभी संचलन गतिविधियों के लिए पटल विरूपण शब्द का प्रयोग किया जाता है।

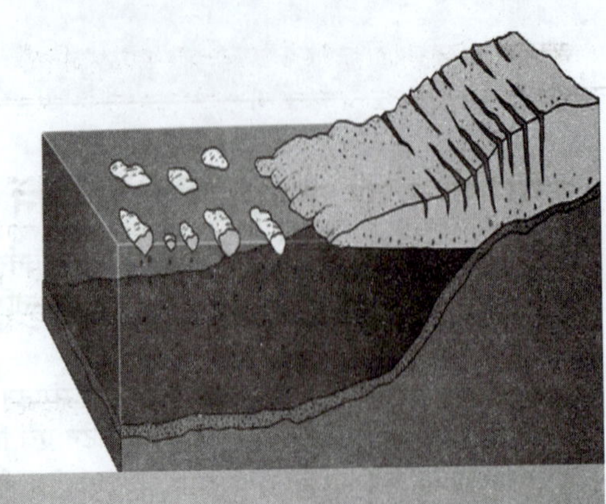

अध्याय आठ

अन्तर्जात/बहिर्जात बल एवं सम्बन्धित स्थलाकृतियाँ

भूतल पर परिवर्तन लाने वाले बलों का आगमन दो स्रोतों से होता है—अन्तर्जात बल एवं बहिर्जात बल। पृथ्वी के आन्तरिक भाग से उत्पन्न होने वाले बल को **अन्तर्जात बल** (Endogenic Force) कहते हैं। इन बलों के द्वारा भूतल पर असमानताओं का सूत्रपात होता है, जबकि पृथ्वी की सतह पर उत्पन्न होने वाले बल को **बहिर्जात बल** (Exogenic Force) कहते हैं, इसे **समतल स्थापक** बल भी कहा जाता है। ये बल पृथ्वी के अन्तर्जात बलों द्वारा भूतल पर उत्पन्न विषमताओं को दूर करने में सतत प्रयत्नशील रहते हैं। स्थलस्वरूपों को प्रभावित करने वाले बलों का विभाजन निम्न चित्र में दर्शाया गया है

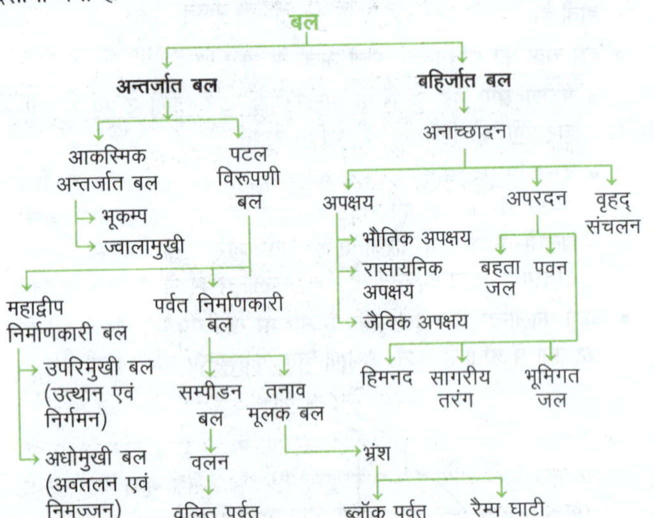

अन्तर्जात बल/संचलन

- ये बल पृथ्वी के आन्तरिक भाग में उत्पन्न होते हैं तथा इनके द्वारा आन्तरिक भाग में होने वाले संचलन को अन्तर्जात संचलन कहते हैं।
- अन्तर्जात बल के द्वारा पृथ्वी की सतह पर विषमताओं से युक्त स्थलाकृतियों का निर्माण होता है, जिस कारण इसे रचनात्मक बल भी कहते हैं। ये बल पृथ्वी में **क्षैतिज एवं लम्बवत्** संचलन उत्पन्न करते हैं। इन्हें पृथ्वी की हलचलों के रूप में भी जाना जाता है।
- इसमें ऊर्जा रेडियोधर्मी क्रिया, घूर्णन एवं ज्वारीय घर्षण से उत्पन्न होती है तथा भू-तापीय प्रवणता एवं भू-गर्भीय ऊष्मा प्रवाह से प्राप्त ऊर्जा पटल विरूपण तथा ज्वालामुखीयता को प्रेरित करती है।

तीव्रता के आधार पर अन्तर्जात बल के प्रकार

1. आकस्मिक अन्तर्जात बल

- इससे भूतल पर अनेक विषमताओं का सूत्रपात एवं आकस्मिक घटनाओं का आगमन होता है, जिस कारण भूतल पर विभिन्न प्रकार के उच्चावचों का निर्माण एवं विकास होता है (पर्वत, पठार, मैदान, भ्रंशन आदि)।
- इसकी उत्पत्ति में पृथ्वी के आन्तरिक भाग तापीय विषमता तथा शैलों का फैलना एवं सिकुड़ना महत्त्वपूर्ण होता है।
- इस बल के कारण ही भूकम्प, ज्वालामुखी, भूस्खलन जैसी आकस्मिक घटनाएँ होती हैं, जिनका मनुष्य प्रत्यक्ष एवं त्वरित अनुभव करते हैं।

2. पटल विरूपणी बल

- पृथ्वी के आन्तरिक भाग में मन्द गति से उत्पन्न होने वाला लम्बवत् एवं क्षैतिज संचलन पटल विरूपणी संचलन कहलाता है। यह संचलन अत्यन्त धीमी गति से होता है, जिसके कारण सामान्यत: इसका आभास नहीं होता है। इससे महाद्वीप एवं पर्वतों का निर्माण होता है।
- इस संचलन से जन-धन की हानि की सम्भावना नगण्य रहती है। पृथ्वी के धरातल पर उभार, धँसाव तथा जलमग्न की क्रियाएँ इन्हीं संचलनों के द्वारा घटित होती हैं। इसका प्रभाव दीर्घकाल तक रहता है।

ऊर्ध्वाधर संचलन के आधार पर पटल विरूपणी बल के प्रकार निम्नलिखित हैं

(i) महाद्वीप निर्माणकारी बल

मन्द गति से उत्पन्न लम्बवत् अन्तर्जनित भू-संचलन को महादेशीय संचलन या महाद्वीपीय निर्माणक बल कहते हैं। इसे अरीय बल भी कहा जाता है। इससे महाद्वीपीय खण्डों में उत्थान, अवतलन व निमज्जन एवं निर्गमन की क्रियाएँ होती हैं। ये क्रियाएँ विस्तृत भू-भाग वाले क्षेत्रों में घटित होती हैं। संचलन की दिशा की दृष्टि से इसे दो प्रमुख वर्गों में बाँटा जाता है

• **उपरिमुखी बल** इस संचलन के तहत महाद्वीपों में उत्थान एवं निर्गमन की प्रक्रियाएँ होती हैं। इस बल के प्रभाव से महाद्वीप या उसका भाग निकट सतह से ऊपर उठ जाता है, तो इसे उत्थापन या उभार या उत्थान (upliftment) कहा जाता है। इसे महाद्वीपीय पठार के रूप में देखा जा सकता है। भारत में कच्छ की खाड़ी के निकट लगभग 24 किमी उत्थित भूमि है, जिसे अल्लाह का बाँध कहा जाता है, यह इसका प्रमुख उदाहरण है।

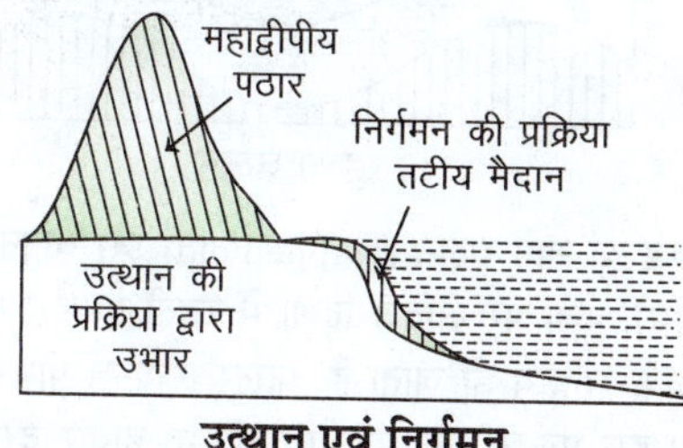

उत्थान एवं निर्गमन

• **अधोमुखी बल** इसके कारण महाद्वीपीय भाग में अवतलन एवं निमज्जन होता है, जब स्थल के भाग में स्थानीय या प्रादेशिक रूप में निकट सतह से नीचे धँसाव होता है, तो इसे अवतलन (Subsidence) कहा जाता है। इससे महाद्वीपीय बेसिन का निर्माण होता है। इंग्लैण्ड व स्कॉटलैण्ड में समुद्र तल से सैकड़ों मीटर नीचे कोयला खान, मुम्बई का प्रिन्स डॉक यार्ड क्षेत्र का जलमग्न होना आदि अधोमुखी संचलन के प्रमुख उदाहरण हैं।

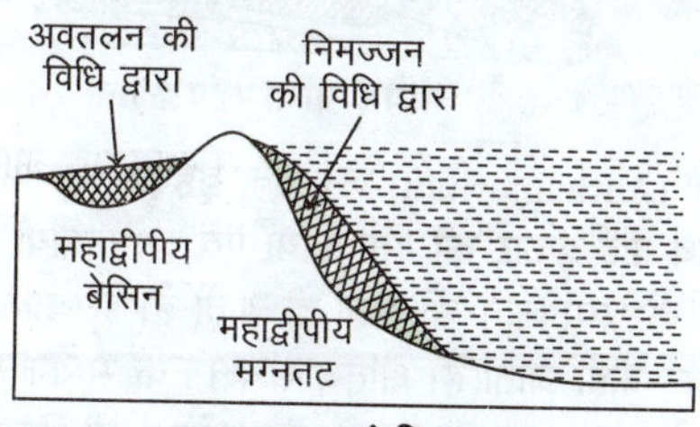

अवतलन एवं निमज्जन

(ii) पर्वत निर्माणकारी बल

क्षैतिज या स्पर्श रेखीय बल के कारण उत्पन्न अन्तर्जनित पटल विरूपण को ही पर्वतीय संचलन कहते हैं। इसे संक्षिप्त रूप में क्षैतिज बल (Horizontal Force) या पर्वतन (Orogeny) की संज्ञा दी जाती है। पर्वत निर्माण की प्रक्रिया को पर्वतन नाम गिलबर्ट द्वारा दिया गया है। यह बल क्षैतिज दिशा में दो रूपों में क्रियाशील रहता है

• **सम्पीडन बल** जब बल आमने-सामने कार्य करता है, तो उसे सम्पीडनात्मक बल (Compressional force) कहा जाता है। सम्पीडन बल के अन्तर्गत वलन की प्रक्रिया के फलस्वरूप अपनति एवं अभिनति के रूप में मोड़दार पर्वतों का निर्माण होता है। वलन के उभार वाले भाग को अपनति (Anticlines) तथा धँसाव वाले भाग को अभिनति (Synclines) कहा जाता है।

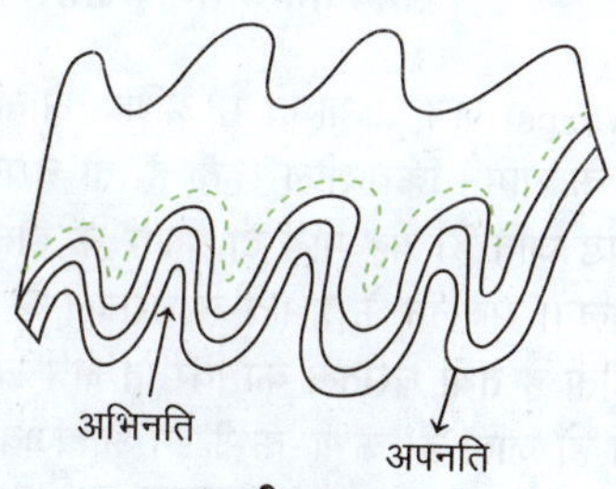

सम्पीडन बल

• **तनाव मूलक बल** जब दो बल एक-दूसरे की विपरीत दिशा में धरातल के समानान्तर कार्य करते हैं, तो ऐसे बल को तनाव मूलक बल (Forces of Tension) कहते हैं। इस बल के फलस्वरूप पृथ्वी की सतह पर चटकन, दरार एवं भ्रंशन की प्रक्रिया आरम्भ होती है, अतः इससे हॉर्स्ट पर्वत, भ्रंश घाटी, रैम्प घाटी आदि का निर्माण होता है।

वलन

यह प्रायः सम्पीडन एवं तनाव मूलक बल, पर्वत तथा निर्माणकारी बलों का परिणाम है। पृथ्वी के अन्तर्जात बल द्वारा उत्पन्न क्षैतिज संचलन द्वारा जब भू-पटलीय चट्टानों में सम्पीडन की स्थिति उत्पन्न हो जाती है, तो चट्टानों में लहरनुमा मोड़ बन जाते हैं। इस प्रकार के मोड़ों को वलन (Fold) कहा जाता है। वलनजनित स्थलाकृतियों में विश्व के नवीन मोड़दार या वलित पर्वत; जैसे—हिमालय, रॉकी, आल्पस, एण्डीज आदि शामिल हैं।

वलन के प्रकार

• **सममित वलन** (Symmetrical Fold) इस प्रकार के वलन की दोनों भुजाओं का झुकाव व लम्बाई समान होती है। यह सरल वलन (Simple Fold) कहलाता है। यह मुख्यतः खुले प्रकार का वलन होता है; उदाहरण—स्विट्जरलैण्ड का जूरा पर्वत।

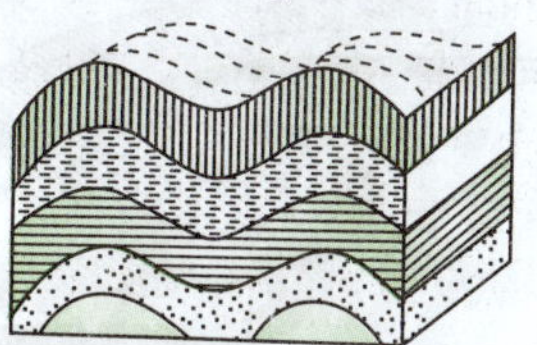
सममित या सुडौल वलन

• **असममित वलन** (Asymmetrical Folds) इस प्रकार के वलन की एक भुजा, दूसरी भुजा की अपेक्षा कम या अधिक झुकी हुई होती है, जिस भुजा का झुकाव अधिक होता है, वह छोटी होती है। इसके अन्तर्गत दोनों भुजाओं की लम्बाई एवं ढाल असमान होते हैं; उदाहरण—ब्रिटेन का दक्षिणी पेनाइन पर्वत।

असममित या बेडौल वलन

• **एकदिग्नत या एकनत वलन** (Isoclinal Fold) इस प्रकार के वलन में एक भुजा सामान्य रूप से झुकी हुई तथा दूसरी भुजा धरातल से समकोण बनाती है तथा उसका ढाल खड़ा होता है; उदाहरण—ऑस्ट्रेलिया का ग्रेट डिवाइडिंग रेंज।

एकनत वलन

- **उत्क्रम** (Thrust) इसमें ऊपर उठे भाग को बाह्य उत्क्रम वलन या अधिक्षिप्त वलन (Over thrust fold) कहते हैं। इसमें अत्यधिक सम्पीडन के कारण वलन के नीचे की भुजा ऊपरी भुजा पर विस्थापित हो जाती है; जैसे—कश्मीर की पीर पंजाल श्रेणी या गढ़वाल हिमालय।
- **समनत वलन** (Isoclinal Fold) जब सम्पीडन के कारण दोनों दिशाओं में समान दबाव पड़ता है, तो वलन की दोनों भुजाएँ एक ही दिशा में झुक जाती हैं और एक-दूसरे के समान्तर हो जाती हैं, लेकिन इनका क्षैतिज दिशा में होना अनिवार्य नहीं होता है। शैलों के ऐसे वलन को समनत वलन कहते हैं; **उदाहरण**—पाकिस्तान की कालाचिता पर्वत श्रेणी।

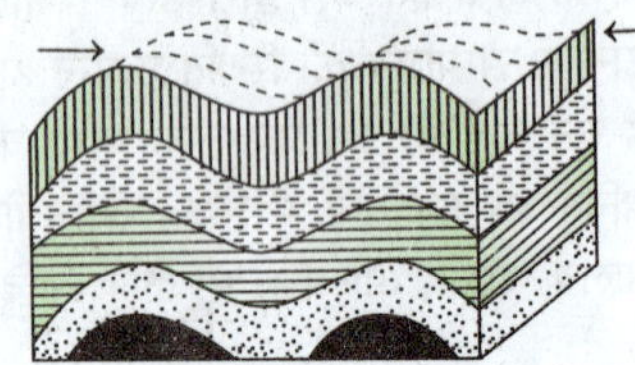

समनत वलन

- **परिवलित** या **परिवलन** (Recumbent Fold) जब क्षैतिज संचलन अत्यधिक तीव्र होता है, तो अत्यधिक सम्पीडन के कारण इतना वलन हो जाता है कि वलन की दोनों भुजाएँ परस्पर समानान्तर होती हुईं क्षैतिज दिशा में हो जाती हैं, इसे **शयान वलन** भी कहते हैं; **उदाहरण**—ब्रिटेन का कौरिक कैसल पर्वत।

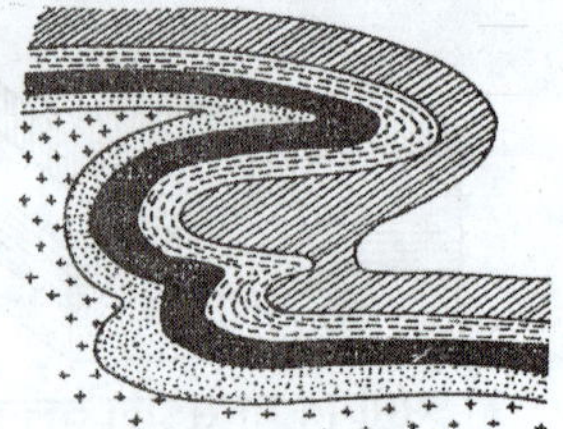

परिवलित वलन

- **अधिक्षिप्त या प्रतिवलन** (Overturned or Overthrust Fold) जब अत्यधिक सम्पीडन से वलन की एक भुजा दूसरी भुजा पर उलट जाती है तथा वलन के नीचे की भुजा ऊपरी भुजा पर विस्थापित हो जाती है, तो प्रतिवलन बनता है। प्रतिवलन तथा परिवलन में मात्र इतना अन्तर होता है कि प्रतिवलन की भुजाएँ परिवलन की भाँति क्षैतिज नहीं होती हैं।

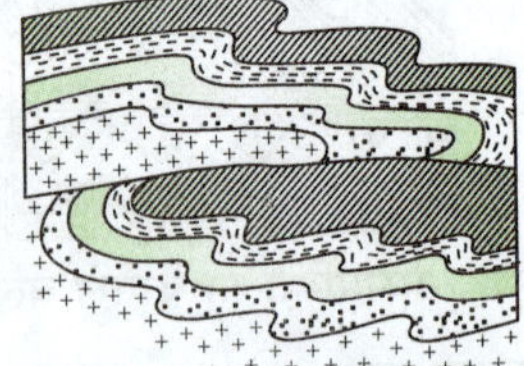

प्रतिवलन

- **बन्द वलन** (Closed Fold) इस वलन में दो भुजाओं के मध्य का कोण न्यूनकोण (90° से कम) होता है। इसका निर्माण अत्यधिक सम्पीडन के फलस्वरूप होता है।

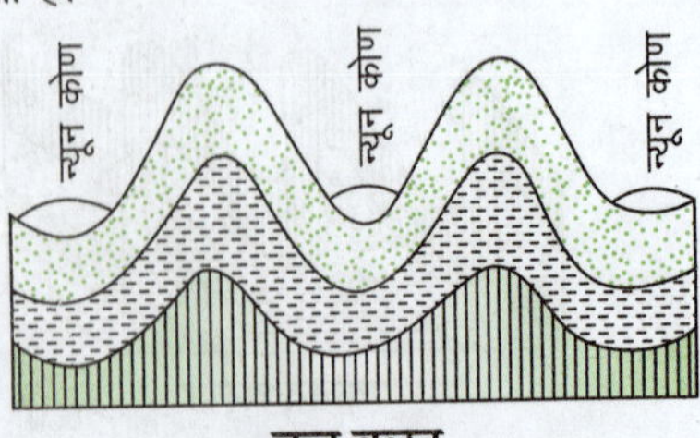

बन्द वलन

- **खुला वलन** (Open Fold) इस वलन के अन्तर्गत वलन की दो भुजाओं के मध्य का कोण 90° से अधिक तथा 180° से कम होता है। इसका निर्माण सम्पीडन के कारण **लहरनुमा वलन** पड़ने से होता है।

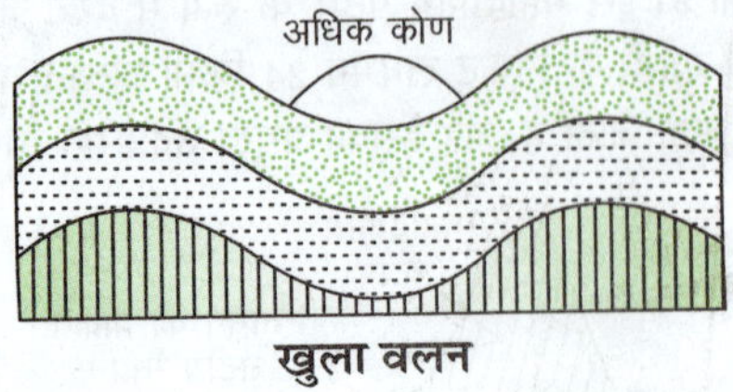

खुला वलन

- **ग्रीवा खण्ड** या **नापे वलन** (Nappe Fold) इस वलन मोड़ में एक भुजा, दूसरी भुजा पर क्षैतिज दिशा में रहती है। इस स्थिति में अन्तर्जात बल अधिक सक्रिय हो जाता है, फलस्वरूप सम्पीडन अधिक होने लगता है। इस प्रकार एक भुजा विखण्डित होकर दूर विस्थापित हो जाती है तथा अन्य प्रकार की चट्टानों पर चढ़ जाती है। इसके विस्थापित भुजा को **ग्रीवा खण्ड** कहते हैं। जिस सतह से भुजा का विस्थापन होता है, उसे **व्युत्क्रम-भ्रंश तल** की संज्ञा दी जाती है।

नापे (ग्रीवा खण्ड)

- **समपनति** (Anticlinorium) जब एक वृहद् वलन की वृहद् अपनति में एक साथ कई प्रकार की अपनतियाँ एवं अभिनतियाँ बनें, तो ऐसी अपनति को समपनति की संज्ञा दी जाती है। इस प्रकार के वलन को **पंखावलन** कहा जाता है। क्षैतिज संचलन के समान रूप से क्रियाशील न होने से अलग-अलग स्थानों में सम्पीडन की भिन्नता के फलस्वरूप समपनति वलन या पंखावलन निर्मित होते हैं; जैसे-छोटानागपुर का सिंहभूम समपनति।
- **समभिनति** (Synclinorium) एक वृहद् अभिनति में सम्पीडन के कारण एक साथ कई लघु अभिनतियाँ तथा अपनतियाँ बनें, तो ऐसी अभिनति को **समभिनति** कहते हैं। इस वलन की रूपरेखा भी पंखाकार वलन के समान होती है; जैसे-पाकिस्तान की पोटवार समभिनति।

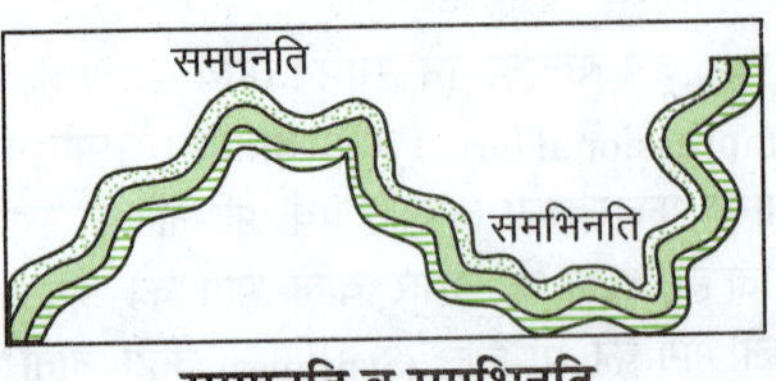

समपनति व समभिनति

- **संवलन** (Warps) जब दो या दो से अधिक क्षैतिजिक शक्तियाँ एक-दूसरे के सामने क्रियाशील रहती हैं, तो धरातल पर **मोड़** (वलन) पड़ जाते हैं। यह मोड़ दो प्रकार के होते हैं-एक वलन तथा द्वितीय संवलन। संवलन के प्रभाव से धरातल के विस्तृत क्षेत्र में परिवर्तन होता है तथा धरातल का विस्तृत क्षेत्र लहर के समान ऊपर-नीचे हो जाता है। कभी-कभी इन क्षैतिजिक शक्तियों में से धरातल का कोई भाग **गुम्बद** के आकार में उठ जाता है, जिसका

निर्माण उत्संवलन कहलाता है। संवलन के ऊपर उठे हुए भाग को **भू-अपनति** कहते हैं तथा धँसे भाग या गर्त को अवसंवलन की संज्ञा दी जाती है।

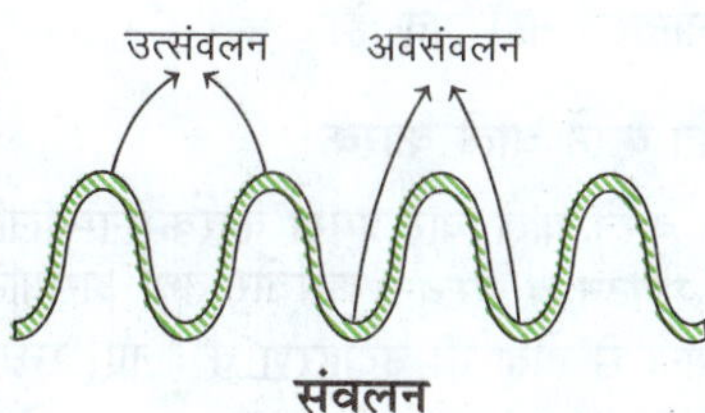

भ्रंश

- तनाव मूलक भू-संचलन की तीव्रता के कारण जब भू-पटल की चट्टानों में एक तल के सहारे चट्टानों का स्थानान्तरण हो जाता है, तो इससे उत्पन्न संरचना को **भ्रंश** (Fault) या **भ्रंशन** कहते हैं।
- जिस विभंग तल की सहायता से बड़े पैमाने पर शैल खण्डों का स्थानान्तरण होता है, उसे **भ्रंशतल** कहते हैं।
- इसकी उत्पत्ति क्षैतिज संचलन के दोनों बलों (सम्पीडन एवं तनाव) से होती है। **तनाव मूलक बल** का भ्रंशन की प्रक्रिया में महत्त्वपूर्ण योगदान होता है।

भ्रंश के प्रकार

सामान्य भ्रंश

- जब किसी भ्रंश तल के सहारे दोनों ओर के शैल खण्ड विपरीत दिशाओं में सरकते हैं, तो **सामान्य भ्रंश** (Normal Faults) का निर्माण होता है।
- तनाव मूलक बल सामान्य भ्रंशन की प्रक्रिया में महत्त्वपूर्ण योगदान देता है, इस प्रक्रिया से भू-पटल का विस्तार होता है। खड़े ढाल वाले कगार जो सामान्य भ्रंशन की प्रक्रिया के फलस्वरूप बनते हैं, **भ्रंश कगार** कहलाते हैं।

व्युत्क्रम भ्रंश

- इसमें भ्रंश तल की सहायता से दो शैल खण्ड आमने-सामने खिसकते हैं और एक शैल खण्ड, दूसरे शैल खण्ड के ऊपर चढ़ जाता है।
- व्युत्क्रम भ्रंशन (Reverse Faults) से सतह का क्षेत्रफल अपेक्षाकृत घट जाता है। भ्रंशन की यह प्रक्रिया **सम्पीडन बल** द्वारा सम्पादित होती है। इसे **आरूढ़ भ्रंश** (Thrust Fault) भी कहा जाता है।
- सामान्य एवं व्युत्क्रम भ्रंश के कगारों के सहारे लटकती घाटी तथा जल प्रपातों का विकास होता है।
- पश्चिमी घाट कगार एवं विन्ध्यकगार इसके प्रमुख उदाहरण हैं।

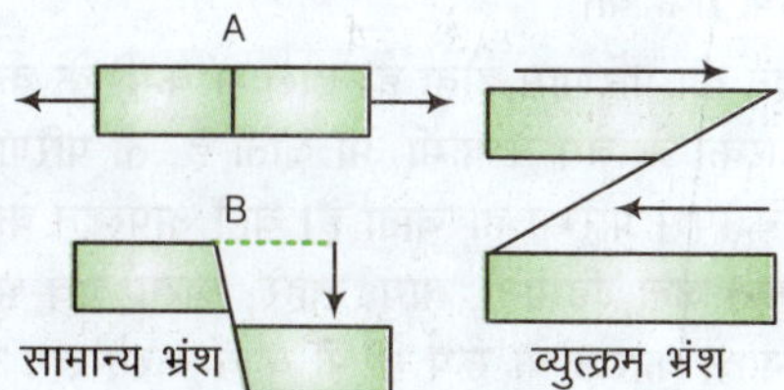

पार्श्विक भ्रंश

- भ्रंश तल की सहायता से शैल खण्डों में क्षैतिज (आगे-पीछे) संचलन होने पर पार्श्विक भ्रंश (Strike Slip Fault) का निर्माण होता है। इसमें कगारों (Cliffs) की रचना बहुत कम हो पाती है।
- **इस भ्रंश को ट्रांसकरेण्ट भ्रंश** (Transcurrent fault) भी कहते हैं। इसके प्रमुख उदाहरण कैलिफोर्निया के सान एण्ड्रियास भ्रंश, हिमालय का गढ़वाल एवं उत्तरकाशी क्षेत्र हैं।

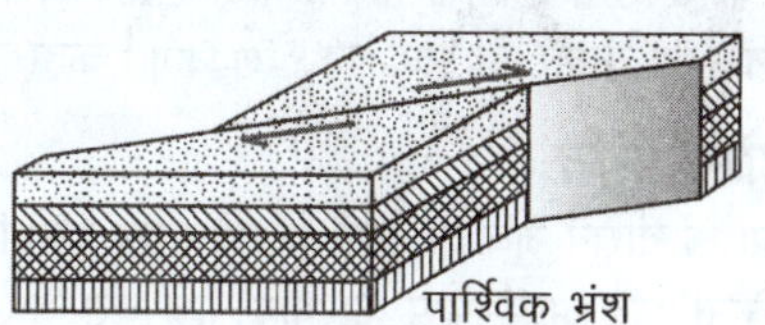
पार्श्विक भ्रंश

सोपानी भ्रंश

- जब किसी भू-भाग में कई समानान्तर भ्रंश इस प्रकार पाए जाते हैं कि सभी भ्रंश तलों के ढाल की दिशा समान हो, तो इसे **सोपानी भ्रंश** (Step Fault) कहा जाता है। **राइन नदी** सोपानीकार भ्रंशों के बीच से प्रवाहित होती है।

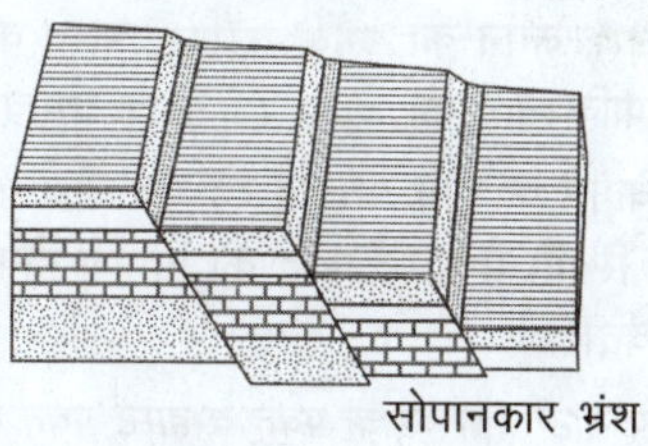
सोपानकार भ्रंश

भ्रंश की प्रक्रिया से बनी भू-आकृतियाँ

भ्रंश घाटी

- जब किसी स्थान पर दो सामान्य भ्रंश कई किलोमीटर की लम्बाई में इस प्रकार होते हैं कि उनके बीच का भाग नीचे धँस जाता है और एक बेसिन या घाटी का निर्माण हो जाता है, तो इसे **रिफ्ट घाटी** या **ग्राबेन** कहते हैं।
- यूरोप में **राइन नदी की घाटी** भ्रंश घाटी (Rift Valley) का सर्वोत्तम उदाहरण है। इसके एक ओर **वॉस्जेस पर्वत** तथा दूसरी ओर **ब्लैक फॉरेस्ट** पर्वत है।
- भारत की **नर्मदा नदी** भी भ्रंश घाटी में बहती है। इसके उत्तर में विन्ध्य पर्वत तथा दक्षिण में सतपुड़ा पर्वत भ्रंश पर्वतों के उदाहरण हैं।
- **दामोदर नदी** भी भ्रंश घाटी में ही बहती है।

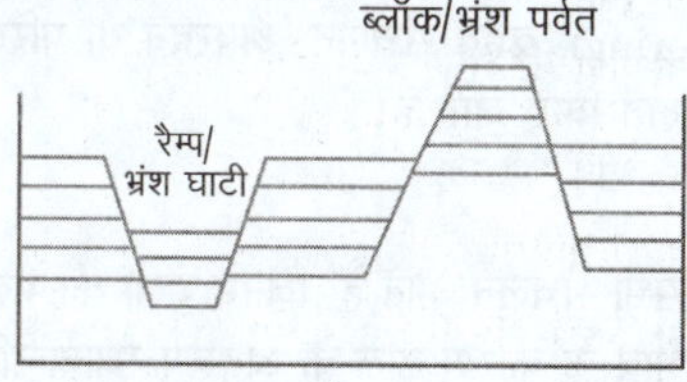

कुछ प्रमुख भ्रंश घाटियाँ निम्नलिखित हैं

- अफ्रीका की महान भ्रंश घाटी विश्व की सबसे बड़ी भ्रंश घाटी है।
- न्यासा, रुडोल्फ (तुर्काना), तांगान्यीका, अल्बर्ट व एडवर्ड आदि झीलें अफ्रीका की महान भ्रंश घाटी में स्थित हैं। भ्रंश घाटी की अक्षीय द्रोणी के फलस्वरूप लाल सागर निर्मित हुआ है।
- भ्रंश घाटी के प्रमुख उदाहरण—मृत सागर बेसिन (जॉर्डन की घाटी), स्कॉटलैण्ड की मध्यवर्ती घाटी, दक्षिणी कैलिफोर्निया की मृत घाटी, दक्षिणी ऑस्ट्रेलिया की स्पेन्सर खाड़ी एवं नील नदी की घाटी आदि हैं।

रैम्प घाटी

- रैम्प घाटी का निर्माण उस स्थिति में होता है, जब दो भ्रंश रेखाओं के बीच का स्तम्भ यथास्थिति में रहता है, किन्तु सम्पीडनात्मक बल के कारण किनारे के दोनों स्तम्भ ऊपर उठ जाते हैं।
- भारत की ब्रह्मपुत्र नदी (असम) रैम्प घाटी से होकर बहती है।

भ्रंश कगार

- भ्रंशों के बनने के उपरान्त एक वास्तविक कटाव द्वारा अपरिवर्तित खड़ी चट्टान के ढलान या कगार के भाग को भ्रंश कगार कहा जाता है।

भ्रंशोत्थ एवं हॉर्स्ट पर्वत

- भ्रंशन की क्रिया के दौरान जब दो भ्रंशों के बीच का भाग स्थिर या यथावत् रहे, किन्तु यदि आस-पास का भाग नीचे धँस जाए, तो बीच का स्थिर एवं ऊपर उठा हुआ भाग भ्रंशोत्थ पर्वत कहलाता है।
- संयुक्त राज्य अमेरिका का वासाच रेंज व सियरा नेवादा विश्व का सबसे बड़ा ब्लॉक पर्वत है।
- इन पर्वतों के शीर्ष समतल तथा किनारे तीव्र भ्रंश कगारों से निर्मित होते हैं। फ्रांस का वॉस्जेस, जर्मन का ब्लैक फॉरेस्ट, भारत का विन्ध्याचल एवं सतपुड़ा तथा पाकिस्तान का साल्ट रेंज इसके प्रमुख उदाहरण हैं।
- जब दो भ्रंशों के किनारे के भाग यथावत् रहें एवं बीच का भाग ऊपर उठ जाए, तब इस स्थिति में हॉर्स्ट पर्वत का निर्माण होता है। उदाहरण जर्मनी का हार्ज पर्वत।

नोट *भ्रंश घाटी, रैम्प घाटी तथा ब्लॉक पर्वत व हार्स्ट पर्वत सामान्यत: समान प्रतीत होते हैं, किन्तु ये भू-संचलन की विभिन्न परिस्थितियों के परिणाम हैं।*

बहिर्जात बल

- प्रकृति का कोई भी बहिर्जनित कारक (यथा—जल, हिम, वायु आदि), जो धरातल के पदार्थों का अधिग्रहण तथा परिवहन करने में सक्षम है, वह बहिर्जात बल (Exogenic Force) कहलाता है।
- बहिर्जनित प्रक्रियाएँ अपनी ऊर्जा सूर्य द्वारा प्राप्त ऊर्जा एवं अन्तर्जनित शक्तियों से उत्पन्न प्रवणता (Gradient) से प्राप्त करती हैं।
- सभी बहिर्जनिक भू-आकृतिक प्रक्रियाओं को एक सामान्य शब्दावली अनाच्छादन (Denudation) के अन्तर्गत रखा जा सकता है। अनाच्छादन शब्द का अर्थ है—निरावृत्त (Strip Off) करना या आवरण हटाना। अपक्षय (Weathering), वृहत संचलन, अपरदन या परिवहन आदि सभी इसमें सम्मिलित किए जाते हैं।

वृहत संचलन

- इसके अन्तर्गत वे सभी संचलन आते हैं, जिनमें शैलों का मलबा गुरुत्वाकर्षण के प्रभाव के कारण ढाल के अनुरूप स्थानान्तरित होता है। यहाँ अपक्षय के कारक हिम, वायु या जल ही अपने मलबे का परिवहन नहीं करते हैं वरन् यह मलबा भी अपने साथ वायु, जल या हिम ले जाता है।
- वृहत संचलन अपक्षयित ढालों पर अनपक्षयित ढालों की अपेक्षा बहुत अधिक सक्रिय रहता है। वृहत संचलन अपरदन के अन्तर्गत नहीं आता है, जबकि इसमें (गुरुत्वाकर्षण की सहायता से) पदार्थों का संचलन एक स्थान से दूसरे स्थान पर होता है।

अपक्षय

विभिन्न क्रियाओं द्वारा चट्टानों के अपने स्थान पर ही टूट-फूट कर बिखर जाने को अपक्षय (Weathering) कहते हैं। अपक्षय में अपक्षयित पदार्थों का परिवहन या स्थानान्तरण नहीं होता है।

अपक्षय को नियन्त्रित करने वाले कारक

अपक्षय को नियन्त्रित करने वाले चार प्रमुख कारक निम्नलिखित हैं

1. चट्टानों का संगठन व संरचना कमजोर तथा असंगठित चट्टानों में अपक्षय आसानी से होता है। उदाहरण के लिए; रन्ध्रपूर्ण तथा घुलनशील खनिजों वाली चट्टानों (चूना-पत्थर, डोलोमाइट) में रासायनिक अपक्षय तेजी से होता है। चट्टानों के स्तर यदि क्षैतिज हैं, तो उनमें अपक्षय की गति धीमी होती है।
2. स्थल के ढाल का स्वभाव खड़े ढाल वाले क्षेत्रों में अपक्षय की गति मन्द ढाल वाले क्षेत्रों की अपेक्षा तीव्र होती है।
3. जलवायु में विभिन्नता उष्णकटिबन्धीय आर्द्र भागों में रासायनिक अपक्षय अधिक होता है, जबकि शुष्क व गर्म भागों में भौतिक या यान्त्रिक अपक्षय अधिक होता है।
4. वनस्पति का प्रभाव जिन भागों में वनस्पतियों की उपस्थिति होती है, वहाँ पर अपक्षय सीमित होता है।

अपरदन एवं निक्षेपण

- अपरदन (Erosion) के अन्तर्गत शैलों के मलबे के अधिग्रहण (Acquisition) एवं उनके परिवहन को सम्मिलित किया जाता है। शैलें जब अपक्षय एवं अन्य क्रियाओं के कारण छोटे-छोटे टुकड़ों (Fragments) में टूटती हैं, तो अपरदन के भू-आकृतिक कारक जैसे कि प्रवाहित जल, भौमजल, हिमानी, वायु, लहरें एवं धाराएँ उनको एक स्थान से हटाकर दूसरे स्थानों तक ले जाती हैं, जोकि इन कारकों के गत्यात्मक स्वरूप पर निर्भर करते हैं। भू-आकृतिक कारकों द्वारा परिवहित किए जाने वाली चट्टान-मलबे द्वारा अपघर्षण भी अपरदन में पर्याप्त योगदान देता है।
- अपरदन द्वारा उच्चावच का निम्नीकरण होता है अर्थात् भू-दृश्य विघर्षित होते हैं। इसका तात्पर्य है कि अपक्षय अपरदन में सहायक होता है, लेकिन अपक्षय अपरदन के लिए अनिवार्य दशा नहीं है। सर्वाधिक तटीय अपरदन लहरों द्वारा होता है।
- अपक्षय, वृहत संचलन एवं अपरदन निम्नीकरण की प्रक्रियाएँ हैं। वृहत संचलन एवं अपरदन में अन्तर है। वृहत संचलन में शैल या मलबा, चाहे वह शुष्क हो अथवा नम, गुरुत्वाकर्षण के कारण स्वयं आधारातल पर जाता है; परन्तु प्रवाहशील जल, हिमानी, लहरें एवं धाराएँ तथा वायु निलम्बित मलबे को नहीं ढोते हैं। वस्तुत: यह अपरदन ही है, जो धरातल में होने वाले अनवरत परिवर्तन के लिए उत्तरदायी है।
- अपरदन चक्र के सिद्धान्त का प्रतिपादन वैज्ञानिक डब्ल्यू.एम. डेविस द्वारा 1889 ई. में किया गया था।
- निक्षेपण अपरदन का परिणाम होता है। ढाल में कमी के कारण जब अपरदन के कारकों के वेग में कमी आ जाती है, तो परिणामत: अवसादों का निक्षेपण प्रारम्भ हो जाता है। वहीं अपरदन के कारक; जैसे—प्रवाहयुक्त जल, हिमानी, वायु, लहरें, धाराएँ एवं भूमिगत जल इत्यादि निक्षेपण के कारक के रूप में भी कार्य करने लग जाते हैं।

“

महाद्वीपीय एवं महासागर पृथ्वी के प्रथम श्रेणी के उच्चावच हैं तथा पृथ्वी के 70.8% भाग में महासागर (जलमण्डल) तथा 29.2% भाग में महाद्वीप (स्थलमण्डल) हैं।

अध्याय नौ

महाद्वीपीय एवं महासागरीय संचलन

महाद्वीपीय प्रवाह

- पृथ्वी के दक्षिणी गोलार्द्ध में जलीय भाग (81%) की तथा उत्तरी गोलार्द्ध में स्थलीय भाग (60%) की अधिकता है। महाद्वीपों एवं महासागरों की उत्पत्ति एवं वितरण के सम्बन्ध में अनेक परिकल्पनाएँ प्रस्तुत की गई हैं, जिससे ज्ञात होता है कि महाद्वीपों का प्रवाह आज भी जारी है तथा ये एक-दूसरे से दूर हो रहे हैं। इस सम्बन्ध में अनेक सिद्धान्त विद्यमान हैं।
- स्थलखण्ड विभिन्न प्रारूपों में गतिशील होता है। स्थलखण्ड किसी-न-किसी महाद्वीप का भाग है, जिससे महाद्वीप भी गतिशील होता है। इन सभी प्रक्रियाओं को सम्मिलित रूप से महाद्वीपीय प्रवाह कहते हैं।
- अटलाण्टिक महासागर के दोनों ओर की तटरेखा में समानता के आधार पर उत्तर अमेरिका, दक्षिण अमेरिका, यूरोप, अफ्रीका के एकसाथ जुड़े होने की सम्भावना वर्ष 1956 में डच मानचित्र वेत्ता अब्राहम ओरटेलियस (Abraham Ortelius) ने प्रस्तुत की।
- 1858 ई. में एण्टोनियो स्नाइडर पेलेग्रिनी (Antonio Snider Pellegrini) ने तीनों महाद्वीपों (अमेरिका, यूरोप तथा अफ्रीका) को एकसाथ दिखाते हुए एक मानचित्र बनाया।

टेलर की महाद्वीपीय प्रवाह परिकल्पना

- महाद्वीपीय विस्थापन को सिद्धान्त के रूप में अमेरिकी भू-वैज्ञानिक एफ. बी. टेलर ने वर्ष 1908 में प्रस्तुत किया। उन्होंने मत व्यक्त किया कि स्थल भागों का क्षैतिज दिशा में स्थानान्तरण हुआ है।
- इनके अनुसार प्रारम्भ में धरातल पर मुख्यत: दो स्थलरूप विद्यमान थे, जिसमें ऊपरी ध्रुव के पास लॉरेशिया और दक्षिणी ध्रुव के पास गोण्डवाना लैण्ड स्थित था।
- इनका मुख्य उद्देश्य टर्शियरी युग के वलित पर्वतों का भौगोलिक अध्ययन करना था। टेलर ने बताया कि रॉकीज एवं एण्डीज पर्वतों का विस्तार उत्तर-दक्षिण-दिशा में है, जबकि आल्पस एवं हिमालय का विस्तार पूर्व-पश्चिम दिशा में है।
- इस सन्दर्भ में इन्होंने महाद्वीपीय विस्थापन का सिद्धान्त प्रस्तुत किया। टेलर ने महाद्वीपीय प्रवाह का मुख्य कारण ज्वारीय शक्ति को माना तथा प्रवाह की दिशा को विषुवत् रेखा तथा पश्चिम की ओर बताया।

अल्फ्रेड वेगनर का महाद्वीपीय विस्थापन सिद्धान्त

- जर्मन मौसमविद् अल्फ्रेड वेगनर ने वर्ष 1912 में महाद्वीपों की उत्पत्ति एवं वितरण के सम्बन्ध में महाद्वीपीय विस्थापन सिद्धान्त (Continental Drift theory) प्रस्तुत किया।
- इसके माध्यम से वेगनर भू-गर्भिक इतिहास में हुए जलवायु परिवर्तन की व्याख्या करना चाहते थे तथा वर्तमान महाद्वीप की स्थिति को भी दिखाना चाहते थे।
- वेगनर का मुख्य उद्देश्य पृथ्वी पर जलवायु परिवर्तन सम्बन्धी समस्या का समाधान करना था।
- पृथ्वी पर अनेक क्षेत्रों में ऐसे प्रमाण मिलते हैं, जिनके आधार पर यह ज्ञात होता है कि एक ही स्थान पर जलवायु में समय-समय पर अनेक परिवर्तन हुए हैं।
- संसार के मध्यवर्ती अक्षांशों के ठण्डे प्रदेशों में कोयले का पाया जाना यह प्रमाणित करता है कि कार्बोनिफेरस युग (Carboniferous Epoch) में वहाँ की जलवायु उष्ण एवं आर्द्र थी तथा वनस्पति घने वातावरण के रूप में थी, जिसके दबने से कोयले के निर्माण में सहायता मिली।
- इसके विपरीत प्रायद्वीपीय भारत, दक्षिणी ऑस्ट्रेलिया, ब्राजील जहाँ अभी जलवायु उष्ण है, में हिमावरण के कुछ चिह्न पाए जाते हैं, जिसके आधार पर यह कहा जा सकता है कि यहाँ पर कभी जलवायु अत्यन्त शीतल रही होगी।
- इससे वेगनर इस निष्कर्ष पर पहुँचे कि या तो जलवायु कटिबन्धों का स्थानान्तरण हुआ होगा या स्थलीय भागों का स्थानान्तरण हुआ होगा।
- विश्व के जलवायु कटिबन्धों का वितरण मुख्य रूप से सूर्य की अवस्थिति एवं गति द्वारा नियन्त्रित होता है, इसलिए सम्भवत: स्थलीय भागों की अवस्थिति में ही परिवर्तन हुआ होगा।

वेगनर के सिद्धान्त की मूलभूत परिकल्पनाएँ

वेगनर के सिद्धान्त की मूलभूत परिकल्पनाएँ निम्नलिखित हैं

- वेगनर के अनुसार वर्तमान महाद्वीपों को मिलाकर एक भौगोलिक एकरूपता प्रदान की जा सकती है। इसे इन्होंने भौगोलिक साम्यरूपता (Jig-Saw-fit) कहा है।

- इनके अनुसार कार्बोनिफेरस युग में विश्व के सभी स्थलीय भाग एक-दूसरे से संलग्न थे तथा एक महान स्थलखण्ड के रूप में उपस्थित थे। इस महान स्थलखण्ड (Land-mass) को **सुपर महाद्वीप** या **सुपर काण्टिनेट** या पैंजिया (पैंजिया समस्त पृथ्वी का एक विशाल, स्थलखण्ड है, जिसे एक महाद्वीप कहा गया। इसके विभाजन से ही वर्तमान महाद्वीपों का निर्माण हुआ है।) कहा गया, जिसका अर्थ होता है-सम्पूर्ण पृथ्वी।
- यह **पैंजिया** एक विशाल महासागर **पैन्थालासा** से घिरा हुआ था, जिसका अर्थ होता है, जल ही जल या सर्वत्र जल।
- कार्बोनिफेरस युग से ट्रियासिक युग तक पैंजिया का विभाजन हुआ तथा एक भाग उत्तर की ओर तथा दूसरा दक्षिण की ओर विस्थापित हुआ। उत्तरी भाग **लॉरेशिया** (अंगारालैण्ड) तथा दक्षिणी भाग **गोण्डवाना लैण्ड** कहलाया।
- इन दोनों के बीच एक **टेथिस सागर** नामक एक उथला एवं संकीर्ण महासागर का निर्माण हुआ।
- **जुरैसिक युग** में गोण्डवाना लैण्ड के विभाजन के फलस्वरूप दक्षिणी अमेरिका, अफ्रीका, प्रायद्वीपीय भारत, मेडागास्कर तथा ऑस्ट्रेलिया का निर्माण हुआ। प्रायद्वीपीय भारत के उत्तर की ओर विस्थापित होने से हिन्द महासागर का निर्माण हुआ। अंगारालैण्ड के विखण्डन से उत्तरी अमेरिका, यूरोप तथा एशिया बना तथा दोनों अमेरिका के पश्चिम की ओर विस्थापन से अटलाण्टिक महासागर बना।
- इस विस्थापन के कारण ही उत्तर तथा दक्षिण अमेरिका के पश्चिमी भाग में रॉकी और एण्डीज पर्वतों का निर्माण हुआ। इसके साथ ही प्रायद्वीपीय भारत के उत्तर की ओर विस्थापन से हिमालय तथा अन्य अल्पाइन पर्वतों का निर्माण हुआ।
- पैंजिया तथा पैन्थालासा का अवशिष्ट भाग वर्तमान में क्रमशः अण्टार्कटिका तथा प्रशान्त महासागर के रूप में विद्यमान है।

महाद्वीपों के प्रवाह के लिए उत्तरदायी कारक/शक्तियाँ/बल

(i) **गुरुत्वाकर्षण बल** तथा **प्लवनशीलता बल** इस बल के कारण महाद्वीपों का प्रवाह भूमध्य रेखा की ओर हुआ।

(ii) **ज्वारीय बल** इस बल के कारण उत्तरी एवं दक्षिणी अमेरिका पश्चिम की ओर विस्थापित हुए।

- **साम्यावस्था** अटलाण्टिक महासागर के दोनों तटों पर भौगोलिक एकरूपता का पाया जाना।
- **भू-वैज्ञानिक प्रमाण** अटलाण्टिक महासागर के दोनों तटों के **कैलिडोनियन** तथा **हर्सिनियन** पर्वतों के क्रम में समानता का पाया जाना।
- **महासागरों के पार चट्टानों की आयु में समानता** दक्षिण अमेरिका एवं अफ्रीका के तट रेखा के साथ पाए जाने वाले समुद्री निक्षेप जुरैसिक काल के हैं।
- **पुराजीवश्मी प्रमाण** अटलाण्टिक महासागर के पूर्वी एवं पश्चिमी तटों पर मीजोसोर्स जन्तु **ग्लोसोप्टेरिस वनस्पति** (Glossopteris Plants) के जीवाश्मों के अत्यधिक साक्ष्य पाया जाना।
- **टिलाइट** हिमानी निर्मित अवसादी चट्टानें टिलाइट द्वारा जलवायु एवं महाद्वीपों के विस्थापन के स्पष्ट प्रमाण।
- **प्लेसर निक्षेप** घाना तट पर सोने के बड़े निक्षेपों की उपस्थिति व उद्गम चट्टानों की अनुपस्थिति का होना एक प्रमुख प्रमाण।
- **जीवाश्मों का वितरण** लैमूर नामक जीव का भारत, मेडागास्कर व अफ्रीका में पाया जाना।
- **जन्तुओं का व्यवहार** स्कैण्डेनेविया के उत्तरी भाग में लेमिन्ज नामक कुछ ऐसे जीव का पाया जाना एवं ऋतु विशेष में पश्चिम की ओर यात्रा करना।
- **विश्व में कोयले का वितरण** विश्व में कोयले का उच्च अक्षांशो एवं यूरेशिया में पाया जाना, महाद्वीप को विषुवत् रेखा से उत्तर की ओर विस्थापन को स्पष्ट करते हैं।
- **हिमानीकरण एवं परिवर्तन** दक्षिण अमेरिका, दक्षिणी अफ्रीका, ऑस्ट्रेलिया तथा प्रायद्वीपीय भारत उष्ण अथवा उपोष्ण कटिबन्ध में स्थित। इनके जलवायु सम्बन्धी परिवर्तन महाद्वीपीय विस्थापन को स्पष्ट करते हैं।
- **अन्य** छोटानागपुर के पठारों पर हिमोढ़ों का मिलना आदि प्रमुख कारण महाद्वीपीय विस्थापन को स्पष्ट करते हैं।

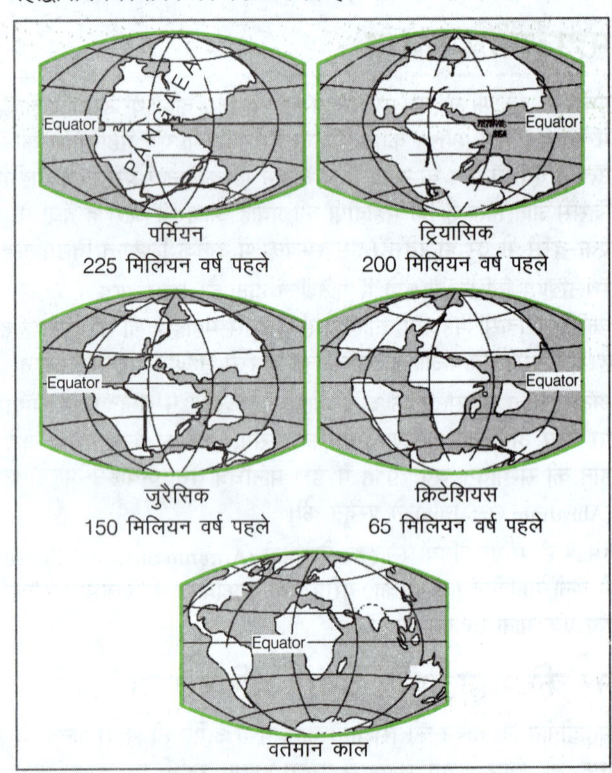

वेगनर का महाद्वीपीय प्रवाह सिद्धान्त

संवहन-धारा सिद्धान्त

- 1930 के दशक में ऑर्थर होम्स (Arthur Homes) ने मैण्टल भाग में संवहन-धाराओं के प्रभाव की सम्भावना व्यक्त की। ये धाराएँ रेडियोएक्टिव तत्त्वों से उत्पन्न ताप भिन्नता से मैण्टल भाग में उत्पन्न होती हैं। होम्स के अनुसार, पूरे मैण्टल भाग में इस प्रकार की धाराओं का तन्त्र विद्यमान है।
- इन संवहनीय धाराओं की उत्पत्ति का कारण रेडियोधर्मी तत्त्वों की उपस्थिति को माना गया, जिसके कारण मैण्टल में तापीय भिन्नता उत्पन्न होती है तथा आन्तरिक ऊर्जा के स्थानान्तरण से क्रस्ट में क्षैतिज गतियाँ उत्पन्न होती हैं।

सागर नितल का प्रसरण सिद्धान्त

- सागर नितल प्रसरण की संकल्पना का प्रतिपादन सर्वप्रथम हैरी हेस ने वर्ष 1961 में किया। इनके अनुसार महासागरीय नितल गतिशील है तथा महासागरीय कटकों के शीर्ष पर लगातार ज्वालामुखी उद्‌गार के कारण महासागरीय क्रस्ट का विखण्डन हुआ है।
- इसके साथ ही नीचे से ऊपर की ओर जाते लावा से दरार को भर दिया जाता है। यह लावा महासागरीय क्रस्ट को दोनों दिशाओं में गतिशील बनाता है।
- इनके अनुसार महाद्वीपीय क्रस्ट के नीचे महासागरीय क्रस्ट का क्षेपण होता है एवं क्षेपण के कारण महासागरीय गर्त का निर्माण होता है। गर्त में उच्च तापमान के कारण महासागरीय क्रस्ट पिघल जाते हैं और अन्त में उनका विनाश हो जाता है।
- द्रवित क्रस्ट का मैग्मा मैण्टल प्रवाह के रूप में पुन: कटकों के नीचे चला जाता है। इस प्रकार से यह पाया जाता है कि सागर नितल प्रसरण कन्वेयर बेल्ट (Conveyor belt) की तरह कार्य करता है।

प्लेट विवर्तनिकी सिद्धान्त

- यह वेगनर के महाद्वीपीय विस्थापन सिद्धान्त का विस्तार व विकास है। पुराचुम्बकत्व व सागर नितल प्रसरण के प्रमाणों से यह स्पष्ट हो गया है, कि महाद्वीप एवं महासागर के नितल में प्रसार हो रहा है।
- इसके बाद और स्पष्टता के साथ प्लेट विवर्तनिकी सिद्धान्त प्रस्तुत हुआ, जिसे वैज्ञानिक रूप से सही माना गया है।
- स्थलीय दृढ़ भू-खण्डों को प्लेट कहा जाता है। प्लेट शब्द का नामकरण सर्वप्रथम टूजो विल्सन के द्वारा किया गया। वर्ष 1962 में हैरी हैस ने महाद्वीपीय भागों से सम्बन्धित अपना प्लेट विवर्तनिक सिद्धान्त प्रस्तुत किया।
- इनके अनुसार सभी महाद्वीप एवं महासागर विभिन्न प्लेटों के ऊपर स्थित हैं, जो हमेशा संचरणशील हैं। प्लेट विवर्तनिकी में संवहन तरंगों का सिद्धान्त समाहित है।
- इस सिद्धान्त की वैज्ञानिक व्याख्या डब्ल्यू. जे. मॉर्गन ने दी तथा इसके प्रमुख विचारक मैकेंजी, पार्कर तथा होम्स हैं।
- यह सिद्धान्त महाद्वीपीय प्रवाह, समुद्री तली प्रसारण (Sea-floor Spreading), ध्रुवीय परिभ्रमण (Polar wandering) द्वीपीय चाप (Island Arcs) तथा महासागरीय कटक (Ocean & Ridges) आदि की व्याख्या करता है।
- प्लेटें महाद्वीपीय व महासागरीय स्थल खण्डों से मिलकर बनी हैं, यह दुर्बलता मण्डल (Asthenosphere) पर क्षैतिज अवस्था में गतिशील है।

प्लेटों के प्रकार

- स्थलमण्डल के वृहद् खण्ड को प्लेट कहा जाता है, जो क्रस्ट और ऊपरी मैण्टल की ऊपरी परत से निर्मित है। इसे महाद्वीपीय और महासागरीय प्लेट के रूप में विभाजित किया जाता है।
- महासागरीय प्लेटों की मोटाई 5 से 100 किमी अर्थात् कम होती है, किन्तु भार अधिक होता है। ये बेसाल्ट चट्टानों से निर्मित होती हैं, जैसे प्रशान्त महासागरीय प्लेट।
- महाद्वीपीय प्लेट की मोटाई लगभग 200 किमी होती है और यह समुद्रतल से ऊँची होती है।
- यह हल्की एवं ग्रेनाइट चट्टानों की बनी होती है; जैसे-यूरेशियाई तथा अण्टार्कटिका प्लेट। कुछ प्लेट महाद्वीपीय-महासागरीय प्रकृति की होती हैं; जैसे-भारतीय प्लेट आदि।
- नासा के अनुसार, प्लेटों की संख्या 100 है, किन्तु अभी तक 7 बड़ी मुख्य प्लेटों तथा 20 छोटी प्लेटों की पहचान की गई है।

विश्व की प्रमुख बड़ी प्लेटें

विश्व की प्रमुख बड़ी प्लेटें निम्नलिखित हैं

- अण्टार्कटिक प्लेट (Antarctic Plate) इसमें अण्टार्कटिक और इसके चारों ओर से घिरी हुई महासागरीय प्लेटें भी शामिल होती हैं।
- उत्तर अमेरिकी प्लेट (North American Plate) इसमें पश्चिमी अटलाण्टिक तल सम्मिलित होते हैं तथा दक्षिणी अमेरिकन प्लेट व कैरेबियन द्वीप इसकी सीमा का निर्धारण करते हैं।
- दक्षिण अमेरिकी प्लेट (South American Plate) इसे पश्चिमी, अटलाण्टिक तल सहित और उत्तरी अमेरिकी प्लेट व कैरेबियन द्वीप पृथक् करते हैं।
- प्रशान्त महासागरीय प्लेट (Pacific Plate) यह सबसे बड़ी प्लेट है, जिसके ऊपर प्रशान्त महासागर का अधिकांश भाग स्थित है। उत्तरी अमेरिका प्लेट के पश्चिम में प्रवाह के कारण इसका क्षय हो रहा है तथा प्रशान्त महासागर का क्षेत्र सिकुड़ रहा है।
- इण्डो-ऑस्ट्रेलियाई प्लेट (Indo-Australian Plate) इस प्लेट पर ऑस्ट्रेलिया का महाद्वीप, भारतीय उपमहाद्वीप का अधिकांश भाग तथा बड़ा समुद्री क्षेत्र स्थित है। इसे इण्डो-ऑस्ट्रेलियन-न्यूजीलैण्ड प्लेट भी कहते हैं।
- अफ्रीकी प्लेट (African Plate) इसमें अफ्रीका का महाद्वीप तथा पूर्वी अटलाण्टिक महासागरीय तल सम्मिलित है।
- यूरेशियाई प्लेट (Eurasian Plate) इसमें यूरेशिया का अधिकांश भू-भाग तथा पूर्वी अटलाण्टिक महासागरीय तल सम्मिलित हैं।

महत्त्वपूर्ण प्लेटें

मुख्य प्लेटें	सम्मिलित भाग
प्रशान्त महासागरीय प्लेट	प्रशान्त महासागरीय नितल
इण्डो-ऑस्ट्रेलिया प्लेट	भारत + ऑस्ट्रेलिया + हिन्द महासागर
अफ्रीकन प्लेट	अफ्रीका महाद्वीप + पूर्वी अटलाण्टिक महासागर + पश्चिमी हिन्द महासागर
यूरेशियन प्लेट	यूरोप + एशिया + पूर्वी अटलाण्टिक महासागर
अण्टार्कटिक प्लेट	अण्टार्कटिक महाद्वीप + अण्टार्कटिका को चारों ओर से घेरती हुई महासागरीय प्लेट
उत्तरी अमेरिकी प्लेट	उत्तरी-पश्चिमी अटलाण्टिक महासागर + उत्तरी अमेरिका का महाद्वीप
दक्षिणी अमेरिकी प्लेट	दक्षिण अमेरिका महाद्वीप + दक्षिणी-पश्चिमी अटलाण्टिक महासागर

विश्व की प्रमुख छोटी प्लेटें

छोटी प्लेट	विवरण
कोकोस प्लेट	मध्य अमेरिका एवं प्रशान्त महासागरीय प्लेट के बीच स्थित
नजका प्लेट	दक्षिण अमेरिका एवं प्रशान्त महासागरीय प्लेट के बीच स्थित
फिलीपीन प्लेट	एशिया महाद्वीप एवं प्रशान्त महासागरीय प्लेट के बीच स्थित
कैरोलिन प्लेट	न्यूगिनी के उत्तर में फिलिपियन एवं भारतीय प्लेट के बीच स्थित
अरेबियन प्लेट	अरब प्रायद्वीप का अधिकांश भाग शामिल
फ्यूजी प्लेट	ऑस्ट्रेलिया के उत्तर-पूर्व में स्थित
ज्वान डी फ्यूका प्लेट	अलास्का के नीचे तथा उत्तरी अमेरिका के प्लेट के पश्चिम में स्थित
स्कोशिया प्लेट	स्कोशिया के भाग शामिल
कैरेबियन प्लेट	कैरेबियन भाग
तिब्बत प्लेट	तिब्बत क्षेत्र
सोमाली प्लेट	सोयाली भू-भाग
नूबियन प्लेट	अफ्रीकी प्लेट का भाग

प्लेट किनारे एवं प्लेट सीमा

प्लेट के सीमान्त भाग को प्लेट का किनारा कहते हैं, जबकि दो प्लेटों के मध्य **संचलन मण्डल** (Motion Zone) को **प्लेट सीमा** (Boundary) कहा जाता है। किसी भी प्लेट के तीन प्रमुख किनारे होते हैं, जो निम्न हैं

अपसारी सीमा

- जब दो प्लेटें एक-दूसरे से विपरीत दिशा में अलग हटती हैं और नई पर्पटी का निर्माण करती हैं, तो उन्हें अपसारी प्लेट (Divergent Plate) कहते हैं। वह स्थान जहाँ से प्लेट एक-दूसरे से दूर हटती हैं, इन्हें प्रसारी स्थान (Spreading Site) भी कहा जाता है।
- अपसारी सीमा का सबसे अच्छा उदाहरण मध्य अटलाण्टिक कटक है। यहाँ से अमेरिकी प्लेटें (उत्तर अमेरिकी व दक्षिण अमेरिकी प्लेटें) तथा यूरेशियन व अफ्रीकी प्लेटें अलग हो रही हैं।

अपसारी सीमा से सम्बद्ध भू-गर्भिक घटनाएँ

- कटक निर्माण
- नवीन क्रस्ट का निर्माण
- मन्द ज्वालामुखी उद्गार
- सामान्य एवं रूपान्तरित भ्रंशन
- गैर- विनाशकारी भूकम्प का उद्भव

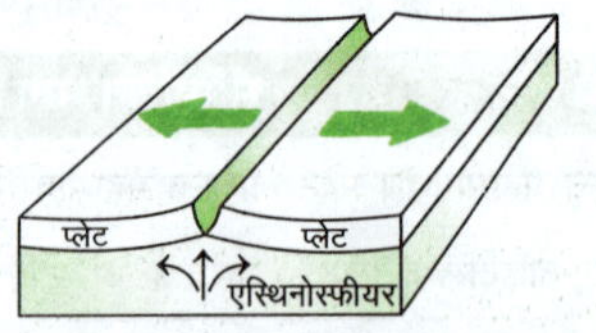

अपसारी सीमा (रचनात्मक प्लेट किनारा)

अभिसारी सीमा

- जब दो प्लेटें आमने-सामने गतिशील या अभिसरित होती हैं, तब अधिक घनत्व वाली प्लेट कम घनत्व वाली प्लेट के नीचे क्षेपित (subduct) हो जाती है, जिससे क्रस्ट का विनाश हो जाता है, जिस कारण इसे विनाशात्मक प्लेट किनारा (Destruction plate margin) कहा जाता है तथा इन प्लेटों को अभिसारी प्लेट (Converging plate) कहते हैं।
- जहाँ प्लेट का क्षेपण या विनाश होता है, उसे अभिसरण या अभिसारी सीमा (Convergent Boundary) या अधोगमित क्षेत्र (Subduction zone) या बेनी ऑफ मेखला या **बेनी ऑफ जोन** कहते हैं।

नोट *बेनीऑफ जोन (Benioff Zone) महाद्वीपीय सीमा या द्वीप चाप के नीचे स्थित एक भूकम्पीय क्षेत्र है, जिसकी सतह पर एक गहरी समुद्री खाई होती है। इसका यह नाम अमेरिकी भूकम्प वैज्ञानिक ह्यूगो बेनिऑफ के नाम पर रखा गया था।*

अभिसारी सीमा से सम्बद्ध घटनाएँ

- व्युत्क्रमित भ्रंशन का होना
- क्रस्ट का विनाश होना
- विनाशकारी भूकम्प का आना
- विस्फोटक ज्वालामुखी का उद्गार होना

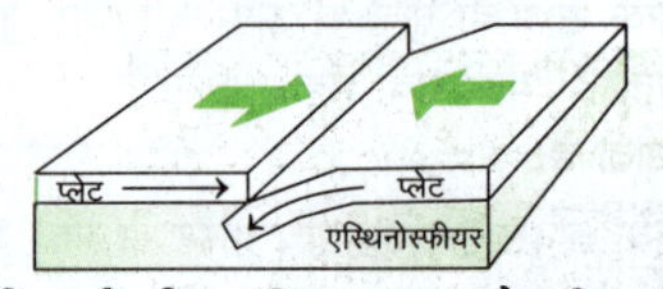

अभिसारी सीमा (विनाशात्मक प्लेट किनारा)

संरक्षी या रूपान्तरित सीमा

- जब दो प्लेटें एक-दूसरे के समानान्तर या एक-दूसरे के निकट से क्षैतिज संचलन करती हैं या गुजरती हैं, तो इस दौरान कोई अन्तः क्रिया नहीं होती है तथा न ही नई भू-पर्पटी का निर्माण या विनाश होता है, तो इस सीमा को ही **संरक्षी, रूपान्तर** सीमा या **शीयर सीमा** कहते हैं।
- इन प्लेट के किनारों को **संरक्षी प्लेट किनारा** कहा जाता है। इसमें रूपान्तरण भ्रंश (Transfer fault) का निर्माण होता है; जैसे—कैलिफोर्निया के निकट अवस्थित सान एण्ड्रियास भ्रंश।

रूपान्तरित सीमा से सम्बद्ध भू-गर्भिक घटनाएँ

- रूपान्तरित भ्रंश का निर्माण
- विनाशकारी भूकम्प का आना
- क्रस्ट अप्रभावित होना
- ज्वालामुखी उद्गार का अभाव

संरक्षी सीमा (संरक्षी प्लेट किनारा)

भारतीय प्लेट की संचलन प्रक्रिया

भारत एक वृहत द्वीप था, जो ऑस्ट्रेलियाई तट से दूर एक विशाल महासागर में स्थित था।

- लगभग 22.5 करोड़ वर्ष पहले तक **टेथिस सागर** (Tethys Sea) इसे एशिया महाद्वीप से अलग करता था।
- ऐसा माना जाता है कि लगभग 20 करोड़ वर्ष पहले जब पैंजिया विभक्त हुआ, तब भारत ने उत्तर दिशा की ओर खिसकना आरम्भ किया। वहीं लगभग 4 से 5 करोड़ वर्ष पहले भारत एशिया से टकराया व परिणामस्वरूप हिमालय पर्वत का उत्थान हुआ।
- आज से लगभग 14 करोड़ वर्ष पहले यह उपमहाद्वीप सुदूर दक्षिण में $50°$ दक्षिणी अक्षांश पर स्थित था।
- इन दो प्रमुख प्लेटों को टेथिस सागर अलग करता था और तिब्बतीय खण्ड, एशियाई स्थलखण्ड के करीब था।
- भारतीय प्लेट के यूरेशियन प्लेट की ओर प्रवाह के दौरान एक प्रमुख घटना घटी, वह थी-लावा प्रवाह के रूप में दक्कन ट्रेप का निर्माण होना।
- ऐसा लगभग 6 करोड़ वर्ष पहले आरम्भ हुआ और यह लम्बे समय तक जारी रहा। यह उपमहाद्वीप तब भी भूमध्य रेखा के निकट था।
- आज से लगभग 4 करोड़ वर्ष पहले तथा इसके पश्चात् हिमालय की उत्पत्ति आरम्भ हुई।

"

किसी प्राकृतिक कारण के द्वारा भू-पृष्ठ के किसी भाग के आकस्मिक संचलन को भूकम्प कहते हैं। अत: सागरीय भूकम्पों द्वारा उत्पन्न लहरों को सुनामी कहा जाता है। ज्वालामुखी एक ऐसी स्थलीय प्रक्रिया है, जहाँ गर्म पदार्थ; जैसे-लावा, मैग्मा, गैस, राख आदि पृथ्वी से बाहर निकलते हैं।

अध्याय दस

भूकम्प, सुनामी एवं ज्वालामुखी

भूकम्प

- भूकम्प एक प्राकृतिक घटना है, जिसका सामान्य अर्थ पृथ्वी का कम्पन होता है, जो धरातल के नीचे अथवा ऊपर की चट्टानों के लचीलेपन या गुरुत्वाकर्षण की साम्यावस्था में अव्यवस्था होने पर उत्पन्न होती है।
- **मैक्सवेल** के अनुसार, "भूकम्प (Earthquake) धरातल के ऊपरी भाग की वह कम्पन विधि है, जोकि धरातल की ऊपरी एवं निचली चट्टानों के लचीलेपन एवं गुरुत्वाकर्षण की समान स्थिति में कमी आने से प्रारम्भ होती है।"
- भूकम्प, अन्तर्जात बलों (Endogenetic Forces) तथा बहिर्जात बलों (Exogenetic Forces) के कारण होने वाली एक प्राकृतिक घटना है, जिसमें पृथ्वी की आन्तरिक परतों से ऊर्जा निष्कासन के कारण तरंगें उत्पन्न होती हैं, जो सभी दिशाओं में विस्तृत होकर पृथ्वी को कम्पित करती हैं।
- भूकम्प की उत्पत्ति प्राकृतिक एवं मानवीय दोनों कारणों से हो सकती है। इसमें उत्पन्न भूकम्पीय तरंगों का अध्ययन पृथ्वी की आन्तरिक परतों का सम्पूर्ण चित्र प्रस्तुत करता है।

भूकम्प की उत्पत्ति

- भूकम्प आने से पूर्व वायुमण्डल में **रेडॉन गैस** की मात्रा अनियन्त्रित रूप से बढ़ जाती है। इस अनियन्त्रित वृद्धि का होना, उस प्रदेश विशेष में भूकम्प आने का संकेत होता है।
- जिस स्थान से भूकम्पीय तरंगें उत्पन्न होती हैं या ऊर्जा निकलती है, उसे **भूकम्प मूल** (Earthquake Hypocentre) या भूकम्प का उद्गम केन्द्र (Focus) या अवकेन्द्र (Hypocentre) कहते हैं। यहाँ से उत्पन्न तरंगें विभिन्न दिशाओं से होती हुई, पृथ्वी की सतह तक पहुँचती हैं।
- भूकम्प के दौरान भूकम्प मूल से विमुक्त ऊर्जा को **प्रत्यास्थ ऊर्जा** (Elastic Energy) कहते हैं तथा पृथ्वी की सतह पर उत्पन्न कई प्रकार की लहरों को **भूकम्पीय लहरें** कहते हैं।
- **अधिकेन्द्र** (Epicentre) वह बिन्दु होता है, जहाँ भूकम्पी तरंगें सर्वप्रथम पहुँचती हैं, यह उद्गम केन्द्र से ठीक ऊपर या 90° के कोण पर केन्द्रित होता है। इससे दूरी बढ़ने के साथ भूकम्प की तीव्रता धीरे-धीरे कम होती जाती है।
- पृथ्वी की सतह पर उन सभी बिन्दुओं को मिलाने वाली रेखा, जो **भूकम्प-विक्षोभों** (Earthquake Disturbances) की तीव्रता के समान होती है, **सम-भूकम्प रेखा** (Isoseismal Line) कहलाती है।
- एक समय पर पहुँचने वाली तरंगों को मिलाने वाली रेखा को **सह-भूकम्प रेखा** (Homoseismal line) कहते हैं। भूकम्प का अध्ययन **सिस्मोलॉजी** (Seismology) कहलाता है।

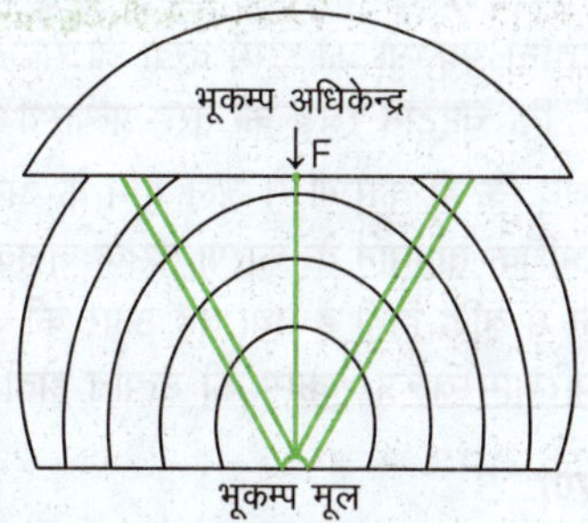

प्राकृतिक कारण

- **ज्वालामुखी विस्फोट** जब ज्वालामुखी विस्फोट होता है, तो उनके निकटवर्ती क्षेत्रों में हलचल होती है, जिसे भूकम्प कहा जाता है, सामान्यत: दोनों एक-दूसरे से अन्तर्सम्बन्धित होते हैं। ज्वालामुखी विस्फोट की तीव्रता की प्रवृत्ति, भूकम्प के उद्गमित होने की सम्भावना को व्यक्त करती है।
- ज्वालामुखीयता के दौरान, विस्फोटक गैसें एवं जलवाष्प क्रस्ट पर तीव्र वेग के साथ विस्फोट करते हैं, जिससे चट्टानों में कम्पन होता है, अत: भूकम्पों की तीव्रता ज्वालामुखी उद्गार की तीव्रता पर निर्भर करती है।
- वर्ष 1968 में सिसली द्वीप के **माउण्ट एटना** ज्वालामुखी के अचानक तीव्र उद्गार के कारण तीव्र भूकम्प का आना इसका प्रमुख उदाहरण है।
- **पृथ्वी का सिकुड़ना** पृथ्वी की उत्पत्ति जब से हुई है, तब से लेकर अब तक ठण्डी होकर सिकुड़ रही है। पृथ्वी के सिकुड़ने से इसकी चट्टानों में अव्यवस्था उत्पन्न होती है, जिससे कम्पन उत्पन्न होता है। इसके परिणामस्वरूप भूकम्प की उत्पत्ति होती है।

- **वलन तथा भ्रंश** का सम्बन्ध क्रमश: सम्पीडन और तनाव से होता है, जिससे चट्टानों में हलचल उत्पन्न होती है और भूकम्प आते हैं। वर्ष 1934 में बिहार का भूकम्प, वर्ष 1950 में असम का भूकम्प तथा वर्ष 1991 में उत्तरकाशी का भूकम्प इसी प्रकार के भूकम्प थे।
- **प्लेट विवर्तनिकी का सिद्धान्त** भूकम्प की उत्पत्ति की व्याख्या प्लेट विवर्तनिकी सिद्धान्त के द्वारा की जा सकती है। इसके तहत तीन प्रकार से रचनात्मक प्लेट किनारा (कम गहराई की भूकम्प), विनाशी प्लेट किनारा (विनाशकारी भूकम्प) और संरक्षी प्लेट किनारा (सीमान्त भूकम्प) भूकम्प आता है।
- **भू-सन्तुलन/भू-सन्तुलन में अव्यवस्था** विद्वानों के अनुसार, पृथ्वी के ऊपरी परत का सियाल हल्का होता है, जो निचले भारी भाग सीमा पर तैरता है। ऊपरी परत पर स्थित हल्की चट्टानों ने ऊपर-नीचे होकर सन्तुलन की व्यवस्था बना ली है, परन्तु जब अपरदन द्वारा उच्च प्रदेशों से शैल चूर्ण अपरदित होकर निम्न प्रदेशों में निक्षेपित होता है, तो सन्तुलन बिगड़ जाता है। अत: चट्टानें इस सन्तुलन को बनाए रखने का प्रयास करती हैं, तो उनमें कम्पन उत्पन्न हो जाता है, जिसके फलस्वरूप भूकम्प आ जाते हैं। इस प्रकार का सन्तुलन मूलक भूकम्प वर्ष 1949 में हिन्दुकुश में आया था।
- **प्रत्यास्थ पुनश्चलन सिद्धान्त** (Elastic Rebound Theory) **रीड** (Reid) के प्रत्यास्थ पुनश्चलन सिद्धान्त के अनुसार चट्टानों में तनाव सहने की एक क्षमता होती है, जब तनाव बल चट्टानों की सहन क्षमता से अधिक हो जाता है, तो चट्टानें टूट जाती हैं, किन्तु टूटा हुआ भाग पुन: अपने मूल स्थान पर आ जाता है, तब चट्टानों में भ्रंशन की घटनाएँ होती हैं, जिससे भूकम्प आते हैं।
- कैलिफोर्निया में उत्पन्न भूकम्पों को इसमें देखा जा सकता है। इससे यह स्पष्ट होता है, कि चट्टानें रबड़ की तरह प्रत्यास्थ होती हैं।
- **गैसों का फैलाव** जब किन्हीं कारणों से जल भूमि के अन्दर पहुँच जाता है, तो यह अधिक तापमान के कारण उसके जलवाष्प में बदलने से आयतन में वृद्धि होती है तथा वह ऊपर की ओर गति करता है, इसके परिणामस्वरूप भूकम्प की उत्पत्ति होती है।

मानव जनित कारण

- कृत्रिम भूकम्प मनुष्य के क्रिया-कलापों के कारण आते हैं
    - बाँधों के निर्माण से।
    - बम विस्फोट एवं भूमिगत परमाणु परीक्षण द्वारा उत्पन्न भूकम्प को **विस्फोट भूकम्प** (Explosion Earthquake) कहते हैं।
    - भूमि से जल का निष्कर्षण।
    - रेल इंजन एवं भारी वाहनों से।
    - खनन की क्रिया द्वारा भूमिगत खानों की छतों के गिरने के कारण उत्पन्न भूकम्प को कोलेप्स भूकम्प (Collapse Earthquake) कहते हैं।

अन्य कारण

- आकाशीय उल्कापात।
- पृथ्वी के घूमने से कुछ आकाशीय पिण्डों के पृथ्वी पर प्रभाव से होने वाली हलचल से।

भूकम्पीय तरंगें

भूकम्प से उत्पन्न तरंगों को 'भूकम्पीय तरंगें' (Sismic maves) कहा जाता है। अभिलेखित वक्र से प्राप्त भूकम्पीय तरंगों को तीन श्रेणियों में विभक्त किया जाता है

भूकम्पीय तरंगों के प्रकार

- प्राथमिक या 'P' तरंगें
- द्वितीयक या 'S' तरंगें
- धरातलीय या 'L' तरंगें

प्राथमिक अथवा लम्बवत् तरंगें अथवा P तरंगें

- **P तरंगें (P-waves)** ये अनुदैर्ध्य तरंगें (Longitudinal Waves) होती हैं एवं ध्वनि तरंगों की भाँति उद्गम स्थल के चारों ओर गमन करती हैं। इसे सम्पीडनात्मक तरंगें (Compressional waves) भी कहते हैं।
- भूकम्प के समय सर्वप्रथम P तरंगों की उत्पत्ति होती है। इन तरंगों का अनुभव **पृथ्वी की सतह** पर सर्वप्रथम होता है।
- P तरंगें ठोस के साथ तरल एवं गैस माध्यम में भी गमन कर सकती हैं। इन तरंगों का वेग ठोस (सर्वाधिक), तरल एवं गैस में क्रमानुसार कम होता जाता है। S और L तरंगों की अपेक्षा P तरंगों की गति सबसे तेज और तीव्रता सबसे कम होती है।
- S तरंगों की तुलना में P तरंगों की गति 66% अधिक होती है। इसका सर्वाधिक वेग 8-14 किमी/सेकण्ड होता है। यह सीस्मोग्राफ स्टेशन पर सबसे पहले पहुँचती है।

अनुप्रस्थ गौण तरंगें अथवा द्वितीयक तरंगें अथवा S तरंगें

- **S तरंगें (S-Waves)** P तरंगों की उत्पत्ति के बाद S तरंगों का आविर्भाव होता है। इन्हें द्वितीयक (Secondary) या अनुप्रस्थ तरंगें या आड़ी तरंगें (Transverse waves) भी कहते हैं। ये जल तरंगों या प्रकाश तरंगों के समान होती हैं। इन तरंगों का संचरण वेग अपेक्षाकृत कम होता है।
- S तरंगें केवल ठोस माध्यम में गमन कर सकती हैं तथा तरल में लुप्त हो जाती हैं। ये पृथ्वी के क्रोड से नहीं गुजर पाती हैं। अत: इससे यह निष्कर्ष निकाला जाता है कि पृथ्वी का क्रोड तरल अवस्था में है।
- S तरंगों की गति P से 40% कम एवं L से अधिक होती है। S तरंगों की तीव्रता P से अधिक एवं L से कम होती है। इसकी गति 4-6 किमी/सेकण्ड पाई जाती है।
- ये तरंगें परावर्तन से प्रतिध्वनित होकर वापस लौट आती हैं, किन्तु आवर्तन से अन्य दिशाओं में चली जाती हैं। अत: इन्हें गौण तरंगें (Short term waves) भी कहा जाता है।

अनुदैर्ध्य तरंगें

जब किसी माध्यम में तरंग के संचरण होने पर माध्यम के कण तरंग के चलने की दिशा के अनुदिश कम्पन करते हैं, तो उस तरंग को अनुदैर्ध्य तरंग कहते हैं। **उदाहरण**—ध्वनि तरंगें, भूकम्पीय P तरंगें, अल्ट्रासाउण्ड तरंगें आदि।

अनुप्रस्थ तरंगें

जब किसी माध्यम में तरंग के संचरण होने पर माध्यम के कण तरंग के चलने की दिशा के लम्बवत् कम्पन करते हैं, तो उस तरंग को अनुप्रस्थ तरंग कहा जाता है। **उदाहरण**—प्रकाश तरंगें।

धरातलीय तरंगें या L तरंगें

- L तरंगें (L-Waves) इनका संचरण केवल धरातलीय भाग पर होता है। इन्हें लव वेव भी कहा जाता है। इन तरंगों का नामकरण इनके खोजकर्ता एडवर्ड एफ लव के नाम पर किया गया है। इनका वेग (1.5 से 3 किमी/से) सबसे कम होता है।
- ये धरातल पर सबसे अन्त में पहुँचती हैं। इनका भ्रमण पथ उत्तल होता है। ये आड़े-तिरछे मार्ग से गति करती हैं।
- इनको लम्बी अवधि की लहरें (Long Term Waves) भी कहा जाता है। इनका प्रभाव जल और थल दोनों पर होता है तथा ये सर्वाधिक विनाशकारी होती हैं। इनसे शैल विस्थापित होती हैं और इमारतें गिर जाती हैं।

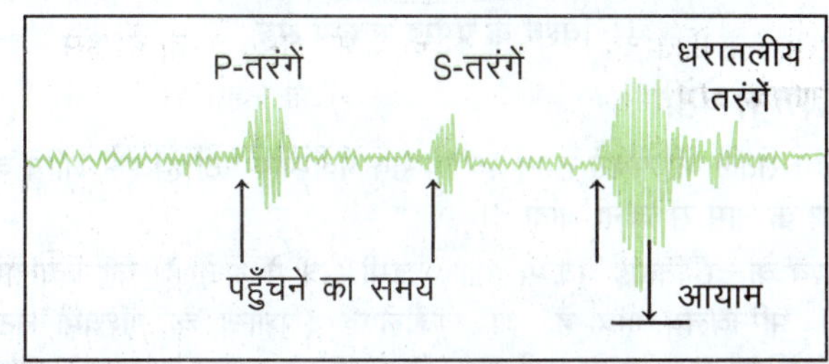

भूकम्प अभिलेख

भूकम्पीय तरंगों का संचरण

- भूकम्पीय तरंगों (Seismic Waves) का संचरण पदार्थ की सघनता एवं विरलता पर निर्भर करता है। सघन (घनत्व) होने पर तरंगों की तीव्रता अधिक तथा विरल घनत्व वाले पदार्थों में तरंग संचरण की तीव्रता अपेक्षाकृत कम होती है।
- भूकम्पीय अध्ययन के अनुसार, भूकम्प P, S एवं L तरंगों के रूप में उत्पन्न होता है। सर्वप्रथम P, S एवं अन्त में L भूकम्पीय तरंगों का संचरण होता है।
- भूकम्पीय तरंगों के संचरण से शैलों में कम्पन होता है, जिसमें 'P' तरंगों से कम्पन की दिशा, तरंगों की दिशा के समानान्तर होती है, जबकि 'S' तरंगें ऊर्ध्वाधर तल के तरंगों की दिशा के समकोण पर कम्पन उत्पन्न करती हैं। अत: ये जिस पदार्थ से गुजरती हैं, उसमें उभार व गर्त बनाती हैं।

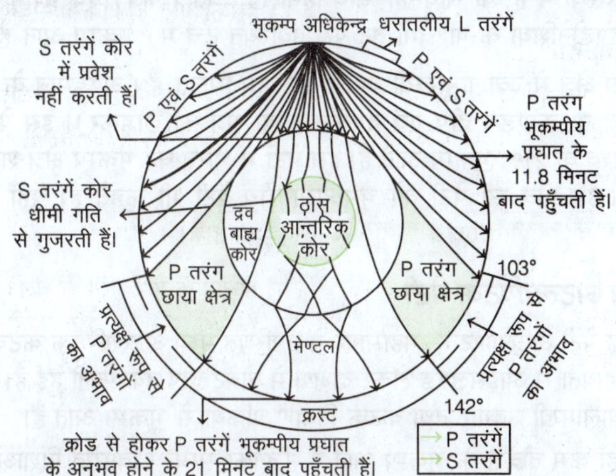

पृथ्वी के आन्तरिक भाग में भूकम्पीय तरंगों का संचरण

- P और S तरंगें युग्म में संचरण करती हैं। P-S की गति सर्वाधिक तथा Pg-Sg की गति न्यूनतम होती है, वहीं P*-S* की गति दोनों के मध्य होती है। इनकी गति एवं भ्रमण पथ, पृथ्वी के आन्तरिक भाग को समझने में सहायता करते हैं।
- भूकम्पीय तरंगों की गति का पदार्थ के घनत्व के साथ समानुपातिक सम्बन्ध होता है। यही मुख्य कारण है कि पृथ्वी की सतह की अपेक्षा, आन्तरिक परतों में भूकम्पीय तरंगों की गति में क्रमागत वृद्धि होती है।

भूकम्पीय तरंगें एवं पृथ्वी की आन्तरिक संरचना

- पृथ्वी की आन्तरिक परतों में P एवं S तरंगों की गति में वृद्धि होती है। यह वृद्धि गुटेनबर्ग असानतत्य (2900 किमी) तक ही होती है। इसके बाद P तरंगों की गति में अचानक कमी होने लगती है तथा S तरंगें विलुप्त हो जाती हैं। इसका मुख्य कारण बाह्य कोर का पदार्थ तरल अवस्था में होना है। S तरंगें केवल ठोस माध्यम में ही गमन करती हैं।
- P तरंगों का बाह्य कोर में परावर्तन तथा आवर्तन होता है, परन्तु आन्तरिक कोर में प्रवेश करते ही P तरंगों की गति पुन: परिवर्तित होकर बढ़ने लगती है। P तरंगों की गति में पुन: वृद्धि का मुख्य कारण अधिक दबाव के कारण आन्तरिक कोर का ठोस होना है।

भूकम्पीय तरंगों का छाया क्षेत्र

- पृथ्वी पर कुछ ऐसे क्षेत्र भी हैं, जहाँ कोई भी भूकम्पीय तरंग अभिलेखित नहीं होती, ऐसे क्षेत्र को भूकम्पीय छाया क्षेत्र (Seismic Shadow Zone) कहा जाता है। यह देखा जाता है कि भूकम्पलेखी भूकम्प अभिकेन्द्र से 105° के भीतर ही P व S दोनों तरंगों का अभिलेखन करते हैं।
- इसके पश्चात् यह 105° से 145° तक केवल P तरंगों के पहुँचने को ही दर्ज करते हैं और S तरंगों को अभिलेखित नहीं करते हैं। अत: वैज्ञानिकों का मानना है कि भूकम्प अधिकेन्द्र से 105° और 145° के बीच का क्षेत्र (जहाँ कोई भी भूकम्पीय तरंग अभिलेखित नहीं होती) छाया क्षेत्र होता है। S तरंगों का छाया क्षेत्र, P तरंगों के छाया क्षेत्र से बड़ा होता है। तरंगों का छाया क्षेत्र पृथ्वी के 40° भाग से भी अधिक होता है।

भूकम्प मूल की गहराई के आधार पर भूकम्प के प्रकार

भूकम्प	विवरण
सामान्य भूकम्प/छिछले उद्गम केन्द्र भूकम्प (Shallow Earthquake)	इस प्रकार के भूकम्प अत्यधिक क्षति वाले होते हैं, जोकि भूकम्प मूल से 0-70 किमी गहराई पर उत्पन्न होते हैं। अधिकांश भूकम्प इसी वर्ग के होते हैं। ये वस्तुत: कम परिमाण (1 से 5 मैग्नीट्यूड) के होते हैं।
मध्यवर्ती भूकम्प/मध्यम उद्गम केन्द्र भूकम्प (Intermediate Earthquake)	कुल भूकम्प का मध्यवर्ती भूकम्प केवल 2% है। ये सामान्य भूकम्प की अपेक्षा कम विनाशकारी होते हैं। ये 70-300 किमी की गहराई में उत्पन्न होते हैं।
पातालीय/गहरे भूकम्प (Deep Earthquake)	इस प्रकार के भूकम्प विशेष रूप से अधिक व्यापक महसूस किए जाते हैं, ये सामान्यत: कम विनाशकारी होते हैं। पातालीय उद्गम केन्द्र वाले भूकम्प विशेष रूप से अधिक परिणाम (6 से अधिक मैग्नीट्यूड) वाले होते हैं। इस प्रकार के भूकम्प 300-700 किमी की गहराई में उत्पन्न होते हैं।

प्राकृतिक कारकों के आधार पर भूकम्प के प्रकार

भूकम्प	विवरण
ज्वालामुखी जन्य भूकम्प (Volcanic Earthquake)	ज्वालामुखी उद्गार से उत्पन्न भूकम्प, अधिकांशत: सक्रिय ज्वालामुखी क्षेत्रों में विस्तार; जैसे-माउण्ट एटना ज्वालामुखी से उत्पन्न भूकम्प।
विवर्तनिक भूकम्प (Tectonic Earthquke)	यह भूकम्प भ्रंश तल के सहारे चट्टानों के खिसकने से उत्पन्न होता है; जैसे—कैलिफोर्निया के भूकम्प।
सन्तुलन मूलक भूकम्प (Isostatic Earth quake)	इस प्रकार के भूकम्प नवीन वलित पर्वतों में आते हैं, जो अव्यवस्था की प्रकृति के आधार पर अलग-अलग तीव्रता के होते हैं; जैसे—वर्ष 1949 का हिन्दुकुश क्षेत्र का भूकम्प।

कृत्रिम या मानव जनित भूकम्प

भूकम्प	विवरण
निपात भूकम्प (Collapse Earthquake)	खनन क्षेत्रों में अत्यधिक खनन कार्य से भूमिगत खानों की छतें ढह जाती हैं, जिससे उत्पन्न हल्के तीव्रता के भूकम्प निपात भूकम्प कहलाते हैं।
विस्फोट भूकम्प (Explosion Earthquake)	परमाणु एवं रासायनिक विस्फोट से उत्पन्न भूकम्प को विस्फोट भूकम्प कहा जाता है।
बाँधजनित भूकम्प (Reservoir-Induced Earthquake)	बड़े बाँध वाले क्षेत्रों में धरातल पर तनाव पड़ने के कारण उत्पन्न भूकम्प; जैसे—कोयना, बाँध, जलाशय के कारण उत्पन्न भूकम्प।
अन्य भूकम्प (Other Earthquake)	भू-जल के दोहन से उत्पन्न भूकम्प, द्रव अन्तक्षेपण (Fluid Injection) जैसे—अपशिष्ट निपटान कूप, हाइड्रोलिक फ्रैक्चरिंग तथा कार्बन कैप्चर एण्ड स्टोरेज आदि से उत्पन्न भूकम्प।

भूकम्प की तीव्रता को प्रभावित करने वाले कारक

चट्टानों की संरचना	भूकम्पीय तरंगों की गति अधिक घनत्व वाले पदार्थों के सम्पर्क में आने पर बढ़ जाती है। जब चट्टानें अधिक घनत्व युक्त होती हैं, तो भूकम्प की गति असामान्य रूप से बढ़ जाती है। तरंगों की गति दलदली भागों में अपेक्षाकृत कम हो जाती है।
तरंगों की तीव्रता की प्रभावशीलता	तरंगों की तीव्रता जितनी अधिक हो जाती है, भूकम्प की तीव्रता उतनी ही बढ़ जाती है। अत: भूकम्पीय प्रक्रिया और तरंगों की तीव्रता में समानुपातिक सम्बन्ध होता है।
भूकम्प मूल की गहराई	भूकम्प मूल की गहराई भूकम्पीय तीव्रता को प्रभावित करती है। इस प्रकार कम भूकम्प मूल की गहराई वाले भूकम्प की अपेक्षा अधिक गहरे एवं मध्यम गहरे उद्गम केन्द्र वाले भूकम्प कम विनाशकारी होते हैं।
पर्यावरणीय असन्तुलन	जिस स्थान विशेष में वनस्पतियों, पेड़, पौधों की बहुतायत मात्रा होती है, वहाँ प्राय: कम तीव्रता के भूकम्प उत्पन्न होते हैं। पर्यावरणीय असन्तुलन की दृष्टि से अव्यवस्था उत्पन्न होती है, जिससे घटनाओं की तीव्रता में व्यापक वृद्धि होती है।

भूकम्प का विश्व वितरण / भूकम्प पेटी

- विश्व में भूकम्प का वितरण उन्हीं क्षेत्रों में है, जिनका भूपटल भू-गर्भिक दृष्टि से कमजोर या अव्यवस्थित है।
- ऐसे क्षेत्र प्लेट के किनारों के या भ्रंशों के सहारे स्थित होते हैं। विश्व में भूकम्प की तीन प्रमुख पेटियाँ हैं, जिनका विवरण निम्न है

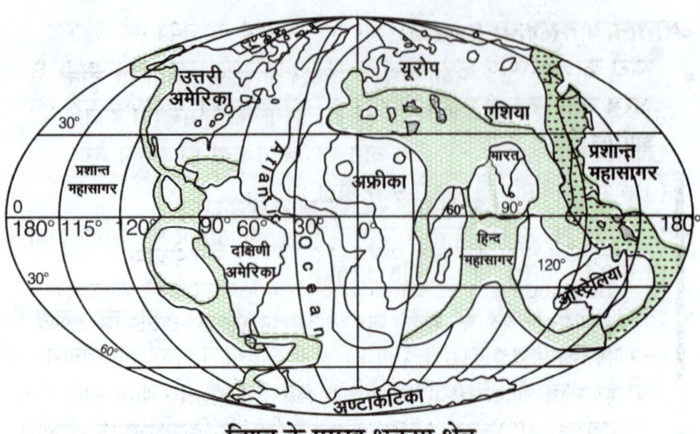

विश्व के प्रमुख भूकम्प क्षेत्र

परिप्रशान्त पेटी

- यह धरातल की सबसे वृहत् एवं विस्तृत भूकम्पीय पेटी है। इसे अग्नि वलय क्षेत्र के नाम से जाना जाता है।
- विश्व के दो-तिहाई भूकम्प (63%) इसी क्षेत्र में आते हैं। यह ज्वालामुखी का अग्निवलय क्षेत्र है, जो न्यूजीलैण्ड (प्रशान्त के पश्चिमी तट या ऑस्ट्रेलिया महाद्वीप के पूर्वी तट) से लेकर कमचटका प्रायद्वीप, अलास्का होते हुए (उत्तरी एवं दक्षिणी अमेरिका के पश्चिमी तट या प्रशान्त महासागर के पूर्वी तट) फॉकलैण्ड तक विस्तृत है।
- इसके पश्चिमी सीमान्त क्षेत्र में रॉकीज और एण्डीज पर्वत शृंखलाएँ हैं। यहाँ अक्सर चिली, कैलिफोर्निया, अलास्का, जापान, फिलीपीन्स, न्यूजीलैण्ड तथा मध्य महासागरीय भागों में भूकम्प आते रहते हैं।
- ये प्लेटों के अभिसरण सीमा क्षेत्र हैं। यहाँ प्रशान्त महासागरीय प्लेट, अमेरिकी प्लेटों के नीचे क्षेपित हो रही हैं। इस क्षेत्र में तीनों प्रकार के भूकम्पीय उद्गम क्षेत्र (गहरे, मध्यम, छिछले) पाए जाते हैं।

मध्य महाद्वीपीय पेटी

- यह भूमध्यसागर से लेकर पूर्वी द्वीप समूह (भूमध्य सागर, काकेशस, तुर्की, आर्मीनिया, ईरान, बलूचिस्तान, महान हिमालय के क्षेत्र, यूनान, म्यांमार, इण्डोनेशिया) तक फैली हुई है। मुख्य रूप से इस क्षेत्र में सन्तुलन मूलक (तुर्किये के पर्वतीय क्षेत्र, जहाँ नवीन मोड़दार पर्वत अभी उत्थान की अवस्था में हैं, के साथ-ही-साथ हिमालय पर्वतीय क्षेत्र) एवं भ्रंशमूलक (इण्डोनेशिया के पश्चिमी तट पर अवस्थित ट्रेंच में) भूकम्प आते हैं।
- इस क्षेत्र में ज्वालामुखियों के उद्गार कम मिलते हैं (अण्डमान के बैरन एवं नारकोण्डम द्वीप एवं दक्कन लावा क्षेत्र को छोड़कर)। इस पेटी में विश्व के 21% भूकम्प आते हैं। इस पेटी में भारत का भूकम्प क्षेत्र शामिल है। इस क्षेत्र की पेटी को भूमध्यसागरीय पेटी भी कहते हैं। यहाँ प्राय: सन्तुलन मूलक एवं विवर्तनिक भूकम्प आते हैं।

मध्य अटलाण्टिक पेटी

- यह पेटी अटलाण्टिक महासागर में उपस्थित मध्य अटलाण्टिक कटक की सहायता से आइसलैण्ड लेकर दक्षिण में बोवेट द्वीप तक फैली हुई है। इसमें ज्वालामुखी उद्गार तथा कटक निर्माण प्रक्रिया से भूकम्प आते हैं।
- यहाँ कम तीव्रता के भूकम्प आते हैं, जिनका सम्बन्ध विपरीत दिशाओं में प्लेटों के असरण के कारण सागर नितल प्रसरण व रूपान्तरण भ्रंशों तथा दरारी प्रकृति के ज्वालामुखी उद्गार से होता है। इस पेटी में सर्वाधिक भूकम्प भूमध्य रेखा के पास आते हैं।

- अन्य क्षेत्र (Other Regions) इस पेटी में पूर्वी अफ्रीका की भू-भ्रंश घाटी का भूकम्पीय क्षेत्र, लाल सागर, मृत सागर, अदन की खाड़ी से अरब सागर तक का क्षेत्र तथा हिन्द महासागर की भूकम्पीय पेटी को शामिल किया जाता है।

भूकम्पों की तीव्रता की माप

- भूकम्पीय तरंगों की तीव्रता को भूकम्पमापी यन्त्र **सिस्मोग्राफ** (Seismograph) से मापा जाता है। भूकम्पीय घटनाओं का मापन भूकम्पीय तीव्रता के आधार पर अथवा आघात की तीव्रता के आधार पर किया जाता है।
- भूकम्पीय तीव्रता का मापन, **रिक्टर स्केल** (Richter Scale) से किया जाता है। यह एक लॉगरिथमिक स्केल होता है। जिसमें भूकम्प की तीव्रता 0 से 10 तक मापी जाती है। इसमें प्रत्येक पाठ्यांक पिछले पाठ्यांक से 10 गुणा अधिक परिणाम दर्शाता है। भूकम्पीय तीव्रता भूकम्प के समय मुक्त होने वाली ऊर्जा से सम्बन्धित है।
- आघात की तीव्रता/गहनता को मरकेली स्केल (Mercalli Scale) पर मापा जाता है। इस स्केल का नाम इटली के भूकम्प वैज्ञानिक मरकेली के नाम पर रखा गया है। इसकी गहनता 1 से 12 तक होती है, जिस भी भूकम्प की तीव्रता 2.0 या इससे कम होती है, उसका प्रभाव नहीं के बराबर होता है। जिसकी तीव्रता 5.0 होती है, वह वस्तुओं के गिरने से क्षति पहुँचा सकता है, वहीं 6.0 या इससे अधिक तीव्रता वाले भूकम्प शक्तिशाली होते हैं।
- **रॉसी फेरल स्केल** (Rossy feral scale) के अन्तर्गत मापन में मापक 1 से 11 तक रखे गए थे।

मापन स्केल की विशेषता

विशेषता	मरकैली स्केल	रिक्टर स्केल
मापन	भूकम्प का प्रभाव	भूकम्प द्वारा निर्मुक्त ऊर्जा
मापन यन्त्र	प्रेक्षण	सिस्मोग्राफ
गणना	पृथ्वी की सतह पर मानव और मानव निर्मित संरचनाओं पर भूकम्प के प्रभाव से परिमाण का आकलन।	आधार-10 तरंगों के आयाम के लघु गणक का आकलन।
स्केल	I (अनुभव नहीं) तथा XII (विनाशक) मापक	3.0 गहनता की भूकम्प 2.0 की तुलना में 10 गुणा अधिक विनाशक।

भारत के भूकम्पीय क्षेत्र

- भारत का भूकम्पीय क्षेत्र मध्य महाद्वीपीय पेटी में शामिल है तथा देश के विभिन्न स्थानों पर विभिन्न संरचना की चट्टानें विद्यमान हैं। देश का लगभग 59% भौगोलिक क्षेत्र अलग-अलग तीव्रता के भूकम्पीय खतरों के प्रति असुरक्षित है।
- हिमालय का पर्वतीय भाग एवं उत्तर का मैदानी भाग भूकम्पीय रूप से अत्यधिक संवेदनशील है, क्योंकि भारतीय प्लेट, यूरेशियन प्लेट को लगातार क्षेपित कर रही है। इसमें, असम, काँगड़ा, बिहार एवं नेपाल के क्षेत्र शामिल हैं। बड़े बाँधों के निर्माण से समस्थितिजनक या सन्तुलनमूलक जल उत्पन्न होता है, जिससे जल संग्रहण क्षेत्र में या उसके निकट भूकम्प आता है।
- पर्वतीय क्षेत्रों में सड़क निर्माण के समय चट्टानी संरचना का ध्यान ना रखने के कारण भूस्खलन एवं भूकम्प आते हैं।

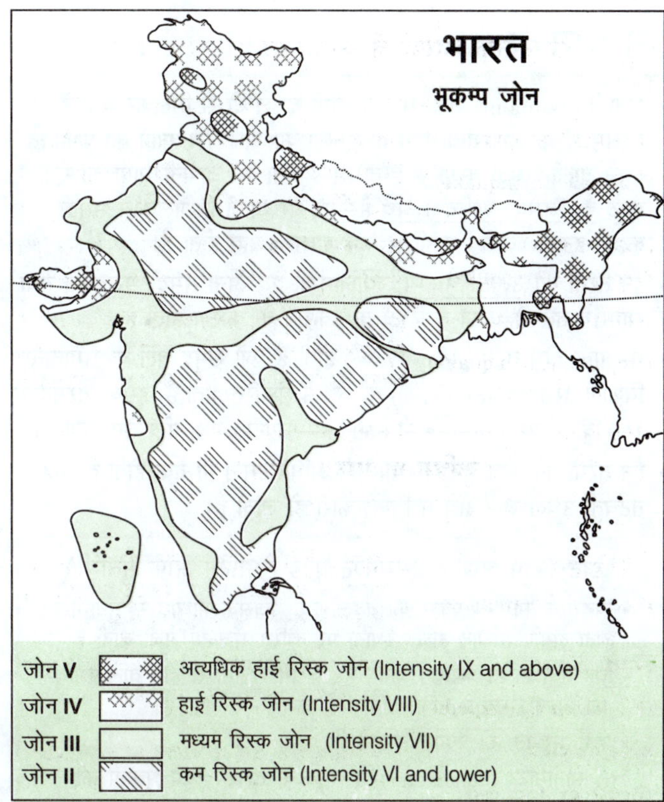

भारत के भूकम्प प्रवण क्षेत्र

- भारतीय मानक ब्यूरो ने देश के 54% क्षेत्र को चार भूकम्पीय प्रवण क्षेत्र (II, III, IV और V) में बाँटा है।
- मोडिफाइड मरकेली इन्स्टेनसिटी स्केल (Modified Mercalli Instensity Scale) पर आधारित देश में केवल 4 भूकम्पीय जोन हैं। देश के नए भूकम्पीय जोन मानचित्र से अब जोन-I को समाप्त कर दिया गया है। अत: अब भारत में केवल चार भूकम्पीय जोन II, III, IV तथा V हैं।

भारत के भूकम्पीय जोन का वितरण

भूकम्पीय जोन	तीव्रता/जोखिम/क्षति	सम्मिलित क्षेत्र
जोन V	अत्यधिक तीव्रता (9), (आपदाकारी), अत्यधिक क्षति	उत्तर-पूर्वी भारत, (पूर्वोत्तर राज्य), जम्मू-कश्मीर का कुछ भाग, हिमाचल प्रदेश, उत्तराखण्ड, कच्छ का रन, उत्तर बिहार का कुछ भाग, अण्डमान तथा निकोबार द्वीप-समूह।
जोन IV	अति तीव्रता, उच्च क्षति, प्रबलता	जम्मू-कश्मीर, हिमालय के कुछ क्षेत्र, दिल्ली, सिक्किम, उत्तर प्रदेश का उत्तरी क्षेत्र (नोएडा), गंगा-यमुना का दोआब क्षेत्र, बिहार, महाराष्ट्र का कोयना क्षेत्र, हरियाणा (गुरुग्राम, रेवाड़ी), राजस्थान आदि।
जोन III	मध्यम तीव्रता, सामान्य क्षति, प्रबलता	केरल, गोवा, गुजरात, उत्तर प्रदेश, पश्चिम बंगाल, पंजाब के कुछ हिस्से, राजस्थान, मध्य प्रदेश, बिहार, झारखण्ड, छत्तीसगढ़, महाराष्ट्र, उड़ीसा, आन्ध्र प्रदेश, तमिलनाडु व कर्नाटक आदि।
जोन II	कम तीव्रता (6 से कम), प्रबल, न्यून क्षति	कर्नाटक, आन्ध्र प्रदेश, उड़ीसा, मध्य प्रदेश, राजस्थान आदि इसमें देश के भाग शामिल हैं।

सुनामी

- सुनामी (Tsunami) शब्द सु तथा नामी दो शब्दों से मिलकर बना है, जिसमें सु का अर्थ तीव्र तरंग तथा नामी का अर्थ बन्दरगाहों को प्रभावित करने वाली समुद्री तरंगों से होता है। स्यू-ना-मी जापानी भाषा का एक शब्द है, जिसका शाब्दिक अर्थ है—तट पर आती विशालकाय समुद्री लहरें। इनका ज्वारीय तरंगों से कोई सम्बन्ध नहीं होता है।
- इन तरंगों की उत्पत्ति भूकम्प, ज्वालामुखी एवं अन्त:समुद्री भूस्खलन तथा सागरीय तल में भ्रंशन व प्लेटों के टकराने के कारण होती है।
- यह एक दीर्घ तरंग (Long Wave) होती है, जो समुद्र तल के समानान्तर विशाल तरंगों (Giant waves) के रूप में संचरित होती है। इसका तरंगदैर्ध्य 160 किमी तक (कभी-कभी 650 किमी/घण्टा) तथा तीव्र वेग होता है।
- इन तरंगों की ऊँचाई खुले सागरों में अधिकतम 1 मी तक होती है। यह तटवर्ती उथले जल क्षेत्र में विनाशकारी हो जाती है।

डार्ट (डीप ओशेन असेसमेण्ट एण्ड रिपोर्टिंग ऑफ सुनामी)

- यह एक सामान्य प्रकार की तकनीक है, जिसके माध्यम से सुनामी का पता लगने के बाद उचित स्थानों पर त्वरित सूचनाएँ भेजी जाती हैं।
- यह एक उचित प्रबन्धन युक्ति है, जिसमें सुनामी से होने वाले प्रभाव को अल्प समय में उचित प्रबन्ध से कम किया जाता है।
- डार्ट मुख्यत: दो प्रकार के होते हैं
  (i) सोनोमीटर (Sonometer) से समुद्र के तल में आए भूकम्प की तीव्रता की जानकारी मिलती है।
  (ii) सिग्नलिंग एण्ड कम्युनिकेटिंग (Singling and Communicating) के माध्यम से सम्भावित क्षेत्रों में खतरे की चेतावनी प्रसारित की जाती है।

ज्वालामुखी

- ज्वालामुखी (Volcano) का सम्बन्ध पृथ्वी के अन्तर्जात बल से उत्पन्न होने वाले आकस्मिक संचलन से है। ज्वालामुखी एक छिद्र होता है, जिससे होकर पृथ्वी के अत्यन्त तप्त गर्म लावा, गैस, राख, जलवाष्प एवं चट्टानों के टुकड़ों से युक्त पदार्थ पृथ्वी के धरातल पर प्रकट होते हैं।
- ज्वालामुखीयता (Volcanism) में पृथ्वी के आन्तरिक भाग में लावा व गैस के उत्पन्न होने से लेकर भू-पटल के नीचे व ऊपर लावा प्रकट होने तथा उसके शीतल व ठोस होने की समस्त प्रक्रियाएँ शामिल की जाती हैं। ज्वालामुखी क्रिया में सर्वाधिक जलवाष्प निकलती है।
- ज्वालामुखी के मैग्मा में उपस्थित सिलिका की मात्रा से ज्वालामुखी की तीव्रता निर्धारित होती है; जैसे—मैग्मा में सिलिका की मात्रा अधिक होने पर ज्वालामुखी में विस्फोटक उद्गार होते हैं, जबकि सिलिका की मात्रा कम होने पर प्राय: शान्त ज्वालामुखी उद्गार होता है।

ज्वालामुखी के अंग

- ज्वालामुखी शंकु (Volcanic Cone) धरातल से निकला पदार्थ, जब ज्वालामुखी छिद्र के चारों ओर जमा होने लगता है, तो इससे ज्वालामुखी शंकु का निर्माण होता है। यह बड़ा होने पर ज्वालामुखी पर्वत बन जाता है।
- ज्वालामुखी छिद्र (Volcanic Vent) धरातल से तप्त लावा, राख आदि जिस दरार से आता है, उसे ज्वालामुखी छिद्र कहते हैं, यह ज्वालामुखी पर्वत के मध्य में होता है।
- ज्वालामुखी नली (Volcanic Pipe) ज्वालामुखी छिद्र का सम्बन्ध धरातल के नीचे भू-गर्भ से होता है, जो एक नली के रूप में होता है, उसे ज्वालामुखी नली कहते हैं, इसे निकास नलिका भी कहा जाता है।

ज्वालामुखी क्रेटर

- ज्वालामुखी शंकु के शीर्ष पर एक विदर (क्रेटर) होता है, जिसका आकार कीप जैसा होता है।
- ज्वालामुखी के शान्त होने के बाद इसमें जल एकत्रित हो जाता है, जिसे क्रेटर झील (Crater Lake) कहते हैं।
- उत्तरी सुमात्रा की टोबा झील विश्व की विशालतम क्रेटर झीलों में से एक है। भारत में महाराष्ट्र की लोनार झील क्रेटर झील का ही उदाहरण है। ज्वालामुखी के तीव्र विस्फोट से शंकु का ऊपरी भाग उड़ जाने या धँस जाने से काल्डेरा (Coldera) का निर्माण होता है।
- यह क्रेटर का ही अधिक विस्तृत रूप होता है। यूएसए का क्रेटर लेक तथा हवाई द्वीप आदि काल्डेरा के प्रमुख उदाहरण हैं। विश्व का सबसे बड़ा काल्डेरा जापान का आसो है।

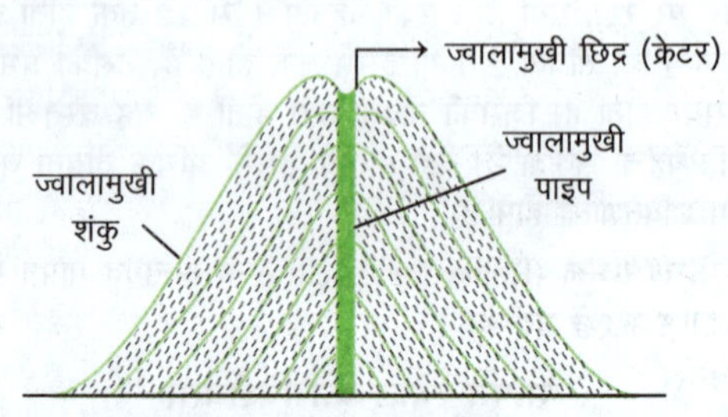

ज्वालामुखी के विभिन्न अंग

ज्वालामुखी के प्रकार

ज्वालामुखी उद्गार की प्रवृत्ति और धरातल पर विकसित आकृतियों के आधार पर ज्वालामुखी का वर्गीकरण किया जाता है।

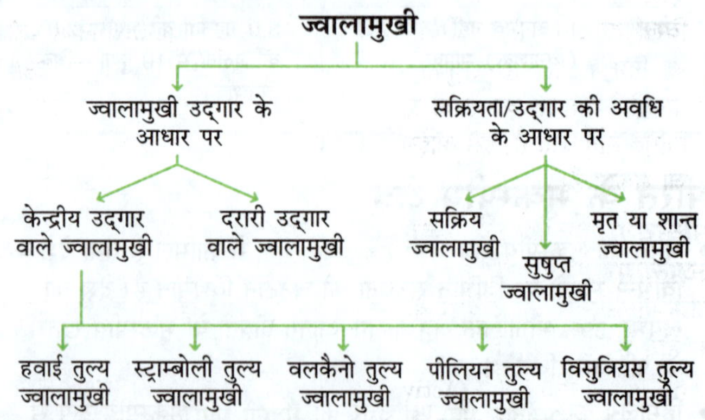

ज्वालामुखी उद्गार के आधार पर

उद्गार के आधार पर ज्वालामुखी को दो भागों में बाँटा गया है

- केन्द्रीय उद्भेदन (उद्गार) वाले ज्वालामुखी (Volcanoes of Central Eruption Type) इसमें उद्गार प्राय: एक संकरी नली या द्रोणी के सहारे एक छिद्र से होता है। इनके उद्गार में अन्तर तथा निरन्तर पदार्थों की विविधता एवं उद्गार की अवधि के अनुसार इस ज्वालामुखी को कई प्रकारों में बाँटा जाता है, जो निम्न हैं

(i) **हवाई तुल्य ज्वालामुखी** (Hawaiian Eruption) इस प्रकार के ज्वालामुखी का उद्गार शान्त ढंग से होता है, क्योंकि लावा, तरल व क्षारीय होता है तथा विस्फोट बहुत कम होता है, जिसका मुख्य कारण लावा का पतला होना तथा गैस की तीव्रता में कमी का होना पाया जाता है। हवाई द्वीप का किलायु ज्वालामुखी इसका प्रमुख उदाहरण है।

(ii) **स्ट्राम्बोली तुल्य ज्वालामुखी** (Strombolian Eruption) इस प्रकार का ज्वालामुखी हवाई तुल्य की अपेक्षा क्रम तीव्रता से प्रकट होता है। इसके लावा में अम्ल की मात्रा कम होती है। ऐसा ज्वालामुखी भूमध्य सागर में सिसली द्वीप के उत्तर में स्थित लिपारी द्वीप में स्ट्राम्बोली (Stromboli) ज्वालामुखी में है।

(iii) **वलकैनो तुल्य ज्वालामुखी** (Volcanic Eruption) इस प्रकार का ज्वालामुखी प्राय: विस्फोट एवं भयंकर उद्गार के साथ प्रकट होता है तथा इसका नामकरण भूमध्य सागर में स्थित लिपारी द्वीप के प्रसिद्ध ज्वालामुखी वलकैनो के आधार पर किया गया है। ऐसे ज्वालामुखी का आकार प्राय: फूलगोभी के रूप में होता है। इसमें मैग्मा अम्लीय से क्षारीय तक होता है।

(iv) **पीलियन तुल्य ज्वालामुखी** (Pelean Eruption) इस प्रकार का ज्वालामुखी सबसे अधिक विनाशकारी होता है तथा इनका उद्गार सबसे अधिक विस्फोटक एवं भयंकर होता है। इनसे निकला हुआ लावा अधिक चिपचिपा होता है। इनके उद्गार से पहले शंकु या गुम्बद पूर्णतया या अधिकांशत: नष्ट हो जाते हैं। क्राकाटाओ ज्वालामुखी का उद्गार जावा एवं सुमात्रा के मध्य 1883 ई. में हुआ था।

(v) **विसुवियस तुल्य ज्वालामुखी** (Vesuvian Eruption) यह ज्वालामुखी वलकैनियन प्रकार के होते हैं। इनमें अन्तर केवल इतना होता है कि गैसों की तीव्रता के कारण लावा पदार्थ आकाश में अत्यधिक ऊँचाई तक पहुँच जाता है। इसमें ज्वालामुखी बादल का आकार फूलगोभी के समान होता है।

- **दरारी उद्गार वाले ज्वालामुखी** (Fissure Eruption) इसमें लावा एक दरार या भ्रंश के सहारे शान्त रूप से निकलता है। इसमें गैस तथा विखण्डित पदार्थ की मात्रा बहुत कम होती है। इसके लावा के जमने से पठार का निर्माण होता है। संयुक्त राज्य अमेरिका का कोलम्बिया का पठार, प्रायद्वीपीय भारत का लावा प्रदेश इसी प्रकार के ज्वालामुखी उद्गार से निर्मित माने जाते हैं, इसे आइसलैण्ड तुल्य ज्वालामुखी के रूप में भी जाना जा सकता है।

सक्रियता/उद्गार की अवधि के आधार पर ज्वालामुखी के प्रकार

सक्रियता/उद्गार की अवधि के आधार पर ज्वालामुखी निम्न तीन प्रकार के होते हैं

(i) **सक्रिय ज्वालामुखी** (Active Volcanoes) इसमें प्राय: विस्फोट तथा उद्भेदन होता ही रहता है। इसका मुख सदैव खुला रहता है और समय-समय पर लावा, धुआँ तथा अन्य पदार्थ बाहर निकलते रहते हैं, जिससे शंकु का निर्माण होता है। इटली में स्थित एटना ज्वालामुखी इसका प्रमुख उदाहरण है, जोकि 2500 वर्ष से सक्रिय है। सिसली द्वीप का स्ट्राम्बोली ज्वालामुखी प्रत्येक 15 मिनट बाद फूटता है, इसे भूमध्य सागर का प्रकाश स्तम्भ कहा जाता है। विश्व का सर्वाधिक सक्रिय ज्वालामुखी किलायु (Kilauea) है, जो हवाई द्वीप में स्थित है।

सक्रिय ज्वालामुखी के प्रमुख उदाहरण निम्न हैं

- माउण्ट एटना (इटली)
- कोटोपैक्सी इक्वाडोर
- अण्डमान-निकोबार का बैरन द्वीप (भारत का एकमात्र सक्रिय ज्वालामुखी)
- माउण्ट एरेबुस (अण्टार्कटिका)
- मोना लोआ (हवाई द्वीप समूह)
- मेयोन (फिलीपीन्स)

माउण्ट मेरापी ज्वालामुखी

- इसका उद्गार वर्ष 2023 में कई बार हुआ। यह जावा द्वीप और इण्डोनेशिया की सांस्कृतिक राजधानी **याग्याकार्टा** के केन्द्र के पास है।
- यह **अग्निवलय क्षेत्र** के पास है। इसका उद्गार 2911 मी तक होता है।

(ii) **सुषुप्त ज्वालामुखी** (Dormant Volcanoes) इनमें दीर्घकाल से उद्भेदन (विस्फोट) नहीं होता है, किन्तु इसकी सम्भावनाएँ बनी रहती हैं। ये जब कभी अचानक क्रियाशील हो जाते हैं, तो जन-धन की अपार क्षति होती है। इनके मुख से गैसें तथा वाष्प निकलती हैं। **इटली का विसुवियस** ज्वालामुखी कई वर्ष तक सुषुप्त रहने के पश्चात् वर्ष 1931 में अचानक फूट पड़ा। सुषुप्त ज्वालामुखी के प्रमुख उदाहरण निम्न हैं

- जापान का फ्यूजीयामा
- अण्डमान-निकोबार का नारकोण्डम

(iii) **मृत ज्वालामुखी** (Dead or Extinct volcanoes) इस प्रकार के ज्वालामुखी में विस्फोट प्राय: समाप्त पाए जाते हैं अर्थात् इनमें हजारों वर्षों से कोई उद्भेदन नहीं हुआ है और भविष्य में भी कोई विस्फोट होने की सम्भावना नहीं होती है। इनका मुख मिट्टी, लावा आदि पदार्थों से बन्द हो जाता है और मुख का गहरा क्षेत्र कालान्तर में झील के रूप में बदल जाता है, जिसके ऊपर पेड़-पौधे उग आते हैं। म्यांमार का पोपा मृत ज्वालामुखी का प्रमुख उदाहरण है।

ज्वालामुखी क्रिया द्वारा निर्मित स्थलाकृतियाँ

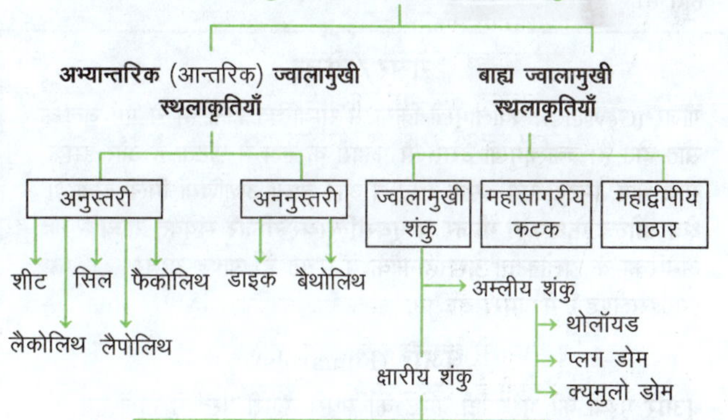

- अभ्यान्तरिक (आन्तरिक) ज्वालामुखी स्थलाकृतियाँ
  - अनुस्तरी
    - शीट
    - सिल
    - फैकोलिथ
    - लैकोलिथ
    - लैपोलिथ
  - अननुस्तरी
    - डाइक
    - बैथोलिथ
- बाह्य ज्वालामुखी स्थलाकृतियाँ
  - ज्वालामुखी शंकु
    - अम्लीय शंकु
      - थोलॉयड
      - प्लग डोम
      - क्यूमुलो डोम
    - क्षारीय शंकु
      - सिण्डर शंकु
      - कम्पोजिट शंकु
      - क्रेटर
      - काल्डेरा
      - परपोषित शंकु
  - महासागरीय कटक
  - महाद्वीपीय पठार

अभ्यान्तरिक (आन्तरिक) ज्वालामुखी स्थलाकृतियाँ

जब ज्वालामुखी उद्गार धीमी गति से होता है और चट्टानों को भेदकर बाहर नहीं आ पाता, तब ऊपर आता हुआ लावा चट्टानों की परतों के मध्य या रिक्त स्थानों में प्रवेश कर जाता है, जो वहीं ठण्डा होकर चट्टान में परिवर्तित हो जाता है। इनके आकार व गहराई के आधार पर इन्हें विभिन्न नामों से जाना जाता है, जिनका विवरण निम्नलिखित है

(i) **अनुस्तरी** (क्षैतिज रूप में निर्मित स्थलाकृतियाँ)

अनुस्तरी (Concordant) ज्वालामुखी उद्गार के फलस्वरूप लावा का जमाव क्षैतिज रूप में होता है। इसके अन्तर्गत निम्न स्थलाकृतियों का निर्माण होता है

- **शीट एवं सिल** ज्वालामुखी मैग्मा जब चट्टानों के बीच में क्षैतिज तल में चादर के रूप में ठण्डा होता है, तो यह सिल कहलाता है तथा कम मोटाई वाले जमाव को शीट कहते हैं।
- **फैकोलिथ** यह आकृति मोड़दार पर्वतों की अपनति तथा अभिनति में ज्वालामुखी लावा भर जाने से बनती है।
- **लैकोलिथ** ये गुम्बदनुमा विशाल अन्तर्वेधी चट्टानें होती हैं, जिनका तल समतल व पाइपरूपी वाहक नली से जुड़ा होता है।
- **लैपोलिथ** धरातल के नीचे जब लावा का जमाव तश्तरी के रूप में होता है, तो यह लैपोलिथ कहलाती है। लैपोलिथ मुख्यत: उल्टे गुम्बद के रूप में जमते हैं। अधिकांश लैपोलिथ संरचनाएँ दक्षिण अमेरिका में पाई जाती हैं।

(ii) **अननुस्तरी**

अननुस्तरी (Discordant) ज्वालामुखी उद्गार के फलस्वरूप लावा का जमाव परतदार चट्टानों में लम्बवत् स्वरूप में होता है। इसके अन्तर्गत निम्न स्थलाकृतियाँ शामिल हैं

- **डाइक** जब धरातल के नीचे लावा का जमाव लम्बवत् रूप में होता है, तब वह एक दीवार की भाँति संरचना बनाता है, ऐसी आकृति को **डाइक** कहा जाता है।
- **बैथोलिथ** यह ग्रीक शब्द बैथोल से बना है, जिसका शाब्दिक अर्थ गहराई की चट्टान होता है। जब मैग्मा का बड़ा पिण्ड भू-पर्पटी में अधिक गहराई पर ठण्डा हो जाता है, तब यह एक गुम्बद के आकार में विकसित हो जाता है, इन्हें **बैथोलिथ** कहा जाता है, जो मैग्मा भण्डारों के जमे हुए भाग होते हैं।

गेसर/गीजर

गीजर (Geysers), ज्वालामुखी क्रिया से सम्बन्धित होता है। ये गर्म जल के स्रोत होते हैं। ज्वालामुखी दरारों से फुहारों के रूप में फूटता है और इसके साथ भाप, मिट्टी एवं उसके रास्ते में आने वाली अशुद्धियाँ मिली होती हैं। क्षेत्र **ओल्ड फेथफुल गीजर** व **एक्सेलिसियर गीजर** संयुक्त राज्य अमेरिका के यलोस्टोन नेशनल पार्क में स्थित हैं। ग्राण्ड ग्रीजर (आइसलैण्ड) में प्रमुख है।

धुआँरे (Fumarols)

धुआँरे पृथ्वी की भू-पर्पटी क्रस्ट की सबसे ऊपरी परत में खुले हुए एक मुख को कहते हैं, जिसमें से भाप और गैसें (जैसे-कार्बन डाइऑक्साइड, सल्फर डाइऑक्साइड, हाइड्रोजन क्लोराइड व हाइड्रोजन सल्फाइड) निकलती रहती हैं। ये अक्सर ज्वालामुखी के पास मिलते हैं।

दस सहस्र धूम्र घाटी (A Valley of Ten Thousand Smoke) अलास्का के कटमाई नेशनल पार्क में अवस्थित है। धुआँरों को दूर से देखने के बाद ऐसा प्रतीत होता है कि मानों धुआँ-ही-धुआँ निकल रहा हो।

गन्धक युक्त धुँआरों को **सोलफतारा** कहते हैं। पाकिस्तान का कोह सुल्तान धुआँरा, न्यूजीलैण्ड के प्लेटी खाड़ी में स्थित ह्वाइट द्वीप (White Island) का धुँआरा प्रसिद्ध है।

बाह्य ज्वालामुखी स्थलाकृतियाँ

बाह्य ज्वालामुखी स्थलाकृतियों के अन्तर्गत ज्वालामुखी शंकु, महासागरीय कटक एवं महाद्वीपीय पठार सम्मिलित हैं, जिनका वर्णन निम्नलिखित है

- **ज्वालामुखी शंकु** (Volcanic Cones) इसका निर्माण ज्वालामुखीय उद्गार के समय निकास नलिका से निकले उत्सर्ग के निकास नली के चारों ओर शंक्वाकार रूप में लावा के जमने से होता है, जबकि इस शंकु का मध्य भाग एक गर्त के रूप में विकसित होता है। इसके अन्तर्गत क्षारीय शंकु, सिण्डर शंकु, कम्पोजिट शंकु, क्रेटर, काल्डेरा एवं परपोषित शंकु शामिल होते हैं।
- **क्षारीय या पैठिक लावा शंकु** (Alkaline Cones) जब ज्वालामुखी लावा में सिलिका की मात्रा कम हो जाती है, तब वह पतला व हल्का हो जाता है तथा दूर तक फैलकर ठण्डा हो जाता है। इस कारण कम ऊँचाई व अधिक क्षेत्रीय विस्तार वाले ज्वालामुखी शंकु का निर्माण होता है। क्षारीय लावा शंकु को **शील्ड शंकु** (Sheildcones) भी कहते हैं। इसमें हवाई तुल्य ज्वालामुखी को देखा जा सकता है, जैसे-मोना लोआ ज्वालामुखी।
- **सिण्डर शंकु** (Cinder Cones) या राख शंकु जब ज्वालामुखी निकास से बाहर हवा में उड़ा हुआ लावा शीघ्र ही ठण्डा होकर ठोस टुकड़ों में परिवर्तित हो जाता है, तो उसे **सिण्डर** कहते हैं। ये आकार में अपेक्षाकृत छोटे होते हैं। विस्फोटीय ज्वालामुखी द्वारा जमा की गई राख अथवा अंगारों से बनने वाली शंक्वाकार आकृति को सिण्डर शंकु कहते हैं।
- **मिश्रित शंकु** (Mixed Cones) ये बड़े तथा ऊँचे शंकु होते हैं, जिनका निर्माण लावा, राख तथा अन्य ज्वालामुखी पदार्थों के बारी-बारी से जमने से होता है। यह जमाव समानान्तर परतों में होता है। अत: इसे **परतदार शंकु** भी कहते हैं। इसकी ढलानों पर कई छोटे-छोटे शंकु बन जाते हैं, जिन्हें **परजीवी शंकु** कहा जाता है। इटली का स्ट्रॉम्बोली मिश्रित शंकु का प्रमुख उदाहरण है।
- **कम्पोजिट शंकु** (Composite Cones) इसमें लावा तथा विखण्डित पदार्थों की एक एकान्तर परतें निर्मित होती हैं, जिसमें लावा विखण्डित पदार्थों के संगठन में संयोजक तत्त्व जैसा कार्य करता है। इसके कुछ प्रमुख उदाहरण इटली का स्ट्राम्बोली, जापान का फ्यूजीयामा, फिलीपीन्स का मेयॉन तथा संयुक्त राज्य अमेरिका का रेनियर हुड एवं शस्ता हैं।
- **क्रेटर एवं काल्डेरा शंकु** (Crater-Coldera Cones) ज्वालामुखी शंकु के ऊपरी या शीर्ष भाग पर धँसाव से विस्फोट से बड़ा गड्ढा (गर्त) बन जाता है। यह कीप के आकार वाला गड्ढा ही विवर या क्रेटर कहलाता है।
- यह प्राय: वृत्ताकार होता है एवं इसका व्यास लगभग 800 मी तक एवं गहराई 150 मी से 900 मी तक होती है। शान्त ज्वालामुखी के मुँह या क्रेटर में पानी भर जाने से बनी झील को क्रेटर झील कहते हैं।

क्रेटर

- ऑरीगन (अमेरिका), लोनार (महाराष्ट्र), टोबा (इण्डोनेशिया) प्रसिद्ध क्रेटर झीलों में से एक हैं। जब ज्वालामुखी का ऊपरी भाग विस्फोट से निकल जाए अथवा निमज्जन या धँसाव के प्रभाव से विशाल क्रेटर बन जाए, तो उसे काल्डेरा कहते हैं। आसो जापान का विशालतम काल्डेरा है।
- कभी-कभी एक मुख्य क्रेटर में कई क्रेटर का निर्माण हो जाता है, तो ऐसे क्रेटर को घोंसलादार क्रेटर (Nested Crator) कहते हैं, जैसे-फिलीपीन्स के माउण्ट ताल में तीन क्रेटर।

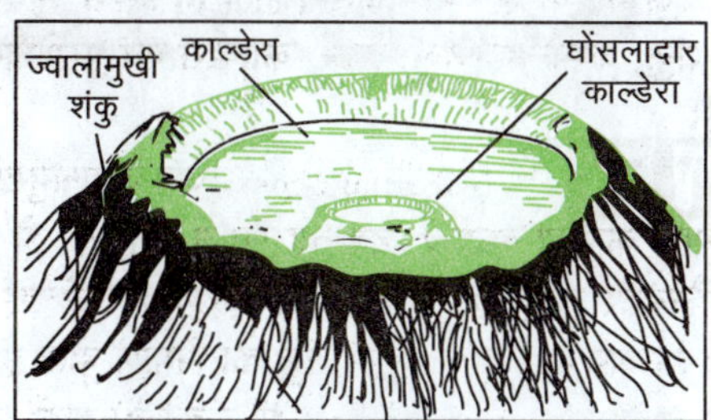

काल्डेरा

- परिपोषित या आश्रित शंकु (Shield Cones) इसे पराश्रिक शंकु भी कहते हैं, क्योंकि इसका विकास ज्वालामुखी के मुख्य नली के बन्द हो जाने से या अन्य कारणों से मुख्य शंकु के ढाल पर अन्य मार्ग से लावा प्रवाह होने पर नवीन शंकु बनने से होता है। संयुक्त राज्य अमेरिका का शस्तिना शंकु, माउण्ट शस्ता का एक परिपोषित शंकु ही है।
- अम्लीय शंकु (Acidic Cones) इस प्रकार के शंकु का निर्माण उस समय होता है, जब ज्वालामुखी लावा में सिलिका की मात्रा अधिक होती है, जिससे वह चिपचिपा एवं लसदार हो जाता है।

ज्वालामुखी प्लगडोम

- लावा गुम्बद प्राय: शील्ड शंकु का ही रूप होता है। इसमें अन्तर केवल इतना ही होता है कि यह शंकु से विस्तृत होता है। इसका ढाल अधिक होता है। लावा गुम्बद का निर्माण ज्वालामुखी छिद्र के चारों ओर लावा के जमाव से होता है।
- इसका मैग्मा अत्यधिक अम्लीय एवं सिलिका युक्त होता है। जब ज्वालामुखी शंकु का विवर ज्वालामुखी लावा से भर जाता है, तो इसे ज्वालामुखी प्लग या लावा डॉट कहा जाता है तथा नलिका में जमी लावा पट्टी को ज्वालामुखी ग्रीवा (Volcanic plug) के नाम से भी जाना जाता है। इन दोनों स्थलों को समेकित रूप से डायट्रेम कहा जाता है।
- **कुमुलो डोम** उस आकृति को कुमुलो डोम कहते हैं, जिसमें अम्लीय मैग्मा सतह के ऊपर गुम्बद के आकार में जम जाता है।
- **थोलॉयड** जब अम्लीय मैग्मा शंकु के रूप में किसी काल्डेरा में जम जाता है, तो इस प्रकार बनी आकृति को थोलॉयड की संज्ञा दी जाती है।

ज्वालामुखी का विश्व वितरण

- परिप्रशान्त पेटी (Circum Pacific Belt) यहाँ विनाशकारी प्लेट किनारों के सहारे ज्वालामुखी उद्‌गार होता है। विश्व के लगभग 2/3 ज्वालामुखी प्रशान्त महासागर के दोनों तटीय भागों, द्वीपों एवं समुद्री द्वीपों के सहारे आते हैं। इसे प्रशान्त महासागर का अग्नि वलय (Ring of fire of the Pacific Ocean) कहा जाता है। यह मेखला या पेटी अण्टार्कटिका के माउण्ट इरेबस से प्रारम्भ होकर एण्डीज पर्वतमाला (दक्षिण अमेरिका) रॉकी पर्वतमाला (उत्तरी अमेरिका) का अनुसरण करते हुए अलास्का, पूर्वी रूस, जापान, फिलीपीन्स आदि द्वीपों से होते हुए मध्य महाद्वीपीय पेटी में मिल जाती है।
- मध्य महाद्वीपीय पेटी (Mid Continental Belt) यह यूरोप तथा एशिया के मध्यवर्ती भागों में आल्पस तथा हिमालय पर्वत के साथ-साथ पूर्व-पश्चिम में फैली है। यहाँ ज्वालामुखी विनाशकारी प्लेट के सहारे आते हैं। यहाँ यूरेशियन, अफ्रीकन व इण्डियन प्लेट का अभिसरण होता है।
- भूमध्यसागर के स्ट्राम्बोली, विसुवियस, एटना तथा ईरान के देमबन्द, आर्मेनिया का आरारात ज्वालामुखी, इस पेटी में हैं।
- मध्य अटलाण्टिक मेखला (Mid Atlantic Belt) इस पेटी को मध्य महासागरीय कटक भी कहा जाता है। यहाँ ज्वालामुखी रचनात्मक प्लेट के किनारे मिलता है। यहाँ प्लेटों के अपसरण के कारण दरार या भ्रंशन तथा नवीन क्रस्ट का निर्माण होता है। यहाँ पेरिडोटाइट तथा बेसाल्ट मैग्मा ऊपर उठता है।
- आइसलैण्ड इस पेटी का सबसे महत्त्वपूर्ण क्षेत्र है, जहाँ लाकी, हेकला एवं हेल्गाफेल का उद्‌गार होता है। यहाँ एण्टलीज (दक्षिण अटलाण्टिक महासागर) तथा एजोर्स व सेण्ट हेलना (उत्तरी-अटलाण्टिक महासागर) के प्रमुख ज्वालामुखी हैं।
- अन्तरा प्लेट ज्वालामुखी (Intra Plate Volcano) महासागरीय या महाद्वीपीय प्लेट के आन्तरिक भागों में भी ज्वालामुखी देखे गए हैं। इन्हें सूक्ष्म प्लेट गतिविधि एवं गर्म स्थल (hot plums) से समझा जा सकता है। इसमें पूर्वी अफ्रीका के भ्रंश घाटी के भूकम्पीय क्षेत्र शामिल हैं। यहाँ ज्वालामुखी उद्‌गार दरारी उद्‌भेदन से होता है; जैसे—कोलम्बिया पठार, भारतीय प्रायद्वीपीय पठार, ब्राजील एवं पराग्वे के पराना पठार का निर्माण आदि।

विश्व के प्रमुख ज्वालामुखी

नाम	देश	नाम	देश
ओजोस डेल सलाडो	अर्जेण्टीना-चिली	देमबन्द (शान्त)	ईरान
कोटोपैक्सी (सक्रिय)	इक्वाडोर	कोह-ए-सुल्तान (शान्त)	पाकिस्तान
मोनालोआ (सक्रिय)	हवाई द्वीप	माउण्ट एल्बुर्ज	जॉर्जिया
माउण्ट कैमरून (सक्रिय)	कैमरून (अफ्रीका)	किलिमंजारो	तंजानिया
माउण्ट इरेबस (सक्रिय)	रॉस (अण्टार्कटिका)	माउण्ट कीनिया	कीनिया
माउण्ट हेक्ला	आइसलैण्ड	माउण्ट मेयॉन	फिलीपीन्स
विसुवियस (प्रसुप्त)	नेपल्स की खाड़ी (इटली)	सेण्ट हेलेना	संयुक्त राज्य अमेरिका
स्ट्राम्बोली (सक्रिय)	लिपारी द्वीप (भूमध्य सागर)	पोपा (शान्त)	म्यांमार
क्राकातोआ (प्रसुप्त)	इण्डोनेशिया	चिल्लन (सक्रिय)	चिली
चिम्बोरोजो	इक्वाडोर	माउण्ट बेकर (सक्रिय)	कॉस्केड श्रेणी (यूएसए)
माउण्ट रूहापेहू (सक्रिय)	न्यूजीलैण्ड	व्रेनोल पर्वत (सक्रिय)	अलास्का (संयुक्त राज्य अमेरिका)
हंवला (सक्रिय)	आइसलैण्ड	पोरक (सक्रिय)	मैक्सिको
विल्लारीका (सक्रिय)	चिली	असामा (सक्रिय)	जापान
फ्यूजीयामा (प्रसुप्त)	जापान	माउण्ट रैनियर	यूएसए
माउण्ट ताल	फिलीपीन्स	पैरिकूटिन	मैक्सिको

> पृथ्वी के समस्त भूपटल के लगभग 26% भाग पर पर्वत एवं पहाड़ियों का विस्तार है, जो भू-पर्पटी के द्वितीय श्रेणी के उच्चावच हैं।

अध्याय ग्यारह

भू-पटल के विभिन्न उच्चावच

विश्व के प्रमुख उच्चावच

पर्वत

- सामान्यत: धरातल पर ऊँची स्थलाकृतियों को पर्वत (Mountain) कहा जाता है तथा उससे कम ऊँचाई वाले पर्वत को पहाड़ी कहा जाता है।
- देश में साधारणत: 900 मी से अधिक ऊँचाई वाले क्षेत्र को पर्वत कहा जाता है।
- पर्वत वह क्षेत्र होता है, जिसकी ऊँचाई समुद्र की सतह से 1000 मी से अधिक हो और उस क्षेत्र में सापेक्ष ऊँचाई भी अधिक हो। ये द्वितीय श्रेणी के उच्चावच हैं, जिनका पार्श्व ढाल तीव्र एवं शिखर क्षेत्र संकुचित होते हैं।
- धरातल पर आकार एवं स्वरूप की भिन्नता के आधार पर विभिन्न प्रकार की पर्वतीय स्थलाकृतियाँ पाई जाती हैं, जो इस प्रकार हैं
  - पहाड़ी (Hills) कम क्षेत्रीय विस्तार तथा 1000 मी से कम ऊँचा भू-दृश्य।
  - पर्वत शिखर (Peak) पर्वत या पहाड़ी की चोटी या सर्वोच्च भाग; जैसे- माउण्ट एवरेस्ट।
  - पर्वत श्रेणी (Mountain Range) एक ही काल में निर्मित एवं संकरी पेटी में विस्तृत पहाड़ियों का क्रम; जैसे-हिमालय।
  - पर्वत श्रृंखला (Mountain Chain) भिन्न-भिन्न कालों में निर्मित विभिन्न समानान्तर पर्वत श्रेणियाँ; जैसे-अप्लेशियन, रॉकीज पर्वत श्रृंखला आदि।
  - पर्वत समूह (Mountain Group) पर्वत तन्त्रों का समूह, जिसमें अनेक युगों के पर्वत एवं पहाड़ियाँ शामिल होती हैं।
  - कॉर्डिलेरा (Cordillera) इसमें अनेक पर्वत समूह तथा पर्वत तन्त्र शामिल होते है; जैसे-रॉकी श्रेणी कार्डिलेरा (उत्तरी अमेरिका का प्रशान्त तटीय पर्वतीय भाग)।
  - पर्वत कटक (Mountain Ridge) संकीर्ण एवं ऊँची पहाड़ियों के क्रमबद्ध स्वरूप।
- पर्वतों की उत्पत्ति, भू-संचलन, ज्वालामुखी आदि क्रियाओं के प्रतिफल से हुई है। अत: इसे निम्न आधारों पर वर्गीकृत किया जाता है

पर्वतों का वर्गीकरण

- उत्पत्ति/निर्माण प्रक्रिया के आधार पर
  - वलित पर्वत → ब्लॉक पर्वत → गुम्बदाकार पर्वत → ज्वालामुखी पर्वत → मिश्रित पर्वत → अवशिष्ट पर्वत
- निर्माणकारी घटनाओं एवं काल के आधार पर
  - प्री-कैम्ब्रियन या कैम्ब्रियन युग से पूर्व के पर्वत → कैलिडोनियन पर्वत → हर्सीनियन पर्वत → अल्पाइन पर्वत
- ऊँचाई के आधार पर
  - निम्न या निचले पर्वत → रूक्ष पर्वत या कम ऊँचे पर्वत। → ऊँचे पर्वत

उत्पत्ति / निर्माण प्रक्रिया के आधार पर पर्वत

उत्पत्ति/निर्माण प्रक्रिया के आधार पर पर्वतों के निम्न प्रकार हैं

- ब्लॉक पर्वत (Block Mountain) इसे अवरोधी पर्वत भी कहा जाता है। इन पर्वतों का निर्माण तनाव या खिंचाव की शक्तियों के द्वारा होता है। खिंचाव के कारण धरातलीय भागों में दरारें या भ्रंश पड़ जाती हैं, जिसके कारण धरातल का कुछ भाग ऊपर उठ जाता है और कुछ भाग नीचे धँस जाता है।
- इस प्रकार दरारों के समीप ऊँचे उठे भाग को ब्लॉक पर्वत या भ्रंशोत्थ पर्वत भी कहा जाता है।
- सतपुड़ा पर्वत, एक ब्लॉक पर्वत है, इसके अतिरिक्त सियेरा नेवादा (Sierra Nevada) (कैलिफोर्निया, विश्व का सबसे अधिक विस्तृत ब्लॉक पर्वत), यूरोप का वास्जेस तथा ब्लैक फॉरेस्ट, पाकिस्तान का साल्ट रेंज इत्यादि प्रमुख ब्लॉक पर्वत हैं। राइन भू-भ्रंश घाटी का निर्माण धँसाव के कारण हुआ है।
- वलित पर्वत (Fold Mountain) जब चट्टानों में पृथ्वी की आन्तरिक शक्तियों द्वारा मोड़ या वलन पड़ जाता है, तो उस निर्मित पर्वत को

वलित या मोड़दार पर्वत कहते हैं। ये पर्वत विश्व के सबसे ऊँचे तथा सर्वाधिक विस्तृत पर्वत हैं, जिनका विस्तार प्राय: प्रत्येक महाद्वीप में पाया जाता है। ये लहरदार होते हैं।

- ये पर्वत महाद्वीपीय किनारों पर उत्तर से दक्षिण या पश्चिम से पूर्व दोनों दिशाओं में पाए जाते हैं। हिमालय, रॉकीज, आल्प्स, एण्डीज, अल्पाइन पर्वत समूह आदि प्रमुख वलित पर्वत हैं।
- ज्वालामुखी पर्वत (Volcanic Mountain) धरातल के ऊपर मिट्टी, मलबा, लावा इत्यादि के निरन्तर जमा होने से निर्मित पर्वतों को संगृहीत पर्वत कहते हैं। ज्वालामुखी उद्‌गार से विस्तृत लावा, विखण्डित पदार्थ तथा राख चूर्ण आदि के क्रमबद्ध अथवा सम्बद्ध संग्रह के फलस्वरूप संगृहीत पर्वतों का निर्माण होता है।
- इन्हें ज्वालामुखी पर्वत भी कहा जाता है। पश्चिमी संयुक्त राज्य अमेरिका के हुड तथा रेनियर, फिलीपीन्स के मेयान तथा जापान के फ्यूजीयामा और कोटोपैक्सी (इक्वेडोर) इसके प्रमुख उदाहरण हैं।
- अवशिष्ट पर्वत (Residual/Reliet Mountain) इन पर्वतों का निर्माण अपरदन की शक्तियों द्वारा होता है, जिस कारण ये मूल चट्टानों से परिवर्तित होकर घर्षित या अवशिष्ट पर्वत के रूप में बदल जाते हैं। इनके मूल रूप में परिवर्तन नदी, हिमनद, वायु, तुषार आदि के प्रभाव से हो सकता है। भारत के अरावली, विन्ध्याचल, सतपुड़ा, महादेव, पश्चिमी घाट, पूर्वी घाट पहाड़, पारसनाथ आदि प्रमुख अवशिष्ट पर्वत हैं।
- गुम्बदाकार पर्वत (Dome Mountain) जब पृथ्वी के धरातलीय भाग में चाप (Arch) के आकार में उभरने से धरातलीय भाग ऊपर उठ जाता है, तो उसे गुम्बदाकार या गुम्बदनुमा पर्वत कहते हैं। गुम्बद का ऊपरी भाग गोलाकार होता है। जब धरातलीय भाग में उभार नगण्य हो जाता है, तो यह पठार या मैदान का रूप धारण कर लेता है। कनाडा में स्थित ब्लैकडॉम माउण्टेन, संयुक्त राज्य अमेरिका के सिनसिनाती उभार, ब्लैक हिल्स, बिगहार्न्स, हेनरी पर्वत आदि गुम्बदाकार पर्वत के प्रमुख उदाहरण हैं।
- मिश्रित पर्वत या जटिल पर्वत (Complex Mountain) जब किसी पर्वत की संरचना में अनेक जटिलताएँ पाई जाती हैं या जब अनेक प्रकार की संरचनाएँ एक-दूसरे से मिलकर विविध रूप धारण कर लेती हैं, तो ऐसे पर्वत को जटिल पर्वत कहा जाता है।
- संयुक्त राज्य अमेरिका के योसेमाइट प्रदेश का सियेरा नेवादा पर्वत आग्नेय निर्मित प्रमुख मिश्रित पर्वत है। वहीं न्यू हैम्पशायर का ह्वाइट पर्वत (White Mountain) तथा एनाकोण्डा (यू.एस.ए.) रूपान्तरित चट्टानों से निर्मित प्रमुख मिश्रित पर्वत हैं।

नोट *ब्लैक हिल, ब्लू हिल तथा ग्रीन हिल पहाड़ियाँ संयुक्त राज्य अमेरिका में स्थित हैं।*

ऊँचाई के आधार पर पर्वत

ऊँचाई के आधार पर पर्वतों को चार वर्गों में विभाजित किया जाता है

- निम्न या निचले पर्वत (Low Mountain) इन पर्वतों की ऊँचाई 700 से 1000 मी के बीच होती है। विश्व के अधिकांश पर्वत इस श्रेणी में आते हैं। विन्ध्याचल पर्वत इसका प्रमुख उदाहरण है।
- रूक्ष पर्वत या कम ऊँचे पर्वत (Rough Mountain) इन पर्वतों की ऊँचाई 1000 से 1500 मी तक होती है।
- घर्षित पर्वत (Rugged Mountain) इन पर्वतों की ऊँचाई 1500 से 2000 मी तक होती है। अप्लेशियन, अरावली तथा पश्चिमी घाट इसके प्रमुख उदाहरण हैं।
- ऊँचे पर्वत (High Mountain) इन पर्वतों की ऊँचाई 2000 मी से अधिक होती है। इनके प्रमुख उदाहरण क्रमश: रॉकीज, एण्डीज, आल्पस, हिमालय आदि पर्वत हैं।

स्थिति के आधार पर पर्वत

पर्वतों का विस्तार स्थलीय तथा सागरीय दोनों भागों में पाया जाता है, इस आधार पर पर्वतों को दो वर्गों में रखा जाता है

- स्थल स्थित पर्वत (Continental Mountains) स्थल स्थित पर्वतों को निम्न भागों में बाँटा जाता है
  - तटीय पर्वत (Coastal Mountain) इस प्रकार के पर्वत महाद्वीपों के किनारे पर महासागरों के समान्तर पाए जाते हैं; जैसे—उत्तरी अमेरिका (उत्तरी भाग में) का रॉकीज पर्वत, यूरोप (दक्षिणी भाग में) का अल्पाइन पर्वत समूह आदि।
  - आन्तरिक पर्वत (Inland Mountain) इस प्रकार के पर्वत महाद्वीपीय तटों से दूर स्थल के आन्तरिक भागों में पाए जाते हैं, इनका निर्माण आन्तरिक भूसन्नति से हुआ होता है। यूराल पर्वत, वास्जेस, ब्लैक फॉरेस्ट आदि इसके प्रमुख उदाहरण हैं।
- सागर स्थित पर्वत (Oceanic Mountain) इन पर्वतों का विस्तार सागर द्रोणियों तथा महाद्वीपीय मग्नतटों (यह समुद्र का उथला क्षेत्र होता है, जहाँ विश्व के प्रमुख मत्स्यन क्षेत्र अवस्थित हैं।) में पाया जाता है।
- इसके अन्तर्गत कुछ पर्वत सागर जल के नीचे तथा कुछ सागर तल के बाहर पाए जाते हैं। उदाहरणस्वरूप-हवाई द्वीप का मौनाकी का ज्वालामुखी पर्वत (सागरतल से 4200 मी ऊँचाई) तथा एण्टीलियन पर्वत समूह (सागरतल से 3000 मी ऊँचाई) प्रमुख हैं।

पर्वत निर्माण सम्बन्धी सिद्धान्त

सिद्धान्त	प्रतिपादक विद्वान
• पर्वत निर्माणक भू-सन्नति का सिद्धान्त	कोबर
• तापीय संकुचन सिद्धान्त	जेफ्रीज
• महाद्वीपीय फिसलन सिद्धान्त	डेली
• महाद्वीपीय विस्थापन सिद्धान्त	वेगनर
• संवहन तरंग सिद्धान्त	होम्स
• रेडियो एक्टिविटी सिद्धान्त	जोली
• प्लेट विवर्तनिकी सिद्धान्त	हैरीहेस, मैकेंजी, पार्कर, मोर्गन

भू-सन्नति

- विश्व के प्राचीन तथा नवीन वलित पर्वतों का निर्माण भू-सन्नतियों (Georyncline) से हुआ है। भू-सन्नतियाँ लम्बी, संकरी तथा उथले जलीय भाग होती हैं, जिनमें अवसादी निक्षेप के साथ साथ तली में धँसाव होता है।
- इसका निर्माण प्राय: दो दृढ़ भूखण्डों के मध्य होता है। इसके तटीय भागों को अग्रदेश (foreland) कहते है।
- रॉकी भू-सन्नति, यूराल भू-सन्नति तथा टेथिस भू-सन्नति से क्रमश: रॉकी, यूराल तथा हिमालय पर्वत की उत्पत्ति हुई।
- इस कारण से कोबर ने अपने पर्वत के निर्माणकारी सिद्धान्त में भू-सन्नतियों को पर्वतों का पालना (Cardle of Mountain) कहा है।

विश्व के प्रमुख पर्वत एवं पर्वत श्रेणियाँ

नाम	स्थिति	सर्वोच्च बिन्दु चोटी	नाम	स्थिति	सर्वोच्च बिन्दु चोटी
एण्डीज	दक्षिण-पश्चिमी अमेरिका	एकांकागुआ	जैग्रोस	ईरान	जाड कुह
रॉकी	उत्तरी-पश्चिमी अमेरिका	माउण्ट एल्बर्ट	एल्बुर्ज	ईरान	देमाबन्द
हिमालय, कराकोरम, हिन्दूकुश	दक्षिणी-मध्य एशिया	माउण्ट एवरेस्ट	स्कैण्डिनेवियन	पश्चिमी नॉर्वे	गैलढोपिजेन
ग्रेट डिवाइडिंग रेंज	पूर्वी ऑस्ट्रेलिया	कोस्यूस्को	पश्चिमी सियरा माद्रे	मैक्सिको	नेवाडो डि कोलिमा
ट्रांस अण्टार्कटिका	अण्टार्कटिका	माउण्ट विन्सन मैसिफ	ड्रेकन्सबर्ग	दक्षिण-पूर्वी अफ्रीका	दवानाएण्टलेन्याना
तिएनशान	दक्षिणी-मध्य एशिया	पीके पोवेडा	काकेशस	रूस	एलब्रुश (पश्चिमी चोटी)
अल्ताई पर्वत	मध्य एशिया	गोरा वेलुखा	अलास्का	अलास्का	माउण्ट मैकिन्ले
यूराल	मध्य रूस	गोरा नैरोड्नाया	कास्केड	संयुक्त राज्य अमेरिका, कनाडा	माउण्ट रेनियर
कमचटका स्थित श्रेणी	पूर्वी रूस	क्ल्यूचेव्सकाया सोपका	एपेनाइन	इटली	कोर्नो ग्रैण्डे
एटलस	उत्तर-पश्चिमी अफ्रीका	जेबेल टाउब्काल	अप्लेशियन्स	पूर्वी संयुक्त राज्य अमेरिका, कनाडा	माउण्ट मिचेल
बर्खोयांस्क	पूर्वी रूस	गोरा मास खाया	आल्प्स	मध्यवर्ती यूरोप	माउण्ट ब्लैंक
पश्चिमी घाट	पश्चिमी भारत	अनाइमुडी	सियरा माद्रे डेल सुर	मैक्सिको	टियोटेपेक
सियरा माद्रे ओरिएण्टल	मैक्सिको	ओरीजावा			

विश्व के महत्त्वपूर्ण वलित पर्वत, संरेखण व प्रभाव

हिमालय	विस्तार	चाप के आकार में पश्चिम से पूर्व में विस्तृत
	प्रभाव	मानसूनी पवनों के अवरोधक के रूप में कार्य करने से दक्षिण में वर्षा तथा उत्तर की ओर वृष्टिछाया प्रदेश का निर्माण और साइबेरिया शीत लहरों से भारतीय उपमहाद्वीप की रक्षा आदि।
आल्पस	विस्तार	पश्चिम से पूर्व दिशा में विस्तृत
	प्रभाव	दक्षिणी यूरोप एवं यूरेशिया क्षेत्र में वर्षण प्रतिरूप को प्रभावित करना, पवनों के संचरण को प्रभावित करना, चरागाह पशुओं तथा अंगूरों को शीघ्र पकाने में सहायक।
एण्डीज	विस्तार	दक्षिण अमेरिका में उत्तर से दक्षिण दिशा में विस्तृत
	प्रभाव	व्यापारिक तथा पछुआ पवनों को रोककर वर्षा कराने में सहायक, वृष्टिछाया प्रदेश के मरुस्थल का निर्माण तथा पम्पास मैदानों के निर्माण में सहायक आदि।
रॉकीज	विस्तार	उत्तरी अमेरिका में उत्तर-दक्षिण दिशा में विस्तृत
	प्रभाव	पवनामुखी ढाल पर वर्षा कराने और पवनाविमुख क्षेत्र पर मरुस्थल दशाओं का निर्माण तथा चरागाहों के लिए सहायक आदि।
अन्य पर्वत	विस्तार	एटलस, अप्लेशियन, यूराल, पश्चिमी घाट, (भारत) ग्रेट डिवाइडिंग रेंज आदि।
	प्रभाव	वैश्विक व स्थानीय जलवायु तथा लोगों की जीवन-शैली पर प्रभाव तथा वनस्पति एवं जैव-विविधता का संरक्षण आदि।

पठार

- ये द्वितीय श्रेणी के उच्चावच हैं। पठार (Plateau) का विस्तार समस्त भू-पटल के लगभग 33% भाग पर है। इन पर विश्व की लगभग 9% जनसंख्या निवास करती है। ये अपने समीपवर्ती भू-भाग से ऊँचे होते हैं। इनके शिखर सपाट, मेजनुमा व आधार अत्यधिक चौड़े तथा ढाल मन्द-मन्द होते हैं।
- इनकी प्रमुख विशेषता शिखर का सपाट होना, मोड़ों का अभाव होना तथा क्षैतिज रूप में व्यवस्थित होना है। कुछ पठार मैदानों से नीचे (पीडमाण्ट पठार, यूएसए) तथा कुछ पर्वतों से भी ऊँचे (तिब्बत का पठार 4875 मी) हो सकते हैं।
- इनका निर्माण भू-गर्भिक हलचलों के फलस्वरूप भू-भाग के नीचे धँसने या ऊपर उठने, ज्वालामुखी के लावा प्रवाह के वलन से अप्रभावित रहने एवं अनाच्छादन के फलस्वरूप पर्वतों के अपरदित होने तथा पवनों के द्वारा मिट्टियों के निक्षेपण आदि से होता है।

पठारों का वर्गीकरण

पठारों का वर्गीकरण विभिन्न आधारों पर किया जाता है

उत्पत्ति के आधार पर वर्गीकरण

उत्पत्ति के आधार पर पठारों का वर्गीकरण निम्न प्रकार है

- **अन्तर पर्वतीय पठार** (Intermountance Plateau) ये पठार अंशत: या पूर्णत: पर्वतों से घिरे होते हैं। तिब्बत का पठार, बोलीविया का पठार, पेरु का पठार, ईरान का पठार, कोलम्बिया का पठार, मैक्सिको का पठार आदि इसके प्रमुख उदाहरण हैं। ये पठार पर्वत निर्माण के समय ही बने थे। पर्वत शृंखलाओं के मध्यस्थ इन क्षेत्रों का उत्थान भी भू-संचरणों के साथ हुआ था।

विश्व का सबसे ऊँचा तथा सबसे बड़ा तिब्बत का पठार/चेंगतांग प्रमुख है, जो उत्तर में क्यूनलून व दक्षिण में हिमालय पर्वत से घिरा है।

- **महाद्वीपीय पठार** (Continental Plateau) ये पठार आस-पास की निम्न भूमि अथवा समुद्र तल से सीधे उठे हुए होते हैं। इनका उत्थान महाद्वीप-निर्माणकारी ऊर्ध्वाधर भू-संचरण के द्वारा हुआ है। इन पठारों की ऊँचाई 600 से 1500 मी तक होती है। ये सामान्यत: पर्वतीय भागों से दूर, किन्तु सागरीय तटों या मैदानों से घिरे होते हैं। इनकी उत्पत्ति प्राय: लावा के निक्षेप व धरातल के ऊपर उठने से होती है।
- ब्राजील का पठार, दक्षिणी अफ्रीका का पठार, पश्चिमी ऑस्ट्रेलिया का पठार, छोटानागपुर का पठार तथा शिलांग पठार इसके प्रमुख उदाहरण हैं। इन पठारों को शील्ड तथा संचयित पठार के नाम से भी जाना जाता है; जैसे-साइबेरिया शील्ड, कनाडियन शील्ड, ब्राजील शील्ड आदि।
- **पर्वतपदीय/गिरिपदीय पठार** (Piedmont Plateau) ये पठार एक ओर उच्च पर्वतों से तथा दूसरी ओर सागर या मैदान से घिरे होते हैं अर्थात् पर्वतों के आधार पर स्थित पठार को गिरिपदीय पठार कहते हैं।

अर्जेण्टीना में पैटागोनिया का पठार, संयुक्त राज्य अमेरिका के अप्लेशियन पठार, पीडमाण्ट पठार तथा भारत का शिलांग पठार इस प्रकार के पठार के प्रमुख उदाहरण हैं।

- **ज्वालामुखी पठार** (Volcanic Plateau) ये पठार ज्वालामुखी उद्गार से नि:सृत लावा के जमाव से निर्मित होते हैं। दरारी उद्भेदन इनकी उत्पत्ति का मुख्य कारण है। भारत के दक्कन का पठार, अमेरिका का कोलम्बिया पठार, दक्षिण अमेरिका का पैटागोनिया पठार आदि इसके प्रमुख उदाहरण हैं।
- **गुम्बदाकार पठार** (Domed Plateau) ये ज्वालामुखी या वलन क्रिया द्वारा निर्मित पठार है, जिनके बीच का भाग ऊँचा तथा किनारे गोलाकार होते हैं; जैसे– छोटानागपुर तथा रामगढ़ का पठार (भारत), ओजार्क पठार (यूएसए) आदि।

अपरदन चक्र के आधार पर पठारों का वर्गीकरण

पठार	विवरण
तरुण पठार	इन पठारों पर अपरदन की क्रिया अधिक सक्रिय तथा चट्टानों की संरचना क्षैतिज होती है। यूएसए का कोलोरेडो पठार तथा इदाहो पठार इसके प्रमुख उदाहरण हैं।
प्रौढ़ पठार	इन पठारों की सतह ऊबड़-खाबड़ एवं असमान होती है। इन्हें पहाड़ भी कहा जाता है; जैसे– अप्लेशियन पठार (यूएसए)
जीर्ण पठार	ये पठार अत्यधिक अपरदन के कारण घिसकर एक पैनीप्लेन के रूप में पाए जाते हैं। उच्चावच के अवशिष्ट भाग मेसा तथा बुटी के रूप में दिखाई देते है। मेसा जीर्ण पठार का प्रमुख लक्षण है। मध्य राँची का पठार इसका प्रमुख उदाहरण है।
पुनर्युवनित पठार	ऐसे पठार, जो जीर्णावस्था की प्राप्ति के बाद पुन: उभार के कारण अधिक ऊँचाई प्राप्त कर लेते हैं, तब निर्मित होते हैं; जैसे-मिसौरी पठार (यूएसए) तथा राँची का पाट पठार (भारत) आदि।

निर्माण की प्रक्रिया के अनुसार वर्गीकरण

निर्माण की प्रक्रिया के अनुसार पठारों को दो भागों में बाँटा गया है

- **अन्तर्जात शक्तियों द्वारा उत्पन्न पठार** अन्तर्जात शक्तियों द्वारा उत्पन्न पठार निम्नलिखित हैं
  - **पटलविरूपणी पठार** (Diastrophic Plateau) भू-संचलन द्वारा भू-पृष्ठ का कुछ भाग ऊपर उठकर जब पठारों का रूप धारण कर लेता है, तो उसे पटलविरूपणी पठार कहते हैं; जैसे—तिब्बत का पठार, पैटागोनिया का पठार, दक्षिणी भारत का पठार आदि।
  - **लावा पठार** (Lava Plateau) इनका निर्माण बेसाल्ट लावा के निक्षेपण से होता है। इनका रंग काला होता है; जैसे—दक्कन का पठार, कोलम्बिया का पठार आदि।
- **बहिर्जात शक्तियों द्वारा उत्पन्न पठार** बहिर्जात शक्तियों द्वारा उत्पन्न पठार निम्नलिखित हैं
  - **हिमानीकृत पठार** (Erosional Process of Glaciers) विस्तृत हिमानी पर्वतीय भागों को अपने अपरदन कार्य द्वारा घिसकर सपाट पठार का निर्माण करती है; जैसे—अण्टार्कटिका, ग्रीनलैण्ड, भारत का गढ़वाल पठार आदि। कभी-कभी हिमानी के निक्षेप से भी पठार का निर्माण होता है; जैसे—कश्मीर में मर्ग (चरीस) की रचना हिमोढ़ों (Moraines) के निक्षेप से हुई है।
  - **जल द्वारा निर्मित पठार** (Erosional Process) नदियों द्वारा तलछट के निक्षेप द्वारा स्थलखण्ड ऊँचा होता रहता है और कभी-कभी निक्षेपित क्षेत्र भू-संचलन द्वारा ऊपर उठकर पठार में परिवर्तित हो जाता है; जैसे—चेरापूँजी, मैसूर, राँची, विन्ध्यन आदि का पठार।
  - **पवन द्वारा निर्मित पठार** (Erosional Process of Wind) मृदा के सूक्ष्म कण पवनों द्वारा निक्षेपित किए जाते हैं। लम्बे समय तक निक्षेपण के कारण लोयस का पठार निर्मित होता है।

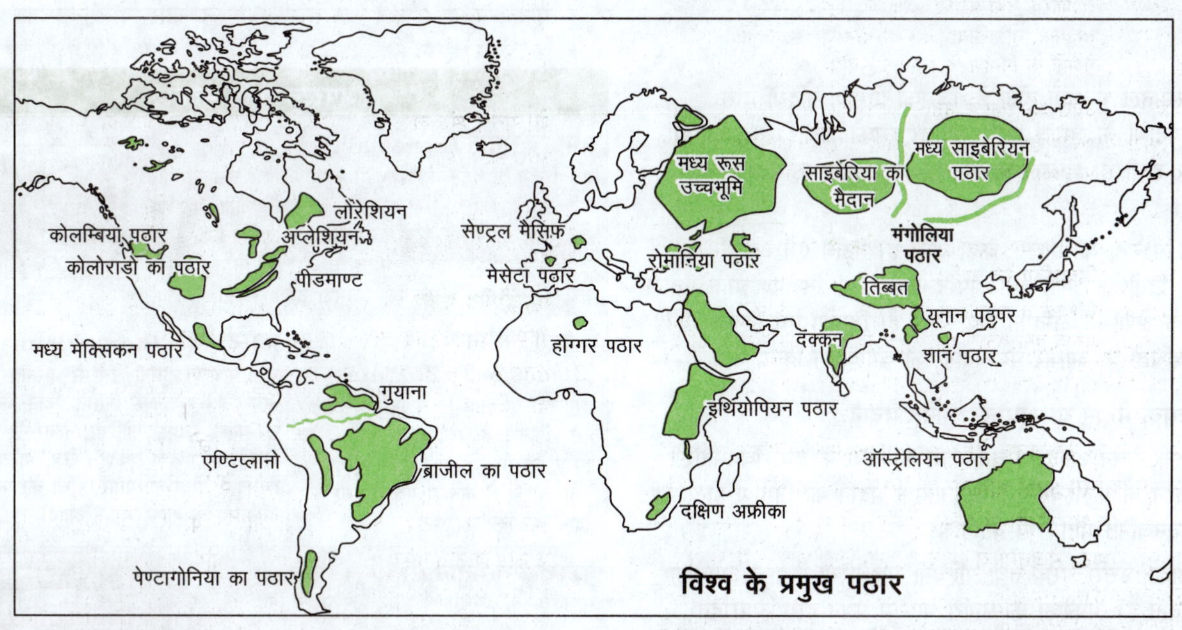

विश्व के प्रमुख पठार

जलवायु के अनुसार वर्गीकरण

- **शुष्क पठार** (Dry Plateau) इसमें पोटवार, अरब एवं पैटागोनिया का पठार प्रमुख है।
- **आर्द्र पठार** (Wet Plateau) इसमें असम एवं मेघालय का पठार प्रमुख है।
- **हिमाच्छादित पठार** (Ice Cape Plateau) इसमें ग्रीनलैण्ड एवं अण्टार्कटिका का पठार प्रमुख है।

पृष्ठीय धरातल के अनुसार वर्गीकरण

- विषम पठार (Uneven Plateau) इसमें अप्लेशियन का पठार प्रमुख है।
- गिरिप्रस्थ पठार (Tableland Plateau) इसमें महाबलेश्वर एवं पंचगनी का पठार प्रमुख है।

आकृति के अनुसार वर्गीकरण

- गुम्बदाकार पठार (Domed Plateau) इसके अन्तर्गत छोटानागपुर एवं रामगढ़ का पठार प्रमुख है।
- विच्छेदित पठार (Dissected Plateau) इसके अन्तर्गत पूर्वी घाट का पठार प्रमुख है।
- सपाट पठार (Flat Plateau) तिब्बत का पठार इसका प्रमुख उदाहरण है।
- सीढ़ीनुमा पठार (Contour Plateau) विन्ध्य एवं कैमूर का पठार प्रमुख उदाहरण है।
- पुनर्युवनित पठार (Rejuvenated Plateau) राँची का पाट पठार इसका प्रमुख उदाहरण है।

विश्व के प्रमुख पठार एवं उनकी विशेषताएँ

पठार	स्थिति	विशेषताएँ
तिब्बत का पठार	चीन	विश्व का सबसे ऊँचा (5,000 मी) पठार, हिमालय एवं कुनलुन पर्वतों के बीच स्थित अन्त: पर्वतीय पठार, मध्य पिण्ड का उदाहरण, अनेक झीलों की उपस्थिति, सिन्धु, सतलुज, ब्रह्मपुत्र, यांगटिसिक्यांग, मेकांग आदि नदियों का उद्गम स्थल।
अरब का पठार	मध्य एशिया	गोण्डवाना लैण्ड का एक भाग, अत्यन्त प्राचीन चट्टानों से निर्मित, शुष्कता के कारण मरुस्थल का फैलाव।
ईरान का पठार	ईरान	एल्बुर्ज व जैग्रोस पर्वतों के बीच स्थित अन्त: पर्वतीय पठार
प्रायद्वीपीय पठार	भारत	अत्यन्त प्राचीन चट्टानों से निर्मित गोण्डवाना लैण्ड का एक भाग, लावा के उद्गार के प्रभाव, अनेक पर्वतों एवं नदियों की उपस्थिति के कारण छोटे-छोटे पठारों में विभाजित, खनिज पदार्थों का भण्डार।
मंगोलिया का पठार	उत्तर-मध्य चीन	अत्यधिक ऊबड़-खाबड़ पठार, शुष्कता के कारण मरुस्थल का मंगोलिया तक फैलाव।
अनातोलिया का पठार	तुर्की	पॉण्टिक एवं टॉरस पर्वत श्रेणियों के बीच स्थित, खारे एवं मीठे पानी की झीलों की उपस्थिति, खनिज पदार्थों की दृष्टि से धनी।
ऑस्ट्रेलिया का पठार	ऑस्ट्रेलिया का पश्चिमी भाग	प्राचीन कठोर चट्टानों से निर्मित शुष्क पठार।
मेडागास्कर का पठार	मेडागास्कर	ज्वालामुखी शैलों द्वारा निर्मित, औसत ऊँचाई 1000-1500 मी के बीच।
दक्षिण अफ्रीका का पठार	अफ्रीका का दक्षिणी भाग	कठोर चट्टानों से निर्मित अत्यन्त प्राचीन पठार।
मेसेटा सेण्ट्रल	स्पेन	उत्तर में कैण्टाब्रियन एवं दक्षिण में सिस्टेमा आइब्रिका तथा सिएरा मेरोना पर्वतों के बीच स्थित अन्त: पर्वतीय पठार।
ब्राजील का पठार	ब्राजील	उत्तर-पूर्व में केप रॉक से लेकर दक्षिण में रियो-ग्रैंडी डि सुल तक त्रिभुजाकार रूप में विस्तृत, ब्राजील के मध्यपूर्व का भाग, अत्यन्त कठोर चट्टानों से निर्मित, खनिज सम्पदा की दृष्टि से धनी।
बोलीविया का पठार	बोलीविया	एक अन्त: पर्वतीय पठार, औसत ऊँचाई 3,100 मी, खनिज संसाधन की दृष्टि से धनी।
यूकान का पठार	अलास्का	ढाल पश्चिम की ओर, अत्यन्त ठण्डी जलवायु।
कोलम्बिया का पठार	कनाडा	एक अन्त: पर्वतीय पठार, औसत ऊँचाई 1,800 मी, ज्वालामुखी लावा द्वारा निर्मित।
ग्रीनलैण्ड का पठार	ग्रीनलैण्ड	अत्यन्त प्राचीन चट्टानों से निर्मित, हिम से ढका हुआ पठार, असमान उच्चावच

मैदान

यह एक समतल भू-भाग होता है, जिसका निर्माण नदियों द्वारा अपरदित पदार्थों के जमाव द्वारा होता है। इसकी ऊँचाई समुद्रतल से 150 मीटर होती है। भूपटल के लगभग 41% भाग पर मैदानों का विस्तार है।

मैदानों को सभ्यता का पालना कहा जाता है। तटीय एवं आन्तरिक मैदानों को द्वितीयक श्रेणी तथा अपरदनात्मक तथा निक्षेपणात्मक मैदानों को तृतीयक श्रेणी के अन्तर्गत रखा जाता है। निर्माण एवं विकास की विभिन्न विधियों के आधार पर मैदानों का वर्गीकरण किया गया है

अपरदनात्मक मैदान या अपरदन जनित मैदान

नदी, हिमानी, पवन आदि परिवर्तनकारी शक्तियों के द्वारा विषमताओं को दूर करने के फलस्वरूप अपरदनात्मक मैदान का निर्माण होता है। इन्हें अपरदनजनित मैदान भी कहते हैं।

उत्तरी कनाडा, उत्तरी यूरोप तथा पश्चिमी साइबेरिया हिमानी अपरदन के घने मैदान हैं। अफ्रीका के सहारा भाग में पवन द्वारा अपरदित मैदान पाए जाते हैं। अमेजन बेसिन में नदियों द्वारा अपने घाटी तल की चौड़ाई बढ़ाने तथा दोआब क्षेत्रों की ऊँचाई कम करने से कई भाग अपरदन जनित मैदान बन गए हैं।

अपरदनजनित मैदान

समप्राय मैदान (Peneplain)

नदियाँ जब अपरदन के प्रक्रम में अपने आधार तल को प्राप्त कर लेती हैं, तब भू-भाग समप्राय मैदान बन जाता है। इसके मध्य में कठोर शैलों के कुछ अवशिष्ट दिखाई देते हैं, जिन्हें मोनेडनॉक कहते हैं। भारत के अरावली क्षेत्र, पेरिस बेसिन, मिसीसिपी बेसिन इसके प्रमुख उदाहरण हैं।

हिमानी निर्मित मैदान (Glacial or Drift Plains)

हिमानियों के अपरदन से निर्मित मैदान; जैसे—फिनलैण्ड, स्वीडन, कनाडा, यूएसए के मैदान। प्लीस्टोसीन युग में हिमानीकरण से कनाडा एवं यूएसए के मैदानों का निर्माण हुआ।

कार्स्ट मैदान (Karst Plain)

चूना पत्थर चट्टानी क्षेत्रों में भूमिगत जल के अपरदन व घुलन से निर्मित मैदान; जैसे-सर्बिया का कार्स्ट प्रदेश, प्लोरिडा, नुलारबोर (दक्षिण आस्ट्रेलिया) तथा युकाटन क्षेत्र, भारत का चित्रकूट, रीवा का पठार, राँची का पठार तथा अल्मोड़ा के कार्स्ट मैदान आदि।

मरुस्थलीय मैदान (Desert Plains)

इसके अन्तर्गत मरुस्थलीय क्षेत्रों में पवनों के अपरदन से निर्मित मैदान आते हैं।

निक्षेपात्मक मैदान या निक्षेपण जनित मैदान

इस प्रकार के मैदानों का निर्माण अपरदित पदार्थों को निक्षेपित करने से होता है। विश्व के अधिकांश मैदान इसी श्रेणी के अन्तर्गत आते हैं।

विभिन्न प्रकार के निक्षेपात्मक मैदान

गिरिपाद जलोढ़ मैदान (Piedmont Alluvial Plain)

नदी के साथ बहाकर लाए गए बड़े-बड़े शिलाखण्ड व मलबा पर्वत व पहाड़ियों के पादों पर निक्षेपित कर दिए जाते हैं, अत: इससे निर्मित मैदान को गिरिपद जलोढ़ मैदान कहते हैं। भारत में ऐसे मैदान को **भाबर** कहते हैं।

जलोढ़ मैदान (Alluvial Plain) ये नदियों के द्वारा लाए गए जलोढ़ों से निर्मित मैदान होते हैं। ये उपजाऊ होते हैं। यहाँ जनसंख्या का सघन बसाव होता है। गंगा-ब्रह्मपुत्र का मैदान, ह्वांगहो तथा यांग्त्सीक्यांग का मैदान (चीन), नील नदी का मैदान, मिसीसिपी का मैदान (यूएसए) तथा वोल्गा एवं डेन्यूब का मैदान आदि।

बाढ़ का मैदान (Flood Plain) बाढ़ के समय नदी द्वारा अपने तल और मलबे को अपने मार्ग में ही निक्षेपित करने से निर्मित मैदान को बाढ़ का मैदान कहा जाता है। ये कृषि की दृष्टि से अति उपजाऊ होते हैं।

डेल्टा का मैदान (Deltaic Plain)

नदियों द्वारा अपने मुहाने के निकट मलबे के निक्षेप द्वारा डेल्टा निर्माण एवं निर्मित मैदान डेल्टाई मैदान कहलाते हैं। इस प्रकार बने मैदान अत्यन्त उपजाऊ, समतल और सपाट होते हैं। गंगा, सिन्धु, नील आदि नदियों के मुहानों पर बने मैदान डेल्टाई मैदान हैं।

झीलकृत मैदान (Lacustrine Plains) झील में जब नदियाँ गिरती हैं, तो वे अपने साथ लाए मलबे को झील में जमा करती जाती हैं। कालान्तर में जब पानी बह जाता है एवं झील भाग सपाट हो जाता, तब एक मैदान बन जाता है। संयुक्त राज्य अमेरिका, कनाडा और पश्चिमी यूरोपीय देशों में इस प्रकार के अनेक मैदान हैं।

लावा मैदान (Lava Plains) ज्वालामुखी के उद्गार से निकला लावा जब पतली चादर के रूप में निचले भागों में निक्षेपित हो जाता है, तो वह भाग लावा मैदान बन जाता है; जैसे—इटली, न्यूजीलैण्ड, संयुक्त राज्य अमेरिका, अर्जेण्टीना आदि देशों में लावा मैदान के उदाहरण विद्यमान हैं।

हिमानी द्वारा निक्षेपित मैदान (Glacial Plains)

हिमनदी या हिमानी द्वारा मलबे के निक्षेपण से बने मैदानों को हिमानीकृत मैदान कहते हैं। उत्तरी यूरोप और उत्तरी अमेरिका प्लीस्टोसीन हिमाच्छादन के कारण निर्मित हिमानी मैदान अत्यधिक विस्तृत रूप में मिलते हैं। इन मैदानों में टिल मैदान व हिमोढ़ मैदान प्रमुख हैं।

लोयस मैदान (Loas Plains) लोयस का मैदान भी पवन निक्षेपण से निर्मित मैदान है। यह मरुस्थल द्वारा निर्मित होता है। चीन के प्रसिद्ध लोयस मैदान का निर्माण मध्य एशिया के मरुस्थलों से आए रेत के निक्षेपण से हुआ है।

विश्व के प्रमुख मैदान

मैदान	शहर (स्थिति)
ग्रेट प्लेन	कनाडा तथा संयुक्त राज्य अमेरिका
अमेजन का मैदान	दक्षिणी अमेरिका
पैटागोनिया का मैदान	दक्षिणी अमेरिका
पम्पास का मैदान	दक्षिणी अमेरिका
फ्रांस का मैदान	फ्रांस (यूरोप)
यूरोप का मैदान	यूरोप
दक्षिणी साइबेरिया का मैदान	यूरोप एवं एशिया
सहारा का मैदान	अफ्रीका
नील नदी का मैदान	मिस्र (अफ्रीका)
अफ्रीका का पूर्वी तटीय मैदान	अफ्रीका
गंगा-यमुना का मैदान	भारत
सिन्धु का मैदान	भारत-पाकिस्तान
ब्रह्मपुत्र का मैदान	भारत-बांग्लादेश
चीन का मैदान	चीन

झीलें

- झीलें (Lakes) भू-तल के विस्तृत गड्ढे होते हैं, जो जल से भरे रहते हैं और ये स्थल के आन्तरिक भाग में स्थित होते हैं।
- नदियों के मार्ग में परिवर्तन होने से भी झीलों का निर्माण होता है।
- कुछ झीलें मीठे जल की तथा कुछ खारे (लवणीय) जल की होती हैं। इन्हें बनावट, स्थिति, जल का स्वभाव तथा उत्पत्ति आदि के आधार पर विभिन्न वर्गों में वर्गीकृत किया जाता है।

झीलों का वर्गीकरण

झीलों का वर्गीकरण निम्न प्रकार है

1. बनावट के आधार पर

बनावट के आधार पर झीलें दो प्रकार की होती हैं

(i) **प्राकृतिक झील** ये झीलें भू-गर्भिक प्लयकों एवं बहिर्जात बलों से उत्पन्न होती हैं; जैसे-ग्रेट लेक्स (उत्तरी-अमेरिका), अफ्रीका की न्यासा, टंगानिका, विक्टोरिया झील, भारतीय उपमहाद्वीप की मानसरोवर, राकसताल, डल, वूलर झील आदि।

(ii) **कृत्रिम झीलें** ये झीलें मानव द्वारा निर्मित होती हैं; जैसे-हाई स्वान (मिस्र), बोल्टा झील (घाना), ओनकाल (युगाण्डा), हूबर झील (यूएसए), जयसमुद्र, राजसमुद्र, पिछौला झील (राजस्थान) आदि।

2. जल की प्रकृति के आधार पर

जल की प्रकृति के आधार पर झीलें दो प्रकार की होती हैं

(i) **मीठे पानी की झीलें** ये झीलें स्थलीय स्रोत से निकले जल से निर्मित होती हैं। इनसे जल का निकास एवं जलापूर्ति होती रहती है; जैसे—सुपीरियर झील (यूएसए-कनाडा) (विश्व की सबसे बड़ी मीठे पानी की झील), बैकाल झील (रूस), टिटिकाका झील (दक्षिण अमेरिका), सातताल, भीमताल, नैनीताल (भारत) आदि।

(ii) **खारे पानी की झीलें** इन झीलों से जलापूर्ति होती है, किन्तु जल का निकास नहीं हो पाता है; जैसे—कैस्पियन सागर (विश्व की सबसे बड़ी झील), डान जुआन पाण्ड (अर्णटकटिका), वान झील (तुर्किये), ग्रेट साल्ट लेक (यूएसए), गेटवले पाण्ड (इथोपिया), रेटबा झील (सेनेगल) आदि।

3. उत्पत्ति के आधार पर

उत्पत्ति के आधार पर झीलों का वर्गीकरण निम्न है

(i) **पटल विरूपण द्वारा उत्पन्न झीलें**

- **अपनति झील** (Anticline) ये नदी मार्ग में अपनति के कारण उभरकर आने वाली संकरी एवं गहरी झीलें होती हैं।
- **भ्रंश झील** (Gorges Lake) इनमें दरारों/भ्रंशों में जल भर जाने से लम्बी व संकरी व गहरी झीलें निर्मित होती हैं; जैसे-सान एण्ड्रियास व क्रिस्टल स्प्रिंग आदि।
- **रिफ्ट घाटी झील** (Rift Valley Lake) इस घाटी में जल भरने से अफ्रीका में टंगानिका झील, न्यासा झील, मृतसागर (इजरायल-जॉर्डन) आदि निर्मित होती हैं।
- **वलन झील** (Fold Lakes) वलन क्रिया से अभिनतियों में जल भरने से एडवर्ड झील (अफ्रीका), जनेवा झील (स्विट्जरलैण्ड) आदि झीलें निर्मित होती हैं।

(ii) **ज्वालामुखी द्वारा निर्मित झीलें**

- **क्रेटर झील** (Creater Lake) ये ज्वालामुखी के मुख में निर्मित झीलें हैं; जैसे—विक्टोरिया झील (अफ्रीका), टिटिकाका झील (एण्डीज पर्वत), लूनर झील (भारत-महाराष्ट्र) आदि।
- **लावा क्षेत्र झील** (Lava Flow Lake) यह लावा के असमान बहाव के कारण रिक्त स्थानों में बनी झील होती है।
- **लावा बाँध झील** (Lava Dam Lake) यह नदियों के प्रवाह मार्ग में ज्वालामुखी लावा प्रवाह के कारण अवरुद्ध जलमार्ग द्वारा बनी झील होती है।

(iii) **भूकम्प निर्मित झीलें**

भूकम्पीय घटना से निर्मित झीलें टेनेसी तथा रीलफुल झीलें (यूएसए) हैं।

(iv) **नदीकृत झीलें**

- **गोखुर झील** (Oxbow Lake) नदी मार्ग के विसर्पण एवं पुन: नदी द्वारा लघु मार्ग प्राप्त करने के पश्चात् छोड़ दिए गए भू-भाग में **छाड़न** या **गोखुर झील** का निर्माण होता है; जैसे—भारत के मैदानी भाग की झीलें।
- **प्रपाती झील** (Plunge Lake) जलप्रपात के गिरने के स्थान पर निर्मित अवनमन कुण्ड जब विस्तृत हो जाता है, तो प्रपाती झील या अवनमन कुण्ड झील का निर्माण होता है।
- **डेल्टाई झील** (Deltaic Lake) इनका निर्माण नदियों द्वारा मुहाना क्षेत्र में अत्यधिक मन्द ढाल एवं भार के कारण मार्ग के निरन्तर परित्याग या बहुमार्ग द्वारा होता है; जैसे—मायेह झील (नील नदी डेल्टा), मेरीगाट झील (नाइजर नदी डेल्टा), पोंचास्ट्रियन झील (मिसीसिपी डेल्टा), कोलेयर या कोलेरू झील (गोदावरी नदी डेल्टा) आदि।
- **संरचनात्मक झील** (Structural Lakes) नदी प्रवाह मार्ग में कठोर चट्टानों के पड़ने व अपरदन न हो पाने के कारण इनके पीछे निर्मित झीलें संरचनात्मक झीलें कहलाती हैं।

(v) **हिमानीकृत झीलें**

- **हिमोठ झीलें** ग्रेट बियर लेक (कनाडा), उत्तरी अमेरिका की महान झीलें, विनिपेग झील (कनाडा) आदि।
- **हिमावरोधी झीलें** माजेलनसी (स्विट्जरलैण्ड) झील।
- **हिमानी अपरदनात्मक झीलें** टार्न (सर्क) झील, काक झील आदि।
- **थर्मोकार्स्ट झील** (Thermokarst lake) परिहिमानी क्षेत्रों में धरातलीय सतह के नीचे धँस जाने से निर्मित झीलें।
- **झील वाटिका** (Garden of Lakes) हिमानी निर्मित झीलों का समूह में पाया जाना; जैसे—फिनलैण्ड की वाटिका झीलें।

विश्व की प्रमुख झीलें

नाम	स्थिति/देश	क्षेत्रफल (वर्ग किमी)	अधिकतम गहराई (मी)
कैस्पियन सागर	रूस तथा ईरान	3,71,000	980
सुपीरियर झील	कनाडा तथा संयुक्त राज्य अमेरिका	82,414	406
विक्टोरिया झील	युगाण्डा, तंजानिया तथा केन्या	69,485	80
अरब सागर झील	कजाखिस्तान, उज्बेकिस्तान	68,000	678
ह्यूरन झील	कनाडा तथा संयुक्त राज्य अमेरिका	59,596	228
मिशिगन झील	संयुक्त राज्य अमेरिका	58,016	281
टंगानिका झील	कांगो, तंजानिया, जाम्बिया तथा बुरुण्डी	32,892	1,435
बैकाल झील	रूस	31,502	1,940
ग्रेट बियर झील	कनाडा	31,080	82
ग्रेट स्लेव झील	कनाडा	28,438	163
ईरी झील	कनाडा तथा संयुक्त राज्य अमेरिका	25,719	64

झीलों से सम्बन्धित अन्य महत्त्वपूर्ण तथ्य

- बैकाल (रूस) झील विश्व की सबसे गहरी झील, ओनकाल (युगाण्डा) तथा हाई स्वान (मिस्र) मानव निर्मित झील, टिटिकाका झील (पेरू-बोलीविया सीमा) सबसे ऊँची नौकागम्य झील तथा देवताल भारत की सबसे ऊँची झील है।
- ग्रेट स्लेव, ग्रेट बियर, रेण्डियर, विनिपेग व अथावास्का झीले कनाडा में हैं। अथावास्का के निकट यूरेनियम सिटी है।
- उत्तरी अमेरिका के महान झील प्रदेश (ग्रेट लेक्स) में सुपीरियर, ह्यूरन, मिशिगन (पूर्णत: यूएसए में) ओण्टारियो व ईरी शामिल हैं। ये परिवहन एवं औद्योगिक महत्त्व के लिए विश्व प्रसिद्ध हैं।
- महान झीलों से तीन जलमार्ग का विकास होता है
  (i) सेण्ट लॉरेंस जलमार्ग (ii) इलिनॉयस जलमार्ग
  (iii) हड्सन नदी मार्ग।

द्वीप

द्वीप स्थलखण्ड के ऐसे भाग होते हैं, जिनके चारों ओर जल का विस्तार पाया जाता है।

द्वीपों का वर्गीकरण

उत्पत्ति के आधार पर द्वीपों को निम्नलिखित भागों में विभक्त किया जा सकता है

- **विवर्तनिक द्वीप** (Tectonic Island) ऐसे द्वीपों की उत्पत्ति भू-गर्भिक हलचलों द्वारा भूमि के नीचे धँसने, समुद्री भागों में भूमि के ऊपर उठने, दरार घाटियों का निर्माण होने अथवा महाद्वीपीय भू-भागों के अलग हो जाने से होती है। ऐसे द्वीप निम्नलिखित प्रकार से निर्मित होते हैं
  - स्थल भाग के धँसने से बने द्वीप; जैसे-ब्रिटिश द्वीप समूह।
  - समुद्री नितल के ऊपर उठने से बने द्वीप; जैसे-अटलाण्टिक महासागर में स्थित पश्चिमी द्वीप समूह के अनेक द्वीप।
    - भू-भ्रंशन द्वारा निर्मित द्वीप; जैसे-मेडागास्कर द्वीप।
  - महाद्वीपीय प्रवाह से निर्मित द्वीप; जैसे-आइसलैण्ड, पूर्वी द्वीप समूह एवं ग्रीनलैण्ड के पश्चिम में स्थित अनेक द्वीप।
- **निक्षेपजनित द्वीप** (Depositional Island) धरातल पर प्रवाहित होने वाली नदियों, हिमानियों या ग्लेशियर तथा सागरीय लहरों के द्वारा अपने साथ परिवहन किए गए पदार्थों के निक्षेपण से भी विभिन्न प्रकार के द्वीपों की उत्पत्ति होती है; जैसे-माजुली द्वीप (ब्रह्मपुत्र नदी), गंगा सागर (हुगली नदी के मुहाने पर), नर्मदा तथा ताप्ती के मुहाने पर खदियाबेट एवं अलियाबेट आदि।
- **अपरदनजनित द्वीप** (Erosion Based Island) अपरदन की क्रिया से बची कठोर चट्टानों के चारों ओर जल भर जाने से निर्मित द्वीप अपरदनजनित द्वीप हैं; जैसे-ग्रीनलैण्ड हिमानियों के अपरदन से बने बैफिन द्वीप आदि।
- **ज्वालामुखी द्वीप** (Volcanic Island) महासागरीय कटकों के सहारे निकलने वाले लावा का विशाल निक्षेप, जो समुद्री जल सतह से ऊपर आ जाता है, को ज्वालामुखी द्वीप की संज्ञा से अभिहित किया जाता है; जैसे-बैरन द्वीप हवाई एवं अल्यूशियन द्वीप (बंगाल की खाड़ी), लिपारी द्वीप आदि।
- **प्रवाल द्वीप** (Coral Island) उष्णकटिबन्धीय महासागरों में महाद्वीपीय मग्नतटों पर मृत मूँगा के जमाव से निर्मित द्वीप, हिन्द महासागर में स्थित लक्षद्वीप, मालदीव तथा अटलाण्टिक महासागर में स्थित बरमूडा द्वीप इसके प्रमुख उदाहरण हैं।

द्वीपों से सम्बन्धित अन्य महत्त्वपूर्ण तथ्य

- संसार का सबसे बड़ा द्वीप ग्रीनलैण्ड है, जो आर्कटिक महासागर में अवस्थित है। प्रशान्त महासागर का सबसे बड़ा द्वीप न्यूगिनी है, जबकि हिन्द महासागर का सबसे बड़ा द्वीप बोर्नियो है।
- दक्षिण चीन सागर में स्थित प्रवाल द्वीप स्पार्टली एवं पार्सल हैं, जो तेल भण्डार के लिए प्रसिद्ध हैं। इन द्वीपों पर चीन एवं वियतनाम का विवाद है। जापान के सबसे बड़े द्वीप का नाम होंशू है।
- केनारी द्वीप ज्वालामुखी द्वीपों का एक समूह है, जो अफ्रीका के उत्तर-पश्चिम में स्थित है, जिसे फॉरचुनेट द्वीप के नाम से जाना जाता था।
- पश्चिमी अफ्रीका की लेक फागुबिन झील सूखकर मरुस्थल में बदल गई है।
- जापान के द्वीपों का उत्तर-दक्षिण में अनुक्रम क्रमशः होकैडो, होन्शू, शिकोकू, क्यूशू है।
- इण्डोनेशिया के प्रमुख द्वीपों का पश्चिम से पूर्व में क्रम क्रमशः सुजाता, जावा, बाली, लोमबोक है।
- झोकाता द्वीप विश्व प्राकृतिक विरासत स्थल है।

कुछ अन्य द्वीप

- **कृत्रिम द्वीप** (Artificial Island) ये मानव निर्मित द्वीप हैं, जो छोटे द्वीपों के विस्तार द्वारा या भित्तियों पर या समुद्र तट से दूर निर्मित होते हैं।
- **पाम द्वीप** (Palm Island) खजूर के पेड़ के आकार में दुबई तथा संयुक्त अरब अमीरात में दो (पाम जुमेराह और पाम जेबेल) कृत्रिम द्वीप का निर्माण किया गया है।
- **अन्य महत्त्वपूर्ण द्वीप** जावा द्वीप (हिन्द महासागर), मॉरीशस द्वीप (दक्षिण हिन्द महासागर), कुरील द्वीप समूह (उत्तरी प्रशान्त महासागर) आदि हैं।

विश्व के शीर्ष 10 सबसे बड़े द्वीप

द्वीप	स्थिति	द्वीप	स्थिति
ग्रीनलैण्ड	आर्कटिक (उत्तरी ध्रुव) सागर	सुमात्रा	हिन्द महासागर
न्यू गिनी	पश्चिमी प्रशान्त महासागर	होन्शू	उत्तर-पश्चिमी प्रशान्त महासागर
बोर्नियो	प्रशान्त महासागर	विक्टोरिया	उत्तरी ध्रुव सागर
मेडागास्कर	हिन्द महासागर	ग्रेट ब्रिटेन	उत्तरी अटलाण्टिक महासागर
बैफिन	उत्तरी ध्रुव महासागर	एल्जमेयर	आर्कटिक महासागर

मरुस्थल

मरुस्थल स्थलखण्ड के शुष्क व अर्द्धशुष्क भाग होते हैं। ये मुख्यतः उपोष्ण उच्च वायुदाब वाले क्षेत्रों में पाए जाते हैं, जहाँ प्रतिचक्रवातीय दशाएँ व तापीय प्रतिलोमन की स्थिति बनती है। यूरोप महाद्वीप में मरुस्थलीकरण की समस्या न्यूनतम है।

विश्व के प्रमुख मरुस्थल

मरुस्थल	स्थान	मरुस्थल	देश
सहारा मरुस्थल	उत्तरी अफ्रीका	पैटागोनिया	अर्जेण्टीना
कालाहारी मरुस्थल	बोत्सवाना	नामीब	नामीबिया
बारबर्टन, सिम्पसन, गिब्सन स्टुअर्ट-स्टोनी, ग्रेट विक्टोरिया, ग्रेट सैण्डी	ऑस्ट्रेलिया	काराकुम	तुर्कमेनिस्तान
हमद, नाफूद, रब-अल-खाली	सऊदी अरब	थार मरुभूमि	पश्चिमोत्तर भारत व पाकिस्तान
गोबी	मंगोलिया व चीन	अटाकामा	उत्तरी चिली
तकला माकन	सीक्यांग प्रान्त (चीन)	काईजिल कुम	उज्बेकिस्तान
सोनोरान	यूएसए और मैक्सिको	दस्त-ए-लुत	पूर्वी ईरान
मोजावे या मोहावे, सियरा नेवाद	यूएसए	दस्त-ए-कबीर	दक्षिणी ईरान

पृथ्वी की सतह पर भू-आकृतियों का निर्माण एवं विकास अन्तर्जात (Endogenous) एवं बहिर्जात बलों (Exogenic) के द्वारा होता है। अन्तर्जात बल धरातल पर अनियमितताएँ उत्पन्न करता है, जबकि बहिर्जात बल अनियमितताओं को रूपान्तरित करने का कार्य करता है।

अध्याय बारह

धरातल की विभिन्न स्थलाकृतियाँ एवं विकास

नदी द्वारा निर्मित स्थलाकृतियाँ

- आर्द्र प्रदेशों में, जहाँ पर अत्यधिक वर्षा होती है, वहाँ सबसे महत्त्वपूर्ण भू-आकृतिक कारक प्रवाहित जल पाया जाता है, जो धरातल के निम्नीकरण के लिए उत्तरदायी होता है। प्रवाहित जल के दो तत्त्व हैं--एक, धरातल पर परत के रूप में फैला हुआ प्रवाह। दूसरा, रैखिक प्रवाह, जो घाटियों में नदियों की सरिताओं के रूप में बहता है।
- नदियाँ अपने प्रवाह के क्रम में अपघर्षण, घोलन, सन्निकर्षण तथा जल गति क्रिया करते हुए अपरदनात्मक और निक्षेपात्मक स्थल रूपों का निर्माण व विकास करती हैं।

नदी के अपरदनात्मक स्थलरूप/स्थलाकृतियाँ

V आकार की घाटी, गॉर्ज एवं कैनियन

- नदियाँ पहाड़ी क्षेत्रों और घाटियों में ऊर्ध्वाधर कटाव करती हैं, जिससे घाटियाँ पतली एवं गहरी हो जाती हैं और 'V' आकार की घाटी (का निर्माण नदी के ऊर्ध्वाधर कटाव के काला होता है। इसका निर्माण नदियाँ प्राय; युवा अवस्था में करती है।) का निर्माण होता है। इसमें दीवारों का ढाल तीव्र एवं उत्तल होता है।
- यह घाटी गहरी व संकरी होती है, जो अंग्रेजी के V आकार के रूप में होती है। ऐसे क्षेत्रों में लम्बवत् एवं पार्श्विक कटाव साथ-साथ होता है। विश्व की अधिकांश नदियाँ V आकार की घाटी बनाती हैं।
- **गॉर्ज** उच्च पर्वतीय प्रदेशों में जब नदी कठोर चट्टानों से प्रवाहित होती है, तो इसका अधिकांश अपरदन लम्बवत् होता है, जिसके कारण किनारे पर कठोर चट्टानें पूर्ववत् खड़ी रहती हैं, जिन्हें गॉर्ज कहा जाता है। भारत में सतलुज, शिपकीला गॉर्ज, सिन्धु (सिन्धु गॉर्ज), ब्रह्मपुत्र (दिहांग गॉर्ज), नर्मदा (भेड़ाघाट संगमरमरी गॉर्ज), गण्डक, कोसी आदि नदियाँ गॉर्ज बनाती हैं।
- **कैनियन** (संकीर्ण नदी कन्दरा) ये गॉर्ज का ही विस्तृत रूप है और शुष्क जलवायु वाले उच्च प्रदेशों में पाए जाते हैं। अमेरिका में कोलेरेडो नदी द्वारा निर्मित **ग्रैण्ड कैनियन** विश्व प्रसिद्ध है।

जलप्रपात एवं क्षिप्रिका

- **जलप्रपात** नदी जब ऊँचाई से सीधे-भू-पटल पर गिरती है, तो जलप्रपात का निर्माण करती है। इसका निर्माण सामान्यत: चट्टानी संरचना में विषमता के कारण असमान अपरदन, भूखण्ड के उत्थान तथा भ्रंश कगारों के निर्माण आदि के कारण होता है। **जलप्रपात** निम्न दशाओं में बनते हैं
  - जब कठोर शैल तथा कोमल शैल क्षैतिज दिशा में स्थित हो, तो कोमल शैल शीघ्र घिस जाते हैं और कठोर शैल का अपरदन कम होता है, इससे दोनों शैल के तल में अन्तर आ जाता है और जलप्रपात का निर्माण हो जाता है।
  - जब नदी घाटी की कोमल चट्टानों के बीच कोई कठोर चट्टान लम्बवत् स्थिति में खड़ी होती है, तो कोमल चट्टान सरलता से शीघ्र अपरदित हो जाती है, परन्तु कठोर चट्टान का अपरदन बहुत कम होता है और वह अपनी स्थिति में बनी रहती है। अत: नदी का जल कठोर चट्टान के ऊपर से जलप्रपात बनाता हुआ नीचे कोमल चट्टान पर गिरता है। विश्व के प्रमुख जलप्रपात निम्नवत् हैं

विश्व के प्रमुख जलप्रपात

नाम	स्थिति	नाम	स्थिति
एंजेल प्रपात (विश्व का सबसे ऊँचा)	वेनेजुएला	ओलो उपेना प्रपात	यूएसए
ब्राउनी प्रपात	न्यूजीलैण्ड	विनुफास्सन प्रपात	नॉर्वे
नियाग्रा प्रपात	यूएसए तथा कनाडा	जेम्स ब्रूस प्रपात	कनाडा
योसेमाइट प्रपात	यूएसए	स्टुपैन फॉस्फन प्रपात	नॉर्वे
विक्टोरिया प्रपात	जिम्बाब्वे	इंगा प्रपात (सर्वाधिक जल)	कांगो
ग्राण्ड प्रपात	कनाडा	लिविंग्स्टोन प्रपात	कांगो
गरसोप्पा (जोग) प्रपात	भारत (शरावती नदी)	बोयोमा प्रपात	कांगो
टुगेला प्रपात	दक्षिण अफ्रीका	खोन प्रपात	लाओस
ट्रेस हरमनास प्रपात	पेरू	वर्जिनिया प्रपात	कनाडा

- **क्षिप्रिकाएँ** (Rapids) जब नदी के मार्ग में कठोर एवं मुलायम चट्टानें अनुप्रस्थ दिशा में अवस्थित हों, तो कोमल चट्टानों का अपरदन हो जाता है, फलत: नदी की तली ऊबड़-खाबड़ हो जाती है। इस ढाल पर नदी तीव्र झोंके की भाँति आगे बढ़ती है, जिसे **क्षिप्रिका** कहा जाता है। ये अधिकांशत: सोपानात्मक स्थलाकृति का रूप होती हैं। क्षिप्रिका का विकास स्वतन्त्र रूप से हो सकता है। नदी द्वारा निर्मित क्षिप्रिका अपरदनात्मक स्थलाकृति है।

जल गर्तिका

जब जलप्रपात की तली में कोमल चट्टान आती है, तो उसका अपरदन हो जाता है और वहाँ पर छोटा-सा गर्त बन जाता है। नदी का जल इस गर्त में भँवर के रूप में घूमने लगता है, जो छेदक का कार्य करता है। अधिक बड़ी **जल गर्तिका** (Pot Hole) को **अवनमन कुण्ड** (Plunge Pool) कहते हैं।

संरचनात्मक सोपान

नदी के मार्ग में जब कठोर तथा मुलायम चट्टानों की परतें मिलती हैं, तो कठोर चट्टानों की अपेक्षा कोमल चट्टानें शीघ्र कट जाती हैं। इससे नदी घाटी के दोनों ओर सोपानकार सीढ़ीनुमा आकृति बन जाती है, जिसे **संरचनात्मक सोपान** (Structure Benche) कहा जाता है।

निक्षेपात्मक स्थलरूप/स्थलाकृतियाँ

जलोढ़ शंकु

नदियाँ जब पर्वतीय भाग से समतल मैदानी भाग में प्रवेश करती हैं, तब नदियों के वेग तथा परिवहन शक्ति में कमी आ जाती है, जिससे चट्टानों के बड़े-बड़े अवसाद पीछे छूट जाते हैं तथा इससे बनी आकृति जलोढ़ शंकु (Alluvial Cone) कहलाती है। ऐसे कई जलोढ़ शंकुओं के मिलने से ही **भाबर प्रदेश** का निर्माण होता है।

जलोढ़ पंख

- नदियों के पर्वतीय भाग से निकलने के क्रम में नदियों के अवसाद दूर-दूर तक फैल जाते हैं, जिससे पंखनुमा आकृति या पंखनुमा मैदान का निर्माण होता है। इसे ही जलोढ़ पंख (Alluvial Fans) कहा जाता है।

जलोढ़ पंख

- कई जलोढ़ पंखों के मिलने से ही **गिरिपाद मैदान** या **तराई प्रदेश** का निर्माण होता है।
- जलोढ़ पंख की संरचना में बड़े कणों का जमाव ढाल पर तथा अति छोटे कणों का जमाव निक्षेप पंख के किनारे वाले भाग में होता है।
- नदियाँ जब जलोढ़ पंखों से बहती हैं, तो वे प्राय: अपने वास्तविक प्रवाह-मार्ग में बहुत दूर तक नहीं बहती, बल्कि अपना मार्ग बदल लेती हैं और कई शाखाओं में बँट जाती हैं, जिन्हें **जलवितरिकाएँ** (Water Distributaries) कहते हैं।

नदी वेदिका

यह नदी के प्रारम्भिक बाढ़ मैदान का अवशिष्ट होती है, जो नदी घाटी के दोनों ओर मिलती है। जब प्राचीन घाटी नवीन घाटी से एक सीढ़ी या सोपान द्वारा अलग होती है, तो इस सोपान को नदी वेदिका (River Terrace) कहा जाता है, जो क्रमश: जलोढ़ वेदिका, स्ट्राथ (Strath) वेदिका तथा चट्टानी वेदिका के रूप में विभक्त होती है।

नदी विसर्प

नदियाँ मैदानी क्षेत्र में अधिक क्षैतिज अपरदन का कार्य करती हैं, जिसके कारण नदियाँ सीधे मार्ग में प्रवाहित न होकर टेढ़े-मेढ़े मार्ग में बहने लगती हैं, जिससे नदी के मार्ग में कई छोटे-बड़े मोड़ (bends) बन जाते हैं। इन मोड़ों को ही नदी विसर्प या **मियाण्डर** कहते हैं।

गोखुर झील या छाड़न झील

- जब नदियाँ अपने विसर्पों को त्यागकर सीधे मार्ग में प्रवाहित होने लगती हैं, तब विसर्पों के गहरे तलों के आकार में विकसित हो जाने पर अपरदनों के कारण आन्तरिक भाग कट जाते हैं। अत: विसर्प के अवशिष्ट भाग को ही गोखुर झील या छाड़न झील (Oxbow lake) कहा जाता है।
- मिसीसिपी के बाढ़कृत मैदान, पूर्वी उत्तर प्रदेश तथा बिहार में गण्डक, कोसी तथा घाघरा नदियों में अनेक गोखुर झीलें निर्मित हैं।

नदी विसर्प तथा गोखुर या छाड़न झील का निर्माण

प्राकृतिक तटबन्ध

प्राकृतिक तटबन्ध बड़ी नदियों के किनारे पर पाए जाते हैं। ये तटबन्ध नदियों के पार्श्वों में स्थल पदार्थों के रैखिक, निम्न व समान्तर कटक के रूप में पाए जाते है, जो कई स्थानों पर कटे हुए होते हैं, जिनसे बाँध रूपी संरचना का निर्माण होता है।

नदी रोधिकाएँ

- ये **विसर्पी रोधिका** (Point Bar) भी कहलाती हैं। ये बड़ी नदी के विसर्पों के उत्तल ढाल पर पाई जाती हैं। इनका निर्माण प्रवाहित जल द्वारा लाए गए तलछटों के नदी किनारों पर निक्षेपण से निर्मित होता है। इनकी परिच्छेदिका एवं चौड़ाई लगभग एक समान होती है तथा अवसाद मिश्रित आकार के होते हैं।
- नदी रोधिकाएँ (Point bars) उत्तल तट पर बनती हैं। अत: इनसे नदी के अवतल तट पर अधिक अपरदन होता है तथा इस भाग को कर्तित किनारा (Cut bank) कहा जाता है।

बाढ़ का मैदान

- जब नदियाँ तीव्र ढाल से मन्द ढाल में प्रवेश करती हैं, तो बड़े आकार के पदार्थ पहले ही निक्षेपित हो जाते हैं। इसी प्रकार सूक्ष्म पदार्थ; जैसे-रेत,

चीका मिट्टी और गाद आदि अपेक्षाकृत मन्द ढालों पर बहने वाली कम वेग वाली जल धाराओं में मिलते हैं और जब बाढ़ आने पर पानी तटों पर फैलता है, तो ये उस तल पर जमा हो जाते हैं। नदी निक्षेप से बने ऐसे तल सक्रिय बाढ़ के मैदान कहलाते हैं।

- जिस प्रकार अपरदन से धारियाँ बनती हैं, उसी प्रकार निक्षेपण से बाढ़ के मैदान विकसित होते हैं। तलों से ऊँचाई पर बने तटों को असक्रिय बाढ़ के मैदान कहते हैं। ये तटों से ऊपर (ऊँचाई पर) होते हैं। ये मुख्यत: दो प्रकार के निक्षेपों से बनते हैं—बाढ़ निक्षेप एवं सरिता निक्षेप।

डेल्टा

- नदी जब मुहाने के पास पहुँचती है, तो उसकी गति इतनी मन्द हो जाती है कि वह अपने सारे अवसाद अथवा तलछट का निक्षेप करना आरम्भ कर देती है। यहाँ नदियाँ अनेक धाराओं में विभक्त हो जाती हैं, जिससे एक त्रिभुजाकार संरचना निर्मित होती है। यही त्रिभुजाकार (Δ) संरचना डेल्टा (यह नदी के मुहाने पर बनने वाला एक त्रिभुजाकार आकार की भू-आकृति है।) के नाम से जानी जाती है।
- डेल्टा के निर्माण के लिए आवश्यक है कि नदी का मुहाना ज्वार-भाटा एवं तीव्रगामी लहरों से मुक्त हो। यही कारण है कि इंग्लैण्ड की टेम्स नदी पर नदी डेल्टा नहीं बनता है।
- भारत की नर्मदा एवं ताप्ती नदियाँ भी अपने मुहाने पर डेल्टा का निर्माण नहीं कर पाती हैं, क्योंकि ढालनुमा भाग होने व तेज पवनों से उत्पन्न जलधारा एवं ज्वार-भाटा मिट्टी के निक्षेप को अपने साथ बहाकर दूर तक ले जाते हैं, वहीं दूसरी ओर नर्मदा एवं ताप्ती नदी प्राचीन पठारी भाग (भ्रंश) से होकर बहती हैं, फलत: इनमें पर्याप्त अपरदित पदार्थ (गाद, चीका आदि) भी नहीं होता है। ऐसे नदी मुहाने को ज्वारनदमुख (एश्च्युरी) कहते हैं। यह ढाल युक्त क्षेत्र होता है, जो नदी द्वारा निर्मित डेल्टा निक्षेपणात्मक स्थलाकृतियों का उदाहरण है।

> यह ढाल युक्त मुहाना क्षेत्र होता है, जहाँ नदियों के अवसाद जमा नहीं हो पाते हैं, फलत: यहाँ नदियाँ डेल्टा नहीं, बल्कि ज्वारनदमुख (एश्च्युरी) बनाती हैं।

डेल्टा के प्रकार

- चापाकार डेल्टा (Arcuate Delta) इसका आकार चाप या धनुष के समान होता है। नील नदी का डेल्टा इसका सर्वोत्तम उदाहरण है। गंगा, राइन, ह्वांगहो, नाइजर, इरावदी, सिन्धु, वोल्गा, डेन्यूब, मेकांग, पो एवं लीना नदियाँ चापाकार डेल्टा बनाती हैं।
- पंजाकार डेल्टा (Bird's foot Delta) उत्तरी अमेरिका की मिसीसिपी नदी का डेल्टा इसका सर्वोत्तम उदाहरण है।

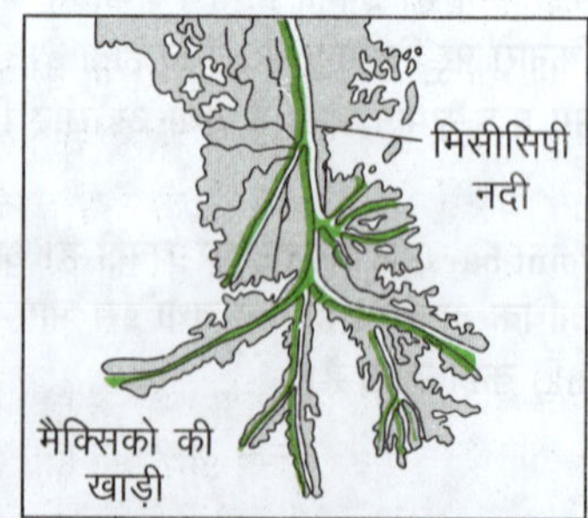

- दन्ताकार या अग्रवर्धी डेल्टा (Cuspate Delta) इस प्रकार के डेल्टा का निर्माण उस स्थान पर होता है, जहाँ तलछट जमाव मजबूत तरंगों के साथ तक सीधी तट रेखा पर होता है और बाहर की ओर दाँत जैसी आकृति का निर्माण होता है। इटली की टाइबर नदी एवं स्पेन की इब्रो नदी इसके उदाहरण हैं।
- ज्वारनदमुख डेल्टा (Estuarine Delta) यह डेल्टा लम्बा एवं संकरा होता है तथा यह आंशिक रूप से जल में डूबा होता है। नर्मदा, सीन, ओब एवं विश्चुला आदि नदियों का डेल्टा ज्वारनदमुख डेल्टा के उदाहरण हैं। अमेजन नदी, ताप्ती नदी आदि का डेल्टा भी ज्वारनदमुख डेल्टा के उदाहरण हैं।

डेल्टा के अन्य प्रकार

परित्यक्त डेल्टा (Abandoned Delta)	जब नदी के द्वारा पहले से निर्मित डेल्टा को छोड़कर अन्य डेल्टा का निर्माण होता है, तब पहले वाला डेल्टा परित्यक्त डेल्टा कहलाता है, जैसे—ह्वांगहो नदी द्वारा निर्मित डेल्टा।
खण्डित डेल्टा (Truncated Delta)	सागरीय लहरों अथवा ज्वार-भाटा द्वारा जब निक्षेपित अवसाद को बहाकर ले जाया जाता है, तो इससे बनी कटी-फटी आकृति को खण्डित डेल्टा कहते हैं; जैसे—रियोग्राण्डे का डेल्टा।
वर्द्धमान डेल्टा (Growing Delta)	जब डेल्टा का लगातार सागर की ओर विस्तार होता रहता है, तब वर्द्धमान डेल्टा का निर्माण होता है, जैसे—गंगा, मिसीसिपी द्वारा निर्मित डेल्टा।
अवरोधित डेल्टा (Blocked Delta)	जब डेल्टा का विस्तार रुक या अवरोधित हो जाता है, तो उसे अवरोधित डेल्टा कहते हैं।

नदी द्वीप

- नदी द्वीप किसी नदी के मध्य में उभरा एक भूमि खण्ड है, जो नदी द्वारा बहाकर लाई गई मिट्टी और रेत द्वारा बना हुआ होता है।
- नदियों का निरन्तर बहाव नदी द्वीप के चारों ओर होता है; जैसे—असम में ब्रह्मपुत्र नदी पर विश्व का सबसे बड़ा नदी द्वीप माजुली स्थित है। दक्षिण अमेरिका महाद्वीप में अमेजन नदी पर कई नदी द्वीप स्थित हैं।
- नदी द्वीप, नदी द्वारा निर्मित निक्षेपणात्मक स्थलाकृतियाँ हैं।

भूमिगत जल द्वारा निर्मित स्थलाकृतियाँ

- धरातल के नीचे चट्टानों के छिद्रों व दरारों में विद्यमान जल को भूमिगत जल (Underground water) कहते हैं। इससे निर्मित स्थलाकृति को कार्स्ट स्थलाकृति कहते हैं। इसका नामकरण एड्रियाटिक सागर तट के चूना पत्थर क्षेत्र की स्थलाकृतियों के नाम पर किया गया है।
- भूमिगत जल घुलन क्रिया, जल गति क्रिया, अपघर्षण तथा सन्निघर्षण क्रिया के द्वारा विभिन्न प्रकार के अपरदनात्मक तथा निक्षेपात्मक स्थलाकृतियों का निर्माण होता है।
- जब चट्टानें पारगम्य, कम सघन, अत्यधिक जोड़ों, सन्धियों व दरारों वाली हों, तो धरातलीय जल का अन्त:स्रवण आसानी से होता है। लम्बवत् गहराई तक जाने के बाद जल धरातल के नीचे चट्टान की सन्धियों, छिद्रों व संस्तरण तल से होकर क्षैतिज अवस्था में बहना प्रारम्भ करता है।
- भूमिगत जल का क्षैतिज एवं ऊर्ध्वाधर प्रवाह ही चट्टानों के अपरदन का कारण है। भूमिगत जल चूना-पत्थर या डोलोमाइट जैसी चट्टानों, जिनमें कैल्सियम कार्बोनेट की प्रधानता होती है, में घोलीकरण व अवक्षेपण द्वारा अनेक स्थलरूपों का विकास करता है।

भूमिगत जल द्वारा अपरदित स्थलरूप

कुण्ड, घोलरन्ध्र, लैपीज और चूना-पत्थर चबूतरे

- चूना-पत्थर चट्टानों के तल पर घुलन क्रिया द्वारा छोटे व मध्यम आकार के छोटे घोल गर्तों का निर्माण होता है, जिनके विलय पर इन्हें विलयन रन्ध्र कहा जाता है।
- घोलरन्ध्र (Sinkholes) अनेक छोटे-छोटे छिद्र होते हैं, जो ऊपर से वृत्ताकार व नीचे से कीप की आकृति के होते हैं। इनका क्षेत्रीय विस्तार कुछ वर्ग मीटर होता है तथा गहराई आधे मीटर से 30 मीटर या उससे अधिक होती है।
- इनमें से कुछ का निर्माण अकेले घुलन क्रिया द्वारा ही होता है और कुछ अन्य पहले घुलन प्रक्रिया द्वारा ही बनते हैं। यदि इन घोलरन्ध्रों के नीचे बनी कन्दराओं की छत ध्वस्त हो जाए, तो ये बड़े छिद्र ध्वस्त या निपात रन्ध्र के नाम से जाने जाते हैं।
- अधिकतर घोलरन्ध्र ऊपर से अपरदित पदार्थों के जमने से ढक जाते हैं और उथले जल कुण्ड जैसे प्रतीत होते हैं। ध्वस्त घोलरन्ध्रों को डोलाइन भी कहा जाता है। ध्वस्त रन्ध्रों की अपेक्षा घोलरन्ध्र अधिक संख्या में पाए जाते हैं। इस प्रकार घोलरन्ध्र में निर्मित छोटे-छोटे छिद्रों को ही डोलाइन कहा जाता है, जो विस्तृत आकार वाले होते हैं।
- जब घोलरन्ध्र व डोलाइन कन्दराओं की छत के गिरने से या पदार्थों के स्खलन द्वारा आपस में मिल जाते हैं, तो लम्बी, तंग तथा विस्तृत खाइयाँ (गर्त) बनती हैं, जिन्हें घाटी रन्ध्र या युवाला कहते हैं अर्थात् जब डोलाइन मिलकर एक वृहदाकार गर्त का निर्माण करते हैं, तो इस विस्तृत गर्त को युवाला (सुकुण्ड) कहा जाता है।
- जब कई युवाला मिल जाते हैं, तो अत्यन्त विशाल खाइयां बन जाती हैं, इन विस्तृत खाइयों को राजकुण्ड या पोल्जे कहते हैं। इसकी तली या फर्श समतल तथा दीवारें खड़ी होती हैं। लिवनो पोल्जे (पश्चिमी बाल्कन क्षेत्र) यूरोप का सबसे बड़ा पोल्जे है।
- जब चूना युक्त चट्टानों का अधिकतर भाग युवाला के गर्तों व खाइयों में सम्मिलित हो जाता है और पूरे क्षेत्र में अत्यधिक, अनियमित, पतले व नुकीले, कटक आदि शेष रह जाते हैं, जो एक-दूसरे से विदर (दरार) द्वारा अलग रहते हैं, जिन्हें लैपीज (Lappies) या अवकूट या क्लिंट कहा जाता है। इन कटकों या लैपीज का निर्माण चट्टानों की सन्धियों में भिन्न घुलन प्रक्रिया द्वारा होता है। लैपीज की ऊपरी सतह ऊबड़-खाबड़ तथा पतले शिखर वाली होती है।
- लैपीज (Lappies) का क्षेत्र बड़ा हो जाने पर यह एक समतल चूनायुक्त चबूतरे में परिवर्तित हो जाता है, जिसे चूना पत्थर चबूतरा के नाम से जाना जाता है। भिन्न-भिन्न क्षेत्रों में लैपीज को अलग-अलग नामों से जाना जाता है। इसे इंग्लैण्ड, जर्मनी, सर्बिया तथा डालमेशियन क्षेत्र में क्रमशः क्लिण्ट कैरेन, बोगाज तथा लैपीज नामों से सन्दर्भित किया जाता है।

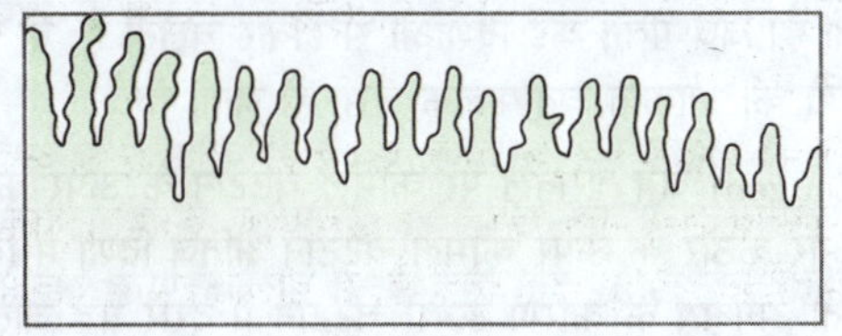

लैपीज

अन्धी घाटी

- कार्स्ट प्रदेश की वह घाटी, जिसकी तली शुष्क होती (शुष्क घाटी) है या जिसमें कोई नदी बहती है, अन्धी घाटी (Steephead Valley) कहलाती है। यह नदी घाटी के पीछे का भाग होती है।
- यह प्राय: युवाला (वृहत डोलाइन) की तली पर निर्मित होती है और इसके पार्श्व खड़े होते हैं। अन्तस्थ: सिरे पर एक खड़ी शैल-दीवार होती है, जिसके आधार पर सतही जल प्रवाह भूमि में विलीन हो जाता है। बहुत से स्वालेट (भूमिगत स्रोत) भी लघु अन्धघाटियों के रूप में होते हैं।

कार्स्ट प्रदेश

- घुलनशील चूना प्रधान शैलों से कार्स्ट प्रदेश का निर्माण होता है, इनमें विभिन्न आकार वाले असंख्य छिद्र पाए जाते हैं और इनमें धरातलीय या भौम जल, रासायनिक प्रक्रिया द्वारा विकसित स्थल रूपों को कार्स्ट कहा जाता है।
- किसी भी चूना-पत्थर या डोलोमाइट चट्टानों के क्षेत्र में भौम जल द्वारा घुलन प्रक्रिया और उसकी निक्षेपण प्रक्रिया से बने स्थलरूपों को कार्स्ट स्थलाकृति कहते हैं। यह नाम एड्रियाटिक सागर (Adriatic Sea) के साथ बालकन कार्स्ट क्षेत्र में उपस्थित लाइमस्टोन चट्टानों पर विकसित स्थलाकृतियों पर आधारित है।
- अपरदनात्मक तथा निक्षेपणात्मक दोनों प्रकार के स्थलरूप में कार्स्ट स्थलाकृतियों की विशेषताएँ पाई जाती हैं।

कार्स्ट क्षेत्र का वितरण

- भारत में स्थित जम्मू-कश्मीर, काँगड़ा घाटी, देहरादून, पूर्वी हिमालय, रोहतास पठार (बिहार), बस्तर जिला, पचमढ़ी क्षेत्र (मध्य प्रदेश) आदि कार्स्ट प्रदेश के अन्तर्गत आते हैं।
- सर्बिया तथा क्रोएशिया के वास्तविक कार्स्ट प्रदेश के अतिरिक्त विश्व के दक्षिण फ्रांस का कासेस क्षेत्र, ग्रीस, स्पेनिश, अण्डालूसिया, उत्तरी पोर्टोरिको, टेनेसी तथा मध्यवर्ती फ्लोरिडा आदि क्षेत्र हैं।
- इसके अतिरिक्त इसके गौण क्षेत्र क्रमशः संयुक्त राज्य अमेरिका के केंटुकी, वर्जीनिया, मध्य टैनेशी तथा फ्लोरिडा में न्यू मैक्सिको का कार्ल्स क्षेत्र, इंग्लैण्ड का चाक क्षेत्र, फ्रांस का चाक क्षेत्र, जूरा पर्वत के भाग आदि हैं।
- एशिया में मलेशिया, नेपाल के पोरवरा का क्षेत्र प्रमुख कार्स्ट प्रदेश हैं।

गुफा/कन्दरा

- ऐसे प्रदेश जहाँ चट्टानों का एकान्तर संस्तर होता है (शैल बालू, पत्थर व क्वार्ट्जाइट) और इनके मध्य में यदि चूना-पत्थर व डोलोमाइट चट्टानें होती हैं अर्थात् सघन चूना-पत्थर चट्टानों का संस्तर होता है, तो वहाँ कन्दराओं का निर्माण होता है।
- जब पानी दरारों व सन्धियों से रिसकर शैल संस्तरण के साथ क्षैतिज अवस्था में बहता है तथा इसी तल संस्तर के सहारे चूना चट्टानें घुलती हैं और लम्बे एवं तंग विस्तृत स्थान बनते हैं, तो उन्हें कन्दराएँ कहा जाता है। प्राय: कन्दराओं का एक खुला मुख होता है, जिससे कन्दरा सरिताएँ बाहर निकलती हैं।
- इसका निर्माण भूमिगत जल की घुलन क्रिया तथा अपघर्षण (solution and corrosion) से होता है। संयुक्त राज्य अमेरिका की कार्ल्सबैड कन्दरा तथा मैमथ कन्दरा इसके प्रमुख उदाहरण हैं। उत्तराखण्ड के देहरादून, बिहार के रोहतास पठार (गुप्त धाम कन्दरा), मध्य प्रदेश के बस्तर (कुटुम्बसर), चित्रकूट आदि में कन्दराएँ पाई जाती हैं।

भूमिगत जल के निक्षेपात्मक स्थलरूप

- चूना-पत्थर क्षेत्रों में अधिकतर निक्षेपित स्थलरूप कन्दराओं के अन्दर ही निर्मित होते हैं। चूना-पत्थर चट्टानों में मुख्य रसायन कैल्सियम कार्बोनेट पाया जाता है, जो कार्बनयुक्त जल (वर्षा जल में घुला हुआ कार्बन) में शीघ्रता से घुल जाता है।
- जब इस जल का वाष्पीकरण होता है, तो घुले हुए कैल्सियम कार्बोनेट का निक्षेपण होता है या जब चट्टानों की छत के जल के वाष्पीकरण के साथ कार्बन डाइ-ऑक्साइड उत्सर्जित होती है, तो कैल्सियम कार्बोनेट के चट्टानी धरातल पर टपकने से निक्षेपित हो जाता है।
- **कन्दराओं में निर्मित स्टैलेक्टाइट** (Stalactite) विभिन्न मोटाइयों के लटकते हुए हिम स्तम्भ के समान होते हैं, जो कन्दराओं की छत के पास मोटे होते हैं और अन्त के छोर पर ये पतले होते जाते हैं। ये अनेक आकारों में दिखाई देते हैं। इस प्रकार स्टैलेक्टाइट ऊपर से नीचे की ओर लटकती हुई आकृति होती है।
- **स्टैलेग्माइट** (Stalagmite) कन्दराओं में फर्श से ऊपर की ओर उठी हुई आकृति होती है, जिनका निर्माण कन्दराओं की छत से धरातल पर टपकने वाले चूने के मिश्रित जल से होता है। यह एक स्तम्भ के एक चपटी तश्तरीनुमा आकार में या समतल अथवा क्रेटरनुमा गड्ढे के आकार में विकसित होता है। जब विभिन्न मोटाई के स्टैलेग्माइट तथा स्टैलेक्टाइट के मिलने से एक स्तम्भ का निर्माण होता है, तो उसे स्तम्भ (Cave pillar) अथवा कन्दरा स्तम्भ कहा जाता है।

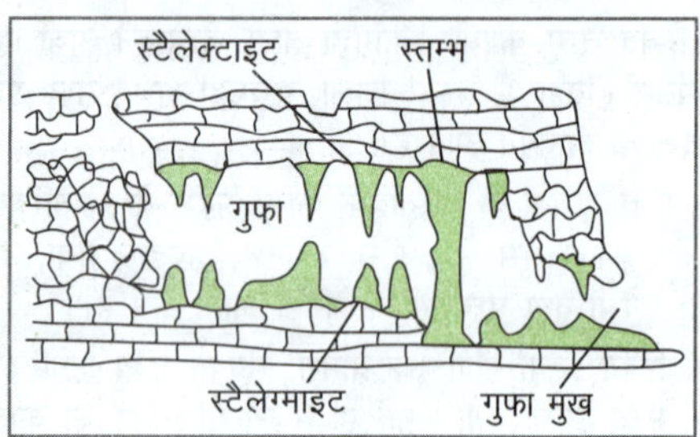

गुफा/कन्दरा

> **हम्स**
>
> कार्स्ट स्थलाकृतिक क्षेत्रों में घुलनशील शैलों के ऊपरी भाग में तीव्र ढाल वाली चूना पत्थर के निक्षेपों से अनेक छोटी-छोटी पहाड़ियाँ खड़ी होती हैं, जिन्हें मोगोट्स (Mogotes) (क्यूबामे), होस्टेक या हे-स्टेक (प्यूर्टोरिको एवं मध्य अमेरिकी देशों में), क्रॉनिकल या हम्स (फ्रांस एवं यूगोस्लाविया में) के नाम से जाना जाता है। ये प्राय: अघुलनशील सिलिका प्रधान चट्टानों से निर्मित सतहों के मध्य निर्मित होती हैं।
>
> **टेरारोसा**
>
> जब चूना पत्थर अथवा डोलोमाइट प्रधान चट्टानों वाले किसी क्षेत्र में जमीन के अन्दर जल का रिसाव होता है, तो वह मिट्टी के कई तत्त्वों को नष्ट या समाप्त कर देता है। इससे मिट्टी में रासायनिक परिवर्तन होता है। इस प्रक्रिया में सामान्यत: लाल मृदा का निर्माण होता है। इस प्रकार की मृदा की परत कहीं मोटी तथा कहीं पतली होती है। ऐसी मिट्टी से निर्मित क्षेत्र को टेरारोसा की संज्ञा दी जाती है। इस मृदा में चूना, लोहा एवं क्ले (चीका मिट्टी) की प्रधानता होती है।

पवन द्वारा निर्मित स्थलाकृतियां

- पृथ्वी का एक-तिहाई भाग शुष्क एवं अर्द्ध-शुष्क क्षेत्र है। इन प्रदेशों में अनाच्छादन के कारक के रूप में पवन का महत्त्वपूर्ण योगदान होता है। अनाच्छादन की प्रक्रिया के फलस्वरूप अनेक स्थलाकृतियों का निर्माण एवं विकास होता है।
- पवन के कार्य मरुस्थलीय क्षेत्रों में प्रभावी होते हैं। इनका अपरदनात्मक कार्य मुख्य रूप से मौलिक होता है, जो अपघर्षण, सन्निघर्षण तथा अपवाहन के रूप में होता है। इससे पवन अपरदनात्मक तथा निक्षेपात्मक स्थल रूपों का निर्माण करती है।

पवन के अपरदनात्मक स्थलरूप

- **अपवाहन बेसिन या वात गर्त** (Blowout) वनस्पति विहीन क्षेत्रों में तीव्र वेग से चलती हुई वायु में भँवर उत्पन्न हो जाते हैं और धरातल पर बिछी हुई कोमल तथा असंगठित शैल को अपने साथ उड़ाकर ले जाते हैं, जिससे छोटे-छोटे गर्त बन जाते हैं। इसके फलस्वरूप जब वहाँ बड़े तश्तरीनुमा गड्ढे या गर्त जैसी आकृति बन जाती है, तो उसे **वात गर्त** कहते हैं। **वात गर्त** (Wind Trough) को सहारा मरुस्थल में अपवाहन गर्त (Deflation Hollows) के नाम से जाना जाता है। पवन निर्मित गर्तों के अनेक उदाहरण मंगोलिया, कालाहारी, सहारा के रेगिस्तान तथा संयुक्त राज्य अमेरिका के पश्चिमी शुष्क भागों में पाए जाते हैं। इन गर्तों में जल भर जाने से झीलों का निर्माण होता है। कतारा गर्त (मिस्र), वफैलो-वालोस बेसिन (यूएसए) तथा पांग-कियांग (मंगोलिया) आदि प्रमुख गर्त हैं।
- **छत्रक शैल/गारा** (Mushroom Rock or Gara) जब मरुस्थलीय भागों में विद्यमान चट्टानों का ऊपरी भाग कठोर तथा निचला भाग कोमल होता है, तो पवन के अपघर्षण के कारण ऊपरी भाग में कटाव कम, किन्तु निचले भाग में अधिक कटाव होता है। इस प्रकार एक छतरीनुमा (कुकुरमुत्ते) आकृति बन जाती है, जिसे **छत्रक** या **छत्रक शिला** कहते हैं। इसे सहारा मरुस्थल में **गारा** (Gara) के नाम से जाना जाता है।

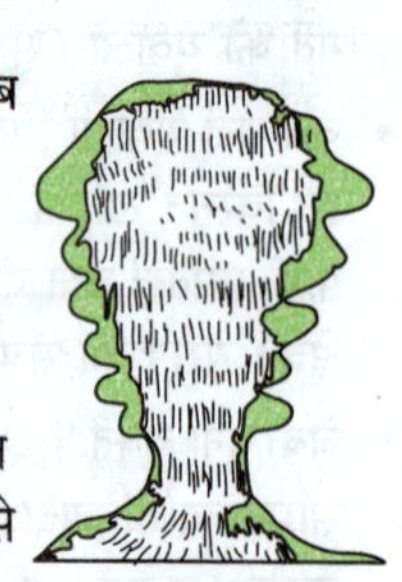
छत्रक या गारा

- **भू-स्तम्भ** (Demoiseller) मरुस्थलीय व शुष्क प्रदेशों में जहाँ असंगठित तथा कोमल चट्टानों के ऊपर कठोर चट्टानों का आवरण होता है, वहाँ संरक्षण के कारण कोमल चट्टानों का अपरदन नहीं हो पाता है, किन्तु निकट की कोमल चट्टानों का अपरदन होता रहता है। इससे कठोर शैल वाला भाग एक स्तम्भ के रूप में दिखाई देता है, जिसे भू-स्तम्भ या डिमोइसेलर कहा जाता है।
- **ड्राइकाण्टर** (Dreikanter) सामान्यत: पथरीले मरुस्थलों में पवनों के अपरदनात्मक कार्य से निर्मित तीन फलक वाले वोल्डर को ड्राइकाण्टर कहा जाता है। जब पवन कई दिशाओं से होकर चलती है, तो इन शिलाखण्डों की आकृति चतुष्फलक जैसी हो जाती है।
- **ज्यूगेन** (Zeugen) जब धरातल पर कोमल चट्टान के ऊपर कठोर चट्टान और कठोर के ऊपर कोमल चट्टान क्षैतिज दिशा में बिछी हुई होती है, तो अपक्षय के कारण ऊपरी चट्टान में दरारें पड़ जाती हैं। पवन की अपरदन क्रिया से ये दरारें धीरे-धीरे बढ़ती जाती हैं और नीचे की

कोमल चट्टान को वायु उड़ा ले जाती है। इस प्रकार कोमल चट्टान के ऊपर कठोर चट्टान मेज या दवातनुमा (Inkpot Type) की भाँति दिखाई देने लगती है, जिसे ज्यूगेन कहते हैं।

- **जालीदार शिला** (Stone Lattice) जब तीव्र वेग से चलने वाली पवन के मार्ग में विविधता-पूर्ण संरचना वाली चट्टानें उपस्थित होती हैं, तो कोमल चट्टानों को पवनें बहाकर ले जाने लगती हैं, जिससे चट्टानें जाली के समान दिखाई देने लगती हैं।
- **यारडंग** (Yardang) ज्यूगेन के विपरीत जब कोमल तथा कठोर चट्टानों की परतें पवन प्रवाह की दिशा में लम्बवत् होती हैं, तो कठोर चट्टानों की अपेक्षा कोमल चट्टानें अधिक अपरदित होती हैं, जिससे गहरी एवं लम्बी नालियाँ निर्मित हो जाती हैं, जिसे **यारडंग** कहते हैं। अधिकांशत: यारडंग पवन की दिशा के समानान्तर रूप में होते हैं।

यारडंग

- **इन्सेलबर्ग** (Inselberg) यह एक जर्मन शब्द है, जिसका शाब्दिक अर्थ-द्वीपीय पर्वत होता है। इन्सेलबर्ग मरुस्थलीय भागों में अनेक बार कठोर चट्टानें भी होती हैं। ये कठोर चट्टानें कोमल चट्टानों के अपरदन के बाद भी टीलों के रूप में खड़ी रहती हैं, इन्हें इन्सेलबर्ग कहते हैं। ये ग्रेनाइट शैलों के अपरदन से बनते हैं। इनका आकार पिरामिड या गुम्बदाकार होता है। दक्षिण तथा मध्य अफ्रीका एवं भारत में रायपुर के पास कूपघाट में ऐसे टीले मिलते हैं।

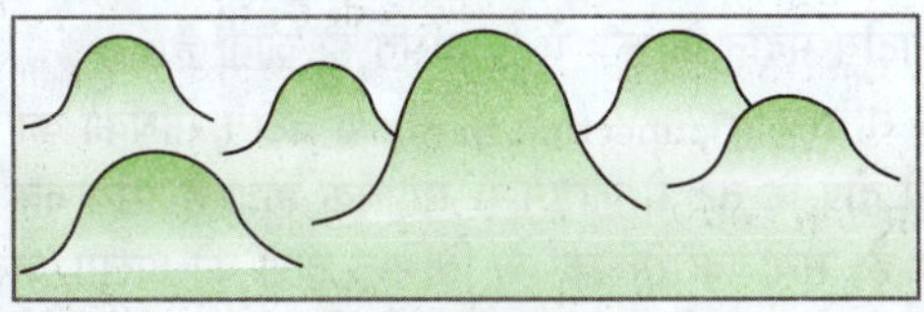

इन्सेलबर्ग

पवन के निक्षेपात्मक स्थलरूप

- **प्लाया** (Playa), **बालसन** (Balson) तथा **बजादा** (Bajada) मरुस्थलीय मैदान जब पर्याप्त जल उपलब्ध होने पर उथले जल क्षेत्र में परिवर्तित हो जाते हैं, तो इससे एक उथली झील का निर्माण हो जाता है, जिसे प्लाया कहा जाता है। प्लाया तथा पर्वतीय अग्रभाग के मन्द ढाल वाले मैदान, जिनका निचला भाग प्लाया से मिलता है, वह बजादा (Bajada) कहलाता है।
- **बालसन** (Balson) रेगिस्तानी भागों में पर्वतों से घिरे बेसिन होते हैं, जिसमें चारों ओर से छोटी-छोटी नदियाँ आकर इसमें मिलती हैं।
- **पेडीमेण्ट** (Pediment) मरुस्थलीय क्षेत्रों में जल द्वारा अपरदित चट्टानी चबूतरों को पेडीमेण्ट कहा जाता है। इसका निर्माण पर्वतीय अग्रभाग के निम्नीकरण द्वारा होता है। ये पर्वतीय अग्रभाग तथा बजादा के मध्य अपरदित शैल सतह वाले व सामान्य ढाल वाले मैदानी भाग होते हैं।

प्लाया झील

- जब मरुस्थलीय क्षेत्रों में पवन के अपरदन के परिणामस्वरूप सतह पर बने गर्तों में विभिन्न कारणों से जल संचित हो जाता है, तो उसे प्लाया झील की संज्ञा दी जाती है।
- प्लाया में वाष्पीकरण के कारण जल अल्प समय के लिए ही रहता है। अधिकतर प्लाया में लवणों के समृद्ध निक्षेप पाए जाते हैं। अत: ऐसे प्लाया मैदान जो लवणों से भरे हों, उन्हें **कल्लर भूमि या क्षारीय क्षेत्र** कहा जाता है।
- डीडवाना झील, जोकि राजस्थान में स्थित एक खारे पानी की एक प्लाया झील है। **सैलीनास** खारे जल के प्लाया को कहते हैं।

- **बालुका स्तूप** (Sand Dunes) उष्ण, शुष्क मरुस्थल बालू टिब्बों के निर्माण के उपयुक्त स्थान हैं। पवनों द्वारा रेत एवं बालू के निक्षेप से निर्मित स्तूपों को बालू टिब्बे कहा जाता है। ये स्थलाकृति ऐसे शुष्क, अर्द्ध-शुष्क रेगिस्तानों, सागर तटीय भागों तथा अन्य स्थानों पर बनती हैं, जहाँ रेत अधिक सुलभ होता है। ये स्तूप निम्न प्रकार के होते हैं
  - **परवलयिक बालू टिब्बा** (Parabolic Sand Dunes) जहाँ रेतीली धरातल पर आंशिक रूप से वनस्पति पाई जाती है, वहाँ परवलयिक बालू टिब्बे का निर्माण होता है।
  - **सीफ** (Seif) इसमें केवल एक ही भुजा होती है, ऐसा पवनों की दिशा में बदलाव के कारण होता है। सीफ की यह भुजा ऊँची व अधिक लम्बी हो सकती है।
  - **अनुदैर्ध्य टिब्बे** (Longitudinal Dunes) जब रेत की आपूर्ति कम तथा पवनों की दिशा स्थायी होती है, तो ऐसे टिब्बे का निर्माण होता है। ये अत्यधिक लम्बाई व कम ऊँचाई के लम्बायमान कटक (Linear Sand Dune) के रूप में प्रतीत होते हैं।
  - **अनुप्रस्थ टिब्बे** (Transverse Dunes) ये प्रचलित पवनों की दिशा के समकोण पर बनते हैं। ये अधिक लम्बे व कम ऊँचाई वाले होते हैं। इनके निर्माण में पवनों की दिशा निश्चित तथा रेत का स्रोत पवनों की दिशा के लम्बवत् होता है। मरुस्थलों में अधिकतर टिब्बों का स्थानान्तरण होता रहता है और इसमें से कुछ विशेषकर मानव बस्तियों के निकट स्थित हो जाते हैं।
- **बरखान** (Barkhan) यह एक विशेष आकृति वाला बालू का टीला होता है, जिसका अग्रभाग अर्द्ध-चन्द्राकार होता है और इसके दोनों छोरों पर आगे की ओर एक-एक सींग जैसी आकृति निकली रहती है। आगे वाली पवनविमुख ढाल तीव्र होती है। इसके विपरीत पवन मुख ढाल उत्तल और मन्द होता है। ये तुर्की में अधिक पाए जाते हैं। ये जब समूह में होते हैं, तब रेगिस्तान को पार करना कठिन होता है। ऐसी स्थिति में इनकी दोनों श्रेणियों के मध्य रेतयुक्त कारिडर या कोरिडोर या गासी द्वारा मार्ग बनाया जाता है, जिसे कारवाँ मार्ग कहा जाता है।

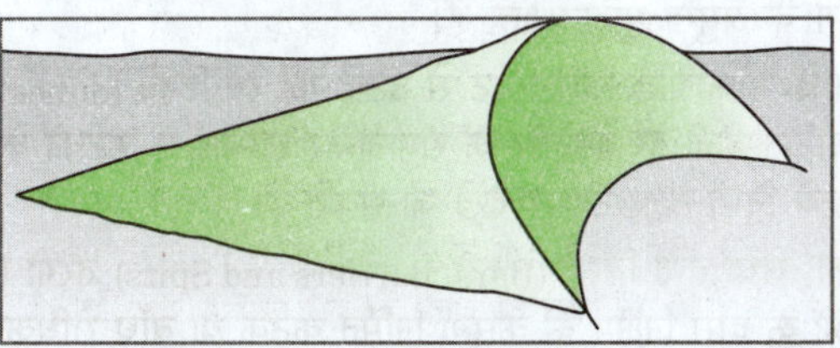

बरखान

- लोयस (Loess) यह जर्मन भाषा का शब्द है, जो बहुत सूक्ष्म कणों से सम्बद्ध चूर्णशील, सूक्ष्म रन्ध्री और पीले रंग की धूल के लिए प्रयोग किया जाता है। पवन द्वारा उड़ाकर लाए गए महीन बालूकणों के वृहत निक्षेप को लोयस कहा जाता है। चीन का लोयस मैदान मरुस्थलीय तथा यूरोप का लोयस मैदान हिमनदीय है।
- लोयस मिट्टी के कण इतने महीन होते हैं कि इनमें परतें नहीं मिलतीं, बल्कि संकुचन के कारण ऊर्ध्वाधर समतलों में टूटने की प्रवृत्ति होती है।
- लोयस की रासायनिक संरचना में फेल्सपार, अभ्रक, क्वाट्र्ज, कैल्साइट, सिलिका, एल्युमीनियम आदि खनिज सम्मिलित होते हैं, जिनका ऑक्सीजन की क्रिया के कारण रंग पीला हो जाता है।
- लोयस मैदानों का अत्यधिक विस्तार चीन के उत्तर-पश्चिम भागों में पाया जाता है। यह गोबी मरुस्थल से उड़ाकर लाई गई मिट्टी व कण से बना है।

सागरीय जल द्वारा निर्मित स्थलाकृतियाँ

- सागरीय तट के समीप समुद्री तरंगों के नियमित अपरदन के कारण तटीय भाग में अनेक स्थलाकृतियों का निर्माण होता है। इस दौरान यह जलगति क्रिया, अपघर्षण, सन्निघर्षण, घुलन क्रिया तथा जल दाब की क्रिया करती है।
- सागरीय जल का कार्य सागरीय लहर, धाराएँ, ज्वारीय तरंगें तथा सुनामी द्वारा सम्पन्न होता है। सागरीय जल द्वारा निर्मित प्रमुख स्थलाकृतियाँ निम्नलिखित हैं

तरंग व धाराओं द्वारा निक्षेपित स्थलरूप

- पुलिन और टिब्बे (Dunes) यह एक अस्थायी स्थलाकृति होती है और इसकी उपस्थिति तटों की प्रमुख विशेषता होती है। यह तटों पर टुकड़ों में पाई जाती है। वे अवसाद, जिनसे पुलिन का निर्माण होता है, जल एवं नदियों व सरिताओं द्वारा अथवा तरंगों द्वारा बहाकर लाए गए पदार्थ (बालू, बजरी, गोलाश्म आदि) होते हैं।
- कुछ पुलिन स्थायी भी होते हैं, जो रेत के छोटे कणों से बने होते हैं। शिंगिल पुलिन में अत्यधिक छोटी गुटिकाएँ तथा गोलाश्मिकाएँ होती हैं। पुलिन का निर्माण उच्च ज्वार तथा निम्न ज्वार के तल के मध्य होता है। भारत के तटीय भागों (पश्चिमी एवं पूर्वी तटीय क्षेत्र) के पुलिनों का विवरण निम्नलिखित है
  - जुहू पुलिन (मुम्बई तट), कोल्वा, कलंगूट तथा अंजना (गोवा तट), कोवलन पुलिन (केरल तट) इत्यादि पश्चिमी तटीय भाग के प्रमुख पुलिन हैं।
  - विशाखापत्तनम पुलिन तथा पुरी पुलिन (ओडिशा तट) पूर्वी तटीय भाग के प्रमुख पुलिन क्षेत्र हैं।
- पुलिन के ठीक पीछे पुलिन तट से उठाई गई रेत टिब्बे (dunes) के रूप में निक्षेपित होती है। तटरेखा के समानान्तर लम्बाई में कटकों के बने रेत के डिब्बे निम्न तलछटी पर देखे जा सकते हैं।
- रोधिका, रोधा तथा स्पिट (Bars, Barriers and Spits) तरंगों तथा धाराओं के द्वारा निक्षेप के कारण निर्मित कटक या बाँध रोधिका कहलाती है। समुद्री अपतट पर तट के समानान्तर पाई जाने वाली रेत और शिंगिल की कटक को अपतट रोधिका (Offshore Bars) कहते हैं। वह स्थिति जब अपरदित पदार्थों का जमाव किसी द्वीप के चारों ओर होता है, तो उसे लूप रोधिका (Loop Bars) के नाम से जाना जाता है।

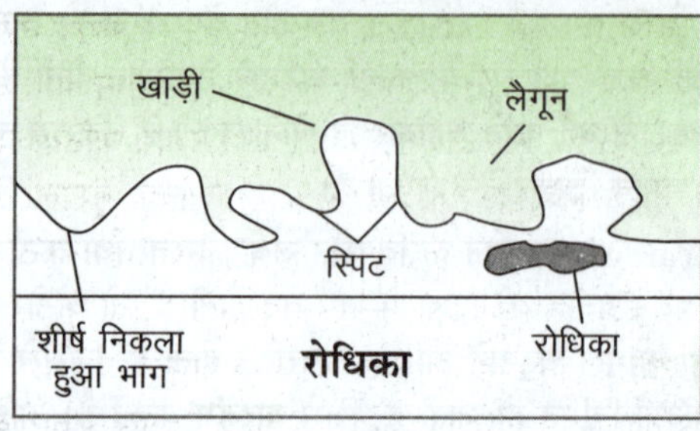

- ऐसी अपतटीय रोधिका, जो रेत के अधिक निक्षेपण से ऊपर दिखाई पड़ती है, तो उसे रोध रोधिका (Barrier Bars) कहते हैं। अपतटीय रोध व रोधिकाएँ या तो खाड़ी में प्रवेश करने पर या नदियों के मुहानों के सम्मुख बनती हैं।
- जब रोधिकाओं का एक सिरा खाड़ी से जुड़ जाता है, तब उन्हें स्पिट (Spit) कहा जाता है। तट के शीर्षस्थल से एक सिरे के जुड़ने एवं दूसरे सिरे का सागर की ओर खुला रहने से भी स्पिट का निर्माण हो जाता है। ऐसा स्पिट, जो तटों की ओर झुका होता है, उसे हुक (Hook) कहा जाता है तथा स्पिट या हुक के छल्ले के समान आकृति को लूप (Loop) कहा जाता है।
- जब रोधिकाएँ, रोध व स्पिट धीरे-धीरे खाड़ी के मुख पर बढ़ते रहते हैं, तो इससे खाड़ी का समुद्र में खुलने वाला द्वार संकुचित हो जाता है तथा कालान्तर में खाड़ी एक लैगून में परिवर्तित हो जाती है।
- इसके बाद लैगून भी धीरे-धीरे स्थल से लाए गए तलछटों से या पुलिन से वायु द्वारा लाए गए तलछट से लैगून के स्थान पर एक चौड़े व विस्तृत तटीय मैदान के रूप में विकसित हो जाता है।
- संयोजक रोधिका (Connecting Bars) या तटीय रोधिका का विस्तार, जो किसी द्वीप के तट से जोड़ने में सहायक होता है, संयोजक रोधिका कहलाता है। संयोजक रोधिका के विभिन्न रूपों को अलग-अलग शब्दावलियों से सम्बोधित किया जाता है; जैसे—दो शीर्ष स्थलों या द्वीप को तटों से मिलाने वाली रोधिका को संयोजक रोधिका कहते हैं।
- तट तथा रोधिका के मध्य सागरीय जल के बन्द होने से लैगून बनता है, जो खारे पानी की झीलें होती हैं; जैसे—चिल्का झील (ओडिशा), पुलिकट झील (तमिलनाडु) तथा वेम्बनाद (केरल) आदि।

सागरीय जल द्वारा निर्मित अपरदित स्थलरूप

- तटरेखा (Shore line or Coastal line) समुद्री तट का सागरीय तरंगों द्वारा नियमित कटाव होने से, नवीन स्थलस्वरूपों का निर्माण होता है, जो तटरेखा कहलाती है। यह समुद्र तट तथा समुद्री किनारे के मध्य की सीमा होती है। इसके द्वारा खाड़ियों तथा अन्तरीप का निर्माण होता है।
- फियोर्ड तट (Fiord Coast) उच्च अक्षांशों में जलमग्न हिमानीकृत घाटियों को फियॉर्ड कहा जाता है। फियोर्ड एक प्रकार का तट या किनारा होता है। फियॉर्ड दोनों गोलार्द्धों में मिलते हैं, परन्तु ये मुख्य रूप से न्यूजीलैण्ड, चिली, अलास्का, ब्रिटिश कोलम्बिया, ग्रीनलैण्ड, नॉर्वे में अधिकता से मिलते हैं। नॉर्वे को फियॉर्ड तट का डेरा भी कहते हैं।

डाल्मेशियन तट (Dalmation Coast) समानान्तर पर्वतीय कटकों वाले तटों के धँसाव से डाल्मेशियन तट का निर्माण होता है। क्रोएशिया का डाल्मेशियन तट इसका सर्वोत्तम उदाहरण है।

- **हैफा तट या निमग्न भूमि का तट** (Haifa Coast) सागरीय तटीय भाग में किसी निम्न भूमि के डूब जाने से निर्मित तट को निमग्न भूमि का तट कहते हैं। यह तट कटा-फटा नहीं होता तथा इस पर घाटियों का अभाव पाया जाता है तथा इस पर रोधिकाओं की समानान्तर श्रृंखला मिलती है। इससे सागरीय जल घिरकर लैगून का निर्माण करता है। यूरोप का बाल्टिक तट हैफा तट का सर्वोत्तम उदाहरण है।
- **निर्गत समुद्रतट** स्थलखण्ड के ऊपर उठने या समुद्री जलस्तर के नीचे गिरने से निर्गत समुद्रतट का निर्माण होता है। इस प्रकार के तट पर स्पिट, लैगून, पुलिन, क्लिफ और मेहराब मिलते हैं। भारत में गुजरात का काठियावाड़ तट निर्गत समुद्रतट का सबसे प्रमुख उदाहरण है।
- **रिया तट** (Ria Coast) नदियों द्वारा अपरदित उच्च भूमि के धँस जाने से रियातट का निर्माण होता है। ये V आकार की घाटी होती है तथा इनके किनारे ढलान युक्त होते हैं। इनकी गहराई समुद्र की ओर क्रमश: बढ़ती जाती है। प्रायद्वीपीय भारत के पश्चिमी तट का उत्तरी भाग रिया तट का उदाहरण है।

लैगून या अनूप

- लैगून अथवा अनूप किसी विस्तृत जलस्रोत; जैसे-समुद्र या महासागर के किनारे पर बनने वाला एक उथला जल क्षेत्र होता है, जो किसी पतली स्थलीय पेटी या अवरोध (रोध, रोधिका, भित्ति आदि) द्वारा सागर से अंशत: या पूर्णत: अलग होता है। भारत के ओडिशा की चिल्का झील लैगून का सर्वोत्तम उदाहरण है।
- **लघु निवेशिका** (Cove) जब तट के समानान्तर कठोर तथा कोमल चट्टानों की परतों का विस्तार पाया जाता है, तब तरंगों द्वारा कोमल चट्टान वाले भागों में अण्डाकार कटान होता है, जिससे निर्मित आकृति को **लघु निवेशिका** या **लघु खाड़ी** कहा जाता है।

लघु निवेशिका

- **भृगु, वेदिकाएँ, कन्दराएँ** तथा **स्टैक** (Cliff, Terraces, Caves and Stack) ऐसे तट, जहाँ पर अपरदन प्रमुख प्रक्रिया होती है, वहाँ प्राय: दो प्रमुख आकृतियाँ तरंग घर्षित, भृगु व वेदिकाएँ पाई जाती हैं। जब समुद्र तट खड़ा होता है, तो उसे क्लिफ या भृगु कहते हैं। सभी समुद्री भृगुओं की ढाल तीव्र होती है, जो कुछ मी से 30 मी या उससे अधिक तक होती है।
- इनकी तलछटी पर एक मन्द ढाल वाला या समतल प्लेटफॉर्म होता है, जो समुद्री भृगु से प्राप्त शैल मलबे से ढका होता है। यह प्लेटफॉर्म तरंग की औसत ऊँचाई से अधिक ऊँचाई पर मिलता है, इन्हें तरंग घर्षित वेदिकाएँ (Greedy Terrace) कहते हैं।
- भृगु की कठोर चट्टान के विरुद्ध जब तरंगें टकराती हैं, तो ये भृगु के आधार पर रिक्त स्थान बनाती हैं और इसे गहराई तक खोखला कर देती हैं, जिससे **समुद्री कन्दराएँ** बनती हैं।
- सागरीय तरंगें कमजोर चट्टानों के संस्तर पर तीव्र अपरदन क्रिया द्वारा तटीय क्षेत्र में तटीय कन्दरा का निर्माण करती हैं। समुद्र की ओर बढ़ने पर दो कन्दराओं के मिलने से **मेहराब** बनता है।
- कन्दराओं के विकास के फलस्वरूप जब गुफा में जल का गमन होने लगता है, तत्पश्चात् मेहराब का निर्माण होता है।
- इन कन्दराओं की छत ध्वस्त होने से समुद्री भृगु स्थल की ओर हटती है। इस प्रकार भृगु के निवर्तन से चट्टानों के कुछ भाग अलग-अलग छूट जाते हैं। ऐसी अलग-अलग प्रतिरोधी चट्टानें, जो कभी भृगु का भाग थीं, **समुद्री स्टैक** कहलाती हैं।
- यह **मेहराब** के ध्वस्त होने के बाद चट्टान का शीर्ष (अगला) भाग है, जो समुद्री जल के बीच एक स्तम्भ के समान खड़ा रहता है।
- **स्टैक** (Stack) एक अस्थायी आकृति होती है, जो तरंग अपरदन द्वारा समुद्री पहाड़ियों व भृगु की भाँति धीरे-धीरे मैदानों में परिवर्तित हो जाती है और स्थल से प्रवाहित जलोढ़ से आच्छादित रेत व शिंगिल चौड़े पुलिन में परिवर्तित हो जाती है।

हिमानी द्वारा निर्मित स्थलाकृतियाँ

- पर्वतीय तथा ध्रुवीय क्षेत्रों की वह रेखा, जिसके ऊपर वर्षभर हिम का आवरण रहता है तथा बर्फ पूर्णतया कभी नहीं पिघलती, **हिम रेखा** (Snow line) कहलाती है।
- हिम रेखा में परिवर्तन होता है, जिसका कारण ऋतु परिवर्तन है। भूमध्य रेखा से ध्रुवों की ओर जाने पर हिम रेखा की ऊँचाई क्रमश: घटती जाती है और ध्रुवीय क्षेत्रों में यह प्राय: समुद्रतल के बराबर ही पाई जाती है। भूमध्य रेखा पर हिम रेखा की ऊँचाई 6000 मी होती है, जबकि हिमालय पर यह 4300 से 4500 मी है।
- हिम रेखा के उपर स्थित भाग, जो सदैव हिम से आच्छादित रहते हैं, हिमक्षेत्र कहलाते हैं। ग्रीनलैण्ड तथा अण्टार्कटिका महत्त्वपूर्ण स्थायी हिमक्षेत्र हैं। इन पर बर्फ की मोटी चादर का भार, ढाल के प्रभाव एवं गुरुत्वाकर्षण शक्ति के प्रभाव के कारण ढाल की ओर खिसकता है।

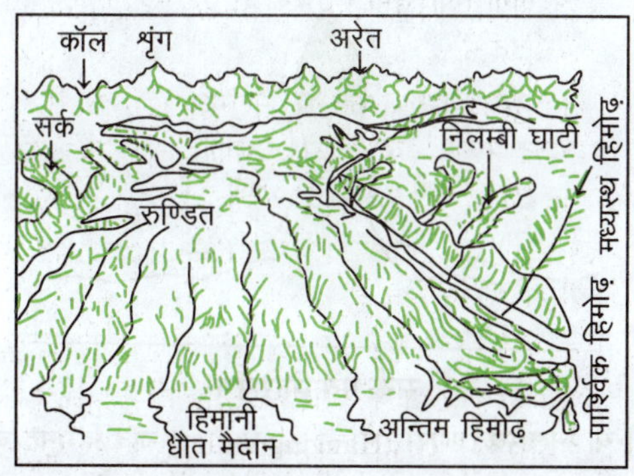

- इस खिसकते हिमखण्ड को हिमानी या हिमनदी कहते हैं, जिसकी गति सामान्यत: प्रतिदिन 2.5 से 30 सेमी तक की होती है। शीत ऋतु की अपेक्षा ग्रीष्म ऋतु में इसकी गति तेज होती है।

- हिमानी की गति के दौरान अपघर्षण तथा अपघटन की क्रिया होती है तथा इसमें अपरदनात्मक तथा निक्षेपात्मक स्थलरूपों का विकास होता है। हिमानी या हिमनद धीमी गति से बहने वाली हिम या बर्फ की नदी है। ऊँचे पर्वतों में बनने वाली हिमानियाँ लम्बी तथा तंग होती हैं, क्योंकि वे किसी पूर्ववर्ती नदी की घाटी में बनती हैं। इन्हें घाटी हिमानी (Valley Glacier) कहते हैं।

हिमानी द्वारा निर्मित अपरदनात्मक स्थलरूप

- **U आकार की घाटी** हिमनद ऐसी घाटियों से होकर प्रवाहित होती है, जिनके किनारे खड़े ढाल वाले होते हैं तथा तली सपाट व चौरस होती है, जिन्हें U आकार की घाटी कहते हैं।

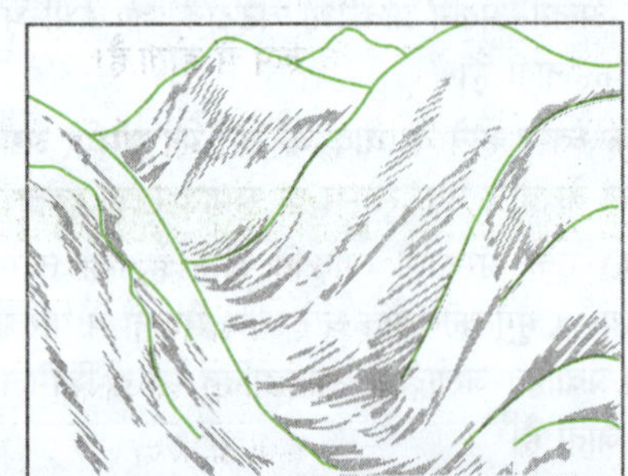

U आकार की घाटी

- **हिम गह्वार या सर्क** (Cirque) यह (सर्क) हिमनद की घाटी के शीर्ष भाग पर एक अर्द्ध वृत्ताकार या आराम कुर्सी की आकृति वाला विशाल गर्त होता है। यह प्राय: हिम से भरा रहता है, जिस कारण इसे हिमगह्वर या हिमसागर या हिमगर्त कहते हैं। यह एकत्रित हिमपर्वतीय क्षेत्रों से नीचे आती हुई सर्क को काटती है। इसकी दीवार तीव्र ढाल वाली या अवतल होती है। यहाँ हिमनद के पिघलने पर जल से भरी झील भी दृष्टिगोचर होती है, जिसे टार्न झील कहते हैं।
- **हॉर्न या गिरिशृंग** (Horns) जब पहाड़ी या पर्वतीय भाग में चारों ओर से अनेक सर्क बन जाते हैं, तो उनके मिलने से एक पिरामिड के आकार की चोटी का निर्माण हो जाता है और बीच का नुकीला शीर्ष (चोटी) ही हॉर्न कहलाता है। आल्पस पर्वत पर सबसे ऊँची चोटी मैटरहॉर्न (स्विट्जरलैण्ड) तथा हिमालय पर्वत (भारत) पर एवरेस्ट वास्तव में हॉर्न है, जो सर्क के शीर्ष अपरदन के फलस्वरूप निर्मित हुए हैं।

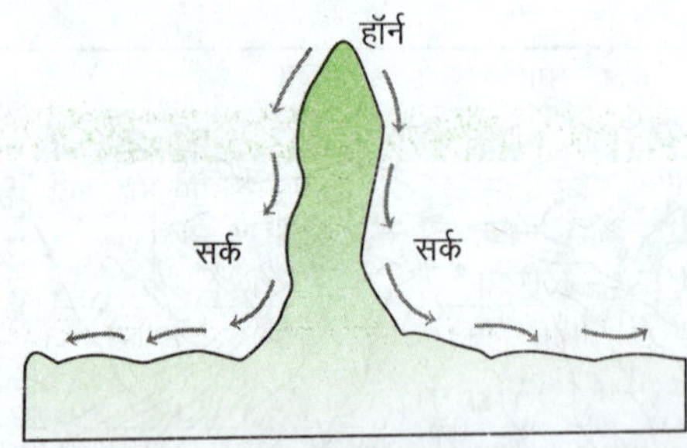

सर्क एवं गिरिश्रृंग

- **लटकती या निलम्बित घाटी** (Hanging Valley) जब हिमनद की मुख्य घाटी के तल से उसमें मिलने वाली सहायक घाटियों के तल अधिक ऊँचे होते हैं, तो सहायक घाटियाँ, मुख्य घाटी पर लटकती हुई प्रतीत होती हैं। इस कारण से उन्हें लटकती घाटियाँ या निलम्बित घाटियाँ या बहिर्लम्बी घाटियाँ कहते हैं।
- हिम के द्रवित होने पर लटकती घाटियों से जल निचली घाटी में गिरने के फलस्वरूप जलप्रपात निर्मित होते हैं। इसी कारण लटकती घाटियाँ प्रपाती घाटियाँ कहलाती हैं।

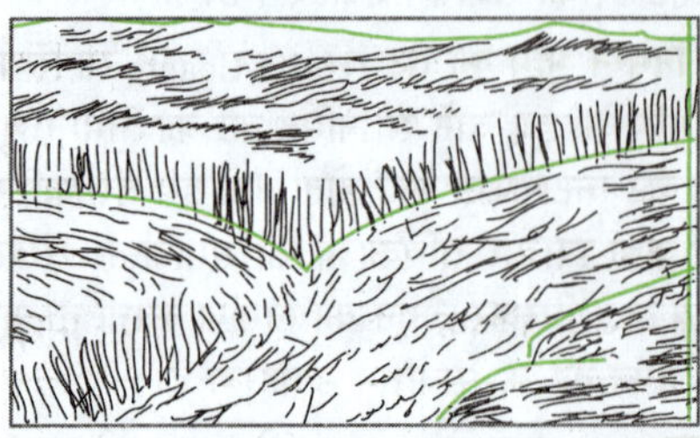

लटकती घाटी

- **भेड़ पीठ शैल या रॉश मुटाने** (Roche Moutonnee) भेड़ शिला हिमानी के मार्ग में जब कोई बड़ी ऊँची चट्टानी आकृति अवरोध के रूप में आती है, तो हिमानी उसके ऊपर बहने लगती है और चढ़ते समय अपघर्षण के कारण मन्द व चिकना कर देती है, किन्तु विपरीत दिशा की ढाल, जिस पर हिमानी उतरती है, को तोड़-फोड़ कर अधिक तीव्र, ऊबड़-खाबड़ बना देती है। ऐसे चट्टानी टीले दूर से देखने पर भेड़ की पीठ के समान दिखाई पड़ते हैं। अत: इन्हें भेड़ शिला या रॉश मुटाने कहते हैं।

भेड़ शिला

- **एरीट या तीक्ष्ण कटक** (Arete) किसी पर्वत के दोनों ओर सर्क के विकसित होने से मध्य भाग अपरदित होकर नुकीला हो जाता है, जिसे एरीट कहते हैं।

हिमानी द्वारा निर्मित निक्षेपात्मक स्थलरूप

- **नुनाटक** (Nunatak) हिमाच्छादन के बीच ऊँचे उठे टीले नुनाटक कहलाते हैं, जो चारों ओर से हिम से घिरे होते हैं। ये हिमक्षेत्र में बिखरे हुए द्वीप के समान दिखाई देते हैं। इसी कारण इन्हें हिमान्तर द्वीप कहा जाता है।
- **हिमसोपान एवं पैटरनास्टर झील** हिमनद के अपरदन से निर्मित आकर्षण युक्त स्थलरूप हिमसोपान (Glaciar Stairway) के सिरे क्लिफ के पास गहरे होते हैं। इनके पिघलने पर गर्तों में जल एकत्रित होने से पैटरनास्टर झीलों का निर्माण होता है।
- **फियोर्ड या पीडमाण्ट झील** उच्च अक्षांशों में जलमग्न हिमानीकृत घाटियाँ फियोर्ड कहलाती हैं। फियोर्ड तथा सागर का मध्य भाग फियोर्ड का चौखटा कहलाता है। जब यह उठ जाता है, तो फियोर्ड या पीडमाण्ट झील का निर्माण होता है।
- **हिमोढ़** (Moraines) यह हिमानियों द्वारा अपरदित एवं परिवहित पदार्थों का निक्षेप होता है। जब हिमानियाँ पिघलकर जल में परिवर्तित होने लगती हैं, तब हिमोढ़ का निर्माण होता है। यह हिमनद टिल या गोलाश्मी मृत्तिका के जमाव की लम्बी कटकें होती हैं। इसमें अन्तस्थ हिमोढ़ हिमनद के अन्तिम भाग में मलबे के निक्षेप से बनी लम्बी कटकें होती हैं।
- **पार्श्विक हिमोढ़** (Lateral Moraines) अन्तस्थ हिमोढ़ से मिलकर घोड़े की नाल या अर्द्ध चन्द्राकार कटक का निर्माण होता है। यह हिमोढ़

हिमनद घाटी के दोनों ओर अत्यधिक मात्रा में पाया जाता है। इसकी उत्पत्ति पूर्णतया आंशिक रूप से हिमानी जल द्वारा होती है, जो इस हिमोढ़ को हिमनद के किनारों पर धकेलती है।

- जब घाटी हिमनद तेजी से पिघलने पर घाटी तल पर हिमनद टिल को एक परत के रूप में अव्यवस्थित रूप में छोड़ देते हैं, तो ऐसे अव्यवस्थित व भिन्न मोटाई के निक्षेप तलीय व तलस्थ हिमोढ़ (Ground Moraines) कहलाते हैं।
- घाटी के मध्य में जब पार्श्विक हिमोढ़ के साथ-साथ हिमोढ़ मिलते हैं, तब इससे बनी स्थलाकृति मध्यस्थ हिमोढ़ होती है। कभी-कभी मध्यस्थ हिमोढ़ व तलस्थ के अन्तर को पहचानना कठिन हो जाता है।

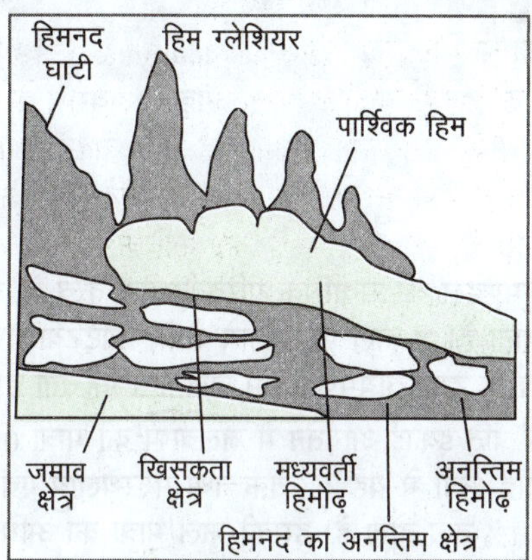

हिमोढ़

- हिमोढ़ टीला/ड्रमलिन यह हिमानी के द्वारा निर्मित आकृति, जो उल्टी नाव के समान एवं गोल टीलों वाला स्थलरूप होता है, जिसका आधार दीर्घ वृत्ताकार होता है।
- यह एक उल्टी नाव के समान होता है। इस प्रकार ड्रमलिन मृत्तिका का अण्डाकार समतल कटकनुमा स्थलरूप होता है, जिसमें रेत व बजरी के ढेर होते हैं। ये 1 किमी लम्बे तथा 30 मी तक ऊँचे होते हैं। ड्रमलिन का हिमनद सम्मुख भाग स्टॉस कहलाता है, जो पीछे के भाग की अपेक्षा अधिक तीव्र ढाल लिए होता है। इसका अग्र भाग या स्टॉस भाग प्रवाहित हिमखण्ड के कारण तीव्र होता है। ड्रमलिन हिमनद प्रवाह की दिशा को भी बताता है।
- केम (Kame) हिमनद के पिघलने के कारण हिमनद के अग्रभाग पर कुछ निक्षेप ढेर या टीले के रूप में जमा हो जाते हैं, जिन्हें केम (Kame) कहा जाता है। इनकी रचना रेत व बजरी से होती है तथा इनके किनारे के ढाल तीव्र होते हैं।
- एस्कर (Esker) जब हिमनद के पिघलने से प्राप्त जलधारा अपने साथ बड़े गोलाश्म, चट्टानी टुकड़े और छोटा मलबा बहाकर लाती है, तो ये हिमनद के नीचे बर्फ की घाटी में जमा हो जाते हैं, ये बर्फ पिघलने के बाद एक वक्राकार कटक के रूप में निर्मित होते हैं, जिसे एस्कर कहा जाता है। इनके किनारे तीव्र ढाल वाले होते हैं। अनेक स्थानों पर ये यातायात की दृष्टि से महत्त्वपूर्ण होते हैं। अत: इनके सहारे सड़कों का निर्माण किया जाता है। अत: इनका विस्तार घाटी, दलदल झील तथा ऊँची-नीची भूमि में एक कटक के रूप में होता है।

विभिन्न स्थलाकृतियों द्वारा निर्मित प्रमुख घाटियाँ

घाटियाँ	देश
कापर्टी घाटी	न्यू साउथवेल्स (ऑस्ट्रेलिया)
किंग घाटी	संयुक्त राज्य अमेरिका
कंगारू घाटी	न्यू साउथ वेल्स (ऑस्ट्रेलिया)
ग्रैण्ड घाटी	संयुक्त राज्य अमेरिका
चितवन घाटी	नेपाल
पंजसीर घाटी	अफगानिस्तान
ब्लैक वुड घाटी	पश्चिमी ऑस्ट्रेलिया
बालीम घाटी	पापुआ न्यू गिनी
बटर फ्लाई घाटी	हाँगकाँग
मृत घाटी	कैलिफोर्निया (संयुक्त राज्य अमेरिका)
राजाओं की घाटी	मिस्र
रैबिट घाटी	कोलोरेडो (संयुक्त राज्य अमेरिका)
शिकारी घाटी	न्यू साउथवेल्स (ऑस्ट्रेलिया)
स्वात घाटी	उत्तर-पश्चिमी पाकिस्तान
सान जुआन घाटी	कैलिफोर्निया (संयुक्त राज्य अमेरिका)
सेक्रेड घाटी	पेरू
हैप्पी घाटी	हाँगकाँग

बाह्य कारकों के द्वारा निर्मित स्थलाकृतियाँ

बाध्य कारक	क्रियाएँ	अपरदनात्मक स्थलरूप	निक्षेपात्मक स्थलरूप
नदी (बहता जल) (Rivers)	अपघर्षण, घोलन, सन्निकर्षण जलगति क्रिया	V-आकार की घाटी, गार्ज एवं कैनियन, जलप्रपात, क्षिप्रिका, जल गर्तिका, नदी विसर्प, संरचनात्मक सोपान, नदी वेदिका, समप्राय मैदान	जलोढ़ शंकु, जलोढ़ पंख, प्राकृतिक तटबन्ध, बाढ़ का मैदान, डेल्टा
भूमिगत जल (Ground water)	घुलन क्रिया, जलगति क्रिया, अपघर्षण, सन्निघर्षण	लैपीज, घोलरन्ध्र, डोलाइन, युवाला, कार्स्ट-खिड़की पोल्जे, अन्धी घाटी, कन्दरा।	कन्दरा स्तम्भ, स्टैलेगमाइट, स्टैलेक्टाइट
पवन (Winds)	अपघर्षण, सन्निघर्षण, अपवाहन	वातागर्त, इन्सेलबर्ग, मशरूम रॉक, डिमॉइसेल्स, ज्यूगेन, यारडांग, ड्राइकाण्टर, जालीदार शिला	कोरिडोर, बालूका स्तूप, बरखान, लोयस मिट्टी, बालसन, प्लेया (प्लाया), बजादा, पेडीमेण्ट
सागरीय जल (Sea water)	जलगति क्रिया, अपघर्षण, सन्निघर्षण, घुलन क्रिया, जलदाब की क्रिया	तटीय क्लिफ, तटीय कन्दरा, महराब, स्टैक, लघु निवेशिका	पुलिन, रोधिका, स्पिट, हुक, लूप, टॉम्बोली, संयोजक रोधिका।
हिमनद (Glacier)	अपघर्षण, उत्पाटन	U-आकार की घाटी, लटकटी घाटी, सर्क, हार्न, नुनाटक, भेड़ शिला, हिम सोपान, पैटरनास्टक झील, फियोर्ड, पीडमाण्ट झील, एरीट	हिमोढ़, केम, एस्कर, ड्रमलिन

"

पृथ्वी के चारों ओर से घिरे वायु के विशाल आवरण को वायुमण्डल कहा जाता है। वायु रंगहीन और गन्धहीन होती है।

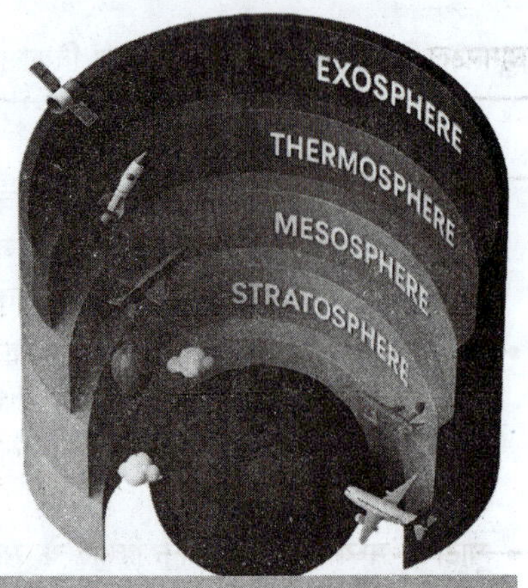

अध्याय तेरह

वायुमण्डल : संघटन एवं संरचना

वायुमण्डल का संघटन

वायुमण्डल अनेक गैसों, जलवाष्प एवं धूलकणों से बना है अर्थात् वायुमण्डल अनेक गैसों का यान्त्रिक सम्मिश्रण है। इसकी ऊपरी परतों में गैसों का अनुपात बदलता रहता है और 120 किमी की ऊँचाई पर ऑक्सीजन की मात्रा नगण्य हो जाती है। वायुमण्डल भिन्न-भिन्न घनत्व एवं तापमान वाली परतों का बना होता है। अधिकतम घनत्व पृथ्वी की सतह के पास होता है एवं ऊँचाई के साथ घटता जाता है।

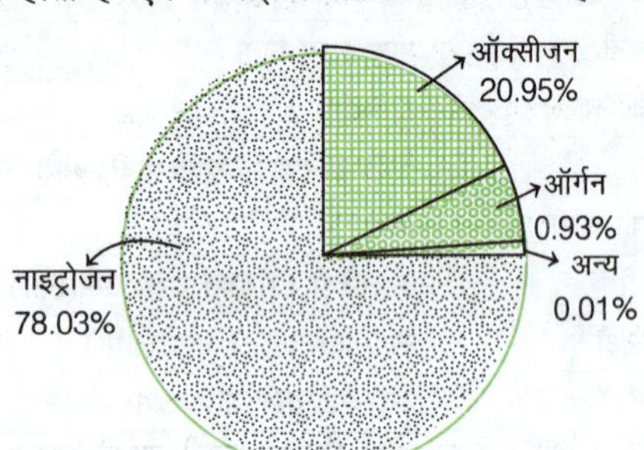

वायुमण्डल का संघटन

वायुमण्डल में विद्यमान स्थायी गैसें

	प्रमुख गैसें	सूत्र	मात्रा (%)
भारी गैसें	नाइट्रोजन	N_2	78.08
	ऑक्सीजन	O_2	20.95
	ऑर्गन	Ar	0.93
	कार्बन डाइ-ऑक्साइड	CO_2	0.036
हल्की गैसें	नियॉन	Ne	0.0018
	हीलियम	He	0.0005
	क्रिप्टोन	Kr	0.0001
	जेनॉन	Xe	0.00009
	हाइड्रोजन	H_2	0.00005
	मीथेन	CH_4	0.00014
	ओजोन	O_3	0.000004
	नाइट्रस ऑक्साइड	N_2O	0.00003

जलवाष्प

- जलवाष्प वायुमण्डल का सर्वाधिक परिवर्तनशील तत्त्व है, जो ऊँचाई के साथ घटता जाता है। भू-तल पर जलीय क्षेत्रों, मिट्टियों तथा वनस्पतियों के वाष्पीकरण के द्वारा वायुमण्डल में जलवाष्प पहुँचता है।
- वायुमण्डल में प्रति इकाई आयतन में जलवाष्प की मात्रा 0 - 4% तक होती है। उष्णार्द्र क्षेत्रों में यह 4% तक तथा मरुस्थलीय एवं ध्रुवीय प्रदेशों में अधिकतम 1% तक होता है। इसकी कुल मात्रा का अधिकांश भाग 2000 मी की ऊँचाई तक पाया जाता है। यह विषुवत् रेखा से ध्रुवों की ओर कम होता जाता है।
- उष्णकटिबन्ध में धरातलीय वायु में वाष्प का प्रतिशत 2.6% होता है, जबकि 50° अक्षांश पर 0.9% तथा 70° अक्षांश के आस-पास 0.2% रहता है।
- इसी प्रकार भू-तल से 5 किमी की ऊँचाई से अधिकतम 10 किमी तक वायुमण्डल में समस्त जलवाष्प का 90% भाग मौजूद रहता है।
- जलवाष्प के कारण ही सभी प्रकार के संघनन तथा वर्षण एवं उनके विभिन्न रूप बादल, तुषार, हिम, ओस आदि का सृजन होता है।

धूलकण

- धूलकण वायुमण्डल की निचली परतों में रहते हैं। ये ठोस पदार्थ होते हैं। ये विकिरण के कुछ भाग को सोखते हैं तथा उनका परावर्तन और प्रकीर्णन भी करते हैं।
- इनके द्वारा प्रकीर्णन से आकाश नीला तथा सूर्योदय एवं सूर्यास्त के समय लाल दिखाई देता है। सूर्योदय एवं सूर्यास्त के समय आकाश में छाई लालिमा को उषाकाल (Dawn) तथा गोधूलि बेला (Twilight) कहते हैं।
- इसमें मुख्य रूप से समुद्री नमक, सूक्ष्म मिट्टी के कण, धुएँ की कालिख, राख, पराग, धूल, उल्काओं के कण आदि पाए जाते हैं, जो क्षोभमण्डल में पाए जाते हैं। इसका 90% भाग अधिकतम 10 किमी की ऊँचाई तक ही मिलता है।
- धूल के कण और नमक के कण आर्द्रताग्राही केन्द्र (Hygroscopic Nuclei) की भाँति कार्य करते हैं तथा इसके चारों ओर जलवाष्प संघनित होकर मेघों (बादलों) तथा जलसीकर (जलकण), कोहरा आदि का निर्माण करते हैं। इससे धूल युक्त कुहरा का भी निर्माण होता है।

एयरोसॉल

- यह हवा या किसी अन्य गैस में सूक्ष्म ठोस कणों या तरल बूंदों का निलम्बन है। एयरोसॉल प्राकृतिक या मानव जनित हो सकते हैं।
- इसके अन्तर्गत ज्वालामुखी से निस्सृत धूल एवं राख के कण, जुताई से उड़े धूलकण, चट्टानों के यान्त्रिक अपक्षय रेगिस्तान से उड़े धूलकण एवं चट्टानों के अंश, समुद्री सतह से निकले नमक के कण, उल्का कण (ऊपरी वायुमण्डल), धुआँ एवं कालिख आदि को सम्मिलित किया जाता है।

वायुमण्डल की संरचना

- वायुमण्डल अलग-अलग घनत्व तथा तापमान वाली विभिन्न परतों का बना होता है। पृथ्वी की सतह के पास घनत्व अधिक होता है, जबकि ऊँचाई बढ़ने के साथ-साथ यह घटता जाता है।
- वायुमण्डल के घनत्व, तापमान तथा संघटन में ऊँचाई बढ़ाने के साथ-साथ परिवर्तन भी होता है। गैसों के सान्द्रण, सकल वायुमण्डलीय द्रव्यमान, वायुदाब तथा मौसम की घटनाओं की दृष्टि से वायुमण्डल का 50% भाग 5.6 किमी तथा 97% भाग 29 किमी की ऊँचाई तक पाया जाता है। वायुमण्डल की परतीय संरचना का दो आधार (तापीय विशेषता एवं रासायनिक विशेषता) पर वर्गीकरण किया गया है

तापीय विशेषता के आधार पर वर्गीकरण

तापमान की स्थिति के अनुसार, वायुमण्डल को निम्न छः संस्तरों में बाँटा गया है

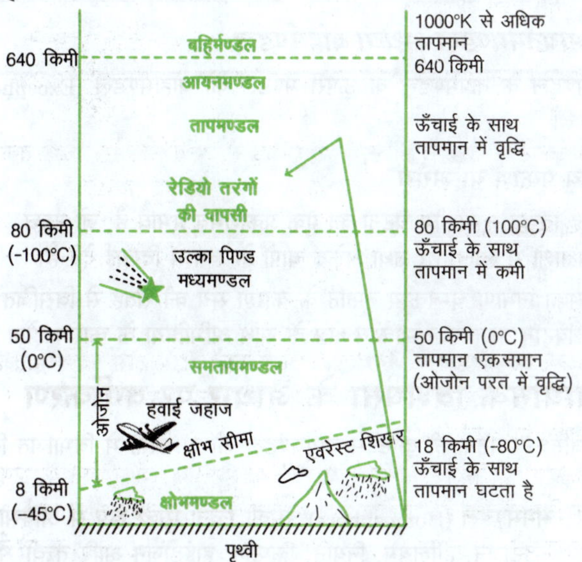

1. क्षोभमण्डल

- क्षोभमण्डल (Troposphere) वायुमण्डल की सबसे निचली परत है, जिसकी सीमा 8-18 किमी तक है। क्षोभमण्डल की औसत ऊँचाई सतह से 13 किमी है। क्षोभमण्डल की ऊँचाई विषुवत् रेखा पर अधिक (18 किमी) और ध्रुवीय भागों में कम (8 किमी) पाई जाती है।
- टीजरेन्स डी बोर्ट ने इस परत का नामकरण ट्रोपोस्फीयर के रूप में किया था। इस मण्डल में संवहनीय तरंगों तथा विक्षुब्ध संवहन के कारण इस मण्डल को संवहन मण्डल या परिवर्तन मण्डल भी कहते हैं।
- इस मण्डल को परिवर्तन मण्डल इसलिए कहा जाता है, क्योंकि इसमें ऊँचाई के साथ तापमान, जलवाष्प, एयरोसॉल (Aerosol) एवं गैसों के अनुपात में परिवर्तन होता है।
- यह परत द्वितीयक वायुमण्डलीय संचरण यथा चक्रवातीय एवं प्रति चक्रवातीय संचरण से सर्वाधिक प्रभावित होती है। जेट स्ट्रीम धाराएँ क्षोभमण्डल में ही प्रवाहित होती हैं।
- क्षोभमण्डल में मौसमी घटनाओं का विशेष महत्त्व है। मौसम की प्रायः सभी घटनाएँ—कोहरा, बादल, ओला, तुषार, आँधी-तूफान, मेघ गर्जन, विद्युत प्रकाश आदि इसी भाग में घटित होती हैं।

क्षोभसीमा

- क्षोभमण्डल तथा समतापमण्डल के मध्य 1.5 किमी परत को क्षोभ सीमा कहते हैं। इस भाग में सभी प्रकार के मौसमी परिवर्तन स्थगित हो जाते हैं। क्षोभ सीमा रैखिक न होकर मण्डलीय होती है, जिसकी ऊँचाई विषुवत् रेखा पर अधिकतम तथा ध्रुवों पर न्यूनतम होती है। यह वायुमण्डलीय जलवाष्प की ऊपरी सीमा निर्धारित करती है। इसकी निचली सीमा पर जेट धाराएँ चलती हैं।
- भूमध्य रेखा पर क्षोभसीमा का तापमान न्यूनतम (–80°C) है (अधिक ऊँचाई के कारण), परन्तु ध्रुवों पर अपेक्षाकृत अधिक (– 45°C) है।

2. समतापमण्डल

- क्षोभमण्डल के ऊपर वाली परत को समतापमण्डल (Stratosphere) कहा जाता है। इस परत की खोज तथा अध्ययन सर्वप्रथम टीजरेन्स डी. बोर्ट द्वारा वर्ष 1902 में किया गया था।
- समतापमण्डल सागर तल से 50 किमी की ऊँचाई तक विस्तृत है। धरातल से लगभग 30 किमी की ऊँचाई पर संक्रमण पेटी पाई जाती है। ग्रीष्म ऋतु में समतापमण्डलीय तापमान में अक्षांशों के साथ वृद्धि ध्रुवों तक बनी रहती है, किन्तु शीत ऋतु में 50°-60° अक्षांशों के बीच समतापमण्डल सबसे अधिक गर्म रहता है।
- 60° अक्षांश से ध्रुवों की ओर तापमान पुनः घट जाता है। इस मण्डल की मोटाई ध्रुवों पर सबसे अधिक होती है तथा कभी-कभी विषुवत् रेखा पर समतापमण्डल का लोप हो जाता है।
- सामान्यतः यहाँ पर बादल नहीं पाए जाते, परन्तु कभी-कभी जलवाष्प उपलब्ध होने पर दुर्लभ बादल; जैसे—मदर-ऑफ-पर्ल या उच्च स्तरीय पक्षाभ मेघ सिरस या नैक्रियस मेघ देखने को मिलते हैं।

ओजोन परत

- समतापमण्डल के निचले भाग में अर्थात् 20 किमी की ऊँचाई तक तापमान लगभग स्थिर रहता है, परन्तु ऊपरी भाग में 50 किमी की ऊँचाई तक तापमान क्रमशः बढ़ता है, ऐसा समतापमण्डल में **ओजोन परत** अर्थात् ओजोन गैसों की परत की उपस्थिति के कारण होता है।
- UV किरणें, O_3 का विघटन करती हैं, जिससे इसकी शक्ति समाप्त हो जाती है, किन्तु धरातल से पहुँचने वाली O_2 परमाणु ऑक्सीजन (O) को पुनः मिलाती है, जिससे O_3 बनती है। यह प्रक्रिया निरन्तर चलती रहती है, जिससे जीवों की रक्षा होती है।
- यह ओजोन परत (मुख्यतः 20-30 किमी) सूर्य से पृथ्वी की ओर आने वाली हानिकारक पराबैंगनी किरणों को सोखकर (अवशोषण) पृथ्वी पर उपस्थित प्राणियों की रक्षा करती है।

3. मध्यमण्डल

- मध्यमण्डल (Mesosphere) का विस्तार समताप सीमा से 50 किमी से 80 किमी की ऊँचाई तक पाया जाता है।
- मध्यमण्डल में ऊँचाई के साथ तापमान में अचानक कमी आती है। यहाँ पर न्यूनतम तापमान – 90°C है तथा कभी-कभी 80 किमी की ऊँचाई पर न्यूनतम तापमान – 100°C के आस-पास पाया जाता है। इस न्यूनतम तापमान की सीमा को **मेसापॉज** (Mesopause) कहा जाता है, जो आयनमण्डल को मध्यमण्डल से अलग करती है।
- मध्यमण्डल की ऊपरी सीमा, जिसके ऊपर जाने पर तापमान में वृद्धि होती जाती है, **मध्य सीमा** कहलाती है। 80 किमी की ऊँचाई के बाद मध्यमण्डल तापीय प्रतिलोपन को इंगित करता है, क्योंकि इसके नीचे कम तापमान रहता है, परन्तु इसके ऊपर अधिक तापमान रहता है।
- मध्यमण्डल में ऊँचाई के साथ वायुदाब में कमी आती है। यहाँ 50 किमी की ऊँचाई पर एक मिलीबार वायुदाब तथा 90 किमी की ऊँचाई पर 0.01 मिलीबार दाब पाया जाता है।
- इस मण्डल में **नॉक्टीलुसेण्ट बादलों** (Noctilucent Clouds) का निर्माण होता है, जो ध्रुवों के ऊपर गर्मियों में दिखाई देते हैं। इन बादलों का निर्माण उल्का धूल एवं संवहनीय प्रक्रिया द्वारा ऊपर लाई आर्द्रता के सहयोग से संघनन होने से होता है।

4. तापमण्डल/उष्णमण्डल

- मध्यसीमा या मध्यमण्डल के उपर 80 किमी से 400 किमी की ऊँचाई के बीच वाला वायुमण्डलीय भाग **तापमण्डल** या **उष्णमण्डल** (Thermosphere) कहलाता है। तापमण्डल के निचले हिस्से में ऑक्सीजन तथा नाइट्रोजन क्रमश: आण्विक एवं परमाण्विक रूप से पाई जाती हैं, परन्तु 200 किमी की ऊँचाई पर आण्विक ऑक्सीजन की मात्रा आण्विक नाइट्रोजन से अधिक हो जाती है।
- अधिक तापमान होने का कारण तापमण्डल के आण्विक ऑक्सीजन द्वारा 0.2 μm माइक्रोन से छोटे तरंगदैर्ध्य वाली पराबैंगनी किरणों का अवशोषण होता है।
- इसकी ऊपरी सीमा तक तापमान बढ़कर 1700°K तक हो जाता है। इस परत के निचले भाग को **आयनमण्डल** एवं ऊपरी भाग (640 किमी से ऊपर) को **बाह्यमण्डल** कहते हैं।

5. आयनमण्डल

- आयनमण्डल (Ionosphere) में व्याप्त उच्च विद्युत चालकता ही रेडियो तरंगों को पृथ्वी की ओर वापस परावर्तित करती है। इसका विस्तार 80-640 किमी की ऊँचाई तक है। इसमें ऊँचाई के साथ तापमान में वृद्धि भी होती है।
- यहाँ पर उपस्थित गैस के कण विद्युत आवेशित होते हैं। आयनमण्डल में उत्तर ध्रुवीय ज्योति (Aurora Borealis) तथा **दक्षिणी ध्रुवीय ज्योति** (Aurora Australis) देखने को मिलती है।
- इसकी ऊँचाई 640-1000 किमी तक मानी जाती है। इसमें संचार उपग्रह स्थापित किए जाते हैं। यहाँ हाइड्रोजन तथा हीलियम गैसों की प्रधानता पाई जाती है। यहाँ N_2, O_2, He तथा H_2 की अलग परतें पाई जाती हैं।
- वायुमण्डल 1000 किमी के बाद विरल हो जाती है और अन्तत: 10000 किमी के पश्चात् अन्तरिक्ष में विलीन हो जाती है। आयनमण्डल को ऊँचाई के आधार पर निम्न परतों में विभाजित किया गया है
  - **डी (D) परत** यह आयनमण्डल की सबसे निचली परत होती है, जिसकी ऊँचाई 80 से 99 किमी तक पाई जाती है।
  - **ई (E) परत** इस परत की ऊँचाई डी परत के ऊपर 99 से 150 किमी की ऊँचाई तक पाई जाती है। इसमें रेडियो की निम्न एवं उच्च आवृत्ति की तरंगों का परावर्तन होता है। इस परत की उत्पत्ति नाइट्रोजन के परमाणुओं पर पराबैंगनी फोटॉन्स की प्रतिक्रिया के कारण होती है। इसे **केनली-हेवीसाइड परत** के नाम से भी जाना जाता है।
  - **एफ (F) परत** यह परत **ई परत** के ऊपर 150 से 380 किमी की ऊँचाई तक पाई जाती है। F परत का निर्माण दो उप-परतों से हुआ है—F1 तथा F2 परतें।
  - **जी (G) परत** यह 400 किमी के ऊपर पाई जाती है अर्थात् 400 से 640 किमी के मध्य/सम्भवत: इसकी स्थिति दिन और रात दोनों समय होती है, परन्तु इसकी स्थिति का पता लगाना असम्भव है। यह आयनमण्डल की सबसे बाहरी परत होती है।

विच्छिन्न परत

यह 110 किमी की ऊँचाई पर स्थित है। इसके अन्तर्गत 225 मेगा हर्ट्ज तक की रेडियो तरंगों को परावर्तित करने की क्षमता है। यह घने बादलों की बनी होती है, जिसका समयकाल कुछ मिनट से लेकर कुछ घण्टों तक रहता है।

6. आयतनमण्डल अथवा बहिर्मण्डल

वायुमण्डल के तापमण्डल के ऊपरी मण्डल को बाह्यमण्डल (Exosphere) कहते हैं।

ध्रुवीय प्रकाश या अरौरा

- यह विद्युत चुम्बकीय घटना का एक प्रकाशमय प्रभाव है, जो उच्च अक्षांशों में लाल, हरे तथा सफेद चापों के रूप में दिखाई देते हैं।
- इसका निर्माण चुम्बकीय तूफान के कारण सूर्य की सतह से विसर्जित इलेक्ट्रॉन तरंग के चुम्बकीय क्षेत्र के साथ अभिक्रिया के कारण होता है।

रासायनिक विशेषता के आधार पर वर्गीकरण

रासायनिक संघटन की दृष्टि से वायुमण्डल को दो परतों में विभाजित किया जाता है

1. **सममण्डल** (Homosphere) इसकी रचना मुख्य रूप से ऑक्सीजन, नाइट्रोजन, हीलियम, नियॉन, क्रिप्टॉन, हाइड्रोजन आदि तत्त्वों से हुई है। इन गैसों का अनुपात प्राय: एकसमान रहता है। इसलिए इसे सममण्डल कहते हैं।
2. **विषममण्डल** (Heterosphere) इसको **थर्मोस्फीयर** (Thermosphere) कहा जाता है। इस मण्डल में विभिन्न परतों को शामिल किया जाता है, जिनके भौतिक तथा रासायनिक गुणों में अन्तर पाया जाता है।

सौर्यिक विकिरण का जो भाग पृथ्वी की ओर आता है, उसे सूर्यातप कहते हैं। पृथ्वी एवं इसका वायुमण्डल सौर्यिक ऊर्जा की जितनी मात्रा को प्राप्त करता है, उसके बराबर ही अन्तरिक्ष में वापस लौटा देता है, इसे ऊष्मा बजट या ऊष्मा सन्तुलन कहते हैं।

अध्याय चौदह

सूर्यातप, ऊष्मा बजट एवं तापमान

सूर्यातप (सौर विकिरण)

- सूर्य की सतह से ऊष्मा का विकिरण **लघु तरंगों** के रूप में निरन्तर होता है, जिसे **सौर विकिरण** कहा जाता है। सूर्य की सतह पर पहुँचने वाली यह **विकिरण ऊर्जा** ही सूर्यातप (Insolation) कहलाती है।
- इस प्रकार पृथ्वी के पृष्ठ पर प्राप्त होने वाली सौर ऊर्जा का अधिकतम अंश लघु तरंगदैर्ध्य के रूप में प्राप्त होता है। पृथ्वी को प्राप्त होने वाली इस ऊर्जा को **आगामी सौर विकिरण** अथवा **सूर्यातप** कहते हैं।

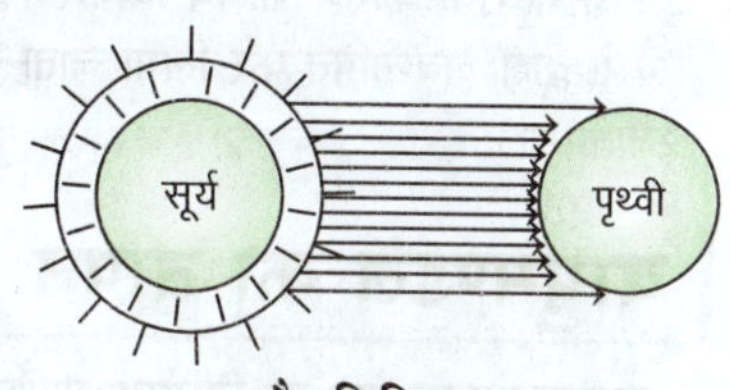

सौर विकिरण

- पृथ्वी की आकृति **भू-आभ** (Geoid) है, अत: सूर्य की किरणें वायुमण्डल के ऊपरी भाग पर तिरछी पड़ती हैं, जिसके कारण पृथ्वी सौर ऊर्जा का बहुत कम अंश अर्थात् सौर विकिरण का मात्र दो अरबवाँ भाग (0.0005 %) ही प्राप्त कर पाती है।
- पृथ्वी औसत रूप से वायुमण्डल की ऊपरी सतह पर 1.94 कैलोरी प्रति वर्ग सेण्टीमीटर प्रति मिनट ऊर्जा प्राप्त करती है। वायुमण्डल की ऊपरी सतह पर प्राप्त होने वाली ऊर्जा में प्रतिवर्ष थोड़ा परिवर्तन होता है। यह परिवर्तन पृथ्वी एवं सूर्य के बीच की दूरी में अन्तर के कारण होता है।

सौर स्थिरांक (Solar Constant)

- सूर्य से प्राप्त होने वाली ऊष्मा की इस मात्रा में कोई परिवर्तन नहीं होता, इसलिए इसे सूर्य की अपरिवर्तनशीलता शक्ति अथवा **सौर स्थिरांक** (Solar Constant) कहते हैं तथा इसे **लैंजली** से व्यक्त किया जाता है। सौर ऊर्जा वितरण की इकाई को लैंजली या ऊष्मा का घनत्व क्षेत्र कहते हैं, जिसका उपयोग सौर विकिरण के मापन हेतु किया जाता है। यह सूर्य के विकिरण की दर को प्रदर्शित करता है।
- पृथ्वी का धरातल 2 कैलोरी प्रति वर्ग सेमी प्रति मिनट या दो लैंजली की दर से प्राप्त करता है।
- एक ग्राम जल का एक डिग्री सेल्सियस तापमान बढ़ाने के लिए प्रयोग की गई ऊष्मा को **कैलोरी** कहते हैं।

- सूर्य की बाह्य परत से निकलने वाली ऊर्जा को **फोटॉन** (Photon) कहते हैं, तथा सूर्य की बाह्य परत को **फोटोस्फीयर** की संज्ञा दी जाती है।
- **फोटोस्फीयर** यह किसी तारे की सबसे निचली दृश्यमान परत होती है। सूर्य के मामले में फोटोस्फीयर को प्रकाशमण्डल भी कहा जाता है। यह सूर्य की सबसे अधिक दिखाई देने वाली सतह है। फोटोस्फीयर शब्द ग्रीक भाषा के **फोटोस** और **स्फैरा** से मिलकर बना है, जिसका आशय है-**प्रकाश** और **गोला**।
- इस सतह से ऊर्जा का विद्युत चुम्बकीय तरंग द्वारा विकिरण आरम्भ हो जाता है। अत: सूर्यातप की यह भिन्नता पृथ्वी की सतह पर होने वाले प्रतिदिन के मौसम परिवर्तन पर अधिक प्रभाव नहीं डालती है तथा इससे पृथ्वी का औसत तापमान 15°C बना रहता है।

सूर्यातप का वितरण

- सूर्य से पृथ्वी पर प्राप्त होने वाला सूर्यातप सभी स्थानों पर एकसमान नहीं होता है। इसमें स्थानिक परिवर्तन पाया जाता है।
- धरातल पर प्राप्त सूर्यातप की मात्रा में उष्णकटिबन्ध में 320 वाट प्रति वर्ग मीटर से लेकर ध्रुवों पर 70 वाट प्रति वर्ग मीटर तक की भिन्नता पाई जाती है। सूर्यातप की सर्वाधिक मात्रा उपोष्ण कटिबन्धीय मरुस्थलों (Sub-Tropical Desert) पर प्राप्त होती है।
- यह विषुवत् रेखा पर सर्वाधिक होता है और ध्रुवों की ओर कम होता जाता है, जिसके कारण यह ध्रुवों पर न्यूनतम होता है। विषुवत् रेखा पर सूर्यातप की मात्रा ध्रुवों की अपेक्षा लगभग चार गुना अधिक प्राप्त होती है।
- सूर्यातप के वार्षिक अक्षांशीय वितरण के आधार पर सूर्यातप के तीन प्रमुख मण्डल निम्न हैं

1. **अधिकतम सूर्यातप मण्डल या उष्णकटिबन्धीय क्षेत्रों** (अर्थात् कर्क रेखा तथा मकर रेखा के बीच स्थित क्षेत्रों) में सूर्यातप अधिक होता है और मौसमी भिन्नताएँ कम होती हैं। इसका कारण यह है कि उष्णकटिबन्धीय क्षेत्र में स्थित सभी स्थानों पर वर्ष में दो बार सूर्य लम्बवत् चमकता है। यहाँ ऋतुवत परिवर्तन भी नगण्य होता है। अत: यहाँ के प्रत्येक स्थान पर वर्ष में दो बार अधिकतम तथा दो बार न्यूनतम सूर्यातप प्राप्त होता है।

2. **मध्य सूर्यातप मण्डल या शीतोष्ण कटिबन्धीय क्षेत्रों** (23°30′ और 60°30′ अक्षांश के मध्य) में सूर्यातप की मात्रा उष्णकटिबन्ध से कम प्राप्त होती है और मौसमी विभिन्नता अधिक पाई जाती है। इस मण्डल के प्रत्येक स्थान पर वर्ष में एक बार अधिकतम तथा एक बार न्यूनतम अर्थात् वर्षभर सूर्यातप प्राप्त होता है।
3. **न्यूनतम सूर्यातप मण्डल** या ध्रुवीयमण्डल (60° अक्षांश एवं ध्रुवों के मध्य) में सूर्यातप वर्ष में एक बार अधिकतम तथा एक बार न्यूनतम प्राप्त होता है, परन्तु वर्ष के कुछ समय में सूर्य की प्रत्यक्ष किरणों के अभाव में सूर्यातप शून्य हो जाता है। इस मण्डल में भूमध्यरेखीय क्षेत्र की तुलना में केवल 40% ही सूर्यातप प्राप्त होता है।

सूर्यातप (सौर विकिरण) अपक्षय को बढ़ावा देने वाले घटक

प्रकीर्णन (Scattering)

आकाश का नीला रंग और लाल रंग प्रकीर्णन के कारण दिखाई देता है। विभिन्न तरंगदैर्ध्यों की सौर किरणें जब धूलकणों और जलकणों से गुजरती हैं, तब इन कणों का व्यास किरणों के तरंगदैर्ध्य से छोटा होता है और लघु तरंगें (आसमानी, बैंगनी रंग) का प्रकीर्णन हो जाता है, जबकि दीर्घ लाल तरंगें आगे बढ़ जाती हैं, फलतः आकाश नीला दिखाई देता है। सूर्योदय और सूर्यास्त के समय जब सौर किरणों को अधिक दूरी तय करनी पड़ती है, तब यही प्रक्रिया विपरीत प्रकार से होती है और इस कारण आकाश लाल दिखाई देता है।

विसरण (Diffusion)

जब आपतित किरणों के मार्ग में ऐसे अणु या कण आ जाते हैं, जिनका व्यास प्रकाश की किरणों के तरंगदैर्ध्य से बड़ा होता है, तब उनसे सभी तरंगें (छोटी या बड़ी) इधर-उधर परावर्तित हो जाती हैं, इस प्रक्रिया को प्रकाश का विसरण कहते हैं। यह प्रक्रिया अवर्णात्मक होती है। इसलिए प्रकाश के विविध अवयव रंग अलग-अलग नहीं हो पाते। इसमें वायुमण्डल में उपस्थित असंख्य धूलकणों के कारण सूर्य के छिपने या निकलने से पहले कुछ देर तक विसरित प्रकाश चारों ओर फैला रहता है। सांध्य-प्रकाश एवं खगोलीय सांध्य-प्रकाश विसरण की देन है।

अवशोषण (Absorption)

ओजोन गैस पराबैंगनी लघु तरंगों का अवशोषण करती हैं। इसके पश्चात् जलवाष्प सूर्यातप का सबसे बड़ा भाग अवशोषित करती है। यह लघु तरंगों के लिए पारदर्शक तथा दीर्घ तरंगों के लिए अपारदर्शक होता है। अतः लघु तरंगें पृथ्वी तक पहुँच जाती हैं, परन्तु दीर्घ तरंगों का यह अवशोषण कर लेता है। इसी प्रक्रिया को हरित गृह प्रभाव (Green House Effect) कहते हैं। वस्तुतः जलवाष्प काँच की छत जैसा कार्य करती है। अतः यह ताप अवशोषण के साथ-साथ ताप नियन्त्रक भी है।

परावर्तन (Reflection)

प्रकाश की किरणों के कुछ भाग का धरातल से परावर्तन हो जाता है। परावर्तन की मात्रा धरातल के चिकनेपन पर निर्भर करती है। परावर्तन को सबसे अधिक बादलों की मात्रा प्रभावित करती है। पूर्ण मेघाच्छादित (Cloudy) धरातल पर सूर्य के प्रकाश में कमी का मूल कारण परावर्तन होता है।

सौर कलंक

- सूर्य तल पर भी चन्द्रमा के समान कलंक या धब्बे मिलते हैं। यह सूर्य की बाह्य सतह फोटोस्फीयर में विद्यमान गहरे रंग के शीतल क्षेत्र होते हैं। ये स्थायी रूप में नहीं पाए जाते, इनकी संख्या घटती-बढ़ती रहती है। यह अन्तर चक्रीय रूप में सम्पन्न होता है।
- औसत रूप में एक चक्र 11 वर्ष में पूरा होता है, जब सौर कलंकों (Sunspots) की संख्या अधिक हो जाती है, तो सूर्यातप की मात्रा भी अधिक हो जाती है, परन्तु इनकी मात्रा में कमी हो जाने के कारण प्राप्त होने वाला सूर्यातप कम हो जाता है।
- सौर कलंक से सौर स्थिरांक में लगभग 3% का परिवर्तन प्रतीत होता है। उल्लेखनीय है कि इसे निश्चितता के साथ स्वीकार नहीं किया जा सकता है।
- **सौर प्रज्वला** (Solar Flares) सूर्य के निकट चुम्बकीय क्षेत्र की रेखाओं के स्पर्श, क्रॉसिंग या पुनर्गठन के कारण होने वाली ऊर्जा का अचानक विस्फोट सौर प्रज्वला है।
- **माउण्डर मिनिमम** (Maunder Minimum) जब न्यूनतम सौर कलंक सक्रियता की अवधि दीर्घकाल तक रहती है, तो इसे माउण्डर मिनिमम कहते हैं। वर्ष 1645-1715 के बीच की अवधि को माउण्डर मिनिमम कहा जाता है।
- **सौर गतिकी** (Solar Dynamo) सूर्य में उच्च तापमान के कारण पदार्थ प्लाज्मा के रूप में उत्सर्जित होते हैं। सूर्य की गतिकी के कारण प्लाज्मा में दोलन के कारण चुम्बकीय क्षेत्र उत्पन्न होता है।

ऊष्मा द्वीप

- ग्रामीण के मुकाबले शहरी क्षेत्र के कुछ हिस्सों के तापमान में सामान्य से अधिक बढ़ोतरी का कारण **अर्बन हीट आइलैण्ड** (Urban Heat Island, UHI) या **ऊष्मा द्वीप** है। इस पूरी प्रक्रिया को **इफेक्ट** कहा जाता है, इसका बड़ा कारण मानवीय गतिविधियाँ हैं।
- औद्योगिक नगरों व महासागरों में पक्के मकानों, सड़कों तथा वनस्पतियों के अभाव के कारण पार्थिव विकिरण अधिक होता है, जिसे ग्रीन हाउस गैसों द्वारा अवशोषित कर लिया जाता है, जिससे नगर का तापमान बढ़ जाता है।

वायुमण्डल का तापन एवं शीतलन

- वायुमण्डल के ताप का निर्धारण पार्थिव विकिरण (Terrestrial Energy) द्वारा होता है अर्थात् वायुमण्डल पार्थिव विकिरण से गर्म होता है। जब पार्थिव विकिरण अधिक होती है, तो वायुमण्डल गर्म हो जाता है और कम होने पर ठण्डी हो जाता है।
- वायुमण्डल के गर्म अथवा शीतल होने में निम्न प्रक्रियाओं का महत्त्वपूर्ण योगदान होता है

विकिरण

- किसी पदार्थ के ऊष्मा तरंगों के संचार द्वारा सीधे गर्म होने को विकिरण (Radiation) कहते हैं। यह एक ऐसी प्रक्रिया है, जिसमें ऊष्मा बिना किसी माध्यम के शून्य में भी गमन करने में सक्षम होती है।
- सूर्य से प्राप्त होने वाली ऊर्जा की विशाल मात्रा जो पृथ्वी पर आती है और वापस लौट जाती है। इसी प्रक्रिया का अनुसरण करती है। अतः सूर्य से प्राप्त विकिरण को सौर विकिरण तथा पृथ्वी से होने वाले विकिरण को **पार्थिव विकिरण** (Terrestrial Radiation) कहते हैं।

नोट पार्थिव विकिरण दीर्घ तरंगों के रूप में वायुमण्डल में विकीर्ण होती हैं। पार्थिव विकिरण को स्थलीय विकिरण भी कहते हैं। बादल इस ऊष्मा विकिरण को रोकते हैं।

- सौर विकिरण से गर्म होने के बाद पृथ्वी की सतह के निकट स्थित वायुमण्डल में ताप का संचरण होता है, जिससे पृथ्वी के सम्पर्क में आने वाली वायु धीरे-धीरे गर्म हो जाती है। यह प्रक्रम तब तक चलता रहता है, जब तक कि दो भिन्न सतहों के तापमान में समानता न आ जाए। इस प्रकार विकिरण वायुमण्डल की निचली परतों को गर्म करने में महत्त्वपूर्ण

भूमिका निभाता है। जब धूलकण या बादल आदि वायुमण्डल में विद्यमान होते हैं, तब ये ताप वायुमण्डल के निचले सतह में ही रह जाते हैं, जिससे वायुमण्डल गर्म होता है और गर्मी का अनुभव होता है।

- गर्म मरुस्थलों में आकाश स्वच्छ होता है, जिसके कारण विकिरण से प्राप्त ऊष्मा या ऊर्जा बहुत ऊपर चली जाती है, जिससे रातें ठण्डी होती हैं।

चालन

- आण्विक सक्रियता के द्वारा पदार्थ के माध्यम से ऊष्मा के संचार को चालन (Conduction) कहते हैं।
- इस प्रक्रिया में जब असमान ताप वाली दो वस्तुएँ एक-दूसरे के सम्पर्क में आती हैं, तब अपेक्षाकृत गर्म वस्तु से ठण्डी वस्तु में ऊर्जा का हस्तान्तरण होता है। इसमें वस्तु के कणों का विस्थापन नहीं होता है, बल्कि ऊष्मा का स्थानान्तरण होता है। जब तक तापीय सन्तुलन स्थापित नहीं हो जाता, तब तक यह प्रक्रिया चलती रहती है।
- प्राय: वायुमण्डल की निचली परतों में चालन विधि से ऊष्मा का आदान-प्रदान होता है; जैसे—लोहे की एक छड़ के एक छोर को गर्म करने पर दूसरा छोर गर्म हो जाता है।

संवहन

- किसी पदार्थ के एक भाग से दूसरे भाग की ओर उसके तत्त्वों के साथ ऊष्मा के संचार को संवहन (Convection) कहते हैं। यह संवहनिक संचरण केवल तरल तथा गैसीय पदार्थों में ही सम्भव होता है, जिनमें अणुओं के मध्य का सम्बन्ध कमजोर होता है। इसमें ऊर्जा स्वयं अणुओं की गति द्वारा स्थानान्तरित होती है।
- पृथ्वी के सम्पर्क में आई वायु गर्म होकर धाराओं के रूप में लम्बवत् (ऊपर) उठती है और वायुमण्डल में ताप का संचरण करती है, तब तापन की इस लम्बवत् प्रक्रिया को संवहन कहा जाता है।
- इसमें जब गर्म वायु हल्की होकर ऊपर उठती है, तब ठण्डी वायु इस रिक्त स्थान को भरने के लिए चलती है। इस प्रक्रिया में ऊर्जा का स्थानान्तरण केवल क्षोभमण्डल तक सीमित रहता है। इससे वायुमण्डलीय ताप में परिवर्तन होता है।

अभिवहन

- वायु के क्षैतिज संचलन से होने वाले ताप का स्थानान्तरण अभिवहन (Advection) कहलाता है। लम्बवत् संचलन की अपेक्षा वायु का क्षैतिज संचलन सापेक्षिक रूप से अधिक महत्त्वपूर्ण होता है।
- मध्य अक्षांशों में दैनिक मौसम में आने वाली भिन्नताएँ केवल अभिवहन के कारण होती हैं।
- उष्णकटिबन्धीय प्रदेशों में विशेषकर उत्तरी भाग में गर्मियों में चलने वाली स्थानीय पवन लू इसी अभिवहन का परिणाम होती हैं।
- निम्न अक्षांशीय क्षेत्रों से उच्च अक्षांशीय क्षेत्रों तक ऊष्मा का संचार अभिवहन प्रक्रिया के अन्तर्गत होता है। वायुराशियों की भाँति समुद्री धाराएँ भी ऊष्मा का अभिवहन प्रक्रिया से ही स्थानान्तरण करती हैं।

> ♦ **अपवर्तन** (Refraction) के कारण **मरीचिका** (Mirage) प्रभाव उत्पन्न होता है, जिसमें विभिन्न तापमान वाली वायु परतों के कारण किरणों का अपवर्तन होता है तथा कोई भी वस्तु क्षितिज के निकट स्थित प्रतीत होती है।

पृथ्वी का ऊष्मा बजट

- पृथ्वी द्वारा प्राप्त ऊष्मा और उससे विकिरण के रूप में बाहर निकलने वाली ऊष्मा के बीच के सन्तुलन को ऊष्मा बजट कहते हैं।
- वायुमण्डल से गुजरते हुए ऊर्जा का कुछ अंश परावर्तित, प्रकीर्णित एवं अवशोषित हो जाता है तथा शेष भाग ही पृथ्वी की सतह तक पहुँचता है। 100 इकाइयों में से 35 इकाइयाँ पृथ्वी के धरातल पर पहुँचने से पहले ही अन्तरिक्ष में परावर्तित हो जाती हैं।
- सौर विकिरण की इस परावर्तित मात्रा को पृथ्वी का एल्बिडो (Albedo) कहते हैं। इन 35 इकाइयों में से 27 इकाइयाँ बादलों के ऊपरी छोर द्वारा परावर्तित हो जाती हैं, जबकि 2 इकाइयाँ पृथ्वी के हिमाच्छादित क्षेत्रों द्वारा तथा शेष 6 इकाइयाँ वायुमण्डल द्वारा परावर्तित हो जाती हैं।
- प्रथम 35 इकाइयों को छोड़कर शेष 65 इकाइयाँ, जिनमें 14 वायुमण्डल तथा 51 पृथ्वी के धरातल द्वारा अवशोषित होती हैं। पृथ्वी द्वारा अवशोषित ये 51 इकाइयाँ पुन: पार्थिव विकिरण के रूप में लौट जाती हैं।
- इनमें से 17 इकाइयाँ सीधे अन्तरिक्ष में चली जाती हैं और 34 इकाइयाँ वायुमण्डल द्वारा अवशोषित होती हैं (6 इकाइयाँ स्वयं वायुमण्डल द्वारा, 9 इकाइयाँ संवहन के द्वारा और 19 इकाइयाँ संघनन की गुप्त ऊष्मा के रूप में)।

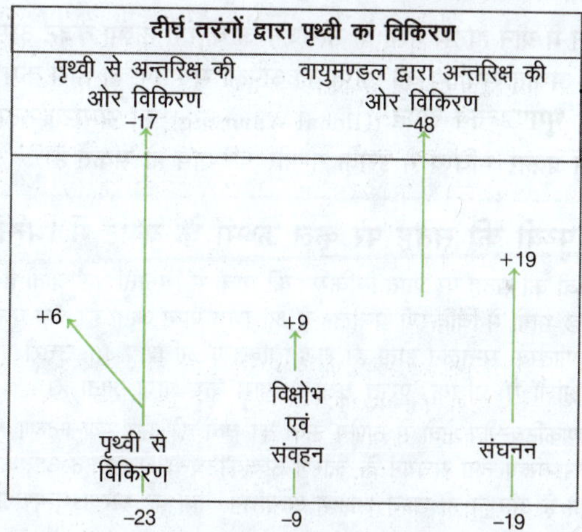

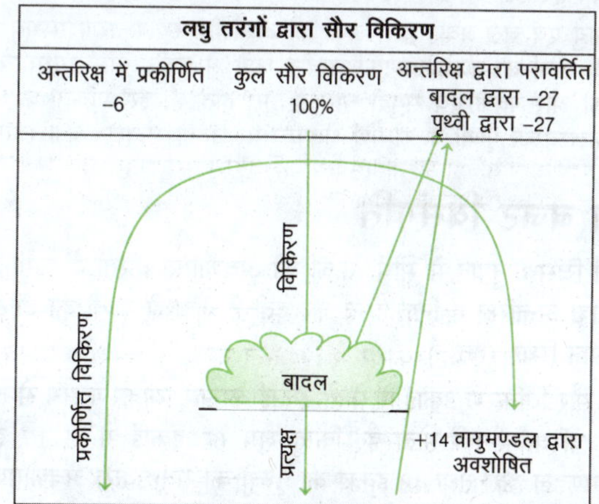

पृथ्वी का ऊष्मा बजट

- वायुमण्डल द्वारा 48 इकाइयों का अवशोषण होता है। इनमें 14 इकाइयाँ सूर्यातप की और 34 इकाइयाँ पार्थिव विकिरण (Terrestrial Radiation) की होती हैं।
- वायुमण्डल विकिरण द्वारा इन्हें भी अन्तरिक्ष में वापस लौटा देता है। अत: पृथ्वी के धरातल तथा वायुमण्डल से अन्तरिक्ष में वापस लौटने वाली विकिरण की इकाइयाँ क्रमश: 17 और 48 हैं, जिनका योग 65 होता है।
- वापस लौटने वाली ये इकाइयाँ उन 65 इकाइयों का सन्तुलन कर देती हैं, जो सूर्य से प्राप्त होती हैं। यही पृथ्वी का ऊष्मा बजट अथवा ऊष्मा सन्तुलन है। यही कारण है कि ऊष्मा के इतने बड़े स्थानान्तरण के अतिरिक्त भी पृथ्वी न तो बहुत गर्म होती है और न ही बहुत ठण्डी होती है। यद्यपि पृथ्वी का ऊष्मा बजट सन्तुलित होता है।

पृथ्वी का अक्षांशीय ऊष्मा सन्तुलन

- अक्षांशीय स्तर पर ऊष्मा बजट सन्तुलित नहीं पाया जाता है, क्योंकि उष्णकटिबन्धीय क्षेत्रों में सूर्यातप की प्राप्ति सूर्यातप के ह्रास से अधिक होती है, जबकि ध्रुवीय क्षेत्रों में इसके विपरीत स्थिति पाई जाती है।
- इसी कारण उष्णकटिबन्धीय ऊर्जा का स्थानान्तरण वायु व जल प्रवाह द्वारा उच्च अक्षांशों की ओर होता रहता है, जिससे सम्पूर्ण पृथ्वी पर ऊष्मा सन्तुलन बना रहता है।
- वर्तमान में ग्रीन हाउस गैसों के उत्सर्जन के कारण ऊष्मा बजट असन्तुलित हो रहा है अर्थात् सूर्यातप की प्राप्ति की अपेक्षा सूर्यातप का ह्रास कम हो रहा है, जिससे भूमण्डलीय तापन (Global Warming) की समस्या उत्पन्न हो रही है। इस प्रकार भविष्य में इसके गम्भीर परिणाम हो सकते हैं।

> **पृथ्वी की सतह पर कुल ऊष्मा के बजट में भिन्नता**
>
> - पृथ्वी की सतह पर प्राप्त विकिरण की मात्रा में भिन्नता पाई जाती है। पृथ्वी के कुछ भागों में विकिरण सन्तुलन में अधिशेष पाया जाता है। वहीं कुछ भागों में ऋणात्मक सन्तुलन होता है। शुद्ध विकिरण अधिशेष 40° उत्तरी एवं दक्षिणी अक्षांशों में अधिक, परन्तु ध्रुवों के पास कम पाया जाता है।
> - उष्णकटिबन्धीय क्षेत्रों से तापीय ऊर्जा का ध्रुवों की ओर स्थानान्तरण होता है। फलस्वरूप ताप संचयन के कारण उष्णकटिबन्ध क्षेत्र बहुत अधिक गर्म नहीं है और न ही उच्च अक्षांश अत्यधिक नमी के कारण सम्पूर्ण रूप से जमे हुए हैं।
> - वायु एवं जल प्रवाह द्वारा ऊर्जा का अक्षांशीय स्थानान्तरण सम्भव होता है। ऊर्जा का प्रवाह उष्णकटिबन्धीय क्षेत्रों से ध्रुवीय और उपध्रुवीय क्षेत्रों की ओर पवनों एवं समुद्री धाराओं द्वारा होता है। इस प्रक्रिया के फलस्वरूप पृथ्वी के सम्पूर्ण क्षेत्रफल पर ऊष्मा सन्तुलन बना रहता है।

ऊष्मा बजट विसंगति

- पृथ्वी जिस अनुपात में सौर्य ऊर्जा को अवशोषित करती है, उसी अनुपात में बाह्य अन्तरिक्ष में निष्कासित कर देती है, जिससे पृथ्वी का औसत तापमान स्थिर रहता है।
- 100 सौर विकिरण इकाई में से 35 इकाई के सौर विकिरण क्षय से तापमान में कोई परिवर्तन नहीं होता है, किन्तु शेष 65 इकाई में से 17 इकाई का वायुमण्डल द्वारा तथा 48 इकाई का पृथ्वी की सतह द्वारा अवशोषण के बाद ऊष्मा बजट में परिवर्तन से पृथ्वी के तापमान में वृद्धि होती है, तो इसे ऊष्मा बजट विसंगति (Heat Budget Discrepancy) कहते हैं। यह भूमण्डलीय तापन का एक महत्त्वपूर्ण कारक है।

अक्षांशीय ऊष्मा सन्तुलन

- सौर विकिरण की प्राप्ति तथा पार्थिव विकिरण द्वारा ऊष्मा के क्षय में अक्षांशीय भिन्नता पाई जाती है। सामान्यत: $37\frac{1}{2}°$ उत्तरी से $37\frac{1}{2}°$ दक्षिणी अक्षांशों के मध्य का क्षेत्र तापाधिक्य का क्षेत्र (Energy surplus region) होता है, जहाँ सौर विकिरण से प्राप्त ऊष्मा का कम ही पार्थिव विकिरण के रूप में ह्रास होता है।
- $37\frac{1}{2}°$ से $66\frac{1}{2}°$ उत्तरी-दक्षिणी अक्षांशों के क्षेत्रों में सौर विकिरण की प्राप्त मात्रा से अधिक पार्थिव विकिरण का ह्रास होता है, जिससे यह ताप न्यूनता का क्षेत्र (Energy Deficit Regions) बन जाता है।
- सनातनी पवनें व महासागरीय धाराएँ विशाल ऊष्मा इंजन के रूप में कार्य करती हैं, जिससे ताप आधिक्य क्षेत्र से ताप न्यूनता के क्षेत्र में ऊष्मा का स्थानान्तरण होता रहता है और अक्षांशीय सन्तुलन बना रहता है।

पृथ्वी पर उपस्थित विभिन्न सतहों का एल्बिडो/प्रत्यावर्तिता/प्रत्यावर्तन गुणांक

- सौर विकिरण की वह मात्रा या प्रतिशत, जो पृथ्वी पर आने से पूर्व ही अन्तरिक्ष में परावर्तित हो जाती है, पृथ्वी का एल्बिडो या प्रत्यावर्तिता या प्रत्यावर्तन गुणांक (Reflection Coefficient) कहलाता है। एल्बिडो मुख्यत: दो कारकों पर निर्भर करता है-सतह की स्थिति तथा विकिरण के आपतन कोण पर।
- चिकनी और चमकीली परत होने पर एल्बिडो सर्वाधिक होगा। पृथ्वी का अनुमानित औसत एल्बिडो 32% है। पृथ्वी का एल्बिडो चन्द्रमा से अधिक है। इस कारण पृथ्वी को अन्तरिक्ष से देखने पर यह चन्द्रमा से अधिक चमकीली प्रतीत होती है। ताजे बर्फ तथा बादलों की सतह का एल्बिडो बहुत अधिक होता है। इसे प्रतिशत या दशमलव मान में व्यक्त किया जाता है। जल तथा नम भूमि का एल्बिडो बहुत कम होता है।
- भूमध्य रेखा से ध्रुवों की ओर जाने पर धरातलीय सतह में विभिन्नताएँ मिलती हैं। 60° अक्षांशों से आगे जाने पर हिमाच्छादित (Snow Covered) सतह का प्रतिशत बढ़ता जाता है, अत: धरातलीय सतह का एल्बिडो भी बढ़ता जाता है।

प्रमुख तत्त्व एवं उनके एल्बिडो

नाम	एल्बिडो (% में)	नाम	एल्बिडो (% में)
ताजा बर्फ	40-70	शंकुधारी वन (टैगा)	5-15
शुष्क बालू	35-45	पर्णपाती वन	10-20
पक्की सड़क	5-10	फसल	15-25
चरागाह (घास-स्थल)	10-30		

- कुछ विशेषज्ञों के अनुसार, ग्रीन हाउस प्रभाव और पृथ्वी के एल्बिडो में कमी, ग्लोबल वार्मिंग का मुख्य कारण है।
- एल्बिडो में वृद्धि तथा मेघों के द्वारा लघु तरंगदैर्ध्य वाले विकिरण के परावर्तन को क्लाउड-एल्बिडो फोर्सिंग कहा जाता है तथा मेघों के द्वारा, ग्रीन हाउस तापमान में वृद्धि को क्लाउड-ग्रीन हाउस-फोर्सिंग कहते हैं।

तापमान

- किसी स्थान पर मानक अवस्था में मापी गई भू-तल से लगभग एक मीटर ऊँची वायु की गर्मी को उस स्थान का तापमान (Temperature) कहते हैं।
- वायुमण्डल एवं भू-पृष्ठ के साथ सूर्यातप की अन्योन्यक्रिया को जनित ऊष्मा तापमान के रूप में मापा जाता है। जहाँ ऊष्मा किसी पदार्थ के अणुओं की गति को दर्शाती है, वहीं तापमान किसी पदार्थ या स्थान के गर्म या ठण्डा होने की डिग्री सेल्सियस (°C) या डिग्री फॉरेनहाइट (°F) में मापा जाता है।

पृथ्वी पर तापमान का वितरण

- पृथ्वी पर तापमान के वितरण में अधिक विषमता पाई जाती है; जैसे—मृत घाटी (यूएसए) विश्व का सबसे गर्म प्रदेश है, जहाँ अधिकतम तापमान लगभग 55°C पाया जाता है, तो वहीं सर्वाधिक ठण्डी अण्टार्कटिका के वोस्टाक (Vostak) में पड़ती है, जहाँ तापमान –87.5°C तक पाया जाता है।
- अधिकतम औसत वार्षिक तापमान (35°C) इथियोपिया के डलोफ में तथा न्यूनतम औसत वार्षिक तापमान (–58°C) अण्टार्कटिका के पोल ऑफ कोल्ड में दिखाई देता है।

तापमान के वितरण को प्रभावित करने वाले कारक

- **अक्षांशीय स्थिति** किसी स्थान का तापमान उस स्थान द्वारा प्राप्त सूर्यातप पर निर्भर करता है। अत: सूर्यातप की मात्रा में अक्षांश के अनुसार भिन्नता पाई जाती है। अत: वहाँ तापमान में भी अन्तर पाया जाता है। भूमध्य रेखा से ध्रुवों की ओर जाने पर सूर्यातप की मात्रा में कमी होती है। अत: सूर्यातप उष्णकटिबन्धीय प्रदेशों में सबसे अधिक तथा ध्रुवीय क्षेत्रों में सबसे कम होता है।
- **समुद्र तल की ऊँचाई** ऊँचाई बढ़ने के साथ-साथ तापमान में गिरावट आती है। समुद्र तल से जैसे-जैसे हम ऊँचाई की ओर जाते हैं, वैसे-वैसे तापमान में कमी आती जाती है। सामान्यत: क्षोभमण्डल में 165 मी की ऊँचाई पर 1° सेग्रे तापमान गिर जाता है अर्थात् प्रति किमी की ऊँचाई पर तापमान में औसतन 6.5°C की गिरावट आती है। यही कारण है कि पर्वतीय प्रदेश मैदानों की अपेक्षा अधिक ठण्डे होते हैं। दिल्ली की अपेक्षा शिमला का तापमान कम है, क्योंकि शिमला, दिल्ली की अपेक्षा अधिक ऊँचाई पर स्थित है।
- **समुद्र से दूरी तथा स्थल एवं जल का प्रभाव** स्थल की अपेक्षा जलीय सतह पर जल की विशिष्ट ऊष्मा अधिक होती है। अत: स्थलों की अपेक्षा जलीय सतह के गर्म एवं ठण्डे होने की प्रक्रिया अत्यन्त धीमी होती है। स्थल की अपेक्षा जल देर से गर्म होता है और देर से ही ठण्डा होता है। अत: जो स्थान समुद्र के निकट है, वहाँ पर तापमान लगभग एकसमान रहता है। इसके विपरीत समुद्र से दूर स्थित स्थानों का तापमान अधिक होता है अर्थात् समुद्र तट के निकट स्थित स्थानों पर सर्दियों में कम सर्दी होती है, जबकि समुद्र तट से दूर स्थित स्थानों पर सर्दियों में अधिक सर्दी तथा गर्मियों में अधिक गर्मी होती है। उदाहरणत: दिल्ली का तापमान मुम्बई के तापमान की अपेक्षा अधिक है।

जल की विशिष्ट ऊष्मा

किसी पदार्थ की विशिष्ट ऊष्मा (Specific Heat), ऊष्मा की वह मात्रा है, जो इस पदार्थ के एकांक द्रव्यमान में एकांक तापवृद्धि उत्पन्न करती है। एक ग्राम जल का ताप 1°C बढ़ाने के लिए एक कैलोरी ऊष्मा की आवश्यकता होती है। अत: जल की विशिष्ट ऊष्मा धारिता 1 कैलोरी/ग्राम डिग्री सेण्टीग्रेड होती है।

- **वायु संहति** स्थलीय एवं समुद्री समीर की भाँति वायु संहतियाँ भी तापमान को प्रभावित करती हैं। कोष्ण वायु संहतियों से प्रभावित होने वाले स्थानों का तापमान अधिक एवं शीत वायु संहतियों (Air Masses) से प्रभावित होने वाले स्थानों का तापमान कम होता है।
- **समुद्री धाराएँ** ये तटवर्ती क्षेत्रों के तापमान को अत्यधिक प्रभावित करती हैं, जिन क्षेत्रों में गर्म धारा बहती है, वहाँ का तापमान अधिक होता है तथा जिन क्षेत्रों में ठण्डी धारा बहती है, उन क्षेत्रों का तापमान कम हो जाता है। उत्तर-पश्चिम यूरोप के तट के साथ गल्फ स्ट्रीम (Gulf Stream) की गर्म धारा बहती है, जो यूरोप के तटीय भागों का तापमान ऊँचा बनाए रखती है। इसके विपरीत लगभग उस अक्षांश पर स्थित लैब्रेडोर के तट के साथ लैब्रेडोर की ठण्डी धारा बहती है, जिससे यह क्षेत्र वर्ष में लगभग नौ महीने हिमाच्छादित रहता है।

  जर्मनी में बर्लिन 52° उत्तरी अक्षांश पर स्थित है तथा न्यूयॉर्क का अक्षांश केवल 40° उत्तर है। फिर भी समुद्री धाराओं के प्रभाव के कारण इन दोनों नगरों में जनवरी का तापमान लगभग एकसमान है। दक्षिण अफ्रीका के पश्चिमी तट पर बेंगुएला (Benguela) की ठण्डी धारा बहती है। अत: अफ्रीका के पश्चिमी तट पर तापमान कम और पूर्वी तट पर तापमान अधिक होता है।
- **प्रचलित पवनें** जिन स्थानों पर गर्म पवनें आती हैं, वहाँ का तापमान अधिक तथा जहाँ पर ठण्डी पवनें आती हैं, वहाँ का तापमान कम होता है। इटली में सहारा मरुस्थल से आने वाली सिरॉक्को (Sirocco) पवन तथा उत्तरी भारत के मैदानी भाग में ग्रीष्म ऋतु में चलने वाली लू से अनेक बार तापमान 45° सेग्रे तक पहुँच जाता है।

  सिरॉक्को यह सहारा मरुस्थल में भूमध्यसागर की ओर चलने वाली पवन है। इस पवन को लीबिया में गिबली, ट्यूनिशिया में चिली तथा मिस्र में खमसिन कहते हैं।

  यूरोप में चलने वाली पवन मिस्ट्रल फ्रांस के तापमान को हिमांक से नीचे गिरा देती है, वहीं चिनूक पवन यूएसए के तापमान को बढ़ा देती है, जिससे बर्फ पिघल जाती है।
- **भू-तल का स्वभाव** हिम व वनस्पति से ढके हुए भू-तल सूर्य से प्राप्त हुए अधिकांश ताप को परिवर्तित कर देते हैं। अत: इन प्रदेशों में तापमान अधिक नहीं हो पाता। इसके विपरीत, बालू तथा काली मिट्टी से ढके हुए प्रदेश अधिकांश सूर्यातप का अवशोषण कर लेते हैं और वहाँ पर तापमान अधिक होता है। अत: उष्ण तथा उपोष्ण कटिबन्धीय मरुस्थलीय भागों में उच्च तापमान तथा रेतीली सतह विकिरणों के अधिकांश भाग को अवशोषित करने के कारण पाई जाती है। शहरी क्षेत्रों में कंक्रीट अवसंरचनाओं के कारण आप-पास के क्षेत्रों की अपेक्षा तापमान अधिक पाया जाता है।

- **मेघ तथा वर्षा** जिन प्रदेशों में मेघ छाए रहते हैं तथा वर्षा अधिक होती है, वहाँ पर तापमान अधिक नहीं हो पाता, क्योंकि मेघ सूर्य की किरणों का परावर्तन कर देते हैं। इसके अतिरिक्त भूमध्यरेखीय खण्ड से सूर्य की किरणों के लम्बवत् पड़ने के बावजूद भी वहाँ पर इतना अधिक तापमान नहीं हो पाता, जितना कि मेघरहित उष्ण मरुस्थलीय भागों में हो जाता है।

तापमान का लम्बवत् वितरण

- सामान्यत: 165 मी की ऊँचाई पर 1° सेग्रे तापमान कम हो जाता है। तापमान के इस प्रकार कम होने की दर को **सामान्य ह्रास दर** (Normal Lapse Rate) कहते हैं।
- भू-तल पर सामान्यत: 20° सेग्रे तापमान रहता है और क्षोभमण्डल की ऊपरी सीमा (क्षोभ सीमा) तक पहुँचते-पहुँचते तापमान – 55° से – 60° सेग्रे तक गिर जाता है।
  क्षोभ सीमा यह पृथ्वी के वायुमण्डल में क्षोभमण्डल और समतापमण्डल को अलग करने वाली एक पतली परत होती है। यह पृथ्वी की सतह से 6 किमी से 18 किमी के बीच होती है। क्षोभ सीमा की मोटाई 1.5 किमी से 2 किमी तक होती है।
- क्षोभमण्डल के ऊपर समतापमण्डल में तापमान प्राय: एकसमान रहता है। यही कारण है कि वायुमण्डल के इस भाग को **समतापमण्डल** कहा जाता है। समतापमण्डल के निचले भाग में 20 किमी की ऊँचाई तक तापमान लगभग – 55° से – 60° सेग्रे तक रहता है।
- 20 किमी से 50 किमी की ऊँचाई तक ओजोन गैस की प्रधानता है। ओजोन गैस में पराबैंगनी किरणों को सोखने की क्षमता होती है, जिस कारण यहाँ तापमान बढ़ने लगता है। 50 किमी की ऊँचाई तक पहुँचते-पहुँचते तापमान 0° सेल्सियस हो जाता है।

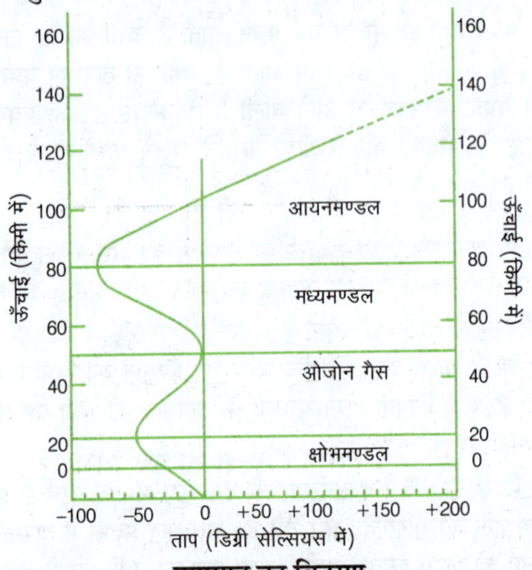

तापमान का वितरण

- इसके बाद **मध्यमण्डल** आरम्भ हो जाता है और तापमान फिर से गिरना आरम्भ हो जाता है। 80 किमी की ऊँचाई तक पहुँचकर तापमान – 80° सेग्रे से भी नीचे गिर जाता है। इसके बाद तापमान फिर से बढ़ना शुरू हो जाता है।
- अनुमान है कि 400 किमी की ऊँचाई पर 1000° सेग्रे से अधिक तापमान हो जाता है। इतने अधिक तापमान वाले वायुमण्डल के इस भाग को **ऊष्मामण्डल** (Thermosphere) कहते हैं।

तापमान का क्षैतिज वितरण

- तापमान के क्षैतिज वितरण का अर्थ **अक्षांशीय वितरण** से होता है। भूमध्य रेखा से ध्रुवों तक तापमान कम होता जाता है। मानचित्र पर तापमान का वितरण समताप रेखाओं द्वारा दर्शाया जाता है, जो समान तापमान वाले स्थानों को प्रदर्शित करता है।
- उत्तरी गोलार्द्ध में महासागर की अपेक्षा महाद्वीप अधिक हैं। इसलिए समताप रेखाएँ महाद्वीपों को पार करते समय भूमध्य रेखा की ओर तथा महसागरों को पार करते हुए ध्रुवों की ओर मुड़ जाती हैं।
- दक्षिणी गोलार्द्ध में स्थिति ठीक इसके विपरीत होती है। यहाँ समताप रेखाएँ महासागरों को पार करते समय भूमध्य में न्यूनतम अथवा अधिकतम तापमान पाया जाता है। इसलिए तापमान के विश्लेषण के लिए साधारणत: जनवरी तथा जुलाई महीने ही चुने जाते हैं।
- **जनवरी में तापमान का क्षैतिज वितरण** जनवरी के महीने में सूर्य की किरणें दक्षिणी गोलार्द्ध में स्थित मकर रेखा पर लम्बवत पड़ती हैं, जिससे दक्षिणी गोलार्द्ध में ग्रीष्म तथा उत्तरी गोलार्द्ध में शीत ऋतु होती है। अत: दक्षिणी गोलार्द्ध में तापमान अधिक तथा उत्तरी गोलार्द्ध में तापमान कम होता है। दक्षिणी गोलार्द्ध में स्थित उत्तर-पश्चिमी अर्जेण्टीना, पूर्वी मध्य अफ्रीका, बोर्नियो और मध्य ऑस्ट्रेलिया में तापमान 30° सेग्रे से भी अधिक होता है।
- उत्तरी गोलार्द्ध में स्थित साइबेरिया तथा ग्रीनलैण्ड में न्यूनतम तापमान पाया जाता है, विश्व में सबसे ठण्डा स्थान साइबेरिया में स्थित **बर्खोयांस्क** है, जिसका तापमान –66°C है। उत्तरी गोलार्द्ध में स्थलखण्ड के अधिक होने के कारण समताप रेखाएँ अनियमित और पास-पास होती हैं, जबकि दक्षिणी गोलार्द्ध में जल भाग के अधिक होने के कारण समताप रेखाएँ अपेक्षाकृत अधिक नियमित तथा दूर-दूर होती हैं।
- **जुलाई में तापमान का क्षैतिज वितरण** इस समय सूर्य की किरणें उत्तरी गोलार्द्ध में कर्क रेखा पर लगभग लम्बवत चमकती हैं। अत: उत्तरी गोलार्द्ध में ग्रीष्म ऋतु तथा दक्षिणी गोलार्द्ध में शीत ऋतु होती है। उत्तरी गोलार्द्ध में अधिकतम तापमान (30° सेग्रे से अधिक) 10° सेग्रे से 40° सेग्रे उत्तरी अक्षांशों के बीच होता है। इस कटिबन्ध में संयुक्त राज्य अमेरिका का दक्षिण-पूर्वी भाग, सहारा, दक्षिण-पश्चिमी एशिया, चीन का विस्तृत क्षेत्र तथा उत्तर-पश्चिमी भारत सम्मिलित हैं।
- उत्तरी ध्रुव के निकट इस ऋतु में तापमान हिमांक से नीचे रहता है। उत्तरी गोलार्द्ध में समताप रेखाएँ महासागरों पर से गुजरते समय भूमध्य रेखा की ओर तथा महाद्वीपों पर से गुजरते समय ध्रुव की ओर मुड़ जाती हैं। रेखाएँ उत्तरी गोलार्द्ध में अनियमित तथा एक-दूसरे से दूर स्थित होती हैं। दक्षिणी गोलार्द्ध में स्थिति बिल्कुल इसके विपरीत होती है।

तापमान का कालिक वितरण

- उत्तरी गोलार्द्ध (Northern Hemisphere) में जुलाई का महीना अत्यधिक गर्म तथा जनवरी का महीना ठण्डा होता है, जबकि दक्षिणी गोलार्द्ध (Southern Hemisphere) में जुलाई में अत्यधिक ठण्ड तथा जनवरी में अत्यधिक गर्मी होती है। जुलाई तथा जनवरी महीनों में अधिकतम तापमान (Maximum Temperature) स्थलीय भागों पर पाया जाता है।
- जनवरी के महीने में न्यूनतम तापमान (Minimum Temperature) एशिया तथा उत्तरी अमेरिका में पाया जाता है।

- दो गोलार्द्धों पर सूर्य के ऋतुवत् स्थानान्तरण के कारण समताप रेखाओं में अक्षांशीय खिसकाव होता है, जो महाद्वीपीय भागों पर अधिक होता है।
- जनवरी का माध्य मासिक तापक्रम विषुवत् रेखीय महासागरों पर 27°C से अधिक, उष्णकटिबन्धों में 24°C से अधिक, मध्य अक्षांशों पर 20°C से 0°C तक तथा यूरेशिया के आन्तरिक भाग में –18°C से –48°C तक दर्ज होता है।
- जनवरी एवं जुलाई के बीच सर्वाधिक तापान्तर (किसी स्थान के सबसे गर्म ओर सबसे ठण्डे महीने के औसत तापमान के बीच अन्तर) यूरेशिया महाद्वीप के उत्तर-पूर्वी क्षेत्र में पाया जाता है, जो लगभग 60°C तक होता है। इसका मुख्य कारण महाद्वीपीयता (continentality) है।
- इस दौरान सबसे कम तापान्तर 20° दक्षिणी तथा 15° उत्तरी अक्षांशों के मध्य 3°C पाया जाता है।

तापमान का प्रादेशिक वितरण

तापमान का प्रादेशिक वितरण वस्तुत: क्षैतिज वितरण ही होता है। तापमान वितरणों को ग्लोब के अन्तर्गत मुख्य प्रदेशों अथवा मण्डलों में विभाजित किया जाता है। अत: इसमें तापमान का वितरण व उनकी प्रमुख विशेषताएँ समान होती हैं। इन प्रदेशों अथवा मण्डलों का निर्धारण ग्लोब पर अक्षांशों के आधार पर किया जाता है।

ताप का सामान्य प्रादेशिक वितरण

ग्लोब का विभाजन प्रमुख 7 ताप कटिबन्धों में किया गया है, जिनका विवरण निम्नलिखित है

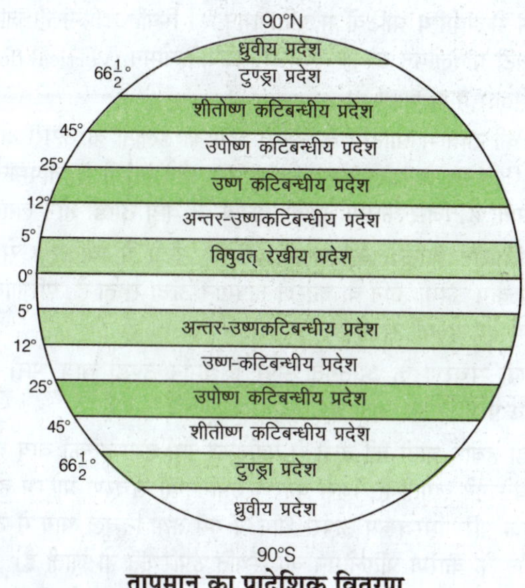

तापमान का प्रादेशिक वितरण

1. विषुवत् रेखीय प्रदेश

1. विषुवत् रेखीय प्रदेश विषुवत् रेखा के 5° उत्तरी तथा 5° दक्षिणी अक्षांशों के बीच विस्तृत भाग को इसके अन्तर्गत सम्मिलित किया जाता है। यहाँ पर सूर्य की किरणें लम्बवत् चमकती हैं, जिसके कारण वर्षभर उच्च तापमान बना रहता है।
2. अन्तर उष्णकटिबन्धीय प्रदेश इन प्रदेशों का विस्तार दोनों गोलार्द्धों में 5° तथा 12° अक्षांशों के मध्य पाया जाता है। इस प्रदेश में तापमान वर्षभर अधिक रहता है तथा ग्रीष्म एवं शीत ऋतुओं में मध्यान्तर स्पष्ट हो जाता है। सागरीय भागों पर तापमान का ऋतुवत् परिवर्तन अधिक नहीं हो पाता है।
3. उष्णकटिबन्धीय प्रदेश दोनों गोलार्द्धों में 12° से 25° अक्षांशों के मध्य विस्तृत भाग को उष्ण कटिबन्ध के अन्तर्गत सम्मिलित किया जाता है। निम्न अक्षांशों से उच्च अक्षांशों की ओर तापमान क्रमश: घटता जाता है। गर्मियों में उत्तरी गोलार्द्ध में जुलाई एवं दक्षिणी गोलार्द्ध में जनवरी में सूर्य की किरणें लम्बवत् होती हैं। इस प्रकार प्रत्येक भाग में वर्ष में एक बार उच्चतम तथा एक बार निम्नतम तापमान होता है।
4. उपोष्ण कटिबन्धीय प्रदेश इस प्रदेश का विस्तार दोनों गोलार्द्धों में 25° से 45° अक्षांशों के मध्य विस्तृत भू-भाग को उपोष्ण कटिबन्धीय प्रदेश के अन्तर्गत सम्मिलित किया जाता है।
5. शीतोष्ण कटिबन्धीय प्रदेश दोनों गोलार्द्धों में 45° से 66.5° अक्षांशों के मध्य विस्तृत भू-भाग वाले क्षेत्र को शीतोष्ण कटिबन्ध के अन्तर्गत सम्मिलित किया जाता है। दिन की अवधि लम्बी होने पर भी सूर्य की किरणों के अधिक तिरछेपन के कारण तापमान अत्यन्त कम हो जाता है। शीत तथा ग्रीष्म ऋतुओं के बीच का अन्तर अत्यधिक हो जाता है। सर्दी में तापमान हिमांक के नीचे गिर जाता है, जिसके परिणामस्वरूप कनाडा, साइबेरिया आदि का अधिकांश भाग बर्फ से ढक जाता है।
6. टुण्ड्रा प्रदेश टुण्ड्रा प्रदेश शीतोष्ण कटिबन्धीय तथा ध्रुवीय प्रदेशों के मध्य पाया जाता है। सूर्य की किरणें टुण्ड्रा प्रदेश में अत्यधिक तिरछी हो जाती हैं, जिसके कारण धरातल के समानान्तर होने के परिणामस्वरूप सूर्यातप की कम प्राप्ति होती है, अत: तापमान न्यूनतम हो जाता है।
7. ध्रुवीय प्रदेश यह प्रदेश उत्तरी तथा दक्षिण ध्रुवों के चतुर्दिक पाया जाता है। ध्रुवीय प्रदेश में सूर्य की किरणें नहीं पहुँच पाती हैं, जिसके कारण दोनों भाग वर्षभर हिमाच्छादित रहते हैं। सूर्य इस भू-भाग पर कभी भी क्षैतिज स्थिति में प्रकट नहीं हो पाता है। दैनिक तापान्तर वार्षिक तापान्तर से कम होता है। सूर्यातप के अभाव में रात-दिन के तापमान में अन्तर न होने के कारण तापान्तर नगण्य रहता है। पृथ्वी के परिक्रमण तथा उसके अपने अक्ष पर $23\frac{1}{2}$° झुकाव के कारण ध्रुवीय प्रदेशों में 6 माह का दिन तथा 6 माह की रात होती है।

समविसंगत तापमान तथा तापीय विसंगति

- किसी भी स्थान विशेष के औसत तापमान तथा उस स्थान के अक्षांश के औसत तापान्तर को तापीय विसंगति (Thermal Anamoly) कहते हैं।
- समान तापीय विसंगति को समविसंगत तापमान, समान तापीय विसंगति वाले स्थानों को मिलाने वाली रेखाओं को सम विसंगत रेखा तथा इसमें प्रदर्शित मानचित्र को समविसंगत मानचित्र कहते हैं।
- दक्षिणी गोलार्द्ध की अपेक्षा उत्तरी गोलार्द्ध में स्थलीय भाग की अधिकता के कारण तापीय विसंगति अधिक होती है। तापीय विसंगति स्थल एवं जल के वितरण प्रतिरूप और वर्ष की विभिन्न ऋतुओं द्वारा नियन्त्रित होती है।

तापमान विसंगति

- किसी स्थान के औसत तापमान और उस अक्षांश के औसत तापमान के अन्तर की स्थिति को तापीय विसंगति (Thermal Anomaly) कहते हैं। यह औसत से विचलन की मात्रा और दिशा प्रदर्शित करती है।
- उत्तरी गोलार्द्ध में तापमान की अधिकतम असंगतियाँ पाई जाती हैं और दक्षिणी गोलार्द्ध में न्यूनतम विसंगतियाँ पाई जाती हैं।
- जब किसी स्थान का तापमान उस अक्षांश के औसत तापमान से कम होता है, तो तापमान विसंगति ऋणात्मक (Negative) होती है। इसी प्रकार जब किसी स्थान का तापमान उस अक्षांश के औसत तापमान से अधिक होता है, तो तापमान विसंगति धनात्मक (Positive) होती है।
- महाद्वीपों पर तापमान विसंगतियाँ 40° अक्षांश से ध्रुवों की ओर ऋणात्मक तथा विषुवत् रेखा की ओर धनात्मक होती हैं। महासागरों पर तापमान विसंगतियाँ 40° अक्षांश से ध्रुवों की ओर धनात्मक तथा विषुवत् रेखा की ओर ऋणात्मक होती हैं।

तापमान का व्युत्क्रमण (प्रतिलोमन)

- सामान्य परिस्थितियों में ऊँचाई के साथ तापमान घटता है; जैसे–165 मी की ऊँचाई पर 1°C (अथवा एक किमी ऊँचाई पर 6.5°C) तापमान कम होता है, जिसे **सामान्य ह्रास दर** कहते हैं, परन्तु कुछ परिस्थितियों में ऊँचाई के साथ तापमान घटने के स्थान पर बढ़ने को तापमान का **व्युत्क्रमण** (Inversion of Temperature) कहते हैं।
- स्पष्ट है कि तापमान के व्युत्क्रमण की स्थिति में धरातल के समीप ठण्डी वायु तथा ऊपर की ओर गर्म वायु होती है। चित्र में व्युत्क्रमण को रेखाचित्र द्वारा दर्शाया गया है। इसमें धरातल के साथ लगने वाली वायु ठण्डी, उसके ऊपर की वायु गर्म तथा सबसे ऊपर फिर ठण्डी वायु है। चित्र में लगभग 400 मी की ऊँचाई तक तापमान का व्युत्क्रमण दिखाया गया है।

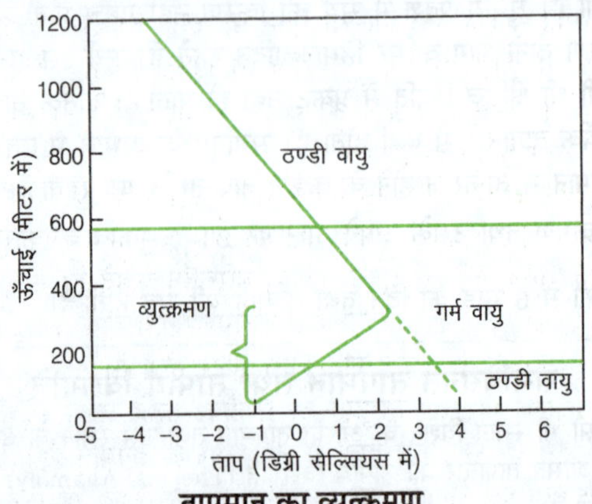

तापमान का व्युत्क्रमण

तापमान के प्रतिलोमन के प्रकार

1. धरातलीय या विकिरण प्रतिलोमन

- धरातल के निकट वायुमण्डल के सबसे निचले भाग में घटित होने के कारण इसे **धरातलीय प्रतिलोमन** की संज्ञा दी जाती है। इस प्रकार का प्रतिलोमन मुख्य रूप से मध्य तथा उच्च अक्षांशों के हिमाच्छादित भागों में सर्दी की लम्बी रात्रि के समय होता है।
- रात्रि के समय पृथ्वी की सौर्यिक ऊष्मा की प्राप्ति समाप्त हो जाती है, जबकि पार्थिव विकिरण के निर्विरोध तीव्रगति से सम्पादित होने के कारण ऊष्मा का विघटन अधिक होता है। जिस कारण धरातल ठण्डा हो जाता है तथा उसके सम्पर्क में आने वाली वायु ठण्डी हो जाती है, जबकि उसके ठीक ऊपर ऊष्मा का कम ह्रास होने से वायु की परत गर्म होती है। परिणामस्वरूप नीचे तापमान कम तथा ऊपर अधिक होने से तापीय प्रतिलोमन की स्थिति बन जाती है।
- इस प्रकार का प्रतिलोमन धरातलीय सतह से विकिरण द्वारा होता है। अत: इसे **तापीय प्रतिलोमन** (Thermal Inversion) कहते हैं।
- यह तापीय प्रतिलोमन शीत कटिबन्ध के ठण्डे स्थानों पर सर्दियों में या रात्रि में प्रमुख रूप से पाया जाता है। भू-पृष्ठीय व्युत्क्रमण वायुमण्डल के निचले स्तर में स्थिरता को बढ़ावा देता है।

2. सम्पर्कीय व्युत्क्रमण

- यह स्थिति शीतोष्ण चक्रवातों के वाताग्र क्षेत्रों में पाई जाती है। यहाँ ठण्डी तथा गर्म वायुराशियों के बीच सम्पर्क होता है, यह सीमान्त प्रदेश में दृष्टिगोचर होता है।
- ठण्डी वायु गर्म वायु को ऊँचा उठा देती है, जिससे नीचे ठण्डी तथा ऊपर अपेक्षाकृत गर्म वायु हो जाती है, जिससे सम्पर्कीय प्रतिलोमन (Advectional Inversion) की स्थिति बन जाती है।

3. उच्च धरातलीय व्युत्क्रमण या घाटी प्रतिलोमन

- यह घाटी प्रतिलोमन (Valley Inversion) विकिरण तथा अभिवहन की सहायता से पर्वतीय घाटियों में प्रतिलोमन की स्थिति उत्पन्न हो जाती है, जिसे घाटी प्रतिलोमन या लम्बवत् प्रवाही प्रतिलोमन (Vertical flow Inversion) कहा जाता है।
- सर्दियों की रात्रि में घाटियों के ऊपरी भाग या ढलानों के ऊपरी क्षेत्र से पार्थिव विकिरण के फलस्वरूप ऊष्मा नष्ट होने लगती है, तापमान कम होने लगता है, जिस कारण उसके सम्पर्क में वायु ठण्डी होने लगती है।
- इसके विपरीत घाटियों के तलस्थ (तली) क्षेत्रों में विकिरण से अपेक्षा अनुरूप कम ऊष्मा हानि के कारण तापमान ऊँचा रहता है, परिणामस्वरूप वायु गर्म एवं हल्की रहती है।
- अधोमुखी संचरण के अन्तर्गत ऊपर विद्यमान ठण्डी वायु भारी होने के फलस्वरूप नीचे आ जाती है।
- ये ठण्डी हवाएँ घाटी की तली में पहुँचकर गर्म तथा हल्की वायु को ऊपर धकेलने लगती हैं, जिस कारण उपरिमुखी संचरण प्रारम्भ हो जाता है। इसके परिणामस्वरूप ऊपरी भाग में गर्म तथा निचले भाग में ठण्डी वायु होने के कारण प्रतिलोमन की स्थिति उपस्थिति हो जाती है।
- इस स्थिति के कारण घाटियों के निचले भाग में तीव्र पाला पड़ता है, जबकि ऊपरी भाग पाला रहित होता है।

पर्वतीय क्षेत्रों में तापीय व्युत्क्रमण

- अन्तरपर्वतीय घाटियों में तीव्र पार्थिव विकिरण के कारण तापीय व्युत्क्रमण होता है। शीत ऋतु की रात्रि में पर्वतीय ढलानों के ऊपरी भागों की वायु पार्थिव विकिरण से ठण्डी हो जाती है, जबकि घाटी की तली की वायु अपेक्षाकृत गर्म रह जाती है।

- पर्वतीय ढलान की ठण्डी व भारी वायु गुरुत्वाकर्षण के कारण घाटी में विस्थापित होती है। इन पवनों को **केटाबेटिक पवन** (Katebatic wind) या पर्वत समीर कहते हैं। यह घाटी के तली के तापमान को कम कर देती है।
- इसके विपरीत घाटी की तली की गर्म वायु हल्की होकर ऊपर उठती है, इस पवन को **एनाबेटिक पवन** (Anabatic wind) या घाटी समीर कहते हैं। ऐसी स्थिति में तापीय विलोमता की स्थिति उत्पन्न हो जाती है तथा घाटी में कुहरा छा जाता है।
- इस तापीय विलोमता के कारण अन्तरपर्वतीय घाटियों में बस्तियाँ तथा खेती ढालों के ऊपरी भागों में होती हैं; जैसे—जापान के सुवा बेसिन में शहतूत की बागवानी, भारत में सेब की बागवानी आदि।
- हिमालय क्षेत्रों में पर्यटकों के लिए विश्राम स्थल, होटल, ढालों के ऊपरी भागों में भी स्थित पाए जाते हैं।

तापीय प्रतिलोमन का प्रभाव/महत्त्व

- तापीय प्रतिलोमन के द्वारा उत्पन्न कोहरा कुछ फसलों के संवर्द्धन के लिए अति आवश्यक होता है; जैसे—दोपहर तक ब्राजील व यमन की पहाड़ियों में कोहरा छाया रहता है, यह कहवा की फसलों का बचाव सूर्य की तेज किरणों से करता है।
- तापमान प्रतिलोमन के समय यदि ऊपर स्थित गर्म वायु में आर्द्रता की मात्रा विद्यमान होती है तथा नीचे ठण्डी वायु का तापमान हिमांक बिन्दु से कम हो जाता है, तो पाला पड़ने लगता है। तुषार या पाला निश्चित रूप से आर्थिक दृष्टिकोण से हानिकारक होता है।
- वायुमण्डल में स्थिरता तापीय प्रतिलोमन के कारण आ जाती है, जिसके परिणामस्वरूप वायु का **उपरिमुखी** तथा **अधोमुखी संचलन** स्थगित हो जाता है। अत: वर्षा की अनिश्चितता हो जाती है।
- हवा के नीचे बैठ जाने के कारण प्रतिलोमन होता है तथा शुष्कता की मात्रा में वृद्धि होती है, यही कारण है कि भूमध्य रेखा के दोनों ओर 20°–30° अक्षांशों के मध्य महाद्वीपों के पश्चिमी भागों में मरुस्थल पाए जाते हैं।

तापान्तर

अधिकतम तथा न्यूनतम तापमान के अन्तर को तापान्तर कहते हैं। यह दो प्रकार का होता है, जिन्हें क्रमश: **दैनिक तापान्तर** तथा **वार्षिक तापान्तर** कहते हैं।

दैनिक तापान्तर

किसी स्थान पर एक दिन के अधिकतम तथा न्यूनतम तापमान के अन्तर को दैनिक तापान्तर कहते हैं।

$$\text{औसत दैनिक तापान्तर} = \frac{\text{दैनिक उच्च तापमान} - \text{दैनिक न्यूनतम तापमान}}{2}$$

उदाहरणार्थ यदि किसी स्थान का अधिकतम तापमान 30° सेग्रे तथा न्यूनतम तापमान 15° सेग्रे हो, तो वहाँ का दैनिक तापान्तर 30° – 15° = 15° C सेग्रे होगा। इसे **ताप-परिसर** भी कहते हैं।

वार्षिक तापान्तर

- सामान्यतया किसी स्थान के सबसे गर्म तथा सबसे ठण्डे महीने के मध्यमान तापमान के अन्तर को वार्षिक तापान्तर कहा जाता है।

$$\text{औसत वार्षिक तापान्तर} = \frac{\text{एक वर्ष का औसत मासिक तापमान}}{12}$$

- **उदाहरणस्वरूप** किसी स्थान के सबसे गर्म महीने का मध्यमान तापमान 40° सेल्सियस तथा सबसे ठण्डे महीने का मध्यमान तापमान 25° सेल्सियस है, तो उस स्थान विशेष का वार्षिक तापान्तर 40° – 25° = 15°C होगा।
- वार्षिक तापान्तर में अन्तर भूमध्यरेखीय क्षेत्रों में कम पाया जाता है। इसका प्रमुख कारण है कि वर्षभर यहाँ एकसमान तापमान पाया जाता है।

तापीय परिवर्तन

तापीय परिवर्तन दो प्रकार से प्रस्तुत किया जाता है

- **डायबेटिक ताप परिवर्तन** के अन्तर्गत ऊष्मा के स्थानान्तरण के समय अवशोषण अथवा निष्कासन के परिणामस्वरूप तापमान में परिवर्तन होता है। यह वस्तुत: खुलेतन्त्र की तरह क्रिया करता है। इसमें जब तक तापमान सन्तुलित नहीं होता है, तब तक ऊष्मा का स्थानान्तरण चलता रहता है।
- **रुद्धोष्म ताप परिवर्तन** (एडियोबेटिक) जब कोई वस्तु न तो बाहरी माध्यम को ऊष्मा दे और न ही उससे ऊष्मा ले, परन्तु उसका ताप बदल जाए, तो ऐसे परिवर्तन को रुद्धोष्म ताप परिवर्तन कहा जाता है। इसमें वायु के ऊर्ध्वाधर रूप से ऊपर जाने तथा नीचे आने के कारण बिना अतिरिक्त ऊष्मा मिलाए ताप में परिवर्तन होता है।
  - जब वायु गर्म होकर ऊपर उठती है, तो दाब में कमी के कारण उसके आयतन में वृद्धि से प्रति इकाई ऊष्मा में कमी आती है, जिसे रुद्धोष्म ताप ह्रास दर कहते हैं, जो 10°C प्रति 1000 मीटर होती है।
  - जब वायु नीचे उतरती है, तो उसके आयतन में कमी आने से प्रति इकाई ऊष्मा में वृद्धि होती है, जिसे रुद्धोष्म ताप परिवर्तन कहते हैं। इसका प्रमुख कारण वायु दाब में वृद्धि का होना है। इसमें ऊष्मा की कुल मात्रा में कोई परिवर्तन नहीं होता है। एडियोबेटिक परिवर्तन के अन्तर्गत प्राय: वस्तु बन्द तन्त्र की तरह व्यवहार करती है। यह ताप परिवर्तन निम्न प्रकार से होता है
    - (i) **शुष्क रुद्धोष्म परिवर्तन** जब किसी शुष्क वायु राशि के ऊपर उठने अथवा नीचे उतरने पर उसके तापमान में एक निश्चित दर से परिवर्तन होता है, उसे शुष्क रुद्धोष्म परिवर्तन कहते हैं। एडियाबेटिक परिवर्तन में वायु का आयतन कम वायुमण्डलीय दाब के कारण बढ़ जाता है। इसकी दर 10°C प्रति हजार मीटर होती है।
    - (ii) **आर्द्र रुद्धोष्म परिवर्तन** वायुमण्डल में ऊपर उठते समय संतृप्त वायु राशि जिस दर से ठण्डी होती है तथा अधिक तापमान होने के कारण वायु का आयतन कम हो जाता है, उसे आर्द्र रुद्धोष्म परिवर्तन कहते हैं। इसकी दर 6°C प्रति हजार मीटर होती है।
  - जब संघनन की गुप्त ऊष्मा के कारण संतृप्त वायु राशि के ताप में कमी आती है, तो नवीन ताप ह्रास दर को आर्द्र रुद्धोष्म ताप ह्रास दर या मन्दित रुद्धोष्म ताप ह्रास दर कहते हैं।

"

मध्य समुद्र से वायुमण्डल की सीमा तक एक इकाई क्षेत्रफल के वायु स्तम्भ के भार को वायुमण्डलीय दाब कहते हैं। वायु में भिन्नता वायु को गति प्रदान करती है, जिससे पवनें उच्च वायुदाब क्षेत्रों से निम्न वायुदाब क्षेत्रों की ओर चलती हैं।

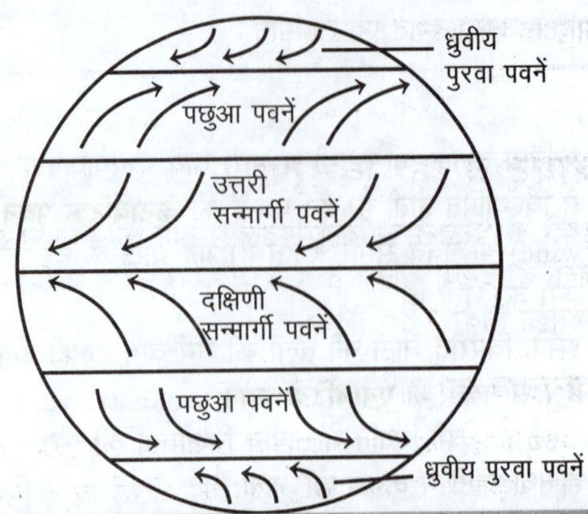

अध्याय पन्द्रह

वायुदाब एवं पवनें

वायुदाब

- धरातल के इकाई क्षेत्रफल पर लगने वाले वायु के भार (वायु के स्तम्भ का भार) के दबाव को वायुदाब (Air Pressure) कहा जाता है, यह पृथ्वी की गुरुत्वाकर्षण शक्ति के कारण टिका हुआ है।
- वायुदाब ऊँचाई के साथ घटता है। ऊँचाई पर वायुदाब भिन्न-भिन्न स्थानों पर भिन्न-भिन्न होता है। यह भिन्नता भी वायु में गति का कारण होती है। वायु गर्म होने पर फैलती है और ठण्डी होने पर सिकुड़ती है। इससे वायुदाब में भिन्नता आती है।
- सामान्यत: वायुदाब का हमें अनुभव नहीं होता है, क्योंकि यह हमारे चारों ओर समान रूप से वितरित होता है। वायुदाब मापने का यन्त्र सर्वप्रथम टोरिसेली के द्वारा सत्रहवीं शताब्दी में विकसित किया गया था। वायुदाब मापी यन्त्र दो प्रकार के होते हैं
  (i) वायुदाब मापी (ii) निर्द्रव बैरोमीटर
- वायुदाब या वायुमण्डलीय दाब को मापने की इकाई मिलीबार/पास्कल है। समुद्र तल पर औसत वायुमण्डलीय दाब 1013.2 मिलीबार होता है। गुरुत्वाकर्षण के कारण धरातल के निकट वायु सघन होती है और इसी कारण वायुदाब अधिक होता है।

बैरोमीटर

- बैरोमीटर, वायुदाब मापी एक यन्त्र होता है, जिसके द्वारा वायुमण्डल के दाब को मापा जाता है। वायुदाब को मापने के लिए बैरोमीटर में पानी, हवा अथवा पारे का प्रयोग किया जाता है। बैरोमीटर के आविष्कारक **इण्हान गेलिस्टा टोरिसेली** हैं।
- बैरोमीटर का पाठ्यांक अचानक गिरने से आँधी व तूफान का संकेत मिलता है। बैरोमीटर का पाठ्यांक जब धीरे-धीरे नीचे गिरता है, तो वर्षा की सम्भावना होती है। जब पाठ्यांक धीरे-धीरे ऊपर चढ़ता है, तो दिन साफ होने तथा प्रतिचक्रवातीय स्थिति होने की सम्भावना होती है।
- **बैरोमीटर** वायुदाब को प्रति इकाई क्षेत्रफल पर पड़ने वाले भार के रूप में मापता है। 1 मिलीबार का वायुदाब 1 वर्ग सेमी पर 1 ग्राम भार होता है। वहीं 1 हजार मिलीबार का वायुदाब 1 वर्ग सेमी पर 1.053 ग्राम भार होता है, जो पारे के 76 सेमी या 760 मिली मीटर ऊँचे स्तम्भ के दबाव के बराबर होता है।

वायुदाब प्रणाली / वायुदाब के प्रकार

वायुदाब को मुख्यत: दो प्रकारों/प्रणाली में वर्गीकृत किया जाता है

उच्च वायुदाब प्रणाली

- उच्च वायुदाब प्रणाली के अन्तर्गत केन्द्र में अधिकतम वायुदाब तथा केन्द्र से बाहर की दिशा में वायुदाब क्रमश: घटता जाता है। इसके अन्तर्गत हवाएँ केन्द्र से परिधि की ओर प्रवाहित होती हैं।
- यह मुख्यत: प्रतिचक्रवाती दशा (Anticyclonic Conditions) का द्योतक होता है। इसमें दाब प्रवणता कम होती है। उच्च वायुदाब प्रणाली के अन्तर्गत, हवाएँ उत्तरी गोलार्द्ध में दक्षिणावर्त और दक्षिणी गोलार्द्ध में वामावर्त्त में घूमती हैं।
- तापीय एवं गतिक प्रक्रिया के परिणामस्वरूप उच्च वायुदाब प्रणाली का विकास होता है। प्रतिचक्रवात के केन्द्रीय भाग में हवाएँ ऊपर से नीचे उतरती हैं, जिसके कारण मध्यवर्ती भाग में मौसम स्वच्छ रहता है।

निम्न वायुदाब प्रणाली

- निम्न दाब क्षेत्र या कम दाब का क्षेत्र उस स्थान को कहते हैं, जहाँ वायुमण्डल का दाब आस-पास के क्षेत्र से कम हो जाता है अर्थात् जब आस-पास के क्षेत्र में दाब अधिक होता है, तब वहाँ की हवा निम्न वायुदाब की ओर प्रवाहित होती है।
- पृथ्वी के घूमने और कोरिऑलिस प्रभाव (Coriolis Effect) के कारण कम दबाव वाली प्रणाली की हवाएँ वामावर्त में घूमती हैं।
- निम्न वायुदाब प्रणाली क्षेत्र का आकार वृत्ताकार अथवा V आकार का होता है। इस प्रकार के प्रवाह को चक्रवाती प्रवाह के रूप में जाना जाता है।

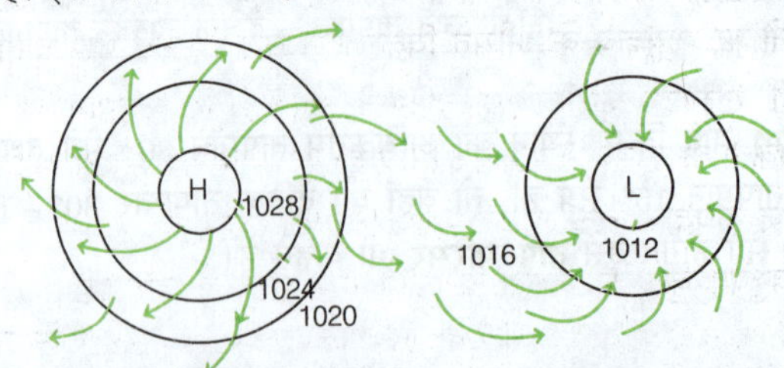

उत्तरी गोलार्द्ध में पवनों की दिशा एवं वायुदाब

वायुदाब का वितरण

पृथ्वी के धरातल पर वायुमण्डलीय दाब का वितरण एक समान नहीं पाया जाता है। इसके क्षैतिज तथा ऊर्ध्वाधर वितरण में भिन्नता पाई जाती है, जिसका विवरण इस प्रकार है

वायुदाब का ऊर्ध्वाधर वितरण

- वायुमण्डल के निचले भाग में वायुदाब ऊँचाई के साथ तीव्रता से घटता है। यह ह्रास दर प्रत्येक 10 मी की ऊँचाई पर 1 मिलीबार होती है। वायुदाब सदैव एक ही दर से घटता है।
- समुद्र तल से 5 किमी की ऊँचाई समुद्र तल के वायुदाब की अपेक्षा आधी हो जाती है तथा क्षोभमण्डल में इसके घटने की औसत दर प्रति 300 मी पर लगभग 34 मिलीबार होती है।
- ऊर्ध्वाधर दाब प्रवणता, क्षैतिज दाब प्रवणता की अपेक्षा अधिक होती है, किन्तु यह विपरीत दिशा में कार्यरत् गुरुत्वाकर्षण बल से सन्तुलित हो जाती है, इसलिए ऊर्ध्वाधर पवनें अधिक शक्तिशाली नहीं होती हैं।
- समुद्र तल से ऊँचाई की ओर जाने पर वायुमण्डलीय दाब घटने लगता है। पर्वत के शिखर पर उसके तल की अपेक्षा वायुदाब कम होता है। वायुदाब घटने के साथ ही जल का **क्वथनांक** घट जाता है।
- वायुमण्डलीय दबाव सामान्य रूप से बढ़ती ऊँचाई के साथ घटता जाता है। अधिक ऊँचाई पर जाने पर हवा की मात्रा में कमी होने लगती है, अतः पर्याप्त ऑक्सीजन की कमी से पर्वतारोही अपने साथ ऑक्सीजन सिलेण्डर लेकर जाते हैं।

समदाब रेखाएँ

- समदाब रेखाएँ (Isobars) वे रेखाएँ हैं, जो समुद्र तल से एकसमान वायुदाब वाले स्थानों को मिलाती हैं। दाब पर ऊँचाई के प्रभाव को दूर करने और तुलनात्मक बनाने के लिए वायुदाब मापने के बाद इसे समुद्र तल के स्तर पर घटा लिया जाता है।
- जहाँ समदाब रेखाएँ पास-पास होती हैं, वहाँ **दाब प्रवणता बल** या **बैरोमेट्रिक ढाल** अधिक व समदाब रेखाओं के दूर-दूर होने से दाब प्रवणता कम होती है। इसकी (वायुदाब प्रवणता बल) इकाई मिलीबार होती है।
- इस प्रकार जब वायुदाब का ढाल अधिक होता है, तो पवनें तेज गति से चलती हैं तथा जब ढाल कम होता है, तो पवनें धीमी गति से चलती हैं।

वायुदाब का क्षैतिज वितरण

- वायुमण्डलीय दाब के अक्षांशीय वितरण को वायुदाब का क्षैतिज वितरण कहते हैं। इसे समदाब रेखाओं की सहायता से प्रदर्शित किया जाता है। वायुदाब को मौसम के पूर्वानुमान का एक महत्त्वपूर्ण सूचक माना जाता है।
- उत्तरी गोलार्द्ध में वायुदाब के वितरण में **मौसमी विरोधाभास** (Seasonal Contrast) अधिक स्पष्ट पाया जाता है, जबकि दक्षिणी गोलार्द्ध में सभी स्थानों पर वायुदाब के औसत वितरण में कम भिन्नता पाई जाती है।
- उत्तरी गोलार्द्ध की अपेक्षा दक्षिणी गोलार्द्ध में महासागरीय भागों की अधिकता के कारण तापमान और वायुदाब में अधिक समता पाई जाती है।
- क्षैतिज वायुदाब वितरण की मुख्य विशेषता निम्न हैं
  - विषुवत् वृत्त के निकट वायुदाब कम होता है और इसे **विषुवतीय निम्न अवदाब क्षेत्र** (Equatorial low Pressure Belt) के नाम से जाना जाता है।
  - 30° उत्तरी व 30° दक्षिणी अक्षांशों के साथ उच्च वायुदाब क्षेत्र पाए जाते हैं, जिन्हें **उपोष्ण उच्च वायुदाब क्षेत्र** (Subtropical High Pressure Belt) कहा जाता है।
  - ध्रुवों की ओर 60° उत्तरी तथा 60° दक्षिणी अक्षांशों पर निम्न दाब की पेटियाँ पाई जाती हैं, जिन्हें **अधोध्रुवीय निम्नदाब पेटियाँ** (Subpolar Low Pressure Belt) कहते हैं। ध्रुवों के निकट वायुदाब अधिक होता है, इसलिए इसे ध्रुवीय **उच्च वायुदाब पट्टी** (Polar High Pressure Belt) कहते हैं। ये वायुदाब पेटियाँ स्थायी नहीं होती हैं।
  - सूर्य की किरणों के विस्थापन के साथ ये पेटियाँ विस्थापित होती रहती हैं। उत्तरी गोलार्द्ध में शीत ऋतु में ये पेटियाँ दक्षिण की ओर तथा ग्रीष्म ऋतु में उत्तर दिशा की ओर खिसक जाती हैं।

वायुदाब की पेटियाँ

- वायुदाब की पेटियों की उत्पत्ति में तापमान के साथ पृथ्वी की घूर्णन गति का भी महत्त्वपूर्ण योगदान होता है। वायुदाब की कुल सात आदर्श पेटियाँ पाई जाती हैं, जिनमें चार उच्च वायुदाब की पेटियाँ हैं तथा तीन निम्न वायुदाब की पेटियाँ हैं।
- उत्पत्ति की प्रक्रिया के आधार पर वायुदाब की पेटियों को दो वृहत समूहों में विभाजित किया जाता है
  - **ताप जन्य वायुदाब पेटियाँ** (Temperative Based Air Pressure Belt) इसमें भूमध्य रेखीय निम्न वायु तथा ध्रुवीय उच्च दाब पेटियों को शामिल किया जाता है।
  - **गतिजन्य वायुदाब पेटियाँ** (Movement Based Air Pressure Belt) इसमें उपोष्ण वायुदाब तथा उपध्रुवीय निम्न वायुदाब की पेटियों को शामिल किया जाता है।

भूमध्यरेखीय निम्न वायुदाब पेटी

- विषुवत् रेखा के समीप 5° उत्तर और दक्षिण गोलार्द्ध के बीच भूमध्यरेखीय न्यून वायुदाब पेटी पाई जाती है।

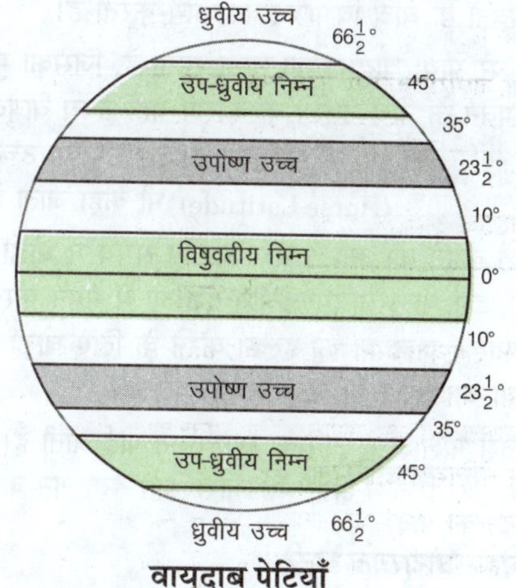

वायुदाब पेटियाँ

- हालाँकि इसका प्रभाव 10° उत्तरी व दक्षिणी अक्षांश तक देखा जाता है। यहाँ वर्षभर सूर्य की सीधी किरणें पड़ने के कारण तापमान ऊँचा रहता है। अतः वायुदाब निम्न पाया जाता है तथा इसे **तापजन्य न्यून वायुदाब पेटी** भी कहते हैं। इसमें धरातलीय क्षैतिज पवनें नहीं, बल्कि केवल उर्ध्वाधर पवनें चलती हैं।

- इस पेटी में दोनों गोलार्द्धों से चलने वाली व्यापारिक हवाओं का अभिसरण भी होता है तथा धरातल पर वायु शान्त अथवा हल्की तथा निश्चित दिशा से चलती है। इसी कारण इस पेटी को डोलड्रम्स की संज्ञा दी गई है।
- उष्ण कटिबन्धीय अभिसरण क्षेत्र या ITCZ पृथ्वी पर भूमध्य रेखा के पास वृत्ताकार क्षेत्र होता है। अत: इसे अन्त: उष्णकटिबन्धीय अभिसरण क्षेत्र (Inter-Tropical convergence Zone-ITCZ) भी कहते हैं।
- पृथ्वी पर यह क्षेत्र जहाँ उत्तरी और दक्षिणी गोलार्द्धों की व्यापारिक हवाएँ अर्थात् पूर्वोत्तर व्यापारिक हवाएँ तथा दक्षिण-पूर्व व्यापारिक हवाएँ एक स्थान पर मिल जाती हैं अर्थात् यहाँ व्यापारिक पवनें अभिसारित होती हैं। सूर्य के उत्तरायण अथवा दक्षिणायण होने के साथ ही यह पेटी क्रमश: उत्तर अथवा दक्षिण की ओर विस्थापित हो जाती है।

उपोष्ण उच्च वायुदाब पेटी

- दोनों गोलार्द्धों के 30°-35° अक्षांशों के मध्य विकसित वायुदाब पेटी को उपोष्ण उच्च वायुदाब पेटी कहते हैं। सामान्यत: इस पेटी का विस्तार $23\frac{1^\circ}{2}$ से 35° अक्षांश के मध्य पाया जाता है। इस पेटी के क्षेत्र में शीतकाल के दो माह को छोड़कर वर्षभर तापमान उच्च रहता है।
- पृथ्वी का उच्चतम तापमान गर्मियों में अंकित किया जाता है। उसके पश्चात् भी यहाँ उच्च वायुदाब पेटी का निर्माण होता है, जबकि नियमत: यहाँ निम्न वायुदाब होना चाहिए।
- अत: इसका सम्बन्ध तापमान से न होकर पृथ्वी की दैनिक गति तथा वायु अवतलन से सम्बन्धित है। अत: यह गतिकीय कारकों से सम्बन्धित है।
- भूमध्य रेखा से उठी वायु तथा उपध्रुवीय निम्न वायुदाब की वायु इन अक्षांशों (पेटी) में नीचे उतरकर बैठती है, जिस कारण वायुदाब अधिक हो जाता है। इस प्रकार यहाँ उच्च वायुदाब गतिजन्य (Dynamically Induced) होता है। उपोष्ण उच्च वायुदाब पेटी पछुआ पवनों तथा व्यापारिक पवनों के बीच विभाजन का कार्य करती है।
- इन अक्षांशों पर प्राय: वायुमण्डल शान्त रहता है, जिसका मुख्य कारण अक्षांशों से पवन के नीचे उतरने के कारण यहाँ उच्च वायुदाब बना रहता है। ये पवनें अभिसरण क्षेत्र में भी होती हैं। इस उपोष्ण उच्च वायुदाब पेटी को अश्व अक्षांश (Horse Latitude) भी कहा जाता है।
- अश्व अक्षांश कहने का आशय मध्यकालीन समय में घोड़ों से भरी नौकाओं को, इस शान्त वायुमण्डलीय दशाओं में गमन करने में कठिनाई होती थी, इसलिए जलयान को हल्का करने के लिए घोड़ों को समुद्र में फेंकना पड़ता था।
- यह पेटी उत्तरी गोलार्द्ध में अधिक अनियमित पाई जाती है। इसे अटलाण्टिक तथा प्रशान्त क्षेत्रों में अजोर्स और हवाईयन कोष्ठ कहते हैं।

उपध्रुवीय निम्न वायुदाब पेटी

- दोनों गोलार्द्धों के 60°-65° के मध्य विकसित वायुदाब पेटी को उपध्रुवीय निम्न वायुदाब पेटी कहते हैं, हालाँकि इसका विस्तार दोनों गोलार्द्धों में 45° से 66.5° अक्षांशों के मध्य पाया जाता है।
- वर्षभर तापमान कम होने के कारण ही यहाँ निम्न वायुदाब पेटी का निर्माण होता है। अत: इस पेटी का सम्बन्ध तापमान से नहीं, बल्कि गतिजन्य कारकों से है।
- उपोष्ण तथा ध्रुवीय क्षेत्रों से आने वाली वायु पृथ्वी के घूर्णन के कारण यहाँ अभिसरित होकर ऊपर की ओर आरोहित होती है, जिस कारण गतिजन्य निम्न वायुदाब पेटी का आविर्भाव होता है।
- यद्यपि कम वायुदाब का प्रभाव सबसे अधिक विषुवत् रेखा पर होना चाहिए, परन्तु वहाँ पर तापमान इतना अधिक होता है कि पृथ्वी के घूर्णन के कारण वायु के फैलने का कारक कमजोर पड़ जाता है तथा वहाँ निम्न वायुदाब पेटी का विकास हो जाता है।
- उपध्रुवीय निम्न वायुदाब की मेखला दक्षिणी गोलार्द्ध में अधिक नियमित व स्पष्ट पाई जाती है, जिसे उप-अण्टार्कटिक गर्त भी कहा जाता है, जबकि उत्तरी गोलार्द्ध में इसकी नियमितता विखण्डित हो जाती है।

ध्रुवीय उच्च वायुदाब पेटी

- ध्रुवीय क्षेत्रों में अत्यधिक तापमान के कारण ठण्डी एवं भारी हवाएँ सतह पर उतरती रहती हैं, जिससे यहाँ उच्च वायुदाब क्षेत्र का निर्माण होता है।
- दोनों गोलार्द्धों में 80° उत्तरी तथा दक्षिणी अक्षांश से उत्तरी ध्रुव तक उच्च वायुदाब की पेटियाँ स्थित हैं, जिसे ध्रुवीय उच्च वायुदाब पेटियाँ कहते हैं।
- यह उच्च वायुदाब निम्न तापजन्य होता है, क्योंकि इस पेटी का निर्माण तापमान में कमी के कारण होता है।
- ध्रुवीय उच्च वायुदाब पेटी के अन्तर्गत पवनें उपध्रुवीय निम्न वायुदाब पेटियों की ओर प्रवाहित होने लगती हैं।

वायुदाब पेटियों की स्थितियों में परिवर्तन

- वर्षभर वायुदाब पेटियों की स्थिति समान नहीं होती है। वायुदाब में दैनिक तथा स्थानिक परिवर्तन सूर्य के उत्तरायण तथा दक्षिणायण की स्थितियों, जल तथा स्थल के स्वभाव के कारण होते हैं।
- गर्मियों में जब सूर्य उत्तरी गोलार्द्ध में होता है, तो पेटियाँ (21 जून) 5° से 10° के आस-पास उत्तर की ओर एवं सर्दियों में जब सूर्य दक्षिणी गोलार्द्ध में सीधा चमकता है, तो पेटियाँ (22 दिसम्बर) लगभग 5° से 10° के आस-पास दक्षिण की ओर खिसक जाती हैं।
- वायुदाब पेटियों की सामान्य स्थिति केवल 21 मार्च (बसन्त विषुव) तथा 23 सितम्बर (शरद विषुव) के समय होती है, इस स्थिति में सूर्य विषुवत् रेखा पर सीधा चमकता है।

वायुमण्डलीय परिसंचरण

धरातलीय सतह तथा ऊपरी वायुमडल में वायुदाब प्रवणता के कारण दैनिक, मौसमी तथा वार्षिक रूप में पवनों की गतिशीतलता को वायुमण्डलीय परिसंचरण कहते हैं। इसकी दिशा एवं तीव्रता में परिवर्तन होता रहता है।

पवन संचार की तीन प्रमुख श्रेणियाँ

प्राथमिक या दीर्घकालिक परिसंचरण	यह परिसंचरण अन्य परिसंचरणों के लिए व्यापक आधार प्रदान करते हैं। इसमें ग्रहीय पवन प्रणालियों (सन्मार्गी पवनें, पछुआ पवनें तथा ध्रुवीय पवनों) के अतिरिक्त अन्य परिवर्तनशील परिसंचरण; जैसे-जेट स्ट्रीम, वॉकर संचरण तथा ENSO को भी शामिल किया जाता है।
द्वितीयक परिसंचरण	इस परिसंचरण में चक्रवात, प्रतिचक्रवात, मानसून हवाएँ आदि को शामिल किया जाता है।
तृतीयक परिसंचरण	इसमें स्थानीय पवनों को शामिल किया जाता है, जो स्थानीय कारकों; जैसे—भू-आकृतियों, समुद्री प्रभाव आदि से उत्पन्न व प्रभावित होती हैं। इनका प्रभाव विशेष क्षेत्रों तक सीमित होता है।

वायुमण्डलीय त्रिकोशिकीय परिसंचरण

- पृथ्वी तल पर तापीय तथा गतिक कारणों से वायुमण्डलीय पवनों के प्रवाह प्रारूप को **वायुमण्डलीय त्रिकोशिकीय परिसंचरण** (Tri-cellulor circulation of the Atmosphare) अथवा वायुमण्डलीय सामान्य परिसंचरण कहते हैं। यह महासागरीय जल को गतिशील करने के साथ-साथ पृथ्वी की जलवायु को प्रभावित करती है।
- पवन प्रवाह वायुदाब प्रवणता के कारण उत्पन्न होता है। पृथ्वी की सतह पर हवाएँ उच्च दाब से निम्न दाब क्षेत्र की ओर किन्तु वायुमण्डल के ऊपरी भागों में हवाएँ निम्न वायुदाब से उच्च वायुदाब की ओर गमन करती हैं। इस प्रकार प्रत्येक देशान्तर तथा प्रत्येक गोलार्द्ध में हवाओं की तीन प्रमुख कोशिकाएँ पाई जाती हैं।
- हवा का कोशिकीय रूप में परिसंचरण प्रत्येक देशान्तर पर होता है, अत: वायुमण्डलीय परिसंचरण के तहत निर्मित तीन प्रमुख कोशिकाओं या स्वतन्त्र कोषों का विवरण निम्न है

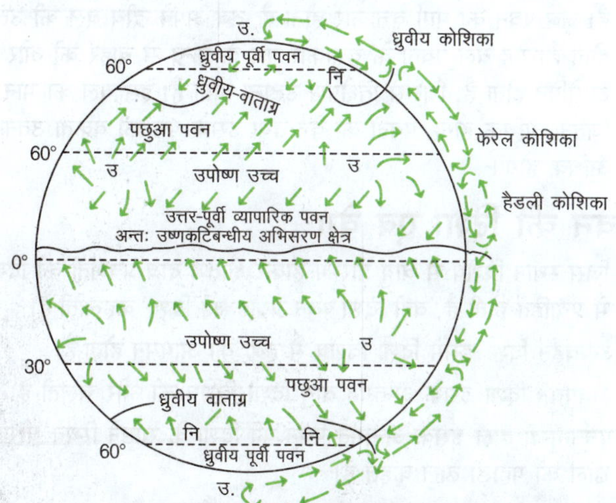

भूमण्डलीय पवनें एवं त्रिकोशिकी देशान्तरीय परिसंचरण

1. हैडली कोशिका या उष्णकटिबन्धीय कोशिका

- तापजन्य क्षेत्रों में इस कोशिका का निर्धारण सर्वप्रथम **जी. हैडली** द्वारा 1735 ई. में किया गया था।
- यह परिसंचरण का **प्रथम कोष** (First Cell of Circulation) कहलाता है। परिसंचरण के प्रथम कोष में भूमध्य रेखा के निकट सूर्याभिताप की अधिक मात्रा उपलब्ध होने के कारण धरातल गर्म हो उठता है, जिससे उसके निकट की वायु गर्म होकर फैल जाती है और आयतन में वृद्धि होने के कारण वायु हल्की होकर ऊपर उठती है।
- भूमध्य रेखा के ऊपर क्षोभमण्डल में 8-12 किमी की ऊँचाई पर पहुँचने के बाद ये हवाएँ ध्रुवों की ओर **क्षैतिज रूप** में मुड़ जाती हैं।
- भूमध्य रेखा पर ऊपर उठती हवाओं का स्थान लेने के लिए धरातलीय सतह पर उपोष्ण कटिबन्धीय उच्च वायुदाब से व्यापारिक हवाओं के नाम से हवाएँ भूमध्य रेखा की ओर क्षैतिज दिशा में प्रवाहित होने लगती हैं।
- विषुवतरेखीय प्रदेश में इस प्रकार ऊपर उठी हुई वायुराशियाँ क्षोभमण्डल की बाह्य सीमा पर पहुँचकर ऊपरी वायुमण्डल में उत्पन्न **वायुभार प्रवणता** के कारण ध्रुवों (उत्तर एवं दक्षिण दिशा) की ओर चल पड़ती हैं। इन पवन धाराओं की दिशा धरातल के निकट चलने वाली सन्मार्गी पवनों की दिशा के विपरीत होती है, अत: इन्हें **प्रतिसन्मार्गी पवन** (Anti-Trade Winds) कहा जाता है।
- **कोरिऑलिस बल** के प्रभाव से इस अक्षांश के निकट ऊपरी पवन धाराओं की दिशा ध्रुवों की ओर न होकर अक्षांश रेखाओं के समानान्तर हो जाती है।
- ऊपरी वायुमण्डल में धरातलीय हवाओं (पूर्वी) व विपरीत दिशा (पश्चिमी) में चलने वाली हवाओं को **प्रतिव्यापारिक पवन** (Anti-trades winds) कहते हैं। ये ऊपरी वायुमण्डलीय प्रतिव्यापारिक हवाएँ दोनों गोलार्द्धों में 30°-35° अक्षांशों पर धरातल पर उतरती हैं तथा भूमध्य रेखा की ओर प्रवाहित होती हैं।
- इस प्रकार देशान्तरीय परिसंचरण की एक पूर्ण कोशिका का निर्माण होता है, जिसे **उष्णकटिबन्धीय देशान्तरीय कोशिका** कहते हैं। इस कोशिका के निर्माण में ताप की अति महत्त्वपूर्ण भूमिका होती है, अत: इसे **तापीय जनति कोशिका** भी कहते हैं।

2. फेरेल कोशिका या ध्रुवीय वाताग्र कोशिका

- परिसंचरण का **द्वितीय कोष** अश्व-अक्षांश (30°-35° उत्तर/दक्षिण) तथा **उपध्रुवीय न्यून वायुदाब क्षेत्र** (60°-65° उत्तर/दक्षिण) के मध्य पछुआ पवन पेटी में स्थित है। अश्व-अक्षांशीय उच्च दाब क्षेत्र से ध्रुवों की ओर प्रवाहित होने वाली पवन धाराएँ **विक्षेपक बल** (Coriolis Effect) के कारण उत्तरी तथा दक्षिणी गोलार्द्ध में क्रमश: अपने पथ मार्ग के दाएँ तथा बाएँ मुड़ जाती हैं। उत्तरी गोलार्द्ध में इनकी दिशा दक्षिण-पश्चिम से उत्तर-पूर्व तथा दक्षिणी गोलार्द्ध में उत्तर-पश्चिम से दक्षिण-पूर्व होती है।
- यह हवा अश्व अक्षांशों के पास नीचे उतरती है तथा पुन: धरातलीय पछुआ पवनों के रूप में शीतोष्ण निम्न वायु दाब क्षेत्र की ओर चलने लगती है। इससे एक पूर्ण कोशिका **फेरेल कोशिका** का निर्माण होता है।
- इसमें पवनें जब ध्रुवों की ओर से आने वाली शीतल एवं भारी पवनों से मिलती हैं, तब वहाँ वाताग्रों का निर्माण होता है।

3. ध्रुवीय कोशिका

- यह तृतीय कोष 60° उत्तरी तथा दक्षिणी अक्षांश तथा ध्रुवों के मध्य पाया जाता है। इसके अन्तर्गत 80°-90° उत्तरी/दक्षिणी अक्षांश उच्च दाब क्षेत्र से शीतोष्ण निम्न दाब क्षेत्र 60°-65° उत्तरी/दक्षिणी अक्षांश की ओर धरातलीय पवनें चलती हैं।
- पृथ्वी के घूर्णन के कारण शीतोष्ण निम्नदाब क्षेत्र के ऊपर उठी हवाएँ ध्रुवों के निकट उतरती हैं। इस परिसंचरण से ध्रुवीय कोशिका का निर्माण होता है। इस कोष के ऊपर पवनें ध्रुवों की ओर तथा धरातल के निकट विषुवत् रेखा की ओर चलती हैं।

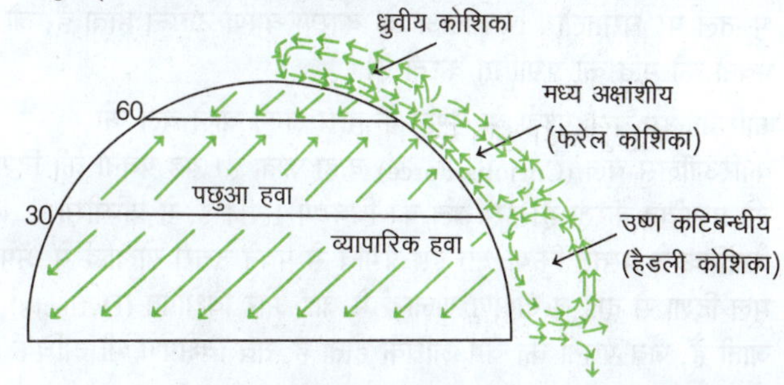

वायु का कोशिका में देशान्तरीय संचार

- प्रथम कोष के ऊपर चलने वाली पवनें मध्यवर्ती कोष के ऊपर की पवनों से मिलकर प्रबल हो जाती हैं तथा तृतीय कोष के ऊपर प्रवाहित होती हुई ध्रुवों के निकट पहुँचने पर ये पवनें शीतल एवं भारी होकर नीचे धरातल की ओर उतरती हैं तथा ध्रुवीय उच्च वायुदाब को और संवर्द्धित करती हैं।

पवन

- पृथ्वी के धरातल पर क्षैतिज रूप में गतिशील वायु को पवन (Winds) कहा जाता है। वायुमण्डलीय दाब में भिन्नता के कारण वायु गतिमान होती है। जब वायु ऊर्ध्वाधर रूप से गतिशील होती है, तब उसे वायुधारा (Air Current) कहते हैं।
- पवनें उच्च वायुदाब क्षेत्र (High Pressure Area) से निम्न वायुदाब क्षेत्र (Low Pressure Area) की ओर चलती हैं। यह वायुदाब की विषमताओं को सन्तुलित करने की दिशा में प्रकृति का प्रयास है।
- पवनों का सीधा सम्बन्ध वायुदाब के अन्तर से पाया जाता है। इस प्रकार पवन तथा वायुधाराएँ दोनों मिलकर वायुमण्डल में एक संचार तन्त्र स्थापित करती हैं।
- पृथ्वी की घूर्णन गति के कारण धरातल पर वायुदाब में कालिक एवं स्थानिक परिवर्तन होते हैं। इसे सन्तुलित करने हेतु पवनों का प्रवाह होता है। इस सम्बन्ध में क्रमशः दो नियम हैं
  (i) पवन प्रवाह सदैव उच्च दाब से निम्न दाब की ओर होता है।
  (ii) पवन की प्रवाह गति वायुदाब की प्रवणता पर निर्भर करती है।
- फिंच एवं ट्रिवार्था के अनुसार, "पवनें प्रकृति द्वारा उत्पन्न वायुदाब की असमानताओं को दूर करने का प्रयास करती हैं।"
- जल एवं स्थल के असमान वितरण पृथ्वी तल के उच्चावच तथा पृथ्वी के घूर्णन के कारण पृथ्वी की सतह पर एक निश्चित पवन प्रणाली स्थापित हो जाती है।

पवनों की दिशा व वेग को प्रभावित करने वाले कारक

- दाब प्रवणता बल वायुमण्डलीय दाब भिन्नता एक बल उत्पन्न करता है। दूरी के सन्दर्भ में दाब परिवर्तन की दर दाब प्रवणता (Pressure Gradient) कहलाती है, अतः पवनों का प्रवाह दाब की प्रवणता पर निर्भर करता है। जहाँ समदाब रेखाएँ (Isobars) पास-पास होती हैं, वहाँ दाब प्रवणता बल (Pressure Gradient Force) अधिक व समदाब रेखाओं के दूर-दूर होने से दाब प्रवणता कम होती है।
- घर्षण बल (Friction Force) पवनों की गति को प्रभावित करता है। भू-तल पर धरातलीय विषमताओं के कारण घर्षण उत्पन्न होता है, जो पवनों की गति को प्रभावित करता है।
- कोरिऑलिस बल पृथ्वी के घूर्णन के द्वारा लगने वाले बल को कोरिऑलिस बल (Coriolis Force) कहा जाता है। यह पवनों की दिशा को प्रभावित करता है। इस बल का विवरण 1884 ई. में फ्रांसीसी वैज्ञानिक ने प्रस्तुत किया था। इस प्रभाव से पवनें उत्तरी गोलार्द्ध में अपनी मूल दिशा से दाईं व दक्षिण गोलार्द्ध में बाईं ओर विक्षेपित (Deflects) हो जाती हैं, जब पवनों का वेग अधिक होता है, तब विक्षेपण भी अधिक होता है। यह बल अक्षांशों के कोण के सीधा समानुपात में बढ़ता है। यह ध्रुवों पर सर्वाधिक और विषुवत् वृत्त पर अनुपस्थित होता है। विषुवत् वृत्त पर कोरिऑलिस बल शून्य होता है और पवनें समदाब रेखाओं के समकोण पर बहती हैं। यही कारण है कि विषुवत् वृत्त के निकट उष्णकटिबन्धीय चक्रवात (Tropical Cyclone) नहीं बनते हैं।

प्रवणता पवन

- जब वृत्ताकार मार्ग से चलने वाली पवन में वायुदाब प्रवणता बल, विक्षेप बल तथा घर्षण बल में सन्तुलन स्थापित हो जाता है, तो उसे प्रवणता पवन (Gradient Wind) कहते हैं।
- प्रवणता पवन धरातल के निकट घर्षण बल के कारण समदाब रेखाओं से एक कोण बनाकर चलती है। प्रवणता पवनें मुख्यतः कोरिऑलिस बल, प्रवणता बल, केन्द्रप्रसारित एवं केन्द्राभिमुख बलों का संयुक्त परिणाम होती हैं।

- अपकेन्द्रीय बल यह पवनों के वेग को प्रभावित करने वाला प्रमुख बल है। जब पवन का मार्ग वृत्ताकार होता है, तब अपकेन्द्रीय बल की उत्पत्ति होती है। यह बल पवनों के वृत्ताकार पथ के केन्द्र से बाहर की ओर आरोपित होता है, जिससे विक्षेपण उत्पन्न होता है। इस बल का मान जितना अधिक होगा, पवनों का वेग तथा उसके पथ की वक्रता उतना ही अधिक होगा।

पवन की दिशा एवं वेग

- जिस स्थान विशेष से वायु प्रारम्भ होकर क्षैतिज दाब प्रवणता की दिशा में प्रवाहित होती है, वही दिशा पवन प्रवाह की दिशा कहलाती है।
- अपवहन दिशा इसमें दिशा विशेष से हवा का आगमन होता है।
- अवपवन दिशा इसके अन्तर्गत वायु दिशा विशेष की ओर चलती है।
- पवनामुखी ढाल इसके अन्तर्गत पवन की दिशा के सामने स्थित धरातलीय ढाल को पहाड़ी ढाल कहते हैं।
- अनुवात ढलान या पवनाविमुखी ढाल यह पर्वत का वह भाग होता है, जो वायु का सामना नहीं करता अर्थात् वायु की ओर ढलान के विपरीत होता है।

पवनों की दिशा परिवर्तन सम्बन्धी नियम

नियम/सिद्धान्त	विवरण
फेरेल का नियम	पृथ्वी पर स्वतन्त्र रूप से चलने वाली सभी हवाएँ पृथ्वी की गति के कारण उत्तरी गोलार्द्ध में दाईं ओर तथा दक्षिणी गोलार्द्ध में बाईं ओर मुड़ जाती हैं। इसका प्रभाव महासागरीय ज्वारीय गतियों तथा रॉकेटों आदि पर देखा जा सकता है।
बाइस वैलेट का नियम	गतिशील पवनों की दिशा में मुख करके खड़ा होने पर उत्तरी गोलार्द्ध में न्यून वायुदाब बाईं ओर तथा दक्षिणी गोलार्द्ध में दाईं ओर होगा। यह नियम सदैव दिशा बदलने वाली पवनों के विषय में प्रमाणित करता है।
ग्रह सम्बन्धी या आदर्श पवनों का नियम	वायु प्रवाह के साधारण चक्र को ग्रह सम्बन्धी वायु नियम कहते हैं। इसमें व्यापारिक, पछुआ तथा ध्रुवीय पवनों को शामिल किया जाता है।

पवनों के वेग का मापन/निर्धारण

- विण्ड रोज या पवन आरेख द्वारा मानचित्र पर हवाओं की दिशा तथा गति को दर्शाया जाता है।
- विण्ड वेन या पवन दिक्सूचक यन्त्र द्वारा पवन की दिशा ज्ञात करते हैं।
- एनीमोमीटर यन्त्र का प्रयोग पवन के वेग को मापने के लिए किया जाता है।

पवनों का वर्गीकरण/प्रकार

पवनें

प्रचलित पवनें या भूमण्डलीय पवनें	मौसमी पवनें या सामयिक पवनें	स्थानीय पवनें	
• व्यापारिक पवनें	• मानसूनी पवनें	• बोरा	• मिस्ट्रल
• पछुआ पवनें	• स्थल पवनें तथा सागर पवनें	• चिनूक	• फॉन
• ध्रुवीय पवनें	• पर्वत पवनें तथा घाटी पवनें	• सिरॉको	• हरमट्टन
		• लू	

प्रचलित पवनें/भूमण्डलीय पवनें

- ये पवनें वर्षभर एक निश्चित दिशा में प्रवाहित होती हैं, इन्हें स्थायी, सनातनी, प्रचलित, ग्रहीय या भूमण्डलीय पवनें कहा जाता है। इनमें मुख्य रूप से व्यापारिक पवनें, पहुआ पवनें तथा ध्रुवीय पवनें आती हैं।
- स्थायी पवन व्यवस्था की पेटियों को वायुभार एवं ताप कटिबन्धों के अनुसार तीन भागों में विभक्त किया जाता है

व्यापारिक/सन्मार्गी पवनें एवं उनकी विशेषताएँ

- उपोष्ण उच्च वायुदाब कटिबन्धों से भूमध्यरेखीय निम्न दाब कटिबन्ध की ओर चलने वाली पवनों को सन्मार्गी पवनें कहते हैं। भूमध्य रेखा पर सूर्य की किरणों के वर्षभर लम्बवत् होने के कारण गर्मी अधिक रहती है।
- यहाँ से वायु गर्म होकर ऊपर उठती है। और ध्रुवों की ओर चलती है, परन्तु 30° उत्तरी एवं दक्षिणी अक्षांशों के ऊपर पहुँचकर पृथ्वी का अपनी धुरी पर घूमने (कोरिऑलिस प्रभाव) तथा वायु का शीतल होकर भारी होने के कारण वायु 30° उत्तरी तथा दक्षिणी अक्षांशों पर अवतलित होकर उच्च दाब के क्षेत्रों से निम्न दाब क्षेत्रों (उपोष्ण उच्च दाब पेटियों से भूमध्य रेखा) की ओर चलती हैं, जिन्हें **सन्मार्गी** या **ट्रेड पवनें** कहा जाता है।
- 'ट्रेड' शब्द एक जर्मन शब्द है, जिसका अर्थ है-**निश्चित मार्ग** (बिना दिशा बदले लम्बी दूरी तक प्रवाहित होती है)। यूरोप के व्यापारी इन्हीं पवनों के सहारे समुद्री व्यापार करते हैं। अत: इसलिए इन पवनों को व्यापारिक या **वाणिज्यिक पवनें** (Trade Winds) कहते हैं।
- **फेरल के नियम** के अनुसार, सन्मार्गी पवनें उत्तरी गोलार्द्ध में उत्तर-पूर्वी दिशा तथा दक्षिणी गोलार्द्ध में दक्षिणी-पूर्व दिशा से प्रवाहित होती हैं। अत: इन्हें **पुरवा पवनें** (Easterlies) भी कहते हैं।
- इन पवनों का वेग 15-20 किमी/घण्टा होता है तथा शीतकाल में ग्रीष्मकाल की अपेक्षा अधिक होता है। ये पवनें हिन्द महासागर में मानसूनी पवनों के रूप में परिणत हो जाती हैं।
- ये पवनें महाद्वीपों के पूर्वी भागों में वर्षा करती हैं, जबकि महाद्वीपों के पश्चिमी किनारों पर वर्षा नहीं करती हैं। यही कारण है कि इन अक्षांशों में महाद्वीपों के पश्चिमी भागों में विश्व के बड़े-बड़े मरुस्थल स्थित हैं।
- **डोलड्रम की पेटी** तथा अन्त: उष्णकटिबन्धीय अभिसरण क्षेत्र (ITCZ) व्यापारिक पवनों की मेखला में ही पाया जाता है।
- विषुवत् रेखा के समीप दोनों गोलार्द्धों की सन्मार्गी पवनें उष्णकटिबन्धीय अभिसरण क्षेत्र बनाती हैं और ऊपर उठकर **घनघोर वर्षा** करती हैं। इन पवनों का अधिकतम विस्तार महासागरों पर होता है।

> **डोलड्रम**
>
> - भूमध्य रेखा के निकट 5° उत्तरी से 5° दक्षिणी अक्षांश के मध्य निम्न वायुदाब की पेटी पाई जाती है, जहाँ केवल ऊर्ध्वाधर वायु धाराएँ प्रवाहित होती हैं। क्षैतिज वायु धाराओं के अभाव के कारण इस क्षेत्र में पवनें शान्त होती हैं। इसलिए इस क्षेत्र को **शान्त पवन की पेटी** या **डोलड्रम** कहा जाता है।
>
> 
>
>
> - मौसम के अनुसार इनकी स्थिति तथा विस्तार में परिवर्तन होता रहता है। सूर्य के उत्तरायण के समय ये उत्तर में खिसक जाती हैं तथा दक्षिणायन की स्थिति में ये अपनी पूर्व की स्थिति में आ जाती हैं।
> - भूमध्य रेखा के सहारे डोलड्रम के तीन स्पष्ट क्षेत्र पाए जाते हैं
>   1. हिन्द-प्रशान्त डोलड्रम
>   2. भूमध्य रेखीय अफ्रीका के पश्चिमी किनारे पर
>   3. भूमध्य रेखीय मध्य अमेरिका के पश्चिमी किनारे पर

पछुआ पवनें

- उपोष्ण उच्च वायुदाब कटिबन्ध (30°-35° अक्षांश) से उप-ध्रवीय निम्न वायुदाब कटिबन्ध (60°-65° अक्षांश) की ओर चलने वाली पश्चिमी पवनों को पछुआ पवनें कहते हैं।
- कोरिऑलिस बल के कारण ये पवनें अपने पथ से मुड़कर उत्तरी गोलार्द्ध में दक्षिणी-पश्चिमी तथा दक्षिणी गोलार्द्ध में उत्तरी-पश्चिमी पवनों का रूप धारण कर लेती हैं। इसी कारण इन्हें पछुआ पवनें कहा जाता है।
- उत्तरी गोलार्द्ध में ये पवने दक्षिण-पश्चिम से उत्तर-पूर्व की ओर तथा दक्षिणी गोलार्द्ध में उत्तर-पश्चिम से दक्षिण-पूर्व की ओर बहती हैं। ये पवनें ही यूरोपीय तुल्य जलवायु के विकास का कारण हैं, जो वहाँ तापमान वृद्धि व वर्षा के लिए उत्तरदायी होती हैं।
- ये पवनें महासागरों पर दक्षिणी गोलार्द्ध में सबसे अधिक पाई जाती हैं। पछुआ पवनों की पेटी में चक्रवातों की उपस्थिति के कारण मौसम अत्यधिक परिवर्तनशील होता है।
- दक्षिण गोलार्द्ध में समुद्र का विस्तार अधिक होने के कारण ये पवनें 40°-60° अक्षाशों के मध्य निरन्तर रूप से निर्बाध गति से चलती हैं तथा अधिक शक्तिशाली होती हैं।
- यह तीव्र वेग एवं प्रचण्डता के कारण अक्षांशों के अनुरूप कई नामों से जाना जाता है, जो नाविकों के द्वारा दिया गया है, जो निम्न है
  - (i) 40° अक्षांश पर **गरजता चालीसा** (Roaring fourties)
  - (ii) 50° अक्षांश पर प्रचण्ड या भयंकर पचासा (Furious fifties)
  - (iii) 60° अक्षांश पर **चीखता साठा** (Screaming sixtes)

> **गरजता चालीसा** यह पृथ्वी के दक्षिणी गोलार्द्ध में 40° से 50° दक्षिण अक्षांश के बीच चलने वाली शक्तिशाली पछुवा हवाएँ हैं। इन्हें रोरिंग फोटींज भी कहा जाता है। ये हवाएँ पश्चिम से पूर्व की ओर चलती हैं।
> **चीखता साठा** ये दक्षिणी गोलार्द्ध में 60° दक्षिण अक्षांश के आस-पास चलने वाली तेज पश्चिमी हवाएँ हैं। ये हवाएँ पश्चिम से पूर्व की ओर चलती हैं। इनकी रफ्तार 120 किमी/घण्टा से अधिक हो सकती है।

- वायुदाब पेटियों के खिसकने से इसका प्रभाव सर्दियों में 30° अक्षांश तक रहता है, जिससे वहाँ भूमध्य सागरीय जलवायु पाई जाती है।

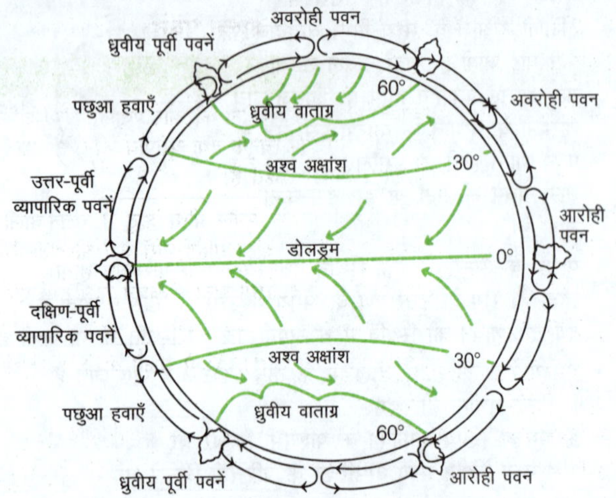

वायुदाब एवं पवन का भूमण्डलीय वितरण

- इस पवन पेटी के ध्रुवीय किनारों की ओर विभिन्न वायुराशियों के मिलने से ध्रुवीय वाताग्रों का निर्माण होता है। इन ध्रुवीय वाताग्रों पर ही अनेक शीतोष्ण कटिबन्धीय चक्रवातों की उत्पत्ति होती है, जिनसे मध्य अक्षांशों का मौसम प्रभावित होता है।

ध्रुवीय पवनें

- **ध्रुवीय पवनें** (Polar Winds) वे पवनें हैं, जो ध्रुवीय उच्च वायुदाब से उपध्रुवीय निम्न वायुदाब की ओर प्रवाहित होती हैं। उत्तरी गोलार्द्ध में इनकी दिशा उत्तर-पूर्व से दक्षिण-पश्चिम तथा दक्षिण गोलार्द्ध में दक्षिण-पूर्व से उत्तर-पश्चिम होती है। ध्रुवों से आने के कारण ये बहुत ही ठण्डी होती हैं। कम तापमान से उच्च तापमान वाले क्षेत्र की ओर चलने के कारण ये शुष्क होती हैं और वर्षा नहीं करतीं।
- इन पवनों का तापमान अत्यन्त कम होता है, अत: जल धारण करने की क्षमता निम्नतम् होती है।
- ये पवनें अत्यन्त ठण्डी एवं बर्फीली होती हैं, जो प्रभावित क्षेत्रों में तापमान को हिमांक से भी नीचे कर देती हैं। उपध्रुवीय निम्न वायुदाब कटिबन्धीय क्षेत्रों में इन पवनों से पछुआ पवनें टकराती हैं, जिसके ध्रुवीय वाताग्र का निर्माण होता है तथा शीतोष्ण कटिबन्धीय चक्रवातों की उत्पत्ति होती है।

2. सामयिक पवनें/मौसमी पवनें

- जिन पवनों की दिशा मौसम या समय के अनुसार परिवर्तित हो जाती है अर्थात् मौसम या समय के परिवर्तन के साथ जिन पवनों की दिशा बिल्कुल परिवर्तित हो जाती है, उन्हें **सामयिक पवनें** (Seasonal Winds) कहते हैं।
- पवनों के इस वर्ग में मानसूनी पवनें, स्थलीय समीर, समुद्री समीर तथा पर्वतीय समीर व घाटी समीर को शामिल किया जाता है।

मानसूनी पवनें

- धरातल की वे सभी पवनें, जिनकी दिशा में मौसम के अनुसार पूर्ण परिवर्तन होता है, उसे मानसूनी पवनें कहते हैं। ये पवनें ग्रीष्म ऋतु के 6 माह समुद्र से स्थल की ओर तथा शीत ऋतु के 6 माह स्थल से समुद्र की ओर चलती हैं। ऐसा स्थल एवं जल के गर्म होने की अलग-अलग प्रवृत्ति के कारण होता है।
- इनकी उत्पत्ति कर्क एवं मकर रेखाओं के बीच व्यापारिक पवनों की पेटी में होती है। दक्षिणी एवं दक्षिणी-पूर्व एशिया में सबसे आदर्श दशाएँ मिलती हैं। वे भाग, जहाँ मानसूनी हवाओं का आधिक्य होता है, मानसूनी जलवायु प्रदेश कहलाते हैं।
- दक्षिण-पूर्वी एशिया, (भारत, पाकिस्तान, बांग्लादेश, म्यांमार, श्रीलंका) तथा चीन, जापान, गिनी की खाड़ी वाला पश्चिम अफ्रीका का भाग, अयनवर्ती पूर्वी अफ्रीका, अयनवर्ती उत्तरी ऑस्ट्रेलिया, दक्षिण-पूर्वी संयुक्त राज्य अमेरिका, खासकर खाड़ी के समीपी प्रान्त आदि मानसूनी जलवायु के अन्तर्गत आते हैं, परन्तु यहाँ पर मानसून हवा अपने मौलिक स्वभाव में न होकर कुछ संशोधित रूप में होती है।

स्थल व सागर समीर

- ऊष्मा के अवशोषण तथा स्थानान्तरण में स्थल व समुद्र में भिन्नता पाई जाती है। दिन के समय में स्थल भाग समुद्र की अपेक्षा अधिक गर्म हो जाते हैं। अत: स्थल पर हवाएँ ऊपर उठती हैं और निम्न दाब क्षेत्र बनता है, जबकि समुद्र अपेक्षाकृत ठण्डे रहते हैं और उन पर उच्च वायुदाब बना रहता है।

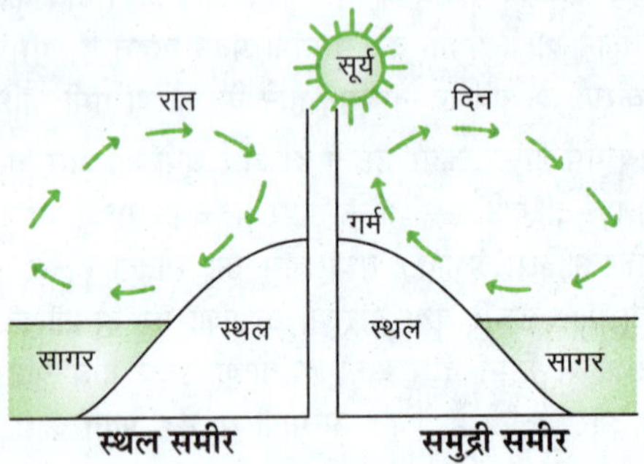

- इससे समुद्र से स्थल की ओर दाब प्रवणता उत्पन्न होती है और पवनें समुद्र से स्थल की ओर समुद्र समीर के रूप में प्रवाहित होती हैं।
- रात्रि में इसके विपरीत प्रक्रिया होती है। स्थल समुद्र की अपेक्षा शीघ्र ठण्डा होता है तथा समुद्र पर निम्न दाब क्षेत्र बन जाता है। अत: दाब प्रवणता स्थल से समुद्र की ओर होने पर स्थल समीर प्रवाहित होती है।
- सूर्यास्त के बाद ही स्थलीय समीर की उत्पत्ति होती है, परन्तु दोपहर से पूर्व ये पवनें पूर्ण: रूप से समाप्त हो जाती हैं, जबकि सागरीय समीर का प्रभाव दोपहर से सूर्यास्त तक होता है।

पर्वत व घाटी समीर

- दिन के समय पर्वतीय प्रदेशों में ढाल गर्म हो जाते हैं, जिससे ढाल पर निम्न दाब और घाटी में उच्च दाब क्षेत्र बन जाता है, परिणामस्वरूप वायु ढाल के साथ-साथ ऊपर उठती है और इस स्थान को भरने के लिए वायु घाटी से बहती है। इन पवनों को **घाटी समीर** (Valley Breeze) कहते हैं।
- रात्रि के समय पर्वतीय ढाल ठण्डे हो जाते हैं, जिससे ढाल पर उच्च दाब और घाटी में निम्न दाब क्षेत्र बन जाता है, परिणामस्वरूप सघन वायु घाटी में नीचे उतरती है, जिसे **पर्वत समीर** कहते हैं।
- उच्च पठारों व हिम क्षेत्रों से घाटी में बहने वाली ठण्डी वायु को अवरोही पवनें कहते हैं। पर्वत श्रेणियों के पवन विमुख ढालों पर अन्य प्रकार की उष्ण पवनें प्रवाहित होती हैं, जिन्हें **आरोही पवनें** कहते हैं।

- पर्वत-श्रेणियों को पार करते हुए ये आर्द्र पवनें संघनित हो जाती हैं और वर्षण करती हैं।

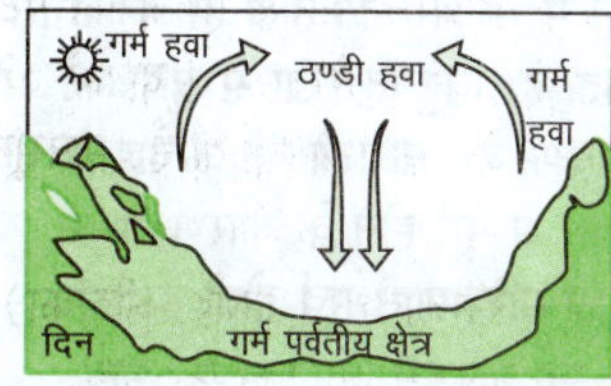

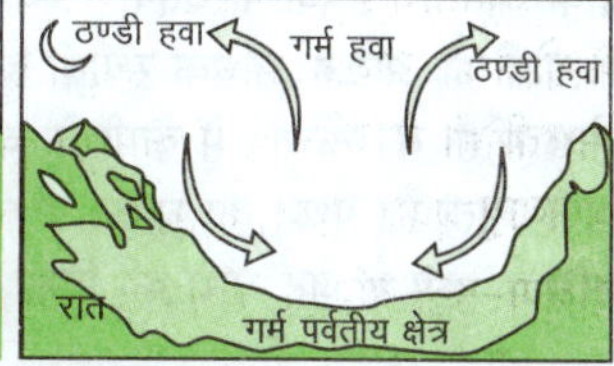

पर्वत व घाटी समीर

स्थानीय पवनें

किसी स्थान विशेष में प्रचलित पवन को स्थानीय पवनें (Local Winds) कहते हैं, इनकी उत्पत्ति स्थानीय कारकों से होती है। ये छोटे क्षेत्रों को प्रभावित करती हैं। ये पवनें क्षोभमण्डल की सबसे निचली परतों में ही सीमित होती हैं।

स्थानीय पवनों के प्रकार
- गर्म एवं शुष्क स्थानीय पवनें
- ठण्डी स्थानीय पवनें

गर्म एवं शुष्क स्थानीय पवनें

- ये तेज, धूल भरी, गर्म प्रचण्ड एवं शुष्क हवाएँ हैं, जो उत्तर भारत और पाकिस्तान के पश्चिम प्रान्त एवं गंगा के मैदान पर चलती हैं। ये मई और जून में विशेष रूप से मजबूत होती हैं। इनके अत्यधिक उच्च तापमान के कारण इनके सम्पर्क में आने से अक्सर घातक हीट स्ट्रोक होता है, जो सामान्य रूप से लगभग 45°C-50°C (115°F-120°F) होता है। ये उत्तर भारत में गर्मियों में उत्तर-पश्चिम तथा पश्चिम से पूर्व दिशा में चलती हैं, जिसे तापलहरी भी कहा जाता है। प्रमुख गर्म एवं शुष्क पवनें निम्न हैं
    - फॉन यह चिनूक के समान आल्पस पर्वत के उत्तरी ढाल से नीचे उतरने वाली गर्म एवं शुष्क पवन है। इसका सर्वाधिक प्रभाव स्विट्जरलैण्ड में होता है।
    - चिनूक यह पर्वतीय ढाल के सहारे चलने वाली गर्म एवं शुष्क पवन है, जो संयुक्त राज्य अमेरिका और कनाडा में चलती है। यह पवन रॉकी पर्वत की पूर्वी ढाल में कोलारेडो से उत्तर में कनाडा के ब्रिटिश कोलम्बिया तक चलती है।
    - सिरॉको यह सहारा मरुस्थल से भूमध्य सागर की ओर चलने वाली गर्म पवन है। सहारा मरुस्थल से इटली व स्पेन में प्रवाहित होने वाली सिरॉको पवन बालू के कणों से युक्त होती है। सागर से नमी लेने के बाद, जब यह इटली में वर्षा करती है, तो इन बालू के कणों के कारण वर्षा की बूँदें रक्त के समान लाल हो जाती हैं। इस प्रकार इटली में इसे रक्त की वर्षा या खून की बारिश भी कहते हैं। इस पवन को मिस्र में खमसिन, लीबिया में गिबली तथा ट्यूनीशिया में चिली के नाम से जाना जाता है। स्पेन, कनारी व मेडिरा द्वीपों में इसे क्रमशः लेवेश व लेस्ट कहा जाता है।
    - हरमट्टन यह सहारा मरुस्थल में उत्तर-पूर्व तथा पूर्वी दिशा से पश्चिम दिशा में चलने वाली गर्म एवं शुष्क पवन है। हरमट्टन हवाओं के आने से अफ्रीका का उष्ण पश्चिमी तट हरा-भरा हो जाता है। इससे अफ्रीका के पश्चिमी तट की उष्ण व आर्द्र वायु में शुष्कता आती है तथा मौसम सुहावना एवं स्वास्थ्यप्रद हो जाता है।
    - नॉर्वेस्टर यह न्यूजीलैण्ड के दक्षिणी द्वीप में पर्वतों से चलने वाली शुष्क एवं गर्म पवन है।

कुछ प्रमुख गर्म एवं शुष्क पवनें

पवनें	विशेषताएँ
जोण्डा (Jonda)	एण्डीज पर्वत से अर्जेण्टीना की ओर प्रवाहित उष्ण शुष्क पवन, जो अमेरिकी चिनूक तथा यूरोपीय फॉन के समान है। इसे शीत फॉन भी कहते हैं।
हबूब (Hobooba)	सूडान में खारतूम के समीप ग्रीष्म ऋतु में चलने वाली तेज आँधी, जिससे तड़ित झंझा सहित भारी वर्षा भी होती है।
ब्रिकफील्डर (Brickfielder)	ऑस्ट्रेलिया के विक्टोरिया प्रान्त में चलने वाली गर्म एवं शुष्क हवा है।
सान्ता अना (Santa Ana)	द कैलिफोर्निया राज्य (USA) में चलने वाली गर्म शुष्क तथा धूल भरी हवा।
ब्लैक रोलर (Black Roller)	वृहत मैदान (उत्तरी अमेरिका) की दक्षिणी-पश्चिमी या उत्तर-पूर्वी हवा।
शामल (Shamal)	इराक, ईरान, अरब तथा फारस की खाड़ी से चलने वाली गर्म एवं शुष्क उत्तर-पूर्वी हवा।
सिमूम (Simoon)	ईरान में कुर्दिस्तान पर्वत से उत्तर-पश्चिम दिशा में चलने वाली शुष्क रेतीली हवा। इससे अरब के रेगिस्तान में आँधी आती है।
काराबुरॉन (Caraburon)	ग्रीष्म के प्रारम्भ में तारिम बेसिन (मध्य एशिया) में चलने वाली गर्म शुष्क हवा।
यामो (Yamo)	जापान में संटाएना के समान प्रवाहित होती है।
टेम्पोरल (Temporal)	यह पवन मध्य अमेरिका में प्रवाहित होती है।
सामुन (Samoon)	ईरान एवं ईराक में प्रवाहित रेतीली हवा
खमसिन (Khamsin)	मिस्र में प्रवाहित
सीस्टन (Seistan)	पूर्वी ईरान में ग्रीष्मकाल में प्रवाहित होने वाली पवन।
कोइम्बैंक (Coimbang)	फॉन के समान जावा द्वीप (इण्डोनेशिया) में चलने वाली शुष्क पवनें, जो तम्बाकू आदि फसलों को हानि पहुचाती हैं।

ठण्डी स्थानीय पवनें

ये पवनें कभी-कभी तापमान को हिमांक से नीचे कर देती हैं। प्रमुख ठण्डी स्थानीय पवनें निम्न हैं

- मिस्ट्रल यह अति ठण्डी पवन है, जो दक्षिणी फ्रांस के उत्तर पश्चिम दिशा (रोन नदी घाटी) से उत्तरी भूमध्यसागरीय क्षेत्र में लियोन (कलायन्स) की खाड़ी की ओर बहती है। यह स्पेन व फ्रांस को विशेष रूप से प्रभावित करती है।
- बोरा यह अत्यन्त शक्तिशाली ठण्डी हवा है, जो इटली, स्लोबेनिया और क्रोएशिया को प्रभावित करते हुए एड्रियाटिक सागर के पूर्वी किनारों पर चलती है। बोरा एक स्थानीय पवन है।
- जूरन यह पवन रात्रि के समय में जूरा पर्वत (स्विट्जरलैण्ड) से जेनेवा झील (इटली) तक चलने वाली शीतल व शुष्क हवा है।
- ब्लिजार्ड या हिम झंझावत इसके प्रवाह क्षेत्र उत्तरी एवं दक्षिणी ध्रुवीय क्षेत्र, साइबेरिया, कनाडा तथा संयुक्त राज्य अमेरिका हैं। ये बर्फ के कणों से युक्त ध्रुवीय पवनों का रूप हैं। रूस के टुण्ड्रा प्रदेश में इसे पुरगा एवं संयुक्त राज्य अमेरिका में नॉर्दन तथा साइबेरिया में बुरान कहा जाता है।

कुछ प्रमुख ठण्डी स्थानीय पवनें

पवनें	विशेषताएँ
पैम्पेरा (Pampero)	अर्जेण्टीना, चिली तथा उरुग्वे के पम्पास क्षेत्र में चलने वाली ध्रुवीय पवन। दक्षिण-पश्चिम या दक्षिण दिशा में चलने वाली रैखिक प्रचण्ड पवन।
पापागायो (Papagayo)	मैक्सिको के तट पर चलने वाली शीतल, शुष्क व तीव्र पवनें।
बुरान (Buran)	रूस एवं मध्यवर्ती एशिया में प्रवाहित होने वाली उत्तर-पूर्वी पवन को बुरान कहा जाता है। शीतकाल में हिम के कणों से युक्त बुरान को पुर्गा (Purga) कहते हैं।
पर्गा/पुर्गा (Purga)	अलास्का एवं साइबेरिया के टुण्ड्रा प्रदेश की प्रचण्ड हिम झंझावत।
ग्रेगाले (Gregale)	दक्षिण यूरोप के भूमध्यसागरीय क्षेत्रों के मध्यवर्ती भागों में प्रवाहित होने वाली शीतकालीन हवा।
लेवाण्टर (Levanter)	दक्षिणी स्पेन व फ्रांस के अधिकांश क्षेत्रों से होकर प्रवाहित होने वाली पूर्वी पवन।
मैस्ट्रो (Mastro)	भूमध्यसागरीय क्षेत्रों के मध्यवर्ती भागों में चलने वाली उत्तरी-पश्चिमी ठण्डी पवनें।
पुना	एण्डीज क्षेत्र में चलने वाली ठण्डी पवनें।
विरासेन	पेरू तथा चिली के पश्चिमी तट पर चलने वाली समुद्री पवनें।
फ्राइगेय/सुराजो	ब्राजील (अमेजन बेसिन) में चलने वाली प्रमुख पवनें।
विलि-विलि	ऑस्ट्रेलिया के उत्तरी-पश्चिमी क्षेत्र में बहने वाली पवनें।
नेवाडॉस	इक्वाडोर (दक्षिण अमेरिका) में बहने वाली पवनें।

जेट स्ट्रीम

- जेट स्ट्रीम क्षोभमण्डल की ऊपरी सीमा में पश्चिम से पूर्व दिशा में प्रवाहित होने वाली परिध्रुवीय (Circumpolar) पवन धारा है। इस पवन धारा का संचरण दोनों गोलार्द्धों में 20° अक्षांश से ध्रुवों के बीच 7.5 से 14 किमी की ऊँचाई के मध्य होता है।
- यह लगभग 150 किमी चौड़ी एवं 2 से 3 किमी संक्रमण पेटी में सक्रिय रहती है। इसकी गति 150-200 किमी प्रति घण्टा होती है। कोर (core) में इसकी गति 320 किमी से 480 किमी प्रति घण्टे तक पाई जाती है।
- यह सामान्यत: उत्तरी गोलार्द्ध में ही मिलती है। दक्षिणी गोलार्द्ध में यह 60° अक्षांशों पर मिलती है।
- इसकी उत्पत्ति का मुख्य कारण पृथ्वी की सतह पर तापमान में अन्तर व उससे उत्पन्न वायुदाब प्रवणता है।
- जेट स्ट्रीम की गति पर मौसम का स्पष्ट प्रभाव होता है, फलत: ग्रीष्म ऋतु की तुलना में शीत ऋतु में इसकी गति प्रबल होती है।
- जेट स्ट्रीम धाराएँ चार चरणों के एक चक्र में चलती हैं, जिसे जेट स्ट्रीम विकास सूचक चक्र कहते हैं तथा सीधे प्रवाह से लेकर लहरनुमा प्रवाह मार्ग बनने तक की अवधि सूचकांक चक्र (Index circle) कहलाती हैं। उच्च क्षोभमण्डलीय स्तर में पछुआ हवाओं की गति ध्रुवों (60° अक्षांश) तथा विषुवत् रेखा के समीप (30° अक्षांश) सबसे कम होती है। अतएव जेट धारा की अधिकतम गति उपोष्णीय उच्च वायुदाब अथवा अश्व अक्षांशों के ऊपर (35° अक्षांश) हो जाती है।
- जेट धारा की उत्पत्ति का मुख्य कारण विषुवत् रेखीय क्षेत्र तथा ध्रुवों के मध्य तापीय प्रवणता है। इसकी उत्पत्ति का सम्बन्ध वायुदाब कटिबन्ध से पाया जाता है। इसके परिवर्तन से स्थान में भी परिवर्तन होता है। यह उत्तरी गोलार्द्ध की अपेक्षा अधिक स्थायी होता है। विषुवत् रेखा से ध्रुवों की ओर क्षोभ सीमा की ऊँचाई में कमी के कारण जेट धाराओं की ऊँचाई में भी कमी आती है। पृथ्वी का घूर्णन पश्चिम से पूर्व होने के कारण रॉस्बी तरंग के रूप में जेट धारा की दिशा भी पश्चिम से पूर्व होती है।

जेट स्ट्रीम के प्रकार

जेट स्ट्रीम को पाँच प्रकार से विभक्त किया जाता है

1. ध्रुवीय जेट वायु धाराएँ (Polar Jet Stream) इस जेट स्ट्रीम को समतापमण्डलीय उपध्रुवीय जेट स्ट्रीम कहते हैं। यह 60° उत्तरी तथा दक्षिणी अक्षांशों से ध्रुवों की ओर क्षोभमण्डल (ऊपरी सीमा) में प्रवाहित होती है। इसकी दिशा उत्तरी गोलार्द्ध में दक्षिण-पश्चिम से उत्तर-पूर्व की ओर तथा दक्षिणी गोलार्द्ध में उत्तर-पश्चिम से दक्षिण-पूर्व की ओर होती है।
2. ध्रुवीय वाताग्री जेट स्ट्रीम (Polar Front Jet Strem) इसकी उत्पत्ति 30°-60° अक्षांशों के ऊपर 8 से 12 किमी की ऊँचाई पर होती है। यह दक्षिण-पश्चिम से उत्तर-पूर्व दिशा में प्रवाहित होती है। यह अधिक अनियमित होती है। इसका सम्बन्ध ध्रुवीय वाताग्रों से है। इसकी गति 150 से 300 किमी प्रति घण्टा होती है।
3. उष्णकटिबन्धीय पूर्वी जेट (Tropical Easterly Jet Stream) यह केवल उत्तरी गोलार्द्ध में 25° अंक्षाशों के निकट 14 से 16 किमी की ऊँचाई पर ग्रीष्म काल में भारत और अफ्रीका के ऊपर चलती है। इसकी दिशा उत्तर-पूर्व से दक्षिण-पश्चिम होती है। भारतीय मानसून की उत्पत्ति के लिए यह जेट धारा उत्तरदायी होती है।
4. उपोष्ण कटिबन्धीय पछुआ जेट (Subtropical Westerly Jet Stream) यह धारा 20° से 35° अक्षांशों के मध्य 10-14 किमी की ऊँचाई पर प्रवाहित होती है। इसकी गति 340 से 385 किमी प्रति घण्टा तक होती है। इसकी उत्पत्ति का मुख्य कारण विषुवत् रेखीय क्षेत्र में तापीय संवहन क्रिया के कारण उठी हुई हवाओं की क्षोभ सीमा की पेटी में उत्तर पूर्वी प्रवाह होता है। भारत में शीतकाल (दिसम्बर से फरवरी) में पश्चिमी विक्षोभ इसी के कारण आता है।
5. स्थानीय जेट स्ट्रीम (Local Jet Stream) इसका आविर्भाव तापीय एवं गतिकीय दशाओं के कारण कुछ विशेष स्थानों में होता है। इसका महत्त्व मात्र स्थानीय होता है।

जेट स्ट्रीम का महत्त्व

- जब धरातलीय शीतोष्ण चक्रवातों के ऊपर क्षोभमण्डल में जेट स्ट्रीम का प्रभाव स्थापित होता है, तो इससे चक्रवात अधिक प्रबल एवं तूफानी हो जाता है और सामान्य से अधिक वर्षा होती है।
- जेट स्ट्रीम के कारण धरातल पर चक्रवातों तथा प्रतिचक्रवातों के स्वरूप में परिवर्तन की सम्भावना होती है, जिसका प्रभाव स्थानीय मौसम में उतार-चढ़ाव (बाढ़-सूखा) के रूप में दिखाई देता है।
- दक्षिणी एशिया के मानसून पर जेट स्ट्रीम का महत्त्वपूर्ण प्रभाव होता है। वस्तुत: उष्णकटिबन्धीय मानसूनी वर्षा को जट स्ट्रीम प्रभावित करती है, जिससे भारत जैसे देशों में सूखा या बाढ़ की स्थिति उत्पन्न हो जाती है।

"

वायुमण्डल में विद्यमान अदृश्य जलवाष्प की मात्रा आर्द्रता कहलाती है। यह आर्द्रता पृथ्वी से वाष्पीकरण के विभिन्न रूपों द्वारा वायुमण्डल में पहुँचती है। आर्द्रता का जलवायु विज्ञान में सर्वाधिक महत्त्व होता है, क्योंकि इसी पर वर्षण के विभिन्न रूपों; जैसे-वायुमण्डलीय तूफान तथा विक्षोभ आधारित होते हैं।

अध्याय सोलह

आर्द्रता, बादल एवं वर्षण

आर्द्रता

- वायु में उपस्थित जलवाष्प को आर्द्रता (Humidity) कहते हैं। वायुमण्डल में इसकी मात्रा 0 से 4% तक पाई जाती है। यह स्थान एवं समय के अनुसार बदलती रहती है।
- वायुमण्डल में आर्द्रता, जलाशयों (महासागरों, झीलों, नदियों आदि) से वाष्पीकरण द्वारा तथा पौधों में वाष्पोत्सर्जन से प्राप्त होती है। वायुमण्डल में उपस्थित आर्द्रता तथा उसमें निहित विभव ऊर्जा में सीधा सम्बन्ध पाया जाता है।
- सागरीय भागों तथा सागर तटीय भागों में महाद्वीपीय के आन्तरिक भागों की अपेक्षा आर्द्रता अधिक होती है। यह भूमध्य रेखा से ध्रुवों की ओर घटती जाती है। वायु में जितनी अधिक आर्द्रता होती है, वायुमण्डल में **अस्थिरता** तथा **झंझावात** (Storm) उत्पन्न करने के लिए उतनी अधिक ऊर्जा की आवश्यकता होती है।
- आर्द्रता का मापन इकाई, (ग्राम प्रतिघन मीटर) या हवा के आयतन के अनुसार तरल पदार्थ की मात्रा है। इसके मापन हेतु **आर्द्रतामापी** (Hygrometer) का उपयोग किया जाता है।

आर्द्रता सामर्थ्य

- एक निश्चित तापमान पर एक घनमीटर वायु जितनी ग्राम जलवाष्प अवशोषित करने में सक्षम होती है, उसे वायु की आर्द्रता सामर्थ्य (Humidity Capacity) कहा जाता है।
- एक निश्चित तापमान पर जलवाष्प से पूर्ण रूप से पूरित हवा को संतृप्त वायु (Saturated Air) कहते हैं तथा जिस ताप पर वायु में संतृप्त आती है, उसे **ओसांक बिन्दु** (Dew Point) कहते हैं। वायु की आर्द्रता सामर्थ्य तापमान में वृद्धि के साथ बढ़ती है।
- शीतकाल की अपेक्षा ग्रीष्मकाल में तथा रात की अपेक्षा दिन में वायु की आर्द्रता सामर्थ्य अधिक होती है। वायु की आर्द्रता सामर्थ्य पर स्थल तथा जल के विस्तार एवं पवन की गति का प्रभाव पड़ता है।

आर्द्रता के प्रकार

वायुमण्डल की आर्द्रता को **निरपेक्ष आर्द्रता**, **विशिष्ट आर्द्रता** तथा **सापेक्षिक आर्द्रता** के रूप में प्रकट करते हैं, जो निम्न प्रकार हैं

निरपेक्ष आर्द्रता

- वायुमण्डल में विद्यमान वायु की प्रति इकाई आयतन में उपस्थित जलवाष्प की वास्तविक मात्रा को निरपेक्ष आर्द्रता (Absolute Humidity) कहा जाता है। इसकी माप ग्राम प्रति घनमीटर में करते हैं। यह पृथ्वी की सतह पर अलग-अलग स्थानों में अलग-अलग होती है।
- निरपेक्ष आर्द्रता वायु के निश्चित आयतन पर जलवाष्प के भार को प्रदर्शित करती है। अत: ताप तथा दाब परिवर्तन से निरपेक्ष आर्द्रता का मान परिवर्तित हो जाता है।
- भूमध्य रेखा से ध्रुवों की ओर तथा सागर तट से महाद्वीपों के आन्तरिक भागों की ओर निरपेक्ष आर्द्रता की मात्रा घटती जाती है। शीतकाल की अपेक्षा ग्रीष्मकाल में तथा रात की अपेक्षा दिन में निरपेक्ष आर्द्रता अधिक होती है। वर्षा की सम्भावना निरपेक्ष आर्द्रता की मात्रा पर निर्भर करती है। निरपेक्ष आर्द्रता समय एवं स्थान के अनुसार परिवर्तनीय हैं।

विशिष्ट आर्द्रता

- वायु के प्रति इकाई भार में जलवाष्प की भार को **विशिष्ट आर्द्रता** (Specific Humidity) कहते हैं। इसे ग्राम प्रति घन सेमी या ग्राम प्रति मी^{3} अथवा ग्राम प्रति किग्रा में मापा जाता है।
- वायुमण्डल में विशिष्ट आर्द्रता की मात्रा शून्य से 30 ग्राम प्रति क्यूबिक मीटर के बीच पाई जाती है। इसमें वायु के तापमान तथा दाब के आधार पर परिवर्तन होता है। वायुमण्डल से सम्भावित वर्षा की मात्रा का अनुमान विशिष्ट आर्द्रता के आधार पर लगाया जा सकता है।
- विशिष्ट आर्द्रता एवं जलवाष्प में सीधा सम्बन्ध होता है तथा विशिष्ट आर्द्रता और वायुदाब में विलोम सम्बन्ध होता है। यह आर्द्रता मापन की उपयुक्त विधि है।

सापेक्षिक आर्द्रता

- किसी तापमान पर वायु में उपस्थित जलवाष्प तथा वायु की जलवाष्प धारण करने की क्षमता (आर्द्रता सामर्थ्य) के अनुपात को सापेक्ष आर्द्रता कहते हैं। इसे प्रतिशत मात्रा में व्यक्त किया जाता है।

$$\text{सापेक्षिक आर्द्रता} = \frac{\text{किसी ताप पर वायु में उपस्थित जलवाष्प की मात्रा}}{\text{उसी ताप पर वायु की जलवाष्प धारण करने की क्षमता}} \times 100$$

- यह महासागरों के ऊपर सबसे अधिक तथा महाद्वीपों के ऊपर सबसे कम होती है। सापेक्षिक आर्द्रता पर ही वाष्पीकरण की मात्रा निर्भर करती है। अधिक सापेक्षिक आर्द्रता होने पर वाष्पीकरण कम तथा कम होने पर अधिक होता है।
- हवा के अंश में जल को अवशोषित करने एवं धारण रखने की क्षमता तापमान में वृद्धि के साथ बढ़ती है। इसी प्रकार यदि वायु में आर्द्रता कम है, तो हवा में नमी को अवशोषित करने तथा धारण करने की क्षमता कम होती है। हवा की गति संतृप्त परत को असंतृप्त परत के द्वारा हटा देती है। अत: हवा की गति जितनी तीव्र होगी, वाष्पीकरण की दर उतनी ही तीव्र होगी।

वाष्पीकरण

- वाष्पीकरण (Evaporation) वह क्रिया है, जिसके द्वारा जल द्रव से गैसीय अवस्था में परिवर्तित होता है। इसका मुख्य कारण ताप होता है, जिस तापमान पर जल वाष्पीकृत होना शुरू करता है, उसे वाष्पीकरण की गुप्त उष्मा (Latert Heat of Evaporation) कहा जाता है।
- यह जल को उसके क्वथनांक (Boilling point) पर वाष्प में बदलने के लिए आवश्यक होती है।

संघनन

- गैस के द्रव में बदलने की परिघटना को संघनन (Condensation) कहते हैं। ऊष्मा का ह्रास ही संघनन का कारण होता है।
- जब आर्द्र हवा ठण्डी होती है, तब उसमें जलवाष्प को धारण करने की क्षमता समाप्त हो जाती है और जब जलवाष्प सीधे ठोस रूप में परिवर्तित होती है, तो इसे ऊर्ध्वपातन (Sublimation) (वह प्रक्रिया, जिसमें कोई ठोस द्रव में बदले बिना वाष्प में परिवर्तित हो जाती है) कहते हैं। संघनन पूर्णत: वाष्पीकरण के विपरीत क्रिया होती है।
- धूलकण, धुआँ, महासागरों के नमक (समुद्री नमक) के कण उत्तम संघनन केन्द्रक होते हैं। इन कणों को आर्द्रताग्राही कण कहते है।
- संघनन उस अवस्था में भी होता है, जब आर्द्र हवा कुछ ठण्डी वस्तुओं के सम्पर्क में आती है तथा वर्षण की उत्पत्ति के लिए संघनन एक महत्त्वपूर्ण प्रक्रिया है। संघनन हवा के आयतन, ताप, दाब तथा आर्द्रता से प्रभावित होता है।

संघनन के रूप

संघनन की प्रक्रिया से ओस, कुहरा (कुहासा), बादल आदि का निर्माण होता है, जिनका विवरण निम्न है

ओस

- जब आर्द्रता धरातल के ऊपर की हवा में संघनन केन्द्रकों पर संघनित न होकर ठोस वस्तु; जैसे-पत्थर, घास तथा पौधों की पत्तियों की ठण्डी सतहों पर पानी की बूँदों के रूप में जमा होती है, तो इसे ओस (Dew) कहा जाता है।
- इसके बनने के लिए साफ आकाश, शान्त हवा, उच्च सापेक्ष आर्द्रता तथा ठण्डी एवं लम्बी रातों का होना आवश्यक होता है। ओस के लिए यह भी आवश्यक होता है कि ओसांक जमाव बिन्दु (हिमांक बिन्दु) से ऊपर हो।

ओसांक बिन्दु

वह निश्चित तापमान जिस पर वायु के निश्चित आयतन में उपस्थित जलवाष्प की मात्रा, उसे संतृप्त करने के लिए आवश्यक जलवाष्प के बराबर हो जाती है, उसे उस द्रव का ओसांक बिन्दु (Dew Point) कहते हैं।

हिमांक बिन्दु

वह अधिकतम ताप, जिससे कम ताप होने पर कोई द्रव जमने लगता है, उसे उसका **हिमांक बिन्दु** (Freezing Point) कहते हैं; जैसे—जल के लिए हिमांक बिन्दु शून्य डिग्री सेल्सियस होता है अर्थात् शून्य डिग्री सेल्सियस और इससे कम ताप पर जल जमना प्रारम्भ हो जाता है।

कोहरा

वायुमण्डल की निचली परतों में एकत्रित धूलकण तथा धुएँ के कण और संघनित सूक्ष्म जलपिण्डों को कुहरा या कोहरा (fog) कहा जाता है। ओसांक से नीचे वायु का तापमान कम होने पर इसका निर्माण होता है।

कोहरे का वर्गीकरण/प्रकार

दृश्यता के आधार पर

- **अतिसघन कोहरा** 300 मी से कम दृश्यता
- **सघन कोहरा** 500-300 मी तक दृश्यता
- **साधारण कोहरा** 1100-550 मी तक दृश्यता
- **सामान्य कोहरा** 1100 मी तक दृश्यता

निर्माण प्रक्रिया के आधार पर

- **विकिरण कोहरा** (Radiation fog)
  रात्रि में जब भौमिक विकिरण द्वारा धरातल तथा उसके पास की हवा ठण्डी होती है, तो विकिरण कोहरा बनता है। यह केवल स्थल पर विकिरण से उत्पन्न वायु के शीतलन के फलस्वरूप बनता है। इसकी मोटाई 10 से 30 मी तक होती है। इसे स्थलीय कोहरा कहते हैं। सूर्योदय के बाद यह समाप्त हो जाता है।
- **अभिवहन कोहरा** (Advection fog)
  जब कोहरे में हवा के क्षैतिज संचरण के समय तापमान में गिरावट आती है, तो इसे अभिवहन कोहरा कहते हैं। इसकी मोटाई 300-600 मी तक होती है। जब ठण्डी और गर्म समुद्री धाराएँ तथा धरातल से उष्णार्द्र ठण्डी वायु मिलती है, तब अभिवहन कोहरा तथा सम्पर्कीय विकिरण कुहरा निर्मित होता है, यह स्थलीय भागों पर शीत ऋतु में तथा सागरीय भागों पर ग्रीष्म ऋतु में बनता है।
- **वाताग्री कोहरा** (Frontal fog)
  शीतल तथा उष्ण वायु राशियों को पृथक् करने वाली वाताग्रों पर वाताग्री कोहरे का निर्माण होता है। वाताग्र के सहारे गर्म वायु, ठण्डी वायु के ऊपर उठती है तथा ठण्डी हो जाती है, जिससे संघनन की क्रिया होती है, तत्पश्चात् वाताग्री कोहरा बनता है।
- **कुहासा** (Fog), **धुआँसा** (Smog)
  नगरीय तथा औद्योगिक केन्द्रों में धुएँ की अधिकता के कारण केन्द्रकों की मात्रा में भी अधिकता होती है, जिससे कोहरा तथा **कुहासा** बनते हैं।
  जब कुहरा अधिक न होकर कम होता है, तो उसे **धुन्ध** कहते हैं। ऐरी स्थिति, जिसमें कोहरा तथा धुआँ सम्मिलित रूप से बनते हैं, उसे **धूम्र कोहरा** कहा जाता है, जो **फोटो केमिकल स्मॉग** या **औद्योगिक स्मॉग** होता है।
  स्मॉग या **धुएँ** एवं **कोहरे** (Smoke+ Fog = Smog) के मिश्रण को **धुआँसा** कहा जाता है। यह ज्वालामुखी उद्‌गार के बाद वहाँ के वातावरण में या जिन नगरों में बहुत अधिक औद्योगिक कारखाने स्थित हों, वहाँ छाया रहता है।

तुषार या पाला

- तुषार (Forst) ठण्डी सतहों पर बनता है, जब संघनन तापमान के जमाव बिन्दु से नीचे (0° से) चला जाता है अर्थात् ओसांक जमाव बिन्दु (हिमांक बिन्दु) या उसके नीचे होता है, तब वायु जलवाष्प जलकणों में न बदलकर हिमकणों के रूप में परिवर्तित हो जाती है, इस प्रकार हिमकणों के रूप में जमी हुई ओस को ही पाला या तुषार कहा जाता है।
- उजले तुषार (White Forst) बनने के लिए सबसे उपयुक्त अवस्थाएँ ओस के बनने की अवस्थाओं के समान होती हैं। इसके लिए केवल हवा का तापमान जमाव बिन्दु पर या उससे नीचे होना चाहिए।

बादल या मेघ

पृथ्वी की सतह से अधिक ऊँचाई पर वायुमण्डल में जलवाष्प के संघनन के फलस्वरूप निर्मित जलकणों या हिमकणों के झुण्ड को बादल (Cloud) कहते हैं। ये मुख्यतः वायु की रुद्धोष्म प्रक्रिया (वह प्रक्रिया, जिसमें किसी बाहरी माध्यम से ऊष्मा का आदान-प्रदान किए बिना वस्तु के आयतन व तापमान में परिवर्तन हो जाता है।) द्वारा ठण्डे होने पर उसके तापमान के ओसांक से नीचे गिरने से बनते हैं।

बादलों का वर्गीकरण

बादलों को सामान्य आकृति, संरचना, ऊर्ध्वाधर विस्तार एवं उनकी ऊँचाई के आधार पर तीन मुख्य भागों में बाँटा जा सकता है

बादलों के प्रकार	विवरण
ऊँचे बादल	• इनकी औसत ऊँचाई 6-12 किमी होती है।
पक्षाभ बादल (Cirrus Clouds)	• पक्षाभ बादल अधिक ऊँचाई (10-12 किमी) तक पाए जाते हैं। ये बादल सफेद रेशम की तरह कोमल रहते हैं। • ये हिमकणों से बने होते हैं तथा चक्रवातों के आगमन के पहले आकाश में उभर आते हैं।
पक्षाभ स्तरी बादल (Cirro-Stratus Clouds)	• इन बादलों को आकाश में एक विशेष प्रकार की पतली सफेद दूधिया चादर के सदृश्य, बिखरे और जुड़े हुए, दोनों रूपों में देखा जा सकता है, जब भी इनका आगमन होता है, तो सूर्य और चन्द्रमा के चारों ओर **प्रभा मण्डल** (Halo) बन जाता है।
पक्षाभ कपासी बादल (Cirro-Cumulus Clouds)	• इनकी एक विशेष आकृति होती है। ये पूर्णतः सफेद एवं गोलाकार आकृति के होते हैं एवं कभी-कभी लहरदार आकृति के भी होते हैं और प्रायः छायाहीन होते हैं। इन्हें **मैकरेल स्काई** (Mackerel sky) भी कहा जाता है।
मध्य बादल	• इनकी औसत ऊँचाई 2-6 किमी होती है।
उच्च स्तरीय बादल (Alto-Stratus Clouds)	• आकाश में लगातार रूप में फैले नीले या भूरे रंग की पतली चादर वाले बादल, उच्च स्तरी बादल कहलाते हैं। इनके सघन होने पर सूर्य और चन्द्रमा साफ-साफ दिखाई नहीं देते। इनसे विस्तृत और लगातार वर्षा की सम्भावना रहती है।
उच्च कपासी बादल (Alto-Cumulus Clouds)	• इनमें इन्द्रधनुष की छटा दिखाई देती है। इनका आकार पतले गोलाकार धब्बे के समान होता है। ये आकाश में विस्तृत रूप में फैले रहते हैं और इनके अनेक रूप होते हैं। • ये श्वेत तथा भूरे रंग के होते हैं। पर्वत शिखरों पर निर्मित ऐसे बादलों को **पताका मेघ** (Branner clouds) कहते हैं।
निचले बादल	• इनकी औसत ऊँचाई 2 किमी होती है।
स्तरी कपासी बादल (Strato-Cumulus Clouds)	• इनका रंग हल्का भूरा और ये बड़े-बड़े गोलाकार छल्लों में बिखरे होते हैं। इनका रंग काला भी हो सकता है। ये सामान्यतः साफ मौसम के सूचक होते हैं।
स्तरी बादल (Stratus Clouds)	• ये बादल दो अलग-अलग स्वभाव वाली हवाओं के एक-दूसरे से मिलने के परिणामस्वरूप बनते हैं। इनका निर्माण शीतोष्ण कटिबन्धों में शीत ऋतु के दौरान होता है। ये बादल कोहरे के समान दिखते हैं। • ये कोहरे के निचली परतों के विसरण एवं उनके उत्थान से निर्मित होते हैं, इनके खण्डित होने पर आकाश नीला दिखता है।
वर्षा स्तरी बादल (Nimbo-Stratus Clouds)	• धरातल के समीप पाए जाने वाले ये काले रंग के घने बादल किसी भी आकार में हो सकते हैं। • इनकी सघनता के कारण सम्पूर्ण क्षेत्र में अन्धकार छाया रहता है। इनके कारण वर्षा काफी घमासान (Dangerous) रूप में होती है। • शीतोष्ण कटिबन्धीय चक्रवात के उष्ण वाताग्र पर वर्षा इसी बादल से होती है। इससे लगातार जल वृष्टि तथा हिम वृष्टि होती है।
कपासी बादल (Cumulus Clouds)	• कपासी बादल सामान्यतः 1000 से 3000 मी की ऊँचाई तक पाए जाते हैं। इनकी आकृति **गुम्बदाकार** व फूलगोभी की तरह होती है। कुछ का रूप छोटा, श्वेत और रुई के सदृश्य होता है, जबकि कुछ गहरे और घने प्रकार के होते हैं, जिनका रंग काला रहता है। • इनके द्वारा मौसम साफ और स्वच्छ हो जाता है और कभी-कभी गर्जन वाले बादल भी बन जाते हैं।
कपासी वर्षा बादल (Cumulonimbus Clouds)	• इस प्रकार के बादल विस्तृत और गहरे होते हैं एवं इनका विस्तार कभी-कभी आधार से 18 किमी की उँचाई तक होता है। इनका आगमन भारी गर्जन के साथ होता है। • इसमें भारी वर्षा, ओला और तड़ित झंझाओं की एक प्रकार की झड़ी-सी लग जाती है। • शीतोष्ण कटिबन्धीय चक्रवातों में शीत वाताग्रों के सहारे मुख्यतः इन्हीं बादलों से वर्षा होती है।

वर्षण

- जलवाष्प के संघनन के बाद नमी के मुक्त होने की अवस्था को वर्षण (Precipitation) कहते हैं। यह द्रव या ठोस अवस्था में हो सकता है, जब संघनन की प्रक्रिया में जलवाष्प के कणों का आकार बड़ा हो जाता है और हवा का प्रतिरोध गुरुत्वाकर्षण बल के विरुद्ध उनको रोकने में असफल होता है, तब यह पृथ्वी पर वर्षण के रूप में गिरता है।
- वर्षण जब पानी के रूप में होता है, तब उसे वर्षा कहा जाता है। वहीं जब तापमान 0° से कम होता है, तब वर्षण बर्फबारी के रूप में होता है। इसमें नमी षट्कोणीय रवों (Hexagonal Crystal) के रूप में निर्मुक्त होती है। ये रवें ही हिमतुलों का निर्माण करते हैं।
- वर्षा की बूँदें, जो गर्म हवा से निकलती हैं तथा नीचे की ओर ठण्डी हवा से मिलती हैं, तब वे ठोस हो जाती हैं और सतह पर वर्षा की बूँदों से भी छोटे आकार में बर्फ के रूप में गिरती हैं। कभी-कभी वर्षा की बूँदें बादल से मुक्त होने के पश्चात् बर्फ के छोटे गोलाकार ठोस टुकड़ों में परिवर्तित हो जाती हैं, जिन्हें ओला पत्थर कहा जाता है। ये बर्फ की कई संकेन्द्रीय परतों वाले होते हैं।

वर्षण के महत्त्वपूर्ण सिद्धान्त

- **हिमकण सिद्धान्त** (Ice crystal theory) - टॉर बर्जेनर (Tor Bergenor)
- **संलयन सिद्धान्त** (Coalescence theory) - लैंगमूयर (Langmuir)
- **मेघ-स्थिरता सिद्धान्त** (Cloud-instabality theory) - फिडिन्सन (Findeisen)

वर्षण के रूप

वायुमण्डल में जलवाष्प के द्रवण से उत्पन्न नमी, जो बादलों में संचित हो जाती है, पृथ्वी पर वर्षा, हिम, ओले, ओस आदि के रूप में गिरती है। वर्षण के अनेक रूप होते हैं

- फुहार ऐसी वर्षा है, जिसमें बूँदों का आकार 0.5 मिमी से कम होता है। फुहार साधारणत: स्तरी मेघों द्वारा उत्पन्न होती है। इनकी बूँदों का अन्तिम वेग 1.5 मीटर प्रति सेकण्ड होता है। हिमकणों के द्रवित या नीचे गिरते हुए बादलों के परस्पर मिलने से फुहारों का निर्माण होता है।
- सहिम वर्षा बर्फ एवं जल सीकरों के सम्मिलित रूप से धरातलीय सतह पर गिरने को सहिम वृष्टि (Sleet Rain) अथवा हिम सहित वृष्टि कहते हैं। ये जमी हुई वर्षा की बूँदें होती हैं या पिघली हुई बर्फ के पानी की जमी हुई बूँदें होती हैं। यह स्थिति तब घटित होती है, जब पृथ्वी की सतह के समीप वाली वायु का तापमान हिमांक से कम हो जाता है और उसके ऊपर वाली वायु का तापमान हिमांक से अधिक हो जाता है।
- करकापात वर्षा यह वर्षा सीमित मात्रा में होती है तथा समय एवं क्षेत्र की दृष्टि से कभी-कभी होती है। इस वर्षा को करकापात (Hailstorm) की संज्ञा दी जाती है।
- हिमपात वर्षण के फलस्वरूप हिमकणों की वर्षा होती है। सामान्यत: इसमें छोटे-छोटे कण आपस में मिल जाते हैं व विभिन्न आकारों में गिरते हैं। सामान्यत: हिमपात पश्चिमी हिमालय, मध्य व उच्च अक्षांशीय प्रदेशों में शीतकाल के समय होता है।
- ओलावृष्टि यदि वर्षण के फलस्वरूप हिम के गोले (5 से 50 मिमी व्यास वाला) बन जाते हैं, तो उन्हें ओले तथा भू-पृष्ठ पर इनके गिरने को ओलावृष्टि कहते हैं।

तड़ित झंझा या झंझावात

- ये स्थानीय **विध्वंसक तूफान** (Devastating Storm) होते हैं, जो अल्प समय के लिए रहते हैं। ये अपेक्षाकृत कम क्षेत्रफल तक सीमित होते हैं, परन्तु आक्रामक होते हैं। तड़ित झंझा उष्ण आर्द्र दिनों में प्रबल संवहन के कारण उत्पन्न होते हैं।
- तड़ित झंझा एक पूर्ण विकसित **कपासी वर्षा** मेघ होते हैं, जो गरज व बिजली उत्पन्न करते हैं। हवाओं की गति तड़ित झंझावात में **नीचे से ऊपर** की ओर होती है। जब ये बादल अधिक ऊँचाई तक चले जाते हैं, जहाँ तापमान शून्य से कम रहता है, तो इससे **ओले** बनते हैं और ओलावृष्टि होती है। आर्द्रता कम होने पर ये धूलभरी आँधियाँ लाते हैं। तड़ित झंझा की विशेषता उष्ण वायु का प्रबल ऊर्ध्व प्रवाह होता है, जिसके कारण बादलों का आकार बढ़ता है और ये अधिक ऊँचाई तक पहुँचते हैं, जिससे वर्षण होता है।
- वर्षा तीव्र होने के कारण लगता है कि मेघ ही फट पड़े हैं। अत: इस वर्षा को **मेघ प्रस्फोट** (Cloudburst) कहते हैं। इसके लिए भूमध्यरेखीय प्रदेश सर्वाधिक आदर्श स्थान होते हैं।

वर्षा

- वर्षा एक प्रकार का संघनन है। पृथ्वी की सतह से पानी वाष्पित होकर ऊपर उठता है और ठण्डा होकर पानी की बूँदों के रूप में पुन: भूमि पर गिरता है। इसे वर्षा की संज्ञा दी जाती है।
- सामान्यत: वर्षा की बूँदों का आकार लगभग 0.5 मिमी से 7 मिमी के बीच होता है।
- वर्षा अधिक ऊँचाई पर स्थित मेघों से होती है। वर्षा का वितरण मानचित्र पर आइसोहाइट (isohyet) से दर्शाया जाता है।

वर्षा का वर्गीकरण/प्रकार

उत्पत्ति के आधार पर वर्षा को तीन प्रमुख भागों में बाँटा जाता है, जो इस प्रकार हैं

(i) संवहनीय वर्षा

- जब भू-तल बहुत अधिक गर्म हो जाता है, तो हवा गर्म होने पर हल्की होकर संवहन धाराओं के रूप में ऊपर की ओर उठती है और वायुमण्डल की ऊपरी परत में पहुँचने के बाद फैलती है तथा तापमान के कम होने से ठण्डी होती है।
- इसके परिणामस्वरूप संघनन की क्रिया होती है तथा 2-3 बजे तक कपासी मेघों का निर्माण होता है और बिजली की गरज के साथ मूसलाधार वर्षा होती है, जिसे संवहनीय वर्षा (Convectional Rainfall) कहते हैं। यह वर्षा बहुत लम्बे समय तक नहीं रहती है। इस प्रकार की वर्षा प्राय: गर्मियों में या दोपहर के समय में होती है।
- यह वर्षा मुख्य रूप से विषुवतीय क्षेत्र एवं शान्त पेटी (डोलड्रम क्षेत्र) में विशेषकर उत्तरी गोलार्द्ध के महाद्वीपों के भीतरी भागों में होती है।

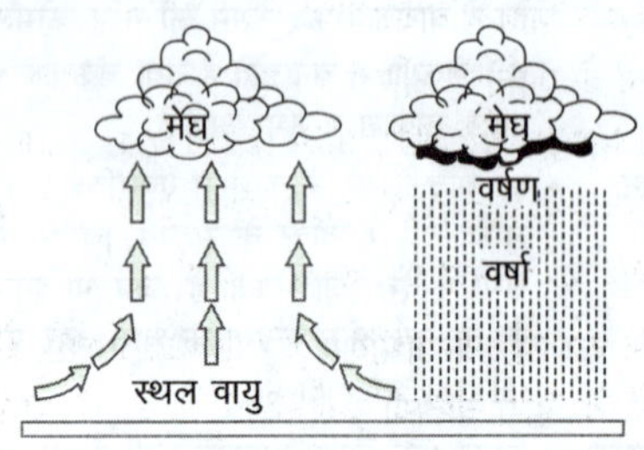

संवहनीय वर्षा

(ii) पर्वतीय वर्षा

- जब उष्ण या आर्द्र पवनों के मार्ग में कोई पर्वत, पठार अथवा ऊँची पहाड़ियाँ आ जाती हैं अथवा संतृप्त वायु की संहति पर्वतीय ढाल पर आती है, तब यह ऊपर उठने के लिए बाध्य हो जाती है, जैसे ही यह ऊपर उठती है और फैलती है, तो तापमान गिर जाता है तथा आर्द्रता संघनित हो जाती है, तब वर्षा होती है, जिसे पर्वतीय वर्षा (Orographic Precipitation) कहा जाता है।
- पर्वतीय वर्षा के समय कपासी मेघ पवनोन्मुखी ढाल (Windward Side.) पर तथा स्तरीय मेघ पवनाविन्मुखी ढाल (Leeward Side) पर होते हैं। अधिकांश वर्षा इसी रूप में होती है। ऊँचाई बढ़ने के साथ-साथ वर्षा की मात्रा भी बढ़ती जाती है।

- इस प्रकार पर्वतीय क्षेत्रों की जो ढाल पवन के सम्मुख होती है, वहाँ अत्यधिक वर्षा होती है। इसे **पवनाभिमुख ढाल** कहते हैं।
- इसके विपरीत जहाँ पवन ढलान से नीचे उतरती है, वहाँ सापेक्षिक आर्द्रता में कमी आती है, जिसके कारण कम वर्षा होती है, इसे **पवनाविमुख ढाल** या **वृष्टिछाया प्रदेश** (किसी पहाड़ के पवनाविमुखी ढाल पर स्थित वह क्षेत्र, जहाँ औसतन बहुत कम वर्षा होती है।) कहते हैं।

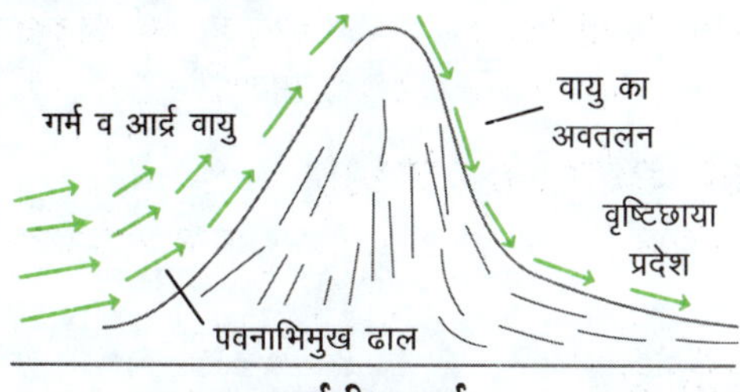

पर्वतीय वर्षा

- भारत में इस वर्षा का सर्वोत्तम उदाहरण है—पश्चिमी घाट में स्थित महाबलेश्वर एवं पुणे, जहाँ महाबलेश्वर में 600 सेमी और पुणे में 70 सेमी वर्षा होती है, क्योंकि पुणे पवनाविमुख ढाल तथा महाबलेश्वर पवनाभिमुख ढाल पर स्थित है।
- वृष्टिछाया मरुस्थल वह क्षेत्र होता है, जहाँ पवनाविमुख ढाल पर 25 सेमी से कम वर्षा होती है। उदाहरण—दक्षिण अमेरिका का पेटागोनिया मरुस्थल।

(iii) चक्रवातीय वर्षा

- चक्रवातों के कारण होने वाली वर्षा को चक्रवाती वर्षा (Cyclonic Rain) कहते हैं। इस प्रकार की वर्षा विशेषकर शीतोष्ण कटिबन्धीय क्षेत्रों में होती है, जहाँ गर्म एवं शीतल वायुराशियों के टकराने के कारण भीषण तूफानी दशाएँ उत्पन्न हो जाती हैं और गर्म वायुराशि के शीतल वायुराशि के ऊपर चढ़ जाने से संघनन की क्रिया होती है, तत्पश्चात् वर्षा होती है।
- इसमें गर्म वाताग्र के साथ वर्षा सामान्यत: फुहार के रूप में और शीत वाताग्र के साथ ठण्डी बौछारों के रूप में होती है।
- पछुआ पवनों का अधिक प्रभाव शीतोष्ण कटिबन्धीय क्षेत्रों में होता है। पछुआ पवनों के द्वारा वाताग्री वर्षा महाद्वीपों के पश्चिमी तट पर अधिक मात्रा में होती है तथा वर्षा की मात्रा पश्चिम से पूर्व की ओर जाने पर कम होती जाती है।

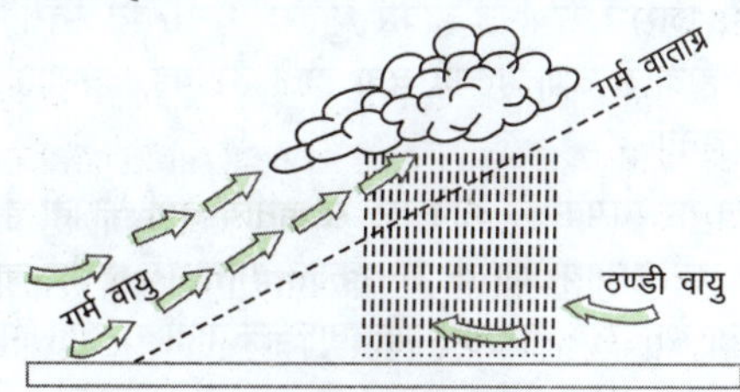

चक्रवातीय वर्षा

- **वाताग्री वर्षा** या **चक्रवातीय वर्षा** ग्रीष्म ऋतु की अपेक्षा शीत ऋतु में अधिक होती है। इसका मुख्य कारण शीत ऋतु में तापान्तर अधिक होने से वाताग्र का निर्माण अधिक होता है।

कृत्रिम वर्षा

कृत्रिम वर्षा (Artificial Rain) मानव निर्मित गतिविधियों के माध्यम से बादलों को बनाने और फिर उनसे वर्षा कराने की क्रिया को कहते हैं। कृत्रिम वर्षा को मेघ बीजारोपण या **क्लाउड-सीडिंग** (यह कृत्रिम वर्षा तकनीक है, जिसमें सिल्वर आयोडाइड का बादलों के ऊपर छिड़काव कर वर्षा कराई जाती है।) भी कहा जाता है। क्लाउड सीडिंग का पहला प्रदर्शन जनरल इलेक्ट्रिक लैब द्वारा फरवरी, 1947 में बाथर्स्ट, ऑस्ट्रेलिया में किया गया था।

वर्षा का प्रादेशिक वितरण

वार्षिक वर्षण की मात्रा के आधार पर विश्व के प्रमुख वर्षा वाले प्रदेश निम्न हैं

- **भारी वर्षा वाले प्रदेश** विषुवतीय पट्टी तथा शीतोष्ण प्रदेशों में पश्चिमी तटीय किनारों के पास पर्वतों की वायु की ढाल पर और मानसूनी वाले क्षेत्रों के तटीय भागों में वर्षा बहुत अधिक होती है, जो प्रतिवर्ष **200 सेमी** से ऊपर होती है।
- **मध्यम वर्षा वाले प्रदेश** महाद्वीपों के आन्तरिक भागों में प्रतिवर्ष 100 से 200 सेमी तक वर्षा होती है। मध्यम वर्षा वाले प्रदेश अति वर्षण प्रदेशों के साथ लगे हुए क्षेत्र हैं। वहीं महाद्वीपों के तटीय क्षेत्रों; जैसे-उपोष्ण कटिबन्ध के पूर्वी तटीय प्रदेश तथा उष्ण शीतोष्ण कटिबन्ध के तटीय प्रदेश में वर्षा की मात्रा मध्यम होती है।
- **कम वर्षा वाले प्रदेश** उष्णकटिबन्धीय क्षेत्रों के केन्द्रीय भाग तथा शीतोष्ण क्षेत्रों के पूर्वी एवं भीतरी भागों में वर्षा की मात्रा **50 से 100 सेमी प्रतिवर्ष** तक होती है।
- **अति अल्प वर्षा वाले प्रदेश** महाद्वीप के भीतरी भाग के वृष्टिछाया क्षेत्रों में पड़ने वाले भाग तथा ऊँचे अक्षांशों वाले क्षेत्रों में प्रतिवर्ष 50 सेमी से कम वर्षा होती है। उष्ण शीतोष्ण तथा शीत कटिबन्धीय मरुस्थल भी इन प्रदेशों में शामिल हैं।

वर्षा का वैश्विक वितरण

- पृथ्वी पर औसत वार्षिक वर्षा 100 सेमी होती है, किन्तु पृथ्वी पर वर्षा का असमान वितरण पाया जाता है।
- सामान्य रूप से जब हम विषुवत् वृत्त से ध्रुव की ओर जाते हैं, तो वर्षा की मात्रा धीरे-धीरे घटती जाती है। विश्व के तटीय क्षेत्रों में महाद्वीपों के भीतरी भागों की अपेक्षा अधिक वर्षा होती है।
- विश्व के स्थलीय भागों की अपेक्षा महासागरों के ऊपर वर्षा अधिक होती है, क्योंकि वहाँ जल के स्रोत की अधिकता के कारण वाष्पीकरण की क्रिया लगातार होती रहती है।
- विषुवत् वृत्त से 35° से 40° उत्तरी एवं दक्षिणी अक्षांशों के मध्य पूर्वी तटों पर बहुत अधिक वर्षा होती है तथा पश्चिम की ओर यह घटती जाती है।
- इसी प्रकार विषुवत् वृत्त से 45° तथा 65° उत्तर एवं दक्षिण के मध्य पछुआ पवनों के कारण सबसे पहले महाद्वीपों के पश्चिमी किनारों पर वर्षा होती है तथा पूर्व की ओर घटती जाती है।
- विश्व के विषुतवीय पट्टी तथा ठण्डे समशीतोष्ण प्रदेशों में वर्षभर वर्षा होती रहती है। विश्व में वर्षभर वर्षा भूमध्यरेखीय प्रदेशों तथा पछुआ पवनों के प्रवाह क्षेत्र में होती है।

"

जब दो भिन्न स्वभाव वाली वायुराशियाँ विपरीत दिशाओं से आकर अभिसरण का प्रयास करती हैं, तो उनके मिलने का तल वाताग्र कहलाता है। वायुमण्डल से उत्पन्न होने वाली चरम घटनाओं में चक्रवात हरिकेन, टॉरनेडो, टाइफून, बाढ़, सूखा, हिमपात आदि सम्मिलित हैं।

अध्याय सत्रह

वायुराशि, वाताग्र, चक्रवात एवं प्रतिचक्रवात

वायुराशि

- वायुमण्डलीय हवा की विशाल राशि या पुंज, जिसके भौतिक गुण विशेषकर तापमान तथा आर्द्रता क्षैतिज दिशा में एकसमान होते हैं, वायुराशि (Air mass) कहलाती है।
- ट्रिवार्था के अनुसार, वायुराशियाँ वायुमण्डल का एक सघन व सुविस्तृत अंश हैं, जिनकी ताप व आर्द्रता विषयक विशेषताएँ विभिन्न स्तरों पर एक धरातलीय दिशा में लगभग समान रहती हैं।
- वायुराशि के तापमान और आर्द्रता के कारण उसे स्थिर अथवा अस्थिर वायुराशि (Air mass) कहते हैं। स्थिर वायुराशि ठण्डी होती है, जो वर्षा नहीं करती है। वहीं अस्थिर वायु गर्म होती है और इसके कारण वर्षा होती है।

वायुराशियों के प्रमुख उद्गम क्षेत्र

वायुराशियों के 6 उद्गम क्षेत्र—उष्ण व उपोष्ण कटिबन्धीय महासागर, उपोष्ण कटिबन्धीय उष्ण मरुस्थल, उच्च अक्षांशीय अपेक्षाकृत ठण्डे महासागर, उच्च अक्षांशीय अति शीत बर्फ आच्छादित महाद्वीपीय क्षेत्र, स्थायी रूप से बर्फ आच्छादित महाद्वीप अण्टार्कटिका तथा आर्कटिक और मानसूनी क्षेत्र हैं।

वायुराशियों का वर्गीकरण

वायुराशियों के वर्गीकरण में इसके उत्पत्ति क्षेत्र की मौसमी दशाओं, ऊष्मा गतिक व यान्त्रिक परिवर्तनों को ध्यान में रखा जाता है। अत: इसके प्रमुख प्रकार निम्न हैं

तापमान तथा आर्द्रता/ उत्पत्ति क्षेत्र के आधार पर वायुराशियाँ

- ध्रुवीय वायुराशियाँ
- उष्णकटिबन्धीय वायुराशियाँ

- ध्रुवीय वायुराशि (P) यह वायुराशि उच्च अक्षांशों में उत्पन्न होती है, जैसे—कनाडा में उत्पन्न वायुराशियाँ तथा आर्कटिक वायुराशियाँ। ये वायुराशियाँ दो भागों में विभक्त होती हैं
  (i) महाद्वीपीय ध्रुवीय वायुराशि (cP) यह उत्पत्ति क्षेत्र पर अत्यधिक ठण्डी, शुष्क व स्थिर होती है। यह प्रवाह मार्ग के तापमान को हिमांक से नीचे कर देती है। महासागरीय भागों से गुजरने पर महासागरीय वायुराशियों (c) में परिवर्तित हो जाती हैं।
  (ii) महासागरीय ध्रुवीय वायुराशि (mP) यह अपेक्षाकृत आर्द्र व गर्म होती है। धरातल के सम्पर्क में आने पर अस्थिर हो जाती है तथा सवंहनीय तरंगें उठने लगती हैं, जिससे कपासी वर्षा मेघों का निर्माण होता है तथा वर्षण एवं हिमपात होता है।
- महाद्वीपीय एवं महासागरीय ध्रुवीय वायुराशियों के मिलने से ही आर्कटिक वाताग्रों का निर्माण एवं शीतोष्ण चक्रवातों की उत्पत्ति होती है तथा वर्षा एवं हिमपात होता है।
- उष्णकटिबन्धीय वायुराशि (T) यह निम्न अक्षांशों विशेषकर विषुवत् रेखीय क्षेत्रों में उत्पन्न होती है। इसे निम्न दो प्रकारों में बाँटा जाता है
  (i) महाद्वीपीय उष्णकटिबन्धीय वायुराशि (cT) यह गर्म, शुष्क व अस्थिर होती है, किन्तु आर्द्रता रहित होती है। यह अपेक्षाकृत ठण्डी धरातलीय वायु के सम्पर्क में आकर स्थिर हो जाती है। सागरीय भागों से मिलकर महासागरीय उष्णकटिबन्धीय वायुराशि में परिवर्तित हो जाती है।
  (ii) महासागरीय उष्णकटिबन्धीय वायुराशि (mT) यह आर्द्रता युक्त होती है, जिससे संघनित होकर कुहरा, धुन्ध एवं स्तरी मेघों का निर्माण होता है तथा हल्की वर्षा होती है। यह चक्रवाती वर्षा का कारण बनती है।
- यह धरातल के सम्पर्क में आने पर संवहनीय वर्षा कराती है। इसके महाद्वीपीय ध्रुवीय वायुराशि के सम्पर्क में आने पर ध्रुवीय वाताग्रों का निर्माण होता है। इसके पश्चात् शीतोष्ण चक्रवातों से वर्षा होती है।

आरोहण के आधार पर वायुराशियाँ

- **स्थिर वायुराशि** इसमें वायु नीचे उतरती है, जब यह पर्वतीय ढाल के सहारे नीचे उतरती है, तो ताप बढ़ने के कारण वायु में स्थायित्व का गुण आ जाता है।
- **अस्थिर वायुराशि** इसमें वायु नीचे से ऊपर आरोहित होती है, जब वायुराशि पर्वतीय ढाल के सहारे आरोहित होती है, तो अस्थिर हो जाती है।

ऊष्मा गतिक एवं यान्त्रिक परिवर्तन के आधार पर वायुराशियाँ

ठण्डी वायुराशि
- यह अत्यधिक ठण्डी एवं स्थिर होती है तथा विशिष्ट आर्द्रता कम होती है। यह गर्म धरातल से मिलने के पश्चात् अस्थिर हो जाती है।
- जब इसका कुछ भाग गर्म सागर तथा कुछ भाग समीपस्थ ठण्डे स्थल पर होता है, तो उष्ण व **शीत वृतांशों** के निर्माण से चक्रवाती दशाएँ बन जाती हैं।

गर्म वायुराशि
- यह महाद्वीपीय गर्म वायु उत्पत्ति क्षेत्र में अधिक गर्म व अस्थिर होती है, किन्तु ठण्डे धरातल के सम्पर्क में आने पर गर्म व स्थिर हो जाती है।
- गर्म महासागरीय वायुराशि किसी पर्वतीय अवरोध के सहारे ऊपर उठकर पर्वतीय वर्षा एवं चक्रवातों के सहारे आरोहित होने पर चक्रवाती वर्षा तथा गर्म धरातल से मिलकर संवहनीय वर्षा करती है।

नोट *बायर्स ने वायुराशि के केवल 3 वर्ग ही स्वीकार किए थे*
(i) आर्कटिक वायुराशि (ii) ध्रुवीय वायुराशि (iii) उष्णकटिबन्धीय वायुराशि।

वाताग्र

- जब किसी भू-भाग में विभिन्न भौतिक गुणों वाली वायुराशियाँ, जिनके तापमान, वायुदाब व आर्द्रता आदि में पर्याप्त अन्तर विद्यमान रहता है एक-दूसरे के निकट आ जाती हैं, तब उनके मध्य कुछ समय के लिए **असान्तत्य पृष्ठ** का निर्माण हो जाता है।
- यह पृष्ठ ढलुआ होता है। इस प्रकार दो परस्पर विरोधी वायुराशियों के मध्य निर्मित सीमा सतह को **वाताग्र** (Air front) कहते हैं।
- जहाँ कभी भी दो भिन्न वायुराशियों का अभिसरण होता है, वहाँ उनके बीच एक विस्तृत संक्रमणीय प्रदेश स्थापित हो जाता है। इस संक्रमणीय प्रदेश को ही **वाताग्र प्रदेश** या **वाताग्र उत्पत्ति क्षेत्र** कहा जाता है एवं वाताग्र बनने की प्रक्रिया को वाताग्र जनन (Frontogenesis) कहते हैं।
- वाताग्र की उत्पत्ति में वायुराशियों का अभिसरण **सहायक** तथा वायुराशियों का अपसरण **बाधक** होता है। वाताग्र अपनी उत्पत्ति के बाद कुछ विशिष्ट अवस्थाओं में नष्ट हो जाते हैं। वाताग्रों के इस प्रकार लोप होने की प्रक्रिया को **वाताग्र-क्षय** (Frontal Decay) कहते हैं।
- **वाताग्र** प्राय: 50-80 किमी प्रति घण्टे की गति से चलते हैं। इस प्रकार वाताग्र एक दिन में एक विस्तृत क्षेत्र को पार कर जाते हैं।
- **वाताग्र की ऊर्ध्व गति** वाताग्र क्षेत्र में वायु सदैव नीचे से ऊपर उठती है। इसी प्रकार ऊर्ध्व गति वाताग्रों का एक प्रमुख लक्षण है। इस गति के कारण वाताग्र क्षेत्र में उष्ण वायु हल्की एवं शीतल वायु भारी होती है। उष्ण व आर्द्र वायु के ऊपर उठने से मेघ बनते हैं और वर्षा होती है।
- **ट्रिवार्था के अनुसार**, "वाताग्र कोई रेखा नहीं होती, अपितु ये पर्याप्त चौड़ाई वाले ऐसे क्षेत्र होते हैं, जो 3-50 मील तक चौड़े होते हैं। इसके साथ ही ये क्षेत्र जहाँ दो भिन्न स्वभाव वाली वायुराशियाँ आमने-सामने आकर अभिसरण करती हैं, तो उस अभिसरण क्षेत्र को **वाताग्र उत्पत्ति क्षेत्र** कहा जाता है। वाताग्र न तो धरातल के ऊपर लम्बवत् रूप में होता है और न ही धरातलीय सतह के समानान्तर है, इसके विपरीत वह कुछ कोण पर झुका हुआ होता है। इसके अतिरिक्त वाताग्र की ढाल पृथ्वी की घूर्णन गति पर आधारित होती है, जो ध्रुवों की ओर बदल जाती है।"

वाताग्र के प्रकार

विभिन्न विशेषताओं के आधार पर वाताग्रों को निम्न भागों में विभाजित किया गया है

- **शीत वाताग्र** (Cold front) इसमें विपरीत दिशा से आती हुई ठण्डी एवं उष्ण वायुराशियाँ जब आपस में मिलती हैं और ठण्डी वायुराशि आक्रामक होती है, तो वह उष्ण वायुराशि को ऊपर धकेल देती है, इसी को शीत वाताग्र कहा जाता है।
- **उष्ण वाताग्र** (Warm front) इसमें गर्म व हल्की वायु आक्रामक होती है तथा आगे बढ़ती हुई उष्ण वायुराशि जब किसी ठण्डी वायुराशि के ऊपर चढ़ती है, तो उसे उष्ण वाताग्र कहते हैं। उष्ण वाताग्र सदैव दाईं ओर से बाईं ओर बढ़ता है।
- **अधिविष्ट वाताग्र** (Occluded front) उष्ण वायुराशि पूर्णत: धरातल के ऊपर उठ जाती है, तो ऐसे वाताग्र को अधिविष्ट वाताग्र कहते हैं अर्थात् जब शीत वाताग्र तीव्रगति से चलकर उष्ण वाताग्र से मिल जाता है तथा गर्म वायु का नीचे से सम्पर्क समाप्त हो जाता है, तो अधिविष्ट वाताग्र का निर्माण हो जाता है।
- **स्थायी वाताग्र** (Stationary front) जब वाताग्र स्थिर हो जाता है, तो इन्हें **अचर वाताग्र** (यह स्थिर वाताग्र होता हे। इसके सहारे चक्रवातों की उत्पत्ति नहीं होती है।) कहते हैं अर्थात् जब दो वायुराशियाँ एक-दूसरे के समान्तर प्रवाहित होती हैं, तो इससे स्थायी वाताग्र का निर्माण होता है। ऐसे वाताग्र के सहारे न तो बादल बनते हैं और न ही वर्षा हो पाती है अर्थात् चक्रवातों की उत्पत्ति नहीं हो पाती है, जिससे वायुमण्डलीय स्थिरता रहती है।

वाताग्र प्रदेश

विश्व के वाताग्र प्रदेश वह क्षेत्र होते हैं, जहाँ दो भिन्न गुणों वाली मिलने वाली वायुराशियों के तापमान में सर्वाधिक अन्तर पाया जाता है। धरातल पर उत्पन्न वाताग्रों के तीन प्रमुख प्रदेश निम्न हैं

1. *आर्कटिक ध्रुवीय प्रदेश*

- आर्कटिक ध्रुवीय प्रदेश आर्कटिक क्षेत्रों में सागरीय ध्रुवीय तथा महाद्वीपीय ध्रुवीय वायुराशियों के मिलने से इस वाताग्र प्रदेश का निर्माण होता है। ये वाताग्र अधिक सक्रिय नहीं हैं, क्योंकि दोनों वायुराशियों के तापमानों में विशेष अन्तर नहीं होता। इसका विस्तार यूरेशिया तथा उत्तरी अमेरिका के उत्तरी भाग पर पाया जाता है।
- प्रशान्त महासागरीय आर्कटिक वाताग्र रॉकी पर्वत व वृहत झीलों (ग्रेट लेक्स) के मध्यवर्ती क्षेत्रों में शीतकालीन चक्रवात की उत्पत्ति के लिए उत्तरदायी होती है।

2. *ध्रुवीय वाताग्र प्रदेश*

- पृथ्वी पर 30°-45° अक्षांशों के मध्य ठण्डी व उष्णकटिबन्धीय गर्म वायुराशियों के मिलने से यह वाताग्र उत्पन्न होता है। इसका विस्तार उत्तरी अटलाण्टिक व उत्तरी प्रशान्त महासागरों पर अधिक है। ये शीतकाल में अधिक सक्रिय होते हैं।
- अटलाण्टिक प्रदेश में ध्रुवीय वाताग्रों का विकास शीतकाल में यूरेशियाई ध्रुवीय ठण्डी महाद्वीपीय वायुराशि (cP) तथा अटलाण्टिक महासागरीय गर्म वायुराशि (mP) के मिलने से होता है।

- अटलाण्टिक महासागर की ठण्डी ध्रुवीय वायुराशि तथा आर्कटिक क्षेत्र की अति ठण्डी ध्रुवीय वायुराशि के मिलने से शीतकालीन चक्रवाती वर्षा व तूफान उत्पन्न होते हैं। इसके प्रभाव से आइसलैण्ड से उत्तरी नॉर्वे तथा बैरेण्ट सागर तक वर्षा एवं हिमपात होते हैं।
- प्रशान्त महासागरीय क्षेत्र में ध्रुवीय वाताग्र व इससे उत्पन्न तूफान का प्रभाव अलास्का की खाड़ी, दक्षिणी कैलिफोर्निया तथा पश्चिमी मैक्सिको तक में देखा जा सकता है।

3. ***अन्तर उष्णकटिबन्धीय (अन्त: उष्णकटिबन्धीय) वाताग्र प्रदेश***

- इस वाताग्र प्रदेश का निर्माण विषुवत् रेखीय न्यून दाब क्षेत्र में उत्तर-पूर्वी व दक्षिणी-पूर्वी सन्मार्गी पवनों के मिलने से होता है।
- सन्मार्गी पवनें अभिसरण करके ऊपर उठती हैं तथा वर्षा कराती हैं। यह प्रदेश ग्रीष्मकाल में उत्तर एवं शीतकाल में दक्षिण की ओर खिसक जाता है।

भूमध्यसागरीय वाताग्र

- इसकी उत्पत्ति यूरेशियाई ठण्डी ध्रुवीय वायुराशियों व सहारा क्षेत्र से भूमध्यसागरीय क्षेत्र की ओर प्रवाहित होने वाली महाद्वीपीय गर्म वायुराशियों के मिलने से होती है। इसके सहारे उत्पन्न शीतोष्ण कटिबन्धीय चक्रवात भारत में शीत काल में वर्षा करते हैं।
- यह चक्रवात तुर्की, ईरान, इराक, अफगानिस्तान, पाकिस्तान होते हुए भारत के उत्तरी विशाल मैदानों में पछुआ पवनों द्वारा लाए जाते हैं, जिससे पश्चिमी विक्षोभ के कारण भारत में वर्षा होती है।

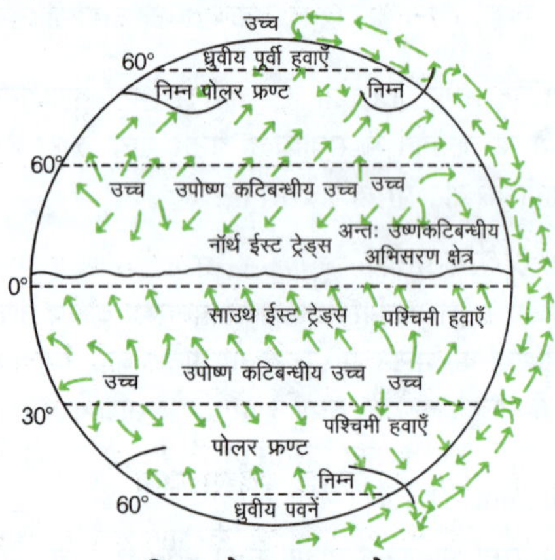

विश्व के वाताग्र प्रदेश

चक्रवात

चक्रवात (Cyclone) ऐसे निम्न वायुदाब के केन्द्र होते हैं, जो वृत्ताकार या अण्डाकार या V आकार की समदाब रेखाओं से घिरे होते हैं तथा इनमें परिधि से केन्द्र की ओर हवाएँ चलती हैं तथा इन हवाओं की दिशा कोरिऑलिस प्रभाव (इस बल के प्रभाव से वायु की दिशा में परिवर्तन होता है। इसी के प्रभाव से दोनों गोलार्द्धों में वायु की दिशा में बदलाव आता है।) के कारण उत्तर गोलार्द्ध में घड़ी की सुईयों की दिशा के विपरीत (वामावर्त) तथा दक्षिणी गोलार्द्ध में घड़ी की सुईयों के अनुरूप (दक्षिणावर्त) होती हैं। वायुमण्डलीय विक्षोभ के अन्तर्गत चक्रवात को शामिल किया जाता है।

चक्रवात के प्रकार

चक्रवात मुख्यत: दो प्रकार के होते हैं

1. शीतोष्ण कटिबन्धीय चक्रवात या वाताग्री चक्रवात

- वे चक्रवातीय वायु प्रणालियाँ, जो उष्णकटिबन्धीय से दूर मध्य व उच्च अक्षांशों में विकसित होती हैं, उन्हें बहिरूपण या शीतोष्ण कटिबन्धीय चक्रवात (Temperate Cyclones) कहते हैं। शीतोष्ण चक्रवातों को लहर चक्रवात या विक्षोभ भी कहते हैं।
- मध्य तथा उच्च अक्षांशों में, जिस क्षेत्र से ये गुजरते हैं, वहाँ मौसम सम्बन्धी अवस्थाओं में अचानक तेजी से बदलाव आते हैं।
- ये उत्तरी गोलार्द्ध में सर्दियों में अधिक सक्रिय रहते हैं, लेकिन दक्षिणी गोलार्द्ध में जल क्षेत्र की प्रमुखता के कारण, वे यहाँ वर्षभर सक्रिय रहते हैं। इनका निर्माण दो विपरीत स्वभाव वाली ठण्डी तथा उष्णार्द्र हवाओं के मिलने के कारण होता है तथा इनका क्षेत्र 35° से 65° अक्षांशों के मध्य दोनों गोलार्द्धों में पाया जाता है।
- दाब प्रवणता बल व पवनों का वेग शीतोष्ण कटिबन्धीय चक्रवातों में अपेक्षाकृत कम होता है। इसका मुख्य कारण समदाब रेखाओं का दूर-दूर विकसित होना होता है।
- शीतोष्ण कटिबन्धीय चक्रवात में बाहर की परिधि में उच्च वायुदाब तथा केन्द्र में निम्न वायुदाब पाया जाता है। इस प्रक्रिया के अन्तर्गत हवाएँ बाहर की ओर गमन करने लगती हैं, जिसके फलस्वरूप केन्द्र में निम्न वायुदाब प्राप्त होता है।
- इनके केन्द्र तथा बाहर की ओर स्थित दाब में 10 से 20mb तथा कभी-कभी 35mb का भी अन्तर होता है। इनका भ्रमण पथ पछुआ पवनों के सहारे पश्चिम से पूर्व दिशा में होता है। सर्दी की ऋतु में इनकी गति तीव्र होती है।
- इनकी आकृति अण्डाकार या उल्टे V आकार की होती है, जिसके कारण इन्हें निम्न गर्त या ट्रफ (Trough) कहते हैं।
- इनके आगमन की सूचना पक्षाभ व पक्षाभ स्तरी मेघों के कारण सूर्य के चारों ओर बने प्रभामण्डल से प्राप्त होती है। चक्रवातों के पास आने से तापमान में बढ़ोतरी होती है।

उत्पत्ति एवं जीवन चक्र

- शीतोष्ण चक्रवात की उत्पत्ति दो भिन्न ताप वाली वायुराशियों (ध्रुवीय प्रदेश की शीतल वायुराशि तथा उष्ण प्रदेश की उष्ण वायुराशि) की प्रतिक्रिया के फलस्वरूप होती है।
- उष्ण वृतांश शीतोष्ण चक्रवात के दक्षिणी-पूर्वी भाग को तथा शीतल वृतांश उत्तरी-पश्चिमी भाग को कहते हैं।
- शीतोष्ण कटिबन्ध में ध्रुवों से आने वाली शीतल वायु और उष्ण प्रदेशों से आने वाली उष्ण वायु दोनों परस्पर मिलती हैं। कभी-कभी उष्ण वायु का कुछ भाग पृथक्करण रेखा को पार कर शीतल वायु में मिश्रित होने की चेष्टा करता है, इससे चक्रवातों की उत्पत्ति होती है।
- उत्तरी गोलार्द्ध में इसके प्रमुख केन्द्र क्रमश: उत्तरी अमेरिका के उत्तर-पूर्वी तटीय भाग एवं एशिया के उत्तर-पूर्व तथा पूर्वी तटीय भाग हैं।
- इसकी उत्पत्ति के सम्बन्ध में बर्कनीज का सिद्धान्त सर्वमान्य है, जिसके अन्तर्गत इसके जीवन चक्र को 6 अवस्थाओं में बाँटा गया है, जिसका विवरण निम्न है

(i) प्रथम अवस्था इसमें गर्म एवं ठण्डी हवाएँ एक-दूसरे के समानान्तर चलती हैं तथा वाताग्र स्थायी होता है।

(ii) दूसरी अवस्था इसमें दोनों वायुराशियाँ एक-दूसरे के प्रदेश में प्रवेश करती हैं और लहरनुमा वाताग्र का निर्माण होता है।

(iii) तीसरी अवस्था इसमें शीत एवं उष्ण वाताग्रों का पूर्ण विकास एवं चक्रवात का रूप निर्मित होता है।

(iv) चौथी अवस्था इसमें शीत वाताग्र के तीव्र गति से आगे बढ़ने के कारण उष्ण वृतांश का संकुचन होता है।

(v) पाँचवीं अवस्था इसमें चक्रवात का अवसान होना प्रारम्भ हो जाता है।

(vi) छठी व अन्तिम अवस्था इसमें उष्ण वृतांश विलीन हो जाता है तथा चक्रवात का अन्त हो जाता है।

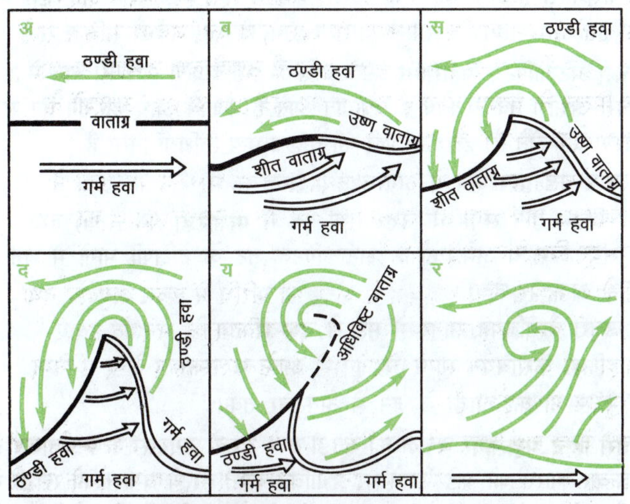

शीतोष्ण चक्रवात बनने की अवस्थाएँ

शीतोष्ण कटिबन्धीय चक्रवातों के मुख्य क्षेत्र

- उत्तरी प्रशान्त महासागर में अल्युशियन निम्न दाब केन्द्र उत्तरी प्रशान्त महसागर में चक्रवात-जनन का यह प्रमुख क्षेत्र है, जहाँ अल्युशियन द्वीप के आस-पास निम्न दाब केन्द्र की स्थिति रहती है। यहाँ वर्ष भर ध्रुवीय वाताग्रों पर चक्रवातों की उत्पत्ति होती है। ये चक्रवात पश्चिम से पूर्व की ओर यात्रा करते हुए कनाडा तथा संयुक्त राज्य अमेरिका के पश्चिमी तटों पर पहुँचते हैं और यहाँ के मौसम को चक्रवाती बना देते हैं। ये रॉकी पर्वतमाला को पार करने के पश्चात् निरन्तर पूर्व की ओर यात्रा करते रहते हैं और कनाडा तथा संयुक्त राज्य अमेरिका के अधिकांश क्षेत्र में वर्षा करते हैं।
- आइसलैण्ड का निम्न दाब केन्द्र इसकी स्थिति उत्तरी अटलाण्टिक महासागर में आइसलैण्ड द्वीप के आस-पास है। यहाँ वर्षभर दक्षिण से आने वाली उष्णकटिबन्धीय उष्ण वायु तथा पूर्वी ध्रुवीय वायुराशियों के अभिसरण से ध्रुवीय वाताग्रों का निर्माण होता है।
- चीन सागर इस क्षेत्र के समशीतोष्ण चक्रवात जापान सागर के पास उत्पन्न होते हैं और चीन सागर को पार करने के बाद उत्तरी चीन में वर्षा का कारण बनते हैं।
- ग्रीनलैण्ड के दक्षिण तथा न्यू फाउण्डलैण्ड के आस-पास का निम्न दाब केन्द्र इन चक्रवातों का जन्म संयुक्त राज्य अमेरिका के उत्तरी-पूर्वी तथा कनाडा के दक्षिण-पूर्वी तटीय क्षेत्रों के पास होता है। हजारों किमी की पूर्वी यात्रा करते हुए, ये चक्रवात आइसलैण्ड के आस-पास के निम्न दाब क्षेत्र तक पहुँचते-पहुँचते मृतप्राय हो जाते हैं, लेकिन आइसलैण्ड के निम्न दाब केन्द्र पर पहुँचकर पुन: सक्रिय होकर ये उत्तर-पश्चिमी यूरोप के मौसम को प्रभावित करते हैं।
- मध्य अटलाण्टिक में संयुक्त राज्य अमेरिका का उत्तर-पूर्वी तटीय क्षेत्र यहाँ वाताग्र एवं चक्रवात जनन क्षेत्र की उत्पत्ति सर्दियों के मौसम में होती है। इन दिनों उत्तरी अमेरिका के स्थलीय भाग पर ठण्डी एवं शुष्क वायुराशि की उत्पत्ति होती है, जबकि संयुक्त राज्य अमेरिका के उत्तर-पूर्वी क्षेत्र के पूर्व में अटलाण्टिक महासागर पर गल्फ स्ट्रीम के प्रभाव से गर्म तथा आर्द्र वायुराशि का जन्म होता है।
- भूमध्यसागरीय क्षेत्र यहाँ उत्तरी अफ्रीका के सहारा मरुस्थल में उत्पन्न होने वाली उष्ण तथा यूरोप महाद्वीप पर उत्पन्न ठण्डी एवं शुष्क ध्रुवीय वायुराशियों के संगम से शक्तिशाली वाताग्रों एवं चक्रवातों की उत्पत्ति होती है। ये चक्रवात अत्यन्त प्रभावशाली होते हैं तथा ये भूमध्य सागर को पार कर सरलता से भारत एवं पाकिस्तान में पहुँच जाते हैं। इन क्षेत्रों में इसे पश्चिमी विक्षोभ (Western Disturbance) के नाम से जाना जाता है। शीत ऋतु में वर्षा पश्चिमी विक्षोभ के द्वारा प्राप्त होती है, जोकि गेहूँ की फसल के लिए लाभदायक होती है।

2. उष्णकटिबन्धीय चक्रवात

- उष्णकटिबन्धीय चक्रवात (Tropical Cyclone) एक आक्रामक तूफान होता है, जिसकी उत्पत्ति उष्णकटिबन्धीय क्षेत्रों के महासागरों पर होती है और ये तटीय क्षेत्र की ओर गतिमान होते हैं। सामान्यत: कर्क रेखा एवं मकर रेखा के मध्य उत्पन्न होने वाले चक्रवात को उष्णकटिबन्धीय चक्रवात कहा जाता है।
- ये चक्रवात विध्वंसक प्राकृतिक आपदाओं में से एक होते हैं तथा आक्रामक पवनों के कारण विस्तृत विनाश, अत्यधिक वर्षा और तूफान लाते हैं।
- ये हिन्द महासागर में चक्रवात (Cyclone), अटलाण्टिक महासागर में हरीकेन (Hurricane) पश्चिम प्रशान्त महासागर तथा दक्षिण चीन सागर में टाइफून (Typhoon) और पश्चिमी ऑस्ट्रेलिया में विली-विलीज (Willy Willies) के नाम से जाने जाते हैं।

उष्णकटिबन्धीय चक्रवातों की उत्पत्ति एवं संरचना

- चक्रवात की क्षैतिज संरचना की दृष्टि से एक पूर्ण रूप से विकसित चक्रवात में पाँच या छ: खण्ड देखे जा सकते हैं, जो अपनी विशेषता लिए होते हैं, जिनका वर्णन निम्न प्रकार है
  - आँख (Eye of the Cyclone) यह चक्रवात के केन्द्र में 15 से 30 किमी व्यास का एक निम्न दाब वाला केन्द्र है, जो लगभग शान्त एवं मेघ रहित रहता है। इसमें पवनें बहुत धीमी गति से विभिन्न दिशाओं में चलती हैं। आँख में तापमान अधिक, आर्द्रता कम तथा वायु का निरन्तर अवतलन होता है।
  - आँख की दीवार (The Eyewall) उष्णकटिबन्धीय चक्रवात का दूसरा भाग, जो आँख को घेरे रहता है। यह 10 से 20 किमी चौड़ाई का क्षेत्र होता है, जो मूलत: कपासी वर्षी मेघों से बना होता है। चक्रवात के इसी भाग में सबसे तेज गति से हवाएँ चलती हैं तथा अत्यधिक मूसलाधार वर्षा होती है।

- **सर्पिल वर्षा पेटी** चक्षु की दीवार के बाहर दो सर्पिलाकार वर्षा की पट्टियाँ होती हैं। इन्हीं पट्टियों के कारण चक्रवात आकाश से निहारिका के आकार का दिखाई देता है। इन सर्पिल पट्टियों में अनेक तड़ित झंझावात पाए जाते हैं, जिनसे भारी वर्षा होती है तथा जो सर्पिल रूप से केन्द्र की ओर गति करते हैं।
- **वलयाकार क्षेत्र** यह मुख्य वर्षा क्षेत्र के बाहर सीमित मेघाच्छादन वाला क्षेत्र होता है, जहाँ आँख की दीवार तथा सर्पिल वर्षा पेटी से उठकर आने वाली हवाओं का अवतलन होता है।
- **बाह्य संवहन पट्टी** यह मुख्य मेघाच्छादन वाले क्षेत्र के सबसे बाहर की ओर स्थित गहरे संवहनीय बादलों के सीमान्त को दर्शाता है।

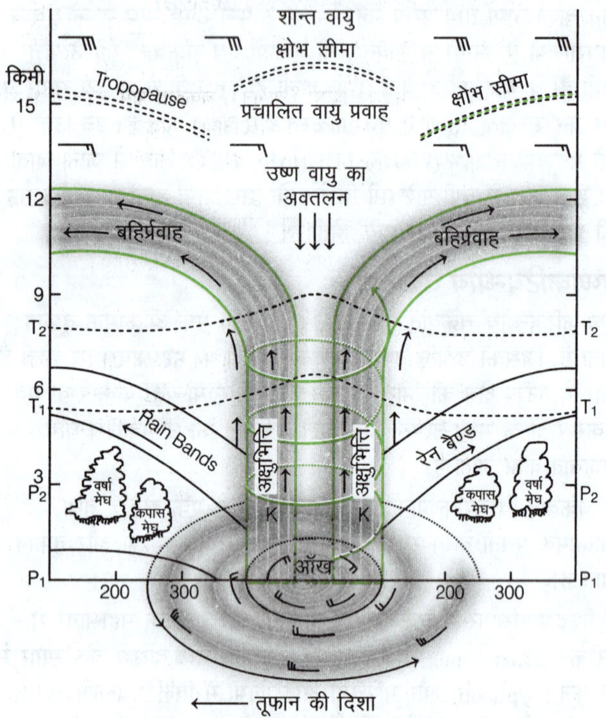

उष्णकटिबन्धीय चक्रवात की संरचना

उष्णकटिबन्धीय चक्रवात की ऊर्ध्वाधर संरचना

चक्रवात को ऊर्ध्वाधर रूप से तीन भागों में बाँट सकते हैं

- **पहली वायु के अन्तर्प्रवाह की गर्त** जिसकी ऊँचाई समुद्र तल से लगभग 3 किमी तक होती है तथा वायु का प्रवाह अरीय या क्षैतिज रूप से केन्द्र की ओर होता है।
- **दूसरी मध्य परत** जिसकी ऊँचाई 3 से 7 किमी तक होती है तथा जिसमें वायु का चक्रवातीय, सर्पिलाकार प्रवाह होता है।
- **तीसरी बाह्य प्रवाह की परत** जिसकी ऊँचाई 7 किमी से ट्रोपोपोज तक होती है तथा जहाँ वायु का प्रवाह प्रति चक्रवाती होता है, जिससे इस क्षेत्र में वायु का अपसरण होता है।

उष्णकटिबन्धीय चक्रवातों के प्रमुख क्षेत्र

- **उत्तरी प्रशान्त महासागर** मैक्सिको के पश्चिमी तट के सहारे उत्पन्न होकर ये चक्रवात उत्तर-पश्चिम दिशा में चलकर कैलिफोर्निया के तट को प्रभावित करते हैं तथा कभी-कभी हवाई द्वीप तक भी पहुँच जाते हैं। जून से नवम्बर तक प्रतिवर्ष ये चक्रवात 5-6 की संख्या में आते हैं, जिनमें लगभग 2 हरिकेन का रूप धारण कर लेते हैं।
- **दक्षिणी प्रशान्त महासागर** ऑस्ट्रेलिया के पूर्व में 140° पश्चिम देशान्तर के पास सोसायटी द्वीप के पूर्व में उत्पन्न होकर ये चक्रवात ऑस्ट्रेलिया के उत्तरी-पूर्वी तट को प्रभावित करते हैं। इनका समय दिसम्बर से अप्रैल तक होता है। ऑस्ट्रेलिया में इन चक्रवातों को **विली-विलीज** (Willy-Willies) कहते हैं।
- **दक्षिणी-पश्चिमी उत्तरी प्रशान्त महासागर** विशेषकर चीन सागर, फिलीपाइन्स द्वीप तथा दक्षिणी जापान के पास चक्रवात उत्पन्न होकर मई से दिसम्बर तक उक्त भागों को प्रभावित करते हैं। चीन के पूर्वी तट पर इनका विनाशकारी प्रभाव होता है। इस भाग में इन चक्रवातों को **टाइफून** (Typhoon) कहते हैं। वर्ष में लगभग 21 टाइफून आते हैं।
- **उत्तरी अटलाण्टिक महासागर** इसके दक्षिणी तथा दक्षिण-पश्चिम भाग में 30° उत्तरी अक्षांश तक प्रतिवर्ष 7 चक्रवात आते हैं, जिनमें आधे हरिकेन का रूप धारण कर लेते हैं। हरिकेन आने की कुछ प्रमुख तिथियाँ निम्न हैं
  - केप वर्डे द्वीप क्षेत्र में अगस्त तथा सितम्बर में।
  - पश्चिम द्वीप समूह के उत्तर तथा पूर्व में **फ्लोरिडा** (Florida) तथा संयुक्त राज्य अमेरिका के अटलाण्टिक तट के दक्षिणी भागों में जून से अक्टूबर तक।
  - उत्तरी कैरीबियन सागर में मई से नवम्बर तक।
  - दक्षिण कैरीबियन सागर में जून से अक्टूबर तक।
  - मैक्सिको की खाड़ी में जून से अक्टूबर तक।
- **उत्तरी हिन्द महासागर** बंगाल की खाड़ी तथा अरब सागर से उत्पन्न होकर ये चक्रवात भारत को बड़े पैमाने पर प्रभावित करते हैं। ये बंगाल की खाड़ी में अप्रैल से दिसम्बर तक तथा अरब सागर में अप्रैल से जून एवं सितम्बर से दिसम्बर तक आते हैं। इन्हें **चक्रवात** या **अवदाब** कहते हैं।

मेडिकेंस

यह उष्णकटिबन्धीय चक्रवात का एक रूप है, जो भूमध्य सागर पर बनते हैं। यह हरिकेन एवं टायफून की तुलना में ठण्डे जल में अधिक विकसित होते हैं।

विश्व के प्रमुख चक्रवात व सम्बद्ध देश/क्षेत्र

टाइफून — जापान, चीन सागर	हरिकेन — यूएसए, कैरीबियन सागर
डोरियन — बहामास	हेजिबीस — जापान
लेकिया — दक्षिण कोरिया	विली-विली — ऑस्ट्रेलिया
बाग्यो — फिलीपीन्स	चक्रवात — हिन्द महासागर

भारत में उष्णकटिबन्धीय चक्रवात

- भारत के उष्णकटिबन्धीय चक्रवात हिन्द महासागर के बंगाल की खाड़ी एवं अरब सागर क्षेत्र में उत्पन्न होते हैं, जो अवदाबों का प्रभाव क्षेत्र होता है।
- यहाँ चक्रवात अप्रैल से नवम्बर के बीच आते हैं। इनकी गति 40 से 50 किमी प्रति घण्टा होती है। कभी-कभी इनकी तीव्रता अधिक होने के कारण ये विनाशकारी हो जाते हैं।
- बंगाल की खाड़ी में आने वाले **सुपर साइक्लोन** (बंगाल की खाड़ी में आने वाले तीव्र वेग (225 किमी प्रति घण्टा) के चक्रवात) की गति 225 किमी प्रति घण्टा होती है तथा इसके केन्द्र व परिधि के बीच वायुदाब का अन्तर 40-55 mb होता है।

शीतोष्ण कटिबन्धीय एवं उष्णकटिबन्धीय चक्रवातों में अन्तर

शीतोष्ण चक्रवात	उष्णकटिबन्धीय चक्रवात
ये स्थल तथा सागर दोनों पर उत्पन्न होते हैं।	ये केवल समुद्र में ही उत्पन्न होते हैं।
समदाब रेखाएँ अण्डाकार या V आकार की होती हैं।	समदाब रेखाएँ पूर्णतः वृत्ताकार होती हैं।
वायु का वेग अधिक तीव्र नहीं होता।	वायु वेग अधिक 150 किमी/घण्टा तक होता है।
इनका आकार बहुत बड़ा होता है। (1000 से 3000 किमी)	इनका आकार 500 से 800 किमी तक होता है।
ये मुख्यतः सर्दियों में उत्पन्न होते हैं।	ये मुख्यतः गर्मियों या ग्रीष्म के पश्चात् विकसित होते हैं।
इसमें प्रायः दो वाताग्र पाए जाते हैं।	इसमें वाताग्र प्रायः अनुपस्थित होते हैं।
ये मुख्यतः शीतोष्ण कटिबन्धों में विकसित होते हैं।	ये मुख्यतः उष्णकटिबन्धों में विकसित होते हैं।
इसमें वायु की दिशा वाताग्रों के साथ बदलती रहती है। यह दक्षिणावर्तन या वामावर्तन होती रहती है।	पवन एक चक्राकार मार्ग से गति करती है।

चक्रवातों का नामकरण

- उष्णकटिबन्धीय चक्रवात क्षेत्रीय संगठन उष्णकटिबन्धीय चक्रवातों के नामों की सूची निर्धारण हेतु एक स्पष्ट प्रक्रिया अपनाता है। रीजनल स्पेसलाइज्ड मीटिरियोलॉजिकल सेण्टर (RSMC) अपने सम्बन्धित क्षेत्रों पर चक्रवातों की निगरानी और पूर्वानुमान के साथ-साथ चक्रवातों के नामकरण के लिए जिम्मेदार है।
- यदि किसी चक्रवात की रफ्तार 34 नॉटिकल मील प्रति घण्टे से अधिक है, तो उसे कोई नाम देना आवश्यक हो जाता है। उत्तर हिन्द महासागर में उठने वाले तूफानों का नामकरण भारतीय मौसम विभाग करता है।
- चक्रवातों के नामकरण की प्रक्रिया वर्ष 1953 में एक सन्धि के माध्यम से हुई। अटलाण्टिक क्षेत्र में हरिकेन और चक्रवात का नाम देने की प्रक्रिया वर्ष 1953 से जारी है, जो मियामी स्थित राष्ट्रीय हरिकेन सेण्टर की पहल पर शुरू की गई थी। ऑस्ट्रेलिया में वर्ष 1953 तक चक्रवातों के नाम भ्रष्ट नेताओं के नाम पर और अमेरिका में महिलाओं के नाम (जैसे-कैटरीना, इरमा आदि) पर रखे जाते थे, लेकिन वर्ष 1979 के बाद से एक पुरुष व एक महिला के नाम पर रखा जाने लगा है।
- उत्तर-पश्चिमी प्रशान्त क्षेत्र में दिए जाने वाले अधिकांश नाम व्यक्तिगत नाम नहीं हैं, हालाँकि कुछ नाम पुरुष और महिला के नाम पर अवश्य रखे गए हैं, लेकिन अधिकतर नाम फूलों, जानवरों, पक्षियों, पेड़ों, खाद्य पदार्थों के नाम पर रखे गए हैं। हिन्द महासागर क्षेत्र के 8 देशों (भारत, पाकिस्तान, श्रीलंका, बांग्लादेश, मालदीव, म्यांमार, ओमान और थाईलैण्ड) ने भारत की पहल पर वर्ष 2004 में चक्रवाती तूफानों को नाम देने की व्यवस्था शुरू की। विश्व मौसम विज्ञान संगठन और एशिया तथा प्रशान्त के लिए संयुक्त राष्ट्र आर्थिक और सामाजिक कमीशन ने वर्ष 2000 में चक्रवाती तूफानों का नामकरण शुरू किया।
- उष्णकटिबन्धीय चक्रवातों के नाम को एक निश्चित नाम इसलिए दिया जाता है, ताकि भविष्यवाणी और चेतावनी जारी करने वाला मौसम विभाग, सामान्य लोगों को यह जानकारी दे सके कि चक्रवात किस दिशा में आगे बढ़ रहा है। उसकी गति कितनी है और लोगों को किस दिशा में सुरक्षित स्थानों की ओर जाना चाहिए। चक्रवातों की 6 सूचियों की रूपरेखा विश्व मौसम विज्ञान संगठन ने तैयार की है। अक्षर प्रणाली का प्रयोग चक्रवातों के नामकरण में किया जाता है। अंग्रेजी वर्णमाला के क्रम में चक्रवातों का नामकरण किया जाता है, जिसमें से वर्ण Q, U, X, Y और Z को सूची से हटा दिया गया है।

विश्व के प्रमुख चक्रवात

वर्ष	चक्रवात
2010	अगाथा (ग्वाटेमाला), लैला (पूर्वी तटीय भारत) व यासी (ऑस्ट्रेलिया)।
2011	आइरिन (संयुक्त राज्य अमेरिका), कीला (ओमान), कासी (फिलीपीन्स), थाने (तमिलनाडु एवं पुदुचेरी)।
2013	उसागी (जापान), फेलिन (ओडिशा), बियारू (बंगाल की खाड़ी), बारबरा (मैक्सिको)।
2014	टायफून रम्मासुन (फिलीपीन्स), इयाना (प्रशान्त महासागर में टोगा द्वीप), टायफून मात्मो (ताइवान), हुदहुद (भारत)।
2015	टायफून चांह होम (पूर्वी चीन), टायफून नांगका (जापान), चक्रवात कोमेन (बंगाल की खाड़ी), चक्रवात लिफा (दक्षिणी चीन), टायफून इताउ (जापान), माउण्ट आसो (जापान), चक्रवात पाम वनातु (दक्षिणी प्रशान्त द्वीपीय), चक्रवात नाथन (ऑस्ट्रेलिया), चक्रवात ओलविन (ऑस्ट्रेलिया), चपला (अरब सागर), टायफून (दक्षिणी चीन), अशोबा चक्रवात (भारत)।
2016	रोआनू (बंगाल की खाड़ी), वरदा (बंगाल की खाड़ी)।
2017	मोरा (बंगाल की खाड़ी), हार्वे (मय टेक्सास प्रान्त, संयुक्त राज्य अमेरिका), मैथ्यू (संयुक्त राज्य अमेरिका)
2018	तितली चक्रवाती तूफान (भारत), मेकुनू, (उत्तरी हिन्द महासागर), सामर (सोमालिया गल्फ ऑफ अडेन), तूबान (अरब सागर), गाजा (गल्फ ऑफ आइलैण्ड), माइकल (अमेरिका), यूतु (फिलीपीन्स)।
2019	पाबुक (थाईलैण्ड, म्यांमार, अण्डमान द्वीप), ओवेन (ऑस्ट्रेलिया), फणि (भारत, बांग्लादेश)।
2020	अम्फान (बंगाल की खाड़ी), निसर्ग (अरब सागर), क्रिस्टोबल (अटलाण्टिक महासागर), आर्थर (अटलाण्टिक महासागर), हेरॉल्ड (सोलोमन द्वीप, फिजी, टोंगा), मंगा (ऑस्ट्रेलिया), निवार (हिन्द महासागर)।
2021	यास, जवाद, ताउते, गुलाब (भारत)।
2022	गुलाब एवं सितरंग (बंगाल की खाड़ी), इमनाती, असानी एवं करीम (हिन्द महासागर), मैण्डस (उत्तरी-हिन्द महासागर)।
2023	ग्रैबियल (दक्षिणी प्रशान्त महासागर), फ्रेडी (दक्षिणी-हिन्द महासागर), विपरजॉय (अरब सागर)।
2024	रेमल एवं दाना (बंगाल की खाड़ी), असना (उत्तरी हिन्द महासागर) फेंगल (बंगाल की खाड़ी)।

प्रतिचक्रवात

- चक्रवात का विपरीत रूप ही प्रतिचक्रवात (Anticyclones) होता है। यह वृत्ताकार समदाब रेखाओं द्वारा घिरा हुआ वायु का एक ऐसा क्रम होता है, जिसके केन्द्र में वायुदाब उच्चतम और बाहर क्रमशः निम्नतम होता है। इसी कारण से हवाएँ केन्द्र से परिधि की ओर चलती हैं। केन्द्र तथा परिधि के बीच दाब प्रवणता 10-20 मिलीबार से अधिक नहीं होती है। उपोष्ण कटिबन्धीय उच्च वायुदाब वाले क्षेत्रों में प्रतिचक्रवातों की उत्पत्ति अधिक होती है तथा ये भूमध्य रेखा के आस-पास के क्षेत्रों में नगण्य अवस्था में रहते हैं।
- इसमें वायु का प्रवाह उत्तरी गोलार्द्ध में घड़ी की सुइयों के अनुरूप तथा दक्षिण गोलार्द्ध में घड़ी की सुइयों के विपरीत दिशा में होता है।

- आकार में ये चक्रवातों की अपेक्षा अधिक विस्तृत होते हैं, इनका व्यास, चक्रवातों की अपेक्षा 75% अधिक बड़ा होता है। इनकी गति 30-50 किमी/घण्टा होती है। इनका व्यास 9000 किमी तक होता है।
- इनके केन्द्र में हवाएँ ऊपर से नीचे उतरती हैं, जिस कारण से केन्द्र का मौसम साफ होता है। इसी कारण प्रतिचक्रवातों को **मौसम रहित परिघटना** कहते हैं।

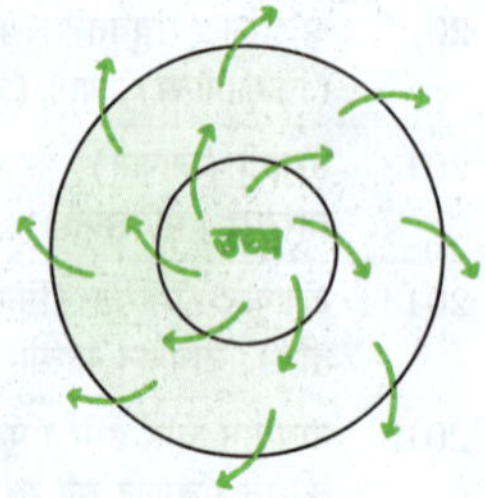

प्रतिचक्रवात

- वाताग्र, सामान्यत: प्रतिचक्रवातों में नहीं बनते हैं, कभी-कभी दो प्रतिचक्रवातों के टकराने के परिणामस्वरूप सम्मिलन रेखा के साथ वाताग्र का सृजन हो जाता है। इसकी दिशा उत्तर-दक्षिण होने के कारण इसे **देशान्तरीय वाताग्र** की संज्ञा दी जाती है।

प्रतिचक्रवात के प्रकार

सामान्य रूप में प्रतिचक्रवात को तीन वर्गों में वर्गीकृत किया गया है

- **शीतल प्रतिचक्रवात** इनका उत्पत्ति केन्द्र आर्कटिक क्षेत्र होता है। आकार में ये गर्म प्रतिचक्रवातों से छोटे होते हैं, लेकिन अपेक्षाकृत तेजी से आगे बढ़ते हैं। इनकी गहराई कम होती है। इसकी उत्पत्ति तापमान न्यूनतम के कारण होती है।
- **गर्म प्रतिचक्रवात** ये आकार में विशालकाय, परन्तु कम सक्रिय होते हैं तथा अपने उत्पत्ति स्थान से बाहर निकलने का प्रयास करते हैं। इनकी आगे बढ़ने की गति इतनी मन्द होती है कि कभी-कभी लम्बे समय तक एक स्थान पर स्थिर रहते हैं। इसकी उत्पत्ति तापमान में वृद्धि से होती है।
- **अवरोधी प्रतिचक्रवात** इनका आविर्भाव परिवर्तन मण्डल के ऊपरी भाग (क्षोभमण्डल) में वायुसंचरण में रुकावट या अवरोध के कारण होता है। इसी कारण से इन्हें अवरोधी प्रतिचक्रवात कहते हैं। वायु प्रणाली, वायुदाब तथा मौसम सम्बन्धी विशेषताओं के कारण ये गर्म प्रतिचक्रवातों से मिलते-जुलते हैं, परन्तु आकार में ये छोटे होते हैं तथा मन्द गति से चलते हैं।

टॉरनेडो

- टॉरनेडो (Tornado) शब्द की उत्पत्ति स्पेनिश भाषा के शब्द ट्रोनाडा से हुई है, जिसका अर्थ झंझावात होता है। वैज्ञानिकों ने टॉरनेडो को एक विशिष्ट तथा भीषण तूफान की श्रेणी में रखा है।
- वायुमण्डलीय विक्षोभों में टॉरनेडो सर्वाधिक प्रबल होते हैं। यह अत्यधिक निम्न दाब केन्द्र के चारों ओर घूमता है। टॉरनेडो एक **कीपाकार** बादलों (Cone-shaped Clouds) के रूप में दिखाई देता है।
- टॉरनेडो की उत्पत्ति गहन न्यून वायुदाब क्षेत्र के चारों ओर तीव्रगति से घूमती हुई हवाओं के स्तम्भ के रूप में होती है। ये लघु आकार के विनाशकारी तूफान हैं। टॉरनेडो सामान्यत: मध्य अक्षांशों में उत्पन्न होते हैं। समुद्र पर इन्हें **जल स्तम्भ** (Waterspouts) कहा जाता है।
- **फुजीटा स्केल** (Fujita Scale) का प्रयोग टॉरनेडो की तीव्रता मापने के लिए किया जाता है।

चक्रवात पूर्वानुमान प्रणाली

- **पृथ्वी विज्ञान मन्त्रालय** के तत्वावधान में क्षेत्रीय विशेष मौसम विज्ञान केन्द्र (दिल्ली) द्वारा चक्रवात पूर्वानुमान प्रणाली का कार्य किया जाता है।
- हिन्द महासागर के उष्णकटिबन्धीय चक्रवातों के लिए क्षेत्रीय विशेष मौसम विज्ञान केन्द्र चक्रवातीय पूर्वानुमान चार चरणों में जारी करता है
  - **पहला चरण** पूर्व चक्रवात निगरानी के अन्तर्गत 72 घण्टे पहले उत्तरी हिन्द महासागर में चक्रवात हेतु आवश्यक जानकारी दी जाती है।
  - **दूसरा चरण** चक्रवात संकट सूचना के अन्तर्गत भारतीय तटीय क्षेत्रों में मौसम के प्रतिकूल बदलाव के 48 घण्टे पहले सूचना जारी की जाती है। इस चरण में चक्रवात की गहनता, तीव्रता एवं दिशा का त्रुटिरहित अनुमान लगाया जा सकता है।
  - **तीसरा चरण** चक्रवात चेतावनी तटीय क्षेत्रों में प्रतिकूल मौसम की शुरुआत से कम-से-कम 24 घण्टे पहले जारी की जाती है। इस चरण में भूस्खलन बिन्दु का पूर्वानुमान लगाया जाता है। इनमें ACWs/CWCs और CWD मुख्यालय द्वारा 3 घण्टे के अन्तराल पर भूस्खलन बिन्दु के स्थान, समय, भारी वर्षा व तेज हवाओं की नवीनतम स्थिति की जानकारी दी जाती है।
  - **चौथा चरण** लैण्डफॉल के बाद का परिदृश्य लैण्डफॉल के सम्भावित समय से कम-से-कम 12 घण्टे पहले यह चेतावनी जारी की जाती है। इसके साथ चक्रवात के तट से टकराने के बाद उसकी गति की सम्भावित दिशा और आन्तरिक क्षेत्रों में प्रतिकूल मौसम के बारे में आवश्यक जानकारी प्रदान करता है।

चक्रवातों के लिए कलर कोडिंग प्रणाली

- चक्रवातों के बारे में चेतावनी और जानकारी के लिए भारतीय मौसम विभाग (IMD) की अपनी कलर कोडिंग प्रणाली है।
- रंग कोड का उपयोग स्थिति की तीव्रता और उससे जुड़ी चेतावनी दर्शाने के लिए किया जाता है। ये चेतावनियाँ मुख्य रूप से चक्रवात जैसी प्राकृतिक आपदा से निपटने के लिए तैयार कार्यक्रम का एक हिस्सा है।
- रंग कोड का उद्देश्य खतरनाक मौसम की स्थिति के बारे में लोगों को सतर्क करना है, जो सम्पत्तियों और जीवन को नुकसान पहुँचाने की क्षमता रखते हैं।
  - **हरा रंग** दर्शाता है कि सब कुछ ठीक है और बिना किसी प्रतिकूल मौसम की स्थिति के ऑल इज वेल है।
  - **पीला रंग** चक्रवात अलर्ट की सूचना प्रदान करता है।
  - **नारंगी रंग** तैयार रहें को इंगित करता है तथा चक्रवात चेतावनी का प्रतीक होता है।
  - **लाल रंग** जब कोई चक्रवात अधिक तीव्रता के साथ आता है, जैसे-तेज बारिश के साथ हवा की रफ्तार 130 किमी/घण्टा से अधिक हो, तो मौसम विभाग द्वारा तूफान की रेंज में पड़ने वाले क्षेत्रों के लिए लाल रंग का प्रयोग किया जाता है। लाल रंग पोस्ट लैण्डफॉल आउटलुक का प्रतीक होता है।

“

किसी स्थान के मौसम के विविध तत्त्वों; जैसे-तापमान, आर्द्रता, वायु, वर्षा इत्यादि और जलवायु के कारकों की पारस्परिक क्रियाओं और प्रतिक्रियाओं से जलवायु का निर्माण होता है। जलवायु के वर्गीकरण से किसी प्रदेश की जलवायु सम्बन्धी जानकारी प्राप्त होती है।

अध्याय अठारह

जलवायु एवं जलवायु प्रदेश

किसी स्थान की अल्पकालीन वायुमण्डलीय दशाओं के सम्मिलित रूप को मौसम (Season) कहा जाता है, जबकि किसी स्थान पर दीर्घकालीन मौसम सम्बन्धी दशाओं के औसत को जलवायु (Climate) कहा जाता है। जलवायु दीर्घकालिक अवस्था का बोध है एवं इसमें परिवर्तन क्रमिक एवं धीरे-धीरे होता है। भिन्न-भिन्न स्थानों अथवा प्रदेशों की भौगोलिक अवस्थिति एवं उनके उच्चावच में असमानता के कारण उनकी जलवायु में विभिन्नता पाई जाती है।

जलवायु का वर्गीकरण

- जलवायु के वर्गीकरण का सर्वप्रथम प्रयास प्राचीन यूनानियों द्वारा किया गया था। इन्होंने वर्गीकरण का आधार तापमान को बनाया था, जिसके अनुसार जलवायु को उष्ण, समशीतोष्ण (पृथ्वी के उष्णकटिबन्धीय एवं ध्रुवीय क्षेत्रों के बीच स्थित जलवायु) तथा शीत कटिबन्धों में बाँटा जाता है।
- आधुनिक समय में जलवायु का वर्गीकरण तीन वृहत उपागमों द्वारा किया गया है, जो निम्न हैं
    - आनुभविक वर्गीकरण यह प्रेक्षित किए गए विशेष रूप से तापमान एवं वर्षण से सम्बन्धित आँकड़ों पर आधारित होता है।
    - जननिक वर्गीकरण यह जलवायु को उनके कारणों के आधार पर संगठित करने का प्रयास है।
    - अनुप्रयुक्त वर्गीकरण इसमें जलवायु को उसके प्रभावों तथा उससे जनित समस्याओं के आधार पर वर्गीकृत किया जाता है।
- वर्तमान में जलवायु वर्गीकरण की दो पद्धतियाँ अधिक प्रचलित हैं, जो कोपेन (1918) तथा थॉर्नथ्वेट (1931) द्वारा विकसित की गई हैं।

कोपेन का जलवायु वर्गीकरण

- कोपेन द्वारा विकसित की गई जलवायु के वर्गीकरण की आनुभविक पद्धति का सबसे व्यापक उपयोग किया जाता है।
- इन्होंने वनस्पति के वितरण और जलवायु के मध्य एक घनिष्ठ सम्बन्ध की पहचान की है। इन्होंने कहा है कि वनस्पति जलवायु का सही सूचक या सही मापदण्ड है।
- इन्होंने तापमान तथा वर्षण के कुछ निश्चित मानों का चयन करते हुए उनका वनस्पति के वितरण से सम्बन्ध स्थापित किया और इन मानों का उपयोग जलवायु के वर्गीकरण में किया।
- कोपेन द्वारा जलवायु को पाँच प्रमुख समूहों में निर्धारित किया गया है, जिनमें से चार तापमान पर और एक वर्षण पर आधारित है।

कोपेन के अनुसार जलवायु वर्गीकरण

समूह	लक्षण
उष्णकटिबन्धीय (A)	सभी महीनों का औसत तापमान 18°C से अधिक।
शुष्क जलवायु (B)	वर्षण की तुलना में विभव वाष्पीकरण की अधिकता।
कोष्ण शीतोष्ण (C)	सर्वाधिक ठण्डे महीने का औसत तापमान 3°C से अधिक, किन्तु 18°C से कम मध्य अक्षांशीय जलवायु
शीतल हिम वन जलवायु (D)	वर्ष के सर्वाधिक ठण्डे महीने का औसत तापमान शून्य अंश तापमान से 3° नीचे।
शीत (E)	सभी महीनों का औसत तापमान 10° से कम
उच्च भूमि (H)	ऊँचाई के कारण शीत।

कोपेन के जलवायु वर्गीकरण की पद्धति

- कोपेन के जलवायु वर्गीकरण में बड़े अक्षर A, C, D तथा E आर्द्र जलवायु (बहुत नम एवं गर्म जलवायु) को तथा B अक्षर शुष्क जलवायु को निरूपित करता है।
- A, C तथा D जलवायु वर्गों में पर्याप्त तापमान तथा वर्षा होती है, जो वनस्पति के लिए अनुकूल स्थिति प्रदान करती है।
- जलवायु समूहों को तापक्रम एवं वर्षा की मौसमी विशेषताओं के आधार पर कई उप-प्रकारों में विभाजित किया गया है, जिन्हें छोटे अक्षरों द्वारा अभिहित किया गया है।
- शुष्कता वाले मौसमों को छोटे अक्षरों f, m, w और s द्वारा इंगित किया गया है। इसमें f शुष्क मौसम के न होने को, m मानसून जलवायु को, w शुष्क शीत ऋतु को और s शुष्क ग्रीष्म ऋतु को इंगित करता है।
- इसमें छोटे अक्षर a, b, तथा c तापमान की उग्रता वाले भाग को दर्शाते हैं।
- a = उष्ण ग्रीष्मकाल, उष्णतम माह का औसत तापमान 22°C से अधिक
- b = सर्द ग्रीष्मकाल, उष्णतम माह का औसत तापमान 22°C से कम रहता है

- c = सर्द लघु ग्रीष्मकाल, चार माह से कम अवधि के लिए तापमान 10°C से ऊपर
- k = औसत वार्षिक तापमान 18°C से कम
- h = औसत वार्षिक तापमान 18°C से अधिक होता है।
- इसमें B समूह की जलवायु को उपविभाजित करते हुए स्टेपी अथवा आर्द्र-शुष्क के लिए S तथा मरुस्थल के लिए W जैसे बड़े अक्षरों का प्रयोग किया गया है।

कोपेन के अनुसार जलवायु के प्रकार

समूह	प्रकार	कूट अक्षर	लक्षण
A उष्णकटिबन्धीय जलवायु	उष्णकटिबन्धीय आर्द्र वर्षा वन या विषुवतीय	Af	कोई शुष्क ऋतु नहीं।
	उष्णकटिबन्धीय मानसून	Am	मानसून, लघु शुष्क ऋतु
	उष्णकटिबन्धीय आर्द्र एवं शुष्क (सवाना)	Aw	जाड़े की शुष्क ऋतु
B शुष्क जलवायु	उपोष्ण कटिबन्धीय स्टैपी	BSh	निम्न अक्षांशीय, अर्द्ध-शुष्क एवं शुष्क
	उपोष्ण कटिबन्धीय मरुस्थलीय जलवायु	BWh	निम्न अक्षांशीय शुष्क
	मध्य अक्षांशीय स्टेपी	BSk	मध्य अक्षांशीय अर्द्ध-शुष्क अथवा शुष्क
	शुष्क शीत आर्द्र उपोष्ण कटिबन्धीय	Cwa	शुष्क शीत तथा उच्च दाब युक्त क्षेत्र
	मध्य अक्षांशीय शीत मरुस्थल	BWk	मध्य अक्षांशीय शुष्क
C कोष्ण शीतोष्ण (मध्य अक्षांशीय जलवायु)	आर्द्र उपोष्ण कटिबन्धीय	Cfa	मध्य अक्षांशीय, अर्द्ध-शुष्क अथवा शुष्क
	भूमध्यसागरीय	Cs	शुष्क गर्म ग्रीष्म
	समुद्री पश्चिमी तटीय	Cfb	कोई शुष्क ऋतु नहीं, कोष्ण तथा शीतल ग्रीष्म
	चीन तुल्य	Cw	ग्रीष्म ऋतु में वर्षा, शीतकाल शुष्क
D शीतल हिम वन जलवायु	आर्द्र महाद्वीपीय	Df	कोई शुष्क ऋतु नहीं, भीषण सर्दी
	उप-उत्तर ध्रुवीय	Dw	सर्दी शुष्क तथा अत्यन्त भीषण
E शीत जलवायु	टुण्ड्रा	ET	सही अर्थों में कोई ग्रीष्म नहीं
	ध्रुवीय हिमटोपी	EF	सदैव हिमाच्छादित हिम
H उच्च भूमि जलवायु	उच्च भूमि	H	हिमाच्छादित उच्च भूमियाँ

थॉर्नथ्वेट का जलवायु वर्गीकरण

- थॉर्नथ्वेट जलवायु वर्गीकरण के दो मूल आधार निम्न हैं
  (1) **वर्षा प्रभाविता** इसका आशय वार्षिक वर्षा के उस भाग से होता है, जो वनस्पति की उत्पत्ति तथा विकास को प्रभावित करता है।
  (2) **तापीय दक्षता** इसका आशय तापमान की उस मात्रा से होता है, जो वनस्पति की उत्पत्ति एवं विकास में सहायक होती है।
- इन सूचकांकों के आधार पर विश्व को 5 आर्द्रता प्रदेशों में विभाजित किया गया, जिनका सम्बन्ध एक विशिष्ट प्रकार की वनस्पति से था।
- आर्द्रता प्रदेशों का विवरण निम्न है

आर्द्रता प्रदेश	वनस्पति का विशिष्ट प्रकार
A. अत्यधिक आर्द्र	वर्षा वन
B. आर्द्र	वन
C. उपार्द्र	घास के मैदान
D. अर्द्ध-शुष्क	स्टैपी
E. शुष्क	मरुस्थल

- थॉर्नथ्वेट ने मौसमी वर्षा वितरण के आधार पर आर्द्रता प्रदेशों को निम्न उप-भागों में बाँटा है
  - r - सभी ऋतु में वर्षा
  - s - ग्रीष्म ऋतु में वर्षा का अभाव
  - w - शीत ऋतु में वर्षा का अभाव
  - d - सभी ऋतुओं में वर्षा का अभाव
- वर्षण प्रभाविता एवं वर्षा के मौसमी वितरण को तापीय दक्षता के साथ जोड़ने पर, थॉर्नथ्वेट ने 120 प्रकार की जलवायु के स्थान पर केवल 32 प्रकार की जलवायु को दर्शाया है।

विश्व के प्रमुख जलवायु प्रदेश

सामान्य रूप से संसार की जलवायु को निम्नलिखित जलवायु प्रदेशों में विभक्त किया जाता है

भूमध्यरेखीय जलवायु

- भूमध्यरेखीय जलवायु प्रदेश (Equatorial Climate) 0°-10° अक्षांशों (दोनों गोलार्द्धों) के बीच पाया जाता है। इस पेटी में वर्षभर समान उच्च ताप(27°C) और उच्च वर्षा (200 सेमी से अधिक) पाई जाती है। यहाँ वर्षा मूसलाधार व संवहनीय प्रकार की होती है। शीत ऋतु का अभाव होता है और वार्षिक तापान्तर भी नगण्य होता है।
- यह जलवायु प्रदेश दक्षिणी अमेरिका के अमेजन बेसिन, अफ्रीका का कांगो बेसिन, गिनीतट, पूर्वी द्वीप समूह तथा फिलीपीन्स में पाया जाता है। ये प्रदेश व्यापक जैव-विविधता वाले क्षेत्र हैं, जहाँ उष्ण सदाबहार वन (महोगनी, चन्दन, रबर, एबोनी, रोजवुड, सिनकोना आदि) पाए जाते हैं।

मानसूनी प्रदेश

- इसका विस्तार दोनों गोलार्द्धों में 10° से 30° अक्षांश तक होता है अर्थात् व्यापारिक हवाओं की पेटी में आते हैं, जिनमें ऋतुवत् उत्तरायण-दक्षिणायण के फलस्वरूप मानसूनी जलवायु उत्पन्न होती है। इसमें 6 महीने हवाएँ सागर से स्थल की ओर एवं 6 महीने हवाएँ स्थल से सागर की ओर चलती हैं। इसमें ऋतुएँ स्पष्ट होती हैं एवं तापमान गर्मियों में 27°C से अधिक व सर्दियों में 10°C से कम तथा वर्षा गर्मियों में 40 से 200 सेमी के बीच होती है।
- वर्षा की विविधता के कारण ही वनों के प्रकार भी विविध हैं; जैसे—सदाबहार (Evergreen) (महोगनी, रबर, ताड़, बाँस आदि), पतझड़ वृक्ष (Deciduous) (साल, सागौन, आम) एवं झाड़ियाँ आदि। यह जलवायु भारत, पाकिस्तान, बांग्लादेश, म्यांमार, थाइलैण्ड, कम्बोडिया, वियतनाम, दक्षिण-पूर्वी तटीय भाग, पूर्वी द्वीप समूह व ऑस्ट्रेलिया के उत्तरी भाग में पाई जाती है।

सवाना जलवायु

- इसमें घास के बड़े-बड़े क्षेत्र मिलते हैं और यह भूमध्य रेखा के दोनों ओर 10° से 30° अक्षांशों तक पाई जाती है। इसमें तापमान (20°-30°C) अधिक एवं वर्षा 25 से 100 सेमी तक होती है।
- घास के मध्य कहीं-कहीं वृक्ष भी पाए जाते हैं। ऐसे क्षेत्रों में वन विकास सामान्यत: एक या एकाधिक या कुछ परिस्थितियों के संयोजन के द्वारा नियन्त्रित होता है, ऐसी परिस्थितियों में मुख्य रूप से अग्नि, चरने वाले तृण भक्षी प्राणी (Herbivores) एवं मौसमी वर्षा आदि शामिल हैं।
- यह जलवायु वेनेजुएला, कोलम्बिया, गुयाना, दक्षिणी मध्य ब्राजील, पराग्वे, अफ्रीका में विषुवत्रेखीय जलवायु के उत्तर व दक्षिण (सूडान में सर्वाधिक विस्तृत) एवं उत्तरी ऑस्ट्रेलिया में पाई जाती है। इसमें एक विशेष प्रकार की घास हाथी घास पाई जाती है, जो लगभग 5 मी तक लम्बी होती है।

उष्णकटिबन्धीय शुष्क रेगिस्तानी या सहारा तुल्य जलवायु

यह जलवायु दोनों गोलार्द्धों में 15° से 30° अक्षांशों के बीच महाद्वीपों के पश्चिम में पाई जाती है। यहाँ ग्रीष्म ऋतु में तापमान 30°-35°C तथा दोपहर के समय 40°-48°C तक पहुँच जाता है। यहाँ वार्षिक व दैनिक तापान्तर दोनों अधिक होते हैं एवं औसत वर्षा 25 सेमी तक होती है। यहाँ बबूल, कैक्टस व कँटीली झाड़ियाँ पाई जाती हैं। अफ्रीका व दक्षिण-पूर्वी एशिया में इस जलवायु का सर्वाधिक विस्तार है।

प्रेयरी तुल्य जलवायु

यह जलवायु 40°-60° अक्षांशों के मध्य महाद्वीपों के भीतरी भाग में मिलती है, इसी कारण यहाँ तापमान की अत्यधिक विषमता पाई जाती है। गर्मी में 26°C तक तथा शीत ऋतु में हिमांक (Freezing Point) से नीचे तापमान पाया जाता है। यहाँ वर्षा सामान्यत: वर्ष भर होती है, पर गर्मियों के प्रारम्भ में थोड़ी अधिक देखी जाती है। औसत वार्षिक वर्षा 40-70 सेमी होती है।

भूमध्यसागरीय जलवायु

इसका विस्तार 30°-45° अक्षांशों (दोनों गोलार्द्धों) के मध्य महाद्वीपों के पश्चिमी भागों में पाया जाता है। इसकी उत्पत्ति ग्रहीय पवनों की पट्टी के उत्तरायण व दक्षिणायण से होती है। इसके प्रमुख क्षेत्र हैं—भूमध्य सागर के तटवर्ती क्षेत्र, दक्षिण अफ्रीका का दक्षिण-पूर्वी भाग, यूएसए का कैलिफोर्निया, चिली, दक्षिण ऑस्ट्रेलिया। यह जलवायु विश्व के सभी महाद्वीपों में विस्तृत है।

चीन तुल्य जलवायु

- यह जलवायु विषुवत् रेखा के दोनों ओर 30°-45° अक्षांश के बीच महाद्वीपों के पूर्वी भाग में पाई जाती है।
- इस जलवायु में वर्षा वर्षभर होती है, लेकिन ग्रीष्म ऋतु में सर्वाधिक होती है। यहाँ गर्मियों का औसत ताप 24°-26°C तथा शीतकाल में 6.6°-10°C एवं वर्षा 75-150 सेमी होती है।
- चीन तुल्य जलवायु का विस्तार दक्षिण-पूर्वी तथा दक्षिण चीन, पो बेसिन, डेन्यूब बेसिन, दक्षिण-पूर्वी संयुक्त राज्य अमेरिका, दक्षिण-पूर्वी ब्राजील, उरुग्वे, दक्षिण अफ्रीका का दक्षिण-पूर्वी भाग व दक्षिण पूर्वी ऑस्ट्रेलिया में है।

पश्चिम यूरोप तुल्य जलवायु

- यह जलवायु 45°–60° अक्षांशों (दोनों गोलार्द्धों) के मध्य महाद्वीपों के पश्चिम में पाई जाती है। इसकी विशेषता समुद्र से स्थल की ओर प्रचलित पछुवा पवन (Westerlies) प्रवाह है, जिसके कारण वर्षभर वर्षा (शीत ऋतु में ग्रीष्म से ज्यादा वर्षा) के कारण घने वन पाए जाते हैं।
- यह जलवायु उत्तर-पश्चिमी यूरोप, पश्चिमी नॉर्वे, डेनमार्क, ब्रिटिश कोलम्बिया (कनाडा), चिली, न्यूजीलैण्ड एवं तस्मानिया व अमेरिका (वाशिंगटन व ओरेगन) में पाई जाती है।

स्टेपी तुल्य जलवायु

- यह भूमध्य रेखा के दोनों ओर 45° से 60° अक्षांशों के मध्य महाद्वीपों के मध्यवर्ती भागों में पाई जाती है।
- इसका विस्तार हंगरी मैदान, पोलैण्ड, रोमानिया, पश्चिमी यूक्रेन में चरनोजेम (काली) मिट्टी का क्षेत्र, स्टैप्स व साइबेरिया के दक्षिण-पश्चिमी मैदान में है।

सेण्ट लॉरेन्स तुल्य जलवायु

- यह मुख्यत: आर्द्र महाद्वीपीय (Humid Continental) प्रकार की जलवायु है, जो 40°–60° अक्षांशों के मध्य महाद्वीपों के पूर्वी किनारे पर पाई जाती है।
- यहाँ ग्रीष्म ऋतु का औसत ताप 21°C तथा शीतकाल का औसत ताप हिमांक 0°C से नीचे होता है। यहाँ वर्षा वर्षभर होती है, लेकिन उसकी मात्रा ग्रीष्म ऋतु में अधिक होती है एवं औसत वर्षा 75 से 100 सेमी होती है।
- वर्षा का अधिकांश भाग हिमपात के रूप में प्राप्त होता है। इस जलवायु के अन्तर्गत कनाडा, संयुक्त राज्य अमेरिका (USA) का न्यू इंग्लैण्ड प्रदेश, एशिया में मंचूरिया (चीन), कोरिया तथा उत्तरी जापान एवं दक्षिणी अमेरिका में अर्जेण्टीना के दक्षिणी भाग आते हैं।

टैगा प्रदेश

- यह जलवायु उत्तरी गोलार्द्ध में 50°–65° अक्षांशों के मध्य उत्तरी अमेरिका में कनाडा, यूरोप में स्वीडन, दक्षिणी फिनलैण्ड, पोलैण्ड तथा पश्चिमी रूस व साइबेरिया में पाई जाती है।
- यह अत्यधिक ठण्डी व विषम जलवायु है, जहाँ शीतकाल में तापमान सदैव 0°C से नीचा रहता है।
- ग्रीष्मकाल साधारण गर्म (10°C) होता है। वर्षा ग्रीष्मकाल के प्रारम्भ में 50 सेमी तक हो पाती है।

टुण्ड्रा प्रदेश

- यह जलवायु उत्तरी गोलार्द्ध में 66° उत्तरी अक्षांश के उत्तर में यूरोप में नॉर्वे, फिनलैण्ड तथा रूस का उत्तरी भाग, एशिया में साइबेरिया का उत्तरी भाग, उत्तरी अमेरिका में उत्तरी कनाडा व अलास्का में विस्तृत है। यहाँ की जलवायु अत्यधिक ठण्डी व शीतकाल 8 से 10 माह तक होता है।
- इस ऋतु में तापमान कभी-कभी (–) 50°C तक पहुँच जाता है। ग्रीष्मकाल का औसत तापमान 5°C रहता है।
- वर्षा का औसत 25 सेमी से कम होता है। प्रकृति में लाइकेन व मॉस जीवों के मृदाविहीन सतह पर जीवित पाए जाने की सर्वाधिक सम्भावना है।

"

महाद्वीपीय उत्थान के बाद मैदान के समान महासागरीय गहरे तल को नितल कहा जाता है। महासागरीय नितल में स्थलीय भागों से अधिक उच्चावच सम्बन्धी विविधता पाई जाती है। महासागरीय नितल में विभिन्न प्रकार की आकृतियाँ पाई जाती हैं।

अध्याय उन्नीस

महासागरीय नितल के उच्चावच

सम्पूर्ण पृथ्वी के लगभग तीन-चौथाई भाग में जलमण्डल का विस्तार है। पृथ्वी का कुल क्षेत्रफल 50.99 करोड़ वर्ग किमी है। इसके 36.10 करोड़ वर्ग किमी अर्थात् लगभग 71% क्षेत्रफल पर जल का विस्तार है तथा शेष 14.88 करोड़ वर्ग किमी अर्थात् लगभग 29% क्षेत्रफल पर स्थल का विस्तार है। यहाँ स्थल व जल का वितरण बहुत अनियमित है। उत्तरी गोलार्द्ध के 60.7% क्षेत्र पर एवं दक्षिणी गोलार्द्ध के 80.9% क्षेत्र पर जल का विस्तार पाया जाता है। उत्तरी गोलार्द्ध में स्थल की अधिकता के कारण इसे स्थलीय गोलार्द्ध कहते हैं। दक्षिणी गोलार्द्ध जल की प्रधानता के कारण जलीय गोलार्द्ध कहलाता है।

भू-पृष्ठ की औसत ऊँचाई तथा गहराई को उच्चतादर्शी वक्र (Hypsometric Curve) के द्वारा प्रदर्शित किया जाता है। पृथ्वी को जल की अधिकता के कारण जलीय ग्रह कहा जाता है। अन्तरिक्ष से देखने पर यह नीला प्रतीत होता है, अत: इसे नीला ग्रह (Blue Planet) की संज्ञा भी दी जाती है।

महासागरीय जल का वितरण

जलाशय	कुल जल (प्रतिशत में)
महासागर	97.3%
बर्फ छत्रक	02.0%
भूमिगत जल	00.68%
स्थलीय समुद्र एवं नमकीन झीलें	0.009%
वायुमण्डल	0.0019%
नदियाँ	0.0001%
झीलों का अलवण जल	0.009%

महासागरीय नितल का उच्चावच

- महासागरों के सबसे गहरे भाग उनके महासागरीय नितल कहलाते हैं। इनका अध्ययन करने से ज्ञात होता है कि इस क्षेत्र में भी स्थल की भाँति अनेक आकृतियाँ पाई जाती हैं।
- इनमें कटक, पठार, गर्त, उभार, वक्राकार पहाड़ियों के रूप में चाप, द्रोणी, संकरी खाई, घाटी या द्रोणियाँ, सागरीय कन्दराएँ आदि प्रमुख हैं।
- महासागरीय नितल का रूप महाद्वीपीय किनारे से लेकर अगाध गहराई तक भिन्न-भिन्न होता है। महासागरों की तली ऊँची-नीची होती है, जिसे उच्चतामितीय वक्र द्वारा प्रदर्शित किया जाता है। ध्वनि गम्भीरता मापी यन्त्र द्वारा समुद्र के नितल के उच्चावच का मापन एवं मानचित्रण किया जाता है।

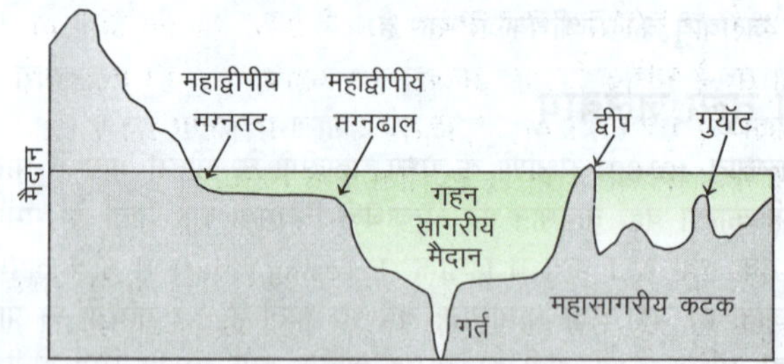

महासागरीय नितल के उच्चावच

- समुद्र की गहराई के मापन के लिए अल्ट्रासोनिक तरंगों का प्रयोग किया जाता है।
- उच्चतामितीय वक्र के आधार पर महासागरीय नितल को चार प्रमुख भागों में विभाजित किया गया है

महासागरीय नितल

महाद्वीपीय मग्नतट | महाद्वीपीय मग्नढाल | गहन सागरीय मैदान | महासागरीय गर्त

- इसके अतिरिक्त अन्य कई जलमग्न उच्चावच; जैसे-कटक, पहाड़ियाँ, समुद्री पर्वत गुयॉट, कैनियन, विभंग क्षेत्र, गर्त आदि हैं।

महाद्वीपीय मग्नतट

- महाद्वीपों के किनारों का जो भाग महासागर के जल में डूबा रहता है और जिसका ढाल 1 डिग्री या उससे भी कम एवं गहराई 100 फैदम या 180 मी होती है तथा चौड़ाई 80 किमी होती है, महाद्वीपीय मग्नतट (Continental Shelf) कहलाता है।
- महासागरों में मग्नतट का क्षेत्रफल 7.6% है, जिसमें अटलाण्टिक महासागर का 13.3%, प्रशान्त महासागर का 5.7% तथा हिन्द महासागर

का 4.2% है। महाद्वीपों के किनारे के समीप का भू-भाग यदि पर्वतीय होता है, तो मग्नतट कम चौड़ा होता है और किनारों के समीप भू-भाग यदि मैदानी होता है, तो वहाँ का मग्नतट अपेक्षाकृत अधिक चौड़ा होता है।

- सबसे अधिक चौड़ा महाद्वीपीय मग्नतट साइबेरिया के किनारों के साथ-साथ उत्तरी ध्रुव सागर में पाया जाता है। सबसे अधिक चौड़ाई वाला शेल्फ 1,500 किमी आर्कटिक महासागर में स्थित है। दक्षिणी अमेरिका के पश्चिमी तट पर महाद्वीपीय मग्नतट लगभग अनुपस्थित है।
- महाद्वीपीय मग्नतट, मानव के लिए महासागरों के सबसे महत्त्वपूर्ण भाग हैं। मग्नतट पर जल छिछला होता है, जो मछलियों के अनुकूल होता है। मग्नतट के इस क्षेत्र में सूर्य की रोशनी पहुँचकर सूक्ष्म पौधों और जीवों की वृद्धि के लिए अनुकूल परिस्थितियाँ उत्पन्न करती है।
- डॉगर बैंक (पश्चिमी यूरोप), ग्राण्ड बैंक एवं जार्जे बैंक (उत्तर अमेरिका), जोकि वैश्विक मत्स्यन क्षेत्र हैं, इन्हीं क्षेत्रों में उपस्थित हैं। यहाँ पेट्रोलियम एवं प्राकृतिक गैस के प्रचुर भण्डार पाए जाते हैं।
- यह क्षेत्र बालू व बजरी का विशाल भण्डार है। यह सागरीय भाग के कुल 8.6% क्षेत्रफल पर विस्तृत है।

महाद्वीपीय मग्नढाल

- महाद्वीपीय मग्नतट और गहन सागरीय मैदान के बीच तीव्र ढाल वाले भाग को महाद्वीपीय मग्नढाल (Continental Slope) कहते हैं। इसका औसत ढाल 2° से 5° डिग्री तक तथा गहराई 200 से 3000 मी तक होती है।
- इसका सबसे अधिक विस्तार अटलाण्टिक महासागर में है। महासागरों में मग्नढाल का क्षेत्रफल 8.5% है, जिसमें प्रशान्त महासागर का 7.1%, अटलाण्टिक महासागर का 12.4% तथा हिन्द महासागर का 6.5% भाग सम्मिलित है।
- महाद्वीपीय मग्नढाल के अन्तर्गत ही कैनियन (गहरी गर्त) नामक संरचना पाई जाती है। मग्नढालों पर सागरीय निक्षेप का अभाव पाया जाता है, क्योंकि तीव्र ढाल के कारण यहाँ अवसाद स्थायी नहीं रह पाते हैं।

गहन महासागरीय मैदान

- महासागरीय मैदान का विस्तार मुख्य रूप से महादेशीय ढाल (Continental Slopes) और महासागरीय कटकों (Ocean- Ridge) के बीच पाया जाता है और ये महासागरों में सम्पूर्ण क्षेत्रफल के 75.9% भाग पर फैले होते हैं और इनकी गहराई 3000 से 6000 मी तक होती है।
- महासागरों में गहरे सागरीय मैदान का क्षेत्रफल 8.5% है, जिसमें हिन्द महासागर का 80% तथा अटलाण्टिक महासागर का 54.9% भाग सम्मिलित है। इनका अधिकांश भाग समतल तथा आकृतिहीन है और इन पर महीन तलछटों का आधा किमी से एक किमी तक मोटा जमाव पाया जाता है। इन तलछटों में सिन्धु पंक की प्रधानता है।
- ये सिन्धु पंक मुख्यत: समुद्री जन्तुओं तथा पौधों के अवशेष और ज्वालामुखी धूल द्वारा निर्मित होते हैं, किन्तु इनकी बनावट गहराई के साथ बदलती जाती है। सबसे ऊपर अर्थात् कम गहराई में कैल्शियम कार्बोनेट की प्रधानता मिलती है, उससे नीचे सिलिका अधिक महत्त्वपूर्ण हो जाती है और सबसे अधिक गहराई में लाल क्ले पाया जाता है।
- महासागरीय मैदान के तल में कभी-कभी छोटी-छोटी पहाड़ियाँ मिलती हैं। महासागरीय मैदान के धरातल से कहीं-कहीं अन्त:सागरीय ज्वालामुखी अचानक खड़ी ढाल के रूप में ऊपर 2700 से 3700 मी ऊँचे उठते हैं, इन्हें सी माउण्ट कहते हैं।
- ये प्राय: समुद्र की सतह से हजारों फीट नीचे रहते हैं, किन्तु जहाँ ज्वालामुखी क्रिया अधिक तीव्र व लम्बे समय तक होती है, वहाँ समुद्र सतह से ऊपर उठकर ज्वालामुखी द्वीपों का निर्माण करते हैं।
- प्रशान्त महासागर में हवाई द्वीप समूह तथा अटलाण्टिक महासागर में कैनरीज द्वीप समूह इसके उदाहरण हैं। प्रशान्त महासागर में अनेक ऐसे माउण्ट भी मिलते हैं, जिनका शीर्ष चपटा है और किनारे तीव्र ढाल वाले हैं, उन्हें गुयॉट (Guyots) कहते हैं। इसके अतिरिक्त यहाँ पर कटक, ज्वालामुखी पर्वत और विभंग क्षेत्र जैसी आकृतियाँ मिलती हैं।
- कहीं-कहीं महासागरीय बेसिन तल पर ऐसे क्षेत्र मिलते हैं, जो निकटवर्ती महासागरीय मैदान से कई सौ फीट ऊँचे होते हैं और जिनका क्षेत्रफल हजारों वर्गमील होता है, इन्हें महासागरीय उठान कहते हैं।

महासागरीय गर्त

- ये महासागरीय नितल के सबसे अधिक गहरे भाग होते हैं। महासागरीय नितल में स्थित तीव्र ढाल वाले लम्बे, पतले और गहरे भाग को खाई अथवा गर्त कहते हैं। इनकी औसत गहराई 5,000 मी से अधिक होती है।
- इनकी सर्वाधिक संख्या प्रशान्त महासागर में है। महासागरों में महासागरीय गर्तो की संख्या 57 है, जिसमें से प्रशान्त महासागर में 32, अटलाण्टिक महासागर में 19 तथा हिन्द महासागर में 6 हैं।
- पृथ्वी की आन्तरिक हलचलों से उत्पन्न भूकम्प एवं ज्वालामुखी क्रिया से महासागरीय क्षेत्रों में खड्ड या गहरी खाइयाँ बन जाती हैं। इसे ही महासागरीय गर्त कहते हैं।
- महासागरीय नितल के लगभग 7% भाग पर महासागरीय गर्त का विस्तार है। मेरियाना गर्त (नीरो गर्त) 11022 मी विश्व का सबसे गहरा गर्त है। यह गर्त प्रशान्त महासागर में स्थित है। प्यूर्टोरिको अटलाण्टिक महासागर एवं जावा हिन्द महासागर का सबसे गहरा गर्त है। इस प्रकार महासागरीय गर्त की उत्पत्ति पृथ्वी की आन्तरिक हलचलों के कारण होती है।

गर्तों के नाम अवस्थिति एवं गहराई

गर्त का नाम	अवस्थिति	गहराई (मी में)
मेरियाना गर्त	उत्तरी प्रशान्त महासागर	11022
टोंगा गर्त	मध्य दक्षिण प्रशान्त महासागर	10882
स्वायर गर्त	उत्तर-पश्चिम प्रशान्त महासागर	10475
प्यूर्टोरिको	अटलाण्टिक महासागर	8385
क्यूराइल गर्त	प्रशान्त महासागर	10498
रोमशे गर्त	दक्षिण अटलाण्टिक महासागर	7631
सुण्डा/जावा गर्त	पूर्वी हिन्द महासागर	7450
डाएमेण्टिना	हिन्द महासागर	7299

महासागरीय नितल के अन्य उच्चावच

मध्य महासागरीय कटक

- मध्य महासागरीय कटक (Mid-Oceanic Ridge) पृथ्वी की विशालतम स्थलाकृतियों में से एक है। इसकी लम्बाई रॉकी व एण्डीज या आल्पस व हिमालय पर्वतमालाओं से भी अधिक है। ये सागर तल के नीचे 5000 या 6000 फीट पर पाए जाते हैं। आधार से शिखर तक इनकी ऊँचाई 10,000 से 12,000 फीट या 3000 से 4500 मी तक है। इनका विस्तार उत्तर से दक्षिण की ओर पाया जाता है।
- मध्य महासागरीय कटक उस वृहत कटक समूह क्रम का एक भाग है, जो भूमण्डल के सभी महासागरों में फैला हुआ है। वास्तव में, मध्य महासागरीय कटक उस वृहत कटक समूह क्रम का एक भाग है, जो भूमण्डल के सभी महासागरों में फैला हुआ है। ये कटक मन्द ढाल वाले पठार तथा तीव्र ढाल वाले पर्वत दोनों रूपों में होते हैं। महासागरीय कटक कहीं-कहीं समुद्री जलस्तर से ऊपर उठकर द्वीप बन जाते हैं; जैसे-एजोर्स द्वीप।
- अटलाण्टिक महासागर के कटक की आकृति S के आकार की है, जिसके उत्तरी भाग को डॉल्फिन कटक तथा दक्षिणी भाग को चैलैंजर कटक कहा जाता है। अन्ध महासागर में यह कटक उत्तर में ग्रीनलैण्ड के तट से दक्षिण में बावेट द्वीप तक S की आकृति के 14000 किमी लम्बाई में फैला हुआ है। हिन्द महासागर में यह कटक उत्तर में प्रायद्वीपीय भारत में निमग्न तट से दक्षिण में अण्टार्कटिका महाद्वीप तक पाया जाता है।
- महासागरीय कटकों की व्याख्या प्लेट विवर्तनिकी सिद्धान्त द्वारा की जा सकती है। दो प्लेटों के अपसरण के कारण एस्थेनोस्फीयर से मैग्मा के उद्गार द्वारा संवहनीय तरंगों से इन महासागरीय कटकों का निर्माण हुआ है।

महासागरीय खाइयाँ

- महासागरीय खाइयाँ (Oceanic Trench) काफी विस्तृत रूप में फैली हुई हैं। इन सागरीय खाइयों का निर्माण विवर्तनिक शक्तियों द्वारा हुआ है। ये खाइयाँ द्वीप मालाओं के सहारे ही अधिकांशत: मिलती हैं। द्वीपमालाओं के सहारे सौ किमी की दूरी पर कुछ खाइयाँ तो 10,000 मी से अधिक गहरी हैं, किन्तु कहीं-कहीं बड़ी खाइयाँ 200 किमी तक चौड़ी होती हैं।
- प्रशान्त महासागर के पश्चिमी तट के सहारे सर्वाधिक खाइयाँ पाई जाती हैं। इनमें अल्यूशियन, क्यूराइल, नानशेई शोटो, मिण्डनाओ, मेरियाना, बुगाइन बिले, न्यूहैब्राइड्स, टोंगा, करमाडेक, मध्य अमेरिका, पेरू तथा चिली प्रमुख हैं।

अन्त: सागरीय गम्भीर खड्ड

- स्थल भाग की भाँति महाद्वीपीय मग्नतट तथा मग्नढाल पर खड़ी दीवार युक्त गहरी व संकरी घाटियाँ (Narrow Valley) पाई जाती हैं। ये प्राय: नदियों के मुहाने पर स्थित होती हैं।
- शेफर्ड के अनुसार, ये खड्ड स्थल पर नदी द्वारा निर्मित युवावस्था की घाटियों के समान होते हैं, किन्तु ये स्थलीय गम्भीर खड्डों से अधिक गहरे होते हैं। इनका औसतन ढाल 1.7% होता है। नदियों के मुहानों के समीप या सामने स्थित गम्भीर खड्ड (Deep Gorge) अधिक लम्बे, किन्तु कम ढाल युक्त होते हैं।
- द्वीपों के निकट स्थित कैनियन गहरे व अधिक ढाल युक्त (13.8%) होते हैं। इनकी गहराई सामान्यत: 2000 से 3000 फीट होती है, किन्तु कहीं-कहीं ये 10,000 फीट तक गहरे हैं। इनकी तली में रेत, सिल्ट, चीका, बजरी आदि पदार्थों के निक्षेप पाए जाते हैं, किन्तु पार्श्वों पर निक्षेप नहीं पाए जाते हैं।
- अटलाण्टिक महासागर के पश्चिमी तट पर एवं संयुक्त राज्य अमेरिका के पूर्वी तट पर मिसीसिपी कैनियन व कनाडा से हैटरस अन्तरीप तक अनेक कैनियन स्थित हैं, जिनमें हडसन व चेसापीक कैनियन मुख्य हैं।
- श्रीलंका के उत्तर में तथा अफ्रीकी तट पर जंजीबार के दक्षिण में कुछ महत्त्वपूर्ण खड्ड स्थित हैं।
- अन्त:सागरीय गम्भीर खड्डों की उत्पत्ति के अनेक कारण हैं; जैसे—पटल विरूपण, भू-पृष्ठीय अपरदन, अन्त:सागरीय घनत्व की धाराएँ, भूस्खलन, जल स्रोतों द्वारा अध:खनन व गन्दली धाराएँ तथा पंक प्रवाह।

गुयॉट (निमग्न द्वीप)

- महासागरों में गुयॉट (Guyots) महासागरीय पर्वत शिखरों की भाँति होते हैं। महासागरीय पर्वत शिखर कोणयुक्त होते हैं, जबकि गुयॉट का शिखर सपाट होता है। वैसे दोनों की ही उत्पत्ति अन्त:सागरीय ज्वालामुखी उद्‌गार से होती है।
- अन्त:सागरीय ज्वालामुखी उद्‌गारों से निर्मित पर्वत शिखर, जब लहरों की अपरदन क्रिया से सपाट या चौरस हो जाते हैं तथा उनकी आकृति पठार जैसी हो जाती है और बाद में वे जलमग्न हो जाते हैं, तब वे गुयॉट कहलाते हैं। इनके जलमग्न होने के दो कारण हैं-सागर तट का उठना एवं ज्वालामुखी द्वीपों का धँसना।
- प्रशान्त महासागर में 10,000 गुयॉट उपस्थित हैं, जिनमें अनेक 3000 मी तक ऊँचे हैं।
- अटलाण्टिक महासागर में भी कुछ निमग्न द्वीप पाए जाते हैं।

जलमग्न कैनियन

- महासागरीय नितल पर स्थित गहरे गॉर्ज को जलमग्न कैनियन (Submarine Canyons) कहते हैं। ये तीव्र ढाल वाली गहरी घाटियाँ होती हैं। इनका अनुदैर्ध्य परिच्छेदिकाएँ लम्बी और अवतल होती हैं। ये प्राय: सभी महासागरों के किनारों पर मिलती हैं।
- ये मुख्यत: महाद्वीपीय मग्नतट, ढाल तथा उत्थान तक सीमित होती हैं।
- हडसन कैनियन विश्व प्रसिद्ध जलमग्न कैनियन है, जो हडसन नदी के मुहाने से शुरू होकर अटलाण्टिक महासागर में चला गया है।
- कुछ कैनियन (यह एक गहरी, संकरी एवं खड़ी दीवारों वाली घाटी होती है, जो सामान्यत: नदी के कटाव से बनती है।) को आकार की दृष्टि से देखा जा सकता है, जिसमें कोलोरेडो नदी की ग्रैण्ड कैनियन सबसे बड़ी एवं प्रसिद्ध कैनियन है।

प्रवाल द्वीप

- प्रवाल द्वीप (Attol Island) उष्णकटिबन्धीय महासागरों में पाए जाने वाले प्रवाल भित्तियों से युक्त निम्न आकार के द्वीप होते हैं, जो चारों ओर से गहरे अवनमन से घिरे होते हैं।

- यह समुद्र (अनूप) का एक भाग हो सकता है। यह कभी-कभी साफ, खारे या बहुत अधिक जल को चारों ओर से घेरे रहता है।

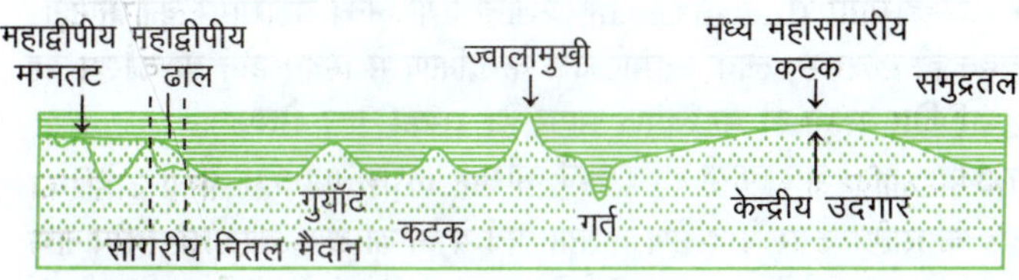

समुद्र टीला

- समुद्री टीला (Sea mount) नुकीले शिखरों वाला एक पर्वत होता है, जो समुद्री तली से ऊपर की ओर उठता है, किन्तु महासागरों की सतह तक नहीं पहुँच पाता है। ये ज्वालामुखी के द्वारा उत्पन्न होते हैं, जो 3000 से 4500 मीटर ऊँचे होते हैं।
- ऐम्परर समुद्री टीला, इसका एक अच्छा उदाहरण है, जो प्रशान्त महासागर में हवाई द्वीप समूहों का विस्तार है।

प्रशान्त महासागर का नितल उच्चावच

- प्रशान्त महासागर (Pacific Ocean) विश्व का सबसे बड़ा तथा गहरा महासागर है। इसका क्षेत्रफल 16,57,23,740 वर्ग किमी है, जो पृथ्वी के कुल क्षेत्रफल का 1/3 भाग है। इस प्रकार इस विशाल महासागर का क्षेत्रफल पृथ्वी के कुल स्थलीय भाग से भी अधिक है।
- सीमान्त सागर एवं बेरिंग इसके दो भाग हैं। भूमध्य रेखा पर इसकी लम्बाई 16000 किमी से अधिक है। उत्तर से दक्षिण की ओर बेरिंग जलडमरूमध्य से लेकर दक्षिण में अण्टार्कटिक महाद्वीप की अडारे अन्तरीप तक इसकी चौड़ाई 15,000 किमी है।
- इसकी आकृति एक त्रिभुज जैसी है, जिसका शीर्ष बेरिंग जलडमरूमध्य पर तथा आधार अण्टार्कटिक महाद्वीप पर है।
- इसकी भुजाएँ सीधी न होकर टेढ़ी-मेढ़ी हैं। इसकी पश्चिमी सीमा एशिया व ऑस्ट्रेलिया तथा इसके मध्यवर्ती द्वीपमाला द्वारा और पूर्वी सीमा उत्तरी तथा दक्षिणी अमेरिका द्वारा निर्धारित की जाती है।
- इस प्रकार इसके गम्भीर सागरीय मैदान की गहराई अन्य महासागरों के गम्भीर मैदान से कहीं अधिक है। महाद्वीपीय ढाल का कोण अधिक है। इसका अधिकांश भाग सपाट व समतल है, जिस पर कहीं-कहीं उभार व खड्ड दिखाई देते हैं। इसकी औसत गहराई 8000 मी है।

प्रशान्त महासागर के उच्चावच

- **महाद्वीपीय मग्नतट** प्रशान्त महासागर में महाद्वीपीय मग्नतट (Continental Shelf) का विकास बहुत अधिक नहीं हुआ है। इसके सागरीय मैदानों का विस्तार अन्य महासागरों के सागरीय मैदान से अधिक विस्तृत है। एशिया के पूर्वी तट व ऑस्ट्रेलिया के पूर्वी तट पर मग्नतट का विस्तार पाया जाता है, जबकि अमेरिका के पश्चिमी तट पर गर्त और पर्वतीय श्रृंखला (रॉकी और एण्डिज) के कारण मग्नतट अधिक संकरे हैं।
- **कटक** प्रशान्त महासागर में कटक (Ridge) अनुपस्थित है, लेकिन इस महासागर में दो कटक पाए जाते हैं, जिनमें से एक पूर्वी प्रशान्त कटक जिसे अल्बट्रास कटक कहते हैं, जो 1600 किमी की चौड़ाई में विस्तृत है। दूसरा कटक न्यूजीलैण्ड कटक है, जोकि 900-2000 मी गहरा है।
- **महासागरीय गर्त** प्रशान्त महासागर के कुछ महत्त्वपूर्ण गर्तों का विवरण निम्नलिखित है

गर्त (Trench)	विवरण
अल्यूशियन गर्त	यह गर्त एक चाप की आकृति (Arc-Like) में फैला हुआ है। इसकी औसत गहराई 6000 मी तथा अधिकतम गहराई 7782 मी है।
क्यूराइल तथा जापान गर्त	यह गर्त जापान द्वीपों के समानान्तर 28-50 डिग्री उत्तरी अक्षांशों के बीच 2725 मी की दूरी तक विस्तृत है।
फिलीपाइन गर्त	यह गर्त फिलीपाइन द्वीप समूह के पूर्वी तट के साथ-साथ 65 किमी लम्बा है। इसकी गहराई 5740 फैदम (10,790 मी) है तथा इसे मिण्डानाओ गर्त भी कहते हैं।

नोट *टोंगा-करमाडेक गर्त (8000 मी गहराई) तथा अटाकामा गर्त (7635 मी गहरी) अन्य गर्त हैं।*

- **द्वीप** प्रशान्त महासागर में लगभग 20,000 द्वीप (Island) पाए जाते हैं, जो सबसे अधिक हैं, परन्तु इनका क्षेत्रफल अपेक्षाकृत कम है। बड़े आकार के द्वीप महाद्वीपीय द्वीप हैं। ये महाद्वीपों के बाह्य किनारों के जलमग्न होने पर बने हैं अर्थात् ये ऐसे भाग हैं, जो अपेक्षाकृत अधिक ऊँचे थे और पूर्णतया जलमग्न नहीं हो सके। ये मुख्यत: महाद्वीपों से जलमग्न भाग द्वारा पृथक् किए जाते हैं। प्रशान्त महासागर के पूर्व में अल्यूशियन द्वीप, ब्रिटिश कोलम्बिया तथा चिली द्वीप स्थित हैं।

प्रशान्त महासागर के अधिकतर छोटे व बिखरे हुए द्वीपसमूह दक्षिण-पश्चिमी भाग में स्थित हैं। इन द्वीपों को मुख्यत: निम्न तीन समूह में बाँटा जाता है

- मेलानीशिया द्वीप समूह
- माइक्रोनीशिया द्वीप समूह
- पोलीनीशिया द्वीप समूह

- **सागर** प्रशान्त महासागर में अधिकांश सागर (Sea) एवं खाड़ी (Gulf) इसके पश्चिमी भाग में अवस्थित हैं। इन सागरों को उत्तर से दक्षिण की ओर क्रम में बेरिंग सागर, ओखोत्स्क सागर, जापान सागर, पूर्वी चीन सागर, दक्षिणी चीन सागर, सेलीबीज सागर, कारपेण्ट्रिया की खाड़ी, अराफूरा सागर, कोरल सागर, तस्मान सागर आदि प्रमुख हैं।

अटलाण्टिक महासागर का नितल उच्चावच

- अन्ध महासागर (Atlantic Ocean) का कुल क्षेत्रफल 8,24,63,800 वर्ग किमी है। इस प्रकार इसका क्षेत्रफल प्रशान्त महासागर के क्षेत्रफल से आधा है और यह विश्व के 1/6 भाग पर विस्तृत है।
- इसकी आकृति अंग्रेजी के अक्षर S जैसी है। इसके पूर्व में यूरोप एवं अफ्रीका तथा पश्चिम में उत्तरी एवं दक्षिणी अमेरिका है। यह महासागर भूमध्य रेखा के समीप संकरा है।
- अफ्रीका का लाइबेरिया तट ब्राजील के साओराक अन्तरीप से केवल 2600 किमी दूर है।
- उत्तर की ओर इसकी चौड़ाई बढ़ जाती है और 40° अक्षांश पर यह महासागर 4800 किमी चौड़ा हो जाता है।
- सुदूर उत्तर में यह पुन: संकरा हो जाता है, जहाँ पर नार्वेजियन सागर, डेनमार्क जलडमरूमध्य द्वारा इसका सम्बन्ध आर्कटिक सागर से हो जाता है।
- अन्ध महासागर के दक्षिण में 35° दक्षिणी अक्षांश पर इसकी पूर्व-पश्चिम दिशा में चौड़ाई 5920 किमी है।

- दक्षिणी भाग में यह महासागर दक्षिणी महासागर में मिलता है, परन्तु उत्तर में ग्रीनलैण्ड तथा आइसलैण्ड की उपस्थिति के कारण यह प्राय: बन्द-सा हो जाता है।
- अन्ध महासागर में बहुत से सीमान्त व बन्द सागर तथा विस्तृत महाद्वीपीय मग्नतट हैं, जिस कारण इसका 24% भाग 1,000 मी से भी कम गहरा है। इस महासागर के नितल पर चार प्रमुख रूप देखने को मिलते हैं।

अटलाण्टिक महासागर के उच्चावच

- **महाद्वीपयी मग्नतट** अटलाण्टिक महासागर में मग्नतट इसके दोनों तटों के किनारों पर विस्तृत हैं। अफ्रीका तट पर इसकी चौड़ाई 80 से 160 किमी है और उत्तर पूर्वी अमेरिका और यूरोप के तटों के सहारे इसकी चौड़ाई 250 से 400 किमी तक होती है। यहाँ के कुछ प्रमुख मग्नतट न्यूफाउण्डलैण्ड (ग्राण्ड बैंक) तथा ब्रिटिश द्वीप (डॉगर बैंक) के समीप अवस्थित हैं।
- **मध्य अटलाण्टिक कटक** (Mid Atlantic Ridge) उत्तर में आइसलैण्ड से प्रारम्भ होकर दक्षिण में बोवेट द्वीप तक विस्तृत है। इसकी कुल लम्बाई 14500 किमी है एवं इसकी अधिकतम गहराई सागर तट से नीचे 4 किमी तक है। मध्य अटलाण्टिक कटक को भूमध्यरेखा के उत्तर में **डॉलफिन उभार** तथा दक्षिण में **चैलेंजर उभार** कहते हैं। ग्रीनलैण्ड के दक्षिण में कटक के अधिक चौड़ा होने के कारण इसे **टेलिग्राफिक पठार** कहते हैं।
- **सागर एवं खाड़ियाँ** अटलाण्टिक महासागर के उत्तरी भाग में सागर एवं खाड़ियों (Sea and Gulf) का विस्तार अधिक है। इसके मध्य भाग के अमेरिकी क्षेत्र में स्थित कैरेबियन सागर अटलाण्टिक महासागर का सबसे बड़ा सागर है। इसके अतिरिक्त यहाँ पर भूमध्य सागर भी इसका ही भाग है। काला सागर को भूमध्य सागर का सीमान्त सागर माना जाता है। यहाँ पर ग्रीनलैण्ड सागर, नॉर्वे सागर, इंग्लिश चैनल, बैफिन की खाड़ी, लेब्राडोर सागर एवं फण्डी की खाड़ी भी प्रमुख हैं।
- **महासागरीय गर्त मरें** के अनुसार, अन्ध महासागर में 19 गर्त (Trench) हैं, जिनकी गहराई 3000 से 6000 मी के बीच है। 7000 मी से अधिक गहरे गर्त केवल दो ही हैं। इस महासागर की सबसे गहरी गर्त **प्यूर्टोरिको** गर्त है, जो 5050 फैदम गहरी है। यह **प्यूर्टोरिको** द्वीप के ठीक उत्तर में स्थित है। दूसरी दक्षिणी **सैण्डविच गर्त** है, जो इसी नाम के द्वीप के पूर्व की ओर स्थित है। इसकी गहराई 4552 फैदम आकी गई है।
- **रोमशे गर्त** (4152 फैदम) मध्य कटक को भूमध्य रेखा के पास दो भागों में विभाजित करता है।
- **सागर एवं खाड़ियाँ** (Sea and Gulf) उत्तर सागर, बाल्टिक सागर, कैरीबियन सागर, हडसन की खाड़ी, बोथनिया की खाड़ी, सारगैसो सागर, भूमध्य सागर, बिस्के की खाड़ी, डेविस स्ट्रेट, मैक्सिको की खाड़ी, गिनी की खाड़ी आदि।
- **द्वीप** उत्तरी अन्ध महासागर में ब्रिटिश द्वीप तथा न्यूफाउण्डलैण्ड द्वीप दो विश्व प्रसिद्ध द्वीप हैं। ये दोनों द्वीप मग्नतट पर स्थित हैं और **महाद्वीपीय द्वीप** कहलाते हैं। ब्रिटिश द्वीप यूरोप के तट के निकट तथा न्यूफाउण्डलैण्ड द्वीप उत्तरी अमेरिका के पूर्वी तट के निकट स्थित हैं।

हिन्द महासागर का नितल उच्चावच

- हिन्द महासागर (Indian Ocean) प्रशान्त तथा अन्ध महासागर की अपेक्षा बहुत ही छोटा है, लेकिन हमारे देश के दक्षिण में स्थित होने के कारण यह हमारे लिए बहुत ही महत्त्वपूर्ण सागर है। इसका कुल क्षेत्रफल 7,34,25,500 वर्ग किमी है। इसकी औसत गहराई 4000 मी है।
- यह महासागर उत्तर में दक्षिण एशिया, पूर्व में कम्बोडिया-लाओस-वियतनाम-मलेशिया-इण्डोनेशिया तथा ऑस्ट्रेलिया और पश्चिम में अफ्रीका महाद्वीप से घिरा हुआ है।
- दक्षिण में 20° से 115° पूर्वी देशान्तर के बीच अण्टार्कटिका महाद्वीप का तट आ जाता है। कर्क रेखा इस महासागर की उत्तरी सीमा है।
- इसके तट मुख्यत: प्राचीन पठारी भागों के बने हुए हैं, जिनमें अफ्रीका, अरब, दक्कन तथा पश्चिमी ऑस्ट्रेलिया के पठार उल्लेखनीय हैं। इन सभी का सम्बन्ध प्राचीन गोण्डवाना लैण्ड से है। केवल उत्तर-पूर्व में यह महासागर, हिन्देशिया की द्वीप शृंखला तथा म्यांमार के वलित पर्वतों द्वारा घिरा हुआ है।

हिन्द महासागर के उच्चावच

- **महाद्वीपीय मग्नतट** हिन्द महासागर में अन्ध महासागर की अपेक्षा मग्नतट बहुत ही कम हैं। बंगाल की खाड़ी, अरब सागर व अफ्रीका के पूर्वी भाग पर महाद्वीपीय मग्नतटों की चौड़ाई अधिक है तथा जावा-सुमात्रा के पास मग्नतट संकरे हो जाते हैं।
- **मध्यवर्ती कटक** हिन्द महासागर के नितल पर अनेक चौड़े कटक हैं, जो जलमग्न रूप में स्थित हैं। भारत के प्रायद्वीपीय भाग कन्याकुमारी से लेकर अण्टार्कटिका तक जलमग्न कटक उपस्थित है, जो हिन्द महासागर को लगभग दो बराबर भागों में बाँटता है। हिन्द महासागर में स्थित कुछ कटक, जो सोकोत्रा, चागोस, सेशेल्स, मेडागास्कर आदि हैं।
- **महासागरीय गर्त** हिन्द महासागर में गर्तों का अभाव है। यहाँ सुण्डा या जावा गर्त, मॉरीशस गर्त, ओब गर्त, डायमेण्टिना गर्त आदि मुख्य गर्त हैं। सुण्डा या जावा गर्त यहाँ की प्रमुख गर्त है, जो हिन्द महासागर के दक्षिण में स्थित है। इसकी गहराई 8152 मी है।
- **द्वीप** हिन्द महासागर में अनेक द्वीप उपस्थित हैं, इनमें से अधिकांश द्वीप महाद्वीपीय भाग से टूटकर अलग हुए हैं। इनमें से अण्डमान निकोबार द्वीप समूह, श्रीलंका, मेडागास्कर व जंजीबार आदि हैं। भारत के दक्षिण पश्चिम तट के समीप लक्षद्वीप व मालदीव्स प्रवाल द्वीपों के उदाहरण हैं।
- **सागर** बंगाल की खाड़ी, अरब सागर, लाल सागर, फारस की खाड़ी, अदन की खाड़ी, मोजाम्बिक चैनल आदि हिन्द महासागर के प्रमुख सागर हैं।

अन्त: समुद्री कैनियन

- शुष्क अथवा अर्द्धशुष्क क्षेत्रों में खड़े ढालों वाला अपेक्षाकृत संकीर्ण, किन्तु बड़े आकार का एक **गहरा गॉर्ज** (Deep Gorge), जिसकी तली में एक नदी प्रवाहित है, **कैनियन** कहलाता है।
- वर्षा की कमी से इनके पार्श्व भागों का ढाल स्थिर रहता है, क्योंकि उनका अनाच्छादन कम होता है, जब इस प्रकार के कैनियन मग्नतटों अथवा मग्नढालों पर मिलते हैं, तब उन्हें **अन्त: समुद्री कैनियन** कहते हैं। मग्नढालों पर उपस्थित कैनियन वहाँ अपेक्षाकृत बहुत गहरे होते हैं, जहाँ इनका निर्माण ठोस चट्टानों को काटकर हुआ है।

"

तापमान, लवणता एवं घनत्व महासागरीय जल के प्रमुख गुण हैं। महासागरीय जल के ये गुण (तापमान, लवणता एवं घनत्व) वृहद् पैमाने पर संचालित महासागरीय जलराशियों के संचरण को प्रभावित करते हैं।

अध्याय बीस

महासागरीय तापमान, लवणता एवं घनत्व

महासागरीय जल का तापमान

- महासागर, सागर तथा छोटे सागर पृथ्वी के 71% भाग में हैं। स्थल की भाँति महासागरीय जल में ताप का स्रोत सूर्य की किरणें ही हैं।
- महासागरों का औसत वार्षिक तापमान 17.2°C माना गया है। उत्तरी गोलार्द्ध का औसत वार्षिक तापमान 19.4°C तथा दक्षिणी गोलार्द्ध का 16.1°C होता है। महासागरीय जल की सतह का औसत दैनिक तापान्तर 1°C या इससे कम होता है।
- महासागर के तापमान में कभी एकरूपता नहीं पाई जाती है, इसमें ऋतुओं का विशेष परिवर्तन होता रहता है तथा दिन और रात के समय में समुद्री जल के ताप में भी भिन्नता पाई जाती है।
- तापमान से महासागरीय जल में गति उत्पन्न होती है। सूर्यताप के अतिरिक्त पृथ्वी का भू-गर्भ ताप तथा जल का आपसी दबाव भी महासागरीय जल के तापमान को प्रभावित करते हैं।
- विषुवत् वृत्त के समीप सागरीय जल का तापमान अधिक रहता है तथा ध्रुवों की ओर जाने पर तापमान में क्रमिक ह्रास होता है।

महासागरीय जल के तापमान का क्षैतिज वितरण

- महासागरों में तापमान के क्षैतिज वितरण पर विषुवत् रेखा से दूरी का प्रभाव विशेष रूप से पड़ता है।
- स्वेड्र्डप के अनुसार, विषुवत् रेखा से ध्रुवों की ओर प्रत्येक अक्षांश पर औसत रूप से 0.5°C तापमान गिरता है, किन्तु दक्षिणी गोलार्द्ध की अपेक्षा उत्तरी गोलार्द्ध में अधिक तापमान पाया जाता है।
- तापमान के वितरण को समताप रेखाओं (वह रेखा, जो समान तापमान वाले क्षेत्रों को दर्शाती है, उसे समताप रेखा कहा जाता है।) द्वारा प्रभावपूर्ण तरीके से दिखाया जाता है।

हिन्द महासागर

- हिन्द महासागर में 15°C की समताप रेखा अधिकतम ताप के प्रदेशों को घेरती है। विषुवत् रेखा के उत्तरी भाग में समताप रेखाओं के वितरण पर निकटवर्ती थल भागों की रूपरेखा तथा मानसूनों का विशेष प्रभाव पड़ता है।
- हिन्द महासागर के उत्तर-पश्चिमी भाग में समताप रेखाएँ, देशान्तर रेखाओं के लगभग समानान्तर होती हैं, किन्तु दक्षिण महासागर में समताप रेखाओं का वितरण अक्षांशों के अनुकूल पूर्व-पश्चिम दिशा में होता है। यहाँ सागर पूर्ण रूप से खुला हुआ है।

अटलाण्टिक महासागर

- अटलाण्टिक महासागर में गर्म व ठण्डी धाराओं का प्रभाव समताप रेखाओं के वितरण पर विशेष रूप से पड़ता है। उत्तरी आन्ध्र महासागर के पश्चिम की ओर समतापी रेखाएँ परस्पर निकट स्थित हैं। दक्षिण-पश्चिम में गर्म गल्फ स्ट्रीम तथा उत्तर-पश्चिम में लेब्रोडोर की ठण्डी धारा के कारण ही यह स्थिति स्पष्ट होती है। उत्तर-पूर्व में समताप रेखाएँ दूर-दूर स्थित हैं।
- यहाँ गल्फ स्ट्रीम का प्रभाव यूरोप के उत्तर-पश्चिम तक होता है। दक्षिण अन्ध महासागर के मध्यवर्ती भाग में समताप रेखाओं का वितरण बहुत असंयमित है, क्योंकि यहाँ सागर एवं मौसम की दशा में अनिश्चितता रहती है।

प्रशान्त महासागर

- प्रशान्त महासागर में समताप रेखाएँ प्राय: अक्षांशों के समानान्तर ही स्थित हैं, क्योंकि ये वृहद् हैं, इसलिए स्थलीय भागों तथा पवनों का इन पर विशेष प्रभाव नहीं पड़ता है। उत्तरी प्रशान्त महासागर में पश्चिम की ओर समताप रेखाएँ परस्पर बहुत समीप आ गई हैं।
- पश्चिम की ओर विषुवतरेखीय भाग में दक्षिणी विषुवतरेखीय धारा के कारण समताप रेखाएँ कुछ मुड़ जाती हैं, जिससे प्रशान्त महासागर दो भागों में बँटा हुआ प्रतीत होता है। दक्षिणी प्रशान्त महासागर में समताप रेखाएँ लगभग पूर्व-पश्चिम दिशा में विस्तृत हैं।

महासागरीय जल के तापमान का लम्बवत् वितरण

- महासागरों में गहराई में जाने पर तापमान कम होता जाता है। इनमें सूर्य की किरणें केवल 180 मी तक ही पहुँच पाती हैं। अत: तापक्रम में परिवर्तन भी 180 मी तक की गहराई तक ही हो पाता है। इस प्रकार गतिशील होते हुए भी महासागरों के अधिकतर भाग (80%) में तापमान 5°C से कम ही होता है।

- महासागरीय जल के कुल आयतन का लगभग 90% भाग गहरे महासागर में ताप प्रवणता (Thermocline) के नीचे पाया जाता है। इस क्षेत्र में तापमान 0°C तक पहुँच जाता है।
- विषुवतरेखीय महासागरों के जल की ऊपरी सतह का ताप सदैव ऊँचा रहता है तथा गहराई के कम होने की दर अधिक होती है। इन विषुवतरेखीय सागरों में ऊपर सतह पर 26°C ताप रहता है।

महासागरों का ताप बजट

वायुमण्डल की भाँति महासागरों के ताप का मुख्य साधन भी विकिरण ही है, परन्तु महासागरों के ताप बजट पर विकिरण के अतिरिक्त ताप के आदान-प्रदान, वाष्पीकरण की क्रिया, ऊर्जा शक्ति का ताप के रूप में परिवर्तन, रासायनिक क्रिया द्वारा प्राप्त भू-गर्भ से महासागरीय जल द्वारा ताप के संवहन तथा जलवाष्प के संघनन द्वारा प्राप्त गुप्त ताप आदि का भी प्रभाव पड़ता है।

महासागरीय लवणता

- महासागरीय जल सामान्य जल की तरह स्वच्छ एवं पेय नहीं है, अपितु यह खारा है। यह (लवणता) खारापन जल में घुले लवणों से उत्पन्न होता है।
- जल के भार एवं उसमें घुले हुए पदार्थों के भार के अनुपात को **लवणता** कहा जाता है। इन पदार्थों में मिश्रित खनिज तत्त्वों से ही लवण प्राप्त होते हैं, जिनसे जल खारा हो जाता है।
- सागरीय लवणता को प्रति हजार ग्राम जल में उपस्थित लवण की मात्रा (‰) के रूप में दर्शाया जाता है।
- समान लवणता वाले स्थानों को मिलाने वाली रेखा को समलवण रेखा (Isohaline) कहते हैं। समुद्रों में ऊर्ध्वाधर जल लवणीय प्रवणता को हेलोक्लाइन (Helocline) से दर्शाया जाता है।
- महासागरों में नमक की मात्रा उन सभी घुले हुए पदार्थों से प्राप्त होती है, जो समुद्र में विभिन्न माध्यमों से एकत्रित होते हैं। विभिन्न प्रकार के खनिज, नदियों द्वारा लाया गया घुलनशील नमक, ज्वालामुखी धूल कण, सागरीय वनस्पति, विभिन्न प्रकार के सिन्धुपंक सागरीय जल को खारा बनाने में सहायक होते हैं। वर्तमान सागरीय जल के लवण की मात्रा में निरन्तर समानुपात रहा है।
- नदियों द्वारा लवण के कण महासागर में निरन्तर पहुँच रहे हैं। जल वाष्पीकरण की क्रिया द्वारा जल वाष्प बनकर पुनः वर्षा के रूप में पृथ्वी तल पर आ जाता है और लवण की मात्रा सागर में ही रह जाती है। सागरों में लवणता की मात्रा का औसत 35‰ है, किन्तु यह मात्रा सभी स्थानों पर एक समान नहीं होती है।
- खुले सागरों की तुलना में बन्द सागरों तथा झीलों में लवणता अधिक पाई जाती है। एशिया माइनर की वान झील (तुर्किये) में लवणता 330‰ पाई जाती है।
- ऐसा अनुमान है कि महासागरों में नमक की मात्रा लाखों अरब टन है, जो सूखने पर सम्पूर्ण पृथ्वी को 15.6 मी मोटी नमक की परत से ढक सकता है।
- सागरों या महासागरों में लहर एवं धाराएँ, मछली, सागरीय जीव, प्लैंकटन आदि लवणता से प्रभावित होते हैं।
- चैलेंजर अभियान के तहत समुद्री जल में 27 प्रकार के लवणों के घुले होने का प्रमाण मिला है, जिनमें 7 प्रकार के लवण प्रमुख हैं

सागरीय जल में लवणता संरचना

नमक	मात्रा (प्रति 1000 ग्राम जल में)	कुल लवणों का प्रतिशत
सोडियम क्लोराइड	27.213	77.8
मैग्नीशियम क्लोराइड	3.807	10.9
मैग्नीशियम सल्फेट	1.658	4.7
कैल्शियम सल्फेट	1.260	3.6
पोटैशियम सल्फेट	0.863	2.5
कैल्शियम सल्फेट	0.123	0.3
मैग्नीशियम ब्रोमाइड	0.076	0.2
योग	**35**	**100**

महासागरीय लवणता का वितरण

सामान्यतया समुद्रों में लवणता का औसत 35‰ है। यह मात्रा प्रत्येक महासागर, सागर, झील आदि में असमान रूप से पाई जाती है। महासागरों में लवणता क्षैतिज तथा लम्बवत् दोनों रूपों में पाई जाती है। इसी प्रकार खुले तथा बन्द सागरों में भी लवणता में अन्तर पाया जाता है। लवणता वितरण के निम्नलिखित आधार हैं

क्षैतिज वितरण के आधार पर

लवणता का क्षैतिज वितरण समलवण रेखाओं अथवा समान लवणता के स्थानों को मिलाने वाली रेखाओं द्वारा दिखाया जाता है। विश्व के मानचित्र पर समलवण रेखाओं के दर्शाने पर निम्न निष्कर्ष निकाले जा सकते हैं

- कर्क और मकर रेखाओं पर लवणता के अधिक पाए जाने का कारण वाष्प का अधिक बनना है। विषुवत् रेखा के निकट वर्षा अधिक होने से लवणता कम पाई जाती है।
- ध्रुवों के निकट हिम के पिघलने से सागरों में स्वच्छ जल मिल जाता है, इस कारण यहाँ जल की लवणता में कमी हो जाती है।
- नदियों के मुहानों के निकट लवणता कम पाई जाती है, क्योंकि वहाँ नदियों का स्वच्छ जल सागर में गिरता रहता है।
- अधखुले सागरों और महासागरों के जल में भली प्रकार सम्मिश्रण न होने के कारण लवणता में अन्तर पाया जाता है।
- बन्द सागरों या झीलों में लवणता की वितरण व्यवस्था भी भिन्न होती है। उत्तरी एवं दक्षिणी गोलार्द्ध में लवणता का वितरण स्थल व जल के असमान वितरण, वाष्पीकरण की अधिकता इत्यादि के कारण असमान है।
- लाल सागर में तीव्र वाष्पीकरण तथा नदियों का ताजा जल न मिलने के कारण अधिक लवणता (40‰) पाई जाती है।
- उत्तरी कैस्पियन सागर में वोल्गा, यूराल आदि नदियों के गिरने से दक्षिणी कैस्पियन सागर की तुलना में कम लवणता (14‰) पाई जाती है। संसार में सबसे अधिक लवणता तुर्कीये की वान झील में (330‰) पाई जाती है। उसके बाद मृत सागर में (238‰) तथा संयुक्त राज्य अमेरिका की यूटा (Uthah) प्रान्त की ग्रेट साल्ट लेक में 220‰ तक लवणता पाई जाती है।

ऊर्ध्वाधर (लम्बवत्) वितरण के आधार पर

लवणता का ऊर्ध्वाधर वितरण प्रायः जलराशि के स्वभाव से प्रभावित होता है। साधारणतः गहराई में निरन्तर लवणता कम होनी चाहिए, किन्तु ठण्डी व उष्ण जलराशि की उपस्थिति के कारण लवणता में अनायास ही अन्तर

उत्पन्न हो जाता है। लवणता के वितरण का निरीक्षण करने पर कुछ महत्त्वपूर्ण निष्कर्ष प्राप्त होते हैं

अटलाण्टिक महासागर के दक्षिण में सतह पर लवणता 33‰ है, 400 मी की गहराई में बढ़कर 34.5‰ हो जाती है तथा 1,200 मी की गहराई पर 34.75‰ होती है, किन्तु 20° दक्षिणी अक्षांश के निकट सतह पर 37‰ है, जोकि घटकर तली में केवल 35‰ होती है। इसके विपरीत विषुवत् रेखा के निकट सतह पर 34‰ है, क्योंकि इससे स्वच्छ जल की प्राप्ति होती रहती है, किन्तु यहाँ भी गहराई बढ़ने पर यह 35‰ हो जाती है।

- ऊँचे अक्षांशों में सतह पर लवणता कम होती है तथा गहराई में बढ़ती जाती है। मध्य अक्षांशों में लवणता की वृद्धि 400 मी तक, तत्पश्चात् अधिक गहराई में कम हो जाती है। विषुवत् रेखा पर स्वच्छ जल की प्राप्ति के कारण सतह पर लवणता कम होती है, कुछ ही गहराई पर अधिक तथा तली की ओर पुन: कम हो जाती है।
- जहाँ अधखुले सागर पूर्ण खुले सागरों से मिलते हैं, वहाँ लवणता के वितरण की स्थिति पूर्णतया भिन्न होती है; उदाहरण के लिए, भूमध्य सागर में **जिब्राल्टर** (Gibraltar) के निकट गहराई की ओर लवणता निरन्तर बढ़ती है अर्थात् 36.5‰ से बढ़कर 38‰ तक हो जाती है, किन्तु जिब्राल्टर की पश्चिमी सतह पर 36‰ से कम तथा 1,000 मी के लगभग लवणता 36.5‰ होती है, पुन: 1,200 मी के लगभग 36‰ और तत्पश्चात् निरन्तर कम होती जाती है।
- प्रशान्त व हिन्द महासागर में लवणता के ऊर्ध्वाधर वितरण में उपरोक्त समानता ही पाई जाती है। स्पष्ट है कि लवणता की वृद्धि 2,000 मी तक है, बाद में लवणता की मात्रा कम होती जाती है।

अन्य आधार पर लवणता का वितरण

- **अक्षांशों के आधार पर** लवणता का वितरण निम्न आधार पर किया गया है
  - **विषुवतरेखीय अधिक लवणता** विषुवतरेखीय प्रदेशों में अधिक तापमान एवं वाष्पीकरण की तीव्र प्रक्रिया के फलस्वरूप इन क्षेत्रों में लवणता अधिक पाई जाती है।
  - **कर्क** तथा **मकर रेखीय अधिकतम लवणता** सामान्य रूप से उपोष्ण कटिबन्ध उच्च **वायुदाब मेखला** (High Airpressure Belt) तथा व्यापारिक पवन मेखला वाले क्षेत्रों में तीव्र गति से वाष्पीकरण होता है, जिसके कारण यहाँ पर लवणता अधिक होती है।
  - **शीतोष्ण कम लवणता** शीतोष्ण क्षेत्रों में कम लवणता मुख्यत: कम तापमान तथा न्यूनतम वाष्पीकरण की प्रक्रिया के कारण होती है।
  - **ध्रुवीय न्यूनतम लवणता** इन क्षेत्रों में नगण्य तापमान एवं अत्यन्त न्यून वाष्पीकरण प्रक्रिया होती है।
- **लवणता की मात्रा के आधार पर** इसका वितरण निम्न आधार पर किया जाता है
  - **अधिक लवणता** ऐसे सागर जहाँ सामान्य से अधिक अर्थात् 37‰ से 41‰ तक लवणता पाई जाती है, उसे अधिक लवणता वाला क्षेत्र कहते हैं। इनमें लाल सागर (37‰ से 41‰), फारस की खाड़ी (37‰ से 38‰) तथा भूमध्य सागर (37‰ से 39‰) प्रमुख हैं।
  - **मध्यम लवणता** काले सागर में लवणता सबसे कम पाई जाती है। ऐसे सागर जहाँ लवणता 35‰ से 36‰ तक पाई जाती है, **मध्यम खारा सागर** कहलाते हैं। इनमें कैरीबियन सागर (35‰ से 36‰), कैलिफोर्निया की खाड़ी (35‰ से 35.5‰) आदि प्रमुख हैं।
  - **कम लवणता** ऐसे सागर जिनमें लवणता 20‰ से 35‰ तक पाई जाती है, कम खारे सागर कहलाते हैं। इनमें जापान सागर (30‰ से 35%), **ओखोत्स्क सागर** (Sea of Okhotsk) (30‰ से 32‰), **बेरिंग सागर** (Bering Sea) (28‰ से 33‰), चीन सागर (25‰ से 30‰) तथा **बाल्टिक सागर** (Baltic Sea) (3‰ से 13‰) आदि प्रमुख हैं।
- प्रमुख महासागरों में लवणता का वितरण निम्न प्रकार है
  - **प्रशान्त महासागर** इसका आकार बहुत विशाल है, अत: उसके विभिन्न भागों में लवणता में अन्तर पाया जाता है। विषुवत् रेखा के समीपवर्ती भागों में लवणता 35‰ पाई जाती है। 15° से 30° अक्षांशों में दोनों ही गोलार्द्धों में लवणता अधिक पाई जाती है।
  - **अटलाण्टिक महासागर** इसमें औसत लवणता 34.5‰ है। सर्वाधिक लवणता 15° से 20° अक्षांशों के मध्य पाई जाती है। दक्षिणी गोलार्द्ध में ब्राजील तट पर किसी नदी के मुहाने न बनाने के कारण लवणता अधिक पाई जाती है। उत्तरी गोलार्द्ध में गल्फ स्ट्रीम के कारण पूर्वी भाग में खारेपन की मात्रा अधिक पाई जाती है।
  - **हिन्द महासागर** इसमें विषुवत् रेखा से उत्तर में बंगाल की खाड़ी की ओर लवणता में कमी आती है। बंगाल की खाड़ी में विभिन्न नदियाँ पानी विसर्जित करती हैं। अत: यहाँ लवणता 30‰ तक होती है। बंगाल की खाड़ी की तुलना में अरब सागर में नदियाँ कम गिरती हैं। अत: लवणता 36‰ पाई जाती है। दक्षिणी हिन्द महासागर में, ऑस्ट्रेलिया के पश्चिमी भाग में शुष्क पर्यावरण के कारण सर्वाधिक लवणता पाई जाती है। उत्तरी अटलाण्टिक, उत्तरी प्रशान्त, दक्षिणी अटलाण्टिक, दक्षिणी प्रशान्त महासागर में से उत्तरी अटलाण्टिक सबसे ज्यादा लवणीय है तथा सबसे कम उत्तरी प्रशान्त है।

महासागरीय जल का घनत्व

- घनत्व का तात्पर्य किसी भी पदार्थ के प्रति इकाई आयतन का द्रव्यमान होता है। इसे ग्राम प्रति घन सेमी में प्रदर्शित किया जाता है। महासागरीय जल के घनत्व को किलोग्राम प्रति घन मी में व्यक्त किया जाता है। शुद्ध जल का अधिकतम घनत्व 4°C पर प्राप्त होता है, जबकि महासागरीय जल का अधिकतम घनत्व अपेक्षाकृत निचले तापमान पर प्राप्त किया जाता है।
- शुद्ध जल का घनत्व 1.00 ग्राम प्रति घन सेमी तथा महासागरीय जल का औसत घनत्व 1.0278 ग्राम प्रति घन सेमी होता है। शुद्ध जल का घनत्व तापमान तथा वायुदाब पर निर्भर करता है, जबकि महासागरीय जल का घनत्व तापमान एवं वायुदाब के अतिरिक्त लवणता पर भी निर्भर करता है।
- सागरीय जल के घनत्व में सामान्यत: सागरीय जल के तापमान में कमी होने पर वृद्धि होती है।
- महासागरीय जल की लवणता जितनी अधिक होगी, उसका अधिकतम घनत्व उसी अनुपात में कम तापमान पर अंकित किया जाता है।
- लवणता की मात्रा 27‰ या इससे अधिक होने पर तापमान घटने के साथ-साथ महासागरीय जल का घनत्व बढ़ता जाता है।

महासागरीय जल के घनत्व को प्रभावित करने वाले कारक

तापमान | लवणता | वायुदाब | अभिसरण एवं अपसरण

"

महासागरों के तल पर जमा होने वाले समस्त पदार्थ महासागरीय निक्षेप कहलाते हैं। ये निक्षेप नदी, पवन, हिमानियों, सागरीय लहरों एवं ज्वालामुखी द्वारा निक्षेपित किए जाते हैं।

अध्याय इक्कीस

महासागरीय निक्षेप, प्रवाल एवं प्रवाल भित्ति

महासागरीय निक्षेप

महासागरीय नितल पर असंगठित अवसादों के जमाव को महासागरीय निक्षेप (Oceanic Deposits) कहते हैं। इसके अन्तर्गत केवल उन निक्षेपों को शामिल किया जाता है, जो असंगठित अवसादों के रूप में होते हैं। महासागरीय निक्षेप का कुछ भाग समुद्री जीवों तथा वनस्पतियों के अवशेषों से प्राप्त होता है।

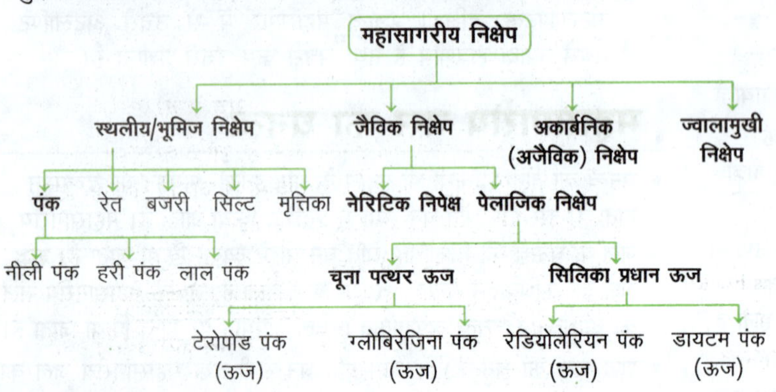

1. स्थलीय/भूमि निक्षेप

स्थलीय पदार्थों को उत्पत्ति, कणों की आकृति, रासायनिक संगठन आदि के आधार पर निम्न तीन प्रकार के पदार्थों में विभाजित किया जा सकता है

(i) **गोलाश्म** एवं **बजरी** (Gravel) इसकी उत्पत्ति विशेषतया चट्टानों पर लहरों के कटाव से होती है। गोलाश्म का विकास धरातलीय चट्टानों द्वारा ही होता है। बजरी समुद्र में दूर तक नहीं पहुँचती है। इसका जमाव निमग्न स्थलों व छिछली (Shallow) खाड़ियों में पाया जाता है।

(ii) **रेत** या **बालू** (Sand) इनके कण बजरी से महीन होते हैं। रेत में अवसादी, आग्नेय तथा रूपान्तरित सभी प्रकार की शैलों के कण मिश्रित रूप में पाए जाते हैं। इनमें क्वार्ट्ज नामक खनिज की प्रधानता होती है।

(iii) **सिल्ट मृत्तिका** एवं **पंक** सिल्ट एवं मृत्तिका के कण बहुत महीन होते हैं। पंक (Mud) के कण सिल्ट अथवा मृत्तिका के कणों से भी सूक्ष्म होते हैं। ये विभिन्न रंगों के होते हैं। वास्तव में ये रंग पंक में मिले खनिज पदार्थों के कारण उत्पन्न होते हैं।

रंग के आधार पर पंक को निम्न तीन भागों में विभाजित किया गया है

पंक (कीचड़)

- **नीला पंक** यह उन चट्टानों के अवशेषों से बनता है, जिनमें लोहे के सल्फाइड एवं जैव तत्त्व का अंश अधिक रहता है।
- **लाल पंक** इसका निर्माण उस चट्टान से होता है, जिसमें लौह ऑक्साइड हो। अटलाण्टिक महासागर के बहुत बड़े भाग में लाल पंक पाया जाता है।
- **हरा पंक** नीले रंग के पंक का रासायनिक परिवर्तन हो जाने के कारण हरे पंक का निर्माण होता है। यह हरा ग्लूकोनाइट नामक खनिज के कारण होता है। ग्लूकोनाइट पोटैशियम और लोहे का सिलिकेट है, जो जैविक पदार्थों के क्षय होने वाले स्थानों पर पाया जाता है।

2. जैविक निक्षेप

स्थलीय सामग्री के अतिरिक्त समुद्र तली में उन पदार्थों का जमाव भी मिलता है, जो विशेषत: समुद्र में ही उत्पन्न होते हैं। इनमें सागरीय जीवों की हड्डियाँ, ढाँचे व चूने के बने घर आदि नष्ट होने के बाद प्राप्त पदार्थ मुख्य हैं। इन पदार्थों में चूने की मात्रा अधिक होती है। समुद्री जैव पदार्थ को निम्न प्रकार से विभाजित किया जा सकता है

- **नेरिटिक जमाव** (Neritic Deposits) ये समुद्र में पाए जाने वाले विभिन्न जीव-जन्तुओं की हड्डियों, मछलियों, प्रवाल, सीप, स्पंज, नेक्टन आदि के अवशेष से प्राप्त होते हैं।

- **पेलाजिक जमाव** (Pelagic Deposits) ये विशिष्ट प्रकार के शैवाल हैं, जो बिना सहारे के समुद्र में बढ़ते हैं। इनमें कुछ प्रोटोजोआ, डायटम, एम्फीपोड्स आदि मुख्य हैं। ये पंक के समान हैं और ऊज कहलाते हैं। पेलाजिक जमाव विशेषतया गहरे समुद्रों में पाए जाते हैं।
- पेलाजिक निक्षेप को पुन: निम्न रूपों में वर्गीकृत किया जाता है
  - चूना प्रधान ऊज
  - सिलिका प्रधान ऊज

3. अकार्बनिक (अजैविक) निक्षेप

- इसके अन्तर्गत वे पदार्थ आते हैं, जो समुद्र की सतह पर वायुमण्डल से गिरने के बाद निक्षेपित हुए हैं। वायुमण्डलीय पदार्थों का निक्षेप वायुमण्डल में परिवर्तन; जैसे–तापमान, CO_2 की मात्रा में कमी अथवा अधिक वर्षण के बाद सम्भव हो पाता है। चूँकि महासागरों का विस्तार पृथ्वी के 70.8% क्षेत्र पर है। अत: ये पदार्थ वृहत क्षेत्रों में अपना प्रभाव डालने में सक्षम हैं।
- अजैविक निक्षेप के अन्तर्गत मुख्यत: डोलोमाइट, सिलिका, लौह, मैंगनीज, ऑक्साइड, फॉस्फेट तथा पायराइट जैसे पदार्थों का निक्षेप होता है। इन पदार्थों में जब रासायनिक परिवर्तन होता है, तब जैविक और अजैविक पदार्थों का मिश्रण हो जाता है और इनमें विभाजन करना कठिन हो जाता है।

4. ज्वालामुखी निक्षेप

समुद्री निक्षेपों में ज्वालामुखीय पदार्थों का भी योगदान रहता है। समुद्र की तली में ज्वालामुखी से प्राप्त पदार्थ दो प्रकार के होते हैं

(i) वे पदार्थ, जो ज्वालामुखी द्वारा धरातल पर जमा कर दिए जाते हैं, इनमें रासायनिक व भौतिक अपक्षय द्वारा परिवर्तन आता है। ये वायुमण्डल की विभिन्न शक्तियों (नदी, वायु, हिम) द्वारा समुद्र तली में धीरे-धीरे पहुँचते हैं।

(ii) वे पदार्थ, जो समुद्र में ही ज्वालामुखी विस्फोट के उपरान्त जमा होते हैं।

प्रवाल एवं प्रवाल भित्ति

प्रवाल

- प्रवाल (Coral) एक प्रकार की **कैलकेरियस चट्टान** (Calcareous Rock) है। यह पॉलिप नामक छोटे समुद्री जीव के अस्थिपंजर से बनती है।
- ये छोटे जीव समुद्र जल से कैल्शियम लवण निकालकर अपने कोमल तन की रक्षा के लिए कठोर खोल (आवरण) का निर्माण करते हैं। जैसे-जैसे पुराने **पॉलिप** (पॉलिप को जन्तु प्रवाल कहा जाता है, यह अपने द्वारा बनाई गई चूने की खोल में रहता है। इसके शरीर के बाहरी तन्तुओं में एक प्रकार की पादप शैवाल रहती है, जिसे मुक्सान्थलाई अलगी (Algae) कहते हैं।) नष्ट हो जाते हैं और नए पॉलिप जन्म लेते हैं, वैसे-वैसे नलिका सदृश उनके खोल के ऊपर और बाहर की ओर विस्तृत होते जाते हैं।
- इन प्रवाल जीवों की लगभग 2500 प्रजातियाँ हैं। ये बस्तियाँ बनाकर रहते हैं, जो समुद्र के चट्टानी नितल से चिपके रहते हैं, जब इन जीवों की एक पीढ़ी नष्ट हो जाती है, तो दूसरी पीढ़ी उनके ऊपर अपना बसेरा बना लेती है।
- कालान्तर में प्रवाल की एक बड़ी स्थूल भित्ति निर्मित हो जाती है। इनके अस्थिपंजर आपस में गारे द्वारा बँधकर कड़ी चूने की चट्टान का निर्माण करते हैं, जिनका रंग और रूप उनका निर्माण करने वाली जीवों की प्रजातियों पर निर्भर करता है।

प्रवाल भित्ति

- प्रवालों द्वारा छोड़े गए कैल्शियम कार्बोनेट से बनी लम्बी शृंखला को प्रवाल भित्ति (Coral Reef) कहा जाता है। प्रवालों के अपक्षरण से बनी प्रवाल भित्ति की आकृति का अत्यधिक विस्तार होता है। प्रवाल भित्ति में प्रवालों के **मुकुलन** (Budding) से उसके आकार में वृद्धि होती रहती है। प्रवाल भित्तियों को सागरों का उष्णकटिबन्धीय वर्षा वन कहा जाता है
- कोरल रीफ या जीवाश्म पट्टी प्राय: कर्क एवं मकर रेखा के बीच तटीय क्षेत्रों में पाई जाती है।

प्रवाल भित्ति के प्रकार

स्थापन विधि और विशेषताओं के आधार पर प्रवाल निर्मित स्थलाकृतियाँ तीन प्रकार की होती हैं, जो इस प्रकार हैं

- **तटीय प्रवाल भित्ति** (Fringing Reef) महाद्वीपीय या द्वीपों के किनारे निर्मित होने वाले प्रवाल भित्ति। उदाहरण –दक्षिणी फ्लोरिडा, मलेशिया तथा भारत के मन्नार की खाड़ी एवं अण्डमान।

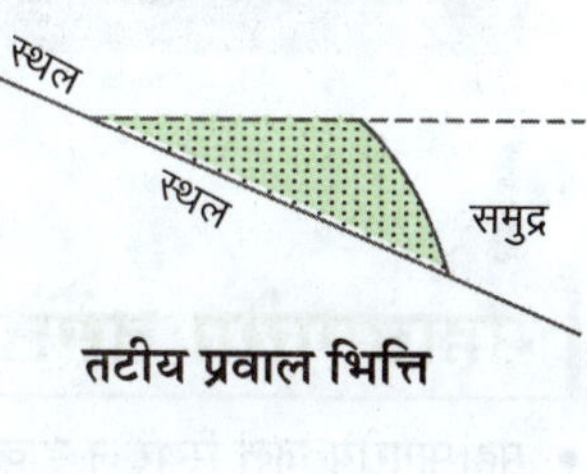

तटीय प्रवाल भित्ति

- **अवरोधक प्रवाल भित्ति** (Barrier Reef) समुद्री तट या द्वीप से कुछ हटकर इनकी स्थिति इसकी प्रमुख विशेषता है। इसका विकास तट के समानान्तर होता है। विश्व की **सबसे बड़ी प्रवाल भित्ति** ऑस्ट्रेलिया के **उत्तर-पूर्वी तट** पर स्थित **ग्रेट बैरियर रीफ** है, जो अवरोधक प्रवाल भित्ति का उदाहरण है। इसकी लम्बाई 2300 किमी व चौड़ाई 160 किमी है।

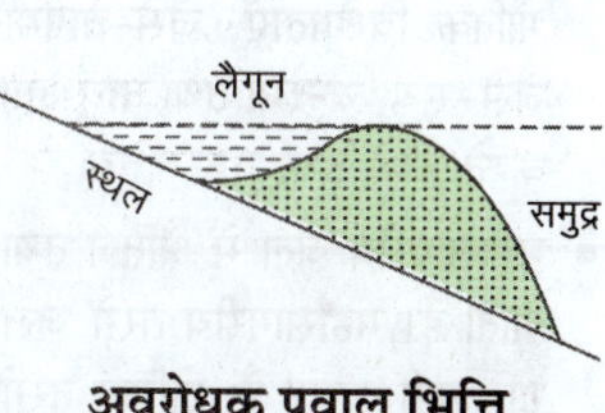

अवरोधक प्रवाल भित्ति

- **वलयाकार प्रवाल भित्ति या एटॉल** (Coral Ring or Attol) ऐसी प्रवाल भित्ति, जो किसी द्वीपीय जलमग्न पठार के चारों ओर अण्डाकार रूप में पाई जाती है, प्रवाल वलय के रूप में जानी जाती है।

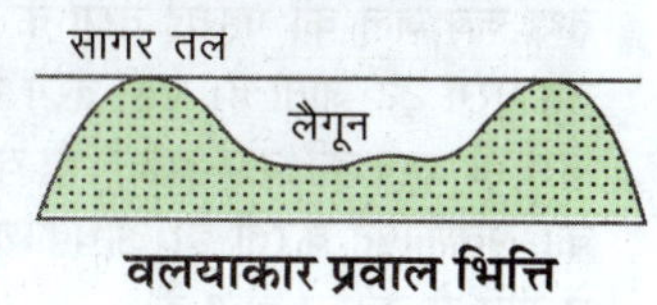

वलयाकार प्रवाल भित्ति

प्रवाल विरंजन

- सागरीय जल के तापमान में वृद्धि होने से प्रवालों के मुख्य भोजन वाले हरे रंग के शैवालों (जुजैन्यले नामक शैवाल) का रंग प्रकाश संश्लेषण में बाधा उत्पन्न होने के कारण सफेद हो जाता है, जिसे प्रवाल ग्रहण नहीं कर पाते और मरने लगते हैं।
- प्रवाल विरंजन (Coral Bleaching) की घटना का अवलोकन अल्फ्रेड मेयर द्वारा वर्ष 1919 में किया गया था।
- वर्ष 1998 में केन्या के तट के समीप तथा हिन्द महासागर के द्वीपों (अण्डमान, लक्षद्वीप, मालदीव आदि) के 70% से अधिक प्रवालों की मृत्यु हो गई।

महासागरीय जल कभी स्थिर नहीं रहता, बल्कि विभिन्न रूपों में निरन्तर गतिशील रहता है। यह गतिशीलता सामान्य सागरीय तरंग/लहर, महासागरीय धारा, ज्वार-भाटा, तूफानी तरंग, सुनामी आदि के रूप में होती है।

अध्याय बाईस

महासागरीय तरंगें, ज्वार-भाटा एवं महासागरीय धाराएँ

महासागरीय तरंगें

- महासागरीय जल स्थिर न होकर गतिमान होता है। महासागरीय तरंगों की भौतिक विशेषताएँ; जैसे-तापमान, लवणता एवं घनत्व तथा बाह्य बल; जैसे-सूर्य, चन्द्रमा तथा वायु अपने प्रभाव से महासागरीय जल में गति प्रदान करते हैं।
- महासागरीय जल में क्षैतिज तथा ऊर्ध्वाधर दोनों प्रकार की गतियाँ पाई जाती हैं। महासागरीय तरंगें जल की क्षैतिज गति होती हैं, जिनमें जल गति नहीं करता है, लेकिन तरंगों के आगे-बढ़ने का क्रम जारी रहता है।
- तरंगें जैसे ही महासागरीय तट पर पहुँचती हैं, इनकी गति कम हो जाती है। ऐसा गत्यात्मक जल के मध्य आपस में घर्षण होने के कारण होता है तथा जब जल की गहराई तरंग के तरंगदैर्ध्य के आधे से कम होती है, तब तरंगें टूट जाती हैं। बड़ी तरंगें खुले महासागरों में पाई जाती हैं। तरंगें जैसे ही आगे की ओर बढ़ती हैं, वे बड़ी होती जाती हैं तथा वायु से ऊर्जा को अवशोषित करती हैं। अधिकांश तरंगें वायु से जल की विपरीत दिशा में गति से उत्पन्न होती हैं।

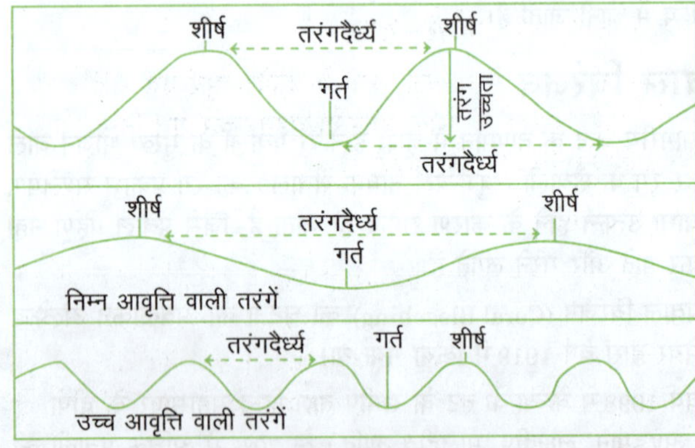

महासागरीय तरंगें

- जब दो नॉट या उससे कम वाली वायु शान्त जल पर बहती है, तब छोटी-छोटी **उर्मिकाएँ** (Ripple) बनती हैं तथा वायु की गति बढ़ने के साथ ही इनका आकार बढ़ता जाता है, जब तक कि इनके टूटने से सफेद बुलबुले नहीं बन जाते हैं।
- सागरीय भूस्खलन व हिमस्खलन के कारण भी समुद्री तरंगें उत्पन्न होती हैं। सागरीय भूकम्पीय गतिविधियों के कारण उत्पन्न होने वाली सुनामी तरंगें अत्यधिक विनाशकारी होती हैं।

तरंगों की उत्पत्ति

- एक तरंग का आकार एवं आकृति उसकी उत्पत्ति को दर्शाता है। युवा तरंगें अपेक्षाकृत ढाल वाली होती हैं तथा सम्भवत: स्थानीय वायु के कारण बनी होती हैं। कम एवं नियमित गति वाली तरंगों की उत्पत्ति सम्भवत: दूसरे गोलार्द्ध में दूरस्थ स्थानों पर होती है।
- तरंगों के नीचे जल की गति वृत्ताकार होती है। यह इंगित करता है कि आती हुई तरंगों पर वस्तुओं का वहन आगे तथा ऊपर की ओर होता है, जबकि लौटती हुई तरंगों पर नीचे तथा पीछे की ओर होता है।

तरंगों की विशेषताएँ

- **तरंग शिखर एवं गर्त** एक तरंग के उच्चतम एवं निम्नतम बिन्दु को क्रमश: शिखर एवं गर्त कहा जाता है।
- **तरंग की ऊँचाई** एक तरंग के गर्त के अध:स्थल से शिखर के ऊपरी भाग तक की ऊर्ध्वाधर दूरी को तरंग की ऊँचाई कहा जाता है।
- **तरंग आयाम** एक तरंग की ऊँचाई के आधे भाग को तरंग आयाम कहा जाता है।
- **तरंग काल** एक निश्चित बिन्दु से गुजरने वाली दो लगातार तरंगों के शिखरों या गर्तों के मध्य के समयान्तराल को तरंग काल कहते हैं।
- **तरंगदैर्ध्य** तरंग के दो लगातार शिखरों या गर्तों के मध्य की क्षैतिज दूरी को तरंगदैर्ध्य कहते हैं।

- **तरंग गति** जल के माध्यम से तरंग के गति करने की दर को तरंग गति कहते हैं तथा इसे नॉट में मापा जाता है।
- **तरंग आवृत्ति** एक सेकण्ड के समयान्तराल में दिए गए बिन्दु से गुजरने वाली तरंगों की संख्या को तरंग आवृत्ति कहते हैं।
- **स्वेल** या **महातरंग** एकसमान ऊँचाई तथा आवर्तकाल के साथ एक नियमित रूप धारण करने वाली तरंगों को महातरंग कहते हैं।
- **सर्फ** (फेनिल) तटीय क्षेत्रों में टूटती हुई तरंगों को सर्फ कहते हैं।
- **स्वांश** (उद्धावन) **तरंग** एक तरंग के टूटने के पश्चात् जल राशि तीव्र ध्वनि उत्पन्न करती हुई तट पर, ऊपर की ओर वेग से दौड़ती हुई, प्रहार करती है, जिसे स्वांश तरंग कहते हैं।
- **बैकवाश** (प्रतिक्षिप्त जल) समुद्र की ओर वापस लौटती हुई, जल तरंगों को बैकवाश कहा जाता है।

ज्वार-भाटा

- पृथ्वी पर स्थित सागरों/महासागरों के जल स्तर का गुरुत्वाकर्षण बल (Gravitational Force) तथा अपकेन्द्रीय बल (Centrifugal Force) और चन्द्रमा एवं सूर्य की आकर्षण शक्तियों के कारण सागरीय जल के ऊपर उठने को **ज्वार** तथा नीचे गिरने को **भाटा** कहते हैं।
- पृथ्वी, चन्द्रमा और सूर्य की पारस्परिक गुरुत्वाकर्षण शक्ति की क्रियाशीलता ही **ज्वार-भाटा** (Tide) की उत्पत्ति का प्रमुख कारण है।
- सागरीय जल स्तर पर आने वाले ज्वार को सूर्य के आकर्षण बल की अपेक्षा चन्द्रमा का आकर्षण बल अपेक्षाकृत अधिक प्रभावित करता है। इसका प्रमुख कारण चन्द्रमा सूर्य की अपेक्षा अधिक निकट स्थित है।
- ज्वार-भाटा की ऊँचाई में भिन्नता का कारण समुद्री जल की गहराई, सागरीय तटरेखा के स्वरूप तथा सागर के स्वरूप (खुला या बन्द) पर आधारित होता है।

ज्वार-भाटा की उत्पत्ति

- चन्द्रमा तथा सूर्य के गुरुत्वाकर्षण के कारण ज्वार-भाटा की उत्पत्ति होती है। दूसरा कारक अपकेन्द्रीय बल है, जो गुरुत्वाकर्षण को सन्तुलित करता है।
- चन्द्रमा की ओर वाले पृथ्वी के भाग पर एक ज्वार-भाटा उत्पन्न होता है, जब विपरीत भाग पर चन्द्रमा का गुरुत्वीय आकर्षण बल उसकी दूरी के कारण कम होता है, तब अपकेन्द्रीय बल दूसरी ओर ज्वार उत्पन्न करता है।
- पृथ्वी के धरातल पर चन्द्रमा के निकट वाले भागों में अपकेन्द्रीयकरण बल की अपेक्षा गुरुत्वाकर्षण बल अधिक होता है। इसलिए यह बल चन्द्रमा की ओर ज्वारीय उभार का कारण होता है।
- चन्द्रमा का गुरुत्वाकर्षण पृथ्वी के दूसरी ओर कम होता है, क्योंकि यह भाग चन्द्रमा से अधिकतम दूरी पर है तथा यहाँ अपकेन्द्रीय बल प्रभावशाली होता है। अत: चन्द्रमा से दूर दूसरा उभार उत्पन्न करता है।
- पृथ्वी के धरातल पर क्षैतिज ज्वार उत्पन्न करने वाले बल ऊर्ध्वाधर बलों से अधिक महत्त्वपूर्ण होते हैं, जिनसे **ज्वारीय उभार** उत्पन्न होते हैं।
- जहाँ महाद्वीपीय मग्नतट अपेक्षाकृत विस्तृत है, वहाँ ज्वारीय उभार अधिक ऊँचाई वाले होते हैं। जब ये ज्वारीय उभार मध्य महासागरीय द्वीपों से टकराते हैं, तो इनकी ऊँचाई में अन्तर आ जाता है।
- तटों के पास ज्वारनदमुख व खाड़ियों की आकृतियाँ भी ज्वार-भाटाओं की तीव्रता को प्रभावित करती हैं। शंक्वाकार खाड़ी ज्वार के परिणाम को आश्चर्यजनक तरीके से बदल देती है।
- जब ज्वार-भाटा द्वीपों के मध्य से या खाड़ियों तथा ज्वारनदमुखों में से गुजरता है, तो उन्हें **ज्वारीय धारा** (Tidal Current) कहते हैं।
- गुरुत्वाकर्षण व अपकेन्द्रीय बलों के प्रभाव के कारण प्रत्येक स्थान पर 12 घण्टे के बाद ज्वार आना चाहिए, किन्तु यह प्रतिदिन लगभग 26 मिनट की देरी से आता है। इसका कारण चन्द्रमा का पृथ्वी के सापेक्ष गतिशील होना है।

ज्वार-भाटा के प्रकार

ज्वार की आवृत्ति, दिशा एवं गति में स्थानीय व सामयिक भिन्नता पाई जाती है। ज्वार-भाटाओं को उनकी बारम्बारता एक दिन में या घण्टे में या उनकी ऊँचाई के आधार पर विभिन्न प्रकारों में वर्गीकृत किया जा सकता है

आवृत्ति पर आधारित ज्वार-भाटा

आवृत्ति पर आधारित ज्वार-भाटा के प्रमुख प्रकार निम्नलिखित हैं

- **दैनिक ज्वार** (Diurnal Tides) जिस स्थान पर दिन में केवल एक बार उच्च तथा एक बार निम्न ज्वार-भाटा आता है, तो उसे दैनिक ज्वार-भाटा कहते हैं। इसमें उच्च ज्वार एवं निम्न ज्वार की ऊँचाई समान होती है। दैनिक ज्वार **24 घण्टे, 52 मिनट** के बाद आते हैं। फिलीपाइन द्वीप समूह एवं मैक्सिको की खाड़ी में उत्पन्न ज्वार दैनिक ज्वार के उदाहरण हैं।
- **अर्द्ध-दैनिक ज्वार** (Semi Diurnal Tides) ऐसे ज्वार किसी एक स्थान पर एक दिन में दो बार उच्च तथा दो बार निम्न ज्वार आते हैं। यह 12 घण्टे, 26 मिनट के बाद आता है। अर्द्ध-दैनिक ज्वार-भाटा में दो लगातार उच्च एवं निम्न ज्वार की ऊँचाई लगभग समान होती है, उसे अर्द्ध-दैनिक ज्वार कहते हैं। यह ज्वार-भाटा अटलाण्टिक महासागर में प्रमुख रूप से आते हैं।
- **मिश्रित ज्वार** (Mixed Tides) ऐसे ज्वार, जिनकी ऊँचाई में असमानता होती है, उसे मिश्रित ज्वार की संज्ञा दी जाती है। मिश्रित ज्वार-भाटा में ज्वार तथा भाटा दोनों के बीच सर्वाधिक अन्तर पाया जाता है। ये ज्वार-भाटा सामान्यत: उत्तरी अमेरिका के पश्चिम तट एवं प्रशान्त महासागर के बहुत-से द्वीप समूहों पर उत्पन्न होते हैं।

ऊँचाई के आधार पर ज्वार-भाटा

उच्च ज्वार की ऊँचाई में भिन्नता पृथ्वी के सापेक्ष सूर्य एवं चन्द्रमा की स्थिति पर निर्भर करती है। इसके अन्तर्गत वृहत् ज्वार एवं निम्न ज्वार आते हैं, जिनका विवरण निम्न प्रकार है

वृहत या दीर्घ ज्वार

- जब सूर्य, पृथ्वी तथा चन्द्रमा एक सीधी रेखा में (सिजिगी की स्थिति में) स्थित होते हैं, तो **वृहत या दीर्घ ज्वार** (Spring Tide) उत्पन्न होते हैं। इस स्थिति में ज्वार की ऊँचाई, सामान्य रूप से आने वाले ज्वार से 20% अधिक होती है। इस प्रकार के ज्वार एक माह में दो बार (पूर्णिमा एवं अमावस्या) आते हैं।

- जब सूर्य तथा चन्द्रमा दोनों पृथ्वी की ओर होते हैं, तो इस स्थिति को युति (Conjunction) कहते हैं और जब पृथ्वी की स्थिति सूर्य तथा चन्द्रमा के बीच होती है, तो उसे वियुति (Opposition) कहते हैं।
- युति की स्थिति अमावस्या तथा वियुति की स्थिति पूर्णिमा के दिन होती है।
- युति और वियुति की स्थितियों में उच्च ज्वार की स्थिति उत्पन्न होती है।

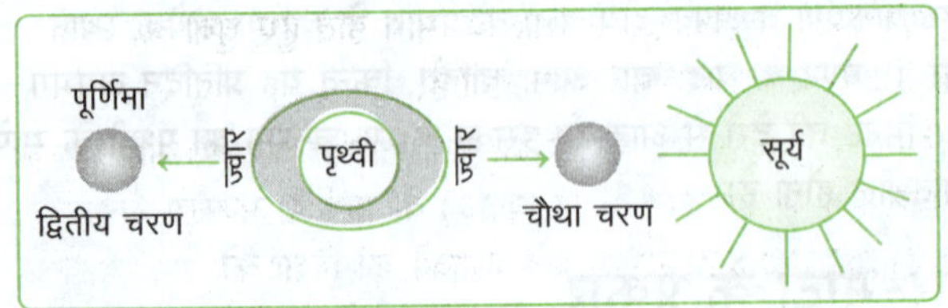

दीर्घ ज्वार

निम्न या लघु ज्वार

- जब चन्द्रमा एवं सूर्य एक-दूसरे के समकोण पर होते हैं तथा सूर्य एवं चन्द्रमा के गुरुत्व बल एक-दूसरे का कार्य करते हैं, तब उत्पन्न ज्वार को लघु ज्वार या निम्न ज्वार (Neep Tide) कहते हैं।
- इसकी उत्पत्ति पूर्णिमा तथा अमावस्या के मध्य कृष्ण पक्ष और शुक्ल पक्ष की सप्तमी अथवा अष्टमी की तिथि को होती है। समकोण की स्थिति में उत्पन्न ज्वार सामान्य ज्वार से 20% कम ऊँचाई के होते हैं।

(सूर्य, पृथ्वी तथा चन्द्रमा की लम्बवत् स्थिति)

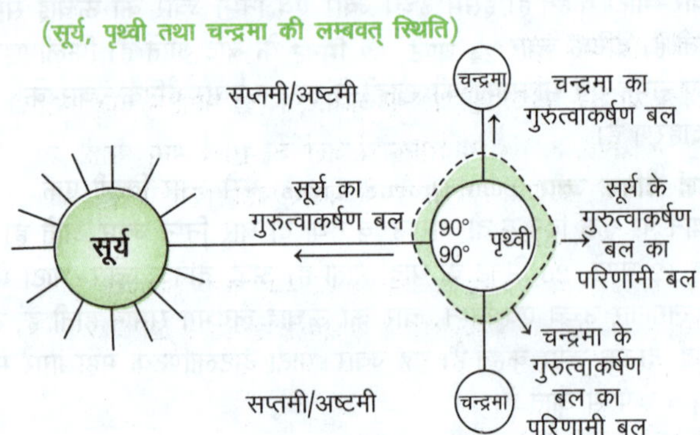

लघु व निम्न ज्वार की उत्पत्ति

> **महोर्मि** जलवायु सम्बन्धी प्रभावों (वायु एवं वायुमण्डलीय दाब में परिवर्तन) के कारण जल की गति को महोर्मि कहा जाता है, ये ज्वार-भाटा के समान नियमित नहीं होते हैं।

ज्वार-भाटा के अन्य प्रकार

भूमध्यरेखीय ज्वार (Equatorial tides)	इसमें चन्द्रमा की स्थिति भूमध्य रेखा पर होती है। ये समान ऊँचाई वाले होते हैं।
अयनवृत्तीय ज्वार (Equilibrium tides)	इसमें चन्द्रमा अपने परिक्रमण काल में अधिकतम उत्तरी एवं दक्षिणी झुकाव की स्थिति में होता है। ऐसी स्थिति माह में दो बार उत्पन्न होती है।
उपभू ज्वार (Perigean tides)	इसमें चन्द्रमा का ज्वारोत्पादक बल सर्वाधिक होता है तथा ज्वार की ऊँचाई सामान्य से 20% अधिक होती है।
अपभू ज्वार (Apogean tides)	इसमें चन्द्रमा का ज्वारोत्पादक बल सबसे न्यूनतम होता है, फलतः लघु ज्वार की स्थिति उत्पन्न होती है।

ज्वार-भाटा की स्थितियाँ

- माह में एक बार जब चन्द्रमा पृथ्वी के सबसे नजदीक होता है, तब इस स्थिति को उपभू (Perige) कहते हैं। इस दौरान असामान्य रूप से उच्च एवं निम्न ज्वार उत्पन्न होते हैं।
- इस दौरान ज्वारीय क्रम सामान्य से अधिक होता है। दो सप्ताह के बाद जब चन्द्रमा पृथ्वी से अधिकतम दूरी पर होता है, जिसे अपभू (Apogee) कहते हैं, तब चन्द्रमा का गुरुत्वाकर्षण बल सीमित होता है तथा ज्वार-भाटा के क्रम उनकी औसत ऊँचाई से कम होते हैं।
- जब पृथ्वी सूर्य के निकटतम होती है, तब इस परिघटना को उपसौर (Perihelion) कहते हैं। प्रत्येक वर्ष 3 जनवरी के आस-पास उच्च एवं निम्न ज्वारों के क्रम भी असामान्य रूप से अधिक न्यून होते हैं।
- जब पृथ्वी सूर्य से सबसे दूर होती है, तब इसे अपसौर (Aphelion) कहते हैं। प्रत्येक वर्ष 4 जुलाई के आस-पास ज्वार औसत की अपेक्षा बहुत कम होते हैं।
- उच्च ज्वार व निम्न ज्वार के मध्य का समय, जब जलस्तर गिरता है, भाटा कहलाता है। उच्च ज्वार एवं निम्न ज्वार के मध्य जब ज्वार ऊपर चढ़ता है, तब उसे बहाव या बाढ़ (Flow or Flood) कहा जाता है।

कनाडा में फण्डी खाड़ी का ज्वार-भाटा

- विश्व का सबसे ऊँचा ज्वार-भाटा कनाडा के नवास्कोशिया में स्थित फण्डी की खाड़ी में आता है।
- ज्वारीय उभार की ऊँचाई 15 से 16 मीटर के मध्य होती है, क्योंकि वहाँ दो उच्च ज्वार एवं दो निम्न ज्वार प्रतिदिन आते हैं (लगभग 24 घण्टे का समय)।
- अतः एक ज्वार 6 घण्टे के भीतर अवश्य आता है। अनुमानतः ज्वारीय उभार एक घण्टे में लगभग 2.4 मी ऊपर उठता है। इसका अर्थ यह हुआ कि ज्वार प्रति मिनट 4 सेमी अधिक ऊपर की ओर उठता है।
- साउथैम्पटन, जोकि इंग्लैण्ड के दक्षिणी-पूर्वी तट पर स्थित है, प्रतिदिन चार बार ज्वार एवं चार बार भाटा आता है। इसका प्रमुख कारण यहाँ पर महासागरीय लहरें दो बार इंग्लिश चैनल से तथा दो बार उत्तरी सागर से विभिन्न समयान्तराल पर संचरित होती हैं। भारत के गुजरात राज्य में ओखा तट पर कच्छ की खाड़ी में ज्वार की ऊँचाई मात्र 2.7 मी पाई जाती है, जो भारत का सबसे ऊँचा ज्वार है।

ज्वार-भाटा का महत्त्व

- ये नौसंचालकों व मछुआरों (मछली पकड़ने) को उनकी कार्य सम्बन्धी योजनाओं में सहायता करते हैं। ये जहाजों को बन्दरगाह तक पहुँचाने में सहायक होते हैं।
- ज्वार की ऊँचाई बहुत अधिक महत्त्वपूर्ण होती है, विशेष रूप से नदियों के किनारे वाले पोताश्रय पर एवं ज्वारनदमुख के भीतर, जहाँ प्रवेश द्वार पर छिछले रोधिका (Offshore Bars) होते हैं, वे नौकाओं एवं जहाजों को पोताश्रय में प्रवेश करने से रोकते हैं।
- ज्वार-भाटा तलछटों के अवक्षेपण में सहायता करते हैं। ये ज्वारनदमुख (Estuary) से प्रदूषित जल को बाहर निकालने में भी सहायता देते हैं।

- हुगली नदी पर स्थित कलकत्ता के पत्तन का महत्त्व ज्वार के कारण ही है, क्योंकि यहाँ ज्वार-भाटा नदियों के मुहाने पर जमी गाद को हटाते रहते हैं, जिससे नदी में गहराई बनी रहती है।
- विश्व के लन्दन, हैम्बर्ग, न्यूयॉर्क और रॉटरडम आदि महत्त्वपूर्ण पत्तन हैं, जो ज्वारों से लाभान्वित होते रहते हैं।

ज्वार-भाटा की उत्पत्ति सम्बन्धी संकल्पनाएँ

संकल्पनाएँ	प्रतिपादक
गुरुत्वाकर्षण बल सिद्धान्त (1987)	न्यूटन
गतिक सिद्धान्त (1755)	लॉप्लास
प्रगामी तरंग सिद्धान्त (1833)	डब्ल्यू वेवेल
नहर सिद्धान्त (1842)	एयरी
स्थैतिक तरंग सिद्धान्त	हैरिस

महासागरीय धाराएँ

महासागरीय धाराएँ (Ocean Currents) निश्चित दिशा में महासागरीय सतह पर नियमित रूप से बहने वाली जल की धाराएँ होती हैं। निश्चित मार्ग व दिशा, जल के नियमित प्रवाह को दर्शाते हैं। महासागरीय धाराएँ दो प्रकार के बलों के द्वारा प्रभावित होती हैं, जो निम्न हैं

प्राथमिक बल

वह बल, जो जल की गति को प्रारम्भ तथा धाराओं को प्रभावित करता है, प्राथमिक बल कहलाता है। इसके निम्नलिखित प्रकार हैं

- **सौर ऊर्जा से जल का गर्म होना** सौर ऊर्जा से जल गर्म होकर फैलता है। यही कारण है कि विषुवत् वृत्त के पास महासागरीय जल का स्तर मध्य अक्षांशों के समीप 8 सेमी अधिक ऊँचा होता है। इसके कारण बहुत कम प्रवणता उत्पन्न होती है तथा जल का बहाव ढाल से नीचे की ओर होता है।
- **महासागर की सतह पर बहने वाली वायु** यह वायु जल को गतिमान करती है। इस क्रम में वायु एवं जल की सतह के मध्य उत्पन्न होने वाला घर्षण बल जल की गति को प्रभावित करता है।
- **गुरुत्वाकर्षण** इसके कारण जल नीचे एकत्रित हो जाता है और यह एकत्रित जल दाब प्रवणता में भिन्नता उत्पन्न करता है।
- **कोरिऑलिस बल** इसके कारण उत्तरी गोलार्द्ध में जल की गति की दिशा दाईं ओर एवं दक्षिणी गोलार्द्ध में बाईं ओर प्रवाहित होती है तथा उनके चारों ओर के बहाव को वलय कहा जाता है। इनके कारण सभी महासागरीय बेसिनों में वृहत् वृत्ताकार धाराएँ उत्पन्न होती हैं।

द्वितीयक बल

- वह बल, जो महासागरीय धाराओं को प्रभावित करता है, द्वितीयक बल कहलाता है; जैसे-लवणता, तापमान आदि।
- यह जल के घनत्व में अन्तरमहासागरीय जलधाराओं की ऊर्ध्वाधर गति को प्रभावित करता है। अधिक खारा जल निम्न खारे जल की अपेक्षा अधिक सघन होता है।
- ठण्डा जल, गर्म जल की अपेक्षा अधिक सघन होता है। सघन जल नीचे बैठता है, जबकि हल्के जल की प्रवृत्ति ऊपर उठने की होती है।
- ठण्डे जल वाली महासागरीय धाराएँ तब उत्पन्न होती हैं, जब ध्रुवों के पास जल एकत्रित होता है एवं धीरे-धीरे विषुवत् वृत्त की ओर गति करता है।
- गर्म जलधाराएँ विषुवत् वृत्त से सतह के साथ होते हुए ध्रुवों की ओर जाती हैं और ठण्डे जल का स्थान लेती हैं।
- **तट रेखा की आकृति** जब महाद्वीपीय भाग सागरीय धाराओं की दिशा में लम्बवत् रूप से पाए जाते हैं, तो धाराओं के मार्ग में अवरोध उत्पन्न होता है। तट रेखा द्वारा समुद्री जल धाराओं की दिशा को सेन रॉक अन्तरीप (ब्राजील) द्वारा प्रभावित किया जाता है। यहाँ से जलधारा टकराकर उत्तर की ओर मुड़ जाती है।
- **तलीय आकृतियाँ** महासागरीय तली की असमानताएँ धाराओं के मार्ग को प्रभावित करती हैं। जब इन धाराओं के मार्ग में अन्तः सागरीय कटक होते हैं, तो धाराएँ दाहिनी ओर मुड़ जाती हैं।

महासागरीय धाराओं के प्रकार

महासागरीय धाराओं को उनकी गहराई तथा तापमान के आधार पर वर्गीकृत किया गया है, जो निम्न प्रकार है

गहराई के आधार पर

महासागरीय धाराओं को उनकी गति के आधार पर दो भागों में बाँटा गया है

- **ऊपरी या सतही जलधारा** महासागरीय जल का 10% भाग सतही या ऊपरी जलधारा के रूप में होता है। ये धाराएँ महासागरों में 400 मी गहराई तक पाई जाती हैं।
- **गहरी जलधारा** महासागरीय जल का 90% भाग गहरी जलधारा के रूप में होता है। ये जलधाराएँ महासागरों में घनत्व व गुरुत्व की भिन्नता के कारण बहती हैं।

तापमान के आधार पर

महासागरीय धाराओं को तापमान के आधार पर दो भागों में वर्गीकृत किया गया है

- **गर्म जलधाराएँ** निम्न अक्षांशों में उष्णकटिबन्धों से उच्च अक्षांशीय समशीतोष्ण और उप-ध्रुवीय कटिबन्धों की ओर बहने वाली धाराओं को गर्म जलधाराएँ कहते हैं। ये जलधाराएँ गर्म जल को ठण्डे जल क्षेत्रों में पहुँचाती हैं और प्रायः महाद्वीपों के पूर्वी तटों पर बहती हैं (दोनों गोलार्द्धों के निम्न व मध्य अक्षांशीय क्षेत्रों में)। उत्तरी गोलार्द्ध में ये जलधाराएँ उच्च अक्षांशीय क्षेत्रों में महाद्वीपों के पश्चिमी तट पर बहती हैं।
- **ठण्डी जलधाराएँ** उच्च अक्षांशों से निम्न अक्षांशों की ओर बहने वाली धाराओं को ठण्डी जलधाराएँ कहते हैं। ये जलधाराएँ ठण्डे जल को गर्म जल क्षेत्रों में लाती हैं। ये महाद्वीपों के पश्चिमी तट पर बहती हैं। ऐसा दोनों गोलार्द्धों में निम्न व मध्य अक्षांशीय क्षेत्रों में होता है। ये जलधाराएँ महाद्वीपों के पूर्वी तट तथा उत्तरी गोलार्द्ध के उच्च अक्षांशीय क्षेत्रों में बहती हैं।

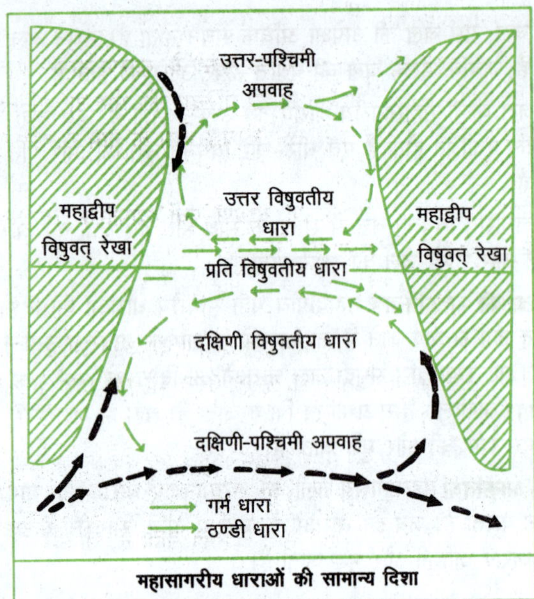

महासागरीय धाराओं की सामान्य दिशा

महासागरीय धाराओं का वर्गीकरण

- सागरों में जल के एक निश्चित दिशा में प्रवाहित होने की गति को धाराएँ कहते हैं।
- धाराएँ धरातलीय भाग पर प्रवाहित होने वाली नदियों के समान होती हैं। धाराएँ पृथ्वी पर तापमान के सन्तुलन में पर्याप्त सहयोग प्रदान करती हैं।
- तापमान के आधार पर महासागरीय धाराएँ उष्ण तथा ठण्डी प्रकार की होती हैं।
- धाराओं की गति, आकार तथा दिशा में पर्याप्त अन्तर होता है। इस आधार पर धाराओं के निम्न प्रकार हैं
  - **प्रवाह** जब पवन वेग से प्रेरित होकर सागर की सतह का जल आगे की ओर अग्रसर होता है, तो उसे प्रवाह कहते हैं। इसकी गति तथा दिशा निश्चित नहीं होती है।
  - **धारा** जब सागर का जल एक निश्चित सीमा और निश्चित दिशा की ओर तीव्र गति से अग्रसर होता है, तो इसे धारा कहते हैं। इसकी गति प्रवाह से अधिक होती है।
  - **विशाल धारा** जब सागर का अत्यधिक जल भूतल की नदियों के समान एक निश्चित दिशा में गतिशील होता है, तो उसे विशाल धारा कहते हैं। इसकी गति प्रवाह तथा धारा से अधिक होती है। इसका प्रमुख उदाहरण **गल्फ स्ट्रीम** है।

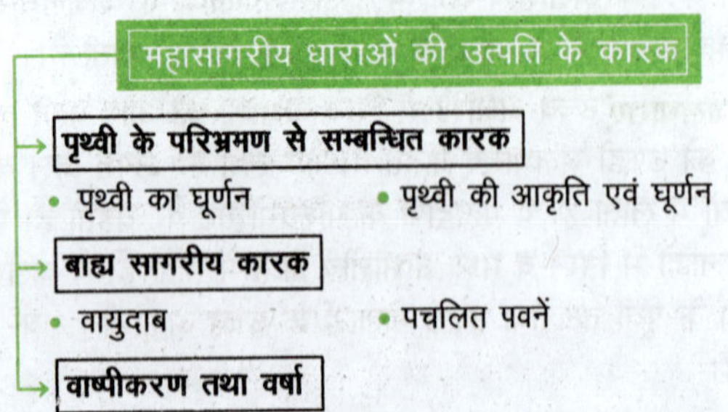

महासागरीय धाराओं का प्रवाह

- महासागरीय धाराएँ प्रचलित पवनों और कोरिऑलिस प्रभाव से अत्यधिक प्रभावित होती हैं। इन जलधाराओं का प्रवाह **वायुमण्डलीय** प्रवाह के समान होता है। ये मध्य अक्षांशीय क्षेत्रों में महासागरों पर **वायु प्रतिचक्रवात** के रूप में बहती हैं।
- दक्षिणी गोलार्द्ध में वायु प्रवाह उत्तरी गोलार्द्ध की अपेक्षा स्पष्ट होता है। उच्च अक्षांशीय क्षेत्रों में वायु प्रवाह मुख्यत: चक्रवात के रूप में होता है और महासागरीय धाराएँ भी इसी का अनुसरण करती हैं। मानसून प्रधान क्षेत्रों में मानसून पवनों का प्रवाह जलधाराओं के प्रवाह को प्रभावित करता है।
- निम्न अक्षांशों से बहने वाली गर्म जलधाराएँ कोरिऑलिस प्रभाव के कारण उत्तरी गोलार्द्ध में अपने बाईं ओर तथा दक्षिणी गोलार्द्ध में अपने दाईं ओर मुड़ जाती हैं।
- महासागरीय जलधाराएँ भी वायुमण्डलीय प्रवाह की भाँति गर्म अक्षांशों से ऊष्मा को स्थानान्तरित करती हैं।
- आर्कटिक व अण्टार्कटिक क्षेत्रों की ठण्डी जलधाराएँ उष्णकटिबन्धीय व विषुवतीय क्षेत्रों की ओर प्रवाहित होती हैं, जबकि यहाँ गर्म जलधाराएँ ध्रुवों की ओर प्रवाहित होती हैं।

विश्व की प्रमुख जलधाराएँ

(i) प्रशान्त महासागर की जलधाराएँ

प्रशान्त महासागर विश्व की सबसे बड़ी एवं गहरी महासागर जलधारा है, जिसमें गर्म एवं ठण्डी प्रकृति की जलधाराएँ विभिन्न क्षेत्रों में प्रवाहित होती हैं, जिनका विवरण निम्न प्रकार है

उत्तरी प्रशान्त जलधारा

जापान के दक्षिणी-पूर्वी तट के समीप क्यूरोशियो धारा प्रचलित पछुआ पवन की चपेट में आती है। महासागर के आर-पार पश्चिम से पूर्व दिशा में प्रवाहित होने वाली धारा को उत्तरी प्रशान्त जलधारा कहते हैं। इसमें निम्न महासागरीय धाराएँ सम्मिलित हैं

उत्तरी विषुवतीय जलधारा

- यह मैक्सिको के तट से पूर्वी द्वीप समूह की ओर बहने वाली **गर्म जलधारा** है।
- विषुवत् रेखा के निकट जल के उच्च तापमान के कारण गर्म होकर व्यापारिक पवनों द्वारा बहाए जाने से इसकी उत्पत्ति होती है।
- यह विषुवत् रेखा के समानान्तर 12000 किमी की दूरी तय करने के बाद फिलीपाइन द्वीप समूह तक पहुँचती है।
- फिलीपाइन के पास कोरिओलिस बल के कारण यह उत्तर की ओर मुड़ जाती है तथा क्यूरोशियो की धारा से मिल जाती है।
- उत्तरी प्रशान्त विषुवत् रेखीय धारा फिलीपाइन द्वीप समूह तक पहुँचने के पश्चात् ताइवान तथा जापान के पूर्वी तट के साथ उत्तरी दिशा में प्रवाहित होने लगती है, जिसे क्यूरोशियो जलधारा के नाम से जाना जाता है।

क्यूरोशिवो जलधारा

- यह एक गर्म जलधारा है। इसकी शाखा शुशिया (शुशिमा) के नाम से जापान सागर में प्रवेश करती है। यह पश्चिमी जापान तट से होकर प्रवाहित होती है। यह तटीय भागों की जलवायु को प्रभावित करती है।
- चीन तुल्य जलवायु की उत्पत्ति में सहायक, जापान में तापमान का अधिक रहना एवं वर्षा का होना तथा होकैडो के तट पर ओयाशियो जलधारा से मिलकर कोहरे का निर्माण करना।

ओयाशिवो जलधारा

- यह प्रशान्त महासागर के उत्तरी भाग में प्रवाहित होने वाली जलधारा है, जिसे ओयाशिवो जलधारा (Oyashio Current) के नाम से जाना जाता है।
- यह एक ठण्डी जलधारा है, जिसे क्यूराइल की ठण्डी धारा भी कहते हैं। यह कमचटका प्रायद्वीप के तट के समीप उत्तर से दक्षिण की ओर बहती है।

कैलिफोर्निया जलधारा

- यह उत्तरी प्रशान्त धारा की दूसरी शाखा है, जो कैलिफोर्निया के तट पर दक्षिण की ओर बहती है। अत: इसे कैलिफोर्निया जलधारा (California Current) के नाम से जाना जाता है।
- यह एक ठण्डी जलधारा है। यह धारा निचले अक्षांशों में उत्तरी विषुवतीय धारा से मिल जाती है। यह जलधारा **मोजाबे** व **सीनोरन** मरुस्थल के निर्माण के लिए उत्तरदायी है।

अलास्का जलधारा

- यह उत्तरी प्रशान्त जलधारा की उत्तरी शाखा है, जिसे ब्रिटिश कोलम्बिया के नाम से भी जाना जाता है। यह ब्रिटिश कोलम्बिया तथा अलास्का के तटों पर घड़ी की सुइयों के विपरीत दिशा में अलास्का धारा के नाम से प्रवाहित होती है।
- यह गर्म धारा है, क्योंकि क्षेत्र के जल की अपेक्षा यह गर्म होती है। इस कारण अलास्का के तट पर बन्दरगाह वर्षभर खुले रहते हैं। इस जलधारा के कारण कनाडा एवं अमेरिका के पश्चिमी भाग में चक्रवात एवं वर्षा होती है तथा यह मत्स्य उद्योग में सहायक है।

ओखोत्स्क जलधारा

- यह उत्तरी प्रशान्त की दूसरी ठण्डी जलधारा है, जो सखालीन के समीप बहती हुई ओयाशियो धारा से मिल जाती है। ओयाशियो धारा अन्त में क्यूरोशियो धारा से मिलकर उसके गर्म जल के नीचे विलुप्त हो जाती है।
- इस जलधारा के द्वारा आर्कटिक सागर का ठण्डा जल प्रशान्त महासागर में लाया जाता है। इसकी तुलना अटलाण्टिक महासागर की लेब्राडोर धारा से की जाती है।

दक्षिण प्रशान्त जलधारा

यह प्रशान्त महासागर में पछुआ पवन के प्रभाव से पश्चिम से पूर्व दिशा में तस्मानिया तथा दक्षिण अमेरिका तट के मध्य प्रवाहित होती है। अत्यधिक जल विस्तार के कारण तथा गरजती चालीसा (पृथ्वी के दक्षिणी गोलार्द्ध में 40° से 50° अक्षांशों के मध्य चलने वाली शक्तिशाली पछुआ पवनों को गरजती चालीसा कहते हैं) के कारण यह एक प्रबल धारा का रूप धारण करती है। दक्षिण प्रशान्त जलधाराएँ अग्रलिखित हैं

दक्षिणी विषुवतीय जलधारा

- यह गर्म जलधारा दक्षिण-पूर्व व्यापारिक पवनों के कारण उत्पन्न होती है। यह दक्षिण अमेरिका के पश्चिमी तट से पश्चिम की ओर ऑस्ट्रेलिया के पूर्वी तट पर बहती है और पूर्वी ऑस्ट्रेलियाई धारा के नाम से दक्षिण की ओर मुड़ जाती है।
- इस जलधारा की उत्पत्ति का कारण, दक्षिण-पूर्वी व्यापारिक पवन एवं पृथ्वी में घूर्णन गति का प्रभाव है।

पूर्वी ऑस्ट्रेलियाई जलधारा

- यह दक्षिणी विषुवत् रेखीय गर्म जलधारा दक्षिण की ओर ऑस्ट्रेलिया के पूर्वी तट के साथ बहती है। इसे न्यू साउथ वेल्स की गर्म धारा के नाम से भी जाना जाता है।
- इसके कारण ऑस्ट्रेलिया के सुदूर दक्षिण-पूर्वी भाग एवं न्यूजीलैण्ड के चारों ओर उच्च तापमान बना रहता है।
- आगे चलकर यह दक्षिणी प्रशान्त धारा में मिल जाती है, जो पश्चिम से पूर्व की ओर बहती है।

पेरू धारा अथवा हम्बोल्ट जलधारा

- दक्षिणी प्रशान्त जलधारा दक्षिणी अमेरिका के दक्षिणी-पश्चिमी तट पर पहुँचकर उत्तर की ओर मुड़ जाती है, यहाँ इसे पेरू जलधारा के नाम से जाना जाता है।
- यह एक ठण्डी जलधारा है, जो अन्त में दक्षिणी विषुवतीय धारा में विलीन होकर एक चक्र पूरा करती है। सर्वप्रथम भूगोलवेत्ता हम्बोल्ट ने इस धारा की खोज की थी।

अण्टार्कटिक जलधारा

यह जलधारा अण्टार्कटिक महाद्वीप के चारों ओर चक्कर लगाती है। इसकी दिशा पश्चिम से पूर्व की ओर है।

इसका जल ठण्डा है तथा यह पछुआ पवनों के प्रवाह में रहती है। इसलिए इसे पछुआ पवन प्रवाह भी कहते हैं।

एल-नीनो धारा

- यह पेरू के तट पर 3° दक्षिण से 36° दक्षिण अक्षांश के मध्य स्थित है।
- एल-नीनो प्रत्येक 5 से 10 वर्ष के अन्तराल पर उत्पन्न होने वाला एक जटिल मौसमी तन्त्र है।
- सामान्य परिस्थितियों में पूर्वी प्रशान्त का जल (पेरू एवं इक्वाडोर के पास) शीतल एवं उथला तथा पश्चिमी प्रशान्त महासागर का (इण्डोनेशिया एवं पश्चिमी ऑस्ट्रेलिया) जल उष्ण एवं गहरा होता है। इसे हम्बोल्ट की धारा भी कहते हैं।
- पेरू के पश्चिमी तट के पास पेरू की ठण्डी जलधारा जब दक्षिण की ओर खिसक जाती है, तब एल-नीनो का निर्माण होता है। इसके कारण सागरीय जल का तापमान 3°C से 4°C तक बढ़ जाता है। इसी कारण इन क्षेत्रों में संवहनीय द्वारा अत्यधिक वर्षा होती है।
- एल-नीनो के कारण अत्यधिक वृष्टि के फलस्वरूप तटीय मरुस्थलीय स्थल भाग हरे-भरे हो जाते हैं, परन्तु समुद्री भाग का जैविक विनाश हो जाता है।

- एल-नीनो के सक्रिय होने पर समुद्र की प्राथमिक उत्पादकता में भारी कमी आती है तथा समुद्री खाद्य शृंखला भंग हो जाती है। इसके कारण दक्षिण अमेरिका के शुष्क क्षेत्र में भारी वर्षा होती है।
- जिस वर्ष एल-नीनो प्रबल होती है, तब पूर्व प्रशान्त महासागर के पूर्वी उष्णकटिबन्धीय भाग में जल वृष्टि में औसतन 4 से 6 गुना वृद्धि होती है, जबकि पश्चिमी प्रशान्त महासागरीय क्षेत्र में सूखे की स्थिति हो जाती है, जिस कारण इण्डोनेशिया, भारत, बांग्लादेश आदि सूखे की चपेट में आ जाते हैं।
- इसके कारण दक्षिणी-पश्चिमी मानसून कमजोर हो जाता है तथा भारत में वर्षा की कमी से सूखे की सम्भावना उत्पन्न होती है।

ला नीना

- यह एक सागरीय जलधारा है। ला नीना एल-नीनो के विपरीत प्रभाव उत्पन्न करती है, जिस कारण इसे पूर्व में एण्टी-एल-नीनो भी कहते हैं।
- ला नीना के दौरान पूर्वी उष्णकटिबन्धीय प्रशान्त क्षेत्र में शीत उद्वेलन तीव्र हो जाता है। इसकी उत्पत्ति पश्चिमी महासागर में उस समय होती है, जब पूर्वी प्रशान्त महासागर में एल-निनो का प्रभाव समाप्त हो जाता है। यह एक ठण्डी जलधारा है, जिसके प्रभाव से प्रशान्त महासागर के तापमान में 3°C से 4°C तापमान कम हो जाता है।
- इसके कारण पूर्वी प्रशान्त महासागर के तट पर सूखे की स्थिति उत्पन्न हो जाती है, जबकि पश्चिमी प्रशान्त महासागर के तट पर अत्यधिक वर्षा होती है।
- इसका प्रभाव पश्चिमी प्रशान्त महासागर में उस समय होता है, जब पूर्वी प्रशान्त महासागर में एल-नीनो का प्रभाव समाप्त हो जाता है।
- ला नीना के आविर्भाव के साथ पश्चिमी प्रशान्त महासागर के उष्ण कटिबन्धीय भाग में तापमान में वृद्धि होने एवं वाष्पीकरण अधिक होने के कारण इण्डोनेशिया, भारत एवं समीपवर्ती भागों में सामान्य से अधिक वर्षा होती है।
- ला नीना के कारण उत्तरी कैलिफोर्निया, उत्तरी रॉकी पर्वत आदि क्षेत्रों में औसत से अधिक वर्षा होती है।
- इसके कारण उपोष्ण कटिबन्धीय पट्टी के साथ बनने वाला उष्णकटिबन्धीय चक्रवात पश्चिमी प्रशान्त महासागर के पश्चिमी ओर विस्थापित हो जाता है। चक्रवातों के विस्थापन के कारण चीन में भूस्खलन का खतरा बढ़ जाता है।

एल-नीनो मोडोकी और ला नीना मोडोकी

- एल-नीनो मोडोकी उष्णकटिबन्धीय प्रशान्त क्षेत्र की एक युग्मित सागरीय वायुमण्डलीय परिघटना है।
- एल-नीनो मोडोकी केन्द्रीय उष्णकटिबन्धीय प्रशान्त के असंगत तापन तथा पूर्वी एवं पश्चिमी उष्णकटिबन्धीय प्रशान्त के शीतलन की प्रक्रिया से सम्बन्धित है।
- ला नीना मोडोकी केन्द्रीय उष्णकटिबन्धीय प्रशान्त महासागर के निम्न सागरीय सतह तापमान से जुड़ी हुई है, जबकि पूर्वी एवं पश्चिमी उष्णकटिबन्धीय प्रशान्त महासागर अपेक्षाकृत गर्म होता है।
- एल-नीनो मोडोकी एवं ला नीना मोडोकी दोनों मिलकर ENSO मोडोकी का निर्माण करते हैं। ENSO की तुलना में ENSO मोडोकी अधिक प्रभावी होती है।
- ENSO मोडोकी के कारण भारत और दक्षिण अफ्रीका में होने वाली वर्षा भी प्रभावित हो रही है।
- एल-नीनो के कारण अरब सागर में चक्रवातों का निर्माण कम हो पाता हैं, जबकि एल-नीनो मोडोकी के कारण कुछ वर्षों में सामान्य स्थिति की तुलना में अरब सागर में अधिक चक्रवातों का निर्माण होने लगा है।

विषुवतरेखीय प्रति जलधारा

- उत्तरी और दक्षिणी विषुवतीय धाराओं के मध्य एक जलधारा पश्चिम से पूर्व की ओर बहती है, जिसे विरुद्ध-विषुवतीय धारा (Equatorial Counter Current) या प्रतिविषुवतीय धारा कहते हैं।
- उत्तरी और दक्षिणी विषुवतीय धाराएँ महासागर के पश्चिमी भाग में विशाल जलराशि एकत्रित करती रहती हैं, जिससे महासागरीय जलस्तर असन्तुलित होता रहता है। इस असन्तुलन को दूर करने का कार्य विरुद्ध विषुवतीय धारा करती है।

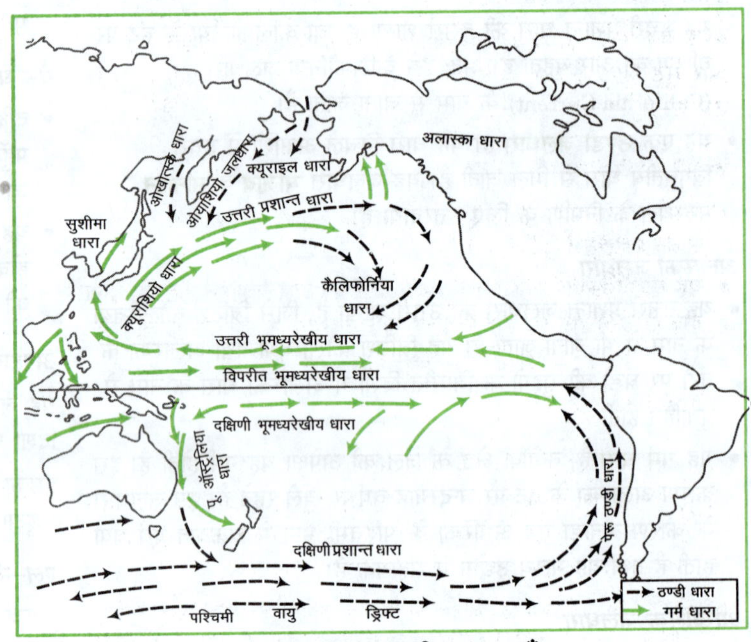

प्रशान्त महासागर की जलधाराएँ

(ii) अटलाण्टिक महासागर की जलधाराएँ

अटलाण्टिक महासागर की प्रमुख जलधाराओं का विवरण निम्न है

उत्तरी विषुवतरेखीय जलधारा

- यह एक प्रकार की गर्म जलधारा है। व्यापारिक हवाओं के कारण इस धारा की प्रवाह दिशा पूर्व से पश्चिम की ओर होती है।
- मध्य अटलाण्टिक कटक को पार करने पर इस धारा की दिशा परिवर्तित हो जाती है और उत्तर-पश्चिम की ओर मुड़कर दो धाराओं में बँट जाती है।

फ्लोरिडा की जलधारा

- यह गर्म जलधारा फ्लोरिडा जलडमरुमध्य से 30° उत्तरी अक्षांश पर स्थित हेटरस अन्तरीप के बीच प्रवाहित होती है। 30° उत्तरी अक्षांश के पास एण्टीलीज गर्म धारा, फ्लोरिडा धारा से मिल जाती है।

- यह उत्तरी विषुवतरेखीय धारा का ही विस्तृत भाग है, जो यूकाटन चैनल से होकर मैक्सिको की खाड़ी तक पहुँचती है।
- यह पूर्वी अमेरिका में चीन तुल्य जलवायु एवं मध्य अमेरिका में मानसून तुल्य जलवायु की उत्पत्ति में सहायक है।

गल्फ स्ट्रीम जलधारा

- जब फ्लोरिडा की धारा एण्टीलीज की धारा का जल समाविष्ट कर हेटरस अन्तरीप से ग्राण्ड बैंक के बीच प्रवाहित होती है, तब इसे गल्फ स्ट्रीम कहा जाता है।
- यह एक गर्म जलधारा है। यह गहरे जल में सुस्पष्ट होती है। ग्रैण्ड बैंक (अटलाण्टिक महासागर में स्थित एक प्रमुख मत्स्यन क्षेत्र, जो उत्तरी अमेरिकी महाद्वीपीय शेल्फ (मग्नतट) का भाग है।) के निकट, लैब्राडोर की ठण्डी जलधारा से मिलने के कारण कोहरा युक्त वातावरण का निर्माण एवं मत्स्य उद्योग का विकास हुआ है।

उत्तरी अटलाण्टिक जलधारा

ग्रैण्ड बैंक से गल्फ स्ट्रीम जब पछुआ पवन के प्रभाव में आकर पूर्व की ओर मुड़ जाती है और अटलाण्टिक के आर-पार प्रवाहित होती है, तब उसे उत्तरी अटलाण्टिक धारा कहते हैं। यह एक गर्म जलधारा है।

कनारी ठण्डी जलधारा

- उत्तरी अटलाण्टिक प्रवाह की दूसरी शाखा मुड़कर कनारी द्वीप के समीप पहुँचती है।
- यह धारा मुख्यत: ठण्डे भागों से गर्म क्षेत्रों की ओर प्रवाहित होती है। कनारी द्वीप से आगे बढ़ कर यह विषुवतरेखीय धारा में सम्मिलित हो जाती है।
- सहारा मरुस्थल के निर्माण के लिए कनारी की ठण्डी जलधारा प्रमुख उत्तरदायी कारक है।

सारगैसो सागर

- उत्तरी अटलाण्टिक महासागर में उत्तरी विषुवत् रेखीय धारा, गल्फ स्ट्रीम तथा कनारी धारा द्वारा घिरे हुए गतिहीन जल राशि वाले शान्त क्षेत्र को **सारगैसो सागर** कहते हैं।
- इसमें सारगैसम घास विस्तृत है अर्थात् यह अत्यधिक समुद्री शैवालों से भरा है। यह पछुआ तथा व्यापारिक हवाओं के संक्रमण मण्डल के मध्य स्थित है। अत: यहाँ प्रति चक्रवातीय पवन संचार के कारण क्षीण हवाएँ मन्द गति से चलती हैं। अटलाण्टिक महासागर की सर्वाधिक लवणता 37‰ सारगैसो सागर में पाई जाती है।

नॉर्वे की जलधारा

- उत्तरी अटलाण्टिक धारा की एक शाखा ब्रिटिश द्वीप पहुँचकर वहाँ से नॉर्वे के तट पर बहने लगती है, जिसे नॉर्वे धारा कहा जाता है।
- यह एक गर्म जलधारा है। यह धारा नॉर्वे तट से होकर नॉर्वे के सागर में चली जाती है। इस प्रकार यहाँ से यह धारा अण्टार्कटिक महासागर में प्रवेश करती है।

पूर्वी ग्रीनलैण्ड जलधारा

यह एक ठण्डी जलधारा है, जो अण्टार्कटिक महासागर से अटलाण्टिक महासागर में बहती है। यह पूर्वी भाग में प्रवाहित होती है।

लेब्राडोर जलधारा

- यह जलधारा ठण्डे ध्रुवीय सागरों से आने के कारण ठण्डी होती है। यह कनाडा के पूर्वी तट पर दक्षिण की ओर बहती हुई गल्फ स्ट्रीम से मिल जाती है।
- न्यूफाउण्डलैण्ड के निकट ठण्डी और गर्म जलधाराओं के मिलने से कोहरे का निर्माण होता है। यहाँ संसार का सबसे महत्त्वपूर्ण मत्स्य आखेट क्षेत्र है।

दक्षिणी विषुवतीय जलधारा

यह एक गर्म जलधारा है, जो दक्षिणी-पूर्वी व्यापारिक हवाओं के कारण पश्चिमी अफ्रीका तथा पूर्वी-दक्षिणी अमेरिका के तटों से 0° से 20° दक्षिणी अक्षांशों के मध्य प्रवाहित होती है। यह सेण्ट रॉक्स द्वीप से टकराने के बाद दो भागों में विभाजित हो जाती है।

ब्राजील जलधारा

- दक्षिणी अटलाण्टिक महासागर में दक्षिणी विषुवतीय धारा की शाखा साओ रॉक अन्तरीप से दक्षिण की ओर दक्षिणी अमेरिका के पूर्वी तट पर समानान्तर बहती है। इसे ब्राजील धारा के नाम से जानते हैं।
- यह धारा लगभग 30° अक्षांश पर पूर्व की ओर मुड़ जाती है और पछुआ पवन से प्रेरित दक्षिण अटलाण्टिक धारा में मिलकर पश्चिम से पूर्व की ओर बहने लगती है। यह एक गर्म जलधारा है।

दक्षिणी अटलाण्टिक प्रवाह

जब ब्राजील की धारा पृथ्वी के परिभ्रमण के कारण विक्षेप बल द्वारा पूर्व दिशा की ओर मुड़ जाती है, तो स्थल के अभाव में पछुआ हवाओं द्वारा प्रेरित होकर तेज गति से प्रवाहित होती है, जिसे दक्षिणी अटलाण्टिक प्रवाह, अण्टार्कटिक प्रवाह आदि नामों से जाना जाता है। यह एक ठण्डी जलधारा है।

बेंगुएला जलधारा

- यह एक ठण्डी जलधारा है, जो गुड होप अन्तरीप (आशा अन्तरीप) के निकट दक्षिणी अटलाण्टिक धारा की एक शाखा दक्षिणी अफ्रीका के पश्चिम तट से उत्तर की ओर बहती है, जिसे बेंगुएला धारा (Benguela Current) कहते हैं।
- यह अन्त में दक्षिण विषुवतीय धारा से मिलकर दक्षिणी अटलाण्टिक महासागर की धाराओं का चक्र पूरा करती है।
- फॉकलैण्ड जलधारा यह एक ठण्डी जलधारा है, जो दक्षिणी अमेरिका के दक्षिण-पूर्वी तट पर दक्षिण से उत्तर की ओर बहती है, जिसे फॉकलैण्ड जलधारा कहते हैं।

विपरीत विषुवतीय जलधारा

- उत्तरी विषुवतीय धारा और दक्षिण विषुवतीय धाराओं द्वारा अधिक जलराशि के पश्चिम की ओर हट जाने से रिक्त पड़े अंश को सन्तुलित करने के अभिप्राय से दोनों की विपरीत दिशा में चलने वाली धारा को विपरीत विषुवतीय धारा या विरुद्ध विषुवतीय जलधारा कहते हैं।
- यह जलधारा दोनों विषुवतीय धाराओं के मध्य पश्चिम से पूर्व की ओर बहती है।

- पश्चिमी अफ्रीका के तट के समीप प्रवाहित होने अथवा गिनी तट पर अस्तित्व प्रकट होने के कारण इसे **गिनी की धारा** भी कहते हैं।

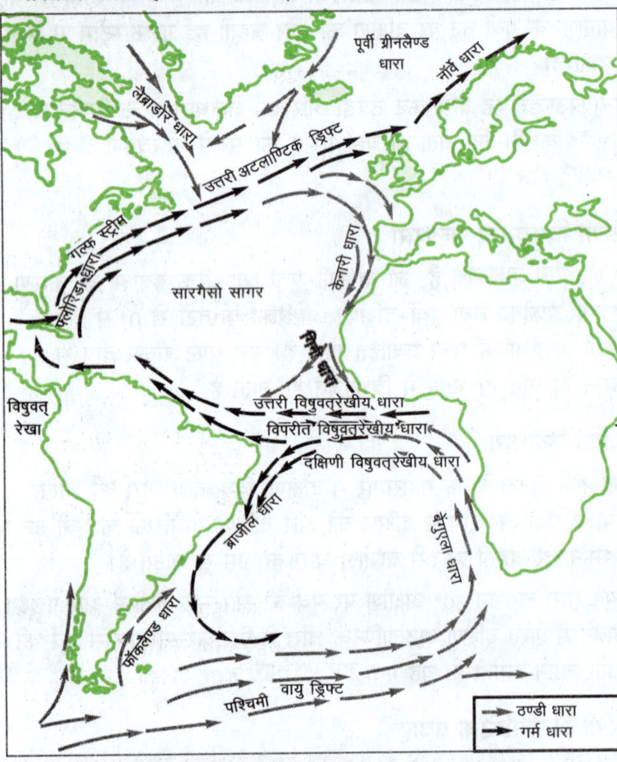

अटलाण्टिक महासागर की जलधाराएँ

(iii) हिन्द महासागर की जलधाराएँ

- हिन्द महासागर की धाराओं पर स्थलमण्डल के अतिरिक्त मानसूनी हवाओं का अधिक प्रभाव पड़ता है। इसलिए हिन्द महासागर की धाराओं के संचरण की विशेषताएँ अटलाण्टिक एवं प्रशान्त महासागर से भिन्न होती हैं।
- इसके अतिरिक्त उत्तरी हिन्द महासागर में उत्तर-पूर्वी तथा दक्षिणी-पश्चिमी मानसूनी हवाओं के कारण धाराओं की दिशा में वर्ष में दो बार परिवर्तन भी हो जाता है। अत: हिन्द महासागर की धाराओं का विवरण निम्नलिखित है

उत्तरी हिन्द महासागर की जलधाराएँ

- **उत्तरी-पूर्वी मानसून जलधारा** शीतकाल में उत्तरी-पूर्वी मानसून पवनों के प्रभाव से उत्तरी विषुवतीय धारा पूर्व से पश्चिम की ओर प्रवाहित होती है, जिसे **उत्तर पूर्वी मानसून ड्रिफ्ट** (North-East Monsoon Drift) कहते हैं।
- **दक्षिण-पश्चिम मानसून जलधारा** ग्रीष्म ऋतु में दक्षिण-पश्चिम मानसून के प्रवाह से जल का प्रवाह पश्चिम से पूर्व दिशा की ओर पाया जाता है, जिसे दक्षिण-पश्चिमी मानसून प्रवाह अथवा दक्षिण-पश्चिमी मानसून ड्रिफ्ट कहते हैं।
- **विरुद्ध विषुवतीय जलधारा** शीत ऋतु में उत्तरी विषुवतीय धारा तथा दक्षिणी विषुवतीय धारा पूर्व से पश्चिम की ओर बहती है। इन दोनों के मध्य एक धारा पश्चिम से पूर्व की ओर बहती है, जिसे **विरुद्ध विषुवतीय धारा** अथवा विपरीत विषुवतीय धारा भी कहा जाता है। ग्रीष्म ऋतु में यह धारा पूर्णत: समाप्त हो जाती है।

दक्षिणी हिन्द महासागर की जलधाराएँ

- **दक्षिणी विषुवतरेखीय धारा** यह **गर्म धारा** दक्षिण-पूर्वी व्यापारिक पवनों के प्रभाव से 20° अक्षांश के उत्तर-पूर्व से पश्चिम की ओर प्रवाहित होती है। ग्रीष्मकालीन मानसून में इसका वेग सर्वाधिक होता है।
- **मेडागास्कर जलधारा** यह मेडागास्कर द्वीप के पूर्वी तट पर बहने वाली धारा मेडागास्कर की **गर्म धारा** कहलाती है।
- **अगुलहास जलधारा** मोजाम्बिक और मेडागास्कर के मिलन से अगुलहास धारा की उत्पत्ति होती है। यह एक **गर्म जलधारा** होती है, जो अफ्रीका के दक्षिणी छोर तक बहती है।

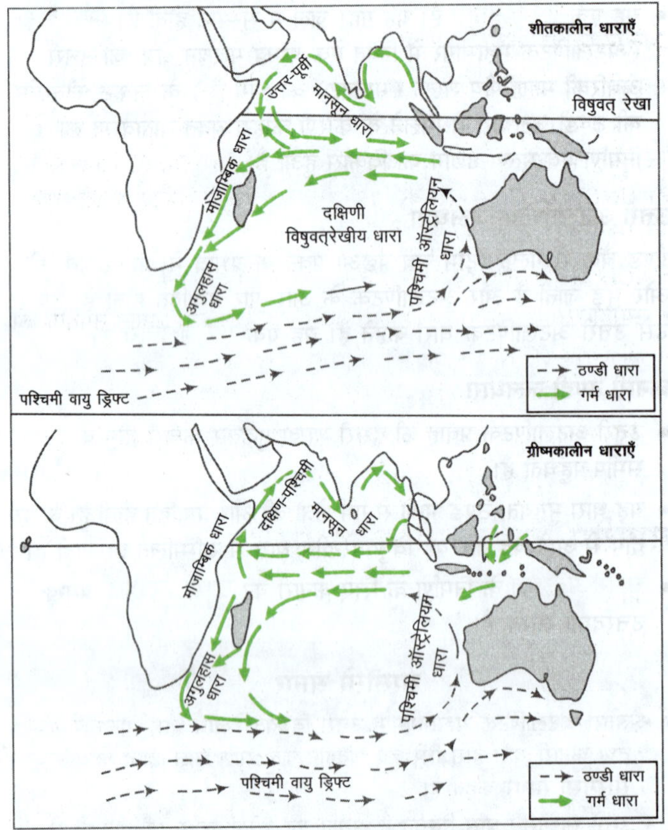

हिन्द महासागर की जलधाराएँ

- **मोजाम्बिक जलधारा** अफ्रीका के मोजाम्बिक तट के निकट दक्षिणी विषुवतरेखीय धारा दक्षिण की ओर मुड़ जाती है। मोजाम्बिक के मुहाने की ओर बहने वाली इस धारा को **गर्म मोजाम्बिक धारा** कहते हैं।
- **दक्षिणी हिन्द महासागर जलधारा** जब अगुलहास धारा (Agulhas Current) पछुआ पवन के द्वारा प्रेरित प्रवाह में मिलकर पूर्व की ओर बहने लगती है, तो उसे दक्षिणी हिन्द धारा अथवा दक्षिणी हिन्द **महासागरीय धारा** कहते हैं। यह एक **ठण्डी जलधारा** है।
- **पश्चिमी ऑस्ट्रेलियाई जलधारा** दक्षिणी हिन्द धारा की एक शाखा उत्तर की ओर मुड़कर ऑस्ट्रेलिया के दक्षिण-पश्चिमी किनारे के समीप अर्थात् ऑस्ट्रेलिया के पश्चिम तट से लगकर उत्तर की ओर बहने लगती है, जिसे पश्चिम ऑस्ट्रेलियाई धारा कहते हैं। यह एक **ठण्डी जलधारा** है। अन्त में यह धारा दक्षिणी विषुवतीय धारा से मिलकर धाराओं के चक्र को पूरा करती है।
- **पछुआ पवन प्रवाह** यह जलधारा हिन्द महासागर के दक्षिण में पश्चिम से पूर्व की दिशा में ऑस्ट्रेलिया के पश्चिमी तट तक प्रवाहित होती है।

महासागरीय मण्डल

- महासागर जल संसाधन के अतिरिक्त जीवीय, खाद्य, खनिज तथा ऊर्जा संसाधनों का विशाल भण्डार क्षेत्र है।
- इसमें विद्यमान बहुमूल्य संसाधनों ने विभिन्न देशों के अधिकार क्षेत्र को निर्धारित करने हेतु विवश किया है।
- अत: विभिन्न देशों के अधिकार क्षेत्रों को अन्तर्राष्ट्रीय समुद्री कानून के अन्तर्गत निर्धारित किया गया है, जिसे विभिन्न क्षेत्रों या मण्डलों में बाँटा गया है

अन्तर्राष्ट्रीय समुद्री कानून

संयुक्त राष्ट्र सागरीय विधि समझौता (United Nations Convention on the Law of the Sea-UNCLOS) द्वारा विश्व के सागरों तथा महासागरों पर विभिन्न देशों के अधिकार तथा उत्तरदायित्वों को निर्धारित किया गया है। UNCLOS को 10 दिसम्बर, 1982 को हस्ताक्षर के लिए खोला गया, जो 16 नवम्बर, 1994 से प्रभावी है।

UNCLOS इस सन्धि के तहत निम्न प्रावधान किए गए हैं

- समुद्री संसाधनों और समुद्री पर्यावरण के संरक्षण तथा समान उपयोग को सुनिश्चित करने की दिशा में कार्य
- विभिन्न देशों की सम्प्रभुता से जुड़े मामलों का निपटान
- विभिन्न सामुद्रिक क्षेत्रों मे उपयोग के अधिकारों का निर्धारण
- विभिन्न देशों के नौसैन्य अधिकारों की पुष्टि

सागरीय क्षेत्र के प्रमुख मण्डल

1. क्षेत्रीय सागर

- किसी भी देश के तट के पास से सागर तटीय जल क्षेत्र को क्षेत्रीय सागर (Territorial Sea) कहते हैं।
- क्षेत्रीय सागर की दूरी आधार रेखा से सागर की ओर 12 नॉटिकल मील या समुद्री मील होती है। प्रारम्भ में इस क्षेत्र की दूरी 3 मील तय की गई थी।
- आधार रेखा किसी देश की तटरेखा (Sore line) सीधी न होकर टेढ़ी-मेढ़ी तथा कटी-फटी होती है। इस प्रकार स्थल के सागर की ओर निकले भागों को मिलाने वाली काल्पनिक रेखा को आधार रेखा (Base line) कहते हैं।
- स्थलीय भाग एवं आधार रेखा के मध्य स्थित सागरीय जल को आन्तरिक जल (Internal water) कहते हैं।
- सागरीय दूरी को समुद्री मील या नॉटिकल मील (सागरीय दूरी की माप है। यह पृथ्वी की परिधि पर आधारित है और अक्षांश के एक मिनट के बराबर होती है। 1 नॉटिकल मील 1.55 स्थलीय मील (1.8 किमी) के बराबर होता है।) में मापा जाता है।
- क्षेत्रीय सागर को सागरीय मेखला (Marine belt) या सीमान्त सागर (Marginal Sea) भी कहा जाता है।
- क्षेत्रीय सागर पर सम्बन्धित तटवर्ती देश (Coastal Nation) की प्रभुसत्ता (Sovereignty) होती है। इस सीमा के अन्दर सम्बन्धित राष्ट्र का पूर्ण अधिकार होता है। कोई भी अन्य देश सम्बन्धित देश की अनुमति के बिना इसमें प्रवेश नहीं कर सकता।

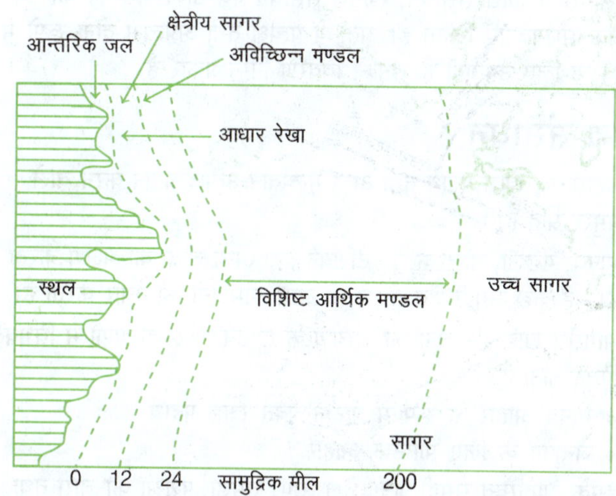

2. अविच्छिन्न (संलग्न) मण्डल

- क्षेत्रीय सागर के आगे वाले सागरीय भाग की कुछ दूरी तक सम्बन्धित भाग को अविच्छिन मण्डल (Contiguous Zone) कहते हैं।
- इस मण्डल की सागरवर्ती सीमा आधार रेखा से 24 नॉटिकल मील (समुद्री मील) तक होती है।
- इस सीमा (24 NM) के अन्दर सम्बन्धित देश का सीमा शुल्क, राजस्व, घुसपैठ, नागरिक सुरक्षा, आव्रजन (Immegration) आदि का पूर्ण अधिकार होता है तथा इनका उल्लंघन करने वालों को दण्डित किया जा सकता है।

3. विशिष्ट आर्थिक मण्डल

- आधार रेखा से सागर की ओर 200 नॉटिकल मील (समुद्री मील) तक की दूरी वाले भाग को विशिष्ट आर्थिक मण्डल (Exclusive Economic Zone, EEZ) कहते हैं।
- इस मण्डल के अन्तर्गत सागर की तली, उस पर निक्षेपित पदार्थों में स्थित खनिज सम्पदा, सागरीय जल शक्ति तथा सागरीय जीवों के सर्वेक्षण, विदोहन, संरक्षण (conservation) तथा प्रबन्धन के लिए तटवर्ती देश (coasted nation) को पूर्ण अधिकार होता है।
- कोई दूसरा देश सम्बन्धित तटवर्ती देश में अनुमति के बिना इस मण्डल में कोई आर्थिक कार्य (मछली पकड़ना, खनन आदि) नहीं कर सकता, परन्तु उसे परिवहन हेतु जलयानों के आने-जाने, सागर के नीचे केबल बिछाने तथा हवाई जहाज उड़ाने का अधिकार है।

4. उच्च सागर

- विशिष्ट आर्थिक मण्डल (EEZ) के बाद स्थित सागरीय क्षेत्र को उच्च सागर (High Sea) के अन्तर्गत सम्मिलित किया जाता है।
- इस सागरीय क्षेत्र में सभी देशों को परिवहन (जलयान तथा वायुयान चालन), मछली पकड़ने, खनिजों के विदोहन, अन्त:सागरीय केबल बिछाने, वैज्ञानिक शोध करने आदि के समान अधिकार होते हैं।

महासागरीय संसाधन

महासागरों में खाद्य संसाधन, खनिज संसाधन एवं ऊर्जा संसाधन की अधिक सम्भावनाएँ निहित हैं। अत: ये प्रत्यक्ष तथा अप्रत्यक्ष दोनों रूपों में मानव के लिए उपयोगी हैं। इनका विवरण निम्न प्रकार है

खाद्य संसाधन

- महासागर, खाद्य पदार्थ तथा अन्य मूल्यवान उत्पाद प्रदान करने वाले प्रमुख स्रोत हैं।
- मानव, मछली, मोलस्क, क्रस्टेशियन तथा अन्य जीवों का भक्षण करता है। वह कुछ समुद्री शैवालों से भी खाद्य सामग्रियों को तैयार करता है।
- सागरीय खाद्य संसाधनों को उपयोग के दृष्टिकोण से दो भागों में विभक्त किया जाता है
  - मानव आहार के रूप में प्रोटीन युक्त खाद्य पदार्थ
  - जन्तुओं के लिए पौष्टिक आहार
- इसके अतिरिक्त समुद्री जन्तु, तेल, रोएँ, चमड़ा, पशुओं का चारा तथा अन्य उपयोगी वस्तुएँ भी प्रदान करते हैं। कुछ समुद्री पौधों तथा जन्तुओं का उपयोग दवाइयों को बनाने में भी किया जाता है।
- सभी समुद्री संसाधनों में मछली सबसे अधिक मात्रा में उपलब्ध है और खाद्य पदार्थ के रूप में इसका प्रयोग भी व्यापक रूप से होता है, जो प्रोटीन का एक प्रमुख स्रोत है।
- संसार में पकड़ी जाने वाली मछलियों में अधिकांश मात्रा में हेरिंग, ऐंकरी, पिल्चर्ड, सारडीन, कॉड, साल्मन, टूना, मैकेरल, हेक और हेडॉक होती हैं।
- जापान, न्यूफाउण्डलैण्ड तथा आइसलैण्ड जैसे देशों में जहाँ भूमि अनुपजाऊ है और कृषि उत्पादन बहुत कम होता है, वहाँ मनुष्यों के भोजन में 10% योगदान मछलियों का होता है। कई देशों में इसे समुद्री कृषि कहते हैं।

नोट *उत्तरी गोलार्द्ध के मध्य अक्षांश एवं शीतोष्ण कटिबन्ध में 98% मछलियाँ पकड़ी जाती हैं।*

खनिज संसाधन

- महासागरों में अनेक उपयोगी धात्विक तथा अधात्विक खनिज बड़ी मात्रा में पाए जाते हैं। ये खनिज घोल तथा निलम्बित कणों के रूप में पाए जाते हैं।
- समुद्री खारे जल में घुले लवणों में नमक, मैग्नीशियम तथा ब्रोमीन पाए जाते हैं। इसके अतिरिक्त मैंगनीज, फॉस्फोराइट, गन्धक, टिटैनियम, जिरकॉन, मोनोजाइट, सोना, प्लेटेनियम, हीरा, टिन, लोहा, बालू, बजरी इत्यादि पाए जाते हैं।
- सागरीय जल में घुले नमक की कुल मात्रा का 85% भाग सोडियम तथा क्लोरीन का होता है। खनिजों में नमक का विदोहन सर्वाधिक हुआ है।
- भारत के गुजरात, महाराष्ट्र तथा तमिलनाडु के तटीय भागों में सागरीय जल से नमक प्राप्त किया जाता है। केवल गुजरात, देश के कुल नमक उत्पादन का 50% उत्पादन करता है।
- महाद्वीपीय मग्नतटों एवं ढालों की सतह पर निक्षेपित पदार्थों में जिरकॉन तथा मोनोजाइट का भण्डार भारत, संयुक्त राज्य अमेरिका, ब्राजील, श्रीलंका, ऑस्ट्रेलिया तथा न्यूजीलैण्ड के तटीय क्षेत्रों में पाया जाता है।
- भारत में मोनोजाइट का वृहत्तम (90%) भण्डार है, जो केरल तट के पास प्लेसर निक्षेप में एकीकृत है।
- सोने का भण्डार अलास्का, आरेगान (संयुक्त राज्य अमेरिका), चीन, दक्षिण अफ्रीका एवं ऑस्ट्रेलिया के सागर तटीय क्षेत्रों में पाया जाता है।
- गहरे सागरीय निक्षेपों के खनिजों में मैंगनीज पिण्ड (nodules) सर्वाधिक महत्त्वपूर्ण है। प्रशान्त महासागर में इसका सर्वाधिक भण्डार है, जो 4000 मी तक की गहराई पर पाया जाता है।
- भारत में महाराष्ट्र (कोंकण तट), गुजरात तट, मालाबार एवं कोरोमण्डल तट, कृष्णा-कावेरी डेल्टा तट, सुन्दरबन आदि के पास अपतट खनिज तेल की खोज की गई है।
- बम्बई हाई भारत का एक महत्त्वपूर्ण खनिज तेल उत्पादन क्षेत्र है। खनिज तेल समुद्र तट से 150 किमी दूर तथा 2000 मी की गहराई से निकाला जाता है।

ऊर्जा संसाधन

- ज्वारीय ऊर्जा (Tidal Energy) महासागरों में ज्वारीय ऊर्जा के मुख्य स्रोत हैं; जैसे-ज्वार भाटे के कारण जलस्तर के ऊपर उठने और नीचे गिरने से उत्पन्न ऊर्जा। कनाडा, यूएसए, फ्रांस, रूस तथा चीन ज्वारीय ऊर्जा से विद्युत ऊर्जा प्राप्त करने वाले विश्व के अग्रणी देश हैं।
- भू-तापीय ऊर्जा (Geo-Thermal Energy) महासागरों में भू-तापीय ऊर्जा का सम्बन्ध विभंग क्षेत्रों तथा सक्रिय ज्वालामुखी क्षेत्र से पाया जाता है। तटीय क्षेत्रों में विद्युत उत्पादन के लिए भू-तापीय ऊर्जा का प्रमुख स्रोत होता है। वर्तमान में भारत सहित विश्व के अन्य देश भू-तापीय ऊर्जा का उत्पादन कर रहे हैं।
- समुद्री ताप से ऊर्जा उत्पादन (Ocean Thermal Energy conversion-OTEC) ओटेक (समुद्री ताप से ऊर्जा उत्पादन की प्रक्रिया, भारत जैसे उष्णकटिबन्धीय देश में, जहाँ समुद्री तापमान 25-27°C तक रहता है, इस ऊर्जा की व्यापक सम्भावना रहती है।) में समुद्र की ऊपरी सतह से 1000 मी की गहराई तक ऊर्जा अवशोषित की जाती है। भारत के लक्षद्वीप तथा अण्डमान निकोबार-द्वीप समूह OTEC ऊर्जा के लिए सबसे उपयुक्त क्षेत्र हैं।

"

मृदा कई ठोस, तरल और गैसीय पदार्थों का मिश्रण है, जो भू-पर्पटी के सबसे ऊपरी स्तर में पाई जाती है। जैविक, भौतिक और रासायनिक प्रक्रियाओं की लम्बी अवधि तक बने रहने से मृदा का निर्माण होता है। विभिन्न स्थानों पर भिन्न-भिन्न प्रकार की मृदा पाई जाती है।

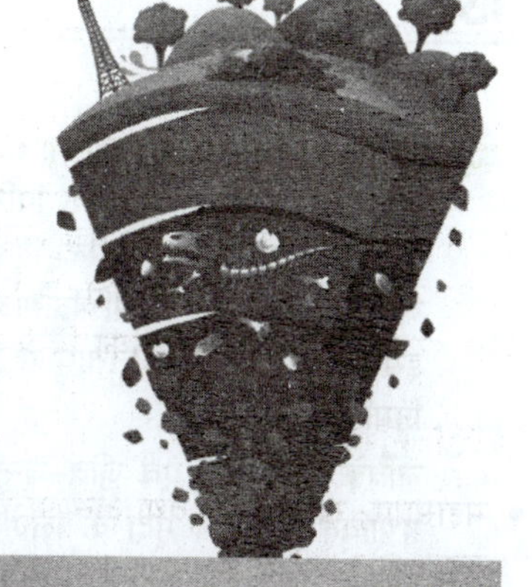

अध्याय तेईस

मृदा एवं प्राकृतिक वनस्पति

मृदा

- पृथ्वी के पृष्ठ पर दानेदार कणों के आवरण की पतली परत मृदा (Soil) कहलाती है। यह खनिज एवं जैव तत्त्वों का मिश्रण होती है, जिसमें पौधों को उत्पन्न करने की क्षमता होती है। इडेफिक कारक मृदा से सम्बन्धित है।
- मृदा का निर्माण चट्टानों से प्राप्त खनिजों और जैव पदार्थ तथा भूमि पर पाए जाने वाले खनिजों से होता है। मृदा अपक्षय की प्रक्रिया के माध्यम से बनती है। खनिजों और जैव पदार्थों का सही मिश्रण मृदा को उपजाऊ बनाता है।

मृदा निर्माण की प्रक्रियाएँ

- मृदा निर्माण या मृदा जनन सर्वप्रथम अपक्षय पर निर्भर करता है। यह अपक्षयी प्रावार (Weathering Ridge) (अपक्षयी पदार्थ की गहराई) ही मृदा निर्माण का मूल निवेश होता है।
- सर्वप्रथम अपक्षयित प्रावार एवं अन्य लाए गए पदार्थों के निक्षेप, बैक्टीरिया एवं अन्य निकृष्ट पौधे; जैसे—काई और लाइकेन द्वारा उपनिवेशित किए जाते हैं। प्रावार एवं निक्षेप के अन्दर अनेक गौण जीव (Minor Creature) भी आश्रय प्राप्त कर लेते हैं। जीव एवं पौधों के मृत अवशेष ह्यूमस के एकत्रीकरण में सहायक होते हैं। प्रारम्भ में गौण घास एवं फर्न्स की वृद्धि होती है, तत्पश्चात् पक्षियों एवं वायु द्वारा लाए गए बीजों से वृक्ष एवं झाड़ियों में वृद्धि होती है।
- पौधों की जड़ें नीचे तक धँस जाती हैं। बिल बनाने वाले जीव-जन्तु कणों को ऊपर लाते हैं, जिससे पदार्थों का पुंज (अम्बार) छिद्रमय तथा स्पंज की भाँति हो जाता है।
- इस प्रकार जल धारण करने की क्षमता, वायु के प्रवेश आदि के कारण अन्ततः परिपक्व खनिज एवं जीव उत्पाद युक्त मृदा का निर्माण होता है।
- पेडोलॉजी मृदा विज्ञान है एवं पेडोलॉजिस्ट एक मृदा वैज्ञानिक होता है।

मृदा अवयव

मृदा ठोस, द्रव एवं गैस तीनों प्रकार के तत्त्वों का मिश्रण है। पृथ्वी के शैलों से खनिज तथा जीवाणु से जैविक पदार्थ प्राप्त होते हैं।

मृदा निर्माण के कारक

मृदाएँ जलवायु, जीवों, उच्चावचों, आधार शैल और समय का प्रतिफल होती हैं अर्थात् किसी भी क्षेत्र में मृदाओं के निर्माण की प्रक्रियाएँ, उनके गुण तथा विशेषताएँ मुख्य रूप से पाँच कारकों द्वारा निर्धारित, नियन्त्रित एवं प्रभावित होती हैं, जो निम्नलिखित हैं

1. मूल पदार्थ (आधारशैल) किसी भी क्षेत्र में मृदा का निर्माण आधार शैल (Parent Rock) के अपक्षय द्वारा होता है। इस तरह मृदा के प्राथमिक एवं द्वितीयक खनिज आधार शैलों से ही प्राप्त होते हैं अर्थात् जिस प्रकार के खनिज आधार शैल में होते हैं, उसी प्रकार के खनिज उस शैल के अपक्षय जनित मृदा में पाए जाते हैं। उदाहरण के लिए; ज्वालामुखी (बेसाल्ट) चट्टान के अपक्षयन से काली मृदा का निर्माण होता है।
2. स्थलाकृति (उच्चावच) चट्टानों के विघटन तथा वियोजन (Decomposition) से उत्पन्न असंगठित मलबे को मृदा का रूप धारण करने के लिए यह आवश्यक है कि वह एक स्थान पर जमा रह सके। जहाँ ढाल तीव्र होती है, वहाँ मलबा जम नहीं पाता, इसलिए मृदा की मोटाई काफी कम होती है, जबकि समतल भूमि में मलबे के जमा होने के कारण उसकी मोटाई अधिक होती है।
3. समय (आयु) प्रकृति के विभिन्न स्वरूपों की तरह मृदाएँ भी समय के साथ विकसित होती हैं तथा इनका संगठन, संरचना तथा आन्तरिक विशेषताएँ निरन्तर परिवर्तित होती रहती हैं। मृदा निर्माण में समय एक तटस्थ कारक (Neutral Factor) की भूमिका निभाता है। मृदा निर्माण की सभी क्रियाएँ समय के अनुसार होती हैं। मृदा के पूर्ण विकसित होने तथा विनष्ट होने एवं फिर नवीन निर्माण होने का चक्र भी समयानुसार होता है। सभी दशाओं के अनुकूल होने पर मृदा परिच्छेदिका (Soil Profile) का विकास होने में लगभग 200 वर्ष लग जाते हैं।
4. जलवायु जलवायु मृदा में स्थित नमी की मात्रा तथा तापमान को निर्धारित एवं प्रभावित करती है। इससे अपवहन (Eluviation), अपक्षालन (Leaching), विनिक्षेपण (Illuviation), ह्यूमसीकरण

(Humification) तथा खनिजीकरण (Mineralisation) की प्रक्रिया सम्पन्न होती है, जो मृदा के विभिन्न संस्तरों के निर्माण में सहायक होती है। तापमान मृदा परिच्छेदिका में रासायनिक, भौतिक एवं जैविक क्रियाओं तथा अभिक्रियाओं की दरों को प्रभावित करता है। इससे अलग-अलग जलवायु में विभिन्न प्रकार की मृदाओं का निर्माण होता है।

5. **जैविक तत्त्व** पौधे एवं जीव-जन्तु मृदा निर्माण को विभिन्न प्रकार से प्रभावित करते हैं। मृदा के लिए प्रभावकारी जीव व पौधों की जीवन प्रक्रिया महत्त्वपूर्ण होती है, जिनमें विशेष रूप से मृदा से सटे हुए छोटे पौधे एवं जीव सम्मिलित हैं। वनस्पति आवरण मृदा के अपरदन को भी रोकता है, साथ ही मृदा के जैविक तत्त्वों की वृद्धि के रूप में वनस्पति के सड़ने-गलने के उपरान्त योगदान देता है; जैसे—**प्रेयरी घास** के आवरण किसी रेगिस्तानी प्रदेश की अपेक्षा अधिक जैबिक तत्त्वों की पूर्ति करते हैं।

मृदा परिच्छेदिका

- भूतल तथा उसके नीचे उपस्थित आधार शैल के ऊपरी भाग के मध्य स्थित समस्त मृदा मण्डल के लम्बवत् स्तरों को सामूहिक रूप से **मृदा परिच्छेदिका** (Soil Profile) कहा जाता है। वास्तव में, यह मृदा संघटकों के लम्बवत् वितरण का प्रतिनिधित्व करती है।
- मृदा परिच्छेदिका में भौतिक एवं रासायनिक संघटन, जैविक तत्त्वों, मृदा संरचना आदि की विशिष्ट विशेषताओं वाले स्तरों या उपमण्डलों को **मृदा संस्तर** कहते हैं।

नोट *मृदा संस्तर से तात्पर्य मृदा के तल के समान्तर स्थित उन स्तरों से हैं, जिनकी भौतिक विशेषताएँ अपने ऊपर तथा नीचे स्थित संस्तर से भिन्न होती हैं।*

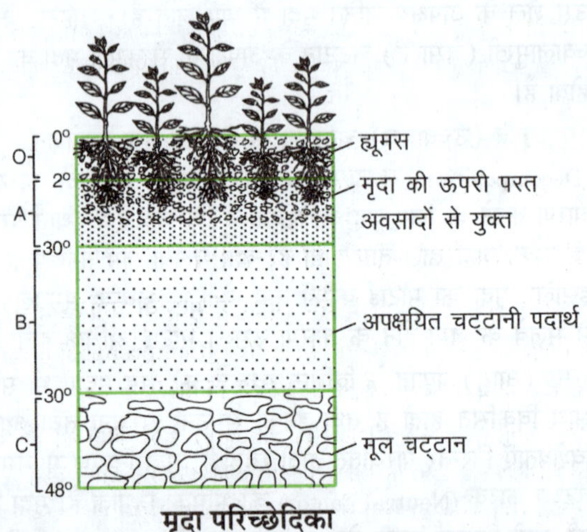

मृदा परिच्छेदिका

मृदा के प्रमुख संस्तर

- संस्तर की भौतिक और रासायनिक विशेषताओं के आधार पर ही मृदा की पहचान की जाती है, जैसा कि मृदा की सबसे ऊपरी जैविक परत को O संस्तर कहते हैं। इन जैविक संस्तरों का निर्माण पौधों एवं जन्तुओं से प्राप्त जैविक पदार्थों के संचयन से होता है।
- O संस्तर के ठीक नीचे **A-संस्तर** विद्यमान रहता है। यह अनेक उपभागों में विभाजित रहता है
  - **A_1 संस्तर** यह खनिज संस्तर का सबसे ऊपरी संस्तर होता है, जिसकी स्थिति जैविक संस्तर (O) के नीचे होती है। इसमें जैविक पदार्थों एवं खनिजों का सम्मिश्रण होता है और इसमें जीवीय कार्य अधिक होते हैं तथा इसका रंग गहरा और काला होता है। यह कृषि की दृष्टि से अधिक उपयोगी होता है।
  - **A_2 संस्तर** यह हल्के रंग वाला संस्तर होता है। इसमें सिलिकेट, मृत्तिका, लौह ऑक्साइड, एल्युमीनियम आदि खनिजों का नीचे की ओर अपवहन होता है। इस संस्तर को अपवहन मण्डल कहते हैं।
  - **A_3 संस्तर** यह संस्तर **A2** तथा **B संस्तरों** के मध्य **आवान्तर मण्डल** (Transition Zone) होता है। यह संस्तर सभी मिट्टियों में सदैव नहीं पाया जाता है।
- **B संस्तर**
  - **B_1 संस्तर** यह संस्तर A तथा B संस्तरों के मध्य आवान्तर मण्डल होता है, परन्तु इस संस्तर की विशेषताएँ A संस्तर की तुलना में B संस्तर से अधिक मेल खाती हैं।
  - **B_2 संस्तर** इस संस्तर के खनिजों में मुख्यत: सिलिकेट, मृत्तिका खनिजों तथा जैविक पदार्थों का सर्वाधिक विनिक्षेपण होता है। इसी कारण इस संस्तर को **विनिक्षेपण मण्डल** (Illuviation Zone) कहते हैं।
  - **B_3 संस्तर** यह संस्तर B तथा C संस्तरों के मध्य आवान्तर मण्डल होता है, परन्तु इसकी विशेषताएँ C संस्तर की अपेक्षा B संस्तर से अधिक मेल खाती हैं।
  - **A_3, B** तथा **B_3** उपसंस्तरों को **संक्रमण स्तर** कहते हैं।
  - **C संस्तर** इस संस्तर को **अधोस्तर संस्तर** कहा जाता है। इस संस्तर में A_2, A_3 या B_2 संस्तरों के गुणों का अभाव होता है। इस संस्तर की विशेषताएँ आधार शैल की विशेषताओं पर निर्भर करती हैं। इस संस्तर को **ले परत** भी कहते हैं।

मृदा का वर्गीकरण

- सर्वप्रथम रूसी विद्वान **वी.वी. डोकुचायेव** (V.V. Dokuchayer) द्वारा मृदा के वर्गीकरण का प्रयास किया गया। इन्हें **मृदा विज्ञान** (Pedology) या **पेडोलॉजी का जनक** माना जाता है
- संयुक्त राज्य अमेरिका के **सीएफ मारबुट** (C.F. Marbut) ने वर्ष 1938 में मिट्टी के वर्गीकरण की व्यापक योजना (USDA System) प्रस्तुत की।
- इन्होंने मृदा को आनुवंशिक कारकों के आधार पर तीस प्रमुख प्रकारों में तीन प्रमुख वर्गों के अन्तर्गत वर्गीकृत किया, जो निम्न हैं

  1. क्षेत्रीय अथवा मण्डलीय मृदा
  2. अन्त: क्षेत्रीय मृदा
  3. अक्षेत्रीय मृदा

1. क्षेत्रीय अथवा मण्डलीय मृदा

इस प्रकार की मृदा उचित जल निकास वाले मूलस्थान पर विकसित एवं वातावरण के साथ साम्यावस्था में होती है। इस प्रकार की मृदा को दो भागों में विभाजित किया जाता है—पेडल्फर एवं पेडोकल।

(i) पेडल्फर मृदा

- यह मृदा उच्च अक्षांशीय कोणधारी वनों से लेकर मध्य अक्षांशीय पतझड़ वाले वनों से होते हुए निचले अक्षांशों में स्थित उष्णकटिबन्धीय वनों और घास के मैदानों वाले आर्द्र जलवायु प्रदेशों में पाई जाती हैं, जहाँ वार्षिक वर्षा 63.5 सेमी से अधिक होती है।

- निम्न अक्षांशों में उच्च तापमान एवं आर्द्र मौसमी दशा वाले क्षेत्रों में लाल और पीले रंग की **पेडल्फर मृदा** मिलती हैं।
- यह मृदा उन क्षेत्रों में पाई जाती है, जहाँ अधिक वर्षा के कारण मृदा में अपक्षालन (Leaching) की क्रिया तेजी से होती है। इसके अन्तर्गत आने वाली मृदा निम्न हैं
  - **धूसर पॉडजोल** यह मृदा अम्लीय (PH मान-4) होती है तथा यह कृषि के लिए अनुपयुक्त होती है। यह विशेषकर उप-आर्कटिक जलवायु प्रदेश के टैगा या कोणधारी वनों में मिलती है।
  - **धूसर भूरी पॉडजोल** इसमें ह्यूमस की मात्रा अधिक होती है तथा खाद एवं उर्वरकों के प्रयोग और फसलों के शस्यावर्तन से मृदा उपजाऊ बनी रहती है।
  - **लाल-पीली पॉडजोल** इसमें ह्यूमस की कमी पाई जाती है।
  - **लाल पॉडजोल या टेरारोसा** इसमें ह्यूमस की कमी होती है। यह भूमध्यसागरीय प्रदेशों तथा चूना क्षेत्रों में मिलती है, यह फेरस ऑक्साइड के कारण लाल रंग की होती है।
  - **लैटेराइट मृदा** (Laterite) या **लैट्रोसोल** (Letrozole) यह मृदा अनुपजाऊ होती है तथा यह आर्द्र एवं उष्ण जलवायु; जैसे– विषुवतीय, सवाना एवं मानसूनी जलवायु के आर्द्र भागों में पाई जाती है।

(ii) पेडोकल मृदा

इस मृदा में कैल्शियम की मात्रा अधिक होती है। यह मृदा शुष्क एवं अर्द्ध-शुष्क देशों में पाई जाती है। पेडोकल वर्ग में प्रेयरी मृदा, चेरनोजम मृदा, चेस्टनट मृदा, मरुस्थलीय मृदा आदि को शामिल किया जाता है, जोकि निम्न प्रकार हैं

- **प्रेयरी मृदा** (Prairie Soil) यह मुख्यत: अमेरिका में चेरनोजम एवं धूसर भूरी पोडजॉलिक मृदा के बीच के क्षेत्रों में पाई जाती है। यह विश्व की सर्वाधिक उपजाऊ मृदा है। इसका रंग काला एवं भूरा होता है। प्रेयरी मृदा को पेडोकल मृदा के अन्तर्गत रखा जाता है। यहा मृदा **मक्का** की कृषि हेतु उपयुक्त मानी जाती है। यह मृदा पम्पास (दक्षिण अमेरिका), पुस्ताज (हंगरी), डाउन्स मैदानों (आस्ट्रेलिया) में मिलती है।
- **काली या चेरेनोजम मृदा** (Chernozem Soil) स्टेपी तुल्य जलवायु प्रदेश में, सवाना तुल्य जलवायु की अपेक्षा कम वर्षा एवं अधिक वाष्पीकरण के कारण वृक्ष रहित घास के मैदान पाए जाते हैं। इस जलवायवीय प्रदेश में निर्मित मृदा को चेरनोजम मृदा कहते हैं। इस मृदा में ह्यूमस की मात्रा अधिक पाई जाती है, इसलिए इसे ब्लैक अर्थ सॉयल भी कहते हैं।
- **गहरी भूरी या चेस्टनट मृदा** (Chestnut Soil) यह मृदा मध्यवर्ती अक्षांशों में स्थित महाद्वीपीय जलवायु के अर्द्ध-शुष्क भागों में पाई जाती है। यह अमेरिका के ऊँचे मैदानों, अर्जेण्टीना के पम्पास क्षेत्र आदि में पाई जाती है।
- **लाल चेस्टनट और लाल भूरी मृदा** यह मृदा मुख्य रूप से सवाना प्रदेश के अर्द्ध शुष्क भागों में पाई जाती है।
- **धूसर मरुभूमि मृदा** (Brown Desert Soils) या **सरोजेम मृदा** (Sierozem Soils) यह मृदा मध्यवर्ती अक्षांशों के मरुस्थलीय क्षेत्रों में पाई जाती है, इसमें ह्यूमस की मात्रा कम होती है। कैस्पियन सागर के पूर्व, रूस के दक्षिणी भाग तथा अमेरिका के पश्चिमी भाग में इस प्रकार की मृदा पाई जाती है। यह क्षारीय मृदा है। इसका pH मान 8 से अधिक होता है।
- **लाल मरुस्थलीय मृदा** (Red Desert Soil) यह मृदा उष्ण मरुस्थलीय क्षेत्रों (Hot Desert Regions) में पाई जाती है, इसमें ह्यूमस का अभाव होता है।
- **टुण्ड्रा प्रदेश की मृदा** यह एक अल्प विकसित मृदा है। इसमें जैव तत्त्वों व महत्त्वपूर्ण खनिजों का अभाव पाया जाता है

2. अन्तःक्षेत्रीय मृदा

यह विभिन्न प्रदेशों में बिखरी हुई अवस्था में होती है। इसे निम्न तीन वर्गों में बाँटा जाता है

- **लवणता युक्त मृदा** (Halomorphic Soil) यह मृदा उन क्षेत्रों में पाई जाती है, जहाँ वाष्पीकरण की क्रिया अधिक होती है एवं जल निकासी की उचित सुविधा का अभाव पाया जाता है। यह मुख्य उष्ण मरुस्थलीय क्षेत्रों एवं महाद्वीपों के आन्तरिक भागों में पाई जाती है। इसमें लवणीय (Saline), क्षारीय (Solonete) तथा सोलोथ (Soloth) मृदाएँ शामिल होती हैं।
- **कैल्शियम युक्त मृदा** (Calcimorphic Soil) इसके अन्तर्गत रेण्डजिना, टेरारोसा व टेरारोक्सा मृदा को शामिल किया जाता है।
- **दलदली मृदा** (Hydromorphic Soil) इसमें पीट, चरागाही (मीडो) बॉग व प्लेनोसोल मृदा आदि को शामिल किया जाता है।

3. अक्षेत्रीय मृदा

- इस मृदा के संस्तर पूर्ण विकसित नहीं होते हैं। इसका सम्बन्ध स्थानीयता से न होकर अपरदन प्रक्रिया के द्वारा लाई गई मृदा से होता है। अत: इसमें आधारी चट्टानों से पूर्णत: भिन्न पार्श्विका मिलती है। इस मृदा को दो प्रमुख प्रकारों में वर्गीकृत किया जाता है।
  - **लिथोसॉल मृदा** इस मृदा में कंकड़-पत्थर की अधिकता पाई जाती है। इसके अन्तर्गत भाबर प्रदेश की मृदा तथा पर्वतपदीय क्षेत्रों की पथरीली मृदा को शामिल किया जाता है।
  - **रेगोसॉल मृदा** इसके अन्तर्गत जलोढ़ मृदा, हिमोढ़ मृदा तथा लोयस मृदा को शामिल किया जाता है।

CSCS- 1960 का मृदा वर्गीकरण

- अमेरिका के मृदा वैज्ञानिकों ने वर्ष 1960 में मृदा के वर्गीकरण की एक विस्तृत योजना **व्यापक मृदा वर्गीकरण तन्त्र** (Comprehensive Soil Classification System, CSCS) प्रस्तुत किया।
- इसे मृदा वर्गीकरण विज्ञान (Soil Taxonomy) कहा जाता है। इसके अन्तर्गत विश्व की मृदाओं को 10 श्रेणी तथा 47 उप-श्रेणी तथा 185 वृहत वर्गों में बाँटा गया है, जिसका विवरण निम्न है

अविकसित संस्तर वाली मृदा

- **एण्टीसॉल** (Entisol) यह अक्षेत्रीय अथवा अपार्श्विक मृदा के समान होती है।
- **हिस्टोसॉल** (Histosol) यह जैविक परतों से सम्पन्न, दलदली या बॉग मिट्टी है तथा यह अम्लीय होती है।
- **इन्सेप्टीसॉल** (Inceptisol) यह टुण्ड्रा, अल्पाइन तथा बाढ़ क्षेत्रों की मिट्टी के जैसी होती है।

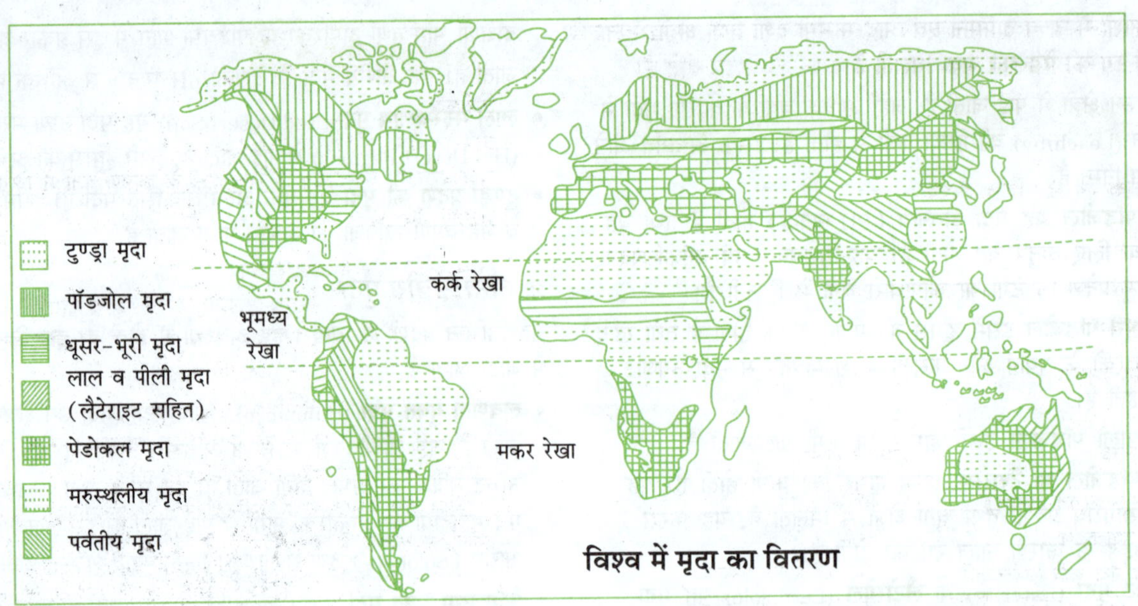

विश्व में मृदा का वितरण

पूर्ण विकसित संस्तरों वाली मृदा

- **अल्टीसॉल** (Ultisol) यह उष्ण व उपोष्ण क्षेत्र की मिट्टी होती है, जो लाल, पीली व भूरी तथा उपजाऊ होती है।
- **ऑक्सीसॉल** (Oxisol) यह निक्षालन प्रक्रिया से निर्मित उष्णकटिबन्धीय क्षेत्र की मृदा है, जिसमें फेरस (Fe) तथा एल्युमीनियम (Al) के ऑक्साइडों की अधिकता पाई जाती है।
- **अल्फीसॉल** (Alfisol) यह आर्द्र एवं उपार्द्र क्षेत्रों की मृदा है। इसमें ह्यूमस की मात्रा कम होती है। इसमें एल्युमीनियम (Al) तथा आयरन (Fe) की अधिकता होती है। फलतः यह अम्लीय होती है।
- **मॉलीसॉल** (Molisol) चेरनोजम मृदा के समान एवं सर्वाधिक उपजाऊ मृदा होती है। इसमें ह्यूमस की अधिकता होती है और यह काले एवं गहरे रंग की होती है। प्रेयरी एवं चेस्टनट मिट्टी को इस श्रेणी में देखा जा सकता है।
- **स्पोडोसॉल** (Spodosol) टैगा क्षेत्रों में मिलने वाली अत्यधिक अम्लीय मिट्टी है, जो पोडजोल समूह की मृदा से समानता रखती है।
- **वर्टीसॉल** (Vertisol) रेगुर या रेण्डजिना या काली कपास मिट्टी के समान होती है। इसमें मृत्तिका की अधिकता के कारण आर्द्रता धारण करने की क्षमता अधिक होती है। इसमें सूखने पर दरारें पड़ जाती हैं तथा गीली होने पर चिपचिपी हो जाती है।
- **एरिडोसॉल** (Aridosol) रेगिस्तानी क्षेत्रों की लवणीय व क्षारीय मृदा है, इसमें ह्यूमस एवं जल का अभाव पाया जाता है तथा यह सोडियम एवं कैल्शियम की परत पर पाई जाती है।

मृदा का वितरण

- वर्ष 1975 में संयुक्त राज्य अमेरिका की मृदा संरक्षण सेवा के मृदा सर्वेक्षण विभाग द्वारा वृहद् मृदा वर्गीकरण योजना (CSCS) को प्रस्तुत किया गया।
- इसके द्वारा वैश्विक मृदा को उसकी परिच्छेदिका के विभिन्न लक्षणों के आधार पर 12 वर्गों में विभाजित किया गया है

मृदा का वैश्विक वितरण

मृदा	विश्व का भू-क्षेत्र (≅ प्रतिशत में)	मृदा	विश्व का भू-क्षेत्र (≅ प्रतिशत में)
एरिडोसॉल्स	≅ 12	एण्डीसॉल्स	1.0
वर्टीसॉल्स	≅ 2.0	अल्टीसॉल्स	8.0
जेलीसॉल्स	9.0	मोलीसॉल्स	7.0
अल्फीसॉल्स	10	एण्टीसॉल्स	16
ऑक्सीसॉल्स	8.0	स्पोडोसॉल्स	4.0
हिस्टोसॉल्स	1.0	इन्सेप्टीसॉल्स	17

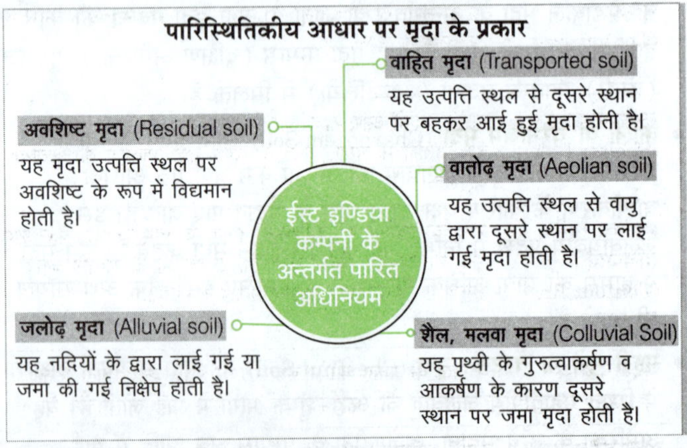

मृदा अपरदन एवं निम्नीकरण

- मृदा का बाह्य कारकों (जल, पवन, वायु आदि) द्वारा एक स्थान से दूसरे स्थान पर स्थानान्तरण **अपरदन** (Erosion) कहलाता है, इससे मृदा की गुणवत्ता में कमी आती है तथा भूमि बंजर हो जाती है। मृदा की गुणवत्ता में ह्रास का होना ही **मृदा निम्नीकरण** (Soil Degradation) कहलाता है।

- मृदा अपरदन एवं मृदा निम्नीकरण मृदा संसाधन के लिए प्रमुख खतरे हैं। इसके लिए मानवीय एवं प्राकृतिक दोनों कारक जिम्मेदार होते हैं।

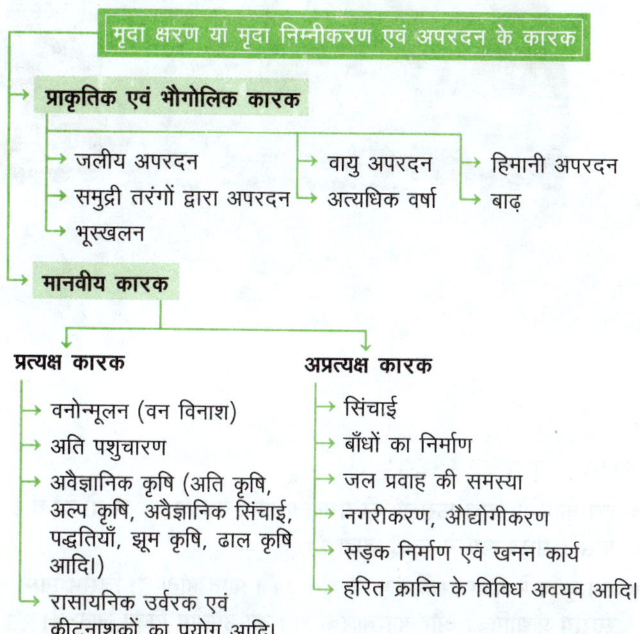

मृदा संरक्षण की कुछ महत्त्वपूर्ण विधियाँ

मल्च बनाना (Mulching)	इसमें पौधों के बीच अनावरित भूमि, जैव पदार्थ (पुआल) से ढक दी जाती है, इससे मृदा की आर्द्रता रुक जाती है।
वेदिका फार्म (Terrace Farming)	चौड़े समतल सोपान अथवा वेदिका तीव्र ढालों पर बनाए जाते हैं, ताकि सपाट सतह फसल उगाने के लिए उपलब्ध हो जाए, इनसे पृष्ठीय प्रवाह और मृदा अपरदन कम होता है।
समोच्च रेखीय जुताई (Contourline ploughing)	इसके अन्तर्गत एक पहाड़ी ढाल पर समोच्च रेखाओं के समान्तर जुताई ढाल से नीचे बहते जल के लिए एक प्राकृतिक अवरोध का निर्माण करती है।
रक्षक मेखलाएँ (Shelter Belt)	तटीय प्रदेशों और शुष्क प्रदेशों में पवन गति रोकने के लिए वृक्ष कतारों में लगाए जाते हैं, ताकि मृदा आवरण को बचाया जा सके।
समोच्च रेखीय रोधिकाएँ (Contour line Bars)	समोच्च रेखाओं पर रोधिकाएँ बनाने के लिए पत्थरों, घास तथा मृदा का उपयोग किया जाता है। रोधिकाओं के सामने जल एकत्र करने के लिए खाइयाँ बनाई जाती हैं।
चट्टान बाँध (Rockey Dams)	ये जल के प्रवाह को कम करने के लिए बनाए जाते हैं तथा ये नालियों की रक्षा करते हैं और मृदा क्षति को रोकते हैं।
बीच की फसल उगाना (Inter-Cropping)	इसके अन्तर्गत वर्षा दोहन से मृदा को सुरक्षित रखने के लिए अलग-अलग समय पर भिन्न-भिन्न फसलें एकान्तर कतारों में उगाई जाती हैं।

नोट *विश्व मृदा दिवस प्रतिवर्ष 5 दिसम्बर को मृदा स्वास्थ्य की महत्ता तथा मृदा संसाधनों के सतत प्रबन्धन में जागरूकता एवं सहभागिता हेतु मनाया जाता है।*

प्राकृतिक वनस्पति

विशेषता

तापमान और आर्द्रता पर निर्भर

जलवायु तथा धरातलीय विभिन्नताओं के कारण वनों में विविधता

प्रकार/ वितरण

उष्णकटिबन्धीय सदाबहार वन
- उष्णकटिबन्धीय वर्षा वन, सदाबहार वन (अन्य नाम)
- वर्षभर वार्षिक वर्षा; रोजवुड, आबनूस, महोगनी आदि वृक्ष
- अमेजन वर्षा वन क्षेत्र (पृथ्वी के फेंफड़े)

उष्णकटिबन्धीय पर्णपाती वन
- मौसमी परिवर्तन (मानसूनी वन); साल, सागवान, नीम, शीशम वृक्ष
- बाघ, शेर, हाथी, गोल्डन लंगूर आदि जीव
- प्रमुख क्षेत्र भारत, उत्तरी ऑस्ट्रेलिया, मध्य अमेरिका

शीतोष्ण सदाबहार वन
- बाज, चीड़, यूकेलिप्टस प्रमुख वृक्ष
- दक्षिण-पूर्व अमेरिका, दक्षिण चीन एवं दक्षिण पूर्वी ब्राजील आदि क्षेत्र
- बाज, रैकून, रेनडियर प्रमुख जीव

शीतोष्ण पर्णपाती वन
- मेपल, एल्म, बांज, ऐश आदि वृक्ष; हिरण, लोमड़ी, भेड़िए प्रमुख जीव
- पूर्वी अमेरिका, चीन, न्यूजीलैण्ड प्रमुख क्षेत्र

भूमध्य सागरीय वन/वनस्पति
- सन्तरा, अंजीर, जैतून, अंगूर प्रमुख फल; रसीले फलों के लिए प्रसिद्ध

शंकुधारी वन
- टैगा वन (अन्य नाम); उत्तरी गोलार्द्ध में 50-70° अक्षांशों के माध्य
- चीड़, देवदार प्रमुख वृक्ष; सिल्वर फॉक्स, पोलर बियर प्रमुख जीव

विश्व के प्रमुख घास के मैदान

विश्व के कुल भू-क्षेत्र के लगभग 20% भाग पर घास के मैदान विस्तृत हैं। संसार के घास के मैदानों को जलवायु के आधार पर दो भागों में बाँटा जा सकता है—उष्ण और शीतोष्ण कटिबन्धीय घास के मैदान।

विश्व के प्रमुख घास के मैदान

शीतोष्ण कटिबन्धीय
- 30° से 45° अक्षांशों के मध्यवर्ती भाग में स्थित

घास के मैदान
- प्रेयरी (अमेरिका)
- पम्पास (अर्जेण्टीना)
- स्टेपीज (यूरेशिया) (मध्य एशिया)
- डाउन्स (ऑस्ट्रेलिया)
- वेल्ड (दक्षिण अफ्रीका)
- पुस्ताज (हंगरी)
- केण्टरबरी (न्यूजीलैण्ड)

उष्णकटिबन्धीय
- भूमध्य रेखा के उत्तर व दक्षिण में लगभग 10° से 25° अक्षांशों के मध्य स्थित

घास के मैदान
- सवाना (अफ्रीका)
- लानोज (वेनेजुएला)
- कैम्पास या कम्पोस (ब्राजील, पराग्वे, अर्जेण्टीना एवं उरुग्वे)
- पार्कलैण्ड (दक्षिण अफ्रीका)
- सेल्वास (अमेजन बेसिन)

विश्व में 50% लोग कृषि से सम्बन्धित क्रियाओं में संलग्न हैं। भारत की दो-तिहाई जनसंख्या कृषि पर निर्भर है। मृदा, जलवायु और अनुकूल स्थलाकृति कृषि क्रियाकलाप के लिए अनिवार्य हैं, जिस भूमि पर फसलें उगाई जाती हैं, वह कृषिगत भूमि कहलाती है।

अध्याय चौबीस

कृषि एवं पशुपालन

कृषि

- कृषि शब्द अंग्रेजी भाषा के एग्रीकल्चर से लिया गया है। एग्रीकल्चर शब्द की उत्पत्ति लैटिन शब्दों एगर या एग्री से हुई है, जिसका अर्थ-मृदा और कल्चर अर्थात् कृषि है। कृषि एक प्राथमिक क्रिया है। इसमें फसलों, फलों, सब्जियों, फूलों को उगाना और पशुपालन आदि शामिल होते हैं।
- विश्व का अधिकांश कृषि उत्पादन विश्व के लगभग 12% भू-भाग से ही प्राप्त किया जाता है। कृषि भूमि का लगभग 75% भाग विश्व के 15 देशों में पाया जाता है, जहाँ सम्पूर्ण विश्व की 55% जनसंख्या निवास करती है। वर्तमान में विश्व की जनसंख्या का 40% भाग कृषि एवं पशुपालन पर निर्भर है।
- कृषि या खेती को एक तन्त्र के रूप में देखा जा सकता है। इसमें महत्त्वपूर्ण निवेश, बीज, उर्वरक, मशीनरी और श्रमिक होते हैं। जुताई, बुआई, सिंचाई, निराई और कटाई इसकी प्रमुख संक्रियाएँ हैं। इस तन्त्र के निर्गतों के अन्तर्गत फसल, ऊन, डेरी तथा कुक्कुट उत्पाद आदि आते हैं। कृषि, मृदा की जुताई, फसलों के उत्पादन तथा पशुपालन की ऐसी प्रक्रिया है, जिसे सामान्य शब्दों में खेती कहते हैं।
- विश्व में कृषि जनसंख्या घनत्व सबसे अधिक मालदीव (8200 व्यक्ति/किमी^{2}) में है तथा सबसे कम ऑस्ट्रेलिया एवं कनाडा (2 व्यक्ति/किमी^{2}) में है।
- विश्व में कृषि भू-जोतों का औसत आकार सबसे बड़ा ऑस्ट्रेलिया में है, वहीं सिंगापुर में सबसे कम कृषि भूमि है।

कृषि के प्रकार/प्रणालियाँ

भौगोलिक दशाओं, उत्पाद की माँग, श्रम और प्रौद्योगिकी के स्तर के आधार पर कृषि को निर्वाह कृषि तथा वाणिज्यिक कृषि में वर्गीकृत किया जा सकता है। विश्व में पाई जाने वाली कृषि प्रणालियों का विवरण निम्न प्रकार है

निर्वाह कृषि

- निर्वाह कृषि में स्थानीय उत्पादों का उपयोग किया जाता है। यह कृषि परिवार की आवश्यकताओं को पूरा करने के लिए की जाती है।
- इस कृषि में खाद्य फसलों की प्रधानता होती है तथा वर्ष में दो या तीन फसलें सघन रूप में उगाई जाती हैं।
- इस कृषि में पारम्परिक रूप से कम उपज प्राप्त होती है, जिसमें निम्न स्तरीय प्रौद्योगिकी और पारिवारिक श्रम का उपयोग किया जाता है।
- इस कृषि को आदिम निर्वाह कृषि (Primitive Subsistance Agriculture) तथा गहन निर्वाह कृषि (Intensive Subsistance Agriculture) में वर्गीकृत किया गया है।

कृषिगत फसलों का वर्गीकरण

- रेशेदार फसलें — कपास, जूट आदि।
- जन्तु उत्पाद — मांस, दुग्ध, ऊन इत्यादि।
- नकदी फसलें — मसालें, तिलहन, फल, गन्ना, तम्बाकू इत्यादि।
- बागानी फसलें — कॉफी, चाय, कोको, रबर, नारियल आदि।
- खाद्यान्न फसलें — चावल, गेहूँ, जौ, मक्का, दाल आदि।

आदिमकालीन निर्वाह कृषि

आदिमकालीन निर्वाह कृषि में स्थानान्तरी कृषि के साथ-साथ चलवासी पशुचारण सम्मिलित होता है

- स्थानान्तरणशील कृषि उष्णकटिबन्धीय क्षेत्रों में की जाती है। इस कृषि कार्य को आदिम जाति के लोग करते हैं। इसके क्षेत्र अफ्रीका, दक्षिणी एवं मध्य अमेरिका का उष्णकटिबन्धीय भाग एवं दक्षिणी-पूर्वी एशिया हैं।

विश्व में स्थानान्तरित कृषि के नाम

स्थानान्तरित	क्षेत्र	स्थानान्तरित	क्षेत्र
रे	वियतनाम तथा लाओस	कैंगिन	फिलीपीन्स
फैंगे	भूमध्यरेखीय अफ्रीकी देश	तुंग्या	म्यांमार (बर्मा)
लोगन	पश्चिमी अफ्रीका	चेन्ना	श्रीलंका
मिल्पा	मैक्सिको एवं मध्य अमेरिकी देश	लदांग	मलेशिया/इण्डोनेशिया
कोनूको	वेनेजुएला	बरबेका	कोनूल/मैक्सिको
रोका	ब्राजील	हुमा या हुमाह	जावा तथा इण्डोनेशिया

भारत में स्थानान्तरण कृषि सम्बन्धी राज्य

नाम	राज्य/क्षेत्र	नाम	राज्य/क्षेत्र
खिल	हिमालय क्षेत्र	पेण्डा/पोण्डु	आन्ध्र प्रदेश
पामलू	मणिपुर	वालरे/वाल्टरे	दक्षिण-पूर्वी राजस्थान
दीपा	बस्तर (छत्तीसगढ़), अण्डमान-निकोबार	झूम	उत्तर-पूर्वी राज्य (मिजोरम, असम, नागालैण्ड, मेघालय)
करूवा	झारखण्ड		

- चलवासी पशुचारण सहारा के अर्द्धशुष्क तथा शुष्क प्रदेशों में, मध्य एशिया और भारत के कुछ भागों; जैसे—राजस्थान तथा जम्मू-कश्मीर में प्रचलित है।
- पशुचारक मुख्यत: भेड़, ऊँट, मवेशी, याक तथा बकरियाँ पालते हैं। इन पशुओं से प्राप्त दूध, मांस, ऊन, खाल तथा अन्य उत्पाद पशुचारकों तथा उनके परिवार की अर्थव्यवस्था का आधार है।

गहन निर्वाह कृषि

यह कृषि मुख्य रूप से मानसून से प्रभावी एशिया के अत्यधिक देशों में की जाती है। इस कृषि को भी दो भागों में वर्गीकृत किया जाता है

- चावल प्रधान गहन निर्वाह कृषि प्रणाली में चावल प्रमुख फसल होती है।
- चावल रहित गहन निर्वाह कृषि एशिया के मानसूनी प्रदेशों के अनेक भागों में उच्चावच, जलवायु, मृदा तथा अन्य भौगोलिक कारकों की भिन्नता के कारण धान की फसल उगाना प्राय: सम्भव नहीं है। अत: उत्तरी चीन, मंचूरिया, उत्तरी कोरिया एवं उत्तरी जापान में गेहूँ, सोयाबीन, जौ एवं सोरगम का उत्पादन किया जाता है।

वाणिज्यिक कृषि

- वाणिज्यिक कृषि (Commercial Farming) में फसल उत्पादन तथा पशुपालन बाजार में विक्रय के लिए किया जाता है। इस प्रकार की कृषि में अत्यधिक कृष्य क्षेत्र तथा अधिक पूँजी लगती हैं।
- वाणिज्यिक कृषि में अधिकांश कार्य मशीनों द्वारा किया जाता है, इसके अन्तर्गत वाणिज्यिक अनाज कृषि, मिश्रित तथा रोपण कृषि को स्थान दिया जाता है।

मिश्रित कृषि

- मिश्रित कृषि (Mixed Farming) में फसल उत्पादन के साथ-साथ पशुपालन भी किया जाता है। फसल एवं पशुपालन में एक संयोजन का होना, इस कृषि की प्रमुख विशेषता है।
- इस प्रकार की कृषि विश्व के अत्यधिक विकसित भागों में की जाती है। उदाहरणस्वरूप उत्तरी-पश्चिमी यूरोप, उत्तरी अमेरिका का पूर्वी भाग, यूरेशिया के कुछ भाग एवं दक्षिणी महाद्वीपों के समशीतोष्ण अक्षांश वाले भागों में इसका विस्तार पाया जाता है।
- इस कृषि में बोई जाने वाली फसलें गेहूँ, जौ, राई, जई, मक्का, चारे की फसल एवं कन्दमूल प्रमुख हैं। चारे की फसलें इस कृषि के मुख्य घटक हैं।
- फसलों के साथ पशुओं; जैसे-मवेशी, भेड़, सुअर एवं कुक्कुट आय के मुख्य स्रोत पाए जाते हैं।
- विकसित कृषि यन्त्र, यन्त्रीकरण, रासायनिक एवं वनस्पति खाद (हरी खाद) के गहन उपयोग आदि पर अधिक पूँजी व्यय के साथ ही कृषकों की कुशलता और योग्यता, मिश्रित कृषि की मुख्य विशेषताएँ हैं।

रोपण कृषि

- रोपण कृषि (Plantational Farming), वाणिज्यिक कृषि का एक प्रकार है, जहाँ चाय, कहवा, काजू, रबड़, केला, कपास आदि एकल फसलों की खेती की जाती है। इस कृषि का प्रमुख क्षेत्र उष्णकटिबन्धीय क्षेत्र है।

- औपनिवेशिक काल में फ्रांसवासियों ने पश्चिमी अफ्रीका में कॉफी एवं कोको के पौधे लगाए थे। ब्रिटेनवासियों ने भारत एवं श्रीलंका में चाय के बाग, मलेशिया में रबड़ बागान एवं पश्चिमी द्वीप समूह में गन्ने एवं केले के बाग लगाए।
- स्पेन एवं अमेरिकावासियों ने फिलीपीन्स में नारियल व गन्ने के बागान लगाए। इण्डोनेशिया में गन्ने की कृषि पर हॉलैण्डवासियों (डचों) का एकाधिकार था।
- ब्राजील में पाए जाने वाले कॉफी के बागान को फेजेण्डा कहा जाता है, जो यूरोपवासियों के नियन्त्रण में हैं। रोपण कृषि एक फसली कृषि है, जिसमें किसी एक फसल के उत्पादन पर ही संकेन्द्रण किया जाता है।

गहन कृषि

- कम क्षेत्र में गहन श्रम तथा यान्त्रिक विधियों द्वारा अधिक मात्रा में उगाई जाने वाली फसलों को गहन कृषि में शामिल किया जाता है।
- इसके अन्तर्गत निश्चित समयावधि में अधिकाधिक फसलों का उत्पादन किया जाता है।

पारिस्थितिकी कृषि

- इस कृषि प्रणाली में पारिस्थितिकी सम्पदा को बिना हानि पहुँचाए कृषि की जाती है। यह एक टिकाऊ खेती का प्रकार है, जिसमें प्रकृति के साथ मिलकर काम किया जाता है।
- इस कृषि प्रणाली में रासायनिक उर्वरकों और कीटनाशकों के स्थान पर जैविक उर्वरकों और कीटनाशकों को वरीयता दी जाती है।

सहकारी कृषि

- जब कृषकों का एक समूह अपनी कृषि से अधिक लाभ कमाने के लिए स्वेच्छा से एक सहकारी संस्था बनाकर कृषि कार्य करता है, तो उसे सहकारी कृषि कहते हैं।
- सहकारी संस्था कृषकों को सभी सुविधाएँ (सहायता) प्रदान करती है। यह सहायता कृषि कार्य में प्रयोग आने वाली वस्तुओं की खरीददारी करने, कृषि उत्पाद को उचित मूल्य पर बेचने एवं सस्ती दरों पर प्रसंस्कृत साधनों को जुटाने के लिए होती है।
- सहकारी कृषि (Co-Operative Farming) की एक प्रमुख विशेषता यह है कि इसमें जोत का आकार बड़ा होता है, इसलिए कृषि कार्य मशीनों से किया जा सकता है, अत: इसमें उत्पादन बड़े पैमाने पर सम्भव होता है।

रेंचिंग कृषि

इस कृषि के अन्तर्गत फसल का उत्पादन नहीं किया जाता है, बल्कि इस कृषि का उपयोग चरागाह के लिए होता है, जिसमें भेड़, बकरी आदि को चराया जाता है। रेंचिंग कृषि ऑस्ट्रेलिया, अमेरिका, तिब्बत और भारत के पर्वतीय या पठारी क्षेत्रों में की जाती है।

डेयरी कृषि

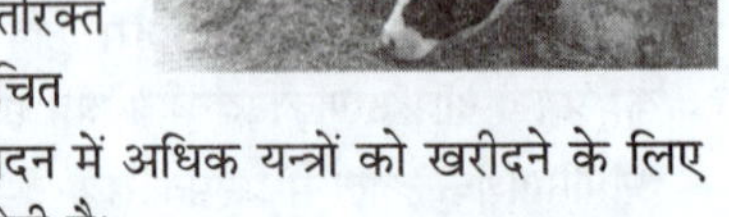

- **डेयरी कृषि** (Dairy Farming) दुधारू पशुओं के पालन-पोषण का सर्वाधिक उन्नत एवं दक्ष प्रकार है, इसमें पूँजी की भी अधिक आवश्यकता होती है। इसके अतिरिक्त पशुओं के लिए छप्पर, घास संचित करने के भण्डार एवं दुग्ध उत्पादन में अधिक यन्त्रों को खरीदने के लिए अधिक पूँजी की आवश्यकता होती है।
- इसमें पशुओं के स्वास्थ्य, प्रजनन एवं पशु चिकित्सा पर भी अधिक ध्यान दिया जाता है। इसमें गहन श्रम की आवश्यकता होती है। यह कृषि उन देशों में की जाती है, जहाँ प्राकृतिक चरागाहों की स्थिति अनुकूल होती है।
- **वाणिज्यिक डेयरी** कृषि के तीन प्रमुख क्षेत्र हैं, जिनमें सबसे बड़ा प्रदेश उत्तरी-पश्चिमी यूरोप का क्षेत्र है। दूसरा कनाडा तथा तीसरा क्षेत्र न्यूजीलैण्ड, दक्षिणी-पूर्वी ऑस्ट्रेलिया एवं तस्मानिया का है।

ट्रक फार्मिंग

व्यापारिक स्तर पर की जाने वाली फलों एवं सब्जियों तथा फूलों की कृषि में परिवहन के लिए ट्रकों का प्रयोग किया जाता है, इसे ट्रक फार्मिंग कहते हैं। इस प्रकार की कृषि उत्तर-पूर्वी अमेरिका, इंग्लैण्ड, फ्रांस, डेनमार्क आदि देशों में की जाती है।

निगमित खेती

- इस कृषि/खेती की प्रणाली में खेती का प्रबन्धन निगम द्वारा किया जाता है। निगम के सदस्यों का दायित्व सीमित होता है और सम्पूर्ण व्यवस्था संचालक मण्डल द्वारा की जाती है।
- महाराष्ट्र, तमिलनाडु के कुछ क्षेत्रों में ऐसी कृषि का प्रचलन है।

जैविक कृषि

- यह कृषि की ऐसी प्रणाली है, जिसमें रासायनिक खादों एवं कीटनाशक दवाओं का प्रयोग नहीं होता, बल्कि उसके स्थान पर जैविक खाद या प्राकृतिक खादों का प्रयोग होता है। इस कृषि से भूमि की उर्वरता में सुधार होने के साथ-साथ पर्यावरण प्रदूषण भी कम होता है।
- जैविक खेती से जैव-विविधता के संरक्षण व पर्यावरण की रक्षा के मामले में दीर्घकाल में सहायता मिलती है और साथ ही फसल उत्पादन में भी वृद्धि होती है।

जीरो फार्मिंग

- बढ़ती जनसंख्या की खाद्य जरूरतों को पूरा करने के कारण भूमि के अत्यधिक दोहन से बचने और भूमि उर्वरता में कमी को रोकने के लिए जीरो बजट कृषि तकनीक को अपनाया जा रहा है।
- कृषि की ऐसी तकनीक भारत में कर्नाटक, आन्ध्र प्रदेश राज्यों में प्रयोग की जा रही है।

ई-खेती

ई-एग्रीकल्चर, इण्टरनेट पर आधारित सूचना व संचार तकनीक से सम्बन्धित जानकारी के आधार पर विकसित कृषि है। ई-खेती का उद्देश्य ग्रामीण समुदायों को सशक्त बनाना और टिकाऊ कृषि और खाद्य सुरक्षा सुनिश्चित करना है।

शुष्क कृषि

- शुष्क एवं अर्द्ध-शुष्क भाग, जहाँ औसत वार्षिक वर्षा 75 सेमी से कम होती है, वहाँ की जाने वाली कृषि शुष्क कृषि कहलाती है।
- भारत के प्रायद्वीपीय पठार के वृष्टिछाया प्रदेश में शुष्क कृषि की जाती है।
- देश का लगभग 75% तिलहन, 80% मक्का और 95% ज्वार शुष्क कृषि के माध्यम से ही उत्पन्न होता है।

कृषि विधि एवं तकनीक

कृषि विधि एवं तकनीक के निम्नलिखित प्रकार हैं

- **परती छोड़ना** (To Leave Land Fallow) एक ही कृषि भू-खण्ड पर लगातार कृषि करने से मिट्टी की उर्वरता घट जाती है। सामान्यतः 3 या 4 वर्षों तक मिट्टी की उर्वरता बनाए रखने के लिए भू-खण्ड को खाली (परती) छोड़ दिया जाता है, ताकि भूमि अपनी प्राकृतिक उर्वरता पुनः प्राप्त कर सके।
- **चक्रीय कृषि** (Cyclic Agriculture) इसके अन्तर्गत विभिन्न फसलों की उर्वरता प्राप्त करने के लिए चक्रीय क्रम में फसलें उगाई जाती हैं।
- **मिश्रित शस्यन** (Mixed Cropping) इसके अन्तर्गत किसी एक ही कृषि भू-खण्ड पर दो या दो से अधिक फसलों को मिश्रित करके उगाया जाता है। इस प्रक्रिया के अन्तर्गत एक फसल द्वारा पोषक तत्त्वों का उपयोग तथा दूसरी फसल द्वारा उत्पादन होता है।
- **द्विफसली कृषि** (Multiple Cropping Agriculture) इस कृषि पद्धति के अन्तर्गत एक वर्ष में दो फसलों का उत्पादन किया जाता है। इस कृषि प्रक्रिया के द्वारा कृषि की उर्वरता बढ़ाई जाती है। इस प्रकार की कृषि पर्याप्त सिंचाई वाले या वर्षा वाले क्षेत्रों में होती है तथा एक फसल नाइट्रोजन के स्थिरीकरण में सहायक होती है।
- **रिले कृषि** (Relay Cropping) इस फसल पद्धति के अन्तर्गत फसल कटाई से पूर्व ही रिक्त स्थानों पर दूसरी फसल रोपित की जाती है तथा फसल कटने की अवधि की प्रतीक्षा नहीं की जाती है; जैसे-चने के साथ अलसी तथा राई आदि की फसल बोई जाती है।

कृषि सम्बन्धी महत्त्वपूर्ण अन्तर्राष्ट्रीय संस्थान

- **खाद्य एवं कृषि संगठन** का मुख्यालय **रोम** (इटली) में है।
- **अन्तर्राष्ट्रीय चावल अनुसन्धान संस्थान** का मुख्यालय **मनीला** (फिलीपीन्स) में है। इसका दक्षिण एशियाई केन्द्र वाराणसी (भारत) में स्थित है।
- **खाद्य नीति अनुसन्धान संस्थान** का मुख्यालय **वॉशिंगटन डी.सी** (संयुक्त राज्य अमेरिका) में है।
- **उष्णकटिबन्धीय कृषि संस्थान** का मुख्यालय **लागोस** (नाइजीरिया) में है।
- **विश्व मौसम विज्ञान संगठन** का मुख्यालय **जेनेवा** (स्विट्जरलैण्ड) में है।
- **अन्तर्राष्ट्रीय वानिकी अनुसन्धान केन्द्र** का मुख्यालय **बोगोर** (इण्डोनेशिया) में है।

विश्व की फसलें

विश्व की बढ़ती हुई जनसंख्या की आवश्यकताओं को पूरा करने के लिए विविध प्रकार की फसलें उगाई जाती हैं। फसलें खाद्यान्नों की उपलब्धता के साथ-साथ कृषि आधारित उद्योगों के लिए कच्चे माल की आपूर्ति भी करती हैं। अत: फसलों को विभिन्न वर्गों में वर्गीकृत किया जाता है, जो निम्न प्रकार हैं

खाद्यान्न फसलें

खाद्यान्न फसलों (Food Crops) का उत्पादन भोजन सम्बन्धी आवश्यकताओं को पूरा करने के लिए किया जाता है। विश्व की प्रमुख खाद्यान्न फसलों का विवरण निम्नलिखित है

चावल

- चावल मुख्य रूप से मानसूनी प्रदेशों की फसल है। इसका उत्पादन उष्ण एवं उपोष्ण कटिबन्ध की नदी घाटियों एवं डेल्टा क्षेत्रों में मुख्य रूप से किया जाता है। विश्व की लगभग आधी जनसंख्या का मुख्य भोजन चावल है।
- चावल की खेती के लिए गर्म तथा आर्द्र जलवायु की आवश्यकता होती है अर्थात् इसके लिए उच्च तापमान, अधिक आर्द्रता तथा वर्षा की आवश्यकता होती है।
- इसके वर्धन काल में तापमान 27°C से 30°C के आस-पास होना चाहिए तथा वर्षा की मात्रा 100 सेमी से अधिक (125-200 सेमी) होनी आवश्यक है। चावल के लिए चीका युक्त जलोढ़ मिट्टी, जिसमें जल को रोकने की सर्वोत्तम क्षमता पाई जाती है, सर्वोत्तम मानी जाती है।

विश्व के चावल उत्पादक क्षेत्रों का वर्णन निम्न है

- चीन के चावल उत्पादक क्षेत्र यांग्त्सीक्यांग बेसिन, सिचवान बेसिन, दक्षिण-पूर्वी तटीय प्रदेश आदि हैं।
- भारत के चावल उत्पादक क्षेत्र गंगा, ब्रह्मपुत्र के विशाल मैदान एवं समुद्र तटीय मैदान आदि हैं। यहाँ के कुछ भागों में चावल की दो फसलें तथा कुछ भागों में तीन फसलें उगाई जाती हैं।
- इण्डोनेशिया का जावा द्वीप चावल की कृषि के लिए प्रसिद्ध है।
- बांग्लादेश के प्रमुख चावल उत्पादक क्षेत्र गंगा-ब्रह्मपुत्र डेल्टा हैं। यहाँ वर्ष में दो से तीन चावल की फसलों का उत्पादन होता है।
- म्यांमार में चावल इरावदी, चिंदवीन, सितांग व सालवीन नदी घाटियों में उत्पन्न किया जाता है।
- जापान में चावल की खेती क्यूशू, शिकोक्यू तथा दक्षिणी होंशू के तटीय मैदानों में की जाती है। दक्षिणी जापान में चावल की दो फसलों का उत्पादन होता है।
- विश्व के अन्य क्षेत्र पो नदी घाटी क्षेत्र (इटली), मिसीसिपी का डेल्टा क्षेत्र (यूएसए), ब्राजील का तटीय क्षेत्र आदि प्रमुख चावल उत्पादक क्षेत्र हैं।

गेहूँ

- यह विश्व की मुख्य खाद्यान्न फसल है तथा इसका मूल स्थान दक्षिण तुर्किये माना जाता है। गेहूँ का उद्भव शीतोष्ण कटिबन्धीय क्षेत्र में हुआ था, इसमें अनुकूल शीतलता की सीमा बहुत अधिक होती है। इसलिए इसकी खेती साइबेरिया से लेकर उष्णकटिबन्धीय क्षेत्रों में की जाती है, ऋतु के अनुसार गेहूँ की दो फसलें हैं
  - शीत ऋतु का गेहूँ उन क्षेत्रों में बोया जाता है, जहाँ शीत ऋतु बहुत कठोर नहीं होती है।
  - बसन्त ऋतु का गेहूँ उन क्षेत्रों में बोया जाता है, जहाँ शीत ऋतु में अत्यधिक सर्दी पड़ती है और कम तापक्रम के कारण फसल नहीं बढ़ती है।
- गेहूँ को गुणों के आधार पर दो किस्मों में विभक्त किया जाता है-मुलायम तथा कठोर गेहूँ। मुलायम गेहूँ अधिक आर्द्र क्षेत्रों में एवं कठोर गेहूँ शुष्क क्षेत्रों में उत्पन्न किया जाता है। गेहूँ की खेती गहन एवं विस्तृत कृषि पद्धति के अन्तर्गत की जाती है।
- गेहूँ की खेती लिए 40 से 75 सेमी वर्षा आवश्यक होती है। फसल उगने के समय ठण्डा मौसम तथा मिट्टी में आर्द्रता की उपयुक्त मात्रा आवश्यक होती है।
- फसल पकने के समय तापक्रम लगभग 16°C तथा आकाश साफ होना चाहिए। गेहूँ के वर्धन काल में मध्यम तापमान एवं वर्षा और शस्य कर्तन (फसल की कटाई) के समय तेज धूप की आवश्यकता होती है।
- गेहूँ की फसल का विकास सुअपवाहित दोमट मिट्टी में सर्वोत्तम तरीके से होता है। यूक्रेन तथा संयुक्त राज्य अमेरिका के प्रेयरी मैदान की चेरनोजम मृदा में गेहूँ की उपज उत्तम होती है।
- अति आर्द्रता के कारण गेहूँ में रेड रोट नामक रोग लग सकता है।
- विश्व के प्रमुख गेहूँ उत्पादक क्षेत्र निम्न हैं
  - चीन के प्रमुख गेहूँ उत्पादक क्षेत्र-ह्वांगहो नदी घाटी क्षेत्र, उत्तरी मैदान, शान्टांग प्रायद्वीप, मेकांग नदी घाटी क्षेत्र हैं।
  - भारत में गेहूँ के परम्परागत क्षेत्र सिन्धु तथा गंगा की सहायक नदियों द्वारा निर्मित जलोढ़ मैदान हैं। इसके अतिरिक्त अन्य शुष्क व सिंचाई वाले क्षेत्रों में गेहूँ का उत्पादन होता है।
  - रूस में साइबेरिया के स्टेपीज प्रदेश, कैस्पियन सागर, काला सागर का मध्य पूर्वी क्षेत्र प्रमुख गेहूँ उत्पादक क्षेत्र हैं।
  - संयुक्त राज्य अमेरिका में गेहूँ के मुख्य उत्पादक क्षेत्र डकोटा, मोण्टाना एवं मिनेसोटा आदि हैं। कन्सास से पूर्वी कोलेरेडो होते हुए ओकलाहोमा तक के क्षेत्र में शीतकाल में गेहूँ का उत्पादन किया जाता है।
  - कनाडा में गेहूँ के मुख्य उत्पादक क्षेत्र मैनीटीबा, सस्केचवान तथा अल्बर्टा प्रान्तों में स्थित हैं। यहाँ बसन्तकालीन गेहूँ का उत्पादन होता है, वहीं ओण्टेरियो तथा क्युबेक प्रान्त में शीतकालीन गेहूँ का उत्पादन होता है।

मक्का

- यह गेहूँ एवं चावल के बाद तीसरी प्रमुख फसल है। यह फसल अविकसित अथवा विकासशील देशों (एशिया एवं अफ्रीका) में लोगों की आजीविका के स्रोत के रूप में पाई जाती है, जबकि विकसित देशों में इसका प्रयोग पशु-चारे के रूप में होता है।
- मक्का को कॉर्न के नाम से जाना जाता है, जिसकी अनेक प्रजातियाँ पाई जाती हैं, जो विभिन्न रंगों की होती हैं। यह मुख्य रूप से 50° उत्तरी और 40° दक्षिणी अक्षांशों के मध्य उत्पादित होती है।

- मक्का का उद्‌भव **मध्य अमेरिका** में हुआ था। इसका सर्वोत्तम उत्पादन ऐसे क्षेत्रों में होता है, जहाँ ऋतु ग्रीष्म व आर्द्र होती है। मक्का की कृषि के लिए **18°C से 27°C तापमान** तथा **50 से 125 सेमी तक वर्षा** की मात्रा की आवश्यकता होती है।
- मक्का की खेती के लिए **चिकनी, दोमट** एवं **काँप मिट्‌टी** अनुकूल होती है तथा कम-से-कम **40 पालारहित दिन** आवश्यक होते हैं।
- इस प्रकार इसके लिए मध्यम तापमान, वर्षा और अधिक धूप एवं सुअपवाहित उपजाऊ मृदा आवश्यक होती है। मक्का के तीन शीर्ष उत्पादक देश (घटते क्रम) यूएसए (अमेरिका), चीन तथा ब्राजील हैं।
- विश्व के सभी उष्ण एवं उषोष्ण कटिबन्धीय देशों में मक्का का उत्पादन होता है, जो इस प्रकार हैं
  - **संयुक्त राज्य अमेरिका** में मक्का की पेटी मध्य ओहियो से मध्य नेब्रास्का तक लगभग 1400 किमी की लम्बाई में पूर्व-पश्चिम दिशा में फैली हुई है। यह क्षेत्र पेन्सिलवेनिया, केण्टुकी, कनेक्टीकट, मिसौरी, इलीनोइस, ओहियो, कन्सास राज्यों में विस्तृत है। यहाँ कुल मक्का उत्पादन का 80% भाग पशुओं को खिलाया जाता है।
  - **चीन** में प्रमुख मक्का उत्पादक क्षेत्र क्रमशः जेचवान बेसिन, केण्टन डेल्टा, मध्यवर्ती मैदान, यांग्सीक्यांग बेसिन तथा उत्तरी मैदान हैं।
  - **ब्राजील** में मिनास, गेरास, साओपाउलो, रियो ग्राण्डे आदि प्रमुख मक्का उत्पादक क्षेत्र हैं।

मोटे अनाज

ज्वार तथा रागी

- ज्वार तथा रागी जैसी फसलों को **मोटे अनाज** के रूप में जाना जाता है। यह शुष्क क्षेत्रों में उत्पादित होने वाला प्रमुख अनाज है।
- यह फसल कम उपजाऊ तथा **बलुई मृदा** (Sandy Soil) में उगाई जाती है। यह ऐसी फसल है, जिसमें **कम वर्षा** और **उच्च से मध्यम तापमान** तथा पर्याप्त सूर्य के प्रकाश की आवश्यकता होती है।
- विश्व में भारत, नाइजर, माली, सूडान, नाइजीरिया, पाकिस्तान, नेपाल, यूक्रेन, घाना आदि देशों में ज्वार तथा रागी का उत्पादन होता है। शीर्ष तीन मोटे अनाज उत्पादक देश (घटते क्रम में) यूएसए, चीन, ब्राजील हैं।

बाजरा

- यह फसल मोटे अनाज के अन्तर्गत आती है, जो एक **अफ्रीकी** मूल का पौधा है। इसे अफ्रीका एवं भारतीय उपमहाद्वीप में प्राचीन समय से उगाया जाता है। यह खरीफ की फसल है, जिसकी बुआई वर्षा ऋतु में की जाती है तथा शीत ऋतु के आरम्भ में काट ली जाती है।
- सामान्यतः यह फसल **40 से 75 सेमी वर्षा** वाले क्षेत्रों में उत्पादित होती है, इसके उत्पादन के लिए **20°C से 28°C तापमान** आवश्यक होता है, इसे **काली मृदा, दोमट मृदा** एवं **लाल मृदा** में सफलता से उपजाया जाता है। शीर्ष तीन बाजरे के उत्पादक देश (घटते क्रम में) भारत, नाइजर एवं चीन हैं।

तिलहन फसलें

- तिलहन फसलों (Oilseed Crops) से मुख्य रूप से खाने योग्य तेल निकाला जाता है। मुख्य तिलहन फसलें सरसों, तिल, अलसी, मूँगफली, नारियल आदि हैं।
- इसके अतिरिक्त कुछ अन्य उत्पादों से भी तेल प्राप्त किया जाता है; जैसे-**बिनौला, सोयाबीन** तथा **सूरजमुखी**।
- भूमध्यसागरीय देशों में **जैतून का तेल** उत्पादित किया जाता है तथा ताड़ से **पाम तेल** प्राप्त किया जाता है। प्रमुख तिलहन फसलों का विवरण निम्न प्रकार है

सरसों तथा तोरिया

- इस फसल की खेती उष्ण एवं उपोष्ण कटिबन्धों में की जाती है। सरसों तथा तोरिया अपेक्षतया ठण्डी जलवायु में उत्पन्न होती हैं।
- इसके लिए 25 से 40 सेमी वर्षा की आवश्यकता होती है, इसकी खेती के लिए दोमट मिट्‌टी सर्वोत्तम मानी जाती है।
- सरसों एवं तोरिया का उत्पादन चीन, भारत, पाकिस्तान, बांग्लादेश के अतिरिक्त कनाडा, यूक्रेन, रूस इत्यादि में होता है। सरसों के बीज के शीर्ष तीन उत्पादक देश (घटते क्रम में) नेपाल, रूस तथा कनाडा हैं।

तिल

- तिल कम वर्षा वाले क्षेत्रों की फसल है। इसकी खेती के लिए हल्की रेतीली मिट्‌टी व दोमट मिट्‌टी उपयुक्त होती है, इसकी बुआई मुख्यतः खरीफ के मौसम में की जाती है।
- इस फसल के लिए अत्यधिक आर्द्रता, अत्यधिक शुष्कता तथा अधिक ठण्डी हानिकारक होती है। तिल के बीज से तेल प्राप्त किया जाता है। शीर्ष तीन तिल उत्पादक देश (घटते क्रम में) भारत, चीन एवं नाइजीरिया हैं।

सूर्यमुखी

- सूर्यमुखी का उद्‌भव क्षेत्र दक्षिणी संयुक्त राज्य अमेरिका तथा मैक्सिको हैं। 19वीं शताब्दी में तिलहन के रूप में सोवियत संघ ने इसका उत्पादन प्रारम्भ किया। सूर्यमुखी बीज बोने, अंकुरण एवं पौधे के विकास के समय ठण्डे मौसम की आवश्यकता होती है।
- दाना पकते समय तापक्रम अपेक्षतया ऊँचा तथा आकाश मेघ रहित होना चाहिए। यह सभी प्रकार की मिट्‌टी में उत्पन्न होती है, परन्तु काली मिट्‌टी इसके लिए विशेष रूप से उपयुक्त होती है, इसकी फसल लगभग तीन महीने में पक जाती है। सूरजमुखी (बीज) के शीर्ष तीन उत्पादक देश (घटते क्रम में) यूक्रेन, रूस एवं अर्जेण्टीना हैं।

सोयाबीन

- सोयाबीन खरीफ मौसम की एक प्रमुख फसल है, जिसका सबसे अधिक उपयोग आर्थिक उद्देश्य से तेल के रूप में होता है, अतः यह दलहन के स्थान पर तिलहन की फसल मानी जाती है।
- इसकी खेती अधिक हल्की रेतीली व हल्की भूमि को छोड़कर सभी प्रकार की भूमि में की जाती है। हालाँकि इसके लिए जल की निकास वाली चिकनी दोमट मिट्‌टी सबसे उपयुक्त मानी जाती है।

अलसी

- अलसी की खेती इसके बीज एवं सन दोनों के लिए की जाती है। इसकी खेती उष्ण एवं समशीतोष्ण कटिबन्धों में की जाती है। इसके तेल का प्रयोग **वार्निश, पेण्ट, लिनोलियम** (Flaxseed) बनाने तथा खाने के लिए किया जाता है।
- इसकी खेती 10° से 65° अक्षांशों के मध्य की जाती है। इसके लिए 45 से 75 सेमी तक वर्षा की आवश्यकता होती है।

- ठण्डी एवं नम जलवायु इसके लिए अति उत्तम होती है। नदियों की जलोढ़ एवं भारी चिकनी मिट्टी दोनों इसके लिए उपयुक्त होती हैं।
- अलसी के शीर्ष तीन उत्पादक देश (घटते क्रम में) कनाडा, चीन एवं रूस हैं।

मूँगफली

- मूँगफली एक उष्ण एवं उपोष्ण कटिबन्ध की प्रमुख फसल है, जिसका जन्म स्थल ब्राजील माना जाता है, इसकी कृषि के लिए अच्छी जल निकास वाली भुरभुरी दोमट व बलुई मिट्टी सर्वोत्तम मानी जाती है।
- खरीफ की फसल होने के कारण इसमें सिंचाई की आवश्यकता कम होती है। इस प्रकार इसके लिए 20°C से 25°C तापमान तथा 50 से 75 सेमी वर्षा महत्त्वपूर्ण होती है। मूँगफली के शीर्ष तीन उत्पादक देश (घटते क्रम में) चीन, भारत एवं नाइजीरिया हैं।

नारियल

- नारियल एक तिलहन फसल है। इसका फल पेय, खाद्य एवं तेल के लिए उपयोगी होता है, इसकी उपयोगिता के कारण इसे कल्प वृक्ष कहा जाता है।
- इसकी कृषि के लिए उच्च तापमान (25°C), 200 सेमी वर्षा एवं अधिक आर्द्रता की आवश्यकता होती है, इसकी कृषि के लिए समुद्री जलवायु उत्तम होती है।
- विश्व में नारियल की खेती 20° उत्तरी एवं 20° दक्षिणी अक्षांशों के बीच सीमित है। नारियल के शीर्ष तीन उत्पादक देश (घटते क्रम में) इण्डोनेशिया, फिलीपीन्स एवं भारत हैं।

रेशेदार फसलें

कपास

- कपास उष्णकटिबन्ध क्षेत्र की उपज है, किन्तु वर्तमान समय में इसका सर्वाधिक उत्पादन उपोष्ण क्षेत्र में होता है। भारत को कपास का मूल स्थान माना जाता है। कपास मालवेसी कुल का सदस्य है।
- कपास की खेती के लिए गर्म जलवायु की आवश्यकता होती है। इसके वर्धन काल में 21°C से 27°C का तापमान आवश्यक होता है। कपास का पौधा 40°C का भी तापमान सहन कर सकता है, किन्तु न्यूनतम तापमान 21°C से कम नहीं होना चाहिए।
- इसके लिए 50 सेमी से 100 सेमी तक वर्षा की आवश्यकता होती है। यह पाला सहन नहीं कर पाता है, अत: उपोष्ण कटिबन्धों में इसकी खेती उन्हीं क्षेत्रों में सम्भव है, जहाँ कम-से-कम 210 पाला रहित दिन हैं।
- कम वर्षा वाले क्षेत्रों में सिंचाई की आवश्यकता होती है। कपास की परिपक्वता के समय आकाश स्वच्छ होना आवश्यक होता है।
- लावा से निर्मित काली मिट्टी एवं जलोढ़ मिट्टी इसके लिए सबसे उपयुक्त होती है। मृदा में जल निकास अच्छा होना चाहिए। जलाक्रान्त मिट्टी कपास की खेती के लिए उपयुक्त नहीं होती है।
- विश्व के प्रमुख कपास उत्पादक देश निम्न हैं
    - संयुक्त राज्य अमेरिका में कपास के मुख्य उत्पादक क्षेत्र क्रमश: टेक्सास के उत्तरी-पश्चिमी उच्च मैदान, मिसीसिपी घाटी, मध्य टेनेसी घाटी तथा अटलाण्टिक के तटीय मैदान हैं। इनके अतिरिक्त कैलिफोर्निया, न्यू मैक्सिको, अरिजोना, नेवादा आदि में भी इसकी खेती होती है।
    - चीन में कपास की खेती उत्तरी मैदान, ह्वांगहो घाटी, यांग्त्सीक्यांग घाटी तथा हुप्पे क्षेत्र में की जाती है।
    - यूक्रेन में प्रमुख उत्पादक क्षेत्र दक्षिणी यूक्रेन है। ब्राजील का साओपोलो प्रान्त मुख्य उत्पादक क्षेत्र है।
    - भारत में काली मृदा वाले प्रमुख क्षेत्र गुजरात, महाराष्ट्र, आन्ध्र प्रदेश आदि हैं, जिनमें कपास की खेती की जाती है। इसके अतिरिक्त पाकिस्तान, उज्बेकिस्तान, मिस्र , तुर्की आदि प्रमुख उत्पादक देश हैं।

जूट या पटसन

- जूट (पटसन) एक रेशेदार पौधा है। यह उष्ण एवं आर्द्र जलवायु की फसल है, जिसकी कृषि में दक्षिणी एशिया को एकाधिकार प्राप्त है। पटसन को सुनहरा रेशा के नाम से भी जाना जाता है।
- इसका जन्म स्थान अफ्रीका व भारत को माना जाता है। इसका उपयोग बोरे, रस्सियाँ, कालीन, दरियाँ आदि बनाने में होता है।
- जूट (पटसन) सामान्यत: उष्णकटिबन्धीय पौधा है, जिसे उच्च तापमान, भारी वर्षा तथा आर्द्र जलवायु की आवश्यकता होती है। इसके लिए 25°C से 30°C तक का तापमान आवश्यक होता है, वहीं औसत रूप से 200 सेमी वर्षा अनुकूल होती है।
- यह जलोढ़ मृदा में उचित रूप से विकसित होता है अर्थात् इसके लिए उर्वर दोमट मृदा, नवीन जलोढ़ मृदा एवं डेल्टाई काँप मृदा महत्त्वपूर्ण होती है। इसके लिए सापेक्षिक आर्द्रता कम-से-कम 50% तथा सस्ते श्रमिक आवश्यक होते हैं। भारत, बांग्लादेश, पाकिस्तान, चीन, उज्बेकिस्तान, नेपाल आदि जूट के प्रमुख उत्पादक देश हैं।
- भारत, बांग्लादेश एवं चीन मिलकर विश्व के 95% से भी अधिक जूट का उत्पादन करते हैं। जूट की खेती का सर्वाधिक क्षेत्रफल भारत में है। विश्व के शीर्ष तीन उत्पादक देश (घटते क्रम में) भारत, बांग्लादेश एवं चीन हैं। जूट का सबसे बड़ा निर्यातक देश बांग्लादेश है।

पेय फसलें

चाय

- यह एक उष्णकटिबन्धीय बागानी फसल है, जिसका जन्म स्थान चीन को माना जाता है, इसकी कृषि मानसूनी जलवायु वाले देशों में सबसे अधिक की जाती है। चाय के क्षेत्रफल एवं उत्पादन की दृष्टि से चीन का प्रथम स्थान है।
- चाय के पौधों के लिए गर्म तथा आर्द्र जलवायु की आवश्यकता होती है। इसके लिए 21°C से 29°C तक तापमान का होना आवश्यक होता है, वहीं इसे 125 सेमी से 750 सेमी के वर्षा क्षेत्र में उगाया जा सकता है, अत: इसके लिए 150-200 सेमी वर्षा की मात्रा अनुकूल होती है।
- इसके लिए गहरी एवं उपजाऊ दोमट मिट्टी अनुकूल होती है, जिसमें ह्यूमस की मात्रा अधिक हो तथा मृदा में फॉस्फोरस एवं लोहा पर्याप्त मात्रा में उपलब्ध हो अर्थात् मृदा ऐसी होनी चाहिए, जो अम्लीय हो तथा उसमें कैल्शियम की मात्रा कम, परन्तु लोहांश एवं मैंगनीज की मात्रा अधिक होती है।

कहवा (कॉफी)

- कहवा भी चाय की भाँति रोपण कृषि का उत्पाद एवं महत्त्वपूर्ण पेय पदार्थ है।
- यह उष्णकटिबन्ध के उच्च भागों का पौधा है, जो समुद्र तल से 500 से 1500 मी की ऊँचाई तक उत्पन्न होता है।
- कहवा की खेती के अन्तर्गत अरेबिका कहवा के लिए 15°C से 25°C तथा रोबस्टा कहवा के लिए 20°C से 30°C तापमान की आवश्यकता होती है। इसके लिए 70-93% तक सापेक्ष आर्द्रता तथा लगभग 160 सेमी से 250 सेमी वर्षा की आवश्यकता होती है।
- इसके लिए गहरी, सरन्ध्र तथा ह्यूमस युक्त मिट्टी की आवश्यकता होती है, जिसमें आर्द्रता धारण करने की क्षमता अधिक हो अर्थात् लोहा, नाइट्रोजन एवं ह्यूमस युक्त मृदा उपयोगी होती है।

अन्य व्यापारिक फसलें

गन्ना

- गन्ना मुख्यत: उष्णकटिबन्ध की फसल है, जिसका उद्भव क्षेत्र पूर्वी एवं दक्षिणी-पूर्वी एशिया माना जाता है।
- इस प्रकार यह उष्ण एवं उपोष्ण जलवायु की फसल है, जिसकी खेती 37° उत्तरी एवं 30° दक्षिणी अक्षांशों के मध्य की जाती है। यह चीनी का मुख्य स्रोत है। विश्व के चीनी उत्पादन का दो-तिहाई भाग गन्ने से प्राप्त होता है।
- इसके लिए वर्षभर आवश्यक तापमान 21°C से 27°C तक होना आवश्यक है, वहीं वर्षा की मात्रा 75 सेमी से 120 सेमी आवश्यक होती है। इसके लिए उष्णकटिबन्धीय जलवायु की गर्म तथा आर्द्र दशाएँ सर्वोत्तम होती हैं।
- गन्ने के लिए दोमट, चिकनी तथा जलोढ़ मिट्टी उपयुक्त होती है। कुछ क्षेत्रों में काली एवं लैटेराइट मिट्टी में भी गन्ने की खेती की जाती है अर्थात् गहरी मिट्टी, जिसमें आर्द्रता धारण करने की क्षमता अधिक हो, उपयुक्त होती है।
- ब्राजील, भारत, चीन, पाकिस्तान, थाइलैण्ड, मैक्सिको, क्यूबा, हवाई द्वीप, जावा द्वीप, फिजी, मॉरीशस, कोलम्बिया आदि गन्ने के प्रमुख उत्पादक देश हैं।
- शीर्ष तीन गन्ना उत्पादक देश (घटते क्रम में) ब्राजील, भारत एवं चीन हैं। गन्ने से प्राप्त चीनी के शीर्ष 10 उत्पादक देश (घटते क्रम में) ब्राजील, भारत, चीन, थाइलैण्ड, यूएसए, पाकिस्तान, मैक्सिको, रूस, फ्रांस और जर्मनी हैं।

विश्व के शीर्ष 5 चीनी निर्यातक एवं आयातक देश (2020-21)

निर्यातक देश	आयातक देश
ब्राजील	इण्डोनेशिया
थाइलैण्ड	चीन
भारत	संयुक्त राज्य अमेरिका
ऑस्ट्रेलिया	बांग्लादेश
ग्वाटेमाला	अल्जीरिया

चुकन्दर

- चुकन्दर गन्ने के अतिरिक्त दूसरी फसल है, जिससे चीनी बनाई जाती है। यह मुख्यत: समशीतोष्ण कटिबन्ध की फसल है, इसकी कृषि मुख्य रूप से यूरोप में की जाती है।
- अत: इसे यूरोपीय कृषि भी कहा जा सकता है। वर्तमान में चुकन्दर की खेती रूस, अमेरिका तथा एशिया के मध्य-पूर्व के देशों में भी हो रही है।
- चुकन्दर का उपज काल 5-6 माह का होता है। इसके लिए 16°C से 24°C का तापमान आवश्यक होता है तथा इसमें लगातार नमी की आवश्यकता होती है वहीं 60 सेमी वर्षा की आवश्यकता होती है। फसल तैयार होते समय ठण्ड के साथ-साथ धूप की भी आवश्यकता होती है, इसके लिए दोमट एवं चिकनी मिट्टी तथा मिश्रित दोमट मिट्टी बहुत उपयुक्त होती है।

रबर

- रबर एक उष्णकटिबन्धीय पौधा है, इसका जन्म स्थान अमेजन नदी घाटी है। यह सामान्यत: अमेजन तथा जायरे के उष्णकटिबन्धीय जंगलों में पाए जाने वाले एक वृक्ष का दूध होता है। इस दूध को यहाँ के लोग पेड़ का आँसू या काड या उक कहते हैं।
- रबर के लिए भूमध्यरेखीय जलवायु सर्वोत्तम होती है, इसके लिए लगभग 21°C तापमान आवश्यक होता है, वहीं 150-200 सेमी वर्षा तथा जल निकास की अच्छी व्यवस्था आवश्यक होती है।
- रबर के बागान तरंगित भूमि अथवा साधारण ढाल की उच्च भूमियों पर लगाए जाते हैं। इसके लिए गहरी तथा उपजाऊ मिट्टी सर्वोत्तम होती है।
- रबर मुख्यत: दक्षिणी-पूर्वी एशिया की उपज है, अत: थाइलैण्ड, इण्डोनेशिया, मलेशिया, भारत, चीन, श्रीलंका, लीबिया, ब्राजील, कीनिया, कम्बोडिया, वियतनाम, कैमरुन, नाइजीरिया आदि रबड़ के प्रमुख उत्पादक देश हैं। प्राकृतिक रबर के शीर्ष उत्पादक देश (घटते क्रम में) थाइलैण्ड, इण्डोनेशिया, वियतनाम, भारत, चीन, मलेशिया तथा श्रीलंका हैं।
- भारत विश्व में चौथा सबसे बड़ा उत्पादक तथा दूसरा सबसे बड़ा उपभोक्ता देश है।

वैश्विक कृषिगत उत्पादों के उत्पादन में शीर्ष देश

प्रमुख फसल	देशों का क्रम
चावल	चीन, भारत, बांग्लादेश, इण्डोनेशिया, वियतनाम
गेहूँ	चीन, भारत, रूस, यूएसए, फ्रांस
मक्का	यूएसए, चीन, ब्राजील, अर्जेण्टीना, यूक्रेन
जौ	रूस, जर्मनी, फ्रांस, यूक्रेन, कनाडा,
ज्वार	संयुक्त राज्य अमेरिका, नाइजीरिया, इथियोपिया,
दलहन	भारत, यू.के, मोजाम्बिक, स्पेन, किर्गिस्तान
मूँगफली (छिलकायुक्त)	चीन, भारत, नाइजीरिया, सूडान, संयुक्त राज्य अमेरिका
रेपसीड	चीन, कनाडा, भारत, ऑस्ट्रेलिया, फ्रांस, यूक्रेन
सोयाबीन	ब्राजील, यूएसए, अर्जेण्टीना, चीन, भारत
सूरजमुखी (बीज)	रूस, यूक्रेन, अर्जेण्टीना, रोमानिया, चीन
गन्ना	ब्राजील, भारत, चीन, पाकिस्तान, थाइलैण्ड
कपास (बीज)	चीन, भारत, यूएसए, ब्राजील, पाकिस्तान
जूट	भारत, बांग्लादेश, चीन, उज्बेकिस्तान, नेपाल

वैश्विक कृषिगत उत्पादों के उत्पादन में शीर्ष देश

प्रमुख फसल	देशों का क्रम
आलू	चीन, भारत, रूस, यूक्रेन, यूएसए
प्याज	चीन, भारत, यूएसए, मिस्र, तुर्किये
टमाटर	चीन, भारत, तुर्किये, संयुक्त, राज्य अमेरिका, मिस्र
सेब	चीन, यूएसए, तुर्किये, पोलैण्ड, भारत
केला	भारत, चीन, इण्डोनेशिया, ब्राजील, इक्वोडोर
नारियल	इण्डोनेशिया, फिलीपीन्स, भारत, श्रीलंका, ब्राजील
चुकन्दर	रूस, फ्रांस, जर्मनी, यूएसए, तुर्किये
मसाले	भारत, इथियोपिया, तुर्किये, इण्डोनेशिया, बांग्लादेश
चाय	चीन, भारत, कीनिया, श्रीलंका, वियतनाम
कॉफी	ब्राजील, वियतनाम, कोलम्बिया, इण्डोनेशिया, इथियोपिया
कोकोआ बींस	आइवरी कोस्ट, घाना, इण्डोनेशिया, नाइजीरिया, इक्वाडोर
तम्बाकू	चीन, भारत, ब्राजील, जिम्बाब्वे, संयुक्त राज्य अमेरिका
रबर (प्राकृतिक)	थाइलैण्ड, इण्डोनेशिया, वियतनाम, भारत, चीन

पशुपालन (पशुचारण)

पशुओं को व्यवस्थित तरीके से चराने और पालने का व्यवसाय उनसे दूध, मांस, ऊन एवं खालें आदि प्राप्त करने के लिए किया जाता है, जिसे पशुपालन कहते हैं। पशुओं की सर्वाधिक संख्या एशिया में मिलती है। यहाँ विश्व की लगभग 40% पशुओं की संख्या है।

चलवासी पशुचारण

- चलवासी पशुचारण (Pastoralism) एक प्राचीन जीवन निर्वाह व्यवसाय रहा है, जिसमें पशुचारक अपने भोजन, वस्त्र, आवास, औजार एवं यातायात के लिए पशुओं पर ही निर्भर रहता था।
- वे अपने पालतु पशुओं के साथ पानी एवं चरागाह की उपलब्धता एवं गुणवत्ता के अनुसार एक स्थान से दूसरे स्थान पर स्थानान्तरित होते रहते थे, इन पशुचारक वर्गों के अपने-अपने निश्चित चरागाह क्षेत्र होते हैं।
- उष्णकटिबन्धीय अफ्रीका में गाय-बैल प्रमुख पशु हैं, जबकि सहारा एवं एशिया के मरुस्थलों में भेड़, बकरी एवं ऊँट पाले जाते हैं।
- तिब्बत एवं एण्डीज के पर्वतीय भाग में याक व लामा एवं आर्कटिक और उप-उत्तरी ध्रुवीय क्षेत्रों में रेण्डियर पाले जाते हैं। गर्मियों में मैदानी भागों से पर्वतीय चरागाह की ओर एवं शीतकाल में पर्वतीय भाग से मैदानी चरागाहों की ओर प्रवास करते हैं। इस गतिविधि को ऋतुप्रवास कहा जाता है।
- भारत में हिमालय के पर्वतीय क्षेत्रों में गुज्जर, बकरवाल, गद्दी एवं भूटिया लोगों के समूह ग्रीष्म काल में मैदानी क्षेत्रों से पर्वतीय क्षेत्रों में चले जाते हैं एवं शीतकाल में पर्वतीय क्षेत्रों से मैदानी क्षेत्र में आ जाते हैं।

वाणिज्य पशुधन पालन

- चलवासी पशुचारण की अपेक्षा वाणिज्य पशुधन पालन अधिक व्यवस्थित एवं पूँजी प्रधान है। यह पश्चिमी संस्कृति से प्रभावित है तथा इसके कार्य एवं फार्म भी स्थायी होते हैं।
- यह एक विशिष्ट गतिविधि है, जिसमें केवल एक ही प्रकार के पशु पाले जाते हैं। प्रमुख पशुओं में भेड़, बकरी, गाय-बैल एवं घोड़े हैं। इनसे प्राप्त मांस, खाल एवं ऊन को वैज्ञानिक तरीके से संसाधित एवं डिब्बाबन्द कर विश्व के बाजारों में निर्यात कर दिया जाता है।
- विश्व में न्यूजीलैण्ड, ऑस्ट्रेलिया, अर्जेण्टीना, उरुग्वे एवं संयुक्त राज्य अमेरिका में वाणिज्य पशुधन पालन किया जाता है।

मत्स्यन (मत्स्यपालन)

मत्स्यन मनुष्य की प्राचीन आर्थिक क्रिया है। तटवर्ती प्रदेशों में यह एक महत्त्वपूर्ण उद्योग है। मछलियों को मुख्यत: भोजन के रूप में प्रयोग किया जाता है, इसके अतिरिक्त इनका उपयोग खाद बनाने, तेल प्राप्त करने आदि में भी किया जाता है।

मत्स्यन का विश्व वितरण

संसार के चार क्षेत्रों में बड़े पैमाने पर मत्स्यन किया जाता है, जिनका विवरण इस प्रकार है

- प्रशान्त महासागर का उत्तर-पश्चिमी क्षेत्र यह क्षेत्र उत्तर में बेरिंग सागर से दक्षिण में फिलीपाइन्स सागर तक विस्तृत है। इस क्षेत्र के महाद्वीपीय निमग्न तट पर क्यूरोशियो गर्म धारा, आयोशियो ठण्डी धारा से मिलती है, जो प्लैंक्टन के विकास के लिए अनुकूल परिस्थिति उत्पन्न करती है। प्लैंक्टन, मछलियों का भोजन होता है। प्लैंक्टन (प्लवक) सूक्ष्म जीव है, जो समुद्र में खाद्य शृंखलाओं का आधार बनाते हैं। अत: यहाँ मछलियों की अधिकता पाई जाती है।
- अटलाण्टिक महासागर का उत्तर-पश्चिमी क्षेत्र यह क्षेत्र मुख्य रूप से डीलांग द्वीप से न्यूफाउण्डलैण्ड के मध्य स्थित है। यद्यपि इसके उत्तर एवं दक्षिण की ओर भी मत्स्यन होता है। इसकी पश्चिमी सीमा पर कनाडा तथा संयुक्त राज्य अमेरिका की तट रेखा है। यहाँ पर चौड़ा महाद्वीपीय निमग्न तट है, जिस पर अनेक बैंक स्थित हैं; उदाहरणस्वरूप ग्राण्ड बैंक तथा जार्जेज बैंक। इस क्षेत्र में पर्च, कॉड, हेरिंग तथा हेडॉक आदि मछलियाँ पकड़ी जाती हैं।
- अटलाण्टिक महासागर का उत्तर-पूर्वी क्षेत्र यह क्षेत्र आर्कटिक वृत्त के उत्तर से यूरोपीय तट के साथ-साथ दक्षिण में भूमध्यसागर की सीमा तक विस्तृत है। यह क्षेत्र गल्फ स्ट्रीम की गर्म धारा के कारण वर्षभर खुला रहता है। इस क्षेत्र में नॉर्वे, स्वीडन, डेनमार्क, नीदरलैण्ड, फ्रांस, आइसलैण्ड तथा यूनाइटेड किंगडम मछली पकड़ने वाले मुख्य देश हैं।
- प्रशान्त महासागर का उत्तर-पूर्वी क्षेत्र इस क्षेत्र का विस्तार अलास्का से कैलिफोर्निया तट तक पाया जाता है। इस क्षेत्र में कनाडा तथा संयुक्त राज्य अमेरिका प्रमुख मत्स्यन देश हैं।
- दक्षिणी पूर्वी प्रशान्त का पेरू तट इस क्षेत्र में मछलियों के प्रमुख उत्पादक क्षेत्र पेरू और चिली हैं।

मछली आयातक एवं निर्यातक शीर्ष देश

आयातक	निर्यातक	आयातक	निर्यातक
यूएसए	चीन	स्पेन	चिली
चीन	नॉर्वे	फ्रांस	भारत
जापान	वियतनाम		

"

प्राकृतिक रूप से प्राप्त होने वाला पदार्थ, जिसका निश्चित रासायनिक संघटन हो, वह एक खनिज है। ये धरातल पर या भू-गर्भ से प्राप्त किए जाते हैं। इनकी पहचान इनके भौतिक एवं रासायनिक गुणों से होती है।

अध्याय पच्चीस

खनिज एवं ऊर्जा संसाधन

संसाधन

- संसाधन (Resources) एक ऐसा स्रोत है, जिसका उपयोग मनुष्य अपनी इच्छाओं की पूर्ति के लिए करता है। हमारे पर्यावरण में उपलब्ध प्रत्येक वह वस्तु संसाधन कहलाती है, जिसका उपयोग हम अपनी आवश्यकताओं की पूर्ति के लिए करते हैं।
- स्मिथ एवं फिलिप्स के अनुसार, "भौतिक रूप से संसाधन, वातावरण की वे प्रक्रियाएँ हैं, जो मानव के उपयोग में आती हैं।"
- जेम्स फिशर के अनुसार, "संसाधन वह कोई भी वस्तु है, जो मानवीय आवश्यकताओं और इच्छाओं की पूर्ति करती है।"

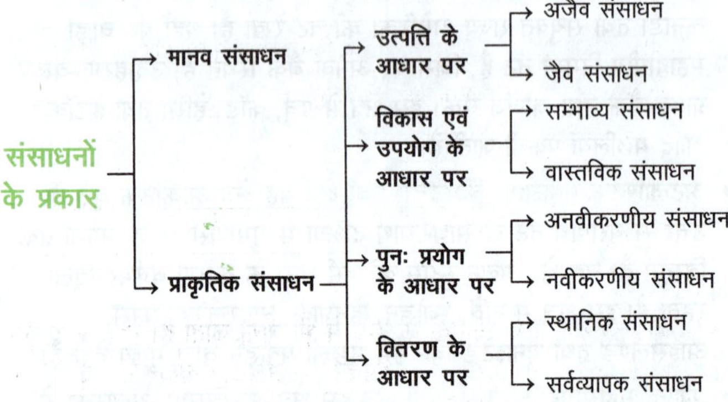

खनिज संसाधन

- भू-पर्पटी पर पाए जाने वाले सभी तत्त्व सामान्यतः एक-दूसरे के साथ मिलकर विभिन्न पदार्थों का निर्माण करते हैं। इन पदार्थों को ही खनिज (Minerals) कहा जाता है।
- इस प्रकार खनिज एक ऐसा प्राकृतिक, कार्बनिक एवं अकार्बनिक तत्त्व है, जिसमें एक क्रमबद्ध परमाणविक संरचना, निश्चित रासायनिक संघटन तथा भौतिक गुणधर्म शामिल होते हैं।
- खनिज का निर्माण दो या दो से अधिक तत्त्वों से मिलकर होता है। कभी-कभी सल्फर, ताँबा, चाँदी, स्वर्ण, ग्रेफाइट जैसे एक तत्त्वीय खनिज भी पाए जाते हैं। भू-पर्पटी पर कम-से-कम 2000 प्रकार के खनिजों को पहचाना गया है और इनका नामकरण किया गया है।
- खनिज अपने भौतिक गुणों; जैसे—रंग, घनत्व, कठोरता और रासायनिक गुण तथा विलेयता के आधार पर पहचाने जा सकते हैं।
- खनिजों का उपयोग विभिन्न उद्योगों; जैसे—रत्न, सोना, चाँदी आदि में होता है। इनका उपयोग आभूषणों में भी किया जाता है।

खनिजों के प्रकार

पृथ्वी पर तीन हजार से अधिक खनिज पाए जाते हैं। संरचना के आधार पर खनिजों को मुख्यतः धात्विक और अधात्विक खनिजो में वर्गीकृत किया गया है

धात्विक खनिज

इसमें धातु तत्त्व होते हैं अर्थात् इसमें धातु कच्चे रूप में होती है। इन्हें तीन भागों में विभाजित किया जा सकता है

(i) बहुमूल्य धातु इसमें स्वर्ण, चाँदी, प्लेटिनम आदि आते हैं।
(ii) लौह धातु इसमें लौह एवं स्टील के निर्माण के लिए लोहे में मिलाई जाने वाली अन्य धातुएँ आती हैं।
(iii) अलौहिक धातु इसमें ताम्र, सीसा, जिंक, टिन, एल्युमीनियम आदि धातुएँ शामिल होती हैं।

धात्विक खनिजो को लौह-अयस्क की उपस्थिति के आधार पर दो भागों में विभाजित किया जाता है

(i) लौह खनिज इनमें लोहे का अंश पाया जाता है; जैसे- मैंगनीज, लौह-अयस्क, क्रोमियम, निकिल, क्रोमाइट, टंगस्टन, कोबाल्ट, मॉलिब्डेनम, वेनेडियम आदि।
(ii) अलौह खनिज इनमें लोहे का अंश नहीं पाया जाता है; जैसे-ताँबा, एल्युमीनियम, टिन, सीसा, सोना, चाँदी, प्लेटिनम, जिंक, अभ्रक आदि।

अधात्विक खनिज

- इस प्रकार के खनिजों में किसी धातु की उपस्थिति नहीं होती है। अधात्विक खनिजों में नाइट्रेट, सल्फर, पोटाश, कोयला, पेट्रोलियम इत्यादि शामिल हैं।

- **खनिज ईंधन** (Mineral Fuels) कोयला तथा पेट्रोलियम जैसे खनिजों की संरचना में कार्बनिक तत्त्वों का योगदान होता है। इनका उपयोग ईंधन के रूप में होता है।

प्रमुख खनिज संसाधन

लौह-अयस्क

लोहा एक धात्विक खनिज है। यह प्रकृति में शुद्ध रूप में नहीं पाया जाता है, बल्कि अयस्क या यौगिक के रूप में मिलता है। लौह-अयस्क को लौह अंश के आधार पर चार वर्गों में विभाजित किया जाता है

(i) **मैग्नेटाइट** (Fe_3O_4) यह सर्वोत्तम किस्म का लौह-अयस्क है, जिसमें लोहे की मात्रा लगभग 72% तक होती है। इसमें वाष्प की मात्रा सबसे कम होती है। इसका रंग काला होता है। इसमें टाइटेनियम, वैनेडियम तथा क्रोमियम के भी अंश पाए जाते हैं।

(ii) **हेमेटाइट** (Fe_2O_3) इसमें लोहे की मात्रा 60-70% तक होती है। यह ऑक्सीजन और लोहे का सम्मिश्रण होता है। यह लोहे की दूसरी सर्वोत्तम किस्म है। यह लाल एवं भूरे रंग का ऑक्साइड होता है, जो जलज चट्टानों से मिलता है।

(iii) **लिमोनाइट** ($FeO(OH) \cdot nH_2O$) इसमें लोहे की मात्रा 40-50% तक होती है। यह जलयोजित लौह ऑक्साइड बॉग आयरन कहलाता है। यह अवसादी शैलों से प्राप्त किया जाता है। यह पीले से गहरे भूरे रंग का होता है, अत: इसे **भूरा अयस्क** भी कहते हैं।

(iv) **सिडेराइट** ($FeCO_3$) इसमें लोहे की मात्रा 40-45% तक होती है, इसे लोहा कार्बोनेट कहते हैं। यह अवसादी शैलों से प्राप्त होता है, इसका रंग भूरा होता है। यह निम्न कोटि का होता है।

विश्व के प्रमुख लौह अयस्क देश एवं उत्पादक क्षेत्र

देश	उत्पादक क्षेत्र
चीन	मंचूरिया, शान्तुंग, शान्सी, शेनयांग, वुहान, तापेह, हैनान द्वीप, होनान, हंकाऊ, नानकिंग, चिंगलिंग, तांगशाना।
रूस	यूराल क्षेत्र, मैग्निटोगोर्स्क, पूर्वी साइबेरिया में क्रैस्नोयार्स्क तथा अंगारा-इलिम, कुलावासा क्षेत्र, टुला (Tula) क्षेत्र।
संयुक्त राज्य अमेरिका	सुपीरियर झील के क्षेत्र में मिशीगन, मिनीसोटा और विसकान्सिन के मैसाबी, मेनामिनी, वरमीलियन, गोगेबिक, क्यूयाना, पेन्सिलवानिया, अलबामा क्षेत्र में वाटागुना तथा बर्मिंघम।
कनाडा	क्यूबेक, न्यूफाउण्डलैण्ड, ऑण्टेरियो, जेम्स टाउन, अरिकोकन, स्टीपरॉक, माण्ट राइट, करोल लेक माइन, मैरी रिवर बेसिन।
ब्रिटेन	उत्तर-पश्चिमी इंग्लैण्ड के नॉर्थम्बरलैण्ड, किम्बरलैण्ड, क्लीवलैण्ड की पहाड़ियाँ, स्टैफर्डशायर, स्कॉटलैण्ड, मिडलैण्ड।
मलेशिया	इपोह, परांक, इन्दाऊ, बाट तथा पहात (जोहार, तंमन्गान, क्रलान्तन), कमामन और बुकिहत्सी (ईगान खानों से)।
स्वीडन	किरूना, गैलीबारा क्षेत्र, मैलीवेयर, स्टॉकहोम तथा डेनीमोरा।
चिली	कुम्बको की टोगो खान तथा अटाकामा।
ऑस्ट्रेलिया	पिलबारा क्षेत्र (ऑस्ट्रेलिया का सबसे बड़ा लौह-अयस्क उत्पादक क्षेत्र), यण्डिकुगिना, जिमब्लेबर, याण्डी।
जर्मनी	साल्जगिटर व सीजेन।
दक्षिण अफ्रीका	पोस्टमासबर्ग क्षेत्र व ट्रान्सवाल।
फ्रांस	लॉरेन क्षेत्र, नोरमेण्डी एवं पीरेनीज क्षेत्र।
कज़ाखिस्तान	कुस्तनाई क्षेत्र।

विश्व में लौह-अयस्क के शीर्ष भण्डारक एवं उत्पादक देश

देश	भण्डारक (मिलियन टन में)	देश	उत्पादक (मिलियन टन में)
ऑस्ट्रेलिया	48,000	ऑस्ट्रेलिया	571.113 (34.93%)
ब्राजील	29,000	ब्राजील	273.330 (16.72%)
रूस	25,000	चीन	254.900 (15.59%)
चीन	20,000	भारत	156.450 (9.57%)
यूक्रेन	65,000	रूस	59.375 (3.63%)

मैंगनीज

- मैंगनीज प्रकृति में शुद्ध रूप में नहीं मिलती, बल्कि इसमें लोहे के यौगिक शामिल होते हैं। इसके मुख्य अयस्क साइलोमैलेन और मैंगानाइट हैं, जिसमें धातु का अंश 40% से 60% तक होता है। साइलोमैलेन मुलायम एवं ब्रोनाइट कठोर होती है।
- मैंगनीज के अन्य अयस्क पायरोलूसाइट (Pyrolusite), हॉलैंडाइट (Hollandite), रोडोक्रोसाइट (Rhodochrosite) और जैकोबाइट इत्यादि हैं, जिनसे मैंगनीज प्राप्त किया जाता है।
- विश्व में जापान और चीन मैंगनीज के मुख्य आयातक राष्ट्र हैं तथा बेल्जियम और सिंगापुर प्रमुख निर्यातक राष्ट्र हैं। मैंगनीज के शीर्ष भण्डारक देश दक्षिण अफ्रीका, यूक्रेन, ब्राजील, ऑस्ट्रेलिया, चीन आदि हैं।

विश्व में मैंगनीज के उत्पादक देश एवं खनन क्षेत्र

उत्पादक देश	खनन क्षेत्र
चीन	अंशान-चांगलिंग, पेकिंग क्षेत्र (दक्षिणी मंचूरिया) हुनान, तांगशुंग व बुटान क्षेत्र।
दक्षिण अफ्रीका	पोस्टमासबर्ग क्षेत्र, किम्बरले व कुरम ड्रॉप
गैबॉन	फ्रान्सविले, कॉमिलांग
यूक्रेन	निकोपोल
ब्राजील	अमापा क्षेत्र
जॉर्जिया	चियातुरा

ताँबा

- ताँबा शुद्ध धातु तथा यौगिक के रूप में भी पाया जाता है। ताँबे के प्रमुख अयस्क क्रमशः क्यूप्राइट, कैल्कोसाइट, पायराइट, मैलाकाइट एवं कैमकोसाइट हैं, जिनसे ताँबा प्राप्त किया जाता है।
- विश्व में ताँबे का प्राक्-ऐतिहासिक काल से ही प्रयोग हो रहा है, इसे टिन में मिलाने पर काँस्य तथा जस्ते में मिलाने पर पीतल बनता है।

विश्व में ताँबे के उत्पादक देश एवं खनन क्षेत्र

उत्पादक देश	खनन क्षेत्र
चिली	चुकीकामाटा एल टेनिएण्टे, एण्डिना
यूएसए	एरिजोना प्रान्त व मोण्टाना प्रान्त का बूटे क्षेत्र।
कनाडा	ओण्टेरियो का सैडबरी जिला
ऑस्ट्रेलिया	माउण्ट लायल व माउण्ट ईसा
जायरे (कांगो)	कटंगा क्षेत्र
रूस	यूराल क्षेत्र

बॉक्साइट

- यह एल्युमीनियम का अयस्क है। यह चिकनी मिट्टी जैसा होता है, जो गुलाबी, सफेद तथा लाल रंग का हो सकता है। बॉक्साइट का रंग उसमें उपस्थित लोहे की मात्रा पर निर्भर करता है।
- बॉक्साइट से एल्युमिना एवं एल्युमीनियम बनाया जाता है तथा इसमें सिलिका अपेक्षाकृत कम होती है, किन्तु एल्युमिना अधिक होता है। यह मुलायम तथा कठोर दोनों रूपों में होता है। बॉक्साइट की तीन किस्में पाई जाती हैं, जो क्रमशः बोहमाइट (85% एल्युमिना), डायस्पोर (85% एल्युमिना) तथा गिबसाइट (65% एल्युमिना) हैं।
- यह मुख्य रूप से उष्णकटिबन्धीय क्षेत्रें में पाया जाता है, क्योंकि इन क्षेत्रों की जलवायु बॉक्साइट के निर्माण के लिए उपयुक्त होती है। एल्युमीनियम के निष्कासन में बड़ी मात्रा में सस्ती जलविद्युत की आवश्यकता होती है।

विश्व में बॉक्साइट के उत्पादक देश एवं उनके खनन क्षेत्र

उत्पादक देश	खनन क्षेत्र
ऑस्ट्रेलिया	केपयार्ड प्रायद्वीप, वाइपा व अर्नहेम लैण्ड
यूएसए	अर्कन्सास व राज्य का सेलाइन काउण्टी क्षेत्र
जमैका	सेण्ट एलिजाबेथ सेण्टमैरी क्षेत्र
गिनी	बोको व बरूका द्वीप
रूस	कोला प्रायद्वीप
दक्षिण अफ्रीका	उत्तरी नेटाल प्रान्त

एल्युमीनियम

- एल्युमीनियम एक हल्का मजबूत, आघातवर्धनीय, तन्य, ऊष्मा एवं विद्युत की सुचालक तथा वायुमण्डलीय संरक्षण की प्रतिरोधी धातु होने के कारण अत्यधिक उपयोगी होती है।
- एल्युमीनियम का उपयोग विद्युत, धातुकर्मी, स्वचालित वाहनों, बर्तन बनाने, हवाई जहाज, भवन निर्माण, पैकिंग पदार्थ आदि में होता है।

टिन

- टिन एक कोमल धातु है, जिसका प्रमुख अयस्क केसेराइट या टिन स्टोन है। यह कायान्तरित या ग्रेनाइट जैसी शिस्ट शैलों से प्राप्त होती है।
- काँसे का निर्माण ताँबे (90%) तथा टिन (10%) के मिश्रण से होता है। घाटियों में काँप जमाव से मिलने वाले टिन कणों को प्लेसर निक्षेप (Placer Deposits) कहा जाता है।
- विश्व में 80% टिन, प्लेसर निक्षेपों से प्राप्त होता है। यह दक्षिण-पूर्व एशिया में अत्यधिक मात्रा में पाया जाता है।
- विश्व में टिन के प्रमुख निर्यातक देश ऑस्ट्रेलिया (37.4%), तंजानिया (12.9%), कांगो (12.3%) इत्यादि हैं, जबकि शीर्ष आयातक देश चीन (48%), मलेशिया, (37%) थाईलैण्ड (3.5%) इत्यादि हैं।
- टिन के भण्डारक देश चीन (23%), इण्डोनेशिया, (17%) ब्राजील (15%), बोलीविया (8%), ऑस्ट्रेलिया (8%) हैं।
- टिन के उत्पादक देश चीन, इण्डोनेशिया, म्यांमार, पेरू, बोलीविया हैं।

विश्व में टिन के उत्पादक देश एवं खनन क्षेत्र

उत्पादक देश	खनन क्षेत्र	उत्पादक देश	खनन क्षेत्र
मलेशिया	पेनांग द्वीप, सेंलागोर व जेलुबु घाटी	थाईलैण्ड	यूकेट
इण्डोनेशिया	बंका, मलक्का व बिलिटन	ऑस्ट्रेलिया	हरबर्टन व तस्मानिया
चीन	युन्नान, हुनान व क्वांक्शी	म्यांमार	शान पठार व कायिन्नी पठार

चाँदी

चाँदी एक चमकीली व बहुमूल्य धातु है, जो अधिकांश रूप से जस्ता, ताँबा, सीसा तथा सोने के साथ अशुद्धियों के रूप में मिलती है। इसका मुख्य अयस्क अर्जेण्टाइन है, जिसमें 87% धातु का अंश होता है। इसके अतिरिक्त पायराजिराइट, स्टैफनाइट एवं हार्न सिल्वर चाँदी के प्रमुख अयस्क हैं।

विश्व में चाँदी के उत्पादक देश एवं खनन क्षेत्र

उत्पादक देश	उत्पादक क्षेत्र/खनन क्षेत्र
मैक्सिको	हिण्डाहो, चिहुआहुआ
कनाडा	क्यूबेक, ऑण्टोरियो, सस्केचवान व ब्रिटिश कोलम्बिया।
यूएसए	मोण्टाना, एरीजोना, नेवादा व टेक्सास
ऑस्ट्रेलिया	कालगूर्ली, माउण्ट ईसा, ब्रोकोनहिल
दक्षिण अफ्रीका	नेटाल प्रान्त व ट्रान्सवाल
बोलीविया	पोटेसी

क्रोमियम

- मैंगनीज के बाद क्रोमियम सर्वाधिक उपयोग में आने वाली पूरक धातु है। यह क्रोमाइट (Cr_2FeO_4) से प्राप्त होती है। इसमें उच्च धात्विक चमक होती है। यह गहरे काले एवं लाल रंग की होती है।
- विश्व के लगभग 70% क्रोमियम का उत्पादन कजाख़िस्तान, भारत, दक्षिण अफ्रीका में होता है।
- क्रोमियम के शीर्ष उत्पादक देश दक्षिण अफ्रीका, कजाखिस्तान, तुर्किए हैं।
- क्रोमियम के शीर्ष भण्डारक देश कजाखिस्तान, दक्षिण अफ्रीका, भारत हैं।

विश्व में क्रोमियम के शीर्ष उत्पादक देश एवं खनन क्षेत्र

उत्पादक देश	खनन क्षेत्र
कजाखिस्तान	क्रोमताऊ
रूस	यूराल के खलीलोबी, कर्ताली, कोमारोबो, कल्युचेबस्क आदि।
तुर्किये	गुलेमान, फेथिये, देनिलि व दिवरिग्ल आदि।
दक्षिण अफ्रीका	रुस्तनबर्ग क्षेत्र व लाइडेनबर्ग
जिम्बाब्वे	सेल्युक्वे व किल्दोनान
फिलीपीन्स	जम्बोलेज क्षेत्र (विश्व की सबसे बड़ी खान)

जस्ता

- जस्ता एक मिश्र धातु है, जिसका प्रयोग विभिन्न प्रकार के साँचा ढालने में किया जाता है। इसे ताँबे के साथ मिश्रित करके काँसा (काँस्य) बनाया जाता है। इसका प्रयोग शुष्क बैटरी, काँच के जार, रंग रोगन तथा औषधियों के निर्माण आदि में किया जाता है। ब्रिटिश कोलम्बिया की सुलिवान खान विश्व की सबसे बड़ी जस्ता-सीसे की खान है।

- जस्ते (Zinc) के महत्त्वपूर्ण अयस्क जिंक ब्लैंड (जिंक सल्फाइड) एवं कैलेमाइन हैं। इसके अन्य अयस्क जिंकाइट, विलेमाइट एवं हेमीमोरफाइट भी हैं।
- जस्ते के शीर्ष उत्पादक देश चीन, पेरू तथा ऑस्ट्रेलिया हैं। जस्ते के भण्डारक देश ऑस्ट्रेलिया, चीन तथा रूस हैं।
- विश्व के प्रमुख जस्ता खनन क्षेत्र निम्न हैं
  - ऑस्ट्रेलिया का खनन क्षेत्र ब्रोकेन हिल व माउण्ट ईसा (क्वींसलैण्ड) हैं।
  - कनाडा का खनन क्षेत्र ब्रिटिश कोलम्बिया है।

सीसा

- सीसा (Lead) प्रायः चाँदी और जस्ते के साथ प्राप्त होता है। इसका मुख्य अयस्क गैलेना (Galena) है। यह सामान्यतः शिष्ट शैलों की शिराओं से प्राप्त होता है।
- सीसे एवं जस्ते को **जुड़वा खनिज** भी कहा जाता है, क्योंकि ये दोनों एक साथ पाए जाते हैं।
- यह एक अपघर्षण रोधी धातु है, जिसका प्रयोग लोहे की चादरों की कटिंग, अम्लीय टैंकों की लाइनिंग, स्टोरेज बैटरी, वायुयानों, विद्युत तारों तथा कैलकुलेटिंग मशीनों को बनाने, औषधि आदि के रूप में किया जाता है। विश्व में सीसे का **सर्वाधिक उत्पादक** देश चीन (47%) है, इसके पश्चात् ऑस्ट्रेलिया एवं यूएसए का स्थान है। सीसे के शीर्ष भण्डारक देश ऑस्ट्रेलिया, चीन, रूस हैं।
- विश्व के प्रमुख सीसा खनन क्षेत्र इस प्रकार हैं
  - कनाडा का खनन क्षेत्र सैडबरी बेसिन (Sudbury Barisn) है।
  - पेरू का खनन क्षेत्र सेरो-द-पास्को (Cerro-de Pasco) है।

अभ्रक

- अभ्रक (Mica) का मुख्य अयस्क पिग्माटाइट है। यह एक गैर-धात्विक खनिज है, जो हल्का, पारदर्शी, परतदार तथा कठोर होता है, किन्तु यह लचीला भी होता है।
- यह विद्युत का कुचालक होने के कारण उत्तम विद्युतरोधी है। अभ्रक की तीन मुख्य किस्में श्वेत अभ्रक (मस्कोबाइट), पीला अभ्रक (फ्लोगोपाइट अभ्रक) एवं काला अभ्रक (बायोटाइट अभ्रक) हैं।
- ताप एवं विद्युत का कुचालक होने के कारण अभ्रक का उपयोग मुख्यतः बिजली के उपकरण बनाने में किया जाता है। इसके अतिरिक्त इसका उपयोग चिमनी, चश्मा, दवा, रंग आदि के निर्माण में किया जाता है।
- भारत, अभ्रक का एक बड़ा निर्यातक देश है, इसके बाद क्रमशः मेडागास्कर, ब्राजील तथा तंजानिया का स्थान है, वहीं प्रमुख आयातक देश क्रमशः जापान, यूएसए, ब्रिटेन एवं जर्मनी हैं। अभ्रक के शीर्ष उत्पादक देश चीन, मेडागास्कर, अमेरिका हैं। अभ्रक के शीर्ष भण्डारक देश भारत, अमेरिका (बहुत छोटा हिस्सा) हैं।

सोना

- सोना तुलनात्मक रूप से शुद्ध रूप में चट्टानों की दरारों व भ्रंशों में प्लेसर के रूप में पाया जाता है।
- यह नदियों की बालू व मिट्टी में पाया जाता है, जिसे क्रमशः **पठारी** एवं **मैदानी** सोना कहा जाता है। सोने का प्रयोग मुख्य रूप से आभूषण बनाने में किया जाता है।

विश्व में सोने के शीर्ष उत्पादक देश एवं खनन क्षेत्र

उत्पादक देश	उत्पादक क्षेत्र/खनन क्षेत्र
दक्षिण अफ्रीका	विट्वाटसरैण्ड की पहाड़ी में जोहान्सबर्ग (विश्व प्रसिद्ध), बोक्सबर्ग, ऑरेंज फ्री स्टेट व किम्बरले।
ऑस्ट्रेलिया	माउण्ट मोरगन, कालगूर्ली, कूलगार्डी, न्यू साउथ वेल्स एवं विक्टोरिया।
यूएसए	कार्लिन, नेवादा, कोर्टेज।
चीन	शानडांग, युन्नान व हेनान।

हीरा

- हीरा रासायनिक रूप से कार्बन का शुद्धतम रूप है, यह ऊष्मा तथा विद्युत का कुचालक होता है। यह प्राकृतिक पदार्थों में सबसे कठोर है।
- हीरे की मुख्यतः चार किस्में पाई जाती हैं, जो क्रमशः **विशिष्ट, बोर्ट, बैलेस** और **कार्बनेडो** हैं।
- हीरे का उपयोग आभूषणों को जड़ने में होता है। इसी प्रकार काले हीरे का उपयोग काच काँटने में, हीरे पर पॉलिश करने में और चट्टानों में छेद करने में किया जाता है।
- विश्व में हीरे के प्रमुख उत्पादक क्षेत्र निम्न हैं
  - दक्षिण अफ्रीका के उत्पादक क्षेत्र किम्बरले, जोहान्सबर्ग, केपटाउन हैं।
  - जायरे का उत्पादक क्षेत्र कटंगा पठार है।
  - भारत का उत्पादक क्षेत्र पन्ना, गोलकुण्डा की खानें आदि हैं।

विश्व में हीरे के शीर्ष उत्पादक एवं भण्डारक देश

उत्पादक देश	भण्डारक देश
रूस	रूस
बोत्सवाना	बोत्सवाना
कनाडा	कनाडा
कांगो गणराज्य	कांगो गणराज्य
दक्षिण अफ्रीका	ऑस्ट्रेलिया

प्लेटिनम

- प्लेटिनम (Platinum) एक दुर्लभ खनिज है। इसे सफेद सोना (White Gold) भी कहा जाता है। **प्लेटिनम** नाम स्पेनिश भाषा से लिया गया है।
- इसका का उपयोग आभूषणों, प्रयोगशाला उपकरणों, मिश्र धातुओं इत्यादि में किया जाता है। प्लेटिनम का द्रवणांक 1550°C से 2700°C तक है।
- दक्षिण अफ्रीका प्लेटिनम के उत्पादन में अग्रणी देश है। कनाडा के सडबरी तथा दक्षिण अफ्रीका के रस्टेनबर्ग क्षेत्र में प्लेटिनम का भण्डार है।
- कनाडा तथा दक्षिण अफ्रीका में कुल 70% प्लेटिनम के भण्डार स्थित हैं। दक्षिण अफ्रीका, रूस तथा जिम्बाब्वे आरोही क्रम में सबसे बड़े प्लेटिनम के उत्पादक देश हैं। रूस के साइबेरिया तथा यूराल क्षेत्र में प्लेटिनम पाया जाता है।

कोबाल्ट

- कोबाल्ट एक कठोर तत्त्व है, जो प्रायः नीले रंग का होता है। कोबाल्ट के रासायनिक गुणों में लौह-अयस्क से साम्यता है।
- कनाडा के सडबरी क्षेत्र में निकेल के जायरे कोबाल्ट का खनन किया जाता है। विश्व का 51% कोबाल्ट जायरे अफ्रीका के कटंगा क्षेत्र से प्राप्त

होता है। जायरे के अतिरिक्त जाम्बिया, क्यूबा, ऑस्ट्रेलिया, रूस, फिनलैण्ड इत्यादि देशों में कोबाल्ट के भण्डार स्थित हैं।

- कोबाल्ट का उपयोग खिड़की के शीशे, बर्तन तथा बोतल निर्माण में होता है। अपनी कठोरता के कारण इसे विभिन्न तत्त्वों के साथ मिश्रित किया जाता है।

यूरेनियम

- यूरेनियम एक भारी खनिज है, जिसका उपयोग परमाणु ऊर्जा के उत्पादन में किया जाता है, इसकी प्राप्ति आर्कियन श्रेणी की चट्टानों मोनाजाइट, बालू तथा चेरालाइट से होती है।
- यूरेनियम के मुख्यत: दो प्राथमिक स्रोत हैं-पिच ब्लैण्ड (Pitchblende), जिसमें 50 से 80% तक यूरेनियम का अंश होता है तथा यूरेनीनाइट (Uraninite), जिसमें यूरेनियम का अंश 65 से 80% तक होता है।

विश्व के प्रमुख यूरेनियम उत्पादक क्षेत्र

देश	उत्पादक क्षेत्र
कनाडा	अथाबास्का बेसिन, ग्रेट बियर झील के आस-पास,
ऑस्ट्रेलिया	मैक आर्थर बेसिन
अमेरिका	कोलोरेडो का पठार
दक्षिण अफ्रीका	विटवाटर्सरैण्ड पहाड़ी
जायरे (कांगो)	शिंकोलोब्वे
भारत	तमिलनाडु, झारखण्ड (जादूगोड़ा), आन्ध्र प्रदेश, राजस्थान

विश्व के शीर्ष यूरेनियम उत्पादक एवं भण्डारक देश

उत्पादक देश	भण्डारक वाले देश	उत्पादक देश	भण्डारक वाले देश
कजाखिस्तान	ऑस्ट्रेलिया	नामीबिया	कनाडा
कनाडा	कजाखिस्तान	नाइजर	नाइजर
ऑस्ट्रेलिया	रूस		

थोरियम

- थोरियम एक रासायनिक तत्त्व है, जिसका रासायनिक संकेत (Th) है। इसकी परमाणु संख्या 90 है।
- यह परमाणु रिएक्टर में प्रयुक्त किया जाने वाला ईंधन है। थोरियम के मुख्य अयस्क थोरियानाइट (Thorianite), अलानाइट (Allanite) एवं मोनाजाइट (Monazite) हैं। थोरियम की पर्याप्त मात्रा श्रीलंका एवं मेडागास्कर में उपलब्ध है तथा भारत के केरल एवं राजस्थान में थोरियम पाया जाता है।
- अलानाइट भूरे एवं काले रंग का खनिज है, जो ग्रेनाइट एवं अन्य आग्नेय चट्टानों में पाया जाता है।
- विश्व में थोरियम का मुख्य स्रोत मोनाजाइट है। मोनाजाइट युक्त रेत केरल के तटीय क्षेत्रों में पाया जाता है। यह पीलापन लिए हुए भूरे रंग का खनिज है, जो ग्रेनाइट एवं पैग्मेटाइट का एक घटक है।
- थोरियम के प्रमुख निक्षेप एवं खनन क्षेत्र निम्न हैं-मोनाजाइट (ब्राजील, ऑस्ट्रेलिया, मलेशिया, श्रीलंका के तटीय भाग, भारत का केरल तट, यूएसए के मोनटाना, उत्तरी कैरोलिना, दक्षिणी कैरोलिना, कैलीफोर्निया, फ्लोरिडा), थोरियानाइट (श्रीलंका का रत्नापुर जिला), अलनाइट (भारत के राजस्थान एवं आन्ध्र प्रदेश) आदि।

थोरियम के शीर्ष भण्डारक एवं उत्पादक देश

उत्पादक देश	भण्डारक देश	उत्पादक देश	भण्डारक देश
भारत	भारत	कनाडा	कनाडा
यूएसए	संयुक्त राज्य अमेरिका	दक्षिण अफ्रीका	दक्षिण अफ्रीका
ऑस्ट्रेलिया	ऑस्ट्रेलिया		

खनिज उत्पादन की दृष्टि से विश्व के तीन शीर्ष देश

खनिज	प्रथम	द्वितीय	तृतीय
कोबाल्ट	कांगो	रूस	ऑस्ट्रेलिया
क्रोमियम	दक्षिण अफ्रीका	कजाखिस्तान	तुर्किए
टंगस्टन	चीन	वियतनाम	रूस
जिप्सम	अमेरिका	ईरान	स्पेन
ग्रेफाइट	चीन	मेडागास्कर	ब्राजील
एण्टिमनी	चीन	रूस	तजाकिस्तान
निकेल	इण्डोनेशिया	फिलीपीन्स	रूस
गारनेट	भारत	चीन	ऑस्ट्रेलिया
मोलिब्डेनम	चीन	चिली	अमेरिका
जिरकोनियम	ऑस्ट्रेलिया	दक्षिण अफ्रीका	चीन
रॉक फॉस्फेट	चीन	पश्चिमी सहारा और मोरक्को	अमेरिका
बाइराइट्स	चीन	भारत	मोरक्को

ऊर्जा संसाधन

- ऊर्जा (Energy) किसी भी देश के आर्थिक विकास के लिए अत्यन्त आवश्यक होती है।
- विश्व में ऊर्जा व शक्ति संसाधनों का वितरण असामान्य है। विश्व में सामाजिक-आर्थिक विकास के साथ ऊर्जा की माँग बढ़ी है।
- सौर ऊर्जा सार्वभौमिक रूप से लागू है। विश्व में ऊर्जा की बढ़ती माँग और वर्ष 1973 के ऊर्जा संकट ने ऊर्जा के गैर-पारम्परिक स्रोतों के अनुसन्धान और विकास को बढ़ावा दिया है।

ऊर्जा संसाधनों का वर्गीकरण

- **परम्परागत ऊर्जा स्रोत** (Conventional Sources of Energy) इसके अन्तर्गत ऊर्जा के उन स्रोतों को शामिल किया जाता है, जो लम्बे समय से सामान्य उपयोग में लाए जाते हैं। ईंधन और जीवाश्मी ईंधन, परम्परागत ऊर्जा के दो मुख्य स्रोत हैं। इसके मुख्य स्रोत कोयला, पेट्रोलियम, प्राकृतिक गैस आदि हैं, जो सीमित संसाधन हैं अर्थात् भविष्य में इनके समाप्त होने की सम्भावना है, इसलिए इन्हें गैर-नवीकरणीय संसाधन (Non-Renewable Resources) भी कहते हैं।
- **गैर-परम्परागत ऊर्जा स्रोत** (Non-Conventional Sources of Energy) ये ऊर्जा के वे स्रोत हैं, जिनके भविष्य में समाप्त होने की सम्भावना न के बराबर होती है तथा इनका पुनः उपयोग करना सम्भव है। इसके मुख्य स्रोत सौर ऊर्जा, पवन ऊर्जा, भूतापीय ऊर्जा, जैव ऊर्जा तथा जल विद्युत आदि हैं। इन संसाधनों को नवीकरणीय संसाधन (Renewable Resources) भी कहते हैं।

परम्परागत ऊर्जा संसाधन

कोयला

- यह एक जीवाश्मी ईंधन है, जिसका उपयोग घरेलू ईंधन उद्योगों; जैसे-लोहा इस्पात, वाष्प इंजन और विद्युत उत्पन्न करने में किया जाता है। कोयले से प्राप्त विद्युत को **तापीय ऊर्जा** कहा जाता है।
- कोयला, परतदार अवसादी चट्टानों में पाया जाता है। विश्व में कोयले का निर्माण मुख्यत: **कार्बोनिफेरस युग** में हुआ।
- इसके अतिरिक्त कुछ का निर्माण **टर्शियरी युग** में भी हुआ है। इस प्रकार पृथ्वी की परतों में दबने के कारण बनने वाले कोयले को अन्तर्हित धूप (Inherent Sunlight) के रूप में जाना जाता है। कोयला औद्योगिक क्रान्ति का आधार रहा है, अत: इसे **उद्योग-धन्धों की जननी** भी कहा जाता है।

कोयले के प्रकार

कोयले में उपलब्ध कार्बन की मात्रा के आधार पर कोयले को चार वर्गों में विभाजित किया गया है

1. एन्थ्रेसाइट कोयला

- यह कोयला अधिक कठोर, चमकदार एवं अशुद्धियों से रहित होता है। इसमें कार्बन की मात्रा लगभग 95% तक होती है।
- जलते समय इससे कम धुआँ निकलता है और जलने के पश्चात् राख की मात्रा कम होती है। इसमें जल की मात्रा 3 से 5% तक होती है तथा वाष्प की मात्रा 25 से 35% तक होती है। यह सर्वोत्तम कोटि का कोयला है एवं इसका भण्डार सीमित होता है।

2. बिटुमिनस कोयला

- इस कोयले में कार्बन की मात्रा 50 से 85% तक होती है, यह रंग में गहरा चमकीला काला होता है तथा इसमें जल की मात्रा 20 से 25% और वाष्प की मात्रा लगभग 40% होती है। जलते समय इससे अधिक धुआँ निकलता है तथा जलने के पश्चात् इससे अधिक मात्रा में राख बचती है।
- इस कोयले को बिटुमिनस इसलिए कहा जाता है, क्योंकि गर्म करने पर इससे तारकोल निकलता है। विश्व में इस प्रकार का कोयला सर्वाधिक पाया जाता है अर्थात् विश्व में 80% कोयला बिटुमिनस प्रकार का है।
- इसका उपयोग मुख्यत: कोक कोयले के निर्माण में होता है। इस प्रकार यह गोण्डवाना काल का कोयला है।

3. लिग्नाइट या भूरा कोयला

- इस कोयले में कार्बन की मात्रा 45 से 55% तक होती है तथा इसमें जल की मात्रा 30 से 55% और जलवाष्प का प्रतिशत 35 से 50% होता है। एन्थ्रासाइट एवं बिटुमिनस की तुलना में इसका निर्माण बाद में होने के कारण इसमें वनस्पति की मात्रा अधिक होती है, जलते समय इससे अधिक धुआँ निकलता है।

4. पीट कोयला

- यह वास्तविक रूप से कोयला नहीं है, बल्कि यह वनस्पति अवशेष अंश से कोयला बनने का प्रथम रूप है।
- इसका रंग हल्का भूरा होता है तथा इसमें आर्द्रता की मात्रा बहुत अधिक होती है। यह निम्न स्तर का कोयला है, अत: इसका औद्योगिक महत्त्व कम होता है।

विश्व में प्रमुख कोयला उत्पादक क्षेत्र

देश	कोयला उत्पादक क्षेत्र
चीन	शांसी (शेंसी), सिचुआन, फुशान, रेड बेसिन, हुनान क्षेत्र व युन्नान क्षेत्र।
संयुक्त राज्य अमेरिका	अप्लेशियन क्षेत्र, मिसौरी व टेक्सास।
रूस	मास्को-तुला क्षेत्र, ओब नदी बेसिन, कुजनेट्स्क बेसिन, कारागण्डा पूर्वी साइबेरिया।
ऑस्ट्रेलिया	न्यू साउथ वेल्स, क्वीन्सलैण्ड एवं विक्टोरिया प्रान्त।
जर्मनी	रूर बेसिन व वेस्टफेलिया।
ब्रिटेन	स्काटिश निम्न प्रदेश, पेनाइन श्रेणी एवं दक्षिणी वेल्स।
दक्षिण अफ्रीका	ट्रान्सवाल और नेटाल प्रान्त।

नोट *कोयले के भण्डारक देशों में अमेरिका, रूस, ऑस्ट्रेलिया, चीन, भारत आते हैं।*

खनिज तेल (पेट्रोलियम)

- पेट्रोलियम शब्द लैटिन भाषा के दो शब्दों **पेट्रा** तथा **ओलियम** से मिलकर बना है। पेट्रा का अर्थ है-शैल तथा ओलियम का अर्थ है- तेल। इसलिए पेट्रोलियम का अर्थ शैल तेल होता है।
- खनिज तेल उन सूक्ष्म समुद्री जीवों, छोटे पादपों तथा जन्तुओं के अपघटन से प्राप्त होता है, जो आज से लगभग 10 से 20 करोड़ वर्ष पूर्व अवसादों के नीचे दब गए थे। खनिज तेल अवसादी चट्टानों के गुम्बदाकार संरचना क्षेत्र में पाया जाता है।
- खनिज तेल शैलों की परतों के मध्य पाया जाता है। इसका **बेधन** (Drilling) अपतटीय व तटीय क्षेत्रों में स्थित तेल क्षेत्रों से किया जाता है। तदुपरान्त इसे परिष्करणशाला भेजा जाता है, जहाँ अपरिष्कृत पेट्रोलियम के प्रक्रमण से विभिन्न प्रकार के उत्पाद; जैसे-**डीजल, पेट्रोलियम, मिट्टी का तेल, मोम, प्लास्टिक** और **स्नेहक पदार्थ** तैयार किए जाते हैं।
- पेट्रोलियम और इससे बने उत्पादों को काला सोना कहा जाता है, क्योंकि यह बहुत अधिक मूल्यवान है।

विश्व के प्रमुख खनिज तेल (पेट्रोलियम) के उत्पादक क्षेत्र

देश	प्रमुख उत्पादक क्षेत्र
संयुक्त राज्य अमेरिका	ओहियो, केंटुकी, गल्फ तटीय क्षेत्र, अप्लेशियन क्षेत्र, कैलिफोर्निया व टेक्सास
रूस	तोम्स्क, ग्रोजी, सखालिन द्वीप व पश्चिमी साइबेरिया
इराक	मोसुल, बसरा, किर्कुक व तिकरित
ईरान	करमशाह, नफ्त सफिद, हफ्त केल, गच सारन व लाली। (यहाँ तेल शोधन अबादान की रिफाइनरी में होता है)
सऊदी अरब	धावर,एन धाहर, सफानिया व दम्माम (यहाँ तेल शोधन केन्द्र रासतनुरा)।
कुवैत	बुरधान की पहाड़ी।
वेनेजुएला	ओरिनाको बेसिन, अपूरे बेसिन व मरेकैबो झील प्रदेश
म्यांमार	इरावदी एवं चिन्दविन घाटी
चीन	यांग्त्सीक्यांग घाटी व सैन्सूई प्रान्त।
जापान	होकैडो एवं होफू द्वीप
भारत	मुम्बई हाई, डिग्बोई, खम्भात की खाड़ी व ऊपरी असम।

प्राकृतिक गैस

- प्राकृतिक गैस (Natural Gas) पेट्रोलियम निक्षेपों के साथ पाई जाती है। यह गैस तब निर्मुक्त होती है, जब अपरिष्कृत तेल को धरातल पर लाया जाता है।
- इसका प्रयोग घरेलू और वाणिज्यिक ईंधनों के रूप में किया जा सकता है।

विश्व के प्रमुख प्राकृतिक गैस उत्पादक क्षेत्र

देश	प्रमुख उत्पादक क्षेत्र
संयुक्त राज्य अमेरिका	अल्बामा, अरकासास, कोलोराडो, टेक्सास, न्यू मैक्सिको, कैलिफोर्निया, ओक्लाहोमा व लुईसियाना।
रूस	ग्रोंजी व वोल्गा-यूराल क्षेत्र, सखालिन।
कनाडा	ब्रिटिश कोलम्बिया एवं अल्बर्टा।
ऑस्ट्रेलिया	बॉस स्ट्रेट व पोर्ट हेडलैण्ड।
इराक	बसरा, किर्कूक व मोसूल।

जल विद्युत

- गिरते या बहते हुए जल की गतिज ऊर्जा से जो विद्युत उत्पन्न होती है, उसे जल विद्युत (Hydro Power) कहा जाता है।
- बाँधों में वर्षा के जल अथवा नदी के जल को संग्रहित करके टरबाइन के ऊपर गिराकर जल से विद्युत का उत्पादन किया जाता है।
- नॉर्वे विश्व का पहला देश था, जिसने जल विद्युत का विकास किया तथा इससे बिजली उत्पन्न की।
- जल विद्युत को श्वेत कोयला भी कहा जाता है, क्योंकि इसके कारण पर्यावरण प्रदूषण नहीं होता है।

विश्व की प्रमुख जल विद्युत परियोजनाएँ

नाम	देश	नाम	देश
थ्री गार्जेज	चीन	टुकुराई	ब्राजील
इतापु	ब्राजील, पराग्वे	ग्रैण्ड कूली	संयुक्त राज्य अमेरिका
नूरी	वेनेजुएला	साबनो शुशेनरक्या	रूस

गैर-परम्परागत ऊर्जा संसाधन

- सौर ऊर्जा (Solar Energy) सूर्य के प्रकाश से विद्युत ऊर्जा में परिवर्तन की प्रक्रिया सौर ऊर्जा है। सौर ऊर्जा का मुख्य स्रोत सूर्य है। सौर ऊर्जा का प्रयोग करने के लिए फोटोवोल्टिक (Photovoltaic) तथा सोलर पैनल (Solar Panels) का प्रयोग किया जाता है। इस ऊर्जा का उपयोग सौर तापक (Solar Heaters), सौर कुकर (Solar Cooker), सोलर ड्रायर (Solar Dryers), प्रकाश (Light) तथा यातायात संकेतों (Traffic Signals) में भी किया जाता है। सोलर लाइट के अतिरिक्त सौर ऊर्जा का ग्रामीण विद्युतीकरण, पानी के पम्प को चलाने, रेफ्रिजरेटरों को चलाने तथा सिंचाई के लिए ऊर्जा प्राप्ति में विशेष महत्त्व है। वर्तमान में इसकी उपयोगिता और बढ़ गई है।
- पवन ऊर्जा (Wind Energy) को पवन चक्कियों की सहायता से प्राप्त किया जाता है। पवन चक्की पवन की गति से चलती है, जो टरबाइन को चलाती है, इससे गतिज ऊर्जा को विद्युत ऊर्जा में परिवर्तित किया जाता है।
- विश्व मौसम विज्ञान संस्थान के अनुसार, यदि पवन ऊर्जा का सही उपयोग किया गया, तो इससे उत्पादित हो रही विद्युत से 13 गुना उत्पादन सम्भव है। वर्तमान में पवन फार्म द्वारा विद्युत का उत्पादन किया जा रहा है, जिसका उपयोग विभिन्न घरेलू कार्यों में हो रहा है।
- भू-तापीय ऊर्जा (Geothermal Energy) यह पृथ्वी के भू-गर्भ से प्राप्त होती है अर्थात् गर्म जल पृथ्वी के अन्दर से बाहर निकलता है और इससे विद्युत उत्पादन किया जाता है। यह विद्युत उत्पादन का सबसे सस्ता तथा सरल स्रोत है, इसमें धरातल के छिद्र या दरार से निकली वाष्प को जलाशय में एकत्रित करके तथा उसे छानकर पाइप द्वारा टरबाइन में भेजा जाता है, जहाँ विद्युत उत्पादन होता है। इस ऊर्जा का प्रथम (1890 ई. में) व्यावसायिक उपयोग का सफल प्रयास संयुक्त राज्य अमेरिका में किया गया। इसके पश्चात् इसका उपयोग इटली (1904), न्यूजीलैण्ड (1958) आदि देशों में किया गया।
- ज्वारीय ऊर्जा समुद्र में ज्वारों से उत्पन्न ऊर्जा को ज्वारीय ऊर्जा (Tidal Energy) कहते हैं। इस ऊर्जा का विदोहन समुद्र के संकरे मुहाने में बाँध के निर्माण से किया जाता है। उच्च ज्वार के समय ज्वारों की ऊर्जा का उपयोग बाँध में स्थापित टरबाइन को घुमाने के लिए किया जाता है। ज्वारीय ऊर्जा का उत्पादन मुख्य रूप से फ्रांस, रूस और भारत में किया जाता है। विश्व का पहला ज्वारीय ऊर्जा स्टेशन फ्रांस में बनाया गया था।
- बायोगैस/जैव ऊर्जा जैविक स्रोतों अथवा जैव भार से उत्पन्न ऊर्जा को जैव ऊर्जा (Bio energy) कहा जाता है। इसके अन्तर्गत जैव अवशिष्टों; जैसे- मृत पौधे तथा जन्तुओं के अवशेष, पशुओं के गोबर, रसोईघर के अपशिष्टों से गैस उत्पन्न की जाती है, इसे बायोगैस (Bio Gas) भी कहते हैं। जैविक अपशिष्ट बैक्टीरिया द्वारा बायोगैस संयन्त्र में अपघटित होते हैं, जो अनिवार्य रूप से मीथेन और कार्बन-डाइऑक्साइड का मिश्रण होते हैं।
- परमाणु ऊर्जा/आणविक शक्ति यूरेनियम (Uranium) तथा थोरियम (Thorium) रेडियो सक्रिय तत्त्व हैं, जिनका उपयोग परमाणु ऊर्जा उत्पादन में किया जाता है। इन तत्त्वों के परमाणुओं के विखण्डन से ऊर्जा प्राप्त की जाती है। विश्व का पहला परमाणु बिजली घर रूस में स्थापित किया गया था।

> किसी विशेष क्षेत्र में भारी मात्रा में सामान का निर्माण/उत्पादन या वृहद् रूप से सेवा प्रदान करने के मानवीय कर्म को उद्योग (Industry) कहते हैं।

अध्याय छब्बीस

प्रमुख उद्योग एवं औद्योगिक नगर

उद्योग एवं विनिर्माण

उद्योग (Industry) एक ऐसी भौतिक क्रिया (द्वितीयक क्रिया) है, जो प्राकृतिक संसाधनों के प्रसंस्करण एवं मूल्य वर्द्धन (Value added) पर आधारित होती है अर्थात् इसका सम्बन्ध वस्तुओं के उत्पादन, खनिजों के निष्कर्षण अथवा सेवाओं की व्यवस्था से होता है।

- मशीन, उपकरण तथा श्रम के उपयोग से किसी वस्तु के निर्माण की प्रक्रिया विनिर्माण (Manufacture) कहलाती है। इसके अन्तर्गत कच्चे माल को मूल्यवान उत्पाद में परिवर्तित कर अधिक मात्रा में वस्तुओं का निर्माण होता है।
- हस्तशिल्प कार्य से लेकर लोहे व इस्पात को निर्मित करना, प्लास्टिक के खिलौने बनाना, कम्प्यूटर के अति सूक्ष्म घटकों को जोड़ना, अन्तरिक्ष यान का निर्माण करना इत्यादि सभी प्रकार के उत्पादन को विनिर्माण के अन्तर्गत ही सम्मिलित किया जाता है।

उद्योगों का वर्गीकरण (आधार)

- **आकार के आधार पर**
  - कुटीर/घरेलू उद्योग → कलाकृति
  - छोटे पैमाने के उद्योग
  - बड़े पैमाने के उद्योग
- **कच्चे माल के आधार पर**
  - कृषि आधारित → चीनी, वनस्पति तेल, सूती वस्त्र, कॉफी, चाय, रबड़ आदि
  - समुद्र आधारित → खाद्य प्रसंस्करण, मत्स्य तेल
  - खनिज आधारित
    - धात्विक
      - लौह → लौह-इस्पात
      - अलौह → ताँबा, एल्युमीनियम, रत्न एवं आभूषण
    - अधात्विक → सीमेण्ट, चीनी, मिट्टी के बर्तन
  - रसायन आधारित → पेट्रो रसायन, प्लास्टिक, कृत्रिम रेशा, नमक, रासायनिक उर्वरक
  - वन आधारित → इमारती लकड़ी, लाख, तारपीन का तेल, कागज
  - पशु आधारित → चमड़ा, ऊन
- **उत्पाद के आधार पर**
  - मूलभूत → लौह-इस्पात उद्योग
  - उपभोक्ता सामान → बिस्किट, वस्त्र, वाहन (जैसे-कार, स्कूटर, साइकिल)
- **स्वामित्व के आधार पर**
  - सार्वजनिक क्षेत्र
  - निजी क्षेत्र
  - संयुक्त क्षेत्र
  - सहकारी क्षेत्र

आकार पर आधारित उद्योग

- कुटीर उद्योग (Cottage Industries) ये निर्माण की सबसे छोटी इकाई है। इसमें शिल्पकार स्थानीय कच्चे माल का उपयोग करते हैं और साधारण औजारों द्वारा परिवार के सभी सदस्य मिलकर अपने दैनिक जीवन के उपभोग की वस्तुओं का उत्पादन करते हैं। इस उद्योग में दैनिक जीवन के उपयोग में आने वाली वस्तुएँ; जैसे—खाद्य पदार्थ, कपड़ा, चटाइयाँ, बर्तन, औजार, फर्नीचर, जूते एवं लघु मूर्तियाँ उत्पादित की जाती हैं।
- छोटे पैमाने के उद्योग (Small Scale Industries) ये कुटीर उद्योग से भिन्न होते हैं। इसमें स्थानीय कच्चे माल के उपयोग के साथ अर्द्धकुशल श्रमिक एवं शक्ति के साधनों से चलने वाले यन्त्रों का प्रयोग किया जाता है।
- बड़े पैमाने के उद्योग (Large Scale Industries) इन उद्योगों में विभिन्न प्रकार का कच्चा माल, शक्ति के साधन, कुशल श्रमिक, विकसित प्रौद्योगिकी तथा अधिक उत्पादन एवं अधिक पूँजी की आवश्यकता होती है। आधुनिक लौह-इस्पात उद्योग, जहाज निर्माण, पेट्रो रसायन उद्योग आदि बड़े पैमाने के उद्योगों के उदाहरण हैं।

कच्चे माल पर आधारित उद्योग

- कृषि आधारित उद्योग (Agro-Based Industry) इन उद्योगों में भोजन तैयार करने वाले उद्योग, शक्कर, अचार, फलों के रस, पेय पदार्थ, मसाले, तेल, वस्त्र, रबड़ उद्योग आदि आते हैं।
- समुद्र आधारित उद्योग (Ocean Based Industry) इसमें सागरों और महासागरों से प्राप्त उत्पादों का उपयोग कच्चे माल के रूप में किया जाता है। समुद्री खाद्य प्रसंस्करण उद्योग और मत्स्य तेल निर्माण इसके कुछ उदाहरण हैं।
- खनिज आधारित उद्योग (Ore Based Industry) इन उद्योगों में खनिजों को कच्चे माल के रूप में उपयोग किया जाता है; जैसे-लोहा, ताँबा, एल्युमीनियम, सीमेण्ट आदि।
- रसायन आधारित उद्योग (Chemical Based Industry) इस प्रकार के उद्योगों में प्राकृतिक रूप में पाए जाने वाले रासायनिक खनिजों का उपयोग किया जाता है; जैसे—पेट्रो रसायन उद्योग में खनिज तेल (पेट्रोलियम) का उपयोग आदि। इसके अतिरिक्त नमक, गन्धक एवं पोटाश उद्योगों में भी प्राकृतिक खनिजों का उपयोग किया जाता है।
- वनों पर आधारित उद्योग (Forestry Based Industry) फर्नीचर उद्योग के लिए इमारती लकड़ी, कागज उद्योग के लिए लकड़ी, बाँस एवं घास तथा लाख उद्योग के लिए लाख वनों से प्राप्त होते हैं। तारपीन तेल, लुग्दी आदि उद्योग वनों पर आधारित उद्योग ही हैं।
- पशु आधारित उद्योग (Animal Based Industry) ये उद्योग पशु उत्पाद पर आधारित होते हैं। चमड़ा उद्योग के लिए चमड़ा एवं ऊनी वस्त्र उद्योग के लिए ऊन पशुओं से ही प्राप्त की जाती है।

उत्पादन/उत्पाद आधारित उद्योग

- मूलभूत उद्योग (Basic Industry) ऐसे उद्योग, जिनके उत्पाद को अन्य वस्तुएँ बनाने के लिए कच्चे माल के रूप में प्रयोग में लाया जाता है, मूलभूत/आधारभूत उद्योग कहलाते हैं; जैसे—लौह-इस्पात, वस्त्र उद्योग के लिए मशीनें, उपभोक्ता के उपयोग हेतु कपड़ा आदि।
- उपभोक्ता वस्तु उद्योग (Consumer Goods Industry) इस उद्योग में ऐसी वस्तुओं का उत्पादन किया जाता है, जो प्रत्यक्ष रूप से उपभोक्ता द्वारा उपभोग में लाई जाती हैं; जैसे-रोटी (ब्रेड) एवं बिस्किट, चाय, साबुन, टेलीविजन एवं श्रृंगार का सामान इत्यादि।

स्वामित्व के आधार पर उद्योग

- सार्वजनिक क्षेत्र के उद्योग (Public Sector Industry) सार्वजनिक क्षेत्र के उद्योग सरकार के अधीन होते हैं अर्थात् इन पर सरकार का स्वामित्व होता है।
- निजी क्षेत्र के उद्योग (Private Sector Industry) निजी क्षेत्र के उद्योगों का स्वामित्व व्यक्तिगत निवेशकों के पास होता है। ये उद्योग निजी संगठन द्वारा संचालित होते हैं। पूँजीवादी देशों में अधिकांश उद्योग निजी क्षेत्र के होते हैं।
- संयुक्त क्षेत्र के उद्योग (Joint Sector Industry) संयुक्त क्षेत्र के उद्योगों का संचालन संयुक्त कम्पनी के द्वारा या किसी निजी या सार्वजनिक क्षेत्र की कम्पनी के संयुक्त प्रयासों द्वारा किया जाता है। मारुति उद्योग लिमिटेड संयुक्त क्षेत्र के उद्योग का एक उदाहरण है।
- सहकारी क्षेत्र के उद्योग (Cooperative Sector Industry) सहकारी क्षेत्र का स्वामित्व और संचालन कच्चे माल के उत्पादकों या पूर्तिकारों, कामगारों अथवा दोनों के द्वारा होता है। आनन्द मिल्क यूनियन लिमिटेड एवं सुधा डेयरी सहकारी उपक्रम के उदाहरण हैं।

विश्व के प्रमुख औद्योगिक प्रदेश

उत्तरी अमेरिका के औद्योगिक प्रदेश

औद्योगिक प्रदेश	विशेष तथ्य
सेण्ट लॉरेंस घाटी क्षेत्र	ग्रेट लेक्स तथा सेण्ट लॉरेंस घाटी क्षेत्र में सस्ता परिवहन तथा कनाडा की संकेन्द्रित जनसंख्या का लाभ इस क्षेत्र को मिलता है। अप्लेशियन की घाटी से कोयला तथा ओण्टारियो से लौह-अयस्क प्राप्त होता है। इस क्षेत्र में लौह-इस्पात, मशीनों के कारखाने तथा खाद्य प्रसंस्करण उद्योग लगाए गए हैं। हैमिल्टन, जिसे कनाडा का बर्मिंघम कहा जाता है, लौह-इस्पात उद्योग का केन्द्र है। ओटावा तथा मॉण्ट्रियल कागज उद्योग के लिए प्रसिद्ध हैं।
न्यू इंग्लैण्ड क्षेत्र	इस क्षेत्र में यह औद्योगिक प्रदेश मशीनरी, धातु से निर्मित वस्तुओं, मोटरकार, सूती तथा ऊनी वस्त्र निर्माण और वायुयान निर्माण संयन्त्र स्थापित हैं। बोस्टन तथा उसके आस-पास के नगरों में वस्त्र उद्योग की प्रधानता है। न्यू ब्रेडफोर्ड, कॉल रिवर इत्यादि अन्य औद्योगिक नगर इस क्षेत्र में अवस्थित हैं।
कनेक्टीकट का घाटी क्षेत्र	इस क्षेत्र में ताँबे की वस्तुएँ बनाई जाती हैं। मैसाचुसेट्स तथा न्यू हैम्पशॉयर में कागज का उद्योग स्थापित है।
मिशिगन क्षेत्र	मिशिगन झील के दक्षिण तट पर औद्योगिक नगर स्थित हैं। शिकागो इस क्षेत्र का प्रमुख नगर है। यह मांस प्रसंस्करण के लिए प्रसिद्ध है। विस्कॉनसिन तथा इण्डियाना राज्यों के औद्योगिक नगरों में औद्योगिक संकुल है। मिलवॉकी तथा गैरी प्रमुख औद्योगिक नगर हैं।
मध्य अटलाण्टिक क्षेत्र	न्यूयॉर्क, न्यू जर्सी, मेरीलैण्ड, पेसिलवानिया तथा वर्जीनिया राज्यों में औद्योगिक प्रदेश संकेन्द्रित हैं। यह क्षेत्र वस्त्र उत्पादन के लिए जाना जाता है। अलुबनी से बफैलो तक एक पतली पट्टी में वस्त्र, बर्तन तथा इलेक्ट्रॉनिक वस्तुओं के संयन्त्रों की स्थापना हुई है।
पिट्सबर्ग-क्लीव लैण्ड क्षेत्र	यह क्षेत्र यूएसए का महत्त्वपूर्ण क्षेत्र है। पिट्सबर्ग को इस्पात नगर कहा जाता है। कोयला, लौह अयस्क इत्यादि की खानों तथा नौवहन की सुविधा का लाभ इस क्षेत्र को मिला है। डेट्रायट में मोटर तथा वायुयान निर्माण, पॉन्टियॉक तथा फ्लिण्ट में मोटर के कलपुर्जे बनाए जाते हैं।
दक्षिण-पूर्वी तटवर्ती क्षेत्र	दक्षिणी अप्लेशियन प्रदेश में सूती वस्त्र, कागज तथा खाद्य प्रसंस्करण उद्योगों का संकेन्द्रण है। बर्मिंघम में लौह-इस्पात, रासायनिक उर्वरक बनाने के संयन्त्र स्थापित हैं। इस क्षेत्र में प्लास, अटलाण्टा, ह्यूस्टन इत्यादि बड़े औद्योगिक नगर स्थित हैं। उत्तर कैरोलीना में वस्त्र उद्योग, ओकलाहोमा में खाद्य प्रसंस्करण तथा पेट्रो-कैमिकल्स संयन्त्र स्थित हैं।
पश्चिमी तटवर्ती क्षेत्र	यह औद्योगिक प्रदेश संयुक्त राज्य अमेरिका के कैलीफोर्निया के सैन फ्रांसिस्को तथा लॉस एंजिलिस नगरों में केन्द्रित है। यहाँ खाद्य प्रसंस्करण, वायुयान निर्माण तथा पेट्रो-कैमिकल उद्योग स्थापित हैं। लॉस एंजिलिस फिल्म उद्योग के लिए प्रसिद्ध है, जिसे 'हालीवुड' कहते हैं।

यूरोप के औद्योगिक प्रदेश

औद्योगिक प्रदेश	विशेष तथ्य
ब्रिटिश औद्योगिक क्षेत्र	ब्रिटेन के लन्दन तथा बर्मिंघम में उद्योगों का संकेन्द्रण है। तेल शोधक कारखाना, खाद्य प्रसंस्करण तथा फर्नीचर इत्यादि का निर्माण करने वाले संयन्त्र लन्दन में स्थित हैं। बर्मिंघम में लौह-इस्पात तथा भारी मशीनरी के उद्योग हैं। मिडलैण्ड में वृहद् उद्योग स्थापित हैं। स्कॉटलैण्ड की घाटी में ग्लासगो प्रमुख औद्योगिक नगर है।
राइन घाटी क्षेत्र	यह महत्त्वपूर्ण औद्योगिक क्षेत्र है। स्विट्जरलैण्ड तथा जर्मनी में स्थित यह औद्योगिक क्षेत्र जल विद्युत तथा जलमार्गों के कारण विकसित है। इस क्षेत्र में स्टुटगार्ट, मैनहाइम, स्ट्रसबर्ग प्रमुख औद्योगिक क्षेत्र स्थित हैं। वस्त्र उद्योग, मोटरकार निर्माण, कागज तथा विद्युत इंजीनियरिंग के संयन्त्र इस क्षेत्र में स्थित हैं।
रूर औद्योगिक प्रदेश	यह जर्मनी का प्रमुख औद्योगिक प्रदेश है। यहाँ अर्थव्यवस्था के प्रमुख आधार कोयला, लोहा तथा इस्पात हैं। जर्मनी का 80% लौह-इस्पात रूर औद्योगिक प्रदेश से आता है। रूर में कोयले तथा लौह-अयस्क से पृथक् उद्योगों की स्थापना की जा रही है।
लॉरेन-सार क्षेत्र	यह लौह-इस्पात उद्योग पर आधारित औद्योगिक संकुल है। फ्रांस के नैंसी नगर से सारलैण्ड तक विस्तृत इस औद्योगिक क्षेत्र में अनेक भारी उद्योग के कारखाने स्थित हैं। उत्तरी फ्रांस तथा बेल्जियम के मध्य साम्ब्रे-म्यूज तथा कैम्पाइन की कोयले की खानों में यह औद्योगिक क्षेत्र अवस्थित है। यह लौह-इस्पात, जस्ता तथा सीसा उद्योगों के लिए प्रसिद्ध है। बेल्जियम में स्थित शार्लेरॉय सीसा उद्योग के लिए जाना जाता है।
यूक्रेन औद्योगिक प्रदेश	यूक्रेन का औद्योगिक प्रदेश वर्ष 1991 के पूर्व सोवियत संघ का भाग था। यह भारी उद्योगों का केन्द्र है। 'नीपरोपेट्रोवस्क' तथा नीपरोझरझिंस्क लौह-इस्पात के प्रमुख केन्द्र हैं।
रूस के औद्योगिक केन्द्र	रूस का परम्परागत औद्योगिक संकुल लेनिनग्राड, ओडिशा तथा गोर्की में स्थित है। मास्को तथा टुला के आस-पास महत्त्वपूर्ण औद्योगिक प्रदेश हैं। पहले यह वस्त्र उद्योग का केन्द्र था, किन्तु अब यहाँ रसायन खाद्य प्रसंस्करण इत्यादि उद्योग स्थापित होने लगे हैं। यूराल प्रदेश की औद्योगिक धुरी स्वर्डलोवस्क पर स्थित है। यहाँ वायुयान, रसायन तथा मशीनरी उद्योग महत्त्वपूर्ण हैं। चेलियाबिस्क तथा मैग्नीटोगोर्स्क में लौह-इस्पात के कारखाने स्थित हैं।

एशिया के औद्योगिक प्रदेश

औद्योगिक प्रदेश	विशेष तथ्य
चीन के औद्योगिक प्रदेश	दक्षिण मंचूरिया में लौह-इस्पात के उद्योग स्थापित हैं। शेनयांग में लौह-इस्पात संयन्त्र स्थित है। चानयुंग में मोटर गाड़ियों तथा रसायन उद्योग निर्माण केन्द्र स्थित हैं। शेन्सूई, होर्व तथा शांडांग औद्योगिक क्षेत्र लौह-इस्पात, भारी उद्योग तथा वस्त्र-उद्योग के लिए महत्त्वपूर्ण हैं। यांगत्सीक्यांग की घाटी में छोटे-छोटे औद्योगिक केन्द्र विकसित हुए हैं, जिसमें शंघाई खाद्य प्रसंस्करण, जलपोत, सीमेण्ट तथा इंजीनियरिंग उद्योगों के लिए प्रसिद्ध है। मध्य यांगत्सीक्यांग घाटी में वुहान प्रमुख औद्योगिक नगर है। चुगकिंग सूती, रेशमी वस्त्र तथा उर्वरक के निर्माण का प्रमुख केन्द्र है।
जापान के औद्योगिक प्रदेश	किंकी मैदान औद्योगिक क्षेत्र में ओसाका, कोबे तथा क्योटो के औद्योगिक केन्द्र स्थित हैं। ओसाका सूती-वस्त्र उद्योग का प्रमुख केन्द्र है। यहाँ का वस्त्र उद्योग आयातित कच्चे मालों पर आधारित है। क्योटो शहर हस्तशिल्प तथा खिलौनों के निर्माण का प्रमुख केन्द्र है। कोबे तथा कावासाकी लौह-इस्पात उद्योग के लिए प्रसिद्ध हैं। नागोया औद्योगिक क्षेत्र ऊनी, सूती तथा रेशमी वस्त्रों के लिए प्रसिद्ध है। नागोया को 'जापान का डेट्रायट' कहते हैं। काण्टो औद्योगिक क्षेत्र मोटर उद्योग के लिए जाना जाता है। टोकियो काण्टो के मैदान में स्थित है। यहाँ वायुयान, इंजीनियरिंग वस्तु, इलेक्ट्रॉनिक इत्यादि के संयन्त्र स्थित हैं। जापान का उत्तरी क्यूशू औद्योगिक क्षेत्र लौह-इस्पात, इंजीनियरिंग मशीनरी इत्यादि के लिए जाना जाता है। यवाता, टोयोटा, नागासाकी, योकोहामा जैसे औद्योगिक नगर इस क्षेत्र में स्थित हैं। होंशू द्वीप के औद्योगिक नगर भी इस क्षेत्र में आते हैं।

विश्व के प्रमुख उद्योग

लौह–इस्पात उद्योग

- यह एक पोषक उद्योग (Feeder Industry) है, जिसके उत्पाद अन्य उद्योगों के लिए कच्चे माल के रूप में प्रयुक्त होते हैं।
- उद्योग के लिए निवेश में श्रम, पूँजी, स्थान तथा अन्य अवसंरचना के साथ-साथ लौह-अयस्क, कोयला (कोक) तथा चूना पत्थर कच्चे माल के रूप में सम्मिलित होते हैं।
- लौह-इस्पात उद्योग को मूलभूत उद्योग (Basic Industry) कहा जाता है। इसे बनाने हेतु प्रगलन के लिए लौह अंश को कोक, चारकोल, चूना-पत्थर आदि को ब्लास्ट फर्नेस या झोंका भट्टी (Blast Furnace) में डाला जाता है। इसके बाद पिघला हुआ लोहा साँचे में डाल दिया जाता है, जहाँ यह ठण्डा होकर ठोस बन जाता है, जिसे कच्चा लोहा या पिग आयरन (Pig Iron) कहते हैं, इसमें मैंगनीज मिलाकर इस्पात बनाया जाता है।
- पिग आयरन को पिघलाकर उसको साँचों में ढाला जाता है, जिसे ढलवाँ लोहा (Cast Iron) कहते हैं। इसमें कच्चे लोहे की अशुद्धताएँ; जैसे- कार्बन, सिलिकॉन, सल्फर तथा फॉस्फोरस आदि विद्यमान रहती हैं।

लौह–इस्पात उद्योगों की अवस्थिति

- 1800 ई. के पूर्व इस्पात उद्योग वहाँ अवस्थित थे, जहाँ कच्चा माल, विद्युत आपूर्ति और बहता जल आसानी से उपलब्ध थे। इसके पश्चात् उद्योगों के लिए आदर्श स्थिति कोयला क्षेत्र के समीप, नहरों और रेलवे के निकट थी।
- वर्ष 1950 के बाद लोहा और इस्पात उद्योग समुद्रपत्तन के निकट सपाट भूमि के विशाल क्षेत्र में केन्द्रित होने शुरू हुए।

- अवस्थिति के सन्दर्भ में लौह-इस्पात उद्योगों का वितरण इस प्रकार है
  - तटीय क्षेत्र में स्थित कारखाने जापान के अधिकांश कारखाने, संयुक्त राज्य अमेरिका के पूर्वी तट पर स्थित कारखाने, भारत में विशाखापत्तनम् का कारखाना आदि इसके प्रमुख उदाहरण हैं।
  - कोयला क्षेत्र के समीप स्थित कारखाने जर्मनी का रूर क्षेत्र, दक्षिणी बेल्जियम, यूएसए का पिट्सबर्ग एवं बर्मिंघम क्षेत्र, ऑस्ट्रेलिया के न्यू साउथ वेल्स स्थित कारखाने, भारत में बोकारो एवं दुर्गापुर आदि कारखाने इसके प्रमुख उदाहरण हैं।
  - लौह खनिज के समीप स्थित कारखाने फ्रांस का लॉरेन एवं जर्मनी के सैक्सनी क्षेत्र के कारखाने, यूएसए के वृहत झील प्रदेश के कारखाने, भारत में जमशेदपुर, भिलाई आदि कारखाने इसके उदाहरण हैं।

विश्व के प्रमुख लौह-इस्पात केन्द्र

- → यूएसए अप्लेशियन ग्रेट लेक्स क्षेत्र, मेसावी, बर्मिंघम, न्यू आर्सिलयान्स
- → कनाडा हैमिलटन
- → ब्रिटेन बर्मिंघम, शैफील्ड, लंकाशायर
- → जर्मनी डुइसबर्ग, डोर्टमुण्ड, ऐसेन
- → फ्रांस सियोन विले, लॉरेन, सेण्ट इटीनी
- → रूस मास्को, सेण्ट पिट्सबर्ग, लीपेटस्क, टुला, चेलियाबिंस्क
- → यूक्रेन क्रिवॉयरॉग, देनेत्स्क
- → ऑस्ट्रेलिया कम्बलापोर्टर (सिडनी) न्यू कैसिल
- → चीन शंघाई, शेन्सी, होपे, अंशन, मुकदेन, वुहान
- → जापान ओसाका, कोबे, कावासाकी क्योटो, नागासाकी, यवाटा, नागोया याकोहोमा, टोक्यो
- → भारत जमशेदपुर, कुल्टी बुरहानपुर, दुर्गापुर, राउरकेला आदि।

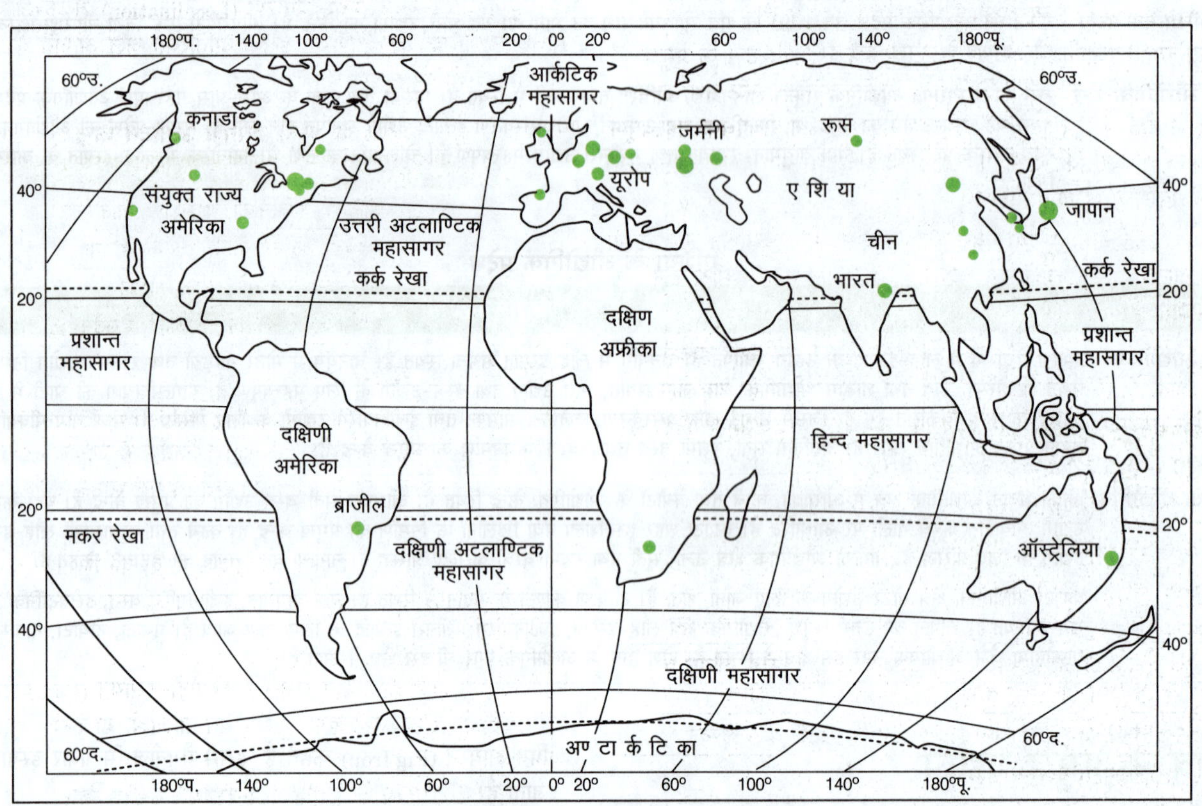

प्रमुख लौह-इस्पात उत्पादन के क्षेत्र

वस्त्र उद्योग

वस्त्र निर्माण उद्योग (Textile Industry) प्राचीन उद्योग है, जो प्राचीन काल से ही भारत, चीन, मिस्र, पेरू, मैक्सिको, जापान आदि देशों में प्रचलन में रहा है। वस्त्र उद्योग के अन्तर्गत सूती वस्त्र उद्योग, ऊनी वस्त्र उद्योग, रेशम वस्त्र उद्योग, पटसन वस्त्र उद्योग आदि को शामिल किया जाता है, जिनका संक्षिप्त विवरण निम्न है

सूती वस्त्र उद्योग

- सूती वस्त्र उद्योग (Cotton Textile Industry) विश्व के प्राचीनतम उद्योगों में से एक है। 18वीं सदी की औद्योगिक क्रान्ति तक सूती वस्त्र हस्तकताई तकनीकों एवं हथकरघों से बनाया जाता था।
- वर्तमान में भारत, चीन, जापान और संयुक्त राज्य अमेरिका सूती वस्त्र के महत्त्वपूर्ण उत्पादक हैं।
- इस उद्योग को प्रभावित करने वाले कारकों में कच्चा माल, शक्ति के साधन, सस्ता परिवहन, कोष्ण आर्द्र जलवायु, श्रम की उपलब्धता, पूँजी, जलापूर्ति तथा सरकारी प्रोत्साहन आदि हैं।
- वर्तमान में विश्व में चीन का सूती वस्त्र के उत्पादन में विश्व में प्रथम स्थान है। शंघाई को चीन का मैनचेस्टर कहा जाता है।
- चीन का 75% सूती वस्त्र का उत्पादन यांगत्सीक्यांग घाटी के केन्द्रों में एवं 25% ह्वांगहो घाटी में होता है।

विश्व के प्रमुख सूती वस्त्र उद्योग केन्द्र

देश	सूती वस्त्र उद्योग केन्द्र
ब्रिटेन	नॉटिंघम, लंकाशायर व मैनचेस्टर
चीन	शंघाई, मंचूरिया, तिएनशान, बीजिंग व नानचांग
संयुक्त राज्य अमेरिका	न्यू इंग्लैण्ड, जॉर्जिया, फ्लोरिडा व अलबामा
जापान	दक्षिणी क्यूशू, नगोया, किंकी मैदान व काण्टो मैदान
इटली	नेपल्स व मिलान
ब्राजील	रियो-डि-जेनेरियो, साओ पाउलो व रियो-ग्राण्डे
रूस	इवानोवो (रूस का मैनचेस्टर)

ऊनी वस्त्र उद्योग

- ऊनी वस्त्र उद्योग (Woolen Textile Industry) का केन्द्रीकरण (Centralisation) मध्य अक्षांशीय विकसित देशों में है।
- ऑस्ट्रेलिया, न्यूजीलैण्ड, अर्जेण्टीना एवं अफ्रीका आदि ऊन के प्रमुख उत्पादक देश हैं। ऊन की प्राप्ति भेड़, बकरी, खरगोश, ऊँट तथा लामा आदि से होती है। उत्पादन की दृष्टि से भेड़ की ऊन सर्वाधिक महत्त्वपूर्ण है, किन्तु गुणवत्ता की दृष्टि से संसार की सर्वोत्तम ऊन अंगोरा (Angora) है, जो खरगोश से प्राप्त होती है।
- पश्मीना (Pashmina) एक बकरी है, जो चांगथांगी (चांगपा) नाम से भी जानी जाती है। इस प्रजाति की बकरी से प्राप्त ऊन को 'पश्मीना ऊन' कहा जाता है।
- शहतूश (Shahtoosh) संसार की सर्वाधिक सुन्दर, गर्म और हल्की ऊन मानी जाती है, जिसका सर्वाधिक उत्पादन चीन में होता है। यह ऊन विलुप्त प्राय जीव तिब्बतन इण्टेलोप से प्राप्त होती है। शहतूश को ऊन का राजा (King of Wools) कहा जाता है।

विश्व के प्रमुख ऊन उत्पादक केन्द्र

देश	ऊन उत्पादक केन्द्र	देश	ऊन उत्पादक केन्द्र
संयुक्त राज्य अमेरिका	न्यू इंग्लैण्ड, मेसाचुसेट्स व रोड आइलैण्ड	जर्मनी	सैक्सोनी, वेस्टफेलिया, रूर प्रदेश व वास्मेन
जापान	ओसाका, नागासाकी, टोकियो-याकोहामा व कोबे	ग्रेट ब्रिटेन	ब्रैडफोर्ड, लीड्स व हड्र्सफील्ड
इटली	नेपल्स व पो नदी घाटी	चीन	शंघाई व कैण्टन
फ्रांस	लिल्ले, रॉबेक्स व टोरकोइंग		

रेशम वस्त्र उद्योग

रेशम वस्त्र उद्योग (Silk Textile Industry) का विकास सर्वप्रथम चीन में घरेलू उद्योग के रूप में हुआ है। वर्तमान में रेशम का सर्वाधिक उत्पादक देश चीन है तथा दूसरा उत्पादक देश भारत है।

विश्व के प्रमुख रेशम उत्पादन केन्द्र

देश	रेशम उत्पादन केन्द्र	देश	रेशम उत्पादन केन्द्र
जापान	कनाजावा, क्योटो, तोगीची व ईमानाची	ब्रिटेन	लीड्स, कांगलेटन व मैक्लोसफील्ड
यूएसए	न्यूयॉर्क, न्यू जर्सी व न्यू इंग्लैण्ड	जर्मनी	क्रैफ्लो, रहेडट व मुंचेन-ग्लैण्डवाश
फ्रांस	लियोन्स	इटली	मिलान, कैमो व बरगैमो

कृत्रिम रेशे से बने वस्त्र उद्योग

कृत्रिम रेशे दो प्रकार के होते हैं-संश्लेषित रेशे एवं मानव निर्मित रेशे। कृत्रिम रेशे, प्रयोगशाला में कृत्रिम तरीकों से बनाए जाते हैं, जिसमें रेयॉन, पॉलिएस्टर, नायलॉन, एक्रिलिक, प्लास्टिक आदि हैं।

कृत्रिम रेशे से बने वस्त्र का विश्व वितरण

कृत्रिम रेशों की प्रौद्योगिकी विकसित देशों में पाई जाती है। यूएसए, जापान, चीन, स्वीडन, फिनलैण्ड, फ्रांस, इटली आदि प्रमुख कृत्रिम रेशों के उत्पादक देश हैं। चीन में इसका बड़े स्तर पर उत्पादन होता है, वहीं जापान के होंशू, क्यूशू तथा शिकोकू द्वीपों पर भी उत्पादन किया जाता है।

कागज उद्योग

विश्व का 90% कागज काष्ठ लुग्दी से तैयार किया जाता है। कागज उद्योग (Paper Industry) के स्थानीयकरण (Localisation) में कच्चे माल की सुविधा सर्वाधिक महत्त्वपूर्ण है, इसके अतिरिक्त जल आपूर्ति एवं बाजार की सुविधा भी महत्त्वपूर्ण है।

विश्व के प्रमुख कागज उत्पादन केन्द्र

देश	प्रमुख कागज उत्पादन
जापान	टोकियो, कावासाकी, याकोहामा, किताक्यूशु
कनाडा	क्यूबेक, ओण्टारियो, ब्रिटिश कोलम्बिया
रूस	लेनिनग्राद, इवानोवो, यूराल, मॉस्को
जर्मनी	डोर्टमण्ड, डुसेलडोर्फ, फ्रैंकफर्ट, ड्रेसडेन

जहाज निर्माण उद्योग

- जहाज निर्माण उद्योग (Ship Building Industry) के लिए बड़ी मात्रा में इस्पात की आवश्यकता होती है। जहाज निर्माण में जापान महत्त्वपूर्ण भूमिका निभाता है। इसके अतिरिक्त स्वीडन एवं साउथ कोरिया जैसे देश भी इसमें महत्त्वपूर्ण भूमिका निभाते हैं।
- जापान में तटीय क्षेत्रों में इस्पात उत्पादक केन्द्रों की स्थिति एवं प्राकृतिक बन्दरगाहों की सुविधा के कारण इस उद्योग को बढ़ावा मिला है।

पेट्रो-रसायन उद्योग

पेट्रोलियम से प्राप्त होने वाले रसायनों को पेट्रो-रसायन (Petro Chemical) कहा जाता है, इनका संकेन्द्रण तेल शोधन शालाओं या तटीय क्षेत्रों में पाया जाता है।

विश्व के प्रमुख पेट्रो-रसायन उद्योग केन्द्र

देश	प्रमुख पेट्रो-रसायन उद्योग केन्द्र	देश	प्रमुख पेट्रो-रसायन उद्योग केन्द्र
संयुक्त राज्य अमेरिका	शिकागो, टोलैडो, फिलाडेल्फिया, डेलावेयर व लॉस एंजिलिस	चीन	बीजिंग
बेल्जियम	एण्टवर्प	दक्षिण कोरिया	सियोल
नीदरलैण्ड	रॉटरडम	ताइवान	ताइपे
जापान	टोकियो		

स्वच्छन्द उद्योग

स्वच्छन्द उद्योग व्यापक विविधता वाले स्थानों में स्थित होते हैं। ये किसी विशिष्ट कच्चे माल पर निर्भर नहीं रहते हैं। ये उद्योग संघटक पुर्जों पर निर्भर रहते हैं, जो कहीं से भी प्राप्त किए जा सकते हैं। इनमें उत्पादन कम मात्रा में होता है एवं श्रमिकों की भी कम आवश्यकता होती है।

उच्च प्रौद्योगिकी उद्योग

- ये उन्नत वैज्ञानिक शोध और विकास के आधार पर चलने वाले उद्योग होते हैं। इन उद्योगों में कम्प्यूटिंग, इलेक्ट्रॉनिक घटक, दूरसंचार उपकरण, नेटवर्किंग उपकरण और उपभोक्ता इलेक्ट्रॉनिक्स से जुड़े कारोबार होते हैं।
- इन उद्योगों की विशेषता निम्न प्रकार हैं
  - इनमें सफेद कॉलर श्रमिकों की संख्या अधिक होती है।
  - इन उद्योगों में यातायात और संचार के बेहतर साधन होते हैं।
  - इनमें प्रगलन और शोधन प्रक्रियाओं पर इलेक्ट्रॉनिक नियन्त्रण होता है।

सनराइज उद्योग

- ऐसे उद्योग, जो अपनी शुरुआती अवस्था में होते हुए भी तेजी से विकास कर रहे हों, उन्हें सनराइज उद्योग कहते हैं।
- ऐसे उद्योगों के अन्तर्गत सूचना प्रौद्योगिकी स्वास्थ्य लाभ, सत्कार तथा ज्ञान से सम्बन्धित उद्योग आदि आते हैं।
- इन उद्योगों में उच्च विकास दर उद्यम पूँजी वित्त पोषण और कई स्टार्ट-अप होते हैं। ऐसे उद्योगों में नवाचार की मात्रा अधिक होती है।

उद्योगों की अवस्थिति को प्रभावित करने वाले कारकों में बाजार तक अभिगम्यता, कच्चे माल की प्राप्ति तक अभिगम्यता, श्रम आपूर्ति की अभिगम्यता, शक्ति के साधनों तक अभिगम्यता, परिवहन एवं संचार की सुविधाओं तक अभिगम्यता, सरकारी नीति, समूहन अर्थव्यवस्था तक अभिगम्यता/उद्योगों के मध्य सम्बन्ध आदि प्रमुख हैं।

इस टॉपिक के विस्तृत विवरण के लिए QR स्कैन करें।

विश्व के महत्त्वपूर्ण औद्योगिक नगर

नगर	उद्योग	नगर	उद्योग
ओसाका (जापान का मैनचेस्टर)	वस्त्र उद्योग	साओ पाउलो (ब्राजील)	कॉफी उद्योग
कावासाकी जापान	लौह-इस्पात	रियो-डी-जेनेरियो (ब्राजील)	वस्त्र उद्योग व कॉफी उद्योग
कोबे व क्योटो (जापान)	लौह-इस्पात, जलपोत	ब्यूनस आयर्स (अर्जेंटीना)	मांस व डेयरी
नगोया (जापान का डेट्राइट)	सूती वस्त्र, इंजीनियरिंग जलयान-निर्माण	ला प्लाटा (अर्जेंटीना)	एयरक्राफ्ट, रसायन व लौह-इस्पात
टोकियो व नागासाकी (जापान)	जलपोत व इंजीनियरिंग	वालपरेजो (चिली)	तेलशोधन व शराब उद्योग
बाकू (अजरबेजान)	तेल शोधन	सेण्टियागो (चिली)	शराब उद्योग
डूंडी (स्कॉटलैण्ड)	जूट निर्माण	मराकैबो (वेनेजुएला)	तेलशोधन उद्योग
ज्यूरिख (स्विट्जरलैण्ड)	इंजीनियरिंग	कासाब्लांका (मोरक्को)	रसायन उद्योग
सिंगापुर (सिंगापुर)	मुख्य व्यापारिक पत्तन	काहिरा सिकन्दरिया (मिस्र)	सूती वस्त्र
वियना (आस्ट्रिया)	काँच	मुल्तान (पाकिस्तान)	मिट्टी के बर्तन
वेलिंगटन (न्यूजीलैण्ड)	डेयरी	मॉण्ट्रियल (कनाडा)	जलपोत व एयरक्राफ्ट
ग्लास्गो (स्कॉटलैण्ड)	जलयान-निर्माण व मशीनरी	क्यूबेक (कनाडा)	मेरीन इंजीनियरिंग व जलपोत निर्माण
बैंकॉक (थाईलैण्ड)	जलयान-निर्माण	ओटावा (कनाडा)	कागज उद्योग
जोहानिसबर्ग (दक्षिणी अफ्रीका)	सोना खनन	हैमिल्टन (कनाडा का बर्मिंघम)	लौह-इस्पात व इंजीनियरिंग
किम्बरले (दक्षिण अफ्रीका)	हीरा खनन	टोरंटो (कनाडा)	इंजीनियरिंग व ऑटोमोबाइल
क्रिवॉयरॉग (यूक्रेन)	लौह-इस्पात व इंजीनियरिंग	एण्टवर्प (बेल्जियम)	हीरा उद्योग
रॉटरडम (नीदरलैण्ड)	मेरीन इंजीनियरिंग व जलपोत निर्माण	सैन-फ्रांसिस्को (यू.एस.ए.)	तेलशोधन, जलपोत, कम्प्यूटर
कोपेनहेगेन (डेनमार्क)	डेयरी उद्योग	शिकागो (यू.एस.ए.)	लौह-इस्पात एवं मांस प्रसंस्करण
वेनिस (इटली)	काँच	लॉस एंजिलिस (यू.एस.ए.)	फिल्म एवं तेल शोधन
स्टॉकहोम (मुख्य औद्योगिक क्षेत्र स्वीडन)	जलपोत निर्माण	न्यू आर्लियंस (यू.एस.ए.)	लौह-इस्पात एवं कोयला खनन
ब्रेडफोर्ड (ब्रिटेन)	ऊनी वस्त्र	पिट्सबर्ग (यू.एस.ए.)	लौह-इस्पात (इस्पात नगर)
शंघाई (चीन)	वस्त्र व मशीन	टुला (रूस)	लौह-इस्पात
अंशन (चीन)	लोहा-इस्पात	ब्लादिवोस्टक (रूस)	जलयान निर्माण
चांगचुन (चीन)	ऑटोमोबाइल्स-मशीनरी औजार	मास्को (रूस)	रसायन, धातु व मशीनरी उद्योग
वुहान (चीन)	वस्त्र, जलपोत, मशीन व लौह-इस्पात	ड्रेस्डेन (जर्मनी)	ऑप्टिकल्स फोटो
चेलियाबिंस्क (रूस)	लोहा-इस्पात मशीनरी औजार	डुसलडर्फ (जर्मनी)	इंजीनियरिंग व लौह-इस्पात
गोर्की (रूस)	इंजीनियरिंग	एसेन (जर्मनी)	लौह-इस्पात व इंजीनियरिंग
लेनिनग्राड (रूस)	जलयान निर्माण व ऑटोमोबाइल	हैमबर्ग (जर्मनी)	जलयान
मैग्नीटोगोर्स्क (रूस)	लोहा-इस्पात	म्यूनिख (जर्मनी)	लेंस निर्माण

“

परिवहन एवं संचार किसी देश की समृद्धि को सूचित करते हैं, क्योंकि ये देश तथा अन्तर्राष्ट्रीय स्तरों पर महत्त्वपूर्ण भूमिका निभाते हैं। अत: इनमें सम्बद्धता, अभिगम्यता, अन्तरर्राष्ट्रीय व्यापार, अन्तर्राष्ट्रीय संगठनों व क्षेत्रीय संगठनों का महत्त्वपूर्ण योगदान होता है।

अध्याय सत्ताईस

परिवहन एवं संचार

परिवहन

व्यक्तियों और वस्तुओं को एक स्थान से दूसरे स्थान तक लाने व ले जाने की सेवा या सुविधा को **परिवहन** (Transport) कहते हैं, जिसमें मनुष्यों, पशुओं तथा विभिन्न प्रकार के वाहनों का प्रयोग किया जाता है।

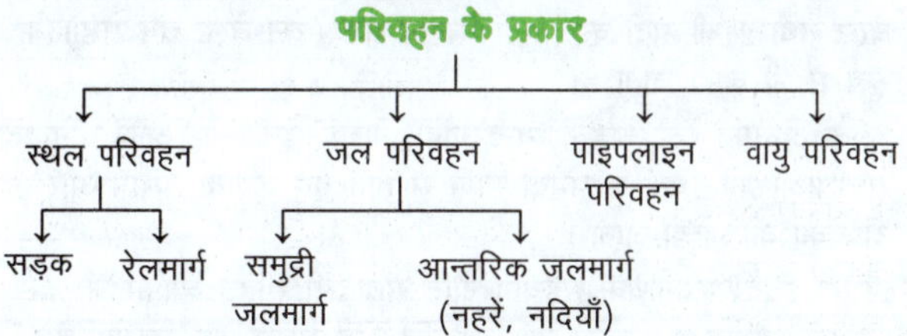

1. स्थल परिवहन

- स्थल परिवहन के अन्तर्गत सड़क, रेल एवं पाइपलाइन परिवहन सम्मिलित हैं। आरम्भिक दिनों में मानव स्वयं परिवहन संचलन का वाहक था, यद्यपि परिवहन संचालन हेतु पशुओं का भी उपयोग किया जाता था; जैसे- खच्चरों, घोड़ों और ऊँटों आदि। इसके पश्चात् गाड़ियों का उपयोग किया गया।
- 18वीं शताब्दी में भाप के इंजन के आविष्कार के पश्चात् स्थल परिवहन का विकास हुआ। सम्भवत: प्रथम सार्वजनिक रेलमार्ग 1825 ई. में उत्तरी इंग्लैण्ड के **स्टॉकटन** और **डार्लिंग्टन** स्थानों के मध्य प्रारम्भ हुआ।
- 19वीं शताब्दी में परिवहन का सर्वाधिक लोकप्रिय साधन रेल परिवहन बन गया। रेलमार्गों ने संयुक्त राज्य अमेरिका के आन्तरिक महाद्वीपीय क्षेत्रों को वाणिज्यिक, अन्न, कृषि, खनन और विनिर्माण के लिए मार्ग प्रशस्त किया।
- **अन्तर्दहन इंजन** (Internal Combustion Engine) के आविष्कार ने सड़कों की गुणवत्ता और उन पर चलने वाले वाहनों (कार, ट्रक आदि) के सन्दर्भ में सड़क परिवहन का विकास किया।
- स्थल परिवहन के अन्तर्गत नवीनतम विकास के रूप में **पाइपलाइनों** तथा **राजमार्गों** को सम्मिलित किया जाता है। तरल पदार्थ; जैसे- खनिज तेल, जल, अवमल और नाली मल आदि का परिवहन पाइपलाइनों द्वारा किया जाता है। रेलमार्ग, मोटर ट्रक और पाइपलाइन बड़े मालवाहक हैं।
- सामान्यत: मानव कुली, बोझा ढोने वाले पशु, गाड़ियाँ अथवा माल डिब्बे जैसे पुराने और प्रारम्भिक रूप, परिवहन के सर्वाधिक महँगे साधन हैं, जबकि बड़े मालवाही साधन मितव्ययी होते हैं। विशाल देशों के आन्तरिक भागों में पाए जाने वाले आधुनिक जलमार्गों और वाहकों को सम्पूरकता प्रदान करने में इनका अत्यधिक महत्त्व है।

(i) सड़कें

- सड़क परिवहन, छोटी दूरियों के लिए रेल परिवहन की अपेक्षा आर्थिक दृष्टि से अधिक लाभदायक होता है, क्योंकि इसके द्वारा घर तक वस्तुओं को पहुँचाना सरल होता है।
- सर्वाधिक घनत्व और सबसे अधिक वाहनों की संख्या पश्चिमी यूरोप की तुलना में उत्तरी अमेरिका महाद्वीप में पाई जाती है। इससे यह स्पष्ट होता है कि विश्व में सड़कों के विकास में प्रादेशिक, राष्ट्रीय, अन्तर्राष्ट्रीय एवं महाद्वीपीय स्तर पर समानता के स्थान पर असमान वितरण है।
- संयुक्त राज्य अमेरिका विश्व की सर्वाधिक सड़कों की लम्बाई में अग्रणी देश है। जबकि भारत, चीन एवं ब्राजील में सड़कों का वितरण (लम्बाई) क्रमश: द्वितीय, तृतीय एवं चतुर्थ स्थान पर है।

महामार्ग

- दूरस्थ स्थानों को जोड़ने वाली पक्की सड़कें महामार्ग कहलाती हैं। इनका निर्माण इस प्रकार किया जाता है कि अबाधित रूप से यातायात का आवागमन हो सके।
- यातायात के अबाधित प्रवाह की सुविधा के लिए अलग-अलग यातायात लेन, पुलों, फ्लाई ओवरों और दोहरे वाहन मार्गों के लिए 80 मीटर चौड़ी सड़कें होती हैं। विकसित देशों से प्रत्येक नगर और पत्तन नगर महामार्गों द्वारा जुड़े हुए हैं।

विश्व में महामार्गों का वितरण

अमेरिका यहाँ महामार्गों का घनत्व उच्च है, जो लगभग 0.65 प्रति वर्ग किमी है। प्रत्येक स्थान महामार्ग से 20 किमी की दूरी पर स्थित है। पश्चिमी प्रशान्त महासागरीय तट पर स्थित नगर, पूर्व में अटलाण्टिक महासागरीय तट पर स्थित नगरों से भली-भाँति जुड़े हुए हैं। इसी प्रकार उत्तर में कनाडा के नगर, दक्षिण में मैक्सिको के नगरों से जुड़े हुए हैं।

उत्तर अमेरिका महाद्वीप में अवस्थित महत्त्वपूर्ण महामार्ग निम्न प्रकार हैं

- ट्रान्स कनाडियन महामार्ग यह पश्चिमी तट पर स्थित ब्रिटिश कोलम्बिया प्रान्त के बैंकूवर स्थान को पूर्वी तट पर स्थित न्यू फाउण्डलैण्ड प्रान्त के सेण्ट जॉन नगर से जोड़ता है। इसकी लम्बाई 9600 किमी है। यह विश्व का चौथा सबसे बड़ा महामार्ग है। यह कनाडा के 10 राज्यों से होकर गुजरता है।
- अलास्का महामार्ग यह कनाडा के एडमण्डन को अलास्का के एंकॉरेज से जोड़ता है।
- पैन-अमेरिकन महामार्ग यह उत्तरी अमेरिका (यूएसए) एवं कनाडा तथा मध्य अमेरिका (मैक्सिको, ग्वाटेमाला, अलसल्वाडोर, होण्डूरस निकारागुआ, पनामा, होण्डूरस) को दक्षिण अमेरिका (कोलम्बिया, इक्वाडोर, पेरू, चिली, अर्जेण्टीना) से जोड़ता है। इसके अधिकाश भाग निर्मित हो गए हैं और शेष का कार्य प्रगति पर है। इसकी कुल लम्बाई 48000 किमी है। इसका नाम गिनीज वर्ल्ड रिकॉर्ड्स में दर्ज है।
- यूएस मार्ग-20 यह महामार्ग न्यूपोर्ट (ओरेगन) से बोस्टन (मैसाचुसेट्स) के मध्य है, जिसकी लम्बाई लगभग 5415 किमी है।
- यूरोप इसमें वाहनों की अधिक विशाल संख्या तथा महामार्गों का सुविकसित जाल पाया जाता है। फ्रांस, ब्रिटेन, जर्मनी, इटली, पोलैण्ड, यूरोपीय रूस आदि में सड़कों का सघन जाल है तथा इनके नगर महामार्ग से जुड़े हुए हैं।
- रूस इसमें यूराल के पश्चिम में स्थित औद्योगिक प्रदेश में महामार्गों के अत्यधिक सघन जाल का विकास हुआ है, जिसकी धुरी मास्को है। अत्यधिक विस्तृत भौगोलिक क्षेत्रफल के कारण रूस में महामार्ग इतने महत्त्वपूर्ण नहीं हैं, जितने रेलमार्ग। यहाँ का महत्त्वपूर्ण महामार्ग पार साइबेरियन महामार्ग है।
- अन्तर-महाद्वीपीय महामार्ग यह महामार्ग मिस्र की राजधानी काहिरा के अलकैरो को दक्षिण अफ्रीका के केपटाउन से जोड़ता है। यह महामार्ग अभी भी विकासशील अवस्था में है।
- ऑस्ट्रेलिया यहाँ महामार्गों द्वारा सभी राज्यों को जोड़ा गया है। ऑस्ट्रेलिया के महत्त्वपूर्ण महामार्ग निम्न प्रकार हैं
- ऑस्ट्रेलिया महामार्ग यह ऑस्ट्रेलिया महाद्वीप में चारों ओर के सभी राज्यों से होकर गुजरता है। इसकी लम्बाई 1450 किमी है। यह विश्व के सबसे लम्बे महामार्गों में से एक है।
- स्टुअर्ट महामार्ग यह ऑस्ट्रेलिया महाद्वीप का सबसे लम्बा महामार्ग है, जो उत्तरी ऑस्ट्रेलिया में स्थित विरहूम नगर को एलिस स्प्रिंग व डेनेण्ट क्रीक से होते हुए दक्षिणी ऑस्ट्रेलिया में स्थित ऑदनादत्ता नगर से जोड़ता है।
- भारत में अनेक महामार्ग स्थित हैं, जो प्रमुख शहरों और नगरों को जोड़ते हैं। उदाहरणस्वरूप NH-44 देश का सबसे लम्बा राष्ट्रीय महामार्ग है, जो श्रीनगर से कन्याकुमारी को जोड़ता है।
- स्वर्णिम चतुर्भुज परियोजना द्रुतमार्गों के द्वारा प्रमुख महानगरों नई दिल्ली, मुम्बई, चेन्नई, कोलकाता को जोड़ती है। इस महामार्ग की लम्बाई 5846 किमी है।

सीमावर्ती सड़कें

अन्तर्राष्ट्रीय सीमाओं के सहारे बनाई गईं सड़कों को सीमावर्ती सड़कें कहा जाता है। ये सड़कें सुदूर क्षेत्रों में रहने वाले लोगों को प्रमुख नगरों से जोड़ने और प्रतिरक्षा प्रदान करने में महत्त्वपूर्ण भूमिका निभाती हैं। प्रायः सभी देशों में गाँवों एवं सैन्य शिविरों तक वस्तुओं को पहुँचाने के लिए ऐसी सड़कें पाई जाती हैं।

- पार साइबेरियन महामार्ग यह रूस के शहर पीटर्सबर्ग (लेनिनग्राद) को सुदूर पूर्व में स्थित व्लादिवोस्तोक से जोड़ता है। इस प्रकार यह महामार्ग पूर्व में स्थित प्रदेश को सेवा प्रदान करता है। यह विश्व का तीसरा (11000 किमी) सबसे बड़ा महामार्ग है।
- चीन के महामार्ग प्रमुख नगरों को जोड़ते हुए देश में क्रिस-क्रॉस करते हैं। ये महामार्ग शांसो (वियतनाम सीमा के समीप), शंघाई (मध्य चीन), ग्वांगझाओ (दक्षिण) एवं बीजिंग उत्तर को परस्पर जोड़ते हैं। एक महत्त्वपूर्ण व नवीन महामार्ग तिब्बती क्षेत्र में चेगडू को ल्हासा से जोड़ता है। चीन का चीन राष्ट्रीय महामार्ग, जो टोंगजियांग (हेलांगजियांग) महामार्ग तथा सान्या (हैनान) को जोड़ता है तथा यह 5700 किमी लम्बा महामार्ग है।
- अफ्रीका सबसे कम सड़कों वाला महाद्वीप है। इसमें सबसे अधिक सड़कें दक्षिण अफ्रीका में पाई जाती हैं। मिस्र, सूडान, इथियोपिया तथा पूर्वी अफ्रीका के देशों में भी अल्प दूरी की सड़कें हैं। अफ्रीका का महत्त्वपूर्ण महामार्ग निम्न है
- अल्जियर्स कोनाक्री महामार्ग यह महामार्ग अफ्रीका के भूमध्य सागरीय तट पर स्थित अल्जियर्स नगर को गिनी के कोनाक्री शहर से जोड़ता है।

वन बेल्ट वन रोड (OBOR) परियोजना

- वन बेल्ट वन रोड परियोजना वर्ष 2013 में चीन के राष्ट्रपति **शी जिनपिंग** द्वारा प्रारम्भ की गई थी, इसे सिल्क रोड इकोनॉमिक बेल्ट तथा 21वीं सदी के समुद्री सिल्क रोड (वन बेल्ट वन रोड) के रूप में भी जाना जाता है।
- इसके अन्तर्गत रेल, सड़क, बन्दरगाहों, पाइपलाइनों और अन्य बुनियादी सुविधाओं को स्थल व समुद्री मार्गों से होते हुए एशिया, यूरोप और अफ्रीका को जोड़ा जाना है।
- इसका उद्देश्य आर्थिक सहयोग नीति साझेदारी सहित व्यापार व वित्तीय सहयोग को बढ़ाने तथा सामाजिक व सांस्कृतिक सहयोग हेतु विश्व के सबसे बड़े प्लेटफार्म का निर्माण करना है।
- यह तीन स्थल मार्गों से मिलकर बनी है
  - चीन, मध्य एशिया और यूरोप को जोड़ने वाला मार्ग।
  - चीन को मध्य व पश्चिम एशिया के माध्यम से फारस की खाड़ी और भूमध्य सागर से जोड़ने वाला मार्ग।
  - चीन को दक्षिण-पूर्व एशिया, दक्षिण एशिया और हिन्द महासागर से जोड़ने वाला मार्ग।

(ii) रेल परिवहन/रेलमार्ग

- रेलमार्ग लम्बी दूरी तक स्थूल वस्तुओं और यात्रियों के परिवहन का साधन है। यह सड़क मार्ग की तुलना में बड़ी संख्या में व्यक्तियों तथा वस्तुओं को अधिक दूरी तक ले जाने के लिए अपेक्षाकृत सस्ता एवं अधिक सुविधाजनक माध्यम है।
- विश्व में प्रथम रेलमार्ग का निर्माण 1835 ई. में इंगलैण्ड में हुआ और यहीं पर पहली रेलगाड़ी मैनचेस्टर से लिवरपुल के मध्य चलाई गई थी।
- रेल लाइनों की चौड़ाई (गेज) अलग-अलग होती है, जिसे अलग-अलग नामों से जाना जाता है। यह लम्बाई प्रत्येक देश में अलग-अलग पाई जाती है।
- रेल लाइनों की चौड़ाई को क्रमशः बड़ी लाइन (1.5 मीटर से अधिक), मानक (1.44 मीटर), मीटर लाइन (1 मीटर) तथा छोटी लाइन में वर्गीकृत किया जाता है। मानक लाइन का उपयोग ब्रिटेन में किया जाता है।

- **दैनिक आवागमन की रेलें** ब्रिटेन, संयुक्त राज्य अमेरिका, जापान और भारत में अधिक लोकप्रिय हैं। ये दैनिक गाड़ियाँ नगरों में प्रतिदिन लाखों यात्रियों के सुगम साधन हेतु उपयोग की जाती हैं।

विश्व के प्रमुख रेलमार्ग

पार महाद्वीपीय रेलमार्ग

- पार महाद्वीपीय रेलमार्ग सम्पूर्ण महाद्वीपों से गुजरते हुए महाद्वीप के दोनों छोरों को जोड़ता है।
- इसका निर्माण आर्थिक और राजनीतिक कारणों से विभिन्न दिशाओं में लम्बी यात्राओं की सुविधाएँ प्रदान करने के लिए किया गया था।

पार साइबेरियन रेलमार्ग

- पार साइबेरियन रेलमार्ग, रूस का प्रमुख रेलमार्ग है। यह रेलमार्ग पश्चिम में सेण्ट पीटर्सबर्ग से पूर्व में प्रशान्त महासागर तट पर स्थित व्लादिवोस्तोक, मास्को, कजान, ट्यूमिन, नोवोसिबिर्स्क, चिता और खाबारोव्स्क से होता हुआ जाता है।
- यह एशिया का सबसे महत्त्वपूर्ण और **विश्व का सर्वाधिक लम्बा** (9332 किमी) दोहरे पथ से युक्त विद्युतीकृत पार महाद्वीपीय रेलमार्ग है। इसने अपने एशियाई प्रदेश को पश्चिमी यूरोपीय बाजार से जोड़ा है।
- इस रेलमार्ग का निर्माण (निर्माण प्रारम्भ 1905 में तथा पूर्ण तैयार 1916 में) पूर्व सोवियत संघ के केन्द्रीय औद्योगिक क्षेत्र को यूराल, साइबेरिया एवं सुदूर पूर्व में स्थित क्षेत्रों को जोड़ने के लिए किया गया था। पार साइबेरियन रेलमार्ग यूराल पर्वतों, ओब और येनिसी नदियों से गुजरता है। इस रेलमार्ग को दक्षिण से जोड़ने वाले मार्ग का योजक मार्ग भी कहते हैं; जैसे–ओडिशा (यूक्रेन), कैस्पियन तट पर बालू, ताशकन्द (उज्बेकिस्तान), उलन बटोर (मंगोलिया) और रोनयांग (मर्क्दन) चीन में बीजिंग की ओर आदि।

पार कैनेडियन रेलमार्ग

- कनाडा का पार कैनेडियन रेलमार्ग 7050 किमी पूर्व में **हैलिफैक्स** से आरम्भ होकर मॉण्ट्रियल, ओटावा, **विनीपेग** और कलगैरी से होता हुआ पश्चिम में प्रशान्त तट पर स्थित वैंकूवर तक जाता है। इसका निर्माण 1886 ई. में मूल रूप से एक सन्धि के अन्तर्गत पश्चिमी तट पर स्थित ब्रिटिश कोलम्बिया को राज्यों के संघ में सम्मिलित करने के उद्देश्य से किया गया था।
- **क्यूबेक मॉण्ट्रियल औद्योगिक प्रदेश** को प्रेयरी प्रदेश की गेहूँ मेखला और उत्तर में शंकुधारी वन प्रदेश से जोड़ने के कारण इस रेलमार्ग के महत्त्व में वृद्धि हुई। इन प्रदेशों में से प्रत्येक रेलमार्ग दूसरे का सम्पूरक बन गया। विनीपेग से थण्डरखाड़ी (सुपीरियर झील) तक एक संवृत्त मार्ग इस रेलवे लाइन को विश्व के सर्वाधिक महत्त्वपूर्ण जलमार्गों से जोड़ता है। यह रेलवे लाइन कनाडा का आर्थिक आधार है।

ऑस्ट्रेलियाई पार महाद्वीपीय रेलमार्ग

- ऑस्ट्रेलियाई पार महाद्वीपीय रेलवे लाइन पश्चिमी तट पर पर्थ से आरम्भ होकर कलगुर्ली, बॉकेन हिल और पोर्ट ऑगस्ता से होकर पूर्वी तट पर स्थित सिडनी को मिलाते हुए महाद्वीप के दक्षिणी भाग के आर-पार पश्चिम से पूर्व की ओर जाती है। यह महाद्वीप का **सबसे लम्बा रेलमार्ग** है।
- इसके अतिरिक्त एक अन्य उत्तर-दक्षिण लाइन एडीलेड और एलिस स्प्रिंग को जोड़ती है और आगे इसे डार्विन-विरदूम लाइन से जोड़ा जाता है।

अन्य प्रमुख रेलमार्ग

- **ट्रान्स एण्डीज रेलमार्ग** यह दक्षिणी अमेरिका का रेलमार्ग है। यह रेलमार्ग चिली के वालपरेजो नगर को महाद्वीप के दूसरे किनारे पर स्थित ब्यूनस आयर्स नगर (अर्जेण्टीना) से जोड़ता है। इस रेलमार्ग पर क्लीवलैण्ड, शिकागो, ओगडॉन इत्यादि प्रमुख अमेरिकी शहर स्थित हैं।
- **उत्तरी ट्रान्स महाद्वीपीय रेलमार्ग** यह रेलमार्ग भी यूएसए का ही एक रेलमार्ग है, जो सिएटल नगर को न्यूयॉर्क से जोड़ता है।
- **दक्षिणी ट्रान्स महाद्वीपीय रेलमार्ग** यह भी यूएसए का एक प्रमुख रेलमार्ग है, जो लॉस एंजिलिस को न्यूयॉर्क के साथ जोड़ता है।
- **केप-काहिरा रेलमार्ग** यह रेलमार्ग दक्षिण अफ्रीका के दक्षिण में स्थित शहर केपटाइउन से मिस्र की राजधानी काहिरा तक बनाने को प्रस्तावित है। इस रेलमार्ग के तहत आस्वान, आदिस अबाबा तथा मोम्बासा शहर को भी जोड़ा जाएगा। यह अफ्रीका महाद्वीप का सबसे बड़ा रेलमार्ग है।
- **ट्रान्स एशियन रेलवे नेटवर्क** यह यूरोप व एशिया में एकीकृत रेलवे नेटवर्क बनाने की एक परियोजना है, जो 28 देशों को सेवा प्रदान करती है। यह परियोजना वर्ष 1992 में प्रारम्भ हुई थी, जो **संयुक्त राष्ट्र के आर्थिक और सामाजिक आयोग के लिए एशिया और प्रशान्त क्षेत्र** (यूएनईएससीएपी) की परियोजना है।
- **बीजिंग-केण्टन रेलमार्ग** यह चीन की उत्तर-दक्षिण दिशा में विस्तृत (2350 किमी लम्बा) सबसे लम्बा एवं सबसे महत्त्वपूर्ण रेलमार्ग है। इस रेलमार्ग के प्रमुख केन्द्र व जंक्शन क्रमशः बीजिंग से झोंगहऊ, बुहान, झुझऊ, शंघाई, हेनयांग एवं केण्टन हैं।
- **ओरिएण्टल एक्सप्रेस** यह रेलवे लाइन पेरिस से स्ट्रेस्बर्ग, म्यूनिख, विएना, बुडापेस्ट और बेलग्रेड से होती हुई इस्ताम्बुल तक जाती है। इस एक्सप्रेस लाइन द्वारा लन्दन से इस्ताम्बुल तक लगने वाला यात्रा का समय समुद्री मार्ग से लगने वाले 10 दिनों की तुलना में मात्र 96 घण्टे रह गया है। इस रेलमार्ग द्वारा होने वाले प्रमुख निर्यात पनीर, सूअर का मांस, जई, शराब, फल और मशीनरी हैं। इसके अतिरिक्त इस्ताम्बुल को बैंकॉक, ईरान, पाकिस्तान, भारत, बांग्लादेश और म्यांमार से जोड़ने वाले एशियाई रेलवे निर्माण का भी प्रस्ताव है।
- **यूरोपीय पार महाद्वीप रेल** यह वॉरसा (पोलैण्ड) को पेरिस फ्रांस से जोड़ती है।

2. जल परिवहन

- जल परिवहन भारी तथा अधिक स्थान घेरने वाले कच्चे माल को ढोने के लिए विशेष रूप से उपयुक्त होता है।
- अन्तर्राष्ट्रीय व्यापार में कच्ची धातुएँ, खनिज तेल, कोयला, लकड़ी, रासायनिक पदार्थ, भारी मशीनें, वस्त्र, वाहन, सीमेण्ट आदि का आवागमन जल परिवहन द्वारा ही होता है।
- जलयानों के संचालन में कम ईंधन, कम धन तथा कम व्यक्तियों की आवश्यकता होती है। यद्यपि जल परिवहन में जलमार्गों को गहरा करने, **पोताश्रयों** (Sea Ports) के निर्माण करने, विशाल जलयानों को तैयार करने आदि पर व्यय के कारण आरम्भिक व्यय अधिक करना पड़ता है। जल परिवहन को दो वर्गों में बाँटा जा सकता है

(i) समुद्री मार्ग

- समुद्री मार्ग से सभी दिशाओं में परिवहन किया जाता है तथा इसके मार्ग को रख-रखाव की आवश्यकता नहीं होती है।
- यह मार्ग हवाई मार्ग और जमीनी मार्गों की तुलना में अधिक उपयोगी होता है। इसलिए इसके द्वारा बड़े और भारी सामान को अलग-अलग स्थानों पर ले जाना अत्यधिक सरल होता है।
- वर्तमान समय में मालवाहक और यात्री जहाजों में विभिन्न प्रकार के नौवहन सहायक उपकरण लगे होते हैं।

महत्त्वपूर्ण समुद्री मार्ग

विश्व के कुछ महत्त्वपूर्ण समुद्री मार्गों का विवरण निम्न प्रकार है

- **उत्तरी अटलाण्टिक समुद्री मार्ग** यह मार्ग औद्योगिक दृष्टि से विकसित विश्व के दो प्रदेशों उत्तरी-पूर्वी संयुक्त राज्य अमेरिका और पश्चिमी यूरोप को जोड़ता है। विश्व का एक-चौथाई विदेशी व्यापार इसी मार्ग द्वारा संचालित होता है। यह विश्व का सर्वाधिक व्यस्ततम व्यापारिक जलमार्ग है। इसे **वृहद् ट्रंक मार्ग** (Grand Trunk Roads) कहा जाता है।
- **दक्षिणी अटलाण्टिक समुद्री मार्ग** यह अटलाण्टिक महासागर का एक अन्य महत्त्वपूर्ण समुद्री मार्ग है, जो पश्चिमी यूरोपीय और पश्चिमी अफ्रीकी देशों को दक्षिण अमेरिका में ब्राजील, अर्जेण्टीना और उरुग्वे से जोड़ता है। इस मार्ग पर यातायात उत्तरी अटलाण्टिक मार्ग की तुलना में कम है, क्योंकि अफ्रीका के पश्चिमी तटीय देश के विकसित नहीं होने के कारण कम यातायात होता है।
- **भूमध्यसागर हिन्द महासागरीय समुद्री मार्ग** यह समुद्री मार्ग प्राचीन विश्व के हृदय स्थल कहे जाने वाले क्षेत्रों से गुजरता है। यह मार्ग किसी भी अन्य मार्ग की अपेक्षा अधिक देशों और लोगों को सेवाएँ प्रदान करता है। इस जलमार्ग पर अवस्थित महत्त्वपूर्ण पत्तनों में **पोर्ट सईद, अदन, मुम्बई, कोलम्बो** और **सिंगापुर** प्रमुख हैं। उत्तमाशा अन्तरीप से होकर जाने वाले आरम्भिक मार्ग की तुलना में स्वेज नहर के निर्माण से दूरी और समय में अत्यधिक कमी हुई है।
- **उत्तमाशा अन्तरीप समुद्री मार्ग** यह व्यापारिक समुद्री मार्ग अत्यधिक औद्योगिक पश्चिम यूरोपीय प्रदेश को पश्चिमी अफ्रीका, दक्षिणी अफ्रीका, दक्षिण-पूर्वी एशिया और ऑस्ट्रेलिया तथा न्यूजीलैण्ड की वाणिज्यिक कृषि एवं पशुपालन आधारित अर्थव्यवस्थाओं से जोड़ता है। स्वेज नहर के निर्माण से पहले यह मार्ग लिवरपुल और कोलम्बो को जोड़ता था, जो स्वेज नहर मार्ग से 6400 किमी लम्बा था।
- **उत्तरी प्रशान्त समुद्री मार्ग** उत्तरी प्रशान्त महासागर के आर-पार व्यापार अनेक मार्गों द्वारा संचालित होता है, जो होनोलूलू में मिलते हैं। वृहत् वृत्त पर स्थित सीधा मार्ग वैंकूवर और याकोहामा को जोड़ता है और यात्रा की दूरी को कम करके 2,480 किमी कर देता है। यह समुद्री मार्ग उत्तरी अमेरिका के पश्चिम तट पर स्थित पत्तनों को एशिया के पत्तनों से जोड़ता है; ये हैं—**वैंकूवर, सीएटल, पोर्टलैण्ड, सैन फ्रांसिस्को** (अमेरिका की ओर) **याकोहामा, कोबे, शंघाई, हाँगकाँग, मनीला** और **सिंगापुर** (एशिया की ओर) आदि।
- **दक्षिणी प्रशान्त समुद्री मार्ग** यह समुद्री मार्ग पश्चिमी यूरोप एवं उत्तरी अमेरिका को ऑस्ट्रेलिया, न्यूजीलैण्ड और पनामा नहर से होते हुए प्रशान्त महासागर में प्रकीर्णित द्वीपों से मिलाता है। इस मार्ग का प्रयोग हाँगकाँग, फिलीपीन्स और इण्डोनेशिया पहुँचने के लिए किया जाता है। पनामा और सिडनी के बीच निर्धारित की गई दूरी 12,000 किमी है। **होनोलूलू** इस मार्ग पर महत्त्वपूर्ण पत्तन है।

नौपरिवहन नहरें

स्वेज और पनामा दो ऐसी महत्त्वपूर्ण मानव निर्मित वाहन नहरें अथवा जलमार्ग हैं, जो पूर्वी एवं पश्चिमी दोनों के लिए ही प्रवेशद्वारों का कार्य करती हैं। इनका संक्षिप्त विवरण निम्न प्रकार है

स्वेज नहर

- यह एक मानव निर्मित नहर है, जिसका निर्माण 1869 ई. में मिस्र के उत्तर में पोर्ट सईद एवं दक्षिण में स्थित पोर्ट स्वेज (स्वेज पत्तन) के मध्य भूमध्य सागर एवं लाल सागर को जोड़ने हेतु किया गया अर्थात् यह मिस्र में भूमध्य सागर को काला सागर से जोड़ती है।
- इस नहर की कुल लम्बाई 193 किमी है तथा इसकी चौड़ाई 205 मी और गहराई 24 से 25 मी है। इस नहर के उत्तर में पोर्ट सईद तथा दक्षिण में स्वेज पत्तन एवं पोर्ट तौफीक स्थित हैं। इस नहर के किनारे तिमसा झील, ग्रेट बिटर झील, लिटिल बिटर झील, मंजला झील आदि झील स्थित हैं।

नोट *इस नहर का निर्माण कार्य 1854 ई. में एक फ्रांसीसी इंजीनियर **फर्डीनेण्ड डी लैसेप्स** ने शुरू किया था। इसका राष्ट्रीयकरण वर्ष 1956 में हुआ था।*

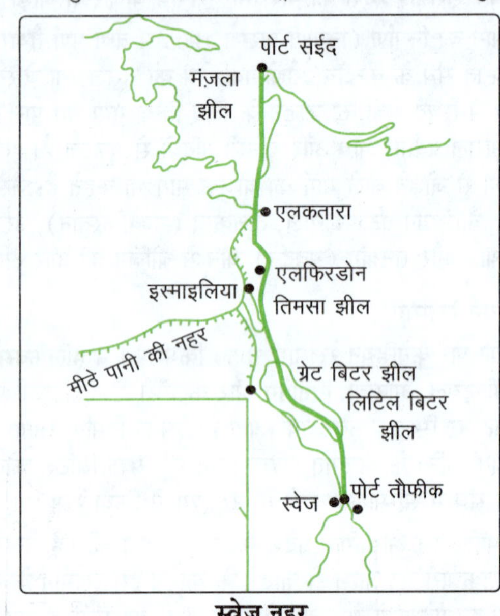

स्वेज नहर

- नील नदी से एक नौगम्य ताजे पानी की नहर भी स्वेज नहर से इस्माइलिया में मिलती है, जिससे पोर्ट सईद और स्वेज नगरों को ताजे पानी की आपूर्ति की जाती है।
- इस नहर के निर्माण से लन्दन से मुम्बई की दूरी आशा अन्तरीप की तुलना में 9,600 किमी, लिस्बन से मकाओ तक 5,120 किमी तथा न्यूयॉर्क से अदन तक 10,720 किमी कम हो गई है।

पनामा नहर

- यह नहर पूर्व में **अटलाण्टिक महासागर** को पश्चिम में **प्रशान्त महासागर से** जोड़ती है। इसका निर्माण पनामा जलडमरूमध्य के आर-पार पनामा नगर एवं कोलोन के बीच संयुक्त राज्य अमेरिका के द्वारा किया गया, जिसने दोनों ओर के 8 किमी क्षेत्र को खरीद कर इसे पनामा नहर मण्डल का नाम दिया है।

- इस नहर का निर्माण वर्ष 1906 में प्रारम्भ हुआ तथा यह नहर जलपोतों के लिए 15 अगस्त, 1914 को खोली गई।
- यह नहर पनामा स्थल सन्धि को काटकर बनाई गई है, अत: यह उत्तर एवं दक्षिण अमेरिका के मुख्य स्थल खण्डों को अलग करती है। यह नहर लगभग 72 किमी लम्बी है, जो लगभग 12 किमी लम्बे अत्यधिक गहरे कटान से युक्त है।
- इस नहर में कुल छ: जलबन्धक तन्त्र हैं तथा जलयान पनामा की खाड़ी में प्रवेश करने से पहले इन जलबन्धकों से होकर विभिन्न ऊँचाई की समुद्री सतह (26 मीटर ऊपर एवं नीचे) को पार करते हैं।
- इस नहर के द्वारा समुद्री मार्ग से न्यूयॉर्क एवं सैन फ्रांसिस्को के मध्य लगभग 13,000 किमी की दूरी कम हो गई है।
- इसी प्रकार पश्चिमी यूरोप और संयुक्त राज्य अमेरिका के पश्चिमी तट उत्तरी-पूर्वी और मध्य संयुक्त राज्य अमेरिका तथा पूर्वी और दक्षिण-पूर्वी एशिया के मध्य की दूरी भी कम हो गई है।
- इस नहर का आर्थिक महत्त्व स्वेज नहर की अपेक्षा कम है। उसके पश्चात् भी दक्षिणी अमेरिका की अर्थव्यवस्था में इसकी महत्त्वपूर्ण भूमिका है।

नोट *वर्तमान में पनामा नहर के विकल्प के रूप में निकारागुआ नहर का निर्माण निकारागुआ द्वारा किया जा रहा है।*

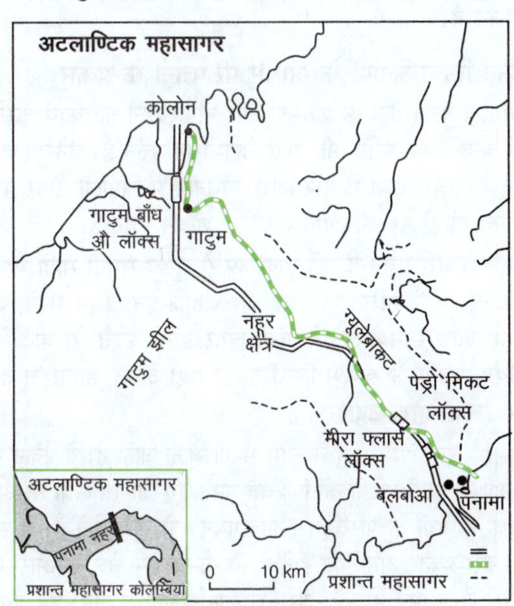

पनामा नहर

यूरोप की प्रमुख परिवहन नहरें

नहर	अवस्थिति	मार्ग के बिन्दु
गोटा	स्वीडन	स्टॉकहोम-गुटेनबर्ग
कील	जर्मनी	उत्तरी सागर-बाल्टिक सागर
न्यू वाटरवे	नीदरलैण्ड	उत्तरी सागर और रॉटरडम
वोल्गा	रूस	रोस्तोव-वोल्गाग्राड
राइन	नीदरलैण्ड	उत्तरी सागर-काला सागर
डेन्यूब	पूर्वी यूरोप	उत्तरी सागर-काला सागर
लुडविग्स नदी	जर्मनी	राइन नदी को डेन्यूब नदी

(ii) आन्तरिक जलमार्ग

- नदियाँ, नहरें, झीलें तथा तटीय क्षेत्र प्राचीन समय से महत्त्वपूर्ण जलमार्ग रहे हैं। नावें तथा स्टीमर (Steamer) भी यात्रियों और मालवाहन हेतु साधन के रूप में उपयोग किए जाते हैं, जो आन्तरिक जलमार्ग को बढ़ावा देते हैं।
- आन्तरिक जलमार्गों का विकास नहरों की नौगम्यता, चौड़ाई और गहराई, जल प्रवाह की निरन्तरता तथा उपयोग में लाई जाने वाली परिवहन प्रौद्योगिकी पर निर्भर करता है।
- आन्तरिक जलमार्ग उन स्थानों पर परिवहन का प्रमुख साधन हैं, जहाँ नदी चौड़ी, गहरी एवं गाद से मुक्त होती है। सघन वनों से युक्त क्षेत्रों में मात्र नदियाँ ही परिवहन का साधन होती हैं। अत्यधिक भारी वस्तुएँ; जैसे-कोयला, सीमेण्ट, इमारती लकड़ी तथा धात्विक अयस्क इत्यादि का आन्तरिक जलमार्गों द्वारा यातायात किया जा सकता है। वर्तमान समय में नदी मार्ग से होने वाले जल परिवहन का महत्त्व कम है।
- स्वाभाविक बाध्यता के होते हुए भी अधिकांश नदियों में नदी तल को गहरा करने, नदी तल को स्थिर करने तथा बाँध बनाकर जल प्रवाह को नियन्त्रित कर नदियों की नौगम्यता (Navigable) को बढ़ाया गया है।
- आन्तरिक जलमार्गों के रूप में नदियों की सार्थकता घरेलू एवं अन्तर्राष्ट्रीय परिवहन तथा व्यापार के क्षेत्र में सभी विकसित देशों में मान्यता प्राप्त कर चुकी है।

विश्व के महत्त्वपूर्ण वाणिज्यिक जलमार्ग

राइन जलमार्ग

- राइन नदी जर्मनी और नीदरलैण्ड से होकर प्रवाहित होती है। नीदरलैण्ड में रॉटरडम में अपने मुहाने से लेकर स्विट्जरलैण्ड में बेसल तक यह 700 किमी लम्बाई में नौकायन योग्य है। इस जलमार्ग से होकर सामुद्रिक पोत कोलोन तक पहुँच सकते हैं। इससे होने वाले व्यापार में कोयले का अधिक महत्त्व होने के कारण इसे कोयला नदी के नाम से भी जाना जाता है।
- रूर नदी पूर्व से आकर राइन नदी में मिलती है। यह नदी एक सम्पन्न कोयला क्षेत्र से होकर प्रवाहित होती है तथा सम्पूर्ण नदी बेसिन विनिर्माण क्षेत्र की दृष्टि से अत्यधिक सम्पन्न है। इस प्रदेश में डसलडोर्फ राइन नदी पर स्थित पत्तन है। यहाँ रूर के दक्षिण में विस्तृत पट्टी से होकर भारी वस्तुओं का आवागमन होता है। यह जलमार्ग विश्व में अधिक प्रयोग में लाया जाता है।

डेन्यूब जलमार्ग

- डेन्यूब जलमार्ग पूर्वी यूरोपीय भागों को अपनी सेवाएँ प्रदान करता है। डेन्यूब नदी ब्लैक फॉरेस्ट से निकलकर अनेक देशों से होती हुई पूर्व की ओर बहती है।
- यह टारना-सेविरिन तक नौकायन योग्य है। यहाँ से मुख्य निर्यात किए जाने वाले पदार्थ गेहूँ, मक्का, इमारती लकड़ी तथा मशीनरी हैं।

वोल्गा जलमार्ग

- रूस में अत्यधिक संख्या में विकसित जलमार्ग पाए जाते हैं, जिसमें से वोल्गा जलमार्ग सर्वाधिक महत्त्वपूर्ण है। यह 11,200 किमी तक नौकायन की सुविधा प्रदान करता है।
- वोल्गा नदी कैस्पियन सागर में गिरती है। वोल्गा-मास्को नहर मास्को प्रदेश से तथा वोल्गा-डोन नहर काला सागर से जोड़ती है।

सेण्ट लॉरेन्स समुद्री मार्ग

- उत्तरी अमेरिका की वृहद् झीलें सुपीरियर, ह्यूरन, इरी तथा ओण्टारिया, सू नहर तथा वलैण्ड नहर के द्वारा जुड़ी हुई हैं तथा ये आन्तरिक जलमार्ग की सुविधा प्रदान करती हैं।
- सेण्ट लॉरेन्स नदी की एश्च्यूरी वृहद् झीलों के साथ उत्तरी अमेरिका के उत्तरी भाग में विशिष्ट वाणिज्यिक जलमार्ग का निर्माण करती है। इस मार्ग पर स्थित मुख्य पत्तन डुलुथ और बुफालो आधुनिक समुद्री पत्तन की सभी सुविधाओं से युक्त है। इस प्रकार विशाल सामुद्रिक जलयान महाद्वीप के आन्तरिक भाग में मॉण्ट्रियल तक नौकायन करते हैं।

मिसीसिपी जलमार्ग

मिसीसिपी जलमार्ग संयुक्त राज्य अमेरिका के आन्तरिक भागों को दक्षिण में मैक्सिको की खाड़ी के साथ जोड़ता है। लम्बे स्टीमर इस मार्ग द्वारा मिनियापोलिस तक जा सकते हैं।

अमेजन जलमार्ग

यह नदी **जल की मात्रा के आधार** पर विश्व की सबसे बड़ी नदी है। इसमें समुद्री जहाज 1600 किमी अन्दर मनौस तक जा सकते हैं। छोटे-छोटे स्टीमर पेरू में इक्वीटास तक जाते हैं, जो अटलाण्टिक तट से 3650 किमी दूर स्थित हैं।

पराना–पराग्वे जलमार्ग

- यह दक्षिण अमेरिका की महत्त्वपूर्ण जल प्रवाह प्रणाली है। पराना में 240 किमी अन्दर स्थित सान्ताफे तक समुद्री जहाज से जा सकते हैं। छोटे स्टीमर पराग्वे से होकर 1360 किमी की दूरी पर अन्दर स्थित असेंशन तक जा सकते हैं।
- पराना तथा पराग्वे नदियाँ एकसाथ मिलकर रियो डेला प्लाटा में ज्वारनदमुख बनाती हैं। डेल्टा न होने के कारण बड़े जहाज आन्तरिक भागों तक जा सकते हैं। ये नदियाँ विकसित क्षेत्र में बहती हैं, अत: इनका आर्थिक महत्त्व अपेक्षाकृत अधिक है।

पत्तन

- पत्तन अन्तर्राष्ट्रीय व्यापार की दुनिया के मुख्य प्रवेशद्वार पोताश्रय होते हैं। इन्हीं पत्तनों के द्वारा जहाजी माल तथा यात्री विश्व के एक भाग से दूसरे भाग में जाते हैं। पत्तन जहाज के लिए गोदी, लदान उतारने तथा भण्डारण हेतु सुविधाएँ प्रदान करते हैं।
- इन सुविधाओं को प्रदान करने के उद्देश्य से पत्तन के प्राधिकारी नौगम्य द्वारों का रख-रखाव, रस्सों व बजरों (छोटी अतिरिक्त नौकाएँ) की व्यवस्था करने और श्रम एवं प्रबन्धकीय सेवाओं को उपलब्ध कराने की व्यवस्था करते हैं।

एक पत्तन के महत्त्व को नौभार के आकार और निपटान किए गए जहाजों की संख्या द्वारा निश्चित किया जाता है। एक पत्तन द्वारा निपटाया गया नौभार, उसके पृष्ठ प्रदेश के विकास के स्तर का सूचक है।

पत्तन के प्रकार

- सामान्य पत्तनों का वर्गीकरण उनके द्वारा सँभाले गए यातायात के प्रकार के अनुसार किया जाता है, अत: विभिन्न आधारों पर पत्तनों का वर्गीकरण इस प्रकार है
  - औद्योगिक पत्तन ये पत्तन थोक नौभार के लिए विशेषीकृत होते हैं; जैसे-अनाज, चीनी, अयस्क, तेल, रसायन आदि प्रकार के पदार्थ।
  - वाणिज्यिक पत्तन ये पत्तन सामान्य नौभार संवेष्ठित उत्पादों एवं विनिर्मित वस्तुओं का निपटान करते हैं तथा ये यात्री यातायात का भी प्रबन्ध करते हैं।
  - विस्तृत पत्तन ये पत्तन बड़े परिमाण में सामान्य नौभार का थोक में प्रबन्ध करते हैं। संसार के अधिकांश महान पत्तन विस्तृत पत्तनों के रूप में वर्गीकृत किए गए हैं।
  - अन्तर्देशीय पत्तन ये पत्तन समुद्री तट से दूर अवस्थित होते हैं। ये समुद्र से एक नदी अथवा नहर द्वारा जुड़े होते हैं। ऐसे पत्तन में चौरस तल वाले जहाज या नाव द्वारा ही पहुँचा जाता है। उदाहरणस्वरूप मैनचेस्टर समुद्र नहर द्वारा जुड़ा है। मेन्फिस मिसीसिपी नदी पर अवस्थित है, राइन के अनेक पत्तन हैं; जैसे–मैनहीम तथा ड्यूसबर्ग। इसी प्रकार कोलकाता पत्तन हुगली नदी पर अवस्थित है, जो गंगा नदी की एक शाखा है।
  - बाह्य पत्तन ये गहरे जल वाले पत्तन हैं, जो वास्तविक पत्तन से दूर बने होते हैं। ये पत्तन उन जहाजों को, जो अपने बड़े आकार के कारण पत्तन तक पहुँचने में असफल होते हैं, अपने पैतृक पत्तन तक पहुँचने के लिए सेवाएँ प्रदान करते हैं। उदाहरणस्वरूप एथेन्स तथा यूनान से इसका बाह्य पत्तन पिरेइअस एक उच्चकोटि का संयोजन है।

विशिष्टीकृत क्रियाकलापों के आधार पर पत्तनों के प्रकार

- तेल पत्तन ये पत्तन तेल के प्रक्रमण और नौपरिवहन का कार्य करते हैं। इनमें से कुछ टैंकर पत्तन और कुछ तेलशोधन पत्तन हैं। वेनेजुएला में माराकाइबो, ट्यूनीशिया में एस्सखीरा, लेबनान में त्रिपोली टैंकर पत्तन हैं। पर्शिया की खाड़ी पर आबादान एक तेल शोधन पत्तन है।
- मार्ग पत्तन ये ऐसे पत्तन हैं, जो मूल रूप से मुख्य समुद्री मार्गों पर विश्राम केन्द्र के रूप में विकसित हुए, जहाँ पर जहाज पुन: ईंधन भरने, जल भरने तथा खाद्य सामग्री लेने के लिए लंगर डाला करते थे। बाद में वे वाणिज्यिक पत्तनों के रूप में विकसित हो गए। अदन, होनोलूलू तथा सिंगापुर इसके प्रमुख उदाहरण हैं।
- पैकेट स्टेशन इन्हें फेरी पत्तन के नाम से भी जाना जाता है। ये पैकेट स्टेशन विशेष रूप से छोटी दूरियों को निश्चित करते हुए जलीय क्षेत्रों के आर-पार डाक तथा यात्रियों के परिवहन (आवागमन) से जुड़े होते हैं। ये स्टेशन युग्मों में इस प्रकार अवस्थित होते हैं कि वे जलीय क्षेत्र के आर-पार एक-दूसरे के सामने होते हैं; जैसे-इंग्लिश चैनल के आर-पार इंग्लैण्ड में डोबर तथा फ्रांस में कैलाइस।
- आंत्रपो पत्तन ये वे एकत्रण केन्द्र होते हैं, जहाँ विभिन्न देशों से निर्यात हेतु वस्तुएँ लाई जाती हैं। सिंगापुर पत्तन एशिया पत्तन कोपेन हेगेन पत्तन बाल्टिक क्षेत्र के लिए आंत्रपो पत्तन तथा यूरोप के लिए रोटरडम आंत्रपो पत्तन हैं।
- नौ सैन्य पत्तन ऐसे पत्तन केवल सामरिक महत्त्व के पत्तन होते हैं। ये पत्तन युद्धक जहाजों को सेवाएँ देते हैं तथा उनके लिए मरम्मत कार्यशालाएँ चलाते हैं। कोच्चि तथा कारवाड़ भारत में ऐसे पत्तनों के उदाहरण हैं।
- सवारी पत्तन ऐसे पत्तनों को लोगों के आवागमन हेतु उपयोग किया जाता है; जैसे-मुम्बई, लन्दन, न्यूयॉर्क आदि।

विश्व के प्रमुख बन्दरगाह

- **यूरोप के प्रमुख बन्दरगाह** हैम्बर्ग, रॉटरडम, लन्दन, लिवरपूल, ग्लासगो, मार्सेल्स, बोर्डिक्स, ओस्लो, एमस्टरडम, कोपेनहेगन, जिब्राल्टर, सेण्ट पीटर्सबर्ग, रोम आदि हैं।
- **उत्तरी अमेरिका के प्रमुख बन्दरगाह** न्यूयॉर्क, न्यू ऑर्लियन्स, सैन फ्रांसिस्को, लॉस एंजिलिस, बोस्टन, मॉण्ट्रियल, वैंकूवर, क्यूबैक आदि हैं।
- **दक्षिण अमेरिका के प्रमुख बन्दरगाह** ब्यूनस आयर्स, सैण्टोस (काफी पोर्ट) रियो-डि-जेनेरियो, मोण्टेविडियो, वॉल परेसो, एण्टो फागेस्टा, माराकैबो आदि हैं।
- **एशिया के प्रमुख बन्दरगाह** टोकियो, याकोहामा, शंघाई, हाँगकाँग, कैण्टन, सिंगापुर, मुम्बई, कोलकाता, काण्डला, चेन्नई, विशाखापत्तनम, कराची, कोलम्बो आदि हैं।
- **अफ्रीका के प्रमुख बन्दरगाह** सिकन्दरिया, त्रिपोली, पोर्ट स्वेज, केपटाउन, मोम्बासा, डरबन आदि हैं।
- **ऑस्ट्रेलिया के प्रमुख बन्दरगाह** सिडनी, मेलबोर्न, एडीलेड, पर्थ आदि हैं।

3. पाइपलाइन परिवहन

- जल, पेट्रोलियम और प्राकृतिक गैसें; जैसे-तरल एवं गैसीय पदार्थों के अबाधित प्रवाह और परिवहन के लिए पाइपलाइनों का व्यापक रूप से प्रयोग किया जाता है।
- विश्व के अनेक भागों में रसोई गैस अथवा एलपीजी की आपूर्ति पाइपलाइनों द्वारा की जाती है। पाइपलाइनों का प्रयोग तरलीकृत कोयले के परिवहन के लिए भी किया जाता है। न्यूजीलैण्ड में फार्मों से फैक्ट्रियों तक दूध को पाइपलाइनों द्वारा भेजा जाता है।
- संयुक्त राज्य अमेरिका में उत्पादन और उपभोग क्षेत्रों के बीच तेल पाइपलाइनों का सघन जाल पाया जाता है। संयुक्त राज्य अमेरिका में प्रति टन किमी कुल भार का 17% भाग पाइपलाइनों द्वारा ले जाया जाता है।
- यूरोप, रूस, पश्चिम एशिया और भारत में पाइपलाइनों का प्रयोग तेल के कुओं को तेल परिष्करण शालाओं (Oil Refineries) और पत्तनों तथा घरेलू बाजारों से जोड़ने के लिए किया जाता है। मध्य एशिया में स्थित तुर्कमेनिस्तान से पाइपलाइन को ईरान और चीन के कुछ भागों तक बढ़ा दिया गया है।
- इसी प्रकार ईरान-भारत-पाकिस्तान प्रस्तावित अन्तर्राष्ट्रीय तेल और प्राकृतिक गैस पाइपलाइन विश्व में सर्वाधिक लम्बी है।

विश्व की प्रमुख पाइपलाइनें

- बिग इंच पाइपलाइन यह संयुक्त राज्य अमेरिका की प्रसिद्ध पाइपलाइन है, जो मैक्सिको की खाड़ी में तेल के कुओं से उत्तरी-पूर्वी राज्यों में तेल पहुँचाती है। इस पाइपलाइन की लम्बाई 1840 किमी है।
- टैपलाइन यह पाइपलाइन फारस की खाड़ी के समीपवर्ती तेल कुओं को सिडान नामक नगर से जोड़ती है। इस पाइपलाइन की लम्बाई 1600 किमी है। यह खनिज तेल उत्पादक देशों; जैसे—लेबनान, सीरिया, जॉर्डन, इराक, सऊदी अरब से भूमध्यसागर के तट पर तेल शोधनशालाओं एवं बन्दरगाहों तक फैली पाइपलाइनों की विस्तृत श्रृंखला है।
- कॉमेकन यह यूरोप की महत्त्वपूर्ण पाइपलाइन है, इसे फ्रेण्डशिप पाइपलाइन की संज्ञा भी प्रदान की गई है। इस पाइपलाइन से वोल्गा तथा यूराल तेल क्षेत्र से पूर्वी यूरोप (यूक्रेन, बेलारूस, पोलैण्ड, हंगरी, स्लोवाकिया, चैक गणराज्य तथा जर्मनी) के राष्ट्रों तक खनिज तेल पहुँचाया जाता है।
- तापी गैस पाइपलाइन यह पाइपलाइन तुर्कमेनिस्तान, अफगानिस्तान, पाकिस्तान तथा भारत के बीच 1814 किमी में बिछाई जानी है। एशियाई विकास बैंक (ADB) द्वारा इसके निर्माण का वित्तीयन किया जा रहा है।
- ESPO तेल पाइपलाइन यह पाइपलाइन जनवरी, 2011 में रूस और चीन के बीच की पहली पाइपलाइन है, जिसे ईस्ट साइबेरिया प्रशान्त महासागर पाइपलाइन परियोजना कहा जाता है, इसकी कुल लम्बाई 4857 किमी है। इसे रूस से होते हुए जापान, चीन और कोरिया तक पहुँचाया जाना है। रूस और चीन के मध्य इस परियोजना का शुभारम्भ जनवरी, 2018 में किया गया है तथा आगे का कार्य प्रगति पर है।
- भारत-नेपाल पाइपलाइन यह पाइपलाइन भारत के बिहार राज्य के मोतिहारी जिले से नेपाल के अमलेखगंज के बीच स्थापित की जाएगी। इसकी कुल लम्बाई 81 किमी है तथा इसका प्रमुख उद्देश्य पेट्रोलियम पदार्थों की आपूर्ति करना है।
- नॉर्ड स्ट्रीम यह रूस (व्योबॉर्ग) से जर्मनी (ग्रीफ्सवेल्ड) तक बाल्टिक सागर के नीचे स्थित अपतटीय प्राकृतिक गैस पाइपलाइन की एक प्रणाली है। इसकी लम्बाई 1212 किमी है, जोकि समुद्र से होकर गुजरने वाली विश्व की सबसे लम्बी पाइपलाइन (गैस पाइप) है। इससे पूर्वी यूरोप को गैस निर्यात किया जाता है।
- चीन म्यांमार तेल पाइपलाइन यह तेल और प्राकृतिक गैस पाइपलाइनों का एक समूह है। इसके अन्तर्गत पाइप बिछाने की योजना वर्ष 2004 में तैयार की गई थी। इसकी कुल लम्बाई 2402 किमी है, जिसमें से 777 किमी म्यांमार में तथा 1631 किमी चीन में स्थित है। यह पाइपलाइन बंगाल की खाड़ी में स्थित म्यांमार के सित्तवे बन्दरगाह को चीन के युन्नान प्रान्त के कुनमिंग से जोड़ती है। इसके तहत चीन की निर्भरता मलक्का जलडमरुमध्य जलसन्धि से कम होगी।

4. वायु परिवहन

- वायु परिवहन, परिवहन का तीव्रतम साधन है, परन्तु यह अत्यन्त महँगा है। यह लम्बी दूरी की यात्रा करने, मूल्यवान जहाजी भार को तीव्रता के साथ सम्पूर्ण विश्व में भेजने, अगम्य क्षेत्रों तक पहुँचने का एकमात्र साधन है।
- यह पर्वतों, हिमक्षेत्रों, भू-स्खलन, एवेलांश अथवा भारी हिमपात तथा विषम मरुस्थलीय भू-भागों आदि के लिए महत्त्वपूर्ण साधन है। वायुमार्ग का सामरिक महत्त्व भी होता है; जैसे-संयुक्त राज्य अमेरिका एवं ब्रिटिश सेनाओं द्वारा ईरान में किए गए हवाई हमले।
- उत्तरी गोलार्द्ध में अन्तर-महाद्वीपीय वायुमार्गों की एक सुस्पष्ट पूर्व-पश्चिम पट्टी है। पूर्वी संयुक्त राज्य अमेरिका, पश्चिमी यूरोप और दक्षिणी-पूर्वी एशिया में वायुमार्गों का सघन जाल पाया जाता है।
- पर्थ-मुम्बई-रोम-लन्दन वायुमार्ग ऑस्ट्रेलिया के पर्थ एवं लन्दन के बीच सबसे छोटा वायुमार्ग है। विश्व के कुल वायुमार्गों का 60% भाग केवल संयुक्त राज्य अमेरिका उपयोग करता है। न्यूयॉर्क, लन्दन, पेरिस, एमस्टर्डम और शिकागो नोड बिन्दु हैं, जो अभिसरित होते हैं अथवा सभी महाद्वीपों की ओर विकरित होते हैं। अफ्रीका, रूस के एशियाई भाग और दक्षिण अमेरिका में वायु सेवाओं का अभाव है।
- दक्षिणी गोलार्द्ध में 10°-35° अक्षांशों के मध्य अपेक्षाकृत विरल जनसंख्या, सीमित स्थलखण्ड और आर्थिक विकास के कारण वायु सेवाएँ उपलब्ध हैं।

- इस प्रकार अन्तर महाद्वीपीय वायुमार्ग विभिन्न महाद्वीपों के बीच वायुमार्ग प्रदान करते हैं; जैसे—न्यूयॉर्क-लन्दन-पेरिस-रोम-काहिरा-दिल्ली-मुम्बई-कोलकाता-हाँगकाँग-टोक्यो वायुमार्ग विश्व का सबसे लम्बा वायुमार्ग है।
- न्यूयॉर्क-सैन फ्रांसिस्को-होनोलूलु-हाँगकाँग-एडिलेड पर्थ मार्ग प्रशान्त महासागर को पार करता है।

संचार

- संचार से तात्पर्य मनुष्य द्वारा अपने सन्देश या बात को किसी दूर स्थित व्यक्ति तक प्रेषण या भेजने से होता है।
- संचार हेतु जिन माध्यमों का प्रयोग किया जाता है, उसे संचार का साधन कहा जाता है। संचार सेवाओं में शब्दों तथा विचारों का प्रेषण शामिल होता है।
- संचार के विभिन्न साधनों; जैसे—समाचार-पत्रों, रेडियो एवं टेलीविजन के द्वारा बड़ी संख्या में लोगों के साथ विचार प्रेषित होते हैं, इसलिए इनको जनसम्पर्क माध्यम कहते हैं।
- लम्बी दूरियों के संचार के लिए मनुष्य ने विभिन्न विधियों का प्रयोग किया, जिनमें से टेलीग्राफ और टेलीफोन महत्त्वपूर्ण थे। 1844 ई. में सैमुअल मोर्स ने तार का आविष्कार करके संचार प्रणाली में क्रान्तिकारी परिवर्तन किया।
- इसी प्रकार ग्राह्म बेल ने 1875 ई. में टेलीफोन का आविष्कार करके सन्देश के माध्यम को बहुत सरल बना दिया। मारकोनी के रेडियो के आविष्कार से बेतार माध्यम का जन्म हुआ।
- आरम्भिक और मध्य बीसवीं शताब्दी के दौरान अमेरिकी टेलीग्राफ और टेलीफोन कम्पनी का संयुक्त राज्य अमेरिका के टेलीफोन उद्योग पर एकाधिकार था।
- टेलीफोन वास्तविक रूप से अमेरिका के नगरीकरण का एक क्रान्तिक कारक बना। फर्मों ने अपने कार्यों को नगर स्थित मुख्यालयों पर केन्द्रित कर दिया तथा अपनी शाखाएँ छोटे नगरों में प्रारम्भ कीं। वर्तमान में भी टेलीफोन सर्वाधिक प्रयोग की जाने वाली विधा है। विकासशील देशों में उपग्रहों द्वारा सम्भव बनाया गया सेल्फोन का प्रयोग, ग्रामीण सम्पर्क के लिए महत्त्वपूर्ण है। इस दिशा में पहला प्रमुख पारवेधन ऑप्टिकल फाइबर तारों का प्रयोग है। कम्पनियों ने सम्पूर्ण विश्व में ऑप्टिकल तारों को समाविष्ट करने के लिए अपनी ताँबे की तारों वाली प्रणालियों को उन्नत किया।
- इनसे आँकड़ों की विशाल मात्राओं का तीव्रता से सुरक्षापूर्वक और लगभग त्रुटिहीन सम्प्रेषण सम्भव होता है।
- 1990 के दशक में सूचनाओं के अंकीकरण के साथ दूरसंचार का धीरे-धीरे कम्प्यूटर के साथ विलय हो गया। परिणामस्वरूप एक समन्वित नेटवर्क बना, जिसे इण्टरनेट के नाम से जाना जाता है।

उपग्रह संचार

- आज इण्टरनेट पृथ्वी पर सबसे बड़े विद्युतीय जाल के रूप में 100 से अधिक देशों के लगभग 100 करोड़ लोगों को जोड़ता है। यह उपग्रह संचार का ही एक रूप है।
- वर्ष 1970 में संयुक्त राज्य अमेरिका एवं रूस के द्वारा अन्तरिक्ष विज्ञान के क्षेत्र में अग्रणी शोध किया गया। उपग्रह के माध्यम से होने वाले संचार ने संचार तकनीकी के क्षेत्र में एक नवीन युग का आरम्भ किया है। पृथ्वी की कक्षा में कृत्रिम उपग्रहों के सफलतापूर्वक प्रेक्षण के कारण अब ग्लोब के उन दूरस्थ भागों को जोड़ा गया है, जिनका यथास्थान सत्यापन सीमित था।
- इस तकनीक के प्रयोग द्वारा दूरी के सन्दर्भ में संचार में लगने वाले इकाई मूल्य एवं समय में होने वाले संचार में लगने वाली लागत, 500 किमी की दूरी तक होने वाली संचार लागत के बराबर है।
- उपग्रह विकास के क्षेत्र में भारत ने भी महत्त्वपूर्ण कदम उठाए हैं; जैसे—आर्यभट्ट (19 अप्रैल, 1975), भास्कर-1 (7 जून, 1979) तथा रोहिणी (18 जुलाई, 1980) का प्रक्षेपण हुआ।
- 18 जून, 1981 को एप्पल (एरियन पैसेंजर पे लोड एक्सपेरीमेण्ट) का प्रक्षेपण एरियन रॉकेट के द्वारा हुआ।

वैश्विक स्थान-निर्धारण प्रणाली (जीपीएस)

ग्लोबल पोजीशनिंग सिस्टम (जीपीएस) एक वैश्विक नौवहन उपग्रह प्रणाली है, जिसका विकास संयुक्त राज्य अमेरिका के रक्षा विभाग द्वारा किया गया है। इस प्रकार की जीपीएस तकनीक का विकास करने वाले देशों में जापान, चीन, रूस, भारत और यूरोपियन यूनियन प्रमुख हैं।

जीपीएस तकनीक का विकास करने वाले देश

देश	तकनीक
यूएसए	GPS (ग्लोबल पॉजीशनिंग सिस्टम)
जापान	QZSS (क्वेजी जेनिथ सैटेलाइट सिस्टम)
रूस	ग्लोनास (रसियन ग्लोबल नेविगेशन सैटेलाइट सिस्टम)
चीन	वायदू नेविगेशन सैटेलाइट सिस्टम (चलन में)
यूरोपियन यूनियन	गैलीलियो
भारत	इण्डियन रीजनल नेविगेशन सैटेलाइट सिस्टम (IRNSS)

साइबर स्पेस इण्टरनेट

- साइबर स्पेस विद्युत, कम्प्यूटरीकृत स्पेस का संसार है। यह वर्ल्ड वाइड वेब जैसे इण्टरनेट द्वारा आवृत्त है।
- साधारण शब्दों में, यह भेजने वाले और प्राप्त करने वाले के शारीरिक संचलन के बिना कम्प्यूटर पर सूचनाओं के प्रेषण और प्राप्ति की विद्युतीय अंकीय दुनिया है, इसे इण्टरनेट के नाम से जाना जाता है।
- साइबर स्पेस प्रत्येक स्थान पर विद्यमान है। यह किसी कार्यालय में, जल में चलती नौका में, उड़ते जहाजों आदि में उपस्थित है।

विश्व के शीर्ष 10 इण्टरनेट प्रयोक्ता वाले डेटा (2022-23)

देश	इण्टरनेट यूजर्स (मिलियन)	देश	इण्टरनेट यूजर्स (मिलियन)
1. चीन	1092	6. रूस	130.4
2. भारत	692	7. जापान	102.5
3. संयुक्त राज्य अमेरिका	331.1	8. मैक्सिको	96.8
4. इण्डोनेशिया	185.3	9. जर्मनी	67
5. ब्राजील	181.8	10. यूनाइटेड किंगडम	66.33

"

वर्तमान मानव एवं उसकी सामाजिक और सांस्कृतिक विशेषताएँ एक लम्बी प्रक्रिया से गुजरते हुए वर्तमान स्वरूप में आई हैं, लेकिन इनके विकास पर अनेक भौगोलिक कारकों का प्रभाव पड़ा है, जिनके कारण आज भी सम्पूर्ण विश्व में विविध मानव प्रजातियाँ व मानव-समाज पाए जाते हैं।

अध्याय अट्ठाईस

मानव प्रजाति/जनजातियाँ

मानव प्रजातियाँ/जनजातियाँ

मानव प्रजातियों का सामान्य वर्गीकरण

1684 ई. में सर्वप्रथम फ्रांसीसी यात्री बर्नियर ने मानव प्रजातियों का वर्गीकरण किया था। मानव प्रजातियों को जीव वैज्ञानिक आधार पर वर्गीकृत करना एक कठिन कार्य रहा है। इस दिशा में अनेक प्रयास हुए हैं, परन्तु सर्वाधिक तर्कसंगत और मान्यता प्राप्त वर्गीकरण लिनीयस महोदय का रहा है। इनके अनुसार, संसार में मुख्यत: तीन वृहद् प्रजातीय समूह पाए जाते हैं

श्वेत प्रजाति या कॉकेशॉयड प्रजाति

इस प्रजाति का संसार में सर्वाधिक विस्तार है। इस प्रजाति के लोग उत्तरी यूरोप, दक्षिण-पश्चिमी एशिया, मध्य यूरोप व उत्तरी अफ्रीका क्षेत्रों में मिलते हैं। विश्व की आधी जनसंख्या प्राय: इसी प्रजाति की है। ये श्वेत वर्ण, ऊँची व पतली नाक, सामान्य से ऊँचा कद और गहरी नीली व भूरी आँखों वाली विशेषता से युक्त होते हैं। इस प्रजाति की तीन शाखाएँ पाई जाती हैं

- **यूरोपियन शाखा** इसका सर्वाधिक संकेन्द्रण यूरोप में पाया जाता है। इसके तीन उपवर्ग निम्नलिखित हैं
  1. **भूमध्य सागरीय** ये प्रजातियाँ महाद्वीपों के बाह्य किनारों पर निवास करती हैं। इनका कद 160-170 सेमी, पतली अंकाकार नाक, घुँघराले या सीधे बाल तथा लम्बा सिर (कपाल सूचकांक 160-170 सेमी) होता है। इस प्रजाति का स्थायित्व बसे हुए छः महाद्वीपों में है-यूरोप (पुर्तगाली), अफ्रीका (मिस्र), ऑस्ट्रेलिया (माइक्रोनेशियन), उत्तरी अमेरिका (इरोककॉय) तथा दक्षिण अमेरिका (तुपी)।
  2. **नॉर्डिक** वर्तमान समय में इस प्रजाति के लोग बाल्टिक सागर के क्षेत्र, भूमध्य सागर के क्षेत्र, उत्तर एवं दक्षिण अमेरिका तथा एशिया के समीपवर्ती क्षेत्रों में निवासित हैं। इनका कद 168-172 सेमी, नुकीली नाक, सपाट चेहरा, सिर का आकार सामान्य (कपाल सूचकांक 78-82 सेमी) तथा शरीर सुगठित होता है।
  3. **अल्पाइन** इस प्रजाति के लोग **मध्य** तथा **दक्षिणी-पूर्वी यूरोप** में निवास करते हैं। यह एक नवीनतम प्रजाति है, जोकि नॉर्डिक के बाद विकसित हुई।

  अल्पाइन की दो उपशाखाएँ होती हैं
  - (i) **पश्चिमी शाखा** के अन्तर्गत स्विस, अमीनियन, अफगान आदि होते हैं, ये अधिक गोरे रंग के होते हैं।
  - (ii) **पूर्वी शाखा** के तहत फिन्स सिऑक्स, भग्यार आदि हैं। इनका रंग भूरा/श्वेत होता है।
- **इण्डो-ईरानियन** इनका विस्तार पश्चिमोत्तर तथा मध्य भारत से पाकिस्तान, ईरान एवं इराक तक है।
- **सेमाइट और हेमाइट** इनका विस्तार अफ्रीका के उत्तरी तथा उत्तर-पूर्वी भागों में है। इसके अन्तर्गत लीबिया, ट्यूनीशिया, मोरक्को, अल्जीरिया, इथियोपिया, सोमालिया, सऊदी अरब, यमन, जॉर्डन आदि भू-भाग की जनसंख्या को सम्मिलित किया जाता है।

पीत प्रजाति या मंगोलॉयड प्रजाति

इस प्रजाति के लोग मध्य व पूर्वी एशिया के देशों में निवास करते हैं। इनका सिर चौड़ा, कपाल छोटा, नाक सपाट व सीधी, रंग पीला व भूरा एवं बाल सीधे होते हैं। तिरछी आँखें, इस प्रजाति का विशिष्ट लक्षण है। इनके **चार प्रमुख** वर्ग निम्न हैं

1. **प्राच्य मंगोलॉयड** इस प्रजाति के लोग मुख्यत: चीन, मंगोलिया एवं तिब्बत में निवास करते हैं। जनजातीय कबीले **कालमुख** एवं **कोरयॉक** इसी वर्ग से सम्बन्धित हैं।
2. **आर्कटिक मंगोलॉयड** इस प्रजाति के लोग कनाडा, ग्रीनलैण्ड, अलास्का और साइबेरिया के उपध्रुवीय प्रदेश में निवास करते हैं। ये **ताम्रवर्णी रंग** जैसे होते हैं। **सेमॉयेड्स** एवं **युकागीर** जोकि एस्किमो की प्रजाति से सम्बन्धित हैं, इनके कद का आकार 162 सेमी होता है।

3. अमेरिकन रेड इण्डियन जोकि उत्तरी एवं दक्षिणी अमेरिका में निवास करते हैं, उनमें मंगोलो के समान विशिष्ट लक्षण पाए जाते हैं। इसके अन्तर्गत कॉकेशियन व नीग्रो का बड़े पैमाने पर मिश्रण हुआ है। मैक्सिको से अमेजन की उत्तरी तथा मध्य घाटी तक इनका विस्तार पाया जाता है।
4. इण्डोनेशियन मलय इस प्रजाति के अन्तर्गत कॉकेशियन, ऑस्ट्रेलॉयड तथा मंगोल प्रजातियों का लक्षण पाया जाता है। यह प्रजाति मुख्यत: दक्षिणी चीन, लाओस, कम्बोडिया, थाईलैण्ड, म्यांमार, मलाया, वियतनाम, इण्डोनेशिया के क्षेत्रों में पाई जाती है। इनका कद सामान्य से अपेक्षाकृत 155-158 सेमी होता है।

काली प्रजाति या नीग्रॉयड प्रजाति

यह मानव इतिहास की प्रथम प्रजाति है। इसका मूल स्थान अफ्रीका तथा ओशीनिया है। इनका रंग काला या भूरा-कत्थई, बाल घुँघराले, शारीरिक गठन मजबूत व मांसल, नाक चौड़ी, मध्यम लम्बे से मध्यम छोटे कद वाले होते हैं। इनकी शाखाएँ निम्न हैं

- अफ्रीकी नीग्रॉयड ये सम्पूर्ण अफ्रीका में निवासित हैं, जो स्थानीय रूप से विविध जनजातियों के नामों से जाने जाते हैं; जैसे—कालाहारी मरुस्थल में बुशमैन एवं हॉटेण्टॉट वास्तविक नीग्रो पश्चिमी अफ्रीका में सेनेगल नदी के मुहाने से नाइजीरिया के पूर्वी मुहाने तक फैले हैं। जायरे बेसिन में पिग्मी आदि। बाई नीग्रो की संख्या अफ्रीका में सर्वाधिक है। ये भूमध्य रेखा के दक्षिण में अधिकांशत: पाए जाते हैं।
- एशियाई नीग्रॉयड इस शाखा के अन्तर्गत द्रविड़ तथा ऑस्ट्रेलॉयड प्रजातियाँ आती हैं। द्रविड़ प्रजातियाँ भारत में, जबकि ऑस्ट्रेलॉयड प्रजातियाँ दक्षिण-पूर्वी एशिया, उत्तरी ऑस्ट्रेलिया तथा दक्षिणी भारत में निवास करती हैं। मलेशिया के सकाई, दक्षिण भारत के टोडा व कादर आदि प्रजातियाँ ऑस्ट्रेलॉयड शाखा का प्रतिनिधित्व करती हैं।
- अमेरिकन नीग्रॉयड यह प्रजाति पश्चिमी अफ्रीका के नीग्रो लोगों के स्थानान्तरण से बनी है। यह प्रजाति कैरेबियन एवं दक्षिणी-पूर्वी अमेरिका में गन्ना एवं कपास की खेती के लिए गुलाम के तौर पर लाई गई थी।

विश्व के प्रमुख जनजातीय प्रदेश

विषम जलवायविक दशाओं वाले प्रदेशों में विश्व की अधिकांश आदिम जातियाँ निवास करती हैं। सघन वन प्रदेश, मरुस्थलीय प्रदेश, घास के मैदान, ऊँचे-नीचे पर्वतीय क्षेत्र एवं पठारी भू-भाग आदि प्रमुख भू-भाग इसमें शामिल हैं।

प्रमुख प्रदेश एवं जनजातियाँ

प्रमुख प्रदेश	जनजातियाँ
मानसूनी वन एवं पर्वतीय प्रदेश	नागा, गोण्ड, सन्थाल, भील, गुर्जर, टोडा, चकमा, भोटिया एवं रेड इण्डियन
घास के मैदान	खिरगीज, मसाई
शीत मरुस्थल या टुण्ड्रा प्रदेश	एस्किमो, लैप्स, याकूत, युकागीर, चुक्ची, सोमॉयेड्स
भूमध्यरेखीय वन प्रदेश	पिग्मी, बोरो, सेमांग, सकाई
उष्ण मरुस्थल	बद्दू, बुशमैन

विश्व की प्रमुख जनजातियाँ व उनकी विशेषताएँ

जनजातियाँ	विशेषताएँ
बोरो	• यह जनजाति मुख्यत: ब्राजील, पेरू, पश्चिमी अमेजन बेसिन व कोलम्बिया के सीमान्त क्षेत्रों में निवास करती है। • शारीरिक संरचना की दृष्टि से यह जनजाति रेड इण्डियन के समान होती है। ये लड़ाकू व निर्दयी व्यवहार के होते हैं।
पिग्मी	• इस जनजाति में मूलत: निग्रिटो प्रजाति के लोग आते हैं। इनका कद सभी मानवों में सबसे छोटा होता है। • यह जनजाति कांगो बेसिन के गैबोन, युगाण्डा, दक्षिण-पूर्वी एशिया के फिलीपीन्स के वन क्षेत्रों, मलाया प्रायद्वीप, अमेटा तथा न्यूगिनी के वन क्षेत्रों में निवास करती है। इसके आखेट के प्रमुख हथियार तीर-धनुष तथा भाला हैं।
मसाई	• इस जनजाति में नीग्रॉयड तथा भूमध्य सागरीय प्रजाति का मिश्रण पाया जाता है। ये घुमक्कड़ पशुचारक के रूप में अफ्रीका के टांगानिका, केन्या व पूर्वी युगाण्डा के पठारी क्षेत्रों में जीवन व्यतीत करते हैं। • ये मुख्यत: झोपड़ियों में रहते हैं, जिसे क्रॉल कहा जाता है। ये लोग गाय को पवित्र पशु मानते हैं। लैबोन, मसाई लोगों के पुजारी होते हैं। • ये मांस एवं दूध का सेवन करते हैं तथा कुछ विशेष अवसर पर बैल, बछड़ों एवं मैमनों की बलि देकर उनका रक्त पीते हैं।
सेमांग	• इस जनजाति का सम्बन्ध **निग्रिटो प्रजाति** से है। ये मुख्यत: भूमध्य रेखीय प्रदेशों में मलय, दक्षिणी थाईलैण्ड के पर्वतीय भागों, अण्डमान-निकोबार द्वीप समूह, फिलीपीन्स एवं मध्य अफ्रीका में निवास करते हैं। • इनका जीवन **वनों की उपज** (Forest Produces) तथा **आखेट** (Hunting) पर निर्भर करता है। इनका भोजन **रतालू** है।
खिरगीज	• ये मुख्यत: मंगोल प्रजाति से सम्बन्धित होते हैं। इनका निवास स्थान मध्य एशिया में किर्गिस्तान में पामीर का पठार एवं त्यान शान पर्वतमाला के समीप क्षेत्रों में होता है। • ये मूलत: ऋतु प्रवास करने वाले पशुचारक होते हैं। ये निवास के लिए गोलाकार तम्बू का प्रयोग करते हैं, जिसे **युर्त** कहा जाता है।
बुशमैन	• यह नीग्रॉयड प्रजाति की जनजाति लेसोथो, कालाहारी मरुस्थल, नेटाल और जिम्बाब्वे में पाई जाती है। बुशमैन का चावल दीमक कहलाता है। • इनका मुख्य व्यवसाय आखेट व जंगली वनस्पति संग्रह करना है। ये लोग सर्वभक्षी होते हैं।
बद्दू	• इस जनजाति का निवास स्थान **पश्चिमी एशिया** में अरब प्रायद्वीप के उत्तरी भाग में स्थित **नफूद** (Nafud) तथा **हमद मरुस्थल** (Hamada Desert) में पाया जाता है। ये निग्रिटो प्रजाति से सम्बन्धित होते हैं, जो भेड़, बकरी, ऊँट आदि को पालने का कार्य करते हैं। • ऊँट पालने वाले बद्दू को रुभाला कहा जाता है। ये जलाशयों के निकट कृषि कार्य करते हैं तथा इनका निवास तम्बुओं में होता है।

जनजातियाँ	विशेषताएँ
पापुआन	• यह जनजाति **पिग्मी जनजाति** के साथ समानता रखती है। इनका निवास स्थान प्रशान्त महासागर में स्थित **पापुआ न्यूगिनी** द्वीप है। • ये मुख्यत: कृषक एवं पशुपालक होते हैं। इनकी अर्थव्यवस्था का मुख्य आधार कृषि है।
एस्किमो	• ये मंगोलॉयड प्रजाति से सम्बन्धित होते हैं। ये अमेरिका के अलास्का से लेकर ग्रीनलैण्ड तक के टुण्ड्रा प्रदेश में निवास करते हैं। आखेट इनका मुख्य व्यवसाय है। • इनका पालतू पशु रेण्डियर है। ये हारपून नामक अस्त्र तथा उमियॉक नाव की मदद से ह्वेल जैसी बड़ी मछलियों का शिकार करते हैं। • इग्लू, इनका निवास स्थान कहलाता है, जोकि बर्फ के टुकड़ों से बना होता है। स्लेज बिना पहिए की गाड़ी होती है, जिसका प्रयोग एस्किमो लोग परिवहन के लिए करते हैं। एस्किमो का निवास स्थान उत्तरी अक्षांश के मध्य क्षेत्रों उत्तरी कनाडा व ग्रीनलैण्ड में है।
सकाई	• यह आदिम जनजाति प्राय: भूमध्यरेखीय प्रदेश में मलय प्रायद्वीप व मलेशिया के वनों में निवास करती है। सकाई, मूलत: ऑस्ट्रेलॉयड प्रजाति से सम्बन्धित होती है। • **फूँक नली** (Blow-Pipe) का प्रयोग सकाई जाति के लोग आखेट के लिए करते हैं।
जुलू	• ये मूलत: दक्षिण अफ्रीका के नेटाल प्रान्त के निवासी हैं। इस जनजाति के लोग मूल रूप से खाद्यान्न उत्पादक, कृषक एवं पशु पालक होते हैं। • इस प्रजाति की कुछ संख्या जाम्बिया, जिम्बाब्वे और मोजाम्बिक देशों में भी निवास करती है।
अफरीदी	• इस आदिवासी समूह का निवास स्थान पाकिस्तान में सफेद कोह से पेशावर तक का क्षेत्र है। ये **पख्तूनी** (Paktunean) आदिवासी समूह से सम्बन्धित होते हैं।
सेमोयेड्स	• ये मूलत: मंगोलॉयड प्रजाति से सम्बन्धित होते हैं, जोकि पश्चिमी साइबेरिया के टुण्ड्रा प्रदेश में निवास करते हैं। • पशुपालन एवं आखेट इनका मुख्य व्यवसाय है।
कज्जाक	• ये सामान्यत: मंगोलॉयड प्रजाति के होते हैं। इनका कद छोटा होता है। इनके तम्बुओं को युर्त कहा जाता है। • ये खिरगीज जनजाति की तरह चलवासी पशुचारक होते हैं।
माओरी	• ये न्यूजीलैण्ड के पोलीनेशियन आदिवासी हैं। इनका प्रमुख व्यवसाय कृषि, आखेट व वनोत्पादों का संग्रह करना है।
कॉकेशस	• ये काला सागर और कैस्पियन सागर के निकटवर्ती उत्तरी भागों में निवास करते हैं। • ये पोलैण्ड, लिथुआनिया, मस्कोवा व रूस में मिलते हैं। ये लड़ाकू प्रकृति के होते हैं तथा इनका मुख्य व्यवसाय कृषि है।
मग्यार	• ये रूमानिया, यूगोस्लाविया, चेकोस्लोवाकिया और यूक्रेन में निवास करते हैं। इनकी भाषा हंगेरियन है।
मायर	• ये लोग मुख्यत: रेड इण्डियन होते हैं। इनका मुख्य व्यवसाय कृषि है। इनका निवास मैक्सिको, ग्वाटेमाला और होण्डुरास में है।

जनजातियों के प्रमुख निवास

नाम	निवासी
औल	यह यूरोप के कॉकेशस पर्वतीय एवं मरुस्थलीय क्षेत्रों में पाई जाने वाली मानव प्रजाति का तम्बूनुमा आवास है। यह लकड़ी के ऊपर चमड़ा मढ़कर वृत्ताकार ढाँचे में बना होता है।
इज्बा	यह उत्तरी रूस के ग्रामीण क्षेत्रों में तिकोनी रंगीन दीवारों से बना मानव आवास है।
तिपि	यह रॉकी पर्वत (अमेरिका) के पूर्वी भागों में निवास करने वाले रेड इण्डियनों द्वारा निर्मित तम्बू के आकार का आवास है, जो मुख्यत: **बाइसन बैल** (Bison ox) के चमड़े से बनाया जाता है।
ट्यूपिक	यह टुण्ड्रा प्रदेशों में एस्किमो द्वारा ग्रीष्म ऋतु में बनाया गया चमड़े का आवास होता है।
इग्लू	यह टुण्ड्रा प्रदेश के एस्किमो द्वारा बनाया गया अर्द्ध गोलाकार आवास है।
युर्त	यह मध्य एशिया के स्टैपी क्षेत्र के निवासियों खिरगीज, कालमुख और कज़ाख द्वारा पशुओं की खालों से निर्मित अस्थायी मानव अधिवास है।
क्राल	यह अफ्रीका के समाई, बन्तू, काफिर तथा नेटाल (दक्षिण अफ्रीका) के जुलू प्रजातियों द्वारा घास से निर्मित मानव अधिवास है।

विश्व की कुछ विलुप्त प्राय जनजातियाँ

- युकांगीर यह साइबेरिया क्षेत्र में निवास करने वाली जनजाति है, जिसकी अनुमानित (Approximate) संख्या लगभग (1500-2000) के मध्य है।
- सेण्टीबली यह एक विलुप्त प्राय जनजाति है, जोकि भारत के अण्डमान-निकोबार द्वीप समूह में निवास करती है।
- एक्रा यह ब्राजील में स्थित अमेजन के जंगलों में रहने वाली विलुप्त प्राय जनजाति है।
- यनोमनी यह प्रमुख विलुप्त प्राय जनजाति वेनेजुएला व ब्राजील के सीमा क्षेत्र में रहने वाली प्रमुख जनजाति है।
- अपाचे यह जनजाति, ओक्लॉहोम के मैदान में निवास करती है, जोकि संयुक्त राज्य अमेरिका का विस्तृत भू-भाग है। इनकी अनुमानित संख्या 500 से लेकर 1000 तक है।
- कुन्ग इस जनजाति का मूल निवास स्थान कालाहारी मरुस्थल है। वर्तमान समय में इनकी अनुमानित संख्या लगभग 1000-1500 के मध्य है।
- चुक्की इस जनजाति का मूल निवास स्थान उत्तर-पूर्व साइबेरिया व उत्तरी अमेरिका है। वर्तमान में यह जनजाति विलुप्त प्राय की श्रेणी में है।
- ओन्गे यह जनजाति, अण्डमान द्वीप में निग्रिटो प्रजाति से सम्बन्धित है। इसकी अनुमानित संख्या 100 से कम है।
- हाज्दा यह जनजाति मूलत: तंजानिया में निवास करती है। इस जनजाति की अनुमानित जनसंख्या मात्र 200 है।

विश्व की प्रमुख जनजातियाँ

जनजाति	क्षेत्र
कुलामन	दक्षिण मिण्डनाओ (फिलीपीन्स) के मूल निवासी हैं।
कुर्द	ईरान, इराक, अर्मीनिया तथा अजरबैजान में बड़े पठारी क्षेत्रों में रहने वाले पशुपालक कृषक।
लाई	म्यांमार की चिन पहाड़ियों में रहने वाली जनजाति।
लैप्स	दक्षिण स्कैण्डिनेविया, उत्तरी रूस के कोला प्रायद्वीप की जनजाति, जो मत्स्य-संग्रहण, रेण्डियर पालन तथा शिकार से अपना जीवन-यापन करती है।
यूमा	उत्तरी अमेरिका में दक्षिण-पश्चिमी एरीज, मैक्सिको एवं कैलिफोर्निया में रहने वाले इण्डियन लोग।
युइत	साइबेरिया तथा अलास्का के सेण्ट लॉरेन्स द्वीप के एस्किमो लोग।
जेमी	असम तथा म्यांमार के सीमान्त क्षेत्र में रहने वाले लोग।
निग्रिटो	ओशीनिया और एशिया के पूर्वी द्वीप समूहों में निवासित हैं। यह छोटे कद के नीग्रॉयड लोग हैं।
नीग्रिलो	छोटे कद के नीग्रॉयड लोग हैं, जो बुशमैन, पिग्मी सदृश्य हैं तथा अफ्रीका में निवासित हैं।
नॉर्डिक	ये श्वेत प्रजाति समूह के लोग हैं, जो नॉर्वे, स्वीडन, डेनमार्क, फिनलैण्ड तथा आइसलैण्ड में निवासित हैं।
पोकोमो	कीनिया (अफ्रीका) में बाण्टु सदृश्य लोग।
सैमॉयड	तैमूर प्रायद्वीप, श्वेतसागर और उत्तरी सागर के तट और द्वीपों के किनारे रहने वाले लोग जो मुख्यत: आखेटक एवं पशुपालक हैं।
शान	दक्षिणी चीन, असम, म्यांमार तथा थाईलैण्ड की एक मंगोलॉयड प्रजाति।
स्वाहिली	जंजीबार तथा निकटवर्ती तट पर रहने वाले बाण्टुभाषी (Bantu Language Speaking) लोग।
तातार	साइबेरिया में रहने वाले लोग।
टुंगस	पूर्वी साइबेरिया में रहने वाला यायावर समूह (Nomadic Group)।
उइघुर	तारिम बेसिन के नखलिस्तानों (Oasis) में रहने वाले जनसमुदाय।
वेद्दा	श्रीलंका के दुबले-पतले व नाटे मूल निवासी।
जिंका	अफ्रीका के केप प्रान्त में जुलू लोगों से सम्बद्ध लोग।
याकूत	उत्तर-पूर्वी साइबेरिया के तुर्की लोग, जो पशुचारण, शिल्प एवं व्यापार में लगे हुए हैं।
माया	मध्य अमेरिका के आदिवासी, जोकि मैक्सिको, ग्वाटेमाला और होण्डुरास में पाए जाते हैं।
रेड इण्डियन	उत्तरी अमेरिका के मूल निवासी, जो आकार में मंगोलॉयड प्रजाति से सम्बन्धित हैं। यह नाम कोलम्बस (यूरोपीय) द्वारा दिया गया।
बाटवा	अफ्रीका के कंसाई प्रदेश में रहने वाले पिग्मी लोग।
बण्टु	निग्रिटो जनजातियों के परिवार, जो अफ्रीका के भूमध्यरेखीय भागों में रहते हैं।
एबोरिजिन्स	ऑस्ट्रेलिया के मूल निवासी।
अचुआ	बेल्जियम कांगो के पिग्मी लोग।
एटा	फिलीपीन्स के पर्वतों पर रहने वाले निग्रिटो लोग।
आइनू	जापान के (कॉकेशॉयड) मूल निवासी।
बेजा	नील नदी और लाल सागर के मध्य रहने वाले खानाबदोश चरवाहे।
ब्लैक फेलो	ऑस्ट्रेलियाई आदिवासी
बरयाट्स	मध्य एशिया में रहने वाली जनजाति।
चुकची	साइबेरियाई लोग, जो चुकची प्रायद्वीप (Peninsula) में रहते हैं।
दयाक	बोर्नियो में रहने वाला एक वर्ग।
फेलाह	मिस्र (नील नदी घाटी) का एक खेतिहर मजदूर वर्ग।
फिन	फिनलैण्ड तथा पम्पास क्षेत्र में रहने वाली जाति।
फूला	अफ्रीका नीग्रो तथा भूमध्य सागरीय कॉकेशॉयड मिश्रित सूडानी लोग।
गबोन	गैबन राज्य के नीग्रो लोगों का एक प्रकार।
हाइडा	ब्रिटिश कोलम्बिया और प्रिन्स ऑफ वेल्स द्वीप के जनजाति समूह।
हन	ये सम्भवत: चीन के मूल निवासी हैं।
होपी	संयुक्त राज्य अमेरिका के उत्तर-पूर्वी एरिजोना प्रान्त (Arizona State) में रहने वाली जनजाति।
हो	संयुक्त राज्य अमेरिका के ओलम्पिक प्रायद्वीप में रहने वाले लोग।
होटेण्टॉट	दक्षिण अफ्रीका के वे लोग, जो बुशमैन और बाण्टु लोगों से अधिक मिलते-जुलते हैं।
इन्का	दक्षिणी अमेरिका के पेरू देश की जनजाति।
इन्यूट	उत्तरी अमेरिका के एस्किमो।
काफिर	दक्षिण अफ्रीकी घास मैदान के निवासी।
कैमसिन	साइबेरिया के येनीसी नदी के ऊपरी भाग में निवास करने वाले सैमॉयड लोग।
कम्बा	मध्य कीनिया के बाण्टु लोग।
काराकलपक	अरल सागर के समीप रहने वाली एक तुर्की जनजाति।
कुबु	सुमात्रा की जनजाति।

विश्व के प्रमुख सांस्कृतिक प्रदेश

सांस्कृतिक प्रदेश	विशेषताएँ
ध्रुवीय	मंगोल प्रजातियाँ, एकाकी अर्थव्यवस्था, आखेट, खाद्य संग्रह, मत्स्यन, आंशिक भ्रमणकारी, अविकसित, राजनैतिक संगठन
यूरोपियन या ऑक्सीडेण्टल	पाश्चात्य परिमण्डल, धार्मिक समानता एवं प्रजातीय विषमता
आंग्ल-अमेरिकी	रियो ग्राण्डे के उत्तर, यूरोपीय सांस्कृतिक परिमण्डल से उत्पन्न, पूँजीवादी, औद्योगीकृत समाज
लैटिन अमेरिकी	स्पेनिश एवं पुर्तगाली संस्कृति, रोमन कैथोलिक चर्च, भाषा, वास्तुकला (Architecture) आदि पर भूमध्य सागरीय प्रभाव
शुष्क सांस्कृतिक प्रदेश	भ्रमणकारी (Nomadic) एवं जनजातीय, इस्लाम मतावलम्बी, मध्य पूर्व एवं उत्तरी अफ्रीका
ऑस्ट्रेलिया, न्यूजीलैण्ड	यूरोपीय परिमण्डल की शाखा, कृषि एवं उद्योग के मध्य सन्तुलन, आंग्ल-अमेरिका से समानता
कम्यूनिस्ट सांस्कृतिक प्रदेश	पूर्वी यूरोपीय एवं भूतपूर्व सोवियत संघ, केन्द्रीकृत नियोजन, सामूहिक कृषि
अफ्रीकी सांस्कृतिक प्रदेश	सहारा के दक्षिण, आदिम संस्कृति, भाषायी विविधता, अशिक्षा, पिछड़ापन, गरीबी, नीग्रॉयड प्रजाति
ओरिएण्टल सांस्कृतिक प्रदेश	मानसूनी, नृजातीय, भाषायी, धार्मिक विविधता (जापान, सिंगापुर, हाँगकांग को छोड़कर), गरीबी, अशिक्षा, ग्रामीण जनसंख्या की अधिकता (जापान, सिंगापुर, हाँगकाँग को छोड़कर), वृहत जनसंख्या
प्रशान्त सांस्कृतिक प्रदेश	विलग समुदाय, अत्यधिक आदिम एवं विविधतापूर्ण, महासागरीय प्रभाव, मैलेनेशिया, माइक्रोनेशिया, पोलेनेशिया आदि।

"

किसी देश के निवासी ही उसके वास्तविक संसाधन होते हैं, जो देश के अन्य संसाधनों का उपयोग करते हैं और उसकी नीतियाँ निर्धारित करते हैं। किसी देश की जनसंख्या को उस देश का 'मानव संसाधन' कहते हैं।

अध्याय उनतीस

जनसंख्या तथा नगरीकरण और मानव प्रवास

जनसंख्या तथा नगरीकरण

विश्व जनसंख्या

- 21वीं शताब्दी के प्रारम्भ में विश्व की जनसंख्या 6 बिलियन (600 करोड़) से अधिक दर्ज की गई, जबकि वर्ष 2024 में यह बढ़कर 8.2 बिलियन हो गई।
- विश्व की जनसंख्या असमान रूप से वितरित है। एशिया की जनसंख्या के सम्बन्ध में **जॉर्ज बी. क्रेसी** ने टिप्पणी की है कि 'एशिया में अधिक स्थानों पर कम लोग और कम स्थानों पर अधिक लोग रहते हैं।' यह जनसंख्या वितरण के प्रारूप के सम्बन्ध में सही है।
- **जनसंख्या वितरण** शब्द का अर्थ होता है कि भू-पृष्ठ पर लोग किस प्रकार वितरित हैं। विश्व की जनसंख्या का 90% भाग, 10% स्थल भाग पर निवास करता है। विश्व के सर्वाधिक आबादी वाले 10 देशों में विश्व की लगभग 60% जनसंख्या निवास करती है। इन 10 देशों में से 6 देश एशिया में अवस्थित हैं।

जीव विज्ञान में विशेष प्रजाति के अन्त: जीव प्रजनन के संग्रह को **जनसंख्या** (Population) कहते हैं। इसे समाजशास्त्र में **मनुष्यों का संग्रह** कहते हैं।

जनसंख्या घनत्व

- किसी देश या क्षेत्र में प्रति वर्ग किमी में निवास करने वाले व्यक्तियों की संख्या को **जनघनत्व** (Population Density) कहा जाता है अर्थात् जनघनत्व को प्रति वर्ग किमी में रहने वाले व्यक्तियों के रूप में मापा जाता है।

$$\text{जनसंख्या का घनत्व} = \frac{\text{जनसंख्या}}{\text{क्षेत्रफल}}$$

महाद्वीपीय जनसंख्या घनत्व (वर्ष 2024)

महाद्वीप	जनघनत्व	महाद्वीप	जनघनत्व
एशिया	151	दक्षिण अमेरिका	24
अफ्रीका	50	ओशीनिया	5
यूरोप	32	अण्टार्कटिका	0.0
उत्तरी अमेरिका	25		

जनघनत्व के अनुसार वैश्विक जनसंख्या का वितरण

वैश्विक जनसंख्या के वितरण से तात्पर्य यह है कि जनसंख्या क्षेत्र में किस तरह फैली हुई है। विश्व के सभी भागों में एकसमान जनसंख्या निवास नहीं करती है, बल्कि किसी क्षेत्र में जनसंख्या का अधिक बसाव होता है, तो किसी क्षेत्र में कम और कई क्षेत्र ऐसे भी हैं, जहाँ जनसंख्या का वितरण नहीं पाया जाता है। जनघनत्व के अनुसार, इन्हें तीन वर्गों में विभाजित किया गया है

1. उच्च घनत्व वाले क्षेत्र

- 200 व्यक्ति प्रति वर्ग किमी से अधिक जनसंख्या वाले क्षेत्रों को उच्च (सघन) जनसंख्या वाले क्षेत्र (High Density Region) कहते हैं।
- विश्व के जिन क्षेत्रों की जलवायु मानव व मानवीय क्रियाओं के अनुकूल है, भूमि समतल व उपजाऊ है तथा जल व खनिज प्रचुर मात्रा में उपलब्ध है, वहाँ जनसंख्या का उच्च घनत्व पाया जाता है।

2. मध्य घनत्व वाले क्षेत्र

वह क्षेत्र जहाँ 1 और 2 व्यक्ति प्रति वर्ग किमी क्षेत्र में रहते हैं, मध्य घनत्व वाले क्षेत्र (Medium Density Region) कहलाते हैं। इन्हें पाँच वर्गों में विभाजित किया गया है

(i) **उष्ण मरुस्थल** (Hot Desert) यहाँ वर्षा की अत्यधिक कमी तथा तीव्र वाष्पीकरण के कारण कृषि कार्य असम्भव है, अत: जनसंख्या अत्यन्त विरल है। सहारा, कालाहारी, अटाकामा, पश्चिमी ऑस्ट्रेलिया, अरब,

थार, सोनोरन, सिएरा, नेवादा इत्यादि ये सभी उष्ण मरुस्थलों में शामिल हैं।

(ii) अतिशीत क्षेत्र (Frigid Zone) कनाडा का उत्तरी भाग, ग्रीनलैण्ड, साइबेरिया का उत्तरी भाग, दक्षिणी ध्रुव अतिशीत क्षेत्रों के अन्तर्गत आते हैं। यहाँ बर्फ का जमाव वर्षभर रहता है, अत: यह क्षेत्र जनशून्य है।

(iii) शीतोष्ण मरुस्थल (Temperate Desert) इस क्षेत्र में वर्षा की कमी तथा न्यून तापमान होने का मुख्य कारण समुद्र से दूरी तथा वृष्टि छाया क्षेत्र में स्थित होना है। शीतोष्ण मरुस्थल के अन्तर्गत मंगोलिया, गोबी, सीक्यांग, पैटागोनिया और नेवादा के मरुस्थल सम्मिलित हैं।

(iv) विषुवतरेखीय क्षेत्र/अति उष्णार्द्र क्षेत्र (Equatorial Zone/Wet Tropic Region) इस विषुवत्रेखीय क्षेत्र में अधिक तापमान के साथ-साथ अधिक वर्षा एवं विषम जलवायविक दशाएँ उपस्थित रहती हैं, अत: यहाँ जनघनत्व अत्यन्त न्यून है। इस क्षेत्र के अन्तर्गत अमेजन बेसिन, जायरे कांगो बेसिन तथा पूर्वी द्वीप समूह शामिल हैं।

(v) ऊँचे पर्वत (High Mountain) मानव निवास की प्रतिकूल परिस्थितियाँ ऊँचे पर्वतीय क्षेत्र; जैसे-हिमालय, काराकोरम, क्युनलुन, कॉकिशस, आल्पस, रॉकी, एण्डीज आदि हैं।

3. कम घनत्व वाले क्षेत्र

- अफ्रीका और एशिया में सबसे कम जनसंख्या घनत्व वाले व्यापक क्षेत्र हैं।
- सऊदी अरब, ईरान और अफगानिस्तान से गुजरते हुए एक विशिष्ट कम आबादी वाला क्षेत्र, सहारा के पश्चिमी सीमान्त से रेगिस्तान, पठारों और मध्य एशिया के पहाड़ी क्षेत्रों के पूर्वी सीमान्त तक फैला हुआ है।

विश्व जनसंख्या (मिलियन में) का क्षेत्रवार वितरण (2024)

महाद्वीप	जनसंख्या (2024)	जनसंख्या (2050)	जनसंख्या (2100)
एशिया	4950	5290	4719
अफ्रीका	1515	2489	4280
यूरोप	744	710	638
लैटिन अमेरिका व कैरीबियन देश	648	762	711
उत्तरी अमेरिका	613	425	479
ओशीनिया	42	57	72
विश्व	8162	9733	10899

- अप्रैल, 2023 में संयुक्त राष्ट्र द्वारा जारी रिपोर्ट के अनुसार भारत, चीन को पीछे छोड़ते हुए विश्व का सर्वाधिक जनसंख्या वाला देश बन गया। भारत की जनसंख्या 142.86 करोड़ (यूएन के अनुसार) हो गई है। चीन दूसरे, जबकि अमेरिका तीसरे स्थान पर है।

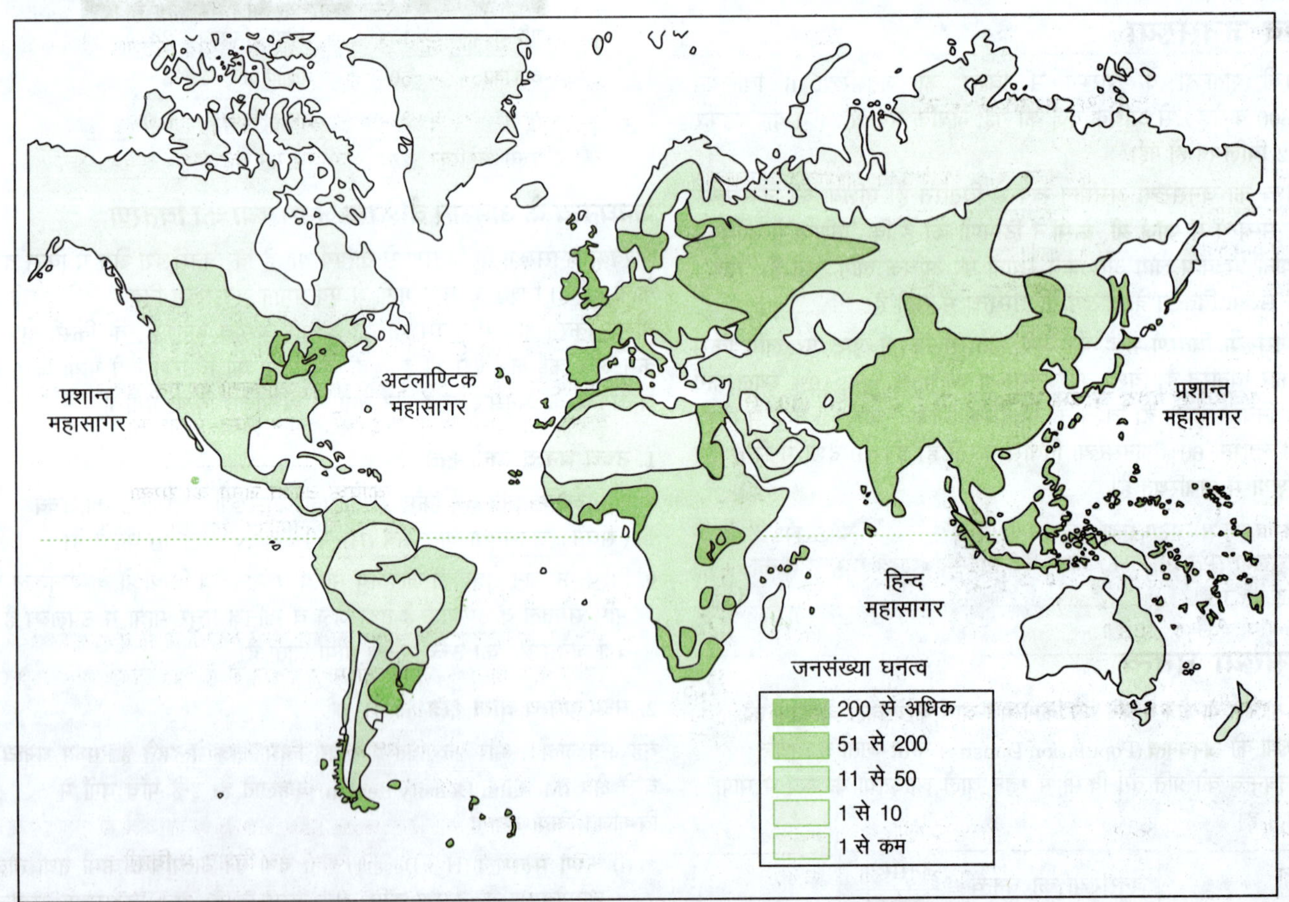

विश्व जनसंख्या वितरण (घनत्व)

विश्व का जनसंख्या वितरण (2024)

वर्ष 2023			
देश	जनसंख्या (मिलि)	देश	जनसंख्या (मिलि)
भारत	1451 (17.75%)	नाइजीरिया	233 (2.77%)
चीन	1419 (17.69%)	ब्राजील	212 (2.68)
यूएसए	345 (4.23%)	बांग्लादेश	174 (2.15)
इण्डोनेशिया	283 (3.45%)	रूस	145 (1.7%)
पाकिस्तान	251 (2.98%)	इथियोपिया	132 (1.59%)

विश्व के शीर्ष 10 जनसंख्या वाले देशों की प्रक्षेपित जनसंख्या

वर्ष 2050		वर्ष 2100	
भारत	1639	भारत	1450
चीन	1402	चीन	1065
नाइजीरिया	401	नाइजीरिया	733
यूएसए	379	यूएसए	434
पाकिस्तान	338	डी. आर. कांगो	362
इण्डोनेशिया	331	पाकिस्तान	403
ब्राजील	229	इण्डोनेशिया	321
इथियोपिया	205	इथियोपिया	294
डी. आर. कांगो	194	तंजानिया	286
बांग्लादेश	193	मिस्र	225

सर्वाधिक जनसंख्या वाले 10 देश

महाद्वीप	देश
एशिया	5 (भारत, चीन, इण्डोनेशिया, पाकिस्तान, बांग्लादेश)
उत्तरी अमेरिका	1 (संयुक्त राज्य अमेरिका)
दक्षिणी अमेरिका	1 (ब्राजील)
अफ्रीका	2 (नाइजीरिया, इथियोपिया)
यूरोप	1 (रूस)

सर्वाधिक पुरुष जीवन प्रत्याशा वाले शीर्ष देश (2024)

देश	जन्म पर जीवन-प्रत्याशा	देश	जन्म पर जीवन-प्रत्याशा
हाँगकाँग	82.97	नॉर्वे	81.94
ऑस्ट्रेलिया	82.28	फ्रेंच पोलिनेशिया	81.90
यूएई/ स्विट्जरलैण्ड	82.17	भारत	70.73

सर्वाधिक महिला जीवन-प्रत्याशा वाले शीर्ष देश (2024)

देश	जन्म पर जीवन-प्रत्याशा	देश	जन्म पर जीवन-प्रत्याशा
हाँगकाँग	88.26	फ्रेंच पोलिनेशिया	86.62
जापान	87.88	रियूनियन	86.45
दक्षिण कोरिया	87.28	भारत	73.86

महाद्वीपीय जनसंख्या (2024)

महाद्वीप	जनसंख्या (अरब में)	सर्वाधिक जनसंख्या वाला देश	सर्वाधिक जनसंख्या वाला शहर
एशिया	4.77	भारत (1.42 अरब)	टोक्यो (37.8 मिलियन)
अफ्रीका	1.48	नाइजीरिया (0.21 अरब)	काहिरा (22.6 मिलियन)
यूरोप	0.74	रूस (0.14 अरब)	मॉस्को (14.83 मिलियन)
लैटिन अमेरिका व कैरीबियन देश	0.64	ब्राजील (0.21 अरब)	साओ पोउलो (20.83 मिलियन)
उत्तरी अमेरिका	0.36	यूएसए (0.32 अरब)	मैक्सिको सिटी (20.84 मिलियन)
ओशीनिया	0.04	ऑस्ट्रेलिया (0.02 अरब)	सिडनी (4.5 मिलियन)
अण्टार्कटिका	–	–	

जनसंख्या परिवर्तन

- जनसंख्या वृद्धि अथवा जनसंख्या परिवर्तन का अभिप्राय किसी क्षेत्र में समय की किसी निश्चित अवधि के दौरान लोगों की संख्या में परिवर्तन से है। जनसंख्या का परिवर्तन धनात्मक भी हो सकता है और ऋणात्मक भी। जनसंख्या परिवर्तन को निरपेक्ष संख्या अथवा प्रतिशत के रूप में अभिव्यक्त किया जा सकता है।
- जनसंख्या परिवर्तन किसी क्षेत्र की आर्थिक प्रगति, सामाजिक उत्थान, ऐतिहासिक और सांस्कृतिक पृष्ठभूमि का महत्त्वपूर्ण सूचक होता है।

जनसंख्या परिवर्तन के घटक

अशोधित जन्मदर

- अशोधित जन्मदर (Crude Birth Rate, CBR) को प्रति 1000 स्त्रियों द्वारा जन्म दिए गए जीवित बच्चों के रूप में व्यक्त किया जाता है।
- यह किसी देश या क्षेत्र में प्रति 1000 व्यक्तियों पर एक वर्ष में जन्मे जीवित बच्चों की संख्या होती है। इसकी गणना निम्न-प्रकार से की जाती है

$$\textbf{अशोधित जन्मदर} = \frac{\text{वार्षिक जीवित जन्मों की संख्या}}{\text{मध्य वर्ष में अनुमानित जनसंख्या आकार}} \times 1000$$

अशोधित मृत्युदर

- मृत्युदर से तात्पर्य प्रति 1000 जीवित जन्मे बच्चों में से एक वर्ष या इससे कम आयु के बच्चों की मृत्यु संख्या से है। यह जनसंख्या परिवर्तन में सक्रिय भूमिका निभाती है।
- जनसंख्या वृद्धि को प्रभावित करने वाला कारक केवल बढ़ती हुई जन्मदर ही नहीं, बल्कि घटती हुई मृत्युदर भी है।
- अशोधित मृत्युदर (Crude Death Rate CDR) किसी क्षेत्र में मृत्युदर को मापने की सरल विधि है। इसे किसी क्षेत्र विशेष में किसी वर्ष के दौरान प्रति 1000 जनसंख्या के पीछे मृतकों की संख्या के रूप में अभिव्यक्त किया जाता है।

- अशोधित मृत्युदर की गणना इस प्रकार की जाती है

$$\text{अशोधित मृत्युदर} = \frac{\text{किसी वर्ष विशेष में मृतकों की संख्या}}{\text{उस वर्ष के मध्य में अनुमानित जनसंख्या}} \times 100$$

- सामान्यतः मृत्युदर किसी क्षेत्र की जनांकिकीय संरचना, सामाजिक उन्नति और आर्थिक विकास के स्तर द्वारा प्रभावित होती है।

जनसंख्या भूगोल की आधारभूत संकल्पनाएँ

- **जनसंख्या वृद्धि** किसी क्षेत्र विशेष में दो विशिष्ट समय के दौरान जनसंख्या में परिवर्तन को **जनसंख्या वृद्धि** कहा जाता है। भारत में प्रत्येक 10 वर्षों पर **जनगणना** की जाती है। जनगणना अवधि के बीच की जनसंख्या वृद्धि को दशकीय जनसंख्या वृद्धि कहा जाता है।
- **जनसंख्या वृद्धि दर** इस दर को प्रतिशत में व्यक्त किया जाता है। दशकीय तथा वार्षिक जनसंख्या में वृद्धि को इसी के अनुरूप व्यक्त किया जाता है।
- **जनसंख्या की प्राकृतिक वृद्धि** एक स्थान पर दो भिन्न समय अवधि में जन्म तथा मृत्यु के कारण जनसंख्या में आए परिवर्तन को जनसंख्या की प्राकृतिक वृद्धि कहा जाता है।
  प्राकृतिक जनसंख्या वृद्धि = जन्म – मृत्यु
- **जनसंख्या की धनात्मक वृद्धि** यह तब सम्भव होती है, जब दो भिन्न-भिन्न समय अवधि में जन्मदर, मृत्युदर से अधिक होती है। इस प्रवृत्ति में जनसंख्या की वृद्धि धनात्मक होती है।
- **जनसंख्या की ऋणात्मक वृद्धि** मृत्युदर के जन्मदर से अधिक होने की स्थिति में जनसंख्या की ऋणात्मक वृद्धि स्पष्ट होती है। जनसंख्या की ऋणात्मक वृद्धि का कारण प्रवासन भी हो सकता है।

जनसंख्या के सिद्धान्त

सर्वप्रथम **प्लेटो** ने जनसंख्या और संसाधन के सम्बन्ध में विचार प्रस्तुत किए, परन्तु इस प्रकार के व्यवस्थित विचार को सर्वप्रथम प्रस्तुत करने का श्रेय **रॉबर्ट माल्थस** को दिया जाता है। इनका विचार **माल्थस का जनसंख्या सिद्धान्त** कहलाता है।

माल्थस का जनसंख्या सिद्धान्त

- **माल्थस का सिद्धान्त** जनसंख्या वृद्धि का निराशावादी सिद्धान्त माना जाता है। ब्रिटिश अर्थशास्त्री माल्थस ने अपना सिद्धान्त 1798 ई. में अपने लेख एन एस्से ऑन द प्रिन्सिपल ऑफ पॉपुलेशन में प्रकाशित किया था। अपने सिद्धान्त में जनसंख्या वृद्धि एवं खाद्यान्न आपूर्ति में वृद्धि के मध्य सम्बन्धों की व्याख्या करते हुए माल्थस ने बताया कि किसी स्थान में **जनसंख्या की वृद्धि गुणोत्तर श्रेणी** (Geometrical Progression) (1, 2, 4, 8, 16, 32, 64...) के क्रम में होती है, जबकि जीविकोपार्जन के **साधनों में वृद्धि अंकगणितीय श्रेणी** (Arithmetical Progression) (1, 2, 3, 4, 5, 6...) की दर से होती है।
- माल्थस ने इस आधार पर बताया कि जनसंख्या के प्रत्येक 25 वर्ष में दोगुना होने की प्रवृत्ति होती है तथा इस अनुपात से 200 वर्षों में जनसंख्या में 256 गुना वृद्धि होगी।
- वर्ष 1972 में **क्लब ऑफ रोम** के कुछ विद्वानों (मीडोज, रेण्डर्स व वहरेन्स) ने वृद्धि की सीमा सिद्धान्त का प्रतिपादन किया, जिसे नव माल्थस वाद के अन्तर्गत रखा जाता है।

मार्क्स का जनसंख्या सिद्धान्त

1867 ई. में जनांकिकी चिन्तन की जैविक अवधारणा के विपरीत साम्यवादी सिद्धान्त के सापेक्ष में सामाजिक अवधारणा के आधार पर **कार्ल हेनरी मार्क्स** ने जनसंख्या सिद्धान्त का प्रतिपादन किया।

अनुकूलतम जनसंख्या सिद्धान्त

- ब्रिटिश अर्थशास्त्री **एडविन केनन** को इस सिद्धान्त का प्रतिपादक माना जाता है।
- इसके अनुसार जनसंख्या के बढ़ने से देश में कार्यशील जनसंख्या में वृद्धि होने लगती है। जिसके फलस्वरूप उत्पत्ति वृद्धि नियम (Law of Increasing Returns) लागू होने लगता है, परन्तु इस बिन्दु के पश्चात् जब उपलब्ध संसाधनों का पूर्ण उपयोग हो चुका होता है, तब श्रम की औसत उत्पादकता अर्थात् प्रति व्यक्ति आय अधिकतर हो जाती है। यही बिन्दु जनसंख्या का अनुकूलतम बिन्दु है।

जनांकिकीय संक्रमण/जनांकिकीय संक्रमण सिद्धान्त

- **जनांकिकीय संक्रमण सिद्धान्त** एक जनसंख्या सिद्धान्त है, जिसमें किसी क्षेत्र में दीर्घ अवधि में जनसंख्या की जन्मदर और मृत्युदर के मध्य अन्तर के कारण जनसंख्या वृद्धि का विश्लेषण किया जा सकता है।
- यह सिद्धान्त जनसांख्यिकीय सांतत्य संकल्पना पर आधारित है। इसका मूल रूप में प्रतिपादन **डब्ल्यू. एस. थॉम्पसन** (1929) एवं **एफ. डब्ल्यू. नोटस्टीन** (1945) द्वारा किया गया।
- इस सिद्धान्त के अनुसार, प्रत्येक प्रदेश की जनसंख्या में वृद्धि क्रमिक चरण में होती है, जिसे चार अवस्थाओं से होकर गुजरना पड़ता है।
- इन विभिन्न अवस्थाओं में जनांकिकीय संरचना में भी परिवर्तन परिलक्षित होता है। इसकी परिकल्पना करते हुए **कोलिन क्लार्क** महोदय ने इस सिद्धान्त का समर्थन करते हुए पाँचवीं अवस्था की परिकल्पना की। जनांकिकीय परिवर्तन की इन विभिन्न अवस्थाओं को जनांकिकीय विशेषज्ञ **जनसंख्या चक्र** (Population Cycle) एवं भूगोलविद् **जनांकिकीय संक्रमण** (Population Transition) कहते हैं।

जनांकिकीय संक्रमण की अवस्थाएँ

पहली अवस्था

- पहली अवस्था में उच्च प्रजनन दर एवं उच्च मृत्युदर पाई जाती है, क्योंकि लोग महामारियों और भोजन की अनिश्चित आपूर्ति से होने वाली मृत्यु की क्षतिपूर्ति अधिक **पुनरुत्पादन** से करते हैं। इसमें जनसंख्या वृद्धि धीमी होती है और अधिकांश लोग कृषि में कार्यरत् होते हैं।
- इस अवस्था में जीवन-प्रत्याशा निम्न होती है, अधिकांश लोग अशिक्षित होते हैं और उनके प्रौद्योगिकी स्तर भी निम्न होते हैं।
- ऐसी अवस्था वाले देशों में जन्मदर एवं मृत्युदर दोनों 40 से 50 प्रति हजार के मध्य पाई जाती हैं। इस अवस्था में **बोत्सवाना, अंगोला, सोमालिया, नाइजर, लाओस, जाम्बिया** आदि देश शामिल हैं।

दूसरी अवस्था

- दूसरी अवस्था में जन्मदर उच्च एवं मृत्युदर निम्न पाई जाती है। इसमें सामान्यतः जन्मदर 40 से 50 प्रति हजार एवं मृत्युदर 15 से 20 प्रति हजार के बीच होती है।

- इसमें जन्म और मृत्यु में अन्तर के कारण **जनसंख्या विस्फोट** पाया जाता है, इससे संसाधनों पर दबाव अधिक बढ़ता है। इसमें चिकित्सीय सुविधा की उपलब्धता के कारण मृत्युदर कम होती है। वर्तमान के अधिकांश विकासशील देशों की स्थिति को इस अवस्था में देखा जा सकता है।

तीसरी अवस्था

- तीसरी अवस्था में जन्म एवं मृत्यु दोनों दरों में कमी आती है। इसमें जन्मदर 20 से 30 प्रति हजार तथा मृत्युदर 10 से 15 प्रति हजार तक पाई जाती है।
- यह अवस्था धीमी जनसंख्या वृद्धि का परिचायक है। भारत सहित मध्य एशिया तथा पूर्वी यूरोप के देशों को इस अवस्था में देखा जा सकता है।

चौथी अवस्था

- यह अवस्था विकसित समाज में पाई जाती है। यहाँ जनसंख्या वृद्धि की अवस्था स्थिर होती है। इसमें जन्मदर एवं मृत्युदर दोनों निम्न पाई जाती हैं अर्थात् इनमें जन्मदर 10 से 15 प्रति हजार एवं मृत्युदर 10 से भी कम प्रति हजार पाई जाती है।
- इस अवस्था में **G-8 समूह** (वर्तमान में G-7) के देश तथा सिंगापुर, हाँगकाँग, पश्चिमी यूरोप के देश आदि आते हैं।

पाँचवीं अवस्था

- यह अवस्था अत्यधिक विकसित एवं तकनीकी समाज का सूचक है। वर्ष 1970 के बाद विकसित देशों में इस प्रकार की प्रवृत्ति देखी गई है।
- इस अवस्था में पारिवारिक संस्थाओं एवं विवाह जैसे मूल्यों के पतन के कारण जन्मदर, मृत्युदर से भी कम पाई जाती है। इस अवस्था को **कॉलिन क्लार्क** ने ऋणात्मक वृद्धि की अवस्था कहा है। इस अवस्था वाले देशों में सिंगापुर, जापान, जर्मनी, डेनमार्क, स्विट्जरलैण्ड, बेल्जियम आदि प्रमुख हैं।

भारत के सन्दर्भ में जनसंख्या संक्रमण की अवस्थाएँ

जनसंख्या संक्रमण सिद्धान्त को भारत के सन्दर्भ में निम्न अवस्थाओं में देखा जा सकता है

- वर्ष 1901 से 1921 – स्थिर जनसंख्या
- वर्ष 1921 से 1951 – धीमी गति से बढ़ती जनसंख्या
- वर्ष 1951 से 1981 – जनसंख्या विस्फोट की अवस्था
- वर्ष 1981 से 2011 – जनसंख्या वृद्धि दर में गिरावट की अवस्था

जनसंख्या संघटन

- किसी भी देश के लोगों को आयु, लिंग तथा उनके निवास स्थान के आधार पर पृथक् किया जा सकता है।
- जनसंख्या संघटन (Population Composition) के अन्तर्गत लिंगानुपात, आयु, साक्षरता तथा व्यवसाय आदि का अध्ययन किया जाता है।

लिंग संघटन

- किसी देश की स्त्रियों और पुरुषों की संख्या महत्त्वपूर्ण जनांकिकीय विशेषता होती है।
- जनसंख्या में स्त्रियों और पुरुषों की संख्या के बीच के अनुपात को **लिंगानुपात** (Sex Ratio) कहा जाता है।
- इसकी गणना निम्न सूत्रों से की जाती है

$$\frac{\text{पुरुष जनसंख्या}}{\text{स्त्री जनसंख्या}} \times 1000$$

अथवा प्रति 1000 स्त्रियों पर पुरुषों की संख्या।

- भारत में इस सूत्र का प्रयोग लिंगानुपात ज्ञात करने में किया जाता है

$$\frac{\text{स्त्रियों की जनसंख्या}}{\text{पुरुषों की जनसंख्या}} \times 1000$$

अथवा प्रति 1000 पुरुषों पर स्त्रियों की संख्या।

- लिंगानुपात किसी देश में स्त्रियों की स्थिति के सम्बन्ध में महत्त्वपूर्ण सूचना होती है। जिन प्रदेशों में लिंग भेदभाव अनियन्त्रित होता है, वहाँ लिंगानुपात निश्चित रूप से स्त्रियों के प्रतिकूल होता है।

विश्व लिंग अनुपात प्रतिरूप

- विश्व की जनसंख्या का औसत लिंगानुपात प्रति 100 स्त्रियों पर 102 पुरुष हैं। विश्व में उच्चतम लिंगानुपात यूरोपीय देश लाटविया में दर्ज किया गया है, जहाँ प्रति 100 स्त्रियों पर 85 पुरुष हैं।
- इसके विपरीत निम्नतम लिंगानुपात संयुक्त अरब अमीरात में दर्ज किया गया है, जहाँ प्रति 100 स्त्रियों पर 311 पुरुष हैं।
- संयुक्त राष्ट्र के 193 देशों में से 139 देशों में लिंगानुपात स्त्रियों के अनुकूल है, जबकि 54 देशों में यह उनके प्रतिकूल पाया जाता है।
- **एशिया में लिंगानुपात** चीन, भारत, सऊदी अरब, पाकिस्तान व अफगानिस्तान जैसे देशों में और भी निम्न है।
- **रूस सहित यूरोप** के एक बड़े भाग में पुरुष अल्पसंख्या में हैं। यूरोप के अनेक देशों में पुरुषों की कमी, वहाँ स्त्रियों की बेहतर स्थिति तथा भूतकाल में विश्व के विभिन्न भागों में अत्यधिक पुरुष उत्प्रवास के कारण है।

आयु संरचना

- आयु संरचना (Age Structure) किसी देश की जनसंख्या के विभिन्न आयु वर्गों में लोगों की संख्या को प्रदर्शित करती है। यह **जनसंख्या संघटन** का महत्त्वपूर्ण सूचक होता है।
- यह किसी प्रदेश की जनसंख्या की जैविक व शारीरिक विशेषताओं को दर्शाती है, क्योंकि यह मनुष्य की आवश्यकताओं, कार्यक्षमता एवं विचारों को प्रभावित करती है। इस प्रकार यह मानव की क्षमता का सूचक होती है।

आयु वर्ग

वैश्विक स्तर पर जनसंख्या की आयु संरचना में **तीन आयु वर्ग** होते हैं

- **बाल आयु वर्ग** (0-14 वर्ष) यह वर्ग आर्थिक रूप से अनुत्पादक वर्ग होता है, जो भोजन, वस्त्र, मकान, स्वास्थ्य, शिक्षा आदि के लिए युवा व प्रौढ़ जनसंख्या पर निर्भर रहता है। विकासशील देशों में इस आयु वर्ग की जनसंख्या अधिक होती है।
- **प्रौढ़ आयु वर्ग** (15-59 वर्ष) यह वर्ग उत्पादक वर्ग होता है। विकासशील देशों में इस आयु वर्ग की अधिकतम आयु को सामान्यत: 59 वर्ष माना जाता है, क्योंकि यहाँ का जीवन स्तर व जीवन-प्रत्याशा अपेक्षाकृत कम है।

- वृद्ध आयु वर्ग (0-60 वर्ष से अधिक) विकसित देशों में 64 वर्ष या उससे अधिक तथा विकासशील देशों में 60 वर्ष से अधिक आयु के व्यक्ति को वृद्ध माना जाता है। विश्व की 11% जनसंख्या 60 वर्ष से अधिक आयु की है।

आयु पिरामिड

- यह एक प्रकार का रेखाचित्र होता है, जो जनसंख्या की आयु संरचना को प्रदर्शित करता है। इसकी आकृति पिरामिड से मिलती है, इसलिए इसे आयु पिरामिड (Age Pyramid) के नाम से जाना जाता है।
- इसमें विभिन्न आयु वर्ग में स्त्रियों तथा पुरुषों की संख्या को दर्शाया जाता है।
- जनांकिकीय संक्रमण की विभिन्न अवस्थाओं में अलग-अलग प्रकार के पिरामिड देखने को मिलते हैं, जिनके आधार पर देश की जनांकिकीय विशेषताओं को समझा जा सकता है।
- आयु पिरामिड में प्रत्येक वर्ग की जनसंख्या को क्षैतिज दण्ड के रूप में दर्शाया जाता है। इसमें दण्ड की लम्बाई उस वर्ग में स्त्रियों एवं पुरुषों के प्रतिशत के अनुपात में होती है। इस पिरामिड में पुरुषों को बाएँ भाग तथा स्त्रियों को दाएँ भाग में ऊर्ध्वाधर रूप में दिखाया जाता है।
- यह अलग-अलग जनसंख्या के सम्बन्ध में भिन्न-भिन्न पिरामिड को प्रदर्शित करता है; जैसे-विस्तारित होती जनसंख्या का पिरामिड, स्थिर जनसंख्या का पिरामिड, ह्रासमान जनसंख्या का पिरामिड आदि।

विस्तारित होती जनसंख्या का पिरामिड

- इसकी आकृति त्रिभुजाकार अर्थात् पिरामिड की भाँति होती है। इसका आधार चौड़ा तथा शीर्ष संकरा होता है।
- विस्तारित होती जनसंख्या के पिरामिड का आधार अधिक चौड़ा होना यह दर्शाता है कि कम आयु वर्ग के लोगों (0-14 वर्ष) की संख्या अधिक है।
- इस पिरामिड से यह स्पष्ट होता है कि जन्म लेने वाले लोगों की संख्या अधिक है अर्थात् जन्मदर अधिक होती है।
- उच्च आयु वर्ग में मृत्युदर के अधिक होने के कारण इनकी संख्या कम होती है। इस प्रकार के पिरामिड की रचना अल्प-विकसित देशों में होती है। नाइजीरिया, बांग्लादेश में इस प्रकार का पिरामिड बन सकता है।

स्थिर जनसंख्या का पिरामिड

- इसकी आकृति घण्टी के समान होती है, जो शीर्ष की ओर शुण्डाकार होता है। इस प्रकार के आयु-लिंग पिरामिड में जनसंख्या वृद्धि स्थिर होती है। इसमें जन्मदर तथा मृत्युदर समान होती है तथा पुरुष और स्त्रियों की संख्या लगभग बराबर होती है।
- युवाओं की संख्या स्थिर होती है। ऑस्ट्रेलिया के लिए जनसंख्या का पिरामिड इसी के अनुरूप बनता है।

ह्रासमान जनसंख्या का पिरामिड

- इस प्रकार का पिरामिड नीचे की ओर से संकीर्ण होता है तथा इसका शीर्ष शुण्डाकार होता है।
- इसमें निम्न जन्मदर तथा निम्न मृत्युदर होती है। इस प्रकार के जनसंख्या पिरामिड की रचना वाले देशों में जनसंख्या वृद्धि शून्य अथवा ऋणात्मक होती है।

मानव अधिवास एवं जनजाति

इस प्रकार धरातल पर मानव द्वारा निर्मित एवं विकसित आवासों के संगठित समूह को अधिवास कहा जाता है। अधिवास मानव निवास के लिए उपयोगी होता है।

बस्तियों का वर्गीकरण : ग्रामीण एवं नगरीय द्विभाजन

- ग्रामों एवं नगरों/शहरों में आधारभूत अन्तर यह होता है कि नगरों के निवासियों का मुख्य व्यवसाय द्वितीयक एवं तृतीयक गतिविधियों से सम्बन्धित होता है। इसके विपरीत ग्रामों में रहने वाले निवासियों का मुख्य व्यवसाय प्राथमिक गतिविधियों; जैसे-कृषि, मछली पकड़ना, लकड़ी काटना, खनन कार्य, पशुपालन इत्यादि से सम्बन्धित होता है।
- इसके अतिरिक्त ग्रामीण एवं नगरीय जनसंख्या में उनके द्वारा सम्पन्न कार्यों के आधार पर विभेदीकरण (Differentiation) अधिक अर्थपूर्ण है, क्योंकि ग्रामीण एवं नगरीय बस्तियों द्वारा किए गए कार्यों के पदानुक्रम में समरूपता नहीं पाई जाती है।
- संयुक्त राज्य अमेरिका में पेट्रोल पम्प को पदानुक्रम में निम्न श्रेणी का कार्य समझा जाता है, जबकि भारत में यह नगरीय कार्य के अन्तर्गत आता है।

बस्तियों के प्रकार एवं प्रतिरूप

→ **संहत बस्ती** (Clustered Settlements) ये वे बस्तियाँ होती हैं, जिनमें मकान एक-दूसरे के समीप बनाए जाते हैं। ऐसी बस्तियों का विकास नदी घाटियों के सहारे उपजाऊ मैदानों में होता है। यहाँ रहने वाला समुदाय मिलकर रहता है एवं उनके व्यवसाय भी समान होते हैं।

→ **प्रकीर्ण बस्ती** (Dispersed Settlements) इन बस्तियों में घर दूर-दूर होते हैं तथा प्रायः खेतों के द्वारा एक-दूसरे से अलग होते हैं। ऐसी बस्तियों में एक सांस्कृतिक आकृति; जैसे-पूजा स्थल अथवा बाजार बस्तियों को एक साथ बाँधकर रखता है।

→ **नियोजित बस्तियाँ** (Planned Settlements) सरकार द्वारा बसाई गई बस्तियों को नियोजित बस्तियाँ कहते हैं। ग्रामवासियों द्वारा स्वतः जिन बस्तियों की स्थिति का चयन नहीं किया जाता है, वहाँ सरकार अधिग्रहित की गई ऐसी भूमि पर निवासियों को सभी प्रकार की सुविधाएँ; जैसे- आवास, पानी तथा अन्य अवसंरचना आदि उपलब्ध कराकर बस्तियों को विकसित करती है।

उप-नगरीकरण

- उप-नगरीकरण एक नवीन प्रवृत्ति है, जिसमें मनुष्य शहर के घने बसे क्षेत्रों से हटकर रहन-सहन की अच्छी गुणवत्ता की खोज में शहर के बाहर स्वच्छ एवं खुले क्षेत्रों में जा रहे हैं।
- बड़े शहरों के समीप ऐसे महत्त्वपूर्ण उपनगर विकसित हो जाते हैं, जहाँ से प्रतिदिन हजारों व्यक्ति अपने घरों से कार्य स्थलों पर आते-जाते हैं।
- भारत में नगरीय बस्ती को इस प्रकार परिभाषित किया है, "सभी स्थान जहाँ **नगरपालिका, निगम, छावनी बोर्ड** (कैण्टोनमेण्ट बोर्ड) या **अधिसूचित नगरीय क्षेत्र समिति** (नोटीफाइड टाउन एरिया कमेटी) हों एवं कम-से-कम 5000 व्यक्ति, वहाँ निवास करते हों, 75% पुरुष श्रमिक गैर-कृषि कार्यों में संलग्न हों व जनसंख्या का घनत्व 400 व्यक्ति प्रतिवर्ग किमी हो, ऐसे स्थान या क्षेत्र को **नगरीय बस्ती** कहते हैं।"

ग्रामीण बस्ती

- ग्रामीण बस्ती (Rural Settlements) प्रत्यक्ष रूप से भूमि से निकटतम सम्बन्ध रखती है।
- यहाँ के निवासी अधिकतर प्राथमिक गतिविधियों में लगे होते हैं; जैसे-कृषि, पशुपालन, मछली पकड़ना आदि।
- बस्तियों का आकार अपेक्षाकृत छोटा होता है, किन्तु यहाँ के लोगों में आपसी निकट सम्बन्ध पाए जाते हैं।

ग्रामीण बस्तियों के प्रतिरूप

- ग्रामीण बस्तियों का प्रतिरूप (Pattern of Rural Settlements) यह दर्शाता है कि मकानों की स्थिति किस प्रकार एक-दूसरे से सम्बन्धित है।
- ग्रामीण बस्तियों का वर्गीकरण अनेक मापदण्डों के आधार पर किया जा सकता है
    - विन्यास के आधार पर इसके मुख्य प्रकार क्रमशः मैदानी ग्राम, पठारी ग्राम, तटीय ग्राम, वन ग्राम एवं मरुस्थलीय ग्राम हैं।
    - कार्य के आधार पर इसके अन्तर्गत कृषि ग्राम, मछुआरों के ग्राम, लकड़हारों के ग्राम, पशुपालक ग्राम आदि आते हैं।
    - बस्तियों की आकृति के आधार पर इसमें अनेक प्रकार की ज्यामितीय आकृतियाँ हो सकती हैं; जैसे-रेखीय, आयताकार, वृत्ताकार, तारे के आकार की, टी के आकार की, चौक पट्टी, दोहरे ग्राम आदि। दोहरे ग्राम नदी पर पुल या फेरी के दोनों ओर ऐसी बस्तियों का विस्तार पाया जाता है।

प्रमुख ग्रामीण प्रतिरूप

- रैखिक प्रतिरूप (Linear Pattern) इस प्रकार के प्रतिरूप में बस्तियों के मकान, सड़कों, रेल लाइनों, नदियों, नहरों, घाटी के किनारे अथवा तटबन्धों पर स्थित होते हैं।
- आयताकार प्रतिरूप (Rectangle Pattern) ग्रामीण बस्तियों का यह प्रतिरूप समतल क्षेत्रों अथवा चौड़ी अन्तराल पर्वतीय घाटियों में पाया जाता है। इसमें सड़कें आयताकार होती हैं तथा एक-दूसरे को समकोण पर काटती हैं।
- वृत्ताकार प्रतिरूप (Circular Pattern) इस प्रकार के गाँव झीलों व तालाबों आदि क्षेत्रों में चारों ओर बस्ती बस जाने से विकसित होते हैं। इसे कभी-कभी इस योजना के अन्तर्गत बसाया जाता है कि उसका मध्य भाग खुला रहे, जिसमें पशुओं को रखा जाए, ताकि वे जंगली जानवरों से सुरक्षित रहें।
- तारे के आकार का प्रतिरूप (Star-like Pattern) जहाँ अनेक मार्ग आकर एक स्थान पर मिलते हैं और उन मार्गों के सहारे मकान बन जाते हैं, वहाँ तारे के आकार की बस्तियाँ होती हैं।
- टी आकार, वाई आकार तथा क्रॉस आकार (T Cross- Shaped/T Shaped Pattern) टी के आकार की बस्तियाँ सड़क के तिराहे पर विकसित होती हैं। वहीं वाई आकार (Y-Shaped Pattern) की बस्तियाँ उन क्षेत्रों में पाई जाती हैं, जहाँ पर दो मार्ग आकर तीसरे मार्ग से मिलते हैं, जबकि क्रॉस आकार (Cross Shaped) की बस्तियाँ चौराहों पर प्रारम्भ होती हैं, जहाँ चौराहे से चारों दिशा में बसाव आरम्भ हो जाता है।

नगरीय बस्तियाँ

- नगरीय बस्तियों (Urban Settlements) का विकास एक नवीन प्रक्रिया है, जो समय के साथ बढ़ता रहता है।
- लन्दन की प्रथम नगरीय बस्ती को 1810 ई. में बसाया गया था, जिसकी जनसंख्या लगभग 10 लाख थी।
- वर्ष 1982 में विश्व में 10 लाख से अधिक जनसंख्या वाले लगभग 175 नगर थे। वर्ष 2017 में विश्व की 54% जनसंख्या नगरीय पाई गई, जबकि वर्ष 2020 में विश्व की 56.2% जनसंख्या नगरों में निवास करती थी।

नगरीय बस्तियों के प्रकार

नगरीय प्रकार	विशेषताएँ
नगर (City)	• इसकी संकल्पना को ग्राम के सन्दर्भ में समझा जा सकता है, केवल जनसंख्या का आकार ही मापदण्ड नहीं होता, बल्कि नगरों में कुछ विशेष प्रकार के कार्य; जैसे-निर्माण, खुदरा एवं थोक व्यापार तथा व्यावसायिक सेवाएँ विद्यमान होती हैं।
शहर (Town)	• यह अग्रणी नगर होता है, जो अपनी स्थानीय व क्षेत्रीय प्रतिस्पर्द्धाओं को पीछे छोड़ देता है। • लेविस ममफोर्ड के अनुसार, "वास्तव में, शहर उच्च एवं अधिक जटिल प्रकार के सहचारी जीवन का भौतिक रूप हैं।" • शहर, नगरों से बड़े होते हैं एवं इनके आर्थिक कार्य भी अधिक होते हैं। यहाँ पर प्रमुख वित्तीय संस्थान, प्रादेशिक प्रशासकीय कार्यालय एवं यातायात के केन्द्र होते हैं, जब इनकी जनसंख्या 10 लाख से अधिक हो जाती है, तब इन्हें मिलियन सिटी कहा जाता है। वर्ष 2030 तक मिलियन सिटी की संख्या 662 हो जाएगी।
सन्नगर (Metropolis)	• इस शब्दावली का प्रयोग वर्ष 1915 में पेट्रिक गिडिज ने किया था। ये विशाल विकसित नगरीय क्षेत्र होते हैं, जो मूलतः अलग-अलग नगरों या शहरों के आपस में मिल जाने से एक विशाल नगरीय विकास क्षेत्र में परिवर्तित हो जाते हैं। • लन्दन, मैनचेस्टर, शिकागो एवं टोक्यो प्रमुख सन्नगर हैं, जो विशाल नगरीय क्षेत्रों के रूप में अवस्थित हैं। सन्नगर की जनसंख्या 40 लाख से अधिक होती है।
विश्वनगरी (Megalopolis)	• यह ग्रीक शब्द मेगालोपोलिस से बना है, जिसका अर्थ है—विशाल नगर। इसका प्रयोग वर्ष 1957 में जीन गॉटमैन ने किया। यह बड़ा महानगर प्रदेश है, जिसमें सन्नगरों का समूह होता है। • विश्वनगरी का सबसे अच्छा उदाहरण संयुक्त राज्य अमेरिका में है, जहाँ उत्तर में बोस्टन से दक्षिण में वॉशिंगटन तक का नगरीय भू-दृश्य दिखाई देता है। • विश्वनगरी की जनसंख्या 10 मिलियन से अधिक होती है।
मेगासिटी (Megacity)	• यह शब्द उन नगरों के लिए प्रयोग किया जाता है, जिनकी जनसंख्या मुख्य नगर व उपनगरों को मिलाकर 1 करोड़ से अधिक होती है। • मेगासिटी होने का श्रेय सबसे पहले वर्ष 1950 में न्यूयॉर्क ने प्राप्त किया, तब उसकी जनसंख्या 1 करोड़ 25 लाख थी। वर्तमान में (NCERT के अनुसार) 25 मेगासिटी हैं। यूएन रिपोर्ट, 2020 के अनुसार, विश्व में कुल 34 मेगासिटी हैं। वहीं सिटी पॉपुलेशन (2020) के अनुसार, इनकी संख्या 37 हो गई है। • पिछले 50 वर्षों में विकसित देशों की अपेक्षा विकासशील देशों में इनकी संख्या बढ़ी है।

विकासशील देशों में मानव बस्तियों की समस्याएँ

विकासशील देशों में बस्तियों से सम्बन्धित अनेक प्रकार की समस्याएँ हैं; जैसे–अवहनीय जनसंख्या का केन्द्रीयकरण, छोटे आवास एवं गलियाँ, पीने योग्य जल आदि। इसके अतिरिक्त इनमें आधारभूत ढाँचा; जैसे-बिजली, गन्दे पानी की निकासी, स्वास्थ्य एवं शिक्षा आदि सुविधाओं की भी कमी है।

- **नगरीय बस्तियों की समस्याएँ** मनुष्य रोजगार के अवसर एवं नागरिक सुविधाओं के लिए शहरों की ओर जाते हैं, परन्तु विकासशील देशों में अधिकांश शहर अनियोजित हैं। विकासशील देशों में आधुनिक शहरों में आवासों की कमी, लम्बवत् विस्तार (बहुमंजिला मकान) तथा गन्दी बस्तियों की वृद्धि आदि प्रमुख विशेषताएँ पाई जाती हैं।
- **आर्थिक समस्याएँ** विश्व के विकासशील देशों के ग्रामीण व छोटे नगरीय क्षेत्रों में रोजगार के घटते अवसरों के कारण जनसंख्या का शहरों की ओर पलायन हो रहा है। यह विशाल प्रवासी जनसंख्या नगरीय क्षेत्रों तथा अकुशल एवं अर्द्ध-कुशल श्रमिकों की संख्या में अत्यधिक वृद्धि कर देती है, जबकि इन क्षेत्रों में जनसंख्या पहले से ही चरम पर होती है।
- **सामाजिक-सांस्कृतिक समस्याएँ** विकासशील देशों के शहर विभिन्न प्रकार की सामाजिक बुराइयों से ग्रस्त हैं। अपर्याप्त वित्तीय संसाधनों के कारण बहुसंख्यक निवासियों की आधारभूत सामाजिक ढाँचागत आवश्यकताएँ भी पूरी नहीं हो पाती हैं। बेरोजगारी एवं शिक्षा की कमी के कारण अपराध अधिक होते हैं। ग्रामीण क्षेत्रों से स्थानान्तरित जनसंख्या में पुरुषों की अधिकता के कारण इन नगरों में जनसंख्या का लिंगानुपात असन्तुलित हो जाता है।
- **पर्यावरण सम्बन्धी समस्याएँ** विकासशील देशों में रहने वाली विशाल नगरीय जनसंख्या जल का केवल उपयोग ही नहीं करती है, वरन् जल एवं सभी प्रकार के व्यर्थ पदार्थों का निस्तारण भी करती है। नगरों में पीने योग्य जल की न्यूनतम आवश्यकता की पूर्ति तथा घरेलू और औद्योगिक उपयोग के लिए जल की उपलब्धता सुनिश्चित करना अत्यधिक कठिन होता है।

नगरीय बस्तियों के समस्या समाधान सम्बन्धी उपाय

- समान संसाधन एवं मनुष्यों के संचालन के द्वारा शहर, नगर एवं ग्रामीण बस्ती आपस में एक-दूसरे के सम्पर्क में रहते हैं, इसलिए ग्रामीण-नगरीय सम्पर्क को व्यवस्थित करना आवश्यक है।
- रोजगार सृजन एवं आर्थिक अवसरों, समस्याग्रस्त ढाँचागत सुविधाओं और सेवाओं पर विशेष ध्यान देना चाहिए।
- ग्रामीण निर्धनता को दूर करना तथा ग्रामीण बस्तियों में रहन-सहन के स्तर को सुधारना आवश्यक है।
- ग्रामीण तथा नगरीय क्षेत्रों में विभिन्न आर्थिक, सामाजिक एवं पर्यावरणीय आवश्यकताओं को सन्तुलित करके उनके अनुपूरक योगदान तथा सम्पर्कों का सम्पूर्ण लाभ उठाना चाहिए।

मानव प्रवास

- जनसंख्या वृद्धि में प्रवास (Migration) एक महत्त्वपूर्ण कारक है। जन्मदर तथा मृत्युदर से अधिक **प्रवास** जनसंख्या के आकार को प्रभावित करता है।
- प्रवास के सन्दर्भ में नियमों का निर्धारण सबसे पहले जॉर्ज रैवेन्स्टीन ने किया था।
- जब लोग एक स्थान से दूसरे स्थान पर जाते हैं, तो वह स्थान जहाँ से लोग गमन करते हैं, उद्‌गम स्थान कहलाता है और जिस स्थान पर आगमन करते हैं, वह गन्तव्य स्थान कहलाता है।
- इसमें उद्‌गम स्थान जनसंख्या में कमी को, जबकि गन्तव्य स्थान जनसंख्या बढ़ोतरी को दर्शाता है।
- प्रवास को मनुष्य और संसाधन के बीच बेहतर सन्तुलन प्राप्त करने की दिशा में एक स्वत: स्फूर्त प्रयास के रूप में निरूपित किया जा सकता है।
- प्रवास स्थायी, अस्थायी अथवा मौसमी हो सकता है। यह गाँव से गाँव, गाँव से नगर, नगर से नगर तथा नगर से गाँव की ओर हो सकता है।
- इसमें प्रवासी, जो किसी नए स्थान पर जाते हैं, अप्रवासी कहलाते हैं तथा वे प्रवासी जो एक देश से बाहर चले जाते हैं, उत्प्रवासी कहलाते हैं। इस प्रकार इस प्रक्रिया में एक ही व्यक्ति **अप्रवासी** और **उत्प्रवासी** भी हो सकता है।

भारत से होने वाले अन्तर्राष्ट्रीय प्रवास

- भारत से प्रतिवर्ष लगभग 25 लाख लोग विदेश जाते हैं, जो विश्व में प्रवासियों की सबसे अधिक संख्या है।
- दक्षिण-पूर्व एशिया एवं श्रीलंका में तमिलनाडु राज्य के लोग तथा द्वीपीय देशों (फिजी, मॉरीशस, जमैका आदि) में बिहार व उत्तर प्रदेश के लोग प्रवास करते हैं।
- विकसित राष्ट्रों में सबसे अधिक प्रवास ब्रिटेन, संयुक्त राज्य अमेरिका व कनाडा में हुआ है।
- वर्तमान में लगभग 281 मिलियन अन्तर्राष्ट्रीय प्रवासी थे, जो वैश्विक आबादी का 3.6% है।

महाद्वीप विशाल एवं प्राकृतिक रूप से विभाजित स्थलीय भाग हैं, जो मानव के लिए आवास के साथ-साथ विभिन्न संसाधनों की उपलब्धता सुनिश्चित करते हैं।

अध्याय तीस

प्रादेशिक भूगोल

महाद्वीपों का तुलनात्मक अध्ययन

स्थिति	एशिया	अफ्रीका	उत्तरी अमेरिका	दक्षिणी अमेरिका	यूरोप	ऑस्ट्रेलिया	अण्टार्कटिका
क्षेत्रफल	29.8%	20.2%	16.2%	11.9%	6.8%	5.9%	9.2%
देशों की संख्या	48	54	23	12	51	14	—
सबसे बड़ा देश	चीन	अल्जीरिया	कनाडा	ब्राजील	रूस	ऑस्ट्रेलिया	—
सबसे छोटा देश	मालदीव	सेशेल्स	सेण्ट किट्स एण्ड नेविस	सूरीनाम	वेटिकन सिटी	नौरु	—
सबसे लम्बी नदी	यांगत्सीक्यांग	नील	मिसीसिपी मिसौरी	अमेजन	वोल्गा	मरें-डार्लिंग नदी	—
सबसे ऊँचा पर्वत शिखर	माउण्ट एवरेस्ट (8848 मी)	माउण्ट किलिमंजारो (5895 मी)	माउण्ट मैकिंले (6168 मी)	एकांकागुआ (6992 मी)	माउण्ट एल्ब्रुस (5642 मी)	माउण्ट कोस्यूस्को (2228 मी)	विंसन मैसिफ (4892 मी)
सबसे बड़ी झील	कैस्पियन सागर	विक्टोरिया	सुपीरियर	टिटिकाका	लैडोगा	आयर	
गहनतम बिन्दु सागर तल से नीचे	मृत सागर (– 427 मी)	असल झील (–155 मी)	डैथ वैली (– 86 मी)	वाल्डेस प्रायद्वीप (– 40 मी)	कैस्पियन सागर (– 28 मी)	आयर झील (– 15 मी)	बेण्टेल ट्रेंच

एशिया

- एशिया जनसंख्या तथा क्षेत्रफल, दोनों ही दृष्टिकोण से विश्व का सबसे बड़ा महाद्वीप है, जोकि पूर्वी तथा उत्तरी गोलार्द्ध में अवस्थित है। इसका कुल क्षेत्रफल लगभग 4 करोड़ 50 लाख वर्ग किमी है, जोकि विश्व के कुल स्थल भाग का लगभग एक-तिहाई भाग है।
- एशिया महाद्वीप में कुल 48 देश (फिलीस्तीन सहित 49) हैं, जहाँ विश्व जनसंख्या का लगभग 2/5 भाग निवास करता है। इस महाद्वीप की कुल जनसंख्या लगभग 4.8 अरब है।
- एशिया जितना बड़ा और आबादी वाला महाद्वीप है, उतना ही जटिल और विविधतापूर्ण भी है।
- यूराल पर्वत व यूराल नदी, कैस्पियन सागर, काकेशस पर्वत, काला सागर एवं लाल सागर इसे यूरोप से अलग करते हैं, जबकि लाल सागर व स्वेज नहर इसे अफ्रीका से अलग करती है।
- बेरिंग जलसन्धि एशिया को उत्तरी अमेरिका से अलग करती है।
- एशिया तथा ऑस्ट्रेलिया महाद्वीपों के बीच न्यूगिनी द्वीप को सीमा माना जाता है। एशिया महाद्वीप का उत्तरी छोर केप मिस सेलुसकिन, पश्चिमी छोर केप मिस आर्टीसेसजी, पूर्वी बिन्दु केप मिस डिनेवा और दक्षिणतम बिन्दु केप टीजीबूरु है।

एशिया महाद्वीप की सामान्य विशेषताएँ

- **क्षेत्रफल** 44,579,000 वर्ग किमी
- **जनसंख्या** 4,814,972,563 अक्टूबर, 2024 के अनुसार
- **माउण्ट एवरेस्ट** (8,848 मी) विश्व की सबसे ऊँची चोटी
- **मृत सागर** विश्व का सबसे गहरा स्थान
- **मासिनराम (भारत)** विश्व का सर्वाधिक वर्षा वाला क्षेत्र
- **वान झील (तुर्किए)** विश्व की सर्वाधिक लवणता वाली झील
- **बर्खोयांस्क (साइबेरिया रूस)** विश्व का सबसे ठण्डा (-68°C) स्थान
- **तिरात जवी (इजराइल)** एशिया का सर्वाधिक गर्म स्थान (54°C)
- **बैकाल झील (मीठा पानी)** विश्व की मीठे पानी की सर्वाधिक गहरी झील (1632 मी)

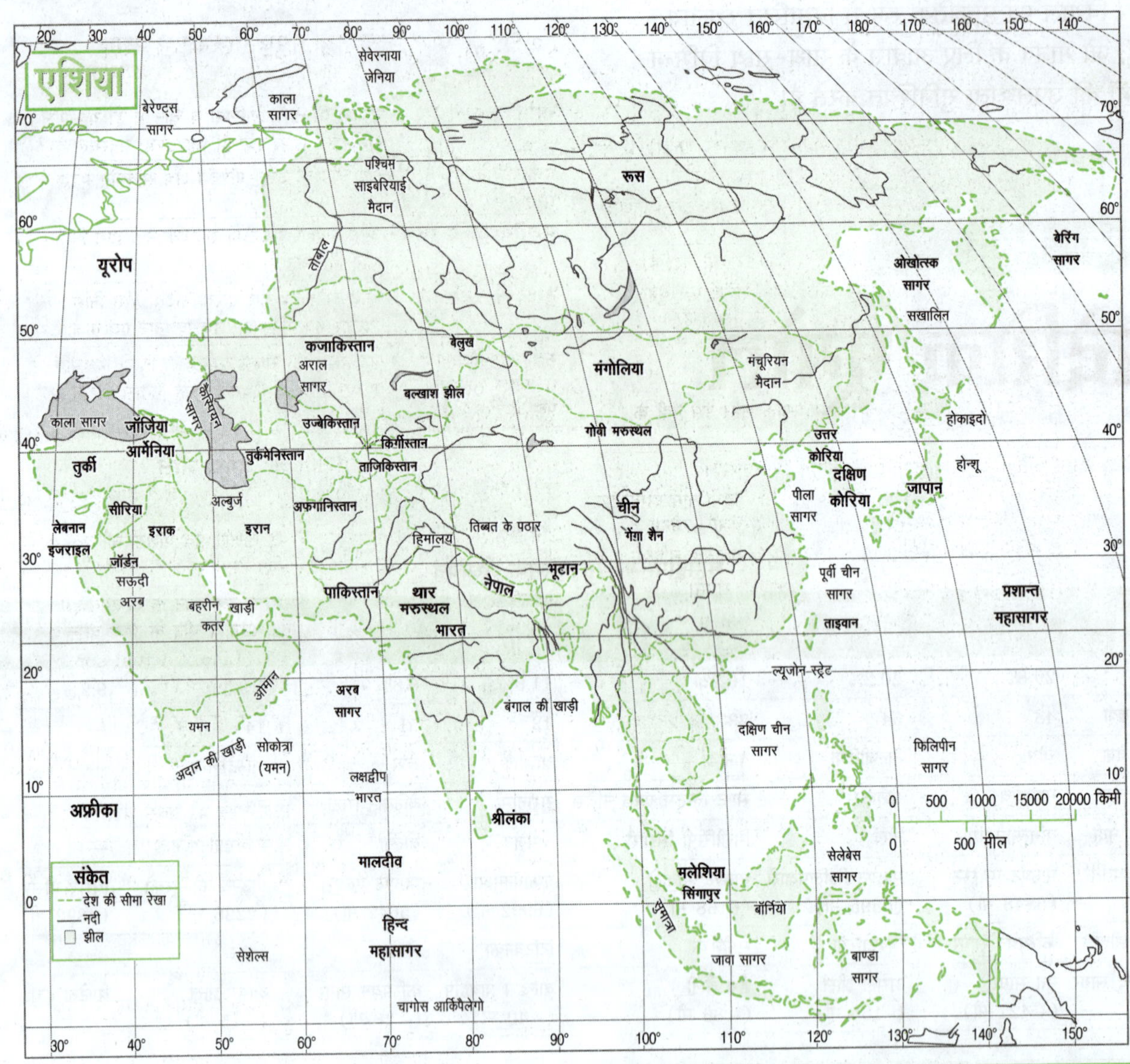

एशिया से सम्बन्धित महत्त्वपूर्ण तथ्य

देश (क्षेत्र)	द्वीप	नगरीय संकुल	रेगिस्तान	झीलें
चीन	बोर्नियो	टोकियो	अरब	कैस्पियन
भारत	सुमात्रा	दिल्ली	गोबी	अरल सागर
कजाकिस्तान	होन्शू	शंघाई	रूब-अल खाली	बाल्कश
सऊदी अरब	सैलिबीज	मुम्बई	काराकुम	टोनले
इण्डोनेशिया	हाँगकाँग	बीजिंग	दस्त-ए-कबीर	इसुक

एशिया की प्रमुख जलसन्धियाँ

जलसन्धियाँ	विशेषताएँ
सुगारु जलसन्धि	• होकैडो को होन्शू द्वीप से अलग करता है। • जापान सागर को प्रशान्त महासागर से जोड़ता है।
कोरिया जलसन्धि या सुशिमा जलसन्धि	• कोरिया प्रायद्वीप को जापान के क्यूशू द्वीप से अलग करता है। • पूर्वी चीन सागर को जापान सागर से जोड़ता है।
ताइवान जलसन्धि (फॉरमोसा जलसन्धि)	• ताइवान को चीन से अलग करता है। • पूर्वी चीन सागर को दक्षिणी चीन सागर से जोड़ता है।
बेरिंग जलसन्धि	• अलास्का (अमेरिका) को रूस से अलग करता है। • पूर्वी चूकची सागर एवं बेरिंग सागर को जोड़ता है।
ला-पैरोज जलसन्धि या सोया जलसन्धि	• जापान के होकैडो द्वीप को रूस के सखालिन द्वीप से अलग करता है। जापान सागर को ओखोत्स्क सागर से जोड़ता है।
पाक जलसन्धि	• भारत के पम्बन द्वीप को श्रीलंका से अलग करता है। • मन्नार की खाड़ी को पाक की खाड़ी से जोड़ता है।
हॉर्मुज जलसन्धि	• यू.ए.ई. ओमान को ईरान से अलग करता है। • फारस की खाड़ी को ओमान की खाड़ी से जोड़ता है।
सुण्डा जलसन्धि	• इण्डोनेशिया के जावा को सुमात्रा से अलग करता है। • हिन्द महासागर को जावा सागर से जोड़ता है।
मलक्का जलसन्धि	• मलेशिया (मलाया) को सुमात्रा द्वीप से अलग करता है। • अण्डमान सागर (हिन्द महासागर) को दक्षिण चीन सागर (प्रशान्त महासागर) से जोड़ता है।

एशिया की प्रमुख नदियाँ

नदियाँ	देश	प्रमुख विशेषताएँ
यलो रिवर या पीली नदी (ह्वांगहो)	चीन	• **उद्गम** क्यूनलुन पर्वत। • **मुहाना** यलो सागर (पो हाई की खाड़ी)। • यह नदी चीन का शोक कहलाती है। • यह नदी अत्यधिक मात्रा में सिल्ट का निक्षेप करती है।
यांग्त्सीक्यांग नदी	चीन	• यह एशिया की सर्वाधिक लम्बी नदी है। • मुहाना पूर्वी चीन सागर, शंघाई एवं बुहान शहर इस नदी के तट पर स्थित हैं। • इस नदी पर **थ्री गार्ज डैम** स्थित है।
सिक्यांग नदी	चीन	• मुहाना दक्षिण चीन सागर। • हाँगकाँग एवं ग्वांगझाऊ शहर इस नदी के मुहाने पर स्थित हैं।
ब्रह्मपुत्र नदी	भारत, चीन (तिब्बत) बांग्लादेश	• उद्गम चेमयुंगडुंग (ग्लेशियर)। • मुहाना बंगाल की खाड़ी। पद्मा नाम बांग्लादेश में तथा यारलुंग-सांगपो (तिब्बत) चीन। • लोहित एवं दिबांग प्रमुख सहायक नदियाँ।
इरावदी नदी	म्यांमार	• उद्गम नामी एवं माली का संगम। • मुहाना अण्डमान सागर। • इसके डेल्टाई क्षेत्र में यांगून शहर स्थित है।
ओब नदी	रूस	• मुहाना कारा सागर। • ओब की खाड़ी विश्व की सबसे बड़ी एश्च्युरी मानी जाती है।
येनीसी नदी	रूस	• मुहाना कारा सागर (आर्कटिक सागर)।
जॉर्डन नदी	इजराइल, जॉर्डन, सीरिया एवं फिलिस्तीन	• मुहाना मृत सागर।
मेकांग नदी	चीन, थाईलैण्ड, लाओस, कम्बोडिया, वियतनाम (प्राकृतिक सीमा-म्यांमार-लाओस एवं थाईलैण्ड-लाओस)	• उद्गम तिब्बत का पठार। • मुहाना दक्षिण चीन सागर। • नामपेन्ह (कम्बोडिया की राजधानी) इसके किनारे स्थित है। यह दक्षिण पूर्व एशिया की सबसे लम्बी नदी है।
टिगरिस नदी तथा यूफ्रेटस नदी (क्रमश: दजला, फरात)	इराक, सीरिया एवं तुर्की	• उद्गम टॉरस पर्वत (तुर्किये) • यह बेसिन खजूर उत्पादन के लिए प्रसिद्ध है।

एशिया के प्रमुख मरुस्थल व मैदान

मरुस्थल व मैदान	विशेषता
गोबी मरुस्थल	• इसका विस्तार मंगोलिया व चीन में है। यह एशिया के बड़े मरुस्थलों में से एक है। यह ठण्डा मरुस्थल है।
तकला मकान मरुस्थल	• यह चीन के उत्तर-पश्चिम क्षेत्र सीक्यांग प्रदेश में स्थित है।
मंचूरिया का मैदान	• अमूर नदी एवं उसकी सहायक नदी द्वारा निर्मित यह मैदान चीन में स्थित है।
तुरान का मैदान	• आमू दरिया व सीर दरिया नदियों द्वारा निर्मित मैदान है। इसका विस्तार तुर्कमेनिस्तान, उज्बेकिस्तान एवं कजाखिस्तान में है।
रुब-अल-खाली मरुस्थल (दक्षिण-पूर्व अरब प्रायद्वीप)	• यह विश्व का सबसे बड़ा बालू निर्मित मरुभूमि क्षेत्र है। यह सऊदी अरब में स्थित है। यह निवास विहीन क्षेत्र है।

एशिया की प्रमुख झीलें

झीलें	देश	विशेषताएँ
टोनले सप झील	कम्बोडिया	• यह दक्षिण-पूर्व एशिया की एक महत्त्वपूर्ण झील है।
पेगॉन्ग झील	भारत, चीन	• रामसर कन्वेन्शन के अन्तर्गत इसे मान्यता प्राप्त है। भारत व चीन के मध्य वास्तविक नियन्त्रण रेखा (Line of Actual Control, LAC) यहीं से गुजरती है।
बाल्खश झील	कजाखिस्तान	• यह खारे पानी की झील है।
कैस्पियन झील	अजरबैजान, ईरान, कजाखिस्तान, तुर्कमेनिस्तान, रूस	• एशिया-यूरोप महाद्वीप की विभाजक होने के साथ विश्व की सबसे बड़ी झील है। • इसमें वोल्गा और यूराल जैसी प्रमुख नदियों का मुहाना है।
टोबा झील	इण्डोनेशिया	• यह मीठे पानी की झील है। • यह **क्रेटर झील** का उदाहरण है।
लोपनूर झील	चीन	• यह खारे पानी की झील है। • यह चीन के तारीम बेसिन में स्थित है।
अरल सागर	उज्बेकिस्तान एवं कजाखिस्तान	• आमू दरिया एवं सीर दरिया, नदियाँ यहाँ गिरती हैं। स्थानीय भाषाओं में इसका शाब्दिक अर्थ है—**द्वीपों की झील**।
बैकाल झील	रूस	• विश्व की सर्वाधिक गहरी झील • यहाँ से लीना व अंगारा नदियाँ निकलती हैं।
वान झील	तुर्किये	• सर्वाधिक खारे पानी की झील है।

एशिया महाद्वीप के प्रमुख देश

देश	परीक्षा उपयोगी महत्त्वपूर्ण तथ्य
पाकिस्तान	• इसे **नहरों का देश** (Country of Canals) कहा जाता है। इसकी स्वात घाटी को पाकिस्तान का स्वर्ग कहा जाता है। पाकिस्तान का जैकोबाबाद स्थान विश्व के सर्वाधिक गर्म (58°C) स्थानों में से एक माना जाता है। देश का चमन, क्वेटा तथा कलात फलों की खेती के लिए प्रसिद्ध हैं। • यहाँ का साल्टरेंज (Salt Range) सेन्धा नमक, जिप्सम व चूना-पत्थर के लिए प्रसिद्ध है। फैसलाबाद को **पाकिस्तान का मैनचेस्टर** कहा जाता है। • पश्चिमी क्षेत्र में बलूचिस्तान का पठार और उत्तर-पश्चिम में सुलेमान और हिन्दूकुश पर्वत श्रेणियाँ स्थित हैं। पाकिस्तान का **ग्वादर बन्दरगाह** चीन द्वारा विकसित किया गया है।
नेपाल	• यह भारत के उत्तर में एक **बफर स्टेट** (Buffer State) के रूप में स्थापित है। यह एक स्थल अवरुद्ध देश है। संसार का सबसे ऊँचा पर्वत माउण्ट एवरेस्ट (8848 मी) नेपाल में स्थित है, जिसे यहाँ **सागरमाथा** कहा जाता है। यहाँ की देवीघाट, त्रिशूली पंचेश्वर, सप्तकोशी, नाऊमरे तथा कोशी परियोजना भारत सरकार की सहायता से शुरू की गई हैं। विराट नगर प्रसिद्ध औद्योगिक नगर है। यहाँ भारत के सहयोग से विशेष आर्थिक क्षेत्र बनाया जा रहा है। • भारत की सहायता से मोतिहारी (भारत) और अमलेखगंज (नेपाल) तक पेट्रोलियम उत्पाद पाइपलाइन का निर्माण किया गया है, जिसकी लम्बाई 69 किमी है। • काठमाण्डू घाटी, लुम्बिनी चितवन नेशनल पार्क और सागरमाथा नेशनल पार्क को यूनेस्को की विश्व विरासत सूची में शामिल किया गया है।

देश	परीक्षा उपयोगी महत्त्वपूर्ण तथ्य
भूटान	• यह एक स्थलरुद्ध देश है, जिसे **लैण्ड ऑफ थण्डरबोल्ट** (Land of Thunderbolt) के नाम से जाना जाता है। भूटान का सबसे ऊँचा पर्वत शिखर ड्रंगखर पुन्सुम (कुला काँगड़ी) (7561 मी) है। यह एकमात्र ऐसा देश है, जो अपने देश के आर्थिक विकास की माप राष्ट्रीय खुशहाली के आधार पर करता है। • भूटान के भोटिया लोग स्वयं को **दुर्कपा** कहते हैं, जिसका अर्थ होता है–सर्प लोक। भारत की सहायता से मांगदेछु, चुखा, करिछु व ताला जलविद्युत परियोजनाएँ भूटान में विकसित की गई हैं। • सकल राष्ट्रीय प्रसन्नता सूचकांक अपनाने वाला भूटान विश्व का एकमात्र देश है। भूटान में जनसंख्या का अधिकांश संकेन्द्रण चुम्बा घाटी के आस-पास है।
अफगानिस्तान	• यह मध्य एशिया का देश है, जिसे इतिहास में कई सभ्यताओं और साम्राज्यों का गवाह माना जाता है। • अफगानिस्तान 29°30' उत्तरी अक्षांश से 38°35' उत्तरी अक्षांश तक तथा 61° पूर्वी देशान्तर से 75° पूर्वी देशान्तर तक फैला है। • इसकी अर्थव्यवस्था ड्रग्स पर आधारित है तथा यहाँ विश्व का 92% अफीम का उत्पादन होता है। अर्थव्यवस्था का मुख्य आधार अफीम है। • ईरान में भारत की सहायता से बनाए जा रहे चाबहार बन्दरगाह से अफगानिस्तान को जोड़ा जाएगा।
म्यांमार	• इसे **स्वर्ण पैगोडा** का देश कहा जाता है। इसकी सालवीन और इरावदी नदी के दोआब को सुदूर पूर्व का चावल का कटोरा (The Rice Bowl of the World) कहते हैं। • इरावदी नदी म्यांमार की जीवन रेखा है। माण्डले एक ऐतिहासिक नगर है, जो इरावदी के किनारे स्थित है। इसका प्यू शहर विश्व विरासत सूची में शामिल है। • अराकानयोमा पर्वत भारत और म्यांमार के बीच प्राकृतिक सीमा का काम करती है। खाकाबो राजी यहाँ की सर्वोच्च चोटी है। • म्यांमार की चिदविन नदी घाटी में भारत के NHPC की सहायता से धामान्ति बाँध बनाया जा रहा है। • यहाँ रहने वाला रोहिंग्या, एक अल्पसंख्यक समुदाय है, जो रखाइन राज्य के उत्तरी भाग में रहता है।
बांग्लादेश	• बांग्लादेश को **नदियों का देश** कहा जाता है। कॉक्स बाजार (Cox's Bazar), विश्व की सबसे बड़ी बलुई पुलिन है, जिसकी लम्बाई 120 किमी है। • बांग्लादेश तीन ओर से भारत की सीमा से घिरा है। त्रिपुरा और बांग्लादेश के बीच की सीमा जीरो लाइन (Zero Line) कहलाती है। • विश्व की 50% जूट तथा जूट के सामानों की आपूर्ति बांग्लादेश करता है। जूट उद्योग यहाँ का प्रमुख उद्योग है। • बांग्लादेश में ब्रह्मपुत्र नदी से तीस्ता नदी मिलती है, तो यह नदी **जमुना** कहलाती है। बाद में जमुना और गंगा की संयुक्त धारा **पद्मा** कहलाती है। • चटगाँव यहाँ का सबसे प्रमुख बन्दरगाह है। भारत और बांग्लादेश के मध्य फेनी नदी पर **मैत्री सेतु** नामक पुल का निर्माण किया गया है। यह पुल सबरूम (त्रिपुरा) को रामगढ़ (बांग्लादेश) से जोड़ता है तथा इसकी लम्बाई 1.9 किमी है।
श्रीलंका	• इसे **पूर्व का मोती** तथा **स्वर्ग वाटिका** उपनाम से जाना जाता है। श्रीलंका की सबसे ऊँची चोटी माउण्ट पिथुराथालागला (2524 मी) है। • महाबेली गंगा श्रीलंका की सबसे लम्बी नदी है, जो उत्तर-पूर्व की ओर बहते हुए बंगाल की खाड़ी में गिरती है। इसकी कुल लम्बाई 335 किमी है। • यहाँ का कैदी नगर बौद्ध मन्दिर के लिए प्रसिद्ध है। यहाँ एशिया में सबसे अधिक समाचार-पत्रों का वितरण है। • यहाँ की प्रमुख फसल चावल है। पर्वतीय क्षेत्रों में **चेन्ना** (स्थानान्तरी कृषि) पद्धति से चावल की खेती की जाती है। • व्यापारिक फसलों में चाय, रबड, नारियल तथा कहवा की प्रधानता है। यहाँ चीन के सहयोग से हम्बनटोटा बन्दरगाह निर्मित किया जा रहा है।
इण्डोनेशिया	• इण्डोनेशिया का सबसे बड़ा द्वीप, **बोर्नियो** है, जिसे इण्डोनेशिया में भाषा में **कालीमन्तान** कहते हैं। सबसे छोटा द्वीप जावा है, जो सर्वाधिक घनत्व वाला द्वीप है। यहाँ जावा तथा सुमात्रा के मध्य स्थित क्राकातोआ (Krakatoa) विश्व का प्रसिद्ध ज्वालामुखी द्वीप है। • जावा तथा मदुरा द्वीपों को **इण्डोनेशिया का हृदय** कहा जाता है।यह चीन के बाद विश्व में टिन का दूसरा सर्वाधिक उत्पादक देश है। • इण्डोनेशिया विश्व का सबसे बड़ा सिनकोना उत्पादक देश है। बाण्डुंग इसका सबसे बड़ा उत्पादक केन्द्र है। नुसन्तारा इसकी नई राजधानी है।
मलेशिया	• यहाँ रबड़ के बड़े-बागान हैं, जिन्हें **रबर स्टेट** (Rubber State) के नाम से जाना जाता है। यह रबर का शीर्ष उत्पादक देश है। • मलेशिया का सबसे ऊँचा पर्वत शिखर किनाबलू (4101 मी) है। पाहवांग तथा केलान्तान यहाँ की प्रमुख नदियाँ हैं। • मलेशिया के सारावाक प्रान्त में चीन की भाषा बोलने वाले लोग बड़ी संख्या में रहते हैं।विश्व में टिन के उत्पादन में अग्रणी देशों में मलेशिया प्रमुख है। यहाँ के क्षेत्र क्रमश: सेलांगोर, पेनांग द्वीप एवं जेलुबु घाटी हैं। • टिन के उत्पादन में ये अग्रणी देशों में शामिल है तथा निर्यात में मलेशिया का विश्व में प्रथम स्थान है। किन्ता-केलांग घाटी में स्थित इपोह टिन खनन का प्रमुख केन्द्र है।
चीन	• यह क्षेत्रफल की दृष्टि से चौथा तथा जनसंख्या की दृष्टि से विश्व का दूसरा सबसे बड़ा देश है। यहाँ का तकलामकान ठण्डा एवं एक निर्जन मरुस्थल है, जो तारिम बेसिन में स्थित है। • चीन की ह्वांगहो नदी को **पीली नदी** के नाम से जाना जाता है। चीन के **शंघाई** को चीन का **मैनचेस्टर** कहा जाता है। • विश्व की सबसे बड़ी पनबिजली परियोजना तीन घाटियों का बाँध चीन के हुवेई प्रान्त में यांग्त्सी नदी पर स्थित है। • वर्तमान में चीन विश्व में ऊर्जा का सबसे बड़ा उपभोक्ता तथा विश्व की दूसरी सबसे बड़ी अर्थव्यवस्था है।
जापान	• जापान को जापानी भाषा में निप्पॉन या निहॉन कहा जाता है, जिसका अर्थ होता है—**सूर्योदय का देश** (The Land of the Rising Sun)। • होन्शू द्वीप जापान का सबसे बड़ा द्वीप है, जिस पर जापान का सबसे बड़ा मैदान क्वाण्टो, जागृत ज्वालामुखी फ्यूजीयामा तथा राजधानी टोक्यो अवस्थित हैं। जापान के दक्षिण तट पर आने वाले उष्णकटिबन्धीय तूफान को **टाइफून** कहा जाता है। • नागोया को जापान का **डेट्राइट** एवं **बेडफोर्ड** के नाम से जाना जाता है। जापान के क्योटो को छोटे कारखानों का नगर तथा **ओसाका** को जापान का **मैनचेस्टर** कहा जाता है। मत्स्य उद्योग में जापान का चीन के बाद विश्व में दूसरा स्थान है। • होन्शू द्वीप पर स्थित टोकियो जापान की राजधानी के साथ विश्व का सबसे बड़ा नगर है। यहाँ पर ही विश्व प्रसिद्ध गिंजा बाजार है।

अफ्रीका

- अफ्रीका, एशिया के बाद दूसरा सबसे बड़ा और दूसरा सर्वाधिक जनसंख्या वाला महाद्वीप है। इसका क्षेत्रफल लगभग 30.2 मिलियन वर्ग किमी तथा जनसंख्या लगभग एक अरब है। पृथ्वी के सम्पूर्ण क्षेत्रफल का लगभग 20% भाग अफ्रीका में है।
- इस महाद्वीप के उत्तर में, भूमध्यसागर, उत्तर-पूर्व में स्वेज नहर, लाल सागर, सिनाई प्रायद्वीप, दक्षिण-पूर्व में हिन्द महासागर तथा पश्चिम में अटलाण्टिक महासागर स्थित हैं। अफ्रीका पठारों का महाद्वीप है। अफ्रीका महाद्वीप को **अन्ध महाद्वीप** भी कहा जाता है।
- भूमध्य रेखा अफ्रीका के गैबोन, कांगो, जायरे, युगाण्डा, कीनिया और सोमालिया से होकर गुजरती है। कर्क रेखा अफ्रीका से होकर गुजरती है। कर्क रेखा अफ्रीका के मोरक्को, मॉरिटोनिया, माली, अल्जीरिया, नाइजर, लीबिया, चाड़ और म्रिस से होकर गुजरती है।
- मकर रेखा नामीबिया, बोत्सवाना, दक्षिण अफ्रीका, मोजाम्बिक और मेडागास्कर से होकर गुजरती है। **लेसोथो** देश दक्षिण अफ्रीका से घिरा हुआ है, जिसकी राजधानी मासेरू है।
- मलावी झील मोजाम्बिक, मलावी और तंजानिया देश की सीमा पर स्थित है और विक्टोरिया झील युगाण्डा, कीनिया और तंजानिया देश की सीमा पर स्थित है। अफ्रीका में वर्तमान में कुल 54 देश हैं।
- बीसवीं शताब्दी के आरम्भ में लगभग सम्पूर्ण अफ्रीका यूरोपीय शक्तियों के अधीन हो गया था। इसके बहुत से देश हाल ही में स्वतन्त्र हुए हैं। अफ्रीका का नवीनतम देश दक्षिणी सूडान है, जिसकी राजधानी जूबा है। अफ्रीका की विविधता पूर्ण जलवायु तथा आर्थिक एवं सांस्कृतिक विशेषताओं को निम्नलिखित बिन्दुओं के माध्यम से समझा जा सकता है।

अफ्रीका के कर्क, मकर तथा विषुवत् रेखा पर अवस्थित देश (पश्चिम से पूर्व)

- **कर्क रेखा** पश्चिमी सहारा, मॉरिटानिया, माली, अल्जीरिया, नाइजर, लीबिया, मिस्र।
- **मकर रेखा** नामीबिया, बोत्सवाना, दक्षिण अफ्रीका, मोजाम्बिक, मेडागास्कर।
- **विषुवत् रेखा** गैबन, कांगो, डेमोक्रेटिक रिपब्लिक ऑफ कांगो (जायरे), युगाण्डा, केन्या, सोमालिया।

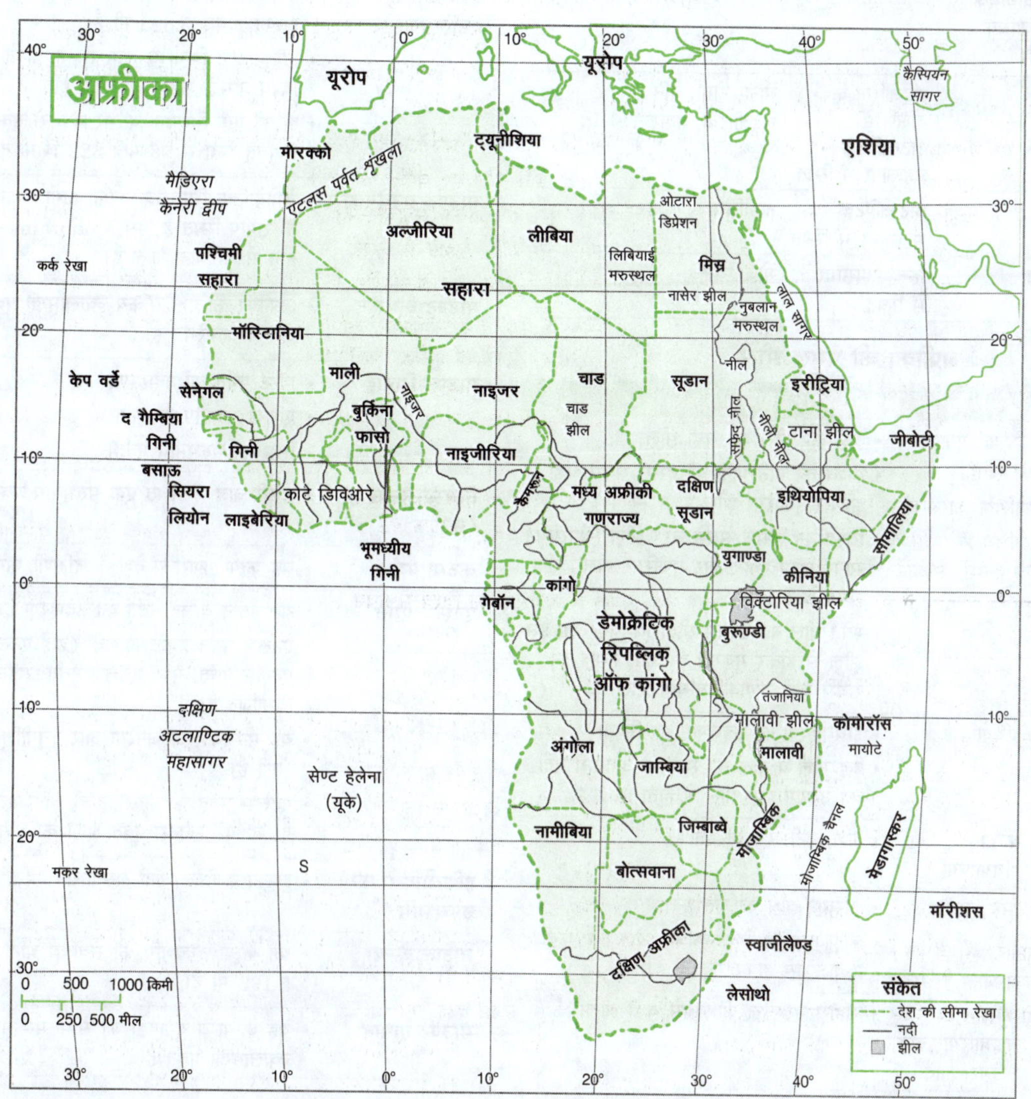

अफ्रीका से संलग्न प्रमुख सागर/महासागर/खाड़ी

नाम एवं विशेषताएँ	अवस्थित	सागर से संलग्न देश
लाल सागर		
यह अफ्रीका को एशिया से अलग करता है।	अफ्रीका के उत्तर-पूर्व में	मिस्र, सूडान, इरीट्रिया, जिबूती
हिन्द महासागर	अफ्रीका के पूर्व में	सोमालिया, केन्या, तंजानिया, मोजाम्बिक, दक्षिण अफ्रीका एवं मेडागास्कर
अटलाण्टिक महासागर (अन्ध महासागर)	अफ्रीका के पश्चिम में स्थित	मोरक्को, पश्चिम सहारा, मॉरितानिया, सेनेगल, गैम्बिया, गिनी-बिसाऊ, गिनी, सिएरा लियोन, लाइबेरिया, आइबरी कोस्ट, घाना, टोगो, बेनिन, नाइजीरिया, कैमरून, इक्वेटोरियल गिनी, गैबन, कांगो, अंगोला, नामीबिया, दक्षिण अफ्रीका
भूमध्यसागर		
यह अफ्रीका को यूरोप से अलग करता है। भूमध्यसागरीय जलवायु अन्य जलवायविक क्षेत्रों की अपेक्षा सर्वाधिक अनुकूल जलवायु है।	अफ्रीका के उत्तर में	मोरक्को, अल्जीरिया, ट्यूनीशिया, लीबिया, मिस्र
गिनी की खाड़ी	नाइजीरिया के दक्षिण में अटलाण्टिक महासागर में स्थित	घाना, टोगो, बेनिन, नाइजीरिया, कैमरून
वाल्विस की खाड़ी	अटलाण्टिक महासागर में स्थित	नामीबिया
मापूतो या डेलागोआ की खाड़ी	हिन्द महासागर में स्थित	मोजाम्बिक

अफ्रीका की प्रमुख झीलें

झील	राज्य	प्रमुख विशेषताएँ
विक्टोरिया झील	केन्या, युगाण्डा, तंजानिया	• अफ्रीका की सबसे बड़ी झील। • विश्व की मीठे पानी की दूसरी सबसे बड़ी झील (सुपीरियर झील प्रथम स्थान)। • विश्व की तीसरी सबसे बड़ी झील (कैस्पियन सागर प्रथम स्थान और सुपीरियर झील द्वितीय स्थान के बाद)। • श्वेत नील का उद्गम स्रोत। विषुवत् रेखा इस झील से होकर गुजरती है, अतः विश्व की सबसे बड़ी उष्णकटिबन्धीय झील।
टाना झील	इथियोपिया	• इथियोपिया की उच्चभूमि पर स्थित। • ब्लू नील व नील की सहायक अतबारा नदी का उद्गम इसी झील से होता है।
तुर्काना झील (रूडोल्फ झील)	केन्या-इथियोपिया	• भ्रंश घाटी में अवस्थित है।
नासिर झील	मिस्र, सूडान	• अस्वान बाँध का जलाशय। • नील नदी पर स्थित कृत्रिम झील तथा कर्क रेखा इससे होकर गुजरती है।
चाड़ झील	कैमरून, नाइजीरिया, चाड़, नाइजर आदि	• सहारा मरुस्थल की सबसे बड़ी झील।
टंगानिका झील	तंजानिया, जायरे, बरुण्डी, जाम्बिया	• विश्व की दूसरी सबसे गहरी झील (बैकाल झील प्रथम स्थान)। • अफ्रीका की दूसरी सबसे बड़ी झील। • भ्रंश घाटी में स्थित।
वोल्टा झील	घाना	• यह वोल्टा नदी पर मानव निर्मित झील है और यह जाम्बिया एवं जिम्बाब्वे की सीमा पर स्थित है।
करीबा झील	जाम्बिया-जिम्बाब्वे	• जाम्बिया और जिम्बाब्वे के बीच सीमा निर्धारण। • जाम्बिया नदी पर मानव-निर्मित झील है।
मलावी (न्यासा झील)	मलावी, मोजाम्बिक, तंजानिया	• यह अफ्रीका की तीसरी सबसे बड़ी झील है, जो भ्रंश घाटी में स्थित है। • इसे कैलेण्डर झील भी कहते हैं।

अफ्रीका महाद्वीप के प्रमुख पर्वत एवं पठार

नाम	विशेषता
माउण्ट किलिमंजारो	• अफ्रीका की सर्वोच्च चोटी, जो तंजानिया में अवस्थित है। इसकी ऊँचाई 5,895 मी है। • इसे माउण्ट किबो के नाम से भी जानते हैं। इसके ढाल पर विश्व प्रसिद्ध कहवा की खेती होती है। • इसकी एक विशेषता वर्षभर बर्फ से ढके रहना है, जबकि विषुवत् रेखा से यह मात्र 322 किमी दूर अवस्थित है।
माउण्ट राउवेनजोरी	• डेमोक्रेटिक रिपब्लिक ऑफ कांगो (जायरे) की अल्बर्ट झील के समीप स्थित है, इसे Mountains of the Moon के नाम से भी जाना जाता है।
माउण्ट कैमरून	• अफ्रीका का एक सक्रिय ज्वालामुखी पर्वत, कैमरून के तटीय क्षेत्र में अवस्थित है।
माउण्ट सिनाई	• हॉर्स्ट पर्वत का उदाहरण। • एशिया महाद्वीप का भाग। • मिस्र का मरुभूमीय पर्वत।
तिबेस्ती पठार (मासीफ)	• उत्तरी चाड़ में स्थित एक मरुभूमीय पर्वत।
कटंगा पर्वत	• यह कांगो गणराज्य देश के दक्षिणी भाग में स्थित है।
एटलस पर्वत	• यह नवीन वलित पर्वत का उदाहरण है। • एटलस पर्वत प्रमुख श्रेणियों (हाई एटलस पर्वत, एण्टी एटलस पर्वत, मध्य एटलस पर्वत, सहारा एटलस पर्वत) में विभाजित है। • यह मोरक्को, अल्जीरिया और ट्यूनीशिया में विस्तृत पर्वत श्रेणी है। • एटलस पर्वत की सबसे ऊँची चोटी तउबकल (4,165 मी) है, जो ग्रेट एलटस पवत श्रेणी का भाग है।
इथियोपिया की उच्चभूमि	• इसकी सर्वोच्च चोटी रासदाजान (4,533 मी) है।
माउण्ट केन्या	• यह केन्या उच्चभूमि की सर्वोच्च चोटी है, जिसकी ऊँचाई 5,199 मी है।
माउण्ट एल्गन	• यह केन्या व युगाण्डा की सीमा पर अवस्थित एक शान्त ज्वालामुखी पर्वत है।

अफ्रीका महाद्वीप की प्रमुख नदियाँ

नदी	देश	विशेषताएँ
ऑरेंज नदी	दक्षिण अफ्रीका, लेसोथो, नामीबिया आदि	• **उद्गम** ड्रेकेन्सबर्ग पर्वत। • **मुहाना** अटलाण्टिक महासागर • यह नदी दक्षिण अफ्रीका व नामीबिया की सीमा बनाती है। सहायक नदी-वॉल। • इस नदी पर दक्षिण अफ्रीका में ओघारावीज जलप्रपात स्थित है।
नाइजर नदी	गिनी, माली, नाइजर, बेनिन, नाइजीरिया आदि।	• **उद्गम** गिनी उच्चभूमि, मुहाना-गिनी की खाड़ी • यह माली में अन्त: स्थलीय डेल्टा (मैकिना दलदल) तथा नाइजीरिया में तटीय डेल्टा बनाती है। यह नदी पॉम ऑयल को ले जाने हेतु जलीय मार्ग उपलब्ध कराती है, जिसके कारण इसे **पॉम ऑयल रिवर** भी कहते हैं। • इसके मुहाने पर नाइजीरिया का हारकोर्ट बन्दरगाह अवस्थित है, जो खनिज तेल के निर्यात हेतु प्रसिद्ध है। माली की राजधानी बमाको भी इसके तट पर स्थित है।
वोल्टा नदी	घाना, माली बेनिन, टोगो आदि।	• इस पर अकासोम्बो बाँध का निर्माण किया गया है। इससे निर्मित जलाशय को वोल्टा झील कहते हैं, जो अफ्रीका का सबसे बड़ा कृत्रिम जलाशय है। वोल्टा बेसिन कोको की कृषि हेतु महत्त्वपूर्ण है। • मुहाना-गिनी की खाड़ी।
नील नदी	सूडान, मिस्र	• यह नदी श्वेत नील एवं ब्लू नील के मिलने से बनी है। श्वेत नील का उद्गम विक्टोरिया झील से होता है।
श्वेत नील	युगाण्डा, दक्षिण सूडान	• ब्लू नील सूडान की राजधानी खार्तूम के समीप श्वेत नील से मिलने के बाद नील नदी कहलाती है। नील नदी का मुहाना भूमध्य सागर में अवस्थित है।
ब्लू नील	इथियोपिया, सूडान	• मिस्र को नील नदी की देन कहा जाता है। यह विश्व की सबसे लम्बी नदी (6,695 किमी) है।
कांगो (जायरे) नदी	कांगो गणराज्य, कांगो, अंगोला	• यह अफ्रीका की दूसरी सबसे लम्बी नदी है। इसके तट पर कांगो गणराज्य की राजधानी किंशासा व कांगो की राजधानी ब्राजाविले अवस्थित है। यह नदी विषुवत् रेखा को दो बार काटती हुई अटलाण्टिक महासागर में गिरती है। • कसाई, उबांगी इसकी महत्त्वपूर्ण सहायक नदियाँ हैं। कसाई नदी बेसिन डायमण्ड रिजर्व के लिए प्रसिद्ध है।
जाम्बेजी नदी	अंगोला, जाम्बिया, जिम्बाब्वे, मोजाम्बिक, बोत्सवाना, नामीबिया	• इस नदी का उद्गम कटंगा पठार से हुआ है। • यह नदी जाम्बिया व जिम्बाब्वे की प्राकृतिक सीमा बनाती है। यहीं पर विक्टोरिया जलप्रपात स्थित है। इस नदी पर करीबा बाँध का निर्माण किया गया है तथा इससे निर्मित जलाशय को करीबा झील कहते हैं। • इसका मुहाना मोजाम्बिक चैनल में स्थित है।
जुब्बा व शैबेली नदी	इथियोपिया व सोमालिया	• **उद्गम** इथियोपिया उच्चभूमि। • **मुहाना** हिन्द महासागर। • शैबेली, जुब्बा की सहायक नदी है। • शिबेली नदी के तट पर सोमालिया की राजधानी मोगादिशु स्थित है।
लिम्पोपो नदी	दक्षिण अफ्रीका, बोत्सवाना, जिम्बाब्वे व मोजाम्बिक	• यह नदी दक्षिण अफ्रीका-बोत्सवाना तथा दक्षिण अफ्रीका-जिम्बाब्वे की सीमा बनाते हुए मापूतो (डेलागुआ) की खाड़ी में गिरती है। यह नदी मकर रेखा को दो बार काटती है।

अफ्रीका की तटीय रेखाएँ

तटीय रेखाएँ	देश
खाद्यान्न तटीय रेखा (Grain Coast)	सियरा लियोन एवं लाइबेरिया
आइवरी तटीय रेखा (Ivory Coast)	आइवरी कोस्ट
स्वर्ण तटीय रेखा (Gold Coast)	घाना
दास तटीय रेखा (Slave Coast)	टोगो, बेनिन, नाइजीरिया

अफ्रीका महाद्वीप के प्रमुख अन्तरीप

गुआडीफुई	सोमालिया	हिन्द महासागर
गुड होप अन्तरीप	दक्षिण अफ्रीका	केपटाउन के दक्षिण में
क्रिया अन्तरीप	नामीबिया	दक्षिण अटलाण्टिक महासागर
अगुलहास अन्तरीप	दक्षिण अफ्रीका	हिन्द महासागर
सेण्ट फ्रांसिस अन्तरीप	दक्षिण अफ्रीका	हिन्द महासागर
वर्दे अन्तरीप	सेनेगल	उत्तरी अटलाण्टिक महासागर

अफ्रीका के प्रमुख मरुस्थल

मरुस्थल	सम्बन्धित तथ्य
नूबियन मरुस्थल	• **विस्तार** सूडान के उत्तर-पूर्वी क्षेत्र में (सहारा मरुस्थल का पूर्वी विस्तार)। यह मरुभूमि नील नदी व लाल सागर के मध्य अवस्थित है।
कालाहारी मरुस्थल	• **विस्तार**-बोत्सवाना, नामीबिया, दक्षिण अफ्रीका। • इस मरुस्थल में बुशमैन (सैन) जनजाति पाई जाती है। • ओकावांगो नदी इस मरुस्थल की जीवन रेखा है। • यह विश्व का सबसे विस्तृत मरुस्थल है, जो अफ्रीका के उत्तरी भाग में कर्क रेखा के दोनों तरफ फैला हुआ है। • यह विश्व का सबसे विस्तृत मरुस्थल है, जो अफ्रीका के उत्तरी भाग में कर्क रेखा के दोनों ओर फैला हुआ है।
सहारा मरुस्थल	• अर्ग सहारा का रेतीला क्षेत्र (वायु निक्षेपण द्वारा निर्मित) तथा हमादा पथरीली मरुभूमि प्रदेश है। • सहारा मरुस्थल निम्नलिखित देशों में विस्तृत है-इरीट्रिया, मिस्र (इजिप्ट), सूडान, चाड, नाइजर, माली, मॉरिटानिया, मोरक्को, पश्चिमी सहारा, अल्जीरिया, लीबिया एवं ट्यूनीशिया।
लीबिया मरुभूमि	• अफ्रीका के उत्तर-पूर्व में लीबिया का विशाल शुष्क क्षेत्र।

अफ्रीका के मुख्य बहु-उद्देशीय बाँध

बाँध	उद्देश्य
ओवन बाँध (युगाण्डा)	ओवन प्रपात के समीप, जो श्वेत नील नदी पर अवस्थित एक बहु-उद्देशीय योजना है।
आस्वान बाँध (मिस्र)	नील नदी पर अवस्थित अफ्रीका का सबसे ऊँचा बाँध, जिसके द्वारा नील नदी के बहाव को नियन्त्रित किया जाता है।
काहोरा बासा बाँध	मोजाम्बिक में जाम्बेजी नदी पर अवस्थित है।
करीबा बाँध	जाम्बेजी नदी पर अवस्थित है। इसे करीबा झील पर बनाया गया है।
कैंजी बाँध	नाइजर नदी पर अवस्थित।

अफ्रीका महाद्वीप के प्रमुख देश

देश	महत्त्वपूर्ण तथ्य
नाइजीरिया (ताड़ तेल का देश)	• यह निम्न भूमि एवं पठारों का देश है, जो वर्ष 1963 में राष्ट्रमण्डल का सदस्य बना। यहाँ ग्रीष्म ऋतु में गर्म एवं धूल भरी हवाएँ उत्तर-पूर्व की ओर से चलती हैं, जिसे **हरमट्टन** कहा जाता है। इबादान, यहाँ का सबसे बड़ा नगर और व्यापारिक केन्द्र है। • लागोस (पुरानी राजधानी) और पोर्ट हार्ट कोर्ट प्रमुख बन्दरगाह एवं औद्योगिक नगर है। नाइजीरिया के दक्षिण में गिनी की खाड़ी है, जो अटलाण्टिक महासागर का पूर्वी किनारा है। • नाइजर नदी यहाँ की मुख्य नदी है, जो पश्चिम अफ्रीका की सबसे लम्बी नदी है। इसी नदी पर कैंजी बाँध बना है। यह विश्व का 7वाँ सबसे बड़ा जनसंख्या (23.4 करोड़) वाला देश है।
जायरे (वनों का देश)	• कांगो गणतन्त्र (जायरे) का नाम जायरे नदी के नाम पर पड़ा है। जायरे नदी विषुवत् रेखा को दो बार काटती है। वन्य प्राणियों की अधिकता व विविधता के कारण जायरे को विशाल चिड़ियाघर की उपमा दी गई है। यहाँ के लुम्बुबाशी शहर को ताँबा की राजधानी के नाम से जाना जाता है। जायरे नदी पर स्थित मतादी देश का प्रमुख पत्तन है। • चावल, मक्का, कैसावा और ज्वार इस देश की मुख्य फसलें हैं तथा मक्का सवाना प्रदेश की मुख्य फसल है। • इस देश में हीरा उत्पादन का सबसे बड़ा केन्द्र बकरवंगा है। लुकासी और लुम्बुबाशी यहाँ के मुख्य औद्योगिक क्षेत्र हैं।
मिस्र गणतन्त्र (इजिप्ट)	• इसे नील नदी का उपहार, नदी मरुद्यान तथा सहारा मरुभूमि का उद्यान कहा जाता है। • यहाँ ग्रीष्म ऋतु में शुष्क और धूल भरी हवाएँ चलती हैं, जिन्हें **खमसिन** कहते हैं। यहाँ के किसानों को **फैल्लाह** कहते हैं। • नील नदी पर निर्मित ऑस्वान बाँध सिंचाई व जल विद्युत के लिए महत्त्वपूर्ण है। यहाँ की प्रमुख नहर **स्वेज नहर** है, जो लाल सागर को भूमध्य सागर से जोड़ती है, इसका उत्तरी छोर पोर्ट सईद तथा दक्षिणी छोर पर स्वेज नगर है। • काहिरा और सिकन्दरिया सूती वस्त्र उद्योग के प्रमुख केन्द्र हैं। सिकन्दरिया नील नदी के डेल्टा क्षेत्र में स्थित मिस्र का प्रमुख बन्दरगाह है।
दक्षिण अफ्रीका (सोने और हीरे का देश)	• इसकी प्रशासनिक राजधानी प्रिटोरिया तथा विधायी राजधानी केपटाउन है। यहाँ की प्रमुख पर्वतमाला ड्रेकेन्सबर्ग है, जो ऑरेंज नदी का उद्गम क्षेत्र है। यहाँ की एक प्रमुख नदी लिम्पोपो है, जो मकर रेखा को दो बार काटती है। • यहाँ के घास के मैदान को वेल्ड कहा जाता है तथा इस वेल्ड क्षेत्र को **मक्के का त्रिभुज** [Maize Triangle] कहा जाता है। • यहाँ का ट्रान्सवाल क्षेत्र स्वर्ण उत्पादन के लिए प्रसिद्ध है, जो जोहान्सबर्ग के निकट है तथा किम्बरले क्षेत्र मे विश्व प्रसिद्ध हीरे की खाने हैं। • क्रोमियम तथा प्लेटिनम के उत्पादन में दक्षिण अफ्रीका विश्व में प्रथम स्थान रखता है। यहाँ के प्रमुख पत्तन-केपटाउन, डर्बन, पोर्ट एलिजाबेथ, पूर्वी लन्दन।

उत्तरी अमेरिका

उत्तरी अमेरिका विश्व का तीसरा सबसे बड़ा महाद्वीप है, जिसका क्षेत्रफल लगभग 2 करोड़ 47 लाख वर्ग किमी है। यह महाद्वीप पूरी तरह से उत्तरी गोलार्द्ध में स्थित है। यह एशिया, अफ्रीका तथा यूरोप के बाद चौथा सर्वाधिक जनसंख्या वाला महाद्वीप है। अत्यधिक औद्योगिक विकास के कारण यह संसार का सबसे अधिक समृद्धशाली महाद्वीप है।

पश्चिमी द्वीप समूह के देश

देश	राजधानियाँ	देश	राजधानियाँ
क्यूबा	हवाना	ट्रिनिडाड एवं टोबैको	पोर्ट ऑफ स्पेन
हैती	पोर्ट ऑफ प्रिन्स	बारबाडोस	ब्रिजटाउन
डोमिनिकन गणराज्य	सेण्टो डोमिंगो	बहामास	नसाऊ
जमैका	किंग्सटन	प्यूर्टोरिको	सेनजुआन
ग्रेनाडा	सेण्ट जॉर्ज	बरमूडा	हैमिल्टन

मध्य-अमेरिका के मुख्य देश

देश	राजधानियाँ	देश	राजधानियाँ
ग्वाटेमाला	ग्वाटेमाला	निकारागुआ	मानागुआ
बेलिज	बेल्मोपान	कोस्टारिका	सेन जोस
एल साल्वाडोर	सेन साल्वाडोर	पनामा	पनामा सिटी
होण्डुरास	टेगू-सीगाल्पा		

उत्तरी अमेरिका की प्रमुख नदियाँ

नदी	देश	प्रमुख विशेषताएँ
सेण्ट लॉरेन्स	यूएसए एवं कनाडा	• **उद्गम**-ओण्टोरियो झील। • **मुहाना**-सेण्ट लॉरेन्स की खाड़ी। • इस नदी के तट पर कनाडा के क्यूबेक व मॉण्ट्रियल शहर स्थित हैं। • **मॉण्ट्रियल** विश्व का सबसे बड़ा नदी द्वीपीय शहर है। • **क्यूबेक** कनाडा का प्राचीनतम शहर है, जहाँ फ्रांसीसी समुदाय की जनसंख्या अधिक होने के कारण इसे फ्रैंच सिटी भी कहते हैं। • विश्व के व्यस्ततम अन्त:स्थलीय जलमार्गों में से एक है। • यह उत्तर अमेरिका का व्यस्तम नदी जलमार्ग भी है। • यह विश्व का सबसे बड़ा ज्वारनदमुख बनाती है।
फ्रेजर नदी	कनाडा	• **उद्गम**-रॉकी पर्वत। • **मुहाना**-उत्तरी प्रशान्त महासागर। • कनाडा का प्रसिद्ध बन्दरगाह वैंकूवर इसी के मुहाने पर स्थित है। वैंकूवर कैनेडियन पैसिफिक रेलवे एवं कैनेडियन नेशनल रेलवे का पश्चिमी जंक्शन भी है। • वैंकूवर लकड़ी के उत्पाद बनाने का प्रमुख केन्द्र है।
मैकेंजी नदी	कनाडा	• **उद्गम**-ग्रेट स्लैव झील। • **मुहाना**-आर्कटिक महासागर के ब्यूफोर्ट सागर में। • कनाडा की सबसे लम्बी नदी।
यूकोन नदी	यूएसए एवं कनाडा	• **उद्गम**-ब्रिटिश कोलम्बिया (कनाडा)। • **मुहाना**-बेरिंग सागर (उत्तरी प्रशान्त महासागर)। • इसका सम्बन्ध यूकोन के पठार से है।
रियो ग्राण्डे नदी	यूएसए एवं मैक्सिको	• **उद्गम**-कैन्बी पर्वत। • **मुहाना**-मैक्सिको की खाड़ी। • अमेरिका व मैक्सिको की प्राकृतिक सीमा निर्धारित करती है। यह मैक्सिको की खाड़ी में सैण्डी डेल्टा का निर्माण करती है।
कोलोरेडो नदी	यूएसए एवं मैक्सिको	• **उद्गम**-रॉकी पर्वत। • **मुहाना**-कैलिफोर्निया की खाड़ी। • इस नदी पर हूवर और पार्कर बाँध बनाए गए हैं। ग्रैण्ड कैनियन का सम्बन्ध इसी नदी से है। मीड झील का सम्बन्ध इसी नदी से है।

नदी	देश	प्रमुख विशेषताएँ
कोलम्बिया नदी	यूएसए एवं कनाडा	• **उद्गम**-कोलम्बिया झील। • **मुहाना**-उत्तरी प्रशान्त महासागर। • यह प्रशान्त महासागर में गिरने वाली उत्तरी अमेरिका की सबसे लम्बी नदी है। • इसके तट पर अमेरिका का पोर्टलैण्ड शहर अवस्थित है। • सबसे बड़ी सहायक नदी-स्नेक नदी। • अवस्थित बाँध-ग्राण्ड कूली, चीफ जोसेफ बोनविले आदि।
हडसन नदी	यूएसए	• **उद्गम**-लेक टीयर ऑफ द क्लाउड्स कुछ स्रोतों में हेण्डरसन झील के पास से। • **मुहाना**-न्यूयॉर्क की खाड़ी (उत्तरी अटलाण्टिक महासागर)। • न्यूयॉर्क शहर इसके तट पर स्थित है।
मिसीसिपी	यूएसए	• **उद्गम**-इटास्का झील। • **मुहाना**-मैक्सिको की खाड़ी। • सहायक नदी-मिसौरी। • सेण्ट लुइस के पास मिसौरी मिसीसिपी से मिलती है। • मिसीसिपी नदी अपवाह क्षेत्र उत्तर अमेरिका का सबसे लम्बा अपवाह तन्त्र है। • मुहाने पर न्यू ऑर्लियन्स बन्दरगाह स्थित है। • **पंजाकार डेल्टा** का निर्माण करती है। • इसके उत्तरी बेसिन के आस-पास के क्षेत्र मक्का व गेहूँ उत्पादन हेतु तथा दक्षिणी बेसिन गन्ना, कपास व चावल की कृषि हेतु महत्त्वपूर्ण हैं।

उत्तरी अमेरिका की महत्त्वपूर्ण झीलें

झील	देश	प्रमुख विशेषताएँ
विनिपेग झील	कनाडा	• इसके तट पर मनिटोबा प्रान्त की राजधानी विनिपेग अवस्थित है। विनिपेग में विश्व प्रसिद्ध गेहूँ की मण्डी अवस्थित है।
रेण्डियर झील	कनाडा	• चर्चिल नदी का उद्गम इसी झील से होता है, जो हडसन की खाड़ी में गिरती है।
अथाबास्का झील	कनाडा	• यह ग्रेट स्लेव झील व रेण्डियर झील के मध्य अवस्थित है।
सुपीरियर झील	यूएसए एवं कनाडा	• विश्व में मीठे पानी की सबसे बड़ी झील है। • यह सुपीरियर उच्चभूमि पर अवस्थित है। • सुपीरियर उच्चभूमि के मेसाबी रेंज (अमेरिका) में लौह-अयस्क का सर्वाधिक उत्पादन होता है। • सुपीरियर झील के तट पर अवस्थित डुलुथ शहर (अमेरिका) में लौह-इस्पात उद्योग का सर्वाधिक विकास हुआ है। सू नहर सुपीरियर झील को ह्यूरॉन झील से जोड़ती है। • सू नहर के समीप अवस्थित सॉल्ट सेण्ट मेरी कनाडा का एक महत्त्वपूर्ण बन्दरगाह है।
ग्रेट स्लेव झील	कनाडा	• इसके निकट कनाडा के उत्तर-पश्चिमी राज्य की राजधानी यलो नाइफ अवस्थित है। इस झील से ही मैकेंजी नदी निकलती है।
ग्रेट बियर झील	कनाडा	• इसके ऊपर से आर्कटिक वृत्त गुजरता है।
ईरी झील	कनाडा एवं यूएसए	• इसके तट पर अमेरिका का डेट्रॉयट शहर अवस्थित है, जो विश्व स्तर पर ऑटोमोबाइल का महत्त्वपूर्ण केन्द्र है। वेल्लैण्ड नहर ईरी को ओण्टोरियो झील से जोड़ती है। • ईरी झील के तट पर और नियाग्रा जलप्रपात के समीप न्यूयॉर्क राज्य का बफेलो शहर अवस्थित है।
मिशीगन झील	यूएसए	• इसके तट पर अमेरिका के गैरी, शिकागो एवं मिलवॉकी शहर अवस्थित हैं। • सुपीरियर लॉरेंशियन उच्चभूमि के लौह-अयस्क उत्पादक क्षेत्र एवं पेन्सिलवेनिया के कोयला उत्पादक क्षेत्र के मध्य अवस्थित होने के कारण गैरी-शिकागो औद्योगिक प्रदेश में लौह-इस्पात उद्योग का सर्वाधिक विकास हुआ है।
ह्यूरॉन झील	कनाडा एवं यूएसए	• इसके समीप अवस्थित सडबरी कनाडा का एक महत्त्वपूर्ण खनन शहर है, जो विश्व स्तर पर निकेल के उत्पादन हेतु प्रसिद्ध है। • सडबरी ताँबा एवं प्लेटिनम के भण्डार की दृष्टि से भी महत्त्वपूर्ण है।
ओण्टेरियो झील	यूएसए एवं कनाडा	• इसके तट पर कनाडा के टोरण्टो, हैमिल्टन एवं किंग्सटन शहर अवस्थित हैं। टोरण्टो, कनाडा के ओण्टोरियो प्रान्त की राजधानी एवं कनाडा का सर्वाधिक जनसंख्या वाला शहर भी है। • हैमिल्टन, ईरी व ओण्टोरियो के मध्य अवस्थित है। किंग्सटन, कनाडा में रेल इंजन व लोकोमोटिव उद्योग का सर्वाधिक महत्त्वपूर्ण केन्द्र है। ओण्टोरियो झील से सेण्ट लॉरेन्स नदी का उद्गम होता है।
ग्रेट साल्ट लेक	यूएसए	• यह अमेरिका में खारे पानी की झील है, जो मीठे पानी की झील बॉनेविले का अवशिष्ट भाग है। इसके तट पर उटाह राज्य की राजधानी साल्ट लेक सिटी अवस्थित है।

उत्तरी अमेरिका महाद्वीप के देश

देश	महत्त्वपूर्ण तथ्य
कनाडा	• यह विश्व की सबसे लम्बी तट रेखा (20,20,800 किमी) वाला देश है। कनाडा की लूसी झील को एमराल्ड झील (Emerald Lake) के नाम से जाना जाता है। • विश्व का सबसे बड़ा पार्क वुडबुफैलो नेशनल पार्क (Wood Buffalo National Park) कनाडा के अलबर्टा प्रान्त में स्थित है। • कनाडा के जंगलों में लकड़ी काटने वाले लोगों को **लम्बरजैक** (Lumberjack) कहा जाता है। • विश्व में अखबारी कागज के उत्पादन में कनाडा का प्रमुख स्थान है। मॉण्ट्रियल कनाडा का प्रमुख कागज उद्योग केन्द्र है। • कनाडा में लौह-अयस्क का सबसे बड़ा निक्षेप लेब्राडोर-क्यूबेक सीमा पर पाया जाता है। यह विश्व के प्रमुख लौह निर्यातक देशों में एक है। • कनाडा का सबसे बड़ा लौह-इस्पात केन्द्र हैमिल्टन में अवस्थित है। • कनाडा तथा ग्रीनलैण्ड में मध्य स्थित एजिलाबेथ द्वीप पर पृथ्वी का उत्तरी ध्रुव स्थित है।
संयुक्त राज्य अमेरिका	• व्हाइट एवं ब्लैक पर्वत यूएसए में अवस्थित हैं। • येलोस्टोन नेशनल पार्क संयुक्त राज्य अमेरिका में स्थित है, जो पर्यटकों के आकर्षण का केन्द्र है। यूएसए की राजधानी वॉशिंगटन डी.सी., पोटोमैक नदी के किनारे अवस्थित है। इरी झील पर स्थित बुफैलो, क्लिवलैण्ड तथा डेट्राइट में मोटरगाड़ियाँ बनाने का केन्द्र है। • यहाँ की महत्त्वपूर्ण सड़कों को फ्री-वे या सुपर-वे कहते हैं। • यह देश विश्व में सर्वाधिक रॉक फॉस्फेट उत्खनन करने वाला देश है। • डेट्रॉयट मोटर गाड़ियों के निर्माण के लिए प्रसिद्ध है। विश्व में सर्वाधिक मोटर गाड़ियाँ यहीं बनती हैं। • विश्व का सर्वाधिक व्यस्त वायुपत्तन कैनेडी वायुपत्तन (न्यूयॉर्क) संयुक्त राज्य अमेरिका में ही स्थित है।

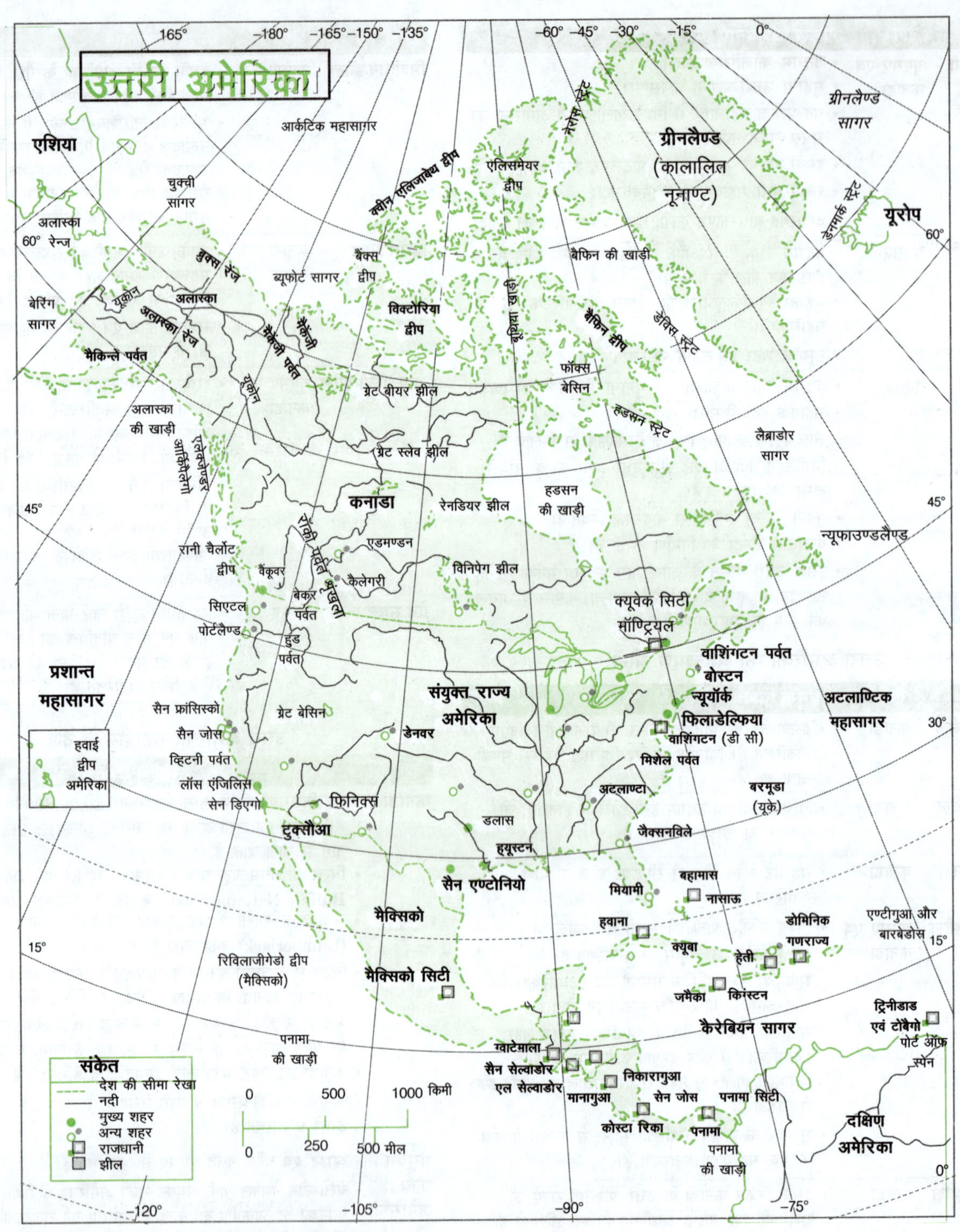
उत्तरी अमेरिका
एशिया
आर्कटिक महासागर
चुक्ची सागर
अलास्का रेन्ज
बेरिंग सागर
अलास्का
ब्यूफोर्ट सागर
बैंक्स द्वीप
विक्टोरिया द्वीप
मैकिन्ले पर्वत
अलास्का की खाड़ी
ग्रेट बीयर झील
ग्रेट स्लेव झील
कनाडा
रेनडियर झील
हडसन की खाड़ी
एलिसमेयर द्वीप
क्वीन एलिजाबेथ द्वीप
ग्रीनलैण्ड (कालालित नूनाण्ट)
ग्रीनलैण्ड सागर
यूरोप
बैफिन की खाड़ी
बैफिन द्वीप
फॉक्स बेसिन
हडसन स्ट्रेट
लैब्राडोर सागर
न्यूफाउण्डलैण्ड
रानी चैर्लोट द्वीप
वैंकूवर
एडमण्डन
कैलेगरी
विनिपेग झील
सिएटल
पोर्टलैण्ड
क्यूबेक सिटी
मॉण्ट्रियल
वाशिंगटन पर्वत
बोस्टन
न्यूयॉर्क
फिलाडेल्फिया
वाशिंगटन (डी सी)
मिशेल पर्वत
प्रशान्त महासागर
अटलाण्टिक महासागर
सैन फ्रांसिस्को
सैन जोस
ग्रेट बेसिन
संयुक्त राज्य अमेरिका
डेनवर
हवाई द्वीप अमेरिका
व्हिटनी पर्वत
लॉस एंजिलिस
सेन डिएगो
फिनिक्स
टुक्सौआ
डलास
ह्यूस्टन
सैन एण्टोनियो
अटलाण्टा
जैक्सनविले
बरमूडा (यूके)
मियामी
बहामास
नासाऊ
मैक्सिको
हवाना
क्यूबा
हेती
डोमिनिक गणराज्य
एण्टीगुआ और बारबेडोस
रिविलाजीगेडो द्वीप (मैक्सिको)
मैक्सिको सिटी
जमैका
किंग्स्टन
कैरेबियन सागर
ट्रिनीडाड एवं टोबैगो
पोर्ट ऑफ स्पेन
पनामा की खाड़ी
ग्वाटेमाला
सैन सेल्वाडोर
एल सेल्वाडोर
निकारागुआ
मानागुआ
सेन जोस
कोस्टा रिका
पनामा सिटी
पनामा
दक्षिण अमेरिका
संकेत
देश की सीमा रेखा
नदी
मुख्य शहर
अन्य शहर
राजधानी
झील
0 500 1000 किमी
0 250 500 मील

उत्तरी अमेरिका की महत्त्वपूर्ण जलसन्धियाँ तथा उनकी विशेषताएँ

जलसन्धि	विशेषताएँ
पनामा नहर	• प्रशान्त महासागर को अटलाण्टिक महासागर से जोड़ती है। • इस नहर में जल के प्रवाह को नियन्त्रित करने के लिए गटुन झील का निर्माण किया गया है। • कोलोन तथा पनामा सिटी इस नहर के समीप अवस्थित बन्दरगाह है।
बेरिंग जलसन्धि	• अमेरिका के अलास्का को रूस के साइबेरिया से अलग करती है। • प्रशान्त महासागर के बेरिंग सागर को आर्कटिक महासागर के ब्यूफोर्ट सागर से जोड़ती है।
जुआन डी फ्यूका जलसन्धि	• कनाडा के वैंकूवर द्वीप को कनाडा मुख्यभूमि से अलग करती है।
डेविस जलसन्धि	• बैफिन द्वीप को ग्रीनलैण्ड से अलग करती है। • बैफिन की खाड़ी को लेब्राडोर सागर से जोड़ती है।
हडसन जलसन्धि	• कनाडा के उंगावा प्रायद्वीप को बैफिन द्वीप से अलग करती है। • हडसन की खाड़ी को लैब्राडोर सागर से जोड़ती है।
बेलेइसले जलसन्धि	• न्यूफाउण्डलैण्ड को कनाडा मुख्य भूमि से अलग करती है। • लैब्राडोर सागर को सेण्ट लॉरेन्स की खाड़ी से जोड़ती है।
फ्लोरिडा जलसन्धि	• फ्लोरिडा को क्यूबा से अलग करती है। • अटलाण्टिक महासागर को मैक्सिको की खाड़ी से जोड़ती है।
युकाटन चैनल	• मैक्सिको के युकाटन प्रायद्वीप को क्यूबा से अलग करता है। • मैक्सिको की खाड़ी को कैरीबियन सागर से जोड़ती है।
विण्डवार्ड पैसेज	• क्यूबा को हैती से अलग करता है। • उत्तरी अटलाण्टिक महासागर को कैरीबियन सागर से जोड़ती है।
मोना पैसेज	• डोमिनिकन गणराज्य को पोर्टो रिको से अलग करता है। • उत्तरी अटलाण्टिक महासागर को कैरीबियन सागर से जोड़ता है।

दक्षिण अमेरिका

- दक्षिण अमेरिका संसार का चौथा बड़ा महाद्वीप है। इस महाद्वीप का अधिकतर भाग दक्षिणी गोलार्द्ध में है।
- इसके पश्चिम में प्रशान्त महासागर, उत्तर एवं पूर्व में अटलाण्टिक महासागर है, इसमें कुल 12 देश हैं।
- फॉकलैण्ड ब्रिटेन का तथा फ्रेंच गुयाना फ्रांस का भाग है। दक्षिण अमेरिका की कुल जनसंख्या 40.6 करोड़ है।
- जनसंख्या के दृष्टिकोण से इसका पाँचवाँ स्थान एशिया, अफ्रीका, यूरोप, उत्तरी अमेरिका के पश्चात् है।
- दक्षिण अमेरिका, मध्य अमेरिका (मैक्सिको और वेस्टइण्डीज) को मिलाकर लैटिन अमेरिका कहते हैं। अनेक यूरोपीय भाषाओं; जैसे-स्पेनी, पुर्तगाली, फ्रांसीसी तथा इतावली की जननी लैटिन है। इन भाषाओं के बोलने वालों को लैटिन कहते हैं।
- सोलहवीं शताब्दी में पुर्तगाल और स्पेन से बड़ी संख्या में लैटिन लोग इस भाग में आकर बसे, इसलिए इस महाद्वीप को लैटिन अमेरिका कहा जाने लगा। भूमध्य रेखा इक्वाडोर, कोलम्बिया तथा ब्राजील से होकर गुजरती है और मकर रेखा चिली, अर्जेण्टीना, पराग्वे तथा ब्राजील से होकर गुजरती है।
- यहाँ दो स्थलरुद्ध देश बोलीविया और पराग्वे हैं। तिएरा-डेल-फ्यूगो द्वीप पर चिली और अर्जेण्टीना दोनों देशों का स्वामित्व है। इस द्वीप को मुख्य भूमि से मैगलन जलसन्धि अलग करती है।

दक्षिण अमेरिका से सम्बन्धित महत्त्वपूर्ण तथ्य

देश (सर्वाधिक क्षेत्रफल)	देश (सर्वाधिक जनसंख्या)	द्वीप	महानगर
ब्राजील	ब्राजील	तिएरा-डेल फ्यूगो	साओपाउलो (ब्राजील)
अर्जेण्टीना	कोलम्बिया	माराजो ब्राजील	ब्यूनर्स आयर्स (अर्जेण्टीना)
पेरू	अर्जेण्टीना	बनानाल ब्राजील	रियो-डी-जेनेरिया (ब्राजील)
कोलम्बिया	पेरू	तुपिनाम्बराना (ब्राजील)	लीमा (पेरू)
बोलीविया	वेनेजुएला	चिलोय (चिली)	बोगोटा (कोलम्बिया)

दक्षिण अमेरिका की महत्त्वपूर्ण नदियाँ एवं विशेषताएँ

नदी	विशेषताएँ
साओ फ्रांसिस्को	• **उद्गम**-ब्राजीलियन उच्चभूमि। • **मुहाना**-अटलाण्टिक महासागर। • यह ब्राजील की एक महत्त्वपूर्ण नदी है।
ओरिनोको	• **उद्गम**-एण्डीज पर्वत। • **मुहाना**-अटलाण्टिक महासागर। • यह कोलम्बिया व वेनेजुएला की महत्त्वपूर्ण नदी है। • सहायक नदी-कैरोनी।
अमेजन	• **उद्गम**-एण्डीज पर्वत, पेरू। • **मुहाना**-अटलाण्टिक महासागर। • विषुवत् रेखा इसके मुहाने को काटती है। • यह अपवाह क्षेत्र व जल आयतन की दृष्टि से विश्व की सबसे बड़ी व दूसरी सबसे लम्बी नदी है। • यहाँ पाए जाने वाले विषुवतरेखीय वनों को सेल्वास कहते हैं। • मडीरा इसकी सबसे बड़ी सहायक नदी है। वहीं नीग्रो और अमेजन नदियों के संगम पर मानोस शहर अवस्थित है। यह शहर रबड़ संग्रहण केन्द्र के रूप में प्रसिद्ध है।
पराग्वे	• यह ब्राजील, पराग्वे व अर्जेण्टीना से होकर गुजरती है। • इसके तट पर पराग्वे देश की राजधानी असुंशियन स्थित है।
कोलोरेडो	• **उद्गम**- एण्डीज पर्वत। • **मुहाना**-बाहिया ब्लांका की खाड़ी (अटलाण्टिक महासागर) • यह अर्जेण्टीना में प्रवाहित होती है।

दक्षिण अमेरिका के प्रमुख मरुस्थल

नाम	विशेषताएँ
अटाकामा	• उत्तरी चिली व दक्षिण पेरू में स्थित यह विश्व का सबसे शुष्कतम मरुस्थल है। • यहाँ विश्व का सबसे बड़ा नाइट्रेट भण्डार पाया जाता है। यह क्षेत्र नाइट्रेट, ताँबा व सल्फर के लिए प्रसिद्ध है।
पैटागोनिया	• यह एण्डीज पर्वत के वृष्टिछाया क्षेत्र में स्थित शीतोष्ण मरुस्थल है। यहाँ पशुपालन हेतु अनुकूल दशाएँ पाई जाती हैं।

दक्षिण अमेरिका की प्रमुख झीलें

नाम	प्रमुख विशेषताएँ
टिटिकाका झील	• बोलीविया व पेरू के मध्य अवस्थित, इस झील के तट पर बोलीविया की राजधानी ला-पाज स्थित है। यह विश्व की सबसे ऊँची नौगम्य झील है।
मरोकैबो झील	• यह उत्तर-पश्चिम वेनेजुएला में एक लैगून है, जोकि दक्षिण अमेरिका की सबसे बड़ी झील है। • इस झील की उत्पत्ति लगभग पाँच मिलियन वर्ष पहले मिओसीन काल में हुई थी।
पोपो झील	• यह अन्तरा-पर्वतीय पठार पर स्थित झील है। • यह बोलीविया में स्थित है।

दक्षिण अमेरिका महाद्वीप की उच्च भूमि

नाम	प्रमुख विशेषताएँ
गुयाना उच्चभूमि	• इसका विस्तार वेनेजुएला से लेकर पूर्व में फ्रेंच गुयाना और दक्षिण में ब्राजील तक है। • ओरिनोको नदी का सम्बन्ध इसी उच्चभूमि से है। इसी उच्चभूमि पर एंजेल जलप्रपात स्थित है।
बोलीवियन उच्चभूमि	• इस पर टिटिकाका झील व बोलीविया की राजधानी ला-पाज स्थित है। यह टिन के भण्डार व उत्पादन हेतु महत्त्वपूर्ण है।
ब्राजीलियन उच्चभूमि	• यह लौह-अयस्क के भण्डार की दृष्टि से प्रसिद्ध है। • यह इताबिरा लौह-अयस्क उत्पादन का एक महत्त्वपूर्ण केन्द्र है। यह उच्चभूमि कॉफी की कृषि हेतु महत्त्वपूर्ण है।

दक्षिण अमेरिका महाद्वीप के प्रमुख देश

देश	महत्त्वपूर्ण तथ्य
ब्राजील (संसार का कहवा पात्र)	• इसका नाम यहाँ पाए जाने वाले रेडवुड वृक्ष पाऊ ब्रासिल (लाल रंग के वृक्ष) पर पड़ा। ब्राजील का सर्वोच्च शिखर बैडीरिया (2890 मी) है। यहाँ के कहवे के बड़े-बड़े बागानों को **फजेण्डा** कहते हैं। • ब्राजील का अधिकतर भू-भाग उच्च भूमि/पठारी क्षेत्र है। यहाँ की जलवायु उष्णार्द्र है। कोको के उत्पादन और निर्यात में घाना और नाइजीरिया (अफ्रीका) के बाद ब्राजील का स्थान आता है। यहाँ चाय के समान पाए जाने वाले उपयोगी वृक्ष को यर्वामाटे के नाम से जाना जाता है। • साओ-पाउलो (Sao-Paulo) ब्राजील का सबसे घना बसा तथा सबसे बड़ा नगर है, जो मकर रेखा पर स्थित है। इटाबिरा, ब्राजील का विश्व में प्रसिद्ध लौह-अयस्क खनन केन्द्र है।
अर्जेण्टीना (गेहूँ और पशुओं का देश)	• इसके विस्तृत मैदान पम्पास को **अर्जेण्टीना का हृदय स्थल** कहा जाता है। यह गेहूँ उत्पादन के लिए विश्व में प्रसिद्ध है। यहाँ क्वेब्रेको वृक्ष की छाल से टेनिन अम्ल प्राप्त किया जाता है। • पम्पास क्षेत्र में गेहूँ, मक्का और अलसी की बहुत अच्छी खेती होती है। यह देश इन फसलों का प्रमुख निर्यातक देश है। यहाँ के रोजेरियो तथा ब्यूनस आयर्स (राजधानी) में स्थापित मांस के उद्योग (Beef Industry) को **फ्रीगोरीफिको** (Frigorifico) कहा जाता है। • अर्जेंटीना के चाको का मैदान कपास की खेती के लिए प्रसिद्ध है। यहाँ के अधिकांश उद्योग पशुपालन व कृषि से प्राप्त कच्चे माल (वस्तु) पर आधारित हैं। ब्यूनस आयर्स में ही अधिकांश उद्योग स्थापित हैं।

यूरोप

- यह क्षेत्रफल की दृष्टि से विश्व का छठा सबसे बड़ा महाद्वीप है। इस महाद्वीप की स्थिति स्थल गोलार्द्ध के रूप में है। इसके उत्तर में स्थित उत्तरी ध्रुव महासागर, दक्षिण में भूमध्यसागर और पश्चिम में अटलाण्टिक महासागर, पूर्व में यूराल पर्वत, काकेशस पर्वत तथा कैस्पियन सागर इसे एशिया से अलग करते हैं।
- इस महाद्वीप का क्षेत्रफल 1,01,80,000 वर्ग किमी है तथा इसकी कुल जनसंख्या लगभग 74 करोड़ है। इस महाद्वीप में कुल 51 देश हैं तथा इसका औसत घनत्व 34 व्यक्ति प्रति वर्ग किमी है। यूरोप विश्व का सबसे अधिक घना बसा हुआ महाद्वीप है, यद्यपि यहाँ जनसंख्या का वितरण काफी असमान है।
- यूरोप के अधिकांश लोग काकेशस प्रजाति के हैं। यहाँ की अधिकतर भाषाएँ इण्डो-यूरोपियन समूह से सम्बन्धित हैं।

यूरोप से सम्बन्धित महत्त्वपूर्ण तथ्य

देश (क्षेत्र)	द्वीप	झीलें	महानगर
रूस	ग्रेट ब्रिटेन	लेडोजेस्कोय ओजेरा (रूस)	पेरिस
यूक्रेन	आइसलैण्ड	ओजेनस्कोरा ओजेरा (रूस)	मॉस्को
फ्रांस	आयरलैण्ड	वेनर्न (स्वीडन)	लन्दन
स्पेन	उत्तरी नोवास जेमलिया (रूस)	वेटर्न (स्वीडन)	एसेन
स्वीडन	स्पिट्सबर्जेन (नॉर्वे)	बालाटन (हंगरी)	सेण्ट पीट्सबर्ग

यूरोप के महत्त्वपूर्ण पर्वत एवं उनकी अवस्थिति

पर्वत	अवस्थिति	पर्वत	अवस्थिति
यूराल	रूस	सियरा नेवादा	स्पेन
बर्खोयान्स्क	रूस	सियरा मोरेना	स्पेन
जोलेन	नॉर्वे, स्वीडन	बेटिकन कॉर्डिलेरा	स्पेन
जूरा पर्वत	फ्रांस, स्विट्जरलैण्ड	माउण्ट विसुवियस	नेपल्स (इटली)
वॉसजेस	फ्रांस	माउण्ट स्ट्रॉम्बोली	इटली (लिपारी द्वीप)
पेलोपोनीज	ग्रीस	कैण्टाब्रियन	स्पेन
स्पेरिन	उत्तरी आयरलैण्ड	पिण्डस	ग्रीस
पेनाइन	इंग्लैण्ड	एपेनाइन	इटली
बवेरियन आल्पस	जर्मनी	माउण्ट एटना	इटली (सिसली द्वीप)
हार्ज	जर्मनी	ग्रेम्पियन	स्कॉटलैण्ड
ब्लैक फॉरेस्ट	जर्मनी	कैम्ब्रियन	इंग्लैण्ड
काकेशस	रूस, जॉर्जिया, अजरबैजान, आर्मेनिया	पेरेनीज	फ्रांस व स्पेन

यूरोप की प्रमुख जलसन्धियाँ

जलसन्धि	विशेषताएँ
मेसिना जलसन्धि	• यह इटली के सिसली द्वीप को इटली प्रायद्वीप से अलग करती है। यह टाइरेनियन सागर को आयोनियन सागर से जोड़ती है।
दार्देनेल्स जलसन्धि	• यह बाल्कन प्रायद्वीप और अनातोलिया प्रायद्वीप को अलग करती है। यह मरमरा सागर व एजियन सागर को जोड़ती है।
जिब्राल्टर जलसन्धि	• यह यूरोप को अफ्रीका से अलग करती है। • यह भूमध्य सागर को अटलाण्टिक महासागर से जोड़ती है। यह जलसन्धि भूमध्य सागर की कुंजी के नाम से प्रसिद्ध है।
उत्तरी चैनल	• यह उत्तरी आयरलैण्ड को स्कॉटलैण्ड से अलग करती है। यह आयरिश सागर को अटलाण्टिक महासागर से जोड़ती है।
डोवर जलसन्धि	• यह फ्रांस को ग्रेट ब्रिटेन से अलग करती है। • यह उत्तरी सागर को इंग्लिश चैनल से जोड़ती है।
सेण्ट जॉर्ज चैनल	• यह आयरलैण्ड गणराज्य को ग्रेट ब्रिटेन से अलग करती है। यह आयरिश सागर को सेल्टिक सागर से जोड़ती है।

यूरोप की महत्त्वपूर्ण खाड़ियाँ

खाड़ी	भाग	अवस्थिति
इंग्लिश चैनल	उत्तरी अटलाण्टिक महासागर	फ्रांस एवं ब्रिटेन
बिस्के की खाड़ी	उत्तरी अटलाण्टिक महासागर	फ्रांस एवं स्पेन
बोथनिया की खाड़ी	बाल्टिक सागर	स्वीडन एवं फिनलैण्ड
फिनलैण्ड की खाड़ी	बाल्टिक सागर	फिनलैण्ड एवं एस्टोनिया
रीगा की खाड़ी	बाल्टिक सागर	लाटविया एवं एस्टोनिया

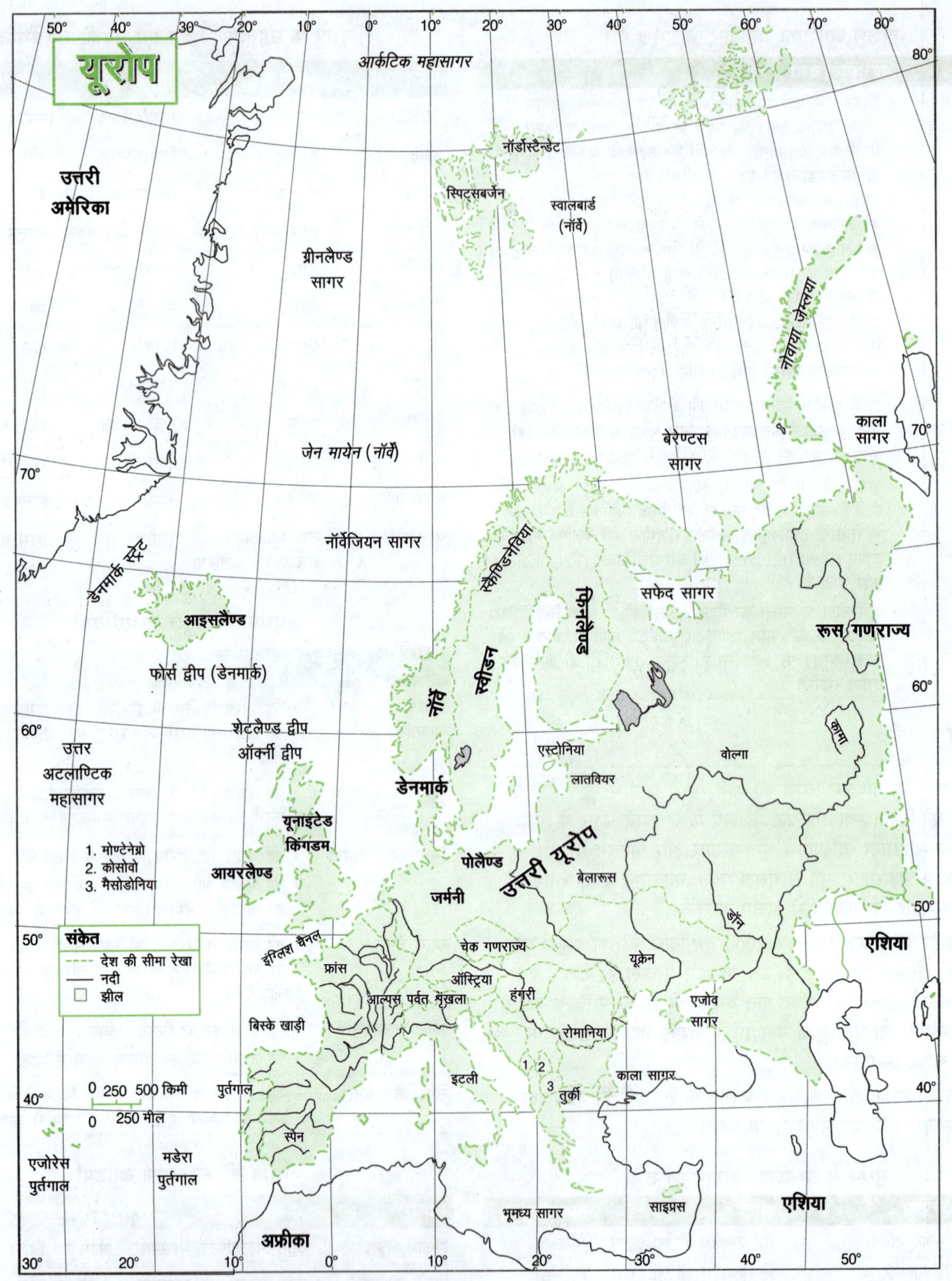
यूरोप
आर्कटिक महासागर
नॉर्डोस्टेन्डेट
स्पिट्सबर्जन
स्वालबार्ड (नॉर्वे)
उत्तरी अमेरिका
ग्रीनलैण्ड सागर
नोवाया जेमल्या
काला सागर
बेरेण्ट्स सागर
जेन मायेन (नॉर्वे)
नॉर्वेजियन सागर
डेनमार्क स्टेट
स्कैंडिनेविया
फिनलैण्ड
सफेद सागर
आइसलैण्ड
रूस गणराज्य
फोर्स द्वीप (डेनमार्क)
नॉर्वे
स्वीडन
शेटलैण्ड द्वीप
ऑर्कनी द्वीप
एस्टोनिया
लातवियर
वोल्गा
कामा
उत्तर अटलाण्टिक महासागर
डेनमार्क
यूनाइटेड किंगडम
उत्तरी यूरोप
पोलैण्ड
बेलारूस
1. मोण्टेनेग्रो
2. कोसोवो
3. मैसोडोनिया
आयरलैण्ड
जर्मनी
डॉन
संकेत
देश की सीमा रेखा
नदी
झील
इंग्लिश चैनल
चेक गणराज्य
फ्रांस
ऑस्ट्रिया
यूक्रेन
एशिया
आल्पस पर्वत शृंखला
हंगरी
एजोव सागर
बिस्के खाड़ी
रोमानिया
इटली
काला सागर
0 250 500 किमी
0 250 मील
पुर्तगाल
तुर्की
स्पेन
एजोरेस पुर्तगाल
मडेरा पुर्तगाल
साइप्रस
भूमध्य सागर
एशिया
अफ्रीका

यूरोप की प्रमुख नदियाँ

नदी	प्रवाहित क्षेत्र	प्रमुख विशेषता
यूराल नदी	रूस, कजाखिस्तान	• **उद्गम**- यूराल पर्वत। • **मुहाना**- कैस्पियन सागर। • यह यूरोप व एशिया की सीमा बनाती है। • यह यूरोप की तीसरी सबसे बड़ी नदी है।
लॉयर नदी	फ्रांस	• **उद्गम**- फ्रांस मध्यवर्ती पठार • **मुहाना**- बिस्के की खाड़ी (अटलाण्टिक महासागर)। • यह फ्रांस की सबसे लम्बी नदी है। • इसके तट पर स्थित नाण्टेस शहर फ्रांस में कागज उद्योग के लिए प्रसिद्ध है।
सीन नदी	फ्रांस	• **उद्गम**- फ्रांस के पठारी भाग से। • **मुहाना**- इंग्लिश चैनल। • इसके तट पर फ्रांस की राजधानी पेरिस स्थित है, जो सम्पूर्ण विश्व में सौन्दर्य प्रसाधन के लिए प्रसिद्ध है। • **पेरिस** फ्रांस का सर्वाधिक जनसंख्या वाला शहर है। इसके मुहाने पर फ्रांस का **ली-हार्वे** बन्दरगाह स्थित है।
राइन नदी	स्विट्जरलैंड, जर्मनी, ऑस्ट्रिया, लिचटेन्सटीन, फ्रांस, नीदरलैण्ड	• **उद्गम**- आल्पस पर्वत। • **मुहाना**- उत्तरी सागर। • नीदरलैण्ड में इसके मुहाने पर रॉटरडम बन्दरगाह स्थित है। यह यूरोप का सबसे व्यस्त अन्तः स्थलीय जलमार्ग है। • जर्मनी का वोन व स्विट्जरलैण्ड का बेसल शहर इसी के तट पर स्थित है। • इसके पूर्व में जर्मनी का ब्लैक फॉरेस्ट तथा पश्चिम में फ्रांस का वॉसजेस पर्वत अवस्थित है। यहाँ राइन नदी भ्रंश घाटियों से होकर गुजरती है।
स्प्री नदी	जर्मनी	• यह एल्बे की सहायक नदी है। इसके तट पर जर्मनी की राजधानी बर्लिन स्थित है।
एल्बे नदी	जर्मनी, चेक गणराज्य	• **मुहाना**- उत्तरी सागर। • इसके मुहाने पर जर्मनी का हैम्बर्ग शहर (बन्दरगाह) स्थित है। • इसके तट पर स्थित जर्मनी का ड्रेसडेन शहर चीनी मिट्टी के उत्पादन हेतु प्रसिद्ध है।
वोल्गा नदी	रूस	• **उद्गम**- वाल्दे पहाड़ी। • **मुहाना**- कैस्पियन सागर। • यह यूरोप की सबसे बड़ी लम्बी नदी है।
विस्तुला नदी	पोलैण्ड	• **मुहाना**-बाल्टिक सागर • यह पोलैण्ड की सबसे लम्बी व बड़ी नदी है। • वॉरसा (पोलैण्ड की राजधानी) एवं क्रकॉउ इसके तट पर स्थित शहर हैं। • वस्त्र उद्योग का विकास होने के कारण लॉड्ज को पोलैण्ड का मैनचेस्टर कहा जाता है।
पो नदी	इटली	• **उद्गम**- आल्पस पर्वत। • **मुहाना**- एड्रियाटिक सागर। • यह इटली की सबसे लम्बी नदी है। इसे इटली की गंगा भी कहते हैं। • यह लोम्बार्डी के मैदान से प्रवाहित होती है, जो यूरोप का सर्वाधिक चावल उत्पादक क्षेत्र है। • पो नदी बेसिन में मिलान को इटली का मैनचेस्टर तथा तुरीन को इटली का ड्रेटॉयट कहते हैं।
रोन नदी	स्विट्जरलैंड, फ्रांस	• **उद्गम**-जेनेवा झील (स्विट्जरलैण्ड)। • **मुहाना**-लियोन की खाड़ी (भूमध्य सागर) • इसके तट पर फ्रांस के 'लियोन' एवं 'मार्सिले' शहर स्थित हैं। • लियोन को 'फ्रांस की सिल्क सिटी' कहा जाता है। • मार्सिले फ्रांस का दूसरा सर्वाधिक जनसंख्या वाला शहर है तथा मार्सिले यूरोप का महत्त्वपूर्ण पत्तन है।
टेम्स नदी	इंग्लैण्ड	• **उद्गम**-कोस्टवोल्ड पहाड़ी मुहाना उत्तरी सागर। • यह ब्रिटेन की दूसरी सबसे लम्बी नदी है। • इसके तट पर इंग्लैण्ड की राजधानी लन्दन तथा ऑक्सफोर्ड व रीडिंग शहर स्थित हैं।
डॉन नदी	रूस	• **उद्गम**- तुला ओब्लास्ट। • **मुहाना**- अजोव सागर। • रूस का रोस्टोव नगर इसी के तट पर बसा हुआ है।
नीपर नदी	रूस, बेलारूस, यूक्रेन	• **उद्गम**- वल्दाई हिल्स (रूस)। • **मुहाना**- काला सागर। • यह यूक्रेन की सबसे लम्बी नदी है।
टाइबर नदी	इटली	• **उद्गम**- माउण्ट फुमैओलो। • **मुहाना**- भूमध्य सागर। • इसके तट पर विश्व का सबसे छोटा देश वेटिकन सिटी व इटली की राजधानी रोम स्थित है।
डेन्यूब नदी	जर्मनी, ऑस्ट्रिया, रोमानिया, बुल्गारिया, हंगरी, यूक्रेन, क्रोएशिया, सर्बिया, स्लोवाकिया	• **उद्गम**- ब्लैक फॉरेस्ट (जर्मनी)। • **मुहाना**- काला सागर। • इसके तट पर वियना, ब्रातिस्लावा, बुडापेस्ट, बेलग्रेड जैसे चार राजधानी शहर स्थित हैं। • यह विश्व के सर्वाधिक 9 देशों (कुछ स्रोतों के अनुसार, माल्डोवा को मिलाकर 10 देश) से गुजरने वाली नदी है। • यह यूरोप की दूसरी सबसे बड़ी व पश्चिमी यूरोप की सबसे बड़ी नदी है। • यह हंगरी-स्लोवाकिया, क्रोएशिया-सर्बिया व रोमानिया-बुल्गारिया देशों की राजनीतिक सीमा बनाती है।

यूरोप महाद्वीप के प्रमुख देश

देश	महत्त्वपूर्ण तथ्य
यूनाइटेड किंगडम (यूके)	• इंग्लिश चैनल, यूनाइटेड किंगडम को यूरोप की मुख्य भूमि से अलग करता है। यू. के. की सबसे ऊँची चोटी वेन नेविस (1347 मी) है। इसकी राजधानी लन्दन टेम्स नदी पर स्थित है। यहाँ का सबसे महत्त्वपूर्ण मत्स्य ग्रहण क्षेत्र डॉगर बैंक है। • लिवरपूल, ग्लास्गो, न्यूकैसिल तथा साउथेम्पटन यहाँ के प्रमुख औद्योगिक नगर हैं। यू. के. के बर्मिंघम को इस्पात नगरी के रूप में जाना जाता है।
फ्रांस	• फ्रांस के पेरिस को फैशन की नगरी, फ्रांस का हृदय स्थल जैसी उपमा प्राप्त है। फ्रांस की राजधानी पेरिस, सीन नदी के किनारे स्थित है। • फ्रांस को भूमि व जलवायु की दृष्टि से **लघु यूरोप** कहा जाता है। • यहाँ की अधिकांश जनसंख्या का नगर में निवास होने के बाद भी यह कृषि प्रधान देश है, जिस कारण इसे किसानों का देश कहते हैं। • मार्सेलीज यूरोप का दूसरा सबसे बड़ा बन्दरगाह है। फ्रांस में लौह-अयस्क का 90% से अधिक उत्पादन लॉरेन क्षेत्र से होता है। • शैम्पेन, कॉग्नेक एवं बिऊजोलिस यहाँ निर्मित होने वाली सुप्रसिद्ध शराब हैं। • फ्रांस के औद्योगिक केन्द्रों में टुलुज **विमान उद्योग** के लिए प्रसिद्ध है।
जर्मनी	• जर्मनी की राजधानी बर्लिन, स्प्री नदी के किनारे स्थित है। यहाँ के ब्लैक फॉरेस्ट पर्वत, डेन्यूब नदी के उद्गम क्षेत्र हैं। • जर्मनी के रूर बेसिन को जर्मनी का काला प्रदेश और यूरोप का **औद्योगिक हृदय स्थल** (Industrial Heart Land) कहा जाता है। • यहाँ ड्रेसडेन (चीनी मिट्टी के बर्तन), कोलोन (मोटरयान), म्यूनिख (रसायन उद्योग), स्टुटगार्ट (यन्त्रों के लिए) प्रसिद्ध औद्योगिक नगर हैं। यहाँ एल्बे नदी घाटी तथा राइन नदी घाटी के ढलानों पर अँगूर की खेती होती है।
रूस (दो महाद्वीपों का देश)	• यह क्षेत्रफल की दृष्टि से विश्व का सबसे बड़ा देश है। • यूराल पर्वत, यूराल नदी तथा कैस्पियन सागर रूस को यूरोप तथा एशियाई देशों में बाँटते हैं। • काकेशस पर्वत पर स्थित अल्ब्रुश शिखर (5642 मी) रूस का सबसे ऊँचा शिखर है। • विश्व का सबसे ठण्डा स्थान बर्खोयांस्क रूस के टुण्ड्रा प्रदेश में स्थित है। रूस के तुला को रूस का पिट्सबर्ग, इवानोवा को **रूस का मैनचेस्टर** कहा जाता है। • ट्रान्स साइबेरियन रेलमार्ग विश्व का सबसे लम्बा रेलमार्ग है, जो रूस को पूर्व से पश्चिम तक जोड़ता है। • मास्को को पाँच सागरों का पत्तन कहा जाता है। मास्को से जुड़े पाँच सागर-कैस्पियन सागर, काला सागर, बाल्टिक सागर, श्वेत सागर और लैडोगा झील हैं।

ऑस्ट्रेलिया

- ऑस्ट्रेलिया विश्व का सबसे छोटा महाद्वीप है। विश्व में ऑस्ट्रेलिया ही एकमात्र ऐसा देश है, जो पूरे महाद्वीप पर विस्तृत है, इसलिए इसे द्वीपीय महाद्वीप तथा प्यासी भूमि का महाद्वीप भी कहते हैं। यह ओशीनिया का भाग है। ऑस्ट्रेलिया, न्यूजीलैण्ड और आस-पास के द्वीपों को मिलाकर इसे ओशेनिया कहा जाता है।
- ऑस्ट्रेलिया की खोज एक अंग्रेज नाविक कैप्टन जेम्स कुक ने 1770 ई. में की थी। ऑस्ट्रेलिया विश्व के उच्च विकसित देशों में शामिल हैं।
- ऑस्ट्रेलिया की राजधानी कैनबरा है, जो एक केन्द्रशासित राज्य (Union Territories, UT) है। कैनबरा एक नियोजित नगर है, जिसकी योजना शिकागो के एक स्थापत्यविद् वाल्टर वर्ली ग्रिफिन ने वर्ष 1981 में बनाई थी।

ऑस्ट्रेलिया से सम्बन्धित महत्त्वपूर्ण तथ्य

प्रमुख पर्वत	प्रमुख मरुस्थल	प्रमुख नदियाँ	प्रमुख झील
ब्लू माउण्टेन्स	सिम्पसन	मुर्रमबिजी	ऑस्टिन झील
माउण्ट ग्रे	गिब्सन	विक्टोरिया	बार्ली झील
सेण्ट मैरी पहाड़ी	स्टुवर्ट	स्वान	
मुसग्रेव श्रेणी	तनामी	डी ग्रे	
ग्रामपियन		गिलबर्ट (कार्पेण्टेरिया की खाड़ी में गिरती है।)	
डार्लिंग रेंज	ग्रेट सैण्डी	मर्रे	आयर झील (ऑस्ट्रेलिया का सबसे निम्नतम बिन्दु)
मैकडोनल श्रेणी	ग्रेट विक्टोरिया	डार्लिंग	डिसएपॉइण्टमेण्ट लेक

- ऑस्ट्रेलिया के पूर्व में माइक्रोनेशिया, मेलानेशिया तथा पॉलिनेशिया द्वीप समूह स्थित हैं। मेलानेशिया के अन्तर्गत फिजी, रियन, जया, पापुआ न्यूगिनी, सोलोमन तथा वनुआतू द्वीप आते हैं।
- माइक्रोनेशिया में मैरियाना, पलाऊ, कैरोलाइन, मार्शल तथा पॉलिनेशिया में अमेरिकन समोआ, टोंगा, तुवालू, न्यूजीलैण्ड, हवाई आदि द्वीपों को सम्मिलित किया जाता है।
- माइक्रोनेशिया में स्थित मार्शल द्वीप समूह के बिकनी द्वीप पर संयुक्त राज्य अमेरिका ने अपने न्यूक्लियर हथियारों का परीक्षण किया था। पॉलिनेशिया में स्थित तुवालू संयुक्त राष्ट्र संघ का सबसे छोटा सदस्य है।
- ऑस्ट्रेलिया, इस महाद्वीप का महत्त्वपूर्ण देश है। यह देश 6 स्वशासी राज्यों तथा दो केन्द्रशासित क्षेत्रों में बँटा हुआ है। मकर रेखा इस देश के मध्य भाग से गुजरती है।
- ऑस्ट्रेलिया का पश्चिमी भाग एक पठारीय क्षेत्र है, जोकि महाद्वीप के लगभग दो-तिहाई भाग पर विस्तृत है।
- इसका अधिकांश भाग मरुस्थल या अर्द्ध-मरुस्थल है। ऑस्ट्रेलिया के उत्तरी क्षेत्र का मैदान कारपेण्टिूया का मैदान कहलाता है।
- पूर्वी उच्च भूमि तथा पश्चिमी पठार के मध्य विस्तृत निम्न भूमि है। इस प्रदेश की औसत ऊँचाई 150 मी से भी कम है। आयर झील क्षेत्र यहाँ की सबसे निम्न भूमि का उदाहरण है, जोकि समुद्र तल से 12 मी नीचे है।
- इसका चारों ओर का बहुत बड़ा भाग अन्त:स्थलीय अपवाह-तन्त्र का उदाहरण है।
- ग्रेट डिवाइडिंग रेंज ऑस्ट्रेलिया के पूर्वी तट के समान्तर फैला हुआ है, जिसका विस्तार केप यार्क प्रायद्वीप से लेकर तस्मानिया तक है।
- कोशियुस्को (Mount-Kosciuszko) ऑस्ट्रेलिया का सर्वोच्च शिखर है, जिसकी ऊँचाई समुद्र तल से 2,228 मी है।
- ऑस्ट्रेलिया की प्रमुख झीलें मुख्यत: आयर झील, टॉरेन्स झील तथा गेर्डनर झील हैं, जबकि गिब्सन, विक्टोरिया, सैण्डी यहाँ के प्रमुख मरुस्थल हैं।
- ऑस्ट्रेलिया की अधिकांश नदियाँ पूर्वी उच्च भूमि से निकलती हैं। मर्रे-डार्लिंग नदी न्यूसाउथ वेल्स में ग्रेट डिवाइडिंग रेंज से निकलती है और दक्षिण-पश्चिम में बहती हुई हिन्द महासागर में गिरती है।

- ऑस्ट्रेलिया में उत्सूत कूप (ऑस्ट्रेलिया के मध्यवर्ती निम्न भूमि में असंख्य गहरे कुएँ पाए जाते हैं, जिनसे तीव्र वेग से पानी ऊपर निकलता रहता है, उन्हें उत्सूत कहते हैं।) का विस्तृत क्षेत्र ग्रेट आर्टिजिन बेसिन कहलाता है।
- ऑस्ट्रेलिया के उत्तर-पूर्वी तट के साथ-साथ समुद्र में एक प्रवाल भित्ति है, जिसे ग्रेट बैरियर रीफ कहते हैं। यह विश्व की सबसे लम्बी प्रवाल भित्ति है, जिसकी लम्बाई 1,900 किमी से भी अधिक है।
- ऑस्ट्रेलिया के पूर्वी, उत्तर-पूर्वी तथा दक्षिण-पश्चिमी भागों में पवन समुद्र की ओर से चलती है, जिससे यहाँ भारी वर्षा होती है। इसके दक्षिणी तट की जलवायु भूमध्यसागरीय है, जबकि उत्तरी भाग में ग्रीष्म ऋतु में मानसूनी पवनों से वर्षा होती है।

न्यूजीलैण्ड

- न्यूजीलैण्ड दक्षिणी प्रशान्त महासागर में स्थित ऑस्ट्रेलिया महाद्वीप का दूसरा प्रमुख देश है। यह 23 द्वीपों का देश है, जिसके दो मुख्य द्वीप उत्तरी और दक्षिणी द्वीप कुक जलसन्धि द्वारा अलग होते हैं।
- आकार, भौतिक रचना, जलवायु एवं उपज आदि में ग्रेट ब्रिटेन से समानता के कारण इसे दक्षिण का ब्रिटेन कहते हैं।
- यह पहाड़ी देश है। इसका दक्षिणी द्वीप सबसे बड़ा द्वीप है। यहाँ की पवर्त श्रेणी आल्पस है तथा सर्वोच्च चोटी माउण्ट कुक (माण्उट एँओराकी) है।
- यहाँ के मूल निवासियों को माओरी कहते हैं और वर्तमान में यहाँ अधिकांश जनसंख्या यूरोपीय मूल की है। न्यूजीलैण्ड की अधिकांश (85%) जनसंख्या नगरीय है।
- दक्षिण द्वीप के पूर्वी भाग में कैण्टरबरी का मैदान है, जो देश का सर्वाधिक उपजाऊ भाग है। गेहूँ व फल यहाँ की प्रमुख उपज हैं। देश का लगभग 50% भाग चरागाह है।
- यहाँ डेयरी उद्योग अत्यन्त विकसित अवस्था में है। यहाँ की राजधानी वेलिंगटन विश्व की दक्षिणतम राजधानी है एवं ऑकलैण्ड (Auckland) देश का सबसे बड़ा और सर्वाधिक आबादी वाला शहर है।

ऑस्ट्रेलिया महाद्वीप के शीर्ष देश/द्वीप/महानगर

देश (क्षेत्र)	द्वीप	महानगर
ऑस्ट्रेलिया	न्यूगिनी	सिडनी
पापुआ-न्यूगिनी	दक्षिणी द्वीप (न्यूजीलैण्ड)	मेलबर्न
न्यूजीलैण्ड	उत्तरी द्वीप (न्यूजीलैण्ड)	ब्रिसबेन
सोलोमन द्वीप समूह	तस्मानिया (ऑस्ट्रेलिया)	पर्थ
फिजी द्वीप समूह	न्यू ब्रिटेन (पापुआ-न्यूगिनी)	एडीलेड

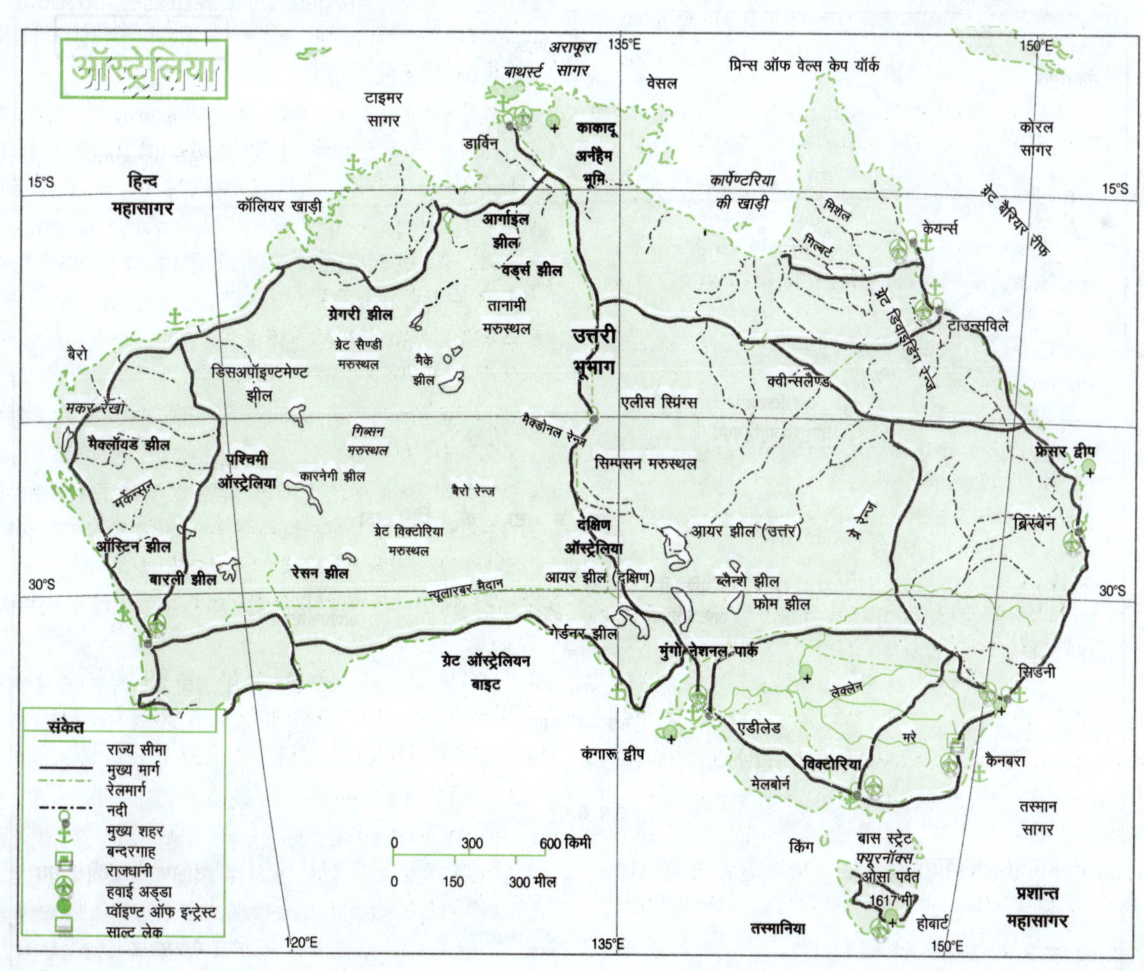

अण्टार्कटिका

- यह विश्व का दक्षिणतम महाद्वीप है, जिसका क्षेत्रफल 14.0 मिलियन वर्ग किमी है। यह विश्व का पाँचवाँ सबसे बड़ा महाद्वीप एवं प्राचीन गौण्डवाना लैण्ड का भाग है।
- अण्टार्कटिका के 98% भाग पर बर्फ पाई जाती है, इसलिए इसे **श्वेत-महाद्वीप** भी कहा जाता है। इसे विश्व का सबसे बड़ा ठण्डा **मरुस्थल** भी कहते हैं।
- नॉर्वे के **एमण्डसन** ने वर्ष 1911 में इस महाद्वीप की खोज की। यह महाद्वीप विश्व के अन्य महाद्वीपों से अधिक ऊँचा है।
- चूँकि बर्फ के पिघलने तथा जमने के कारण इस महाद्वीप का आकार लगातार बदलता रहता है, इसलिए इसे गतिशील महाद्वीप भी कहते हैं।
- महाद्वीप के मध्य भाग में स्थित ट्रान्स अण्टार्कटिका पर्वत श्रेणी (क्वीन-मॉड पर्वत) अण्टार्कटिका को दो भागों में विभक्त करती है। इसके तटीय भागों में एल्सबर्थ पर्वत श्रेणी है, जिसमें यहाँ अण्टार्कटिका की सर्वोच्च चोटी विल्सन मैसिफ (5140 मी) अवस्थित है।
- **माउण्ट एरेबस** अण्टार्कटिका का एकमात्र सक्रिय ज्वालामुखी है। विश्व का सबसे बड़ा ग्लेशियर लैम्बर्ट यहीं अवस्थित है।
- अण्टार्कटिका में लाइकेन तथा मॉस जैसी वनस्पतियाँ पाई जाती हैं। ह्वेल तथा सील प्रमुख स्तनधारी जीव हैं। यहाँ पर पेंगुइन नामक न उड़ने वाला पक्षी तथा क्रिल मछली पाई जाती है।
- क्रिल झींगा मछली की तरह का छोटा-सा जीव है और यह अण्टार्कटिका क्षेत्र में भोजन का मुख्य स्रोत है। यहाँ विश्व के वैज्ञानिकों ने अनेक अनुसन्धान केन्द्र बनाए हैं इसलिए अण्टार्कटिका को विज्ञान के लिए समर्पित महाद्वीप भी कहते हैं। यहाँ भारत के मैत्री और भारती अनुसन्धान केन्द्र अवस्थित हैं।
- अण्टार्कटिका सन्धि, 1961 के अनुसार, अण्टार्कटिका को केवल शान्ति के उद्देश्यों के लिए ही प्रयोग किया जा सकता है। दक्षिणी ध्रुव पर सबसे पहले पहुँचने वाले भारतीय डॉ. गिरिराज सिरोही थे, जबकि अण्टार्कटिका महाद्वीप पर सबसे पहले पहुँचने वाले भारतीय लेफ्टिनेण्ट रामचरण जी थे।
- यद्यपि अण्टार्कटिका का अधिकांश भाग बर्फ से ढका रहता है, परन्तु केवल पॉलमर प्रायद्वीप कुछ सीमा तक बर्फ से मुक्त रहता है। अण्टार्कटिका में खनिज तेल, प्राकृतिक गैस, सोना, ताँबा, कोयला, यूरेनियम, चाँदी आदि अनेक खनिजों की उपस्थिति की जानकारी मिली है।
- ओजोन रिक्तिकरण की घटना सर्वप्रथम वर्ष 1985 में इसी महाद्वीप पर दर्ज की गई थी। अण्टार्कटिका में भारत के स्थापित प्रमुख शोध केन्द्र क्रमशः दक्षिणी गंगोत्री (1983-84), मैत्री (1988-89) तथा भारती (2012) है।

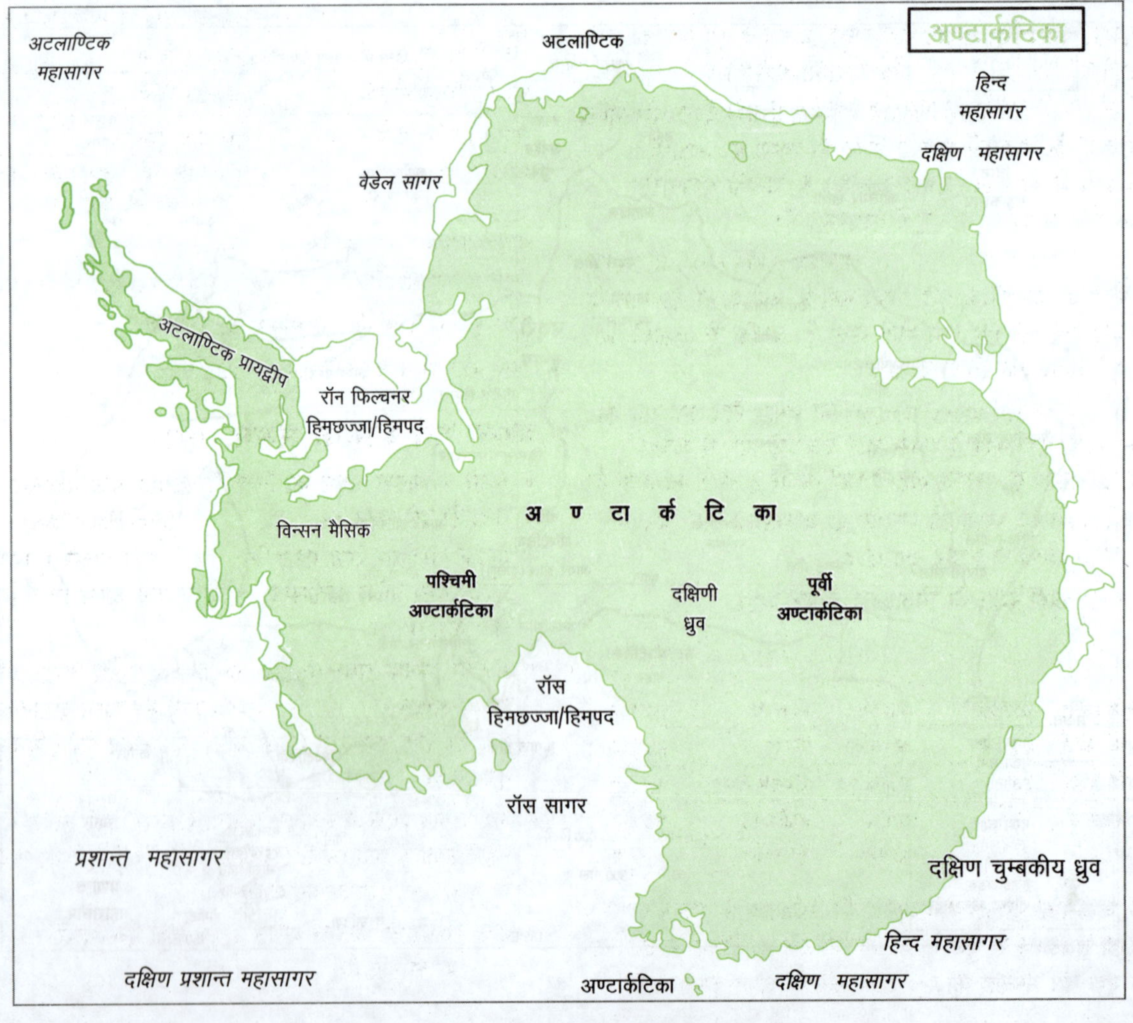

"

भारत उत्तर-पूर्वी गोलार्द्ध में उष्ण एवं उपोष्ण कटिबन्ध के अन्तर्गत हिन्द महासागर के उत्तरी सिरे पर अवस्थित है, जो इसकी दक्षिणी जलीय सीमा बनाता है। उत्तर में महान हिमालय इसकी उत्तर एवं उत्तर-पूर्वी स्थलीय सीमा निर्धारित करता है।

अध्याय एक

भारत का भौगोलिक परिचय

भौगोलिक अवस्थिति एवं विस्तार

- भारत एशिया महाद्वीप के दक्षिण मध्य भाग में स्थित है, जो पूर्णत: उत्तरी गोलार्द्ध में अवस्थित है। इसका उत्तरी भाग उपोष्ण कटिबन्ध में तथा दक्षिणी प्रायद्वीपीय भाग उष्णकटिबन्ध में अवस्थित है।
- नेपाल, भूटान, बांग्लादेश, भारत, पाकिस्तान, मालदीव एवं श्रीलंका सहित कुल सात देश भारतीय उपमहाद्वीप के अन्तर्गत आते हैं।
- भारत अक्षांशीय दृष्टि से उत्तरी गोलार्द्ध में स्थित है तथा देशान्तरीय दृष्टि से पूर्वी गोलार्द्ध के मध्यवर्ती भाग में स्थित है। भारत का अक्षांशीय विस्तार 8.4°N से 37.6°N (उत्तरी अक्षांश) है, जबकि देशान्तरीय विस्तार 68.7°E से 97.25°E (पूर्वी देशान्तर) है।
- इसका अक्षांशीय एवं देशान्तरीय विस्तार लगभग समान (30°) है, परन्तु भूमि पर दोनों की वास्तविक दूरी समान नहीं है, क्योंकि दो देशान्तरों के बीच की दूरी ध्रुवों की ओर कम होती जाती है, जबकि दो अक्षांशों के बीच की दूरी सदैव एक समान रहती है।
- अक्षांशीय विस्तार (Latitudinal Range) का प्रभाव दिन तथा रात की अवधि पर पड़ता है। केरल में सबसे छोटे एवं बड़े दिन में केवल 45 मिनट का अन्तर है, जबकि लेह में यही अन्तर 5 घण्टे का होता है।
- कर्क रेखा (23½°N) भारत को लगभग दो बराबर भागों में विभक्त करती है, जो 8 राज्यों से होकर गुजरती है।

कर्क रेखा के निकटतम स्थित शहर

शहर	राज्य	उत्तरी अक्षांश स्थिति	शहर	राज्य	उत्तरी अक्षांश स्थिति
भोपाल	मध्य प्रदेश	23°25'	आइजोल	मिजोरम	23°36'
जबलपुर	मध्य प्रदेश	23°19'	अगरतला	त्रिपुरा	23°50'
उज्जैन	मध्य प्रदेश	23°11'	कोलकाता	पश्चिम बंगाल	22°30'
राँची	झारखण्ड	23°11'	रायपुर	छत्तीसगढ़	21°16'
गाँधीनगर	गुजरात	23°19'	जोधपुर	राजस्थान	26°29'

- माही नदी कर्क रेखा को दो बार काटती है। सिक्किम से गुजरने वाली अक्षांश रेखा राजस्थान से गुजरती है। श्रीनगर एवं दार्जिलिंग के ऊपर वर्ष में केवल एक बार मध्याह्न का सूर्य ठीक सिर के ऊपर चमकता है।

भारत : एक नजर में

अक्षांशीय अवस्थिति	8°4' से 37°6' उत्तरी अक्षांश के मध्य
देशान्तरीय अवस्थिति	68°7' से 97°25' पूर्वी देशान्तर के मध्य
आकार	चतुष्कोणीय
क्षेत्रफल	32,87,263 वर्ग किमी (विश्व का 2.43%)
उत्तर से दक्षिण लम्बाई	3,214 किमी
पूर्व से पश्चिम चौड़ाई	2,933 किमी
समस्त स्थलीय सीमा	15,200 किमी
प्राकृतिक सीमाएँ	उत्तर-हिमालय पर्वत, दक्षिण-हिन्द महासागर, पूर्व-बंगाल की खाड़ी, पश्चिम-अरब सागर
सम्पूर्ण तटरेखा की लम्बाई	7516.6 किमी
प्रादेशिक जल सीमा	तटरेखा से 12 समुद्री मील (21.9 किमी)
मुख्य भूमि की तटीय सीमा की लम्बाई	6100 किमी
भारत की कुल सीमा (द्वीपों सहित)	22,716.6 किमी

भारत का मानक समय (IST)

- भारत में मानक समय का निर्धारण 82°30′ पूर्वी देशान्तर रेखा से किया जाता है। इसे भारत का मानक याम्योत्तर (Standard Meridion) कहते हैं।
- मानक याम्योत्तर रेखा भारत के पाँच राज्यों से होकर गुजरती है—उत्तर प्रदेश, मध्य प्रदेश, छत्तीसगढ़, ओडिशा तथा आन्ध्र प्रदेश (क्रमश: उत्तर से दक्षिण)।
- भारतीय मानक समय (Indian Standard Time, IST), ग्रीनविच मीन टाइम, लन्दन से 5 घण्टे 30 मिनट आगे है। भारतीय मानक समय देशान्तर रेखा प्रयागराज (उत्तर प्रदेश) के निकट नैनी (मिर्जापुर) से होकर गुजरती है।
- अरुणाचल प्रदेश में सूर्योदय गुजरात (कच्छ) की तुलना में 2 घण्टे पहले होता है, गौहरमोती (गुजरात) और किबिथू (अरुणाचल प्रदेश) के मध्य 30° देशान्तर का अन्तर है।
- कर्क रेखा तथा भारतीय मानक समय रेखा एक-दूसरे को बघेलखण्ड पठार पर काटती है।

- भारतीय मानक समय रेखा (IST) एवं कर्क रेखा आपस में एक-दूसरे को छत्तीसगढ़ के सूरजपुर जिले में काटती हैं।

भारतीय मानक समय (IST) के निकट स्थित प्रमुख शहर

रीवा	- 81.19° पूर्वी देशान्तर	हैदराबाद	- 78.29 पूर्वी देशान्तर
सागर	- 78.50° पूर्वी देशान्तर	भोपाल	- 77.30 पूर्वी देशान्तर
उज्जैन	- 75.43° पूर्वी देशान्तर	लखनऊ	- 81 पूर्वी देशान्तर
नर्मदापुरम	- 77.45° पूर्वी देशान्तर	बंगलुरु	- 77.40 पूर्वी देशान्तर

राजनीतिक एवं प्रशासनिक विभाजन

- भारत जहाँ क्षेत्रफल की दृष्टि से विश्व में 7वें स्थान पर है, वहीं भारत (जुलाई, 2023 से) जनसंख्या की दृष्टि से प्रथम स्थान पर है।
- भारत के राज्यों और केन्द्रशासित प्रदेशों में भारतीय राज्यों में क्षेत्रफल की दृष्टि से सबसे बड़ा राज्य राजस्थान तथा सबसे छोटा राज्य गोवा है।
- केन्द्रशासित प्रदेशों में क्षेत्रफल के अनुसार सबसे बड़ा केन्द्रशासित प्रदेश लद्दाख तथा सबसे छोटा केन्द्रशासित प्रदेश लक्षद्वीप है। वर्तमान में प्रशासनिक दृष्टि से देश को 28 राज्यों एवं 8 केन्द्रशासित प्रदेशों में बाँटा गया है।

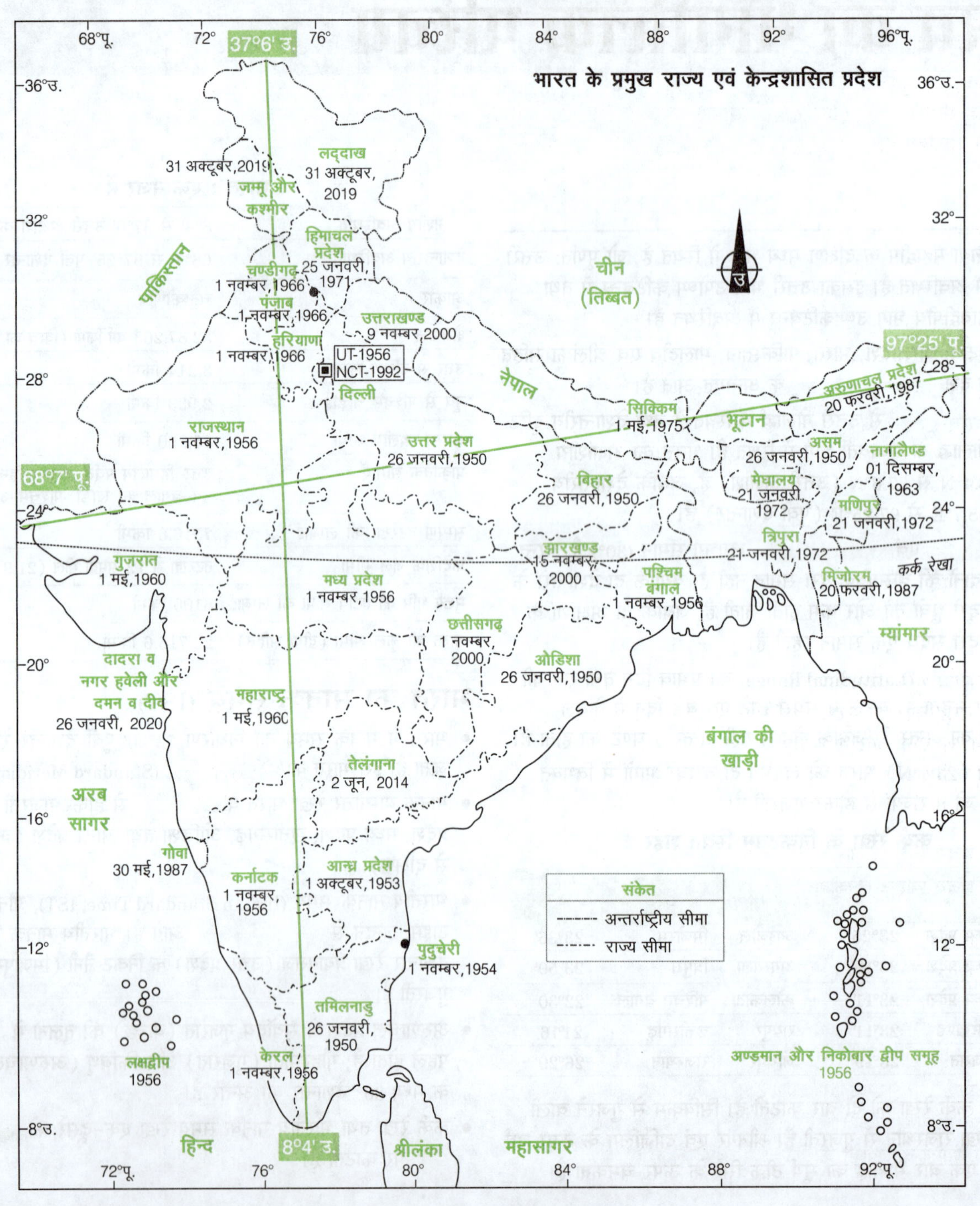

नोट *भारत के शीर्ष तीन भौगोलिक क्षेत्र वाले जिले क्रमशः कच्छ (45652 वर्ग किमी), लेह (45110 वर्ग किमी), जैसलमेर (38401 वर्ग किमी) हैं।*

शीर्ष पाँच क्षेत्रफल वाले राज्य

राज्य	क्षेत्रफल (वर्ग किमी)	राज्य	क्षेत्रफल (वर्ग किमी)
राजस्थान	342239	महाराष्ट्र	307713
मध्य प्रदेश	308252	उत्तर प्रदेश	240928
गुजरात	196244 (जम्मू और कश्मीर के विभाजनोपरान्त)		

- भारत के उत्तर-पूर्वी राज्यों में सात बहनों (Seven Sisters) के नाम से प्रसिद्ध राज्य क्रमशः अरुणाचल प्रदेश, असम, मेघालय, मणिपुर, मिजोरम, नागालैण्ड तथा त्रिपुरा हैं।
- केन्द्रशासित प्रदेश पुदुचेरी के अन्तर्गत पुदुचेरी (मुख्य), कराईकल (तमिलनाडु सीमा), यमन (आन्ध्र प्रदेश सीमा) तथा माहे (केरल राज्य की सीमा) समाहित हैं।

भारत का आकार

- भारत के भू-भाग का कुल क्षेत्रफल लगभग 32.8 लाख वर्ग किमी है। भारत का क्षेत्रफल विश्व के कुल भौगोलिक क्षेत्रफल का 2.4% है। भारत विश्व का सातवाँ सबसे बड़ा देश है।
- क्षेत्रफल की दृष्टि से विश्व के 7 विशालतम देश क्रमशः रूस, कनाडा, यू.एस.ए., चीन, ब्राजील, ऑस्ट्रेलिया और भारत हैं।
- भारत का सबसे उत्तरी बिन्दु इन्दिरा कॉल तथा दक्षिणी बिन्दु इन्दिरा प्वॉइण्ट है। इसका सबसे पूर्वी बिन्दु किबिथु तथा सबसे पश्चिमी बिन्दु कच्छ में गुहार मोती या गौहरमोती है।
- इन्दिरा कॉल लद्दाख में स्थित है, जबकि दक्षिणतम बिन्दु इन्दिरा प्वॉइण्ट ग्रेट निकोबार में स्थित है, जो वर्ष 2004 की सुनामी में जलमग्न हो गया। देश का सबसे पूर्वी बिन्दु किबिथू अरुणाचल प्रदेश में स्थित है। चरम पश्चिमी बिन्दु गौहरमोती गुजरात के कच्छ जिले में स्थित है।
- भारत की मुख्य भूमि का दक्षिणतम बिन्दु कन्याकुमारी या केप कमोरिन अन्तरीप (समुद्र की ओर मुख्य स्थलीय भाग का निकला हुआ संकरा या पतला भाग, जो तीनों ओर से समुद्र से घिरा होता है।) 8°4′ उत्तरी अक्षांश तमिलनाडु में स्थित है।

स्थल/बिन्दु	नाम	जिला	राज्य
उत्तरी	इन्दिरा कॉल (सियाचीन ग्लेशियर)	लेह	लद्दाख
दक्षिणी	इन्दिरा प्वॉइण्ट (निकोबार द्वीप)	निकोबार	अण्डमान और निकोबार
पूर्वी	किबिथू	अंजाव	अरुणाचल प्रदेश
पश्चिमी	गौहरमोती	कच्छ	गुजरात

- भारतीय भू-भाग की लम्बाई 3,214 किमी तथा चौड़ाई 2933 किमी है। इस प्रकार भारत की आकृति लगभग चतुष्कोणीय है।
- भारत का प्रायद्वीपीय भाग त्रिभुजाकार आकृति में हिन्द महासागर की ओर विस्तृत है। यह आकृति भारतीय मानसून को दो शाखाओं-अरब सागर तथा बंगाल की खाड़ी की शाखा में विभाजित करती है।

भारत के जल क्षेत्र

- भारत की मुख्य भूमि की तटीय सीमा की लम्बाई 6100 किमी है और द्वीपों सहित देश की कुल तटीय सीमा की लम्बाई 7516.6 किमी है।
- मुख्य भूमि की तटीय सीमा को कुल 66 जिले एवं 9 राज्य तथा 4 केन्द्रशासित प्रदेश की चार जिलों की सीमाएँ स्पर्श करती हैं। जिसकी कुल लम्बाई 5422.6 किमी तथा द्वीपों की तटीय लम्बाई 2094 किमी है। तटीय राज्यों में सर्वाधिक तटीय लम्बाई वाला राज्य गुजरात (1215 किमी) है। भारत की जल सीमा को अन्तर्राष्ट्रीय व्यवस्था के अनुरूप तीन मण्डलों में वर्गीकृत किया गया है
  (i) प्रादेशिक जल सीमा (Territorial Waters) यह तटरेखा आधार रेखा (टेढ़े-मेढ़े तट को मिलाने वाली काल्पनिक रेखा) से 12 नॉटिकल मील या समुद्री मील तक स्थित है। भारत के इस क्षेत्र में सभी प्रकार के संसाधनों पर सम्पूर्ण अधिकार प्राप्त है।
  (ii) संलग्न क्षेत्रफल (Contiguous Zone) यह प्रादेशिक जल सीमा से लेकर अर्थात् 12 नॉटिकल मील से 24 नॉटिकल मील के मध्य स्थित है। अप्रवासी कानून, सीमा शुल्क, पर्यावरणीय स्वच्छता तथा राजकोषीय अधिकार से सम्बन्धित कानून इस क्षेत्र में लागू होते हैं।
  (iii) अनन्य आर्थिक क्षेत्र (Exclusive Economic Zone) यह 24 से 200 नॉटिकल मील तक कुल 176 नॉटिकल मील की चौड़ाई में स्थित है। इस क्षेत्र के अन्तर्गत भारत को सागरीय जल शक्ति, सागरीय संसाधनों व जीवों का सर्वेक्षण, विदोहन, संरक्षण और अनुसन्धान की शक्ति एवं खनिज सम्पदा के विदोहन का अधिकार प्राप्त है।

नोट *अनन्य आर्थिक क्षेत्र के बाद उच्च सागर का विस्तार है, जहाँ सभी राष्ट्रों को समान अधिकार प्राप्त होते हैं।*

समुद्री तटरेखा वाले राज्य/केन्द्रशासित प्रदेश

राज्य	केन्द्रशासित प्रदेश
गुजरात, महाराष्ट्र, गोवा, कर्नाटक, केरल, तमिलनाडु, आन्ध्र प्रदेश, ओडिशा, पश्चिम बंगाल	अण्डमान-निकोबार द्वीप समूह, लक्षद्वीप, दादरा एवं नगर हवेली तथा दमन एवं दीव, पुदुचेरी

भारत के जलीय पड़ोसी देश

भारत पूर्व में बंगाल की खाड़ी, पश्चिम में अरब सागर तथा दक्षिण में हिन्द महासागर से घिरा हुआ है। भारत की जलीय सीमा निम्न हैं

- भारत एवं श्रीलंका इनके मध्य सीमा बनने वाले स्थानों का उत्तर से दक्षिण की ओर क्रम है—पाक की खाड़ी, पम्बन द्वीप (रामेश्वरम्), आदम ब्रिज, मन्नार की खाड़ी।
- आदम ब्रिज के उत्तर में पाक की खाड़ी एवं दक्षिण में मन्नार की खाड़ी स्थित है।
- भारत एवं इण्डोनेशिया भारत के ग्रेट निकोबार और इण्डोनेशिया के सुमात्रा द्वीप के मध्य स्थित चैनल इनके मध्य जलीय सीमा बनाते हैं।
- भारत एवं म्यांमार म्यांमार के कोकोद्वीप समूह एवं भारत के उत्तरी अण्डमान द्वीप के मध्य स्थित कोको चैनल इनके मध्य जलीय सीमा बनाते हैं।
- भारत एवं मालदीव भारत का मिनीकॉय द्वीप एवं मालदीव के मध्य आठ डिग्री चैनल जलीय सीमा बनाते हैं।

भारत के महत्त्वपूर्ण चैनल

चैनल	अवस्थिति
नौ डिग्री चैनल	लक्षद्वीप और मिनीकॉय के मध्य
आठ डिग्री चैनल	मालदीव और मिनीकॉय के मध्य
ग्रेट या महान चैनल	सुमात्रा (इण्डोनेशिया और निकोबार के मध्य)
पाक स्ट्रेट (जलडमरुमध्य)	भारत और श्रीलंका के मध्य
माहिम क्रीक (निवेशिका)	एक पतली-सी निवेशिका, मुम्बई
कच्छ की खाड़ी	पश्चिमी गुजरात
खम्भात की खाड़ी	पूर्वी गुजरात, नर्मदा और ताप्ती का मुहाना
लक्षद्वीप सागर	लक्षद्वीप और मालाबार तट के बीच
मन्नार की खाड़ी	दक्षिण-पूर्व तमिलनाडु और श्रीलंका के मध्य
कोको स्ट्रेट (जलडमरुमध्य)	कोकोद्वीप (म्यांमार) और उत्तरी अण्डमान के मध्य
डंकन पास	दक्षिणी अण्डमान और लघु अण्डमान के मध्य
दस डिग्री चैनल	अण्डमान-निकोबार के मध्य

भारत की स्थलीय सीमा से लगे पड़ोसी देश

- भारत की स्थलीय सीमा की कुल लम्बाई 15,200 किमी है, जो तटीय रेखा से लगभग दोगुनी है। भारत के उत्तर- पश्चिमी, उत्तरी तथा उत्तर-पूर्वी सीमा पर वलित पर्वत है।
- भारत की स्थलीय सीमाएँ 7 देशों—पाकिस्तान, अफगानिस्तान, चीन, नेपाल, भूटान, म्यांमार तथा बांग्लादेश के साथ जुड़ी हुई है। भारत दक्षिण एशिया में क्षेत्रफल एवं जनसंख्या दोनों की दृष्टि से सबसे बड़ा देश है।
- क्षेत्रफल की दृष्टि से चीन भारत का सबसे बड़ा पड़ोसी देश एवं भूटान सबसे छोटा स्थलीय पड़ोसी देश है।

भारत के पड़ोसी देश

देश	सीमा की लम्बाई (किमी में)	सीमा पर अवस्थित भारतीय राज्य एवं केन्द्रशासित प्रदेश
बांग्लादेश	4,096	पश्चिम बंगाल, असम, मेघालय, त्रिपुरा, मिजोरम
चीन	3,488	लद्दाख, हिमाचल प्रदेश, उत्तराखण्ड, सिक्किम, अरुणाचल प्रदेश
पाकिस्तान	3,323	गुजरात, राजस्थान, पंजाब, जम्मू-कश्मीर, लद्दाख
नेपाल	1,751	उत्तर प्रदेश, उत्तराखण्ड, बिहार, पश्चिम बंगाल, सिक्किम
म्यांमार	1,643	अरुणाचल प्रदेश, नागालैण्ड, मणिपुर, मिजोरम
भूटान	699	सिक्किम, पश्चिम बंगाल, अरुणाचल प्रदेश, असम
अफगानिस्तान	106	लद्दाख

एक से अधिक देशों की सीमा को स्पर्श करने वाले राज्य/संघ शासित क्षेत्र: एक दृष्टि में

राज्य/संघ शासित क्षेत्र	देश	राज्य/संघ शासित क्षेत्र	देश
लद्दाख	पाकिस्तान, अफगानिस्तान, चीन	उत्तराखण्ड	चीन, नेपाल
मिजोरम	बांग्लादेश, म्यांमार	पश्चिमी बंगाल	बांग्लादेश, नेपाल, भूटान
असम	बांग्लादेश, भूटान	सिक्किम	नेपाल, चीन, भूटान
अरुणाचल प्रदेश	चीन, म्यांमार, भूटान		

भारत की प्रमुख सीमा रेखाएँ

सीमा रेखाएँ	विवरण
रैडक्लिफ रेखा	• यह रेखा भारत व पाकिस्तान और भारत-बांग्लादेश के मध्य सीमा का निर्धारण करती है। भारत व पाकिस्तान के मध्य सीमा रेखा के निर्धारण का कार्य 17 अगस्त, 1947 में **सर सिरील रैडक्लिफ** महोदय द्वारा किया गया था। • इस सीमा रेखा का निर्धारण धार्मिक आधार पर किया गया था। चूँकि बांग्लादेश उस समय पूर्वी पाकिस्तान था। इस रेखा कारण भारत-बांग्लादेश सीमा का निर्धारण भी रैडक्लिफ रेखा से किया जाता है।
मैकमोहन रेखा	• यह रेखा भारत व चीन के मध्य सीमा रेखा का निर्धारण करती है। इस सीमा रेखा का निर्धारण 27 अप्रैल, 1914 को **हेनरी मैकमोहन** द्वारा किया गया था। • यह सीमा रेखा अरुणाचल प्रदेश और चीन के दक्षिणी भागों की सीमाओं को विभाजित करती है। यह भूटान के पूर्वी छोर से अरुणाचल प्रदेश तक 1140 किमी लम्बी है।
डूरण्ड रेखा	• डूरण्ड रेखा द्वारा भारत व अफगानिस्तान के मध्य सीमा रेखा का निर्धारण किया गया है। • इस सीमा रेखा का निर्धारण 1896 ई. में **सर मोर्टीमर डूरण्ड** द्वारा किया गया। वर्तमान में यह सीमा रेखा पाक अधिकृत कश्मीर (POK) में स्थित है।
नियन्त्रण रेखा (लाइन ऑफ कण्ट्रोल LOC)	• लाइन ऑफ कण्ट्रोल जम्मू-कश्मीर एवं लद्दाख में भारत व पाकिस्तान के आधिपत्य वाले क्षेत्रों के बीच की रेखा है। • यह दोनों देशों के बीच एक काल्पनिक रेखा है। इस रेखा को पहले सीज फायर लाइन के नाम से जाना जाता था। नियन्त्रण रेखा का निर्धारण भारत-पाक युद्ध (वर्ष 1971) के बाद किया गया।
पाक अधिकृत कश्मीर (POK)	• वर्ष 1947 में स्वतन्त्रता के उपरान्त पाकिस्तान ने स्थानीय कबायलियों की सहायता से कश्मीर पर आक्रमण कर दिया और एक बड़े भू-भाग को हस्तगत (अधिकार) कर लिया। यही **हस्तगत क्षेत्र पाक अधिकृत कश्मीर** (POK) कहलाता है। • यह वर्तमान में भी पाकिस्तान के अधिकार क्षेत्र में है। पाक अधिकृत कश्मीर की राजधानी मुजफ्फराबाद है।
सर क्रीक	• सर क्रीक की अवस्थिति कच्छ के दलदली भाग में गुजरात के कच्छ जिले और पाकिस्तान के सिन्ध के पास है। यह क्षेत्र भारत व पाकिस्तान के मध्य विवादित है, जिसके बीज इतिहास में देखने को मिलते हैं। • स्वतन्त्रता के बाद भारत में पाकिस्तान के समक्ष यह प्रस्ताव रखा गया था कि कच्छ के रण से लेकर बंगाल की खाड़ी के मुख तक सीधी रेखा को सीमा रेखा मान लेना चाहिए, परन्तु पाकिस्तान ने यह प्रस्ताव अस्वीकृत कर दिया, जिस कारण यह प्रदेश वर्तमान में भी विवादित है।
भारत-म्यांमार के बीच सीमा	• हिमालय से निकलने वाली पूर्वी पर्वत श्रेणियाँ (लुशाई, पटकोई तथा अराकान-योमा) भारत एवं म्यांमार की स्थलीय सीमा बनाती हैं। इसके अतिरिक्त इरावदी नदी भी दोनों देशों के बीच सीमा रेखा का कार्य करती है। भारत के चार राज्य-अरुणाचल प्रदेश, नागालैण्ड, मिजोरम एवं मणिपुर, म्यांमार के साथ सीमा बनाते हैं।
वास्तविक नियन्त्रण रेखा (LAC)	• भारत एवं चीन के बीच वास्तविक सीमा रेखा को वास्तविक नियन्त्रण रेखा कहते हैं। • यह रेखा लद्दाख में भारतीय क्षेत्र एवं चीन अधिकृत **अक्साई चीन** को अलग करती है। यह रेखा भी एक **सीज फायर लाइन** है।

"

भारत का भू-गर्भिक इतिहास अपने आप में विशिष्ट है, क्योंकि यहाँ आर्कियन काल की प्राचीनतम चट्टानों से लेकर चतुर्थक काल की नवीनतम चट्टानें पाई जाती हैं। भू-गर्भिक संरचना का भारत के आर्थिक विकास में महत्त्वपूर्ण योगदान है।

अध्याय दो

भारत की भू-गर्भिक संरचना

भू-गर्भिक संरचना के अन्तर्गत चट्टानों की प्रकृति उनके क्रम तथा व्यवस्था का अध्ययन किया जाता है। इन भू-गर्भिक संरचनाओं का निर्माण पृथ्वी के भीतर होने वाली शक्तिशाली विवर्तनिक हलचलों/परिवर्तनों के परिणामस्वरूप हुआ है। किसी भी देश की भू-गर्भिक संरचना के अध्ययन के द्वारा उस देश के विभिन्न भागों में मिलने वाली चट्टानों की प्रकृति एवं उसके स्वरूप की जानकारी प्राप्त होती है। तलछट के जमाव से निर्मित भूमि में परतदार या अवसादी चट्टानें पाई जाती हैं, जिससे उर्वर मृदा का निर्माण होता है।

भारतीय भू-गर्भिक संरचना (Geological Structure) का विकास पैंजिया के अंगारालैण्ड तथा गोण्डवानालैण्ड के विभाजन से प्रारम्भ होता है। भारतीय उपमहाद्वीप मूलत: गोण्डवानालैण्ड का भाग है। पुराचुम्बकीय परिणामों से संकेत मिलते हैं कि भूतकाल से भारतीय स्थलपिण्ड उत्तर दिशा की ओर खिसक रहे हैं।

ऐतिहासिक कालक्रम के अनुसार, भारत की भू-गर्भिक संरचना का विकास प्री-कैम्ब्रियन की आर्कियन संरचना से लेकर धारवाड़, कुड़प्पा, विन्ध्यन तथा टर्शियरी युग की विभिन्न स्थलाकृतियों तक का विकास हुआ। भारत की भू-गर्भिक संरचना में प्राचीनतम और नवीनतम दोनों प्रकार की चट्टानें पाई जाती हैं। एक ओर प्रायद्वीपीय भारत में आर्कियन युग की प्राचीनतम चट्टानें पाई जाती हैं, तो दूसरी ओर मैदानी भागों में क्वाटर्नरी युग की नवीनतम परतदार चट्टानों की बहुलता है। डेल्टाई क्षेत्रों एवं तटीय भागों में नवीनतम चट्टानों का निर्माण निरन्तर जारी है।

भू-गर्भिक चट्टानों का वर्गीकरण

यहाँ पर प्राचीनतम चट्टानों से लेकर नवीनतम चट्टानें तक पाई जाती हैं। यहाँ आर्कियन एवं प्री-कैम्ब्रियन युग की चट्टानें भी मिलती हैं, जिनमें धारवाड़ क्रम की चट्टानें प्रमुख हैं, जो उतनी ही प्राचीन हैं, जितना स्वयं भारत। दूसरी ओर क्वाटर्नरी युग की नवीनतम चट्टानें काँप मिट्टी के परतदार निक्षेपों में पाई जाती हैं।

विद्वानों द्वारा भारतीय चट्टानों को प्रमुखत: चार वर्गों में विभाजित किया गया है

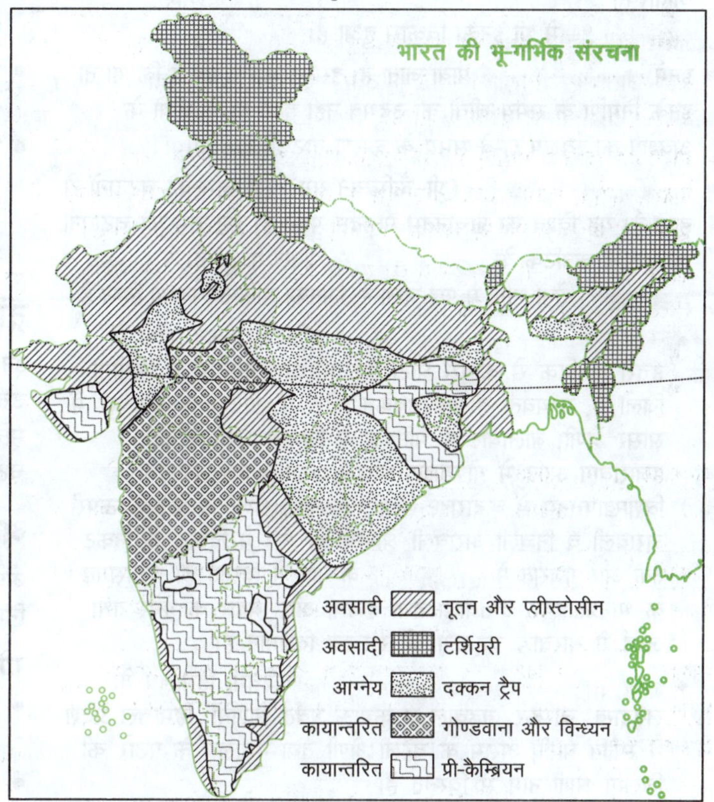

आर्कियन समूह

आर्कियन समूह की चट्टानों को दो वर्गों में विभाजित किया गया है

आर्कियन क्रम की चट्टानें

- आर्कियन क्रम (Archean System) की चट्टानों का निर्माण तप्त पृथ्वी के ठण्डा होने के फलस्वरूप हुआ है। ये प्राचीनतम अर्थात् मूलभूत चट्टानें हैं। आर्कियन क्रम की चट्टानों से प्रायद्वीपीय भारत का दो-तिहाई भाग निर्मित है।

- वर्तमान में अत्यधिक रूपान्तरण के कारण इनका मौलिक रूप नष्ट हो चुका है। ये रवेदार चट्टानें हैं, जिनमें जीवाश्म का अभाव पाया जाता है, ये नीस एवं शिष्ट प्रकार की चट्टानें हैं। नीस के कई प्रकार हैं; जैसे—बुन्देलखण्ड या बेल्लारी नीस, बंगाल नीस आदि। बुन्देलखण्ड नीस सर्वाधिक प्राचीन है।
- यहाँ लोहा, ताँबा, मैंगनीज, अभ्रक, डोलोमाइट, सीसा, जस्ता, सोना, चाँदी जैसी धातुओं के भण्डार विद्यमान हैं। ये चट्टानें मुख्यत: कर्नाटक, तमिलनाडु, आन्ध्र प्रदेश, मध्य प्रदेश, ओडिशा, छत्तीसगढ़, झारखण्ड के छोटानागपुर पठार, दक्षिण-पूर्व राजस्थान में पाई जाती हैं। महान हिमालय के गर्भ में रीढ़ की हड्डी के समान ये चट्टानें उपस्थित हैं।

धारवाड़ चट्टानें

- आर्कियन क्रम की चट्टानों के अपरदन एवं निक्षेपण के फलस्वरूप धारवाड़ क्रम (Dharwar System) की चट्टानों का निर्माण हुआ है। ये प्राचीनतम परतदार चट्टानें हैं, जो अत्यन्त ही रूपान्तरित एवं विरूपित हो चुकी हैं।
- इनका सर्वाधिक विकास कर्नाटक के धारवाड़ क्षेत्र में हुआ है। इसके अतिरिक्त अरावली पर्वतीय क्षेत्र, छोटानागपुर पठारी क्षेत्र और मेघालय के शिलांग रेंज में भी इनका विकास हुआ है।
- इनमें जीवाश्म का अभाव पाया जाता है। इसका कारण यह है कि या तो इनके निर्माण के समय जीवों का उद्भव नहीं हुआ था या जीवों के अवशेष का स्वरूप लम्बे समय के कारण नष्ट हो गया था।
- अरावली पर्वत का निर्माण (प्री-कैम्ब्रियन युग) इसी क्रम की चट्टानों से हुआ है। यह विश्व का प्राचीनतम मोड़दार पर्वत है। इस क्रम की चट्टानों की उत्पत्ति कर्नाटक के धारवाड़ व शिमोगा जिले में हुई है। ये प्रायद्वीप व बाह्य प्रायद्वीप दोनों भागों में पाई जाती हैं, जिनका संक्षिप्त विवरण निम्न है
  - प्रायद्वीपीय भारत की धारवाड़ चट्टानें दक्षिणी दक्कन प्रदेश में उत्तरी कर्नाटक से कावेरी घाटी तक धारवाड़ बेल्लारी व शिमोगा जिलों में, मध्यवर्ती व पूर्वी दक्कन प्रदेश में, नागपुर व जबलपुर में सासर श्रेणी, बालाघाट व भटिण्डा में चिपली श्रेणी, रीवा, हजारीबाग आदि में गोण्डाइट श्रेणी (Gondite Series) तथा विशाखापत्तनम में कूदोराइट श्रेणी, अरावली श्रेणी के क्षेत्र में ऊपरी अरावली व निचली अरावली श्रेणियों के रूप में दिल्ली के निकट तक और गुजरात में चम्पानेर श्रेणी के नाम से विस्तृत हैं। छत्तीसगढ़ के भानुप्रतापपुर, दन्तेवाड़ा तथा कवर्धा और बिहार के मुंगेर तथा जमुई में धारवाड़ चट्टानों की संरचना विद्यमान है।
  - बाह्य प्रायद्वीप भारत की धारवाड़ चट्टानें पश्चिमी हिमालय के लद्दाख, जास्कर, गढ़वाल व कुमाऊँ पर्वत श्रेणियाँ, हिमाचल प्रदेश में स्पीति घाटी, असम के बरैली श्रेणी तथा मेघालय के पठार की शिलांग श्रेणी नाम से विस्तृत हैं।

पुराण समूह

पुराण महाकल्प की चट्टानों को दो वर्गों में विभाजित किया गया है, जो निम्न हैं

कुड़प्पा क्रम की चट्टानें

- आर्कियन तथा धारवाड़ क्रम की चट्टानों के अपरदन एवं निक्षेपण के फलस्वरूप कुड़प्पा क्रम (Cuddapah System) की चट्टानों का निर्माण हुआ है। इस प्रकार ये भी परतदार चट्टानें हैं।
- इन चट्टानों का नामकरण आन्ध्र प्रदेश के कुड़प्पा जिले के नाम पर हुआ है, जहाँ अर्द्ध चन्द्राकार रूप में इनका विस्तार है।

> कुड़प्पा संरचना का सर्वाधिक विकास आन्ध्र प्रदेश के कुड़प्पा क्षेत्र में हुआ है। इसके अतिरिक्त ये चट्टानें **मध्य प्रदेश, राजस्थान, तमिलनाडु** एवं **कर्नाटक** के कुछ क्षेत्रों में भी पाई जाती हैं।

- ये चट्टानें बलुआ पत्थर, चूना-पत्थर, संगमरमर, एस्बेस्टस आदि के लिए प्रसिद्ध हैं। इस क्रम की कुछ चट्टानों में लोहा एवं मैंगनीज तथा हीरे भी पाए जाते हैं; जैसे—गोलकुण्डा में, आन्ध्र प्रदेश के कुड़प्पा जिले में सोने के प्रमाण मिले हैं। पूर्वी घाट पर्वत का निर्माण इसी क्रम की चट्टानों से हुआ है।

विन्ध्यन क्रम की चट्टानें

- इस क्रम की चट्टानों का नामकरण विन्ध्यन पर्वत से हुआ है। गंगा के मैदान और दक्कन के पठार के बीच यह विभाजक रेखा बनाती है।
- विन्ध्यन प्रणाली (Vindhyan System) पूर्व में बिहार के सासाराम व रोहतास क्षेत्र से लेकर पश्चिम में राजस्थान के चित्तौड़गढ़ क्षेत्र तथा उत्तर में आगरा से लेकर दक्षिण में मध्य प्रदेश के होशंगाबाद तक विस्तृत है। ये चट्टानें लगभग 1 लाख वर्ग किमी क्षेत्र में फैली हुई हैं।
- ये परतदार चट्टानें हैं, जिनका निर्माण जल निक्षेपों द्वारा हुआ है। इनमें चूने का पत्थर, बलुआ पत्थर, चीनी मिट्टी, कॉपर क्ले आदि मिलते हैं।
- इन चट्टानों में चूने का पत्थर सीमेण्ट उद्योग का आधार है। इस क्रम की चट्टानें सामान्यत: जीवाश्म विहीन होती हैं, किन्तु कैमूर क्रम की चट्टानों के निचले भागों में कार्बनिक पदार्थों की उपस्थिति से वानस्पतिक जीवन के कुछ संकेत मिलते हैं।

द्रविड़ समूह

इन चट्टानों का विस्तार पीरपंजाल, अनन्तनाग, स्पीति, काँगड़ा, शिमला, उत्तराखण्ड के गढ़वाल और कुमाऊँ क्षेत्रों में मिलता है। इसमें बालू पत्थर, मृत्तिका, क्वार्ट्ज, स्लेट, नमक, खड़िया मिट्टी इत्यादि इसकी प्रमुख चट्टानें हैं।

आर्यन समूह

आर्यन समूह की चट्टानों को कई वर्गों में विभाजित किया गया है, जो निम्न हैं

गोण्डवाना क्रम की चट्टानें

- गोण्डवाना क्रम की उत्पत्ति मध्य प्रदेश के गोण्ड से हुई है। ये परतदार चट्टानें हैं, जिनका विस्तार क्षैतिज अवस्था में है।
- इस समय भू-संचलन क्रिया से हुए धँसाव की प्रक्रिया से संरचनात्मक बेसिन का निर्माण हुआ, जिसमें अवसादों के निक्षेपण के द्वारा जीवाश्म युक्त अवसादी चट्टान के रूप में गोण्डवाना संरचना विकसित हुई।
- इन चट्टानों का सर्वोत्तम रूप दामोदर, महानदी, गोदावरी एवं उनकी सहायक नदियों में मिलता है।
- बिटुमिनस कोयले की दृष्टि से यह संरचना भारत की सबसे महत्त्वपूर्ण संरचना है। इसके अतिरिक्त इसमें बालुका पत्थर, चीका मिट्टी तथा लिग्नाइट कोयला भी मिलता है।

- भारत का लगभग 98% कोयला भण्डार इसी संरचना में पाया जाता है। इनका विस्तार दामोदर घाटी, महानदी घाटी, राजमहल, सतपुड़ा, महादेव पर्वत प्रदेशों में तथा कश्मीर, दार्जिलिंग, सिक्किम तथा असम में पाया जाता है।

दक्कन ट्रैप क्रम की चट्टानें

- लावा के वृहद् उद्‌गार से विदर्भ क्षेत्र में 5 लाख किमी क्षेत्र आच्छादित हो गया। इस आकृति को दक्कन ट्रैप कहा जाता है। भारत में यह संरचना मुख्यत: महाराष्ट्र एवं मालवा क्षेत्र में विकसित हुई।
- इसके अतिरिक्त यह संरचना गुजरात, मध्य प्रदेश, तमिलनाडु व आन्ध्र प्रदेश के कुछ भागों में भी पाई जाती है। इसी के समानान्तर राजमहल ट्रैप का निर्माण दक्कन ट्रैप के पहले जुरैसिक कल्प में हो गया था।

दक्कन ट्रैप

- ये शैलें **झारखण्ड व तमिलनाडु** क्षेत्रों में भी पाई जाती हैं। बेसाल्ट लावा के क्षरण से उर्वर काली मिट्टी का निर्माण हुआ, जिसे **कपास की मिट्टी** या **रेगुर मिट्टी** भी कहते हैं। दक्कन ट्रैप (Deccan Traps) शैलों से भवन व सड़क निर्माण होता है। इसमें क्वार्ट्ज, बॉक्साइट तथा अर्द्धमूल्य पत्थर भी पाए जाते हैं।
- इसे दक्कन ट्रैप कहने का कारण यह है कि लावा के प्रवाह के फलस्वरूप सीढ़ीनुमा आकृति की स्थलाकृति का विकास हुआ है। यह संरचना **बेसाल्ट** एवं **डोलोमाइट** चट्टानों से निर्मित है, ये चट्टानें अत्यधिक कठोर हैं।
- संरचनात्मक रूप से **मेघालय** का पठार दक्कन के पठार का भाग है।

टर्शियरी क्रम की चट्टानें

- टर्शियरी क्रम का विकसित रूप कश्मीर से लेकर कुमाऊँ क्षेत्र तक देखा जा सकता है। यहाँ पर इन्हें लिलांग क्रम के नाम से जाना जाता है।
- इयोसीन क्रम की चट्टानों के मध्यवर्ती भागों में पेट्रोलियम के भण्डार भी पाए जाते हैं।

क्वाटर्नरी क्रम की चट्टानें

- प्लीस्टोसीन क्रम की शैलों का विस्तार कश्मीर घाटी, झेलम घाटी, गंगा, ब्रह्मपुत्र, नर्मदा, ताप्ती, महानदी, गोदावरी, कृष्णा आदि की ऊपरी घाटियों में है।
- नर्मदा, ताप्ती, महानदी, गोदावरी, कृष्णा तथा कावेरी आदि नदियों के मुहाने पर नवीन काँप के निक्षेप पाए जाते हैं।
- कश्मीर घाटी का निर्माण प्लीस्टोसीन काल में एक समभिनति में हुआ। यह घाटी प्रारम्भ में एक झील थी, जहाँ करेवा के निक्षेप पाए जाते हैं।

भू-गर्भिक संरचना के आधार पर भारत का विभाजन

दक्षिण भारत का प्रायद्वीपीय पठार / प्रायद्वीपीय खण्ड

- प्रायद्वीपीय पठार गोण्डवानालैण्ड का एक भाग है। यह आर्कियन युग की आग्नेय चट्टानों से निर्मित है, जो अब नीस व शिष्ट के रूप में अत्यधिक रूपान्तरित हो चुकी हैं।
- प्रायद्वीप पठार सोना, ताँबा, लोहा, यूरेनियम, बॉक्साइट, कोयला, मैंगनीज आदि खनिजों से सम्पन्न है।
- जर्मनी के रूर प्रदेश के समान छोटानागपुर के पठार को भारत का रूर प्रदेश कहा जाता है, क्योंकि यहाँ खनिज संसाधनों का विशाल भण्डार है। इसके आधार पर ही खनिज आधारित उद्योग स्थापित हैं।
- पठारी भाग के तटीय भागों पर खड़ियाँ और लैगून मिलते हैं, जहाँ बन्दरगाहों व पोताश्रय के निर्माण की सम्भावनाएँ विद्यमान हैं।
- भारत के पश्चिमी समुद्र तट का निर्माण भूमि के उत्थान एवं निर्गमन के कारण हुआ। यहाँ अच्छी गुणवत्ता वाला एन्थ्रेसाइट कोयला भी कारगिल क्षेत्र में उपलब्ध है।

उत्तर भारत का विशाल पर्वत

- सेनोजोइक महाकल्प के इयोसीन व ओलीगोसीन कल्प में वृहद् हिमालय का निर्माण हुआ है।
- मायोसीन कल्प में पोटवार क्षेत्र के अवसादों के वलन से लघु हिमालय का निर्माण/उत्थान हुआ तथा शिवालिक का निर्माण वृहद् व लघु हिमालय के अवसादों के वलन से प्लायोसीन कल्प में हुआ।
- इस क्षेत्र में कोबाल्ट, निकेल, जस्ता, ताँबा, एण्टीमनी, बिस्मथ जैसे अधात्विक खनिज मिलते हैं।
- यहाँ कोयला, पेट्रोलियम जैसे अधात्विक खनिज संसाधन भी उपलब्ध हैं।
- इसकी जटिल भू-गर्भिक संरचना के कारण यहाँ धात्विक खनिजों के खनन में समस्या उत्पन्न होती है, जिससे खनन कार्य सम्भव नहीं हो पाता है।
- उत्तर भारत के पर्वत वर्तमान समय में भी बहिर्जनिक तथा अन्तर्जनित बलों की अन्तर्क्रियाओं से प्रभावित हैं, जिसके परिणामस्वरूप इनमें वलन, भ्रंश और निक्षेप बनते हैं।

हिमालय की उत्पत्ति

- हिमालय की उत्पत्ति के सम्बन्ध में कोबर का भू-सन्नति सिद्धान्त (Geo-syncline Theory) तथा मॉर्गन एवं आइजैक का प्लेट विवर्तनिकी सिद्धान्त सर्वाधिक मान्य है। इसमें प्लेट विवर्तनिकी वैज्ञानिक व्याख्या करता है। इसके अनुसार लगभग 7 करोड़ वर्ष पूर्व उत्तर में स्थित यूरेशियन प्लेट की ओर भारतीय प्लेट उत्तर-पूर्वी दिशा में गतिशील हुई।
- इसके पश्चात् 2-3 करोड़ वर्ष पूर्व ये अत्यधिक निकट आए, जिससे टेथिस सागर के अवसादों में वलन हुआ। इसी के फलस्वरूप हिमालय की उत्पत्ति हुई।
- हिमालय एक युवा पर्वत है। यहाँ पीरपंजाल श्रेणी में पाए जाने वाले झील निक्षेप करेवा हिमालय के उत्थान के जारी रहने के संकेत प्रदान करते हैं।

उत्तर भारत का विशाल मैदान (सिन्धु-गंगा ब्रह्मपुत्र का मैदान)

- उत्तर भारत के मैदान का निर्माण क्वाट्नरी या नियोजोइक महाकल्प के प्लीस्टोसीन एवं होलोसीन कल्प में हुआ है।
- यह मैदानी भाग एक नवीनतम संरचना है। यह भू-भाग सपाट एवं हिमालय व दक्षिण भारत की नदियों द्वारा लाए गए अवसादों के जमाव से निर्मित हुआ है। इसमें गंगा के मैदान का निर्माण अग्रगर्त में हुआ।
- इसमें भूमिगत जल के विशाल भण्डार हैं तथा अवसादी भू-गर्भिक संरचना होने के कारण चट्टानों में पेट्रोलियम पदार्थों के विशाल भण्डार पाए जाते हैं।

भारत की भूमि अत्यधिक भौतिक विभिन्नताओं को दर्शाती है। यहाँ की भू-गर्भिक संरचना की विविधता ने देश के उच्चावच तथा भौतिक लक्षणों की विविधता को जन्म दिया है। इसमें कहीं पहाड़, पर्वत और पठार, तो कहीं प्रायद्वीप और मैदानी क्षेत्र स्थित हैं।

अध्याय तीन

भारत के भौतिक प्रदेश

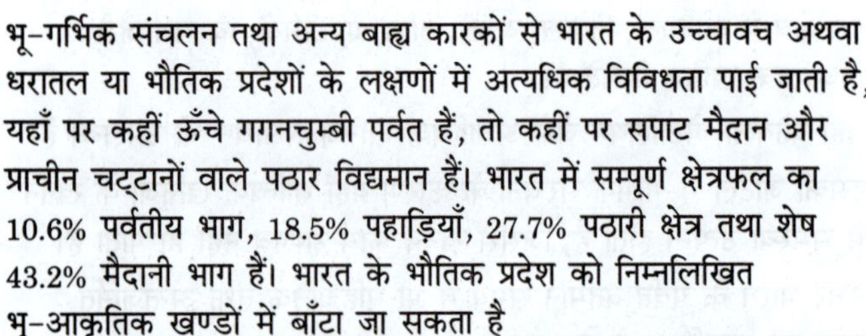

भू-गर्भिक संचलन तथा अन्य बाह्य कारकों से भारत के उच्चावच अथवा धरातल या भौतिक प्रदेशों के लक्षणों में अत्यधिक विविधता पाई जाती है, यहाँ पर कहीं ऊँचे गगनचुम्बी पर्वत हैं, तो कहीं पर सपाट मैदान और प्राचीन चट्टानों वाले पठार विद्यमान हैं। भारत में सम्पूर्ण क्षेत्रफल का 10.6% पर्वतीय भाग, 18.5% पहाड़ियाँ, 27.7% पठारी क्षेत्र तथा शेष 43.2% मैदानी भाग हैं। भारत के भौतिक प्रदेश को निम्नलिखित भू-आकृतिक खण्डों में बाँटा जा सकता है

- उत्तर तथा उत्तर-पूर्वी पर्वतमाला
- उत्तरी भारत के मैदान
- प्रायद्वीपीय पठार
- भारतीय मरुस्थल
- तटीय मैदान
- द्वीप समूह

उत्तर तथा उत्तर-पूर्वी पर्वतमाला

- यह उत्तर-पश्चिम में जम्मू-कश्मीर से लेकर अरुणाचल प्रदेश तक 2500 किमी की लम्बाई में फैला हुआ है।
- हिमालय पर्वत समूह भारत के उत्तर में स्थित है। इसकी रचना टर्शियरी काल के अल्पाइन भू-संचलन (Alpine Earth Movement) के कारण हुई है। यह पूर्व की अपेक्षा पश्चिमी भाग में अधिक चौड़ा है।
- यह कश्मीर में 500 किमी से लेकर अरुणाचल प्रदेश में 200 किमी की चौड़ाई में विस्तृत है। यह प्रायद्वीपीय पठार की ओर उत्तल (Convex) तथा तिब्बत की ओर अवतल (Concave) रूप में है।
- हिमालय एक प्राकृतिक अवरोध ही नहीं, बल्कि एक जलवायु, अपवाह और सांस्कृतिक विभाजक भी है।
- यह विश्व की नवीनतम मोड़दार पर्वत श्रेणी है। इसके पश्चिमी भाग में नंगा पर्वत के निकट एवं पूर्वी भाग में मिश्मी पहाड़ी या नामचा बरवा के निकट दो तीव्र अक्षसंघीय मोड़ (Syntaxial Bend) हेयरपिन टर्न (मोड़) मिलते हैं।
- हिमालय लगभग पाँच लाख वर्ग किमी क्षेत्र में विस्तृत है। इसकी औसत ऊँचाई 6000 मी है। पूर्व में दबाव बल अधिक होने के कारण इसके पूर्वी पर्वतीय क्षेत्र अधिक ऊँचे हैं। यही कारण है कि माउण्ट एवरेस्ट (Mount Everest) और कंचनजंगा (Kanchenjunga) जैसी ऊँची पर्वत श्रेणियाँ पूर्वी हिमालय में ही विद्यमान हैं।
- भारत के उत्तरी-पश्चिमी भाग में हिमालय की ये श्रेणियाँ उत्तर-पश्चिम दिशा से दक्षिण-पूर्व दिशा की ओर विस्तृत हैं। हिमालय की ये श्रेणियाँ दार्जिलिंग और सिक्किम क्षेत्रों में पूर्व-पश्चिम दिशा में विस्तृत हैं, वहीं अरुणाचल प्रदेश में ये उत्तर-पश्चिम से दक्षिण-पूर्व की ओर मुड़ जाती हैं।
- इसके उत्तर में तिब्बत का पठार व दक्षिण में सिन्धु-गंगा-ब्रह्मपुत्र का विशाल मैदान है। नागालैण्ड, मणिपुर और मिजोरम में ये पहाड़ियाँ उत्तर-दक्षिण दिशा में अवस्थित हैं।
- इस पर्वतमाला की चौड़ाई पश्चिम से पूर्व की ओर घटती जाती है, किन्तु ऊँचाई बढ़ने के साथ-साथ ढाल तीव्र होता जाता है। इसका वर्गीकरण निम्न है
    - हिमालय का अनुदैर्ध्य विभाजन
    - उच्चावच पर्वत श्रेणियों के संरेखन के आधार पर विभाजन
    - हिमालय का प्रादेशिक विभाजन
    - हिमालय का देशान्तरीय विभाजन

हिमालय का अनुदैर्ध्य विभाजन

हिमालय का अनुदैर्ध्य विभाजन चार प्रकार से किया गया है

हिमालय का अनुदैर्ध्य विभाजन
- ट्रान्स हिमालय/ तिब्बत का क्षेत्र
- वृहद् हिमालय/ महान हिमालय
- लघु हिमालय/ मध्य हिमालय
- बाह्य या उप हिमालय/ शिवालिक हिमालय

ट्रान्स अथवा तिब्बत हिमालय

- यह महान हिमालय के उत्तर में उसके समानान्तर पूर्व-पश्चिम दिशा में विस्तृत है। इसका अधिकांश भाग तिब्बत में स्थित है, इसलिए इसे तिब्बत हिमालय भी कहते हैं। यह अवसादी चट्टानों का बना है, यहाँ पर टर्शियरी से लेकर कैम्ब्रियन युग तक की चट्टानें मिलती हैं।
- ट्रान्स हिमालय, शचर जोन (Shuture Zone) या हिंज लाइन या इण्डस-त्सांगपो शचर जोन (Indus-Tsangpo Shuture Zone) के द्वारा वृहद् हिमालय से अलग होती है। ट्रान्स हिमालय (Trans Himalaya) की काराकोरम श्रेणी को उच्च एशिया की रीढ़ कहा जाता है।

- इसके अन्तर्गत भारत में काराकोरम, लद्दाख और जास्कर पर्वत श्रेणियाँ स्थित हैं।
- काराकोरम श्रेणी पश्चिम की ओर पामीर पठार तथा पूर्व की ओर कैलाश श्रेणी तक फैली है, जहाँ अनेक ग्लेशियरों का विकास हुआ है; जैसे- सियाचिन, बोल्टोरो, बियाफो व हिस्पर ग्लेशियर आदि हैं।
- काराकोरम श्रेणी की नुब्रा घाटी में ही भारत का सबसे बड़ा सियाचिन ग्लेशियर (76.44 किमी) स्थित है।
- इस श्रेणी में भारत की सर्वोच्च पर्वत चोटी K_2 या गॉडविन ऑस्टिन (8,611 मी) स्थित है। गॉडविन ऑस्टिन पर्वत को गौरी नन्दा पर्वत के नाम से भी जाना जाता है।
- काराकोरम श्रेणी पश्चिम में पामीर की गाँठ से मिल जाती है, जबकि दक्षिण-पूर्व की ओर यह कैलाश श्रेणी के रूप में विस्तृत है। इस श्रेणी के दक्षिण में लद्दाख श्रेणी सिन्धु नदी तथा इसकी सहायक श्योक नदी के मध्य विभाजक का कार्य करती है।

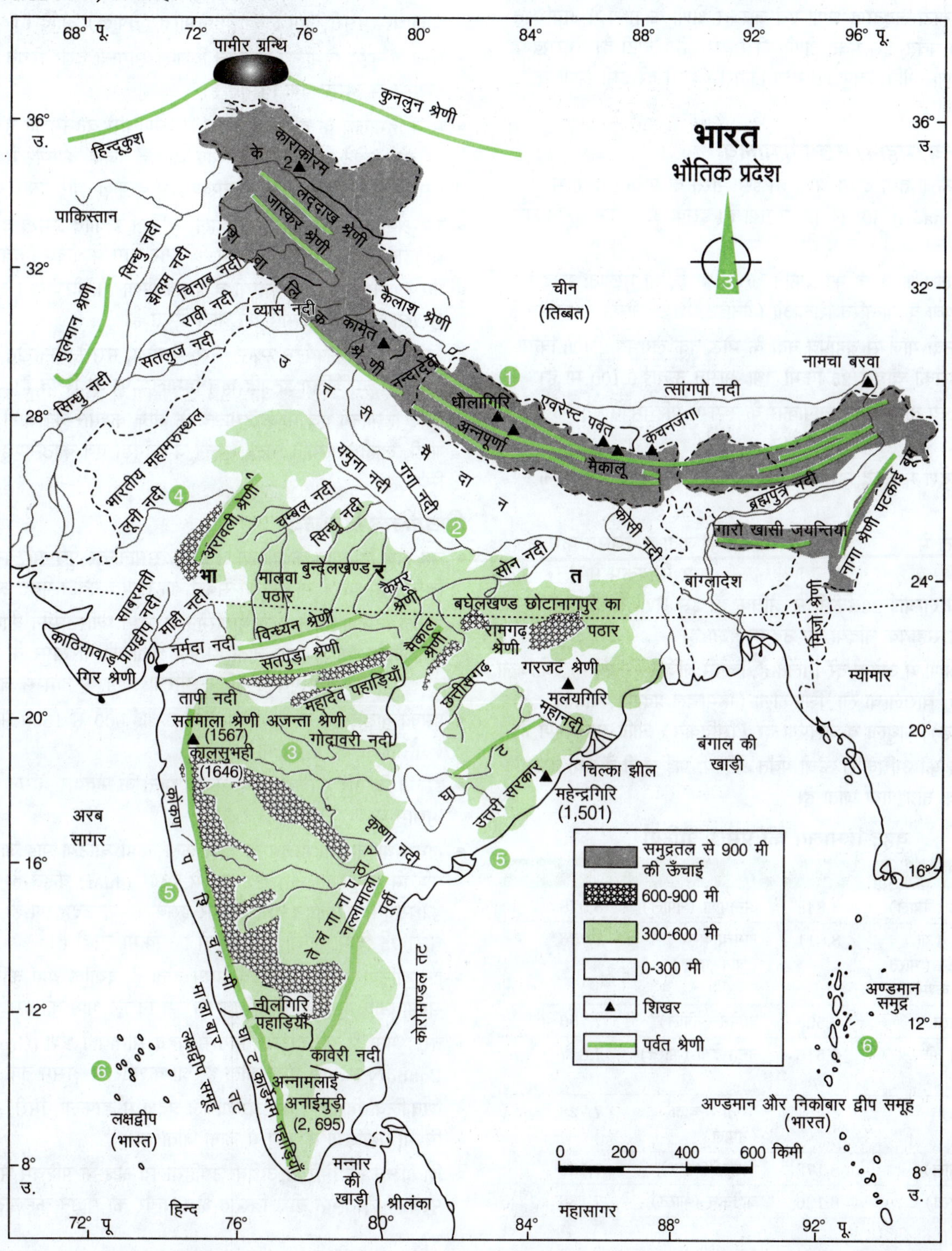

- यह श्रेणी सतलुज, सिन्धु, ब्रह्मपुत्र, (त्सांगपो) जैसी पूर्ववर्ती नदियों को जन्म देती है। सिन्धु नदी लद्दाख श्रेणी को काटकर भारत के सबसे गहरे गॉर्ज का निर्माण करती है।
- लद्दाख श्रेणी में ही विश्व प्रसिद्ध हिन्दू तीर्थ स्थल कैलाश पर्वत (तिब्बत चीन) स्थित है। राकापोशी पर्वत चोटी भी इसी श्रेणी का भाग है। इसमें ही ऑक्साई चीन अवस्थित है। जास्कर श्रेणी लद्दाख के दक्षिण एवं महान हिमालय के उत्तर में स्थित है।
- सिन्धु नदी घाटी लद्दाख श्रेणी एवं जास्कर श्रेणी के मध्य में अवस्थित है और नंगा पर्वत, इस पर्वत श्रेणी की सबसे ऊँची चोटी है। उत्तराखण्ड राज्य में माणा, नीति, लिपुलेख तथा किंगरी-बिंगरी दर्रे इसी श्रेणी में स्थित हैं।

वृहद् हिमालय/महान/मुख्य हिमालय

- यह सबसे ऊँची तथा दुर्गम श्रेणी है। इसे भारत के प्राचीन ग्रन्थों में हिमाद्रि (Himadri) नाम से पुकारा गया है। इसके अन्य नाम महान या मुख्य या आन्तरिक हिमालय हैं।
- महान हिमालय के वलय की प्रकृति असममित है, जो मुख्यत: रवेदार आग्नेय अथवा कायान्तरित शिलाओं (ग्रेनाइट, शिष्ट, नीस) से निर्मित है।
- यह सिन्धु नदी गॉर्ज से ब्रह्मपुत्र नदी के मोड़ तक लगभग 2,400 किमी लम्बी है। इसकी चौड़ाई 25 किमी तथा औसत ऊँचाई 6,100 मी है।
- वृहद् हिमालय का विस्तार चापाकार के रूप में पश्चिम में नंगा पर्वत से पूर्व में नामचा बरवा पर्वत तक है।
- हिमाचल प्रदेश में वृहद् हिमालय को अल्पाइन क्षेत्र के रूप में जाना जाता है।
- इस हिमाचल में हिमनद का भी विस्तार पाया जाता है, जिसमें कुमाऊँ हिमालय में मिलाम हिमनद, गंगोत्री हिमनद और सिक्किम में जेमू हिमनदों की लम्बाई 20 किमी से अधिक है। इस श्रेणी से ही गंगा, यमुना और इसकी सहायक नदियों का उद्गम हुआ है।
- इस पर्वत श्रेणी में अनेक दर्रे मिलते हैं, जिनमें बुर्जिल (कश्मीर), जोजिला (लद्दाख), बारालाचा ला, शिपकीला (हिमाचल प्रदेश), थांगला (उत्तराखण्ड), नाथुला व जेलेप्ला दर्रे (सिक्किम) आदि महत्त्वपूर्ण हैं।
- इसमें विश्व की अधिकांश ऊँची पर्वत श्रेणियाँ पाई जाती हैं तथा इसका ढाल अधिक तीव्र पाया जाता है।

वृहद् हिमालय की प्रमुख चोटियाँ

चोटी	ऊँचाई (मी में)	चोटी	ऊँचाई (मी में)
माउण्ट एवरेस्ट (नेपाल)	8,848	अन्नपूर्णा (नेपाल)	8,078
काराकोरम (K_2) या गॉडविन ऑस्टिन (भारत, पाक अधिकृत कश्मीर)	8,611	नामचा बरवा (चीन-भारत)	7,756
कंचनजंगा (भारत)	8,598	कामेत (नेपाल)	7,756
लहोते (तिब्बत और नेपाल सीमा)	8,516	नन्दा देवी (भारत)	7,817
मकालू (नेपाल)	8,481	गुरला मन्धाता (नेपाल)	7,728
धौलागिरि (नेपाल)	8,172	त्रिशूल (भारत)	7,120
नंगा पर्वत (भारत)	8,126	बद्रीनाथ (भारत)	7,138

लघु/मध्य हिमालय

- वृहद् हिमालय, लघु हिमालय (Lower Himalaya) से मेन सेण्ट्रल थ्रस्ट द्वारा अलग होता है, इसे हिमाचल श्रेणी भी कहते हैं। यह वृहद् हिमालय के दक्षिण में लगभग उसके समानान्तर पूर्व-पश्चिम दिशा में विस्तृत है।
- यह अनेक शृंखलाओं का समूह है, जिसकी चौड़ाई 60 से 80 किमी तक है तथा औसत ऊँचाई 3000 से 4500 मी तक है। अनेक चोटियाँ वर्षभर हिम से ढकी रहती हैं। यहाँ की मुख्य पर्वत शृंखलाएँ-पीरपंजाल, धौलाधर, मसूरी, नाग टिब्बा, महाभारत (नेपाल) आदि हैं।
- मध्य व वृहद् हिमालय के बीच विशाल सीमान्त दरार स्थित है। यह कश्मीर से असम तक विस्तृत है।
- मध्य हिमालय के दक्षिणी ढलानों में कोणधारी वन मिलते हैं और ढालों पर छोटे-छोटे घास के मैदान पाए जाते हैं, जिन्हें कश्मीर में मर्ग (सोनमर्ग, गुलमर्ग) और उत्तराखण्ड में बुग्याल और पयार कहते हैं।
- इस श्रेणी में पीरपंजाल, बनिहाल, बुर्जिल इत्यादि प्रमुख दर्रे हैं। बनिहाल दर्रे का उपयोग जम्मू-श्रीनगर मार्ग के लिए किया जाता है।
- पीरपंजाल श्रेणी सबसे लम्बी व प्रमुख श्रेणी है। पीरपंजाल और जास्कर शृंखला के मध्य कश्मीर की घाटी स्थित है।
- भारत के मुख्य पर्यटन स्थल; जैसे-शिमला, मसूरी, रानीखेत, नैनीताल, अल्मोड़ा, दार्जिलिंग इत्यादि लघु हिमालय पर ही स्थित हैं।
- वृहद् हिमालय एवं मध्य हिमालय के बीच कश्मीर की घाटी, फूलों की घाटी, लाहौल-स्पीति घाटी, कुल्लू व काँगड़ा एवं काठमाण्डु की घाटी स्थित हैं।

शिवालिक हिमालय

- यह लघु हिमालय के दक्षिण में इसके समानान्तर पूर्व-पश्चिम दिशा में विस्तृत है। यह हिमालय की सबसे बाहरी एवं नवीन पर्वत श्रेणी है।
- इसका निर्माण काल मध्य मायोसीन से निम्न प्लीस्टोसीन काल अर्थात् सेनोजोइक युग में माना जाता है। इस श्रेणी को गोरखपुर के समीप डुण्डवा श्रेणी तथा पूर्व में चूरिया-मूरिया श्रेणी के नाम से जाना जाता है।
- इसकी चौड़ाई 10 से 50 किमी तथा ऊँचाई 600 से 1500 मी के बीच (औसत ऊँचाई 1200 मी) है।
- इसका विस्तार पाकिस्तान के पंजाब प्रान्त के पोतवार बेसिन से लेकर असोम के दिहांग तक है।
- लघु तथा बाह्य हिमालय के बीच कहीं-कहीं घाटियाँ पाई जाती हैं, जिन्हें पश्चिम में दून (doon) तथा पूर्व में दुआर (duar) कहते हैं। देहरादून, कोथरीदून, पटलीदून तथा हरिद्वार इसके प्रमुख उदाहरण हैं। देहरादून घाटी 75 किमी लम्बी तथा 15 से 20 किमी चौड़ी है।
- इन घाटियों के समीप बसाव सघन होता है, क्योंकि यहाँ कृषि की अच्छी सम्भावनाएँ होती हैं, शिवालिक के इस निचले भाग को तराई कहते हैं।
- तराई भाग से सटे दक्षिणी भाग में वृहद् सीमावर्ती भ्रंश (Great Boundry Fault) पाया जाता है, जो कश्मीर से असम तक विस्तृत है।
- शिवालिक हिमालय को अरुणाचल प्रदेश में डाफला, मिरी, अबोर और मिश्मी पहाड़ियों के रूप में जाना जाता है।
- शिवालिक के गिरिपद अथवा उपहिमालय क्षेत्र के पश्चिम में सिन्धु से पूरब में तिस्ता के बीच विस्तृत क्षेत्र भाबर का मैदान कहलाता है।

पूर्वांचल पहाड़ियाँ एवं पर्वत

- दिहांग गॉर्ज (अरुणाचल प्रदेश) के बाद हिमालय दक्षिण की ओर मुड़ जाता है तथा भारत की पूर्वी सीमा का निर्धारण करता है। हिमालय के इस भाग को पूर्वी या पूर्वांचल पहाड़ियाँ कहा जाता है। पूर्वांचल पहाड़ियाँ अरुणाचल प्रदेश, नागालैण्ड, मणिपुर एवं मिजोरम में विस्तारित हैं। इस क्षेत्र में डाफला, अबोर, मिश्मी, पटकाई बूम, नागा, मणिपुर, गारो, खासी, जयन्तिया तथा मिजो पहाड़ियाँ स्थित हैं।
- डाफला पहाड़ियाँ (Daphla Hills) तेजपुर तथा उत्तरी लखीमपुर में स्थित हैं। ये पश्चिम में अका पहाड़ियों तथा पूर्व में अबोर पहाड़ियों से घिरी हैं।
- अबोर पहाड़ियाँ चीन तथा अरुणाचल प्रदेश की सीमा पर स्थित हैं। इन पहाड़ियों की सीमा पर मिश्मी और मिरी पर्वतीय शृंखला भी स्थित है। इन क्षेत्रों में ब्रह्मपुत्र की सहायक नदी दिबांग प्रवाहित होती है।
- मिजोरम को मोलेसिन बेसिन के नाम से जाना जाता है, जो मृदुल और असंगठित चट्टानों से निर्मित है।
- मिजो पहाड़ियाँ मिजोरम में हैं। इसके उत्तर में त्रिपुरा पहाड़ियाँ स्थित हैं।
- मेघालय की पहाड़ियों में तीन प्रमुख पहाड़ियाँ हैं, जिन्हें पश्चिम से पूर्व में गारो, खासी और जयन्तिया पहाड़ी के नाम से जानते हैं।
- गारो पहाड़ी के दक्षिण में सुरमा नदी का मैदान तथा खासी पहाड़ी के दक्षिण में चेरापूंजी का पठार है।

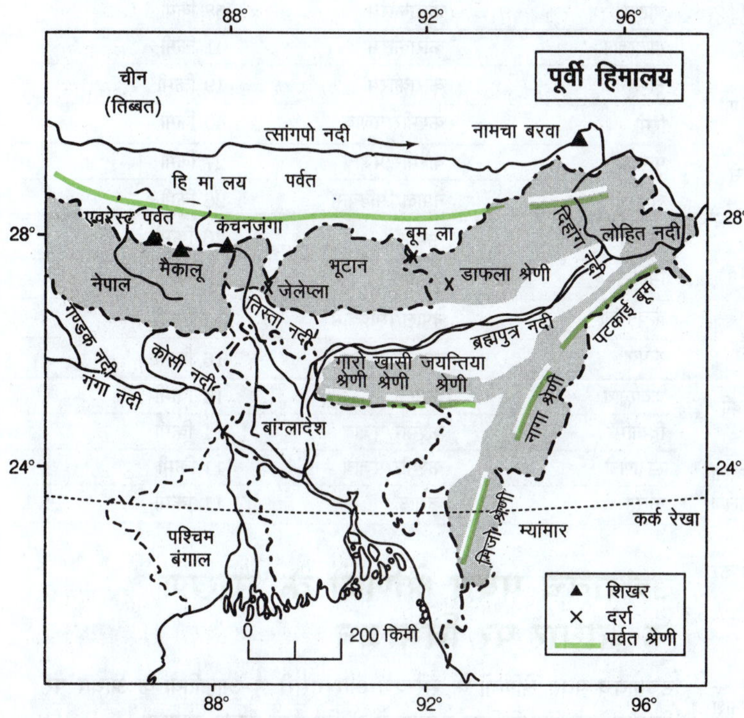

पूर्वांचल की पहाड़ियाँ

1. डफला पहाड़ी	2. मिरी पहाड़ी	3. अबोर पहाड़ी
4. मिश्मी पहाड़ी	5. पटकाई बूम पहाड़ी	6. नागा पहाड़ी
7. मणिपुरी पहाड़ी	8. मिजो पहाड़ी	9. त्रिपुरा पहाड़ी
10. बरेल पहाड़ी	11. मिकिर पहाड़ी	12. गारो पहाड़ी
13. खासी पहाड़ी	14. जयन्तिया पहाड़ी	

- पटकाई बूम पहाड़ियाँ भारत तथा म्यांमार की सीमा में विस्तृत हैं। यहाँ स्थित गहरी घाटियाँ अपने तीव्र ढाल के लिए जानी जाती हैं। पटकाई बूम के दक्षिण में नागा श्रेणी और इसके दक्षिण में कोहिमा पहाड़ी स्थित है। इन दोनों पहाड़ियों की सर्वोच्च चोटी क्रमश: सारामती (3826 मी) एवं जापवी (2995 मी) है।
- मणिपुर पहाड़ियाँ मणिपुर में हैं तथा बरेल श्रेणी नागालैण्ड तथा असम राज्यों में विस्तृत है।
- पूर्वी तथा पूर्वांचल की पहाड़ियाँ जैव-विविधता के क्षेत्र में महत्त्वपूर्ण भूमिका निभाती हैं, इन क्षेत्रों में विश्व में सर्वाधिक वर्षा होती है।

हिमालय का प्रादेशिक विभाजन

भूगर्भशास्त्री सिडनी बुरार्ड (Sidney Burrad) ने हिमालय का वर्गीकरण नदी घाटियों के आधार पर किया है और इनके द्वारा हिमाचल की पश्चिमी सीमा सिन्धु नदी को तथा पूर्वी सीमा ब्रह्मपुत्र नदी को माना गया है।

हिमालय के प्रादेशिक विभाजन निम्न प्रकार हैं

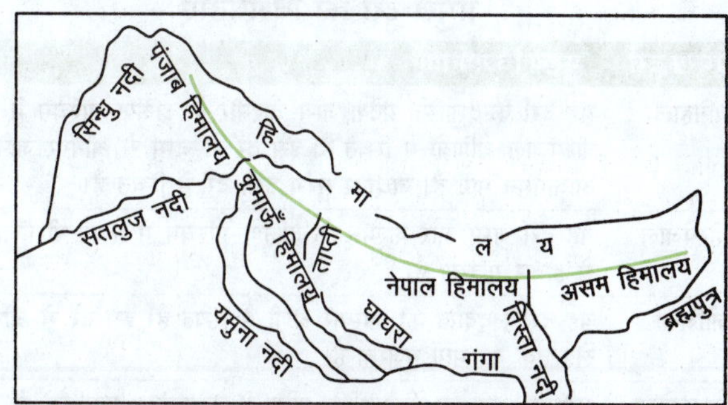

पंजाब या कश्मीर हिमालय

- सिन्धु तथा सतलज नदी के बीच वाले पर्वतीय भाग को पंजाब हिमालय कहते हैं। इसकी लम्बाई 560 किमी है। इसका अधिकांश भाग लद्दाख, जम्मू-कश्मीर तथा हिमाचल प्रदेश में पाया जाता है। इस क्षेत्र की सबसे ऊँची चोटी नंगा पर्वत (8126 मी) है।
- कश्मीर हिमालय/पंजाब हिमालय में ही उत्तर से दक्षिण की ओर धौलाधर, काराकोरम, लद्दाख, जास्कर और पीरपंजाल श्रेणियाँ स्थित हैं। यहाँ हिमालय की चौड़ाई सर्वाधिक पाई जाती है।

कुमाऊँ हिमालय

- यह सतलुज तथा काली नदी के बीच स्थित है। इसकी लम्बाई 320 किमी है। इसका पंजाब हिमालय की अपेक्षा ऊँचा भाग नहीं है। नन्दा देवी (7120 मी) इस क्षेत्र की तथा भारत की तीसरी सबसे ऊँची चोटी है।
- इसका पश्चिमी भाग गढ़वाल व पूर्वी भाग कुमाऊँ हिमालय कहलाता है। यह पंजाब हिमालय की अपेक्षा अधिक ऊँचा है।
- बद्रीनाथ, केदारनाथ, त्रिशूल, माना, गंगोत्री, यमुनोत्री, हेमकुण्ठ साहिब, नन्दा देवी, कामेत यहाँ की प्रमुख चोटियाँ हैं।

नेपाल हिमालय

- यह काली नदी से तिस्ता नदी के बीच 800 किमी की लम्बाई में स्थित है। इसका अधिकांश भाग नेपाल में है। विश्व की सबसे ऊँची पर्वतीय चोटी माउण्ट एवरेस्ट (8848 मी) इसी क्षेत्र में है।
- कंचनजंगा, मैकालू इत्यादि यहाँ स्थित हैं। काठमाण्डू घाटी यहाँ की प्रमुख घाटी है।

असम हिमालय

तिस्ता नदी से ब्रह्मपुत्र नदी तक 750 किमी में असम हिमालय का विस्तार है। यह सिक्किम, असम तथा अरुणाचल प्रदेश में विस्तृत है। यह नेपाल हिमालय की अपेक्षा कम ऊँचा है। इसका विस्तार भूटान में भी है।

भारत के प्रमुख दर्रे

पहाड़ियों एवं पर्वतीय क्षेत्रों में पाए जाने वाले आवागमन के प्राकृतिक मार्गों को दर्रा कहा जाता है। दर्रा किसी पर्वत या पहाड़ी क्षेत्र में स्थित अनुप्रस्थ संकरी द्रोणी व निचला भाग (भ्रंश घाटी) होता है, जिससे स्थल मार्ग गुजरता है।

प्रमुख दर्रों की विशेषताएँ

प्रमुख दर्रा	मुख्य विशेषताएँ
बनिहाल	यह दर्रा केन्द्रशासित प्रदेश जम्मू-कश्मीर के दक्षिण-पश्चिम में स्थित पीरपंजाल श्रेणियों में स्थित है। इस दर्रे से जम्मू से श्रीनगर जाने का आवागमन मार्ग है। **जवाहर सुरंग** इसी दर्रे में स्थित है।
पीरपंजाल	यह दर्रा जम्मू और कश्मीर के दक्षिण-पश्चिम में स्थित पीरपंजाल श्रेणी से होकर गुजरता है।
जोजिला	यह दर्रा लद्दाख की जास्कर श्रेणी में स्थित है। इस दर्रे से श्रीनगर से लेह तक का मार्ग गुजरता है।
काराकोरम	यह दर्रा लद्दाख केन्द्रशासित प्रदेश में काराकोरम पहाड़ियों के मध्य स्थित है। यह भारत के सबसे ऊँचे दर्रों में से एक है। इस दर्रे से चीन जाने का मार्ग है।
चांग ला	यह दर्रा लद्दाख में स्थित है। वाहनों के आवागमन के मामले में यह विश्व का दूसरा सबसे बड़ा सड़क मार्ग है।
रोहतांग	यह दर्रा हिमाचल प्रदेश की पीरपंजाल श्रेणियों में स्थित है। इस दर्रे की ऊँचाई 4,631 मी है।
शिपकीला	यह दर्रा हिमाचल प्रदेश के जास्कर श्रेणियों में स्थित है। इस दर्रे से शिमला से तिब्बत का मार्ग है। इस मार्ग से भारत-चीन का व्यापार होता है। सतलज नदी इसी दर्रे से भारत में प्रवेश करती है।
बारालाचा	यह दर्रा हिमाचल प्रदेश में स्थित जास्कर श्रेणी में स्थित है। इस दर्रे से होकर लेह (लद्दाख) और मण्डी (लाहौल) के बीच का मार्ग गुजरता है।
लिपुलेख	यह दर्रा उत्तराखण्ड के कुमाऊँ क्षेत्र को तिब्बत के तकलाकोट से जोड़ता है। इस दर्रे से कैलाश मानसरोवर का भी मार्ग जाता है।
नीति	यह दर्रा उत्तराखण्ड के कुमाऊँ प्रदेश में स्थित है। इस दर्रे से भी कैलाश एवं मानसरोवर जाने का रास्ता है।
माना	यह उत्तराखण्ड के कुमाऊँ प्रदेश में स्थित है। यह दर्रा गढ़वाल (उत्तराखण्ड) को तिब्बत से जोड़ता है।
नाथुला	यह दर्रा सिक्किम राज्य के डोगेक्या श्रेणी में स्थित है। यह दार्जिलिंग तथा तिब्बत पठार की चुम्बा घाटी से तिब्बत जाने का मार्ग प्रदान करता है। भारत-चीन युद्ध (1962) में यह दर्रा सामरिक महत्त्व के कारण चर्चित रहा था। यह दर्रा भारत-चीन के बीच व्यापार के लिए भी मार्ग प्रदान करता है।
जेलेप्ला	यह दर्रा सिक्किम में स्थित है तथा यह भी सामरिक महत्त्व के लिए जाना जाता है। इस दर्रे से दार्जिलिंग व चुम्बा घाटी से होकर तिब्बत जाने का मार्ग है।
डोकिया	यह दर्रा भी सिक्किम में स्थित है।
बोमडिला	यह दर्रा अरुणाचल प्रदेश (उत्तर-पश्चिम) में स्थित है। इस दर्रे से होकर त्वांग घाटी तिब्बत (ल्हासा) जाने का मार्ग स्थित है।
यांग्याप	यह दर्रा भी अरुणाचल प्रदेश में स्थित है। इस दर्रे के निकट से ब्रह्मपुत्र नदी भारत में प्रवेश करती है। यहाँ से चीन जाने के लिए मार्ग है।
दिफू	यह अरुणाचल प्रदेश के पूर्व में म्यांमार तथा चीन की सीमा पर स्थित है। इस दर्रे से भारत से म्यांमार के बीच व्यापार के लिए परिवहन मार्ग संचालित है।
तुजू	यह दर्रा मणिपुर राज्य के दक्षिण-पूर्व में स्थित है। इस दर्रे से इम्फाल से तामू (म्यांमार) जाने का मार्ग गुजरता है।

हिमालय के प्रमुख हिमनद

नाम	अवस्थिति	लम्बाई
सियाचिन	काराकोरम	72 किमी
हिस्पर	काराकोरम	60 किमी
बियाफो	काराकोरम	60 किमी
बाल्तोरो	काराकोरम	58 किमी
बादुरा	काराकोरम	58 किमी
खार्दोजीन	काराकोरम	41 किमी
रूण्डुन	काराकोरम	19 किमी
रिमो	कश्मीर/पंजाब	40 किमी
पुन्माह	कश्मीर/पंजाब	27 किमी
जेमू	नेपाल/सिक्किम	26 किमी
गंगोत्री	कुमाऊँ	26 किमी
मिलाम	कुमाऊँ	19 किमी
कंचनजंगा	नेपाल/सिक्किम	16 किमी
रूपल	कश्मीर/पंजाब	16 किमी
केदारनाथ	कुमाऊँ	14 किमी
दियामिर	कश्मीर/पंजाब	11 किमी
सोनापानी	कश्मीर/पंजाब	11 किमी
कोसा	कुमाऊँ	11 किमी

उच्चावच पर्वत श्रेणियों के संरेखण के आधार पर विभाजन

उच्चावच पर्वत श्रेणियों के संरेखण और दूसरी भू-आकृतियों के आधार पर हिमालय को निम्नलिखित उपखण्डों में विभाजित किया जाता है

कश्मीर या उत्तर-पश्चिमी हिमालय

- कश्मीर हिमालय में अनेक पर्वत श्रेणियाँ हैं; जैसे-काराकोरम, लद्दाख, जास्कर और पीरपंजाल।
- कश्मीर हिमालय का उत्तर-पूर्वी भाग एक ठण्डा मरुस्थल है, जो हिमालय तथा काराकोरम के मध्य स्थित है। इसमें वैष्णो देवी, अमरनाथ गुफा और चरार-ए-शरीफ जैसे प्रसिद्ध तीर्थ स्थल भी स्थित हैं।

- कश्मीर हिमालय में करेवा (Karewa) का जमाव पाया जाता है, जहाँ जाफरान(केसर) की खेतीकी जाती है।
- कश्मीर घाटी में झेलम नदी युवा अवस्था में बहती है तथापि नदीय स्थलरूप के विकास में प्रौढ़ावस्था में निर्मित होने वाली विशिष्ट आकृति विसर्पों का निर्माण करती है। इस प्रदेश के दक्षिणी भाग में अनुदैर्ध्य घाटियाँ पाई जाती हैं, जिन्हें दूनकहा जाता है। इनमें जम्मू दूनऔर पठानकोट दूनप्रमुख हैं।

हिमाचल और उत्तराखण्ड हिमालय

- हिमालय का यह भाग पश्चिम में रावी नदी और पूर्व में काली नदी के बीच स्थित है।
- यह भारत के दो मुख्य नदी तन्त्रों (सिन्धु और गंगा) द्वारा अपवाहित है। इस प्रदेश के अन्दर बहने वाली नदियाँ-रावी, व्यास, सतलुज, सिन्धु की सहायक नदियाँ तथा यमुना और घाघरा (गंगा की सहायक नदियाँ) हैं।
- हिमाचल, हिमालय का सुदूर उत्तरी भाग लद्दाख के ठण्डे मरुस्थल का विस्तार है और लाहौल एवं स्पीति जिले के स्पीति उपमण्डल में हैं। हिमालय की तीनों मुख्य पर्वत श्रृंखलाएँ वृहद् हिमालय, लघु हिमालय (जिन्हें हिमाचल में धौलाधरऔर उत्तराखण्ड में नाग टिब्बाकहा जाता है) और उत्तर-दक्षिण दिशा में विस्तृत शिवालिक श्रेणी इस हिमालय खण्ड में स्थित हैं।

हिमालय का देशान्तरीय विभाजन

हिमालय का **देशान्तरीय विभाजन** (Latitudinal Division) दो भागों में हुआ है

- **पश्चिमी हिमालय** इसका विस्तार लद्दाख, जम्मू कश्मीर, हिमाचल प्रदेश तथा उत्तराखण्ड में है। यह हिमालय का मुख्य भाग है। अत्यधिक वलन के कारण इस भाग में हिमालय की सभी पर्वत श्रेणियों का स्पष्ट तथा विस्तृत रूप परिलक्षित होता है।
- **पूर्वी हिमालय** यह मुख्य हिमालय के पूर्व में स्थित है। अरुणाचल, नागालैण्ड, त्रिपुरा, मिजोरम, पूर्वी असम इत्यादि में यह भाग विस्तृत है। पूर्वी हिमालय द्वारा भारत तथा म्यांमार की सीमा का निर्धारण होता है।

दार्जिलिंग और सिक्किम हिमालय

- इसके पश्चिम में नेपाल और पूर्व में भूटान हिमालय अवस्थित है।
- दार्जिलिंग एवं सिक्किम हिमालय में कंचनजंगा जैसी ऊँची चोटियाँ स्थित हैं। यहाँ पर तेज बहाव वाली तीस्ता नदीप्रवाहित होती है।
- दार्जिलिंग एवं सिक्किम हिमालय में मिश्रित जनसंख्या है, जिसमें नेपाली, बंगाली और अन्य जनजातियाँ अधिवासित हैं। इस क्षेत्र में दुआर स्थलाकृति पाई जाती है, जिसका प्रयोग चाय बागानों के लिए किया जाता है। यहाँ पर वनस्पति जात, प्राणी जात तथा आर्किड भी पाए जाते हैं।

अरुणाचल हिमालय

- अरुणाचल हिमालय का विस्तार भूटान हिमालय से लेकर पूर्व में दिफू दर्रे तक है। इसकी दिशा दक्षिण-पूर्व से उत्तर-पूर्व है। इसकी प्रमुख चोटियाँ कामेत और नामचा बरवा हैं।
- ब्रह्मपुत्र नदी नामचा बरवा को पार करने के बाद गहरे गॉर्जका निर्माण करती है। यहाँ पर सुबनसरी, दिहांग, दिबांग और लोहित नदियाँ बहती हैं। यह क्षेत्र जैव-विविधता की दृष्टि से समृद्ध है।
- इस भाग में पहाड़ियों की दिशा उत्तर से दक्षिण है। यहाँ पटकाई बूम, नागा पहाड़ियाँ, मणिपुर पहाड़ियाँ, मिजो या लुशाई आदि पहाड़ियाँ स्थित हैं।
- बराक नदी मणिपुर और मिजोरम की प्रमुख नदी है। मणिपुर घाटी के मध्य में एक झील है, जिसे लोकटक झीलकहा जाता है। मिजोरम को मोलेसिस बेसिनभी कहा जाता है।
- अरुणाचल हिमालय में मोनपा, अबोर, मिशमी, निशीऔर नागा जनजातियाँ निवास करती हैं, जो यहाँ पर स्थानान्तरित कृषिया स्लैश व बर्न कृषिकरती हैं।

उत्तरी भारत का विशाल मैदान

- उत्तरी भारत का मैदान सिन्धु, गंगा और ब्रह्मपुत्र नदियों द्वारा हिमालय प्रदेश से बहाकर लाए गए जलोढ़ से बना है। यह 7.5 लाख वर्ग किमी क्षेत्र में विस्तृत है।
- अम्बाला के निकट की भूमि इस मैदान में जल विभाजक का कार्य करती है। इस प्रकार यह नवीनतम भू-खण्ड है, जो हिमालय की उत्पत्ति के बाद बना है।
- इस मैदान के पूर्व से पश्चिम की लम्बाई 3200 किमी है। इसकी औसत चौड़ाई 150 से 300 किमी है। इसमें जलोढ़ अवसादों का निक्षेप 2000 मी की गहराई तक मिलता है। इन मैदानों का उच्चावच अत्यधिक कम है एवं कहीं भी इसकी ऊँचाई 204 मी से अधिक नहीं है।

संरचना/भौतिक आकृतियों के आधार पर उत्तरी मैदान का विभाजन

भाबर प्रदेश

- यह प्रदेश शिवालिक हिमालय के गिरिपाद के समानान्तर विस्तृत है। इसका विस्तार सिन्धु नदी से तीस्ता नदी तक है और इसकी चौड़ाई लगभग 8 से 16 किमी है। हिमालय पर्वत श्रेणियों से बाहर निकलती नदियाँ यहाँ पर भारी जल-भार; जैसे-बड़े-बड़े पत्थर और गोलाश्म जमा कर देती हैं। इसे शिवालिक का जलोढ़ पंखभी कहा जाता है।
- इस भू-भाग में सामान्य रूप से नदियों का जल कंकड़, पत्थर के ढेर के नीचे-नीचे ही प्रवाहित होता है। यहाँ नदियाँ विलीन हो जाती हैं। यह क्षेत्र कृषि के लिए उपयुक्त नहीं है।

तराई प्रदेश

- यह भाबरके दक्षिण में वह मैदानी भाग है, जहाँ भाबर की लुप्त नदियाँ फिर से भूमि पर प्रवाहित होती हुई दिखाई देने लगती हैं। नदियों द्वारा निक्षेपित जलोढ़ के कण भाबर प्रदेश की तुलना में यहाँ अपेक्षाकृत महीन होते हैं। फलस्वरूप तराई प्रदेश में दलदल की अधिकता होती है।
- इसकी चौड़ाई 10 से 30 किमी होती है, दलदल तथा नमी की अधिकता के कारण तराई प्रदेश में घने वन तथा विविध प्रकार के वन्यजीव पाए जाते हैं। इसके अतिरिक्त यह क्षेत्र कृषि के लिए विशेषकर गन्ना, गेहूँ एवं चावल के लिए भी उपयुक्त है।
- उत्तरी भारत के अधिकांश राष्ट्रीय उद्यान तथा वन्यजीव अभयारण्य तराई प्रदेश में ही हैं। तराई व दलदली क्षेत्र को मलेरिया ग्रस्तक्षेत्र भी कहा जाता है।

जलोढ़ मैदान

- दक्षिण में स्थित नदियों द्वारा तराई क्षेत्र से लाए गए अवसाद से जलोढ़ मैदान का निर्माण हुआ है। पुराना जलोढ़ बांगर मैदान का तथा नया जलोढ़ खादर मैदान का निर्माण करता है।
- जलोढ़ मिट्टी से निर्मित होने के कारण यह बहुत उपजाऊ मैदान होता है, यहाँ विभिन्न प्रकार की फसलें; जैसे—गेहूँ, चावल, गन्ना और जूट आदि की भी कृषि की जाती है। इस मैदान को दो भागों (खादर तथा बांगर) में विभाजित किया जाता है

खादर प्रदेश

- खादर प्रदेश या कछारी प्रदेश वह निचला भाग है, जहाँ नदियों की बाढ़ का जल प्रतिवर्ष पहुँचता है। बाढ़ के जल के साथ नवीन मिट्टी भी इस प्रदेश में बहती रहती है। अत: खादर प्रदेश का निर्माण नवीन जलोढ़ द्वारा होता है।
- खादर प्रदेश अत्यधिक उपजाऊ होते हैं, जहाँ गहन खेती की जाती है, पंजाब के मैदान में खादर प्रदेश को बेट कहते हैं।
- खादर क्षेत्र चावल, जूट, गेहूँ, गन्ना, दलहन एवं तिलहन आदि कृषि के लिए प्रसिद्ध है।

बांगर प्रदेश

- पुरानी जलोढ़ मिट्टी वाले क्षेत्र को बांगर प्रदेश कहते हैं। वास्तव में बांगर प्रदेश मैदान का वह ऊँचा भाग होता है, जहाँ नदियों की बाढ़ का जल नहीं पहुँचता है। यह पुरानी जलोढ़ मिट्टी द्वारा बना होता है। इसमें कंकड़ के रूप में चूनायुक्त मिट्टी की अधिकता होती है। पंजाब में बांगर मैदान को धाया कहते हैं।
- बांगर मिट्टी के उन क्षेत्रों में जहाँ सिंचाई कार्यों की अधिकता होती है, वहाँ पर कहीं-कहीं भूमि पर एक नमकीन सफेद पर्त बिछी हुई पाई जाती है।
- सफेद पर्त वाली इस मिट्टी को रेह या कल्लर के नाम से जाना जाता हैं। उत्तर प्रदेश, हरियाणा एवं पंजाब के शुष्क भागों में इसका विस्तार सबसे अधिक है।
- बांगर मिट्टी के उन क्षेत्रों में जहाँ अनावरण क्षय के फलस्वरूप ऊपर की मुलायम मिट्टी नष्ट हो जाती है, वहाँ अब कंकरीली ऊँची भूमि मिलती है। ऐसी भूमि को भूड़ कहते हैं।

बांगर प्रदेश	खादर प्रदेश
पुरानी जलोढ़ मिट्टी वाले क्षेत्र को **बांगर** प्रदेश कहते हैं।	नवीन जलोढ़ मृदा द्वारा बने क्षेत्र को **खादर** प्रदेश कहते हैं।
पंजाब में इसे **छाया** कहते हैं।	पंजाब में इस मैदान को **बेट** कहते हैं।
यहाँ उपजाऊ में अनुपयुक्त होता है तथा कृषि कार्य बहुत कम होते हैं।	ये प्रदेश अत्यधिक उपजाऊ होते हैं तथा कृषि कार्य के लिए उपयुक्त होते हैं।
इसमे चूनायुक्त संसाधनों की अधिकता है।	इसमें चीका मिट्टी की प्रधानता होती है।

प्रादेशिक आधार पर उत्तरी भारत के विशाल मैदान का वर्गीकरण

उत्तरी भारत के विशाल मैदान को प्रादेशिक आधार पर चार उपवर्गों में विभाजित किया जाता है

राजस्थान का मैदान

- इसका विस्तार 1.75 लाख वर्ग किमी में अरावली के पश्चिम से लेकर भारत-पाकिस्तान सीमा तक है।
- यह मुख्यत: अर्द्धशुष्क एवं शुष्क प्रदेश है। इसका पूर्वी भाग अपेक्षाकृत अधिक आर्द्र है एवं यहाँ स्टेपी प्रकार की वनस्पतियाँ पाई जाती हैं।
- साम्भर, डीडवाना, डेगना आदि इस मैदान की प्रमुख नमकीन झीलें हैं। साम्भर देश की सबसे बड़ी नमकीन झील (300 वर्ग किमी) है।
- खनिज तेल, जिप्सम और नमक के भण्डार की दृष्टि से राजस्थान का थार मरुस्थल एक महत्त्वपूर्ण क्षेत्र है। यहाँ कृषि को जल उपलब्ध कराने के लिए इन्दिरा गाँधी नहर का विकास किया गया है।
- राजस्थान के समस्त मरुस्थलीय प्रदेश में रेतीले टीले तथा बरखान पाए जाते हैं। इस मैदान का बड़ा भाग बालू के स्तूपों से ढका है। अत: बालुका स्तूप (मरुस्थलों में पवनों के द्वारा रेत एवं बालू के निक्षेप (जमाव) से निर्मित टीले) यहाँ की प्रमुख स्थलाकृति है।
- इन्दिरा गाँधी नहर के निर्माण से राजस्थान के इस क्षेत्र में गहन कृषि को बढ़ावा मिला है।
- राजस्थान के मैदान में 25 सेमी समवर्षा रेखा, राजस्थान के बांगर एवं थार मरुस्थल की विभाजक रेखा का कार्य करती है। राजस्थान बांगर की उर्वरा भूमि को यहाँ रोही (Rohi) कहते हैं।
- अरावली के पूर्व में बांगर की स्टेपी भूमि उत्तर-पूर्व से दक्षिण-पश्चिम दिशा में विस्तृत है। यहाँ की प्रमुख नदी लूनी है, जो एक मौसमी नदी है। यह कच्छ की खाड़ी में गिरती है।

सिन्धु का मैदान/पंजाब-हरियाणा का मैदान

- इस मैदान का निर्माण सिन्धु और उसकी सहायक नदियों द्वारा लाए गए जलोढ़ से हुआ है।
- पंजाब के मैदान का निर्माण यहाँ बहने वाली पंचनदियों (झेलम, चिनाब, रावी, व्यास तथा सतलज) के नाम पर हुआ है।
- हरियाणा और दिल्ली राज्य सिन्धु और गंगा नदी तन्त्रों के बीच जल विभाजक हैं।
- इस मैदान का विस्तार यहाँ पर 1.75 लाख वर्ग किमी क्षेत्र में है। उत्तर-पूर्व से दक्षिण-पश्चिम दिशा में इसकी लम्बाई 640 किमी और पश्चिम से पूर्व दिशा में इसकी चौड़ाई 300 किमी है।
- दो नदियों के बीच की भूमि को दोआब (Doab) कहा जाता है। इस मैदान के पाँच दोआब निम्नलिखित हैं

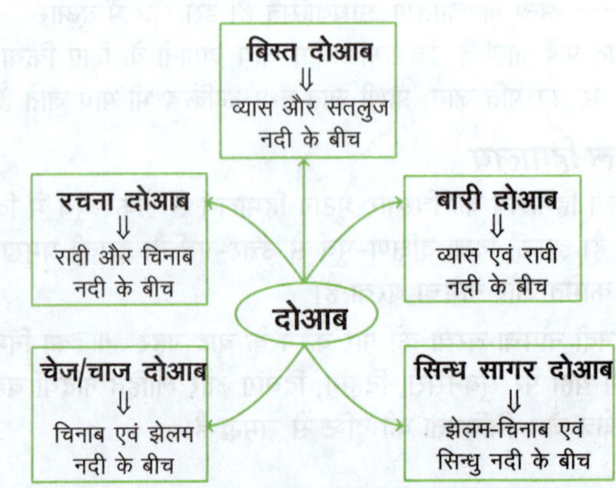

गंगा का मैदान

- इस मैदान का विस्तार उत्तर प्रदेश, बिहार एवं पश्चिम बंगाल राज्य में 3.57 लाख वर्ग किमी पर है। इसकी रचना एक अग्रगर्त (Foredeep) में गंगा तथा उसकी सहायक नदियों के निक्षेप से हुई है। इसका ढाल पश्चिम-पूर्व व दक्षिण-पूर्व की ओर है। इस मैदान को मध्यवर्ती मैदान भी कहा जाता है। यह मैदान नदियों के जाल से भरा है।
- इसका ढाल सामान्यतः उत्तर-पश्चिम से दक्षिण-पूर्व की ओर पाया जाता है। इस मैदान को तीन उप-भागों में बाँटा गया है, जिनका विवरण निम्न है
  - ऊपरी गंगा का मैदान यह मुख्यतः पश्चिमी उत्तर प्रदेश में विस्तृत है। इस मैदान की उत्तरी सीमा से शिवालिक पहाड़ी, दक्षिणी सीमा से प्रायद्वीपीय पठार तथा पश्चिमी सीमा से यमुना नदी का निर्माण होता है। उत्तर प्रदेश में पश्चिम का भाग रुहेलखण्ड का मैदान कहलाता है, जबकि पूर्व का भाग अवध के मैदान के नाम से जाना जाता है।

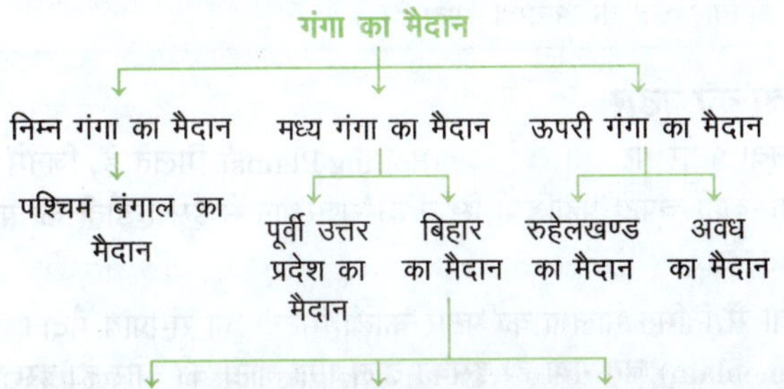

- मध्यवर्ती गंगा के मैदान प्रयागराज से फरक्का तक 1.45 लाख वर्ग किमी क्षेत्र में विस्तृत है। इसमें गोखुर झीलों या धनुषाकारों की बहुतायत है। निम्न गंगा के मैदान की ऊँचाई 50 मी है। समुद्र ज्वार के कारण इसका एक बड़ा भाग दलदली बना रहता है। यह मैदान अत्यन्त उपजाऊ होता है।
- इस मैदान में पूर्व से पश्चिमी की ओर बंगाल की खाड़ी की शाखा से होने वाली वर्षा कम ही देखी जाती है। यह समुद्र से बढ़ती दूरी के कारण होता है। इसमें पूर्वी उत्तर प्रदेश तथा बिहार के मैदान शामिल हैं।
- गंगा के मैदान में कहीं-कहीं गर्त पाए जाते हैं, जिन्हें क्षेत्रवार अलग-अलग नामों से जाना जाता है। इसे पटना में जल्ला तथा मोकामा में टाल (Tal) कहते हैं। पश्चिम बंगाल में जलयुक्त ऐसे गर्तों को बील (जल से भरी हुई निम्न भूमि या जल से भरे गर्त) कहा जाता है।
- निम्न गंगा का मैदान यह हिमालय की तलहटी से लम्बाकार गंगा के डेल्टा तक विस्तृत है। पुरुलिया क्षेत्र को छोड़कर सम्पूर्ण पश्चिम बंगाल में यह विस्तृत है। यह भाग दलदल युक्त बना रहता है।

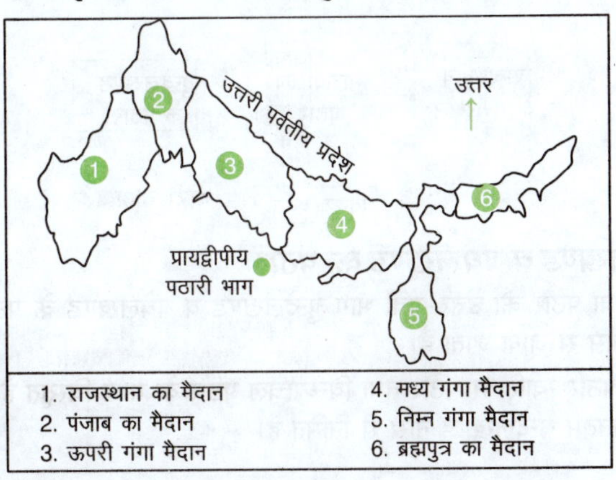

ब्रह्मपुत्र का मैदान या पूर्वी मैदान

- यह हिमालय पर्वत एवं मेघालय के पठार के बीच स्थित एक लम्बा एवं संकरा मैदान है।
- यह असम में सादिया से घुबरी तक 720 किमी में विस्तृत है। मिट्टी के जमाव के कारण इसमें कहीं-कहीं द्वीपों का भी निर्माण हुआ है।
- ब्रह्मपुत्र नदी के बीच स्थित माजुली द्वीप विश्व का सबसे बड़ा नदी द्वीप है। नदी के कटाव के कारण वर्तमान समय में इस द्वीप का अस्तित्व खतरे में पड़ गया है।
- ब्रह्मपुत्र घाटी का यह मैदान, नदीय द्वीप एवं बालू रोधिकाओं के लिए प्रसिद्ध है, यहाँ की नदियों का बार-बार मार्ग बदलने का कारण इस क्षेत्र में अत्यधिक बाढ़ का आना है।
- ब्रह्मपुत्र नदी अपनी घाटी में उत्तर-पूर्व से दक्षिण-पश्चिम दिशा में बहती है एवं बांग्लादेश में प्रवेश करने से पहले यह घुबरी के निकट दक्षिण की ओर मुड़ जाती है। इसके फलस्वरूप एक उपजाऊ मैदान का निर्माण होता है। यहाँ मुख्य रूप से चावल, गन्ना एवं जूट की फसलें उगाई जाती हैं।
- यह मैदान अपने चाय बागानों और दो राष्ट्रीय उद्यान काजीरंगा और मानस के लिए प्रसिद्ध है।

प्रायद्वीपीय पठार

- आग्नेय, रूपान्तरित तथा क्रिस्टलीय शैलों से निर्मित यह पठार प्राचीन गोण्डवानालैण्ड का अंग है। इसके मध्य धारवाड़ स्थलाकृति चक्र में प्रारम्भिक पर्वतों का निर्माण हुआ है।
- भारत का प्रायद्वीपीय पठारी भाग त्रिभुजाकार है। यह क्षेत्र चारों ओर से पहाड़ियों से घिरा है। इसके उत्तर में अरावली, विन्ध्य, सतपुड़ा और राजमहल की पहाड़ियाँ स्थित हैं।
- पश्चिम में सह्याद्रि तथा पूर्व में पूर्वी घाट स्थित है। सम्पूर्ण पठारी भाग की लम्बाई उत्तर से दक्षिण में 1600 किमी तथा पूर्व-पश्चिम में 1400 किमी है।
- यह कुल 16 लाख वर्ग किमी क्षेत्र में विस्तृत है। यह पठार भारत का प्राचीनतम भू-खण्ड है, जिसकी औसत ऊँचाई 600 से 900 मी तक है।
- सामान्य रूप से प्रायद्वीप की ऊँचाई पश्चिम से पूर्व की ओर कम होती जाती है, जिसका प्रमाण यहाँ की अधिकांश नदियों के बहाव की दिशा से भी मिलता है।
- सोन, चम्बल और दामोदर नदियों के प्रवाह से स्पष्ट होता है कि प्रायद्वीपीय पठार का ढाल उत्तर से पूर्व की ओर है। दक्षिण भाग में इसका ढाल पश्चिम से पूर्व की ओर है, जोकि गोदावरी, कृष्णा, महानदी, कावेरी नदियों के प्रवाह से स्पष्ट होता है।
- प्रायद्वीपीय नदियों में नर्मदा एवं ताप्ती नदियाँ अपवाद हैं, जो पूर्व से पश्चिम दिशा में भ्रंश घाटी से होकर बहती हैं।
- इस क्षेत्र की मुख्य प्राकृतिक स्थलाकृतियों में टॉर, ब्लॉक पर्वत, भ्रंश घाटियाँ, पर्वत स्कन्ध, नग्न चट्टान संरचना, टेकरी पहाड़ी श्रृंखलाएँ और डाइकस शामिल हैं, जो प्राकृतिक जल संग्रह के स्थल हैं।
- इस पठार के पश्चिम और उत्तर-पश्चिमी भाग में मुख्य रूप से काली मिट्टी पाई जाती है।

- प्रायद्वीपीय पठार के अनेक भाग भू-उत्थान व विभज्जन, भ्रंश तथा विभंग निर्माण प्रक्रिया के लगातार पुनरावृत्ति के दौर से गुजरे हैं। भीमा भ्रंश इसका एक उदाहरण है।
- प्रायद्वीपीय पठार की सबसे ऊँची चोटी अनाईमुड़ी (2695 मी) है, जो पश्चिमी घाट की अन्नामलाई पहाड़ियों में स्थित है।
- दूसरी सबसे ऊँची चोटी डोडाबेट्टा है और यह नीलगिरि पहाड़ियों में स्थित है।
- प्रायद्वीपीय पठार को पठारों का पठार कहते हैं, क्योंकि यह अनेक पठारों से मिलकर बना है; जैसे—केन्द्रीय उच्च भूमि, पूर्वी पठार, उत्तर-पूर्वी पठार एवं दक्कन का पठार आदि।

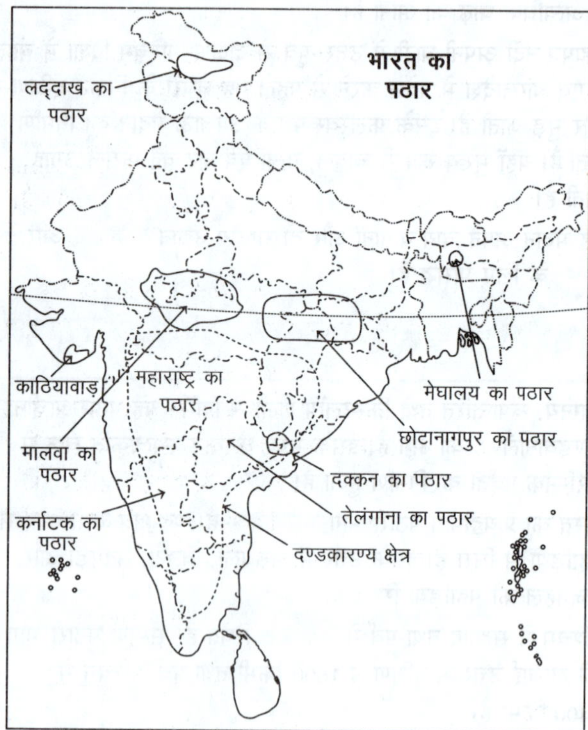

मध्य उच्च भू-भाग

मध्य उच्च भू-भाग के अन्तर्गत अरावली पर्वत, मेवाड़ का पठार, मालवा का पठार, बुन्देलखण्ड व बघेलखण्ड का पठार, विन्धयन श्रेणी एवं सतपुड़ा श्रेणी आदि शामिल हैं।

अरावली श्रेणी

- यह एक अवशिष्ट पर्वत (Residual Mountain) एवं विश्व का प्राचीनतम मोड़दार पर्वत है। इसकी उत्पत्ति प्री-कैम्ब्रियन काल में हुई थी। यह अहमदाबाद के निकट से प्रारम्भ होकर उत्तर-पूर्वी दिशा में दिल्ली के दक्षिण-पश्चिम (दिल्ली रिज) तक लगभग 800 किमी की लम्बाई में फैला हुआ है।
- यहाँ पर सबसे ऊँची चोटी आबू के निकट गुरुशिखर है, जो 1722 मी ऊँची है।
- यह संरचना पश्चिमी भारत का मुख्य जल विभाजक है, जो राजस्थान मैदान के अपवाह क्षेत्र को गंगा के मैदानी अपवाह क्षेत्र से अलग करती है।
- राजस्थान की सर्वाधिक महत्त्वपूर्ण नदी लूनी नदी है, जो इस पर्वत से निकलकर राजस्थान, बांगर और थार मरुस्थल से होते हुए गुजरात के कच्छ के रण (Runn of Kutch) में विलीन हो जाती है।
- इसके पश्चिम से माही और लूनी नदियाँ निकलती हैं, जबकि पूर्व से बनास नदी निकलती है, जो चम्बल की सहायक नदी है।
- अरावली पर्वत को क्रमश: उदयपुर में जर्गा पहाड़ियाँ, टोड़गढ़ के निकट मारवाड़ की पहाड़ियाँ, अलवर के निकट हर्षनाथ पहाड़ियाँ तथा दिल्ली में दिल्ली रिज के नाम से जाना जाता है।

> **मेवाड़ का पठार**
> - इस पठार का विस्तार मध्य प्रदेश तथा राजस्थान में है। यह अरावली पर्वत शृंखला को मालवा के पठार से अलग करता है।
> - यह पठार अरावली पर्वत शृंखला से निकलने वाली नदी **बनास** के अपवाह क्षेत्र के अन्तर्गत आता है।

मालवा का पठार

- मालवा पठार पर उर्मिल मैदान (Rolling Plains) मिलते हैं, जिनमें कहीं-कहीं चपटी पहाड़ियाँ स्थित हैं। राजस्थान में इसे हड़ौती का पठार कहते हैं।
- लावा से निर्मित मालवा का पठार काली मिट्टी का समप्राय मैदान (Peneplain) बन गया है। इसका ढाल गंगा घाटी की ओर है। इस पर बेतवा, पार्वती, काली, सिन्ध, चम्बल नदियाँ प्रवाहित होती हैं, जो आगे जाकर यमुना में मिल जाती हैं।
- इन नदियों का मध्यवर्ती भाग उपजाऊ क्षेत्र है, जिन पर काली उपजाऊ मिट्टी का जमाव है। पठार के उत्तरी भाग को चम्बल व उसकी सहायक नदियों ने बीहड़ खड्ड के रूप में परिवर्तित कर दिया है।
- यह भारत का सर्वाधिक गली (Gully) अपरदित क्षेत्र है। ये बीहड़ कृषि की दृष्टि से उपयोगी नहीं हैं।
- यह क्षेत्र भारत में अवनालिका अपरदन से सर्वाधिक प्रभावित क्षेत्र है।
- यह पठार विन्ध्याचल पर्वत के उत्तर-पश्चिम में त्रिभुजाकार आकृति में विस्तृत है। यह ग्रेनाइट की चट्टानों से निर्मित है।
- इस पठार का पूर्व में विस्तार दामोदर नदी द्वारा अपवाहित छोटानागपुर तक है। इसकी लम्बाई 530 किमी और चौड़ाई 390 किमी है, जो प्रायद्वीपीय पठार के 1,50,000 वर्ग किमी क्षेत्र में विस्तृत है।

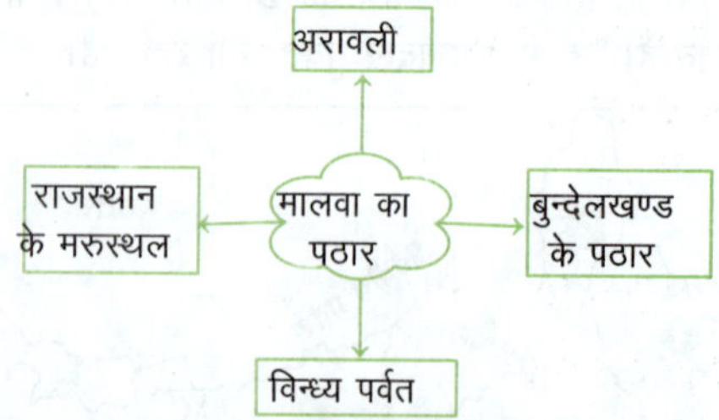

बुन्देलखण्ड व बघेलखण्ड का पठार

- मालवा पठार का उत्तर-पूर्वी भाग बुन्देलखण्ड व बघेलखण्ड के पठार के नाम से जाना जाता है।
- यह पठार ग्वालियर पठार तथा विन्ध्याचल पठार के मध्य विस्तृत है। यह प्राचीनतम बुन्देलखण्ड नीस से निर्मित है।

- यहाँ पर ग्रेनाइट तथा बालू पत्थर के टीले एवं पहाड़ियाँ मिलती हैं।
- इस पठार के अन्तर्गत उत्तर प्रदेश के सात जिले (जालौन, झाँसी, ललितपुर, चित्रकूट, हमीरपुर, बाँदा, महोबा) तथा मध्य प्रदेश के आठ जिले (दतिया, निवाड़ी, टीकमगढ़, छतरपुर, पन्ना, दमोह, सागर, विदिशा) आते हैं।
- बुन्देलखण्ड में चम्बल और यमुना नदियों द्वारा बीहड़ भूमि का निर्माण होता है। बीहड़ भूमि (जल धारा के द्वारा अपरदन के कारण बनने वाली नदी स्थलाकृति) अनुपजाऊ (Bad Land) व असमतल होती है।

विन्ध्यन श्रेणी

- विन्ध्यन श्रेणी का विस्तार गुजरात, उत्तर प्रदेश, मध्य प्रदेश, बिहार तथा छत्तीसगढ़ राज्यों में है। विन्ध्यन श्रेणी में विन्ध्याचल, पारसनाथ तथा कैमूर की पहाड़ियाँ स्थित हैं।
- इस श्रेणी को गुजरात में जोबट हिल तथा बिहार में कैमूर हिल कहा जाता है। इस श्रेणी के दक्षिण में नर्मदा घाटी स्थित है। यह नदी घाटी विन्ध्य पर्वत को सतपुड़ा पर्वत से अलग करती है।
- यह संरचना लाल बलुआ पत्थर तथा चूना पत्थर की चट्टान से निर्मित हुई है। इस श्रेणी में धात्विक खनिज संसाधनों का अभाव है।
- विन्ध्य श्रेणी के दक्षिण में नर्मदा की संकीर्ण घाटी का निर्माण अधोभ्रंशन (Down Faulting) द्वारा हुआ है।

सतपुड़ा श्रेणी

- यह पर्वतमाला नर्मदा और ताप्ती नदी के बीच पश्चिम दिशा में राजपीपला की पहाड़ियों से प्रारम्भ होती है तथा तीन पहाड़ी शृंखला (सतपुड़ा, महादेव एवं मैकालू पहाड़ी) के समूह के रूप में छोटानागपुर पठार तक विस्तृत है। यह एक ब्लॉक पर्वत है, जो अधिकतर बेसाल्ट और ग्रेनाइट चट्टानों से बना है। इसकी औसत ऊँचाई 770 मी है।
- महादेव पहाड़ी में सतपुड़ा पर्वत शृंखला की सर्वोच्च चोटी धूपगढ़ (1350 मी) है। धूपगढ़ के समीप पंचमढ़ी स्थित है। यह मध्य प्रदेश का प्रमुख स्वास्थ्यवर्द्धक स्थान है। इसके उत्तरी ढालों पर नर्मदा तथा दक्षिणी ढालों पर वेनगंगा, वर्धा तथा ताप्ती नदियाँ बहती हैं।
- इस प्रदेश में नदियाँ अनेक जलप्रपात बनाती हैं। इसमें जबलपुर के निकट नर्मदा नदी पर धुआँधार जलप्रपात प्रसिद्ध है। यहाँ संगमरमर की चट्टानें पाई जाती हैं।
- मैकालू पहाड़ी का सर्वोच्च शिखर तथा सतपुड़ा श्रेणी की दूसरी मुख्य चोटी अमरकण्टक है, जिसके पश्चिम से नर्मदा तथा उत्तर से सोन नदी एवं दक्षिण से महानदी निकलती है।
- मैकाल पठार छत्तीसगढ़ राज्य में स्थित पुरानी शैलों से निर्मित एक ब्लॉक पर्वत है।

पूर्वी पठार (Eastern Plateau)

1. छोटानागपुर का पठार

- यह पठार पश्चिम बंगाल के पुरुलिया तथा झारखण्ड के पलामू, धनबाद, हजारीबाग व राँची जिलों में विस्तृत है। इस पठार की प्रमुख नदियाँ-महानदी, सोन, स्वर्णरेखा, दामोदर आदि हैं।
- यह एक अग्रगम्भीर पठार है। इसके उत्तरी सीमा पर राजमहल पहाड़ियाँ हैं तथा दक्षिणी सीमा महानदी बनाती है, जो दक्षिण-पूर्व दिशा में बहती है। इसके उत्तर-पश्चिम में सोन नदी तथा मध्य भाग में पश्चिम से पूर्व दिशा में दामोदर नदी बहती है।
- इसमें हजारीबाग का पठार, राँची का पठार और कोडरमा का पठार शामिल हैं।
- यह पठार खनिज पदार्थों से सम्पन्न है। यहाँ पर भारत के प्रमुख खनिज बॉक्साइट, अभ्रक व कोयला अत्यधिक मात्रा में पाए जाते हैं। वन सम्पत्ति की दृष्टि से भी इसका बहुत महत्त्व है। यह भारत का रूर प्रदेश है।
- छोटानागपुर में पठार की सबसे बड़ी नदी दामोदर नदी है, यह राँची के पठार को हजारीबाग के पठार से अलग करती है।
- दामोदर नदी बेसिन कोयला भण्डार की दृष्टि से भारत का सर्वाधिक महत्त्वपूर्ण क्षेत्र है।
- इस पठार में ग्रेनाइट व नीस की चट्टानें पाई जाती हैं। इन चट्टानों से बनी उच्च भूमि को पाट भूमि (Patland) कहते हैं। यह भूमि एक उत्थित भू-खण्ड का उदाहरण है।
- छोटानागपुर में स्थित राँची का पठार एक समप्राय मैदान (Peneplain) है। मेघालय पठार (शिलांग पठार) छोटानागपुर पठार का अग्रभाग है।

2. महानदी बेसिन

- महानदी बेसिन अथवा छत्तीसगढ़ बेसिन का विस्तार छत्तीसगढ़ एवं ओडिशा राज्यों में है, जिसका निर्माण अवतलन या धँसाव प्रक्रिया द्वारा हुआ है। इसे छत्तीसगढ़ का मैदान भी कहा जाता है।
- यह बेसिन दण्डकारण्य पठार को राँची के पठार से अलग करता है। इस क्षेत्र में महानदी एवं उसकी सहायक नदियाँ; जैसे—शिवनाथ, हसदो, माण्ड, ईब आदि प्रवाहित होती हैं। इस बेसिन में गोण्डवाना क्रम की संरचना पाई जाती है, जिसके कारण यहाँ कोयला प्रचुर मात्रा में उपलब्ध है। इस बेसिन का सीमा निर्धारण इस प्रकार है

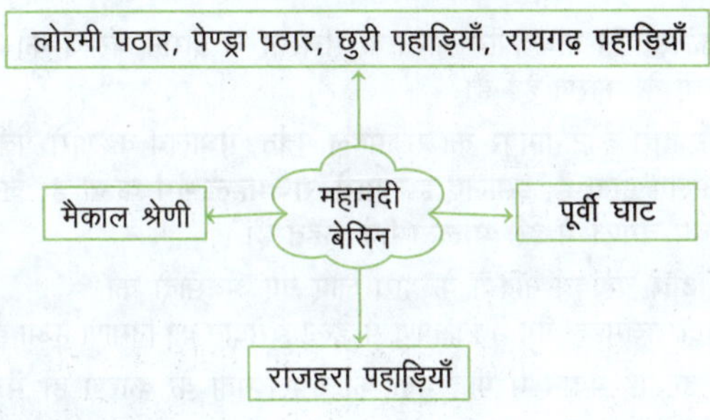

3. दण्डकारण्य का पठार

- यह पठार भारत के मध्यवर्ती भाग में स्थित है, इस क्षेत्र का विस्तार निम्न रूप में है
  - ओडिशा (कोरापुट, मलकानगिरि, कालाहाण्डी आदि)
  - छत्तीसगढ़ (बस्तर, कांकेर, दान्तेवाड़ा और जगदलपुर)
  - महाराष्ट्र, तेलंगाना
  - आन्ध्र प्रदेश (पूर्वी गोदावरी, विशाखापत्तनम, विजयनगरम एवं श्रीकाकुलम)
- यह एक विषम पठार है, जिसका क्षेत्रफल लगभग 89,078 वर्ग किमी क्षेत्र में विस्तृत है। इसकी प्रमुख नदी इन्द्रावती है।

उत्तर-पूर्वी पठार

यह पठार प्रायद्वीपीय पठार का ही विस्तृत भाग है। यह राजमहल पहाड़ियों और मेघालय पठार के मध्य भ्रंश घाटी बनने से अलग हो गया है। इसे स्थानीय स्तर पर मेघालय और कार्बी आंगलोंग पठार (असम) के रूप में जाना जाता है।

मेघालय का पठार

- प्रायद्वीपीय पठार की चट्टानें पूर्व की ओर राजमहल की पहाड़ियों पर विस्तृत हैं और उत्तर-पूर्व में मेघालय पठार का निर्माण करती हैं। इसे शिलांग का पठार भी कहते हैं।
- मेघालय का पठार भारत के मुख्य पठार से निम्न काँप के मैदान द्वारा अलग किया गया है। इसे गारो राजमहल अन्तराल (Garo-Rajmahal Gap) कहते हैं। यह पठार मुख्य रूप से एक अपरदित भूमि है।
- मेघालय पठार में निवास करने वाली जनजातियों के नाम के आधार पर इस पठार को तीन भागों में बाँटा गया है
  (i) गारो पहाड़ियाँ (ii) खासी पहाड़ियाँ (iii) जयन्तिया पहाड़ियाँ।
- इस पठार का उत्तरी ढाल बहुत तीव्र है, जहाँ पर ब्रह्मपुत्र नदी बहती है। इसका दक्षिणी ढाल मन्द है और यहाँ पर सूरमा घाटी तथा मेघना घाटी स्थित हैं।
- इस पठार पर कैम्ब्रियन पूर्व की ग्रेनाइट, नीस, ग्रेनुलाइट आदि शैलें भी पाई जाती हैं।
- शिलांग शिखर (1965 मी) इसकी सबसे उच्चतम शिखर है। शिलांग नगर खासी पहाड़ियों पर स्थित है।
- मेघालय पठार में कोयला, लोहा, सिलीमेनाइट, चूने के पत्थर और यूरेनियम जैसे खनिज पाए जाते हैं।

मालदा गैप या गारो-राजमहल गैप

- इसकी उत्पत्ति प्रायद्वीपीय भारत के संचलन के दौरान धँसाव की प्रक्रिया के कारण हुई है।
- इसके द्वारा छोटानागपुर का राजमहल पर्वत, मेघालय के गारो पर्वत से अलग होता है, इसलिए इसे **गारो-राजमहल गैप** कहते हैं, जबकि पश्चिम बंगाल में इसे **मालदा गैप** कहते हैं।
- गंगा और ब्रह्मपुत्र नदियों के द्वारा लाए गए अवसादों का मालदा/राजमहल गैप में निक्षेपण से डेल्टाई मैदान का निर्माण हुआ है।
- इस डेल्टाई मैदान में पीट मृदा की उपलब्धता के कारण ही मैंग्रोव वनस्पति का विकास हुआ है। इस क्षेत्र में पाया जाने वाला सुन्दरबन भारत के सर्वाधिक जैव-विविधता वाले क्षेत्रों में से एक है।

दक्कन का पठार

- यह पठार नर्मदा नदी के दक्षिण में स्थित एक त्रिभुजाकार पठार है। यह भारत का विशाल पठार है, जिसका क्षेत्रफल लगभग 7 लाख वर्ग किमी है।
- दक्कन के पठार को महाराष्ट्र का पठार भी कहते हैं। क्रिटेशियस तथा पूर्वी टर्शियरी काल में होने वाले ज्वालामुखी विस्फोट से निकले लावा (बेसाल्ट चट्टानों) से इसका निर्माण हुआ है। इससे काली मृदा का निर्माण हुआ।

दक्कन ट्रैप

- क्रिटेशियस युग के अन्त में प्रायद्वीपीय भारत के पश्चिमी भाग में व्यापक ज्वालामुखी क्रिया हुई। बेसाल्ट लावा के प्रवाह से सीढ़ीदार भू-आकृति का निर्माण हुआ।
- दक्कन ट्रैप का विस्तार महाराष्ट्र के अधिकांश भाग, गुजरात व दक्षिणी पश्चिमी प्रदेश में है। सतमाला, अजन्ता, बालाघाट और हरिश्चन्द्र पहाड़ियों का विस्तार भी इसी क्षेत्र में है।

- दक्कन पठार की सीमा का निर्धारण निम्न रूपों में हुआ है

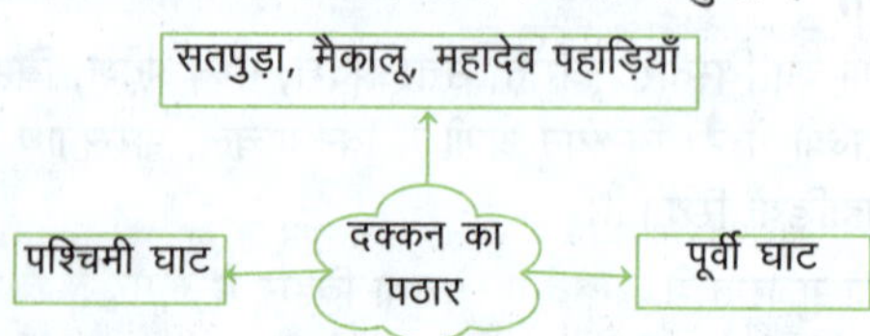

- यह पठार महाराष्ट्र के अधिकांश भाग, मध्य प्रदेश, छत्तीसगढ़, ओडिशा, तेलंगाना, पश्चिमी आन्ध्र प्रदेश, कर्नाटक और तमिलनाडु राज्यों में विस्तृत है।
- इसके अन्तर्गत महाराष्ट्र का पठार, तेलंगाना का पठार, कर्नाटक का पठार, आन्ध्र का पठार आदि को शामिल किया जाता है।
- इसमें जीवाश्म रहित ग्रेनाइट, नीस, बेसाल्ट, चूना-पत्थर तथा क्वाट्र्ज शैलें मिलती हैं। इसी के अपरदन से ही काली मृदा निर्मित हुई, जिसे रेगुर कहा जाता है।
- इसके पश्चिम में सह्याद्रि की पहाड़ी है, जिसकी सबसे ऊँची चोटी महाबलेश्वर (1438 मी) है। इस पठार के पूर्वी भाग को विदर्भ कहा जाता है।

कर्नाटक का पठार

- कर्नाटक का पठार कर्नाटक राज्य के दक्षिण-पश्चिम भाग में अवस्थित है। इस पठार का नामकरण कर्नाड, जिसका अर्थ काली मिट्टी की भूमि, के नाम पर किया गया है। इसका विस्तार कर्नाटक एवं केरल में है।
- इस पठार में आर्कियन से लेकर आधुनिक युग तक की शैलें पाई जाती हैं। इसकी औसत ऊँचाई 600-900 मी है।
- यह पठार धारवाड़ पर्वतीय प्रणाली की ज्वालामुखीय चट्टानों, रवेदार परतदार चट्टानों और ग्रेनाइट से मिलकर बना है। इसके पश्चिमी भाग में बाबा बुदान की पहाड़ियाँ तथा ब्रह्मगिरि की पहाड़ियाँ स्थित हैं। गोदावरी, कृष्णा, कावेरी, तुंगभद्रा, शरावती तथा भीमा यहाँ की प्रमुख नदियाँ हैं।
- यह पठार भू-आकृतिक रूप से मलनाद (पहाड़ी प्रदेश), उत्तरी उच्च भूमि तथा दक्षिणी उच्च भूमि (मैसूर का पठार) में विभक्त है।

तेलंगाना (आन्ध्र) का पठार

- यह पठार प्रायद्वीपीय भाग का समतलीकृत क्षेत्र है, जिसमें मुख्य रूप से कैम्ब्रियन पूर्व की नीस शैलें पाई जाती हैं। इस पठार को दो भागों में बाँटा गया है– तेलंगाना तथा रायलसीमा उच्च भूमियाँ।
- तेलंगाना प्रदेश में समप्राय मैदानों वाली भूमि मिलती है तथा इसका ढाल पूर्व की ओर है। रायलसीमा की उच्च भूमि समतल भूमि है।

दक्षिणी पर्वतीय क्षेत्र

- दक्षिणी भारत के पर्वतीय क्षेत्र के अन्तर्गत केरल और तमिलनाडु राज्यों की सीमा पर स्थित नीलगिरि, अन्नामलाई, कार्डेमम तथा तमिलनाडु में स्थित पालनी पहाड़ियाँ आती हैं।

- दक्षिण भारत की पहाड़ियाँ, पश्चिमी घाट और पूर्वी घाट की तुलना में ऊँची हैं। नीलगिरि पर्वत (कर्नाटक, केरल तथा तमिलनाडु की सीमा पर) की सबसे ऊँची चोटी डोडाबेट्टा है।
- पालघाट दर्रा, पलक्कड़ को कोयम्बटूर से जोड़ता है, जोकि नीलगिरि और अन्नामलाई के मध्य स्थित है। शान्त घाटी नीलगिरि पर्वतीय क्षेत्र में ही स्थित है, जिसकी गणना सर्वाधिक जैव-विविधता वाले क्षेत्र में की जाती है।
- सेनकोटा दर्रा अन्नामलाई और कार्डेमम के बीच अवस्थित है, जो तिरुवनन्तपुरम को मदुरै से जोड़ता है।

अवस्थिति	पर्वत	अवस्थिति	पर्वत
आन्ध्र प्रदेश	पालकोण्डा पर्वत	केरल-तमिलनाडु	अन्नामलाई पर्वत
आन्ध्र प्रदेश	वेलीकोण्डा पर्वत	केरल-तमिलनाडु	कार्डेमम पर्वत
आन्ध्र प्रदेश/तेलंगाना	नल्लामलाई पर्वत	तमिलनाडु	पालनी पर्वत
केरल-तमिलनाडु	नीलगिरि पर्वत	तमिलनाडु	शेवरॉय पर्वत/जवादी पर्वत

पश्चिमी घाट एवं पूर्वी घाट

पश्चिमी घाट (सह्याद्रि श्रेणी)

पश्चिमी घाट पर्वत हिमालय के बाद भारत की दूसरी सबसे लम्बी पर्वत श्रेणी है। यह प्रायद्वीपीय पठार का एक भ्रंश कगार (Fault Scarp) है। यह ताप्ती नदी से लेकर दक्षिण में कन्याकुमारी तक छः राज्यों में 1600 किमी की लम्बाई में विस्तृत है। इसकी औसत ऊँचाई 1000-1300 मी है। 16° उत्तरी अक्षांश रेखा गोवा से गुजरती है और सह्याद्रि या पश्चिमी घाट पर्वत को निम्न भागों में बाँटती है

- उत्तरी सह्याद्रि ताप्ती नदी से लेकर गोवा के उत्तर-पूर्व में मालप्रभा नदी के उद्गम स्थल तक 650 किमी की लम्बाई में विस्तृत है। इस भाग की औसत ऊँचाई 550 मी है। पश्चिम की ओर इसका ढाल दीवार की भाँति है। यह सीढ़ीनुमा विशेषता वाला है। यहाँ की प्रमुख चोटियाँ कलसुबाई (1646 मी), सालहेर (1567 मी), महाबलेश्वर (1438 मी) हैं। इसमें थालघाट और भोरघाट नामक दो प्रमुख दर्रे हैं। गुजरात के सौराष्ट्र में गिर की पहाड़ियाँ शेर के लिए विख्यात हैं।
- मध्य सह्याद्रि मालप्रभा नदी के उद्गम स्थल से पालघाट दर्रे तक का लगभग 650 किमी लम्बा पश्चिमी घाट का भाग मध्य सह्याद्रि कहलाता है। इसके आगे पश्चिम घाट चौड़े हो जाते हैं तथा पूर्वी घाट में मिल जाते हैं। यह श्रेणी अधिक ऊबड़-खाबड़ धरातल वाली है तथा वनों से ढकी है। यहाँ की प्रमुख चोटियाँ कुन्द्रेमुख (1892 मी) और पुष्पगिरि (1714 मी) हैं। यह भाग ग्रेनाइट और नीस चट्टानों से निर्मित है।
- दक्षिणी सह्याद्रि का निर्माण मुख्यतः आर्कियन चट्टानों से हुआ है। नीलगिरि पहाड़ियों से लेकर कन्याकुमारी तक इसका विस्तार लगभग 290 किमी की लम्बाई में है। यहाँ पर नीलगिरि पहाड़ियों के साथ अन्नामलाई की श्रेणी है। अनाईमुड़ी (2695 मी) यहाँ की सबसे ऊँची चोटी है। इसके उत्तर-पूर्व में पालनी (प्रसिद्ध पर्यटक स्थल कोडायकनाल) तथा दक्षिण में इलायची पहाड़ियाँ हैं। कार्डेमम पहाड़ियाँ (रोनकोट्टा कोष स्थित) केरल एवं तमिलनाडु की सीमा पर पश्चिमी घाट का भाग हैं।

प्रायद्वीपीय भारत के प्रमुख दर्रे

थालघाट दर्रा	मुम्बई-नासिक	महाराष्ट्र
भोरघाट दर्रा	मुम्बई-पुणे	महाराष्ट्र
पालघाट दर्रा	पलक्कड़-कोयम्बटूर (नीलगिरि और अन्नामलाई पहाड़ियों के मध्य)	केरल
सेनकोटा गैप	तिरुवनन्तपुरम-मदुरै	केरल

- पश्चिमी घाट की पर्वतीय श्रृंखला को यूनेस्को ने वर्ष 2012 में विश्व धरोहर स्थल घोषित किया है। इस पर्वतीय श्रृंखला की गणना विश्व में सर्वाधिक सम्पन्न जैव-विविधता वाली श्रेणी में की जाती है।
- पश्चिमी घाट की प्रमुख पहाड़ियाँ उत्तर से दक्षिण [नीलगिरि पहाड़ी, अन्नामलाई पहाड़ी, इलायची पहाड़ी (कार्डेमम)] के क्रम में हैं।

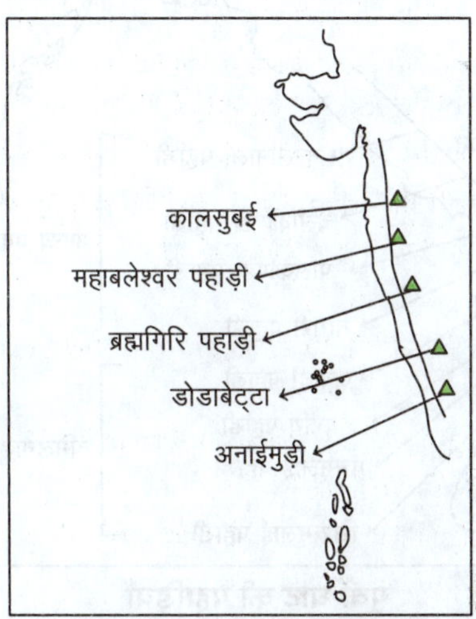

पश्चिमी घाट की पहाड़ियाँ

- अन्नामलाई पर्वत का सर्वोच्च शिखर अनाईमुड़ी (2696 मी) है, जो दक्षिण भारत का सबसे सर्वोच्च पर्वत शिखर है तथा डोडाबेट्टा (2637 मी) दक्षिण भारत का दूसरा सर्वोच्च शिखर है।

पूर्वी घाट

- महानदी के दक्षिण में उत्तर-पूर्व दिशा से दक्षिण-पश्चिमी दिशा की ओर 1300 किमी की लम्बाई में पूर्वी घाट पर्वत श्रृंखला नीलगिरि पहाड़ियों तक विस्तृत हैं।
- इनकी औसत ऊँचाई 600 मी है। यह श्रृंखला उत्तर में अधिक चौड़ी (190 किमी) एवं दक्षिण में कम चौड़ी (75 किमी) है।
- इसको उत्तरी भाग में उत्तरी पहाड़ी, मध्य में कुड़प्पा पहाड़ी तथा दक्षिण में तमिलनाडु पहाड़ी कहते हैं।
- पूर्वी घाट भारत के पूर्वी तट के लगभग समानान्तर है और इसके आधार और तट के बीच विस्तृत मैदान स्थित हैं।
- यह ओडिशा में महानदी से लेकर तमिलनाडु में बैगई तक अत्यधिक टूटी, अनियमित और पहाड़ियों की एक श्रृंखला है।
- यहाँ की प्रमुख पहाड़ियाँ क्रमशः महेन्द्रगिरि (ओडिशा), नल्लामाला, पालकोण्डा, वेलीकोण्डा, नागरी (आन्ध्र प्रदेश) तथा पंचमलाई, शेवरॉय, जवादी, पालनी तथा वेलंगिरी (तमिलनाडु) हैं। ये पहाड़ियाँ महानदी, गोदावरी, कृष्णा तथा कावेरी द्वारा अलग होती हैं।

- तमिलनाडु का प्रसिद्ध हिल स्टेशन यरकॉड (Yercaud), शेवरॉय पहाड़ी पर स्थित है। मेलागिरि श्रेणी (कावेरी व पेन्नार नदी के मध्य) चन्दन वनों के लिए प्रसिद्ध है।
- इसकी सबसे ऊँची चोटी अरोयाकोण्डा या विशाखापत्तनम चोटी (1680 मी) है। महेन्द्रगिरि दूसरी सबसे ऊँची (1501 मी) चोटी है, जो ओडिशा में स्थित है।
- पूर्वी घाट से निकलने वाली नदियों में नागावली एवं वंशधारा प्रमुख हैं। इनके अतिरिक्त पेन्नार, पालार आदि अन्य नदियाँ हैं।
- पूर्वी घाट की प्रमुख पहाड़ियों का क्रम उत्तर से दक्षिण तक निम्न प्रकार है

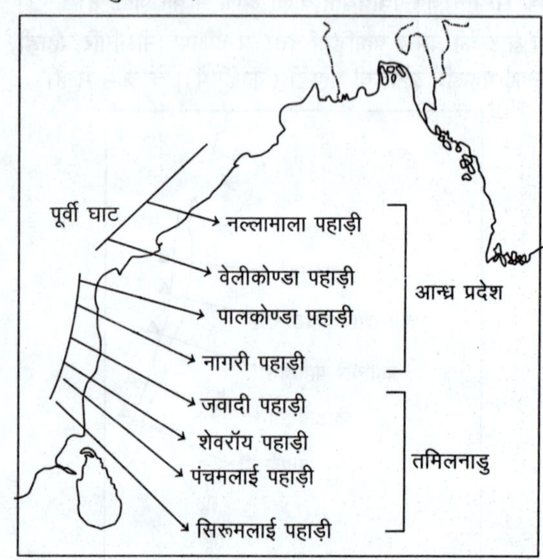

पूर्वी घाट की पहाड़ियाँ

- पूर्वी घाट प्राचीन मोड़दार वलित पर्वत का अवशिष्ट है।
- यह शृंखला भारतीय राज्यों—पश्चिम बंगाल, ओडिशा, आन्ध्र प्रदेश और तमिलनाडु से होकर गुजरती है।

पश्चिमी तथा पूर्वी घाट में अन्तर

पश्चिमी घाट	पूर्वी घाट
यह पश्चिमी तट के समानान्तर उत्तर-दक्षिण दिशा में तापी नदी से कन्याकुमारी तक विस्तृत है।	यह पूर्वी तट के समानान्तर उत्तर-पूर्व से दक्षिण-पश्चिम दिशा में उड़ीसा से नीलगिरि की पहाड़ियों तक विस्तृत है।
इसकी औसत ऊँचाई 1000 से 1300 मी है।	इसकी औसत ऊँचाई पश्चिमी घाट से कम अर्थात् 600 मी है।
इसकी औसत चौड़ाई 50 से 80 किमी है।	यह पश्चिमी घाट से अधिक चौड़ा है और इसकी औसत चौड़ाई 100 से 200 किमी है।
यह दीवार की भाँति खड़ा है, जिसे केवल दर्रों से ही पार किया जा सकता है।	बड़ी-बड़ी नदियों ने इसमें से अपने लिए मार्ग बना लिए हैं और इसे अनेक भागों में बाँट दिया है।
संरचना की दृष्टि से यह एक सम्पूर्ण इकाई है।	संरचना की दृष्टि से इसमें एकरूपता नहीं पाई जाती।
यह प्रायद्वीपीय पठार में बहने वाली बड़ी-बड़ी नदियों का स्रोत है।	यह पूर्वी घाट में किसी बड़ी नदी का उद्गम स्रोत नहीं है।
यह अरब सागर से आने वाली दक्षिण-पश्चिमी मानसून पवनों के लगभग लम्बवत् दिशा में है और पश्चिमी तटीय मैदान में भारी वर्षा करता है।	यह बंगाल की खाड़ी से आने वाली दक्षिण-पश्चिमी मानसून पवनों के लगभग समानान्तर है और अधिक वर्षा नहीं करता।

भारत की प्रमुख घाटियाँ

घाटियाँ	प्रमुख तथ्य
शान्त घाटी (साइलेण्ट वैली)	यह जैव-विविधता के लिए प्रसिद्ध है तथा केरल के पलक्कड़ जिले में नीलगिरि की पहाड़ियों पर स्थित है। कुन्थी नदी यहाँ के वन क्षेत्र से अपवाहित होती है।
कम्बम घाटी	यह घाटी तमिलनाडु में थेक्काड़ी, वरूसनादु एवं कोडाइकनाल पहाड़ियों से घिरी है।
अराकु घाटी	यह घाटी आन्ध्र प्रदेश में गलीकोण्डा, रक्ताकोण्डा, सुंकरीमेट्टा एवं चितामोगोण्डी नामक पहाड़ियों से घिरी है।
जुकू घाटी	यह भारत के पूर्वोत्तर राज्य नागालैण्ड में स्थित है। यह सम्पूर्ण घाटी जून एवं सितम्बर माह में फूलों से ढक जाती है।
न्योरा घाटी	यह पश्चिम बंगाल के दार्जिलिंग के कलम्पोंग में स्थित है। इसे वर्ष 1986 में राष्ट्रीय उद्यान घोषित किया गया था।
चुम्बी घाटी	यह घाटी भारत (सिक्किम), भूटान व चीन (तिब्बत) तीनों के मिलन बिन्दु पर स्थित होने के कारण इसका सामरिक महत्त्व है। डोकलाम क्षेत्र इसी घाटी के अन्तर्गत आता है। यह घाटी पहले सिक्किम का भाग थी, लेकिन वर्ष 1972 में तिब्बत का अंग बनी।
युथांग घाटी	यह घाटी सिक्किम में स्थित है। यह घाटी हॉट-स्प्रिंग के लिए प्रसिद्ध है तथा इस घाटी में रोडोडेण्ड्रान घाटी झाड़ियों व अन्य वनस्पति प्रजातियों से ढकी हुई है।
दून घाटी	यह घाटी उत्तराखण्ड में शिवालिक हिमालय एवं लघु हिमालय के मध्य स्थित है। यह हिमालय के अनुदैर्ध्य घाटी का उदाहरण है।
जोहर घाटी	यह घाटी उत्तराखण्ड के पिथौरागढ़ जिले में स्थित है। इसे मिलाम घाटी एवं गौरी गंगा घाटी के नाम से जाना जाता है।
फूलों की घाटी	यह उत्तराखण्ड के चमोली जिले में स्थित है। इसे यूनेस्को के बायोस्फीयर नेटवर्क में वर्ष 2004 में शामिल किया गया था।
दरमा और सोर घाटी	दरमा घाटी धारचूला (उत्तराखण्ड) में स्थित है, जबकि सोर घाटी उत्तराखण्ड के पिथौरागढ़ जिले में स्थित है। इस घाटी का निर्माण धर्मा गंगा नदी के द्वारा हुआ है।
नेलांग घाटी	यह घाटी उत्तराखण्ड के उत्तरकाशी जिले में स्थित गंगोत्री राष्ट्रीय उद्यान में स्थित है। इसे वर्ष 1962 में भारत-चीन के बीच युद्ध के बाद बन्द कर दिया गया तथा मई, 2015 में इसे पुनः खोल दिया गया।

घाटियाँ	प्रमुख तथ्य
बन्दर घाटी	यह घाटी चम्बा (हिमाचल प्रदेश) में स्थित है।
मर्खा घाटी	यह घाटी लद्दाख में स्थित है। यह हेमिस राष्ट्रीय उद्यान हेतु मार्ग उपलब्ध कराती है।
कश्मीर घाटी	यह घाटी महान हिमालय एवं पीरपंजाल श्रेणियों के मध्य अवस्थित बनिहाल दर्रे द्वारा जम्मू से जुड़ी है। इसकी रचना एक समभिनति में हुई है।
नुब्रा और सुरू घाटी	नुब्रा घाटी सियाचिन हिमनद से निकलने वाली नुब्रा नदी द्वारा निर्मित है। सुरू घाटी कारगिल कस्बे में स्थित है।
गलवान घाटी	यह घाटी गलवान नदी द्वारा निर्मित है। यह लद्दाख में वास्तविक नियन्त्रण रेखा के समीप स्थित है।
किन्नौर घाटी	यह घाटी हिमाचल प्रदेश के उत्तर-पूर्वी भाग में स्थित है, जो तिब्बत की सीमा के समीप स्थित है। यह हिमाचल प्रदेश के अन्तिम गाँव चिटकुल को मार्ग प्रदान करती है।
पार्वती घाटी और सांगला घाटी	पार्वती घाटी हिमाचल प्रदेश के कुल्लू में स्थित है। सांगला घाटी भी हिमाचल प्रदेश में स्थित है तथा इसे बास्पा घाटी भी कहते हैं।
कुल्लू घाटी	यह धौलाधर एवं पीरपंजाल श्रेणियों के मध्य (हिमाचल प्रदेश) में स्थित है। इसे देवताओं की घाटी कहा जाता है।
मालना और पांगी घाटी	मालना घाटी हिमाचल प्रदेश में **छोटा यूनान** के नाम से प्रसिद्ध है। पांगी घाटी हिमाचल प्रदेश में स्थित है, जो लाहुल, पंगवाला और मोटिया लोगों का निवास स्थान है।
स्पीति घाटी	यह घाटी हिमाचल प्रदेश में स्थित है। बौद्धों के प्रसिद्ध **ताबो मठ** (Tabo Monastery) इसी घाटी में स्थित है।
लाहौल घाटी	यह घाटी हिमाचल प्रदेश में स्थित है। इसी घाटी से चन्द्र एवं भागा नदियाँ प्रवाहित होती हैं।
काँगड़ा घाटी	यह घाटी हिमाचल प्रदेश में अवस्थित है। धर्मशाला इसी घाटी में स्थित है।
चम्बा घाटी	हिमाचल प्रदेश में स्थित इस घाटी में भारमौर, डलहौजी एवं खज्जियार प्रमुख पर्यटन स्थल स्थित हैं।

भारतीय मरुस्थल

- विशाल भारतीय मरुस्थल राजस्थान या थार का मरुस्थल अरावली पहाड़ियों से उत्तर-पश्चिम में स्थित है। यहाँ पर बहुत से अनुदैर्ध्य रेतीले टीले और बरखान (Barkhan) पाए जाते हैं। यहाँ पर वार्षिक वर्षा 15 सेमी से भी कम होती है। यह क्षेत्र शुष्क और वनस्पति रहित है।
- थार मरुस्थल का अधिकांश क्षेत्र राजस्थान में स्थित है, परन्तु इसका कुछ अंश पंजाब, हरियाणा एवं गुजरात में भी है। थार मरुस्थल विश्व का सर्वाधिक जन घनत्व वाला मरुस्थल है।
- यहाँ की प्रमुख स्थलाकृतियों में स्थानान्तरी रेतीले टीले, छत्रक चट्टानें और मरु उद्यान हैं। यहाँ पर प्लाया झीलें भी पाई जाती हैं, जिनका पानी खारा होता है और इनसे नमक प्राप्त होता है।
- ढाल के आधार पर थार मरुस्थल को दो भागों में बाँटा जा सकता है
  - उत्तरी भाग (पाकिस्तान के सिन्ध प्रान्त की ओर ढाल वाला क्षेत्र)
  - दक्षिणी भाग (कच्छ के रण की ओर ढाल वाला क्षेत्र)
- यह लगभग 1.75 लाख वर्ग किमी क्षेत्र में विस्तृत है, जिसमें 300 किमी चौड़ाई वाले क्षेत्र का विस्तार लगभग 640 किमी में है।
- हजारों वर्ग किमी में विस्तृत कच्छ के रण के नमकीन दलदलीय क्षेत्र को सफेद मरुस्थल (White Desert) कहा जाता है। इस क्षेत्र की अधिकांश नदियाँ वर्षावाहिनी हैं। लूनी नदी इसका प्रमुख उदाहरण है।
- थार मरुस्थल प्रतिवर्ष आधे किमी की गति से उत्तर-पूर्व की ओर बढ़ रहा है। इसरो के अध्ययन से पता चला है कि थार मरुस्थल का विस्तार हरियाणा, पंजाब, उत्तर प्रदेश तथा मध्य प्रदेश तक हो रहा है।

तटीय मैदान

- भारत की तट रेखा लगभग 6,100 किमी लम्बी है, जो पश्चिम में कच्छ के रण से पूर्व में गंगा-ब्रह्मपुत्र डेल्टा तक विस्तृत है।
- प्रायद्वीपीय पठार की पश्चिमी एवं पूर्वी सीमा तथा भारतीय तट रेखा के बीच स्थित संकरे मैदान को तटीय मैदान (Coastal Plain) कहते हैं।
- तटीय मैदानों का निर्माण सागरीय तरंगों द्वारा अपरदन व निक्षेपण एवं पठारी नदियों द्वारा लाए गए अवसादों के जमाव के द्वारा हुआ है।
- तटीय मैदानों को दो भागों में बाँटा गया है, जो निम्न हैं

1. पूर्वी तटीय मैदान

- यह तटीय मैदान चौड़ा, उभरा हुआ, समतल एवं जलमग्न तट का उदाहरण है। यह मैदान जलोढ़ के जमाव द्वारा निर्मित हुआ है।
- पूर्व की ओर बहने वाली और बंगाल की खाड़ी में गिरने वाली नदियाँ यहाँ लम्बे-चौड़े डेल्टा बनाती हैं, जिसके कारण यहाँ पत्तनों और पोताश्रयों का विकास नहीं हो पाता है। यह उत्तर में गंगा नदी के मुहाने से दक्षिण में कन्याकुमारी तक विस्तृत है।
- पूर्वी तटीय मैदान में विश्व का वृहद् डेल्टा सुन्दरबन स्थित है, जो नदियों द्वारा तटवर्ती क्षेत्रों में जलोढ़ निक्षेपण का परिणाम है।
- तमिलनाडु के मैदान को दक्षिण भारत का अन्न भण्डार कहा जाता है। विशाखापत्तनम बन्दरगाह डॉल्फिन नामक चट्टान के पीछे सुरक्षित है। इसी प्रकार पुलिकट (आन्ध्र प्रदेश) एक वलयाकार प्रवाल झील है, जो श्रीहरिकोटा द्वीप समूह से अलग है।
- चिल्का भारत की सबसे बड़ी लैगून झील अथवा लवजीय झील है। इसका क्षेत्रफल लगभग 1165 वर्ग किमी है।

- पूर्वी तटीय मैदान को तीन भागों में विभक्त किया जाता है, जो निम्न है
  - उत्कल तट (ओडिशा मैदान) यह स्वर्ण रेखा से महानदी के मध्य ओडिशा में विस्तृत है।
  - उत्तरी सरकार तट (आन्ध्र प्रदेश) यह महानदी से कृष्णा नदी के मध्य आन्ध्र प्रदेश एवं ओडिशा में विस्तृत भू-भाग है।
  - कोरोमण्डल तट (तमिलनाडु मैदान) कृष्णा नदी से कन्याकुमारी के मध्य यह आन्ध्र प्रदेश एवं तमिलनाडु में विस्तृत है।
- इस तटीय मैदान को दक्षिण-पश्चिम मानसून एवं उत्तरी-पूर्वी मानसून दोनों से वर्षा प्राप्त होती है। पूर्वी तटीय मैदान में चिकनी मिट्टी की प्रधानता के कारण इस क्षेत्र में चावल की खेती की अधिकता देखने को मिलती है।
- पूर्वी तटीय मैदान के उत्तर से दक्षिण के क्रम में प्रमुख डेल्टा-महानदी डेल्टा, गोदावरी डेल्टा, कृष्णा एवं कावेरी डेल्टा आदि स्थित हैं।
- पूर्वी तटीय मैदान अपने अधिक विस्तार के कारण कृषि की दृष्टि से अधिक महत्त्वपूर्ण व सघन जनसंख्या वाला क्षेत्र है।

2. *पश्चिमी तटीय मैदान*

- पश्चिमी तटीय मैदान जलमग्न तटीय मैदानों के उदाहरण हैं। ऐसा विश्वास है कि पौराणिक नगर द्वारका, जो किसी समय पश्चिमी तट की मुख्य भूमि पर स्थित था, अब पानी में डूबा हुआ है।
- पश्चिमी तटीय मैदान मध्य में संकीर्ण है, परन्तु उत्तरी और दक्षिणी भागों में अपेक्षाकृत अधिक चौड़ा है। यहाँ बहने वाली नदियाँ डेल्टा नहीं बनाती हैं। यहाँ बहने वाली नदियाँ ज्वारनदमुख का निर्माण करती हैं।
- पश्चिमी तटीय मैदान अधिक कटा-फटा है, जिसके कारण यहाँ पर मुम्बई, मार्मागोवा, मंगलौर तथा कोच्चि जैसे बन्दरगाह पाए जाते हैं। इसके तट पर बालू के अनेक टीले तथा लैगून मिलते हैं। कोच्चि बन्दरगाह एक लैगून पर ही स्थित है।
- यह मैदान सूरत से कन्याकुमारी तक विस्तृत है, जिसे चार भागों में बाँटा गया है
  - गुजरात का मैदान (गुजरात का तटवर्ती क्षेत्र)
  - कोंकण का मैदान (दमन से गोवा के बीच)
  - कन्नड़ (कर्नाटक) का मैदान (गोवा से मंगलौर के बीच)
  - मालाबार का मैदान (मंगलौर एवं कन्याकुमारी के बीच)
- गुजरात का मैदान सौराष्ट्र से सूरत तक विस्तृत है और यहाँ पर सरक्रीक, कोरी क्रीक, कच्छ की खाड़ी एवं खम्भात की खाड़ी स्थित है।
- कोंकण का मैदान उत्तर में दमन से लेकर दक्षिण में गोवा तक विस्तृत है, जिसकी लम्बाई 720 किमी है। इसी मैदान के तटीय भाग में थालघाट एवं भारघाट दर्रे स्थित हैं। इस भाग में प्रवाहित होने वाली नदियों में पिंजल, बसाक, भोगराना एवं जुआरी शामिल हैं।
- कन्नड़ के मैदान का विस्तार गोवा से कर्नाटक के मंगलौर तक है। यह तट 530 किमी लम्बाई में एवं 35-40 किमी चौड़ाई में विस्तृत है। यहाँ पर काजू, सुपारी, कहवा एवं काली मिर्च के बागान हैं।
- मालाबार के मैदान का विस्तार मंगलौर से कन्याकुमारी तक है और इस क्षेत्र में लम्बे तथा संकरे लैगून एवं कयाल हैं, जो (एक प्रकार का लैगून) क्रमश: मछली पकड़ने और अन्त: स्थलीय नौकायन के लिए प्रसिद्ध हैं। मालाबार तट के बालू में मोनोजाइट, जिरकान एवं थोरियम खनिज पाए जाते हैं।

द्वीप समूह

- भारत में लगभग एक हजार से अधिक छोटे-बड़े द्वीप हैं, जो बंगाल की खाड़ी तथा अरब सागर में स्थित हैं। द्वीप स्थलखण्ड के ऐसे भाग होते हैं, जिनके चारों और सागरीय जल का प्रसार होता है।
- अरब सागरीय द्वीप प्राचीन भू-मण्डल के अवशिष्ट भाग हैं तथा प्रवाल भित्ति द्वारा निर्मित हैं।
- बंगाल की खाड़ी के द्वीप टर्शियरी पर्वतमाला की धरातलीय विशेषता के परिचायक हैं तथा समुद्र तल से 750 मी की ऊँचाई तक स्थित हैं। भारत में दो द्वीप समूह हैं, जो निम्न हैं

अण्डमान-निकोबार द्वीप समूह/ बंगाल की खाड़ी के द्वीप

- अण्डमान-निकोबार द्वीप समूह में 572 द्वीप हैं, जिनमें 550 द्वीप अण्डमान द्वीप समूह में और 22 द्वीप निकोबार द्वीप समूह में स्थित हैं।
- ये द्वीप 6° उत्तर से 14° उत्तरी और 92° से 94° पूर्वी देशान्तर के बीच स्थित हैं। ये द्वीप समूह बंगाल की खाड़ी में स्थित हैं।
- ये द्वीप समुद्र में जलमग्न पर्वतों के भाग हैं। कुछ छोटे द्वीपों की उत्पत्ति ज्वालामुखी से भी जुड़ी है।
- बैरन द्वीप पर भारत का एकमात्र सक्रिय ज्वालामुखी है, जबकि नारकोण्डम सुसुप्त ज्वालामुखी (वे ज्वालामुखी होते हैं, जो वर्तमान में सक्रिय नहीं हैं, किन्तु भविष्य में सक्रिय हो सकते हैं।) है।
- 10° उत्तरी अक्षांश (10° चैनल) अण्डमान तथा निकोबार द्वीप समूह को दो भागों में विभाजित करता है। मध्य अण्डमान (1536 वर्ग किमी) भारत का सबसे बड़ा द्वीप है।
- निकोबार अनेक द्वीप समूहों; जैसे-कार निकोबार, लिटिल निकोबार तथा ग्रेट निकोबार आदि में विभाजित है। 6° चैनल ग्रेट निकोबार को सुमात्रा से विभक्त करता है।
- वर्ष 2004 के सुनामी के कारण भारत का सबसे दक्षिणतम बिन्दु इन्दिरा प्वॉइण्ट (Indira Point) डूब गया, यह बिन्दु ग्रेट निकोबार के दक्षिण में स्थित है। इस द्वीप समूह पर जारवा, शॉम्पेन एवं सेण्टिनलीज जनजातियाँ वर्तमान समय में भी आदिम स्थिति में जीवन-यापन करती हैं।

प्राचीन नाम	परिवर्तित नाम
रॉस द्वीप	नेताजी सुभाष द्वीप
नील द्वीप	शहीद द्वीप
हैवलॉक द्वीप	स्वराज्य द्वीप

- बंगाल की खाड़ी में अन्य तटवर्ती द्वीप भी हैं। इन तटवर्ती द्वीपों पर नदियों ने काँप मिट्टी का निक्षेप करके अनेक द्वीपों का निर्माण किया है।
- हुगली के सामने 20 किमी लम्बा सागर द्वीप है, जो गंगा सागर के नाम से विख्यात है। यहाँ चौबीस परगना के कटे-फटे तट के सामने अनेक मग्नतटीय द्वीप पाए जाते हैं।
- भारत और श्रीलंका के बीच मन्नार की खाड़ी (Gulf of Mannar) में पम्बन द्वीप पाया जाता है, जो आदम पुल का एक अंश है। नेल्लौर (आन्ध्र प्रदेश) के निकट श्रीहरिकोटा बड़ा महत्त्वपूर्ण द्वीप है।

- यह अन्तरिक्ष अनुसन्धान का केन्द्र बन गया है। यह द्वीप 50 किमी लम्बा है। यहाँ पर एक अन्य द्वीप हेयर द्वीप तूतीकोरिन से 4 किमी दूर स्थित है। यह प्रवाल निर्मित द्वीप है।

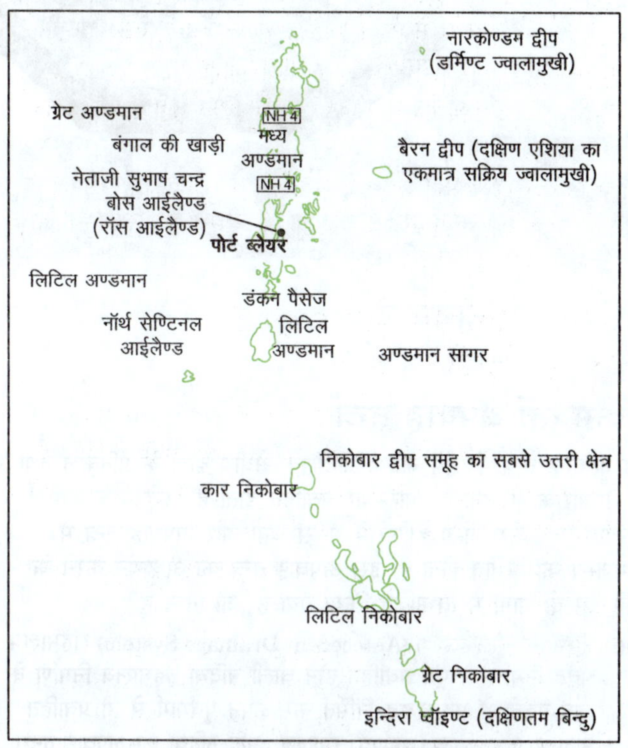

अण्डमान एवं निकोबार द्वीप समूह

अण्डमान-निकोबार द्वीप समूह की चोटियाँ

द्वीप	सर्वोच्च चोटी	ऊँचाई
उत्तरी अण्डमान	सैडलपीक	728 मी
मध्य अण्डमान	माउण्ट डियोवोली	515 मी
दक्षिणी अण्डमान	माउण्ट कोयेब	460 मी
ग्रेट निकोबार	माउण्ट थुइल्लर	642 मी

लक्षद्वीप समूह/अरब सागर के द्वीप

द्वीपों का यह समूह छोटे मूँगा द्वीपों से बना है। ये द्वीप कच्छ की खाड़ी से लेकर धुर दक्षिण में कुमारी अन्तरीप तक विस्तृत हैं। इनको निम्न प्रकार से वर्गीकृत किया जा सकता है

- तट के निकटवर्ती द्वीप गुजरात के काठियावाड़ के पूर्वी और दक्षिणी तट के निकट अनेक चट्टानी द्वीप मिलते हैं। पीरम और भौंसला द्वीप यहाँ पर प्रमुख हैं।
- मुम्बई और मंगलौर के बीच अनेक द्वीप मिलते हैं। मंगलौर के उत्तर में भटकल द्वीप हैं। इसके निकट पिजननाक का द्वीप है।
- यलवान बन्दरगाह के निकट लगभग 12 द्वीप (सबसे बड़ा द्वीप 1.4 किमी का है) पाए जाते हैं। तट के निकट चट्टानी द्वीपों के अतिरिक्त बालू मिट्टी अथवा काँप निर्मित द्वीप भी मिलते हैं। ऐसे द्वीप खम्भात की खाड़ी तथा नर्मदा-ताप्ती के मुहानों पर पाए जाते हैं।
- खम्भात की खाड़ी में दीव द्वीप 12 किमी लम्बा द्वीप है। कच्छ की खाड़ी में वैद, नोरा, पिरटान और करुभार द्वीप इसी प्रकार के द्वीप हैं। नर्मदा तथा ताप्ती नदियों के चौड़े मुहाने के निकट खड़ियावेट, अलियावेट तथा अनेक छोटे द्वीप मिलते हैं।
- तट के सुदूरवर्ती द्वीप अरब सागर में लक्षद्वीप सुदूरवर्ती द्वीप की श्रेणी में आते हैं। पहले यह लक्कादीव-मिनिकॉय-अमिनिदिवी द्वीप नाम से जाना जाता था। ये भारत के पश्चिमी तट से लगभग 200 से 300 किमी दूर विस्तृत हैं।
- इनका क्षेत्रफल 32 वर्ग किमी है। लक्षद्वीप सबसे बड़ा द्वीप है। यह मुख्यत: प्रवाल भित्तियों से निर्मित है। कवारत्ती, जोकि इन द्वीपों की राजधानी है, यहीं स्थित है।
- 8° चैनल, लक्षद्वीप (मिनिकॉय) को मालदीव तथा 9° चैनल मिनिकॉय को लक्षद्वीप के अन्य द्वीपों से अलग करता है। अमीनी द्वीप एवं कन्नोर द्वीप 11° चैनल द्वारा दो भागों में विभाजित होता है।

अन्य प्रमुख द्वीप

- श्रीहरिकोटा द्वीप यह द्वीप आन्ध्र प्रदेश में स्थित है तथा भारत के एकमात्र उपग्रह प्रक्षेपण केन्द्र के लिए प्रसिद्ध है। यह द्वीप पुलिकट झील को बंगाल की खाड़ी से अलग करता है।
- पम्बन द्वीप यह तमिलनाडु के रामनाथपुरम जिले में स्थित एक छोटा द्वीपीय शहर है। पौराणिक किवदन्तियों के अनुसार, पम्बन द्वीप वह स्थान है, जहाँ से भगवान राम ने समुद्र पार करने हेतु एक सेतु का निर्माण किया था। इसे दक्षिण भारत का वाराणसी भी कहा जाता है।
- अब्दुल कलाम द्वीप इसे व्हीलर द्वीप के रूप में भी जाना जाता है। मिसाइलों के लिए एकीकृत परीक्षण रेंज इसी द्वीप पर स्थित है। यह ओडिशा के तट से दूर स्थित है तथा इस द्वीप का नाम मूल रूप से अंग्रेजी लेफ्टिनेण्ट व्हीलर के नाम पर रखा गया था, लेकिन सितम्बर, 2015 में इसका नाम बदलकर भारत के पूर्व राष्ट्रपति एपीजे. अब्दुल कलाम के नाम पर कर दिया गया।
- न्यू मूर द्वीप गंगा-ब्रह्मपुत्र डेल्टा से दूर बंगाल की खाड़ी में अपतटीय द्वीप था, जो नवम्बर, 1970 में भोला चक्रवात के बाद उभरा था तथा मार्च, 2010 में समुद्री जल में डूब गया। बांग्लादेश में इसे दक्षिणी तालपट्टी तथा भारत में पुनर्बासा कहा जाता था।
- माजुली द्वीप यह असम के ब्रह्मपुत्र नदी के मध्य में बसा एक बड़ा नदी द्वीप है। इसको असम की सांस्कृतिक राजधानी भी कहा जाता है। यह द्वीप विश्व का सबसे बड़ा नदीय द्वीप और भारत का पहला नदी द्वीपीय जिला है।

"

निश्चित वाहिकाओं के माध्यम से हो रहे जल प्रवाह को अपवाह (Drainage) कहते हैं तथा इन वाहिकाओं के जाल को अपवाह तन्त्र (Drainage System) कहा जाता है। मुख्य नदी और उनकी सहायक नदियों के द्वारा प्राकृतिक अपवाह तन्त्र का विकास होता है।

अध्याय चार

भारत का अपवाह तन्त्र

अपवाह प्रणाली

भारतीय अपवाह प्रणाली का अध्ययन करने के लिए इसे दो भागों में विभाजित किया गया है

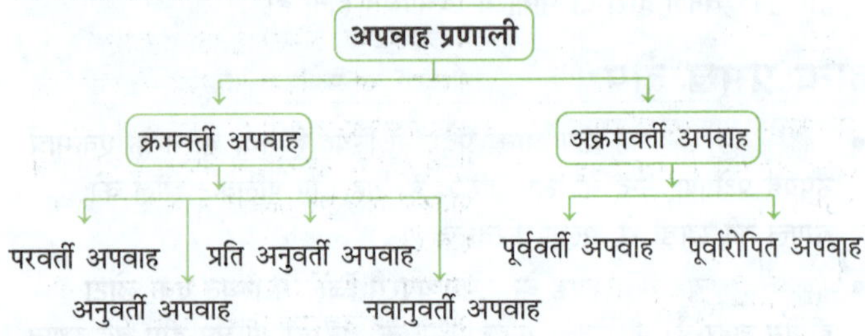

क्रमवर्ती अपवाह तन्त्र

इस अपवाह तन्त्र में वाहिकाएँ या नदियाँ क्षेत्र की धरातलीय ढाल एवं **भौमिकीय संरचना** के अनुरूप प्रवाहित होती हैं। यहाँ भू-संरचना और अपवाह प्रणाली के विकास में समरूपता मिलती है। इसके निम्न रूप हैं

(i) अनुवर्ती अपवाह (Consequent Drainage) ढाल के अनुरूप प्रवाहित होने वाली नदियों को अनुवर्ती अथवा अनुगामी कहा जाता है। दक्षिण भारत की अधिकांश नदियाँ इसी श्रेणी की हैं। इनके विकास के लिए सर्वाधिक उपयुक्त स्थलाकृति जलवायु मुखी शंकु तथा गुम्बदीय संरचना की होती है। कृष्णा, गोदावरी तथा कावेरी आदि नदियाँ अनुवर्ती नदियों के उदाहरण हैं।

(ii) परवर्ती अपवाह (Subsequent Drainage) अनुवर्ती नदियों के बाद उत्पन्न होने वाली तथा अपनतियों अक्षों (Anti-Clind) का अनुसरण करने वाली नदियों को परवर्ती नदियाँ कहते हैं; जैसे-चम्बल, सिन्धु, बेतवा, सोन आदि नदियाँ गंगा तथा यमुना में जाकर समकोण पर मिलती हैं।

(iii) प्रति अनुवर्ती अपवाह (Obsequent Drainage) ऐसे अपवाह वाली नदियाँ प्रमुख अनुवर्ती नदियों की प्रवाह दिशा के विपरीत प्रवाहित होती हैं। ये नदियाँ परिवर्ती नदियों को समकोण पर काटती हैं।

(iv) नवानुवर्ती अपवाह (Resequent Drainage) ऐसे अपवाह वाली नदियाँ ढाल के अनुरूप तथा प्रमुख अनुवर्ती नदी के प्रवाह की दिशा में प्रवाहित होती हैं। नवानुवर्ती नदियाँ प्रमुख अनुवर्ती नदियों के बाद विकसित होती हैं तथा ये द्वितीय श्रेणी की अपवाह कहलाती हैं।

अक्रमवर्ती अपवाह तन्त्र

वह अपवाह तन्त्र, जिसमें नदियाँ प्रादेशिक क्षेत्रीय ढाल के प्रतिकूल तथा भू-वैन्यासिक संरचना के आर-पार प्रवाहित होती हैं, उन्हें अक्रमवर्ती अपवाह तन्त्र कहा जाता है। इसमें भू-संरचना और अपवाह तन्त्र में सामंजस्य का अभाव होता है। इस अपवाह तन्त्र का अध्ययन करने के लिए इसे दो भागों में विभाजित किया गया है, जो निम्न हैं

(i) पूर्ववर्ती अपवाह तन्त्र (Antecedent Drainage System) हिमालय पर्वत निर्माण से पूर्व प्रवाहित होने वाली नदियाँ, हिमालय निर्माण के बाद पर्वतों में महाखड्ड निर्मित कर अपने पूर्वमार्ग से ही प्रवाहित होती हैं; जैसे-सिन्धु, ब्रह्मपुत्र, सतलज आदि नदियों का अपवाह तन्त्र।

(ii) पूर्वारोपित अपवाह तन्त्र (Superimposed Drainage System) जब किसी भू-आकृतिक प्रदेश में धरातलीय संरचना नीचे की संरचना से भिन्न होती है, तो इस प्रकार की प्रवाह प्रणाली का विकास होता है। पूर्वारोपित नदियाँ स्थलखण्ड के ढाल के अनुरूप प्रवाहित नहीं होती हैं; जैसे–सोन, चम्बल, स्वर्णरेखा, बनास आदि।

भारतीय अपवाह तन्त्र का वर्गीकरण

भारतीय अपवाह तन्त्र का निम्न आधारों पर वर्गीकरण किया गया है

समुद्र में जल विसर्जन के आधार पर

- भारतीय अपवाह को समुद्र में जल विसर्जन के आधार पर दो समूहों में विभाजित किया जा सकता है

  1. अरब सागर का अपवाह तन्त्र 2. बंगाल की खाड़ी का अपवाह तन्त्र
- अरब सागर एवं बंगाल की खाड़ी के अपवाह तन्त्र को दिल्ली कटक, अरावली एवं सह्याद्रि पर्वत द्वारा विभाजित किया जाता है।
- भारत के कुल अपवाह क्षेत्र के लगभग 77% भाग में गंगा, ब्रह्मपुत्र, महानदी, कृष्णा आदि नदियाँ शामिल हैं, जो बंगाल की खाड़ी में जल विसर्जित करती हैं, जबकि 23% भाग में सिन्धु, नर्मदा, ताप्ती, माही व पेरियार नदियाँ शामिल हैं, जो अपना जल अरब सागर में गिराती हैं।
- प्रायद्वीपीय पठार की बड़ी नदियों का उद्गम स्थल पश्चिमी घाट है और ये नदियाँ अपना जल बंगाल की खाड़ी में गिराती हैं, जबकि कुछ नदियाँ पश्चिमी घाट से निकलकर अरब सागर में अपना जल गिराती हैं; जैसे-पेरियार, माण्डवी, जुआरी आदि।

जल सम्भर क्षेत्र के आकार के आधार पर

जल सम्भरण क्षेत्र के आकार के आधार पर भारतीय अपवाह द्रोणियों को तीन भागों में बाँटा गया है

1. वृहद् नदी द्रोणी (Major River Basin) इसका अपवाह क्षेत्र 20,000 वर्ग किमी से अधिक होता है। इसमें देश के 14 नदी बेसिन शामिल हैं। इसकी प्रमुख नदियाँ गंगा, ब्रह्मपुत्र, कृष्णा, तापी, गोदावरी, नर्मदा, माही, पेन्नार, साबरमती, बराक आदि हैं।
2. मध्यम नदी द्रोणी (Medium River Basin) इसका अपवाह क्षेत्र 2000 से 20,000 वर्ग किमी है। इसमें कालिन्दी, पेरियार, मेघना जैसी 44 नदियों की द्रोणियाँ शामिल हैं।
3. लघु नदी द्रोणी (Minor River Basin) इनका अपवाह क्षेत्र 2000 वर्ग किमी से कम होता है।

अपवाह प्रतिरूप

किसी क्षेत्र में अपवाह तन्त्र के ज्यामितिय आकार तथा नदियों की स्थानीय व्यवस्था को अपवाह प्रतिरूप (Drainage Pattern) कहते हैं। इसके निम्न प्रकार हैं

प्रतिरूप	विवरण
द्रुमाकृतिक/वृक्षाकार अपवाह प्रतिरूप (Dendritic Drainage Pattern) 	• इसमें नदी की मुख्य धारा में उसकी सहायक नदियों की शाखाएँ वृक्षनुमा तरीके से आपस में जुड़ती हैं। • विशेष रूप से यह अपवाह प्रतिरूप समतल स्थलाकृतियों वाले क्षेत्रों में पाया जाता है, जहाँ चट्टानों में कोई विशेष विविधता न हो। गंगा, यमुना, गोदावरी, कृष्णा, कावेरी आदि द्रुमाकृतिक अपवाह प्रतिरूप के उदाहरण हैं।
जालीनुमा अपवाह प्रतिरूप (Trellis Drainage Pattern) 	• इस प्रकार के अपवाह प्रतिरूप का विकास उस समय होता है, जब प्रमुख नदियाँ समानान्तर प्रवाहित होती हैं। • इस प्रकार के प्रतिरूप का विकास वहाँ होता है, जहाँ पर कठोर एवं मुलायम चट्टानें समानान्तर रूप में फैली हुई होती हैं। पूर्वी सिंहभूम के पुराने वलित पर्वत में जालीदार अपवाह मिलता है।
अरीय अपवाह प्रतिरूप (Radial Drainage Pattern) 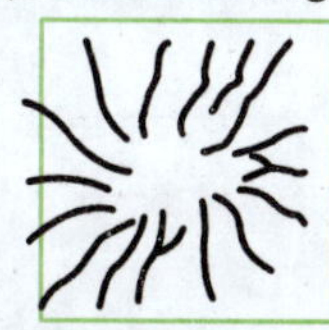	• इस प्रकार के अपवाह प्रतिरूप में नदियाँ किसी पहाड़ी से निकलकर चारों ओर प्रवाहित होती हैं। • अमरकण्टक पर्वत से निकलने वाली नर्मदा, सोन तथा महानदी अरीय अपवाह तन्त्र का निर्माण करती हैं। • यह अपवाह प्रतिरूप कठोर तथा मुलायम चट्टानों के क्षेत्र में विकसित होता है।
उप-द्रुमाकृतिक प्रतिरूप (Sub-Dentritic Drainage Pattern) 	• उप-द्रुमाकृतिक प्रतिरूप का निर्माण तब होता है, जब मुख्य नदी की धारा से मिलती सहायक नदियों में उसकी उपनदियों का सम्मिलन होता है। • उप-द्रुमाकृतिक प्रतिरूप में गंगा की सहायक नदी यमुना तथा यमुना की सहायक नदियों-चम्बल, केन, बेतवा इत्यादि को चिह्नित किया जाता है।

प्रतिरूप	विवरण
समानान्तर अपवाह प्रतिरूप (Parallel Drainage Pattern) 	• इस अपवाह प्रतिरूप की नदियाँ एक-दूसरे के समानान्तर बहती हैं तथा प्रादेशिक ढाल का अनुसरण करती हैं। • उदाहरणस्वरूप-पश्चिमी घाट में पश्चिम की नदियाँ लगभग समानान्तर बहती हैं।
उप-समानान्तर प्रतिरूप (Sub-parallel Drainage Pattern) 	• इस प्रतिरूप का निर्माण मुख्य नदी के समानान्तर बहती सहायक नदियों के समानान्तर बहने वाली उपनदियों द्वारा होता है। • गोदावरी की सहायक नदी-पेनगंगा तथा पेनगंगा की सहायक नदियाँ वर्धा तथा वेनगंगा इस प्रतिरूप का निर्माण करती हैं।
वलयाकार अपवाह प्रतिरूप (Annular Drainage Pattern) 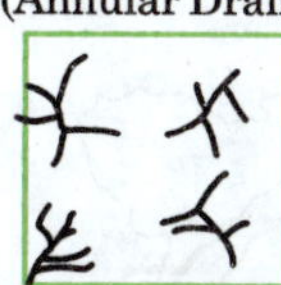	• इस प्रतिरूप में सहायक नदियाँ अपनी अनुवर्ती नदियों के साथ जुड़ने से पहले वक्राकार मार्ग से होकर गुजरती हैं। इस प्रकार के अपवाह प्रतिरूप सामान्यत: प्रौढ़ एवं घर्षित गुम्बदीय पर्वतों में विकसित होते हैं। • ये उत्तराखण्ड, तमिलनाडु एवं केरल की नीलगिरि की पहाड़ियों में देखने को मिलते हैं।
आयताकार अपवाह प्रतिरूप (Rectangular Drainage Pattern) 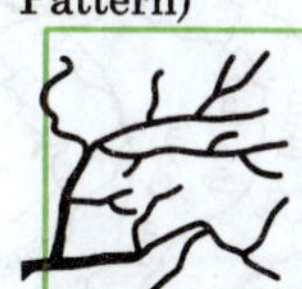	• आयताकार प्रतिरूप में भी सहायक नदियाँ मुख्य नदी से समकोण में मिलती हैं, किन्तु ये प्रतिरूप जालीनुमा अपवाह प्रतिरूप से भिन्न होते हैं। • विन्ध्यन शैलों के क्षेत्र में आयताकार अपवाह प्रतिरूप के उदाहरण मिलते हैं। पलामू क्षेत्र, कोसी एवं सतलज नदियों के अपवाह क्षेत्र इसके उदाहरण हैं।
पक्षाकार प्रतिरूप (Demorphic Drainage Pattern) 	• यह प्रतिरूप मैदानी भागों में बनता है, जहाँ एक बड़ी नदी में मिलने वाली सहायक नदी में पंख की तरह छोटी-छोटी नदियाँ मिलती हैं। इसमें नदियों की उपनदियाँ हैं, जो सहायक नदियों को जल प्रदान करती हैं। • यह प्रतिरूप प्राय: नदियों के डेल्टा अथवा ज्वारनदमुख के निकट पहुँचने पर बनता है।
अभिकेन्द्रीय अपवाह प्रतिरूप (Centripetal Drainage Pattern) 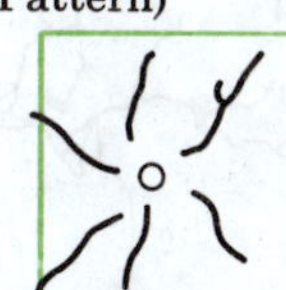	• जब नदियाँ किसी झील अथवा गर्त में चारों ओर से आकर मिलती हैं, उसे अभिकेन्द्रीय अपवाह प्रतिरूप कहते हैं। • ये प्रतिरूप लद्दाख के उच्च पठारी भागों में तथा कार्स्ट स्थलाकृति के क्षेत्रों में पाए जाते हैं।
गुम्बदाकृत अपवाह प्रतिरूप (Domeshaped Drainage Pattern) 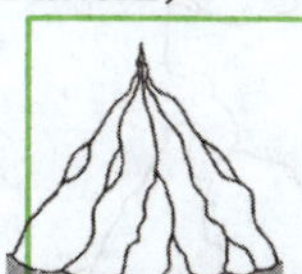	• यह अपवाह प्रतिरूप वलयाकार व अरीय अपवाह तन्त्रों का समन्वित रूप है।

भारतीय अपवाह तन्त्र

भारतीय अपवाह तन्त्र यहाँ के उच्चावच तथा भूमि की ढाल पर निर्भर करता है। भारतीय अपवाह तन्त्र को मुख्यत: दो वर्गों में विभाजित किया जा सकता है

1. हिमालयी नदियों का अपवाह तन्त्र 2. प्रायद्वीपीय नदियों का अपवाह तन्त्र

भारतीय नदी प्रणाली

- हिमालयी नदी
  - सिन्धु नदी तन्त्र
  - गंगा नदी तन्त्र
  - ब्रह्मपुत्र नदी तन्त्र
- प्रायद्वीपीय नदी
  - पश्चिमी घाट में उद्गम
    - कृष्णा नदी
    - गोदावरी नदी
    - कावेरी नदी
    - पेन्नार नदी
  - सह्याद्रि/विन्ध्य श्रेणी में उद्गम
    - महानदी
    - नर्मदा नदी
    - ताप्ती नदी

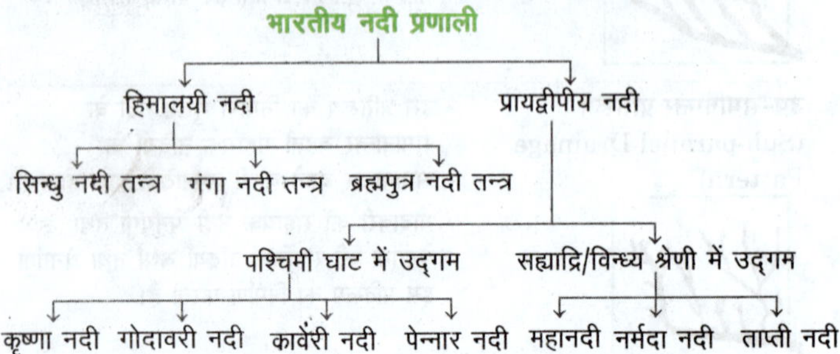

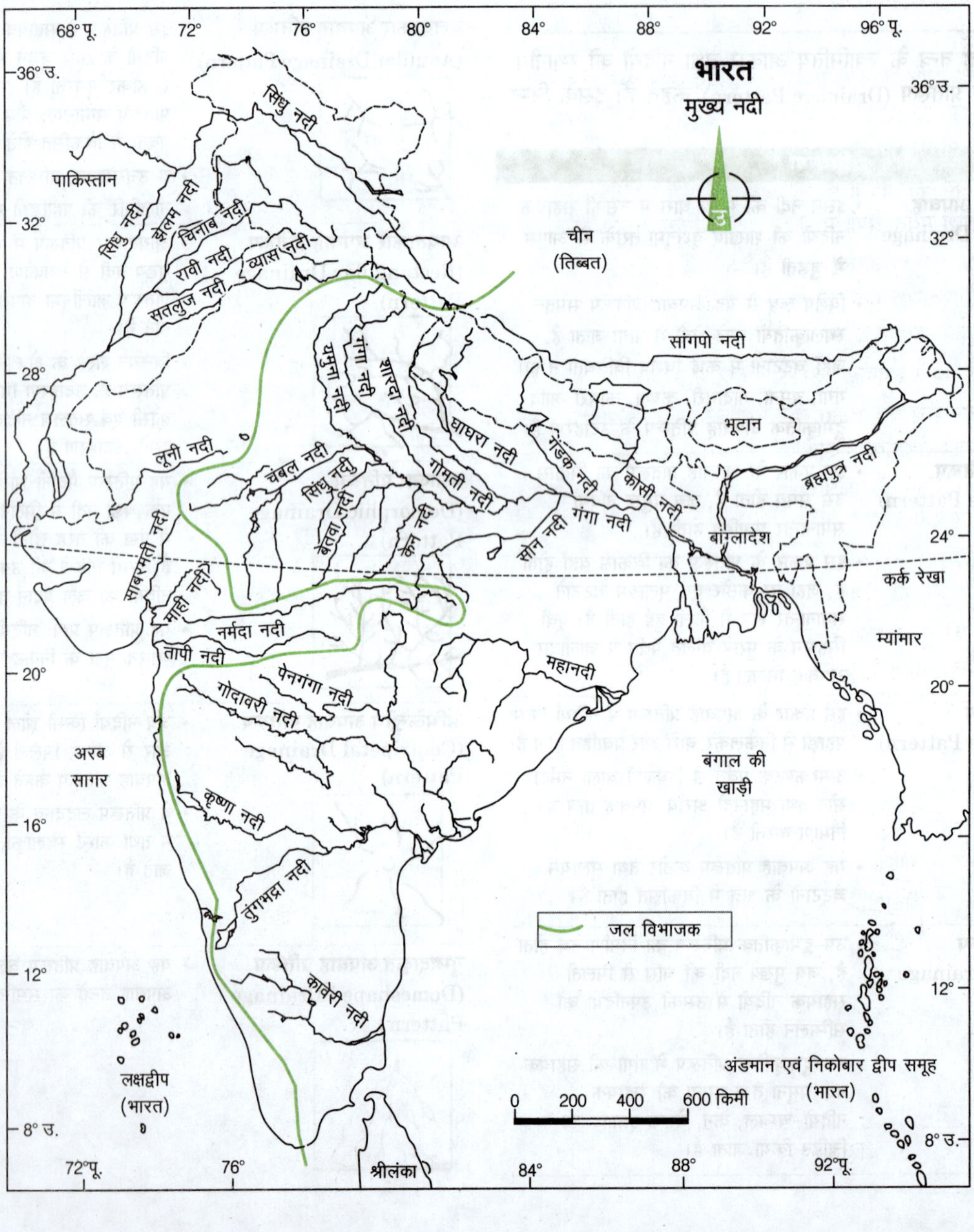

हिमालयी नदियों का अपवाह तन्त्र

- हिमालय से निकलने वाली नदियाँ बर्फ और ग्लेशियरों के पिघलने से बनती हैं, अत: इनमें वर्षभर निरन्तर प्रवाह बना रहता है।
- हिमालयी अपवाह तन्त्र भू-गर्भिक इतिहास के एक लम्बे दौर में विकसित हुआ है। इसमें मुख्यत: गंगा, सिन्धु व ब्रह्मपुत्र नदी द्रोणियाँ शामिल हैं। यहाँ की नदियाँ गहरे महाखड्डों से होकर गुजरती हैं, जिन्हें गॉर्ज (Gorg) कहा जाता है; जैसे—सिन्धु गॉर्ज जम्मू कश्मीर में सिन्धु नदी द्वारा तथा शिपकीला गॉर्ज हिमाचल प्रदेश में सतलज नदी द्वारा बनाया गया है, जो हिमालय के उत्थान के साथ-साथ अपरदन क्रिया द्वारा निर्मित हैं।
- महाखड्डों के अतिरिक्त ये नदियाँ अपने पर्वतीय मार्ग में V-आकार की घाटियाँ, क्षिप्रिकाएँ एवं जलप्रपात भी बनाती हैं।

- जब ये मैदान में प्रवेश करती हैं, तो निक्षेपणात्मक स्थलाकृतियाँ; जैसे-समतल घाटियों, गोखुर झीलें, बाढ़कृत मैदान, गुम्फित वाहिकाएँ और नदी के मुहाने पर डेल्टा का निर्माण करती हैं।
- हिमालयी नदियों का मार्ग टेढ़ा-मेढ़ा होता है, जिसके कारण ये अपना मार्ग परिवर्तित करती रहती हैं; जैसे-कोसी नदी, जो अपना मार्ग बदलने के लिए विख्यात है।
- वर्तमान में सिन्धु, गंगा और ब्रह्मपुत्र अपनी सहायक नदियों के साथ मिलकर हिमालय के प्रमुख अपवाह तन्त्र का निर्माण करती हैं। यहाँ की नदियाँ बारहमासी होती हैं, क्योंकि ये हिमानी के बर्फ पिघलने व वर्षण दोनों से जल प्राप्त करती हैं।
- हिमालयी नदियाँ युवावस्था में हैं तथा ये अपरदनात्मक स्थलाकृतियों का निर्माण करती हैं। ये मैदानी भागों में ढाल की न्यूनता के कारण विसर्पों का निर्माण करती हैं।
- हिमालयी नदियों को तीन प्रमुख नदी तन्त्रों में विभाजित किया गया है
(i) सिन्धु नदी तन्त्र (ii) गंगा नदी तन्त्र (iii) ब्रह्मपुत्र नदी तन्त्र

(i) सिन्धु नदी तन्त्र

- यह सबसे बड़ी नदी द्रोणियों में से एक है, जिसकी कुल लम्बाई 2880 किमी है। भारत में इसकी लम्बाई 1114 किमी है और इसका संग्रहण क्षेत्र 3.21 लाख वर्ग किमी है।
- भारत में यह हिमालय की नदियों के पश्चिमी क्षेत्र में है। इसका उद्गम तिब्बत क्षेत्र में कैलाश पर्वत श्रेणी में बोखर चू के निकट एक हिमनद से होता है।
- तिब्बत में इसे सिंगी खम्बान अथवा शेर मुख कहते हैं। यह नदी लद्दाख तथा जास्कर के मध्य से प्रवाहित होते हुए जम्मू-कश्मीर में गिलगिट के समीप बुंजी नामक स्थान पर एक महाखड्ड का निर्माण करती है।
- सिन्धु नदी भारत में केवल लद्दाख संघ राज्य क्षेत्र में ही प्रवाहित होती है।
- भारत-पाकिस्तान के बीच वर्ष 1960 में हुए सिन्धु जल समझौते के अन्तर्गत भारत सिन्धु व उसकी सहायक नदियों में से झेलम और चिनाब के केवल 20% जल का उपयोग कर सकता है, जबकि सतलज, रावी तथा व्यास के 80% जल के उपयोग का अधिकार रखता है।
- सिन्धु नदी की बाईं ओर से मिलने वाली नदियों में पंचनद (सतलज, व्यास, रावी, चेनाब और झेलम), जास्कर, शिगार व गिलगिट शामिल हैं।
- पंचनद सिन्धु नदी की मुख्य धारा से मीठनकोट में मिलती हैं। दाईं ओर से मिलने वाली नदियों में श्योक, काबुल, कुर्रम, गोलम, गिलगिट आदि प्रमुख हैं।

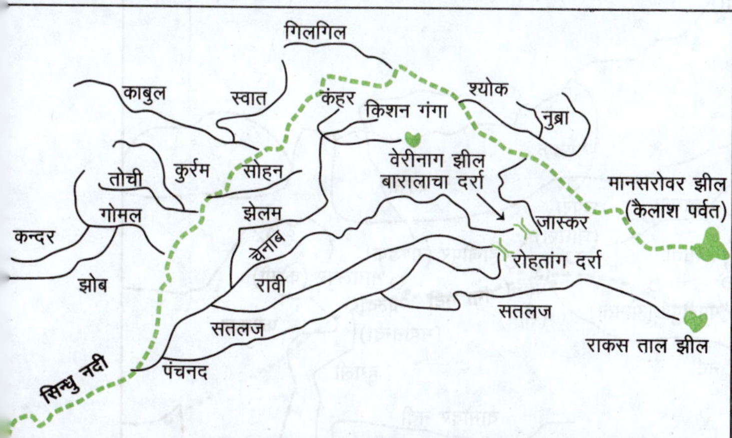

सिन्धु नदी तन्त्र

सिन्धु नदी तन्त्र की प्रमुख नदियाँ

- श्योक नदी रिमो हिमनद (सियाचिन ग्लेशियर) से निकलती है। इसे मध्य एशिया में यारकण्डी एवं काराकोरम क्षेत्र में मृत्यु की नदी (River of death) कहलाती है। नुब्रा इसकी सहायक नदी है।
- पंचनद नाम पंजाब की पाँच मुख्य नदियाँ सतलज, व्यास, रावी, चिनाब और झेलम को दिया गया है, जो सिन्धु की प्रमुख सहायक नदियाँ हैं। अन्त में सिन्धु नदी कराची के पूर्व में अरब सागर में जा गिरती है।
- सतलज चिनाब की सहायक नदी है, जो तिब्बत में 4630 मी की ऊँचाई पर मानसरोवर के निकट राकसताल से निकलती है, जहाँ इसे लॉगचेन खम्बाब के नाम से जाना जाता है। भारत में प्रवेश करने से पहले यह लगभग 400 किमी तक सिन्धु नदी के समानान्तर बहती है। यह हिमालय पर्वत श्रेणी में शिपकीला दर्रे से बहती हुई पंजाब के मैदान में प्रवेश करती है।
- यह भाखड़ा नांगल परियोजना के नहर तन्त्र का पोषण करती है। लुधियाना और फिरोजपुर इस नदी के किनारे पर स्थित हैं। इस नदी की कुल लम्बाई 1450 किमी (भारत में 1050 किमी) है।
- स्पीति नदी इसकी मुख्य सहायक नदी है। यह एकमात्र पूर्ववर्ती नदी है, जो हिमालय की तीनों श्रेणियों को अपरदित कर प्रवाहित करती है।
- झेलम सिन्धु की महत्त्वपूर्ण सहायक नदी है। कश्मीर घाटी के दक्षिण-पूर्वी भाग में पीरपंजाल गिरिपाद में स्थित वेरीनाग के निकट शेषनाग झील से निकलती है। पाकिस्तान में प्रवेश करने से पहले यह नदी श्रीनगर और वूलर झील से बहते हुए एक तंग एवं गहरे महाखड्ड से गुजरती है। श्रीनगर इस नदी के तट पर स्थित है।
- पाकिस्तान में झंग के निकट यह चिनाब नदी से मिलती है। इस नदी की कुल लम्बाई 725 किमी है। यह नदी मुजफ्फराबाद से मीरपुर तक भारत एवं पाकिस्तान की सीमा रेखा के साथ बहती है, जम्मू-कश्मीर में तुलबुल एवं उरी परियोजनाएँ इसी नदी पर चलाई जा रही हैं।
- कश्मीर की घाटी में अनन्तनाग से बारामूला तक झेलम नदी पर नौकागम्य क्षेत्र है। इससे आवागमन में सहायता मिलती है। इसकी सहायक नदी किशनगंगा है, जिसे पाकिस्तान में नीलम कहा जाता है।
- चिनाब सिन्धु की सबसे बड़ी सहायक नदी है। यह चन्द्रा और भागा दो नदियों के मिलने से बनती है। ये नदियाँ हिमाचल प्रदेश में केलांग के निकट ताण्डी में आपस में मिलती हैं। इसलिए इसे चन्द्रभागा के नाम से भी जाना जाता है।
- भारत में इसकी लम्बाई 1180 किमी है तथा इसका अपवाह क्षेत्र 26,755 वर्ग किमी है। यह बारा शिग्री ग्लेशियर (Bara Shigri Glacier) से बहुत अधिक मात्रा में जल प्राप्त करती है।
- पाकिस्तान में प्रवेश करने से पहले यह पीरपंजाल पर्वत श्रेणी के समानान्तर बहते हुए किश्तवाड़ के पास पीरपंजाल में गहरी कन्दरा (गॉर्ज) बनाकर पाकिस्तान में चली जाती है। इस नदी पर बगलिहार, सलाल तथा दुलहस्ती आदि जल परियोजनाएँ निर्मित हैं।

- रावी सिन्धु की एक अन्य महत्त्वपूर्ण सहायक नदी है। यह हिमाचल प्रदेश की कुल्लू पहाड़ियों में रोहतांग दर्रे के पश्चिम से निकलती है और राज्य की चम्बा घाटी से बहती है। पाकिस्तान में प्रवेश करने व सराय सिन्धु के निकट चिनाब नदी में मिलने से पहले यह नदी पीरपंजाल के दक्षिण-पूर्वी भाग व धौलाधर के बीच प्रदेश से प्रवाहित होती है।
- इस नदी की कुल लम्बाई 725 किमी है तथा इसका अपवाह क्षेत्र 5,957 वर्ग किमी है। रावी नदी पर चमेरा, थीन तथा शाहपुरकण्डी बाँध परियोजनाएँ प्रस्तावित हैं।
- व्यास सिन्धु की अन्य महत्त्वपूर्ण सहायक नदी है, जो समुद्र तल से 4000 मी की ऊँचाई पर रोहतांग दर्रे के निकट व्यास कुण्ड से निकलती है। यह नदी कुल्लू घाटी से गुजरती है एवं चम्बा घाटी से बहती है और धौलाधर श्रेणी में काती और लारगी में महाखड्ड (गार्ज) का निर्माण करती है। नदियों के द्वारा पर्वतीय क्षेत्रों में निर्मित आकृति को महाखड्ड या गार्ज कहते हैं
- यह पंजाब के होशियारपुर जिले में स्थित तलवाड़ा नामक स्थान से मैदान में प्रवेश करती है। यह हरिके बाँध के पास सतलज नदी में जा मिलती है। इस नदी की कुल लम्बाई 470 किमी है।

तिब्बत के पठार से उद्गमित नदियाँ—सिन्धु, ब्रह्मपुत्र, यांग्त्सीक्यांग, जियांग, ह्वांग्हो, पीत या पीली नदी, इरावती, मेकांग, सतलज।

(ii) गंगा नदी तन्त्र

- गंगा नदी तन्त्र का विस्तार देश के लगभग एक-चौथाई क्षेत्र पर पाया जाता है। इससे उपजाऊ मैदान का निर्माण होता है, जो भारत का अन्न भण्डार और सर्वाधिक जनसंकुल क्षेत्र है।
- इस अपवाह तन्त्र में गंगा तथा उसकी सहायक नदियाँ सम्मिलित हैं। इन सहायक नदियों में एक ओर तो वे नदियाँ हैं, जो हिमालय के हिमाच्छादित क्षेत्रों से निकलती हैं; जैसे—यमुना, गोमती, घाघरा, गण्डक आदि और दूसरी ओर वे नदियाँ हैं, जो प्रायद्वीपीय प्रदेश से आती हैं; जैसे—चम्बल, बेतवा, केन, सोन आदि।
- गंगा का उद्गम उत्तराखण्ड के उत्तरकाशी जनपद के 3,900 मी की ऊँचाई पर स्थित गंगोत्री हिमनद के गोमुख नामक स्थान से होता है।
- यहाँ इसे भागीरथी कहते हैं। देवप्रयाग में भागीरथी, अलकनन्दा (उद्गम-सतोपन्थ हिमनद) से मिलती है। इसके बाद दोनों की संयुक्त धारा को गंगा के नाम से जाना जाता है।

नदी संगम एवं चर्चित स्थल

स्थल	नदी संगम
देवप्रयाग	भागीरथी, अलकनन्दा
रुद्रप्रयाग	मन्दाकिनी (उद्गम-चोरा बाड़ी, हिमनद), अलकनन्दा
कर्णप्रयाग	पिण्डार, अलकनन्दा
विष्णुप्रयाग	धौलीगंगा, अलकनन्दा

- गंगा आगे बढ़ते हुए हरिद्वार के पास मैदान में प्रवेश करती है, जहाँ से प्रयागराज तक इनकी दिशा दक्षिण एवं दक्षिण-पूर्व की ओर होती है।
- प्रयागराज से फरक्का तक इसके प्रवाह की दिशा पूरब की ओर है। फरक्का से आगे इसकी मुख्य धारा दक्षिण-पूर्व से प्रवाहित होती हुई बांग्लादेश में प्रवेश कर जाती है। यहाँ गंगा को पद्मा के नाम से जाना जाता है। ब्रह्मपुत्र नदी (बांग्लादेश में ब्रह्मपुत्र नदी को जमुना के नाम से जाना जाता है।) से मिलने के पश्चात् तथा अन्त में मेघना नाम से बंगाल की खाड़ी में गिरती है। इससे पूर्व गंगा एवं ब्रह्मपुत्र नदी एक विशाल सुन्दरबन डेल्टा का निर्माण करती है।
- गंगा का डेल्टा हुगली और मेघना नदियों के बीच में है। यह विश्व का सबसे बड़ा डेल्टा माना जाता है। सुन्दरबन डेल्टा का नाम, सुन्दरी पौधे के नाम पर रखा गया है। गंगा नदी के उत्तर में हिमालय से तथा दक्षिण में प्रायद्वीपीय पठार से कई सहायक नदियाँ आकर मिलती हैं। इनमें से कुछ सदानीरा तथा कुछ बरसाती मौसमी नदियाँ हैं।
- बाएँ तट पर आकर मिलने वाली प्रमुख सहायक नदियों में रामगंगा, गोमती, टोन्स, घाघरा, गण्डक, बागमती और कोसी शामिल हैं। दाएँ तट के सहारे मिलने वाली नदियों में यमुना, सोन, पुनपुन, दामोदर और रूपनारायण शामिल हैं।
- गंगा की कुल लम्बाई 2525 किमी तथा अपवाह द्रोणी क्षेत्र 8.6 लाख वर्ग किमी है। यह उत्तराखण्ड (310 किमी), उत्तर प्रदेश (1140 किमी) बिहार में (455 किमी) तथा पश्चिम बंगाल (520 किमी) के बड़े क्षेत्र में बहती है।

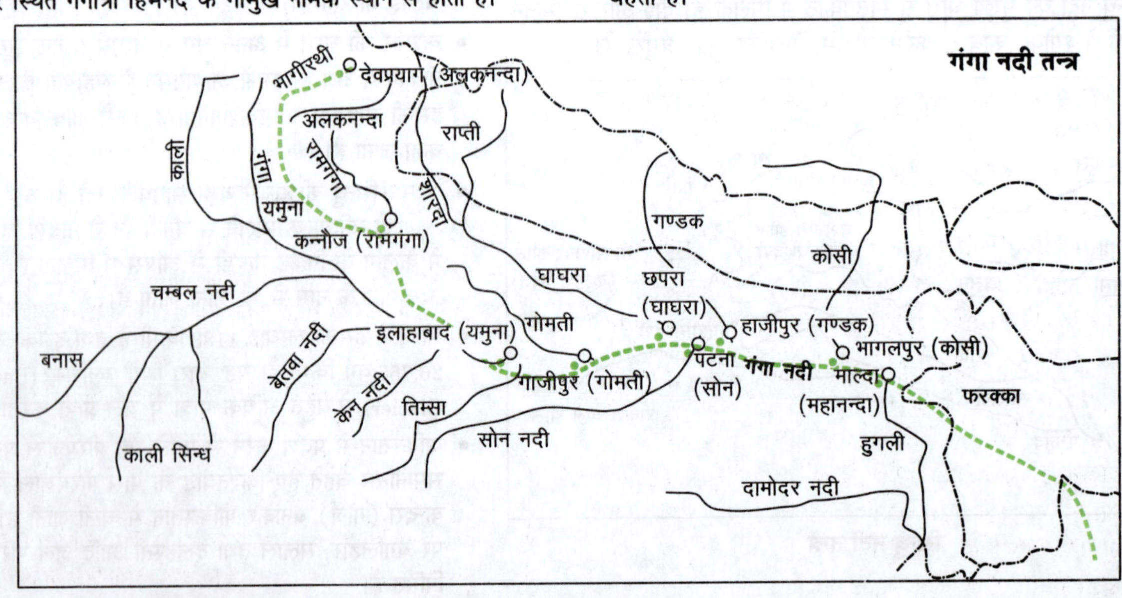

गंगा की प्रमुख सहायक नदियाँ

- बाएँ ओर से मिलने वाली नदियाँ रामगंगा, गोमती, घाघरा (सरयू), गण्डक, बूढ़ी गण्डक, बागमती, कोसी तथा महानन्दा हैं।
- दाएँ ओर से मिलने वाली नदियाँ यमुना, सोन, पुनपुन, टोन्स आदि हैं।
- सहायक नदियों का पश्चिम से पूर्व में क्रम–यमुना, टोन्स, गोमती, घाघरा, सोन, गण्डक, बूढ़ी गण्डक, कोसी, महानन्दा और हुगली है।
- रामगंगा नदी यह अपेक्षाकृत छोटी नदी है, जो गैरसेण के निकट गढ़वाल की पहाड़ियों से निकलती है। शिवालिक को पार करने के बाद यह दक्षिण–पश्चिम दिशा में बहने लगती है। यह नदी उत्तर प्रदेश में नजीबाबाद के निकट मैदान में प्रवेश करती है और कन्नौज के निकट गंगा नदी में मिल जाती है।
- गोमती नदी यह उत्तर प्रदेश के पीलीभीत से 20 मील पूर्व गोमत ताल से निकलकर प्रारम्भ में 12 मील तक एक खड्ड के रूप में बहती है, आगे चलकर इसमें जोकनोई नदी मिल जाती है, जहाँ से यह नदी स्थाई जल प्रवाह के रूप में प्रवाहित होती है। यह गंगा की एकमात्र सहायक नदी है, जिसका उद्गम मैदान में होता है।
- घाघरा नदी यह मापचाचुंगो हिमनद से निकलती है तथा तिला, सेती व बेरी नामक सहायक नदियों का जल ग्रहण करने के उपरान्त यह शीशापानी के एक गहरे महाखड्ड का निर्माण करते हुए पर्वत से बाहर मैदानी भाग में प्रवेश करती है। शारदा नदी (काली या काली गंगा) इससे मैदान में मिलती है और अन्ततः छपरा नामक स्थान पर यह गंगा नदी में विलीन हो जाती है। यह नदी प्रायः अपना मार्ग बदलती रहती है।
- गण्डक नदी यह नदी दो धाराओं काली गण्डक और त्रिशूलगंगा के मिलने से बनती है। यह नेपाल हिमालय में धौलागिरि व माउण्ट एवरेस्ट के बीच से निकलती है और मध्य नेपाल को अपवाहित करती है। बिहार के पश्चिमी चम्पारण जिले में यह गंगा मैदान में प्रवेश करती है और पटना के निकट सोनपुर में गंगा नदी में मिलती है।
- कोसी नदी यह एक पूर्ववर्ती नदी है, जिसका स्रोत तिब्बत में माउण्ट एवरेस्ट के उत्तर में है, जहाँ से इसकी मुख्य धारा अरुण निकलती है। नेपाल में मध्य हिमालय को पार करने के बाद इसमें पश्चिम से सुनकोसी और पूर्व से तमुरकोसी नदी मिलती हैं। अरुण नदी से मिलकर यह सप्तकोसी बनती है। इसे बिहार का शोक भी कहा जाता है। भारतीय सीमा में इसकी कुल लम्बाई 730 किमी तथा इसका अपवाह क्षेत्र 46,900 वर्ग किमी है, जिसमें से 21,500 वर्ग किमी भाग भारत में है।
- बूढ़ी गण्डक इसे गण्डक नदी का प्रतिरूप माना जाता है। यह गंगा नदी की सात धाराओं में से एक है। इनका उद्गम स्थल मूलरूप से बिहार राज्य के पश्चिमी चम्पारण में रामनगर व बगहा के बीच स्थित चऊतरवा चौर को माना जाता है। इस नदी की लम्बाई 320 किमी तथा अपवाह तन्त्र क्षेत्र 12,021 वर्ग किमी है। यह नदी बिहार के खगड़िया जिले में गंगा नदी से मिल जाती है।
- बागमती नदी यह नदी हिमालय की महाभारत श्रेणियों में नेपाल से निकलती है। यह पूर्वोत्तर भारत के उत्तरी बिहार राज्य और दक्षिण–मध्य नेपाल में बहती है। काठमाण्डू इसी नदी के तट पर स्थित है। तराई के मैदानों को पार करती हुई यह नदी भारत में प्रवेश करती है और 360 किमी दूरी तय करने के बाद बूढ़ी गण्डक में मिल जाती है।
- महानन्दा नदी यह गंगा नदी की एक अन्य महत्त्वपूर्ण सहायक नदी है, जो दार्जिलिंग पहाड़ियों से निकलती है। यह नदी सिलिगुड़ी के समीप तीक्ष्ण वक्र बनाती हुई गंगा में मिल जाती है। यह नदी पश्चिमी गंगा में गंगा के बाएँ तट पर मिलने वाली अन्तिम सहायक नदी है। इससे ब्रह्मदेव के निकट नहर निकाली गई है।
- शारदा या सरयू नदी इस नदी का उद्गम नेपाल हिमालय में मिलाम हिमनद से होता है, जहाँ इसे गौरीगंगा के नाम से जाना जाता है। यह भारत–नेपाल सीमा के साथ बहती हुई, जहाँ इसे काली या चाइक कहा जाता है, घाघरा नदी से बहराइच के निकट मिल जाती है।
- यमुना नदी यह गंगा की सबसे पश्चिमी और सबसे लम्बी सहायक नदी है। इसका स्रोत यमुनोत्री हिमनद है, जो हिमालय में बन्दरपूँछ श्रेणी की पश्चिमी ढाल पर 6316 मी की ऊँचाई पर स्थित है। प्रयागराज में इसका गंगा से संगम होता है।

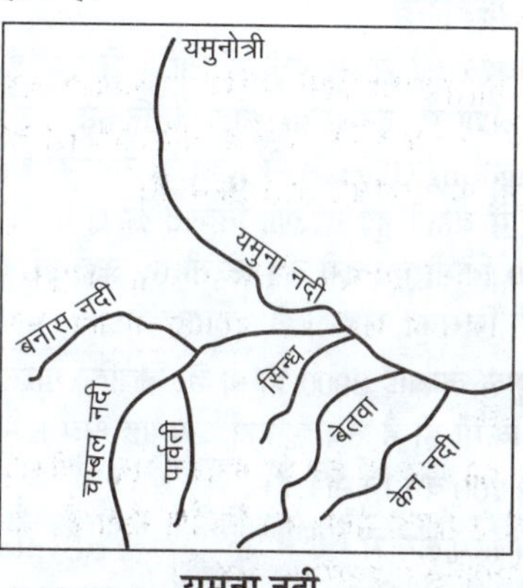

यमुना नदी

प्रायद्वीपीय पठार से निकलने वाली चम्बल, सिन्धु, बेतवा एवं केन नदियाँ इसके दाहिने तट पर मिलती हैं, जबकि हिण्डन, रिन्द, सेंगर, वरुणा आदि नदियाँ इसके बाएँ तट पर मिलती हैं। इसका अधिकांश जल सिंचाई उद्देश्यों के लिए पश्चिमी और पूर्वी यमुना नहरों तथा आगरा नहर में आता है।

- चम्बल नदी यह मध्य प्रदेश के मालवा पठार में महू के निकट से निकलती है और उत्तरमुखी से होकर एक महाखड्ड (Gorge) से बहती हुई राजस्थान के कोटा पहुँचती है, जहाँ इस पर गाँधी सागर बाँध बनाया गया है। कोटा से यह बूँदी, सवाई माधोपुर और धौलपुर होती हुई यमुना नदी में मिल जाती है। चम्बल अपनी उत्खात भूमि वाली भू–आकृति के लिए प्रसिद्ध है, जिसे चम्बल खड्ड (Ravines of Chambal) कहा जाता है। इसकी लम्बाई 1024 किमी है तथा इसका अपवाह क्षेत्र 1,44,591 वर्ग किमी है। चम्बल क्षेत्र में उपस्थित उत्खात भूमि का उपयोग कृषि एवं चरागाह के लिए किया जाता है।

> चम्बल नदी राजस्थान की एकमात्र सदानीरा नदी है, जिसका पौराणिक नाम चर्मावती था तथा बनास, कालीसिन्ध एवं पार्वती इसकी प्रमुख सहायक नदियाँ हैं।

- गाँधी सागर (कोटा), राणा प्रताप सागर और जवाहर सागर बाँध इसी नदी पर स्थित हैं।
- सोन नदी गंगा के दक्षिणी तट पर सोन एक बड़ी सहायक नदी है, जो अमरकण्टक पठार से निकलती है। पठार के उत्तरी किनारे पर जलप्रपातों की शृंखला बनाती हुई यह नदी पटना से पश्चिम में आरा के पास गंगा नदी में मिलती है। इसकी लम्बाई 780 किमी है तथा यह लगभग 54,000 वर्ग

किमी क्षेत्र को अपवाहित करती है। कनहर, रिहन्द व उत्तरी कोयल इसकी मुख्य सहायक नदियाँ हैं।

- केन (कर्णावती) नदी मध्य प्रदेश के सतना जिले में स्थित कैमूर की पहाड़ी से निकलती है तथा बाँदा के निकट यमुना में मिल जाती है। सोनार व बीवर इसकी प्रमुख सहायक नदियाँ हैं तथा चित्रकूट इसी के तट पर स्थित है।
- दामोदर नदी छोटानागपुर पठार के पूर्वी किनारे पर दामोदर नदी बहती है और भ्रंश घाटी से होती हुई हुगली नदी में गिरती है। इसे बंगाल का शोक भी कहा जाता है। इस नदी पर दामोदर नदी घाटी बहुउद्देशीय परियोजना का निर्माण किया गया है। इसकी कुल लम्बाई 541 किमी है तथा इसका अपवाह क्षेत्र 22,000 वर्ग किमी है। भारत के प्रमुख कोयला एवं अभ्रक क्षेत्र इसी नदी के क्षेत्र में अवस्थित हैं। रूपनारायण, बराकर, जमुनिया तथा बरकी इसकी प्रमुख सहायक नदियाँ हैं।

(iii) ब्रह्मपुत्र नदी तन्त्र

- ब्रह्मपुत्र नदी विश्व की सबसे बड़ी नदियों में से एक है। इसका उद्‌गम कैलाश पर्वत श्रेणी में मानसरोवर झील के निकट चेमायुंगडुंग हिमनद (Chemayungdung Glacier) से हुआ है। यहाँ से यह पूर्व दिशा में अनुदैर्ध्य रूप में बहती हुई दक्षिणी तिब्बत के शुष्क व समतल मैदान में लगभग 1,100 किमी की दूरी तय करती है, जहाँ इसे सांपो के नाम से जाना जाता है, जिसका अर्थ शोधक होता है।
- ब्रह्मपुत्र की कुल लम्बाई 2900 किमी है, जबकि भारत में इसकी कुल लम्बाई 916 किमी ही है तथा इसका अपवाह क्षेत्र 5,80,000 वर्ग किमी (भारत में 18,700 वर्ग किमी) है।
- यह नदी मध्य हिमालय में सिण्टेक्सियल बैण्ड (Syntaxical Bands) के सहारे नमचा बरवा के निकट एक गहरे महाखड्ड का निर्माण करती हुई यांग्याप दर्रे के द्वारा दक्षिण दिशा में मुड़कर अरुणाचल प्रदेश की सीमा पर सदिया कस्बे के पश्चिम से भारत में प्रवेश करती है।
- सिण्टेक्सियल बैण्ड पर्वतीय भागों में पाए जाने वाले तीव्र मोड़ होते हैं। दक्षिण-पश्चिम दिशा में बहते हुए इसके बाएँ तट पर आकर मिलने वाली इसकी प्रमुख सहायक नदियाँ दिबांग या सियांग और लोहित मिलती हैं। इसके बाद असम में यह नदी ब्रह्मपुत्र के नाम से जानी जाती है।
- असम घाटी में अपनी 750 किमी की यात्रा में ब्रह्मपुत्र में अनेक सहायक नदियाँ आकर मिलती हैं। इसके बाएँ तट की प्रमुख सहायक नदियाँ बूढ़ी दिहांग, धनसिरी (दक्षिण), बराक, कोपिली, लोहित और कैलांग (कोलोंग) हैं, जबकि दाएँ तट पर मिलने वाली महत्त्वपूर्ण सहायक नदियों में सुबनसिरी, कामेग, मानस, अमो, तिस्ता व संकोश हैं।

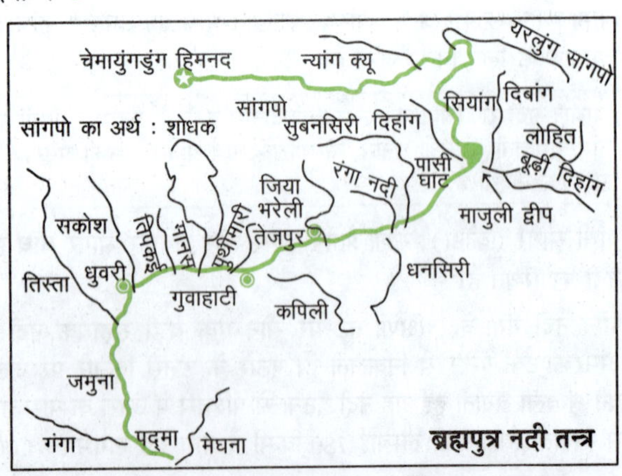

ब्रह्मपुत्र नदी तन्त्र

- असम के अधिकांश भाग में ब्रह्मपुत्र एक गुम्फित नदी (Braided Stream) है, इसके मार्ग में बड़े-बड़े द्वीप पाए जाते हैं। इसमें सबसे प्रसिद्ध माजुली द्वीप है, जो लगभग 90 किमी लम्बा है और इसकी चौड़ाई लगभग 20 किमी है। इसका कुल क्षेत्रफल 1250 वर्ग किमी है, यह विश्व का सबसे बड़ा नदी द्वीप है।

ब्रह्मपुत्र की प्रमुख सहायक नदियाँ

- संकोश नदी या गदाधर नदी यह भारत के पूर्वोत्तर में प्रवाहित होती है। इस नदी का उद्‌गम उत्तरी भूटान से होता है। यह भारत के असम राज्य में ब्रह्मपुत्र की एक सहायक नदी है। इस नदी पर एक बहुउद्देशीय परियोजना भूटान के केटाबारी के निकट स्थापित की गई है। यह नदी, असम एवं पश्चिम बंगाल के मध्य की सीमा रेखा बनाती है।
- तीस्ता नदी इसका उद्‌गम सिक्किम के कंचनजंगा क्षेत्र में चोलामू झील से होता है। यह सिक्किम व पश्चिम बंगाल और बांग्लादेश से होकर बहती है। यह नदी दक्षिण की ओर दार्जिलिंग से बहती हुई पश्चिम बंगाल के मैदानों में जाती है, जो सिक्किम की सबसे बड़ी नदी है।
- रंगित या रंगीत नदी यह तीस्ता की सहायक नदी है, यह पश्चिमी सिक्किम के हिमालय की पहाड़ियों से निकलकर जोरेथाँग, पेलिंग और लेगशिप आदि कस्बों के बीच बहती है। यह एक सदाबहार नदी है, जो जलक्रीड़ा के लिए प्रसिद्ध है।
- मानस नदी यह ब्रह्मपुत्र नदी की एक प्रमुख सहायक नदी है। इस नदी की कुल लम्बाई 376 किमी है। यह नदी भूटान में 272 किमी और भारत में 104 किमी तक प्रवाहित होती है। मानस नदी, भारत में अरुणाचल प्रदेश के उत्तर-पश्चिम में बूमला के पास से प्रवेश करती है। यह भूटान की सबसे बड़ी नदी प्रणाली है।
- सुबनसिरी नदी इसका उद्‌गम हिमालय से होता है। यह ब्रह्मपुत्र की एक सहायक नदी है। यह नदी असम के लखीमपुर जिले में ब्रह्मपुत्र नदी में मिलती है।
- धनसिरी नदी यह नागालैण्ड के ल्यासांग शिखर (Lyasang Peak) से निकलती है और असम के गोलघाट जिले तथा नागालैण्ड के दीमापुर जिले से बहती हुई अन्त में धनसिरी मुख से बहते हुए ब्रह्मपुत्र में मिल जाती है। धनसिरी ब्रह्मपुत्र नदी की एक सहायक नदी है।
- बराक नदी यह नदी मणिपुर की पहाड़ियों से निकलती है। यह दक्षिणी असम, मणिपुर एवं मिजोरम में प्रवाहित होती है। इसकी मुख्य सहायक नदियाँ सोनाई, जिरी, चिरी, मघुरा एवं जतिंगा हैं। यह ब्रह्मपुत्र नदी का अंग नहीं है। यह बांग्लादेश में प्रवेश कर मेघना में मिल जाती है। इसी नदी के बेसिन में मॉसिनराम एवं चेरापूँजी स्थित हैं, जहाँ पर सर्वाधिक वर्षा होती है।
- कालादान नदी मिजोरम के दक्षिणी भाग में प्रवाहित होने वाली यह नदी मिजोरम की सबसे लम्बी नदी है, इसी नदी पर एक परियोजना शुरू की गई है। इस परियोजना में कोलकाता के हल्दिया से म्यांमार के सितवे तक एक समुद्री मार्ग बनाया जाना प्रस्तावित है।
- सुरमा नदी यह नदी पूर्वोत्तर भारत एवं बांग्लादेश में प्रवाहित होती है। इस नदी का ऊपरी भाग बराक नदी कहलाता है। मेघना का निर्माण बांग्लादेश में किशोरगंज जिले में कुशियारा और सुरमा के जुड़ने से होता है, ये दोनों नदियाँ पूर्वी भारत के पहाड़ी क्षेत्रों में बराक नदी के रूप में उत्पन्न होती हैं।

प्रायद्वीपीय नदियों का अपवाह तन्त्र

- प्रायद्वीपीय अपवाह में कई नदी तन्त्र हैं। अतिप्राचीन काल की तीन प्रमुख भू-गर्भिक घटनाओं ने वर्तमान के प्रायद्वीपीय भारत के अपवाह तन्त्र को स्वरूप प्रदान किया है। ये तीन भू-गर्भिक घटनाएँ निम्नलिखित हैं
  (i) टर्शियरी काल में प्रायद्वीप के पश्चिमी भाग नीचे धँस गए, जिससे यह भाग समुद्र में डूब गया और नदी की सामान्यत: सममित योजना में परिवर्तन हो गया।
  (ii) हिमालय प्रोत्थान के कारण प्रायद्वीप के उत्तरी भाग का अवतलन हुआ और भ्रंश द्रोणियों का भी निर्माण हुआ। नर्मदा और ताप्ती इन्हीं भ्रंश घाटियों में बह रही हैं।
  (iii) प्रायद्वीपीय टर्शियरी काल में भारत का प्रायद्वीपीय खण्ड उत्तर-पश्चिम दिशा से दक्षिण-पूर्व दिशा में झुक गया, जिसके परिणामस्वरूप इसका अपवाह बंगाल की खाड़ी की ओर उन्मुख हो गया।

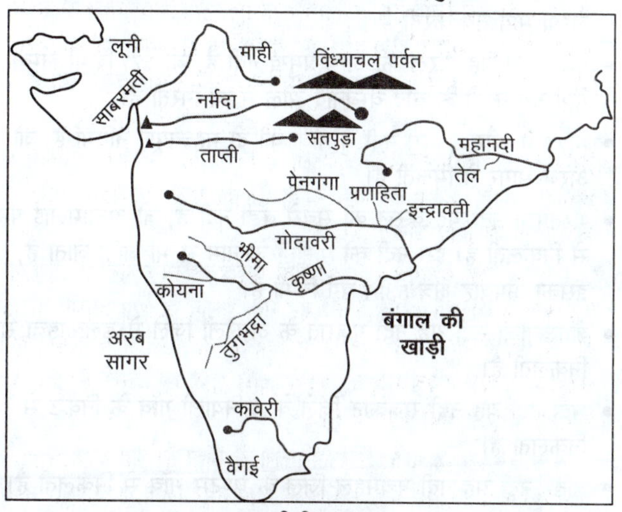

प्रायद्वीपीय पठार

अरब सागर में गिरने वाली नदियाँ

अरब सागर में गिरने वाली नदियाँ निम्नलिखित हैं

- नर्मदा नदी यह नदी अमरकण्टक पठार के पश्चिमी पार्श्व से लगभग 1,057 मी की ऊँचाई से निकलती है। दक्षिण में सतपुड़ा और उत्तर में विन्ध्याचल श्रेणियों के मध्य यह भ्रंश घाटी से बहती हुई संगमरमर की चट्टानों में महाखड्ड (Interlocked Gorge) बनाती है और जबलपुर के निकट भेड़ाघाट की संगमरमर की चट्टानों को काटकर धुआँधार जलप्रपात बनाती है। यह अरब सागर में गिरने वाली प्रायद्वीपीय भारत की सबसे बड़ी नदी है। इसका अपवाह क्षेत्र 93,180 वर्ग किमी क्षेत्र में विस्तृत है। तवा, बरनेर, दूधी, हिरन, बरना, कोनार, माचक आदि नर्मदा की सहायक नदियाँ हैं।
- ताप्ती नदी यह पश्चिम दिशा में बहने वाली एक अन्य महत्त्वपूर्ण नदी है। यह मध्य प्रदेश के बैतूल जिले मे मुलताई (सतपुड़ा की पहाड़ी) से निकलती है। यह 724 किमी लम्बी नदी है। ताप्ती नदी सतपुड़ा और अजन्ता पर्वतों की भ्रंश घाटी से प्रवाहित होती है। इसकी प्रमुख सहायक नदियाँ पूर्णा, गिरना और पंझरा हैं। यह नदी खम्भात की खाड़ी में गिरती है।
- लूनी नदी यह राजस्थान की सबसे बड़ी नदी है। यह पुष्कर के समीप दो धाराओं (सरस्वती और सागरमती) के रूप में उत्पन्न होती है, जो गोविन्दगढ़ के पास आपस में मिल जाती है। यहाँ से यह नदी अरावली पहाड़ियों के नाग पहाड़ (अजमेर के निकट) से निकलती है और लूनी कहलाती है। यह कच्छ के रण में विलुप्त हो जाती है। इस नदी की कुल लम्बाई 495 किमी है। इस प्रकार यह नदी अन्त: स्थलीय अपवाह का निर्माण करती है।

> **अन्तः स्थलीय नदियाँ**
>
> **अन्त:स्थलीय नदियाँ** (Intermittent Rivers) ऐसी नदियाँ हैं, जो सागर तक नहीं पहुँच पातीं और मार्ग में ही लुप्त हो जाती हैं, ये अन्त:स्थलीय नदियाँ कहलाती हैं। लूनी एवं घग्घर नदी इसका मुख्य उदाहरण है।

- घग्घर नदी इस नदी का उद्गम शिवालिक पहाड़ियाँ (हिमाचल प्रदेश के क्षेत्र में) हैं तथा इसकी लम्बाई 465 किमी है। यह अम्बाला, पटियाला व हिसार जिलों से अपवाहित होते हुए राजस्थान के गंगानगर जिले में प्रवेश करती है तथा हनुमानगढ़ के समीप भटनेर के मरुस्थल में विलीन हो जाती है।
- काली नदी यह पश्चिमी घाट के पर्वतीय क्षेत्र से उद्गमित होकर चाप आकार से प्रवाहित होती हुई अरब सागर में गिरती है। मैंगनीज अयस्क घुले पाए जाने के कारण यह अधिक प्रदूषित रहती है।
- माही नदी इसका उद्गम मध्य प्रदेश के धार जिले के मिण्डा ग्राम के विन्ध्यन पर्वत से होता है। इस नदी की कुल लम्बाई लगभग 585 किमी है, यह गुजरात से प्रवाहित होती हुई खम्भात की खाड़ी में गिरती है। यह नदी कर्क रेखा को दो बार काटती है।
- मीठी नदी यह नदी साल्सेट द्वीप में स्थित है, जिस पर मुम्बई शहर स्थित है। इसका उद्गम मुम्बई के बिहार झील के अधिप्रवाह से होता है। इसे माहिम नदी के नाम से भी जाना जाता है। यह नदी माहिम खाड़ी के समीप अरब सागर में मिल जाती है।
- साबरमती नदी यह पश्चिमी भारत की प्रमुख नदी है, जो पश्चिमी भारत के गुजरात राज्य से होते हुए मेवाड़ की पहाड़ियों से निकलकर 200 मील तक प्रवाहित होने के पश्चात् दक्षिण-पश्चिम की ओर खम्भात की खाड़ी में गिरती है।
- पेरियार नदी यह केरल राज्य की दूसरी सबसे बड़ी नदी है, जिसे केरल की जीवन रेखा (Life Line) के रूप में भी जाना जाता है। इसकी लम्बाई 244 किमी है तथा इसका जल ग्रहण क्षेत्र 5,243 वर्ग किमी है। इसकी सहायक नदियों में मुथिरपुझा, मुलयार तथा चेरुथोनी आदि नदियाँ शामिल हैं यह नदी अरब सागर में गिरती है।
- माण्डवी नदी यह नदी गोवा, महाराष्ट्र तथा कर्नाटक राज्य से होकर बहती है। इसका उद्भव कर्नाटक में पश्चिमी घाट की ढलानों से होता है, लगभग 81 किमी बहकर यह गोवा की जुआरी नदी में मिल जाती है, जो गोवा में बहने वाली सबसे लम्बी एक ज्वारीय नदी है। इसके उपरान्त/बाद यह संयुक्त रूप से अरब सागर में विलीन हो जाती है।

बंगाल की खाड़ी में गिरने वाली नदियाँ

बंगाल की खाड़ी में गिरने वाली प्रमुख नदियाँ निम्नलिखित हैं

- महानदी यह नदी छत्तीसगढ़ के रायपुर जिले में सिहावा पहाड़ी के निकट निकलती है और ओडिशा से बहती हुई अपना जल बंगाल की खाड़ी (पाराद्वीप के निकट) में गिराती है। यह नदी 851 किमी लम्बी है। हीराकुड एवं टिकरपारा बाँध इस नदी की प्रमुख बहुउद्देशीय परियोजनाएँ हैं।

- स्वर्णरेखा नदी इसका उद्‌गम स्थल झारखण्ड में छोटानागपुर पठार पर राँची के दक्षिण-पश्चिम में नगड़ी गाँव के रानी चुआं नामक स्थान से होता है। इस नदी का प्रवाह सामान्यत: पूर्वी दिशा में है। स्वर्णरेखा नदी का विस्तार मुख्य रूप से झारखण्ड के सिंहभूम, ओडिशा के मयूरभंज तथा पश्चिम बंगाल के मिदनापुर जिले के बीच है। स्वर्णरेखा नदी की कुल लम्बाई 395 किमी है।
- वैतरणी नदी इसका उद्‌गम स्थल ओडिशा के क्योंझर पठार पर है। वैतरणी नदी की कुल लम्बाई 333 किमी है और इसका कुल जलग्रहण क्षेत्र (Catchment Area) प्रायद्वीप के पूर्वी भाग में लगभग 19,500 वर्ग किमी है। बंगाल की खाड़ी में गिरने से पहले वैतरणी नदी ब्राह्मणी नदी से मिल जाती है।
- ब्राह्मणी नदी इसकी उत्पत्ति कोयल और शंख नदियों के मिलन से होती है। ब्राह्मणी नदी का उद्‌गम स्थल भी वहीं है, जहाँ से स्वर्णरेखा नदी निकलती है। कोयल और शंख नदियाँ गंगपुर के समीप एक-दूसरे से मिलती हैं। ब्राह्मणी नदी का प्रवाह बोनाई, तलचर और बालासोर जिले में है। इस नदी की कुल लम्बाई 705 किमी है।
- गोदावरी नदी यह सबसे बड़ा प्रायद्वीपीय नदी तन्त्र है। इसे वृद्ध गंगा के नाम से जाना जाता है। यह महाराष्ट्र में नासिक जिले की त्र्यम्बकेश्वर पहाड़ी से निकलती है और बंगाल की खाड़ी में जल विसर्जित करती है। इसकी सहायक नदियाँ महाराष्ट्र, मध्य प्रदेश, छत्तीसगढ़, ओडिशा और आन्ध्र प्रदेश राज्यों से गुजरती हैं। गोदावरी की मुख्य सहायक नदियों में पेनगंगा, इन्द्रावती, प्राणहिता और मंजरा हैं।
- कृष्णा नदी यह पूर्व दिशा में बहने वाली दूसरी बड़ी प्रायद्वीपीय नदी है, जो सह्याद्रि में महाबलेश्वर (महाराष्ट्र) के निकट निकलती है। इसकी कुल लम्बाई 1,401 किमी है। कोयना, तुंगभद्रा, मूसी, घाटप्रभा, मालप्रभा, दूधगंगा और [illegible]। इसकी प्रमुख सहायक नदियाँ हैं।

नोट *कृष्णा तथा गोदावरी संयुक्त रूप से भारत के दूसरे सबसे बड़े डेल्टा का निर्माण करती हैं।*

- क[illegible]दी यह कर्नाटक के कोगाडु जिले में ब्रह्मगिरि पहाड़ियों (1341 मी) से निकलती है। इसकी लम्बाई 800 किमी है। कावेरी को दक्षिण भारत की गंगा कहा जाता है। इसकी महत्त्वपूर्ण सहायक नदियाँ काबीनी, भवानी, हेमावती, अर्कावती और अमरावती हैं। यह दो धाराओं में तीन बार विभाजित होती है तथा पुन: कुछ दूरी पर मिल जाती है, दक्कन क्षेत्र में यह अपने अपवाह क्रम में शिवसमुद्रम् तथा श्रीरंगपट्टनम् द्वीपों का निर्माण करती है। इसके प्रवाह क्षेत्र को राइस बाउल ऑफ साउथ इण्डिया कहा जाता है।
- वैगई नदी इस नदी का उद्‌गम तमिलनाडु राज्य के मदुरई जिले की वरशानद पहाड़ी से होता है और यह मदुरई और रामनाथपुरम जिलों से प्रवाहित होती हुई पाक की खाड़ी में गिरती है।
- पेन्नार नदी यह कर्नाटक के कोलार जिले की नन्दी दुर्ग पहाड़ी से निकलती है और आन्ध्र प्रदेश से प्रवाहित होती हुई बंगाल की खाड़ी में गिरती है। इसकी दो शाखाएँ हैं—उत्तरी पेन्नार और दक्षिणी पेन्नार (उद्‌गमित-केशव पहाड़ी, कर्नाटक)। इसकी प्रमुख सहायक नदियों में जयमंगली, कुन्देरू, सागीलेरू, चित्रावती आदि हैं।
- पसार नदी यह नदी कर्नाटक राज्य के कोलार जिले से निकलती है तथा आन्ध्र प्रदेश और तमिलनाडु में प्रवाहित होती हुई, बंगाल की खाड़ी में गिरती है। इसकी प्रमुख सहायक नदियाँ पोइनी एवं चेय्यार हैं।

अन्य नदियाँ

- अमरावती नदी यह कावेरी नदी की सबसे लम्बी सहायक नदी है और यह तमिलनाडु के करूर और तिरुपुर के उपजाऊ जिलों से होकर बहती है। यह नदी कृषि और औद्योगिक उद्देश्यों के लिए महत्त्वपूर्ण है। यह वर्तमान में अत्यधिक औद्योगीकरण होने के कारण प्रदूषित हो गई है।
- शरावती नदी यह पश्चिम की ओर बहने वाली कर्नाटक की एक महत्त्वपूर्ण नदी है। यह कर्नाटक के शिमोगा जिले से निकलती है और इसका जलग्रहण क्षेत्र 2209 वर्ग किमी है। भारत का सबसे ऊँचा जलप्रपात गरसोप्पा (जोग) इसी नदी पर अवस्थित है।
- कालिन्दी नदी यह नदी बेलगाँव जिले से निकलकर करवाड़ की खाड़ी में गिरती है।
- बेद्‌ती नदी यह नदी हुबली (धारवाड़) से निकलती है और 161 किमी लम्बा मार्ग तय करती है।
- पम्बा नदी यह केरल की अन्य प्रमुख नदी है, जो 177 किमी लम्बा मार्ग तय करने के बाद वेम्बनाद झील में जा गिरती है।
- माण्डवी और जुआरी नदी ये गोवा की दो महत्त्वपूर्ण नदियाँ हैं, जो अरब सागर में मिलती हैं।
- भरतपूझा नदी यह केरल की सबसे बड़ी नदी है, जो अन्नामलाई पहाड़ी से निकलती है। इस नदी को पोनानी के नाम से भी जाना जाता है, इसका अपवाह क्षेत्र 5397 वर्ग किमी है।
- शेतरूनीजी नदी यह नदी गुजरात के अमरेली जिले में डलकाहवा से निकलती है।
- भद्रा नदी यह नदी राजकोट जिले के अनियाली गाँव के निकट से निकलती है।
- ढाढर नदी यह नदी पंचमहल जिले के घण्टार गाँव से निकलती है।
- ताम्रपर्णी नदी यह नदी तमिलनाडु राज्य के तिरुनेलवली जनपद की प्रमुख नदी है, जिसका उद्‌गम दक्षिणी सह्याद्रि में स्थित अगस्त्यमलाई पहाड़ी के ढालों से होता है। यह मन्नार की खाड़ी में गिरती है।

हिमालयी तथा प्रायद्वीपीय नदियों में अन्तर

हिमालयी नदी	प्रायद्वीपीय नदी
हिमालयी नदियाँ लम्बी होती हैं एवं इनका जलग्रहण क्षेत्र भी अधिक होता है।	प्रायद्वीपीय नदियाँ अपेक्षाकृत छोटी होती हैं तथा इनका जलग्रहण क्षेत्र भी कम होता है।
हिमालयी नदियाँ बारहमासी होती हैं, क्योंकि इनमें जलप्राप्ति हिम के साथ वर्षा से भी होती है।	ये प्राय: वर्षा के जल (मानसून) पर निर्भर होती हैं।
ये नदियाँ प्राय: अनुवर्ती या पूर्ववर्ती होती हैं।	ये सामान्यत: अनुवर्ती, अध्यारोपित व पुनर्युक्ति होती हैं।
ये नदियाँ विकास की युवावस्था में हैं।	प्रायद्वीपीय नदियाँ विकास की प्रौढ़ावस्था प्राप्त कर चुकी हैं।
ये नदियाँ सिंचाई तथा नौवहन जैसी क्रियाओं के अनुकूल होने के कारण अधिक आर्थिक महत्त्व भी रखती हैं।	ये नदियाँ सिंचाई तथा नौवहन हेतु अनुकूल नहीं हैं।

भारत की प्रमुख नदियाँ एवं उनसे सम्बन्धित तथ्य

नदी	उद्‌गम स्थल	सहायक नदियाँ	संगम	परियोजनाएँ
सिन्धु नदी	तिब्बत में मानसरोवर झील (कैलाश पर्वत)	सतलज, व्यास, रावी, चिनाब, झेलम, सिंगी, जास्कर, गरवग चू, श्योक, शिगार, गिलगिट	कराची (पाकिस्तान) के निकट अरब सागर	—
सतलज नदी (शतुद्री)	मानसरोवर झील के निकट राकसताल झील	स्पीति, बस्पा, व्यास	कपूरथला के दक्षिण-पश्चिम सिरे पर व्यास नदी में तथा मीठनकोट के निकट सिन्धु नदी में	भाखड़ा-नांगल बाँध (गोविन्द सागर बाँध), नाथपाझाकरी बाँध, कोल बाँध
झेलम नदी (वितस्ता)	कश्मीर के बेरीनाग झरने से	किशनगंगा, लिदार, करवेस, पूँछ	त्रिमू के निकट चिनाब नदी में	किशनगंगा, तुलबुल परियोजना
चिनाब नदी (अस्किनी)	लाहुल में बारालाचा दर्रे के विपरीत दिशा में चन्द्रा-भागा	रावी, चन्द्रा, भागा	त्रिमू के निकट झेलम नदी में	सलाल बाँध, दुलहस्ती बाँध, बगलिहार
रावी नदी (परुष्णी/इरावती)	कांगड़ा जिले (हिमाचल प्रदेश) में हिमालय के रोहतांग दर्रे से	बुच्पिल, भहल, सिउल	पाकिस्तान के झांग जिले में चिनाब नदी	थीन बाँध, चेमेरा परियोजना
व्यास नदी (बिपाशा)	रोहतांग दर्रे से	पार्वती, सैनज, तीर्थन, ऊहल	हरिके के पास सतलज नदी	पोंग व हरिके बाँध
गंगा नदी	केदारनाथ चोटी के उत्तर में गोमुख नामक स्थान से	रामगंगा, यमुना, गोमती, घाघरा, गण्डक, कोसी	ग्वालन्दो के निकट ब्रह्मपुत्र के साथ मिलकर बंगाल की खाड़ी में	टिहरी बाँध (भागीरथी), फरक्का बाँध (शृंगा)
यमुना नदी	बन्दरपूँछ से पश्चिमी ढाल पर स्थित यमुनोत्री हिमानी से।	हिंडन, चम्बल, बेतवा, केन, टोन्स	प्रयागराज में गंगा नदी में	लखवर-व्यासी बाँध
रामगंगा नदी	नैनीताल के निकट	खो नदी	कन्नौज के निकट गंगा नदी में	कालागढ़ बाँध (रामगंगा परियोजना)
तमसा नदी (दक्षिणी टोंक)	कैमूर पहाड़ियों में स्थित तमसाकुण्ड नामक जलाशय		प्रयागराज से आगे गंगा नदी में	
सोन नदी (स्वर्ण नदी)	अमरकण्टक की पहाड़ियों से सोनभद्र में	बाँस, गोपत, रिहन्द, कांकर, उत्तरी कोयल, कान्हार, घग्घर	पटना से पूर्व गंगा नदी में	डेहरी में सिंचाई, बरास बाण, सागर बाँध
दामोदर नदी	छोटानागपुर पठार के पलामू से (झारखण्ड)	बराकर, कोनार, जमुनिया	फुलका के पास हुगली नदी में, हुगली की सबसे बड़ी सहायक नदी	पंचेत हिल, तिलैया, कोनार, अय्यर, बगर्मों बाँध, मैथान
ब्रह्मपुत्र नदी	मानसरोवर झील के निकट चेमायुंगडुंग हिमनद से	दिबांग, लोहित, सेसरी निम्न दिहांग, सुबनसिरी, सीरी भाद्री, धनसिरी, बण्डी, मानस, संकोश, धारला, तिस्ता, बुरही, दिहांग, दिसांग, दिखो, जाँझी, कुलसी, जिंजीराम	ग्वालन्दो के निकट पद्मा (गंगा) नदी में	माजुली द्वीप
गोमती नदी	उत्तर प्रदेश के पीलीभीत जनपद से	सई, जोमकाई, बर्ना, गच्छई, चूहा	गाजीपुर के निकट गंगा नदी में	
घाघरा नदी (सरयू)	तिब्बत के मापचाचुंगो हिमनद से	राप्ती, शारदा एवं छोटी गण्डक	छपरा के पास गंगा नदी में	घाघरा बाँध
शारदा नदी	तिब्बत के सीमान्त पूर्वोत्तर कुमाऊँ के निकट मिलान हिमनद से	धर्मा, लिसार, सरयू, पूर्वी, रामगंगा, ऊल, चौका, दहावर व सुहेली	ब्रह्मघाट के निकट घाघरा नदी में	शारदा बाँध
गण्डक नदी	तिब्बत-नेपाल सीमा पर धौलागिरि पर्वत श्रेणी	काली गण्डक, त्रिशूली गंगा	पटना के समीप सोनपुर के पास गंगा नदी में	त्रिवेणी के पास बैराज
राप्ती नदी	रुकुमकोट (नेपाल) नदी में	रोहिणी	बरहस के निकट घाघरा नदी में	
कोसी नदी	प्रवाह की 7 धाराओं में से मुख्य धारा अरुण नाम से माउण्ट एवरेस्ट के पास गोंसाई थान चोटी से	सनकोसी, तामू, कोसी लिक्षु कोसी, तलखू, दूध कोसी, अरुण, तामूर कोसी	कुरसेला (करिहार) के निकट गंगा नदी में	कोसी परियोजना
चम्बल नदी	मध्य प्रदेश में महू के निकट विन्ध्य पर्वतमाला की जनापाव पहाड़ी से	काली सिन्ध, तीस्ता, पार्वती, बनास, नेवाज, क्षिप्रा, दूधी नदी	इटावा के पास यमुना नदी में	गाँधी सागर, राणा प्रताप सागर एवं जवाहरसागर बाँध (राजस्थान)
बेतवा नदी	रायसेन जनपद (मध्य प्रदेश) के कुमरा गाँव के निकट विन्ध्य पर्वतमाला से	धसान, बीना	हमीरपुर के निकट यमुना नदी में	माताटीला बाँध, राजघाट बाँध
केन नदी	सतना जनपद (मध्य प्रदेश) में कैमूर पहाड़ियों से	कयान, सोनार, उर्मिल	चिल्ला (बाँदा) में यमुना नदी में	
कृष्णा नदी	महाबलेश्वर के पास पश्चिमी घाट से	तुंगभद्रा, कोयना, घाटप्रभा, मालप्रभा, भीमा, मूसी, मुरेरू, दूधगंगा	विजयवाड़ा के निकट बंगाल की खाड़ी में	श्रीशैलम व नागार्जुन सागर बाँध
तुंगभद्रा	तुंग + भद्रा नदियों की कृष्णा नदी में पश्चिमी घाट में काडूर जनपद से	कुमुदवती वरदा, भद्रा, वेदवती	कृष्ण नदी (महबूबनगर, तेलंगाना)	मल्लपुरम के निकट

नदी	उद्गम स्थल	सहायक नदियाँ	संगम	परियोजनाएँ
कावेरी नदी	कर्नाटक राज्य में ब्रह्मगिरि पहाड़ियों के कुर्ग जिले में	हेरांगो, हेमवती, शिमला, अर्कावती, लक्ष्मणतीर्थ, काबिनी, स्वर्णवती, भवानी, अमरावती, नोयेल	तमिलनाडु में कारकोल के ऊपर बंगाल की खाड़ी में	मेट्टूर बाँध
पेन्नार नदी	चेन्नाकेशव पहाड़ी (कर्नाटक)	जयमंगली, कचेरू, सागीलेरू, चित्रावती, पाग्नि, चेय्यरू	बंगाल की खाड़ी	
नर्मदा नदी	मध्य प्रदेश में अमरकण्टक की पहाड़ियों से	बुढ़नेर, बंज, शर, तवा, कुण्डी, शक्कर, हिरन, बरना, तिनदेसी, अर्रा, देव, गोई, नामोदास, सोमोदेवी	भरूच (भड़ौच) में अरब सागर में	महेश्वर बाँध, इन्दिरा सागर बाँध, अंकलेश्वर बाँध, सरदार सरोवर बाँध
ताप्ती नदी	मध्य प्रदेश के बैतूल जनपद में मुलताई (मूल ताप्ती) नगर के निकट	पूर्णा, निर्गा, बोरी, पंजरा तथा अनेर	खम्भात की खाड़ी में	काकरापारा बाँध, उकाई बाँध
महानदी	मध्य प्रदेश में रायपुर जनपद में सिहावा के निकट	शिवनाथ, हसदो, माण्ड, इब, जोंक, ओंग, तेल, ब्राह्मणी, कोयल, शंख, लीलागर, मनियारी, सुरही, अमनेर	कटक के निकट नरज नामक स्थान पर कटजूरी तथा बिरूपा नाम की दो धाराओं में बँटकर बंगाल की खाड़ी में	हीराकुड, तिरकपाड़ा और बैराज बाँध
साबरमती नदी	अरावली पर्वतमाला (राजस्थान)	सैर्य, हाथमाटी, वाकल वतरक एवं हरनव	खम्भात की खाड़ी में	
माही नदी	विन्ध्य पर्वतमाला (मेहद झील, मध्य प्रदेश)	सोम, अनास, पनप	खम्भात की खाड़ी में	वनकवोरी बाँध, कदाना बाँध
गोदावरी नदी (वृद्ध गंगा, दक्षिण की गंगा)	नासिक (महाराष्ट्र) के पश्चिमी घाट में त्र्यम्बक पहाड़ी से	प्रवरा, पूर्णा, मंजरी, पेनगंगा, वेनगंगा, वर्धा, प्राणहिता, इन्द्रावती, मानेर, सबरी	मसूलीपट्टनम् (आन्ध्र प्रदेश) के निकट बंगाल की खाड़ी	राजामहेन्द्रवरम के निकट ऐनीकट बाँध

जलप्रपात

- नदियों का जल जब किसी स्थान से खड़े ढाल के ऊपरी भाग से सर्वाधिक तीव्रता से नीचे की ओर गिरता है, तब उसे जलप्रपात (Waterfall) कहा जाता है।
- भू-आकृति अधिक ऊँची-नीची तथा चट्टान कठोर होने के कारण भारत में अधिकांश जलप्रपात पठारी क्षेत्रों में निर्मित होते हैं।
- कुँचीकल जलप्रपात, भारत का सबसे ऊँचा (455 मी) जलप्रपात है, जो कर्नाटक के शिमोगा जिले के बराही नदी पर स्थित एक प्रमुख पर्यटन स्थल है।
- जोग/गरसोप्पा जलप्रपात चौड़ाई की दृष्टि से भारत का सबसे बड़ा प्रपात है।
- शिवसमुद्रम जलप्रपात आयतन की दृष्टि से भारत का सबसे बड़ा प्रपात है।
- चित्रकूट जलप्रपात (छत्तीसगढ़ राज्य के बस्तर जिला में) को भारत का नियाग्रा प्रपात कहा जाता है।

भारत के प्रमुख जलप्रपात एवं सम्बन्धित नदी

जलप्रपात	नदी	ऊँचाई (मी)
कुँचीकल जलप्रपात	वारही नदी (शिमोगा)	455
बरेहीपानी जलप्रपात	बुद्धबलंगा नदी	399
दूधसागर जलप्रपात	माण्डवी नदी	310
मीनमुट्टी जलप्रपात	कल्लार नदी	300
गरसोप्पा या जोग या महात्मा गाँधी जलप्रपात	शरावती नदी	253
थोसेघर जलप्रपात	सतारा नदी (महाराष्ट्र)	200
चेन्ना जलप्रपात	नर्मदा नदी	183
दूदूमा जलप्रपात	मचकुण्ड नदी	175
जोराण्ड जलप्रपात	मयूरभंज नदी	157
वसुधारा जलप्रपात	अलकनन्दा नदी	122
चित्रकूट जलप्रपात	इन्द्रावती नदी	100
बिहार जलप्रपात	टोन्स नदी/तमसा नदी	100
शिवसमुद्रम जलप्रपात	कावेरी नदी	98
हुण्डरू जलप्रपात	सुवर्णरिखा नदी	98
किलीयूर जलप्रपात	शेवराय पहाड़ी	91
गोकक जलप्रपात	कृष्णा नदी की सहायक घाटप्रभा नदी	52
ककोलत जलप्रपात	लोहबर नदी (बिहार)	46
जोन्हा जलप्रपात	रारू नदी	43
पाण्डव जलप्रपात	केन नदी	30
कपिल धारा जलप्रपात	नर्मदा नदी	28
चूलिया जलप्रपात	चम्बल नदी	18
धुआँधार जलप्रपात	नर्मदा नदी	16
राहतगढ़ जलप्रपात	बेतवा नदी	15
पायकारा जलप्रपात	पायकारा नदी	–
मधार जलप्रपात	नर्मदा नदी	–

झीलें

चारों ओर से स्थलखण्डों से घिरे स्थिर जल के भाग को झील (Lake) कहते हैं। झीलें प्राकृतिक के साथ-साथ मानवनिर्मित भी होती हैं। बहुउद्देशीय परियोजनाओं के अन्तर्गत बनाए गए जलाशयों को मानव निर्मित झीलों में शामिल किया जाता है। प्राकृतिक झीलों का वर्गीकरण निम्न प्रकार है

- विवर्तनिक झीलें (Tectonic Lakes) धरातल के उठने तथा धँसने से निर्मित झीलों को विवर्तनिक झीलें कहते हैं; जैसे—कश्मीर की वूलर झील।
- लैगून या अनूप झीलें (Lagoons Lakes) जब समुद्र के जल का कुछ भाग बालू, चट्टान या प्रवाह भित्ति के कारण अलग हो जाता है, तो अनूप झीलों का निर्माण होता है। कुछ झीलें; जैसे-चिल्का, पुलिकट, वेम्बनाद, संकरे जलीय भाग द्वारा समुद्र से जुड़ी हुई भी हैं।
- हिमानी से निर्मित झीलें (Glacial Lakes) इन झीलों का निर्माण हिमानी तथा हिमनद के द्वारा अपरदन से होता है; जैसे-नैनीताल, राकसताल, सातताल, भीमताल, समताल, मालवाताल, रूपकुण्ड आदि।
- वायु द्वारा निर्मित झीलें (Aeolian Lakes) हवाओं के प्रवाह तथा अपरदन से निर्मित झीलों को प्लाया भी कहा जाता है। इसमें राजस्थान की साम्भर, डीडवाना, कुचामन, सरगोल, खाटू, पंचभद्रा एवं लूनकरनसर आदि लवणीय झीलें प्रमुख हैं, जिनसे नमक का उत्पादन होता है।
- ज्वालामुखी क्रिया द्वारा निर्मित क्रेटर झीलें (Creater Lakes) जैसे-महाराष्ट्र में लोनार झील।
- डेल्टाई झीलें (Deltaic Lakes) डेल्टाई क्षेत्रों में नदी द्रोणियों द्वारा निर्मित झीलें; जैसे—कोलेरू झील।
- मीठे पानी की झीलें इनका निर्माण मुख्यत: हिमानी द्वारा होता है; जैसे—वुलर झील, डल झील, भीमताल, नैनीताल, लोकटक तथा बड़ापानी आदि।

कृत्रिम झीलें

यह बाँधों के निकट या मरुभूमि या मैदानी भागों में पेयजल की उपलब्धता एवं सिंचाई हेतु बनाए जाते हैं; जैसे—उकई झील, पेरियार झील, पुष्कर झील, उस्मान सागर, कोडाईकनाल झील आदि।

भारत की प्रमुख झीलें

वूलर झील

- वूलर झील भारत की सबसे बड़ी ताजे पानी (मीठे जल) की झील है और यह एशिया की सबसे बड़ी ताजे पानी की झीलों में से एक है। यह जम्मू-कश्मीर के बाँदीपोरा जिले में स्थित है।
- यह झील झेलम नदी के मार्ग में आती है तथा झेलम नदी इसमें अपना जल भी गिराती है और फिर आगे चलकर यह अलग हो जाती है।
- इसका आकार 30 से 260 वर्ग किमी के बीच मौसम के अनुसार बदलता रहता है। अपने बड़े आकार के कारण इस झील में बड़ी लहरें भी आती हैं।

साम्भर झील

- साम्भर भारत की एक अन्तर्देशीय सबसे बड़ी खारे पानी की झील है, जो राजस्थान में अवस्थित है। यह 35 किमी लम्बी है। इसे वर्ष 1990 में रामसर स्थल के रूप में भी नामित किया गया है।
- यहाँ शीत ऋतु में उत्तरी एशिया तथा साइबेरिया के क्षेत्रों में हजारों पिंक फ्लमिंगो (Pink Flamingo) व अन्य प्रवासी पक्षी भी आते हैं। इसके साथ ही इस झील से नमक का भी उत्पादन किया जाता है। भारत में नमक उत्पादन का कुल 9% यहाँ से प्राप्त होता है।

चिल्का झील

- चिल्का भारत में पूर्वी तट पर स्थित सबसे बड़ी लैगून तथा खारे पानी की झील है। यह ओडिशा राज्य में अवस्थित है तथा यह ओडिशा के तीन जिलों पुरी, खुर्दा एवं गंजाम में विस्तृत है। इसकी लम्बाई 64 किमी है तथा इसका क्षेत्रफल 1165 वर्ग किमी है।
- इसे यूनेस्को द्वारा वर्ष 1981 में विश्व विरासत स्थल घोषित किया गया है तथा यह एक रामसर स्थल भी है। यहाँ विभिन्न द्वीप स्थित हैं, जिसमें प्रमुख नालाबान द्वीप है। सर्दी के मौसम में बड़ी संख्या में यहाँ प्रवासी पक्षी आते हैं।

रूपकुण्ड झील

- यह उत्तराखण्ड राज्य में स्थित हिम झील है। यह स्थान निर्जन है और हिमालय पर लगभग 5,029 मी की ऊँचाई पर स्थित है।
- इस झील में लगभग 500 से अधिक कंकाल 19वीं शताब्दी के उत्तरार्द्ध में मिले हैं। इस झील की आकृति अण्डाकार है।
- इस झील के चारों ओर पाए गए रहस्यमयी कंकालों के कारण ही इसे रहस्यमयी झील (Mystery Lake) कहा जाता है।

अष्टमुडी झील

- यह केरल राज्य की एक अनूप झील है। इसका आकार आठ भुजाओं वाला है, जिससे यह पर्यटकों में लोकप्रिय है।
- इस झील का पारिस्थितिक तन्त्र अनूठा है और यह भारत के महत्त्वपूर्ण आर्द्रभूमि क्षेत्रों में से एक है।

लोकटक झील

- लोकटक झील मणिपुर में स्थित पूर्वोत्तर भारत की ताजे पानी की सबसे बड़ी झील है। इस झील में जल-विद्युत का उत्पादन किया जाता है, जिसके कारण इसकी जैव-विविधता नकारात्मक रूप से प्रभावित हो रही है। चारों ओर से छोटी-छोटी नदियाँ अपना जल लोकटक में गिराती हैं।
- इसमें तैरते हुए द्वीपों को स्थानीय भाषा में फुंमदी कहा जाता है। विश्व का एकमात्र तैरता राष्ट्रीय उद्यान (Floating National Park) केबुल लामजाओ नेशनल पार्क (Keibul Lamjao National Park) लोकटक झील में ही स्थित है।
- संगाई हिरण का भी यह एकमात्र प्राकृतिक आवास है। इसे रामसर भूमि सूची के साथ मोण्ट्रेक्स रिकॉर्ड में भी शामिल किया गया है।

पेरियार झील

यह झील केरल में पेरियार नदी पर बाँध बनाकर बनाई गई है। यह मानव निर्मित झील है, जो 24 वर्ग किमी में विस्तृत है।

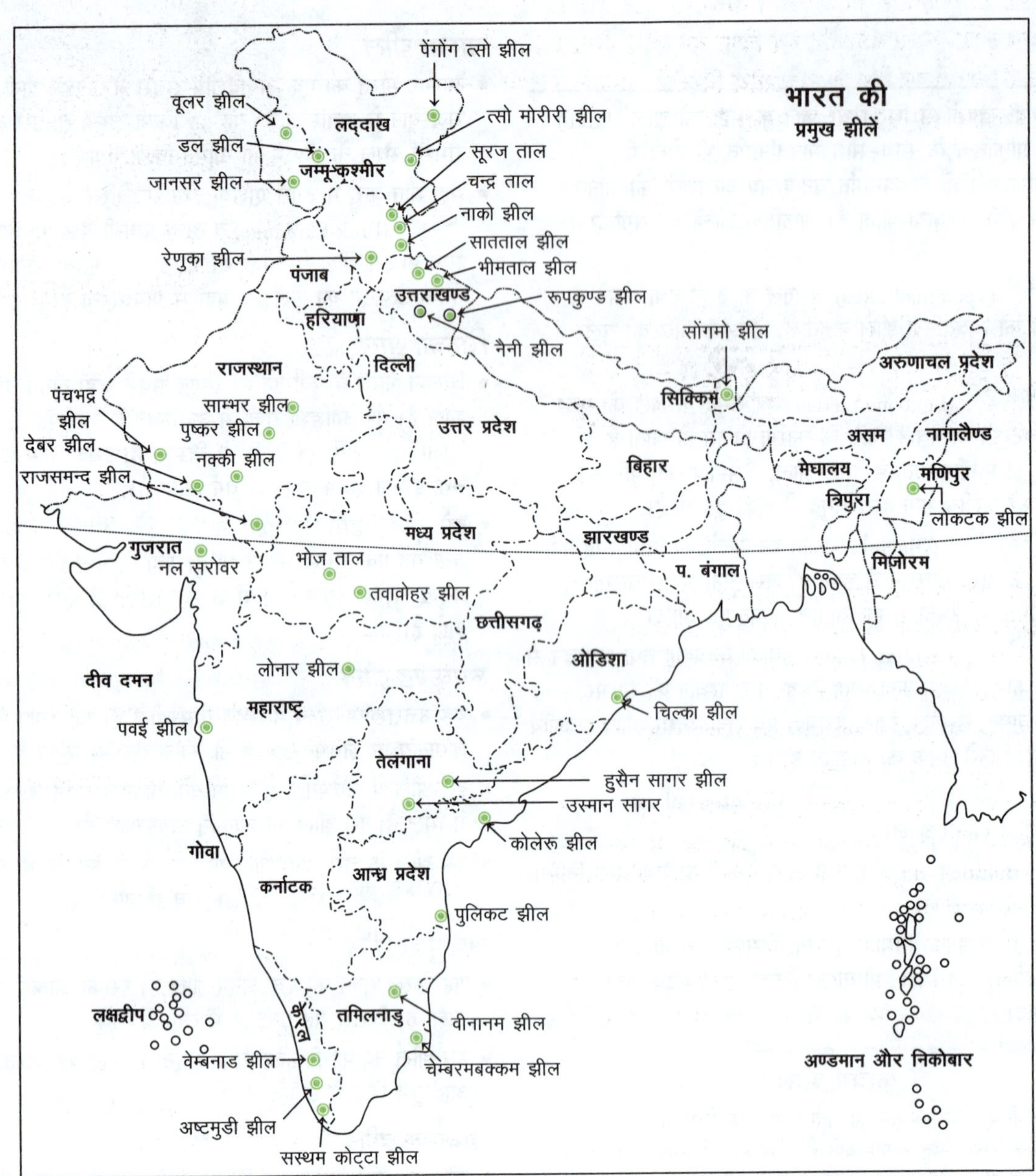

वेम्बनाड झील

- यह केरल में स्थित एक लैगून झील है, जो अपने प्राकृतिक सौन्दर्य के लिए प्रसिद्ध है एवं प्रतिवर्ष इस झील में नाव प्रतियोगिता आयोजित की जाती है। इसमें केरल की लगभग 10 नदियों का मिलन होता है। इनमें पम्बा तथा पेरियार मुख्य नदियाँ हैं।
- वेम्बनाड झील में दो द्वीप वल्लारपदम् तथा वेलिंगटन स्थित हैं। इसे रामसर आर्द्रभूमि सूची (Ramsar Wetlands List) में शामिल किया गया है।

डल झील

डल झील, जम्मू और कश्मीर राज्य के श्रीनगर में 17 किमी क्षेत्र में विस्तृत है। इसके चार प्रमुख जलाशय हैं; जैसे-गगरीबल, लोकुट डल, बोड डल तथा नागिन। पर्यटन की दृष्टि से डल झील बहुत महत्त्वपूर्ण है।

मानव निर्मित झीलें

- गोविन्द बल्लभ पन्त सागर यह उत्तर प्रदेश के सोनभद्र जनपद में सोन की सहायक नदी रिहन्द नदी पर निर्मित है।
- स्टेनले जलाशय यह तमिलनाडु में कावेरी नदी पर निर्मित मेट्टूर बाँध के पीछे बनी झील है।
- गोविन्द सागर झील यह हिमाचल प्रदेश में भाखड़ा बाँध के पीछे सतलुज नदी पर निर्मित झील है।
- राणा प्रताप व जवाहर सागर (राजस्थान) तथा गाँधी सागर (मध्य प्रदेश) यह चम्बल नदी पर निर्मित है।
- नागार्जुन सागर यह कृष्णा नदी पर आन्ध्र प्रदेश और तेलंगाना की सीमा पर अवस्थित है। पेरियार झील यह केरल में पेरियार नदी पर निर्मित झील है।

"

किसी भी देश की जलवायु का अध्ययन करने के लिए वहाँ के तापमान, वर्षा, वायुदाब तथा पवनों की गति एवं दिशा का ज्ञान होना अनिवार्य है। जलवायु के इन तत्त्वों पर देश के अक्षांशीय विस्तार, उच्चावच तथा जल व स्थल के वितरण का गहरा प्रभाव पड़ता है।

अध्याय पाँच

भारत की जलवायु

किसी स्थान अथवा देश में लम्बे समय (30-35 वर्ष) के तापमान, वर्षा, वायुमण्डलीय दबाव तथा पवनों की दिशा एवं वेग के अध्ययन को जलवायु (Climate) कहते हैं। इस देश का लगभग आधा भाग कर्क रेखा के उत्तर में स्थित है, जो तापीय कटिबन्ध की दृष्टि से शीतोष्ण कटिबन्ध (Sub-tropical Zone) का भाग है तथा इसी प्रकार कर्क रेखा का दक्षिणी भाग उष्णकटिबन्ध (Tropical Zone) का भाग है।

भारत की उत्तरी सीमा पर विशाल हिमालय पर्वत स्थित है। यह भारतीय उपमहाद्वीप को मध्य एशिया से अलग करता है और वहाँ से आने वाली ठण्डी पवनों को रोकता है। भारत के दक्षिण में स्थित हिन्द महासागर से आने वाली मानसून पवनों का भारत की जलवायु पर सर्वाधिक प्रभाव पड़ता है। भारत में उष्णकटिबन्धीय मानसूनी जलवायु पाई जाती है। भारत में अरब सागर एवं बंगाल की खाड़ी से चलने वाली हवाओं की दिशा में ऋतुवत् परिवर्तन होता है, जिस कारण भारतीय जलवायु को मानसूनी जलवायु कहा जाता है।

जलवायु को प्रभावित करने वाले कारक

भारत की जलवायु को प्रभावित करने वाले कारक निम्न हैं

- **अक्षांश** जलवायु को प्रभावित करने वाले कारकों में अक्षांशीय अवस्थिति (Latitudinal Extent) की भूमिका महत्त्वपूर्ण होती है। भारत का अक्षांशीय विस्तार 8°4′ उत्तर से 37°6′ उत्तर के मध्य है। कर्क रेखा भारत को दो भागों में बाँटती है।
- **समुद्र तट** से दूरी प्रायद्वीपीय भारत तीनों ओर से जल से घिरा हुआ है। भारत के तटीय प्रदेशों में सम जलवायु का प्रभाव रहता है। भारत के आन्तरिक भाग समुद्र के समकारी प्रभाव से वंचित रह जाते हैं। ऐसे क्षेत्रों मे विषम जलवायु पाई जाती है। यही कारण है कि मुम्बई तथा कोंकण तट के निवासी तापमान की विषमता और जलवायु परिवर्तन का अनुभव नहीं कर पाते।
- **समुद्र तल** से ऊँचाई के साथ तापमान में गिरावट आती है। इस कारण पर्वतीय प्रदेश मैदानों की तुलना में अधिक ठण्डे होते हैं।
- **उत्तर एवं उत्तर-पूर्व की पर्वत श्रेणियाँ** हिमालय व उसकी श्रेणियाँ भारत को एशिया से अलग करती हैं और शीतकाल में उत्तरी ध्रुव रेखा के निकट उत्पन्न होने वाली पवनों से भारत की रक्षा करती हैं। दूसरी ओर ये श्रेणियाँ वर्षा दायिनी दक्षिण-पश्चिमी मानसूनी पवनों के सामने एक प्रभावी अवरोध बनाती हैं, ताकि वे भारत की उत्तरी सीमाओं को पार न कर सकें। इस प्रकार ये श्रेणियाँ उपमहाद्वीप तथा मध्य एशिया के बीच एक जलवायु विभाजक (Climatic Barrier) का कार्य करती हैं।
- **भू-आकृति** देश के विभिन्न भागों में भू-आकृतिक लक्षण वहाँ के तापमान, वायुमण्डलीय दाब, पवनों की दिशा तथा वर्षा की मात्रा को प्रभावित करते हैं। उत्तर में हिमालय पर्वत का नमीयुक्त मानसून पवनों को रोककर सम्पूर्ण उत्तरी भारत में वर्षा का कारण बनता है।
- **मानसूनी पवनें** दक्षिण-पश्चिमी मानसूनी पवनें समुद्र से स्थल की ओर चलती हैं, इसके विपरीत उत्तर-पूर्वी मानसूनी पवनें स्थल से समुद्र की ओर चलती हैं। मानसूनी पवनें भारतीय जलवायु को प्रभावित करती हैं।
- **ऊर्ध्व वायु संचरण (जेट स्ट्रीम)** जेट स्ट्रीम सामान्यत: 20,000 से 50,000 फीट की ऊँचाई पर ऊपरी क्षोभमण्डल के ऊपर पश्चिम से पूर्व की ओर चलती हैं। जैसे-जैसे तापमान में अन्तर बढ़ता है, वैसे-वैसे जेट स्ट्रीम (Jet Stream) की आन्तरिक हवा की गति बढ़ जाती है। सामान्यत: इसकी गति 150-300 किमी प्रति घण्टा रहती है, यह दोनों गोलार्द्धों में 20° अक्षांश से ध्रुवों तक फैली हुई है। जेट स्ट्रीम द्वारा भूमध्यसागरीय क्षेत्र से पश्चिमी विक्षोभ भारतीय उपमहाद्वीप में प्रवेश करते हैं। उत्तरी पश्चिमी मैदानों में शीतकालीन वर्षा एवं ओला-वृष्टि तथा पर्वतीय प्रदेशों में अनियमित हिमपात इन विक्षोभों के कारण ही होते हैं।
- **उष्णकटिबन्धीय चक्रवात** बंगाल की खाड़ी में तथा अरब सागर में उत्पन्न होते हैं। इन उष्णकटिबन्धीय चक्रवातों से तीव्र पवनें चलती हैं, जिस कारण भारी वर्षा होती है। इन चक्रवातों की तीव्रता तथा दिशा दक्षिण-पश्चिम मानसून (South-West Monsoon) काल में भारत के अधिकांश भागों में तथा लौटते मानसून की ऋतु अर्थात् अक्टूबर एवं नवम्बर में तटीय भागों की मौसमी दशाओं को प्रभावित करती हैं।

- **पश्चिमी विक्षोभ** (Western Disturbances) भारतीय उपमहाद्वीप में पश्चिमी जेट प्रवाह के साथ भूमध्यसागरीय प्रदेश से आते हैं। भारत में इनका प्रवेश उपोष्ण कटिबन्धीय जेट स्ट्रीम द्वारा होता है।
- **दक्षिणी दोलन प्रशान्त महासागर** तथा **हिन्द महासागर** के बीच होने वाले मौसम सम्बन्धी उतार-चढ़ाव को **दक्षिणी दोलन** कहते हैं। इसके अनुसार जब कभी प्रशान्त महासागर में वायुदाब अधिक होता है, तो हिन्द महासागर में वायुदाब कम होता है। इसके विपरीत जब प्रशान्त महासागर में वायुदाब कम होता है, तो हिन्द महासागर में वायुदाब अधिक होता है। हिन्द महासागर में कम वायुदाब होने की स्थिति में मानसून कमजोर पड़ जाता है और वर्षा कम होती है। वैज्ञानिक एल-निनो के प्रभाव का सम्बन्ध दक्षिणी दोलन से जोड़ने का प्रयास कर रहे हैं, जिससे वर्षा का पूर्वानुमान लगाया जा सके। एल-निनो तथा दक्षिणी दोलन (Southern Oscillation) के संयुक्त प्रभाव को **एन्सो** (ENSO) कहते हैं।

एल-निनो (El-Nino)

- पूर्वी प्रशान्त महासागर में पेरू तट के पश्चिम में 180 किमी की दूरी से उत्तर-पश्चिम दिशा में चलने वाली एक गर्म जलधारा है।
- यह प्रशान्त महासागर से होकर हिन्द महासागर में प्रवेश कर भारतीय ग्रीष्मकालीन मानसून को कमजोर करती है, जिससे कम वर्षा होती है। इसे **विपरीत धारा** के नाम से भी जाना जाता है।

ला-नीना (La-Nina)

- पेरू के तट से चलने वाली शीतल-जल धारा, को ला-नीना कहा जाता है।
- इसके कारण पूर्वी प्रशान्त महासागर में असामान्य शीतलन की स्थिति बनती है तथा भारत में पर्याप्त मात्रा में वर्षा होती है।

कोपेन का जलवायु वर्गीकरण

कोपेन ने अपने जलवायु वर्गीकरण का आधार **तापमान** तथा **वर्षण** के मासिक मान को माना है। कोपेन की पद्धति पर आधारित भारत की जलवायु को पाँच प्रकारों में बाँटा गया है, जो निम्नलिखित हैं

कोपेन के अनुसार जलवायु के प्रकार

- **उष्णकटिबन्धीय जलवायु** वर्षभर औसत मासिक तापमान 18°C से अधिक रहता है।
- **शुष्क जलवायु** जहाँ तापमान की तुलना में वर्षण बहुत कम होता है।
- **गर्म जलवायु** जहाँ सबसे ठण्डे महीने का औसत तापमान 18°C और 3°C के बीच रहता है।
- **हिम जलवायु** जहाँ सबसे ठण्डे महीने का औसत तापमान 3°C से कम और गर्म महीने का औसत तापमान 10°C से अधिक होता है।
- **बर्फीली जलवायु** जहाँ सबसे गर्म महीने का तापमान 10°C से कम रहता है।

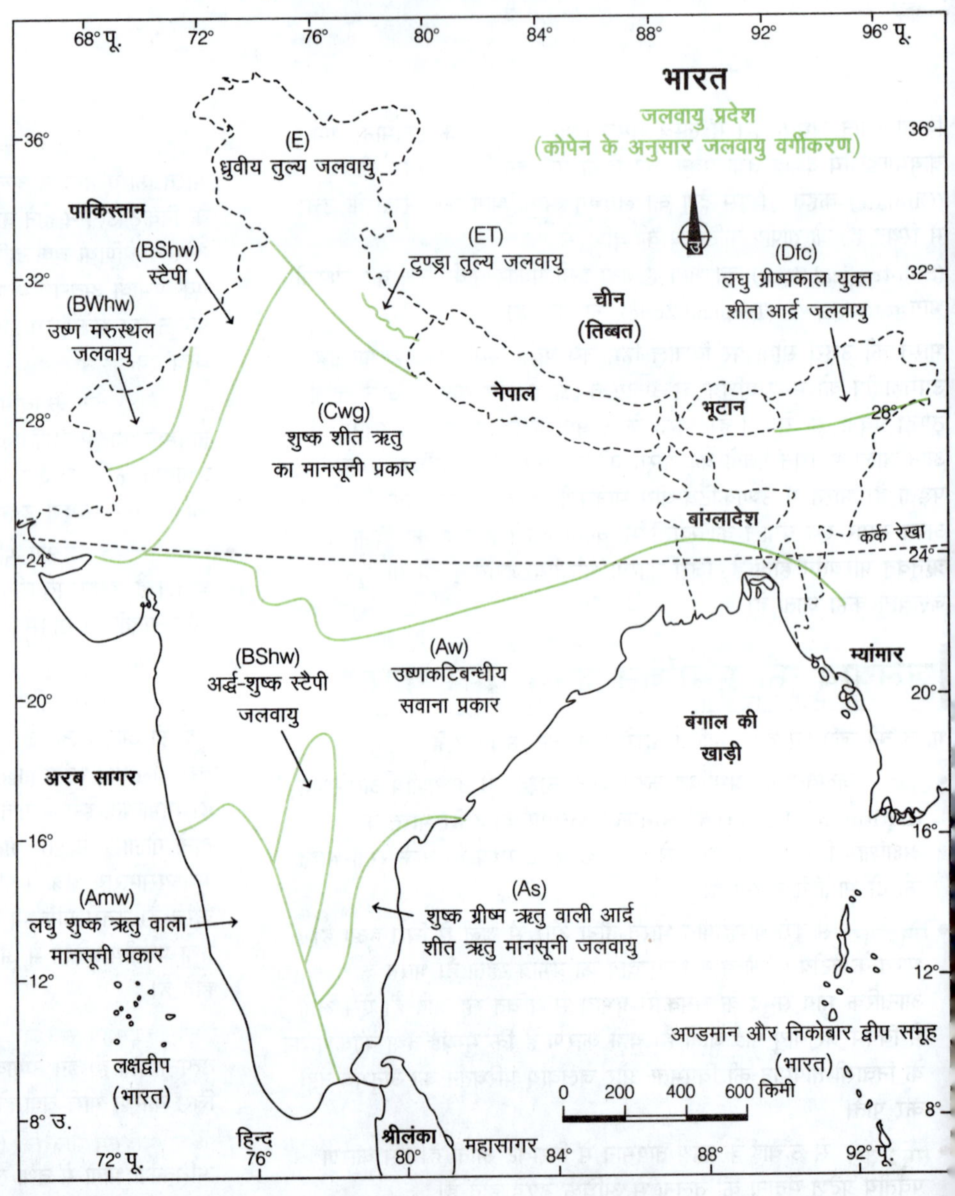

कोपेन के अनुसार जलवायु के प्रकार

जलवायु के प्रकार	क्षेत्र
लघु शुष्क ऋतु वाला मानसून प्रकार (Amw)	गोवा के दक्षिण में भारत का पश्चिमी तट, त्रिपुरा, मिजोरम, तमिलनाडु का कोरोमण्डल तट
उष्णकटिबन्धीय सवाना प्रकार (Aw)	कर्क वृत्त के दक्षिण में प्रायद्वीपीय पठार का अधिकतर भाग, पश्चिमी बंगाल एवं झारखण्ड
अर्द्ध शुष्क स्टैपी जलवायु (Bshw)	उत्तर-पश्चिमी गुजरात, पूर्वी राजस्थान और पश्चिमी हरियाणा के कुछ भाग, कर्नाटक एवं तमिलनाडु का वृष्टि, छाया प्रदेश
गर्म मरुस्थल (Bwhw)	राजस्थान के कुछ अति पश्चिमी क्षेत्र, उत्तरी गुजरात एवं हरियाणा का दक्षिणी भाग
शुष्कशीत ऋतु वाला मानसून (Cwg)	इसका विस्तार गंगा के मैदान पर है।
लघु ग्रीष्म व ठण्डी आर्द्र शीत ऋतु (Dfc)	सिक्किम व अरुणाचल प्रदेश का क्षेत्र सम्मिलित है।
ध्रुवीय या पर्वतीय जलवायु (E)	जम्मू-कश्मीर एवं हिमालय प्रदेश के क्षेत्र में
टुण्ड्रा तुल्य (ET)	उत्तराखण्ड के पहाड़ी भाग

- वर्षा तथा तापमान के वितरण प्रतिरूप में मौसमी भिन्नता के आधार पर प्रत्येक प्रकार को उप-प्रकारों में बाँटा गया है। कोपेन ने अंग्रेजी के बड़े अक्षर S को अर्द्ध-मरुस्थल के लिए और W को मरुस्थल के लिए प्रयोग किया है।
- इसी प्रकार उप-विभागों को व्यक्त करने के लिए अंग्रेजी के निम्नलिखित छोटे अक्षरों का प्रयोग किया है

- f – पर्याप्त वर्षण
- m – शुष्क मानसून होते हुए भी वर्षा वन
- w – शुष्क शीत ऋतु
- h – शुष्क और गर्म
- c – चार महीनों से कम अवधि में औसत तापमान 10°C से अधिक
- g – गंगा का मैदान

मानसून

मानसून शब्द की उत्पत्ति अरबी भाषा के मौसिम शब्द से हुई है, जिसका अभिप्राय ऋतु से है। मानसून शब्द की परिभाषा में विविधता के साथ उसकी उत्पत्ति सम्बन्धी विचारधाराओं में भी विविधता मिलती है। मानसून की उत्पत्ति सम्बन्धी दो संकल्पनाओं का प्रतिपादन किया गया है।

मानसून की संकल्पनाएँ

- परम्परागत संकल्पना (Classical Concept) इस संकल्पना के अनुसार, मानसून की उत्पत्ति पृथ्वी पर स्थल तथा जल के असमान वितरण एवं उनके गर्म तथा ठण्डा होने से होती है। इस कारण भारत के थार मरुस्थल या भारत के उत्तर पश्चिमी भाग में अत्यधिक निम्न तापमान क्षेत्र के कारण उच्च दाब का निर्माण होता हैं, क्योंकि ताप एवं दाब में विपरीत सम्बन्ध पाया जाता है।
- गतिक संकल्पना (Dynamic Concept) फ्लोन के अनुसार, व्यापारिक पवनों के मिलने के फलस्वरूप भूमध्यरेखीय शान्त पेटी के दोनों ओर एक सीमान्त क्षेत्र उत्पन्न हो जाता है, जिसे अन्त: उष्णकटिबन्धीय अभिसरण क्षेत्र कहते हैं।

मानसून की उत्पत्ति से सम्बन्धित प्रमुख सिद्धान्त

प्रमुख सिद्धान्त	प्रतिपादक	विवरण
तापीय सिद्धान्त (Thermal Theory)	एडमण्ड हेली	• इसके अनुसार, मानसून परिसंचरण के वार्षिक चक्र का कारण स्थल एवं जल का आन्तरिक तापन प्रभाव है। ग्रीष्म ऋतु में जब सूर्य उत्तरायण होता है, तो एशिया के वृहत क्षेत्र पर निम्न दाब क्षेत्र का निर्माण होता है। • हिन्द तथा प्रशान्त महासागर के निकटवर्ती जल का दबाव सापेक्षिक रूप से अधिक होता है। इस कारण सागर से स्थल की ओर दाब प्रवणता का विकास होता है। इस प्रवणता के कारण दक्षिण-पूर्वी व्यापारिक पवनें निम्न दाब केन्द्रों की ओर प्रवाहित होती हैं, जो दक्षिण-पश्चिम मानसून है।
विषुवतीय पछुआ पवन सिद्धान्त (Equatorial Westerly Theory)	फ्लोन	• ग्रीष्म ऋतु में तापीय विषुवत् रेखा के उत्तर में खिसकाव (शिवालिक पर्वतपाद तक) के कारण अन्त: उष्णकटिबन्धीय अभिसरण क्षेत्र (ITCZ) विषुवत् रेखा के उत्तर में होता है। विषुवतीय पछुआ पवन अपनी दिशा संशोधित कर भारतीय उपमहाद्वीप पर बने निम्न दाब क्षेत्र की ओर प्रवाहित होने लगती है। यह दक्षिण-पश्चिम मानसून को जन्म देती है। • ITCZ को मानसून द्रोणी के नाम से जाना जाता है। यह विषुवत् वृत्त पर निम्न वायुदाब क्षेत्र होता है, जहाँ व्यापारिक पवनें मिलती हैं। जुलाई के महीने में अन्त: उष्णकटिबन्धीय अभिसरण क्षेत्र 20° से 25° उत्तरी अक्षांशों के आस-पास गंगा मैदान में स्थित होता है। इसे कभी-कभी मानसूनी गर्त भी कहा जाता है।
जेट स्ट्रीम सिद्धान्त (Jet Stream Theory)	येस्ट	• जेट स्ट्रीम 9 से 18 किमी की ऊँचाई पर अति तीव्रगति से चलने वाली वायु प्रवाह प्रणाली है। मध्य भाग में इसकी गति अधिकतम 340 किमी/घण्टा तक होती है। भारत में आने वाले दक्षिण-पश्चिम मानसून का सम्बन्ध उष्ण पूर्वी जेट स्ट्रीम से है। • उत्तर-पूर्वी मानसून या शीतकालीन मानसून का सम्बन्ध उपोष्ण पश्चिमी (पछुआ) जेट स्ट्रीम से है। यह 20°C से 35°C अक्षांशों के मध्य चलती है। • शीतकाल में उपोष्ण जेट स्ट्रीम पश्चिमी तथा मध्य एशिया में पश्चिम से पूर्व दिशा में प्रवाहित होती है। तिब्बत का पठार उसके मार्ग में अवरोध उत्पन्न कर इसे दो भागों में बाँट देता है। भारतीय उपमहाद्वीप में सर्दी में आने वाले पश्चिमी विक्षोभ का कारण जेट पवन ही हैं। ये विक्षोभ सामान्यत: पश्चिमी जेट स्ट्रीम के पहले आते हैं। पश्चिमी जेट स्ट्रीम ठण्डी हवा का स्तम्भ होता है, जो सतह पर हवाओं को ढकेलता है। इससे सतह पर उच्च भार का निर्माण होता है। इन हवाओं के द्वारा सर्दी में उत्तर प्रदेश एवं बिहार में शीत लहर आती है। यह बंगाल की खाड़ी में पहुँचकर मानसून का रूप ले लेती है। • तिब्बत का पठार अपने विशाल आकार व ऊँचाई के कारण सामान्य से 2 – 3°C अधिक सूर्यातप प्राप्त करता है तथा ग्रीष्म ऋतु में अधिक गर्म हो जाता है, जिसके फलस्वरूप इसके ऊपर एक तापीय प्रति चक्रवात की स्थिति निर्मित हो जाती है।

एल–निनो सिद्धान्त

- एल–निनो सिद्धान्त (El-Nino Theory) एक जटिल मौसम तन्त्र है, जो प्रत्येक पाँच या दस साल बाद प्रकट होता रहता है। इसके कारण संसार के विभिन्न भागों में सूखा, बाढ़ और मौसम की चरम अवस्थाएँ आती हैं।
- इस तन्त्र में महासागरीय और वायुमण्डलीय परिघटनाएँ शामिल होती हैं। पूर्वी प्रशान्त महासागर में यह पेरू के तट के निकट उष्ण समुद्री धारा के रूप में प्रकट होती है। इससे भारत सहित अनेक स्थानों पर मौसम प्रभावित होता है।
- एल–निनो भूमध्यरेखीय उष्ण समुद्री धारा का विस्तार मात्र है, जो अस्थायी रूप से ठण्डी पेरूवियन अथवा हम्बोल्ट धारा पर प्रतिस्थापित हो जाता है।
- भारतीय मानसून पर एल–निनो का अत्यधिक प्रभाव पड़ता है और इसका प्रयोग मानसून की लम्बी अवधि के पूर्वानुमान के लिए किया जाता है।
- वर्ष 1990-91 में एल–निनो का उग्र प्रभाव देखने को मिला, इसके प्रभाव से अधिकांश देशों में मानसून में 5-12 दिनों की देरी हुई थी। वर्ष 1997, 2002, 2004, 2009 एवं 2015 में सूखे का मुख्य कारण भी एल–निनो को ही बताया जाता है।

हिन्द महासागर डायपोल एवं भारतीय मानसून

- हिन्द महासागर डायपोल (Indian Ocean Dipole) को दो क्षेत्रों के बीच समुद्र की सतह के तापमान में अन्तर से परिभाषित किया जाता है। हिन्द महासागर डायपोल ऑस्ट्रेलिया और हिन्द महासागर बेसिन के आस-पास के अन्य देशों की जलवायु को प्रभावित करता है।
- हिन्द महासागर डायपोल दो प्रकार का होता है—सकारात्मक एवं नकारात्मक। सकारात्मक हिन्द महासागर डायपोल अवधि के दौरान भारतीय ग्रीष्मकालीन मानसून की वर्षा नकारात्मक हिन्द महासागर डायपोल अवधि की तुलना में काफी अच्छी होती है।

> **व्यापारिक पवन**
>
> - व्यापारिक पवन (Trade Winds) अयनवर्तीय (30° उत्तरी अक्षांश से 30° दक्षिणी अक्षांश) प्रदेश की प्रमुख पवन है। यह पवन अयनवर्तीय उच्च वायुदाब से भूमध्यरेखीय निम्न वायुदाब की ओर चला करती है। उत्तरी गोलार्द्ध में इसकी दिशा उत्तर-पूर्वी से दक्षिण-पश्चिम तथा दक्षिणी गोलार्द्ध में दक्षिण-पूर्वी से उत्तरी-पश्चिमी होती है।
> - उष्णकटिबन्धीय क्षेत्र में व्यापारिक पवन के प्रभाव के कारण पूर्वी खण्ड की तुलना में महासागरों के पश्चिमी खण्ड अधिक उष्ण होते हैं। नियमित दिशा के कारण प्राचीन काल में व्यापारियों को मालयुक्त जलयानों के संचालन में पर्याप्त सुविधा होने के कारण से इन्हें व्यापारिक पवनों का नाम दिया गया।

दक्षिण-पश्चिम मानसून

दक्षिण–पश्चिम मानसून (South-West Monsoon) का समय सामान्यत: जून से सितम्बर तक रहता है। दक्षिण–पश्चिमी मानसून सबसे पहले केरल के मालाबार तट पर टकराता है एवं केरल में वर्षा होने के पश्चात् पूरे पश्चिमी तट पर वर्षा होती है। दक्षिण–पश्चिमी मानसून भारत में दो शाखाओं–अरब सागर एवं बंगाल की खाड़ी के रूप में प्रवेश करता है।

अरब सागर की मानसूनी पवनें

अरब सागर में उत्पन्न होने वाली मानसून पवनें आगे तीन शाखाओं में विभाजित होती हैं

- इसकी एक शाखा को पश्चिमी घाट (Western Gnats) रोकते हैं। ये पवनें पश्चिमी घाट के ढलानों पर 900 से 1200 मी की ऊँचाई तक चढ़ती हैं। अत: ये पवनें तत्काल ठण्डी होकर सह्याद्रि की पवनाभिमुखी ढाल तथा पश्चिमी तटीय मैदान पर 250 से 400 सेमी के बीच भारी वर्षा करती हैं।
- पश्चिमी घाट को पार करने के बाद ये पवनें नीचे उतरती हैं और गरम होने लगती हैं। इससे इन पवनों की आर्द्रता में कमी आ जाती है। इसके परिणामस्वरूप पश्चिमी घाट के पूर्व में इन पवनों से नाममात्र की वर्षा होती है। कम वर्षा का यह क्षेत्र वृष्टिछाया क्षेत्र कहलाता है। वर्षा रहित या कम वर्षा वाले क्षेत्र को वृष्टिछाया कहते हैं।
- नर्मदा घाटी की शाखा विन्ध्याचल के दक्षिणी ढाल पर अधिक वर्षा करती है, न कि सतपुड़ा के उत्तरी ढाल पर।
- दूसरी शाखा नर्मदा व तापी की घाटियों से होकर भारत के मध्यवर्ती क्षेत्र में दूर तक प्रवेश करती है तथा वर्षा करती है। अरब सागर की दूसरी शाखा काठियावाड़ की गिर, गिरनार, माण्डव आदि पहाड़ियों से टकराकर लगभग 150 सेमी वर्षा करती है। अत: यहाँ सघन वन पाए जाते हैं। इससे छोटानागपुर पठार में 15 सेमी वर्षा होती है।
- तीसरी शाखा सौराष्ट्र प्रायद्वीप और कच्छ से टकराने के बाद अरावली के साथ-साथ पश्चिमी राजस्थान में बहुत कम वर्षा करती है। यह अरावली के समानान्तर गमन के कारण वर्षा नहीं करा पाती है। वहीं पंजाब एवं हरियाणा में बंगाल की खाड़ी से आने वाली मानसून की शाखा से मिलकर धर्मशाला में वर्षा करती है।

बंगाल की खाड़ी की मानसूनी पवनें

- बंगाल की खाड़ी की मानसूनी पवनों की शाखा म्यांमार के तट तथा दक्षिण-पूर्वी बांग्लादेश के एक छोटे-से भाग से टकराती है, किन्तु म्यांमार के तट पर स्थित अराकन पहाड़ियाँ इस शाखा के एक बड़े भाग को भारतीय उपमहाद्वीप की ओर विक्षेपित कर देती हैं।
- यहाँ से यह शाखा हिमालय पर्वत तथा भारत के उत्तर-पश्चिम में स्थित तापीय निम्नदाब के प्रभावाधीन दो भागों में बँट जाती है, जहाँ इसकी एक शाखा गंगा के मैदान के साथ-साथ पश्चिम की ओर बढ़ती है और पंजाब के मैदान तक पहुँचती है।
- इसकी दूसरी शाखा उत्तर व उत्तर-पूर्व में ब्रह्मपुत्र घाटी में बढ़ती है। यह शाखा वहाँ विस्तृत क्षेत्रों में वर्षा करती है, जहाँ इसकी एक उप-शाखा मेघालय में स्थित गारो और खासी की पहाड़ियों से टकराती है और पर्वतीय वर्षा करती है।
- खासी पहाड़ियों के शिखर पर स्थित मासिनराम, विश्व की सर्वाधिक औसत वार्षिक वर्षा प्राप्त करता है।
- तमिलनाडु का तट बंगाल की खाड़ी की मानसूनी पवनों के समान्तर पड़ता है और यह अरब सागर की शाखा के वृष्टिछाया क्षेत्र में स्थित है, जिससे दक्षिण-पश्चिम मानसून (South-West Monsoon) से यहाँ वर्षा नहीं होती है।

- बंगाल की खाड़ी में उत्पन्न चक्रवात पूरब से पश्चिम चलकर पूर्वी घाट के पर्वतों से टकराकर पर्वतीय वर्षा करते हैं, जिसकी औसत वर्षा 150 सेमी के लगभग होती है।
- बंगाल की खाड़ी की शाखा फेरल के नियमानुसार, बांग्लादेश की ओर आकर्षित होती है, किन्तु किसी स्थलीय अवरोध के अभाव में वर्षा नहीं करती।

मानसून निवर्तन (लौटता मानसून)

- मानसून के लौट जाने या पीछे हटने को मानसून का निवर्तन (Retreating of Monsoon) कहते हैं। मानसून के निवर्तन की शुरुआत सितम्बर के प्रथम सप्ताह में पश्चिमी राजस्थान से होने लगती है और उत्तर पश्चिमी भारत, जहाँ मानसून का आगमन सबसे बाद में आता है, मानसून वापस लौटने लगता है तथा मध्य सितम्बर तक यह राजस्थान, उत्तर-पूर्वी मध्य प्रदेश, पंजाब, हरियाणा आदि राज्यों से वापस लौट जाता है।
- यह मध्य अक्टूबर तक दक्षिणी भारत को छोड़कर शेष समस्त भारत से निवर्तित हो जाती है। यह एक क्रमिक प्रक्रिया है। लौटती हुई मानसून पवनें बंगाल की खाड़ी से जलवाष्प ग्रहण करके उत्तर-पूर्वी मानसून के रूप में तमिलनाडु के कोरोमण्डल तट पर वर्षा करती हैं।

अक्टूबर ऊष्मा (क्वार की उमस)

- अक्टूबर माह में उच्च तापमान एवं आर्द्रता वाली अवस्था के कारण दिन का मौसम असहनीय हो जाता है, जिसे क्वार की **उमस** कहा जाता है।
- अक्टूबर एवं नवम्बर का माह ग्रीष्म वर्षा ऋतु से शीत ऋतु में परिवर्तन काल होता है, जिसे मानसून के **निवर्तन की ऋतु** कहते हैं।
- भारतीय उपमहाद्वीप में अक्टूबर में सूर्य के दक्षिणायन होने से सूर्यातप घटता है, परन्तु धरातलीय ऊष्मा निस्पन्न होने से एवं विकिरण के सम्पर्क में आने वाली हवाएँ गर्म रहती हैं। धीरे-धीरे यह एक उच्च दाब प्रणाली द्वारा प्रतिस्थापित हो जाता है। **मानसून निवर्तन ऋतु** में उत्तरी भारत में शुष्क मौसम होता है, जबकि प्रायद्वीपीय क्षेत्र के पूर्वी भाग में वर्षा होती है।
- दक्षिण-पश्चिमी मानसूनी पवनें कमजोर पड़कर धीरे-धीरे पीछे हटने लगती हैं। अक्टूबर की शुरुआत से ही मानसून **उत्तरी मैदानी** क्षेत्रों से वापस लौटना शुरू कर देता है। अक्टूबर एवं नवम्बर के माह की गर्म बरसात सर्दियों के मौसम के लिए संक्रमण की स्थिति उत्पन्न करती हैं।

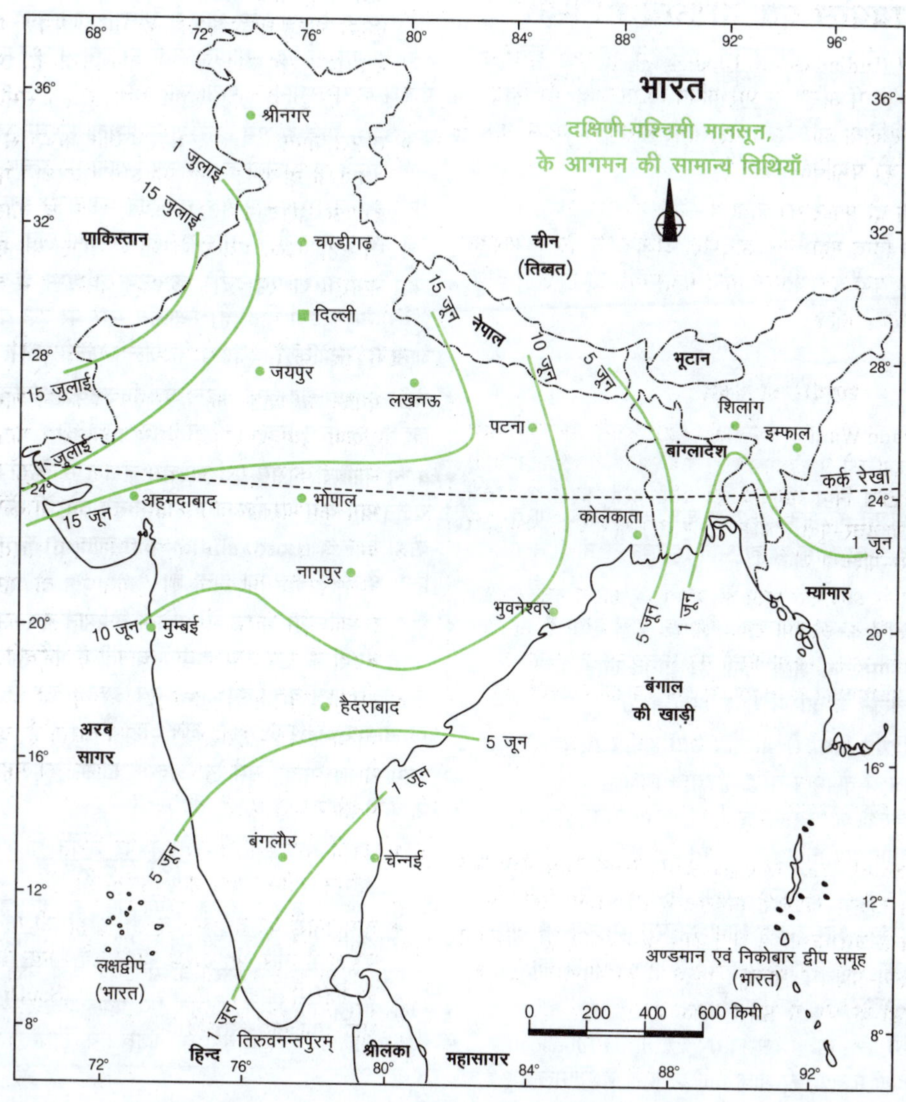

मानसून विच्छेद

- मानसून काल में एक बार कुछ दिनों तक वर्षा होने के बाद यदि एक दो या कई सप्ताह तक वर्षा न हो, तो इसे मानसून विच्छेद (Breaks in the Monsoon) या वर्षा में विराम कहा जाता है। ये विच्छेद अलग-अलग क्षेत्रों में अलग-अलग कारणों से होते हैं, जो निम्न हैं—उत्तरी भारत के मैदानी क्षेत्रों में मानसून का विच्छेद उष्णकटिबन्धीय चक्रवातों की संख्या कम हो जाने से एवं अन्त: उष्णकटिबन्धीय अभिसरण क्षेत्रों (Intertropical Convergence Zone) की स्थिति में बदलाव आने से होता है।
- पश्चिमी तट पर जब आर्द्र पवनें तट के समानान्तर बहने लगती हैं, तब मानसून विच्छेद होता है। जब वायुमण्डल की निचली परतों में तापमान की विलोमता वर्षा करने वाली आर्द्र पवनों को ऊपर उठने से रोक देती है, तब राजस्थान के क्षेत्रों में मानसून विच्छेद होता है।
- मानसून में इस विराम के कारण **मानसून का गर्त** एवं **अक्ष** उत्तर या दक्षिण की ओर खिसकता रहता है, जिससे वर्षा का स्थानिक वितरण निर्धारित होता है।

भारत की ऋतुएँ

भारतीय मौसम विभाग ने भारत की वार्षिक जलवायु की अवस्थाओं के आधार पर एक वर्ष को चार ऋतुओं में बाँटा है

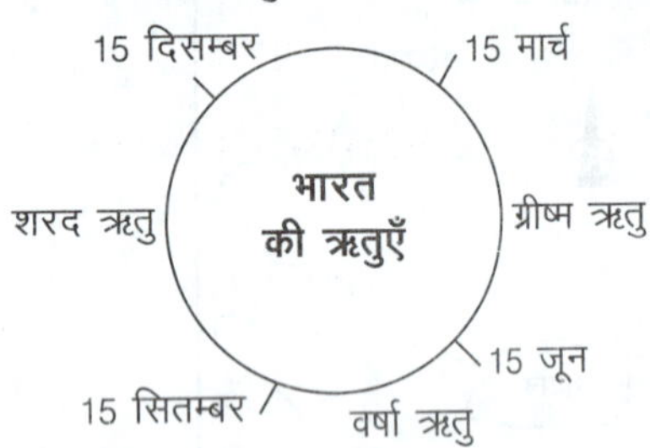

शीत ऋतु

- अवधि नवम्बर से मार्च तक
- तापमान उत्तरी भारत में औसत तापमान 21°C से कम एवं दक्षिण भारत में 22°C से ऊपर रहता है। कुछ भागों में तापमान हिमांक से नीचे चला जाता है।
- शीत ऋतु में भारत का सबसे ठण्डा स्थान कश्मीर का द्रास होता है।
- पवन, विक्षोभ-शीत ऋतु सामान्यत: शुष्क होती है। शीतकालीन पवनें स्थल से समुद्र की ओर चलने के कारण शुष्क होती हैं।
- पश्चिमी विक्षोभ उत्तर-पश्चिम दिशा से भारतीय उपमहाद्वीप में प्रवेश करता है। शीतकालीन रात्रि में तापमान वृद्धि पश्चिमी विक्षोभ आने का संकेत होता है, परन्तु यह रबी की फसलों के लिए लाभदायक होता है। इस समय होने वाली वाताग्री वर्षा को मावठ कहते हैं।
- वर्षा उत्तरी मैदान पश्चिमी विक्षोभ के कारण वर्षा प्राप्त करते हैं। मैदानी क्षेत्रों में वर्षा की मात्रा पूर्व की ओर घटती जाती है, परन्तु पूर्वोत्तर में वर्षा की मात्रा में पुन: वृद्धि हो जाती है, क्योंकि पश्चिमी विक्षोभ बंगाल की खाड़ी से आर्द्रता ग्रहण करते हैं।
- दक्षिण भारत में इस ऋतु में उत्तर-पूर्वी मानसून (North-East Monsoon) से वर्षा होती है। तटीय प्रदेशों में वर्षा की मात्रा अधिक होती है। तमिलनाडु के दक्षिण तटीय प्रदेश में दिसम्बर माह में 25 सेमी तक वर्षा होती है। कोरोमण्डल तट के शान्त खण्ड के प्रभाव में आ-जाने से वर्षा अधिक होती है।
- सामान्य विशेषताएँ निम्न आर्द्रता, सुहावना मौसम स्वच्छ आकाश, रातें लम्बी, दिन छोटे, ठण्डा मौसम, ठण्डी हवा, घना कोहरा, कम तापमान आदि इस ऋतु की विशेषताएँ हैं।

ग्रीष्म ऋतु

- अवधि मार्च से जून तक
- तापमान जून में सूर्य की किरणें कर्क रेखा पर सीधी पड़ती हैं। मई माह में उत्तर भारत के अधिकांश भागों में तापमान 30°C से 40°C तक पाया जाता है। दक्षिणी भारत की प्रायद्वीपीय स्थिति समुद्र के समकारी प्रभाव के कारण यहाँ के तापमान को उत्तर भारत में प्रचलित तापमानों से नीचे रखती है। अत: दक्षिण में तापमान 26°C से 32°C के बीच रहता है।
- कर्क रेखा की ओर सूर्य के बढ़ने के साथ-साथ निम्न वायुदाब भी उत्तर-पश्चिम की ओर बढ़ने लगता है।
- मार्च के माह में सबसे ऊँचा ताप दक्षिणी भारत में पाया जाता है और अप्रैल माह में मध्य प्रदेश तथा गुजरात में तापमान 45°C तक होता है।
- भारत के उत्तर-पश्चिम भाग में क्रमश: ताप वृद्धि होती है, साथ ही यहाँ कम वायुदाब केन्द्र स्थापित होता है। जून में उच्चतम तापमान दक्षिणी पंजाब व राजस्थान में पाया जाता है।
- वर्षा ग्रीष्म ऋतु में गर्म और शुष्क स्थलीय पवन जब समुद्र से आने वाली आर्द्र पवनों से मिलती है, तो उन स्थानों पर प्रचण्ड तूफान की उत्पत्ति होती है, जिसे मानसून पूर्व चक्रवात कहते हैं। इनमें तूफान के साथ-साथ तेज हवाएँ चलती हैं और मूसलाधार वर्षा होती है।
- आम्र वर्षा केरल एवं तटीय कर्नाटक में ग्रीष्म ऋतु के समाप्त होते समय पूर्व मानसून वर्षा होती है। स्थानीय स्तर पर इस वर्षा को आम्र वर्षा कहा जाता है, क्योंकि यह आमों के जल्दी पकने में सहायक होती है।
- चेरी ब्लॉसम यह वर्षा केरल एवं निकटवर्ती कहवा उत्पादक क्षेत्रों में कहवा के फूल खिलने में सहायक होती है।
- काल बैशाखी असम एवं पश्चिम बंगाल में बैशाख के माह में शाम को चलने वाली ये विनाशकारी वर्षायुक्त पवनें हैं। असम में इन पवनों को बोर्डो चिल्ला (Bordo chilla) कहा जाता है। चाय, पटसन एवं चावल के लिए ये पवनें उपयोगी होती हैं।
- लू उत्तर-पश्चिम भारत में अधिक तापमान के कारण स्थानीय रूप से बहुत ही शुष्क एवं उष्ण हवाएँ चलती हैं, जिन्हें स्थानीय भाषा में लू कहते हैं। जब कभी इन शुष्क एवं उष्ण पवनों से आर्द्र हवाएँ मिलती हैं, तो भीषण आँधियाँ एवं तूफान आते हैं।
- सामान्य विशेषताएँ गर्म लू, अत्यधिक गर्मी, धूल भरी आँधियाँ और शुष्कता आदि।

पूर्वी जेट प्रवाह

यह उष्णकटिबन्धीय चक्रवातों को भारत में लाता है। ये चक्रवात भारतीय उपमहाद्वीप में वर्षा के वितरण में महत्त्वपूर्ण भूमिका निभाते हैं। इन चक्रवातों के मार्ग में भारत के सर्वाधिक वर्षा वाले भाग हैं। इन चक्रवातों की बारम्बारता, दिशा, गहनता एवं प्रवाह एक लम्बे समय में भारत की ग्रीष्मकालीन मानसूनी वर्षा के प्रतिरूप के निर्धारण पर पड़ता है।

वर्षा ऋतु

- **अवधि** जून से सितम्बर
- **वर्षा** भारत इस ऋतु में 80% वर्षा प्राप्त करता है। मैदानों में पूर्व से पश्चिम की ओर वर्षा की मात्रा में गिरावट देखी जाती है।
- **पवन विक्षोभ** भारत की मुख्य भूमि पर दक्षिण-पश्चिम पवनें प्रवाहित होती हैं। दक्षिण-पश्चिमी मानसून के साथ समस्त भारत का मौसम पूर्णतः परिवर्तित हो जाता है, इसे आर्द्र ऋतु भी कहते हैं।
- **भूमध्यरेखीय** गर्म समुद्री धाराओं के ऊपर से आने के कारण ये पवनें अपने साथ पर्याप्त मात्रा में आर्द्रता लाती हैं।
- भूमध्य रेखा को पार करके इनकी दिशा दक्षिण-पश्चिमी हो जाती है। इसी कारण इन्हें दक्षिण-पश्चिमी मानसून कहा जाता है। दक्षिणी-पश्चिमी मानसून के कारण वर्षा ऋतु में वर्षा अचानक आरम्भ हो जाती है।
- सूर्य की स्थिति कर्क रेखा पर लम्बवत् होते ही कम वायुदाब केन्द्र और भी कम वायुदाब का हो जाता है।
- यह अति कम वायुदाब का केन्द्र भारत के उत्तरी-पश्चिमी भाग पर विकसित हो जाता है।
- दक्षिणी भारत में प्रायद्वीपीय स्थिति होने के कारण दक्षिण-पश्चिमी मानसून की दो प्रधान शाखाएँ हो जाती हैं, इनमें एक अरब सागर की ओर तथा दूसरी बंगाल की खाड़ी की ओर से देश में प्रवेश करती है।
- अरब सागर शाखा से देश के पश्चिमी तटों, पश्चिमी घाट, महाराष्ट्र, गुजरात एवं मध्य प्रदेश के कुछ हिस्सों में वर्षा होती है तथा अन्त में पंजाब के मैदान एवं निकटस्थ हिमालय के पास बंगाल की खाड़ी की मानसूनी शाखा में मिल जाती है।

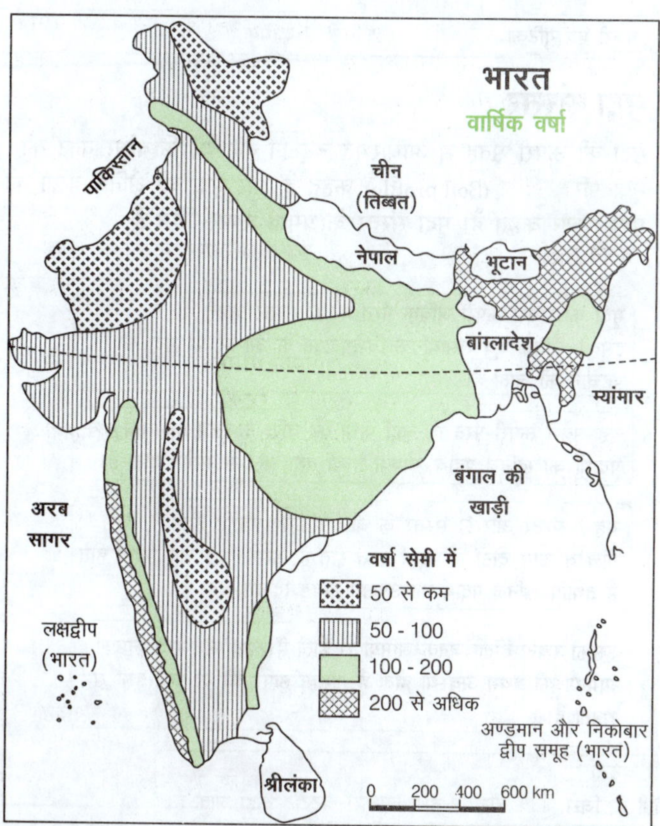

- **बंगाल की खाड़ी** शाखा देश में वर्षा करने वाली प्रमुख शाखा है। इस शाखा को मेघालय शाखा, उत्तरी-पूर्वी शाखा एवं उत्तरी-पश्चिमी शाखा के रूप में विभाजित किया गया है। वर्षा की मात्रा पश्चिम बंगाल और ओडिशा के तट से पश्चिम एवं उत्तर-पश्चिम की ओर क्रमशः घटती जाती है।

वर्षा का वितरण/वर्षा क्षेत्र

भारत में वर्षा के वितरण में असमानताएँ अर्थात् क्षेत्रीय भिन्नताएँ पाई जाती हैं, जिनका विवरण निम्नवत् है

- **अधिक वर्षा वाले क्षेत्र** पश्चिमी तट, पश्चिमी घाट, उत्तर-पूर्व के उप-हिमालयी क्षेत्र तथा मेघालय की पहाड़ियों पर वर्षा की मात्रा 200 सेमी से अधिक होती है। खासी और जयन्तिया पहाड़ियों के कुछ भागों में तो वर्षा 1000 सेमी से भी अधिक होती है।
- **मध्यम वर्षा वाले क्षेत्र** गुजरात के दक्षिणी भाग, पूर्वी तमिलनाडु, ओडिशा सहित उत्तर-पूर्वी प्रायद्वीप, झारखण्ड, बिहार, पूर्वी मध्य प्रदेश, उप-हिमालय के साथ संलग्न गंगा का उत्तरी मैदान, कछार घाटी और मणिपुर में वर्षा की मात्रा 100 से 200 सेमी के बीच होती है।
- **न्यून वर्षा वाले क्षेत्र** पश्चिमी उत्तर प्रदेश, दिल्ली, हरियाणा, पंजाब, जम्मू-कश्मीर, पूर्वी राजस्थान, गुजरात राज्य तथा दक्कन के पठार पर वर्षा की मात्रा 50 से 100 सेमी के बीच होती है।
- **अपर्याप्त वर्षा वाले क्षेत्र** आन्ध्र प्रदेश, कर्नाटक और महाराष्ट्र के कुछ भागों, लद्दाख और पश्चिमी राजस्थान के अधिकतर भागों में 50 सेमी से भी कम वर्षा होती है।

शरद ऋतु/मानसून प्रत्यावर्तन

- **अवधि** सितम्बर से नवम्बर तक
- मध्य सितम्बर में दक्षिणी-पश्चिमी मानसून पवनें उत्तर-पश्चिमी भारत से लौटना शुरू कर देती हैं, इसलिए इसे मानसून प्रत्यावर्तन अर्थात् मानसून के लौटने की ऋतु भी कहते हैं।
- **वर्षा** दक्षिणी प्रायद्वीपीय क्षेत्र (तमिलनाडु, केरल और दक्षिणी आन्ध्र प्रदेश) वर्षा प्राप्त करते हैं। बंगाल की खाड़ी व अरब सागर में भी इस समय उष्ण चक्रवात उत्पन्न हो जाते हैं, जो तटीय क्षेत्रों पर भारी मूसलाधार वर्षा करने में सहायक होते हैं।
- **तापमान** दिन का तापमान अधिक होता है तथा रातें ठण्डी होती हैं। इस समय औसत न्यूनतम तापमान 20°C से नीचे गिर जाता है।
- **सामान्य विशेषताएँ अक्टूबर हीट** अक्टूबर में पार्थिव विकिरण से धरातल के आस-पास के वायु के गर्म होने की स्थिति के कारण तापमान अधिक बढ़ जाता है। इस समय मानसून पवनें धीरे-धीरे पीछे हटने लगती हैं।

भारत की प्रमुख परम्परागत छह ऋतुएँ

ऋतु	भारतीय कैलेण्डर के अनुसार महीने	अंग्रेजी कैलेण्डर के अनुसार महीने
बसन्त	चैत्र-बैसाख	मार्च-अप्रैल
ग्रीष्म	ज्येष्ठ-आषाढ़	मई-जून
वर्षा	श्रावण-भाद्र	जुलाई-अगस्त
शरद	आश्विन-कार्तिक	सितम्बर-अक्टूबर
हेमन्त	मार्गशीष-पौष	नवम्बर-दिसम्बर
शिशिर	माघ-फाल्गुन	जनवरी-फरवरी

"

मिट्टी अथवा मृदा सबसे महत्त्वपूर्ण नवीकरण योग्य प्राकृतिक संसाधन है। यह पौधों के विकास का माध्यम है, जो पृथ्वी पर विभिन्न प्रकार के जीवों का पोषण करती है। मृदा एक जीवन्त तन्त्र है, कुछ सेमी गहरी मृदा बनने में लाखों वर्ष लग जाते हैं।

अध्याय छः

भारत की मृदा

मृदा

- मृदा शैल मलबा और जैव सामग्री का सम्मिश्रण होती है, जो पृथ्वी की सतह पर विकसित होती है। मृदा शब्द की उत्पत्ति लैटिन भाषा के शब्द सोलम (Solum) से हुई है, जिसका अर्थ है-फर्श (Floor)। बकमैंन एवं ब्रेडी के अनुसार, "मृदा वह प्राकृतिक पिण्ड है, जो विच्छेदित और अपक्षयित खनिजों एवं कार्बनिक पदार्थों के विगलन से निर्मित पदार्थों के परिवर्तनशील मिश्रण से परिच्छेदिका के रूप में संश्लेषित होता है।"
- मृदा पृथ्वी के पृष्ठ पर असंगठित दानेदार कणों के आवरण वाली पतली परत होती है, जिसमें ह्यूमस मृदा की उर्वरता को बनाए रखती है। इसके निर्माण की प्रक्रिया को मृदाजनन (Pedogenesis) कहते हैं, जो एक जटिल एवं सतत् चलने वाली प्रक्रिया है। मृदा निर्माण की प्रक्रिया में प्रकृति के अनेक तत्त्व; जैसे-तापमान परिवर्तन, बहते जल की क्रिया, पवन, हिमनदी और अपघटन क्रियाएँ आदि योगदान देती हैं।
- मृदा में विभिन्न प्रकार के कण पाए जाते हैं। सबसे महीन मृदा को कोलॉइडल मृत्तिका (Colloidal Clay) कहा जाता है, जिसके कणों को नंगी आँखों से नहीं देखा जा सकता।
- मृदा कणों के बढ़ते आकार के आधार पर इन्हें बजरी, रेत, गाद, चीका, पंक आदि नामों से भी जाना जाता है। इनसे मिलकर विभिन्न प्रकार की दोमट मृदाओं का निर्माण होता है।

मृदा के कणों के प्रकार एवं उनके आकार

मृदा के कणों के प्रकार	X-Ray विश्लेषण द्वारा कणों के आकार
कलिलीय (क्ले) मृत्तिका	0.002 मिमी से कम
गाद	0.002-0.05 मिमी
सूक्ष्म रेत	0.05-0.2 मिमी
स्थूल रेत	0.2-2.0 मिमी
बजरी एवं गुटिका	2 मिमी से अधिक

मृदा संस्तर

मृदा की ऊपरी सतह से आधारभूत चट्टान तक की ऊर्ध्वाधर काट को मृदा परिच्छेदिका (Soil profile) कहते हैं और मृदा की क्षैतिज परतों को मृदा संस्तर कहते हैं। मृदा संस्तर के प्रमुख प्रकार निम्न हैं

O संस्तर
A संस्तर
B संस्तर
C संस्तर

मृदा संस्तर (Soil Horizon)

- O संस्तर (O Level) → मृदा की सबसे ऊपरी जैविक परत को O संस्तर कहते हैं। इसकी भौतिक एवं रासायनिक विशेषताओं के आधार पर मृदा की पहचान की जाती है।
- A संस्तर (A Level) → यह सबसे ऊपरी परत है, जहाँ पौधों की वृद्धि के लिए अनिवार्य जैव पदार्थों का खनिज पदार्थ, पोषक तत्त्वों तथा जल से संयोग होता है।
- B संस्तर (B Level) → यह A संस्तर और C संस्तर के बीच संक्रमण खण्ड होता है, जिसे नीचे व ऊपर दोनों से पदार्थ प्राप्त होते हैं, इसमें कुछ जैव पदार्थ होते हैं तथापि खनिज पदार्थ का उपक्षय खण्ड दिखाई देता है।
- C संस्तर (C Level) → इसकी रचना ढीली जनक सामग्री से होती है। यह परत मृदा निर्माण प्रक्रिया की प्रथम अवस्था होती है, इसके ऊपर की दो परतें इसी से बनती हैं।

आधारी चट्टान

A संस्तर, B संस्तर तथा C संस्तर के नीचे एक चट्टान होती है, जिसे जनक चट्टान तथा आधारी चट्टान कहा जाता है।

मृदा का वर्गीकरण

- भारत में भिन्न-भिन्न प्रकार के उच्चावच, भू-आकृति, जलवायु तथा वनस्पतियाँ पाई जाती हैं, जिन्होंने भारत में विविध प्रकार की मिट्टियों के विकास में योगदान दिया है।
- मिट्टी के वर्गीकरण का सबसे महत्त्वपूर्ण आधार उसकी उपजाऊ क्षमता है। इस आधार पर मिट्टी को क्रमश: अधिक उपजाऊ, उपजाऊ, कम उपजाऊ तथा अनुपजाऊ आदि में वगीकृत करते हैं।
- भारतीय कृषि अनुसन्धान परिषद् (Indian Council of Agricultural Research, ICAR) ने वर्ष 1953 में अखिल भारतीय भूमि उपयोग तथा मृदा सर्वेक्षण संगठन की स्थापना की, जिसने वर्ष 1956 में भारतीय मिट्टियों को 8 प्रमुख एवं 27 गौण प्रमुख प्रकार की मिट्टियों में विभाजित किया।

भौगोलिक विस्तार के आधार पर मृदा के वर्ग

वृहत समूह वाली
- जलोढ़ मृदा
- लाल-पीली मृदा
- काली या रेगुर मृदा
- लैटेराइट मृदा

लघु समूह वाली
- वन एवं पर्वतीय मृदा
- शुष्क अथवा मरुस्थलीय मृदा
- लवणीय एवं क्षारीय मृदा
- पीट मृदा

वृहत समूह वाली मृदाएँ

जलोढ़ मृदा

- जलोढ़ मृदाएँ (Alluvial Soils) देश के लगभग 43.4% (15 लाख वर्ग किमी क्षेत्र) भाग पर पश्चिम में सतलुज नदी से पूर्व में ब्रह्मपुत्र घाटी तक विस्तृत हैं। इसके अतिरिक्त इनका विस्तार नर्मदा, ताप्ती, महानदी, गोदावरी, कृष्णा एवं कावेरी नदी घाटियों में भी पाया जाता है।
- केरल के तट के सहारे इन्हें तटीय जलोढ़ और महानदी, गोदावरी, कृष्णा तथा कावेरी के डेल्टा क्षेत्र में इन्हें डेल्टाई जलोढ़ (Deltaic Alluvial) कहा जाता है। इन्हें काँप मिट्टियाँ (Alluvium) भी कहा जाता है।
- इनका निर्माण हिमालयी नदियों तथा प्रायद्वीपीय नदियों के मलबा निक्षेप द्वारा हुआ है। इनका रंग हल्के धूसर से भस्मी धूसर के बीच और गठन रेतीली से दोमट के बीच पाया जाता है। इन मिट्टियों की परिच्छेदिका उच्च भूमियों में अपरिपक्व तथा निम्न भूमियों में परिपक्व है।
- जलोढ़ मृदा में पोटाश और चूने की प्रचुरता पाई जाती है, परन्तु इसमें फॉस्फोरस, नाइट्रोजन एवं ह्यूमस की कमी देखी जाती है, फिर भी यह मृदा अत्यधिक उपजाऊ होती है। इसका कारण यह है कि नदियाँ अपने साथ अनेक प्रकार के शैल चूर्ण बहाकर लाती हैं, जिनमें बहुत-से रासायनिक तत्त्व मिले होते हैं।

लाल-पीली मृदा

- यह जलोढ़ मृदा के बाद देश का दूसरा प्रमुख मृदा समूह है। लगभग छ: लाख वर्ग किमी क्षेत्र (देश के 18.6% भू-क्षेत्र पर) में फैली इस लाल-पीली मृदा (Red-Yellow Soil) का विकास दक्कन के पठार के पूर्वी तथा दक्षिणी भाग में कम वर्षा वाले उन क्षेत्रों में हुआ है, जहाँ रवेदार आग्नेय चट्टानें पाई जाती हैं।
- इनका विवरण प्रमुख रूप से तमिलनाडु (सर्वाधिक), कर्नाटक, दक्षिण महाराष्ट्र, छत्तीसगढ़, आन्ध्र प्रदेश, ओडिशा एवं छोटानागपुर पठार (झारखण्ड) में पाया जाता है। इनका लाल रंग इनमें उपस्थित लौह ऑक्साइड के कारण होता है।
- यह मिट्टी सतह पर लाल (फेरिक ऑक्साइड के कारण) होती है, किन्तु नीचे जाने पर यह पीले रंग में बदल जाती है। इनमें लोहा, एल्युमीनियम एवं चूना अधिक पाए जाते हैं। सामान्यत: इनमें फॉस्फोरस, नाइट्रोजन और ह्यूमस की कमी पाई जाती है।
- यह स्वभाव में अम्लीय प्रकृति की होती है तथा यह अत्यधिक निक्षालित (Leached) मिट्टियाँ होती हैं। इसमें कंकड़, कार्बोनेट तथा लवण पाए जाते हैं।
- ऊपरी भागों में इनमें बाजरे की कृषि होती है, परन्तु निचली घाटियों और मैदानों में, जहाँ इनकी परत मोटी है, सिंचाई का उपयोग कर कपास, गेहूँ, दाल, तम्बाकू, मूँगफली आदि उगाए जाते हैं।
- महीन कणों वाली लाल मृदाएँ सामान्यत: उर्वर होती हैं। इसके विपरीत मोटे कणों वाली उच्च भूमियों की मृदाएँ अनुर्वर होती हैं।
- साधारण मृदा होने के कारण इस मिट्टी पर अच्छी फसल उगाने के लिए फॉस्फेट एवं अमोनिया का प्रयोग किया जाता है।

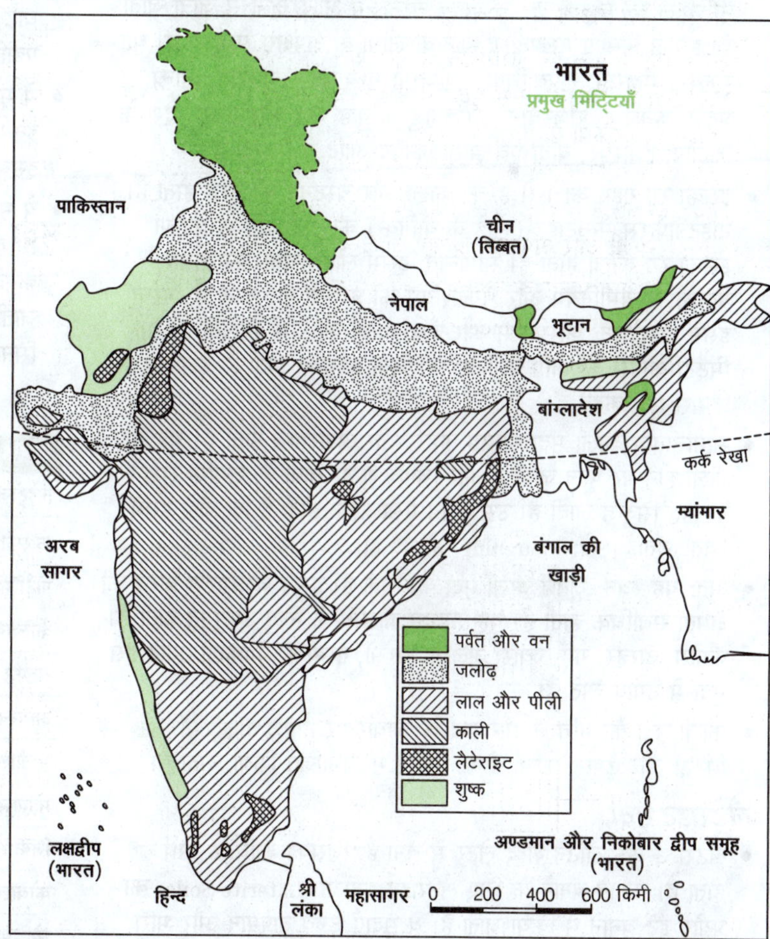

जलोढ़ मिट्टियों का विभाजन

डेल्टाई जलोढ़ मिट्टी

यह गंगा-ब्रह्मपुत्र, महानदी, गोदावरी, कृष्णा तथा कावेरी नदियों के डेल्टाई भाग में पाई जाती है। इस मिट्टी में चीका की प्रचुरता होती है। इसमें जल धारण की क्षमता अधिक होती है। यह चावल व पटसन की खेती हेतु उपयुक्त होती है।

प्राचीन जलोढ़ या बांगर मिट्टी

इसकी स्थिति बाढ़ की पहुँच से परे कुछ ऊँचाई पर होती है। इस मिट्टी का रंग गहरा (पीला एकदम भूरा) होता है। इसमें चूनेदार कंकड़ के पिण्ड अधिक मात्रा में पाए जाते हैं। यह अनुपजाऊ होती है, क्योंकि इसमें कंकड़ों का जमाव अधिक मात्रा में होता है। इस मृदा में कहीं-कहीं लवणीय और क्षारीय प्रस्फुटन के कारण रेत के जमाव देखे जाते हैं।

नवीन जलोढ़ मिट्टी या खादर

इसका विस्तार नदी के बाढ़ के मैदानी क्षेत्र में पाया जाता है। जहाँ प्रतिवर्ष बाढ़ के दौरान मिट्टी की नवीन परत का जमाव होता रहता है। यह मिट्टी बहुत उर्वर होती है। इस मिट्टी का रंग हल्का होता है और इसमें चूनेदार पदार्थों की कमी पाई जाती है। इस मृदा में चीका (Clay) की मात्रा अधिक होती है, जिससे इसकी नमी धारण करने की क्षमता अधिक होती है।

तटीय जलोढ़ मिट्टी

यह मिट्टी तटीय भागों में मिलती है। इसका निर्माण मुख्यत: समुद्री लहरों की निक्षेप क्रिया द्वारा किया जाता है। इस मिट्टी के निर्माण में तटीय निक्षेपण का योगदान रहता है। पूर्वी तट का अधिकांश भाग तथा पश्चिमी तट का उत्तरी भाग (खम्भात की खाड़ी से मुम्बई तक) तटीय जलोढ़ मिट्टियों से ही निर्मित है। यह चावल तथा नारियल की खेती हेतु उपयुक्त होती है।

तराई मिट्टी

यह उत्तर प्रदेश राज्य में भाबर प्रदेश के दक्षिण में तराई प्रदेश में विस्तृत है। इसमें नाइट्रोजन तथा जैव पदार्थों की अधिकता तथा फॉस्फेट की कमी होती है। इस मृदा पर ऊँची-ऊँची घास तथा वन उगे हुए हैं। यहाँ के अधिकांश वनों को साफ करके कृषि योग्य बनाया गया है। यह गेहूँ, चावल, गन्ना, पटसन तथा सोयाबीन की कृषि के लिए उपयुक्त है।

काली या रेगुर मृदा

- काली मिट्टी (Black Soil) को रेगुर, काली कपास की मिट्टी, ट्रॉपिकल ब्लैक अर्थ एवं ट्रॉपिकल चेरनोजम आदि नामों से जाना जाता है। इसका निर्माण मुख्यत: दक्कन के लावा के अपक्षय से हुआ है। यह मुख्यत: महाराष्ट्र (सर्वाधिक), पश्चिमी मध्य प्रदेश, गुजरात, आन्ध्र प्रदेश, कर्नाटक, राजस्थान, तमिलनाडु के कुछ क्षेत्र और उत्तर प्रदेश के जालौन, हमीरपुर, बाँदा एवं झाँसी जनपद आदि में मिलती हैं।
- इसका रंग गहरे काले से हल्का काला और चेस्टनट की तरह होता है। टाइटेनीफेरस मैग्नेटाइट (लोहे के यौगिक) की उपस्थिति के कारण इसका रंग काला होता है। सामान्यत: इसमें लोहा, चूना, कैल्शियम, पोटाश, एल्युमीनियम और मैग्नीशियम की प्रचुरता पाई जाती है, परन्तु इसमें नाइट्रोजन, फॉस्फोरस और जैव पदार्थों की कमी मिलती है। यह मिट्टी कपास की कृषि के लिए सर्वाधिक उपयुक्त होती है, इसलिए इसे कपास मृदा कहते हैं।
- सामान्यतया काली मृदा मृण्मय, गहरी और अपारगम्य होती है। यह मृदा गीली होने पर फूल जाती है और चिपचिपी हो जाती है, जबकि सूखने पर यह सिकुड़ जाती है। उस समय ऐसा प्रतीत होता है कि जैसे इसमें स्वत: जुताई (Self-Ploughing) हो गई हो।
- अत: यह स्वत: जुताई वाली मृदा कहलाती है। इसमें जलधारण करने की क्षमता सर्वाधिक होती है। यह जड़दार फसलों के लिए उपयुक्त होती है। कपास, अरहर, गेहूँ, ज्वार, अलसी, सरसों, तम्बाकू, मूँगफली आदि इस मृदा में उगाए जाते हैं।
- काली मृदा को मृत्तिका और गाद के आधार पर ट्रैपीच काली मृत्तिका-मय मिट्टी और ट्रैपीच काली दोमट मिट्टी में विभाजित किया जाता है।

लैटेराइट मृदा

- लैटेराइट एक लैटिन शब्द लेटर से बना है, जिसका शाब्दिक अर्थ ईंट होता है। मकान बनाने के लिए लैटेराइट मृदाओं (Laterite Soils) का प्रयोग ईंटें बनाने में किया जाता है। ये मृदाएँ उच्च तापमान और भारी वर्षा के क्षेत्रों में विकसित होती हैं।
- लैटेराइट मृदाएँ लगभग 1.26 लाख वर्ग किमी क्षेत्र (देश के 3.7% भू-क्षेत्र) पर विस्तृत हैं। देश में इस प्रकार की मृदा का सर्वाधिक विकास केरल महाराष्ट्र एवं असोम में पाया जाता है। ये मृदाएँ सह्याद्रि, पूर्वी घाट, राजमहल पहाड़ियों, सतपुड़ा, विन्ध्य, असोम तथा मेघालय की पहाड़ियों के शिखरों में मिलती हैं।
- ये मृदाएँ सामान्यत: लौह तथा एल्युमीनियम से समृद्ध होती है, किन्तु इनमें नाइट्रोजन, पोटाश, चूना तथा जैविक पदार्थ की कमी होती है। इसका लाल रंग लोहे के ऑक्साइड की उपस्थिति के कारण होता है।
- ये मृदाएँ उष्णकटिबन्धीय वर्षा के कारण हुए तीव्र निक्षालन का परिणाम हैं। वर्षा के साथ चूना और सिलिका तो निक्षालित हो जाते हैं, परन्तु लोहे के ऑक्साइड और एल्युमीनियम के यौगिक से भरपूर मृदाएँ शेष रह जाती हैं। ये मृदाएँ कम उर्वरता वाली होती हैं। इसमें चाय, कहवा, रबर, सिनकोना तथा काजू आदि प्रकार की बागानी खेती की जाती है।

मृदा के पोषक तत्त्व एवं उनके कार्य

पोषक तत्त्व	कार्य
नाइट्रोजन (N)	प्रोटीन का उत्पाद एवं वृद्धि
फॉस्फोरस (P)	ऊर्जा संग्रहण, जड़ों का विकास एवं फलों को पकने में सहायता
पोटैशियम (K)	पानी का उचित अवशोषण तथा रोग प्रतिरोधक क्षमता का विकास
कैल्शियम (Ca)	कोशिका की संरचना एवं विभाजन
सल्फर (S)	प्रोटीन एवं तेल निर्माण में सहायक
आयरन (Fe)	श्वसन एवं क्लोरोफिल उत्पादन
मैग्नीशियम (Mg)	पौधे में लोहे का अवशोषण एवं क्लोरोफिल का मुख्य तत्त्व
मोलिब्डेनम (Mo)	दलहनों में नाइट्रोजन स्थरीकरण
जिंक (Zn)	एन्जाइम सक्रियता एवं प्रोटीन संश्लेषण
कोबाल्ट (Co)	नाइट्रोजन स्थरीकरण, विटामिन B_{12} का निर्माण
सोडियम (Na)	सूखा प्रतिरोध में वृद्धि, स्टोमेटा के खोलने में सहायक

लघु समूह वाली मृदाएँ

लघु समूह में शामिल प्रमुख मृदाएँ निम्नलिखित हैं

वन एवं पर्वतीय मृदा

- इन मृदाओं का निर्माण पर्वतीय भागों में होता है। पर्यावरण में परिवर्तन के अनुसार मृदाओं का गठन और संरचना बदलती रहती है। घाटियों में ये दोमट और पांशु होती हैं तथा ऊपरी ढालों पर ये मोटे कणों वाली होती हैं। अधिकांश पर्वतीय मृदाएँ टर्शियरी युग (Tertiary Period) की चट्टानों के अपक्षय होने से बनी हैं।
- इसमें जीवांश एवं जैविक पदार्थ की अधिकता पाई जाती है तथा पोटाश, चूना तथा फॉस्फोरस की कमी पाई जाती है।
- इनका फैलाव जम्मू-कश्मीर, उत्तराखण्ड, सिक्किम, अरुणाचल प्रदेश आदि के हिमालयी भागों में है। इन मिट्टियों में पत्थर, कंकड़ आदि की प्रचुरता होती है।

वन एवं पर्वतीय मृदा

पथरीली मिट्टी

हिमालय के दक्षिणी भाग इस प्रकार की मिट्टी को नदियों में लाकर एकत्र कर देते हैं। इसमें पत्थर, कंकड़ अधिक होते हैं, परन्तु वनस्पति, चूने तथा लोहे के अंश कम मात्रा में पाए जाते हैं। इस मिट्टी के कण मोटे होते हैं।

चूनायुक्त मिट्टी

यह मिट्टी मसूरी, नैनीताल, चकराता आदि में मिलती है। इसमें वर्षा के कारण अधिकांश चूना बह जाता है और भूमि अनुत्पादक तथा बीहड़ हो जाती है। ऐसी भूमि में केवल चीड़ एवं साल आदि के वन उगते हैं।

आग्नेय मिट्टी

इस मिट्टी का निर्माण हिमालय के अनेक भागों में ज्वालामुखी उद्गार से ग्रेनाइट तथा डायोराइट आदि आग्नेय चट्टानों से होता है। इस मिट्टी में नमी धारण करने की शक्ति होती है, जिससे इस पर कृषि की जाती है।

शुष्क अथवा मरुस्थलीय मृदा

- इनका विकास ऐसी शुष्क एवं अर्द्धशुष्क जलवायु दशाओं में हुआ है, जहाँ औसत वार्षिक वर्षा 50 सेमी से कम होती है। इसका फैलाव देश के लगभग डेढ़ लाख वर्ग किमी (1.42 लाख वर्ग किमी) पर है।
- यह मृदा रेतीली से लेकर बजरी युक्त होती है, जिसमें जैव पदार्थों और नाइट्रोजन की कमी पाई जाती है।
- इस मृदा में सामान्यत: ऐसी फसलें उगाई जाती हैं, जिनमें कम जल की आवश्यकता होती है; जैसे-तिलहन, ज्वार, बाजरा एवं रागी आदि।

लवणीय एवं क्षारीय मृदा

- लवणीय एवं क्षारीय मृदा (Saline and Alkaline Soil) को ऊसर मृदाएँ भी कहते हैं। इन मृदाओं में सोडियम, पोटैशियम और मैग्नीशियम का अनुपात अधिक होता है।
- ये मृदाएँ गुजरात, पंजाब, हरियाणा, राजस्थान, बिहार, उत्तर प्रदेश तथा महाराष्ट्र के शुष्क भागों पर विस्तृत हैं।
- इनकी संरचना बलुई से लेकर दोमट मिट्टी के बीच पाई जाती है। इनमें नाइट्रोजन और चूने की कमी होती है। सुप्रवाह, चूना या जिप्सम के प्रयोग और लवणरोधी फसलों (बरसीम, चावल, गन्ना, आँवला, जामुन, फालसा, अमरूद) की खेती तथा पाइराइट्स का प्रयोग करके इन मृदाओं को उपयोगी बनाया जा सकता है। इनमें चावल, गेहूँ, कपास, गन्ना, तम्बाकू आदि फसलों की खेती की जा सकती है।

अम्लीय मृदा

अम्लीय मृदा (Acidic Soil) अवसादी प्रकृति की होती है। यह लैटेराइट, लौहमय लाल और अन्य लाल मृदा समूह की मृदा होती है। इसका विकास मुख्यत: भू-आकृति, अम्लीय मूल सामग्री और नमीयुक्त जलवायु के प्रभाव से होता है।

पीट मृदा एवं दलदली मृदा

- पीट मृदा (Peaty Soil) भारी वर्षा और उच्च आर्द्रता से युक्त उन क्षेत्रों में पाई जाती है, जहाँ वनस्पति की वृद्धि बेहतर होती है। अत: इन क्षेत्रों में मृत जैव पदार्थ बड़ी मात्रा में एकत्रित हो जाते हैं, जो मृदा को ह्यूमस (Humus) और पर्याप्त मात्रा में जैव तत्त्व प्रदान करते हैं।
- यह मृदा अधिकतर बिहार के ऊपरी भाग, उत्तराखण्ड के दक्षिणी भाग, पश्चिम बंगाल के तटीय क्षेत्रों, ओडिशा और तमिलनाडु में पाई जाती है। यह अम्लीय स्वभाव की मृदा होती है। तटीय क्षेत्रों में इसमें मैंग्रोव वनस्पतियाँ पाई जाती हैं।

भारतीय मृदाओं का संक्षिप्त विवरण

मृदा	पोषक तत्त्वों की कमी	पोषक तत्त्वों की प्रचुरता	क्षेत्र	प्रमुख फसलें
जलोढ़ मृदा (देश के 43.4% भू-क्षेत्र पर)	नाइट्रोजन, फॉस्फोरस तथा जीवांश पदार्थ का अभाव	पोटाश व चूने की प्रचुरता	सिन्धु-गंगा-ब्रह्मपुत्र का दोआब तथा समुद्रतटीय क्षेत्र	धान, गेहूँ, गन्ना, आलू, तिलहनी एवं दलहनी फसलें।
लाल मृदा (देश के 18.6% भू-क्षेत्र पर)	नाइट्रोजन, फॉस्फोरस व जीवांश की कमी	लोहे की प्रचुरता	सम्पूर्ण तमिलनाडु, कर्नाटक, दक्षिण-पूर्व महाराष्ट्र, ओडिशा एवं मध्य प्रदेश का दक्षिण-पूर्वी भाग	मूँगफली, केला, तम्बाकू, रागी, ज्वार, तीसी, कपास, गेहूँ, मक्का आदि।
काली मृदा (देश के 16.6% भू-क्षेत्र पर)	नाइट्रोजन, फॉस्फोरस व जीवांश की कमी	पोटाश, चूने, मैग्नीशियम व एल्युमीनियम की प्रचुरता	महाराष्ट्र, गुजरात, मध्य प्रदेश, आन्ध्र प्रदेश और तमिलनाडु का पठारी क्षेत्र	कपास, सोयाबीन, चना, ज्वार, गेहूँ आदि।
लैटेराइट मृदा (देश के 3.7% भू-क्षेत्र पर)	नाइट्रोजन, फॉस्फोरस, पोटाश व चूने की कमी	लोहे व एल्युमीनियम की प्रचुरता	कर्नाटक, केरल, तमिलनाडु, असम, महाराष्ट्र, ओडिशा के पर्वतीय क्षेत्र	चाय, कॉफी, रबर, सिनकोना, काजू आदि।
मरुस्थलीय मृदा	जीवांश व नाइट्रोजन का अभाव	लवण व फॉस्फोरस की प्रचुरता	दक्षिणी पंजाब, पश्चिमी हरियाणा, राजस्थान, पश्चिमी उत्तर प्रदेश	बाजरा, ज्वार, मोटे अनाज, सरसों, जौ आदि।
पर्वतीय मृदा	पोटाश, चूना व फॉस्फोरस का अभाव तथा जीवांश की अल्पता	—	कश्मीर से अरुणाचल प्रदेश (पर्वतीय भाग)	सेब, नाशपाती, आलू आदि।

मृदा अपरदन

- मृदा के आवरण का क्षरण मृदा अपरदन (Soil Erosion) कहलाता है। इसमें बहते हुए जल और पवनों की अपरदनात्मक प्रक्रियाएँ तथा मृदा निर्माणकारी प्रक्रियाएँ साथ-साथ घटित होती रहती हैं।
- धरातल के सूक्ष्म कणों के हटने की दर वही होती है, जो मिट्टी की परत में कणों के जुड़ने की होती है।
- मानवीय तथा प्राकृतिक कारकों से यह सन्तुलन कई बार बिगड़ जाता है, जिससे मृदा अपरदन की दर बढ़ जाती है।
- मानवीय गतिविधियाँ मृदा अपरदन के लिए उत्तरदायी होती हैं। जनसंख्या में बढ़ोतरी से भूमि की माँग में बढ़ोतरी हो जाती है।
- इससे मानव बस्तियों, कृषि, पशुचारण तथा अन्य आवश्यकताओं की पूर्ति हेतु वन तथा अन्य प्राकृतिक वनस्पतियों को साफ कर दिया जाता है।
- वर्ष 2021 में पर्यावरण वन एवं जलवायु परिवर्तन मन्त्रालय द्वारा प्रकाशित मरुस्थलीकरण एवं भूमि अवक्रम मानचित्र के अनुसार, देश के कुल भू-क्षेत्र का 32.0% भाग अर्थात् 105.48 मिलियन हेक्टेयर भू-क्षरण से प्रभावित है।
- राजस्थान, जम्मू-कश्मीर, गुजरात तथा महाराष्ट्र जैसे राज्य भू-क्षरण की समस्या से सर्वाधिक प्रभावित हैं।

मृदा अपरदन के कारण

वनोन्मूलन (Deforestation)

- यह मृदा अपरदन के प्रमुख कारणों में से एक है। पौधों की जड़ें मृदा को बाँधे रखकर मृदा को रोकती हैं।
- वन पत्तियाँ और टहनियाँ गिराकर मृदा में ह्यूमस की वृद्धि करते हैं।
- सम्पूर्ण भारत में वनों का विनाश हुआ है, लेकिन मृदा अपरदन पर उनका प्रभाव देश के पहाड़ी भागों पर अधिक पड़ा है।

अति सिंचाई (Over Irrigation)

- भारत में सिंचित क्षेत्रों में कृषि योग्य भूमि का काफी बड़ा भाग अति सिंचाई के प्रभाव से लवणीय होता जा रहा है।
- मृदा के निचले संस्तरों में जमा नमक धरातल के ऊपर आकर उर्वरता को नष्ट कर देता है।

रासायनिक उर्वरक (Chemical Fertilizer)

- यह मृदा के लिए बहुत हानिकारक है, जब तक मृदा को पर्याप्त ह्यूमस नहीं मिलता, रसायन इसे कठोर बना देते हैं और दीर्घकाल में इसकी उर्वरता घट जाती है।
- यह समस्या नदी घाटी परियोजना के उन सभी समावेशी क्षेत्रों में अधिक है, जो हरित क्रान्ति के आरम्भिक समय में इससे लाभान्वित हैं।

मृदा संरक्षण

मृदा संरक्षण (Soil Conservation) एक विधि है, जिसमें मिट्टी की उर्वरता बनाए रखी जाती है, मिट्टी के अपरदन एवं क्षय को रोका जाता है और मिट्टी की निम्नीकृत दशाओं को सुधारा जाता है। मृदा संरक्षण दो स्तरों पर किया जा सकता है, जिनका विवरण निम्न है

मृदा संरक्षण के लघु स्तर पर उपाय

- वनारोपण तथा अवनालिका रोधन
- समोच्च रेखीय कृषि या पहाड़ी क्षेत्रों में सीढ़ीदार खेती
- अधिक पशु चारण और झूम कृषि पर नियन्त्रण
- शुष्क और अर्द्धशुष्क क्षेत्रों में वायु वेग तथा वायु अपरदन में रुकावट के लिए सुरक्षा पेटियों एवं वायु विच्छेदों का निर्माण
- पौधे एवं घास को लगाकर बालूका स्तूपों का स्थिरीकरण।
- खेती में एकान्तर तकनीक का उपयोग
- वैज्ञानिक शस्य आवर्तन विधि को अपनाना
- वर्मी कम्पोस्ट तथा जैविक खाद का प्रयोग
- मल्चिंग विधि को अपनाना

मृदा संरक्षण के वृहद् स्तर पर उपाय

मृदा संरक्षण के वृहद् स्तर पर निम्न कार्यक्रमों/परियोजनाओं के माध्यम से मृदा संरक्षण का प्रयास किया जाता है

- बीहड़ और ऊसर भूमि से प्रभावित राज्यों में भूमि सुधार की केन्द्रीय परियोजना चल रही है, जिसमें अवनालिका मुखरोधन, अवनालिका बन्धन, धरातल समतलीकरण, अति पशुचारण पर रोक जैसे उपाय अपनाए जाते हैं। यह कार्यक्रम उत्तर प्रदेश, मध्य प्रदेश, गुजरात और राजस्थान में चल रहा है।
- मृदा अपरदन की समस्या भारत में कुछ सीमा तक बाढ़ों और जल जमाव की समस्या से जुड़ी हुई है, इसलिए सरकार ने बाढ़ के नियन्त्रण एवं रोकथाम के लिए राष्ट्रीय बाढ़ आयोग की स्थापना की है।
- मृदा अपरदन को नियन्त्रित करने में वनारोपण भी अत्यधिक महत्त्वपूर्ण है। इसके लिए सरकार ने स्थानीय, सामुदायिक, प्रादेशिक एवं राष्ट्रीय स्तर पर वनारोपण के अनेक कार्यक्रम प्रारम्भ किए हैं।
- क्षारीय (ऊसर) भूमि के उद्धार हेतु एक केन्द्र प्रवर्तित योजना सातवीं पंचवर्षीय योजना के दौरान हरियाणा, पंजाब और उत्तर प्रदेश में लागू की गई थी। अब इसे गुजरात, मध्य प्रदेश और राजस्थान में भी विस्तारित कर दिया गया है।
- लोक सहभागिता के माध्यम से वृक्षारोपण के प्रति लोगों को जागरूक करना, जिससे मृदा संरक्षण को प्रोत्साहन मिल सकेगा।

"

देश के सतत् विकास एवं पर्यावरण व पारिस्थितिकी सन्तुलन में प्राकृतिक वनस्पतियों का महत्त्वपूर्ण योगदान है। वनों से हमें अनेक बहुमूल्य लकड़ी व औषधियाँ प्राप्त होती हैं, जिन पर हमारे छोटे व बड़े उद्योग निर्भर करते हैं। वन कई जीव-जन्तुओं के आश्रय स्थल होने के साथ मानव जीवन का आधार भी है।

अध्याय सात

भारत : प्राकृतिक वनस्पति

भारत की वनस्पति का वितरण एवं प्रकार

तापमान एवं वर्षा जल की प्राप्ति के आधार पर प्राकृतिक वनस्पति को मुख्य रूप से दो भागों में वर्गीकृत किया जा सकता है

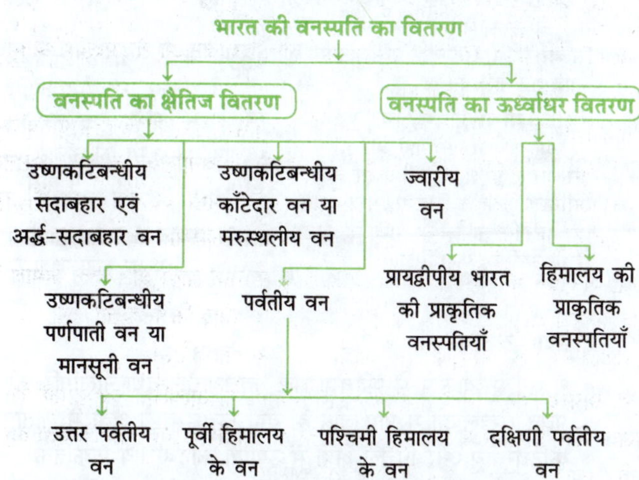

वनस्पति का क्षैतिज वितरण

उष्णकटिबन्धीय सदाबहार एवं अर्द्ध-सदाबहार वन

- **जलवायु** ये वन भारत के उन उष्ण और आर्द्र (Wet) प्रदेशों में पाए जाते हैं, जहाँ वार्षिक वर्षा 200 सेमी से अधिक होती है तथा औसत वार्षिक तापमान 22°C से अधिक रहता है। इसके अतिरिक्त इन क्षेत्रों में सापेक्ष आर्द्रता भी 70% से अधिक होती है।
- **वनस्पतियाँ** उपरोक्त जलवायु परिस्थितियों के कारण ये वन बड़े और सघन तथा वृक्ष अत्यधिक ऊँचे होते हैं। इन वनों में वृक्षों की लम्बाई 60 मी या उससे भी अधिक हो सकती है। उष्णकटिबन्धीय वन चौड़े पत्तों वाले होते हैं। यहाँ भूमि के समीप झाड़ियाँ और बेलें पाई जाती हैं।
- इनके ऊपर छोटे कद वाले पेड़ और सबसे ऊपर लम्बे कद वाले पेड़ होते हैं। पेड़ों के अतिरिक्त वन में विविध प्रकार के पौधे पाए जाते हैं, जो आरोहण के द्वारा या अधिपादप के रूप में वृद्धि कर पेड़ों के शीर्ष तक पहुँचकर स्थापित होते हैं और पेड़ों की ऊपरी शाखाओं में जड़ें जमाते हैं। चूँकि इन पेड़ों के पत्ते झड़ने, फूल आने और फल लगने का समय अलग-अलग होता है, इसलिए ये वर्षभर हरे-भरे दिखाई देते हैं।
- भारत के लगभग 46 लाख हेक्टेयर में विस्तृत इन वनों में पाई जाने वाली मुख्य वृक्ष प्रजातियाँ रोजवुड, महोगनी, एबोनी, रबड़, आबनूस, जारूल, बाँस, बेत, सिनकोना आदि हैं।
- **अर्द्ध-सदाबहार वन** अपेक्षाकृत कम वर्षा वाले भागों में पाए जाते हैं। ये वन सदाबहार और आर्द्र पर्णपाती वनों (Wet Deciduous Forests) के मिश्रित रूप हैं। इनमें मुख्य वृक्ष प्रजातियाँ **साइडर, होलक** और **कैल** हैं। इनकी आर्थिक महत्ता अधिक होती है।
- ये सदाबहार वन पूर्वोत्तर राज्य (असम, मेघालय, त्रिपुरा, मणिपुर आदि), अण्डमान-निकोबार द्वीप समूह, पश्चिमी घाट के पश्चिमी ढाल, हिमालय की तराई तथा कर्नाटक के पश्चिमी भागों में मिलते हैं। अण्डमान-निकोबार द्वीप समूह में सदाबहार (सदापर्णी) वनों के साथ मैंग्रोव तथा पर्णपाती वन भी पाए जाते हैं।
- घने वन, कठोर लकड़ी की प्राप्ति, औद्योगिक महत्त्व, वृक्षों की बहुरूपता तथा विविध प्रकार के वन्यजीवों की विद्यमानता आदि सदाबहार वनों की प्रमुख विशेषताएँ हैं।

उष्णकटिबन्धीय पर्णपाती वन या मानसूनी वन

- इन वनों का विस्तार 70 से 200 सेमी वार्षिक वर्षा वाले प्रदेशों में हुआ है। जल की उपलब्ध मात्रा के आधार पर इन वनों को आर्द्र और शुष्क पर्णपाती वनों में विभाजित किया जाता है। चूँकि इन वनों के वृक्ष जल के अभाव में ग्रीष्म ऋतु के आरम्भ में अपनी पत्तियाँ गिरा देते हैं, इसलिए इन्हें **पर्णपाती वन** (Deciduous Forest) कहा जाता है।
- **आर्द्र पर्णपाती वन** 100 से 200 सेमी वर्षा वाले क्षेत्रों में पाए जाते हैं। भारत के कुल वन क्षेत्र के 25% क्षेत्र पर विस्तृत इन वनों का विस्तार, उत्तर-पूर्वी राज्यों और हिमालय के गिरिपाद, पश्चिमी घाट के पूर्वी ढाल तथा ओडिशा में है। **सागवान, साल, शीशम, हर्रा, महुआ, आँवला, सेमल, कुसुम** और **चन्दन** आदि इन वनों के प्रमुख वृक्ष हैं। इसमें सागवान या सागौन (टीक) एक प्रभावी वृक्ष की प्रजाति है, जिसका आर्थिक महत्त्व है।

• शुष्क पर्णपाती वन भारत के 70 से 100 सेमी वार्षिक वर्षा वाले क्षेत्रों में शुष्क पर्णपाती वनों का विकास हुआ है। इन वन के वृक्ष प्रायद्वीप के अधिक वर्षा वाले भागों और उत्तर प्रदेश व बिहार के मैदानी भागों में पाए जाते हैं। इन वनों के मुख्य वृक्ष तेंदू, पलाश, अमलतास, बेर, खैर, एक्सलवुड, इमली, मोरिंगा, आम तथा महुआ आदि हैं। इनमें अधिकांश वृक्षों की जड़ें लम्बी तथा मोटी होती हैं। राजस्थान के पश्चिमी और दक्षिणी भागों में कम वर्षा और अत्यधिक पशुचारण के कारण प्राकृतिक वनस्पति अत्यधिक विरल है। इस वर्ग के अधिकांश वनों को काटकर कृषि भूमि में परिवर्तित कर दिया गया है।

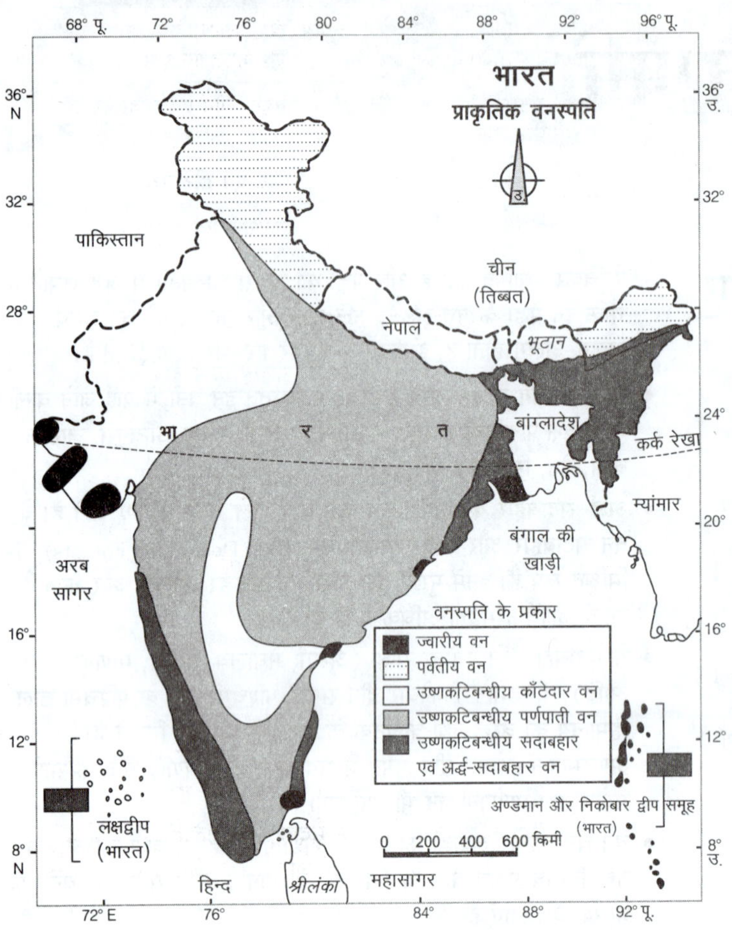

उष्णकटिबन्धीय काँटेदार वन या मरुस्थलीय वन

• जलवायु ये वन उन क्षेत्रों में पाए जाते हैं, जहाँ वार्षिक वर्षा 70 सेमी से कम होती है। यहाँ की जलवायु शुष्क होती है।

• वनस्पतियाँ यहाँ बेर, खैर, नीम, खेजड़ी, पलाश, बबूल, नागफनी, कैक्टस, कीकर तथा खजूर जैसे छोटे आकार वाले वृक्ष एवं झाड़ियाँ पाई जाती हैं। शुष्क जलवायु के कारण इनके पत्ते छोटे, छाल मोटी तथा जड़ें गहरी होती हैं।

• विस्तार इनका विस्तार राजस्थान, दक्षिण-पश्चिम पंजाब, दक्षिण-पश्चिमी हरियाणा, गुजरात, मध्य प्रदेश एवं उत्तर प्रदेश के अर्द्धशुष्क क्षेत्रों में पाया जाता है।

पर्वतीय वन

पर्वतीय क्षेत्रों में ऊँचाई पर तापमान घटने के साथ-साथ प्राकृतिक वनस्पति में भी बदलाव आता है। पर्वतीय वनों को दो भागों में बाँटा जा सकता है—उत्तरी पर्वतीय वन और दक्षिणी पर्वतीय वन।

उत्तरी पर्वतीय वन

इन्हें हिमालयी वन भी कहा जाता है। इन क्षेत्रों में ऊँचाई के अनुसार उष्णकटिबन्धीय सदाबहार वन के अतिरिक्त अल्पाइन एवं टुण्ड्रा वनस्पति भी पाई जाती है। पूर्वी हिमालय में पश्चिमी हिमालय की अपेक्षा अधिक वर्षा तथा उसकी विषुवत् रेखा से अपेक्षाकृत अधिक निकटता के कारण अधिक सघन वन पाए जाते हैं। हिमालय के गिरिपाद में पर्णपाती प्रकार के वन पाए जाते हैं।

उत्तर पर्वतीय वन

पूर्वी हिमालय के वन	पश्चिमी हिमालय के वन
• **1200-2400 मी** की ऊँचाई पर 1.25 सेमी से अधिक वर्षा तथा तापमान के कारण तराई क्षेत्रों में उष्णकटिबन्धीय सदाबहार वन पाए जाते हैं। • **1200-2400 मी** पर दाल, चीनी, अमूरा, दिलेनिया, साल, मैगनोलिया, भारेल, चिनौली, चन्दन, शीशम, खैर और सेमल के वृक्ष पाए जाते हैं। • **2400-2600 मी** की ऊँचाई पर तापमान कम हो जाने के कारण शीतोष्ण कटिबन्धीय प्रकार के वन पाए जाते हैं। • **2400-2600 मी** पर ओक, मैपिल, बर्च, चेस्टनट, भारेल, पाइन स्प्रूस, सिल्वरफर, रोडोडेण्ड्रोन एवं जूनिपर आदि शंकुधारी वन पाए जाते हैं। • **4800 मी** से अधिक ऊँचाई पर कुछ फूलों वाले पौधे पाए जाते हैं। अरुणाचल प्रदेश विभिन्न प्रकार के **ऑर्किड** फूलों के लिए सबसे उपयुक्त है। हालाँकि नागालैण्ड, मणिपुर, असम में भी **ऑर्किड** फूल मिलते हैं।	• **900 मी** से कम ऊँचाई तक कम वर्षा के कारण केवल झाड़ियाँ और छोटे वृक्ष उगते हैं। • **900-1800 मी** की ऊँचाई पर चीड़, साल, सेमल, ढाक, शीशम, जामुन, बेर आदि के वृक्ष मिलते हैं। • **1800-3000 मी** की ऊँचाई पर समशीतोष्ण कटिबन्धीय शंकुधारी वन पाए जाते हैं। • **1800-2500 मी** की ऊँचाई पर चीड़, नील पाइन, देवदार, एल्डर, स्प्रूस, सिल्वरफर आदि वृक्ष पाए जाते हैं। • **3000 से 4000 मी** की ऊँचाई पर बर्च, सिल्वर फर, रोडोडेण्ड्रोन एवं जूनिपर आदि। • **2400-3000 मी** की ऊँचाई तक कश्मीर एवं उत्तराखण्ड में घास के क्षेत्र या चरागाह पाए जाते हैं, जिसे कश्मीर में मर्ग तथा उत्तराखण्ड में **बुग्याल** एवं **पयार** कहा जाता है।

दक्षिण पर्वतीय वन

• ये वन मुख्य रूप से पश्चिमी घाट, विन्ध्याचल तथा नीलगिरि की पर्वत श्रृंखलाओं में पाए जाते हैं। यहाँ ऊँचाई वाले क्षेत्रों में शीतोष्ण कटिबन्धीय और निचले क्षेत्रों में उपोष्ण कटिबन्धीय प्राकृतिक वनस्पति पाई जाती है। यह वनस्पति मुख्यत: केरल, तमिलनाडु तथा कर्नाटक में पाई जाती है।

• नीलगिरि, अन्नामलाई और पालनी पहाड़ियों पर पाए जाने वाले उष्णकटिबन्धीय पर्वतीय वनों को शोलास (Sholas) के नाम से जाना जाता है। इन वनों में पाए जाने वाले वृक्षों; जैसे—मंगनोलिया, लारेल, सिनकोना और वैटल का आर्थिक महत्त्व है।

• यहाँ उर्मिल घास के मैदान भी मिलते हैं। ये वन 1,600 मी से अधिक ऊँचाई पर भी पाए जाते हैं, लेकिन नीलगिरि पहाड़ी में ये 2,000 मी की ऊँचाई पर पाए जाते हैं।

ज्वारीय वनस्पति

• ज्वारीय वनस्पति को कच्छ वनस्पति, अनूप वन, वेलांचली वन अथवा मैंग्रोव वन (Mangrove Forest) कहा जाता है। इस प्रकार की वनस्पति समुद्र के डेल्टाई भागों में पाई जाती है। यहाँ की मिट्टी दलदली प्रकृति की होती है।

- भारत में विभिन्न प्रकार के आर्द्र वन पाए जाते हैं, जिन्हें वेलांचली तथा अनूप वन (Swamp Forest) कहते हैं। इसके 70% भाग पर चावल की खेती की जाती है। भारत में लगभग 39 लाख हेक्टेयर भूमि आर्द्र है।
- ओडिशा में चिल्का झील और भरतपुर में केवलादेव राष्ट्रीय पार्क अन्तर्राष्ट्रीय महत्त्व की आर्द्र भूमियों में रामसर अधिवेशन (Ramsar Convention) (वर्ष 1971) के अन्तर्गत संरक्षित जलकुक्कुट के आवास हैं।
- ये अण्डमान-निकोबार द्वीप समूह व पश्चिम बंगाल के सुन्दरवन डेल्टा में अत्यधिक विकसित हैं। मैंग्रोव वन महानदी, गोदावरी और कृष्णा नदियों के डेल्टाई भाग में पाए जाते हैं। इन वनों में बढ़ते अतिक्रमण के कारण इनका संरक्षण आवश्यक हो गया है।

आर्द्रभूमि/नम भूमि

इस क्षेत्र में नम एवं शुष्क दोनों वातावरण की विशेषताएँ पाई जाती हैं। यह जैव विविधता की दृष्टि से अत्यन्त संवेदनशील होती है, जो विशेष प्रकार की वनस्पतियों एवं जीवों के लिए अनुकूल होती है। भारत में **आर्द्र भूमियों** को आठ वर्गों में विभाजित किया गया है

- दक्षिण में दक्कन पठार के जलाशय और दक्षिण पश्चिमी तटीय क्षेत्र की लैगून व अन्य आर्द्र भूमि
- राजस्थान, गुजरात और कच्छ की खारे जल की भूमि
- गुजरात, राजस्थान और मध्य प्रदेश की ताजे जल वाली झीलें व जलाशय
- भारत के पूर्वी तट पर डेल्टाई आर्द्रभूमि व लैगून (चिल्का झील)
- गंगा के मैदान में ताजे जल वाले कच्छ के क्षेत्र
- ब्रह्मपुत्र घाटी में बाढ़ के मैदान व उत्तर पूर्वी भारत और हिमालय गिरिपाद के कच्छ एवं अनूप क्षेत्र
- कश्मीर और लद्दाख की पर्वतीय झीलें और नदियाँ
- अण्डमान-निकोबार द्वीप समूह के द्वीप चापों के मैंग्रोव वन और दूसरे आर्द्र क्षेत्र।

भारत में मैंग्रोव (कच्छ वनस्पति) स्थल

राज्य/केन्द्रशासित प्रदेश	स्थल
पश्चिम बंगाल	सुन्दरवन
ओडिशा	भीतर कनिका, महानदी, स्वर्णरेखा, देवी, धर्मा, कच्छ वनस्पति, आनुवंशिक संसाधन केन्द्र, चिल्का
तमिलनाडु	पिचावरम, मुथुपेट, रामनाद, पुलिकट, कुझुवेली
आन्ध्र प्रदेश	कोरिंगा, पूर्वी गोदावरी, कृष्णा
कर्नाटक	कुण्डापुर, दक्षिण कन्नड, कारबार, मंगलुरु वन विभाग
गोवा	गोवा
महाराष्ट्र	अचरा रत्नागिरि, देवगढ़, विजय दुर्ग, वेल्दूर, कुण्डालिका खेडांडा, मुम्ब्रा, दिवा, विक्रोली, श्रीवर्द्धन, वैतरणा नदी, वसई-मनेरी, मलवाण
गुजरात	कच्छ का रण, खम्भात की खाड़ी, डुमस, उभ्रत
केरल	वेम्बनाड, कन्नूर
अण्डमान-निकोबार	उत्तरी अण्डमान-निकोबार
पुदुचेरी	यनम
दादरा एवं नगर हवेली और दमन एवं दीव	दमन एवं दीव

वनस्पति के प्रमुख प्रकार एवं उनसे सम्बन्धित वृक्ष

वनस्पति	सम्बन्धित वृक्ष
उष्णकटिबन्धीय सदाबहार वनस्पति (250 सेमी से अधिक वर्षा)	आबनूस, महोगनी, रोजवुड, रबड़, सिनकोना, बाँस आदि।
अर्द्ध-सदाबहार वनस्पति (200-250 सेमी वर्षा)	कैल, होलक एवं साइडर इत्यादि।
उष्णकटिबन्धीय आर्द्र पर्णपाती वनस्पति (100-200 सेमी वर्षा)	शीशम, साल, सागवान, टीक, चन्दन, अर्जुन, शहतूत इत्यादि।
शुष्क पर्णपाती वनस्पति अथवा उष्णकटिबन्धीय सवाना वनस्पति (70-100 सेमी वर्षा)	खैर, पलाश, तेन्दू, अक्सलवुड, बेल एवं अमलतास इत्यादि।
शुष्क कँटीली वनस्पति (70 सेमी से कम वर्षा)	बबूल, नीम एवं खजूर आदि।
सवाना वनस्पति (40-60 सेमी वर्षा)	घास एवं छोटे वृक्ष
मरुस्थलीय वनस्पति (50 सेमी से कम वर्षा)	नागफनी एवं अकासिया इत्यादि।

वनस्पति का ऊर्ध्वाधर वितरण

पर्वतीय क्षेत्रों में समुद्रतल से 900 मी की ऊँचाई वाले क्षेत्रों में जाने पर वनस्पतियों का विकास वर्षा की मात्रा की अपेक्षा तापमान से अधिक प्रभावित होता है। यहाँ पर वनस्पतियों का विकास उष्णकटिबन्धीय, समशीतोष्ण, शंकुधारी और टुण्ड्रा वन के रूप में हुआ है, जिसे दो वर्गों में विभक्त किया जा सकता है

प्रायद्वीपीय भारत की प्राकृतिक वनस्पतियाँ

- प्रायद्वीपीय भारत में पर्वतीय वन, नीलगिरि पर्वत, अन्नामलाई तथा पालनी पहाड़ियों पर पाए जाते हैं। इन पहाड़ियों के कुछ क्षेत्रों में शीतोष्ण वन भी पाए जाते हैं।
- प्रायद्वीपीय भारत की पहाड़ियाँ हिमालय की अपेक्षा कम ऊँची होती हैं और यहाँ पर औसत तापमान अधिक रहता है, जिसके कारण यहाँ पर शंकुधारी तथा टुण्ड्रा वनों का विकास नहीं हो पाता है।
- प्रायद्वीपीय भारत में उर्मिल घास के मैदान पाए जाते हैं, इनके बीच अविकसित वर्षा वन या झाड़ियाँ पाई जाती हैं। यहाँ पर काई या फर्न सामान्य रूप से पाए जाते हैं।

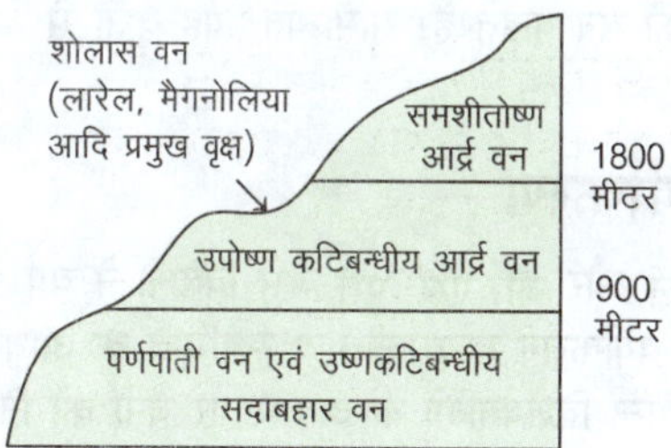

पर्वतीय क्षेत्र की प्राकृतिक वनस्पतियाँ

हिमालय की प्राकृतिक वनस्पतियाँ

- हिमालय पर ऊँचाई के अनुसार, जलवायु एवं वनस्पति में अन्तर पाया जाता है। यहाँ पूर्वी हिमालय में पश्चिमी हिमालय की अपेक्षा अधिक वर्षा होती है, इसलिए दोनों वनस्पतियों में भिन्नता पाई जाती है।

- उत्तर-पूर्वी भारत की उच्चतर पहाड़ी श्रृंखलाओं और पश्चिम बंगाल तथा उत्तराखण्ड के पहाड़ी क्षेत्रों में चौड़े पत्तों वाले ओक और चेस्टनट जैसे सदाबहार वृक्ष पाए जाते हैं।
- इन क्षेत्रों में 1500 से 1750 मी की ऊँचाई पर व्यापारिक महत्त्व वाले चीड़ के वन पाए जाते हैं। हिमालय के पश्चिमी भाग में देवदार (बहुमूल्य वृक्ष प्रजाति) के वन पाए जाते हैं। देवदार की लकड़ी अधिक मजबूत होती है और इसका प्रयोग निर्माण कार्य में किया जाता है।
- चिनार और वालनट नामक वृक्ष की लकड़ी का प्रयोग कश्मीर हस्तशिल्प के लिए होता है। यह लकड़ी पश्चिमी हिमालय में प्रचुर मात्रा में पाई जाती है।
- इन वनों में ब्लूपाइन और स्प्रूस 2225 से 3048 मी की ऊँचाई पर पाए जाते हैं। इस ऊँचाई पर कई स्थानों पर शीतोष्ण कटिबन्धीय घास भी उगती है। इससे अधिक ऊँचाई पर अल्पाइन वन (Alpine Forest) और चरागाह वन (Meadon Forest) पाए जाते हैं।
- 3000 से 4000 मी की ऊँचाई पर सिल्वरफर, जूनिपर, पाइन, बर्च और रोडोडेण्ड्रोन आदि वृक्ष पाए जाते हैं।

भारतीय घास भूमि वनस्पतियाँ

- भारतीय घास भूमि विश्व की सवाना वनस्पति से अलग है, क्योंकि यहाँ के कम वर्षा वाले क्षेत्रों की कँटीली वनस्पतियों को काटने के बाद वहाँ पर उगने वाली छोटी घास को ही सवाना प्रकार की वनस्पति (Savanna Type Forest) कहा जाता है।
- उत्तराखण्ड के गढ़वाल हिमालय में बुग्याल नामक अल्पाइन घास भूमियाँ पाई जाती हैं। बुग्याल हिमरेखा और वृक्ष रेखा के मध्य का क्षेत्र होता है।
- तराई-दुआर घास भूमि (Terai Duar Grassland) तराई पट्टी के मध्य एक उपोष्ण कटिबन्धीय और उष्णकटिबन्धीय घास भूमि, सवाना और झाड़ी भूमि के रूप में उत्तराखण्ड से लेकर पश्चिम बंगाल तक संकरी पट्टी में फैली हुई है।
- तमिलनाडु एवं नीलगिरि पर्वत के सदाबहार वनों में भी घास प्रदेश पाए जाते हैं। बन्नी घास भूमि गुजरात के कच्छ जिले में अवस्थित है।

वन

वृक्षों, झाड़ियों तथा कठोर तने वाली बेलों के साथ बने बन्द छत वाले जैविक समुदाय को वन कहते हैं। सामान्यत: यह वृक्षों से आच्छादित एक व्यापक क्षेत्र होता है।

वनों का वर्गीकरण

हैरी जॉर्ज चैम्पियन और जी. एस. पुरी जैसे विद्वानों ने वर्ष 1936 में भारतीय वनों का वर्गीकरण प्रशासकीय व स्वामित्व के आधार पर भी किया है। इन विभिन्न विशेषताओं के आधार पर वनों को निम्न प्रकार बाँटा गया है।

1. स्वामित्व के आधार पर

- **राजकीय वन** (Public Forest) यह वन पूर्णत: सरकारी नियन्त्रण में है। इसका क्षेत्रफल 717 लाख हेक्टेयर भूमि या 96.11% है।
- **संस्थानीय वन** (Communal Forest) यह वन प्राय: स्थानीय नगरपालिकाओं एवं जिला परिषदों के नियन्त्रण में है। इसका क्षेत्रफल 20 लाख हेक्टेयर है, जो कुल वन का 2.687% है।
- **व्यक्तिगत वन** (Private Forest) यह वन व्यक्तिगत लोगों के अधिकार में है। इसका क्षेत्रफल 9 लाख हेक्टेयर है।

2. प्रशासनिक के आधार पर

- **आरक्षित वन** (Reserved Forest) यह सरकार के प्रत्यक्ष पर्यवेक्षण (Supervision) में होता है। इसका कुल क्षेत्रफल 4,42,276 वर्ग किमी (कुल वन क्षेत्र का 52.8%) है। इसमें वनों को काटने, लकड़ियों के एकत्रण तथा मवेशियों को चराने हेतु लोगों का प्रवेश पूर्णत: वर्जित होता है।
- **संरक्षित वन** (Protected Forest) यह वन 2,12,259 वर्ग किमी क्षेत्र (कुल वन क्षेत्र का 31.2%) में विस्तृत है। इसमें स्थानीय लोगों को पशुओं को चराने तथा लकड़ी काटने की सीमित अनुमति होती है, किन्तु सरकार द्वारा उन पर कड़ा नियन्त्रण रखा जाता है।
- **अवर्गीकृत वन** (Unclassified Forest) यह वन 1,20,753 वर्ग किमी क्षेत्र (कुल वन क्षेत्र का 16%) में विस्तृत है। इसमें लकड़ी काटने तथा पशुओं को चराने पर सरकार की ओर से कोई नियन्त्रण नहीं होता है।

3. विदोहन के आधार पर

- **व्यवसाय के लिए उपलब्ध वन** इस प्रकार के वन 368 लाख हेक्टेयर भूमि पर विस्तृत हैं। यह कुल वनों का 57.64% है। इन वनों को व्यवसाय के काम में लाया जा रहा है।
- **सम्भावित उपलब्ध वन** इस प्रकार के वन 139 लाख हेक्टेयर भूमि पर विस्तृत हैं। यह कुल वनों का 21.85% है। ये वन भावी उपयोग के लिए सुरक्षित रखे गए हैं और सरकार इन्हीं धीरे-धीरे बढ़ावा दे रही है।
- **अन्य वन** (Other Forest) ये वन 130 लाख हेक्टेयर भूमि पर विस्तृत हैं, जिनके उपयोग पर कोई नियन्त्रण नहीं है। इनमें अप्राप्य वन भी शामिल हैं। इस प्रकार के वन कुल वनों का प्रतिशत 20.51% है।

4. वृक्षों की पत्ती के आधार पर

- **कोणधारी वन** (Coniferous Forest) ये शीतोष्ण वन हैं। ये वन केवल 48 लाख हेक्टेयर भूमि पर पाए जाते हैं तथा कुल वनों का प्रतिशत 6.43% है।
- **चौड़ी पत्ती वाले वन** (Broad-Leaf Forest) इन वनों का कुल क्षेत्रफल 698 लाख हेक्टेयर है, जो कुल वनों का 93.75% है। ये उष्णकटिबन्धीय वन हैं। इनमें मानसून वन सबसे अधिक विस्तृत हैं। इनमें साल और सागवान के वन अधिक महत्त्वपूर्ण हैं।

वनों से प्राप्त होने वाली प्रमुख लकड़ियाँ

प्रमुख लकड़ी	विवरण
श्वेत सनोवर	ये नुकीली पत्ती वाले वृक्ष 2200 से 3000 मी की ऊँचाई तक पश्चिमी हिमालय में कश्मीर से झेलम तक और पूर्वी हिमालय में चित्राल से नेपाल तक मिलते हैं। ये वृक्ष 45 मी तक ऊँचे और 6 से 7 मी तक मोटे होते हैं। इनका उपयोग हल्की पेटियाँ, पैकिंग, तख्ती, दियासलाई, कागज की लुगदी तथा फर्श में तख्ताबन्दी करने में होता है।
देवदार	इसका वृक्ष 30 मी ऊँचा और 6 से 10 मी मोटा होता है। यह हिमाचल प्रदेश के चम्बा जिले में, गढ़वाल के पश्चिम में हिमालय प्रदेश की पहाड़ियों में पाया जाता है। इसकी लकड़ी साधारणतः कठोर, भूरी, पीली, सुगन्धयुक्त तथा मजबूत होती है। यह सभी प्रकार के निर्माण कार्यों में प्रयुक्त होती है। इससे सुगन्धित तेल भी निकाला जाता है।
चीड़	ये नुकीली पत्ती वाले सदाबहार वृक्ष 1200 से 2100 मी की ऊँचाई पर कश्मीर, हिमाचल प्रदेश, उत्तरांचल में हिमालय के उत्तरी ढालों पर पाए जाते हैं। इनकी ऊँचाई 18 से 20 मी तक होती है।
नीला पाइन	इनके वृक्ष 1800 से 3600 मी की ऊँचाई तक अधिकतर उत्तरी हिमाचल प्रदेश तथा सम्पूर्ण महान हिमालय वाले भागों में पाए जाते हैं। इनके वृक्ष 30 से 45 मी ऊँचे होते हैं और तना 1 से 4 मी मोटा होता है। ये साज-सामान, बढ़िया बिरोजा, तारपीन का तेल आदि बनाने के काम आते हैं।
स्प्रूस	ये प्रायः 2100 से 3600 मी की ऊँचाई तक मिलने वाले सफेद और कोमल वृक्ष होते हैं। उत्तरी भारत में यह लकड़ी कश्मीर और हिमाचल प्रदेश में मिलती है। इनके वृक्ष 60 मी से भी अधिक ऊँचे और 6 से 9 मी तक मोटे होते हैं।
सागौन	इसका वृक्ष तमिलनाडु, महाराष्ट्र, मध्य प्रदेश, छत्तीसगढ़, पश्चिमी घाट, नीलगिरि की पहाड़ियों के निचले ढालों तथा ओडिशा में पाया जाता है। देश में इसके वनों का क्षेत्रफल 57,216 वर्ग किमी है। इसके मुख्य क्षेत्र महाराष्ट्र का उत्तरी कन्नड़ तथा मध्य प्रदेश हैं। इसकी लकड़ी बहुत दृढ़ और सुन्दर तथा टिकाऊ होने के कारण इससे रेलगाड़ी के डिब्बे, फर्नीचर, दरवाजे, जहाज आदि बनाए जाते हैं।
साल	इसके वन हिमाचल प्रदेश में काँगड़ा घाटी से लेकर असम में नवगाँव जिले, हिमालय के निचले ढालों एवं तराई के भागों में एवं उत्तर प्रदेश, उत्तरांचल, बिहार, छोटानागपुर, मध्य प्रदेश, उत्तरी तमिलनाडु और ओडिशा में भी विस्तृत हैं। यह भूरे रंग की कठोर और टिकाऊ लकड़ी होती है। इसके वन 1,06,600 वर्ग किमी क्षेत्र में विस्तृत हैं। इसका प्रयोग रेल के डिब्बे, लकड़ी की पेटियाँ, फर्नीचर, जहाज, खम्भे आदि बनाने और घरेलू कार्य में होता है।
चन्दन	इसका वृक्ष मुख्यतः दक्षिणी भारत के शुष्क भागों (कर्नाटक और तमिलनाडु) में पाया जाता है। इसकी लकड़ी कठोर एवं ठोस होती है तथा इसका रंग पीला और भूरा होता है और इसमें से सुगन्ध आती है इसी कारण इसका मूल्य और महत्त्व अधिक है।
सुन्दरी	यह वृक्ष गंगा के डेल्टा में बहुतायत में मिलता है। इसकी लकड़ी कठोर और ठोस होती है। इससे नाव, मेज, कुर्सियाँ, खम्भे आदि बनाए जाते हैं। इसकी लकड़ी काले रंग की किन्तु दृढ़, कठोर और टिकाऊ होती है। यह पश्चिमी घाट के वनों एवं असम में पाई जाती है। इसका अधिकतर प्रयोग फर्नीचर, छड़ियों और छतरियों के दस्ते बनाने में होता है।

वनों की उपयोगिता

वन बहु-उपयोगी संसाधन हैं। ये किसी भी देश की आर्थिक निधि होते हैं। ये कागज, दियासलाई, फर्नीचर, लाख व अन्य अनेक उद्योगों को कच्चा माल प्रदान करते हैं। वनों की उपयोगिता को दो भागों में बाँटा गया है

प्रत्यक्ष उपयोगिता	अप्रत्यक्ष उपयोगिता
वनों से ईंधन प्राप्त होता है।	वन जलवायु को सम करते हैं और जल वृष्टि में सहायक होते हैं।
वनों से इमारती लकड़ियाँ प्राप्त होती हैं। सागवान, साल, शीशम, चीड़, देवदार प्रमुख इमारती लकड़ियाँ हैं।	वन वायु की गति को रोककर तूफान, आँधी से होने वाले नुकसान को कम करते हैं।
पशु चराने के लिए विस्तृत चरागाह मिलते हैं, जिससे डेरी उद्योग के विकास में सहायता मिलती है।	वन बाढ़ों की रोकथाम में सहायता करते हैं। वृक्षों की जड़ें भूमि अपरदन को रोकती हैं।
कागज, दियासलाई, रबड़ आदि उद्योग वनों पर आधारित हैं।	वन भूमि की उर्वरा शक्ति को बढ़ाते हैं, क्योंकि पेड़ों की पत्तियाँ सड़-गल कर मिट्टी में मिल जाती हैं।
वनों से लाख, गोन्द, बाँस, बेंत, कत्था, बिरोजा, तारपीन का तेल, चमड़े का पदार्थ, जड़ी-बूटियाँ प्राप्त होती हैं।	वन प्राकृतिक सौन्दर्य में वृद्धि करते हैं।

वन संरक्षण अधिनियम

- वनों का जीवन और पर्यावरण के साथ अन्योन्याश्रय सम्बन्ध है, फलस्वरूप भारत सरकार द्वारा सम्पूर्ण देश के लिए वन संरक्षण नीति वर्ष 1952 में लागू की गई।
- भारत सरकार ने वर्ष 1980 में वन संरक्षण अधिनियम लागू किया, जिसे वर्ष 1988 में संशोधित किया गया।
- वन संरक्षण नीति के अन्तर्गत निम्नलिखित कदम उठाए गए हैं

सामाजिक वानिकी

- सामाजिक वानिकी (Social Forestry) से अभिप्राय पर्यावरणीय सामाजिक व ग्रामीण विकास में सहायता के उद्देश्य से वनों का प्रबन्ध और सुरक्षा तथा ऊसर भूमि पर वनरोपण को बढ़ावा देना।
- राष्ट्रीय कृषि आयोग (1976-79) ने सामाजिक वानिकी को तीन वर्गों में बाँटा है

शहरी वानिकी

शहरों और उनके आस-पास की सार्वजनिक भूमि; जैसे-हरित पट्टी, पार्क, सड़कों के साथ स्थान, औद्योगिक व व्यापारिक स्थलों पर वृक्ष लगाना और उनका प्रबन्ध शहरी वानिकी (Urban Forestry) के अन्तर्गत आता है।

ग्रामीण वानिकी

ग्रामीण वानिकी (Rural Forestry) को दो वर्गों में विभाजित किया गया है

(i) कृषि वानिकी (Agro Forestry) कृषि योग्य तथा बंजर भूमि पर पेड़ एवं फसलें एक साथ लगाना अर्थात् वानिकी और खेती एक साथ करना।

(ii) समुदाय वानिकी (Community Forestry) इसके अन्तर्गत सार्वजनिक भूमि; जैसे—गाँव चरागाह, मन्दिर भूमि, सड़कों के किनारे, नहरों के किनारे और विद्यालयों में पेड़ लगाना शामिल होता है। इसका उद्देश्य सम्पूर्ण समुदाय को लाभ पहुँचाना है।

फार्म वानिकी

फार्म वानिकी (Forest Farming) इसके अन्तर्गत अनेक प्रकार की भूमि; जैसे—खेतों की मेड़ें, चरागाह, घास स्थल, घर के पास खाली जमीन और पशुओं के बाड़ों में भी पेड़ लगाए जाते हैं।

राष्ट्रीय वन नीति, 2018

- भारत सरकार ने सम्पूर्ण देश के लिए वन संरक्षण नीति वर्ष 1980 में लागू की थी, जिसे वर्ष 1988 में संशोधित किया गया। इसके पश्चात् सरकार ने मार्च, 2018 में राष्ट्रीय वन नीति, 2018 का एक प्रारूप जारी किया, जिसने वर्ष 1988 की वन नीति का स्थान ले लिया।
- इस नीति के प्रारूप के अन्तर्गत निम्नलिखित प्रावधान किए गए हैं
  - देश में 33% भाग पर वन लगाना, जो वर्तमान में 24.62% भाग पर हैं। पहाड़ी एवं दुर्गम क्षेत्रों में वनों का विस्तार कुल भौगोलिक भूमि का दो-तिहाई करना।
  - वनों में निवास करने वाली जनसंख्या एवं जन्तुओं को पारिस्थितिकी संरक्षण प्रदान करना। इसके अन्तर्गत उन योजनाओं को निरस्त किए जाने का प्रावधान है, जो नदियों, ढलानों, झीलों व भौगोलिक रूप से संवेदनशील क्षेत्रों में जारी हैं।
  - समावेशी वन प्रबन्धन को इस नीति का आधार बनाया गया है। इसमें स्थायी वन प्रबन्धन के अन्तर्गत जलवायु परिवर्तन की समस्या से निपटने से सम्बन्धित प्रावधान भी किए गए हैं।
  - केन्द्र द्वारा राज्यों को आवश्यकतानुसार सहायता दिए जाने हेतु एक निधि की स्थापना का प्रावधान किया गया है। इसके अतिरिक्त इसमें कृषि वानिकी को एक उचित रकम प्रदान करने का प्रावधान है।

भारत वन स्थिति रिपोर्ट, 2023

- भारतीय वन सर्वेक्षण (Forest Survey of India) द्वारा 18वीं वन स्थिति रिपोर्ट, 2023 जारी की गई है।
- देश का कुल वन वृक्ष क्षेत्रफल 8,27,356.95 वर्ग किमी है, जो देश का भौगोलिक क्षेत्र का 25.17% है।
- कुल वन क्षेत्रफल 7,15,342.61 वर्ग किमी (21.76%) है, जबकि वृक्ष क्षेत्रफल 1,12,014.34 वर्ग किमी (3.41%) है।

वर्ग	क्षेत्रफल (वर्ग किमी)	भौगोलिक क्षेत्र (प्रतिशत में)
वन आवर्द्धन	7,15,342.61	21.76%
वृक्षारोपण	1,12,014.34	3.41%
कुल वन एवं वृक्ष क्षेत्रफल	8,27,356.95	25.17%
स्क्रब	43,622.64	1.33%
गैर वन क्षेत्र	24,16,489.29	73.50%
देश का भौगोलिक क्षेत्र	32,87,468.88	100.00%

- वन एवं वृक्षावरण में वृद्धि देश के वन एवं वृक्षावरण में 1,445.81 वर्ग किमी की वृद्धि हुई है, जिसमें वर्ष 2021 की तुलना में वनावरण में 156.41 वर्ग किमी की वृद्धि हुई है।
  - अधिकतम वृद्धि (वन एवं वृक्षावरण) छत्तीसगढ़ (684 वर्ग किमी), उत्तर प्रदेश (559 वर्ग किमी.), ओडिशा (559 वर्ग किमी) तथा राजस्थान (394 वर्ग किमी)।
  - अधिकतम वृद्धि (वनावरण) मिज़ोरम (242 वर्ग किमी), गुजरात (180 वर्ग किमी) तथा ओडिशा (152 वर्ग किमी)।
  - सबसे ज्यादा कमी मध्य प्रदेश (612.41 वर्ग किमी), कर्नाटक (459.36 वर्ग किमी), लद्दाख (159.26 वर्ग किमी) और नागालैण्ड (125.22 वर्ग किमी)।

सर्वाधिक वनावरण क्षेत्रफल वाले पाँच राज्य

राज्य	क्षेत्रफल (वर्ग किमी)	राज्य	क्षेत्रफल (वर्ग किमी)
मध्य प्रदेश	77,073	ओडिशा	52,156
अरुणाचल प्रदेश	65,882	महाराष्ट्र	50,798
छत्तीसगढ़	55,812		

- कुल भौगोलिक क्षेत्र के सम्बन्ध में वनावरण के प्रतिशत की दृष्टि से, लक्षद्वीप (91.33%) में सबसे अधिक वनावरण है, जिसके बाद मिज़ोरम (85.34%) और अण्डमान एवं निकोबार द्वीप (81.62%) का स्थान है।
- उच्च वनावरण 19 राज्यों/संघ राज्य क्षेत्रों में 33% से अधिक भौगोलिक क्षेत्र वनावरण के अन्तर्गत हैं।
  - इनमें से आठ राज्यों/केन्द्रशासित प्रदेशों अर्थात् मिज़ोरम, लक्षद्वीप, अण्डमान एवं निकोबार द्वीप समूह, अरुणाचल प्रदेश, नागालैण्ड, मेघालय, त्रिपुरा और मणिपुर में वन क्षेत्र 75% से अधिक है।
- कार्बन स्टॉक देश का वन कार्बन स्टॉक 7,285.5 मिलियन टन अनुमानित है, जो वर्ष 2021 की तुलना में 81.5 मिलियन टन अधिक है।
  - शीर्ष 3 राज्य- अरुणाचल प्रदेश (1,021 मीट्रिक टन), मध्य प्रदेश (608 मीट्रिक टन), छत्तीसगढ़ (505 मीट्रिक टन) और महाराष्ट्र (465 मीट्रिक टन)।
  - भारत का कार्बन स्टॉक 30.43 बिलियन टन CO_2 समतुल्य तक पहुँच गया है, जो वर्ष 2005 के आधार वर्ष से 2.29 बिलियन टन अधिक है तथा वर्ष 2030 के 2.5-3.0 बिलियन टन के लक्ष्य के करीब है।
- क्षेत्रीय प्रदर्शन पश्चिमी घाट पारिस्थितिकी-संवेदनशील क्षेत्र (WGESA) 60,285.61 वर्ग किमी में फैला हुआ है, जिसमें से 44,043.99 वर्ग किमी (73%) क्षेत्र वन क्षेत्र के अन्तर्गत है।
- पूर्वोत्तर क्षेत्र में कुल वन एवं वृक्षावरण 1,74,394.70 वर्ग किमी है, जो इन राज्यों के भौगोलिक क्षेत्र का 67% है।
- मैंग्रोव आवरण भारत का मैंग्रोव आवरण 4,991.68 वर्ग किमी है, जो कुल भौगोलिक क्षेत्र का 0.15% है, जिसमें 2021 से 7.43 वर्ग किमी की कमी आई है।
- गुजरात में मैंग्रोव आवरण में 36.39 वर्ग किमी की कमी देखी गई, जबकि आन्ध्र प्रदेश और महाराष्ट्र में क्रमशः 13.01 वर्ग किमी और 12.39 वर्ग किमी की वृद्धि देखी गई। वर्ष 2023-24 में सबसे अधिक आग की घटनाओं वाले शीर्ष तीन राज्य उत्तराखण्ड, ओडिशा और छत्तीसगढ़ हैं।

भारत के प्रमुख वानिकी शोध संस्थान

शोध संस्थान	क्षेत्र
फॉरेस्ट रिसर्च इन्स्टीट्यूट	देहरादून
एरिड फॉरेस्ट रिसर्च इन्स्टीट्यूट	जोधपुर
इन्स्टीट्यूट ऑफ वुड सॉइल्स एण्ड टेक्नोलॉजी	बंगलुरु
इन्स्टीट्यूट ऑफ फॉरेस्ट जेनेटिक्स एण्ड ट्री ब्रीडिंग	कोयम्बटूर
सेण्टर ऑफ सोशल फॉरेस्ट्री एण्ड इको रिहैबिलिटेशन	प्रयागराज
हिमालयन फॉरेस्ट रिसर्च इन्स्टीट्यूट	शिमला
वांस सेण्टर फॉर बायोटेक्नोलॉजी एण्ड मैंग्रोव फॉरेस्ट्स	हैदराबाद
इन्स्टीट्यूट फॉर फॉरेस्ट प्रोडक्टिविटी	राँची

"

कृषि किसी भी देश की अर्थव्यवस्था का आधार स्तम्भ होती है। कृषि एक प्राथमिक क्रिया है, जिससे हमें खाद्यान्न और औद्योगिक कच्चे माल की प्राप्ति होती है। यह भोजन, कपड़ा और रोजगार का मुख्य स्रोत है। भारत एक कृषि प्रधान अर्थव्यवस्था है और यहाँ की आधी से अधिक जनसंख्या कृषि पर निर्भर है।

अध्याय आठ

कृषि एवं पशुपालन

कृषि

- भारत एक कृषि प्रधान देश है। भौतिक पर्यावरण, प्रौद्योगिकी और सामाजिक तथा सांस्कृतिक रीति-रिवाजों के अनुसार, कृषि करने की विधियों में सार्थक परिवर्तन हुए हैं। जीवन निर्वाह कृषि (Subsistance Farming) से लेकर वाणिज्यिक कृषि (Commercial Farming) तक कृषि के अनेक प्रकार हैं।
- भारत के जिन क्षेत्रों में उष्णकटिबन्धीय फसल हेतु पर्याप्त तापमान एवं सिंचाई की उपलब्धता है, वहाँ धान जैसी फसल एक ही वर्ष में तीन बार उगाई जाती है। वर्तमान समय में भारत के विभिन्न भागों में निम्न प्रकार की कृषि की जाती है

प्रारम्भिक जीविका निर्वाह कृषि	स्थानान्तरी कृषि	जल कृषि	सहकारी कृषि
गहन जीविका कृषि	विस्तृत कृषि	मिश्रित कृषि	शुष्क कृषि
वाणिज्यिक कृषि	रोपण/बागानी कृषि	संविदा कृषि	ट्रक फार्मिंग
सिंचित कृषि	वर्षा निर्भर कृषि	शून्य बजट प्राकृतिक कृषि	जैविक कृषि

कृषि के प्रकार

प्रारम्भिक जीविका निर्वाह कृषि

- भारत के अनेक क्षेत्रों में प्रारम्भिक जीविका निर्वाह कृषि आज भी अपनाई जाती है।
- इस प्रकार की कृषि भूमि के छोटे टुकड़ों पर आदिम कृषि औजारों; जैसे—लकड़ी के हल, डाओ और खुदाई करने वाली छड़ी तथा परिवार अथवा समुदाय श्रम की सहायता से की जाती है। इस प्रकार की कृषि प्राय: मानसून, मृदा की प्राकृतिक उर्वरता और फसल उगाने के लिए अन्य पर्यावरणीय परिस्थितियों की उपयुक्तता पर निर्भर करती है।

स्थानान्तरित कृषि

- यह कर्तन दहन कृषि प्रणाली (Slash and Burn Agriculture) कृषि का एक प्रकार है। इसे झूम कृषि भी कहते हैं। इसमें किसान भूमि के कुछ भाग को साफ करके उन पर अपने परिवार के भरण-पोषण के लिए अनाज व अन्य खाद्य फसलें उगाते हैं।
- जब मृदा की उर्वरता कम हो जाती है, तो किसान उस भूमि के भाग को छोड़ देते हैं और कृषि के लिए भूमि का दूसरा भाग साफ करते हैं। इस प्रकार की कृषि प्रणाली को ही कर्त्तन दहन कृषि प्रणाली कहा जाता है।
- कृषि के इस प्रकार के स्थानान्तरण से प्राकृतिक प्रक्रियाओं द्वारा मिट्टी की उर्वरता शक्ति बढ़ जाती है। चूँकि किसान उर्वरक अथवा अन्य आधुनिक तकनीकों का प्रयोग नहीं करते, इसलिए इस प्रकार की कृषि में उत्पादकता कम होती है। देश के विभिन्न भागों में इस प्रकार की कृषि को विभिन्न नामों से जाना जाता है।
- झूमिंग (Shifting) कृषि को मैक्सिको और मध्य अमेरिकी में मिल्पा, वेनेजुएला में कोनुको, ब्राजील में येका, मध्य अफ्रीका में मसोले, इण्डोनेशिया में लदांग और वियतनाम में रे के नाम से जाना जाता है।

स्थानान्तरित कृषि : स्थानीय नाम

क्षेत्र एवं राज्य	स्थानीय नाम	क्षेत्र एवं राज्य	स्थानीय नाम
मध्य प्रदेश	वेबर या दहिया	पश्चिमी घाट	कुमारी
आन्ध्र प्रदेश	पोडु या पेण्डा	हिमालयन क्षेत्र	खिल
ओडिशा	पामाडाबी, कोमान बरीगाँ	झारखण्ड	करूवा
छत्तीसगढ़ (बस्तर जिला)	दीपा	दक्षिणी-पूर्वी राजस्थान	वालरे या वाल्टरे
उत्तर-पूर्वी प्रदेश	झूमिंग		

गहन जीवका कृषि

- गहन जीविका कृषि (Intensive Farming) उन क्षेत्रों में की जाती है, जहाँ भूमि पर जनसंख्या का दबाव अधिक होता है। यह श्रम गहन कृषि है, जहाँ अधिक उत्पादन के लिए अधिक मात्रा में जैव रासायनिक निवेशों और सिंचाई का प्रयोग किया जाता है।
- भू-स्वामित्व में विरासत के अधिकार के कारण पीढ़ी-दर-पीढ़ी जोतों का आकार छोटा और अलाभप्रद होता जा रहा है और किसान वैकल्पिक रोजगार न होने के कारण सीमित भूमि से अधिकतम पैदावार लेने का प्रयास करते हैं। अत: कृषि भूमि पर बहुत अधिक दबाव होता है।

विस्तृत कृषि

- विस्तृत कृषि (Extensive Farming) प्रणाली में बड़े आकार की जोतों पर बड़े-बड़े आधुनिक यन्त्रों का प्रयोग करके अधिक उत्पादन किया जाता है। इसमें मानव श्रम का कम प्रयोग, परन्तु पूँजी की पर्याप्त आवश्यकता होती है।
- भारत में हरित क्रान्ति (Green Revolution) के दौरान विस्तृत कृषि प्रणाली को अपनाने पर बल दिया गया।

वाणिज्यिक कृषि

- वाणिज्यिक कृषि (Commercial Farming) के मुख्य लक्षणों में आधुनिक निवेशों; जैसे—अधिक पैदावार देने वाले बीजों, रासायनिक उर्वरकों और कीटनाशकों के प्रयोग से उच्च पैदावार प्राप्त करना है।
- कृषि के वाणिज्यिकरण का स्तर विभिन्न प्रदेशों में अलग-अलग होता है। हरियाणा और पंजाब में चावल एक प्रमुख वाणिज्यिक फसल है, परन्तु ओडिशा में यह एक जीविका आधारित फसल है।
- रोपण कृषि भी एक प्रकार की वाणिज्यिक कृषि है। इस प्रकार की कृषि लम्बे-चौड़े क्षेत्र में एकल फसल के रूप में की जाती है। रोपण कृषि, उद्योग और कृषि के बीच एक अन्तरापृष्ठ है।

रोपण/बागानी कृषि

- रोपण कृषि (Plantation Agriculture) व्यापक क्षेत्र में अत्यधिक पूँजी और श्रमिकों की सहायता से की जाती है। इससे प्राप्त उत्पादों का प्रयोग विभिन्न खाद्य प्रसंस्करण उद्योगों में कच्चे माल के रूप में होता है।
- भारत में चाय, कॉफी, रबड़, गन्ना, केला इत्यादि रोपण कृषि की प्रमुख फसलें हैं। असम और उत्तरी बंगाल में चाय तथा कर्नाटक में कॉफी मुख्य रोपण फसलें हैं।
- रोपण कृषि में उत्पादन बिक्री के लिए होता है, इसलिए इसके विकास में परिवहन और संचार से सम्बन्धित उद्योग और बाजार महत्त्वपूर्ण योगदान देते हैं। आर्द्रता के प्रमुख उपलब्ध स्रोत के आधार पर कृषि को सिंचित कृषि तथा वर्षा निर्भर (बागानी) कृषि में वर्गीकृत किया जाता है।

सिंचित कृषि

- सिंचित कृषि (Irrigated Farming) को सिंचाई के उद्देश्य के आधार पर रक्षित सिंचाई एवं उत्पाद सिंचाई में वर्गीकृत किया जाता है।

सिंचित कृषि

- **रक्षित सिंचाई** इसका मुख्य उद्देश्य आर्द्रता की कमी के कारण फसलों को नष्ट होने से बचाना है, जिसका अभिप्राय यह है कि वर्षा के अतिरिक्त जल की कमी को सिंचाई द्वारा पूरा किया जाता है।
- **उत्पाद सिंचाई** इसका उद्देश्य फसलों को पर्याप्त मात्रा में पानी उपलब्ध कराकर अधिकतम उत्पादकता प्राप्त करना है। उत्पादक सिंचाई में जल निवेश की मात्रा रक्षित सिंचाई की अपेक्षा अधिक होती है।

वर्षा निर्भर कृषि

वर्षा निर्भर कृषि (Rainfed Farming) को कृषि ऋतु में उपलब्ध आर्द्रता की मात्रा के आधार पर दो वर्गों-शुष्क भूमि कृषि तथा आर्द्र भूमि कृषि में विभाजित की जाती है।

1. शुष्क भूमि कृषि भारत में यह कृषि मुख्यत: उन प्रदेशों तक सीमित है, जहाँ वार्षिक वर्षा 75 सेमी से कम होती है। इन क्षेत्रों में शुष्कता को सहने में सक्षम फसलें; जैसे—रागी, बाजरा, मूँग, चना तथा ज्वार (चारा फसलें) आदि उगाई जाती हैं तथा इन क्षेत्रों में आर्द्रता, संरक्षण तथा वर्षा जल के प्रयोग के लिए अनेक विधियाँ अपनाई जाती हैं।
2. आर्द्रभूमि कृषि क्षेत्रों में वर्षा ऋतु के अन्तर्गत आर्द्र पौधों की कृषि आवश्यकता से अधिक होती है। ये प्रदेश बाढ़ तथा मृदा अपरदन का सामना करते हैं। इन क्षेत्रों में वे फसलें उगाई जाती हैं, जिन्हें जल की अधिक मात्रा में आवश्यकता होती है; जैसे—चावल, जूट, गन्ना आदि।

कृषि के विशेष प्रकार

कृषि के प्रकार	विवरण
विटीकल्चर	अंगूरों का व्यापारिक स्तर पर उत्पादन।
पीसीकल्चर	व्यापारिक स्तर पर किया जाने वाला मछली पालन।
जल कृषि	शैवाल, झींगा, मोती, शंख आदि की कृषि
सेरीकल्चर	रेशम उत्पादन की क्रिया, जिसमें शहतूत आदि की कृषि भी सम्मिलित है।
हार्टीकल्चर	व्यापारिक स्तर पर किया जाने वाला विभिन्न प्रकार के फलों का उत्पादन।
आर्बोरीकल्चर	विशेष प्रकार के वृक्षों तथा झाड़ियों की कृषि, जिसमें उनका संरक्षण तथा संवर्द्धन भी शामिल है।
एपीकल्चर	व्यापारिक स्तर पर शहद उत्पादन हेतु किया जाने वाला मधुमक्खी पालन का कार्य।
फ्लोरीकल्चर	व्यापारिक स्तर पर की जाने वाली फूलों की कृषि।
सिल्वीकल्चर	वनों के संरक्षण एवं संवर्द्धन से सम्बन्धित कार्य।
वेजीकल्चर	दक्षिण-पूर्वी एशिया में आदिमानव द्वारा सर्वप्रथम की गई वृक्षों की कृषि आदिम कृषि नाम से जानी जाती है, इसे ही वेजीकल्चर कहा जाता है।
नेमॉरीकल्चर	यह भी आदिम व्यवस्था की कृषि है, जिसमें मानव द्वारा जंगलों से फल, जड़ आदि का संग्रह किया जाता था।
ओलेरीकल्चर	जमीन पर फैलने वाली सब्जियों की व्यापारिक कृषि इसके अन्तर्गत आती है।
मेरीकल्चर	व्यापारिक उद्देश्यों की पूर्ति हेतु समुद्री जीवों के उत्पादन की क्रिया।
हॉर्सीकल्चर अथवा अश्व पालन	सवारी एवं यातायात के लिए उन्नत प्रजाति के घोड़ों एवं खच्चरों को व्यापारिक स्तर पर पालने की क्रिया।

जल कृषि

- जल कृषि को एक्वाफार्मिंग (Aquafarming) के नाम से भी जाना जाता है। यह कृषि मत्स्यन से भिन्न होती है, क्योंकि इस कृषि के अन्तर्गत एक नियन्त्रित परिस्थिति में जलीय जीवों का पालन एवं संवर्द्धन किया जाता है।
- जल कृषि पूर्ण रूप से भूमि पर निर्मित कृत्रिम सुविधाओं से की जा सकती है; जैसे—मछली टैंक, तालाब, एक्वापोनिक्स आदि।
- इस कृषि के अन्तर्गत कृषि के विभिन्न रूपों; जैसे—झींगा कृषि, सीप कृषि, मेरीकल्चर, समुद्री शैवालों की कृषि, मोतियों एवं शंख की कृषि आदि को सम्मिलित किया जाता है।

सहकारी कृषि

- यह कृषि की वह प्रणाली है, जिसमें किसान संगठित होकर लाभ प्राप्ति के लिए सामूहिक खेती (Collective Farming) करते हैं। इस विधि में उत्पादन स्वयं के लिए या बाजार की माँग के अनुरूप किया जाता है।
- इसमें सदस्यों का भू-स्वामी होना आवश्यक नहीं है और न ही उनकी भूमि एकत्र करना। सहकारी कृषि (Cooperative Farming) से निर्यात को बढ़ावा मिलता है।

एक्वापोनिक कृषि

- एक्वापोनिक्स तकनीकी (Aquaponics Technique) से होने वाली यह कृषि पानी के टैंकों, छोटे तालाबों आदि में की जाती है, जिसमें मछलियों को रखते हैं। इन मछलियों के मल से अमोनिया की मात्रा में वृद्धि होती है और इस जल को तैयार किए गए टैंक में डाल दिया जाता है।
- टैंक में मिट्टी की जगह प्राकृतिक फिल्टर का उपयोग किया जाता है तथा पीछे मिट्टी की जगह पानी से पोषक तत्त्व प्राप्त करते हैं। बचे पानी को वापस पुन: मछलियों के टैंक में डाल दिया जाता है। इस विधि में उर्वरकों की कोई आवश्यकता नहीं होती तथा पारम्परिक कृषि की तुलना में यहाँ पर पानी का उपयोग भी कम किया जाता है।

समुद्री शैवाल कृषि

- समुद्री शैवाल (Marine Algae) एक जैविक उर्वरक के रूप में कार्य करता है, इसका उपयोग व्यवसाय एवं भोजन के रूप में किया जाता है।
- समुद्री शैवाल सूक्ष्म और माइक्रोन्यूटिएण्ट्स (Micronutrients) ह्यूमिक एसिड और फाइटो हॉर्मोन आदि से परिपूर्ण होते हैं, जो मिट्टी की उर्वरा शक्ति को बढ़ाते हैं।
- भारत में समुद्री शैवाल की कृषि कच्छ की खाड़ी, मन्नार की खाड़ी एवं लक्षद्वीप आदि क्षेत्रों में की जाती है। समुद्री शैवाल का उपयोग खाद्य के रूप में, उर्वरक के रूप में, चिकित्सा के रूप में तथा सौन्दर्य सामग्री के रूप में किया जाता है।

संविदा कृषि

- संविदा कृषि (Contract Farming) का आशय किसान तथा प्रसंस्करण या विपणन कम्पनियों के बीच अग्रवर्ती व्यवस्था के अन्तर्गत पहले से तय कीमतों पर कृषि उत्पादों के उत्पादन और आपूर्ति के लिए होने वाले समझौते से है।
- संविदा कृषि किसानों को कीमत सम्बन्धी जोखिम और अनिश्चितता से बचा देती है तथा नए कौशल विकसित करने में उनकी सहायता करती है और उनके लिए नए बाजार उपलब्ध कराती है।
- भारत में संविदा कृषि का विनियमन भारतीय संविदा अधिनियम, 1872 के अन्तर्गत किया जाता है। विभिन्न राज्यों; जैसे—छत्तीसगढ़ से पत्तागोभी तथा हिमाचल प्रदेश से आलू की पूर्ति मैकडोनाल्ड कम्पनी द्वारा की जाती है।

ट्रक फार्मिंग

- ट्रक एक प्रकार का कृषि साधन (परिवहन) है। यह कृषि से उत्पादित फलों एवं सब्जियों को बाजार तक पहुँचाने का एक साधन है, जिसके द्वारा उत्पादित खाद्य सामग्री को दूरस्थ बाजारों तक भेजा जाता है, जिसमें परिवहन की आवश्यकता होती है।
- बाजार से कृषि क्षेत्र की दूरी इस बात पर निर्भर करती है कि ट्रक द्वारा रातभर चलने में कितनी दूरी तय होती है।

मिश्रित कृषि

- मिश्रित कृषि (Mixed Farming) में फसलों को उगाने तथा पशुओं को पालने का कार्य एक साथ किया जाता है। यह मिश्रित बुआई से भिन्न होतीं है, क्योंकि मिश्रित बुआई में एक ही खेत में एक ही समय पर कई फसलें बोई जाती हैं, जबकि मिश्रित कृषि में फसलें उगाने के साथ-साथ पशुपालन का कार्य भी किया जाता है।
- यह कृषि अधिकतर बड़े-बड़े नगरों के आस-पास की जाती है, जिससे इसके उत्पादों की बिक्री में कोई कठिनाई नहीं होती है। उत्तम कृषि विधियाँ, सुविधाजनक यातायात, शहरी बाजार की निकटता तथा वर्षा से इस कृषि को बड़ी सहायता मिलती है।

शुष्क कृषि

- जिन क्षेत्रों में वर्षा की मात्रा 10 सेमी से कम होती है, वहाँ शुष्क कृषि (Dry Farming) प्रणाली का प्रयोग किया जाता है। शुष्क क्षेत्रों में नमी की अनुपलब्धता के कारण शुष्क कृषि की जाती है।
- इसके अन्तर्गत गहरी जुताई वर्षा पूर्व की जाती है और वर्षा उपरान्त भूमि को समतल कर नमी को संरक्षित करने का प्रयास किया जाता है तथा वाष्पीकरण दर को कम करने के लिए भी प्रयास किए जाते हैं।

शून्य बजट प्राकृतिक कृषि

- शून्य बजट प्राकृतिक कृषि (Zero Budget Natural Farming) रसायन मुक्त कृषि की एक विधि है, जो पारम्परिक भारतीय प्रथाओं से ली गई है।
- यह रसायन मुक्त कृषि की प्रक्रिया है, जो ऋण पर निर्भरता को समाप्त करने तथा उत्पादन लागत में कटौती करने और किसानों के लिए ऋण चक्र में कमी लाने के प्रति प्रतिबद्ध है।
- इसके सही क्रियान्वयन से कृषि लागत घटेगी तथा खाद्यान्न उत्पादन की गुणवत्ता बढ़ेगी। भारत में सुभाष पालेकर को जीरो बजट प्राकृतिक खेती का जनक माना जाता है।

जैविक खेती

- जैविक कृषि (Organic Farming) फसल उत्पादन की एक प्राचीन पद्धति है। इसमें फसलों के उत्पादन में गोबर की खाद, कम्पोस्ट, जीवाणु खाद, फसलों के अवशेष और प्रकृति में उपलब्ध विभिन्न प्रकार के खनिज पदार्थों के माध्यम से पौधों को पोषक तत्त्व दिए जाते हैं।
- जैविक खेती पर्यावरण की शुद्धता बनाए रखने के साथ ही भूमि के प्राकृतिक स्वरूप को बनाए रखती है।
- जैविक खेती को बढ़ावा देने के लिए दसवीं पंचवर्षीय योजना के अन्तर्गत राष्ट्रीय जैविक कृषि परियोजना शुरू की गई।
- जैविक कृषि से भूमि की उपजाऊ क्षमता में वृद्धि होती है तथा सिंचाई अन्तराल में भी वृद्धि होती है। मिट्टी, खाद्य पदार्थ और जमीन में पानी के माध्यम से होने वाले प्रदूषण में कमी आती है।
- जैविक कृषि पर्यावरण के अनुकूल होती है। इससे उत्पादित खाद्य पदार्थों में पोषक तत्त्व अधिक मात्रा में पाए जाते हैं।

- प्राकृतिक अवयवों (हरे पत्तों के खाद) पर निर्भरता के कारण इसमें निवेश अपेक्षाकृत कम होता है तथा लाभ अर्जन अधिक होता है।
- जैविक खाद, हरे पत्तों के खाद तथा वर्मी कम्पोस्ट के प्रयोग होने के कारण मृदा संरक्षण में सहायक होती है तथा यह मृदा की उर्वरता को बनाए रखती है।

कृषि जलवायु प्रदेश

- कृषि जलवायु प्रादेशिक नियोजन का मुख्य उद्देश्य कृषि एवं सम्बद्ध संसाधनों का वैज्ञानिक उपयोग कर कृषि उत्पादन में सर्वाधिक वृद्धि करना, कृषि आय बढ़ाना और रोजगार के अधिक अवसर उत्पन्न करना है।
- इन उद्देश्यों को ध्यान में रखते हुए मृदा के प्रकार, वर्षा, तापमान, जल संसाधन आदि सामान्य कृषि-जलवायु कारकों के आधार पर योजना आयोग (वर्तमान नीति आयोग) ने देश को 15 प्रमुख कृषि जलवायु प्रदेशों (Agro Climatic Zones) में विभाजित किया गया है।

15 प्रमुख कृषि जलवायु प्रदेश

कृषि प्रदेश	विवरण
पश्चिमी हिमालय प्रदेश	जम्मू-कश्मीर, हिमाचल प्रदेश, उत्तराखण्ड।
पूर्वी हिमालय प्रदेश	दार्जिलिंग क्षेत्र, सिक्किम, अरुणाचल प्रदेश, नागालैण्ड, मिजोरम।
निचला गंगा मैदान	पूर्वी बिहार, पश्चिम बंगाल और असम घाटी का क्षेत्र।
मध्य गंगा मैदान	पूर्वी उत्तर प्रदेश व बिहार के भाग।
ऊपरी गंगा मैदान	मध्यवर्ती और पश्चिमी उत्तर प्रदेश का क्षेत्र।
गंगा-पार मैदान	पंजाब, हरियाणा, दिल्ली, चण्डीगढ़, राजस्थान का गंगानगर जिला।
पूर्वी पठार और पहाड़ियाँ	छोटानागपुर पठार, राजमहल पहाड़ियाँ, छत्तीसगढ़ मैदान, दण्डकारण्य।
मध्यवर्ती पठार एवं पहाड़ियाँ	बुन्देलखण्ड, बघेलखण्ड, भाण्डेर पठार, मालवा पठार, विन्ध्याचल पहाड़ी।
पश्चिमी पठार एवं पहाड़ियाँ	मालवा पठार का दक्षिणी भाग, महाराष्ट्र का दक्कन पठार क्षेत्र।
दक्षिण पठार एवं पहाड़ियाँ	दक्षिणी महाराष्ट्र, कर्नाटक, पश्चिमी आन्ध्र प्रदेश एवं उत्तरी तमिलनाडु के भाग।
पूर्वी तटीय मैदान एवं पहाड़ियाँ	कोरोमण्डल व उत्तरी सागर तट।
पश्चिमी तटीय मैदान एवं घाट	मालाबार एवं कोंकण तट और सह्याद्रि।
गुजरात मैदान एवं पहाड़ियाँ	काठियावाड़ तथा साबरमती और माही नदी की उपजाऊ घाटी।
पश्चिमी शुष्क प्रदेश	अरावली के पश्चिम का पश्चिमी राजस्थान।
द्वीपीय प्रदेश	अण्डमान-निकोबार और लक्षद्वीप समूह के भाग।

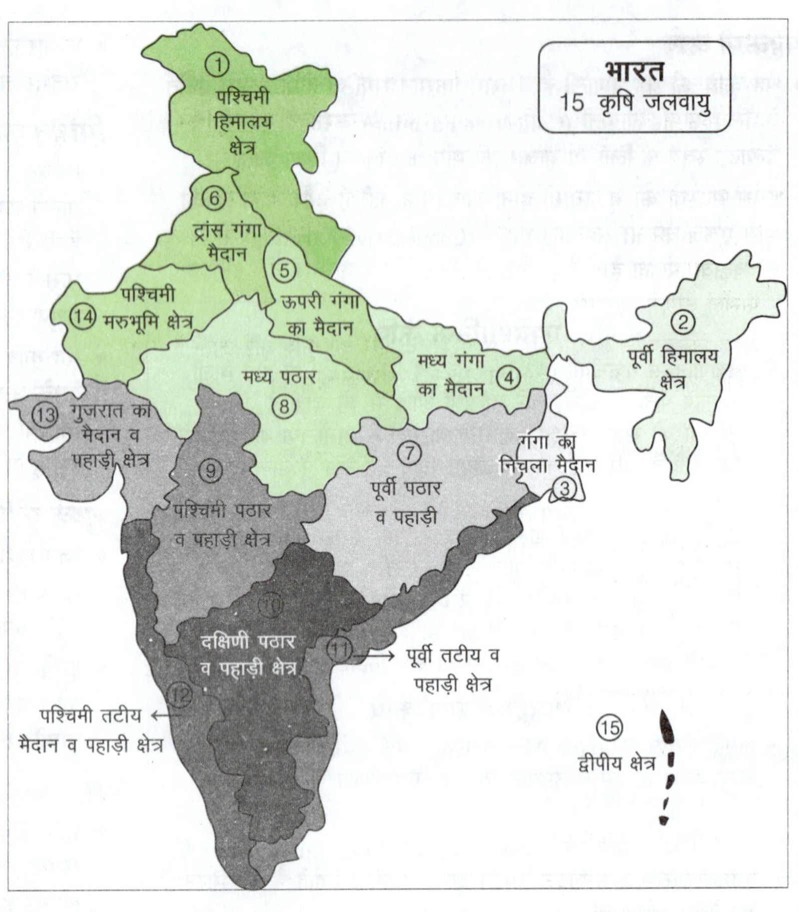

भारत में फसल ऋतुएँ

भारत के उत्तरी व आन्तरिक भागों में तीन प्रमुख ऋतुएँ-खरीफ, रबी व जायद के नाम से जानी जाती हैं।

- खरीफ फसल ऋतु खरीफ की फसलें अधिकतर दक्षिण-पश्चिमी मानसून के साथ बोई जाती हैं, जिसमें उष्ण कटिबन्धीय फसलें सम्मिलित हैं; जैसे-चावल, कपास, जूट, ज्वार, बाजरा व अरहर आदि।
- रबी फसल ऋतु रबी की फसलों को शीत ऋतु में अक्टूबर से दिसम्बर के मध्य बोया जाता है और ग्रीष्म ऋतु में अप्रैल से जून के मध्य काटा जाता है। इस समय कम तापमान शीतोष्ण और उपोष्ण कटिबन्धीय फसलों; जैसे-गेहूँ, चना, जौ, मटर और सरसों आदि की बुआई में सहायक होता है।
- जायद फसल ऋतु जायद एक अल्पकालिक ग्रीष्मकालीन फसल ऋतु है, जो रबी और खरीफ फसल ऋतुओं के बीच ग्रीष्म ऋतु में बोई जाती है। इस ऋतु में तरबूज, खीरा, ककड़ी, सब्जियाँ व चारे की फसलों की कृषि सिंचित भूमि पर की जाती है। यद्यपि इस प्रकार की पृथक् फसल ऋतुएँ देश के दक्षिणी भागों में नहीं पाई जाती हैं।

भारतीय कृषि ऋतु

कृषि ऋतु	प्रमुख फसलें	
	उत्तरी भारतीय राज्य	**दक्षिणी भारतीय राज्य**
खरीफ (जून से सितम्बर)	चावल, कपास, बाजरा, मक्का, ज्वार, अरहर (तूर)	चावल, मक्का, रागी, ज्वार तथा मूँगफली
रबी (अक्टूबर से मार्च)	गेहूँ, चना, तोरिया, सरसों, जौ	गेहूँ, जौ, मटर, आलू
जायद (अप्रैल से जून)	सब्जियाँ, फल, चारा फसलें	खीरा, ककड़ी, तरबूज

फसल चक्र

- किसी निश्चित क्षेत्र में, एक निश्चित अवधि के अन्तर्गत फसलों को ऐसे क्रम में उगाया जाना, जिससे भूमि की उर्वरा शक्ति का न्यूनतम ह्रास हो, फसल चक्र कहलाता है।
- फसल चक्र के निर्धारण में यह ध्यान रखा जाता है कि कम गहरी जड़ वाली फसलों के बाद गहरी जड़ वाली फसलें उगानी चाहिए; जैसे-अरहर के बाद गेहूँ और दलहनी फसलों के बाद गैर-दलहनी फसलें उगानी चाहिए।
- शस्य प्रतिरूप के आधार पर देश में तीन प्रकार की कृषि पाई जाती हैं-एक वर्षीय फसली, दो वर्षीय फसली एवं बहु-वर्षीय फसली।

$$\text{फसल चक्र सघनता} = \frac{\text{फसल चक्र में फसलों की संख्या}}{\text{फसल चक्र के वर्ष}} \times 100$$

फसल चक्र के उदाहरण

- **एक वर्षीय** टिण्डा, आलू, मूली, करेला एवं चरी, बरसीय, धान, गेहूँ, मूँग
- **द्वि वर्षीय** चरी, गेहूँ, कपास, मटर, परती, गेहूँ
- **तीन वर्षीय** मूँगफली, अरहर, गन्ना, मूँग, गेहूँ, आलू, गन्ना, पेड़ी

प्रमुख खाद्यान्न फसलें

अनाज

- भारत में कुल बोए गए क्षेत्र के लगभग 54% भाग पर अनाज (Cereals) की फसल बोई जाती है।
- भारत की अनाज उत्पादन में वैश्विक हिस्सेदारी 11.38% है। भारत में उत्पादित अनाजों को उत्तम अनाजों (चावल एवं गेहूँ) तथा मोटे अनाजों (ज्वार, बाजरा, मक्का, रागी, मंडुवा आदि) आदि में वर्गीकृत किया जाता है, जिनका विवरण निम्नवत् है

चावल

- चावल (Rice) ग्रेमिनी कुल की एक उष्णकटिबन्धीय फसल है। भारत की मानसूनी जलवायु में इसकी उचित ढंग से कृषि की जाती है। चावल की 3000 से अधिक किस्में पाई जाती हैं।
- यह एक खरीफ की फसल है, जिसे उगाने के लिए उच्च तापमान 25°C से ऊपर और वर्षा 100 सेमी से अधिक होनी चाहिए। इस फसल हेतु चिकनी एवं दोमट मिट्टी की आवश्यकता होती है।
- विश्व में चावल के अन्तर्गत आने वाला सर्वाधिक क्षेत्र (46.37 मिलियन हेक्टेयर) भारत में जबकि उत्पादन में इसका चीन के बाद दूसरा स्थान है।
- दक्षिणी राज्यों तथा पश्चिम बंगाल में जलवायु अनुकूलता (Climatic Adaptation) के कारण एक फसल कृषि (चावल की) वर्ष में दो या तीन बार बोई जाती है।
- पश्चिम बंगाल में चावल की तीन फसलों की कृषि की जाती है, जिसे औस, अमन और बोरो कहा जाता है।

भारत में चावल उत्पादन प्रमुख क्षेत्र

- देश के कुल बोए गए क्षेत्र के एक-चौथाई भाग पर चावल बोया जाता है। देश के प्रमुख चावल उत्पादक राज्य पश्चिम बंगाल, उत्तर प्रदेश, पंजाब आदि हैं।
- आन्ध्र प्रदेश तथा तेलंगाना के कृष्णा गोदावरी डेल्टा में चावल के अधिक उत्पादन के कारण इसे चावल का कटोरा (Bowl of Rice) कहा जाता है।

गेहूँ

- यह ग्रेमिनी कुल का पौधा है। भारत में चावल के पश्चात् गेहूँ (Wheat) दूसरा प्रमुख अनाज है। भारत विश्व का लगभग 12% गेहूँ उत्पादन करता है। विश्व में गेहूँ उत्पादन में चीन के बाद भारत का दूसरा स्थान है तथा कुल बोए गए क्षेत्रफल की दृष्टि से प्रथम स्थान है।
- यह मुख्यत: शीतोष्ण कटिबन्धीय (Sub-tropical) फसल है। अत: इसे शरद ऋतु अर्थात् रबी ऋतु में बोया जाता है।
- रबी की फसल को उगाने के लिए शीत ऋतु और पकने के समय तेज धूप की आवश्यकता होती है। इसे उगाने के लिए समान रूप से 50 से 75 सेमी वार्षिक वर्षा की आवश्यकता होती है।
- इस फसल का 85% क्षेत्र भारत के उत्तरी-मध्य भाग में केन्द्रित है अर्थात् उत्तरी गंगा का मैदान, मालवा पठार तथा हिमालय पर्वतीय श्रेणी में 2700 मी ऊँचाई तक का क्षेत्र इसमें सम्मिलित है। देश के कुल बोए गए क्षेत्र के लगभग 14% भाग पर गेहूँ की कृषि की जाती है।
- वर्ष 2023-24 में गेहूँ के सबसे प्रमुख उत्पाद राज्य उत्तर प्रदेश (35.43 मिलियन टन), मध्य प्रदेश (21.28 मिलियन टन), पंजाब (17.78 मिलियन टन) है। हरियाणा, राजस्थान व बिहार अन्य प्रमुख उत्पादक राज्य हैं। प्रति हेक्टेयर उत्पादकता की दृष्टि से प्रथम स्थान पंजाब का है।

मोटे अनाज

- ज्वार, बाजरा और रागी भारत में उगाए जाने वाले मुख्य मोटे अनाज हैं, परन्तु इनमें पोषक तत्त्व की मात्रा अधिक होती है।
- रागी (Finger Millet) में प्रचुर मात्रा में लोहा, कैल्शियम, सूक्ष्म पोषक और भूसी पाई जाती है।
- देश के कुल बोए गए क्षेत्र के 16.5% भाग पर मोटे अनाज बोए जाते हैं।

ज्वार

- ज्वार (Sorghum) कुल बोए गए क्षेत्र के लगभग 5.3% भाग पर बोई जाती है। यह दक्षिण व मध्य भारत के अर्द्ध-शुष्क क्षेत्रों (Semi-dry Regions) की प्रमुख खाद्य फसल है। महाराष्ट्र अकेले ही देश में 50% से अधिक ज्वार का उत्पादन करता है। अन्य प्रमुख ज्वार उत्पादक राज्यों में कर्नाटक, मध्य प्रदेश, आन्ध्र प्रदेश व तेलंगाना हैं।
- दक्षिण राज्यों में यह खरीफ तथा रबी दोनों ऋतुओं में बोई जाती है, परन्तु उत्तरी भारत में यह मुख्यत: खरीफ की फसल है और यह चारा फसल के रूप में उगाई जाती है।
- ज्वार की फसल हेतु 27°C-32°C तापमान, 30-65 सेमी वार्षिक वर्षा एवं काली व चिकनी दोमट मिट्टी आवश्यक होती है।

बाजरा

- भारत के पश्चिम तथा उत्तर-पश्चिमी भागों में गर्म तथा शुष्क जलवायु में बाजरा (Pearl Millet) बोया जाता है। यह फसल इस क्षेत्र के शुष्क मौसम तथा सूखा सहन करने में समर्थ है।
- यह एकल तथा मिश्रित फसल के रूप में बोया जाता है। यह फसल देश के कुल बोए गए क्षेत्र के लगभग 5.2% भाग पर बोई जाती है। बाजरे की फसल हेतु हल्की बलुई, छिछली, काली तथा लाल मिट्टी महत्त्वपूर्ण होती है।

- बाजरा उत्पादक प्रमुख राज्य महाराष्ट्र, गुजरात, उत्तर प्रदेश, राजस्थान व हरियाणा है।

मक्का

- मक्का (Maize) मूलत: अमेरिकी फसल है तथा भारत में इसे पुर्तगालियों के द्वारा लाया गया। यह एक ऐसी फसल है, जो खाद्यान्न व चारा दोनों रूपों में प्रयोग होती है, जो निम्न कोटि की मिट्टी व अर्द्ध-शुष्क जलवायवीय परिस्थितियों में उगाई जाती है।
- मक्का (Maize) की फसल हेतु 21°C से 27°C तापमान, 50-70 सेमी वर्षा एवं पुरानी जलोढ़ मिट्टी आवश्यक होती है। बिहार जैसे कुछ राज्यों में मक्का रबी की ऋतु में भी उगाई जाती है।
- मक्का उत्पादक प्रमुख राज्य कर्नाटक, मध्य प्रदेश, बिहार, आन्ध्र प्रदेश, तेलंगाना व उत्तर प्रदेश हैं।

जौ

- जौ भारत की एक महत्त्वपूर्ण खाद्यान्न फसल है। इसकी गणना मोटे अनाजों में की जाती है। अन्य खाद्य फसलों की तुलना में जौ की फसल कम समय (90 से 100 दिनों) में तैयार हो जाती है।
- जौ सामान्यतया शुष्क एवं बलुई मिट्टी में बोया जाता है, जिसमें शीत एवं नमी सहन करने की क्षमता अधिक होती है। जौ के लिए कम उपजाऊ मिट्टी, 70-100 सेमी वर्षा, 15°C से 18°C तापमान आदि भौगोलिक दशाएँ होनी चाहिए।
- प्रमुख किस्में RDB-1, ज्योति, हियानी, कैलाश, C-164, K-24 आदि हैं।
- प्रमुख उत्पादक राज्य उत्तर प्रदेश, राजस्थान, मध्य प्रदेश, महाराष्ट्र, हरियाणा एवं हिमाचल प्रदेश हैं।

प्रमुख दलहन फसलें

- प्रचुर मात्रा में प्रोटीन के स्रोत होने के कारण दालें (Pulses) शाकाहारी भोजन के प्रमुख संघटक हैं। ये फलीदार फसलें हैं, जो नाइट्रोजन यौगिकीकरण के द्वारा मिट्टी की प्राकृतिक उर्वरता को बढ़ाती हैं।
- भारत दालों का विश्व में सबसे बड़ा उत्पादक और उपभोक्ता है। भारत में दालों की खेती अधिकतर दक्कन पठार, मध्य पठारी भागों तथा उत्तर-पश्चिम के शुष्क भागों में की जाती है।
- देश में कुल बोए गए क्षेत्र का लगभग 11% भाग दालों के अधीन है। शुष्क क्षेत्रों में वर्षा आधारित फसल होने के कारण दालों की उत्पादकता कम है तथा इसमें वार्षिक उतार-चढ़ाव पाया जाता है। चना तथा अरहर भारत में उत्पादित होने वाली प्रमुख दालें हैं।

चना

- चना (Gram) उपोष्ण कटिबन्धीय क्षेत्रों की फसल है। यह मुख्यत: वर्षा आधारित फसल है, जो देश के मध्य-पश्चिमी तथा उत्तर-पश्चिमी भागों में रबी की ऋतु में बोई जाती है।
- इस फसल को उगाने के लिए वर्षा की केवल एक या दो हल्की बौछारों या एक या दो बार सिंचाई की आवश्यकता होती है।
- चने की फसल हेतु 20°C-25°C तापमान, 40-50 सेमी वर्षा एवं हल्की बलुई मिट्टी की आवश्यकता होती है।
- प्रमुख उत्पादक राज्य मध्य प्रदेश, उत्तर प्रदेश, महाराष्ट्र, आन्ध्र प्रदेश, तेलंगाना तथा राजस्थान हैं।

अरहर (तूर)

- अरहर देश की दूसरी प्रमुख दाल फसल है। इसे लाल चना तथा पिजन पी (Pigeon Pea) के नाम से भी जाना जाता है।
- यह देश के मध्य तथा दक्षिणी राज्यों के शुष्क भागों में वर्षा आधारित परिस्थितियों तथा सीमान्त भू-क्षेत्रों में बोई जाती है।
- भारत के कुल बोए गए क्षेत्र के लगभग 2% भाग पर इसकी कृषि की जाती है।
- देश में अरहर के कुल उत्पादन का लगभग एक-तिहाई भाग केवल महाराष्ट्र से आता है। अन्य प्रमुख उत्पादक राज्यों में उत्तर प्रदेश, कर्नाटक, गुजरात तथा मध्य प्रदेश शामिल हैं।

प्रमुख फसलें एवं उनसे सम्बन्धित रोग

फसलें	रोग	लक्षण
गेहूँ	रतुआ/रस्ट	पत्तियों पर पीले, काले रंग के धब्बे
चावल	ब्लास्ट/खैरा	पत्तियों पर भूरे रंग के चकते
गन्ना	लाल विगलन	गन्ने के भीतरी भाग का लाल होना
चना	उकठा	पत्तियाँ काली पड़ कर सूख जाना एवं जड़ें काली होना
अरहर	तना विगलन	सतह के पास तने पर भूरे रंग के धब्बे बन जाना

तिलहन फसलें

- खाद्य तेल निकालने के लिए तिलहन (Oil Seed) की खेती की जाती है। भारत के प्रमुख तिलहन उत्पादक क्षेत्र मालवा पठार, गुजरात, राजस्थान के शुष्क भाग, तेलंगाना व आन्ध्र प्रदेश के रायल सीमा प्रदेश हैं।
- यह रबी तथा खरीफ दोनों ही ऋतुओं की फसल है। देश के कुल शस्य क्षेत्र के लगभग 14% भाग पर तिलहन फसलें बोई जाती हैं। भारत की प्रमुख तिलहन फसलों में मूँगफली, तोरिया, सरसों, सोयाबीन तथा सूरजमुखी शामिल हैं।
- इनमें से अधिकतर फसलें खाद्य हैं और इनका प्रयोग भोजन बनाने में किया जाता है, परन्तु कुछ फसलों के बीजों के तेल को साबुन, प्रसाधन (शृंगार सामान) और उद्योगों में कच्चे माल के रूप में प्रयोग किया जाता है।

मूँगफली

- मूँगफली (Peanuts) तिलहन की फसलों में सबसे प्रमुख फसल है। भारत, विश्व में 16.6% मूँगफली का उत्पादन करता है। यह मुख्यत: शुष्क प्रदेशों की वर्षा आधारित खरीफ फसल है, परन्तु दक्षिण भारत में यह रबी की ऋतु में बोई जाती है। यह देश के कुल शस्य क्षेत्र के 3.6% क्षेत्र पर बोई जाती है।
- प्रमुख उत्पादक राज्य गुजरात, राजस्थान, तमिलनाडु, तेलंगाना तथा आन्ध्र प्रदेश इसके अग्रणी उत्पादक राज्य हैं।

तोरिया व सरसों

- तोरिया व सरसों (Mustard) में बहुत से तिलहन शामिल हैं; जैसे-राई, सरसों, तोरिया व तारामीरा आदि।
- इस सफल के अन्तर्गत क्षेत्र का लगभग दो-तिहाई भाग सिंचित है। तिलहन फसलें देश के कुल शस्य क्षेत्र के लगभग 2.5% भाग पर ही बोई जाती हैं।

- ये उपोष्ण कटिबन्धीय फसलें हैं। ये भारत के मध्य व उत्तर-पश्चिमी भाग में रबी की ऋतु में बोई जाती हैं। इन फसलों में पाला सहन करने की क्षमता नहीं होती है तथा इनके उत्पादन में वार्षिक उतार-चढ़ाव होता है, परन्तु सिंचाई के प्रसार, बीज सुधार तथा प्रौद्योगिकी विकास के कारण इनके उत्पादन में वृद्धि हुई है।
- प्रमुख किस्में वरुणा, पूसा बोल्ड, पुसा जयकिसान, पीताम्बरी आदि हैं।
- प्रमुख उत्पादक राज्य राजस्थान, मध्य प्रदेश, हरियाणा, पंजाब व गुजरात हैं।

सूरजमुखी

- सूरजमुखी (Sun flower) भारत की अन्य महत्त्वपूर्ण फसल है। सूरजमुखी को भारत में वर्षभर उगाया जाता है।
- इसकी बुआई जनवरी-फरवरी में की जाती है व ग्रीष्म ऋतु में मानसून के आगमन के पूर्व इसे काट लिया जाता है।
- इसके उत्पादन के लिए 15°C-25°C का तापमान और 50 सेमी से कम वार्षिक वर्षा तथा दोमट मिट्टी उपयुक्त मानी जाती है।
- प्रमुख उत्पादक राज्य राजस्थान, कर्नाटक, आन्ध्र प्रदेश, तेलंगाना तथा महाराष्ट्र है।

रेशेदार फसलें

रेशेदार फसलों से कपड़ा, थैला, बोरा व अन्य कई प्रकार की वस्तुएँ बनाई जाती हैं। कपास तथा जूट भारत की दो प्रमुख रेशेदार फसलें हैं।

कपास

- भारत को कपास (Cotton) के पौधे का मूल स्थान माना जाता है। कपास एक उष्णकटिबन्धीय फसल है, जो देश के अर्द्ध-शुष्क भागों में खरीफ फसल ऋतु में बोई जाती है।
- भारत में कपास के क्षेत्रों में लगातार वृद्धि हो रही है। भारत छोटे रेशे वाली (भारतीय) व लम्बे रेशे वाली (अमेरिकन) दोनों प्रकार की कपास का उत्पादन करता है।
- दक्कन पठार के शुष्क भागों में काली मिट्टी कपास उत्पादन के लिए उपयुक्त मानी जाती है।
- इस फसल को उगाने के लिए उच्च तापमान (21°C-30°C), 50-75 सेमी वर्षा या सिंचाई, 210 पाला रहित दिन और तेज धूप की आवश्यकता होती है।
- कपास उत्पादन में भारत का विश्व में प्रथम स्थान है, जहाँ सम्पूर्ण विश्व का 23.83% (05.50 मिलियन मीट्रिक टन) कपास उत्पादित होती है।
- कपास के तीन मुख्य उत्पादक क्षेत्र हैं। इसमें उत्तर-पश्चिमी भारत में पंजाब, हरियाणा तथा उत्तरी राजस्थान, पश्चिम में गुजरात एवं महाराष्ट्र तथा दक्षिण में तेलंगाना, कर्नाटक व तमिलनाडु के पठारी भाग सम्मिलित हैं।
- कपास के अग्रणी उत्पादक राज्य गुजरात, महाराष्ट्र, तेलंगाना, आन्ध्र प्रदेश, पंजाब तथा हरियाणा हैं।
- भारत के उत्तर-पश्चिमी राज्यों; जैसे-पंजाब, राजस्थान तथा हरियाणा में सिंचित क्षेत्र में कपास का उत्पादन अधिक होता है। कपास की प्रमुख किस्में कल्याण, जरीना, गारौनी-इन्दौरी, कोमिला इत्यादि हैं।
- कपास को श्वेत स्वर्ण (White Gold) के नाम से भी जाना जाता है।

जूट

- जूट को सुनहरा रेशा (Golden Fibre) कहा जाता है। जूट, बाढ़ के मैदानों में जल निकास वाली उर्वर मिट्टी में उगाया जाता है, जहाँ प्रत्येक वर्ष बाढ़ से आई नई मिट्टी जमा होती रहती है।
- जूट की फसल हेतु 24°C-35°C तापमान, 125-200 सेमी वर्षा एवं बलुई और दोमट मिट्टी आवश्यक होती है।
- जूट का प्रयोग बोरियाँ, चटाई, रस्सी, तन्तु व धागे, गलीचे और दस्तकारी की वस्तुएँ बनाने में किया जाता है।
- जूट पश्चिम बंगाल तथा इससे जुड़े पूर्वी भागों की एक प्रमुख व्यापारिक फसल है। विभाजन के समय देश का विशाल जूट उत्पादक क्षेत्र बांग्लादेश (तत्कालीन पूर्वी पाकिस्तान) में चला गया।
- बिहार, ओडिशा, मेघालय और असम अन्य जूट उत्पादक क्षेत्र हैं। यह देश के कुल शस्य क्षेत्र के 0.5% भाग पर बोया जाता है।

प्रमुख व्यापारिक फसलें

गन्ना

- गन्ना (Sugarcane) एक उष्ण और उपोष्ण कटिबन्धीय फसल है। इसे उष्ण और आर्द्र जलवायु में बोया जाता है। इसके लिए कम वर्षा वाले प्रदेशों में सिंचाई की आवश्यकता होती है।
- गन्ने की फसल हेतु 21°C-27°C तापमान और 75-100 सेमी वार्षिक वर्षा की आवश्यकता होती है। भारत में गन्ने की खेती अधिकतर सिंचित क्षेत्रों में की जाती है।
- गंगा-सिन्धु के मैदानी भाग में इसकी अधिकतर बुआई उत्तर प्रदेश तक सीमित है। पश्चिम भारत में गन्ना उत्पादक प्रदेश महाराष्ट्र व गुजरात तक विस्तृत है।
- दक्षिण भारत में इसकी कृषि कर्नाटक, तमिलनाडु, तेलंगाना व आन्ध्र प्रदेश के सिंचाई वाले भागों में की जाती है।
- ब्राजील के बाद भारत विश्व का दूसरा सबसे बड़ा गन्ना उत्पादक देश है। यहाँ विश्व के 19% गन्ने का उत्पादन होता है। देश के कुल शस्य क्षेत्र के 2.4% भाग पर ही इसकी कृषि की जाती है।
- उत्तर प्रदेश, महाराष्ट्र, कर्नाटक तथा तमिलनाडु देश के प्रमुख गन्ना उत्पादक राज्य हैं। उत्तर प्रदेश अकेले ही देश के लगभग 45% गन्ने का उत्पादन करता है।

चाय

- चाय (Tea) देश की सबसे महत्त्वपूर्ण बागानी फसल है। यह उष्ण आर्द्र एवं उपोष्ण आर्द्र जलवायु परिस्थितियों में पैदा होने वाली फसल है। चाय की खेती प्रायः पहाड़ी ढलानों पर की जाती है, ताकि इसकी जड़ में जल का जमाव न होने पाए।
- भारत विश्व में 28% चाय पैदा करता है। चाय के उत्पादन तथा क्षेत्रफल की दृष्टि से भारतीय राज्यों में असम का प्रथम स्थान है। इसके बाद क्रमशः पश्चिम बंगाल, तमिलनाडु एवं केरल का स्थान है।
- चाय निर्यातक देशों में भारत का स्थान चीन एवं श्रीलंका के बाद तीसरा है। दक्षिण भारत में तमिलनाडु सर्वाधिक चाय उत्पादन करने वाला राज्य है।

- प्रमुख उत्पादक राज्य असम, पश्चिम बंगाल, तमिलनाडु, केरल, त्रिपुरा, आदि हैं। दार्जिलिंग की चाय अपने विशेष प्रकार के स्वाद के लिए विश्व प्रसिद्ध है।

कहवा

- कॉफी (Coffee) एक उष्णकटिबन्धीय रोपण कृषि की फसल है। यह अबीसीनियाई मूल का पौधा है। भारत में बाबाबूदन की पहाड़ियों (कर्नाटक) पर सर्वप्रथम कॉफी का पौधा लगाया गया था।
- वर्तमान में देश की समस्त कॉफी का दो-तिहाई से अधिक भाग अकेले कर्नाटक में बाबाबूदन पर्वत पर उत्पादित होता है। कॉफी उत्पादन में भारत का विश्व में सातवाँ (7वें) स्थान है। प्रथम स्थान पर ब्राजील है।
- कॉफी की तीन किस्में पाई जाती हैं-अरेबिका, रोबेस्टा और लाइबेरिका। भारत अरेबिका कॉफी का उत्पादन करता है, जिसकी अन्तर्राष्ट्रीय बाजार में अधिक माँग है।
- कहवा की खेती दक्षिण भारत के पर्वतीय ढालों तक ही सीमित है। कर्नाटक (68%), केरल (21%) तथा तमिलनाडु सर्वाधिक उत्पादन करने वाले राज्य हैं। भारत के बंगलुरु में कॉफी बोर्ड स्थित है।

रबड़

- रबड़ (Rubber) भूमध्यरेखीय क्षेत्र की फसल है, परन्तु यह विशेष परिस्थितियों में उष्ण और उपोष्ण क्षेत्रों में भी उगाई जाती है। इसके लिए 200 सेमी से अधिक वर्षा और 25°C से अधिक तापमान वाली नम और आर्द्र जलवायु की आवश्यकता होती है।
- रबड़ की फसल हेतु जल प्रवाह युक्त गहरी दोमट मिट्टी आवश्यक होती है। रबड़ एक महत्त्वपूर्ण कच्चा माल है, जो उद्योगों में प्रयुक्त होता है।
- इसे मुख्य रूप से केरल, तमिलनाडु, कर्नाटक, अण्डमान-निकोबार द्वीप समूह और मेघालय की गारो पहाड़ियों में उगाया जाता है।

मसालें

- भारत विश्व में मसालों (Spices) का सबसे बड़ा उत्पादक, उपभोक्ता एवं निर्यातक है। भारत में मसाले की खेती मुख्यत: केरल तथा कर्नाटक के मालाबार तट पर की जाती है।
- भारत में उष्णकटिबन्धीय खेती (जैसे-काली मिर्च) से लेकर शीतोष्ण कटिबन्धीय (जैसे-केसर) तक खेती की जाती है।
- मसालों के उत्पादन के लिए 15° से 38°C तापमान की आवश्यकता होती है। साथ ही इसके उत्पादन के लिए 100 से 250 सेमी वर्षा की आवश्यकता होती है।

मसाले

इलायची | लाल मिर्च | लौंग | हल्दी | दालचीनी | काली मिर्च

इलायची

- विश्व में इलायची (Caradamom) के सर्वाधिक उत्पादन में ग्वाटेमाला के बाद भारत का दूसरा स्थान है।
- इलायची उत्पादन के लिए वार्षिक वर्षा 150 सेमी तथा तापमान 14°C से 32°C की आवश्यकता होती है।
- भारत में इलायची उत्पादन कर्नाटक, केरल तथा तमिलनाडु में होता है।

लाल मिर्च

- यह वाणिज्यिक रूप से एक महत्त्वपूर्ण मसाला है। विश्व के कुल लाल मिर्च (Red Chilli) उत्पादन का लगभग आधा उत्पादन भारत में किया जाता है। सम्पूर्ण विश्व में बड़े पैमाने पर इसका प्रयोग किया जाता है।
- प्रमुख उत्पादक राज्य आन्ध्र प्रदेश, तेलंगाना, कर्नाटक, ओडिशा तथा पश्चिम बंगाल हैं।

लौंग

- यह यूजीनिया कैरियो फाइलेटा नामक मध्यम कद की सदाबहार वृक्ष की पुष्प कलिका है। इसका उपयोग मसाला एवं औषधि के रूप में होता है।
- लौंग को मुख्य रूप से इण्डोनेशिया में उत्पादित किया जाता है, हालाँकि मेडागास्कर, श्रीलंका तथा भारत आदि में भी इसका उत्पादन किया जाता है।
- प्रमुख उत्पादक राज्य तमिलनाडु, कर्नाटक और केरल हैं।

हल्दी

- हल्दी (Turmeric) एक उष्णकटिबन्धीय फसल है। यह मूल रूप से भारतीय उपमहाद्वीप तथा दक्षिण पूर्व एशिया का पौधा है।
- प्रमुख उत्पादक राज्य तेलंगाना, आन्ध्र प्रदेश, तमिलनाडु, महाराष्ट्र, कर्नाटक एवं गुजरात हैं।

दालचीनी

- दालचीनी (Cinnamon) मूलरूप से श्रीलंका का पौधा है तथा इसका उत्पादन भारत में नीलगिरि एवं मालाबार के पहाड़ी क्षेत्रों में होता है।
- दालचीनी के वृक्ष (सिनामोमन वीरस) की छाल को सुखाकर भोजन में मसाले के रूप में प्रयोग किया जाता है।

काली मिर्च

- यह मूलरूप से पश्चिमी घाट की पहाड़ियों में उत्पन्न मसाला है।
- मसाला बनाने के लिए काली मिर्च (Black Pepper) के पौधों से कच्चे फलों को तोड़कर धूप में सुखाकर इसका उपयोग मसाले के रूप में किया जाता है। भारत में काली मिर्च का सर्वाधिक उत्पादन केरल में किया जाता है।

भारत की प्रमुख फसलें एवं अग्रणी उत्पादक राज्य (2024-25)

फसलें	अग्रणी राज्य
चावल	पश्चिम बंगाल, उत्तर प्रदेश, पंजाब
गेहूँ	उत्तर प्रदेश, मध्य प्रदेश, पंजाब
मक्का	कर्नाटक, मध्य प्रदेश, महाराष्ट्र
ज्वार	कर्नाटक, महाराष्ट्र, तमिलनाडु
बाजरा	राजस्थान, उत्तर प्रदेश, हरियाणा
चना	महाराष्ट्र, मध्य प्रदेश, राजस्थान
तूर (अरहर)	महाराष्ट्र, कर्नाटक, उत्तर प्रदेश
मूँगफली	गुजरात, राजस्थान, तमिलनाडु
सोयाबीन	महाराष्ट्र, मध्य प्रदेश, राजस्थान
सूरजमुखी	कर्नाटक, तेलंगाना, ओडिशा
कपास	गुजरात, महाराष्ट्र, तेलंगाना
कुल खाद्यान्न	उत्तर प्रदेश, मध्य प्रदेश, पंजाब

कृषि से सम्बन्धित प्रमुख जोत का विवरण

सीमान्त जोत	1 हेक्टेयर से कम भूमि
छोटी जोत	1-2 हेक्टेयर भूमि
अर्द्ध मध्यम जोत	2-4 हेक्टेयर भूमि
मध्यम जोत	4-10 हेक्टेयर भूमि
बड़ी जोत	10 हेक्टेयर या उससे अधिक भूमि

भारतीय कृषि की समस्याएँ

- अनियमित मानसून पर निर्भरता
- निम्न उत्पादकता
- वित्तीय संसाधनों की बाध्यताएँ तथा ऋणग्रस्तता
- भूमि सुधारों की कमी
- छोटे खेत तथा विखण्डित जोत
- वाणिज्यीकरण का अभाव
- अल्प रोजगार
- कृषि योग्य भूमि का निम्नीकरण
- वैश्वीकरण का कृषि पर प्रभाव

भारत में कृषि विकास

- भारतीय अर्थव्यवस्था में कृषि एक महत्त्वपूर्ण क्षेत्र है। स्वतन्त्रता प्राप्ति से पहले भारतीय कृषि जीविकोपार्जन वाली अर्थव्यवस्था थी। आज भी भारत की लगभग 55% जनसंख्या कृषि में संलग्न या आश्रित है।
- स्वतन्त्रता प्राप्ति के बाद सरकार का तात्कालिक उद्देश्य खाद्यान्नों का उत्पादन बढ़ाना था, जिसके लिए निम्न उपाय अपनाए गए हैं
  - व्यापारिक फसलों के स्थान पर खाद्यान्नों को उगाना।
  - कृषि गहनता को बढ़ाना।
  - कृषि योग्य बंजर तथा परती भूमि को कृषि भूमि में परिवर्तित करना।
- प्रारम्भ में इस नीति से खाद्यान्नों का उत्पादन बढ़ा, लेकिन 1950 के दशक के अन्त तक कृषि उत्पादन स्थिर हो गया।
- इस समस्या से उभरने के लिए गहन कृषि जिला कार्यक्रम (Intensive Agriculture District Programme तथा गहन कृषि क्षेत्र कार्यक्रम (Intensive Agriculture Area Programme) प्रारम्भ किए गए, परन्तु 1960 के दशक के मध्य में लगातार दो अकालों से देश में अन्न संकट उत्पन्न हो गया।
- परिणामस्वरूप दूसरे देशों से खाद्यान्नों का आयात करना पड़ा। 1960 के दशक के मध्य में गेहूँ (मैक्सिको) तथा चावल (फिलीपीन्स) की किस्में, जो अधिक उत्पादन देने वाली नई किस्में थीं, कृषि के लिए उपलब्ध हुईं।
- भारत ने इसका लाभ उठाया तथा पैकेज प्रौद्योगिकी के रूप में पंजाब, हरियाणा, पश्चिमी उत्तर प्रदेश, आन्ध्र प्रदेश तथा गुजरात के सिंचाई सुविधा वाले क्षेत्रों में रासायनिक खाद के साथ इन उच्च उत्पादकता देने वाली किस्मों (High Yielding Variety, HYV) की खेती को अपनाया गया।
- कृषि विकास की इस नीति से खाद्यान्नों के उत्पादन में अभूतपूर्व वृद्धि हुई, जो हरित क्रान्ति के नाम से जानी जाती है।
- हरित क्रान्ति ने कृषि में प्रयुक्त कृषि निवेश; जैसे-उर्वरक, कीटनाशक, कृषि यन्त्र आदि कृषि आधारित उद्योग तथा छोटे पैमाने के उद्योगों के विकास को प्रोत्साहन दिया।

किसान क्रेडिट कार्ड

- किसानों के लाभ के लिए भारत सरकार ने किसान क्रेडिट कार्ड और **व्यक्तिगत दुर्घटना बीमा योजना** (Personal Accident Insurance Scheme) भी शुरू की है। इसके अतिरिक्त आकाशवाणी और दूरदर्शन पर किसानों के लिए मौसम की जानकारी के बुलेटिन और कृषि कार्यक्रम प्रसारित किए जाते हैं।
- किसानों को बिचौलियों और दलालों के शोषण से बचाने के लिए न्यूनतम समर्थन मूल्य और कुछ महत्त्वपूर्ण फसलों के लाभदायक खरीद मूल्यों की सरकार घोषणा करती है।

हरित क्रान्ति

- हरित क्रान्ति शब्द का प्रयोग सबसे पहले संयुक्त राज्य अमेरिका के विलियम एस. गौड (William S Guad) ने किया था। सर्वप्रथम हरित क्रान्ति का प्रारम्भ रॉक फेलर फोर्ड फाउण्डेशन (मैक्सिको) के संचालन में 1950 के दशक में हुआ। इसका श्रेय इस कार्यक्रम के निर्देशक डॉ. नॉर्मन बोरलॉग को जाता है।
- भारत के सन्दर्भ में हरित क्रान्ति का तात्पर्य छठे दशक के मध्य में कृषि उत्पादन की उस तीव्र वृद्धि से है, जो ऊँची उपज वाले बीजों सिंचाई एवं रासायनिक खादों व नई तकनीक के प्रयोग के फलस्वरूप हुई। इसका श्रेय कृषि वैज्ञानिक एम. एस. स्वामीनाथन को जाता है। हरित क्रान्ति के फलस्वरूप गेहूँ, गन्ना, मक्का, बाजरा आदि फसलों के प्रति हेक्टेयर उत्पादन एवं कुल उत्पादन में अत्यधिक वृद्धि हुई।
- हरित क्रान्ति के प्रमुख क्षेत्र के अन्तर्गत पंजाब, हरियाणा, पश्चिमी उत्तर प्रदेश तथा राजस्थान का गंगानगर जिला आता है। इन क्षेत्रों में खाद्यान्नों के उत्पादन एवं उत्पादकता में भारी वृद्धि हुई। खाद्यान्न में भी गेहूँ के उत्पादन में सर्वाधिक लगभग 6 गुणा वृद्धि दर्ज की गई। चावल के उत्पादन में 3 गुणा वृद्धि हुई।
- दालों के उत्पादन में भी वृद्धि हुई, हालाँकि तिलहन के उत्पादन में आशाजनक वृद्धि नहीं हुई। वर्ष 1987 में सूखे के प्रभाव और खाद्य पदार्थों के उत्पादन में कमी जैसे कारकों को ध्यान में रखकर सातवीं पंचवर्षीय योजना का पुनर्मूल्यांकन किया गया और यह निर्णय लिया गया कि हरित क्रान्ति के दूसरे चरण की आवश्यकता है।

द्वितीय हरित क्रान्ति

- देश में बढ़ती जनसंख्या के परिप्रेक्ष्य में भूतपूर्व राष्ट्रपति ए.पी.जे. अब्दुल कलाम ने द्वितीय हरित क्रान्ति की तत्काल आवश्यकता पर बल दिया था। इस हरित क्रान्ति में मिट्टी से लेकर विपणन तक के सभी पक्षों का समावेश किया जाना था।
- डॉ. एम. एस. स्वामीनाथन ने भी एक व्याख्यान में विचार व्यक्त किया कि हरित क्रान्ति की सफलता के पश्चात् सदाबहार हरित क्रान्ति की ओर बढ़ने की आवश्यकता है, ताकि देश के वर्तमान खाद्य उत्पादन को 275.16 मीट्रिक टन से 420 मीट्रिक टन किया जा सके।
- हरित क्रान्ति के द्वितीय चरण में निम्नलिखित बिन्दुओं पर बल दिया गया।
  - सिंचाई के लिए भूमिगत जल के प्रयोग।
  - संकर बीज व उर्वरकों के छोटे पैकेटों की उपलब्धता।
  - कीटनाशकों पर उत्पाद कर में छूट।
- मेगा फूड पार्क इस योजना के अन्तर्गत किसानों, प्रसंस्करण कर्ताओं तथा खुदरा विक्रेताओं को साथ लेकर कृषि उत्पादों को बाजार से जोड़ने की

क्रिया विधि है, ताकि अधिकतम मूल्य वर्धन, न्यूनतम अपव्यय के साथ-साथ किसानों की आय व ग्रामीण क्षेत्रों में रोजगार के अवसरों में वृद्धि की जा सके। वर्तमान में भारत में 39 मेगा फूड पार्कों की स्थापना की गई है, जिसमें से 22 मेगा फूड पार्क क्रियाशील हैं।

अन्य प्रमुख क्रान्तियाँ

क्रान्तियाँ	सम्बद्ध क्षेत्र
हरित क्रान्ति	प्रमुख अनाज (गेहूँ)
श्वेत क्रान्ति	दुग्ध
नीली क्रान्ति	मछली
पीली क्रान्ति	सरसों का तेल (तिलहन उत्पादन)
भूरी क्रान्ति	ऊन उत्पादन
बादामी क्रान्ति	मसाला उत्पादन
गुलाबी क्रान्ति	झींगा उत्पादन
इन्द्रधनुषी क्रान्ति	सभी क्रान्तियों को बढ़ावा
लाल क्रान्ति	मांस व टमाटर उत्पादन
रजत क्रान्ति	अण्डा/कुक्कुट उत्पादन
सुनहरी क्रान्ति	फल उत्पादन/शहद उत्पादन
गोल क्रान्ति	आलू उत्पादन
सदाबहार क्रान्ति	जैविक खेती को प्रोत्साहन और किसानों को फसल का उचित मूल्य दिलाना और उत्पादकता बढ़ाना
स्लेटी क्रान्ति	उर्वरक उत्पादन
इन्द्रधनुषीय क्रान्ति	सभी क्षेत्रों में उत्पादन वृद्धि
सेफ्रॉन क्रान्ति	केसर उत्पादन

भारत में कृषि से सम्बन्धित प्रमुख संस्थाएँ

संस्थाएँ	स्थान	संस्थाएँ	स्थान
राष्ट्रीय मांस व पॉल्ट्री बोर्ड	दिल्ली	भारतीय दलहन अनुसन्धान संस्थान	कानपुर
केन्द्रीय तम्बाकू अनुसन्धान संस्थान	राजमहेन्द्रवरम् (आन्ध्र प्रदेश)	राष्ट्रीय कृषि और ग्रामीण विकास बैंक	मुम्बई
केन्द्रीय आलू अनुसन्धान संस्थान	शिमला	राष्ट्रीय मात्स्यिकी विकास बोर्ड	हैदराबाद (तेलंगाना)
केन्द्रीय वनस्पति अनुसन्धान संस्थान	लखनऊ	राष्ट्रीय चावल शोध संस्थान	कटक (ओडिशा)
केन्द्रीय नारियल अनुसन्धान संस्थान	कासरगोड (केरल)	राष्ट्रीय डेयरी अनुसन्धान संस्थान	करनाल (हरियाणा)
केन्द्रीय जूट प्रौद्योगिकी अनुसन्धान संस्थान	कोलकाता	भारतीय गन्ना अनुसन्धान संस्थान	लखनऊ
भारतीय सब्जी अनुसन्धान संस्थान	वाराणसी	विपणन एवं निरीक्षण निदेशालय	फरीदाबाद
केन्द्रीय रेशम उत्पादन अनुसन्धान एवं प्रशिक्षण संस्थान	मैसूर	चौधरी चरण सिंह राष्ट्रीय कृषि विपणन संस्थान	जयपुर
केन्द्रीय शुष्क बागवानी संस्थान	बीकानेर	भारतीय कृषि अनुसन्धान संस्थान	नई दिल्ली
अन्तर्राष्ट्रीय मक्का और गेहूँ वृद्धि केन्द्र	मैक्सिको	समेकित कीट प्रबन्धन राष्ट्रीय केन्द्र	नई दिल्ली

पशुपालन

- भारत में विश्व के सबसे अधिक मवेशी (192.49 मिलियन) हैं। देश में पशुओं की गणना वर्ष 1919-20 में शुरू की गई थी। तब से प्रत्येक पाँच वर्ष में यह गणना की जाती है।
- स्वतन्त्र भारत में पहली पशुगणना वर्ष 1951 में की गई। 20वीं पशु जनगणना, 2019 के अनुसार, भारत में कुल पशुधन 535.78 मिलियन है।
- भारत में विश्व की लगभग 16% गाय एवं बैल, 57% भैंस, 20% बकरी तथा 4% भेड़ पाए जाते हैं। भारत में कुल कृषि उत्पादन में पशु उत्पाद का योगदान लगभग 25% है।
- देश के दूध उत्पादन में भैंस, गाय एवं बकरी का भाग क्रमशः 50%, 46% तथा 4% हैं।
- देश के दूध उत्पादन में उत्तर प्रदेश का प्रथम स्थान है, उसके बाद राजस्थान एवं आन्ध्र प्रदेश का स्थान आता है। देश में अधिकांश दुग्धोत्पादन पारिवारिक आधार पर किया जाता है।
- विश्व में सर्वाधिक भैंसें भारत (109.35 मिलियन) में हैं। भारत में सबसे अधिक भैंसें उत्तर प्रदेश एवं राजस्थान में पाई जाती हैं। इन पशुओं के अतिरिक्त भारत में भेड़ें, बकरियाँ, सुअर आदि भी पाए जाते हैं।
- अधिकांश भेडें शुष्क, बंजर तथा पर्वतीय प्रदेशों में पाई जाती हैं। इनसे दूध, ऊन के साथ-साथ मांस भी प्राप्त होता है।
- भारत में सर्वाधिक भेड़ें आन्ध्र प्रदेश में पाई जाती हैं। बकरी को गरीब आदमी की गाय भी कहा जाता है। मवेशी, पर्यावरण में अमोनिया (NH_3) विमुक्त करते हैं।
- दूध देने वाली गायों की नस्लें गिर, साहीवाल, सिन्धी, सेवनी, हांसी, कांकरेज एवं मेवाती हैं। नागौरी, मालवी, सीरी आदि गाय कम दूध देती हैं, परन्तु बोझा ढोने के लिए उपयुक्त होती हैं।
- 20वीं पशुधन गणना के अनुसार, गाय-बैल की कुल संख्या 19.2 करोड़ है। गाय-बैल के पालन में भारत का अग्रणी राज्य पश्चिम बंगाल है, जबकि दूसरा राज्य उत्तर प्रदेश है।

पशुधन गणना

20वीं पशुधन गणना 2019	महत्त्वपूर्ण तथ्य
कुल पशुधन	53.57 करोड़
गायों की कुल संख्या	14.5 करोड़
भैंसों की कुल संख्या	10.9 करोड़
भेड़ों की कुल संख्या	7.4 करोड़
बकरियों की कुल संख्या	14.8 करोड़
मुर्गे- मुर्गियों की कुल संख्या	85.2 करोड़
ऊँटों की कुल संख्या	2.5 लाख
गधों की कुल संख्या	1.2 लाख
खच्चरों की कुल संख्या	84 हजार
सुअरों की कुल संख्या	90 लाख
कुल बोवाइन पशु (मवेशी, याक, मिथुन, भैंस)	30.2 करोड़

- राष्ट्रीय डेयरी अनुसन्धान संस्थान, करनाल (हरियाणा) ने विश्व में पहली भैंस क्लोन गरिमा बनाने में सफलता प्राप्त की। क्लोन भैंसे गरिमा-I ने 25 जनवरी, 2013 को एक बच्चे को जन्म दिया, जिनका नाम गरिमा II रखा गया। इसके साथ ही भारत पहला देश बन गया, जहाँ क्लोन से तैयार भैंस ने बच्चे को जन्म दिया हो।

पशुधन संख्या में शीर्ष राज्य

1.	उत्तर प्रदेश	6.78 करोड़	4.	पश्चिम बंगाल	3.74 करोड़
2.	राजस्थान	5.68 करोड़	5.	बिहार	3.65 करोड़
3.	मध्य प्रदेश	4.06 करोड़			

भैंस की प्रमुख नस्लें

नस्ल	उपयोग	राज्य/क्षेत्र	नस्ल	उपयोग	राज्य/क्षेत्र
भदवारी	दुधारू	उत्तर प्रदेश, मध्य प्रदेश	नागपुरी	भारवाहक	महाराष्ट्र, मध्य प्रदेश
जफरावादी	दुधारू	गुजरात	नीली रावी	दुधारू	हरियाणा, पंजाब
महसाणा	दुधारू	गुजरात	सूरती	दुधारू	गुजरात
मुर्रा	दुधारू	पंजाब, हरियाणा			

गाय की प्रमुख नस्लें

नस्ल	राज्य/क्षेत्र	नस्ल	राज्य/क्षेत्र
गिर	गुजरात	मेवाती	पश्चिमी उत्तर प्रदेश एवं राजस्थान
कांकरेज	पश्चिमी भारत	हांसी	गिर, सिन्धी
सेवनी	दक्षिणी भारत	साहीवाल	पंजाब

श्वेत क्रान्ति (ऑपरेशन फ्लड)

देश में दुग्ध उत्पादन में उल्लेखनीय वृद्धि को श्वेत क्रान्ति के नाम से जाना जाता है। नेशनल डेयरी डेवलपमेण्ट बोर्ड के अध्यक्ष वर्गीज कुरियन ने वर्ष 1970 में ऑपरेशन फ्लड कार्यक्रम शुरू किया। इसे तीन चरणों में शुरू किया गया था

ऑपरेशन फ्लड

ऑपरेशन फ्लड I

डॉ. वर्गीज कुरियन के नेतृत्व में राष्ट्रीय डेयरी विकास कार्यक्रम के अन्तर्गत वर्ष 1970 में यह कार्यक्रम शुरू किया गया। यह कार्यक्रम 10 राज्यों में शुरू किया गया, जिसके अन्तर्गत 17 फीडर डेयरियाँ स्थापित की गईं।

ऑपरेशन फ्लड II

वर्ष 1980-83 में यह कार्यक्रम शुरू किया गया और इसका उद्देश्य 144 नगरों में बाजार को व्यवस्थित करना, चारे की उपयुक्त व्यवस्था करना तथा पशुओं में बीमारियों की रोकथाम करना।

ऑपरेशन फ्लड III

वर्ष 1985-94 में यह कार्यक्रम शुरू किया गया और इसका उद्देश्य राज्यों के 250 जिलों में 170 दुग्ध केन्द्र स्थापित करना था। ऑपरेशन फ्लड एकीकृत कार्यक्रम है, जिसने 65,092 डेयरी सहकारिता समितियों के माध्यम से 83.5 लाख किसानों को लाभ पहुँचाया है।

मुर्गी पालन/कुक्कुट पालन

- कुक्कुट पालन के अन्तर्गत मुर्गी, बत्तख, तीतर, बटेर, हंस या तान मयूर आदि का मांस, अण्डे एवं पंखों के लिए पालन किया जाता है।
- भारत में वृहत आधार पर मुर्गी पालन आन्ध्र प्रदेश, तमिलनाडु, पश्चिम बंगाल, महाराष्ट्र और कर्नाटक में किया जाता है।
- देश के लगभग सभी महत्त्वपूर्ण शहरी केन्द्रों के आस-पास पॉल्ट्री फार्म विकसित किए जा रहे हैं। बत्तखों की सबसे अधिक संख्या पश्चिम बंगाल में हैं और इसके पश्चात् असम, तमिलनाडु, केरल, आन्ध्र प्रदेश, बिहार और ओडिशा में इनका पालन किया जाता है।
- देश में सबसे अधिक मुर्गी पालन तमिलनाडु में होता है। इसके बाद आन्ध्र प्रदेश, तेलंगाना, पश्चिम बंगाल तथा महाराष्ट्र हैं।

भारत में मुर्गी की देशी नस्ल

नस्ल	राज्य
असील	उत्तर प्रदेश
चिटगाँव	पश्चिम बंगाल
घगूस	आन्ध्र प्रदेश

- भारत में वर्ष 2022-23 में 138376 मिलियन अण्डों का उत्पादन हुआ है। अण्डा उत्पादन में भारत का तीसरा स्थान है। यहाँ अण्डों की उपलब्धता 101 अण्डे प्रति व्यक्ति प्रतिवर्ष है।

राष्ट्रीय डेयरी योजना

- केन्द्र सरकार ने दुग्ध बढ़ाने के उद्देश्य से 6 मई, 2012 को ₹ 17 हजार करोड़ की लागत से राष्ट्रीय डेयरी योजना की शुरुआत की।
- राष्ट्रीय डेयरी योजना (National Dairy Plan) का संचालन पशुपालन और डेयरी विभाग की ओर से विश्व बैंक के सहयोग द्वारा किया जा रहा है।
- यह योजना देश के 18 राज्यों में दुग्ध सहकारी समितियों और दुग्ध उत्पादक कम्पनियों को प्रजनन सुधार पहल के साथ समर्थन देने के लिए चलाई जा रही है।
- इस योजना का मुख्य उद्देश्य दुधारू पशुओं की उत्पादकता बढ़ाने में सहायता करना है, जिससे दूध की तेजी से बढ़ती माँग को पूरा करने के लिए दुग्ध उत्पादन में वृद्धि हो सके।

डेयरी विकास

- डेयरी फार्मिंग (Dairy Farming) के अन्तर्गत पशु दूध के उत्पादन एवं प्रसंस्करण का कार्य होता है।
- **आर्थिक समीक्षा**, 2023-24 के अनुसार, विश्व में दुग्ध उत्पादन में भारत का योगदान 24.76% है। दूध की अखिल भारतीय प्रति व्यक्ति उपलब्धता 471 ग्राम प्रतिदिन है। भारत में दुग्ध उत्पादन के सन्दर्भ में उत्तर प्रदेश का प्रथम स्थान है। उसके बाद क्रमशः राजस्थान, मध्य प्रदेश, गुजरात एवं आन्ध्र प्रदेश हैं।

रेशम उत्पादन

- रेशम का उत्पादन रेशम के कीड़ों द्वारा किया जाता है। ये रेशम के कीड़े शहतूत, महुआ, साल एवं कुसुम आदि वृक्षों की पत्तियों पर पाले जाते हैं। विश्व के रेशम उत्पादन में भारत का दूसरा स्थान है। यहाँ विश्व का 17% रेशम उत्पन्न किया जाता है।

- भारत में चारों प्रकार के रेशम का उत्पादन होता है—मलबरी, टसर, मूँगा, ईरी। रेशम के उत्पादन में कर्नाटक का स्थान सर्वोपरि है, जिसके बाद क्रमशः आन्ध्र प्रदेश, पश्चिम बंगाल, तमिलनाडु एवं असम आते हैं। ये पाँच राज्य मिलकर देश के लगभग 90% रेशम का उत्पादन करते हैं।
- टसर झारखण्ड में सर्वाधिक (74.2%), ईरी असम में सर्वाधिक (64.2%), मूँगा रेशम असम में सर्वाधिक (81.7%), शहतूत रेशम कर्नाटक में सर्वाधिक (42.2%) होती है। प्राकृतिक रेशम के उत्पादन में भारत का चीन के बाद दूसरा स्थान है।

मत्स्य पालन

- देश में मछली पालन (Fisheries) के उत्पादन में तीव्र वृद्धि को नीली क्रान्ति की संज्ञा दी गई है। भारत में इसकी शुरुआत सातवीं पंचवर्षीय योजना (1985-90) के दौरान हुई। नीली क्रान्ति के अन्तर्गत तीन कार्यों पर बल दिया गया
  - मशीनी एवं तकनीकी विकास।
  - मत्स्य कृषि को बढ़ावा दिया जाना।
  - सहकारिता एवं विपणन की सुविधा।
- सामुद्रिक मात्स्यिकी (Marine Fisheries) तटीय क्षेत्र के अन्तर्गत आता है, जो पश्चिम में कोंकण तट से पूर्व में उत्तरी सरकार तट तक विस्तृत हैं। इस क्षेत्र में 5600 किमी की लम्बाई में, 2,81,600 वर्ग किमी क्षेत्र में मत्स्य पालन होता है। 75% से अधिक मछलियाँ पश्चिमी तट से प्राप्त होती हैं।
- इस क्षेत्र में फॉस्फेट और नाइट्रेट की अधिकता है, जो मत्स्य पालन के लिए अनुकूल हैं। यहाँ प्रमुख मछलियाँ साइडाइन, मैनेरल और प्रॉन (झींगा) हैं। अन्तर्देशीय मात्स्यिकी के अन्तर्गत नदियाँ, नहरें, तालाब, झीलें आदि आते हैं।
- इस क्षेत्र के अन्तर्गत प्रमुख राज्य पश्चिम बंगाल, बिहार और असम हैं। यहाँ की प्रमुख मछलियाँ कटला, टेंगरा, रोहिटा, हिलसा आदि हैं। ज्वारनदमुख मात्स्यिकी के अन्तर्गत गंगा, महानदी, नर्मदा, तापी, कृष्णा, गोदावरी एवं कावेरी नदियों के ज्वारनदमुख क्षेत्र आते हैं। यहाँ की प्रमुख मछली झींगा (Prawn) है।
- पर्ल मछली पालन (Pearl Fishery) ये मछलियाँ समुद्र तट से 20 किमी की दूरी पर स्थित 18 से 22 मीटर गहरे पर्ल बैंकों से प्राप्त होती हैं। इसके प्रमुख क्षेत्र अण्डमान एवं निकोबार, मन्नार की खाड़ी एवं कच्छ की खाड़ी हैं। तमिलनाडु के कुमारी द्वीप में घोंघा मछलियाँ पकड़ी जाती हैं। यह क्षेत्र राज्य सरकारों के अधीन है।
- देश में सर्वाधिक सामुद्रिक मछलियाँ गुजरात में पकड़ी जाती हैं। उसके बाद केरल, महाराष्ट्र एवं तमिलनाडु का स्थान है। ताजे जल की मछली के उत्पादन में भारत विश्व में चीन के बाद दूसरे स्थान पर है।
- ताजे जल की मछलियों का सर्वाधिक उत्पादन आन्ध्र प्रदेश उसके बाद क्रमशः पश्चिम बंगाल, उत्तर प्रदेश व ओडिशा का स्थान है।
- भारत के प्रमुख मत्स्य पोताश्रय कोचीन, चेन्नई, रायचौक, सुसॉनडॉक (मुम्बई) तथा पारादीप हैं।
- वर्ष 2022-23 में, भारत का कुल समुद्री और अन्तर्देशीय मछली उत्पादन 175.45 लाख टन था, जिसमें अन्तर्देशीय और समुद्री क्षेत्रों में क्रमशः 131.33 लाख टन और 44.12 लाख टन शामिल हैं।

नीली क्रान्ति

- नीली क्रान्ति का तात्पर्य भारत में मत्स्य पालन के सतत और समग्र विकास से है। इसका उद्देश्य मछली उत्पादन बढ़ाना, जलीय कृषि को बढ़ावा देना, आजीविका के अवसर बढ़ाना और बढ़ती आबादी के लिए खाद्य सुरक्षा सुनिश्चित करना।
- भारत में नीली क्रान्ति की शुरुआत सातवीं पंचवर्षीय योजना (1985-90) के दौरान हुई, जबकि नीली क्रान्ति योजना की शुरुआत 2015-16 में की गई थी। इसमें समुद्री मत्स्य पालन, अन्तर्देशीय मत्स्य पालन तथा जलकृषि जैसे क्षेत्रों पर ध्यान केन्द्रित किया गया।

भेड़ एवं बकरी पालन

- देश में भेड़ों की कुल संख्या वर्ष 2019 में 74.26 मिलियन है, जो पिछली गणना की तुलना में 14.1% अधिक है।
- भेड़ों की संख्या की दृष्टि से भारत का विश्व में तीसरा स्थान है। देश में भेड़ों की कुल 42 नस्लें हैं। भारतीय भेड़ों की नस्ल सुधारने के लिए मरिनो भेड़ का आयात किया जाता है।
- भारत में भेड़ मुख्यतः पठारी एवं पहाड़ी क्षेत्रों में पाली जाती है। भेड़ की सर्वाधिक दूध देने वाली नस्ल लोही भेड़ें हैं।
- भेड़ों की सर्वाधिक संख्या तेलंगाना में है। उसके बाद क्रमशः आन्ध्र प्रदेश, कर्नाटक, राजस्थान और तमिलनाडु का स्थान है।
- बकरियों की संख्या की दृष्टि से भारत विश्व में प्रथम तथा चीन दूसरे स्थान पर है।
- देश में बकरियों की कुल 26 नस्लें हैं, जिनमें उत्तर प्रदेश की जमुनापारी बकरी सर्वाधिक दूध देने वाली बकरी है।
- केन्द्रीय बकरी अनुसन्धान संस्थान (Central Goat Research Institute) मखदम उत्तर प्रदेश के मथुरा जिले में स्थित है। बकरी दुग्ध उत्पादन में भारत का प्रथम स्थान है।
- बकरियों की सर्वाधिक संख्या राजस्थान में है, उसके बाद क्रमशः पश्चिम बंगाल, उत्तर प्रदेश, बिहार और मध्य प्रदेश का स्थान है।

मधुमक्खी पालन

- मधुमक्खियाँ की भाषा (नाच) के लिए प्रो. कार्ल वॉन फ्रिश को नोबेल पुरस्कार प्रदान किया गया था। मधुमक्खी की उपयोगिता केवल शहद के लिए ही नहीं है, बल्कि फसलों के उत्पादन में वृद्धि में भी इनका योगदान है।
- मधुमक्खियाँ फूलों में निषेचन क्रिया करके उत्तम फलों के विकास में सहायक होती हैं।
- मधुमक्खी के शहद में शर्करा 78%, जल 17% तथा एंजाइम 5% पाए जाते हैं।
- शहद उत्पादन में अग्रणी राज्य उत्तर प्रदेश, पश्चिम बंगाल तथा पंजाब हैं।

"

बहुउद्देशीय परियोजनाओं का मुख्य उद्देश्य कृषि उत्पादन को बढ़ाना एवं जल संसाधनों का उचित प्रबन्धन करना है। कृषि एवं सिंचाई के अलावा यह परियोजना पेयजल, बिजली उत्पादन एवं परिवहन के लिए भी उपयोगी है। इसके तहत नदी, नहर, जलाशय, बाँध एवं जल संग्रह सुविधाओं का निर्माण किया जाता है।

अध्याय नौ

सिंचाई एवं बहुउद्देशीय परियोजनाएँ

सिंचाई

- कृषि की नियमितता व उत्पादकता बनाए रखने के लिए खेतों में कृत्रिम रूप से जल आपूर्ति सुनिश्चित करना सिंचाई कहलाता है।
- कृषि को जल दो साधनों से प्राप्त होता है-प्राकृतिक और कृत्रिम। भारत की भौगोलिक परिस्थिति इस प्रकार है कि सफलतापूर्वक कृषि कार्य चलाने के लिए सिंचाई के साधनों को जुटाना आवश्यक है।
- भारतीय परिप्रेक्ष्य में अनिश्चित मानसूनी वर्षा की स्थानिक व कालिक भिन्नता, वर्षा ऋतु की सीमित अवधि, वर्षा का मूसलाधार स्वरूप आदि कुछ ऐसे कारण हैं, जिनके द्वारा सिंचाई की आवश्यकता सदैव बनी रहती है।

सिंचाई का वितरण

- कुल क्षेत्रफल के प्रतिशत की दृष्टि से सर्वाधिक सिंचित राज्य पंजाब है। यहाँ 97.8% क्षेत्रफल पर सिंचाई सुविधाएँ उपलब्ध हैं।
- देश में सबसे कम सिंचित क्षेत्र प्रतिशत की दृष्टिकोण से मिजोरम में पाया जाता है। यहाँ केवल 7.3% क्षेत्रफल पर सिंचाई सुविधाएँ उपलब्ध हैं।
- भारत के शीर्ष पाँच सिंचित राज्य (कुल क्षेत्रफल की दृष्टि से) इस प्रकार हैं—उत्तर प्रदेश, राजस्थान, मध्य प्रदेश, पंजाब और आन्ध्र प्रदेश।

सिंचाई परियोजनाओं का वर्गीकरण

लघु सिंचाई परियोजनाएँ

- इसके अन्तर्गत 2,000 हेक्टेयर से कम क्षेत्र की सिंचाई होती है। इसके अन्तर्गत कुआँ, नलकूप, पम्प सेट, तालाब, ड्रिप व स्प्रिंकलर सिंचाई, एनीकट आदि को शामिल किया जाता है।
- देश में सिंचित क्षेत्र के संवर्द्धन की दिशा में लघु सिंचाई के बढ़ते महत्त्व को देखते हुए जून, 2010 में राष्ट्रीय सूक्ष्म सिंचाई मिशन (NMMI) की शुरुआत की गई थी।

मध्यम सिंचाई परियोजनाएँ

इसके अन्तर्गत 2,000 से 10,000 हेक्टेयर तक क्षेत्र की सिंचाई होती है और इनमें छोटी नहरों को शामिल किया जाता है।

वृहद् सिंचाई परियोजनाएँ

इसके अन्तर्गत 10,000 से अधिक क्षेत्रों की सिंचाई होती है, इसके लिए बड़े बाँध बनाकर नहरें निकाली जाती हैं।

सिंचाई के साधन

सतही व भौम जल की उपलब्धता, उच्चावच (Relief) संरचना, मृदा व जलवायु की दशा में भिन्नता के कारण देश में सिंचाई के कई साधन विकसित हुए हैं। हालाँकि मुख्य साधन के रूप में नहरें (40%), कुएँ एवं नलकूप (45%) तथा तालाब (15%) हैं।

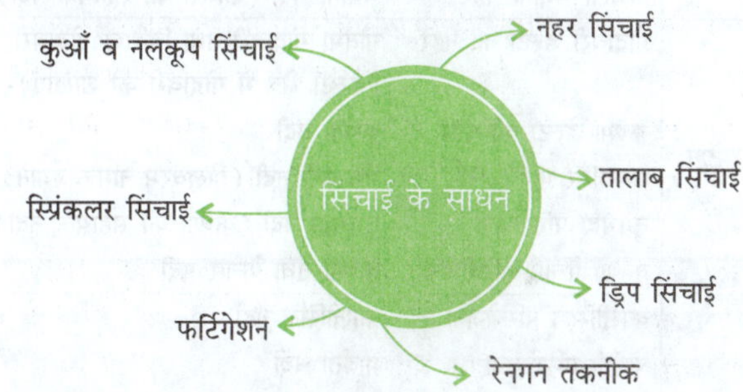

कुआँ एवं नलकूप सिंचाई

- कुआँ एवं नलकूप सिंचाई भारत में सबसे व्यापक रूप से उपयोग होने वाली सिंचाई प्रणाली है। देश की लगभग 45.% सिंचित भूमि इस सिंचाई प्रणाली के अन्तर्गत आती है।
- कुएँ के जल से सिंचाई करने से कुछ समस्याएँ हो सकती हैं; जैसे—भूमिगत जलस्तर (Under ground water Level) नीचे होने पर कुओं में जल बहुत गहराई में मिलता है। कुछ कुओं का जल बहुत खारा होता है, जो फसलों के लिए हानिकारक होता है, क्योंकि खारे जल में उपयोगी खनिजों का अभाव होता है।
- दक्षिणी भारत में पथरीले धरातल के कारण नलकूपों का प्रचलन कम होता है।
- नलकूपों से सिंचाई के मामले में उत्तर प्रदेश के बाद क्रमशः गुजरात, राजस्थान एवं पंजाब का स्थान आता है।
- नलकूप द्वारा सिंचाई से सिंचाई व्यय में कमी, जल की बर्बादी में गिरावट तथा लवण एवं बालू जमने की समस्या समाप्त हुई है, जो नहर सिंचाई की मुख्य समस्याएँ हैं।

नहर सिंचाई

- भारत के 40% भू-भाग पर नहर द्वारा सिंचाई होती है। देश की अधिकांश नहरें उत्तर-पश्चिमी भारत के मैदानी भाग में हैं। यहाँ पर बहने वाली नदियाँ हिमालय के हिमाच्छादित भागों से निकलती हैं, जिनमें वर्षभर जल प्रवाहित होता रहता है। अत: इन नदियों से निकाली जाने वाली नहरों से पर्याप्त जलराशि प्राप्त होती है, जिससे आवश्यकतानुसार सिंचाई की जा सकती है।
- यहाँ की मिट्टी मुलायम होती है, जिससे इस क्षेत्र में नहरों की खुदाई आसानी से की जा सकती है।
- नहरों द्वारा देश के कुल सिंचित क्षेत्र का सर्वाधिक विस्तार उत्तर प्रदेश में है। इसके अतिरिक्त मध्य प्रदेश, आन्ध्र प्रदेश, हरियाणा, पंजाब, बिहार इत्यादि प्रदेशों में भी नहरों द्वारा सिंचाई की जाती है।

भारत की प्रमुख नहरें

राज्य	नहर	स्रोत
केरल	मालमपुझा बाँध	मालमपुझा नदी (पलक्कड़ जिला)
	वलायर की नहरें	कोरायर नदी
	मंगलम परियोजना	चेरूकुना पुझा नदी
तमिलनाडु	कावेरी डेल्टा नहर	कोल्लिडम नदी (कावेरी नदी की सहायक)
	मेट्टूर परियोजना	कावेरी नदी
	निचली भवानी नहर	भवानी नदी (कावेरी की सहायक नदी)
आन्ध्र प्रदेश	गोदावरी डेल्टा की नहरें	गौतमी गोदावरी तथा विशिष्ट गोदावरी (डेल्टा क्षेत्र में गोदावरी की शाखाएँ)
	कृष्णा डेल्टा की नहरें	कृष्णा नदी
	रामसागर परियोजना	गोदावरी नदी (पोलवरम नामक स्थान)
	तुंगभद्रा परियोजना	तुंगभद्रा नदी (कृष्णा की सहायक नदी)
	कृष्णा पेन्नार परियोजना	कृष्णा तथा पेन्नार नदी
राजस्थान	कालीसिल परियोजना	कालीसिल नदी
	पार्वती परियोजना	पार्वती नदी
	घग्घर परियोजना	घग्घर नदी
	इन्दिरा नहर	सतलुज एवं व्यास नदियों के संगम पर स्थित हरिके बैराज
	बीकानेर नहर (गंग नहर)	सतलुज नदी
महाराष्ट्र	गोदावरी नहर	गोदावरी नदी (बेल झील के समीप)
	मूला परियोजना	मूला नदी
	वीर परियोजना	नीरा नदी
बिहार	पूर्वी सोन नहर	सोन नदी
	पश्चिमी सोन नहर	सोन नदी
	त्रिवेणी नहर	गण्डक नदी
पश्चिम बंगाल	एडन नहर	दामोदर नदी
	तिलपाड़ा बाँध की नहरें	मयूराक्षी नदी (बीरभूम जिला)
	दुर्गापुर नहर	दामोदर नदी (दुर्गापुर)
पंजाब	सरहिन्द नहर	सतलुज नदी
	ऊपरी बारी दोआब नहर	रावी नदी
	नांगल बाँध नहर	सतलुज नदी
	बिस्त दोआब नहर	सतलुज नदी
	भाखड़ा नहर	सतलुज नदी
	पूर्वी नहर	रावी नदी
उत्तर प्रदेश एवं उत्तराखण्ड	पूर्वी यमुना नहर	यमुना नदी
	ऊपरी गंगा नहर	गंगा नदी (हरिद्वार के समीप)
	निचली गंगा नहर	गंगा नदी (नरौरा, बुलन्दशहर)
	शारदा नहर	शारदा नदी
हरियाणा	पश्चिमी यमुना नहर	यमुना नदी
	गुड़गाँव नहर	यमुना नदी

तालाब सिंचाई

- धरातल पर प्राकृतिक या कृत्रिम रूप से जिन निम्न भागों में वर्षा का जल एकत्रित हो जाता है, उन्हें तालाब (Pond) कहते हैं।
- तालाबों द्वारा सिंचाई तमिलनाडु, पश्चिम बंगाल, कर्नाटक, ओडिशा, बिहार, राजस्थान आदि राज्यों में की जाती हैं। भारत के तमिलनाडु में तालाबों द्वारा सर्वाधिक सिंचाई होती है।

ड्रिप सिंचाई

- इसे टपक सिंचाई (Drip Irrigation) भी कहा जाता है। इसमें पौधों की जड़ों में बूँद-बूँद करके जल पहुँचाया जाता है, जिससे जल की हानि कम होती है एवं उसका अधिकतम उपयोग होता है।
- आधुनिक कृषि में इसका व्यापक प्रचलन बढ़ रहा है। ड्रिप सिंचाई में जल के साथ-साथ उर्वरकों को पौधों तक पहुँचाना फर्टिगेशन (सिंचाई के माध्यम से फसलों को धुले हुए उर्वरक एवं सूक्ष्म पोषक तत्त्व देने की तकनीक) कहलाता है।
- इस सिंचाई विधि का सर्वप्रथम प्रयोग इजरायल में किया गया था। सिंचाई की इस विधि का उपयोग रेतीली मृदा व बागों की सिंचाई के लिए किया जाता है।

स्प्रिंकलर सिंचाई

इसमें जल को विभिन्न पाइप आदि के माध्यम से उच्च दबाव पर छोड़ा जाता है, जिससे यह लक्षित क्षेत्र या खेतों में ऊपर से पौधों को पानी उपलब्ध कराता है। इसका उपयोग गार्डन एवं सब्जी उत्पादन में काफी बढ़ा है। इसको फव्वारा सिंचाई (Sprinkler Irrigation) भी कहा जाता है।

फर्टिगेशन

- इस प्रणाली में उर्वरक को विलयन के रूप में प्रयोग किया जाता है। यह ड्रिप सिंचाई (Fertigation) जल के रिसाव से बचाती है, जो मृदा की क्षारीयता को भी नियन्त्रित करती है।
- फर्टिगेशन के आधुनिक स्वरूप का जन्मदाता इजराइल को माना जाता है। इस विधि के द्वारा एक तत्वीय अथवा बहुतत्वीय उर्वरक का प्रयोग किया जा सकता है, जिसके लिए नाइट्रोजन एवं पोटैशियम उर्वरकों का प्रयोग किया जाता है।

रेनगन तकनीक

इस तकनीक में 20 से 60 मी की दूरी तक प्राकृतिक वर्षा की तरह सिंचाई की जाती है। इसमें कम पानी से अधिक क्षेत्रफल को सींचा जा सकता है। सब्जी तथा दलहन फसलों के लिए यह माइक्रो स्प्रिंकलर (Micro Sprinkler) सेट बहुत उपयोगी है, इससे ढाई मी के व्यास में बरसात जैसी बूँदों से सिंचाई होती है।

देश के विभिन्न क्षेत्रों की पारम्परिक जल संरक्षण संरचना तथा सिंचाई पद्धतियाँ

जैव भौतिकीय क्षेत्र	राज्य/क्षेत्र	संरचना	विवरण
ट्रान्स हिमालय	लद्दाख	जिंग	बर्फ से जल एकत्रित करने वाला टैंक
पश्चिमी हिमालय	जम्मू-कश्मीर	कुल	पर्वतीय क्षेत्र के जल नाले
	उत्तराखण्ड	नौला	छायादार वृक्षों से घिरे छोटे तालाब
	हिमाचल प्रदेश	कुहल	प्राकृतिक बाँध या कन्दरा के समीप एक अस्थाई जल भण्डारण जहाँ पर नहरों के माध्यम से सिंचाई की जाती है।
	हिमाचल प्रदेश	खत्री	तराशकर बनाए गए पत्थरों के टैंक
पूर्वी हिमालय	अरुणाचल प्रदेश	अपातानी	सीढ़ीनुमा क्षेत्र जहाँ पानी आने-जाने के मार्ग होते हैं। इस प्रकार का प्रबन्धन निचली सुबनश्री क्षेत्र में अपातानी जनजाति द्वारा मछली पालन एवं चावल की खेती के लिए किया जाता है।
उत्तरी-पूर्वी हिमालय	नागालैण्ड	जाबो	रन ऑफ कच्छ एवं नागालैण्ड के किकरुमा क्षेत्र में यह विधि प्रचलित है। इन क्षेत्रों में बहते हुए जल को सीढ़ीनुमा ढलान बनाकर संगृहीत किया जाता है, जिसका उपयोग पशुपालन एवं खेती हेतु किया जाता है।
		बाँस बूँद सिंचाई	प्राकृतिक जल धारा से बाँस की नालियों के माध्यम से ड्रिप सिंचाई की जाती है।
ब्रह्मपुत्र घाटी	असम	डोंग	बोड़ो जनजाति द्वारा सिंचाई के लिए तालाब निर्माण किया जाता है।
	पश्चिम बंगाल	डूंग/झंपोस	धान की सिंचाई के लिए यह पद्धति जलपाईगुड़ी क्षेत्र में अपनाई जाती है।
पश्चिमी भारत	पश्चिमी राजस्थान	कुण्डा/कुण्डी	यह एक तस्तरीनुमा हौज/तालाब होता है। इनके ढलान पर एक कुआँ होता है। इसमें वर्षा जल का संग्रहण पीने के लिए किया जाता है।
	पश्चिमी राजस्थान	कुई/बेरी	कुएँ के पास एक टैंक का निर्माण किया जाता है, जिसमें कुएँ से रिसा हुआ पानी एवं वर्षा जल एकत्रित होता है।
	राजस्थान/गुजरात	झालर	आयताकार सीढ़ीनुमा टैंक
	जैसलमेर, पश्चिमी राजस्थान	खादिन	ये पहाड़ी ढलानों पर बनाए जाते हैं, जिनमें वर्षा का पानी एकत्रित कर सिंचाई हेतु प्रयोग किया जाता है।
	कच्छ	विरदास	कम गहरे कुएँ
गंगा-सिन्धु मैदान	दक्षिण बिहार पश्चिम बंगाल	अहर-पाइन	अहर एक प्रकार का तालाब होता है तथा पाइन एक कृत्रिम चैनल है, जिसके माध्यम से पानी का उपयोग कृषि में किया जाता है।
	दिल्ली एवं आस-पास के क्षेत्र	दिघी	चौकोर या गोल जलाशय जिनमें नदी के माध्यम से पानी भरा जाता है।
	दिल्ली एवं आस-पास का क्षेत्र	बावली	सीढ़ीदार कुएँ
दक्कन का पठार	चितुर, कुडप्पा	चेरूबू	वर्षा जल का संग्रहण
	उत्तर-पश्चिम महाराष्ट्र	भण्डार	चैक डैम के बहाव में परिवर्तन हेतु नदी पर बाँध बनाना
	उत्तर-पश्चिम महाराष्ट्र	फड़	चैक डैम व नहरें
	रामटेक (महाराष्ट्र)	रामटेक मॉडल	भू-गर्भीय एवं सतही जल स्रोतों का नेटवर्क, जो भू-गर्भीय व सतही नहरों द्वारा जुड़ा होता है।
मध्यवर्ती उच्च भूमि	बुन्देलखण्ड	तालाब/बन्धिरत	जलाशय
	मेवाड़, पूर्वी राजस्थान	साझा कुआँ	खुले कुएँ
	अलवर	जोहड़	मिट्टी के चैक डैम
	मेवाड़	नाड़ा/बाँध	पत्थर के चैक डैम
	झाबुआ (मध्य प्रदेश)	पत	नदियों के बीच डाइवर्जन बाँध
	राजस्थान	रापत	वर्षा जलसंयन्त्र टैंक जैसी संरचना
पूर्वी ऊँची जमीन	ओडिशा	मुण्ड	पानी के रास्ते में मिट्टी का बाँध
	कासारगोड (केरल)	सुरन्गम	क्षैतिज कुएँ इन कुओं का पानी टनल के माध्यम से बाहर निकाल कर एक गहरे गड्ढे में एकत्रित किया जाता है।
	केरल	कोराम्बू	घास एवं अन्य पौधों तथा कीचड़ से बने तात्कालिक बाँध
पूर्वी तटीय मैदान	तमिलनाडु	उरानी	तालाब

बहुउद्देशीय परियोजनाएँ

बहुउद्देशीय परियोजनाओं के द्वारा सिंचाई, जल विद्युत उत्पादन, बाढ़ नियन्त्रण, वृक्षारोपण, पेय जल आपूर्ति, मृदा संरक्षण, नौकायन, मत्स्यपालन, पर्यटन तथा वन्यजीव संरक्षण का उद्देश्य रखा गया था। इसलिए जवाहरलाल नेहरू ने इसे आधुनिक भारत का मन्दिर कहा था। बहुउद्देशीय परियोजनाएँ निम्नलिखित हैं

- दामोदर घाटी परियोजना इस परियोजना की रूपरेखा संयुक्त राज्य अमेरिका की टेनेसी वैली अथॉरिटी (1933) के आधार पर वर्ष 1948 में तैयार की गई थी। दामोदर, हुगली नदी की सहायक नदी है। इस परियोजना से झारखण्ड एवं पश्चिम बंगाल को लाभ हो रहा है। इस परियोजना के अन्तर्गत सिंचाई सुविधा के साथ ही बोकारो, दुर्गापुर, चन्द्रपुर और पतरातु में ताप विद्युत गृह एवं गैस आधारित टरबाइन स्टेशन लगाए गए हैं।
- भाखड़ा नांगल परियोजना इसका निर्माण वर्ष 1963 में किया गया। यह पंजाब, हरियाणा, राजस्थान राज्यों का संयुक्त उपक्रम है। इसके अन्तर्गत भाखड़ा बाँध नहर तन्त्र व विद्युत गृह शामिल हैं। भाखड़ा बाँध सतलुज नदी पर स्थित है तथा यह देश की सबसे बड़ी बहुउद्देशीय परियोजना है। यह विश्व का सबसे बड़ा सीधा गुरुत्व बाँध (लम्बाई 518 मी ऊँचाई 226 मी) है, जिसके द्वारा गोविन्द सागर झील बनाई गई है।
- कोसी परियोजना यह नेपाल और बिहार की संयुक्त परियोजना है। इस परियोजना का मुख्य उद्देश्य जल विद्युत उत्पादन, बाढ़ नियन्त्रण एवं सिंचाई प्रदान करना तथा विनाशकारी बाढ़ की रोकथाम करना है।
- रिहन्द बाँध परियोजना यह उत्तर प्रदेश की सबसे बड़ी बहुउद्देशीय परियोजना है। इसके अन्तर्गत सोन की सहायक रिहन्द नदी पर एक बाँध (सोनभद्र जनपद) बनाया गया है और इसके द्वारा रोके गए जल को गोविन्द वल्लभ पन्त सागर जलाशय में संगृहीत किया गया है। गोविन्द वल्लभ पन्त सागर भारत की सबसे बड़ी कृत्रिम झील है। यह मध्य प्रदेश तथा उत्तर प्रदेश की सीमा पर है।
- पंचेश्वर परियोजना यह भारत-नेपाल का संयुक्त उपक्रम है। भारत और नेपाल की सीमा पर शारदा नदी पर पंचेश्वर बाँध का निर्माण किया जा रहा है। इस परियोजना का प्रमुख उद्देश्य विद्युत उत्पादन, सिंचाई और पेयजल की व्यवस्था को सुनिश्चित करना तथा बिहार और उत्तर प्रदेश में बाढ़ों को नियन्त्रित करना है।
- पोलावरम परियोजना इस योजना को इन्दिरा सागर परियोजना के नाम से भी जाना जाता है। इसे केन्द्र सरकार द्वारा राष्ट्रीय परियोजना (National Project) का दर्जा दिया गया है। यह परियोजना आन्ध्र प्रदेश के पश्चिमी गोदावरी जिले में गोदावरी नदी पर स्थित है।
- किशनगंगा परियोजना यह परियोजना बाँदीपुर जिले में झेलम की सहायक नदी किशनगंगा पर निर्मित की जा रही है। इस परियोजना को एनएचपीसी लिमिटेड द्वारा बनाया जा रहा है। पाकिस्तान इसे वर्ष 1960 के सिन्धु जल समझौते (Sindus Water Agreement) का उल्लंघन मानता है।
- चम्बल परियोजना यह परियोजना यमुना की सहायक चम्बल नदी पर स्थित है। यह राजस्थान और मध्य प्रदेश का संयुक्त उपक्रम है। इस परियोजना का मुख्य उद्देश्य चम्बल नदी की द्रोणी में मृदा का संरक्षण करना है।
- हीराकुड परियोजना यह ओडिशा राज्य में महानदी पर निर्मित परियोजना है। हीराकुड बाँध विश्व के सबसे लम्बे बाँधों में से एक (लम्बाई 4801 मी तथा ऊँचाई 61 मी) है। हीराकुड बाँध बाढ़ों की पुनरावृत्ति के कारण होने वाली गाद की समस्या से ग्रस्त है, जिससे इसकी जल भण्डारण क्षमता घट गई है। पूर्व में महानदी अपनी भयंकर बाढ़ों के कारण ओडिशा का शोक कहलाती थी।
- तुंगभद्रा परियोजना यह कृष्णा की सहायक तुंगभद्रा नदी पर स्थित है। यह कर्नाटक व आन्ध्र प्रदेश राज्यों का संयुक्त उपक्रम (Joint Venture) है। इस परियोजना के अन्तर्गत मल्लापुरम में एक बाँध बनाया गया है। यह दक्षिण भारत की सबसे बड़ी बहुउद्देशीय परियोजना है।
- नागार्जुन सागर परियोजना इस परियोजना का उद्घाटन भारत के प्रथम प्रधानमन्त्री जवाहरलाल नेहरू ने 10 दिसम्बर, 1955 को किया था, जो वर्ष 1967 में पूरी हुई। इसके अन्तर्गत कृष्णा नदी पर नन्दीकोण्डा (नलगोण्डा जनपद, आन्ध्र प्रदेश) के पास एक बाँध बनाया गया है।
- गण्डक परियोजना यह उत्तर प्रदेश और बिहार राज्यों की संयुक्त परियोजना है। इस परियोजना के माध्यम से नेपाल का भू-क्षेत्र लाभान्वित हो रहा है। इस परियोजना के अन्तर्गत बिहार के वाल्मीकि नगर में एक बैराज बनाया गया है।
- व्यास परियोजना यह पंजाब, हरियाणा और राजस्थान राज्यों की सम्मिलित परियोजना है। इसके अन्तर्गत इन्दिरा गाँधी नहर में सर्दी में नियमित जलापूर्ति बनाए रखने के लिए व्यास नदी पर धौलाधर पहाड़ियों में पोंग बाँध (Pong Dam) बनाया गया है। इस बाँध से इन्दिरा गाँधी नहर निकाली गई है, जो विश्व की सबसे लम्बी नहर है। यह सिंचाई का एक महत्त्वपूर्ण साधन है।
- मयूराक्षी परियोजना मयूराक्षी हुगली की सहायक नदी है। इसमें मयूराक्षी नदी पर कनाडा बाँध (Canada Dam) बनाया गया है। इससे पश्चिम बंगाल एवं झारखण्ड राज्य लाभान्वित हो रहे हैं।
- इन्दिरा गाँधी नहर परियोजना इन्दिरा गाँधी (राजस्थान) नहर परियोजना भारत की एक बड़ी सिंचाई परियोजना है, इसे व्यास तथा सतलुज नदी पर बने हरिके बैराज से जल प्राप्त होता है।
- सरदार सरोवर परियोजना यह मध्य प्रदेश, महाराष्ट्र, गुजरात व राजस्थान की संयुक्त परियोजना है, जो नर्मदा व उसकी सहायक नदियों पर निर्मित की गई है। इस परियोजना में 30 बड़े, 135 मध्यम व 3,000 लघु बाँध बनाए गए हैं। यह नर्मदा नदी पर बना एक गुरुत्व बाँध है।
- नर्मदा सागर परियोजना इस परियोजना की आधारशिला अक्टूबर, 1984 में रखी गई थी। इसे इन्दिरा सागर बाँध के नाम से भी जाना जाता है। इस परियोजना के अन्तर्गत पुनासा (मध्य प्रदेश) के निकट बाँध का निर्माण किया गया।

नोट *सरदार सरोवर परियोजना तथा नर्मदा सागर परियोजना नर्मदा घाटी परियोजना के भाग हैं।*

- टिहरी बाँध परियोजना इस बाँध का निर्माण भागीरथी और भीलांगना के संगम के नीचे उत्तराखण्ड के टिहरी जिले में किया गया है। यह विश्व का सबसे ऊँचा चट्टान आपूरित बाँध है। इस परियोजना से वर्ष 2006 से विद्युत उत्पादन प्रारम्भ हुआ। इसके तहत 2400 मेगावाट विद्युत उत्पादन हेतु टिहरी जलविद्युत परिसर के तीन घटक विद्यमान हैं। इसकी ऊँचाई 260.5 मी (855 फीट) है।

- पोचमपाद परियोजना यह गोदावरी नदी पर निर्मित है। इसके अन्तर्गत आन्ध्र प्रदेश के आदिलाबाद जनपद में एक बाँध बनाया गया है। इस योजना से आन्ध्र प्रदेश की लगभग 2.43 लाख हेक्टेयर भूमि की सिंचाई की जाती है।
- बालिमेला परियोजना यह ओडिशा राज्य की एक जल विद्युत परियोजना है, जो सिलेरु नदी पर बनी है। इसका निर्माण कार्य पूर्ण हो चुका है।
- साबरमती परियोजना इस परियोजना के अन्तर्गत गुजरात राज्य में मेहसाना जिले के धारा गाँव के पास एक बाँध निर्मित है तथा दूसरा अहमदाबाद के पास वासना बाँध निर्मित किया गया है।
- कुण्डा परियोजना यह तमिलनाडु राज्य की जल विद्युत परियोजना है, जिसकी विद्युत उत्पादन की प्रारम्भिक क्षमता 425 मेगावाट थी, जिसे बढ़ाकर 535 मेगावाट कर दिया गया है।
- शरावती परियोजना यह जल विद्युत परियोजना कर्नाटक में शरावती नदी के गरसोप्पा जोग प्रपात पर स्थित है। इस परियोजना की तीन इकाइयाँ हैं–शरावती विद्युत गृह, गरसोप्पा जल विद्युत परियोजना और लिंगानम की जल विद्युत परियोजना।
- कोयना परियोजना यह भारत की प्रमुख नदी घाटी परियोजनाओं में से एक है। यह महाराष्ट्र के सतारा जिले में स्थित है। यह परियोजना कोयना नदी पर स्थापित जल विद्युत परियोजना है। यह परियोजना वर्ष 1962-1963 में स्थापित की गई थी। इस परियोजना के पहले चरण में भूमिगत विद्युत गृह (Underground Power House) की स्थापना की गई थी।
- बगलिहार परियोजना यह भारत की नदी घाटी परियोजना है। यह परियोजना जम्मू-कश्मीर में दूसरी विद्युत परियोजना है, जो डोडा क्षेत्र में पाकिस्तान की ओर बहने वाली चिनाब नदी पर स्थित है। यह 450 मेगावाट की जल विद्युत परियोजना है। जम्मू-कश्मीर की दुलहस्ती जल विद्युत परियोजना का निर्माण एनएचपीसी द्वारा किया गया है।
- केन-बेतवा लिंक परियोजना राष्ट्रीय परिप्रेक्ष्य योजना के अन्तर्गत देश की पहली नदी जोड़ों परियोजना है। इस योजना की शुरुआत अमृत-क्रान्ति के नाम से 25 अगस्त, 2005 को प्रायद्वीपीय नदी विकास योजना के अन्तर्गत की गई थी। इसका मुख्य उद्देश्य उत्तर प्रदेश के सूखाग्रस्त बुन्देलखण्ड क्षेत्र में सिंचाई सुविधा उपलब्ध कराने हेतु मध्य प्रदेश की केन नदी के अधिशेष जल को बेतवा नदी में हस्तान्तरित करना है।

भारत की अन्य बहुउद्देशीय परियोजनाएँ

बहुउद्देशीय परियोजना	राज्य/केन्द्र शासित प्रदेश	नदी
भीमा परियोजना	महाराष्ट्र	पबना एवं कृष्णा नदी
महानदी जल विद्युत परियोजना	ओडिशा	महानदी
सुवर्णरेखा जल विद्युत परियोजना	झारखण्ड	सुवर्णरेखा
तिलैया परियोजना	झारखण्ड	दामोदर
सरदार सरोवर परियोजना	मध्य प्रदेश, महाराष्ट्र, राजस्थान, गुजरात	नर्मदा नदी (सबसे बड़ी मानव निर्मित झील)
मेट्टूर नहर परियोजना	तमिलनाडु	कावेरी (मेट्टूर)
चूखा जल विद्युत परियोजना	भारत और भूटान	वांग्चू नदी
पंचेश्वर बाँध परियोजना	उत्तराखण्ड	काली नदी (पिथौरागढ़)
तिपाई मुख बाँध परियोजना	मणिपुर-मिजोरम	बराक नदी
महेश्वर विद्युत परियोजना	मध्य प्रदेश	नर्मदा नदी
सरहिन्द नहर परियोजना	हरियाणा	सतलुज नदी

बहुउद्देशीय परियोजना	राज्य/केन्द्र शासित प्रदेश	नदी
रानी लक्ष्मीबाई सागर परियोजना (राजघाट बाँध परियोजना का नया नाम)	मध्य प्रदेश व उत्तर प्रदेश	बेतवा नदी
आगरा नहर परियोजना	उत्तर प्रदेश	सतलुज नदी
बीकानेर नहर परियोजना	राजस्थान	यमुना नदी
इन्दिरा गाँधी नहर परियोजना	राजस्थान	रावी, व्यास, सतलुज
फरक्का परियोजना	पश्चिम बंगाल	गंगा
गण्डक परियोजना	भारत-नेपाल	गण्डक
कृष्णा परियोजना	कर्नाटक	कृष्णा
दुलहस्ती परियोजना	जम्मू-कश्मीर	चिनाब नदी
चेहरार परियोजना	हिमाचल प्रदेश	सतलुज नदी
सबरीगिरी परियोजना	केरल	पम्बा नदी
इडुक्की परियोजना	केरल	पेरियार नदी
विष्णु प्रयाग जल विद्युत परियोजना	उत्तराखण्ड	अलकनन्दा नदी
बेताली परियोजना	राजस्थान	बेताली नदी
काली नदी परियोजना	कर्नाटक	काली नदी
थीन बाँध	हिमाचल प्रदेश	रावी नदी
शिवपुरी जल विद्युत परियोजना	महाराष्ट्र	आन्ध्र नदी
तीस्ता जल विद्युत परियोजना	सिक्किम	तीस्ता नदी
तुलबुल परियोजना	भारत-पाकिस्तान	झेलम नदी
चिल्का परियोजना	ओडिशा	चिल्का नदी
टनकपुर बाँध परियोजना	भारत और नेपाल	शारदा (भारत)/महाकाली (नेपाल)
निचली पेरियार परियोजना	केरल	पेरियार
पंचेत पहाड़ी परियोजना	झारखण्ड	दामोदर नदी
सलाल पनबिजली परियोजना	जम्मू-कश्मीर	चिनाब
चेनानी पनबिजली परियोजना	जम्मू-कश्मीर	तवी नदी (चिनाब की सहायक नदी)
सोन परियोजना	बिहार	सोन
काकरापारा परियोजना	गुजरात (सूरत)	ताप्ती
उकाई परियोजना (उकी)	गुजरात	ताप्ती
माही परियोजना	गुजरात	माही
साबरमती परियोजना	गुजरात (मेहसाना)	साबरमती
तवा परियोजना	मध्य प्रदेश (होशंगाबाद)	तवा
गाँधी सागर परियोजना	मध्य प्रदेश	चम्बल
जवाहर सागर परियोजना	राजस्थान	चम्बल
हंसदो बागो परियोजना	हिमाचल प्रदेश	हंसदेव नदी
रामगंगा परियोजना	उत्तर प्रदेश	रामगंगा (गंगा की सहायक)
शारदा प्रोजेक्ट	उत्तर प्रदेश	घाघरा-शारदा
माताटीला बाँध परियोजना	उत्तर प्रदेश	बेतवा
खटीमा परियोजना	उत्तराखण्ड	शारदा
छिबरो पनबिजली परियोजना	उत्तराखण्ड	टोन्स

"खनिज वे प्राकृतिक रासायनिक तत्त्व या यौगिक हैं, जो मुख्यत: अजैविक क्रियाओं से बनते हैं। ये अपने भौतिक तथा रासायनिक गुणों से जाने जाते हैं। खनिज संसाधनों का देश की आर्थिक प्रगति में महत्त्वपूर्ण योगदान होता है, जिनका उपयोग मानव विभिन्न औद्योगिक, वैज्ञानिक और घरेलू कार्यों में करता है।

अध्याय दस

खनिज संसाधन

देश के बहुमूल्य खनिज पूर्व-पुराजीवी काल या प्री-पैलाजोइक काल में निर्मित हुए थे और ये खनिज मुख्यत: प्रायद्वीपीय भारत की आग्नेय एवं कायान्तरित चट्टानों से सम्बद्ध हैं। किसी भी देश के खनिज संसाधन औद्योगिक विकास के लिए आवश्यक आधार प्रदान करते हैं। यदि एक रेखा महाराष्ट्र की दक्षिणी-पूर्वी सीमा से लेकर नागपुर-भण्डारा तथा जबलपुर से होते हुए उत्तर प्रदेश से नेपाल तक खींच दी जाए, तो इस रेखा के पूर्व का भाग देश का प्रमुख खनिज भण्डार वाला क्षेत्र कहलाएगा। देश का 80% से अधिक खनिजों का उत्पादन यहीं से प्राप्त होता है।

इस क्षेत्र में कर्नाटक, आन्ध्र प्रदेश, पूर्वी मध्य प्रदेश, ओडिशा, छत्तीसगढ़, झारखण्ड, पश्चिम बंगाल एवं तमिलनाडु राज्यों का विस्तार मिलता है। अधिकांश मूल्यवान खनिज इन राज्यों में ही पाए जाते हैं।

भारत की प्रमुख खनिज पेटियाँ

- छोटानागपुर पेटी
- मध्यवर्ती पेटी
- दक्षिणी पेटी
- पश्चिमी पेटी
- दक्षिण-पश्चिमी पेटी
- हिमालयी पेटी

छोटानागपुर पेटी

- विस्तार प्रायद्वीप के उत्तरी-पूर्वी भाग पर झारखण्ड, बिहार, ओडिशा और पश्चिम बंगाल राज्यों में विस्तार। यह प्राचीन ग्रेनाइट एवं ग्रेनाइट शैलों से बना खनिज सम्पन्न क्षेत्र है।
- प्रमुख खनिज कोयला, अभ्रक, मैंगनीज, क्रोमाइट, इल्मेनाइट, बॉक्साइट, फॉस्फेट, लौह-अयस्क, ताँबा, डोलोमाइट, चीनी मिट्टी, चूना-पत्थर आदि हैं।
- देश के कायनाइट का 100%, लौह अयस्क का 93%, क्रोमाइट का 70%, अभ्रक का 70%, एस्बेस्टस का 45% और कोयला का 84% छोटानागपुर खनिज पेटी क्षेत्र में संरक्षित है।

मध्यवर्ती पेटी

- विस्तार छत्तीसगढ़, मध्य प्रदेश, आन्ध्र प्रदेश एवं महाराष्ट्र में विस्तार।
- प्रमुख खनिज मैंगनीज, बॉक्साइट, अभ्रक, ताँबा, ग्रेफाइट, चूना पत्थर, लिग्नाइट, संगमरमर आदि हैं।

दक्षिणी पेटी

- विस्तार कर्नाटक और तमिलनाडु का क्षेत्र।
- प्रमुख खनिज सोना, लौह अयस्क, क्रोमाइट, मैंगनीज, लिग्नाइट, अभ्रक, बॉक्साइट, जिप्सम आदि हैं।

पश्चिमी पेटी

- विस्तार राजस्थान, गुजरात एवं महाराष्ट्र में विस्तार। यह एक खनिज समृद्ध क्षेत्र है।
- प्रमुख खनिज ताँबा, सीसा, जस्ता, यूरेनियम, अभ्रक, मैंगनीज, एस्बेस्टस, नमक, इमारती पत्थर, कीमती पत्थर, प्राकृतिक गैस एवं खनिज तेल आदि हैं।

दक्षिण-पश्चिमी पेटी

- विस्तार कर्नाटक, गोवा एवं केरल राज्यों में विस्तार।
- प्रमुख खनिज इल्मेनाइट, जिरकॉन, मोनाजाइट, बालू, लौह-अयस्क, बॉक्साइट, अभ्रक, चूना पत्थर आदि।

हिमालयी पेटी

- विस्तार हिमालयी क्षेत्र में विस्तार।
- प्रमुख खनिज ताँबा, सीसा, जस्ता, बिस्मथ, एण्टीमनी, निकेल, कोबाल्ट, टंगस्टन, जिप्सम एवं कीमती पत्थर आदि के जमाव तथा उत्तर-पूर्व हिमालय के तलहटी में खनिज तेल के भण्डार आदि।

हिन्द महासागर क्षेत्र

- यह खनिजों का एक प्रमुख स्रोत है। इसके पश्चिमी तट (अरब सागर) तथा पूर्वी तट (बंगाल की खाड़ी) की महाद्वीपीय शेल्फ (अपतटीय क्षेत्र) में खनिज तेल एवं प्राकृतिक गैस के विशाल भण्डार विद्यमान हैं।
- इसके नितल में मैंगनीज, फॉस्फेट, बेरियम, एल्युमीनियम, सिलिकॉन, लौह-अयस्क, टाइटेनियम, सोडियम, पोटैशियम, क्रोमाइट, मोनाजाइट, इल्मेनाइट, मैग्नेटाइट तथा गार्नेट के पिण्ड आदि 4000 मी की गहराई में पाए जाते हैं।

खनिज संसाधनों का वर्गीकरण

खनिज संसाधनों को निम्न दो भागों में वर्गीकृत किया गया है

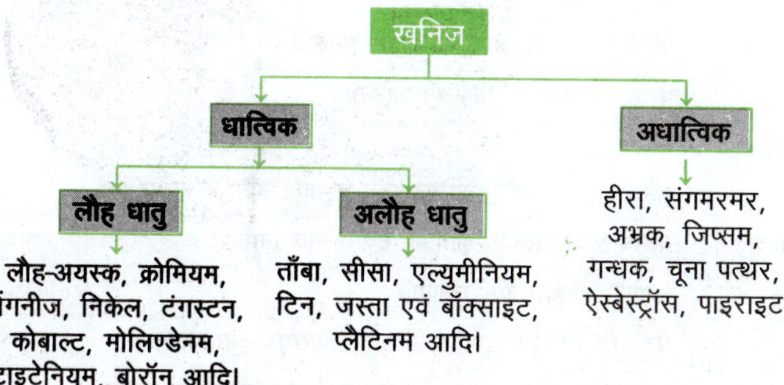

दक्कन ट्रैप के प्राकृतिक संसाधन

- दक्कन ट्रैप पश्चिम-मध्य भारत में स्थित एक विशाल ज्वालामुखीय स्थल है। इसमें कई प्रकार के प्राकृतिक संसाधन हैं, जो आर्थिक रूप से मूल्यवान हैं।
- दक्कन ट्रैप में लोहा, मैंगनीज, ताँबा और सोना जैसे खनिजों के समृद्ध भण्डार पाए जाते हैं। ये खनिज विनिर्माण, निर्माण और इलेक्टॉनिक्स सहित विभिन्न उद्योगों के लिए कच्चे माल प्रदान करते हैं। दक्कन ट्रैप का महत्त्वपूर्ण खनिज कोयला है। यहाँ कोयले के महत्त्वपूर्ण भण्डार हैं, जिनका उपयोग बिजली उत्पादन और विभिन्न उद्योगों के लिए किया जाता है।
- दक्कन ट्रैप विविध प्राकृतिक संसाधनों वाला क्षेत्र है, यह देश के आर्थिक विकास में योगदान दे सकता है।
- यह सुनिश्चित करना महत्त्वपूर्ण है कि इन संसाधनों का दोहन टिकाऊ और जिम्मेदार तरीके से किया जाए, ताकि उनके पर्यावरणीय प्रभाव को कम किया जा सके और इन्हें भविष्य की पीढ़ियों के लिए संरक्षित किया जा सके।

भारत के प्रमुख धात्विक खनिज

लौह अयस्क

- भारत में धारवाड़ तथा कुडप्पा श्रेणी की चट्टानों एवं आग्नेय शैलों से लौह अयस्क (Iron Ore) की प्राप्ति होती है। भारत विश्व में लौह अयस्क का ऑस्ट्रेलिया, चीन एवं अमेरिका के बाद चौथा बड़ा उत्पादक देश है। घरेलू खपत के बाद इसका एक बड़ा भाग निर्यात कर दिया जाता है।
- देश में लौह अयस्क उत्पादन के चार प्रमुख क्षेत्र हैं
  - उत्तर-पूर्वी (झारखण्ड-ओडिशा)
  - मध्य भारत (मध्य प्रदेश-छत्तीसगढ़)
  - प्रायद्वीपीय भारत (कर्नाटक-गोवा)
  - अन्य आन्ध्र प्रदेश, राजस्थान, केरल, गुजरात, हरियाणा एवं पश्चिम बंगाल।
- भारत में लौह अयस्क मुख्यत: हल्दिया, मंगलौर, पारादीप, मोरमुगाओ तथा विशाखापत्तनम से निर्यात किया जाता है।

लौह अयस्क के प्रमुख प्रकार

लौह अयस्क के प्रकार	विवरण
मैग्नेटाइट (Fe_3O_4)	• यह काले रंग का सर्वोत्तम किस्म का लौह अयस्क है। इसे **काला अयस्क** भी कहते हैं। इसमें लोहे का अंश 60-72% तक पाया जाता है। • यह तमिलनाडु और कर्नाटक के धारवाड़ और आन्ध्र प्रदेश के कुड़प्पा शैलों में पाया जाता है। भारत में 90% मैग्नेटाइट के भण्डार कर्नाटक, आन्ध्र प्रदेश, राजस्थान और तमिलनाडु के धारवाड़ तथा कुडप्पा शैलों में पाए जाते हैं। • मैग्नेटाइट लौह अयस्क भण्डारक के शीर्ष राज्य - कर्नाटक (73%), आन्ध्र प्रदेश (14%), राजस्थान (5%), तमिलनाडु (5%) हैं। इसके शेष भण्डार असम, छत्तीसगढ़, झारखण्ड, केरल, महाराष्ट्र, मेघालय, नागालैण्ड, ओडिशा तथा तेलंगाना में पाए जाते हैं।
हेमेटाइट (Fe_2O_3)	• इसे गैरिक लोहा तथा लोहे का ऑक्साइड भी कहते हैं। मैग्नेटाइट के बाद हेमेटाइट सर्वोत्तम किस्म का लोहा होता है, इसका रंग लाल गेरुआ होता है। इसमें लोहे का अंश 60-70% तक होता है। भारत का अधिकांश लोहा इसी प्रकार का है। • यह मुख्यत: धारवाड़ और कुड़प्पा शैलों में पाया जाता है। हेमेटाइट का 88% भण्डार भारत के पूर्वी क्षेत्र असम, छत्तीसगढ़, झारखण्ड और ओडिशा में स्थित है। दक्षिण में महाराष्ट्र, गोवा तथा कर्नाटक में भी लेमेटाइट अयस्क के भण्डार अवस्थित हैं। • हेमेटाइट लौह अयस्क भण्डारक के शीर्ष राज्य-ओडिशा (33%), झारखण्ड (26%), छत्तीसगढ़ (18%), कर्नाटक (11%) हैं। शेष भण्डार आन्ध्र प्रदेश, झारखण्ड, असम, मध्य प्रदेश, महाराष्ट्र आदि राज्यों में पाए जाते हैं।
लिमोनाइट ($FeO(OH) \cdot nH_2O$)	• यह ऑक्सीजन, जल तथा लोहे के मिश्रण से बनता है। इसे हाइड्रेटेड आयरन ऑक्साइड भी कहते हैं। यह अवसादी शैलों से प्राप्त होता है। इसका रंग पीला होता है, इसमें लोहे की मात्रा 35% से 50% तक होती है।
सिडेराइट (Fe_3CO_3)	• इसे **आयरन कार्बोनेट** भी कहते हैं, इसका रंग भूरा होता है। यह लोहे का सबसे निम्न प्रकार है, इसमें कई अशुद्धियाँ पाई जाती हैं। इसमें लौह अंश लगभग 30% से 50% के मध्य होता है। यह भी अवसादी शैलों से प्राप्त होता है।

संचित भण्डार तथा आयातक देश

- देश में लौह अयस्क के संचित भण्डार 33,276 मिलियन टन तथा उत्पादन 246 मिलियन टन है।
- भारतीय लौह अयस्क के सबसे बड़े आयातक चीन (89%), जापान (7%), कोरिया गणराज्य (2%), पाकिस्तान, नीदरलैण्ड्स, ऑस्ट्रेलिया, सिंगापुर, रोमानिया, हाँगकाँग आदि हैं।

लौह अयस्क की प्रमुख खानें

राज्य	प्रमुख खानें
कर्नाटक	बेल्लारी के सन्दूर होस्पेट, चिकमंगलूर की बाबाबूदन पहाड़ियाँ, कुद्रेमुख, शिमोगा, चित्रदुर्ग और तुमकुर।
ओडिशा	गुरुमहिसानी, सुलेईपत, बादामपहाड़ (मयूरभंज) किरूबुरु (केन्दूझार), बोनाई (सुन्दरगढ़), चिमरा, अमरकोट, सुकिन्दा, टोमका, दतैरी।
झारखण्ड	नोआमुण्डी गुआ, नोतोबुरु, पूर्वी एवं पश्चिमी सिंहभूम जिलों में।
छत्तीसगढ़	दुर्ग, दन्तेवाड़ा, बैलाडीला, डल्लीराजहरा बैलाडीला एशिया की वृहत्तम यन्त्रीकृत लौह-अयस्क खान है।
गोवा	पिरना अदोल, पाले ओनड़ा, कुदनेम सुरला।
महाराष्ट्र	चन्द्रपुर, भण्डारा एवं रत्नागिरि।
तमिलनाडु	सेलम एवं नीलगिरि।
तेलंगाना	करीमनगर, वारंगल।
आन्ध्र प्रदेश	करनूल, कुडप्पा एवं अनन्तपुर।
गुजरात	भावनगर, नवानगर, पोरबन्दर, जूनागढ़, वडोदरा
राजस्थान	खण्डेश्वर, उदयपुर, थूर, हुण्डेर, नाथरा-की-पाल।

मैंगनीज

- मैंगनीज (Manganese) एक काला, कठोर एवं लौह जैसी धातु है, जो धारवाड़ शैलों में प्राकृतिक ऑक्साइड के रूप में पाया जाता है। इसका उपयोग इस्पात बनाने, लौह मिश्र धातु, रासायनिक उद्योगों, चमड़ा, सीसा, फोटोग्राफी आदि में किया जाता है।
- मैंगनीज की प्राप्ति पाइरोलूसाइट, मैंगनाइट, रोडोक्रोसाइट जैसे अयस्कों से भी होती है।
- वर्तमान में भारत विश्व में मैंगनीज उत्पादन का 5.32% उत्पादित कर विश्व में सातवाँ स्थान रखता है।
- देश में मैंगनीज का मुख्य भण्डार ओडिशा में है। इसके अतिरिक्त कर्नाटक, मध्य प्रदेश, महाराष्ट्र एवं गोवा में भी इसके भण्डार मिलते हैं।
- इसके कुछ भण्डार आन्ध्र प्रदेश, झारखण्ड, गुजरात, राजस्थान एवं पश्चिम बंगाल में भी पाए जाते हैं।
- भारत में 495.87 मिलियन टन मैंगनीज का भण्डार है। मैंगनीज भण्डारक में शीर्ष राज्य - ओडिशा, कर्नाटक, मध्य प्रदेश, महाराष्ट्र एवं गोवा, आन्ध्र प्रदेश आदि हैं।
- मैंगनीज के उत्पादन में मध्य प्रदेश का प्रथम स्थान है। इसके बाद महाराष्ट्र व ओडिशा का स्थान है।

देश के प्रमुख मैंगनीज उत्पादक क्षेत्र

राज्य	क्षेत्र
तेलंगाना	आदिलाबाद
झारखण्ड	पश्चिमी सिंहभूम, हजारीबाग और धनबाद
गुजरात	पंचमहल, वडोदरा और बनासकण्ठा
राजस्थान	बाँसवाड़ा
ओडिशा	सुन्दरगढ़, वालनगीर, कालाहाण्डी, कोरापुट और सम्बलपुर
मध्य प्रदेश	बालघाट, छिन्दवाड़ा, झाबुआ, देवास और निमाड़
महाराष्ट्र	नागपुर, भण्डारा और रत्नागिरि
कर्नाटक	बेल्लारी, चित्रदुर्ग, तुमकुर, बीजापुर, धारवाड़ और बेलगाँव
आन्ध्र प्रदेश	श्रीकाकुलम, विशाखापत्तनम, कुडप्पा, विजयनगरम और गुण्टूर।

ताँबा

- देश में प्रागैतिहासिक काल से ही ताँबे (Copper) का प्रयोग किया जा रहा है। इसे टिन में मिश्रित करने से कांस्य तथा जस्ते में मिलाने पर पीतल बनता है। इसका सर्वाधिक उपयोग बिजली, उद्योग, टेलीफोन, रेडियो, टेलीविजन आदि में किया जाता है।
- भारत में ताँबा धारवाड़ क्रम की चट्टानों में पाया जाता है। इसकी प्राप्ति आग्नेय, अवसादी एवं कायान्तरित तीनों प्रकार की चट्टानों से होती है। इसके प्रमुख खनिज ऑक्साइड (क्यूप्राइट), कार्बोनेट (मैचेलाइट एवं एजुराइट), सल्फाइड (चेल्को पायराइट, चेल्कोसाइट, बोर्नाइट) के रूप पाए जाते हैं।
- देश में ताँबे के सर्वाधिक भण्डार क्रमशः राजस्थान, झारखण्ड तथा मध्य प्रदेश में पाए जाते हैं। आन्ध्र प्रदेश, गुजरात, हरियाणा, कर्नाटक, महाराष्ट्र, मेघालय, ओडिशा आदि में भी ताँबे के कुछ भण्डार मिलते हैं।
- भारत के अधिकांश ताम्र उत्पादन पर सार्वजनिक क्षेत्र की कम्पनी हिन्दुस्तान कॉपर लिमिटेड (HCL) का नियन्त्रण है। भारत ताँबे के उत्पादन में आत्मनिर्भर नहीं है। भारत मुख्यतः चिली, ऑस्ट्रेलिया, इण्डोनेशिया, ब्राजील और पूर्वी अफ्रीका से ताँबे का आयात करता है।

भारत में ताँबा उत्पादक प्रमुख क्षेत्र

राज्य	क्षेत्र
मध्य प्रदेश	बालाघाट (मलाजखण्ड) जिला, बैतूल जिला
सिक्किम	भोटांग, गिसनी, जुगुडूम, डिक्यू
आन्ध्र प्रदेश	गुण्टूर, कुर्नूल, नेल्लोर
झारखण्ड	घाटशिला, सुरदा, सोनामाखी, मुसाबनी, पलामू, राजदाह
राजस्थान	झुँझनूँ, खेतड़ी, अलवर, डूँगरपुर, सीकर

बॉक्साइट

- बॉक्साइट (Bauxite) एल्युमीनियम का ऑक्साइड है, जिसका रंग लोहांश की मात्रा के आधार पर सफेद से गुलाबी या लाल पाया जाता है।
- यह टर्शियरी काल की लैटेराइट शैलों में पाया जाता है। बॉक्साइट अयस्क में एल्युमिना का अंश 55–56% के मध्य पाया जाता है।
- अपने हल्केपन, मजबूती, तन्यता, ऊष्मा एवं विद्युत संवाहकता एवं वायुमण्डलीय संरक्षण की प्रतिरोधकता के कारण एल्युमीनियम आज एक महत्त्वपूर्ण धातु हो गई है, जिसका उपयोग बर्तन, बिजली के तारों, धातु उद्योग वायुयान, मोटरगाड़ी निर्माण आदि में होता है।

- देश के 80% बॉक्साइट उत्पादन का उपयोग एल्युमीनियम बनाने में किया जाता है। वर्ष 1947 में केवल दो एल्युमीनियम कारखाने अलवाय (केरल) और आसनसोल (पश्चिम बंगाल) में थे। बाद में निजी क्षेत्र में; जैसे–हीराकुड (ओडिशा), बेलगाम (कर्नाटक), रेनुकूट (उत्तर प्रदेश), मेट्टूर (तमिलनाडु) में और सार्वजनिक क्षेत्र; जैसे-कोरबा (छत्तीसगढ़), रत्नागिरि (महाराष्ट्र), दामनजोरी (ओडिशा) एवं भुज (गुजरात) में स्थापित किए गए।
- भारत में 3,479 मिलियन टन बॉक्साइट का अनुमानित भण्डार है, जिसमें प्रमाणित भण्डार की मात्रा 592 मिलियन टन आँकी गई है। अधिकांश बॉक्साइट का भण्डार ओडिशा में है। अन्य प्रमुख राज्य आन्ध्र प्रदेश, गुजरात, झारखण्ड, कर्नाटक, मध्य प्रदेश, गोवा आदि में इसके भण्डार हैं। विश्व में बॉक्साइट संसाधन के मामले में भारत का सातवाँ स्थान है।

क्रोमाइट

- क्रोमाइट (Chromite) लोहा और क्रोमियम का ऑक्साइड है, जो डयूनाइट पेरिडोटाइट जैसे आग्नेय शैलों में पाया जाता है। इसका उपयोग स्टेनलेस स्टील, ईंट, नमक, चमड़ा सफाई एवं रंगाई आदि निर्माण हेतु किया जाता है। देश में क्रोमाइट का सर्वाधिक भण्डार (93%) ओडिशा में है। भारत का क्रोमाइट के उत्पादन में विश्व में तीसरा स्थान है।
- ओडिशा का क्रोमाइट (98%) के उत्पादन में एकाधिकार है। यहाँ क्रोमाइट का जमाव सुकिन्दा (कटक जिला), नौसाही (क्योंझर जिला), मौलामयाँ एवं मरुआलिबा (ढेंकानाल जिला) से प्राप्त किया जाता है।
- कर्नाटक देश का दूसरा प्रमुख क्रोमाइट उत्पादक राज्य है। यहाँ क्रोमाइट के जमाव हासन (बायापुर, चिखोन, हल्ली, पेसा मुद्रा) मैसूर, चिकमंगलूर एवं उत्तर कन्नड़ जिलों में पाए जाते हैं।

सीसा एवं जस्ता

- सीसा (Lead) मुख्यत: रवेदार शैलों (शिस्ट) में तथा जस्ता (Zinc), चाँदी के साथ मिला हुआ पाया जाता है। यह प्री-कैम्ब्रियन और विन्ध्य चूना पत्थर की शैलों में भी पाया जाता है। लोहे की चादरों पर लेपन, केबलों के आवरण और अम्लीय टैंकों के अस्तरण हेतु इसका उपयोग किया जाता है। सीसा एवं जस्ता के भण्डार व उत्पादन में राजस्थान का एकाधिकार है। देश में सीसे की आवश्यकता से कम उत्पादन होने के कारण आयात पर निर्भरता अधिक है।
- गैलेना सीसे का प्रमुख खनिज अयस्क है। उदयपुर जिले का जावर क्षेत्र देश का सबसे महत्त्वपूर्ण सीसा उत्पादक क्षेत्र है।
- जस्ते की प्राप्ति जिंक सल्फाइड, कैलेमाइन, जिंकाइट, विलेमाइट एवं हेमीमॉरफाइट से होती है।

सोना

- सोना (Gold) एक मूल्यवान धातु है। यह आग्नेय व कायान्तरित चट्टानों में पाया जाता है। सोना धारवाड़ शिस्ट शिलाओं में क्वार्ट्ज की शिराओं से और कुछ नदियों की रेत से प्राप्त किया जाता है। भारत में विश्व का केवल 0.78% सोना पाया जाता है। भारत में सोने के सर्वाधिक भण्डार कर्नाटक (51%) में हैं। भारत में सोने का सर्वाधिक उत्पादन (98%) भी कर्नाटक राज्य द्वारा किया जाता है।

देश में सोने का पहला परिशोधन कारखाना निजी क्षेत्र में महाराष्ट्र के सिरसपुर में स्थापित किया गया है।

- कर्नाटक का कोलार जिला इसका मुख्य उत्पादक क्षेत्र है, इसके बाद रायचूर और तुमकुर जिले का स्थान है। कोलार जिले की कोलार खान में चैम्पियन, नन्दी दुर्ग एवं मैसूर रीफ उल्लेखनीय हैं। यह विश्व की सबसे गहरी खानों में से एक है, जिसका संचालन भारत गोल्ड माइन्स लिमिटेड द्वारा किया जाता है।
- स्वर्ण धातु के संचित भण्डार वाले शीर्ष राज्य कर्नाटक, राजस्थान, आन्ध्र प्रदेश, बिहार, झारखण्ड हैं। आन्ध्र प्रदेश के अनन्तपुर जिले में रामगिरि की खानों से भी सोना प्राप्त किया जाता है। विश्व में सोने की सर्वाधिक खपत चीन में होती है, जबकि भारत दूसरे स्थान पर है।
- झारखण्ड भी सोने का महत्त्वपूर्ण उत्पादक राज्य है। यहाँ सोना दो रूपों जलोढ़कों और लोढ़कों के रूप में मूल स्थानों पर पाया जाता है। लोढ़कों के रूप में सोना सुवणरिखा नदी की रेत से एकत्रित किया जाता है, जबकि मूल सोना सिंहभूम जिले के लोका में मिलता है। इसके अतिरिक्त कुछ सोना छोटानागपुर का पठार के अन्य भागों में भी मिलता है।

चाँदी

- चाँदी (Silver) प्राय: आग्नेय शिलाओं में सीसा, जस्ता, ताँबा आदि के साथ मिश्रित रूप में पाई जाती है। इसका उपयोग आभूषण, सिक्कों और सजावट की वस्तुओं के निर्माण में किया जाता है।

- यह एक बहुमूल्य धातु है। भारत में इसका उत्पादन बहुत ही कम होता है। देश में सर्वाधिक उत्पादन राजस्थान के चित्तौड़गढ़ में होता है। इसके पश्चात् गुजरात के भरुच क्षेत्र का स्थान आता है।
- भारत में चाँदी का सर्वाधिक उत्पादन हिदुस्तान जिंक लिमिटेड तथा हिन्दुस्तान कॉपर लिमिटेड के द्वारा किया जाता है।

हीरा

- हीरा (Diamond) कार्बन का सबसे शुद्ध रूप एवं प्रकृति का सबसे कठोर तत्त्व माना जाता है।
- विश्व में प्रसिद्ध कोहिनूर हीरा गोलकुण्डा (आन्ध्र प्रदेश) खान से निकाला गया था। हीरे के अयस्क तीन प्रकार की भौगोलिक स्थितियों में पाए जाते हैं, जैसे–किम्बराइट पाइप, कांग्लोमेरेट बेड्स एवं एल्युवियल ग्रेवल।

हीरे के भण्डार मुख्यत: चार क्षेत्रों में विस्तृत हैं,

- आन्ध्र प्रदेश के अनन्तपुर, कुडप्पा, गुण्टूर, कृष्णा, महबूबनगर एवं कुर्नूल जिले में।
- मध्य प्रदेश के पन्ना जिले में।
- ओडिशा के महानदी तथा गोदावरी की घाटियों में।
- छत्तीसगढ़ के रायपुर जिले के बेहरादीन कोडावली क्षेत्र, बस्तर जिले के टोकपाल एवं डगापाल क्षेत्र में हैं।
- वर्तमान में भारत में हीरे का उत्पादन केवल मध्य प्रदेश में होता है।
- राष्ट्रीय खनिज विकास निगम ने पन्ना (मध्य प्रदेश) के मझगवाँ में स्थित एशिया की एकमात्र मैकेनाइज्ड हीरा खदान से 37.68 कैरेट का बहुमूल्य हीरा निकाला है, जो इस खदान से निकला अब तक का सबसे बड़ा हीरा है।
- सूरत हीरे की सबसे बड़ी मण्डी है तथा यहाँ पर हीरे की कटाई की जाती है।

भारत के प्रमुख अधात्विक खनिज

अभ्रक

- अभ्रक (Mica) का मुख्य अयस्क पैग्मेटाइट है। यह आग्नेय और कायान्तरित शैलों में कई रंगों (सफेद, गुलाबी, हरा, काला) में पाया जाता है। यह पारदर्शक, लचीला और ताप विद्युत निरोधक होता है। अभ्रक की तीन मुख्य किस्में हैं
  - श्वेत अभ्रक इसे मस्कोवाइट भी कहते हैं। यह रूबी अभ्रक भी कहलाता है। यह उच्च किस्म का होता है।
  - पीत अभ्रक इसे फ्लोगोवाइट भी कहते हैं।
  - श्याम अभ्रक इसे बायोटाइट भी कहते हैं। यह हल्का गुलाबी रंग का होता है।
- भारत की सबसे बड़ी अभ्रक मेखला हजारीबाग, गया और मुंगेर में विस्तृत है। इसी मेखला में कोडरमा जिला आता है, जिसे अभ्रक की राजधानी (Capital of Mica) कहते हैं।
- इसका उपयोग बिजली की मोटर, डायनेमो, बेतार के तार, सजावट के सामान आदि में किया जाता है। भारत में अभ्रक का भण्डार मुख्यत: आन्ध्र प्रदेश, राजस्थान, ओडिशा, महाराष्ट्र, बिहार तथा झारखण्ड राज्यों में पाया जाता है। भारत को अभ्रक शीट के उत्पादन में विश्व में लगभग एकाधिकार प्राप्त है।
- विश्व का लगभग 75 से 80% अभ्रक शीट भारत में ही निकाला जाता है।
- अभ्रक के शीर्ष उत्पादक राज्य राजस्थान, आन्ध्र प्रदेश और कर्नाटक हैं।
- भारत में कुल उत्पादन के लगभग 10% अभ्रक की ही खपत घरेलू रूप से हो पाती है। शेष 90% विदेशों (अमेरिका, जापान, ग्रेट ब्रिटेन, नॉर्वे, रूस, पोलैण्ड, जर्मनी, चेक गणराज्य, हंगरी आदि देशों) को निर्यात कर दिया जाता है। कोलकाता और विशाखापत्तनम अभ्रक निर्यात के प्रमुख पत्तन हैं।

भारत में अभ्रक उत्पादन प्रमुख क्षेत्र

राज्य	क्षेत्र
आन्ध्र प्रदेश	नैल्लोर, कृष्णा, विशाखापत्तनम और पश्चिम गोदावरी
राजस्थान	अजमेर, भीलवाड़ा, डूँगरपुर, जयपुर, सीकर, टोंक और उदयपुर
झारखण्ड	धनबाद, गिरिडीह, हजारीबाग, राँची और सिंहभूम
तेलंगाना	खम्मम
बिहार	भागलपुर, मुंगेर और गया

चूना पत्थर

- चूना पत्थर (Lime Stone) गोण्डवाना को छोड़कर सभी काल की अवसादीय शैलों में पाया जाता है। इसका उपयोग मुख्यत: सीमेण्ट, लौह इस्पात, रसायन, चीनी, कागज, उर्वरक एवं फेरो-मैंगनीज उद्योगों में किया जाता है।
- देश के 70% चूने के पत्थर का उत्पादन केवल पाँच राज्यों (आन्ध्र प्रदेश, राजस्थान, मध्य प्रदेश, गुजरात एवं तमिलनाडु) से प्राप्त होता है।
- छत्तीसगढ़, कर्नाटक, महाराष्ट्र और हिमाचल प्रदेश अन्य राज्य हैं, जो चूना पत्थर के उत्पादन में 26% का योगदान करते हैं। भारत में चूना पत्थर का सर्वाधिक उत्पादन क्रमश: राजस्थान (20%), मध्य प्रदेश (13%), आन्ध्र प्रदेश/छत्तीसगढ़ (12%), कर्नाटक व तमिलनाडु/तेलंगाना (7%) में किया जाता है।

भारत में चूना पत्थर उत्पादक प्रमुख क्षेत्र

राज्य	क्षेत्र
मध्य प्रदेश	जबलपुर, दमोह, रीवा, सतना, बैतूल, कटनी
छत्तीसगढ़	बिलासपुर, बस्तर, दुर्ग, रायपुर
राजस्थान	अजमेर, बीकानेर, कोटा, अलवर, डूँगरपुर, नागौर, पाली, चित्तौड़गढ़
आन्ध्र प्रदेश	विशाखापत्तनम, कृष्णा, गुण्टूर, नलगोण्डा,
तेलंगाना	आदिलाबाद, करीमनगर, वारंगल
गुजरात	बनासकाठा, जूनागढ़, खेड़ा, पंचमहल, सावरकुण्डला

डोलोमाइट

- यह रंगहीन, श्वेत अथवा गुलाबी रंग का खनिज होता है, जिसमें कैल्शियम, मैग्नीशियम कार्बोनेट पाया जाता है। यह मैग्नीशियम एवं इसके मिश्रित पदार्थों को प्राप्त करने का स्रोत है।
- जब चूना पत्थर में मैग्नीशियम की मात्रा 45% से अधिक होती है, तो इसे डोलोमाइट (Dolomite) कहा जाता है।
- इसका उपयोग मुख्यत: इस्पात निर्माण और भवन भट्ठियों में किया जाता है। देश में सर्वाधिक डोलोमाइट उत्पादक राज्य क्रमश: छत्तीसगढ़, आन्ध्र प्रदेश, कर्नाटक, राजस्थान, तेलंगाना एवं महाराष्ट्र हैं।

भारत में डोलोमाइट उत्पादक प्रमुख क्षेत्र

राज्य	क्षेत्र
ओडिशा	सुन्दरगढ़, सम्बलपुर, कोरापुट, बिरमित्रपुर
छत्तीसगढ	दुर्ग, बिलासपुर, बस्तर, रायगढ़
आन्ध्र प्रदेश	कुड़प्पा, कुर्नूल, अनन्तपुर, खम्मम
झारखण्ड	पश्चिमी सिंहभूम, पलामू, गढ़वा
राजस्थान	राजसमन्द, जैसलमेर, झुँझुनूँ

ग्रेफाइट

- कायान्तरित शैलों में मिलने वाली कार्बनिक संरचना से ग्रेफाइट (Graphite) की प्राप्ति होती है। इसे काला सीसा या प्लम्बगो भी कहा जाता है। ग्रेफाइट एक ऐसा अधातु पदार्थ है, जो विद्युत एवं ताप का सुचालक होता है। इसका उपयोग पेन्सिल की लीड बनाने एवं परमाणु रिएक्टरों में मन्दक के रूप में किया जाता है।
- भारत में इसके प्रमुख उत्पादक राज्य झारखण्ड, ओडिशा (कालाहाण्डी) तथा आन्ध्र प्रदेश हैं।

जिप्सम

- जिप्सम अवसादी चट्टानों में पाया जाता है। इसे सैलेनाइट भी कहते हैं। जिप्सम (Gypsum), कैल्शियम का हाइड्रेटेड सल्फाइड होता है। यह चूना पत्थर, बलुआ पत्थर और शैल चट्टानों में पाया जाता है।
- इसका उपयोग मृदा सुधारक, सीमेण्ट तथा चूने में मिलाकर प्लास्टर ऑफ पोरिस, गन्धक का अम्ल व रासायनिक खाद बनाने में किया जाता है। जिप्सम का सर्वाधिक उत्पादन (90%) राजस्थान में होता है। राजस्थान का हनुमानगढ़ जिला जिप्सम का शीर्ष उत्पादक है।
- जिप्सम के शीर्ष तीन भण्डारक राजस्थान (81%), जम्मू-कश्मीर (14%) एवं तमिलनाडु (2%) है। जिप्सम के शीर्ष तीन उत्पादक राज्य राजस्थान, मध्य प्रदेश/आन्ध्र प्रदेश एवं छत्तीसगढ़ हैं।

सेलखड़ी

- सेलखड़ी (Talc) या घीया पत्थर (Soap Stone) वास्तव में स्टिऐटाइट की उपमा है। इसका उपयोग साबुन, पेण्ट, सिरामिक, कागज, सजावटी कार्य, पोर्सलेन, इमारतों के सजावटी कार्य, प्रसाधन की वस्तुएँ तथा उच्च ताप सह पदार्थों के निर्माण में होता है।
- इसका सर्वाधिक उत्पादन एवं भण्डारण राजस्थान में पाया जाता है। इसके अन्य उत्पादक राज्य आन्ध्र प्रदेश और कर्नाटक हैं। विश्व में भारत इसका सबसे बड़ा उत्पादक राष्ट्र है।

भारत के प्रमुख अणुशक्ति वाले खनिज

प्रमुख खनिज	स्रोत/अयस्क	भण्डार	उपयोग
यूरेनियम (Uranium) (मेटल ऑफ होम)	धारवाड़ एवं आर्कियन शैलों, पेग्मेटाइट, मोनोजाइट, बालू तथा चेरालाइट से चेरालाइट से प्राप्ति। अयस्क पिंथब्लैंड सॉमर स्काइट एवं थोरियानाइट	आन्ध्र प्रदेश, झारखण्ड, राजस्थान, मेघालय	परमाणु ऊर्जा, ईंधन के रूप में उपयोग
थोरियम (Thorium)	मोनाजाइट बालूका निक्षेप	आन्ध्र प्रदेश, केरल, तमिलनाडु	नाभिकीय ऊर्जा के रूप में (परमाणु ऊर्जा)
बेरीलियम (Berylium)	आग्नेय चट्टानें	राजस्थान, झारखण्ड, आन्ध्र प्रदेश, तमिलनाडु	
मॉलिब्डेनम (Molybdenum) (मुलायम एवं भूरे रंग का खनिज)	मॉलिब्डेनाइट अयस्क से प्राप्ति	—	इस्पात निर्माण में उपयोग
जिरकॉन (Zircon)	जिरकोनियम अयस्क से प्राप्ति	आन्ध्र प्रदेश, तमिलनाडु, केरल, ओडिशा	अणु शक्ति के अतिरिक्त अन्य कार्यों में उपयोग।
वैनेडियम (Vanadium)	मैग्नेटाइट अयस्क के रूप में प्राप्ति	—	विभिन्न प्रकार के मिश्रित इस्पातों का निर्माण
एण्टीमनी अथवा सुरमा (Antimony)	स्टिबनाइट अथवा एण्टीमोनाइट खनिज से प्राप्ति।	आन्ध्र प्रदेश, झारखण्ड, कर्नाटक, उत्तराखण्ड एवं जम्मू-कश्मीर	विद्युत तार, टूथपेस्ट की ट्यूब, आभूषणों तथा बन्दूक की कारतूसों का निर्माण।
मोनाजाइट (Monazite)	मोनाजाइट बालूका निक्षेप से प्राप्ति	केरल के तटवर्ती भाग	परमाणु ऊर्जा नाभिकीय ईंधन में उपयोग

अन्य प्रमुख खनिज संसाधन

- टिन (Tin) भारत में टिन का भण्डार सीमित मात्रा में है। इसका सर्वमान्य भण्डार एवं उत्पादन छत्तीसगढ़ के बस्तर जिले में होता है। हालाँकि हरियाणा में भी टिन अयस्क के भण्डार पाए जाते हैं। इसका उपयोग मिश्र धातुओं के निर्माण, टिन की चादरों का निर्माण, शोल्डरिंग उद्योग आदि में होता है।
- संगमरमर यह एक कायान्तरित शैल है, जो चूना पत्थर के कायान्तरण का परिणाम है। इसका उपयोग मुख्य रूप से भवन निर्माण में किया जाता है। उत्तम कोटि का संगमरमर राजस्थान के मकराना में पाया जाता है।
- बैराइट्स यह एक खनिज है, जिसमें बेरियम सल्फेट पाया जाता है। आन्ध्र प्रदेश के कुडप्पा जिला इसकी खान के लिए प्रसिद्ध है।
- सिलीमैनाइट यह एक एलुमिनो-सिलिकेट खनिज है, जिसका नाम अमेरिकी रसायनशास्त्री बेंजामिन सिलीमैन के नाम पर पड़ा है। इसका उपयोग सीसा उद्योग में किया जाता है। सिलीमैनाइट का उत्पादन प्रमुख रूप से ओडिशा, तमिलनाडु एवं उत्तर प्रदेश में किया जाता है।
- पाइराइट यह एक खनिज है, जिसमें लौह और गन्धक के यौगिक उपस्थित होते हैं। लौह खनिज होते हुए भी पाइराइट का उपयोग लौह उद्योग में नहीं होता है, क्योंकि इसमें विद्यमान गन्धक लोहे के लिए हानिकारक होती है। पाइराइट के उत्पादन में रोहतास (बिहार) प्रमुख है।
- मैग्नेसाइट यह एक मैग्नीशियम कार्बोनेट खनिज है, इसका प्रयोग ऊष्मासह पदार्थ के रूप में ईंट तरल कार्बन डाइऑक्साइड बनाने में किया जाता है। इसके अतिरिक्त इसका प्रयोग खाद्य प्रसंस्करण एवं उर्वरक निर्माण में भी किया जाता है। मैग्नेसाइट के निक्षेप प्रधानत: तमिलनाडु के सेलम, कर्नाटक के मैसूर तथा उत्तराखण्ड के अल्मोड़ा जिले से प्राप्त होते हैं।
- टाइटेनियम (Titanium) यह एक प्रमुख खनिज है, जिसका उपयोग लड़ाकू विमान, युद्धपोत, अन्तरिक्षयान व परमाणु रिएक्टर के निर्माण में होता है।

प्रमुख खनिज संस्थान

भारतीय भू-वैज्ञानिक सर्वेक्षण	कोलकाता
राष्ट्रीय शिला यान्त्रिकी संस्थान	बंगलुरु
राष्ट्रीय एल्युमीनियम कम्पनी लिमिटेड	भुवनेश्वर
खनिज अन्वेषण निगम लिमिटेड	नागपुर
भारतीय खान ब्यूरो	नागपुर
केन्द्रीय खनन एवं ईंधन अनुसन्धान संस्थान	धनबाद
राष्ट्रीय धातुकर्म प्रयोगशाला	जमशेदपुर
हिन्दुस्तान जिंक लिमिटेड	उदयपुर
हिन्दुस्तान कॉपर लिमिटेड	कोलकाता

शीर्ष खनिज उत्पादक राज्य

खनिज	शीर्ष उत्पादक राज्य
लौह-अयस्क	ओडिशा, छत्तीसगढ़, कर्नाटक
मैंगनीज	मध्य प्रदेश, महाराष्ट्र, ओडिशा
बॉक्साइट	ओडिशा, गुजरात, झारखण्ड
चाँदी	राजस्थान, कर्नाटक, झारखण्ड
अभ्रक	आन्ध्र प्रदेश, राजस्थान, झारखण्ड
जिप्सम	राजस्थान, मध्य प्रदेश/आन्ध्र प्रदेश, छत्तीसगढ़
क्रोमाइट	ओडिशा (सबसे बड़ा एकमात्र उत्पादक राज्य)
स्वर्ण	कर्नाटक, आन्ध्र प्रदेश, झारखण्ड
ताँबा	मध्य प्रदेश, राजस्थान, झारखण्ड
ग्रेफाइट	ओडिशा, तमिलनाडु, झारखण्ड
हीरा	मध्य प्रदेश, छत्तीसगढ़, झारखण्ड
डोलोमाइट	छत्तीसगढ़, आन्ध्र प्रदेश, कर्नाटक

"

किसी भी देश में ऊर्जा संसाधनों का विकास उस देश के औद्योगिक विकास का सूचक होता है। ऊर्जा संसाधनों के प्रबन्धन के द्वारा संसाधनों का उचित दोहन, सामाजिक-आर्थिक विकास एवं समावेशी विकास को सुनिश्चित किया जा सकता है। भारत में नवीकरणीय और अनवीकरणीय दोनों प्रकार के ऊर्जा संसाधनों के विकास की पर्याप्त सम्भावनाएँ हैं।

अध्याय ग्यारह

ऊर्जा संसाधन

जिन संसाधनों का प्रयोग हम उद्योगों में मशीनों को चलाने, यातायात के साधनों को गति देने, कृषि को यान्त्रिक बनाने तथा घरेलू कार्यों के लिए करते हैं, वे ऊर्जा संसाधन (Energy Resources) कहलाते हैं।

वर्तमान युग ऊर्जा का युग है, जो देश जितनी अधिक ऊर्जा उत्पादित करता है, वह उतना ही विकसित कहलाता है। भारत में ऊर्जा की आवश्यकता परम्परागत (Conventional) और गैर-परम्परागत (Non-Conventional) दोनों ही साधनों से पूरी की जाती है।

परम्परागत ऊर्जा के स्रोत प्राय: अनवीकरणीय ऊर्जा संसाधन की श्रेणी में आते हैं तथा अपरम्परागत ऊर्जा के स्रोत नवीकरणीय ऊर्जा संसाधन की श्रेणी में सम्मिलित किए जाते हैं।

ऊर्जा संसाधनों का वर्गीकरण

ऊर्जा संसाधनों को दो आधारों में वर्गीकृत किया जा सकता है—परम्परागत एवं अपरम्परागत ऊर्जा के स्रोत।

ऊर्जा संसाधन

परम्परागत ऊर्जा स्रोत	गैर-परम्परागत ऊर्जा स्रोत
अनवीकरणीय ऊर्जा संसाधन	नवीकरणीय ऊर्जा संसाधन
• कोयला • पेट्रोलियम • प्राकृतिक गैस • परमाणु ऊर्जा • शैल गैस	• बायोगैस • सौर ऊर्जा • भू-तापीय ऊर्जा • पवन ऊर्जा • ज्वारीय ऊर्जा • जल विद्युत

परम्परागत या अनवीकरणीय ऊर्जा

- जिस ऊर्जा स्रोत का उपयोग दोबारा न किया जा सके एवं उनकी उपलब्धता भी सीमित हो, ऐसे स्रोतों को अनवीकरणीय ऊर्जा कहते हैं। इस वर्ग में कोयला, लकड़ी, पेट्रोलियम और प्राकृतिक गैस आते हैं। ये ऊर्जा के ऐसे स्रोत हैं, जिनका प्रयोग के साथ-साथ क्षरण भी होता है। तीव्र विकास के साथ-साथ इन स्रोतों पर विश्व की निर्भरता बढ़ती रहती है।
- अनवीकरणीय या परम्परागत संसाधनों में कोयला, पेट्रोलियम, प्राकृतिक गैस, परमाणु ऊर्जा, शैल गैस आदि सम्मिलित होते हैं। ये स्रोत समाप्य संसाधन (Non-Renewable Resource) हैं।

कोयला

- भारत में कोयला (Coal) बहुतायत में पाया जाने वाला जीवाश्म ईंधन है। यह देश की ऊर्जा आवश्यकताओं में महत्त्वपूर्ण योगदान प्रदान करता है।
- कोयले को काला हीरा के नाम से भी जाना जाता है। रासायनिक रूप से कोयले में कार्बन विद्यमान होता है।
- इसका उपयोग ऊर्जा उत्पादन तथा उद्योगों और घरेलू आवश्यकताओं के लिए एवं ऊर्जा की आपूर्ति के लिए किया जाता है।
- भारत अपनी वाणिज्यिक ऊर्जा आवश्यकताओं की पूर्ति हेतु मुख्यत: कोयले पर निर्भर है।
- कोयले का मुख्य प्रयोग ताप विद्युत उत्पादन तथा लौह-अयस्क के प्रगलन (Smelting) के लिए किया जाता है। कोयले का निर्माण पादप पदार्थों के लाखों वर्षों तक सम्पीडन से हुआ है, इसलिए सम्पीडन की मात्रा, गहराई और दबने के समय के आधार पर कोयला अनेक रूपों में पाया जाता है। भारत में कोयले के उत्पादन का सर्वाधिक उपयोग विद्युत क्षेत्र में किया जाता है।
- कोयले के उत्पादन में चीन के बाद भारत का दूसरा स्थान है।
- भारतीय भू-विज्ञान सर्वेक्षण के अनुसार, भारत में कोयले का भण्डार 326.49 अरब टन है, जिसमें कोकिंग कोयला 35 अरब टन तथा नॉन कोकिंग कोयला 291.49 अरब टन है। भारत में कोयले के उत्पादन का कुल भाग (77%) ताप विद्युत उत्पादन में प्रयोग किया जाता है।
- दलदलों में क्षय होते पादपों से पीट कोयला उत्पन्न होता है, जिसमें कम कार्बन, नमी की उच्च मात्रा व निम्न ताप क्षमता होती है।
- लिग्नाइट एक निम्न कोटि का भूरा कोयला होता है। यह मुलायम होने के कारण अधिक नमीयुक्त होता है। लिग्नाइट के प्रमुख भण्डार तमिलनाडु के नैवेली में मिलते हैं और विद्युत उत्पादन में प्रयोग किए जाते हैं। यह कोयला दार्जिलिंग तथा जलपाईगुड़ी में भी पाया जाता है।
- गहराई में दबे तथा अधिक तापमान से प्रभावित कोयले को बिटुमिनस कोयला कहा जाता है। वाणिज्यिक प्रयोग में यह सर्वाधिक लोकप्रिय है। इस कोयले में कार्बन की मात्रा 55% से 80% तक होती है। इस प्रकार का कोयला गोण्डवाना जमाव से अधिक मात्रा में प्राप्त होता है।

- देश का 90% कोयला इसी जमाव से मिलता है। धातु शोधन में उच्च श्रेणी के बिटुमिनस कोयले का प्रयोग किया जाता है, जिसका लोहे के प्रगलन में विशेष महत्त्व है। एन्थ्रेसाइट सर्वोत्तम गुण वाला कठोर कोयला है।
- भारत में कोयला निक्षेपों का लगभग 80% बिटुमिनस प्रकार का तथा गैर-कोककारी श्रेणी (Non-Coking Coal) का है।
- प्रायद्वीपीय भारत की नदी घाटी कोयला प्राप्ति के प्रमुख स्थल हैं, जिनमें दामोदर नदी घाटी, सोन-महानदी-ब्राह्मणी नदी घाटी, कोयल-पेंच-कान्हन नदी घाटी तथा वर्धा-गोदावरी-इन्द्रावती नदी घाटी प्रमुख हैं। ऊपरी दामोदर घाटी में रानीगंज कोयला क्षेत्र (पश्चिम बंगाल) सबसे बड़ा कोयला क्षेत्र है। इस क्षेत्र से देश का 35% कोयला प्राप्त होता है।

कोयले के प्रकार

कोयला	उपनाम	स्वरूप एवं कार्बन की मात्रा	क्षेत्र
पीट कोयला	निम्न कोयला	नमी की अधिक मात्रा व 40% से कम कार्बन	असम, तमिलनाडु
लिग्नाइट कोयला	भूरा कोयला	जलने पर धुआँ अधिक व 40-55% कार्बन	तमिलनाडु, असम, राजस्थान, पश्चिम बंगाल, कश्मीर
बिटुमिनस कोयला	काला कोयला	55-80% कार्बन	मध्य प्रदेश, ओडिशा, छत्तीसगढ़, झारखण्ड
एन्थ्रेसाइट कोयला	कठोर (उच्च) कोयला	जलते समय धुआँ रहित व 80-95% कार्बन	जम्मू-कश्मीर

प्रमुख कोयला उत्पादक क्षेत्र एवं वितरण

भारत में कोयला दो प्रमुख भू-गर्भिक युगों (Geological Time Period) के शैल क्रम (गोण्डवाना एवं टर्शियरी) में पाया जाता है।

गोण्डवाना कोयला क्षेत्र

- गोण्डवाना कोयला क्षेत्र से प्राप्त होने वाला कोयला 200 लाख वर्ष से अधिक पुराना है। भारत में कोयले के कुल संचित भण्डार का 98% तथा कुल उत्पादन का 99% गोण्डवाना कोयला क्षेत्र से प्राप्त होता है।
- गोण्डवाना युगीन चट्टानों का सबसे प्रमुख क्षेत्र ओडिशा, झारखण्ड तथा पश्चिम बंगाल राज्यों में विस्तृत है। इस क्षेत्र से कुल उत्पादन का 76% कोयला प्राप्त होता है। मध्य प्रदेश तथा आन्ध्र प्रदेश गोण्डवाना क्षेत्र के प्रमुख उत्पादक राज्य हैं।
- गोण्डवाना युगीन कोयला मुख्यत: बिटुमिनस प्रकार का होता है। भारत में सर्वाधिक महत्त्वपूर्ण गोण्डवाना कोयला क्षेत्र दामोदर घाटी में स्थित है।

टर्शियरी कोयला क्षेत्र

- टर्शियरी कोयला टर्शियरी काल की ओलिगोसीन काल की चट्टानों में पाया जाता है। यह भारत के कोयला उत्पादन का केवल 1% भाग है। टर्शियरी कोयले को भूरा कोयला के रूप में जाना जाता है। यह कोयला देश के कुल कोयला उत्पादन में लगभग 2% ही योगदान देता है।
- इस श्रेणी का कोयला असम, अरुणाचल प्रदेश, मेघालय तथा नागालैण्ड में पाया जाता है, इसके अतिरिक्त यह जम्मू-कश्मीर में भी मिलता है।
- यह दरानगिरि, चेरापूँजी, मेवलांग तथा लैंग्रिन (मेघालय) पाकुण, जयपुर तथा ऊपरी असम में, नजीरा नामचिक-नाम्फुक (अरुणाचल प्रदेश) तथा कालाकोट (जम्मू-कश्मीर) से निष्कर्षित किया जाता है।

भारत में कोयले का वितरण क्षेत्र

प्रमुख क्षेत्र	विवरण
झारखण्ड	कोयला भण्डार की दृष्टि से यह अग्रणी राज्य है। यहाँ के प्रमुख कोयला क्षेत्रों में झरिया, बोकारो, रामगढ़, कर्णपुरा एवं गिरिडीह प्रमुख हैं। झरिया कोयला क्षेत्र भारत का सबसे बड़ा कोयला उत्पादक क्षेत्र है और यहाँ से बिटुमिनस प्रकार का कोयला मिलता है।
छत्तीसगढ़	यह भारत का सबसे बड़ा कोयला उत्पादक राज्य है। यहाँ पर कोयले की प्रमुख खानें कोरबा एवं सरगुजा जिले के बिसरामपुर, तातापानी, चिरिमिरी, सोनहट तथा कोरियागढ़ मे हैं।
ओडिशा	यहाँ पर भारत के एक-चौथाई कोयले का संचित भण्डार है। ओडिशा के कोयला भण्डार धनकनाल, सम्बलपुर तथा सुन्दरगढ़ जिलों में हैं। यहाँ का कोयला क्षेत्र, तलचर कोयला क्षेत्र (धनकनाल), रामपुर कोयला क्षेत्र (सम्बलपुर), हिमगीर कोयला क्षेत्र (सुन्दरगढ़) प्रमुख हैं।
मध्य प्रदेश	यहाँ के प्रमुख कोयला क्षेत्र सिंगरौली कोयला क्षेत्र (शहडोल एवं सीधी जिले), सोहागपुर कोयला क्षेत्र (शहडोल), पेंचघाटी कोयला क्षेत्र छिन्दवाड़ा), पाथरखेड़ा (बैतूल) आदि महत्त्वपूर्ण हैं।
आन्ध्र प्रदेश	यहाँ पर अधिकांशत: कोयला गोदावरी नदी घाटी में पाया जाता है। यहाँ की प्रमुख कोयला खाने सिंगरेनी, कान्यपाली, कोठागुडम तथा तन्दूर की खानें हैं।
महाराष्ट्र	यहाँ पर अधिकांश कोयला वर्धा घाटी में पाया जाता है। यहाँ के प्रमुख कोयला क्षेत्र काम्पटी (नागपुर), उन (यवतमाल) एवं घुगुस, बल्लारपुर तथा वरोरा (चन्द्रनगर) अन्य प्रमुख कोयला क्षेत्र हैं।
पश्चिम बंगाल	यहाँ सबसे महत्त्वपूर्ण कोयला क्षेत्र रानीगंज है। यह भारत का दूसरा सबसे बड़ा कोयला क्षेत्र है। यह बर्दवान, पुरुलिया तथा बाकुरा जिलों में विस्तृत है, यहाँ पर बिटुमिनस प्रकार का कोयला मिलता है।
तमिलनाडु	यहाँ कुड्डलोर जिले में नेवेली कोयला क्षेत्र लिग्नाइट कोयले के लिए प्रसिद्ध है।
राजस्थान	यहाँ पर पालना (बीकानेर), जोधपुर तथा जयपुर जिलों में लिग्नाइट प्रकार का कोयला मिलता है।
जम्मू-कश्मीर	इसकी टर्शियरी चट्टानों में लिग्नाइट के भण्डार हैं। यहाँ कोयले की खानें पुंछ, रियासी, बालाकोट तथा उधमपुर जिलों में मिलती हैं।

पेट्रोलियम

- भारत में कोयले के पश्चात् ऊर्जा का दूसरा प्रमुख साधन पेट्रोलियम या खनिज तेल है। कच्चा पेट्रोलियम द्रव और गैसीय अवस्था के हाइड्रोकार्बन (Hydrocarbon) से युक्त होता है तथा इसकी रासायनिक संरचना, रंगों एवं विशिष्ट घनत्व में भिन्नता पाई जाती है।
- यह मोटर वाहनों, रेलवे तथा वायुयानों के अन्तर-दहन ईंधन के लिए ऊर्जा का एक अनिवार्य स्रोत है।
- इसके अनेक सह-उत्पादक पेट्रो-रसायन उद्योगों; जैसे-उर्वरक, कृत्रिम रबर, कृत्रिम रेशे, दवाइयाँ, वैसलीन स्नेहकों, मोम, साबुन तथा अन्य सौन्दर्य सामग्री में प्रक्रमित किए जाते हैं।
- अपनी दुर्लभता और विविध उपयोगों के लिए पेट्रोलियम को तरल सोना (Liquid Gold) भी कहा जाता है।
- अपरिष्कृत पेट्रोलियम (Crude Petroleum) यह टर्शियरी युग की अवसादी शैलों (Sedimentary Rocks) में पाया जाता है। यह शैल संरचनाओं के अपनति व भ्रंश ट्रैप में पाया जाता है।
- अपतटीय क्षेत्र खनन विकास एवं नियमन अधिनियम, 1957 के अनुसार भारत के समुद्री क्षेत्र एवं महाद्वीपीय ढाल एवं समुद्री क्षेत्रों में खनिज उत्खनन का अधिकार केन्द्र सरकार के पास है।

- व्यवस्थित तरीके से तेल अन्वेषण और उत्पादन वर्ष 1956 में तेल एवं प्राकृतिक गैस आयोग (Oil and Natural Gas Commission, ONGC) की स्थापना के बाद प्रारम्भ हुआ। तब तक असोम में डिग्बोई एकमात्र तेल उत्पादक क्षेत्र था, लेकिन वर्ष 1956 के बाद परिदृश्य बदल गया।
- मुम्बई हाई जो मुम्बई नगर से 160 किमी दूर अपतटीय क्षेत्र में पड़ता है, इसको वर्ष 1973 में खोजा गया था और वहाँ वर्ष 1976 में उत्पादन प्रारम्भ हो गया।
- तेल एवं प्राकृतिक गैस पूर्वी तट पर कृष्णा-गोदावरी तथा कावेरी के बेसिनों में अन्वेषणात्मक कूपों में पाए जाते हैं।
- कूपों से निकाला गया तेल अपरिष्कृत तथा अनेक अशुद्धियों से परिपूर्ण होता है। अपरिष्कृत तेल को सीधे प्रयोग में नहीं लाया जा सकता, इसे शोधित किए जाने की आवश्यकता होती है।
- भारत में दो प्रकार के तेल शोधन कारखाने हैं; जैसे-क्षेत्र आधारित एवं बाजार आधारित। कृष्णा-गोदावरी नदी घाटी के रावा अपतटीय क्षेत्र से खनिज तेल का उत्पादन हो रहा है।
- राजस्थान के बाड़मेर में केयर्न एनर्जी एवं ओएनजीसी द्वारा संयुक्त रूप से मंगला तेल क्षेत्र से वाणिज्य स्तर पर तेल उत्पादन किया जा रहा है।
- राजस्थान के मंगला तेल क्षेत्र, भाग्यम व ऐश्वर्या क्षेत्र से कुल मिलाकर एक अरब बैरल तेल आकलित किया जाता है।
- डिग्बोई तेल शोधन कारखाना क्षेत्र आधारित तथा बरौनी बाजार आधारित तेल शोधन कारखाने के उदाहरण हैं।
- देश का कुल खनिज तेल भण्डार 619 मिलियन टन है। इसमें से 341.3 मिलियन टन (55%) तटवर्ती क्षेत्रों में तथा 277.6 मिलियन टन (45%) अपतटीय क्षेत्रों में स्थित है।

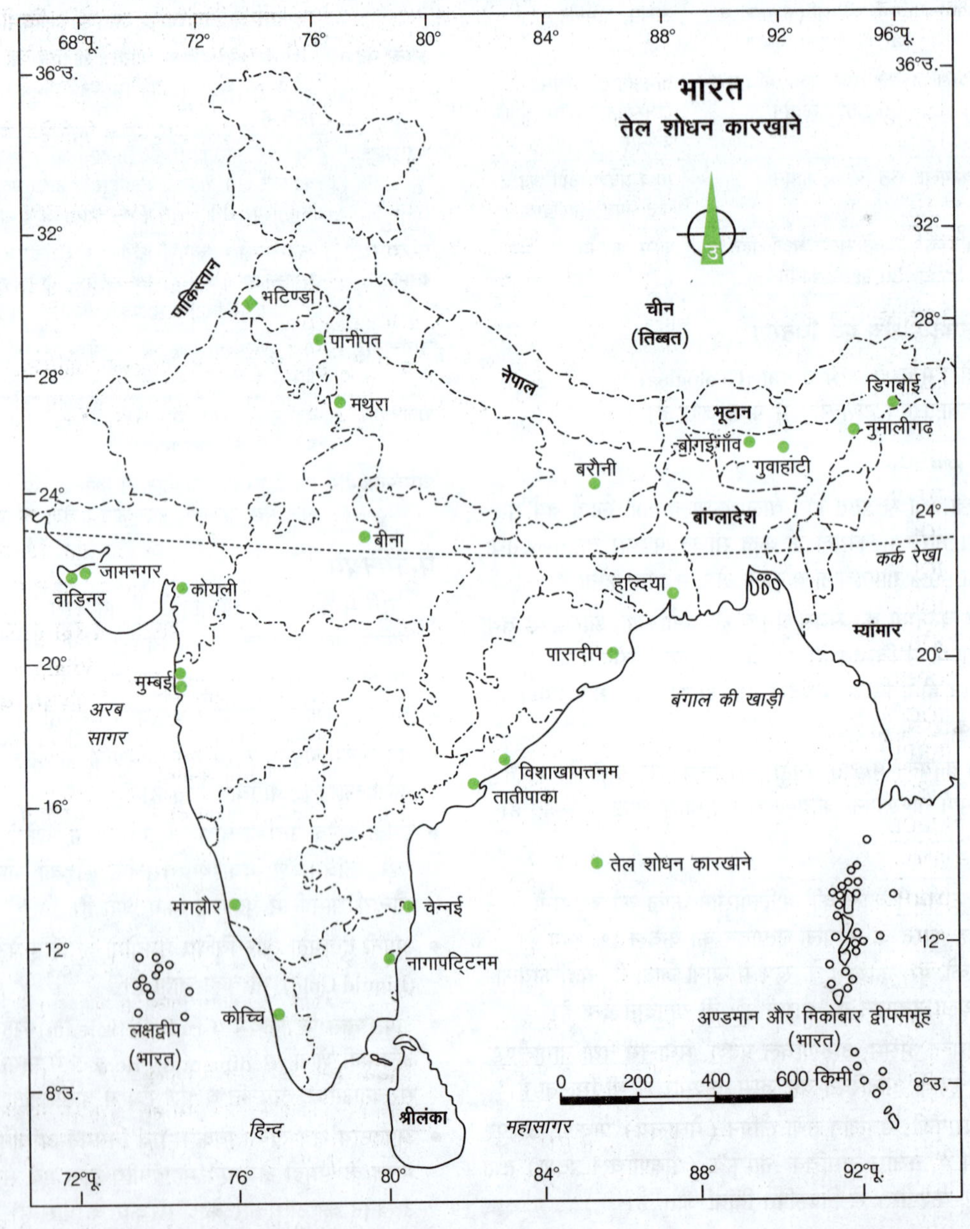

पेट्रोलियम वितरण क्षेत्र

असम तेल क्षेत्र

यह भारत का सबसे महत्त्वपूर्ण एवं प्राचीन तेल क्षेत्र है। भारत का ब्रह्मपुत्र घाटी में डिग्बोई, नाहरकटिया, मोरन-हुगरीजन, रुद्रसागर-लकवा, सुरमा घाटी आदि में पाया जाता है।

गुजरात तेल क्षेत्र

गुजरात में अंकलेश्वर (भरुच) खम्भात-लूनेज क्षेत्र, अहमदाबाद, कलोल, मेहसाणा, नवगाँव, ओल्पाद, ढोलका, सानन्द आदि में पेट्रोलियम खनन होता है।

राजस्थान तेल क्षेत्र

बाड़मेर (शक्ति, ऐश्वर्या, मंगला, भाग्यम तेल क्षेत्र), जैसलमेर, बीकानेर

पश्चिम तटीय क्षेत्र

इसमें मुम्बई हाई, बसीन तथा अलियावेट के पेट्रोलियम क्षेत्र आते हैं।

पूर्वी तटीय क्षेत्र

इसके अन्तर्गत रवा क्षेत्र (कृष्णा-गोदावरी), अमलापुरम (आन्ध्र प्रदेश) आदि पेट्रोलियम क्षेत्र आते हैं।

अन्य तेल क्षेत्र

नरीमनम तथा कोइरकलापल्ली (कावेरी बेसिन) में स्थित है।

शीर्ष पेट्रोलियम (कच्चा तेल) उत्पादक क्षेत्र

क्षेत्र/राज्य	प्रतिशत (%)	क्षेत्र/राज्य	प्रतिशत (%)
अपतटीय क्षेत्र	49.31%	असम	12.60
राजस्थान	22.41%	तमिलनाडु	1.15
गुजरात	13.52%		

भारत के तेल शोधक कारखाने

संयन्त्र	कम्पनी	राज्य	उत्पादन वर्ष
डिग्बोई	IOC	असम	1901
ट्राम्बे (मुम्बई)	HPCL	महाराष्ट्र	1954
ट्राम्बे (मुम्बई)	BPCL	महाराष्ट्र	1955
विशाखापत्तनम	HPCL	आन्ध्र प्रदेश	1957
नूनमाटी (गुवाहाटी)	IOC	असम	1962
बरौनी	IOC	बिहार	1964
कोयली	IOC	गुजरात	1965
कोच्चि	KRL	केरल	1966
मनाली	CPCL	तमिलनाडु	1969
हल्दिया	IOC	पश्चिम बंगाल	1975
बोंगईगाँव	BRPL	असम	1979
चेन्नई	CPCL	तमिलनाडु	1969
नागापट्टिनम	CPCL	तमिलनाडु	1993
मथुरा	IOC	उत्तर प्रदेश	1982
मंगलौर	MRPL	कर्नाटक	1998
पानीपत-करनाल	IOC	हरियाणा	1998
नुमालीगढ़	NRL	असम	1999
जामनगर	RPL	गुजरात	1999
तातीपाका	ONGC	आन्ध्र प्रदेश	2001
वादिनार	ESSAR	गुजरात	2006
भटिण्डा	HPCL	पंजाब	2008
बीना	BPCL	मध्य प्रदेश	2009
पारादीप	IOC	ओडिशा	2016

प्राकृतिक गैस

- प्राकृतिक गैस (Natural Gas) एक महत्त्वपूर्ण स्वच्छ ऊर्जा संसाधन है, जो पेट्रोलियम के साथ अथवा अलग भी पाई जाती है।
- इसका प्रयोग ऊर्जा के साधन के रूप में तथा पेट्रो रसायन उद्योग के एक औद्योगिक कच्चे माल के रूप में किया जाता है।
- कार्बन डाइऑक्साइड के कम उत्सर्जन के कारण प्राकृतिक गैस को पर्यावरण अनुकूल माना जाता है।
- प्राकृतिक गैस के परिवहन एवं विपणन के लिए गैस अथॉरिटी ऑफ इण्डिया लिमिटेड (GAIL) की स्थापना वर्ष 1984 में सार्वजनिक क्षेत्र के उद्यम के रूप में की गई थी।
- कृष्णा-गोदावरी नदी बेसिन में प्राकृतिक गैस के विशाल भण्डार खोजे गए हैं। पश्चिमी तट के साथ मुम्बई हाई और सन्निध क्षेत्रों को खम्भात की खाड़ी में पाए जाने वाले तेल क्षेत्र सम्पूरित करते हैं।
- आन्ध्र प्रदेश में यनम-काकीनाड़ा तट से 6 किमी दूर तथा 5061 मी की गहराई में देश का सबसे बड़ा प्राकृतिक गैस का भण्डार है।
- बंगाल की खाड़ी में स्थित कृष्णा-गोदावरी बेसिन (के.जी. बेसिन) के डी-6 ब्लॉक में रिलायन्स इण्डस्ट्रीज लिमिटेड ने प्राकृतिक गैस का उत्पादन वर्ष 2009 से प्रारम्भ किया है।
- अण्डमान-निकोबार द्वीप समूह एक महत्त्वपूर्ण क्षेत्र है, जहाँ प्राकृतिक गैस के विशाल भण्डार पाए जाते हैं।
- प्राकृतिक गैस, हल्की होने के कारण तेल क्षेत्रों में खनिज तेल के ऊपर पाई जाती है।
- प्राकृतिक गैस तमिलनाडु के पूर्वी तट, ओडिशा, आन्ध्र प्रदेश, त्रिपुरा, राजस्थान तथा गुजरात एवं महाराष्ट्र के अपतटीय कुओं (Offshore Wells) में पाई जाती है।
- सरकार द्वारा वन नेशन वन गैस ग्रिड परियोजना (One Nation One Gas Grid Project) शुरू करने का उद्देश्य देश के प्रत्येक कोने तक प्राकृतिक गैस पहुँचाना है। इस योजना के अन्तर्गत देश के उन सभी क्षेत्रों में गैस पाइपलाइन पहुँचाई जा रही है, जहाँ पर पहुँचना बहुत कठिन है।
- इसमें पाइपलाइन महत्त्वपूर्ण योगदान दे रहा है; जैसे—1700 किमी लम्बी हजीरा-विजयपुर जगदीशपुर (Hajira-Vijaipur-Jagdishpur, HVJ) गैस पाइपलाइन मुम्बई हाई और बसीन को पश्चिमी व उत्तरी भारत के उर्वरक, विद्युत व अन्य औद्योगिक क्षेत्रों से जोड़ती है। ऊर्जा व उर्वरक उद्योग प्राकृतिक गैस के प्रमुख प्रयोक्ता हैं।
- भारत में प्राकृतिक गैस को दो भागों में वर्गीकृत किया गया है

प्राकृतिक गैस

कम्प्रेस्ड नेचुरल गैस (CNG)

प्राकृतिक गैस को वाहनों में प्रयोग करने के लिए 200-250 किग्रा प्रति वर्ग सेमी तक दबाया जाता है। इसलिए प्राकृतिक गैस के दाबित रूप को कम्प्रेस्ड नेचुरल गैस कहते हैं।

लिक्वीफाइड नेचुरल गैस (LNG)

यह मीथेन निर्मित प्राकृतिक गैस होती है। जिसे भण्डारण एवं परिवहन की सुविधा की दृष्टि से तरल रूप में परिवर्तित किया जाता है। यह गैर विषैली रंगहीन एवं गन्धहीन गैस है।

प्रधानमन्त्री ऊर्जा गंगा परियोजना

- इस परियोजना की शुरुआत वर्ष 2016 में वाराणसी से की गई। इस परियोजना में जगदीशपुर (उत्तर प्रदेश) से हल्दिया (पश्चिम बंगाल) को पाइपलाइन से जोड़ने की योजना शामिल है।
- इस परियोजना का मुख्य उद्देश्य पूर्वी भारत में पीएनजी (Piped Natural Gas) और सीएनजी (Compressed Natural Gas) उपलब्ध कराना है। इस योजना का संचालन गैस अथॉरिटी ऑफ इण्डिया द्वारा किया जा रहा है।
- इस योजना में पूर्वी भारत के पाँच राज्य (उत्तर प्रदेश, बिहार, झारखण्ड, पश्चिम बंगाल और ओडिशा) हैं, जिसके 9 औद्योगिक संकुलों को विकसित किया जाना है।

हाइड्रोकार्बन विजन–2025

- विशेषज्ञों के एक दल ने अप्रैल, 2000 में भारतीय हाइड्रोकार्बन विजन–2025 की रिपोर्ट (IHV 2025) तैयार की थी।
- इस रिपोर्ट में पहली बार विश्वस्तरीय व्यापारिक प्रतिस्पर्द्धा के परिदृश्य को ध्यान में रखते हुए भारत में तेल और गैस क्षेत्र के विकास की रूपरेखा तैयार की गई।
- हाइड्रोकार्बन विजन–2025 में निम्नलिखित लक्ष्य रखे गए हैं
    - तेल के घरेलू उत्पादन में वृद्धि और विदेश में इक्विटी ऑयल में निवेश की वृद्धि के माध्यम से ऊर्जा सुरक्षा के क्षेत्र में आत्म-निर्भरता प्राप्त करना।
    - स्वच्छ और हरे-भरे भारत का निर्माण सुनिश्चित करने के लिए उत्पादों के स्तर में सुधार से जीवन-स्तर बेहतर बनाना।
    - उपभोक्ता सेवाओं को बेहतर बनाने के लिए मुक्त बाजार की स्थापना और कारोबारियों के बीच प्रतिस्पर्द्धा को बढ़ावा देना।
    - सामरिक और रक्षा सम्बन्धी पहलुओं को ध्यान में रखते हुए देश के लिए तेल सुरक्षा सुनिश्चित करना।

विद्युत

देश में बिजली के विकास का कार्य केन्द्रीय विद्युत मन्त्रालय देखता है। मन्त्रालय का कार्य भावी योजनाएँ तैयार करना, नीतियाँ निर्धारित करना, निवेश सम्बन्धी फैसले के लिए परियोजनाओं का चयन करना, विद्युत परियोजनाओं के कार्यान्वयन पर निगरानी रखना आदि है।

ताप विद्युत

- भारत में कुल विद्युत उत्पादन का सर्वाधिक भाग (लगभग 60%) ताप विद्युत द्वारा उत्पादित किया जाता है।
- इसके उत्पादन हेतु कोयला, खनिज तेल व प्राकृतिक गैस जैसी जीवाश्मी ऊर्जा का उपयोग किया जाता है। भारत में ताप विद्युत की स्थापित क्षमता जून, 2024 तक 242996.91 (54.5%) मेगावाट है।
- भारत में विद्युत उत्पादन में प्रयोग किए जाने वाले कोयले में राख करीब 10 से 50% तक होती है।
- कोयला घटिया होने के कारण ताप विद्युत गृहों की कार्यक्षमता पर प्रभाव पड़ता है और वातावरण भी अधिक प्रदूषित होता है।
- राष्ट्रीय ताप निगम (एनटीपीसी) की स्थापना देश में ताप बिजली के नियोजक प्रोत्साहन एवं विकास के उद्देश्य से नवम्बर, 1975 में नई दिल्ली में की गई थी। वर्तमान में यह देश की सबसे बड़ी विद्युत उत्पादक कम्पनी है।
- भारत हैवी इलेक्ट्रिकल्स और भाभा अनुसन्धान केन्द्र ने रूस के सहयोग से चुम्बकीय जलगतिक विधि (Magnetic Water Dynamic Method) से विद्युत बनाने के लिए एक नए प्रकार का विद्युत गृह बनाया है।
- इस विधि से कोयले के जलने से उत्पन्न ऊर्जा का 50% भाग तक विद्युत में परिवर्तित हो जाता है।
- इसके अतिरिक्त कोयला को द्रवीकृत कर पाइपलाइन के माध्यम से विद्युत गृहों तक पहुँचाने की एक महत्त्वाकांक्षी योजना कोयला विभाग ने बनाई है।
- शीर्ष पाँच तापीय शक्ति क्षमता वाले राज्य महाराष्ट्र, गुजरात, उत्तर प्रदेश, मध्य प्रदेश और तमिलनाडु है (जून-2024 तक)।

परमाणु ऊर्जा

- यूरेनियम एक भारी, कठोर रेडियोधर्मी एवं सफेद खनिज पदार्थ है। इसे मेटल ऑफ होप (Metal of Hope) के नाम से जाना जाता है।
- यह परमाणु ऊर्जा का एक महत्त्वपूर्ण खनिज संसाधन है। इसका प्रयोग मुख्यत: नाभिकीय रिएक्टरों के संचालन हेतु ईंधन के रूप में किया जाता है।
- विश्व में सर्वाधिक यूरेनियम का उत्पादन कजाखिस्तान, कनाडा, ऑस्ट्रेलिया, नामीबिया, नाइजर एवं रूस में होता है। भारत विश्व का 1% से भी कम यूरेनियम उत्पादित करता है। यूरेनियम का विश्व में सर्वाधिक संचित भण्डार ऑस्ट्रेलिया में है।
- भारत में झारखण्ड के सिंहभूम जिले के जादूगोड़ा क्षेत्र में यूरेनियम की खान है, जिसमें खुदाई कार्य चल रहा है। इसके अतिरिक्त झारखण्ड का बगजाता, आन्ध्र प्रदेश का नेल्लोर, राजस्थान का उदयपुर तथा मेघालय की खासी पहाड़ियों में स्थित मेडास्क यूरेनियम सम्पन्न क्षेत्र हैं।
- भारत में परमाणु ऊर्जा के जनक डॉ. होमी जहाँगीर भाभा के प्रयासों के फलस्वरूप वर्ष 1948 में परमाणु ऊर्जा आयोग की स्थापना की गई।
- इसके पश्चात् परमाणु ऊर्जा विभाग की स्थापना वर्ष 1954 में की गई। वर्ष 1957 में ट्रॉम्बे (मुम्बई) में आधारभूत विज्ञान के क्षेत्र में अनुसन्धान करने तथा घरेलू संसाधनों पर आधारित परमाणु प्रौद्योगिकी विकसित करने के लिए परमाणु ऊर्जा प्रतिष्ठान की स्थापना की गई, जिसे वर्तमान में भाभा परमाणु केन्द्र कहा जाता है।
- भारत का पहला परमाणु विद्युत गृह तारापुर नामक स्थान पर वर्ष 1969 में स्थापित किया गया।
- परमाणु ऊर्जा के उत्पादन के लिए यूरेनियम, थोरियम तथा भारी जल की आवश्यकता होती है।
- वर्तमान में भारत को परमाणु सम्पन्न राष्ट्रों (Countries with Nuclear Weapone) की श्रेणी में छठा स्थान प्राप्त है। वर्तमान समय में भारत में कार्यशील रिएक्टरों की कुल संख्या 23 है, जो 8 विभिन्न केन्द्रों पर कार्यरत् है।
- 30 जून, 2024 तक भारत में नाभिकीय विद्युत ऊर्जा की संस्थापित क्षमता 8180 MW रही, जो कुल संस्थापित क्षमता का 1.8% है।
- भारत सरकार ने वर्ष 2032 तक 27500 मेगावाट की नाभिकीय ऊर्जा के संस्थापित क्षमता स्थापित करने का लक्ष्य रखा है।

अणुशक्ति वाले खनिज

प्रमुख खनिज	विवरण
यूरेनियम	इसकी प्राप्ति धारवाड़ तथा आर्कियन श्रेणी की चट्टानों पैग्मेटाइट, मोनोजाइट, बालू तथा पैरालाइट से होती है। यूरेनियम के प्रमुख अयस्क पिचब्लेण्ड, सॉमरस्काइट एवं थोरियोनाइट हैं।
थोरियम	परमाणु ऊर्जा के विकास में थोरियम महत्त्वपूर्ण खनिज है। भारत में इसके अनुमानत: 4,50,000 टन भण्डार पाए जाने की सम्भावना है। इसमें केवल (पलक्कड़ एवं कोल्लम जिले), तमिलनाडु (कन्याकुमारी जिला), आन्ध्र प्रदेश (विशाखापत्तनम) एवं ओडिशा तट की मोनोजाइट बालू का विशेष महत्त्व है।
मोनाजाइट	यह मोनाजाइट, थोरियम, यूरेनियम, सेरिनियम और लेन्थानम आदि का मिश्रण होता है। मोनाजाइट के जमाव केरल की तटीय बालू (कोल्लम और पलक्कड़ जिले में चौघाट और पोन्नई के मध्य 160 किमी लम्बी पेटी में), तमिलनाडु (कन्याकुमारी, तिरुनेलवेली, तंजावुर), आन्ध्र प्रदेश (नारसीपत्तनम एवं विशाखापत्तनम के तटीय क्षेत्र) एवं ओडिशा (कटक एवं गंजम जिलों में महानदी मुहाने के समीप और चिल्का झील से चिकाकोला नदी तक) राज्यों में पाए जाते हैं।
बेरेलियम	यह बेरिल से प्राप्त होता है, जो अभ्रक की चट्टानों में मिलता है। (खनिज अंश 10-12%) देश में इसे राजस्थान, झारखण्ड, आन्ध्र प्रदेश (नेल्लोर) मध्य प्रदेश, जम्मू-कश्मीर एवं सिक्किम आदि राज्यों में प्राप्त किया जाता है।
जिरकोनियम	इसे जिरकोनियम अयस्क से प्राप्त किया जाता है, जो आग्नेय शैलों (Igneous Rock) में मिलता है। इसके जमाव कोल्लम से कन्याकुमारी तक की समुद्र तटीय रेतों, तिरुनेलवेली, रामनाथपुरम, तंजावुर और विशाखापत्तनम के तटीय क्षेत्रों, गया (बिहार) की अभ्रक खदानों एवं कोयम्बटूर में पाए जाते हैं।
इल्मेनाइट	इसके जमाव केरल तट की रेत में कोल्लम से कन्याकुमारी, रत्नागिरि, मालाबार तट, तुथुकूडि, वाल्टेयर, गंजम, हजारीबाग, पुरुलिया में पाए जाते हैं।
एण्टीमनी	यह मुख्यत: हिमालय प्रदेश के लाहौल, काँगड़ा और मध्य प्रदेश के जबलपुर जिले में पाया जाता है।
ग्रेफाइट	यह मुख्यत: रवेदार और रूपान्तरित शैलों से प्राप्त होता है। यह ओडिशा (कालाहाण्डी, बोलनगीर, गंजम, कोरापुट, बिहार (भागलपुर), आन्ध्र प्रदेश, राजस्थान, कर्नाटक, जम्मू-कश्मीर एवं सिक्किम से प्राप्त होता है।

भारत के प्रमुख परमाणु विद्युत गृह

विद्युत गृह	स्थान/राज्य	क्षमता	विशेषताएँ
तारापुर	मुम्बई (महाराष्ट्र)	1400 MW	भारत का प्रथम परमाणु विद्युत गृह, प्रेशराइज्ड हैवी वाटर रिएक्टर तकनीक का प्रयोग
रावतभाटा	कोटा (राजस्थान)	1180 MW	कनाडा के सहयोग से स्थापित, प्राकृतिक यूरेनियम ऑक्साइड ईंधन का प्रयोग
कलपक्कम	चेन्नई (तमिलनाडु)	440 MW	485 मी लम्बी समुद्री सुरंग प्रस्तावित, देशी साज-सामान प्रयुक्त वाली प्रथम परियोजना
काकरापारा	सूरत (गुजरात)	700 MW	भारत की पहली 700 MW इकाई और दाबकृत भारी जल रिएक्टर का सबसे बड़ा स्वदेशी रूप से विकसित संस्करण।
नरौरा	बुलन्दशहर (उत्तर प्रदेश)	440 MW	प्रेशराइज्ड हैवी वाटर रिएक्टर तकनीक का प्रयोग
कैगा	कर्नाटक	880 MW	इसमें 1400 MW क्षमता बढ़ाने की योजना प्रस्तावित है।
कुडनकुलम	तमिलनाडु	2000 MW	रूस के सहयोग से स्थापित, साधारण जल शीतलित तकनीक का प्रयोग किया जाता है।
जैतापुर	रत्नागिरि (महाराष्ट्र)	9000 MW (प्रस्तावित)	इवोल्यूशनरी प्रेशराइज्ड रिएक्टर (ईपीआर) फ्रांस के अरेवा कम्पनी का सहयोग (प्रस्तावित)

शीर्ष तीन परमाणु ऊर्जा उत्पादन करने वाले देश संयुक्त राज्य अमेरिका, चीन तथा फ्रांस हैं।

शैल गैस

शैल गैस (Shale Gas), अवसादी चट्टानों के मध्य पाई जाती है। भारत में उत्तर-पूर्व तथा गोण्डवाना चट्टानों में शैल गैस प्रचुर मात्रा में विद्यमान है। शैल गैस, प्राकृतिक गैस का एक गैर-परम्परागत रूप है, परन्तु यह नवीकरणीय नहीं है।

- शैल गैस चट्टानी संस्तरों के मध्य फँसी हुई पाई जाती है, इसके निष्कर्षण के लिए चट्टानों में ड्रिलिंग कर तेज दबाव से पानी की धार छोड़ी जाती है, जिसके कारण चट्टानों में फँसे हाइड्रेट के अणु मुक्त हो जाते हैं।
- भारत में दामोदर बेसिन, बंगाल बेसिन, विन्ध्य बेसिन में इसकी उपलब्धता भरपूर मात्रा में होती है तथा पूर्वोत्तर राज्यों में इसके भण्डार की सम्भावना है। यह महँगी एवं उच्च प्रौद्योगिकीय पद्धति है।

गैर-परम्परागत ऊर्जा या नवीकरणीय ऊर्जा

- ऐसे स्रोत जिनका प्रयोग बार-बार किया जा सके, गैर-परम्परागत अथवा नवीकरणीय ऊर्जा स्रोत कहलाते हैं। इस वर्ग में ऊर्जा के वे स्रोत आते हैं, जिनके अक्षय भण्डार हैं।
- पवन ऊर्जा, सौर ऊर्जा, भू-तापीय ऊर्जा, वायुशक्ति एवं ज्वारीय शक्ति आदि ऊर्जा स्रोत इसके अन्तर्गत आते हैं। इनका क्षरण नहीं होता है और उपलब्धता लगातार बनी रहती है।
- गैर-परम्परागत ऊर्जा स्रोतों की खोज एवं उनके विकास हेतु भारत सरकार द्वारा 2 सितम्बर, 1982 को गैर-परम्परागत ऊर्जा स्रोत (Non-Conventional Energy Source) विभाग की स्थापना की गई तथा वर्ष 1992 में गैर-परम्परागत ऊर्जा मन्त्रालय स्थापित किया गया।
- प्रधानमन्त्री श्री नरेन्द्र मोदी ने पेरिस समझौते (2015) में नवीकरणीय ऊर्जा के लिए 175 गीगावाट लक्ष्य की घोषणा की थी।
- संयुक्त राष्ट्र जलवायु कार्रवाई सम्मेलन में इस लक्ष्य को बढ़ाकर वर्ष 2030 तक 450 गीगावाट कर दिया है।

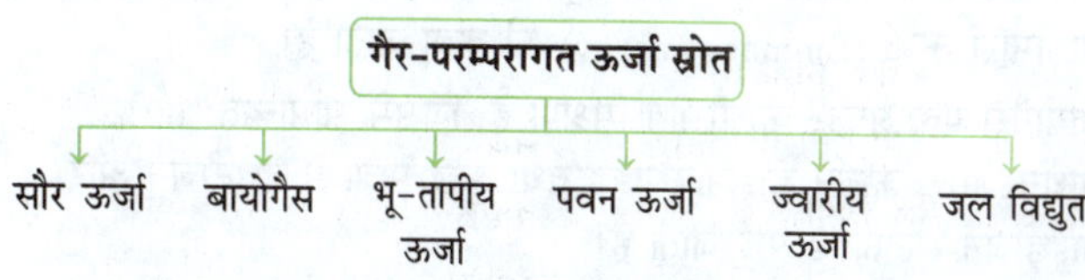

सौर ऊर्जा

- भारत एक उष्णकटिबन्धीय प्रदेश है और यहाँ अधिकांश भागों में वर्ष के तीन सौ दिनों तक धूप रहती है, जिससे देश को प्रतिवर्ष लगभग 50,000 खरब किलोवाट सौर ऊर्जा (Solar Energy) प्राप्त होती है।
- भारत में प्रतिवर्ष किसी क्षेत्र में 20 से 50 मेगावाट सौर विद्युत का उत्पादन किया जा सकता है। राजस्थान सौर ऊर्जा के विकास हेतु एक आदर्श प्रदेश है। भारत उन 6 देशों में है, जिन्होंने सौर ऊर्जा के निर्माण की प्रौद्योगिकी विकसित की है।
- वर्तमान में सौर ऊर्जा को दो भिन्न माध्यमों से उपयोग में लाया जा रहा है, ये हैं—सौर तापीय ऊर्जा तथा सौर फोटोवोल्टिक ऊर्जा।
- सोलर पौण्ड सौर ऊर्जा प्राप्त करने की एक नई तकनीक है। इसमें सोलर पौण्ड एक विशाल ऊर्जा संग्रह का कार्य करता है और इसके साथ आण्विक ताप संग्रहित होता है। इस तकनीक के अन्तर्गत सोलर पौण्ड के जल को संघन बनाने के लिए उसमें नमक मिलाते हैं, ताकि सौर ऊर्जा से गर्म होकर जल पौण्ड से बाहर न निकलने पाए।
- भारत का एकमात्र सोलर पौण्ड गुजरात के कच्छ में भुज सोलर पौण्ड परियोजना के नाम से बनाया गया है। जर्मनी विश्व में नवीकरणीय ऊर्जा के प्रयोग के विषय में विश्व में सबसे अग्रणी है।
- एशिया के पहले तथा सबसे बड़े सोलर पार्क (चिरन्का सोलर पार्क) का उद्घाटन 18 अप्रैल, 2012 को किया गया था। यह सोलर पार्क गुजरात के पाटन जिले में बनाया गया है। 600 मेगावाट विद्युत उत्पादन की क्षमता वाले इस पार्क में 214 मेगावाट फोटोवोल्टिक सौर ऊर्जा उत्पादन पर कार्य आरम्भ हो गया है। भारत में इस समय 900 मेगावाट सौर ऊर्जा उत्पादन की क्षमता उपलब्ध है।
- एशिया का सबसे बड़ा सोलर प्रोजेक्ट मध्य प्रदेश के रीवा में बनाया गया है, जिसका उद्घाटन प्रधानमन्त्री नरेन्द्र मोदी ने 11 जुलाई, 2020 को किया। जिसका सौर ऊर्जा उत्पादन क्षमता 750 मेगावाट है।

शीर्ष सौर ऊर्जा संस्थापित क्षमता वाले राज्य एवं देश (30 जून, 2024 तक)

रैंक	राज्य	देश
प्रथम	राजस्थान (22415.2 MW)	चीन
द्वितीय	गुजरात (14385.6 MW)	यू.एस.ए
तृतीय	कर्नाटक (8819.8 MW)	जापान
चतुर्थ	तमिलनाडु (8617.6 MW)	जर्मनी

बायोगैस

- बायोगैस (Biogas) जीवों के उत्सर्जित पदार्थों (मुख्यत: मवेशियों के गोबर) से प्राप्त की जाती है, इसका प्रचलित नाम गोबर गैस है।
- इसमें पशुओं के गोबर, मानव-मल, रसोई के अपशिष्ट, नगरीय अपशिष्ट तथा फसलों के अवशेष पदार्थों के उपयोग के कारण इसे बायोमॉस ऊर्जा (Biomass energy) भी कहा जाता है।
- बायोगैस एक प्रकार का गैसीय मिश्रण है, जिसमें सामान्यत: 60% मीथेन, 40% कार्बन डाइऑक्साइड तथा कुछ मात्रा में नाइट्रोजन और हाइड्रोजन सल्फाइड पाई जाती है।
- इसके निर्माण के लिए एकत्रित अपशिष्ट पदार्थों को कम ताप पर विशेष प्रकार से निर्मित डाइजेस्टर (पदार्थों को पचाने व गलाने वाला यन्त्र) में चलाकर माइक्रोब प्राप्त किए जाते हैं, जिनसे ऊर्जा मिलती है।
- चूंकि भारत में मवेशियों की संख्या विश्व में सर्वाधिक है। अत: यहाँ बायोगैस के विकल्प की बहुत सम्भावना है।
- भारत में तीन बायोगैस केन्द्र (कोयम्बटूर, उदयपुर और समस्तीपुर में) बायोगैस उत्पादन सम्बन्धी तकनीक का प्रशिक्षण देने का कार्य कर रहे हैं।
- बायोमास गैसीकरण कार्यक्रम (Biomass Gasification Programme) के अन्तर्गत औद्योगिक उपयोगों के लिए ताप ऊर्जा उत्पन्न करने, पानी की पम्पिंग और विद्युत उत्पन्न करने के लिए बायोमास गैसीफायर के 3 किलोवाट से 500 किलोवाट तक की क्षमता वाले 12 डिजाइन तैयार किए गए हैं। इन गैसीफायरों में लकड़ी के टुकड़ों, नारियल के खोलों आदि का प्रयोग किया जाता है।
- 500 किलोवाट क्षमता का एक गैसीफायर पश्चिम बंगाल के सुन्दरबन द्वीप में कार्यरत् है।
- तमिलनाडु के कुन्नूर में स्थित मैसर्स गुरु टी फैक्ट्री में चाय की पत्तियों को सुखाने के लिए तथा कर्नाटक के तुमकूर जिले के एक गाँव में विद्युतीकरण के लिए गैसीफायर (Gasifier) का उपयोग किया जा रहा है।
- 30 जून, 2024 के अन्त तक भारत की बायोमास विद्युत एवं गैसीकरण उत्पादन की संस्थापित क्षमता 10355.3 मेगावाट पाई गई।
- बायोमास विद्युत उत्पादन की स्थापित क्षमता वाले तीन शीर्ष राज्य क्रमश: महाराष्ट्र, उत्तर प्रदेश तथा कर्नाटक हैं।
- बायोमास से इथेनॉल और मिथेनॉल जैसे तरल ईंधन बनाए जाते हैं, जिससे वाहन चलाए जाते हैं।

पहला बायोडीजल संयन्त्र

- आन्ध्र प्रदेश के काकीनाडा में देश का पहला संयन्त्र 13 अक्टूबर, 2007 को शुरू हुआ। इस संयन्त्र से बायोडीजल (Biodiesel) का उत्पादन हैदराबाद की कम्पनी नेचुरल बायोएनर्जी द्वारा प्रारम्भ किया गया।
- बायोडीजल (Biodiesel) का रासायनिक नाम मिथाइल एस्टर्स है। बायोडीजल को प्राप्त करने के लिए गन्ने से प्राप्त शीरे एवं करंज पर बल दिया जा रहा है।

बायोडीजल

पेट्रोलियम कन्जर्वेशन रिसर्च एसोसिएशन भारत में बायोडीजल (Bio Diesel) के उत्पादन के लिए प्रयासरत् है। पोन्गोमिया, करकास व रतनजोत (जेट्रोफा) के उत्पादन को प्रोत्साहन दिया जाना, इस दिशा में एक महत्त्वपूर्ण पहल है।

ईथेनॉल

- जीवाश्म ईंधनों पर हमारी निर्भरता धीरे-धीरे घटाने और वृहद रूप में नवीकरणीय वैकल्पिक ईंधन का उपयोग बढ़ाने की दिशा में एक महत्त्वपूर्ण कदम है। देश की ऊर्जा सुरक्षा को बढ़ाने के लिए राष्ट्रीय स्तर पर ईथेनॉल (Ethanol) मिश्रित पेट्रोल कार्यक्रम शुरू किया गया।
- यह गन्ना, मक्का, गेहूँ, राब, कन्द आदि से प्राप्त किया जा सकता है, जिसमें स्टार्च की उच्च मात्रा होती है। यह जैविक ईंधन पर्यावरण के अनुकूल है, क्योंकि यह पेट्रोल की दहनशीलता को बढ़ाता है तथा हाइड्रोकार्बन का कम उत्सर्जन करता है।

भू-तापीय ऊर्जा

- पृथ्वी के आन्तरिक भागों से प्राप्त ताप ऊष्मा का प्रयोग कर उत्पन्न की जाने वाली विद्युत को भू-तापीय ऊर्जा (Geothermal Energy) कहते हैं।
- भू-तापीय ऊर्जा इसलिए अस्तित्व में होती है, क्योंकि बढ़ती गहराई के साथ पृथ्वी प्रगामी तरीके से तप्त हो जाती है। जहाँ भी भू-तापीय प्रवणता अधिक होती है, वहाँ उथली गहराइयों पर भी अधिक तापमान पाया जाता है।
- ऐसे क्षेत्रों में भूमिगत जल चट्टानों से ऊष्मा का अवशोषण कर तप्त हो जाता है। यह इतना तप्त हो जाता है कि यह पृथ्वी की सतह की ओर उठता है, तो यह भाप में परिवर्तित हो जाता है।
- इसी भाप का उपयोग टरबाइन को चलाने और विद्युत उत्पन्न करने के लिए किया जाता है।
- भारत में सैकड़ों गर्म पानी के झरनें (Hot Water Springs) हैं, जिनका विद्युत उत्पादन में प्रयोग किया जा सकता है।
- भू-तापीय ऊर्जा के दोहन के लिए भारत में दो प्रायोगिक परियोजनाएँ शुरू की गई हैं-एक हिमाचल प्रदेश में मणिकर्ण के निकट पर्वती घाटी में स्थित है तथा दूसरी लद्दाख में पूगा घाटी में स्थित है। भारत में 80°-100°C तापमान वाले 340 गर्म स्रोतों को खोजा जा चुका है।
- भू-तापीय ऊर्जा से सम्बन्धित क्षेत्रों में उत्तराखण्ड का तपोवन, झारखण्ड का सूरजकुण्ड, छत्तीसगढ़ का तातापानी, ओडिशा का तप्त पानी, मध्य प्रदेश का अनहोनी पश्चिमी तट, सोन-नर्मदा घाटी क्षेत्र एवं दामोदर घाटी क्षेत्र सम्मिलित हैं।
- भारत की पहली भू-तापीय विद्युत परियोजना पूर्वी लद्दाख के पुगा गाँव में स्थापित की जा रही है।
- विश्व में भू-तापीय ऊर्जा संयन्त्रों का सबसे बड़ा समूह कैलिफोर्निया के भू-तापीय क्षेत्र गीजर में स्थित है।
- शीर्ष तीन भू-तापीय उत्पादन करने वाले राष्ट्र (2025)-यू.एस.ए, इण्डोनेशिया तथा फिलीपीन्स हैं।

ओटेक

- समुद्री जल की गहराई में विभिन्न तापमान के अन्तरों का प्रयोग कर समुद्र तापीय ऊर्जा रूपान्तरण (Ocean Thermal Energy Conversion, OTEC) प्रणाली द्वारा विद्युत का निर्माण किया जाता है।
- भारत जैसे उष्णकटिबन्धीय देशों में समुद्री तापमान 25°C तक रहता है। OTEC ऊर्जा के लक्षद्वीप एवं अण्डमान निकोबार द्वीप समूह क्षेत्र उपयुक्त हैं।
- इसके अन्तर्गत चेन्नई के पास समुद्री क्षेत्र में अमेरिका की सी सोलर पावर कम्पनी की सहायता से 100 मेगावाट का समुद्री ताप विद्युत संयन्त्र लगाया गया है तथा तमिलनाडु एवं अण्डमान-निकोबार द्वीप समूह में अनुसन्धान एवं विकास कार्य किया जा रहा है।
- भारत का प्रायद्वीप तीन ओर से समुद्र से घिरा हुआ है, इसलिए इससे लगभग 5000 मेगावाट विद्युत उत्पादन किया जा सकता है।

पवन ऊर्जा

- पवन ऊर्जा (Wind Energy) एक प्रकार की गतिज ऊर्जा है, जिसके वेग से टरबाइनों को चलाकर विद्युत ऊर्जा प्राप्त की जा सकती है। भारत में पवन ऊर्जा की बहुत बड़ी क्षमता अनुमानित है। विशेषकर तटीय तथा पर्वतीय राज्यों में। गुजरात तथा तमिलनाडु राज्य पवन ऊर्जा के माध्यम से विद्युत उत्पादन करने वाले प्रमुख राज्य हैं।
- केन्द्रीय नवीन और नवीकरणीय ऊर्जा मन्त्रालय (Ministry of New and Renewable Energy) के अनुसार, 30 जून, 2024 तक भारत में पवन ऊर्जा की स्थापित क्षमता 46656.37 मेगावाट (23.9%) है। वैश्विक बिजली समीक्षा 2024 के अनुसार, पवन ऊर्जा की स्थापित क्षमता के मामले में वर्ष 2023 में भारत का विश्व में पाँचवाँ स्थान था।

शीर्ष पवन ऊर्जा संस्थापित क्षमता वाले राज्य (अप्रैल, 2025 तक)

रैंक	राज्य	अंश मेगावाट में
प्रथम	गुजरात	12,677.48 MW
द्वितीय	तमिलनाडु	11,739.91 MW
तृतीय	कर्नाटक	7351.10 MW

ज्वारीय ऊर्जा

- भारत के पश्चिमी तट पर गुजरात में कच्छ एवं खम्भात की खाड़ी (मुख्यत: काण्डला तट) पर पूर्वी तट पर सुन्दरबन क्षेत्र ज्वारीय ऊर्जा (Tidal Energy) के लिए सर्वोत्तम क्षेत्र है, जिनका विभव 1000 मेगावाट है।
- ज्वारीय ऊर्जा पर आधारित देश का तीन मेगावाट का पहला विद्युत गृह पश्चिम बंगाल के सुन्दरबन क्षेत्र में दुर्गाद्वानी क्रीक में स्थापित करने की योजना है। भारत का प्रथम समुद्री तरंग विद्युत संयन्त्र विझिंगम में बनाया गया है।
- यह एक प्रकार की पनबिजली है, जिसमें ज्वार-भाटे की ऊर्जा को बिजली में बदला जाता है, हालाँकि इसका अभी बहुत कम प्रयोग हो रहा है, लेकिन भविष्य में इसके बढ़ने की पूरी सम्भावना है। ज्वारीय ऊर्जा उत्पन्न करने की कई तकनीकें हैं, जिनमें प्रमुख है-ज्वारीय बैराज।
- ज्वारीय बैराज में नदी के मुहाने पर या समुद्र के कोल पर एक बैराज बनाया जाता है। जब ज्वार आता है, तो वह इस बैराज में बनी सुरंगों से होकर गुजरता है, जिससे इसके अन्दर लगे टरबाइन चलने लगते हैं, जो जेनरेटर को चलाते हैं और बिजली निर्मित होने लगती है।
- ज्वारीय ऊर्जा की कुछ सीमाएँ भी हैं; जैसे—ज्वार क्रीकों की संख्या का कम होना, ऊँची श्रेणी वाले तटीय क्षेत्रों की कमी, ऊर्जा का पारेषण बहुत खर्चीला होना आदि भारत में ज्वारीय ऊर्जा के समक्ष आने वाली प्रमुख समस्या हैं।
- भारत में तट रेखा के सहारे कुल 49000 मेगावाट ज्वारीय विद्युत ऊर्जा की सम्भावना है। भारत का प्रथम समुद्री तरंग विद्युत संयन्त्र विझिंगम में लगाया गया है।

जल विद्युत

- गिरते हुए या बहते हुए जल की ऊर्जा से टरबाइन चलाकर, जो विद्युत उत्पन्न की जाती है, उसे जल विद्युत कहते हैं। इसके लिए सबसे पहले ऐसे स्थान का चुनाव करना होता है, जहाँ बाँध बनाकर प्रचुर मात्रा में पानी जमा किया जा सके।
- इसके बाद इसे बड़े पाइपों अथवा सुरंगों से निचले स्तर पर भेजा जाता है। इस तेजी से गिरते हुए जल की सहायता से टरबाइनों को चलाया जाता है।

- टरबाइनों के जेनरेटरों में लगे आर्मेचर तार एक शक्तिशाली चुम्बकीय क्षेत्र उत्पन्न करते हैं, जो टरबाइन की यान्त्रिक ऊर्जा को विद्युत ऊर्जा में रूपान्तरित कर देते हैं।
- जल विद्युत योजनाओं में सबसे अधिक महत्त्व इनकी स्थिति का होता है। इनकी स्थिति मुख्यत: प्राकृतिक एवं भौतिक कारणों पर निर्भर करती है।
- सामान्यत: किसी जल विद्युत योजना से 1,000 घन फीट प्रति सेकण्ड के प्रभाव से 150 फीट का शीर्ष उपलब्ध होने पर लगभग 10 मेगावाट की ऊर्जा का उत्पादन सम्भव होता है।
- जल विद्युत से शक्ति के अन्य स्रोतों की तुलना में कई लाभ होते हैं; जैसे—इसे पुन: चक्रित किया जा सकता है। साथ ही इससे किसी भी प्रकार का प्रदूषण उत्पन्न नहीं होता है।
- भारत में प्रकृति ने विशाल जल संसाधन उपलब्ध कराए हैं, परन्तु इसका अल्प उपयोग होने के कारण अभी भी हम ताप विद्युत पर निर्भर हैं।
- एक अनुमान के अनुसार, भारत में विद्यमान आर्थिक दोहन योग्य जल सम्भाव्यता के आधार पर लगभग 84,000 मेगावाट विद्युत उत्पन्न की जा सकती है।
- भारत की प्रथम जल विद्युत परियोजना 1897 ई. में दार्जिलिंग में स्थापित की गई थी।
- इसके बाद में वर्ष 1902 में कावेरी नदी पर शिवसमुद्रम (कर्नाटक) में जल विद्युत केन्द्र स्थापित हुआ।
- वर्ष 1975 में जल विद्युत के विकास के लिए देश में राष्ट्रीय जल विद्युत निगम की स्थापना की गई।
- राष्ट्रीय जल विद्युत ऊर्जा निगम (एनएचपीसी) की स्थापना वर्ष 1975 में हुई थी और अपनी स्थापना के 40 वर्षों के बाद यह भारत में जल विद्युत विकास का प्रमुख संगठन बन गया है। इसके अन्तर्गत पनबिजली परियोजनाओं की परिकल्पना से लेकर उनके शुरू होने तक की सभी गतिविधियों के संचालन की क्षमता है।

प्रमुख जल विद्युत परियोजनाएँ

परियोजनाएँ	विवरण
बगलिहार परियोजना	• इसका उद्घाटन 17 अक्टूबर, 2008 को प्रधानमन्त्री मनमोहन सिंह द्वारा किया गया। • यह जम्मू-कश्मीर के रामबन के चन्द्रकोट में चिनाब नदी पर 900 मेगावाट की परियोजना है, इसका पहले चरण में 450 मेगावाट का उद्घाटन किया गया था। • यह परियोजना वर्ष 1999 से भारत और पाकिस्तान के बीच विवादों के कारण चर्चा में रही है। इस बाँध के निर्माण को पाकिस्तान वर्ष 1960 के सिन्धु जल समझौते का उल्लंघन मानता है।
किशन गंगा परियोजना	• इस परियोजना पर वर्ष 2007 में कार्य प्रारम्भ हुआ। • यह जम्मू-कश्मीर के बन्दीपुर में किशनगंगा नदी पर 300 मेगावाट की परियोजना है। इस परियोजना को पाकिस्तान, सिन्धु जल समझौते (1960) का उल्लंघन मानता है। • वर्ष 2013 में हेग स्थित अन्तर्राष्ट्रीय न्यायालय ने किशनगंगा परियोजना से पानी का मार्ग बदलने के भारत के अधिकार को कायम रखा है।
सरदार सरोवर परियोजना	• यह मध्य प्रदेश, महाराष्ट्र, गुजरात और राजस्थान की संयुक्त परियोजना है। इसका निर्माण नर्मदा एवं उसकी सहायक नदियों पर किया गया है। • इस परियोजना से कुल 1,450 मेगावाट विद्युत का उत्पादन होता है, जिससे मध्य प्रदेश (57%), महाराष्ट्र (27%) तथा गुजरात (16%) को लाभ प्राप्त होता है।
कुरिछु परियोजना	• भारत के सहयोग से भूटान में स्थापित 60 मेगावाट की कुरिछु परियोजना से विद्युत उत्पादन का कार्य 26 अप्रैल, 2006 को प्रारम्भ हुआ।
रामपुर विद्युत परियोजना	• वर्ष 2014 में इस परियोजना का निर्माण पूरा हो जाने के बाद, बिजली उत्पादन शुरू हो गया। • यह हिमाचल प्रदेश के शिमला और कुल्लू जिलों में सतलुज नदी पर 412 मेगावाट की एक जल विद्युत परियोजना है।
टिहरी परियोजना	• यह उत्तराखण्ड के भागीरथी व भिलंगना नदी के संगम स्थल से 1.5 किमी नीचे टिहरी पर निर्मित 2,400 मेगावाट की जल विद्युत परियोजना है।

हाइड्रोजन ऊर्जा

- यह ऊर्जा का सर्वाधिक शक्तिशाली स्रोत है, जिससे सस्ता ईंधन उपलब्ध कराया जा सकता है। इसके साथ ही अन्य ईंधनों की अपेक्षा हाइड्रोजन से प्राप्त प्रति इकाई क्षमता अधिक होती है तथा इसके प्रयोग से किसी प्रकार का प्रदूषण नहीं फैलता है। यह जीवाश्म ईंधन का एक स्वच्छ सस्ता व प्रदूषण रहित विकल्प हो सकता है।
- भारत में वर्ष 1983 में हाइड्रोजन ऊर्जा तकनीकी सलाहकार समिति के गठन के द्वारा हाइड्रोजन ऊर्जा (Hydrogen Energy) के विकास में सकारात्मक शुरुआत की गई।

राष्ट्रीय हाइड्रोजन मिशन

- प्रधानमन्त्री द्वारा 15 अगस्त, 2021 को राष्ट्रीय हाइड्रोजन मिशन की घोषणा की गई और इसे 4 जनवरी, 2022 को शुरू किया गया।
- इस मिशन का लक्ष्य वर्ष 2030 तक 50 लाख टन प्रतिवर्ष हरित हाइड्रोजन का उत्पादन करना है।
- इस मिशन का उद्देश्य कच्चे तेल के आयात को कम करना, देश को गैस आधारित अर्थव्यवस्था बनाना, पर्यावरण प्रदूषण को कम करना और वर्ष 2047 तक देश को ऊर्जा उत्पादन में आत्म-निर्भर करना है।
- इसके अन्तर्गत वर्ष 2050 तक ऊर्जा आवश्यकताओं का 25% भारत द्वारा पूरा किया जाएगा और इससे भारत को 10 ट्रिलियन डॉलर का बाजार बनाने में सहायता मिलेगी।

देश का प्रथम हरित हाइड्रोजन संयन्त्र

- ऑयल इण्डिया लिमिटेड द्वारा असम के जोरहाट में देश के पहले 99.99% शुद्ध हरित हाइड्रोजन पायलट संयन्त्र की शुरुआत अप्रैल, 2022 में की गई। इस संयन्त्र की स्थापित हरित हाइड्रोजन उत्पादन क्षमता प्रतिदिन 10 किग्रा है।
- यह संयन्त्र 500 किलोवाट क्षमता के मौजूदा सौर संयन्त्र द्वारा उत्पन्न विद्युत से हरित हाइड्रोजन का उत्पादन करता है।

किसी क्षेत्र विशेष में अधिक मात्रा में प्रकृति से प्राप्त संसाधनों का प्रसंस्करण कर वृहद् रूप से सेवा प्रदान करने के मानवीय कर्म को उद्योग कहते हैं। उद्योग रोजगार सृजन, दैनिक आवश्यकताओं की पूर्ति करने एवं देश की आर्थिक प्रगति में महत्त्वपूर्ण भूमिका निभाते हैं।

अध्याय बारह

उद्योग

भारत के प्रमुख उद्योग

भारत के प्रमुख उद्योगों का वर्णन निम्न प्रकार है

प्रमुख उद्योग

- **धात्विक उद्योग**
  - लौह-इस्पात उद्योग
  - एल्युमीनियम उद्योग
  - ताँबा उद्योग
  - जस्ता उद्योग
  - सीसा उद्योग
- **वस्त्र उद्योग**
  - सूती वस्त्र उद्योग
  - जूट उद्योग
  - रेशमी वस्त्र उद्योग
  - ऊनी वस्त्र उद्योग
  - कृत्रिम रेशा उद्योग
- **इंजीनियरिंग उद्योग**
  - मोटरगाड़ी उद्योग
  - इलेक्ट्रॉनिक्स उद्योग
  - जलयान निर्माण उद्योग
  - सूचना प्रौद्योगिकी उद्योग
  - फूट-लूज उद्योग
- **रसायन उद्योग**
  - पेट्रो-रसायन उद्योग
  - उर्वरक उद्योग
- **चीनी उद्योग**
- **औषधि उद्योग**
- **चमड़ा उद्योग**
- **सीमेण्ट उद्योग**
- **काँच उद्योग**
- **प्लास्टिक उद्योग**
- **अन्य उद्योग**

धात्विक उद्योग

लौह-इस्पात उद्योग

- भारतीय उद्योग के लगभग सभी क्षेत्र अपनी मूल आधारिक अवसंरचना के लिए मुख्य रूप से लौह-इस्पात उद्योग पर निर्भर हैं। लौह-इस्पात एक भारी उद्योग है, क्योंकि इसमें प्रयुक्त कच्चा तथा तैयार माल दोनों ही भारी और स्थूल होते हैं और इसके लिए अधिक परिवहन की आवश्यकता होती है।
- भारत में लौह-इस्पात उद्योग के विकास की दिशा में प्रथम प्रयास 1830 ई. में किया गया था, जब तमिलनाडु के पोर्टोनोवा में इस्पात का कारखाना स्थापित किया गया था।
- लौह-इस्पात उद्योग के लिए लौह-अयस्क और कोककारी कोयले के अतिरिक्त चूना-पत्थर, डोलोमाइट, मैंगनीज और अग्निसह मृत्तिका आदि कच्चे माल की आवश्यकता होती है।
- इस उद्योग के लिए लौह-अयस्क, कोकिंग कोल तथा चूना-पत्थर का अनुपात लगभग 4:2:1 का है।
- इस्पात को कठोर बनाने के लिए इसमें मैंगनीज की कुछ मात्रा की भी आवश्यकता होती है। ये सभी कच्चे माल स्थूल (भार-ह्रास वाले) होते हैं, इसलिए लौह-इस्पात उद्योग की सबसे अच्छी स्थिति कच्चे माल स्रोतों के निकट होती है।
- भारत में छत्तीसगढ़, उत्तरी ओडिशा, झारखण्ड और पश्चिम बंगाल के पश्चिमी भागों को समाविष्ट करते हुए एक अर्द्धचन्द्राकार प्रदेश है, जोकि उच्च कोटि के लौह-अयस्क, अच्छी गुणवत्ता वाले कोककारी कोयला और अन्य सम्पूरकों से समृद्ध है।

स्वतन्त्रता के पूर्व भारत के लौह-इस्पात कारखानें

राज्य	स्थान	स्थापना वर्ष	विशेषताएँ
पश्चिम बंगाल	कुल्टी	1874	यह बाद में 'बंगाल लोहा व इस्पात उद्योग' में बदल गया।
झारखण्ड	साकची	1907	यह जमशेदजी टाटा द्वारा स्थापित किया गया।
पश्चिम बंगाल	हीरापुर	1908	इसका पूर्व नाम 'भारतीय लौह-इस्पात कम्पनी' था।
कर्नाटक	भद्रावती	1923	इसका पहले नाम 'मैसूर आयरन एण्ड स्टील कम्पनी' था, बाद में इसका नाम बदलकर 'विश्वेश्वरैया आयरन एण्ड स्टील कम्पनी' कर दिया गया।
पश्चिम बंगाल	बर्नपुर	1937	यह स्टील कॉरपोरेशन के नाम से स्थापित किया गया, बाद में इसका नाम बदलकर 'विश्वेश्वरैया आयरन एण्ड स्टील कम्पनी' कर दिया गया।

स्वतन्त्रता के पश्चात् स्थापित प्रमुख इस्पात संयन्त्र

इस्पात संयन्त्र	राज्य	स्थापना वर्ष	सहयोगी देश
भिलाई	छत्तीसगढ़	1955	सोवियत संघ (अब रूस)
राउरकेला	ओडिशा	1959	जर्मनी
दुर्गापुर	पश्चिम बंगाल	1959	ब्रिटेन
बोकारो	झारखण्ड	1964	सोवियत संघ (अब रूस)

अन्य इस्पात संयन्त्र

इस्पात संयन्त्र	स्थापना वर्ष	राज्य	विवरण
सलेम इस्पात संयन्त्र	1981	तमिलनाडु	यह स्टील अथॉरिटी ऑफ इण्डिया लिमिटेड की एक इकाई है। यह देश का पहला स्टेनलेस स्टील ब्लैकिंग सुविधा वाला संयन्त्र है।
विजाग इस्पात संयन्त्र	1982	विशाखापत्तनम (आन्ध्र प्रदेश)	यह पहला पत्तन आधारित इस्पात संयन्त्र है।
विजयनगर इस्पात संयन्त्र	1994	होसपेट (कर्नाटक)	इस संयन्त्र में स्वदेशी तकनीकी का उपयोग किया जाता है। इसमें लौह-अयस्क और चूना-पत्थर का उपयोग किया जाता है।

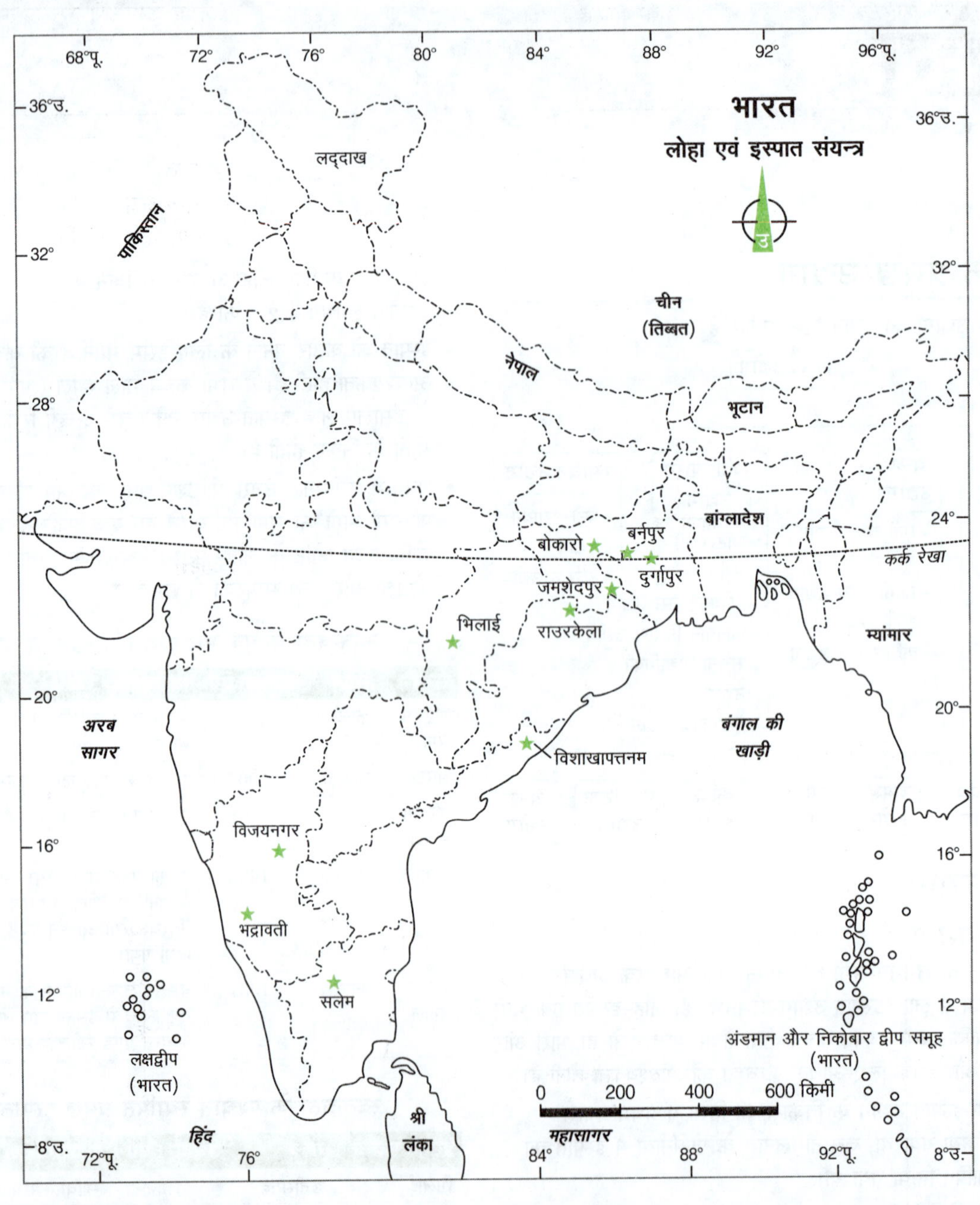

एल्युमीनियम उद्योग

- एल्युमीनियम उद्योग दूसरा सबसे प्रमुख खनिज आधारित उद्योग है। एल्युमीनियम के अयस्क अर्थात् बॉक्साइट के हल्के होने के कारण इस उद्योग को कच्चे माल से दूर भी लगाया जा सकता है, परन्तु इस उद्योग में बिजली एवं जल की अत्यधिक मात्रा की आवश्यकता होती है।
- 1 टन एल्युमीनियम उत्पादन के लिए 5 टन बॉक्साइट, 0.5 टन चूना पत्थर, 0.3 टन कास्टिक सोडा एवं 20 से 24 हजार किलोवाट विद्युत की आवश्यकता होती है।
- इस प्रकार इस उद्योग के स्थानीयकरण पर बॉक्साइट व विद्युत की उपलब्धता का अधिक प्रभाव पाया जाता है। देश का प्रथम एल्युमीनियम संयन्त्र जे. के. नगर (पश्चिम बंगाल) में वर्ष 1937 में स्थापित किया गया था। दूसरा उद्योग वर्ष 1938 में झारखण्ड के बॉक्साइट खनन क्षेत्र मुरी में स्थापित किया गया था। हिण्डाल्को इस क्षेत्र की सबसे बड़ी कम्पनी है।
- इस उद्योग की स्थापना की दो महत्त्वपूर्ण आवश्यकताएँ हैं—नियमित ऊर्जा की पूर्ति तथा कम कीमत पर कच्चे माल की सुनिश्चित उपलब्धता। वर्तमान समय में भारत की प्रमुख एल्युमीनियम कम्पनियों का विवरण नीचे तालिका में दिया गया है

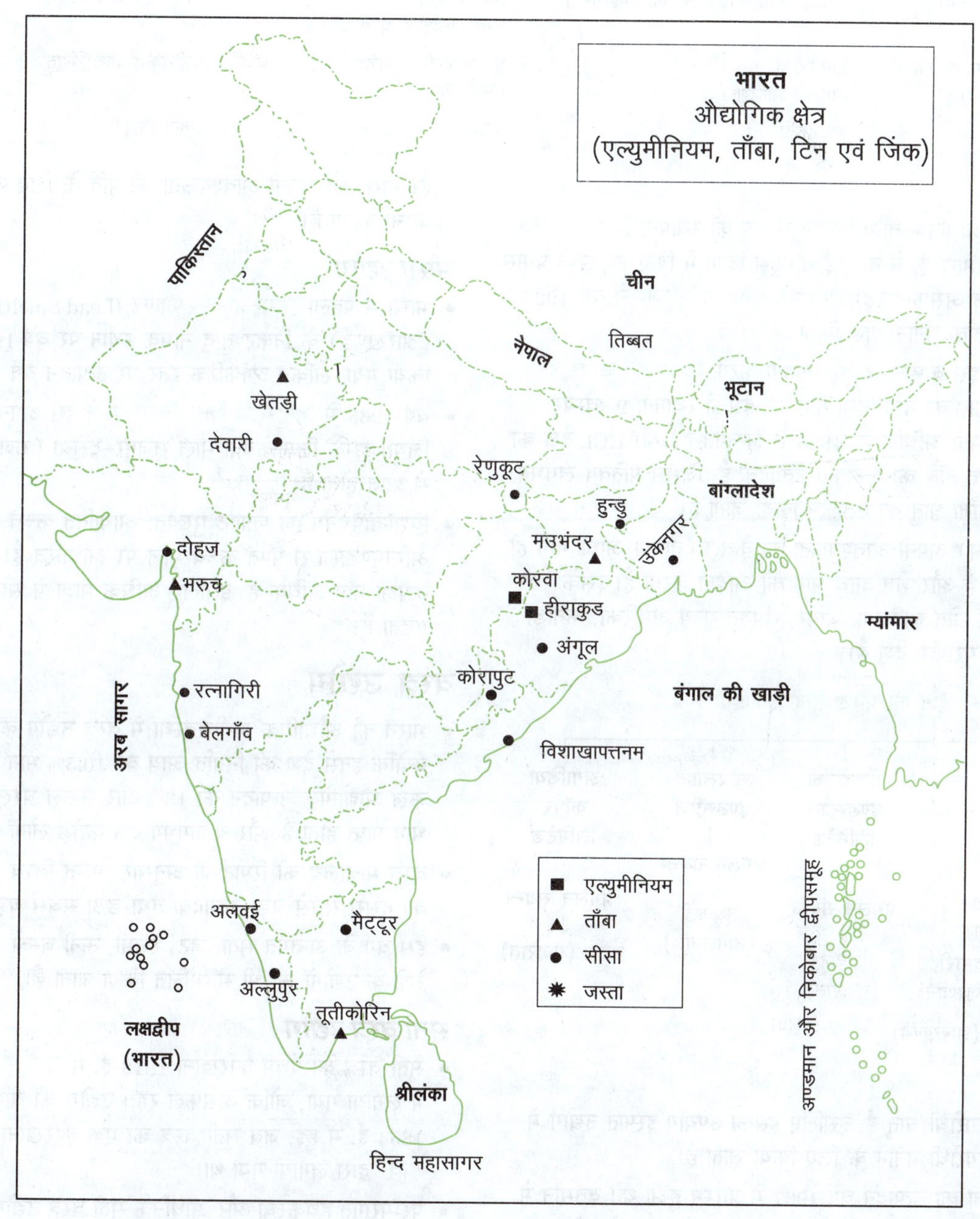

भारत में एल्युमीनियम बनाने वाली प्रमुख कम्पनियाँ

कम्पनियाँ	प्रमुख केन्द्र	बॉक्साइट प्राप्ति	विद्युत प्राप्ति	स्थापना वर्ष
इण्डियन एल्युमीनियम कॉर्पोरेशन लिमिटेड	जे. के. नगर (पश्चिम बंगाल), आसनसोल	राँची (झारखण्ड) डचैरा (मध्य प्रदेश)	निजी ताप विद्युत गृह	1937
इण्डियन एल्युमीनियम कम्पनी लिमिटेड (INDALCO)	जे. के. नगर (पश्चिम बंगाल), मुरी (झारखण्ड), अल्वाय (केरल)	झारखण्ड स्थानीय आपूर्ति, कर्नाटक (बेलगाँव)	ताप विद्युत एवं जल विद्युत परियोजना	1938
हिन्दुस्तान एल्युमीनियम कम्पनी (HINDALCO)	रेणुकूट (उत्तर प्रदेश)	लोहरदगा (झारखण्ड)	रिहन्द परियोजना	1958
मद्रास (चेन्नई) एल्युमीनियम कम्पनी लिमिटेड (MALCO)	मैटूर, (चेन्नई), सलेम (तमिलनाडु)	शेवरॉय व जवादी पहाड़ियाँ	मैटूर परियोजना	1965
भारत एल्युमीनियम कम्पनी लिमिटेड (BALCO)	कोरबा (छत्तीसगढ़), कोयना (महाराष्ट्र)	अमरकण्टक पठार (शहडोल, मध्य प्रदेश)	ताप एवं जल विद्युत	1965
नेशनल एल्युमीनियम कम्पनी लिमिटेड (NALCO)	दामनजोड़ी, अंगुल (ओडिशा)	पंचपतमाली (ओडिशा) (पूर्वी घाट)	हीराकुड जल विद्युत	1981
वेदान्ता कम्पनी	झारसुगुड़ा	ओडिशा	ताप विद्युत	1976

ताँबा उद्योग

- देश में प्रथम आधुनिक ताँबा प्रगलन संयन्त्र की स्थापना सिंहभूम कॉपर कम्पनी द्वारा 1857 ई. में की गई थी। इस दिशा में किए गए सभी प्रयास वर्ष 1924 तक असफल रहे। इण्डियन कॉपर कॉर्पोरेशन ने वर्ष 1928 में घाटशिला में ताँबा बनाना शुरू किया।
- वर्ष 1967 में इस कम्पनी का अधिग्रहण करके हिन्दुस्तान कॉपर लिमिटेड (HCL) का नाम दिया गया था, इसकी स्थापना 9 नवम्बर, 1967 को कम्पनी अधिनियम, 1956 के अन्तर्गत हुई थी। HCL देश का एकमात्र शोधित ताँबे का एकीकृत उत्पादक है, जिससे प्रतिवर्ष लगभग 1 लाख टन ताँबा धातु का उत्पादन किया जाता है।
- भारत (वर्तमान) अपनी आवश्यकता का केवल (ताँबा) आधा भाग ही उत्पन्न करता है और शेष आधे भाग को आयात करता है। इसके अन्तर्गत हमारे स्रोत जाम्बिया, जायरे, संयुक्त राज्य अमेरिका, कनाडा तथा पश्चिमी यूरोपीय देश हैं।

देश की प्रमुख ताँबा इकाइयाँ

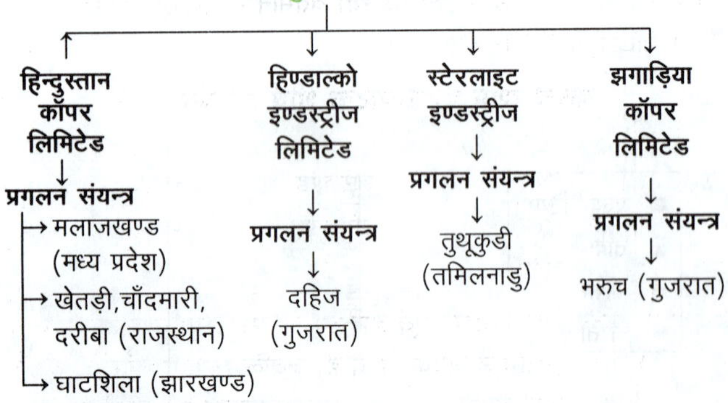

- **हिन्दुस्तान कॉपर लिमिटेड** → **प्रगलन संयन्त्र**
  - मलाजखण्ड (मध्य प्रदेश)
  - खेतड़ी, चाँदमारी, दरीबा (राजस्थान)
  - घाटशिला (झारखण्ड)
- **हिण्डाल्को इण्डस्ट्रीज लिमिटेड** → **प्रगलन संयन्त्र** → दहिज (गुजरात)
- **स्टेरलाइट इण्डस्ट्रीज** → **प्रगलन संयन्त्र** → तुथूकुडी (तमिलनाडु)
- **झगाड़िया कॉपर लिमिटेड** → **प्रगलन संयन्त्र** → भरुच (गुजरात)

जस्ता उद्योग

- जस्ता एक जंगरोधी धातु है, इसलिए इसका उपयोग इस्पात उद्योग में इस्पात को जंगरोधी बनाने के लिए किया जाता है।
- भारत में जस्ता का उत्पादन वर्ष 1967 में प्रारम्भ हुआ था। वर्तमान में देश में जस्ता प्रगलन के चार प्लाण्ट-अल्वाय (केरल), देवारी तथा चन्देरिया (राजस्थान) तथा विशाखापत्तनम (आन्ध्र प्रदेश) कार्य कर रहे हैं। भारत को अपनी आवश्यकता की पूर्ति के लिए जस्ते का आयात करना पड़ता है।

सीसा उद्योग

- भारत में पहला सीसा प्रगलन प्लाण्ट (Lead Smelting Plant) धनबाद (झारखण्ड) के निकट तुन्दू नामक स्थान पर वर्ष 1942-43 में स्थापित किया गया, लेकिन व्यापारिक स्तर पर उत्पादन वर्ष 1945 में शुरू हुआ।
- वर्ष 1965 में हिन्दुस्तान जिंक लिमिटेड ने इसे अपने नियन्त्रण में ले लिया। इसके लिए कच्चा माल राजपुर-दरीबा (राजस्थान) तथा जावर से प्राप्त होता है।
- विशाखापत्तनम का प्लाण्ट मुख्यत: आयातित कच्चे माल पर तथा अग्निगुण्डाला से प्राप्त कच्चे माल पर आधारित है। भारत में उत्पादन की अपेक्षा माँग अधिक है, इसलिए अधिक मात्रा में सीसा का आयात करना पड़ता है।

वस्त्र उद्योग

- भारत की औद्योगिक अर्थव्यवस्था में वस्त्र उद्योग का प्रमुख स्थान है, क्योंकि इनसे देश की निर्यात आय का 10.5% भाग प्राप्त होता है तथा कुल औद्योगिक उत्पादन का 13% और सकल घरेलू उत्पादन का 2.3% भाग प्राप्त होता है और ये लगभग 4.5 करोड़ लोगों को रोजगार देते हैं।
- वस्त्र मन्त्रालय की रिपोर्ट के अनुसार, भारत विश्व में वस्त्र और परिधान का दूसरा सबसे बड़ा उत्पादक तथा छठा सबसे बड़ा निर्यातक देश है।
- इस वर्ग के अन्तर्गत सूती, जूट, रेशमी, ऊनी वस्त्रों के साथ-साथ कृत्रिम रेशों के उद्योगों को भी सम्मिलित किया जाता है।

सूती वस्त्र उद्योग

- सूती वस्त्र का प्रथम कारखाना 1818 ई. में फोर्ट गलोस्टर (कोलकाता) में लगाया गया, जोकि असफल रहा। उद्योग की वास्तविक शुरुआत 1854 ई. में हुई, जब सूती वस्त्र का एक कारखाना मुम्बई में कावसजी डावर द्वारा लगाया गया था।
- परम्परागत हथकरघा और आधुनिक सूती वस्त्र उद्योग भारत का सबसे बड़ा उद्योग क्षेत्र है। विश्व सूती वस्त्र व्यापार में भारत का दूसरा स्थान है।

- सूती वस्त्र उद्योग देश के प्रत्येक क्षेत्र में विस्तृत है, लेकिन यह मुख्यत: प्रायद्वीप के शुष्क पश्चिमी भाग और विशाल मैदान के पश्चिमी भागों में केन्द्रित है, जहाँ कपास की खेती होती है। महाराष्ट्र (विशेषकर मुम्बई) और गुजरात (विशेषकर अहमदाबाद) प्रमुख सूती वस्त्र उद्योग वाले राज्य हैं।
- महाराष्ट्र 122 कारखानों सहित देश का 12% कारखाना निर्मित सूती धागा तथा 46.2% कारखाना निर्मित सूती वस्त्र तैयार करता है। मुम्बई देश का वृहत सूती वस्त्र उद्योगों का केन्द्र है। इसे भारत का कोटनोपोलिस कहा जाता है। गुजरात में अहमदाबाद मुम्बई के बाद सूती वस्त्र उद्योग का वृहत्तम केन्द्र है। इसे भारत का मैनचेस्टर एवं पश्चिम के बोस्टन की संज्ञा दी गई है।
- तमिलनाडु में देश की सबसे अधिक मिलें हैं, जिनमें से सबसे अधिक मिलें कताई की हैं तथा यहाँ से 42.2% कारखाना निर्मित सूती धागे का उत्पादन होता है। अधिकांश मिलें छोटे आकार की हैं, इसलिए कुल उत्पादन कम है। तमिलनाडु राज्य में कोयम्बटूर सबसे बड़ा केन्द्र है। इसे दक्षिण भारत का मैनचेस्टर कहा जाता है।
- सूती वस्त्र के अन्य प्रमुख उत्पादक राज्यों में उत्तर प्रदेश (कानपुर), पश्चिम बंगाल (हावड़ा, हुगली), कर्नाटक (बंगलुरु, मैसूर, वेल्लारी) एवं तेलंगाना के क्षेत्र सम्मिलित हैं।
- भारत विश्व का सबसे बड़ा कपास उत्पादक देश है, जो विश्व का 23% कपास उत्पादित करता है।
- सरकार ने कपड़ा उद्योग की बुनियादी सम्भावनाओं के क्षेत्र में विकास के लिए अगस्त, 2005 में (समेकित वस्त्र) पार्क्स योजना की शुरुआत की। देश का पहला वस्त्र पार्क बंगलुरु में वर्ष 2006 में स्थापित किया गया।
- पावरलूम हथकरघा और हस्तशिल्प क्षेत्रों के विकास के लिए वर्ष 2009-10 से पाँच नए मेगा क्लस्टर्स का विकास भीलवाड़ा, मिर्जापुर भदोही, श्रीनगर, विरुद्धनगर और मुर्शिदाबाद में सार्वजनिक-निजी भागीदारी (PPP) के आधार पर किया गया।

मेगा निवेश टेक्सटाइल पार्क योजना (MITRA)

इस योजना की घोषणा केन्द्र सरकार द्वारा की गई। इसके अन्तर्गत 7 मेगा निवेश टेक्सटाइल पार्क का निर्माण किया जाना है। इसका उद्देश्य भारतीय कपड़ा उद्योग को विश्व में प्रतिस्पर्द्धी बनाना, बड़े निवेश की ओर आकर्षित करना, रोजगार के अधिक अवसर सृजित करना तथा निर्यात को बढ़ावा देना है।

राष्ट्रीय तकनीकी वस्त्र मिशन

आर्थिक मामलों सम्बन्धी मन्त्रिमण्डलीय समिति ने 26 फरवरी, 2020 को ₹ 1480 करोड़ के अनुमानित परिव्यय पर वर्ष 2020-21 से वर्ष 2023-24 की अवधि के लिए एक राष्ट्रीय तकनीकी वस्त्र मिशन को स्वीकृति दी है। इस मिशन का उद्देश्य तकनीकी वस्त्रों के क्षेत्र में वैश्विक स्तर पर देश को अग्रणी देश के रूप में स्थापित करना और घरेलू स्तर पर इसके उपयोग में वृद्धि करना है।

जूट उद्योग

- भारत में जूट को सोने का रेशा (गोल्डेन फाइबर) कहा जाता है। जूट वस्त्र उद्योग की शुरुआत 1854 ई. में जॉर्ज ऑकलैण्ड द्वारा रिशरा (कोलकाता से 20 किमी उत्तर) के समीप पहली मिल की स्थापना से हुई।
- जूट उद्योग में प्रथम एवं द्वितीय विश्वयुद्ध के दौरान भारी प्रगति हुई, परन्तु भारत के विभाजन से इस उद्योग को अत्यधिक हानि हुई।
- भारत में जूट कारखानों की संख्या 1885 ई. में 11 थी, जो वर्ष 1947 में बढ़कर 116 हो गई, किन्तु वर्ष 1947 में देश विभाजन ने भारतीय जूट उद्योग बुरी तरह प्रभावित किया, क्योंकि 80% जूट उत्पादक क्षेत्र पूर्वी पाकिस्तान (बांग्लादेश) के पास चले गए, जबकि जूट के सभी कारखानें भारत में रह गए, जिससे अनेक कारखाने बन्द करने पड़े।
- देश में 97 जूट मिलें हैं, जिनमें पश्चिम बंगाल में 71, बिहार, ओडिशा एवं उत्तर प्रदेश में 3-3, आन्ध्र प्रदेश में 12 तथा असम एवं छत्तीसगढ़ में 2-2 और त्रिपुरा में 1 है।
- विश्व स्तर पर भारत जूट के सामानों का सबसे बड़ा उत्पादक एवं दूसरा सर्वाधिक बड़ा निर्यातक देश है। जूट उद्योग का सर्वाधिक संकेन्द्रण पश्चिम बंगाल में है। भारत में 84% जूट उद्योग उत्पादन इसी राज्य से प्राप्त होता है। बिहार का इसमें दूसरा स्थान है। सरकार ने 15 अप्रैल, 2005 को प्रथम राष्ट्रीय जूट नीति की घोषणा की।

भारत में जूट उद्योग का वितरण

पश्चिम बंगाल	कोलकाता, हावड़ा, टीकमगढ़, जगत दल, बजबज, भद्रेश्वर, बाली, अगरपाड़ा, रिशरा, सेरामपुर (श्रीरामपुर), शिवपुर, श्याम नगर, काकीनाडा।
आन्ध्र प्रदेश	गुण्टूर, विशाखापत्तनम, पूर्वी गोदावरी, चिल्ली, बेल्सा, विलीमोरिया, इलूर, ओंगले।
उत्तर प्रदेश	कानपुर, सहजनवा (गोरखपुर)
बिहार	पूर्णिया, कटिहार, दरभंगा
छत्तीसगढ़	रायगढ़
ओडिशा	कटक

रेशमी वस्त्र उद्योग

- भारत चीन के बाद विश्व का दूसरा प्रमुख रेशम (18%) उत्पादक है। भारत इस अद्वितीय विशेषता से सम्पन्न है कि इसके पास रेशम की सभी चार किस्में उपलब्ध हैं, जिनमें मलबरी, ईरी (एरी), टसर एवं मूँगा शामिल हैं। मूँगा रेशम के उत्पादन में तो भारत का विश्व में एकाधिकार है। विश्व के 90% रेशम का उत्पादन एशिया में होता है।
- आधुनिक तरीके की प्रथम रेशमी मिल की स्थापना ईस्ट इण्डिया कम्पनी द्वारा 1832 ई. में हावड़ा में की गई थी। वर्तमान में देशभर में रेशमी वस्त्र की कुल 300 मिलें हैं।

कच्चे रेशम के उत्पादक शीर्ष 5 राज्य

राज्य	रैंक	राज्य	रैंक
कर्नाटक	प्रथम	झारखण्ड	चतुर्थ
आन्ध्र प्रदेश	द्वितीय	तमिलनाडु	पंचम
असम	तृतीय		

- कर्नाटक शहतूत रेशम, बिहार एवं झारखण्ड टसर रेशम तथा असम मूँगा व ईरी रेशम के वृहत्तम उत्पादक राज्य हैं, जबकि मणिपुर और जम्मू एवं कश्मीर में रेशम कीट पालन के लिए आदर्श जलवायु पाई जाती है।
- केन्द्रीय रेशम बोर्ड अधिनियम, 1948 के अन्तर्गत संस्थापित संवैधानिक निकाय रेशम उद्योग के विकास के लिए उत्तरदायी है।
- सिल्क मार्क योजना का रेशम ब्राण्ड प्रोत्साहन के लिए प्रारम्भ किया गया। केन्द्रीय रेशम बोर्ड संशोधित अधिनियम, 2006 को रेशम कीट बीजों की गुणवत्ता को संचालित करने के लिए अधिनियमित किया गया, जो 14 सितम्बर, 2006 से प्रभावी हुआ।

रेशमी सूत उत्पादन में शीर्ष राज्य

रैंक	राज्य
प्रथम	कर्नाटक
द्वितीय	मध्य प्रदेश
तृतीय	तमिलनाडु

भारत में रेशमी वस्त्र उद्योग का वितरण

राज्य/केन्द्रशासित प्रदेश	प्रमुख केन्द्र
जम्मू-कश्मीर	श्रीनगर, जम्मू, उधमपुर, अनन्तनाग, बारामूला
पंजाब	अमृतसर, गुरुदासपुर, होशियारपुर, लुधियाना
उत्तर प्रदेश	मिर्जापुर, वाराणसी, शाहजहाँपुर
पश्चिम बंगाल	मुर्शिदाबाद, बाँकुड़ा, हावड़ा, चौबीस परगना
तमिलनाडु	सलेम, तंजौर, काँजीवरम, तिरुचिरापल्ली, कोयम्बटूर
बिहार	भागलपुर, गया, पटना
कर्नाटक	बंगलुरु, मैसूर
गुजरात	अहमदाबाद, सूरत, भावनगर, पोरबन्दर

ऊनी वस्त्र उद्योग

- भारत में पहली ऊनी मिल की स्थापना 1876 ई. में कानपुर में की गई थी। 1881 ई. में धारीवाल (पंजाब) में दूसरी ऊनी मिल की स्थापना की गई।
- लगभग 50 मिलों और देश की 10% कताई क्षमता के साथ ऊनी वस्त्र उद्योग के क्षेत्र में पंजाब का स्थान सर्वोपरि है। इसके पश्चात् महाराष्ट्र का स्थान है, जहाँ कताई क्षमता 30% है। तीसरे स्थान पर उत्तर प्रदेश है।
- भारत का प्रथम आधुनिक ऊन कारखाना कानपुर में स्थापित किया गया था। पश्मीना ऊन बकरों तथा अंगोरा ऊन खरगोश से प्राप्त की जाती है।
- भारत विश्व के कुल ऊन उत्पादन का 2% उत्पादन कर विश्व में 7 वाँ स्थान रखता है। सर्वाधिक ऊन उत्पादक राज्य राजस्थान (30%) है।

शीर्ष पाँच ऊन उत्पादक राज्य एवं देश

रैंक	राज्य	देश
प्रथम	राजस्थान	चीन
द्वितीय	जम्मू-कश्मीर	ऑस्ट्रेलिया
तृतीय	तेलंगाना	न्यूजीलैण्ड
चतुर्थ	गुजरात	तुर्की
पंचम	महाराष्ट्र	यू.के.

भारत में ऊनी वस्त्र उद्योग का वितरण

राज्य/केन्द्रशासित प्रदेश	केन्द्र
उत्तर प्रदेश	मिर्जापुर, आगरा, शाहजहाँपुर, मुजफ्फरनगर, कानपुर
पंजाब	अमृतसर, धारीवाल, लुधियाना
जम्मू-कश्मीर	श्रीनगर
राजस्थान	जयपुर, भीलवाड़ा, बीकानेर, जोधपुर
मध्य प्रदेश	ग्वालियर
कर्नाटक	बंगलुरु, मैसूर
गुजरात	अहमदाबाद, जामनगर

कृत्रिम रेशा वस्त्र उद्योग

- कृत्रिम रेशे वस्त्र उद्योगों के महत्त्वपूर्ण घटक हैं। रेयॉन, नायलॉन, टेरीन और डेक्रॉन मानव निर्मित रेशे हैं, जो रासायनिक विधियों से बनाए जाते हैं। भारत इसका उत्पादन और निर्यात दोनों करता है। ये रेशे प्राकृतिक रेशों की कमियों से मुक्त होते हैं। ये मजबूती, रंगने, धोने तथा सिकुड़ने में प्राकृतिक रेशों से अच्छे होते हैं।
- भारत का प्रथम रेयॉन कारखाना वर्ष 1950 में रायापुरम (केरल) में त्रावणकोर रेयॉन लिमिटेड के नाम से स्थापित हुआ था। बाँस, यूकेलिप्टस तथा अन्य लकड़ियों से प्राप्त सेलुलोज (यह एक जटिल कार्बोहाइड्रेट है, जो पौधों की कोशिका भित्ति का मुख्य भाग होता है।) यॉर्न के कच्चे माल हैं।

कृत्रिम रेशों से वस्त्र निर्माण के प्रमुख केन्द्र

कृत्रिम रेशे	सम्बन्धित निर्माण केन्द्र
रेयॉन	कागजनगर (तेलंगाना), जूनागढ़ (गुजरात), रायापुरम (केरल), उधना (गुजरात), बिरलाग्राम (मध्य प्रदेश), नागदा (मध्य प्रदेश), कल्याण, पिम्परी-पुणे एवं गोरेगाँव (महाराष्ट्र), कोटा (राजस्थान), मेट्टूपल्यम (तमिलनाडु), कानपुर (उत्तर प्रदेश), त्रिवेणी (पश्चिम बंगाल)
नायलॉन फिलामेण्ट	कोटा, पिम्परी (पुणे), मोदीनगर, मुम्बई, नागपुर, वडोदरा, बंगलुरु, चेन्नई, हैदराबाद, तिरुवनन्तपुरम, बरौनी, कानपुर, उज्जैन
नायलॉन स्टेपल फाइबर	कोटा, मुम्बई
पॉलिस्टर स्टेपल	थाणे, अहमदाबाद, वडोदरा, गाजियाबाद, मण्डी।
फाइबर	कोटा
पोलिएस्टर फिलामेण्ट धागा	मुम्बई, कोटा, पिम्परी (पुणे), मोदीनगर, उज्जैन।

चीनी उद्योग

- वस्त्र उद्योग के बाद चीनी उद्योग भारत का दूसरा सबसे बड़ा कृषि आधारित उद्योग है। भारत ब्राजील के बाद गन्ना एवं चीनी का दूसरा सबसे बड़ा उत्पादक देश है।
- कच्चे माल के मौसमी होने के कारण चीनी उद्योग एक मौसमी उद्योग है। यह उद्योग बड़ी संख्या में लोगों को प्रत्यक्ष एवं अप्रत्यक्ष रूप में रोजगार उपलब्ध कराता है।
- भारत में आधुनिक तरीके का प्रथम चीनी कारखाना 1840 ई. में उत्तरी बिहार में बेतिया में लगाया गया था, परन्तु इसका वास्तविक विकास वर्ष 1931 से प्रारम्भ हुआ है। चीनी उद्योग पर आयात शुल्क लगाकर इसे संरक्षण प्रदान किया गया।
- वर्ष 1960 तक उत्तर प्रदेश व बिहार मुख्य चीनी उत्पादक राज्य थे, बाद में दक्षिण भारत में नलकूप सिंचाई का विकास होने के कारण इस उद्योग में विकेन्द्रीकरण की प्रवृत्ति उभरी।
- भारत विश्व में चीनी का सबसे बड़ा उपभोक्ता और दूसरा सबसे बड़ा उत्पादक देश है।
- चीनी उद्योग में प्रयुक्त कच्चा माल गन्ना एक भारी पदार्थ है और दूर जाने में इसकी गुणवत्ता घटती है। अत: इसलिए चीनी उद्योग के केन्द्र उत्पादक क्षेत्रों के निकट स्थापित किए जाते हैं।

- उत्तर प्रदेश, महाराष्ट्र, तमिलनाडु, कर्नाटक, गुजरात, आन्ध्र प्रदेश और बिहार में सर्वाधिक गन्ना उत्पादन के कारण चीनी का लगभग 93% उत्पादन इन्हीं राज्यों में होता है।
- देश में महाराष्ट्र में चीनी के सर्वाधिक कारखाने (चीनी मिलें) पाए जाते हैं। गन्ना उत्पादन में शीर्ष पर उत्तर प्रदेश है तथा गन्ने का सर्वाधिक प्रति हेक्टेयर उत्पादन महाराष्ट्र में होता है।
- गन्ना उत्पादन के लिए आदर्श जलवायु उत्तर भारत की अपेक्षा दक्षिण भारत में अधिक अनुकूल पाई जाती है।
- चीनी मिलों से उपोत्पाद के रूप में मोलासेस (Molasses), बागासेस (Bagasses), खोई, शीरा प्राप्त होते हैं। शीरे का प्रयोग इथाइल एल्कोहॉल या इथेनॉल बायोडीजल आदि बनाने में किया जाता है। खोई का प्रयोग कागज उद्योग, विद्युत उत्पादन आदि में कच्चे माल के रूप में किया जाता है।

शीर्ष गन्ना एवं चीनी उत्पादक राज्य

रैंक	गन्ना उत्पादक	चीनी उत्पादक
प्रथम	उत्तर प्रदेश	उत्तर प्रदेश
द्वितीय	महाराष्ट्र	महाराष्ट्र
तृतीय	कर्नाटक	कर्नाटक

चीनी उद्योग के प्रमुख केन्द्रों का वितरण

राज्य	प्रमुख केन्द्र
महाराष्ट्र	अहमदनगर, कोल्हापुर, शोलापुर, पुणे, सतारा, सांगली
उत्तर प्रदेश	मेरठ, मुरादाबाद, सहारनपुर, मुजफ्फरनगर, बिजनौर, देवरिया, गोरखपुर।
तमिलनाडु	कोयम्बटूर, तिरुचिरापल्ली, कड्डालोर, रामनाथपुरम, मदुरै, चिंगलपेट।
कर्नाटक	बेलगाम, माण्ड्या, देल्लारी, शिमोगा, चित्रदुर्ग, बीजापुर।
गुजरात	सूरत, जूनागढ़, राजकोट, अमरेली, वलसाड, भावनगर।
आन्ध्र प्रदेश	विजयवाड़ा, काकीनाडा
तेलंगाना	हैदराबाद, निजामाबाद, मेडक
बिहार	पश्चिमी एवं पूर्वी चम्पारण

इंजीनियरिंग उद्योग

- इंजीनियरिंग उद्योग आधुनिक औद्योगिक विकास का मेरुदण्ड है। इससे न केवल उद्योगों को मशीनें और कल-पुर्जे मिलते हैं, अपितु कृषि, खनन और निर्माण उद्योगों को उपकरणों की आपूर्ति भी होती है।
- इस उद्योग को भारी मशीनरी, हल्की मशीनरी और विद्युत मशीनरी तीन वर्गों में बाँटा गया है।
- भारी मशीनों का निर्माण करने वाली प्रमुख इकाइयाँ अधोलिखित हैं
    - भारी इंजीनियरिंग निगम लिमिटेड-राँची, झारखण्ड (1958)
    - खनन एवं सम्बद्ध मशीनरी निगम लिमिटेड-दुर्गापुर, छत्तीसगढ़ (1965)
    - भारत हैवी प्लेट्स एण्ड वैसेल्स लिमिटेड-विशाखापत्तनम (1966)
    - त्रिवेणी स्ट्रक्चरल्स लिमिटेड-नैनी, इलाहाबाद (1965)
    - तुंगभद्रा स्टील प्रोडक्ट्स लिमिटेड-कर्नाटक तथा आन्ध्र प्रदेश का संयुक्त उपक्रम
    - नेशनल इंस्ट्रूमेण्ट लिमिटेड-जादवपुर (कोलकाता)
    - हिन्दुस्तान मशीन टूल्स लिमिटेड (H.M.T)-बंगलुरु (1953)
- HMT की स्थापना स्विट्जरलैण्ड की कम्पनी के सहयोग से की गई थी। इसके अधीन पाँच कारखाने कार्यरत् हैं-बंगलुरु, पिंजौर (हरियाणा), कालामसेरी (केरल), श्रीनगर और हैदराबाद।
- देश में भारी इंजीनियरिंग उद्योगों की शुरुआत वर्ष 1958 में हैवी इंजीनियरिंग कॉर्पोरेशन लिमिटेड, राँची की स्थापना से हुई। भारी इंजीनियरिंग उद्योग में शक्ति उत्पादन, पारेषण तथा वितरण में प्रयुक्त होने वाले जेनरेटर, वॉयलर, ट्रांसफॉर्मर आदि शामिल होते हैं।
- देश में भारी विद्युतीय उपकरणों का निर्माण वर्ष 1956 में भोपाल में हैवी इलेक्ट्रिकल्स लिमिटेड की स्थापना के साथ हुआ।
- वर्ष 1964 में स्थापित भारत हैवी इलेक्ट्रिकल्स लिमिटेड (Bharat Heavy Electricals Limited) सार्वजनिक क्षेत्र का विशालतम उपक्रम है, जो 500 मेगावाट तक के स्टीम टरबाइन उच्चदाबीय बॉयलर टर्बोसेट ट्रान्सफॉर्मर, स्विचगियर्स आदि बनाता है।
- इसकी छ: इकाइयाँ भोपाल, तिरुचिरापल्ली, हैदराबाद, जम्मू, बंगलुरु तथा हरिद्वार में अवस्थित हैं। इसके अतिरिक्त चितरंजन लोकोमोटिव वर्क्स, डीजल लोकोमोटिव वर्क्स वाराणसी, टाटा इंजीनियरिंग एण्ड लोकोमोटिव वर्क्स, रेल इंजन बनाने वाले प्लाण्ट्स, भारत अर्थ मूवर्स लिमिटेड (बंगलुरु), रेल-कोच फैक्ट्री (कपूरथला) आदि ने भी भारत में भारी इंजीनियरिंग उद्योग के विकास में महत्त्वपूर्ण योगदान दिया है।
- चेन्नई के निकट पेराम्बूर में वर्ष 1955 में स्विट्जरलैण्ड की सहायता से इण्टीग्रल कोच फैक्ट्री (Integral Coach Factory) को स्थापित किया गया।
- भारत रेल सम्बन्धित उपकरणों को बनाने में आत्मनिर्भरता प्राप्त कर चुका है। देश की प्रथम कम्पनी पेनिनसुलर लोकोमोटिव कम्पनी झारखण्ड के सिंहभूम जिले में वर्ष 1921 में स्थापित की गई थी।
- भारत में जलयान उद्योग क्षेत्र में 8 सार्वजनिक एवं 19 निजी क्षेत्र की कम्पनियाँ संलग्न हैं। हिन्दुस्तान शिपयार्ड लिमिटेड (विशाखापत्तनम), कोचीन शिपयार्ड (कोच्चि), हुगली डॉक एण्ड पोर्ट इंजीनियर्स लिमिटेड (कोलकाता), मझगाँव डाक यार्ड (मुम्बई) जैसे संस्थानों ने जलयान निर्माण में अपना महत्त्वपूर्ण योगदान दिया है।

मोटरगाड़ी उद्योग

- स्वतन्त्रता के पूर्व भारत में आयातित पुर्जों को जोड़कर विदेशी गाड़ियों का निर्माण होता था। प्रीमियर ऑटोमोबाइल लिमिटेड (मुम्बई) की वर्ष 1947 में और हिन्दुस्तान मोटर्स लिमिटेड, उत्तरवाड़ा (कोलकाता) की वर्ष 1948 में स्थापना से घरेलू उत्पादन की शुरुआत हुई। इस उद्योग में प्रत्यक्ष रूप से 4.5 लाख एवं अप्रत्यक्ष रूप से लगभग 1 करोड़ लोगों को रोजगार मिला हुआ है।
- मोटरगाड़ी उद्योग का प्रमुख संकेन्द्रण उत्तर भारत में गुड़गाँव, मानेसर, पश्चिम भारत में मुम्बई, पुणे, दक्षिण भारत में चेन्नई, बंगलुरु, पूर्वी भारत में कोलकाता, जमशेदपुर एवं मध्य भारत में इन्दौर और उसके आस-पास पाया जाता है। अधिकांश उद्योग निजी क्षेत्र में हैं, जिनमें विदेशी साझेदारी बढ़ रही है।

- ऑटोमोबाइल उद्योगों (Automobile Industries) को जुलाई, 1991 में औद्योगिक नीति की घोषणा के साथ लाइसेन्स प्रणाली से मुक्त किया गया, हालाँकि वर्ष 1993 में इस सेक्टर को लाइसेन्स प्रणाली से मुक्त किया गया है।
- दोपहिया वाहन बनाने में भारत का विश्व में दूसरा स्थान है तथा व्यावसायिक वाहन बनाने में भारत का विश्व में पाँचवाँ स्थान है। सबसे अधिक ट्रैक्टर भारत में बनाए जाते हैं तथा कार बनाने में भारत का विश्व में नौवाँ स्थान है।

इलेक्ट्रॉनिक्स उद्योग

- इलेक्ट्रॉनिक्स उद्योग का विकास मुख्य रूप से स्वतन्त्रता पश्चात् की अवधि में हुआ है, इसकी शुरुआत 1950 के दशक में रेडियो के उत्पादन से हुई, परन्तु इसकी वास्तविक शुरुआत वर्ष 1950 में बंगलुरु में इण्डियन टेलीफोन इण्डस्ट्रीज की स्थापना से हुई। इसकी अन्य इकाइयाँ (उत्तर प्रदेश) नैनी (उत्तर प्रदेश), रायबरेली (उत्तर प्रदेश) मनकापुर (उत्तर प्रदेश), पलक्कड़ (केरल) और श्रीनगर (जम्मू-कश्मीर) में स्थित हैं।
- भारत इलेक्ट्रॉनिक्स लिमिटेड (Bharat Electronics Limited) बंगलुरु की स्थापना सार्वजनिक क्षेत्र में प्रतिरक्षा सेवाओं, ऑल इण्डिया रेडियो तथा मौसम विभाग की इलेक्ट्रॉनिक्स आवश्यकताओं की पूर्ति के उद्देश्य से की गई थी।
- यह संस्थान पदार्थों के विकास, राडार तथा जल के नीचे इलेक्ट्रॉनिक्स के निर्माण में इण्डियन इंस्टीट्यूट ऑफ साइंस, बंगलुरु के साथ सहयोग करता है।
- इण्डियन स्पेस रिसर्च ऑर्गेनाइजेशन (Indian Space Research Organisation) के सहयोग से भारत इलेक्ट्रॉनिक्स लिमिटेड सोलर सेलों का विकास कर रहा है। भारत इलेक्ट्रॉनिक्स लिमिटेड की नौ इकाइयाँ बंगलुरु, गाजियाबाद, पुणे, पंचकुला, चेन्नई, हैदराबाद, कोटद्वार, मछलीपट्टनम एवं तंजोया में स्थित हैं।
- वर्ष 1967 में स्वदेशी प्रौद्योगिकी से इलेक्ट्रॉनिक कॉर्पोरेशन ऑफ इण्डिया हैदराबाद की स्थापना की गई। इसके द्वारा न्यूक्लियर कार्य हेतु ट्रांजिस्टराइज्ड मॉड्यूलर सिस्टम के अतिरिक्त वायु यातायात संचालन, टैंक संचार प्रणाली, चिकित्सा, कृषि और उद्योग के लिए कई उपकरणों का निर्माण किया जाता है।
- इलेक्ट्रॉनिक विभाग ने निवेशकों को व्यावसायिक निर्णयों में सहायता हेतु इलेक्ट्रॉनिक हार्डवेयर टेक्नोलॉजी पार्कों की स्थापना की है।
- इलेक्ट्रॉनिक क्षेत्र की एक महत्त्वपूर्ण उपलब्धि डेवलपमेण्ट ऑफ एडवांस कम्प्यूटिंग केन्द्र (C-DAC) द्वारा सुपर कम्प्यूटर परम 10,000 का विकास है। इसने ONGC के भूकम्पीय आँकड़ों के प्रसंस्करण हेतु सॉफ्टवेयर का विकास किया है।
- भारत के समस्त निर्यात में इलेक्ट्रानिक वस्तुओं का योगदान वर्ष 2021-22 में 3.4% था, जो वर्ष 2022-23 में बढ़कर 4.1% हो गया।
- वर्ष 2022-23 में इलेक्ट्रॉनिक आइटम का 25% उत्पादन तमिलनाडु में तथा 20% महाराष्ट्र में हुआ। देश में बिकने वाले 46% इलेक्ट्रिक वाहन तमिलनाडु में निर्मित हुए।

राष्ट्रीय इलेक्ट्रॉनिक नीति-2019

इस नीति में भारत को इलेक्ट्रॉनिक्स सिस्टम डिजाइन एण्ड मैन्युफैक्चरिंग के एक वैश्विक केन्द्र के रूप में स्थापित करने की परिकल्पना की गई है।

वर्ष 2025 तक के लिए लक्ष्य

- 190 बिलियन डॉलर मूल्य के 100 करोड़ मोबाइल हैण्डसेटों के उत्पादन का लक्ष्य
- 400 बिलियन डॉलर का कारोबार
- निर्यात हेतु 100 बिलियन डॉलर मूल्य के 60 करोड़ मोबाइल हैण्डसेटों का उत्पादन

जलयान निर्माण उद्योग

- भारत में जलयान निर्माण उद्योग में लगभग 8 सार्वजनिक और 19 निजी क्षेत्र की कम्पनियाँ शामिल हैं।
- भारत में पहला जलयान कारखाना वर्ष 1941 में विशाखापत्तनम में स्थापित किया गया था, जिसे वर्ष 1952 में सरकार ने अधिगृहीत करके उसका नाम हिन्दुस्तान शिपयार्ड कर दिया। इसकी निम्नलिखित इकाइयाँ हैं
  - गार्डन रीच वर्कशॉप यह हुगली नदी के किनारे स्थित है। यहाँ 15000-25000 टन भार वाले जलयान बनाए जाते हैं।
  - गोवा शिपयार्ड यहाँ जहाजों की मरम्मत एवं निर्माण दोनों कार्य किए जाते हैं।
  - मझगाँव डाकयार्ड यह मुम्बई में स्थित है। यहाँ भारतीय नौ सेना के फ्रिगेट किस्म के जहाज बनाए जाते हैं।
  - कोचीन शिपयार्ड लिमिटेड यह भारत का सबसे बड़ा शिपयार्ड है, जिसे जापान की सहायता से वर्ष 1965 में निर्मित किया गया। यहाँ जहाजों की मरम्मत, निर्माण एवं प्रशिक्षण कार्य होता है।

वायुयान निर्माण उद्योग

- भारत में वायुयान निर्माण हेतु प्रथम प्रयास वर्ष 1940 में बंगलुरु हिन्दुस्तान एअरक्राफ्ट लिमिटेड के रूप में किया गया, जिसे वर्तमान में हिन्दुस्तान एयरोनॉटिक्स लिमिटेड के नाम से जाना जाता है।
- HAL की इकाइयाँ बंगलुरु, कानपुर, नासिक, कोरापुट, हैदराबाद एवं लखनऊ में स्थित हैं।
- इसकी स्थापना का मुख्य उद्देश्य रक्षा उपकरणों में आत्म-निर्भरता प्राप्त करना है।

सूचना प्रौद्योगिकी उद्योग

- सूचना प्रौद्योगिकी मुख्यत: ज्ञान आधारित उद्योग है। सूचना प्रौद्योगिकी में हुई क्रान्ति ने व्यापक स्तर पर सामाजिक और आर्थिक परिवर्तन किए हैं।
- भारत सरकार ने अनेक सॉफ्टवेयर पार्क की स्थापना की है। भारत में सूचना प्रौद्योगिकी के विकास की शुरुआत वर्ष 1984 में सूक्ष्म इलेक्ट्रॉनिक के विकास के साथ हुई।
- यूनाइटेड नेशन्स द्वारा बंगलुरु को चौथा सर्वोत्तम प्राविधिक नवाचारों का वैश्विक केन्द्र घोषित किया गया है।

- भारत के सॉफ्टवेयर व्यावसायिकों ने विश्व बाजार में अपने माल की गुणवत्ता की पहचान बना रखी है। कई भारतीय सॉफ्टवेयर कम्पनियों को अन्तर्राष्ट्रीय गुणवत्ता प्रमाण-पत्र मिले हैं।
- भारत में 3,000 से अधिक सॉफ्टवेयर कम्पनियाँ हैं, जिनमें 50 बहुराष्ट्रीय कम्पनियाँ हैं। इनमें विप्रो, इनफोसिस, टीसीएस आदि प्रमुख हैं।
- भारतीय दूर संचार संजाल (नेटवर्क) चीन के बाद विश्व में दूसरे सबसे बड़े संजाल के रूप में है।
- बंगलुरु सूचना प्रौद्योगिकी उद्योग का प्रमुख केन्द्र है, जिसे सिलिकॉन वैली ऑफ इण्डिया कहते हैं। अन्य केन्द्रों में हैदराबाद, मुम्बई, पुणे, चेन्नई, दिल्ली (नोएडा-गुरुग्राम), चण्डीगढ़ और तिरुवनन्तपुरम प्रमुख हैं, परन्तु कम्प्यूटर हार्डवेयर के क्षेत्र में भारत की प्रगति सन्तोषजनक नहीं है।

फूटलूज उद्योग

फूटलूज उद्योग (Footloose Industry) ऐसे उद्योग को कहा जाता है, जिनकी अवस्थिति पर कच्चे माल के स्रोत से दूरी (परिवहन लागत) का प्रभाव नहीं होता है। सॉफ्टवेयर उद्योग को फूटलूज उद्योग की श्रेणी में रखा जाता है।

रसायन उद्योग

- रसायन उद्योग वस्त्र, लौह-इस्पात और इंजीनियरिंग उद्योगों के बाद देश का चौथा सबसे बड़ा उद्योग है। भारी अजैव रसायन, भारी जैव रसायन, उर्वरक तथा सीमेण्ट उद्योग इसके प्रमुख घटक हैं।
- भारी अजैव उद्योगों में नाइट्रिक एसिड, एल्कली, सोडा, ऐश तथा कास्टिक सोडा प्रमुख हैं।
- भारी जैव रसायनों में पेट्रो-रसायन तथा पॉलिमर प्रमुख हैं। रासायनिक उद्योगों में उर्वरक तथा सीमेण्ट उद्योग का महत्त्वपूर्ण स्थान है।
- भारत में रसायन उद्योग की शुरुआत वर्ष 1901 में कोलकाता के पास एक औषधीय संयन्त्र के निर्माण से मानी जाती है। रसायनों के उत्पादन में गुजरात का स्थान सर्वोपरि है।
- सार्वजनिक क्षेत्र के उपक्रम अर्थात् सार्वजनिक क्षेत्र की दो इकाइयाँ रासायनिक क्षेत्र में हैं, जिनके नाम हैं— हिन्दुस्तान ऑर्गेनिक केमिकल लिमिटेड (Hindustan Organic Chemical Limited) एवं हिन्दुस्तान इंसैक्टिसाइड्स लिमिटेड (Hindustan Insecticides Limited)।

रसायन उद्योग के प्रमुख केन्द्र

राज्य	प्रमुख केन्द्र
गुजरात	भावनगर, कोयली, वडोदरा, जवाहरनगर, अहमदाबाद, धारंगधारा, पोरबन्दर।
महाराष्ट्र	वापी, मुम्बई, पुणे, आंगलवाड़, कोल्हापुर, नागपुर।
पश्चिम बंगाल	हावड़ा, हल्दिया, रिशरा, आसनसोल, दुर्गापुर, कोलकाता, बर्नपुर।
तमिलनाडु	चेन्नई, रानीपेट, मदुरै, तिरुचिरापल्ली, मेट्टूर।
केरल	तिरुवनन्तपुरम, कोच्चि, कोट्टायम, अलवाय।

पेट्रो रसायन उद्योग

- पेट्रो रसायन ऐसे रसायन और यौगिक हैं, जिन्हें मुख्यत: पेट्रोलियम से प्राप्त किया जाता है। इनका उपयोग कृत्रिम रेशे, प्लास्टिक, कृत्रिम रबर, रंग-रोगन, कीटनाशक, डिटर्जेण्ट और औषधि के निर्माण में किया जाता है।
- देश में पेट्रो रसायन उद्योग का प्रथम संयन्त्र यूनियन कार्बाइड इण्डियन लिमिटेड, ट्राम्बे की स्थापना वर्ष 1966 में की गई। सार्वजनिक क्षेत्र का प्रथम कारखाना इण्डियन पेट्रो केमिकल लिमिटेड वडोदरा में वर्ष 1969 में स्थापित किया गया था। रसायन और पेट्रो रसायन विभाग के प्रशासनिक नियन्त्रण में पेट्रो रसायन क्षेत्र में निम्नलिखित तीन संगठन काम कर रहे हैं
  (i) इण्डियन पेट्रो केमिकल कॉर्पोरेशन यह पॉलिमर्स, रसायन रेशों और रेशों के मध्यवर्ती जैसे विभिन्न प्रकार के पेट्रो केमिकल के उत्पादन और वितरण का कार्य कर रहा है।
  (ii) पेट्रोफिल्स को-ऑपरेटिव लिमिटेड यह भारत सरकार और बुनकर सहकारी समितियों का संयुक्त उपक्रम है। यह पॉलिस्टर फिलामेण्ट धागा और नायलॉन थिप्स का उत्पादन गुजरात, वडोदरा एवं नलधारी में स्थित कारखानों में करता है।
  (iii) सेण्ट्रल इन्स्टीट्यूट ऑफ प्लास्टिक एण्ड इंजीनियरिंग टेक्नोलॉजी इसकी स्थापना वर्ष 1968 में चेन्नई में संयुक्त राष्ट्र विकास कार्यक्रम एवं अन्तर्राष्ट्रीय श्रम संगठन के सहयोग से की गई थी। यह संस्थान इस क्षेत्र में प्रशिक्षण का कार्य करता है।
- पेट्रो रसायन पर राष्ट्रीय नीति अप्रैल, 2007 में बनाई गई। जामनगर, औरैया, मान्धार, विशाखापत्तनम, कोयली, हल्दिया, बरौनी, मंगलौर, तेनाघाट (असम) एवं लुधियाना में पेट्रो रसायन कॉम्प्लेक्स स्थापित किए गए हैं। पेट्रो रसायन में 58% भाग पॉलिमर्स का है।

शीर्ष पाँच पेट्रो रसायन उत्पादक राज्य

रैंक	राज्य	रैंक	राज्य
प्रथम	गुजरात	चतुर्थ	तमिलनाडु
द्वितीय	महाराष्ट्र	पंचम	मध्य प्रदेश
तृतीय	उत्तर प्रदेश		

उर्वरक उद्योग

- उर्वरक उद्योग निवेश और उत्पादों के मूल्य की दृष्टि से लौह-इस्पात के बाद देश का दूसरा प्रमुख उद्योग है। भारत का वर्तमान में विश्व में नाइट्रोजन उर्वरकों के उत्पादन में तीसरा (चीन प्रथम) और फॉस्फेट उर्वरकों में सातवाँ स्थान है।
- रासायनिक उर्वरक निर्माण में कच्चे माल के रूप में नेफ्था, कोक-ओवन गैस, विद्युत अपघटनी हाइड्रोजन, फॉस्फेट, गन्धक, जिप्सम आदि का उपयोग किया जाता है।
- नाइट्रोजन उर्वरक बनाने वाले 70% से अधिक कारखाने नेफ्था का उपयोग करते हैं। यही कारण है कि ये कारखाने तेल शोधन शालाओं के समीप तट के सहारे पाए जाते हैं।
- रसायन एवं उर्वरक मन्त्रालय की रिपोर्ट के अनुसार, भारत विश्व का दूसरा वृहत्तम नाइट्रोजन उत्पादक तथा फॉस्फेट उर्वरकों का तीसरा वृहत्तम उत्पादक देश है। भारत में पोटाश उर्वरकों का उत्पादन नहीं होता है। इसके लिए भारत को आयातों पर 100% निर्भर रहना पड़ता है।

- कोक पर आधारित इकाइयाँ तलचर (ओडिशा), रामागुण्डम (तेलंगाना) और कोरबा (छत्तीसगढ़) में लिग्नाइट पर आधारित इकाई नेवेली (तमिलनाडु) में तथा कोक-ओवन गैस पर आधारित इकाइयाँ सिन्दरी, जमशेदपुर (झारखण्ड), राउरकेला (ओडिशा), भिलाई (छत्तीसगढ़), दुर्गापुर (पश्चिम बंगाल) में स्थित हैं।
- गैस आधारित इकाइयाँ थाल बैसेत (महाराष्ट्र), हजीरा, विजयपुर, जगदीशपुर, आँवला, गडेपान बबराला, शाहजहाँपुर में और इलेक्ट्रॉलिटिक हाइड्रोजन आधारित इकाई नांगल (पंजाब) में स्थित हैं।
- भारत में रासायनिक उर्वरक उद्योग की शुरुआत वर्ष 1906 में रानीपेट (तमिलनाडु) में सुपर फॉस्फेट संयन्त्र की स्थापना से हुई।
- तदुपरान्त वर्ष 1944 और वर्ष 1947 में क्रमश: अमोनिया और अमोनिया सल्फेट का उत्पादन शुरू हुआ, परन्तु उद्योग को वास्तविक बढ़ावा वर्ष 1951 में फर्टिलाइजर कॉर्पोरेशन ऑफ इण्डिया (Fertiliser Corporation of India) द्वारा सिन्दरी (झारखण्ड) के कारखाने की स्थापना से मिला।
- रासायनिक उर्वरक मुख्यत: तीन प्रकार (नाइट्रोजन, फॉस्फेट युक्त तथा पोटाश उर्वरक) के होते हैं।
- भारत में नाइट्रोजन युक्त (75%), फॉस्फेट युक्त (25%) उर्वरक उत्पन्न किए जाते हैं। भारत पोटाश उर्वरक हेतु आयात पर निर्भर है।
- विश्व के शीर्ष तीन उर्वरक उपभोक्ता राष्ट्र क्रमश: चीन, भारत एवं यूएसए हैं।

उर्वरक उत्पादन के सार्वजनिक उपक्रम

उपक्रम	स्थापना वर्ष	स्थापित
फर्टिलाइजर कॉर्पोरेशन ऑफ इण्डिया	1961	सिन्दरी, गोरखपुर, तलचर (ओडिशा), रामागुण्डम (तेलंगाना)
नेशनल फर्टिलाइजर्स लिमिटेड	1974	नांगल, भटिण्डा, पानीपत, विजयपुर
हिन्दुस्तान फर्टिलाइजर्स कॉर्पोरेशन लिमिटेड	1978	नामरूप (असम), दुर्गापुर, बरौनी
राष्ट्रीय केमिकल्स एवं फर्टिलाइजर्स लिमिटेड	1978	ट्राम्बे, थाल (गैस आधारित)
फर्टिलाइजर्स एवं केमिकल त्रावणकोर लिमिटेड	1962	केरल में तीन कार्यशील इकाइयाँ हैं, एक उद्योग मण्डल में और दो कोचीन में हैं।
मद्रास फर्टिलाइजर्स लिमिटेड	1966	यह भारत सरकार एवं राष्ट्रीय ईरानी तेल कम्पनी और शेष सार्वजनिक शेयर धारिता के रूप में संयुक्त उपक्रम है। भारत सरकार के पास 67.55% तथा ईरानी कम्पनी के पास 32.45% हिस्सेदारी है।
पाइराइट्स फॉस्फेट्स एण्ड केमिकल्स लिमिटेड	1960	अमझोर (बिहार), सलादीपुरा (राजस्थान)
पारादीप फॉस्फेट लिमिटेड	1981	पारादीप (ओडिशा)
इण्डियन फॉर्मर्स फर्टिलाइजर को-ऑपरेटिव लिमिटेड	1967	कलोल, काण्डला, (गुजरात), फूलपुर, आँवला (उत्तर प्रदेश)

उर्वरक उत्पादन के प्रमुख केन्द्र

राज्य	प्रमुख केन्द्र
गुजरात	वडोदरा, कलोल, भड़ौच, उधना, हजीरा, सूरत, काण्डला
तमिलनाडु	नेवेली, रानीपेट, इन्नोर, टुथुकूडि, कोयम्बटूर, कुड्डालोर, अवाड़ी, मनाली।
उत्तर प्रदेश	कानपुर, फूलपुर (प्रयागराज), गोरखपुर, वाराणसी, मगरवारा, आँवला, शाहजहाँपुर, जगदीशपुर
महाराष्ट्र	ट्राम्बे, अम्बरनाथ, लोनी बलभोर
आन्ध्र प्रदेश	काकीनाडा, ताडेपल्ली, निदादावोलू, टनुकू, आदिलाबाद
तेलंगाना	रामागुण्डम, मॉआअली
ओडिशा	राउरकेला, तलचर, पारादीप
पंजाब	नांगल (इकाई), भटिण्डा
केरल	अलवाय, कोच्चि, तिरुवनन्तपुरम
राजस्थान	कोटा, खेतड़ी, देवाड़ी, चित्तौड़गढ़
पश्चिम बंगाल	बर्नपुर, दुर्गापुर, रिशरा, खारदाह, हल्दिया
झारखण्ड	सिन्दरी, धनबाद, जमशेदपुर
असम	नामरूप, चन्द्रपुर
कर्नाटक	बेलागोला, मुनीराबाद, हुबली, माड्या

औषधि उद्योग

- भारत में औषधि उद्योग का विकास मूलत: स्वतन्त्रता के बाद ही हुआ है। स्वतन्त्रता से पहले अधिकांश औषधियाँ आयात की जाती थीं। पिछले चार दशकों में इस उद्योग ने उल्लेखनीय प्रगति की है, जिसके कारण देश आज अधिकांश दवाइयों के सन्दर्भ में आत्मनिर्भर हो गया है और केवल उच्च प्रौद्योगिकी पर निर्भर करने वाली कुछ औषधियों का ही आयात किया जाता है। विश्व स्तर पर दवाइयों के उत्पादन में इसका स्थान तीसरा है।
- वर्तमान समय में भारत अपने रासायनिक फॉर्मुलेशन की 100% व बल्क ड्रग की 70% आवश्यकताओं की पूर्ति करने में सक्षम हो गया है। भारत अन्तर्राष्ट्रीय बाजार में पेनिसिलीन व स्ट्रेप्टोमाइसिन जैसी दवाओं की आपूर्ति कर रहा है।
- दक्षिण एशिया, पश्चिम एशिया व अफ्रीका भारत में निर्मित दवाओं के प्रमुख बाजार हैं। वर्ष 1954 में हिन्दुस्तान एण्टीबायोटिक्स लिमिटेड की स्थापना की गई, जिसके प्रमुख केन्द्र नागपुर, बंगलुरु व पिपरी में स्थित हैं।
- देश में औषधि निर्माण के कारखानें मुख्यत: महाराष्ट्र, गुजरात, तमिलनाडु, पश्चिम बंगाल, मध्य प्रदेश, राजस्थान, उत्तर प्रदेश और दिल्ली में स्थित हैं। मुम्बई, कोलकाता, अहमदाबाद, वडोदरा, दिल्ली, पुणे, ऋषिकेश, इन्दौर, जयपुर, हैदराबाद, कानपुर आदि इनके मुख्य केन्द्र हैं।

चमड़ा उद्योग

- भारत में चमड़ा उद्योग का विस्तार संगठित और असंगठित दोनों क्षेत्रों में हुआ है, जिसमें लगभग 25 लाख लोगों, विशेषकर कमजोर, अल्पसंख्यक एवं महिलाओं को रोजगार मिला है।
- कोलकाता, कानपुर, चेन्नई और कोयम्बटूर में पशुओं के खाल की बड़ी मण्डियाँ हैं। अच्छे किस्म की बकरी की खाल दार्जिलिंग, कोलकाता, मुजफ्फरपुर, दरभंगा और इरोड से प्राप्त की जाती है।

- खालों को शोधन द्वारा चमड़े में बदला जाता है। यह शोधन दो तरीकों से किया जाता है
  - पहले तरीके में अवारम, कोन्नाम, बफू, बाटिल आदि की छालों से चमड़े का शोधन किया जाता है।
  - दूसरे तरीके से वाइकोमेट, कोरिमीयम, सल्फेट, अमोनियम आदि रसायनों के साथ अण्डे की जर्दी, जैतून के तेल एवं मछली के तेल आदि को मिलाकर आर्द्र विधि से चमड़े का शोधन किया जाता है।
- देश में चर्म शोधनशालाएँ कानपुर (1867 ई.) कोलकाता, चेन्नई, टोंक, मुम्बई, मोकामा, फुलबानी, बंगलुरु, बेलगाम, कपूरथला, पेराम्बूर, तिरुचिरापल्ली आदि में स्थित हैं।

सीमेण्ट उद्योग

- निर्माण कार्यों में उपयोग के कारण सीमेण्ट किसी देश की प्रगति का सूचक माना जाता है। सीमेण्ट का आविष्कार 1824 ई. में इंग्लैण्ड के पोर्टलैण्ड नामक स्थान पर किया गया था। भारत में इसका प्रथम कारखाना चेन्नई में वर्ष 1904 में स्थापित किया गया था। वर्ष 1914 में इण्डियन सीमेण्ट कम्पनी के पोरबन्दर संयन्त्र की स्थापना की गई।
- भारत में वर्ष 2022-23 में सीमेण्ट उत्पादन 391 मिलियन टन ही रहा है। इस उद्योग में लगभग 2.5 लाख लोगों को रोजगार मिला हुआ है।
- सीमेण्ट उद्योग में कच्चे माल के रूप में चूना-पत्थर (लगभग 45%), इस्पात कारखानों के धातु-मल, उर्वरक कारखानों के अवमल, जिप्सम और कोयला (भर्जन हेतु) का उपयोग किया जाता है।
- भारत में सर्वप्रथम समुद्री सीपियों का उपयोग कर चेन्नई में वर्ष 1904 में सीमेण्ट बनाने का प्रयास किया गया, जो असफल रहा। वर्ष 1912-13 में इण्डियन सीमेण्ट कम्पनी के पोरबन्दर संयन्त्र की स्थापना हुई।
- सीमेण्ट उद्योग के सर्वाधिक कारखाने आन्ध्र प्रदेश में स्थित हैं। इसके पश्चात् क्रमशः राजस्थान, गुजरात, तमिलनाडु, मध्य प्रदेश का स्थान आता है। वर्तमान में वर्ष 2024 मध्य प्रदेश सीमेण्ट का शीर्ष उत्पादक राज्य है।
- भारत सीमेण्ट उत्पादन में चीन के बाद दूसरा स्थान रखता है।

सीमेण्ट उद्योग के प्रमुख केन्द्र

राज्य	प्रमुख केन्द्र
मध्य प्रदेश	सतना, कटनी, नीमच, बनमौर, मैहर, जबलपुर, रतलाम
छत्तीसगढ़	जामुल, दुर्ग, मान्धार, भाटापारा, तिल्डा
आन्ध्र प्रदेश	विजयवाड़ा, कृष्णा, पनयाम, विशाखापत्तनम
तेलंगाना	आदिलाबाद, तांदूर
राजस्थान	सवाई, माधोपुर, उदयपुर, चित्तौड़गढ़, लखेरी, सिरोही, बनास, सीकर
गुजरात	सिक्का, द्वारका, पोरबन्दर, वडोदरा, रानावाव, वेरावल, सेवलिया
तमिलनाडु	तुलुकापट्टी, थलैयुथु, अलंगुलम, पोलियुर, डालमियापुरम
कर्नाटक	शाहाबाद, वादी, बागलकोट, भद्रावती, होसदुर्ग, तोरागल्लू
महाराष्ट्र	चन्द्रपुर, रत्नागिरि, सेवरी, मणिकगढ़
उत्तर प्रदेश	चुर्क, डाल्ला, चुनार, डालमिया, दादरी
बिहार	डालमियानगर (सासाराम)

काँच उद्योग

- काँच उद्योग में प्रयुक्त होने वाले मूल कच्चे पदार्थ बालू, चूना- पत्थर, फेल्सपर, सोडा ऐश, सिलिका आदि हैं।
- सभी कच्चे माल भारत में उपलब्ध हैं, केवल सोडा ऐश का कुछ भाग मात्रा विदेशों से आयात किया जाता है।
- भारत के उत्तर प्रदेश में फिरोजाबाद और कर्नाटक में बेलगाम नामक शहरों में कुछ इकाइयाँ ऐसी हैं, जो चूड़ियों और मणिकाओं का विनिर्माण कर रही हैं।
- उत्तरी भारत में काँच उद्योग उत्तर प्रदेश में बहजोई (बिजनौर), शिकोहाबाद (मैनपुरी), हाथरस, सासनी, एतमादपुर तथा नैनी कुछ अन्य महत्त्वपूर्ण केन्द्र हैं।
- महाराष्ट्र में काँच उद्योग के केन्द्र के रूप में पुणे, मुम्बई, सतारा, नागपुर तथा कोल्हापुर उल्लेखनीय हैं। पश्चिम बंगाल में आसनसोल, बैलूर, बेलगाचिया, रिशरा तथा दुर्गापुर महत्त्वपूर्ण केन्द्र हैं।

प्लास्टिक उद्योग

- प्लास्टिक उद्योग को **सनराइज इण्डस्ट्री** (Sunrise Industry) भी कहा जाता है। यह रासायनिक उद्योग का भाग है। इस उद्योग को अपने गैर-साक्षरता (Literacy) और आर्द्रतारोधी गुणों के कारण पैकिंग, रसायनों के संग्रहण, टेक्सटाइल, भवन निर्माण, वाहन निर्माण, इलेक्ट्रॉनिक्स, खेलकूद, सागरीय इंजीनियरिंग, अन्तरिक्ष, प्रतिरक्षा एवं खनन आदि कार्यों में सम्मिलित किया जाता है।
- अपने तापीय गुणों के आधार पर प्लास्टिक उद्योग को **थर्मोप्लास्टिक** एवं **थर्मोसेट** दो वर्गों में बाँटा जाता है।

अन्य उद्योग

अन्य उद्योगों के अन्तर्गत वन आधारित उद्योग; जैसे—कागज उद्योग, लाख उद्योग आदि तथा, खाद्य एवं सम्बद्ध उद्योग, पर्यटन उद्योग आदि को मुख्य रूप से शामिल किया जाता है, जिनका विवरण निम्न है

कागज उद्योग

- कागज का उपयोग सभ्यता के विकास का संकेतक माना जाता है। कागज का उपयोग सूचनाओं को संरक्षित रखने, प्रचारित करने, विचारों के आदान-प्रदान से लेकर शिक्षा के विकास और प्रसार में किया जाता है। कागज बनाने की कला का उद्भव चीन में 300 ई. पू. हुआ था।
- भारत में इसका प्रारम्भ 12वीं शताब्दी से हुआ। देश में आधुनिक तरीके का कागज बनाने का पहला कारखाना, 1812 ई. में सेरामपुर (पश्चिम बंगाल) में स्थापित हुआ, हालाँकि यह असफल रहा। तदुपरान्त बाली (1867 ई.), लखनऊ (1879 ई.), टीटागढ़ (1881 ई.), पुणे (1897 ई.) में नए कारखाने लगाए गए।
- विश्वयुद्ध एवं सरकारी संरक्षण से इस उद्योग के विकास को गति मिली, जिससे वर्ष 1948 तक मिलों की संख्या बढ़कर 16 हो गई। नियोजन काल में कागज उद्योग का तेजी से विकास हुआ।
- कागज उद्योग में सेल्युलोज लुग्दी को कच्चे माल के रूप में उपयोग किया जाता है, जिसे मुलायम लकड़ी, बाँस, घास, गन्ने की खोई, पुराने कपड़ों और रद्दी कागज से बनाया जाता है।

- भारत में बड़े पैमाने पर (70%) बाँस का उपयोग किया जाता है। इसे उत्तर-पूर्व के राज्यों, पश्चिम बंगाल, ओडिशा, आन्ध्र प्रदेश, मध्य प्रदेश, महाराष्ट्र, कर्नाटक, तमिलनाडु से प्राप्त किया जाता है।
- मध्य प्रदेश, छतीसगढ़, महाराष्ट्र, झारखण्ड, ओडिशा और आन्ध्र प्रदेश से प्राप्त सलाई लकड़ी का उपयोग अखबारी कागज के उत्पादन में किया जाता है। कागज उद्योग के सर्वाधिक कारखाने महाराष्ट्र में स्थित हैं।

अखबारी कागज

- देश में अखबारी कागज की पहली मिल नेपानगर (शहडोल जिला, मध्य प्रदेश) में वर्ष 1955 में लगाई गई थी। 1 अप्रैल, 1994 में उदारीकरण की शुरुआत के बाद अखबारी कागज के क्षेत्र में निजी कम्पनियों का प्रवेश शुरू हुआ, इससे देश में अखबारी कागज की मिलों की संख्या बढ़ गई है। इनकी वार्षिक क्षमता 147.8 लाख टन की है। इनमें अधिकांश मिलें लघु उद्योग क्षेत्र से जुड़ी हुई हैं।
- सार्वजनिक क्षेत्र की नेपा, हिन्दुस्तान न्यूज प्रिण्ट लिमिटेड, मैसूर पेपर मिल्स (भद्रावती) और तमिलनाडु न्यूज प्रिण्ट एण्ड पेपर मिल्स (वेल्लोर) देश में अखबारी कागज के प्रमुख उत्पादक हैं, जिनका देश के 60% बाजार पर अधिकार है।
- निजी क्षेत्र में रामा न्यूज प्रिण्ट एण्ड पेपर्स सबसे बड़ी और नई मिल है। देश को अपनी आवश्यकताओं की पूर्ति के लिए अखबारी कागज का विदेशों से आयात करना पड़ता है।

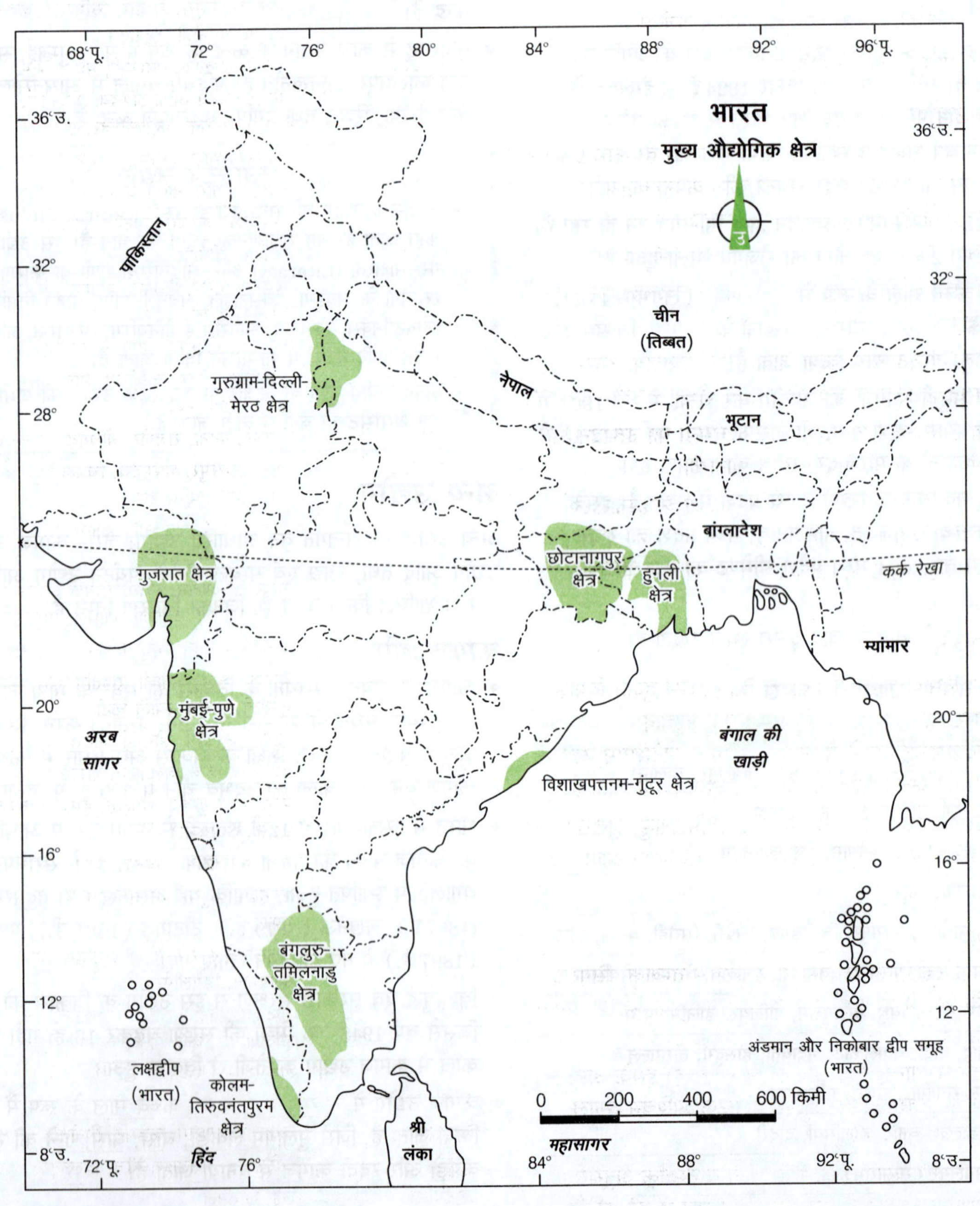

कागज उद्योग के प्रमुख केन्द्र

राज्य	प्रमुख केन्द्र
आन्ध्र प्रदेश	राजमुन्द्री, तिरुपति, कुर्नूल
तेलंगाना	सिरपुर, भद्राचलम
महाराष्ट्र	कल्याण, जलगाँव, बल्लारपुर, खोपोली, कोलाबा, चिंचवाड़
पश्चिम बंगाल	रायगढ़, रानीगंज, नैहाटी, बांसबेरिया, वारानगर, दमदम, आलम बाजार, त्रिवेणी
ओडिशा	ब्रजराजनगर, रायगाड़ा, चौधवार, जेपुर, बालगोपालपुर।
कर्नाटक	भद्रावती, इण्डोली, बेलागुला, बंगलुरु, माण्डया, रामानगरम।
गुजरात	वरेजाड़ी, खाड़की, उतारन, क्रोण्डल, कलोल।
मध्य प्रदेश	भोपाल, अमलाई, रतलाम।

लाह (लाख) उद्योग

- लाह केरिया लाका नामक कीड़े से प्राप्त किया जाता है। लाह उत्पादन में झारखण्ड का सर्वोच्च स्थान है तथा यहाँ भारत के कुल लाह उत्पादन का 60% उत्पादित होता है। झारखण्ड में लाह उत्पादन में पलामू का पहला, राँची का दूसरा तथा पश्चिमी सिंहभूम का तीसरा स्थान है।
- वर्ष 1925 में राँची के निकट नामकुम में लाह अनुसन्धान संस्थान की स्थापना की गई।
- झारखण्ड के अतिरिक्त मध्य प्रदेश, छत्तीसगढ़, मेघालय, असम, ओडिशा, गुजरात, उत्तर प्रदेश एवं महाराष्ट्र में भी लाख उद्योग स्थित है।
- राज्य में मुख्यत: कच्चा लाह, दाना लाह व चमड़ा का उत्पादन किया जाता है, जिसका 90% तक निर्यात किया जाता है।
- लाख का उपयोग विद्युत इन्सुलेशन, (विद्युत ऊर्जा के हस्तान्तरण को कम करने के लिए प्रयोग की जाने वाली विभिन्न प्रकार की सामग्रियाँ।) जल निरोधक स्याही, चूड़ियाँ, खिलौने, जूते, चित्रकारी पैन्सिल आदि के निर्माण में किया जाता है।

दियासलाई उद्योग

- दियासलाई का निर्माण भारत में 1895 ई. से आरम्भ हुआ। दियासलाई का पहला कारखाना अहमदाबाद में और इसके पश्चात् कलकत्ता में खोला गया। दियासलाई बनाने में लकड़ी, कागज, पोटैशियम क्लोरेट एवं फॉस्फोरस को कच्चे माल के रूप में उपयोग किया जाता है।
- दियासलाई उद्योग मुख्य रूप से महाराष्ट्र, तमिलनाडु, गुजरात, उत्तर प्रदेश, आन्ध्र प्रदेश, मध्य प्रदेश, छत्तीसगढ़ एवं राजस्थान आदि राज्यों में स्थित हैं।

तम्बाकू उद्योग

- भारत में तम्बाकू उद्योग का विकास मुख्य रूप से तम्बाकू, सिगरेट एवं बीड़ी उद्योग के रूप में हुआ है। इस उद्योग में तेन्दु के पत्ते का प्रयोग किया जाता है।
- तम्बाकू उत्पादन में आन्ध्र प्रदेश अग्रणी स्थान पर है। इसके अन्य प्रमुख उत्पादक राज्यों में गुजरात, उत्तर प्रदेश, कर्नाटक, पश्चिम बंगाल, बिहार एवं महाराष्ट्र शामिल हैं।
- तम्बाकू भारत में पुर्तगालियों की देन है। केन्द्रीय तम्बाकू अनुसन्धान संस्थान की स्थापना आन्ध्र प्रदेश के राजमहेन्द्रवरम में की गई है।

राज्य/केन्द्रशासित प्रदेश के प्रमुख पर्यटन स्थल

राज्य/केन्द्रशासित प्रदेश	पर्यटन स्थल
ओडिशा	कोणार्क, पुरी, चिल्का झील, उदयगिरि गुफा, भीतरकणिका
पंजाब	अमृतसर, जलियाँवाला बाग, बाघा बॉर्डर, लुधियाना, जालन्धर
राजस्थान	जयपुर, उदयपुर, जैसलमेर, माउण्ट आबू, जोधपुर, केवलादेव राष्ट्रीय उद्यान
सिक्किम	गंगटोक, कंचनजंगा पर्वत श्रेणी, बौद्ध मठ
तमिलनाडु	काँचीपुरम, तंजावुर, रामेश्वरम, कन्याकुमारी, ऊटी
तेलंगाना	हैदराबाद, आदिलाबाद, चारमीनार, हुसैनसागर झील
त्रिपुरा	अगरतला, जामपुई हिल, चाय बागान
उत्तराखण्ड	नैनीताल, मसूरी, हरिद्वार, ऋषिकेश, केदारनाथ, बद्रीनाथ, गंगोत्री, यमुनोत्री, देहरादून
उत्तर प्रदेश	आगरा, लखनऊ, वाराणसी, मथुरा, झाँसी, प्रयागराज, अयोध्या
महाराष्ट्र	मुम्बई (गेटवे ऑफ इण्डिया, एलिफेण्टा गुफा), अजन्ता, एलोरा, नासिक, महाबलेश्वर, खण्डाला, शिरडी
मणिपुर	लोकटक झील, इम्फाल, उखुल की पहाड़ियाँ
मेघालय	शिलॉन्ग, गारो-खासी जयन्तिया पहाड़ियाँ
मिजोरम	आइजोल, चमफाई, वांटॉन्ग जलप्रपात
नागालैण्ड	कोहिमा, दीमापुर
आन्ध्र प्रदेश	विशाखापत्तनम, तिरुपति बालाजी, विजयवाड़ा-अमरावती स्तूप, बादामी, ऐहोल
अरुणाचल प्रदेश	पापुमपेर, दोईमुख, ईटानगर इत्यादि।
असम	कामाख्या मन्दिर, काजीरंगा, मानस अभयारण्य, डिब्रूगढ़, माजुली द्वीप, गुवाहाटी
बिहार	वैशाली, पटना, राजगीर, बोधगया, नालन्दा, पावापुरी
छत्तीसगढ़	राजिम, सिरपुर, भोरमदेव, चित्रकोट जलप्रपात, बस्तर, कांगेरघाटी राष्ट्रीय उद्यान
गोवा	कैथेड्रल चर्च, चर्च ऑफ आवर लैडी ऑफ द रोजरी, विभिन्न प्रकार के समुद्र तट एवं झील
गुजरात	साबरमती आश्रम, स्वामीनारायण अक्षरधाम मन्दिर, द्वारकाधीश, कच्छ का रण, पावागढ़, लोथल, गिर वन, अहमदाबाद
हरियाणा	कुरुक्षेत्र पानीपत, भिवानी, कैथल, अगरोहा, पिंजौर
हिमाचल प्रदेश	शिमला, कुल्लू-मनाली, रोहतांग दर्रा, धर्मशाला, डलहौजी कसौली, सोलन, स्पीति घाटी
जम्मू-कश्मीर	श्रीनगर, गुलमर्ग, सोनमर्ग, कटरा, हजरतबल
झारखण्ड	देवघर, हुण्डरू, जलप्रपात, पारसनाथ पहाड़ी
कर्नाटक	मैसूर, गोल गुम्बज, बंगलुरु, हम्पी, विरुपाक्ष मन्दिर, बेल्लारी, ऐहोल, पट्टदकल
केरल	मन्नार, कोवलम, वायनाड, फोर्ट कोच्चि, अलप्पुझा
मध्य प्रदेश	पचमढ़ी, खजुराहो, साँची स्तूप, माण्डू, उज्जैन, भेड़ाघाट, बाघ गुफाएँ
अण्डमान व निकोबार द्वीप समूह	सेलुलर जेल, रॉस द्वीप, बैरन द्वीप, पोर्ट ब्लेयर, लिटिल अण्डमान, डिगलीपुर
दिल्ली	राष्ट्रपति भवन, संसद भवन, लाल किला, पुराना किला, इण्डिया गेट, कुतुबमीनार, जामा मस्जिद
दादरा एवं नगर हवेली तथा दमन एवं दीव	दीव, दमन, देवका बीच
लक्षद्वीप	कवारत्ती, बंगाराम, कडमट, मिनीकॉय, अगाती
पुदुचेरी	अरिकामेडु, पेराडाइज बीच, विल्लनूर
लद्दाख	लेह, कारगिल

भारत के औद्योगिक प्रदेश

औद्योगिक प्रदेश	विवरण
मुम्बई-पुणे औद्योगिक प्रदेश	• यह भारत का सबसे प्रमुख औद्योगिक प्रदेश है, जिसका विकास ब्रिटिश शासन के समय में हुआ। • इसके विकास में प्राकृतिक बन्दरगाह एवं समुद्री मार्ग ने योगदान दिया। • **प्रमुख उद्योग** सूती वस्त्र उद्योग, चमड़ा उद्योग, भेषज उद्योग, रसायन उद्योग और फिल्म उद्योग • **प्रमुख औद्योगिक केन्द्र** मुम्बई, पुणे, अन्धेरी, कल्याण, कोल्हापुर, कुरला, नासिक, सोलापुर, थाणे, ट्राम्बे, जगेश्वरी, सतारा, सांगली आदि।
हुगली औद्योगिक प्रदेश	• इस प्रदेश का विकास हुगली नदी के किनारे ब्रिटिश शासन के समय ही हुआ था। • इसके विकास के मुख्य कारक कच्चे माल; जैसे-जूट, नील, चाय आदि की उपलब्धता, कोयले की खान की निकटता, जल की उपलब्धता, सस्ते मजदूर एवं निर्यात की सुविधा का योगदान आदि। • **प्रमुख उद्योग** जूट उद्योग, रेशम उद्योग, सूती वस्त्र उद्योग, ऑटोमोबाइल, चमड़े की वस्तुओं का उद्योग, लौह-इस्पात उद्योग और रसायन उद्योग • **प्रमुख औद्योगिक केन्द्र** सीरमपुर, टीटागढ़, बिड़लानगर, हुगली, बैलूर, श्यामनगर, रिशरा, शिबपुर, बाँसवेलिया आदि।
गुजरात औद्योगिक प्रदेश	• इस प्रदेश का विकास गुजरात में खम्भात की खाड़ी के आस-पास हुआ है। • **प्रमुख उद्योग** सूती वस्त्र, रसायन उद्योग, इंजीनियरिंग वस्तुओं तथा औषधियों के उद्योग आदि। • **प्रमुख औद्योगिक केन्द्र** अहमदाबाद, वडोदरा, भावनगर, आनन्द, भरुच, हिम्मतनगर, जामनगर, कालौल, खेड़ा, राजकोट, सुरेन्दनगर, बलसाड, सूरत आदि।
बंगलुरु-चेन्नई औद्योगिक प्रदेश	• इस प्रदेश का विकास तमिलनाडु एवं कर्नाटक में हुआ। • **प्रमुख उद्योग** रसायन उद्योग, सूती एवं रेशमी वस्त्र उद्योग, कागज उद्योग, रबड़ उद्योग, सीमेण्ट उद्योग आदि। • **प्रमुख औद्योगिक केन्द्र** बंगलुरु, कोयम्बटूर, चेन्नई, मदुरई, सलेम आदि।
विशाखापत्तनम-गुण्टूर प्रदेश	• इस प्रदेश का विकास विशाखापत्तनम से लेकर दक्षिण में कुरनूल जिलों तक हुआ। • **प्रमुख उद्योग** शक्कर, वस्त्र, जूट, कागज, उर्वरक, सीमेण्ट, एल्युमीनियम और हल्की इंजीनियरिंग आदि। • **प्रमुख औद्योगिक केन्द्र** विशाखापत्तनम, विजयनगर, विजयवाड़ा, राजमुन्द्री, गुण्टूर, एलुरु और करनूल
छोटानागपुर औद्योगिक प्रदेश	• इस प्रदेश में लौह-इस्पात का विकास हुआ है, क्योंकि यहाँ पर इस उद्योग के सभी कच्चे माल उपलब्ध हैं, इसलिए इस प्रदेश को भारत का रूर (जर्मनी) प्रदेश कहते हैं। • **प्रमुख उद्योग** उर्वरक उद्योग, सीमेण्ट उद्योग, लौह-इस्पात उद्योग, सीमेण्ट उद्योग, काँच उद्योग एवं इंजीनियरिंग उद्योग आदि। • **प्रमुख औद्योगिक केन्द्र** बोकारो आसनसोल, बर्नपुर, दुर्गापुर, जमशेदपुर, राउरकेला, कुल्टी, सिन्दरी, खेल्लारी, राँची, डालमिया नगर आदि।
कोलम-तिरुवनन्तपुरम प्रदेश	• बागान कृषि और जल विद्युत इस प्रदेश को औद्योगिक आधार प्रदान करते हैं। • **प्रमुख उद्योग** सूती वस्त्र उद्योग, चीनी, रबड़ माचिस, सीसा, रासायनिक उर्वरक तथा मत्स्य उद्योग आदि। • **प्रमुख औद्योगिक केन्द्र** कोलम, अलुबा, कोच्चि, पुनालूर तिरुवन्तपुरम, अलप्पुझा आदि।
गुरुग्राम-दिल्ली-मेरठ औद्योगिक प्रदेश	• इस प्रदेश में कृषि आधारित उद्योग एवं फुटलूज उद्योगों का विकास हुआ है। **प्रमुख उद्योग** वस्त्र उद्योग, पर्यटन उद्योग, सूती, ऊनी और कृत्रिम रेशे उद्योग, शक्कर, साइकिल औषधि उद्योग, ऑटोमोबाइल एवं कागज उद्योग आदि। • **प्रमुख औद्योगिक केन्द्र** अम्बाला, चण्डीगढ़, फरीदाबाद, मेरठ, गाजियाबाद, गुरुग्राम, नोएडा, कालका, मोदीनगर, मोहननगर, पानीपत आदि।

प्रमुख लघु औद्योगिक प्रदेश

- उत्तरी मालाबार (केरल)
- मध्य मालाबार (केरल)
- कोल्हापुर- दक्षिणी कन्नड़ (महाराष्ट्र, कर्नाटक)
- आदिलाबाद - निजामाबाद (तेलंगाना)
- ब्रह्मपुत्र (असोम)
- विलासपुर - कोरबा (छत्तीसगढ़)
- दुर्ग-रायपुर (छत्तीसगढ़)
- अम्बाला - अमृतसर (पंजाब)
- भोजपुर - मुंगेर (बिहार)

औद्योगिक गलियारे

- औद्योगिक गलियारा (Industrial Corridor) एक ऐसा आर्थिक पारिस्थितिक तन्त्र है, जो परिवहन गलियारे के चारों ओर खड़ा किया जाता है।
- इस तन्त्र के द्वारा दो बड़े आर्थिक केन्द्रों को जोड़ा जाता है। इन केन्द्रों की आर्थिक गतिविधियों के संचालन के लिए यह परिवहन गलियारा एक तन्त्रिका केन्द्र की भाँति कार्य करता है।
- इसके अन्तर्गत दिल्ली-मुम्बई औद्योगिक गलियारा, अमृतसर-कोलकाता औद्योगिक गलियारा, बंगलुरु-मुम्बई आर्थिक गलियारा, चेन्नई-बंगलुरु औद्योगिक गलियारा तथा पूर्वी तट आर्थिक गलियारा आदि प्रमुख हैं।

सूक्ष्म, लघु एवं मध्यम उद्योग (एमएसएमई)

- सूक्ष्म, लघु एवं मध्यम उद्योग (Micro, Small and Medium Enterprises) की परिभाषा में समय-समय पर बदलाव आते रहे हैं। वर्तमान में इसे निर्माण उद्योग और सेवा उद्योग के लिए अलग-अलग रूप से परिभाषित किया गया है।
- सूक्ष्म, लघु और मध्यम उद्यम विकास अधिनियम, 2006 के अनुसार सूक्ष्म उद्योग का कारोबार 5 करोड़ से कम, लघु उद्योग का कारोबार 50 करोड़ से कम तथा मध्यम उद्योग का कारोबार 100 करोड़ से कम होता है।
- ये किसी देश की अर्थव्यवस्था में विविधता, उत्पादन क्षमता, रोजगार सृजन तथा क्षेत्रीय असमानता को कम कर लोगों को सशक्त करने में प्रमुख भूमिका निभाते हैं।
- भारत में ये उद्यम लगभग 6000 प्रकार के विविध उत्पादों का निर्माण करते हैं तथा देश के कुल विनिर्माण में 42% का योगदान तथा कुल निर्यात में 48% का योगदान करते हैं।
- इनको प्रोत्साहन प्रदान करने का प्राथमिक कार्य राज्य सरकार का है, लेकिन केन्द्र सरकार द्वारा वर्ष 2006 में सूक्ष्म, लघु एवं मध्यम उद्यम अधिनियम का निर्माण कर इसे सशक्त करने का प्रयास किया गया।

- सरकार द्वारा इसकी कम्पनियों को कई प्रकार से प्रोत्साहन प्रदान किया जाता है; जैसे—बैंकों से कम ब्याज पर ऋण, टैक्स छूट, लाइसेंस एवं प्रमाण-पत्र आदि।
- भारत सरकार के द्वारा मई, 2020 में इसकी परिभाषा में परिवर्तन कर उनके टर्न ऑवर और निवेश को शामिल किया गया।
- सरकार द्वारा 1 जुलाई, 2020 को सूक्ष्म, लघु एवं मध्यम उद्योग की नई परिभाषा दी गई है, जो इस प्रकार है

एमएसएमई की संशोधित परिभाषा (बजट 2025-26)

उद्यम की श्रेणी	वर्तमान निवेश सीमा	संशोधित निवेश सीमा	वर्तमान वार्षिक कारोबार	संशोधित वार्षिक कारोबार
सूक्ष्म उद्यम	₹ 1 करोड़	₹ 2.5 करोड़	₹ 5 करोड़	₹ 10 करोड़
लघु उद्यम	₹ 10 करोड़	₹ 25 करोड़	₹ 50 करोड़	₹ 100 करोड़
मध्यम उद्यम	₹ 50 करोड़	₹ 125 करोड़	₹ 250 करोड़	₹ 500 करोड़

कुटीर उद्योग

- कुटीर उद्योग (Cottage Industry) सामूहिक रूप से उन उद्योगों को कहते हैं, जिनमें उत्पाद एवं सेवाओं का सृजन अपने घर में ही किया जाता है, न कि किसी कारखाने में।
- कुटीर उद्योगों में कुशल कारीगरों द्वारा कम पूँजी एवं अधिक कुशलता से हस्त कारीगरी के द्वारा वस्तुओं का निर्माण किया जाता है।
- यह विनिर्माण की सबसे छोटी इकाई है, इसमें शिल्पकार स्थानीय कच्चे माल का उपयोग करते हैं।
- इसमें शिल्पकार तैयार वस्तुओं का उपयोग स्वयं करते हैं एवं तैयार माल अधिक होने पर स्थानीय बाजारों में बेच देते हैं।
- इस उद्योग में पूँजी एवं परिवहन उद्योग को अधिक प्रभावित नहीं करते हैं। भारत में प्राचीन समय से ही कुटीर उद्योग का महत्त्वपूर्ण योगदान रहा है।
- टोकरी बुनाई, मिट्टी के बर्तन और अन्य हस्तनिर्मित वस्तुएँ कुटीर उद्योगों के उदाहरण हैं।

कुटीर उद्योग से सम्बन्धित सरकारी संस्थाएँ

संस्थाएँ	स्थापना वर्ष	संस्थाएँ	स्थापना वर्ष
कुटीर उद्योग बोर्ड	1948	खादी एवं ग्रामोद्योग आयोग	1956
केन्द्रीय सिल्क बोर्ड	1949	लघु उद्योग बोर्ड	1954
अखिल भारतीय हथकरघा बोर्ड	1953	भारतीय लघु उद्योग विकास बैंक	1990
अखिल भारतीय हस्तकला बोर्ड	1953	क्षेत्रीय ग्रामीण विकास बैंक	1975

भारत की महारत्न कम्पनियाँ (14)

1. भारत हैवी इलेक्ट्रिकल्स लिमिटेड
2. भारत पेट्रोलियम कॉर्पोरेशन लिमिटेड
3. कोल इण्डिया लिमिटेड
4. हिन्दुस्तान पेट्रोलियम कॉर्पोरेशन लिमिटेड
5. इण्डियन ऑयल कॉर्पोरेशन लिमिटेड
6. नेशनल थर्मल पावर कार्पोरेशन लिमिटेड
7. ग्रामीण विद्युतीकरण निगम लिमिटेड
8. तेल और प्राकृतिक गैस निगम लिमिटेड
9. पावर ग्रिड कॉर्पोरेशन ऑफ इण्डिया लिमिटेड
10. भारतीय इस्पात प्राधिकरण लिमिटेड
11. पॉवर फाइनेंस कॉर्पोरेशन लिमिटेड
12. हिन्दुस्तान एयरोनॉटिक्स लिमिटेड
13. गेल इण्डिया लिमिटेड
14. ऑयल इण्डिया लिमिटेड

भारत की नवरत्न कम्पनियाँ (26)

1. भारत इलेक्ट्रॉनिक लिमिटेड
2. इंजीनियर्स इण्डिया लिमिटेड
3. नेशनल एल्युमीनियम कम्पनी लिमिटेड
4. महानगर टेलीफोन निगम लिमिटेड
5. एनबीसीसी (इण्डिया) लिमिटेड
6. ओएनजीसी विदेश लिमिटेड
7. रेल विकास निगम लिमिटेड
8. शिपिंग कॉर्पोरेशन ऑफ इण्डिया लिमिटेड
9. इरकॉन (IRCON) इण्टरनेशनल लिमिटेड
10. रेल इण्डिया टेक्नीकल एण्ड इकोनॉमिक सर्विस लिमिटेड (RITES)
11. राष्ट्रीय केमिकल एण्ड फर्टिलाइजर लिमिटेड
12. नेशनल फर्टिलाइजर्स लिमिटेड
13. सेण्ट्रल वेयरहाउसिंग कॉर्पोरेशन
14. हाउसिंग एण्ड अर्बन डेवलपमेण्ट कॉरपोरेशन लिमिटेड
15. भारतीय नवीकरणीय ऊर्जा विकास एजेंसी लिमिटेड
16. मझगाँव डॉक शिपबिल्डर्स लिमिटेड
17. रेलटेल कॉर्पोरेशन ऑफ इण्डिया लिमिटेड
18. सोलर इनर्जी कॉर्पोरेशन ऑफ इण्डिया लिमिटेड
19. नेशनल हाइड्रोइलेक्ट्रिक पावर कॉर्पोरेशन (NHPC)
20. सतलुज जल विद्युत निगम (SJVN)
21. राष्ट्रीय खनिज विकास निगम
22. एन.एल.सी. इण्डिया लिमिटेड
23. राष्ट्रीय इस्पात निगम लिमिटेड
24. कण्टेनर कॉर्पोरेशन ऑफ इण्डिया
25. भारतीय रेलवे कैटरिंग एण्ड टूरिज्म कॉर्पोरेशन लिमिटेड (IRCTC)
26. इण्डियन रेलवे फाइनेंस कॉर्पोरेशन लिमिटेड (IRFCL)

"

किसी देश अथवा उसकी अर्थव्यवस्था के विकास के लिए विकसित परिवहन तन्त्र का होना अति आवश्यक है। भारत में परिवहन के विभिन्न साधनों का समुचित विकास हुआ है। इसमें सड़क, रेल, आन्तरिक जलमार्ग एवं वायु परिवहन प्रमुख हैं।

अध्याय तेरह

परिवहन एवं संचार

परिवहन के साधनों का वर्गीकरण

परिवहन के साधनों के वर्गीकरण को निम्न प्रकार से समझा जा सकता है

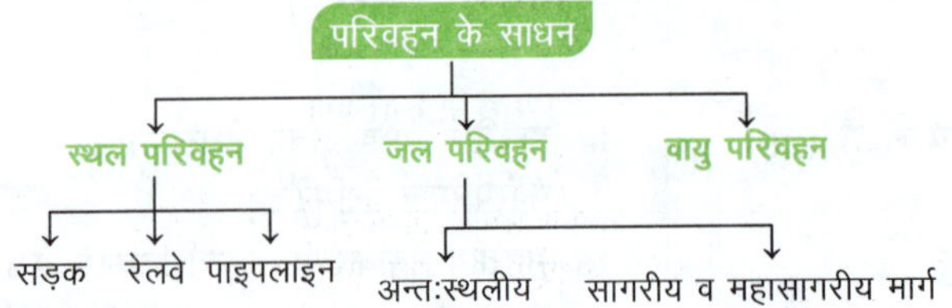

स्थल परिवहन

- परिवहन के सभी माध्यमों में स्थल परिवहन का सबसे अधिक महत्त्व है, क्योंकि वस्तुओं और सेवाओं का अधिकांश परिवहन स्थल मार्ग से होता है। स्थल परिवहन (Land Transport) के अन्तर्गत सड़क मार्ग तथा रेलमार्ग को सम्मिलित किया जाता है।
- भारी वस्तुओं को लम्बी दूरियों तक ले जाने के लिए रेल परिवहन कम लागत की दृष्टि से उत्कृष्ट साधन है। इसकी तुलना में सड़क परिवहन छोटी-छोटी दूरियाँ तय करने में तथा कम दूरी पर स्थित स्थानों पर आने-जाने एवं वस्तुओं के परिवहन के लिए सुलभ, सस्ता एवं सुविधायुक्त साधन होता है।
- भारत में स्थल मार्गों का प्रचलन प्राचीनकाल से है। रेल आधुनिक परिवर्तन के रूप में विकसित हुई है। सड़क परिवहन तथा रेल परिवहन स्थल परिवहन के घटक हैं।

सड़क परिवहन

- भारत विश्व के सर्वाधिक सड़क जाल वाले देशों में से एक है। भारत में सड़कों की कुल लम्बाई 66.71 लाख किमी है, जो विश्व का दूसरा (प्रथम USA) विशालतम सड़क नेटवर्क है। (दिसम्बर, 2024)
- भारत में प्रति 1000 लोगों पर मात्र 5.13 किमी सड़क की लम्बाई है, जबकि चीन में मात्र 3.6 किमी सड़क है। सड़क घनत्व में राज्यों में केरल प्रति हजार वर्ग किमी में 6.7 हजार किमी के साथ शीर्ष पर है।
- वर्तमान समय में देश में कुल यात्री यातायात का 87% व माल यातायात का 60% परिवहन सड़कों द्वारा होता है।
- भारत में सड़क परिवहन, रेल परिवहन से पहले प्रारम्भ हुआ। निर्माण तथा व्यवस्था में सड़क परिवहन रेल परिवहन की अपेक्षा अधिक सुविधाजनक माना जाता है।
- निर्माण एवं रख-रखाव के उद्देश्य से सड़कों को राष्ट्रीय राजमार्ग, राज्य राजमार्ग, प्रमुख जिला सड़कों एवं ग्रामीण सड़कों के रूप में वर्गीकृत किया गया है। इनका संक्षिप्त वर्णन निम्नलिखित है

सड़क नेटवर्क (दिसम्बर 2024)

सड़कें	लम्बाई (किमी)
राष्ट्रीय राजमार्ग	1,46,145
राज्य राजमार्ग	1,79,535
अन्य सड़कें	63,45,403
कुल	66.71 लाख किमी

राष्ट्रीय राजमार्ग

- वे प्रमुख सड़कें, जिन्हें केन्द्र सरकार द्वारा निर्मित एवं अनुरक्षित किया जाता है, राष्ट्रीय राजमार्ग (National Highway) के नाम से जानी जाती हैं।
- राष्ट्रीय राजमार्गों के विकास, प्रबन्धन और अनुरक्षण तथा उनसे जुड़े अन्य कार्यों के लिए भारतीय राष्ट्रीय राजमार्ग प्राधिकरण उत्तरदायी है। यह प्राधिकरण फरवरी, 1955 से सड़क परिवहन और राजमार्ग मन्त्रालय के अधीन कार्य करता है। इसका नियन्त्रण केन्द्रीय लोक निर्माण विभाग द्वारा किया जाता है।
- इन सड़कों का उपयोग अन्तर्राष्ट्रीय परिवहन, सामरिक क्षेत्रों तथा रक्षा सामग्री व सेना के आवागमन के लिए होता है।
- राष्ट्रीय राजमार्ग राज्यों की राजधानियों, प्रमुख नगरों, महत्त्वपूर्ण पत्तनों तथा रेलवे जंक्शनों को आपस में जोड़ते हैं।

- देश में कुल 599 राष्ट्रीय राजमार्ग हैं। 31 दिसम्बर, 2023 तक राष्ट्रीय राजमार्गों की कुल लम्बाई 1,46,145 किमी है, जोकि सड़कों की कुल लम्बाई का 2.19% है, जो सम्पूर्ण देश के सड़क परिवहन का लगभग 40% यातायात सम्पन्न कराती हैं।
- राष्ट्रीय राजमार्गों की कुल लम्बाई में एकल लेन 24%, दोहरी लेन 54% तथा 4, 6 या 8 लेन 24% हैं।

राष्ट्रीय महामार्ग विकास परियोजनाएँ

→ **स्वर्णिम चतुर्भुज परियोजना** (Golden Quadrilateral) इसके अन्तर्गत 5,846 किमी लम्बी 4/6 लेन वाले उच्च सघनता के यातायात गलियारे शामिल हैं, जो देश के विशाल चार महानगरों दिल्ली, मुम्बई, चेन्नई एवं कोलकाता को जोड़ते हैं।

→ **उत्तर-दक्षिण गलियारा** (North-South Corridor) इसका मुख्य उद्देश्य जम्मू व कश्मीर के श्रीनगर से तमिलनाडु के कन्याकुमारी (कोच्चि-सेलम पर्वत स्कन्ध सहित) को 4,016 किसी लम्बे मार्ग द्वारा जोड़ना है।

→ **पूर्व-पश्चिम गलियारा** (East-West Corridor) इसका उद्देश्य असम के सिलचर को गुजरात में स्थित पोरबन्दर (3,640 किमी) से जोड़ना है।

शीर्ष पाँच राष्ट्रीय राजमार्ग वाले राज्य

राज्य	मार्ग (किमी में)	राज्य	मार्ग (किमी में)
महाराष्ट्र	18459 किमी	आन्ध्र प्रदेश	8683 किमी
उत्तर प्रदेश	12270 किमी	कर्नाटक	8087 किमी
राजस्थान	10706 किमी		

- भारत का सबसे लम्बा राष्ट्रीय राजमार्ग-44 है। इसकी कुल लम्बाई 4112.62 किमी है। यह उत्तरी एवं दक्षिणी गलियारा परियोजना का एक हिस्सा भी है। राष्ट्रीय राजमार्ग-44 श्रीनगर को कन्याकुमारी (तमिलनाडु) से जोड़ता है।
- भारत का सबसे छोटा राष्ट्रीय राजमार्ग 327B (पश्चिम बंगाल) है, जिसकी कुल लम्बाई 1.20 किमी है।

ग्राण्ड ट्रंक रोड

शेरशाह सूरी द्वारा अपने राज्य को समेकित करने के लिए कोलकाता से पेशावर तक एक शाही मार्ग का निर्माण करवाया गया था, जिसको ब्रिटिश काल में **ग्राण्ड ट्रंक रोड** नाम दिया गया। वर्तमान में NH-44 एवं NH-19 इसी के भाग हैं।

भारत के प्रमुख राष्ट्रीय राजमार्ग

राष्ट्रीय राजमार्ग सं.	सम्बन्धित स्थान
NH-1	उरी, श्रीनगर से लेह तक (पूर्व NH-1A & NH-1D)
NH-2	डिब्रूगढ़ (असम) से तुइपांग (मिजोरम) तक
NH-3	लेह (लद्दाख) से अटारी (इण्डो-पाक बॉर्डर) तक
NH-4	पोर्ट ब्लेयर से चिड़िया टापू तक (अण्डमान-निकोबार द्वीप समूह) (पूर्व NH-223G)
NH-5	फिरोजपुर (पंजाब) से शिपकीला के समीप तक (इण्डो तिब्बत सीमा)
NH-6	जोरबाट (मेघालय) से सीलिंग (मिजोरम) तक
NH-7	फजिल्का (पंजाब) से माना (उत्तराखण्ड) तक
NH-8	करीमगंज (असम) से सबरूम (त्रिपुरा) (इण्डो-बांग्लादेश बॉर्डर तक) (पूर्व NH-44)
NH-9	मलोट (पंजाब) से पिथौरागढ़ तक (भारत-नेपाल बॉर्डर के समीप)
NH-10	गंगटोक (सिक्किम) से फुलबारी सिलीगुड़ी (भारत-बांग्लादेश बॉर्डर तक) (पूर्व NH-31)
NH-13	तवांग से वाक्रो तक (अरुणाचल प्रदेश)
NH-16 (G.Q.)	कोलकाता से चेन्नई तक (पूर्व NH-5)
NH-19	दिल्ली से कोलकाता (स्वर्णिम चतुर्भुज) तक (पूर्व NH-2)
NH-27	पोरबन्दर से सिलचर (दूसरा सबसे लम्बा राष्ट्रीय राजमार्ग)
NH-44	श्रीनगर से कन्याकुमारी तक (पूर्व NH-1, 2, 3, 1A) (सबसे लम्बा राष्ट्रीय राजमार्ग)
NH-48	दिल्ली से चेन्नई तक (Via मुम्बई) (पूर्व NH-3, NH-4, NH-8)
NH-53	हजीरा (गुजरात) से पारादीप बन्दरगाह (ओडिशा) तक

सीमावर्ती सड़कें

- अन्तर्राष्ट्रीय सीमाओं के सहारे बनाई गई सड़कों को सीमावर्ती सड़कें कहा जाता है। ये सड़कें सुदूर क्षेत्रों में रहने वाले लोगों को प्रमुख नगरों से जोड़ने और प्रतिरक्षा प्रदान करने में महत्त्वपूर्ण भूमिका निभाती हैं।
- सीमावर्ती सड़कों का निर्माण सभी देशों में गाँवों एवं सैन्य शिविरों तक वस्तुओं को पहुँचाने के लिए किया जाता है।

सीमा सड़क संगठन

- मई, 1960 में सीमा सड़क संगठन की स्थापना की गई। इसका उद्देश्य सीमावर्ती क्षेत्रों में सड़कों के निर्माण को बढ़ावा देना था। इस संगठन ने अब तक (दिसम्बर, 2022 तक) 55,000 किमी लम्बी सड़कों का निर्माण तथा सीमान्त क्षेत्रों में लगभग 28,500 किमी लम्बी सड़कों का निर्माण किया है। इस संगठन ने जोजीला-कारगिल तथा मनाली लेह-सड़कों का निर्माण कार्य पूरा कर लिया है, जो लगभग 4,875-5,458 मी की ऊँचाई पर स्थित चार दर्रों को पार करती हैं।
- इस संगठन को पठानकोट जम्मू-श्रीनगर-ऊटी राष्ट्रीय राजमार्ग के रख-रखाव का भी दायित्व सौंपा गया है। वर्ष 2001 में सीमा सड़क संगठन ने तामू कालेप्पो कलेवा मार्ग (म्यांमार) का भी निर्माण पूरा किया। उपरोक्त के अतिरिक्त, सीमा सड़क संगठन ने निम्नलिखित निर्माण कार्यों को भी पूरा किया है और कुछ में संलग्न है; जैसे—
  - **पूर्वोत्तर भारत** अरुणांक, ब्रह्मानक, दान्तक, पुष्पक, सेतुक, सेवक, स्वास्तिक, उदयक, वरतक
  - **पश्चिमोत्तर भारत** बीकान, चेतक, हिमांक, हीरक, रोहतांग, टन्नल, सम्पर्क, शिवालिक, विजयक, दीपक

भारत माला परियोजना

- सीमावर्ती क्षेत्रों में सड़कों के महत्त्व को देखते हुए वर्तमान केन्द्र सरकार ने देश के पूर्वी छोर से पश्चिमी छोर तक के सीमावर्ती क्षेत्र को सड़क से जोड़ने के लिए इस योजना को शुरू किया है। इसके अतिरिक्त इसका उद्देश्य देश के सभी सीमावर्ती बन्दरगाहों को भी सड़क से जोड़ना है।

- भारतमाला परियोजना (Bharatmala Project), सड़क परिवहन और राजमार्ग मन्त्रालय द्वारा वर्ष 2017-18 से चलाई जा रही है।
- भारतमाला फेज-1 के अन्तर्गत 34,800 किमी लम्बी सड़कों का निर्माण किया गया है। फेज-2 के लिए दिसम्बर, 2024 तक 48,877 अतिरिक्त सड़कों का निर्माण किया जाना है।

भारतमाला परियोजना के अवयव निम्न हैं

- राष्ट्रीय कॉरिडोर
- हरित क्षेत्र एक्सप्रेस-वे
- आर्थिक कॉरिडोर
- इण्टर-कॉरिडोर एवं फीडर सड़कें
- सीमावर्ती सम्पर्क सड़कें
- तटवर्ती एवं बन्दरगाह सम्पर्क सड़कें
- अधूरे सड़क निर्माण कार्य

ग्रीन मफलर

ग्रीन मफलर (Green Mufler) अधिक आबादी वाले या ध्वनि प्रदूषण वाले क्षेत्रों में 4-6 पंक्तियों में वृक्षारोपण कर ध्वनि प्रदूषण को कम करने की एक तकनीक है।

सेतु भारतम् योजना

- राष्ट्रीय राजमार्ग पर सुरक्षित और सहज यात्रा सुनिश्चित करने के लिए पुलों के निर्माण हेतु महत्त्वाकांक्षी परियोजना सेतु भारतम् (Setu Bharatam) का आरम्भ मार्च, 2016 में किया गया।
- इसका प्रमुख लक्ष्य रेल पुलों के ऊपर और नीचे सड़कों का निर्माण करना, राजमार्गों की चौड़ाई बढ़ाना तथा मानव रहित रेलवे क्रॉसिंग पर पुल बनाना है। भारतीय ब्रिज प्रबन्धन प्रणाली (IBMS) के अन्तर्गत मोबाइल निरीक्षण इकाइयों की स्थापना की गई है।
- इस योजना के अन्तर्गत पुलों के उन्नयन हेतु अन्तरिक्ष प्रौद्योगिकी का प्रयोग किया जा रहा है। यह कार्यक्रम सबसे बड़ा डेटाबेस है। यह भारत के यातायात जैसे मुद्दों को सहज करने में एक महत्त्वपूर्ण पहल है।

अटल टनल (रोहतांग परियोजना)

- यह परियोजना भारत के हिमाचल प्रदेश में लेह-मनाली राजमार्ग पर हिमालय के पूर्वी पीर पंजाल श्रृंखला में रोहतांग दर्रे के नीचे बनाई गई है।
- यह न्यू ऑस्ट्रियन टनलिंग विधि का उपयोग करके बनाई गई, इस सुरंग को 3 अक्टूबर, 2020 को प्रधानमन्त्री मोदी द्वारा राष्ट्र को समर्पित किया गया।
- इस सुरंग की लम्बाई, 9.02 किमी है। 9 फरवरी, 2022 को वर्ल्ड बुक ऑफ रिकॉर्ड्स द्वारा इस सुरंग को 10000 फीट से अधिक ऊँचाई पर स्थित विश्व की सबसे लम्बी राजमार्ग सुरंग के रूप में मान्यता दी गई।

श्यामा प्रसाद मुखर्जी सुरंग

- चेनानी-नाशरी सुरंग का नाम बदलकर श्यामा प्रसाद मुखर्जी सुरंग कर दिया गया है।
- यह न केवल भारत की सबसे लम्बी राजमार्ग सुरंग (9.2 किमी) है, बल्कि एशिया की सबसे लम्बी द्वि-दिशात्मक राजमार्ग सुरंग भी है।
- यह सुरंग 286 किमी लम्बे जम्मू एवं कश्मीर राष्ट्रीय राजमार्ग (NH-44) चौड़ीकरण की परियोजना का अंग है।

राज्य राजमार्ग

- राज्यों के राजमार्गों के निर्माण तथा रख-रखाव का दायित्व राज्य सरकार व संघ शासित क्षेत्रों का है। इनका निर्माण राज्य लोक निर्माण विभाग के माध्यम से किया जाता है। ये राज्य के प्रमुख शहरों, जिला मुख्यालयों एवं राष्ट्रीय राजमार्गों को जोड़ते हैं।
- जनवरी, 2024 तक राज्य राजमार्गों की कुल लम्बाई 179535 किमी है।

शीर्ष तीन राज्य राजमार्ग वाले राज्य

राज्य	किमी
महाराष्ट्र	32005 किमी
कर्नाटक	19473 किमी
गुजरात	16746 किमी

जिला सड़कें

- जिला सड़कों के निर्माण तथा रख-रखाव का दायित्व जिला परिषद् और लोक निर्माण विभाग का है।
- जिला सड़कें जिला मुख्यालय से जिले के सभी पुलिस स्टेशनों को जोड़ती हैं। इनके अन्तर्गत देशभर की कुल सड़कों की लम्बाई का 14% भाग आता है।
- जिला सड़कों वाले शीर्ष तीन राज्य क्रमश: महाराष्ट्र (17.7%), उत्तर प्रदेश (9.1%) तथा मध्य प्रदेश (8.3%) है।

ग्रामीण सड़कें

- ग्राम पंचायत द्वारा ग्रामीण सड़कों का निर्माण व रख-रखाव किया जाता है। वर्तमान समय में देश की आधी से अधिक ग्रामीण सड़कें कच्ची हैं, जो वर्षा के मौसम में परिवहन के लिए कठिनाई उत्पन्न करती हैं।
- प्रधानमन्त्री ग्राम सड़क योजना शत प्रतिशत केन्द्र प्रायोजित योजना है। इसके अन्तर्गत 500 या अधिक आबादी वाले सड़क सम्पर्क से वंचित सभी गाँवों को बारहमासी सड़कों से जोड़ दिया गया है। वर्तमान में पहाड़ी, रेगिस्तानी व जनजातीय क्षेत्रों में 250 या इससे अधिक आबादी वाले गाँवों को सड़कों से जोड़ने का लक्ष्य रखा गया है।
- ग्रामीण सड़कों वाले शीर्ष तीन राज्य क्रमश: महाराष्ट्र (11.8%), असम (10.3%) तथा बिहार (7.2%) हैं।

एक्सप्रेस-वे

- ये बहु-लेन वाले पक्के सड़क मार्ग होते हैं। इन्हें द्रुतमार्ग या द्रुतगामी मार्ग भी कहा जाता है।
- ये भारतीय सड़क नेटवर्क की सबसे उच्च वर्ग की सड़कें होती हैं।

पूर्वांचल एक्सप्रेस-वे

- उत्तर प्रदेश एक्सप्रेस-वे औद्योगिक विकास प्राधिकरण (यूपीडा) द्वारा पूर्वांचल एक्सप्रेस-वे का निर्माण किया गया। इसका निर्माण कार्य 10 अक्टूबर, 2018 को शुरू किया गया था और 16 नवम्बर, 2021 को इसका उद्घाटन प्रधानमन्त्री नरेन्द्र मोदी द्वारा किया गया था।
- यह एक्सप्रेस-वे 341 किमी लम्बा है और 6 लेन चौड़ा है। यह लखनऊ को गाजीपुर से जोड़ता है।

दिल्ली–मुम्बई एक्सप्रेस–वे

- यह भारत का सबसे लम्बा एक्सप्रेस–वे है। इसके प्रथम चरण का उद्घाटन 12 फरवरी, 2023 को प्रधानमन्त्री नरेन्द्र मोदी द्वारा किया गया। इसकी कुल लम्बाई 1386 किमी है।
- इस एक्सप्रेस–वे का निर्माण पाँच राज्य हरियाणा, राजस्थान, मध्य प्रदेश, गुजरात और महाराष्ट्र तथा 1 केन्द्रशासित प्रदेश (दिल्ली) में किया गया है। इस एक्सप्रेस–वे निर्माण की वर्ष 2025 तक पूर्ण होने की सम्भावना है।

गंगा एक्सप्रेस–वे

- प्रधानमन्त्री नरेन्द्र मोदी द्वारा उत्तर प्रदेश के शाहजहाँपुर से 18 दिसम्बर, 2021 को गंगा एक्सप्रेस–वे की आधारशिला रखी गई। इसकी लम्बाई लगभग 594 किमी है।
- यह एक्सप्रेस–वे मेरठ जिले के बिजौली गाँव (NH- 334) से प्रारम्भ होकर प्रयागराज जिले के जुड़ापुर दाण्डू गाँव पर समाप्त होगा। यह एक्सप्रेस–वे उत्तर प्रदेश के 12 जिलों से गुजरेगा।

ईस्टर्न तथा वेस्टर्न पेरिफेरल एक्सप्रेस–वे

- छः लेन का ईस्टर्न पेरिफेरल एक्सप्रेस–वे कुण्डली को पलवल से जोड़ता है। इसकी कुल लम्बाई 135 किमी है।
- यह एक्सप्रेस–वे बागपत, गाजियाबाद, नोएडा एवं पलवल आदि स्थानों से होकर गुजरता है। इस एक्सप्रेस–वे की लागत ₹ 11,000 करोड़ है तथा यह देश का प्रथम शत-प्रतिशत सोलर पावर चालित छः लेन वाला एक्सप्रेस–वे है।
- वेस्टर्न पेरिफेरल एक्सप्रेस–वे को कुण्डली–मानेसर–पलवल एक्सप्रेस–वे कहा जाता है। यह हरियाणा राज्य में स्थित है। इसकी कुल लम्बाई 135.6 किमी है। इसका निर्माण दिल्ली को हेवी ट्रैफिक से दूर रखने के लिए किया गया है।

भारत के प्रमुख एक्सप्रेस–वे

एक्सप्रेस–वे	लम्बाई
दिल्ली–अमृतसर–कटरा एक्सप्रेस–वे, फेज–1	669 किमी
पूर्वांचल एक्सप्रेस–वे	340.8 किमी
आगरा–लखनऊ एक्सप्रेस–वे	302.2 किमी
बुन्देलखण्ड एक्सप्रेस–वे	296 किमी
यमुना एक्सप्रेस–वे	165.5 किमी
आउटर रिंग रोड, हैदराबाद	158 किमी
वेस्टर्न पेरिफेरल एक्सप्रेस–वे	135.6 किमी
ईस्टर्न पेरिफेरल एक्सप्रेस–वे	135 किमी
रायपुर–बिलासपुर एक्सप्रेस–वे, छत्तीसगढ़	127 किमी
दिल्ली–मेरठ एक्सप्रेस–वे	96 किमी
मुम्बई–पुणे एक्सप्रेस–वे	94.5 किमी
अहमदाबाद–वडोदरा एक्सप्रेस–वे	93.1 किमी
जयपुर–किशनगढ़ एक्सप्रेस–वे	90 किमी
प्रयागराज बाईपास एक्सप्रेस–वे	84.7 किमी
लखनऊ–कानपुर एक्सप्रेस–वे	63 किमी

एशियाई राजमार्ग नेटवर्क

- एशियाई राजमार्ग नेटवर्क को वृहत एशियाई राजमार्ग के नाम से भी जाना जाता है। यह एशिया एवं यूरोप के देशों तथा एशिया एवं प्रशान्त के लिए संयुक्त राष्ट्र आर्थिक एवं सामाजिक आयोग की एक सहयोगी परियोजना है।
- एशियाई राजमार्ग नेटवर्क के अन्तर्गत भारत में कुल 11432 किमी लम्बी सड़कें शामिल हैं। इस परियोजना के 6 भाग भारत से गुजरते हैं।
  - AH-42 की कुल लम्बाई 3754 किमी है। यह लांजाऊ (चीन) से ल्हासा (तिब्बत) व काठमाण्डू (नेपाल) होते हुए बरही (झारखण्ड, भारत) तक है।
  - AH-43 की कुल लम्बाई, 3024 किमी है। यह आगरा (भारत) से नागपत्तनम् (तमिलनाडु) होते हुए मातारा (श्रीलंका) तक है।
  - AH-45 की कुल लम्बाई 2030 किमी है। यह कोलकाता से बंगलुरु तक है। इसे वर्ष 2030 तक दोहा (कतर) से जकार्ता (इण्डोनेशिया) तक विस्तारित करने की योजना है।
  - AH-46 की कुल लम्बाई 1,967 किमी है। यह हावड़ा (पश्चिम बंगाल) से हजीरा (गुजरात) तक है। यह राजमार्ग छः राज्यों पश्चिम बंगाल, झारखण्ड, ओडिशा, छत्तीसगढ़, महाराष्ट्र एवं गुजरात से होकर गुजरता है।
  - AH-47 की कुल लम्बाई 2,057 किमी है। यह ग्वालियर से बंगलुरु तक है।
  - AH-48 की कुल लम्बाई 224 किमी है। यह अभी भी निर्माणाधीन फुएनतशोलिंग (भूटान) से चंगराबन्धा (पश्चिम बंगाल) तक है। इसे सार्क रोड भी कहा जाता है।

रेल परिवहन

- भारतीय रेल नेटवर्क यूएसए, चीन एवं रूस के बाद विश्व का चौथा सबसे बड़ा नेटवर्क है तथा यह एकल प्रबन्धनाधीन विश्व का दूसरा सबसे बड़ा नेटवर्क है। यह भारत में माल और यात्रियों के परिवहन का मुख्य साधन है।
- भारत में रेलवे की शुरुआत 1853 ई. में हुई तथा मुम्बई से थाणे के बीच 34 किमी लम्बी रेलवे लाइन निर्मित की गई। वर्तमान समय में भारतीय रेल नेटवर्क की कुल लम्बाई 68103 किमी है। भारतीय रेल को 19 जोन में विभाजित किया जाता है।
- भारतीय रेलवे का अनुसन्धान और विकास संगठन अनुसन्धान अभिकल्प और मानक संगठन (RDSO), लखनऊ में स्थित है, जो भारतीय रेलवे को तकनीकी सहायता प्रदान करता है।
- सराय रोहिल्ला से सफदरजंग के बीच प्रथम सौर ऊर्जा युक्त डिब्बों वाली ट्रेन शुरू की गई तथा हरियाणा के रेवाड़ी से रोहतक के रेल खण्ड के बीच प्रथम सीएनजी रेल सेवा शुरू की गई, जिससे रेलवे को पर्यावरण हितैषी बनाया जा सके।

कोंकण रेलवे

- कोंकण रेलवे का निर्माण भारतीय रेल की एक महत्त्वपूर्ण उपलब्धि है। इसे वर्ष 1998 में निर्मित किया गया। यह 760 किमी लम्बा रेलमार्ग महाराष्ट्र में रोहा को कर्नाटक के मंगलुरु (रोहा से ठोकुर) से जोड़ता है।
- यह रेलमार्ग 146 नदियों एवं धाराओं तथा 2000 पुलों एवं 91 सुरंगों को पार करता है। इसी मार्ग पर एशिया की सबसे लम्बी (6.5 किमी) सुरंग

भी स्थित है। कोंकण रेलवे की सर्वाधिक लम्बाई महाराष्ट्र में है। उसके बाद क्रमशः कर्नाटक एवं गोवा में है।

रेल गेज

भारतीय रेल गेज को तीन भागों में विभाजित किया जाता है

- बड़ी लाइन अथवा ब्रॉड गेज (Broad Gauge) इसकी चौड़ाई अर्थात् दोनों पटरियों की आपसी दूरी 1.676 मी होती है। ब्रॉड गेज की कुल लम्बाई 64403 किमी से भी अधिक है।
- मीटर गेज या मध्यम लाइन (Meter Gauge) इसकी चौड़ाई एक मीटर होती है और इसकी कुल लम्बाई 2112 किमी है।
- नैरो गेज (Narrow Gauge) इसे छोटी लाइन कहते हैं। इसकी चौड़ाई 0.762 होती है। इसकी कुल लम्बाई 1,588 किमी तक है। पर्वतीय क्षेत्रों में इसका विस्तार अधिक मिलता है।

डेडिकेटेड फ्रेट कॉरिडोर

- डेडिकेटेड फ्रेट कॉरिडोर रेलवे की एक महत्त्वाकांक्षी योजना है, जिसका उद्‌देश्य माल वहन क्षमता को बढ़ाना है।
- इस योजना के अन्तर्गत दो गलियारे बनाए गए हैं-प्रथम दादरी (दिल्ली के निकट) से मुम्बई (1504 किमी) के बीच है, जिसे पश्चिमी गलियारा (दो क्षेत्रों को जोड़ने वाली एक पट्‌टी, जिसे तीव्र यातायात के साधनों से जोड़ा जाता है।) कहा जाता है। दूसरा लुधियाना से दानुकुनी (हावड़ा के निकट) (1856 किमी) के बीच पूर्वी गलियारा है।

रेलवे जोन

जोन	मुख्यालय	जोन	मुख्यालय
मध्य रेलवे	मुम्बई वी टी	उत्तरी-पश्चिमी रेलवे	जयपुर
पूर्वी रेलवे	कोलकाता	पूर्वी तटवर्ती रेलवे	भुवनेश्वर
उत्तरी रेलवे	नई दिल्ली	उत्तरी मध्य रेलवे	प्रयागराज
उत्तरी-पूर्वी रेलवे	गोरखपुर	दक्षिणी-पश्चिमी रेलवे	हुबली
उत्तरी-पूर्वी सीमान्त प्रान्त रेलवे	गुवाहाटी	पश्चिमी मध्य रेलवे	जबलपुर
दक्षिणी रेलवे	चेन्नई सेण्ट्रल	दक्षिणी-पूर्व मध्य रेलवे	बिलासपुर
दक्षिणी-मध्य रेलवे	सिकन्दराबाद	कोलकाता मेट्रो	कोलकाता
दक्षिणी-पूर्वी रेलवे	कोलकाता	दक्षिण तटीय रेलवे	विशाखापत्तनम
पश्चिमी रेलवे	मुम्बई चर्चगेट	कोंकण रेलवे	नवी मुम्बई
पूर्वी-मध्य रेलवे	हाजीपुर		

प्रमुख रेल प्रणाली

पर्वतीय रेल प्रणाली

- दार्जिलिंग हिमालयन (1881)
- कालका-शिमला (1903)
- नेराल माथेरन (1907)
- नीलगिरि पर्वतीय रेलवे (1908)
- काँगड़ा घाटी (1929)

पर्यटन रेल प्रणाली

- पैलेस ऑन व्हील्स
- रॉयल राजस्थान ऑन व्हील्स
- द गोल्डन चेरियट
- डेक्कन ओडिसी
- महाराजा एक्सप्रेस
- महापरिनिर्वाण एक्सप्रेस

थीम आधारित प्रणाली

- रामायण एक्सप्रेस
- रामसेतु एक्सप्रेस
- समानता एक्सप्रेस

मेट्रो रेल

- भारत में मेट्रो रेल का परिचालन वर्ष 1984 में कोलकाता मेट्रो रेल के साथ शुरू किया गया। इस परियोजना की शुरुआत वर्ष 1972 में की गई थी। तब यह 16.45 किमी लम्बी मेट्रो दमदम से टॉलीगंज तक जाती थी। वर्तमान में कोलकाता मेट्रो की तीन लाइन संचालित हैं।
- कोलकाता में 13 फरवरी, 2020 को देश की पहली अण्डरवाटर मेट्रो रेल का उद्‌घाटन किया गया। इसके परिचालन की व्यवस्था हुगली नदी में सुरंग बनाकर की गई है।
- दिल्ली मेट्रो रेल की स्वीकृति वर्ष 1996 में दी गई थी, परन्तु इसका व्यावसायिक परिचालन सर्वप्रथम दिसम्बर, 2002 को तीस हजारी से शाहदरा के बीच हुआ था। इसे दिल्ली मेट्रो ट्रांजिट प्रणाली कहा जाता है।
- दिल्ली मेट्रो नेटवर्क विश्व का पहला ऐसा रेलवे नेटवर्क है, जिसे संयुक्त राष्ट्र ने ग्रीन हाउस गैसों में कमी लाने के लिए सितम्बर, 2011 में कार्बन क्रेडिट प्रदान किया है।
- न्यूयॉर्क मेट्रो के पश्चात् दिल्ली मेट्रो ISO 14001 प्रमाणन प्राप्त करने वाली विश्व की दूसरी मेट्रो रेल सेवा है।
- दक्षिण एशिया का पहला मेट्रो संग्रहालय नई दिल्ली के पटेल चौक में स्थापित किया गया है।
- दिल्ली मेट्रो की लाइन-8 (मैजेण्टा लाइन), भारत की प्रथम पूर्ण स्वचालित मेट्रो रेल (ड्राइवर रहित मेट्रो) का संचालन दिसम्बर, 2020 में प्रारम्भ किया गया।
- वर्ष 2024 तक देश के कुल 17 शहरों; जैसे—कोलकाता, दिल्ली, बंगलुरु, मुम्बई, चेन्नई, जयपुर, गुरुग्राम, हैदराबाद, कोच्चि, लखनऊ, अहमदाबाद, कानपुर, नागपुर, नोएडा, गाजियाबाद, पुणे एवं मेरठ में मेट्रो रेल सेवाएँ उपलब्ध हैं।

कोच्चि जल मेट्रो परियोजना

- यह भारत के केरल राज्य के कोच्चि शहर में विकसित की जा रही 78 किमी लम्बी जल परिवहन प्रणाली है। यह विश्व की पहली शहरी जल परिवहन प्रणाली है।
- इसके निर्माता कम्पनी में राज्य सरकार (केरल) की 74% हिस्सेदारी है, जबकि कोच्चि मेट्रो के पास शेष 26% हिस्सेदारी है।

बुलेट ट्रेन

- देश में पहली बुलेट ट्रेन मुम्बई व अहमदाबाद के बीच चलाई जाएगी। इस परियोजना की कुल लागत ₹ 97,636 करोड़ है। इस परियोजना का वर्ष 2026 तक पूरा होने की सम्भावना है। इस प्रोजेक्ट की आधारशिला 14 सितम्बर, 2017 को रखी गई।
- भारत तथा जापान ने संयुक्त रूप से मुम्बई-अहमदाबाद हाई स्पीड रेल के लिए समझौता किया है। यह बुलेट ट्रेन मैग्लेव तकनीकी पर कार्य करेगी।
- इस सम्पूर्ण कॉरिडोर में 12 स्टेशन होंगे-मुम्बई, थाणे, विरार, बोइसर, वाणी, बिलीमोरा, सूरत, भरुच, वडोदरा, आनन्द, अहमदाबाद तथा साबरमती।
- बुलेट ट्रेन की अधिकतम गति 350 किमी/घण्टा होगी, परन्तु सामान्य परिचालन गति 320 किमी/घण्टा निर्धारित की गई है। बुलेट ट्रेन के इस पूरे रेलमार्ग में 7 किमी लम्बी सुरंग सम्मिलित है।

हायपरलूप (हाइपरलूप) वन ट्रेन

- मेक इन इण्डिया (Make In India) की पहल के अन्तर्गत विश्व की सबसे तेज ट्रेन बनाने वाली कम्पनी हायपरलूप वन ने हायपरलूप ट्रेन बनाने का निर्णय लिया है। कम्पनी ने दिल्ली मुम्बई रूट समेत कुल छः रूटों पर हायपरलूप ट्रेन (चुम्बकीय शक्ति की तकनीक पर आधारित तीव्र गति की ट्रेन) चलाने का प्रस्ताव दिया है।
- हायपरलूप वन ट्रेन से जुड़े मुद्दों पर विचार के लिए नवम्बर, 2020 में विजय कुमार सारस्वत समिति का गठन किया गया था। इस ट्रेन के शुरू होने के पश्चात् दिल्ली-मुम्बई की यात्रा केवल महज 55 मिनट में तय हो सकती है। ऐसी ट्रेन 1200 किमी प्रति घण्टे की गति से दौड़ती है।

मोनो रेल

अमेरिका, जर्मनी, जापान, चीन, ऑस्ट्रेलिया एवं मलेशिया के बाद भारत विश्व में सातवाँ मोनो रेल परिचालन करने वाला देश बन गया है। इसका शुभारम्भ 1 फरवरी, 2014 को मुम्बई में चेम्बूर से वडाला तक 8.93 किमी लम्बे रूट पर किया गया, इसकी पूरी लम्बाई 19.17 किमी है। मुम्बई मोनो रेल का निर्माण मलेशिया की स्कोमी इंजीनियरिंग कम्पनी के सहयोग से भारत के **लार्सन एण्ड टुब्रो** द्वारा संयुक्त रूप से किया गया है।

रैपिड रेल

- रैपिड रेल, हाई स्पीड रेल नेटवर्क है। इसे क्षेत्रीय रैपिड ट्रैन्सिट सिस्टम (RRTS) भी कहा जाता है। यह ट्रेन मेट्रो की तुलना में तेज चलती है और लम्बी दूरी की यात्रा के लिए आरामदायक होती है।
- रैपिड रेल की गति 160 से 180 किमी प्रति घण्टा हो सकती है। यह 60 मिनट में 100 किमी की यात्रा तय कर सकती है।
- भारत की पहली रैपिड रेल का नाम नमो भारत है। यह ट्रेन दिल्ली-गाजियाबाद-मेरठ कॉरिडोर पर चलती है। प्रधानमन्त्री नरेन्द्र मोदी ने 20 अक्टूबर, 2023 को गाजियाबाद में इसका उद्घाटन किया था।

भारत में रेलवे की उत्पादन इकाइयाँ

कारखाना	स्थापना वर्ष	स्थान	राज्य	विवरण
चितरंजन लोकोमोटिव	1950	चितरंजन	पश्चिम बंगाल	रेलवे विद्युत इंजन बनाने का सबसे पुराना कारखाना
इण्टीग्रल कोच फैक्ट्री	1950	पेराम्बूर	तमिलनाडु	सवारी डिब्बे का निर्माण
डीजल लोकोमोटिव वर्क्स	1956	वाराणसी	उत्तर प्रदेश	डीजल इंजन व विद्युत शट्र्स का निर्माण
रेल कोच फैक्ट्री	1985	कपूरथला	पंजाब	रेल डिब्बे का निर्माण
डीजल इंजन आधुनिकीकरण कारखाना	1983	पटियाला	पंजाब	डीजल इंजन के संघटकों का निर्माण

रेलवे की नई प्रमुख उत्पादन परियोजनाएँ

योजना का नाम	स्थान	राज्य	उत्पादन	क्षमता प्रतिवर्ष
पहिया कारखाना	छपरा	बिहार	रेल पहिए	एक लाख पहिए
रेल इंजन कारखाना	मधेपुरा	बिहार	इलेक्ट्रिक इंजन	120 इंजन
रेल इंजन कारखाना	मढ़ौड़ा	बिहार	डीजल इंजन	150 इंजन
रेल कोच फैक्ट्री	रायबरेली	उत्तर प्रदेश	एसी कोच	1000 कोच

रेल परिवहन से सम्बन्धित अन्य प्रमुख तथ्य

- 7 अगस्त, 2020 को प्रथम किसान रेल देवलाली (महाराष्ट्र) से दानापुर (बिहार) तक परिचालन प्रारम्भ हुआ।
- देश में सबसे लम्बी दूरी तय करने वाली रेल गाड़ी विवेक एक्सप्रेस है, जो डिब्रूगढ़ (असम) से कन्याकुमारी (तमिलनाडु) तक 4,273 किमी की दूरी तय करती है।
- वन्दे भारत एक्सप्रेस (T-18) 15 फरवरी, 2019 को दिल्ली से वाराणसी तक चलाई गई सेमी हाई-स्पीड एवं देश की सर्वाधिक तीव्रगति वाली ट्रेन है। इसकी औसत गति 130 किमी/घण्टा एवं अधिकतम गति 180 किमी/घण्टा है।
- भारत के प्रथम ग्रीन रेल कॉरिडोर का अनावरण 24 जुलाई, 2016 को किया गया। यह कॉरिडोर रामेश्वरम से मनमदुरई तक 114 किमी लम्बा है।
- भारत की प्रथम पूर्णतः स्वचालित मेट्रो दिसम्बर, 2020 में दिल्ली मेट्रो की मैजेण्टा लाइन से शुरू की गई। दिल्ली मेट्रो हरित प्रमाण-पत्र वाली विश्व की प्रथम मेट्रो है।
- रेल दुर्घटनाएँ रोकने के लिए त्रिनेत्र प्रणाली की शुरुआत की गई है। यह प्रणाली विपरीत मौसमी परिस्थितियों में लोको पायलटों की दृश्य क्षमता को बढ़ाती है।
- चिनाब नदी पर विश्व का सबसे ऊँचा रेल पुल का निर्माण किया गया है। इसकी ऊँचाई 359 मीटर होगी, जो पेरिस के एफिल टॉवर से 35 मीटर अधिक है।
- भारत के सबसे लम्बे नदी रोपवे (ब्रह्मपुत्र नदी पर) का अनावरण 24 अगस्त, 2020 को गुवाहाटी में किया गया।
- कवच प्रौद्योगिकी यह स्वदेशी रूप से विकसित एक टक्कर रोधी तकनीक है। यह भारत को शून्य दुर्घटनाओं के अपने लक्ष्य को प्राप्त करने में सहायक है।

पाइपलाइन परिवहन

- पाइपलाइन परिवहन (Pipeline Transportation) तरल पदार्थों और गैस की लम्बी दूरियों के परिवहन के लिए सबसे सुविधाजनक साधन है।
- भारत में कई पाइपलाइनों का निर्माण किया गया है, जो बेहतर सुविधाएँ उपलब्ध करा रही हैं।

प्रमुख पाइपलाइन

पाइपलाइनें	विवरण
नाहरकटिया नूनमती-बरौनी पाइपलाइन	• तेल परिवहन के लिए भारत में सबसे पहली पाइपलाइन असम में बनाई गई थी। इस पाइपलाइन का विस्तार बरौनी (बिहार) तक है। • इस पाइपलाइन की कुल लम्बाई 1152 किमी है। इस पाइपलाइन को कानपुर तक ले जाया गया है।
सलाया-कोयली-मथुरा पाइपलाइन	• यह कच्छ की खाड़ी के किनारे पर स्थित एक महत्त्वपूर्ण पाइपलाइन है, जो सलाया से मथुरा के मध्य बिछाई गई है। • 1256 किमी लम्बी यह पाइपलाइन मुम्बई-हाईवे से तेल को मथुरा तेल शोधनशाला तक ले जाती है। इस पाइपलाइन को कोयली से जोड़कर पंजाब के जालन्धर तक ले जाया गया है।
मुम्बई हाई-मुम्बई अंकलेश्वर कोयली पाइपलाइन	• यह 210 किमी लम्बी पाइपलाइन मुम्बई हाई को कोयली से जोड़ती है और कोयली तेल परिष्करणशाला को मुम्बई होई का तेल उपलब्ध कराती है।
हजीरा विजयपुर-जगदीशपुर पाइपलाइन	• यह देश की सबसे लम्बी गैस पाइपलाइन है। • 3474 किमी की लम्बी यह पाइपलाइन विश्व की सबसे लम्बी भूमिगत पाइपलाइन है।
काण्डला- भटिण्डा पाइपलाइन	• 1443 किमी की लम्बी यह पाइपलाइन गुजरात में काण्डला से पंजाब में भटिण्डा तक विस्तृत होगी। • इससे लाभान्वित राज्य राजस्थान, हरियाणा तथा पंजाब हैं।
जामनगर-लोनी एल पी जी पाइपलाइन	• 1415 किमी लम्बी इस पाइपलाइन का निर्माण गैस अथॉरिटी ऑफ इण्डिया लिमिटेड ने किया है। यह गुजरात के जामनगर को दिल्ली के निकट लोनी से जोड़ती है।
मोतीहारी-अमलेखगंज (नेपाल) पाइपलाइन	• 10 दिसम्बर, 2019 को प्रधानमन्त्री नरेन्द्र मोदी ने दक्षिण एशिया की पहली सीमा पार जाने वाली पेट्रोलियम उत्पादों की इस पाइपलाइन का उद्घाटन किया, जिसकी लम्बाई 69 किमी है तथा क्षमता दो मिलियन मीट्रिक टन है।

जल परिवहन

- भारत में जलमार्ग यात्री तथा माल वहन दोनों के लिए परिवहन की एक महत्त्वपूर्ण सुविधा है।
- यह परिवहन का सबसे सस्ता साधन माना जाता है। स्थूल एवं भारी सामग्री के परिवहन के लिए इसे सर्वाधिक उपयुक्त माना जाता है। जल परिवहन को पारिस्थितिकीय अनुकूल एवं ईंधन दक्ष प्रणाली माना जाता है।
- वर्तमान समय में विश्व में सबसे अधिक व्यापार जल परिवहन के माध्यम से ही होता है। जल परिवहन को दो भागों में विभाजित किया जाता है

(i) अन्तः स्थलीय जलमार्ग

- रेलमार्ग के विकास से पूर्व अन्त: स्थलीय जलमार्ग (Inland Water Ways) का अधिक उपयोग किया जाता था। इसके अन्तर्गत नदियाँ, नहरें, पश्च जल तथा संकरी खाड़ियाँ आदि आते हैं।
- कालान्तर में इसे रेल एवं सड़क परिवहन से कड़ी स्पर्द्धा का सामना करना पड़ा। इस समय भारत में 14,500 किमी लम्बा जलमार्ग नौकायन हेतु उपलब्ध है, जो देश के परिवहन में योगदान देता है।
- वर्तमान समय में 5,685 किमी प्रमुख नदी जलमार्ग चपटे तल वाले व्यापारिक जलपोतों द्वारा नौकायन योग्य है।
- देश में राष्ट्रीय जलमार्गों के विकास, अनुरक्षण तथा नियमन हेतु वर्ष 1986 में अन्त: स्थलीय जलमार्ग प्राधिकरण (Inland Water Ways Authority of India) का निर्माण किया गया था।
- वर्ष 1987 में इसे निगम का दर्जा दिया गया। इसका मुख्यालय नोएडा में है, जबकि इसके क्षेत्रीय कार्यालय कोलकाता, गुवाहाटी, पटना व कोच्चि हैं।
- राष्ट्रीय अन्तर्देशीय नौवहन संस्थान पटना में है एवं राष्ट्रीय जल क्रीड़ा संस्थान गोवा में है तथा केन्द्रीय जल परिवहन निगम का मुख्यालय कोलकाता में अवस्थित है।

भारत के प्रमुख राष्ट्रीय जलमार्ग

जलमार्ग	विस्तार	विशिष्टता
जलमार्ग 1 (NW-1)	प्रयागराज-हल्दिया विस्तार (1620 किमी)	यह भारत के सर्वाधिक महत्त्वपूर्ण जलमार्गों में से एक है, जो यन्त्रीकृत नौकाओं द्वारा पटना तक व साधारण नौकाओं द्वारा हरिद्वार तक नौकायन योग्य है। यह विकासात्मक उद्देश्यों के लिए तीन भागों में विभाजित है (i) हल्दिया-फरक्का (560 किमी) (ii) फरक्का-पटना (460 किमी) (iii) पटना-प्रयागराज (600 किमी)
जलमार्ग 2 (NW-2)	सदिया- धुबरी विस्तार (891 किमी)	ब्रह्मपुत्र नदी स्टीमर द्वारा डिब्रूगढ़ (1384 किमी) तक नौकायन योग्य है, जिसका भारत व बांग्लादेश साझेदारी में प्रयोग करते हैं।
जलमार्ग 3	कोट्टापुरम-कोल्लम विस्तार (205 किमी)	इसके अन्तर्गत पश्चिमी तट नहर (168 किमी) के साथ चम्पाकारा (14 किमी) तथा उद्योग मण्डल (23 किमी) नहरें आती हैं।
जलमार्ग 4	काकीनाडा तथा पुदुचेरी नहर स्ट्रेच के साथ-साथ गोदावरी और कृष्णा नदी का विशेष विस्तार (2916 किमी)	24 नवम्बर, 2008 को इसे राष्ट्रीय जलमार्ग घोषित किया गया। इसके अन्तर्गत भ्रदाचलम से राजमुन्दरी के बीच गोदावरी नदी के जलमार्ग नजीराबाद से विजयवाड़ा के बीच कृष्णा नदी जलमार्ग तथा काकीनाडा से पुदुचेरी के बीच नहर-जलमार्ग आदि को शामिल किया गया है।
जलमार्ग 5	मातई नदी, महानदी के डेल्टा, चैनल, ब्राह्मणी नदी और पूर्वी तटीय नहर के साथ ब्राह्मणी नदी का विशेष विस्तार (588 किमी)	24 नवम्बर, 2008 को इसे राष्ट्रीय जलमार्ग घोषित किया गया। इसके अन्तर्गत तलचा से धमरा के बीच ब्राह्मणी नदी तन्त्र के जलमार्ग जियानखली से चिरबतिया के बीच पूर्वी तट जलमार्ग, चिरबतिया से धमरा के बीच मताई नदी जलमार्ग और मंगलगढ़ी से पारादीप के बीच महानदी के डेल्टाई जलमार्ग को शामिल किया गया है।

एमवी गंगा विलास

- प्रधानमन्त्री नरेन्द्र मोदी द्वारा 13 जनवरी, 2023 को विश्व के सबसे लम्बी नदी क्रूज एमवी गंगा विलास को वाराणसी से हरी झण्डी दिखाकर रवाना किया गया। यह 3200 किमी की यात्रा करके असम के डिब्रूगढ़ जिले के बोगीबील में अपने गंतव्य पर पहुँचा।
- इस यात्रा के दौरान यह 27 नदी प्रणालियों से होकर गुजरा। गंगा विलास क्रूज सेवा मेसर्स अन्तारा रिवर क्रूज द्वारा संचालित है।

(ii) सागरीय व महासागरीय जलमार्ग

- भारत में द्वीपों सहित लगभग 7,517 किमी लम्बा व्यापक समुद्री तट है। 13 प्रमुख तथा 200 गौण पत्तन इनको संरचनात्मक आधार प्रदान करते हैं। भारत की अर्थव्यवस्था के परिवहन क्षेत्र में महासागरीय मार्गों

की भूमिका महत्त्वपूर्ण होती है। भारत में भार के अनुसार लगभग 95% तथा मूल्य के अनुसार 70% विदेशी व्यापार महासागरीय मार्गों द्वारा सम्पन्न होते हैं।

- अन्तर्राष्ट्रीय व्यापार के साथ-साथ इन मार्गों का उपयोग देश की मुख्य भूमि तथा द्वीपों के मध्य परिवहन के लिए भी होता है।
- भारत को एक लम्बी तट रेखा तथा अरब सागर और बंगाल की खाड़ी में स्थित द्वीपों की रक्षा करनी पड़ती है। तटीय तथा गहरे समुद्रों के मत्स्य उद्योग की रक्षा तथा विकास भी अनिवार्य माना जाता है। तटों के साथ-साथ 12 समुद्री मिलों तक फैले सागर क्षेत्र पर भारत की प्रभुसत्ता है।

समुद्री पत्तन

- भारत तीन ओर समुद्र से घिरा हुआ है। इस प्रकार प्रकृति ने भारत को लम्बी तटरेखा प्रदान की है। जल सस्ते परिवहन के लिए एक सपाट तल प्रदान करता है। भारत में समुद्री पत्तन पूर्वी तट की अपेक्षा पश्चिमी तट पर अधिक है।
- भारत में प्राचीनकाल से ही पत्तनों का व्यापक उपयोग हो रहा है। समुद्री पत्तनों का अन्तर्राष्ट्रीय व्यापार के प्रवेश द्वार के रूप में उभरना, यूरोपीय व्यापारियों के आगमन तथा अंग्रेजों द्वारा भारत के उपनिवेशीकरण के बाद महत्त्वपूर्ण बना।

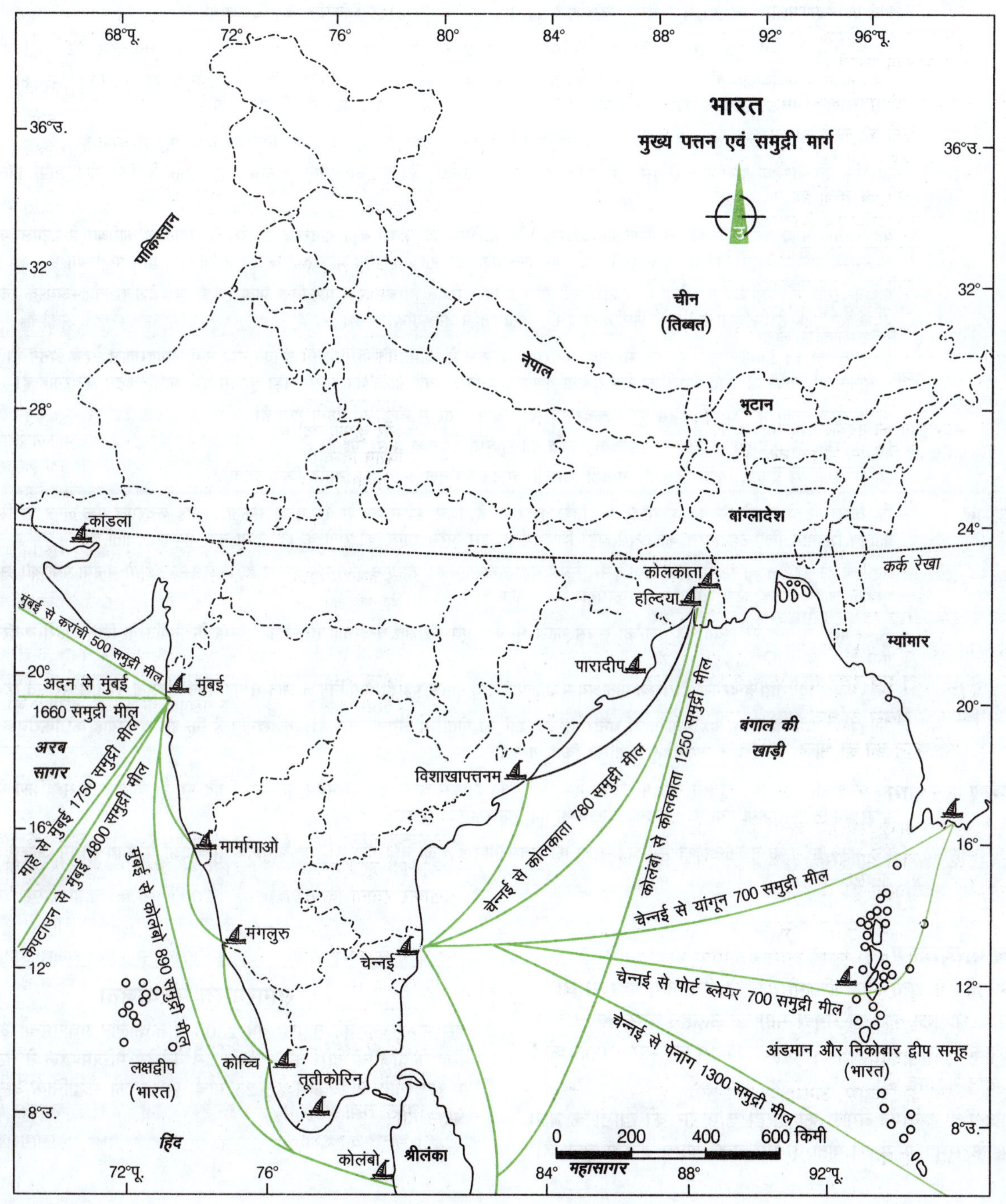

भारत के प्रमुख बन्दरगाह

बन्दरगाह	विवरण
काण्डला पत्तन	• वर्ष 2017 में काण्डला बन्दरगाह का नाम **दीनदयाल पोर्ट** कर दिया गया। दीनदयाल पोर्ट एक ज्वारीय पत्तन है। यहाँ एक मुक्त व्यापार क्षेत्र भी स्थापित किया गया है। • इस पत्तन से खनिज तेल, पेट्रोलियम उत्पाद, उर्वरक, खाद्यान्न नमक, कपास, सीमेण्ट, चीनी तथा खाद्य तेलों का व्यापार होता है। • काण्डला के समीप वाडीनार में एक **अपतटीय टर्मिनल** (Offshore Terminal) विकसित किया गया, ताकि काण्डला पत्तन के दबाव को घटाया जा सके। उत्तर भारत को आपूर्ति करने वाला यह सबसे बड़ा बन्दरगाह है।
एन्नौर पत्तन	• चेन्नई पत्तन के दबाव को कम करने हेतु चेन्नई के उत्तरी भाग (25 किमी दूर) में इस बन्दरगाह को विकसित किया गया है। इसे भारत का प्रथम निगमीकृत बन्दरगाह माना जाता है, जहाँ आधुनिक सुविधाएँ विद्यमान हैं। इसे भारत सरकार ने कम्पनी अधिनियम द्वारा बनाया है। • यह देश का सबसे बड़ा कम्प्यूटराइज्ड बन्दरगाह तथा देश का प्रथम पब्लिक कम्पनी (मिनीरत्न) बन्दरगाह है। यह देश का प्रथम निजी क्षेत्र में स्थापित बन्दरगाह है। वर्ष 2014 में एन्नौर बन्दरगाह का नया नाम कामराज पोर्ट लिमिटेड कर दिया गया।
तूतीकोरिन पत्तन	• यह भारत के दक्षिणी-पूर्वी छोर पर तमिलनाडु में स्थित है। वर्ष 2011 में इस पोर्ट का नाम बदलकर बी. ओ. चिदम्बरम् पोर्ट कर दिया गया। • इस बन्दरगाह का विकास भी चेन्नई बन्दरगाह के भार को कम करने के उद्देश्य से किया गया था। इस बन्दरगाह से विभिन्न वस्तुओं; जैसे-कोयला, नमक, खाद्यान्न, खाद्य तेल, चीनी, रसायन तथा पेट्रोलियम उत्पाद इत्यादि का निर्यात होता है।
पोर्ट ब्लेयर पत्तन (श्री विजयपुरम् पत्तन)	• पोर्ट ब्लेयर को देश के 13वें बड़े बन्दरगाह के रूप में विकसित किया गया है। यह अण्डमान-निकोबार द्वीप समूह में स्थित है। • सामरिक एवं आर्थिक दृष्टिकोण से इसे एक महत्त्वपूर्ण पत्तन माना जाता है। यह अण्डमान-निकोबार द्वीप समूह के लिए पोर्ट ऑफ कॉल की सुविधा प्रदान करता है।
मुम्बई बन्दरगाह	• यह पश्चिमी समुद्र तट पर स्थित एक प्राकृतिक बन्दरगाह है। यह भारत का सबसे बड़ा बन्दरगाह है। इस बन्दरगाह के कारोबार में पेट्रोलियम उत्पादन तथा शुष्क माल प्रमुख हैं। वर्षभर खुला रहने वाला यह प्राकृतिक बन्दरगाह व पत्तन प्राकृतिक कटान में सालसेट द्वीप पर स्थित है।
मार्मागोवा पत्तन	• यह बन्दरगाह पश्चिमी तट पर गोवा में जुआरी नदी के मुहाने पर स्थित है। यह एक प्राकृतिक पोताश्रय है। यह देश से लौह-अयस्क निर्यात हेतु प्रमुख बन्दरगाह है। कोंकण रेलवे के निर्माण से इसके यातायात में अभिवृद्धि हुई है।
न्हावाशेवा (न्यू मुम्बई)	• इसे मुम्बई से 14 किमी दक्षिण में एक सहायक बन्दरगाह के रूप में निर्मित किया गया है। इसका नया नाम जवाहरलाल नेहरू पत्तन है। यह नवीनतम आधुनिक सुविधाओं से युक्त भारत का सबसे बड़ा कण्टेनर पत्तन है। यह भारत का सबसे बड़ा कृत्रिम एवं आधुनिकतम बन्दरगाह है।
न्यू मंगलौर	• यह कर्नाटक राज्य में स्थित है, जिसे पुराने बन्दरगाह से 5 किमी उत्तर में विकसित किया गया है। • इस बन्दरगाह में कुद्रेमुख के लौह-अयस्क के निर्यात की सुविधा उपलब्ध कराई गई है। • इस बन्दरगाह से ग्रेनाइट, कहवा, काजू, लकड़ी, मछली, चन्दन का तेल आदि का निर्यात किया जाता है।
कोचीन (कोच्चि)	• यह केरल तट के सहारे स्थित एक सुन्दर प्राकृतिक बन्दरगाह है, जिसे वर्षभर उपयोग किया जा सकता है। यह बन्दरगाह एक लैगून पर स्थित है। कोच्चि शिपयार्ड लिमिटेड भारत का सबसे बड़ा शिपयार्ड है। इसे अरब सागर की रानी के लोकप्रिय नाम से जाना जाता है।
चेन्नई	• यह पूर्वी तट पर देश का सबसे पुराना तथा दूसरा सबसे बड़ा बन्दरगाह है। यह एक कृत्रिम बन्दरगाह है, जिसे 1859 ई. में बनाया गया था। इस बन्दरगाह से मुख्यत: लौह-अयस्क और पेट्रोलियम का कारोबार किया जाता है।
विशाखापत्तनम्	• आन्ध्र प्रदेश के तट पर स्थित यह देश का सबसे गहरा भू-बन्द एवं संरक्षित बन्दरगाह है। जहाँ अयस्क के निर्यात के लिए बाहरी बन्दरगाह बनाया गया है। • यह एक बहुउद्देशीय बन्दरगाह है। इसके पोताश्रय में डॉल्फिन नोज नामक पहाड़ी भाग निकल आने से यह पत्तन मानसूनी पवन से सुरक्षित रहता है।
पारादीप	• ओडिशा के तट पर स्थित यह एक गहरा बन्दरगाह है। यहाँ का पोताश्रय लैगून सदृश है। उल्लेखनीय है कि इस बन्दरगाह को किरीबुरू क्षेत्र के लोहे को जापान को निर्यात करने हेतु विकसित किया गया है।
हल्दिया-कोलकाता	• यह कोलकाता बन्दरगाह हुगली नदी पर स्थित एक नदी पत्तन है। इस बन्दरगाह का मुख्य पोताश्रय खिदिरपुर है। कोलकाता से दक्षिण में डायमण्ड हार्बर का निर्माण किया गया है। हल्दिया-कोलकाता का एक सहायक बन्दरगाह है।
कृष्णापत्तनम बन्दरगाह	• यह आन्ध्र प्रदेश के नेल्लोर जिले में स्थित भारत का सबसे गहराई वाला बन्दरगाह है। यह आधुनिक सुविधाओं के साथ मध्यम आकार का निजी बन्दरगाह है।

सेतु समुद्रम परियोजना

- भारतीय प्रायद्वीप के पूर्वी और पश्चिमी तट को नौवहनीय नहर से जोड़ने तथा भारत व श्रीलंका के बीच समुद्री मार्ग को नौवहन योग्य बनाने के लिए महत्त्वाकांक्षी सेतु समुद्रम शिप कैनाल को 19 दिसम्बर, 2005 को स्वीकृति प्रदान की गई थी।
- इस परियोजना के अन्तर्गत बंगाल की खाड़ी व मन्नार की खाड़ी के बीच 167 किमी के समुद्री मार्ग को पोतों के परिचालन योग्य बनाया जाना है।

सागरमाला परियोजना

इस परियोजना की घोषणा वर्ष 2003 में तत्कालीन प्रधानमन्त्री अटल बिहारी वाजपेयी द्वारा की गई थी। इसे केन्द्रीय मन्त्रिमण्डल ने तटीय क्षेत्रों में बन्दरगाह के विकास हेतु 25 मार्च, 2015 को सैद्धान्तिक अनुमति प्रदान दी।

वायु परिवहन

- वायु परिवहन (Air Transport) एक स्थान से दूसरे स्थान तक आवागमन का तीव्रतम साधन है। इसने यात्रा समय को घटाकर दूरियों को कम कर दिया है। यह भारत जैसे विशालतम व विस्तृत देश के लिए बहुत ही आवश्यक है, क्योंकि यहाँ दूरियाँ बहुत लम्बी हैं तथा भू-भाग एवं जलवायवीय दशाएँ अत्यन्त विविधतापूर्ण हैं।
- भारत में वायु परिवहन की शुरुआत वर्ष 1911 में हुई थी, तब प्रयागराज से नैनी तक की 10 किमी की दूरी हेतु वायु डाक प्रचालन सम्पन्न किया गया था, लेकिन इसका वास्तविक विकास देश की स्वतन्त्रता प्राप्ति के पश्चात् ही हुआ।
- भारतीय विमानपत्तन प्राधिकरण (The Airport Authority of India) का गठन 1 अप्रैल, 1995 को किया गया था, जो देश के सभी हवाई अड्डों के प्रबन्धन के लिए उत्तरदायी है। यह भारतीय वायु क्षेत्र में सुरक्षित, सक्षम वायु यातायात एवं वैज्ञानिकी संचार सेवाएँ प्रदान करने के लिए उत्तरदायी है। भारत में वायु परिवहन का प्रबन्धन एयर इण्डिया द्वारा किया जाता है। वर्तमान में अनेक निजी कम्पनियाँ भी यात्रियों को सेवाएँ प्रदान कर रही हैं।
- वर्ष 1953 में वायु परिवहन का राष्ट्रीयकरण (Nationalisation) किया गया था। एयर इण्डिया यात्रियों तथा नौभार यातायात, दोनों के लिए अन्तर्राष्ट्रीय वायु सेवाएँ उपलब्ध कराता है। वर्तमान समय में टाटा ग्रुप्स ने एयर इण्डिया का अधिग्रहण कर लिया है।

भारत में प्रमुख अन्तर्राष्ट्रीय हवाई अड्डे

हवाई अड्डे	स्थान
इन्दिरा गाँधी अन्तर्राष्ट्रीय हवाई अड्डा	नई दिल्ली
सरदार वल्लभभाई पटेल अन्तर्राष्ट्रीय हवाई अड्डा	अहमदाबाद, गुजरात
लोकप्रिय गोपीनाथ बोरदोलोई अन्तर्राष्ट्रीय हवाई अड्डा	गुवाहाटी, असम
नेताजी सुभाषचन्द्र बोस अन्तर्राष्ट्रीय हवाई अड्डा	कोलकाता, पश्चिम बंगाल
डॉ. भीमराव अम्बेडकर अन्तर्राष्ट्रीय हवाई अड्डा	नागपुर, महाराष्ट्र
छत्रपति शिवाजी अन्तर्राष्ट्रीय हवाई अड्डा, सान्ताक्रूज	मुम्बई, महाराष्ट्र
राजीव गाँधी अन्तर्राष्ट्रीय हवाई अड्डा	हैदराबाद, आन्ध्र प्रदेश
मीनाम्बक्कम अन्तर्राष्ट्रीय हवाई अड्डा (कामराज)	चेन्नई, तमिलनाडु
कोच्चि अन्तर्राष्ट्रीय हवाई अड्डा (नेन्दुबसरी)	कोच्चि, केरल
देवी अहिल्याबाई होल्कर अन्तर्राष्ट्रीय हवाई अड्डा	इन्दौर, मध्य प्रदेश
जयप्रकाश नारायण अन्तर्राष्ट्रीय हवाई अड्डा	पटना, बिहार
चौधरी चरण सिंह अन्तर्राष्ट्रीय हवाई अड्डा	लखनऊ, उत्तर प्रदेश
लाल बहादुर शास्त्री अन्तर्राष्ट्रीय हवाई अड्डा, बाबतपुर	वाराणसी, उत्तर प्रदेश
श्री गुरु रामदास जी अन्तर्राष्ट्रीय हवाई अड्डा	अमृतसर, पंजाब
बागडोगरा अन्तर्राष्ट्रीय हवाई अड्डा	सिलीगुड़ी, पश्चिम बगाल
विशाखापत्तनम अन्तर्राष्ट्रीय हवाई अड्डा	विशाखापत्तनम, आन्ध्र प्रदेश
कालीकट अन्तर्राष्ट्रीय हवाई अड्डा	कोझीकोड, केरल
कैम्पेगोडा (बंगलुरु) अन्तर्राष्ट्रीय हवाई अड्डा	बंगलुरु, कर्नाटक
मंगलुरु अन्तर्राष्ट्रीय हवाई अड्डा	मंगलुरु, कर्नाटक
स्वामी विवेकानन्द अन्तर्राष्ट्रीय हवाई अड्डा	रायपुर, छत्तीसगढ़
त्रिवेन्द्रम अन्तर्राष्ट्रीय हवाई अड्डा	तिरुवनन्तपुरम, केरल
दाबोलिम अन्तर्राष्ट्रीय हवाई अड्डा	गोवा
वीर सावरकर अन्तर्राष्ट्रीय हवाई अड्डा	पोर्ट ब्लेयर

संचार

- सन्देश, सूचना, विचार एवं समाचार के परिसंचरण को संचार कहते हैं। संचार के प्रत्येक साधन की पृथक् तकनीकी विशेषताएँ एवं प्रादेशिक विस्तार प्रतिरूप होते हैं, जिन्हें संचार तन्त्र कहा जाता है। प्रदेश विशेष के संचार तन्त्रों के जाल को संचार व्यवस्था कहा जाता है।
- सूचना प्रौद्योगिकी के सन्दर्भ में इस क्षेत्र में क्रान्तिकारी परिवर्तन हुए हैं। भारत ने स्वयं को विश्व के अग्रणी देशों में शामिल कर लिया है तथा सूचना प्रौद्योगिकी ने संचार प्रणाली को और अधिक सशक्त, सार्थक, विश्वसनीय और द्रुतगामी बनाने का कार्य किया है।

रेडियो

- भारत में रेडियो का प्रसारण वर्ष 1923 में रेडियो क्लब ऑफ बॉम्बे द्वारा प्रारम्भ किया गया।
- दूरभाष के विपरीत रेडियो बेतार संचार का एक महत्त्वपूर्ण साधन है।
- वर्ष 1947 में भारत में केवल 9 रेडियो ब्रॉडकास्टिंग केन्द्र थे, जिनमें से 3 पाकिस्तान के हिस्से में चले गए। वर्ष 1957 में ऑल इण्डिया रेडियो का नाम बदल कर आकाशवाणी कर दिया गया।
- 1990 के दशक के अन्तिम वर्ष में भारत रेडियो उद्योग का निजीकरण किया गया।
- रेडियो के विकास का दूसरा चरण तब प्रारम्भ हुआ, जब निजी रेडियो का लाइसेंस प्रदान किया गया।

टेलीविजन

- भारत में टेलीविजन सेवाएँ वर्ष 1959 में प्रारम्भ की गईं। वर्ष 1976 से पूर्व टेलीविजन ऑल इण्डिया रेडियो के अन्तर्गत आते थे, जिसे इस वर्ष दूरदर्शन के रूप में अलग पहचान मिली।
- डिजिटल टेलीविजन के आगमन से दर्शकों के सामने बहुचैनल विकल्प हो गए हैं। डिजिटल उपग्रह प्रसारण शुरू होने से देश में प्रसारित होने वाले चैनलों की संख्या में अप्रत्याशित वृद्धि हुई है।

डीटीएच

प्रसार भारती की डायरेक्ट टू होम प्रसारण 16 दिसम्बर, 2004 को शुरू हुई। यह देश का पहला नि:शुल्क प्रसारण है।

उपग्रह संचार

- आर्थिक एवं सामरिक कारणों से उपग्रह संचार का व्यापक महत्त्व है। मौसम सम्बन्धी पूर्वानुमान, दूरसंचार, प्राकृतिक संसाधनों के प्रबन्धन आदि के लिए बहुउद्देशीय रूप में उपग्रह संचार का उपयोग किया जाता है। भारत की उपग्रह प्रणाली को उद्देश्यों के आधार पर दो भागों में वर्गीकृत किया जा सकता है—इनसैट तथा आइआरएस।
  - इनसैट (Indian National Satellite System) भू-स्थैतिक (Geo-Stationary) उपग्रह होते हैं। इनका प्रयोग संचार, दूरदर्शन प्रसारण व मौसम सम्बन्धी जानकारी प्राप्त करने के लिए किया जाता है।
  - आईआरएस (Indian Remote Sensing) प्रणाली का प्रयोग संसाधनों के निरीक्षण व प्रबन्धन हेतु किया जाता है और ये भू-सर्वेक्षण (Earth Observation) उपग्रह होते हैं।

"

जनसंख्या किसी भी देश की सबसे महत्त्वपूर्ण संसाधन होती है, जिससे उस देश के प्राकृतिक संसाधनों तथा श्रम-शक्ति के आर्थिक विकास का मार्ग प्रशस्त होता है। जनगणना द्वारा किसी देश की जनसंख्या का लिंगानुपात, साक्षरता, शहरीकरण, जन्मदर एवं मृत्युदर तथा विभिन्न वर्गों की स्थिति की जानकारी प्रदान की जाती है।

अध्याय चौदह

जनसंख्या एवं नगरीकरण

जनसंख्या

- किसी निश्चित समय एवं क्षेत्र में निवास करने वाले लोगों की कुल संख्या को जनसंख्या (Population) कहते हैं।
- विश्व में आधुनिक पद्धति पर आधारित सबसे पहली जनगणना स्वीडन में 1749 ई. में हुई थी।
- विश्व के अन्य देशों की भाँति भारत में भी जनसंख्या सम्बन्धी आँकड़े जनगणना द्वारा एकत्रित किए जाते हैं।
- भारत में सबसे पहली जनगणना 1872 ई. में की गई, परन्तु इस जनगणना में सम्पूर्ण देश के आँकड़े में एकत्रित नहीं हो पाए थे। इस समय गवर्नर-जनरल लॉर्ड मेयो थे।
- देश की पहली नियमित जनगणना 1881 ई. से शुरू हुई थी, जिसमें सम्पूर्ण देश के आँकड़े एकत्रित किए गए थे। पिछली जनगणना वर्ष 2011 में हुई थी।
- हमारे देश में जनगणना का इतिहास 130 वर्ष पुराना है। 2011 की जनगणना, जनगणना के क्रम में 15वीं जनगणना थी।
- वर्ष 2011 में सम्पन्न भारत की 15वीं जनगणना के अन्तिम आँकड़े देश के तत्कालीन महापंजीयक व जनगणना आयुक्त (Registrar General and Census Commissioner) सी. चन्द्रमौलि ने जारी किए।

जनांकिकीय संक्रमण सिद्धान्त

- जनांकिकीय संक्रमण सिद्धान्त (Demographic Transition Theory) में किसी क्षेत्र में लम्बे समय अवधि में जनसंख्या के जन्मदर और मृत्युदर के मध्य अन्तर के कारण जनसंख्या में प्राकृतिक वृद्धि की व्याख्या की जाती है
- इस सिद्धान्त के अनुसार, जैसे-जैसे कोई समाज अशिक्षित, ग्रामीण और खेतिहर अवस्था से ऊपर उठकर शिक्षित, नगरीय और औद्योगिक बनता है, वैसे-वैसे जनसंख्या की विशेषताओं में परिवर्तन हो जाता है।
- इस सिद्धान्त का प्रतिपादक थॉम्पसन तथा नोटेस्टिन को माना जाता है। बाद में कोलिन क्लार्क ने इसमें संशोधन किया था।
- आर्थिक एवं सामाजिक विकास के कारण जनसंख्या नगरीय, औद्योगिक एवं शिक्षित हो जाता है, तो जन्मदर एवं मृत्युदर कम हो जाती है। यह परिवर्तन विभिन्न चरणों में होता है, जिन्हें जनांकिकीय चक्र (जनसंख्या का विभिन्न अवस्थाओं में होने वाला परिवर्तन, जो चरणबद्ध तरीकों से होता है।) से निर्देशित किया जाता है। इनका विवरण निम्न हैं
  - प्रथम अवस्था इस अवस्था में जन्मदर और मृत्युदर दोनों ही उच्च अवस्था में पाई जाती हैं। इसे जनसंख्या वृद्धि की अस्थिर अवस्था की भी संज्ञा दी जाती हैं।
  - दूसरी अवस्था इस अवस्था में जन्मदर उच्च तथा मृत्युदर कम हो जाती है। जन्म और मृत्यु के भारी अन्तराल के कारण इसमें जनसंख्या का विस्फोट होता है।
  - तीसरी अवस्था इस अवस्था में जन्मदर एवं मृत्युदर दोनों में कमी आती है, यह अवस्था धीमी जनसंख्या वृद्धि की परिचायक होती है।
  - चतुर्थ अवस्था इस अवस्था में जन्मदर एवं मृत्युदर दोनों ही कम होते हैं। इसमें जनसंख्या वृद्धि की अवस्था स्थिर होती है।
  - पाँचवीं अवस्था इस अवस्था में पारिवारिक संस्थाओं एवं विवाह जैसे मूल्यों के पतन के कारण जन्मदर मृत्युदर से भी कम पाई जाती है।

माल्थस का जनसंख्या सिद्धान्त

- थॉमस माल्थस एक ब्रिटिश अर्थशास्त्री थे, इन्होंने 1798 ई. में जनसंख्या के सिद्धान्त पर निबन्ध An Essay on the Principle of Population नामक पुस्तक लिखी।
- इनके अनुसार जनसंख्या वृद्धि गुणोत्तर श्रेणी (2, 4, 8, 16 ....) एवं खाद्यान्न की आपूर्ति अंकगणितीय दर (1, 2, 3 ....) से होती है।
- थॉमस माल्थस के अनुसार, प्रत्येक 25 वर्षों के बाद जनसंख्या दोगुनी हो जाती है।

प्राकृतिक वृद्धि दर

$$= \frac{\text{जन्म की कुल संख्या – की कुल संख्या}}{\text{आरम्भिक वर्ष की कुल जनसंख्या}} \times 100$$

जनसंख्या की वास्तविक वृद्धि दर

$$= \frac{\text{निश्चित समयावधि में अन्तिम वर्ष की जनसंख्या} - \text{निश्चित समयावधि में प्रारम्भिक वर्ष की जनसंख्या}}{\text{निश्चित समयावधिक में प्रारम्भिक वर्ष की जनसंख्या}} \times 100$$

अशोधित जन्मदर (Crude Birth Rate)

$$= \frac{\text{किसी वर्ष में कुल जीवित के जन्म}}{\text{वर्ष के मध्य की अनुमानित जनसंख्या}} \times 100$$

अर्थात् प्रति हजार पर जन्मे जीवित बच्चों की संख्या

अशोधित मृत्युदर (Crude Death Rate)

$$= \frac{\text{किसी वर्ष में मृतकों की कुल संख्या}}{\text{उस वर्ष के मध्य में अनुमानित जनसंख्या}} \times 100$$

भारत में जनसंख्या का वितरण

- भारत की जनसंख्या का सबसे महत्त्वपूर्ण पहलू इसका असमान वितरण (Distribution) है।
- भारत जैसे विशाल देश में उच्चावच, जलवायु, जल प्रवाह, मृदा, प्राकृतिक वनस्पति तथा अन्य प्राकृतिक तत्त्वों में विभिन्नता होना स्वाभाविक है। फलत: भारत के विभिन्न क्षेत्रों में जनसंख्या में विविधता पाई जाती है।
- भारतीय जनसंख्या के वितरण से यह स्पष्ट होता है कि उत्तर प्रदेश में सबसे अधिक जनसंख्या संकेन्द्रित है। यहाँ भारत की 16.51% जनसंख्या निवास करती है, जबकि इस राज्य का क्षेत्रफल देश के कुल क्षेत्रफल का 7.33% ही है। इसकी जनसंख्या ब्राजील की जनसंख्या के लगभग बराबर है और बांग्लादेश, पाकिस्तान अथवा नाइजीरिया से अधिक है।
- जनसंख्या की दृष्टि से महाराष्ट्र दूसरा सबसे बड़ा राज्य है। जहाँ भारत की 9.28% जनसंख्या निवास करती है। इस राज्य का क्षेत्रफल भारत का 9.43% है। तीसरे स्थान पर बिहार है, जहाँ देश की 8.60% जनसंख्या का निवास है, जबकि इसका क्षेत्रफल 2.86% ही है।
- दिल्ली की जनसंख्या 1.67 करोड़ है (1.37%), जबकि इसका क्षेत्रफल केवल 0.045% ही है। भारत की आधी जनसंख्या पाँच राज्यों-उत्तर प्रदेश, महाराष्ट्र, बिहार, पश्चिम बंगाल, मध्य प्रदेश में संकेन्द्रित है।
- दूसरी ओर उत्तर और उत्तर पूर्व के 10 पर्वतीय राज्यों के 16% क्षेत्र में देश की 4% से भी कम जनसंख्या निवास करती है। देश के 19 राज्यों की जनसंख्या 1 करोड़ से अधिक है।
- केन्द्रशासित प्रदेश दिल्ली में 1 करोड़ से भी अधिक लोग रहते हैं। इसके विपरीत भारत के पाँच राज्य/केन्द्रशासित प्रदेशों की जनसंख्या का आँकड़ा 10 लाख को भी पार नहीं करता। सबसे कम जनसंख्या लक्षद्वीप (64473) में पाई जाती है। राज्यों में सबसे कम जनसंख्या सिक्किम (6,10,577) में पाई जाती है।

जनसंख्या की दृष्टि से शीर्ष पाँच राज्य (जनगणना 2011)

राज्य	जनसंख्या (करोड़ में)
उत्तर प्रदेश	19.98 (16.51%)
महाराष्ट्र	11.23 (9.28%)
बिहार	10.40 (8.60%)
पश्चिम बंगाल	9.12 (7.54%)
मध्य प्रदेश	7.26 (6%)

न्यूनतम जनसंख्या वाले पाँच राज्य (जनगणना 2011)

राज्य	जनसंख्या (करोड़ में)
सिक्किम	0.61 (0.05%)
मिजोरम	1.09 (0.09%)
अरुणाचल प्रदेश	1.38 (0.11%)
गोवा	1.45 (0.12%)
नागालैण्ड	1.97 (0.16%)

जनसंख्या घनत्व

- प्रति इकाई क्षेत्रफल में निवास करने वाले लोगों की संख्या को जनसंख्या घनत्व (Population Density) कहते हैं

$$\text{जनसंख्या का घनत्व} = \frac{\text{कुल जनसंख्या}}{\text{कुल क्षेत्रफल}}$$

- 2011 की जनगणना के अन्तिम आँकड़ों के अनुसार, भारत का घनत्व 382 व्यक्ति प्रतिवर्ग किमी है। यह विश्व के औसत घनत्व का लगभग सात गुना से भी अधिक है। स्पष्ट है कि भारत अत्यधिक घनत्व वाले देशों में से एक है।
- भारत की जनसंख्या तीव्रगति से बढ़ रही है, जबकि क्षेत्रफल स्थिर है। भारत में जनसंख्या घनत्व के वृद्धि प्रतिरूप को देखने से स्पष्ट होता है कि केवल एक दशक (1911-1921) को छोड़कर देश के जनघनत्व में सदैव वृद्धि हुई है।
- वर्ष 1901-2011 के बीच की 110 वर्षों की अवधि में लगभग पाँच गुना की वृद्धि हुई है।
- जनसंख्या घनत्व में वृद्धि स्वतन्त्रता के पश्चात् विशेष रूप से हुई है, जनसंख्या घनत्व में वृद्धि से देश के प्राकृतिक संसाधनों पर प्रतिकूल प्रभाव पड़ता है, जिससे जीवन की गुणवत्ता में गिरावट आती है।
- 2011 की जनगणना के अनुसार, सर्वाधिक जनघनत्व दिल्ली (11,320 व्यक्ति प्रतिवर्ग किमी) का है, जबकि न्यूनतम जनघनत्व अरुणाचल प्रदेश (17 व्यक्ति प्रतिवर्ग किमी) का है।
- वर्ष 2001-2011 के बीच नागालैण्ड को छोड़कर सभी राज्य व केन्द्रशासित प्रदेशों में जनसंख्या घनत्व में वृद्धि हुई है, परन्तु इस वृद्धि में क्षेत्रीय स्तर पर व्यापक भिन्नताएँ पाई जाती हैं।

शीर्ष जनघनत्व वाले पाँच राज्य / **न्यूनतम जनघनत्व वाले पाँच राज्य**

राज्य	जनघनत्व/वर्ग किमी	राज्य	जनघनत्व/वर्ग किमी
बिहार	1106	अरुणाचल प्रदेश	17
पश्चिम बंगाल	1029	मिजोरम	52
केरल	859	सिक्किम	86
उत्तर प्रदेश	828	नागालैण्ड	119
हरियाणा	573	मणिपुर	122

अति न्यून घनत्व

- इस वर्ग में 100 से कम व्यक्ति प्रति वर्ग किमी घनत्व वाले क्षेत्र को सम्मिलित किया जाता है। इसमें अरुणाचल प्रदेश, मिजोरम, अण्डमान-निकोबार द्वीप समूह तथा सिक्किम आता है।
- ये प्रदेश पर्वतीय, वनाच्छादित व दुर्गम क्षेत्रों के रूप में वर्गीकृत हैं।

वर्ष 1901 से 2011 तक भारत का जनसंख्या घनत्व

वर्ष	जनघनत्व	वर्ष	जनघनत्व
1901	77	1961	142
1911	82	1971	177
1921	81	1981	216
1931	90	1991	274
1941	103	2001	325
1951	117	2011	382

लिंगानुपात

- किसी क्षेत्र में प्रति 1000 पुरुषों पर महिलाओं की कुल संख्या लिंग अनुपात (Sex Ratio) कहलाती है। यह महिलाओं व पुरुषों के समानुपात का एक महत्त्वपूर्ण सूचक है।
- 2011 की जनगणना के अनुसार, देश में लिंगानुपात 943 है, जो वर्ष 2001 के लिंगानुपात (933) के सुधार को दर्शाता है। भारत में लिंगानुपात सदैव महिलाओं के प्रतिकूल रहा है।
- लिंगानुपात को प्रभावित करने वाले निम्नलिखित कारक हैं
  - मृत्युदर में विभेद
  - किसी लिंग विशेष का प्रवास
  - जन्म के समय लिंगानुपात
  - कन्या भ्रूण हत्या
- 2011 की जनगणना के अनुसार, सर्वाधिक व न्यूनतम लिंगानुपात वाले केन्द्रशासित प्रदेश क्रमशः पुदुचेरी (1037) तथा दमन एवं दीव (618) हैं।

2011 के अनुसार सर्वाधिक लिंगानुपात वाले राज्य एवं केन्द्रशासित प्रदेश (जनगणना 2011) / **न्यूनतम लिंगानुपात वाले राज्य एवं केन्द्रशासित प्रदेश (जनगणना 2011)**

रैंक	राज्य/केन्द्रशासित प्रदेश	लिंगानुपात	राज्य/केन्द्रशासित प्रदेश	लिंगानुपात
1.	केरल	1,084	दमन एवं दीव	618
2.	पुदुच्चेरी	1,037	दादरा एवं नगर हवेली	774
3.	तमिलनाडु	996	चण्डीगढ़	818
4.	आन्ध्र प्रदेश	993	हरियाणा	879
5.	छत्तीसगढ़	991	जम्मू-कश्मीर	889

- 0-6 आयु वर्ग की जनसंख्या में प्रति 1000 बालकों की तुलना में उसी आयु वर्ग में (0–6) बालिकाओं की संख्या को शिशु लिंगानुपात कहा जाता है।
- 2011 की जनगणना के अनुसार, भारत में शिशु लिंगानुपात 919 है। सर्वाधिक तथा न्यूनतम शिशु लिंगानुपात वाले राज्य क्रमशः अरुणाचल प्रदेश व हरियाणा हैं।
- 2011 की जनगणना के अनुसार, सर्वाधिक तथा न्यूनतम शिशु लिंगानुपात वाले केन्द्रशासित प्रदेश क्रमशः अण्डमान एवं निकोबार तथा दिल्ली हैं।
- भारत की 2011 की जनगणना के अन्तिम आँकड़ों के अनुसार, छत्तीसगढ़, हरियाणा, उत्तर प्रदेश व पंजाब में से छत्तीसगढ़ का लिंगानुपात सर्वाधिक है।

साक्षरता

- 7 वर्ष और उससे अधिक आयु का जो व्यक्ति किसी भाषा को समझ सकता हो और उसे लिख तथा पढ़ सकता हो, साक्षर (Literate) कहलाता है।
- कोई व्यक्ति जो न तो पढ़ सकता है और न ही लिख सकता है अथवा किसी भाषा को पढ़ सकता है, किन्तु लिख नहीं सकता, निरक्षर (Illiterate) कहा जाता है। 6 वर्ष अथवा उससे कम आयु के सभी बच्चों को चाहे वे स्कूल भी जाते हों और कुछ लिखना-पढ़ना भी सीख गए हों, निरक्षर (Illiterate) कहा जाता है।
- शीर्ष साक्षरता वाले केन्द्रशासित प्रदेश क्रमशः लक्षद्वीप (91.85%), दमन और दीव (87.10%) तथा अण्डमान एवं निकोबार (86.63%) हैं।
- न्यूनतम साक्षरता वाले शीर्ष केन्द्रशासित प्रदेश क्रमशः दादरा एवं नगर हवेली (76.20%), पुदुचेरी (85.80%), चण्डीगढ़ (86.05%) हैं।

सर्वाधिक साक्षरता वाले राज्य / **न्यूनतम साक्षरता वाले राज्य**

राज्य	प्रतिशत में	राज्य	प्रतिशत में
केरल	94.0%	बिहार	61.80%
मिजोरम	91.33%	अरुणाचल प्रदेश	65.40%
गोवा	88.70%	राजस्थान	66.10%
त्रिपुरा	87.2%		

भारत में स्त्री (महिला) साक्षरता

- भारत में साक्षरता का दूसरा पहलू स्त्रियों में कम साक्षरता (65.46%) का पाया जाना है। देश के 18 राज्यों और 7 केन्द्रशासित प्रदेशों में स्त्री साक्षरता राष्ट्रीय औसत से अधिक पाई जाती है।

सर्वाधिक महिला साक्षरता वाले राज्य एवं केन्द्रशासित प्रदेश / **न्यूनतम महिला साक्षरता वाले राज्य एवं केन्द्रशासित प्रदेश**

राज्य/केन्द्रशासित प्रदेश	प्रतिशत में	राज्य/केन्द्रशासित प्रदेश	प्रतिशत में
केरल	92.1%	बिहार	51.5%
मिजोरम	89.3%	राजस्थान	52.1%
लक्षद्वीप	87.9%	झारखण्ड	55.4%
गोवा	84.7%	जम्मू कश्मीर	56.4%
त्रिपुरा	82.7%	उत्तर प्रदेश	57.2%

आयु संरचना

- विभिन्न आयु वर्गों में जनसंख्या के विभाजन को आयु संरचना कहते हैं। आयु संरचना मुख्य रूप से तीन आधारभूत कारकों पर निर्भर करती है। इनको जन्मदर (Birth Rate), मृत्युदर (Mortality Rate) तथा प्रवास (Migration) कहते हैं।
- आयु संरचना (Age Structure) के विश्लेषण की सबसे प्रभावशाली और प्रचलित विधि आयु पिरामिड (आयु संरचना के विश्लेषण में सहायक विधि) है, जिसे आयु एवं लिंग पिरामिड के नाम से भी जाना जाता है।
- इस विश्लेषण विधि के अन्तर्गत आयु के आधार पर जनसंख्या के तीन प्रमुख वर्ग हैं— किशोर (0-14), प्रौढ़ (15-59), वृद्ध (60 से अधिक)। 0-14 आयु समूह कुल जनसंख्या (2011) में 29.5% है। किशोर वर्ग में अधिक जनसंख्या का कारण उच्च जन्मदर व तीव्रता से घटती शिशु और बाल मृत्युदर है।
- जैव दृष्टि से आयु वर्ग (15-59) सबसे अधिक प्रजनक व आर्थिक दृष्टि से सबसे अधिक सक्रिय तथा जनांकिकीय दृष्टि सबसे अधिक गतिशील होते हैं। हाल के वर्षों में जनसंख्या वृद्धि दर में कमी आने के कारण उत्पादक वर्ग की जनसंख्या में वृद्धि हुई है। अनुमान है कि वर्ष 2026 में इनका प्रतिशत कुल जनसंख्या में बढ़कर 68.4% हो जाएगा। इस वर्ग में जनसंख्या वृद्धि के दोहरे निहितार्थ हैं।

आयु संरचना

आयु समूह (वर्ष में)	जनगणना 2011 (भाग प्रतिशत में)
0-4	9.3%
5-9	10.5%
10-14	11.0%
15-59	60.3%
60 +	8.6%
आयु निश्चित नहीं	0.4%

निर्भरता अनुपात

- युवाओं तथा किशोर एवं वृद्ध जनसंख्या के अनुपात को निर्भरता अनुपात (Dependency Ratio) कहते हैं। इसे प्रतिशत के रूप में व्यक्त किया जाता है। अत: निर्भरता अनुपात 15 वर्ष से कम तथा 60 वर्ष से अधिक आयु वर्ग के लोगों को 15-59 वर्ष की आयु वर्ग के प्रति 100 व्यक्तियों का प्रतिशत होता है। इसे निम्न सूत्र द्वारा व्यक्त किया जाता है

निर्भरता अनुपात

$$= \frac{\text{15 वर्ष से कम जनसंख्या तथा 60 वर्ष से अधिक जनसंख्या}}{\text{15-60 वर्ष की जनसंख्या}} \times 100$$

इस प्रकार स्पष्ट है कि निर्भरता अनुपात मुख्यत: जनसंख्या की आयु संरचना से निर्देशित होता है। वर्ष 2011 में 29.5% किशोर व 8% वृद्ध थे। इस प्रकार 37.5% जनसंख्या, 62.5% जनसंख्या (15-59 वर्ष) पर निर्भर थी। यह वर्ग अन्य दोनों वर्गों का पोषण करता है।

जीवन प्रत्याशा

दीर्घायुता अथवा जीवन प्रत्याशा (Life Expectancy) वृद्ध जनसंख्या की स्थिति का द्योतक है, जो मुख्यत: आहार और स्वास्थ्य दशाओं में सुधार से प्रभावित होती है।

- यही कारण है कि जहाँ 60 वर्ष पहले पैदा हुए शिशु की औसत जीवन प्रत्याशा केवल 32 वर्ष थी, वर्ष 2011 में बढ़कर 66.1 वर्ष हो गई और भविष्य में इसमें सुधार की सम्भावना है।
- वर्ष 1991 तक पुरुषों की जीवन प्रत्याशा महिलाओं की अपेक्षा अधिक थी, लेकिन वर्ष 2001 से महिलाओं के पक्ष में सुधार होना प्रारम्भ हुआ और जनगणना 2011 के अनुसार महिलाओं की जीवन प्रत्याशा 67.7 वर्ष है, जबकि पुरुषों की जीवन प्रत्याशा 64.6 वर्ष है। पिछले 80 वर्षों में जीवन प्रत्याशा दोनों ही वर्गों में बढ़कर तीन गुना से अधिक हो गई है।
- विश्व जनसंख्या स्थिति रिपोर्ट 2024 के अनुसार भारत में पुरुषों की जीवन प्रत्याशा आयु 71 वर्ष और महिलाओं की 74 वर्ष है।

अनुसूचित जातियों का वितरण/अनुसूचित जातियों की जनसंख्या

- भारत में अनुसूचित जाति (Scheduled Caste) शब्द का सर्वप्रथम प्रयोग भारत सरकार के अधिनियम, 1935 में हुआ था। भारतीय संविधान की अनुसूची 341 में इस अधिनियम को शामिल किया गया है।
- स्वतन्त्रता के समय भारत में अनुसूचित जातियों की संख्या 5.17 करोड़ थी, जो बढ़कर वर्ष 1991 में 13.82 करोड़ हो गई।
- वर्ष 2011 की जनगणना के अनुसार, भारत में अनुसूचित जातियों की संख्या 20.14 करोड़ है, जोकि भारत की कुल जनसंख्या का 16.6% है।
- भारत में अनुसूचित जातियों का वितरण बहुत ही असमान एवं विस्तृत है।

शीर्ष पाँच अनुसूचित जाति जनसंख्या वाले राज्य/केन्द्रशासित प्रदेश

रैंक	राज्य/केन्द्र शासित प्रदेश	संख्या
1.	उत्तर प्रदेश	4,13,57,608
2.	पश्चिम बंगाल	2,14,63,270
3.	बिहार	1,65,67,325
4.	तमिलनाडु	1,44,38,445
5.	आन्ध्र प्रदेश	1,38,78,078

प्रतिशतता के अनुसार सर्वाधिक अनुसूचित जाति वाले राज्य		प्रतिशतता के अनुसार सबसे कम अनुसूचित जाति वाले राज्य	
राज्य	प्रतिशत	राज्य	प्रतिशत
पंजाब	31. 9%	मिजोरम	0.11
हिमाचल प्रदेश	25.2%	मेघालय	0.58
पश्चिम बंगाल	23.5%	गोवा	1.74
उत्तर प्रदेश	20.7%	मणिपुर	3.78
हरियाणा	20.2%	सिक्किम	4.63

अनुसूचित जनजाति का वितरण/अनुसूचित जनजाति की जनसंख्या

- भारत में अनुसूचित जनजाति भारत के 30 राज्यों/केन्द्रशासित प्रदेशों में पाई जाती है। 2001 की जनगणना के अनुसार, भारत में अनुसूचित जनजाति की जनसंख्या 84.3 मिलियन थी तथा वर्ष 2011 में यह बढ़कर 104.3 मिलियन हो गई है अर्थात् 10 वर्षों में अनुसूचित जनजाति की जनसंख्या में 23.7% की वृद्धि हुई है। वर्ष 2001 में भारत की जनसंख्या में 8.2% भाग अनुसूचित जनजाति का था, जोकि वर्ष 2011 में बढ़कर 8.6% हो गया है।

• ग्रामीण क्षेत्रों में यह वर्ष 2001 में 10.4% से बढ़कर वर्ष 2011 में 11.3% हो गया है तथा शहरी क्षेत्रों में यह वर्ष 2001 में 2.4% से बढ़कर 2.8% हो गया है।

शीर्ष पाँच अनुसूचित जनजाति जनसंख्या वाले राज्य/केन्द्रशासित प्रदेश

रैंक	राज्य/केन्द्रशासित प्रदेश	संख्या
1.	मध्य प्रदेश	1,53,16,784
2.	महाराष्ट्र	1,05,10,213
3.	ओडिशा	95,90,756
4.	राजस्थान	92,38,534
5.	गुजरात	89,17,174

शीर्ष पाँच अनुसूचित जनजाति वाले राज्य/केन्द्रशासित प्रदेश प्रतिशत में

रैंक	राज्य/केन्द्रशासित प्रदेश	प्रतिशत में
1.	लक्षद्वीप	94.8%
2.	मिजोरम	94.4%
3.	नागालैण्ड	86.5%
4.	मेघालय	86.1%
5.	अरुणाचल प्रदेश	68.8%

• पुदुचेरी, पंजाब, हरियाणा, दिल्ली एवं चण्डीगढ़ में कोई अनुसूचित जनजाति निवास नहीं करती है।

• भारत में जनजातीय भाषाओं में प्रमुख रूप से हल्बी (छत्तीसगढ़), हो (झारखण्ड) और कुई (ओडिशा) भाषा बोली जाती है।

धर्म आधारित जनगणना

• भारत में पहली बार व्यवस्थित धर्म आधारित जनगणना वर्ष 2001 में की गई थी। वर्ष 2011 के धर्म आधारित जनगणना का विश्लेषण निम्नलिखित सारणी/तालिका के आधार पर किया जा सकता हैं।

धर्म आधारित जनगणना 2011

धर्म	जनसंख्या (करोड़)	% जनसंख्या	वृद्धि (%) (2001-2011)	कुल लिंगानुपात	ग्रामीण लिंगानुपात	नगरीय लिंगानुपात	0-6 2001 के अनुसार लिंगानुपात	साक्षरता %	कार्य में भागीदारी
हिन्दू	96.63	79.80	16.8	939	946	921	925	73.3%	40.4%
मुस्लिम	17.22	14.23	24.6	951	957	941	950	68.5%	31.3%
ईसाई	2.78	2.30	15.5	1023	1008	1046	964	84.5%	39.7%
सिख	2.08	1.72	8.4	903	905	898	786	75.4%	37.7%
बौद्ध	0.84	0.70	6.1	965	960	973	942	81.3%	40.6%
जैन	0.45	0.37	5.4	954	935	959	870	94.9%	32.9%
अन्य धर्म	–	0.66	–	1008	1009	1006	–	–	40.6%
धर्म (अवर्गीकृत)	--	0.24	–	959	947	975	–	–	–

• हिन्दुओं में सबसे अधिक दशकीय वृद्धि (2001-2011) दादरा एवं नगर हवेली (56.6%) में रही, वहीं मुस्लिमों की सबसे अधिक दशकीय वृद्धि दर दादरा एवं नगर हवेली (98.1%) में रही।

• हिन्दुओं की सबसे अधिक हिस्सेदारी वाला राज्य/केन्द्रशासित प्रदेश हिमाचल प्रदेश (राज्य का 95.2%) तथा सबसे कम हिस्सेदारी वाला राज्य/केन्द्रशासित प्रदेश मिजोरम (2.7%) है।

• सबसे अधिक मुस्लिम हिस्सेदारी वाला राज्य/केन्द्रशासित प्रदेश लक्षद्वीप (96.6%) तथा सबसे कम हिस्सेदारी वाला राज्य/केन्द्रशासित प्रदेश मिजोरम (1.4%) है।

• हिन्दुओं में सबसे अधिक लिंगानुपात वाला राज्य/केन्द्रशासित प्रदेश केरल (1077) है, जबकि सबसे कम लिंगानुपात लक्षद्वीप (947) में है।

• मुस्लिमों में सबसे अधिक लिंगानुपात वाला राज्य/केन्द्रशासित प्रदेश केरल (1125) तथा सबसे कम लिंगानुपात सिक्किम (890) है।

शिशु मृत्युदर, बाल मृत्युदर एवं मातृ मृत्युदर

• शिशु मृत्युदर, प्रति एक हजार जीवित जन्में शिशुओं में से एक वर्ष या उससे कम आयु के शिशुओं की मृत्यु की संख्या है।

• बाल मृत्युदर प्रति एक हजार जीवित जन्में बच्चों में से पाँच वर्ष तक आयु के बच्चों की मृत्यु की संख्या है। मातृ मृत्युदर, प्रति लाख जीवि जन्मों पर माताओं की मृत्यु संख्या को बताती है।

• देश में पाँच वर्ष से कम आयु (0-5) के शिशुओं की मृत्युदर में वर्ष 201 प्रति 1000 जीवित जन्में 35 की तुलना में वर्ष 2020 में 32 हो गई। इ ग्रामीण क्षेत्रों के 36 में से शहरी क्षेत्रों में 21 का अन्तर पाया गया।

• शिशु मृत्युदर में भी वर्ष 2019 में प्रति 1000 जीवित जन्मों में 30 से वर्ष 2020 में प्रति 1000 जीवित जन्मों में 28 के साथ 2 अंकों की गिरावट दर्ज की है। (वार्षिक गिरावट दर : 6.7%)

• नवजात मृत्युदर में भी दो अंकों की गिरावट हुई है। यह वर्ष 2019 मे प्रति 1000 जीवित जन्मों में 22 थी, जो 2020 में प्रति 1000 जीवित जन्मों में 20 हो गई। (वार्षिक गिरावट दर 9:1%) यह शहरी क्षेत्रों 12 से लेकर ग्रामीण क्षेत्रों में 23 तक है।

• छ: राज्यों/केन्द्रशासित प्रदेशों ने पहले ही नवजात मृत्युदर (NMR) (वर्ष 2030 तक < 12) का एसडीजी लक्ष्य प्राप्त कर लिया है; जैसे- केरल (4), दिल्ली (9), तमिलनाडु (9), महाराष्ट्र (11), जम्मू-कश्मीर (12) और पंजाब (12)।

- ग्यारह (11) राज्यों/केन्द्रशासित प्रदेशों ने पहले ही (U5MR) (वर्ष 2030 तक <= 25) एसडीजी लक्ष्य प्राप्त कर लिया है-केरल (8), तमिलनाडु (13), दिल्ली (14), महाराष्ट्र (18), जम्मू-कश्मीर (17), कर्नाटक (21), पंजाब (22), पश्चिम बंगाल (22), तेलंगाना (23), गुजरात (24) और हिमाचल प्रदेश (24)।
- भारत की मातृ मृत्युदर वर्ष 2020 में 103 हो गई है, जो वर्ष 2016-18 में 113 थी।

जनसंख्या से सम्बन्धित अन्य प्रमुख तथ्य (2011)

सर्वाधिक वृद्धि दर वाला राज्य/प्रदेश	• दादरा एवं नगर हवेली और दमन एवं दीव (54.8%)	
न्यूनतम वृद्धि दर वाला राज्य/प्रदेश	• नागालैण्ड (–0.6%)	• केरल (4.9%)
सर्वाधिक लिंगानुपात वाले राज्य/प्रदेश	• केरल (1084)	• पुदुचेरी (1037)
न्यूनतम लिंगानुपात वाले राज्य/प्रदेश	• दादरा एवं नगर हवेली और दमन एवं दीव (741) • चण्डीगढ़ (818)	
न्यूनतम लिंगानुपात (0-6 वर्ष वाले राज्य)	• हरियाणा (834)	• पंजाब (846)
सर्वाधिक साक्षरता दर वाले राज्य/प्रदेश	• केरल (94.0%)	• लक्षद्वीप (91.8%)
न्यूनतम साक्षरता दर वाले राज्य/प्रदेश	• बिहार (61.8%)	• अरुणाचल प्रदेश (65.4%)
सर्वाधिक जनसंख्या घनत्व वाले राज्य/प्रदेश	• दिल्ली (11,320 व्यक्ति प्रति वर्ग किमी) • चण्डीगढ़ (925 व्यक्ति प्रति वर्ग किमी)	
न्यूनतम जनसंख्या घनत्व वाले राज्य/प्रदेश	• अरुणाचल प्रदेश (17 व्यक्ति प्रति वर्ग किमी) • अण्डमान एवं निकोबार (46 व्यक्ति प्रति वर्ग किमी)	

राष्ट्रीय जनसंख्या नीति, 2000

- 15 फरवरी, 2000 को अपनाई गई राष्ट्रीय जनसंख्या नीति (National Population Policy) देश में स्वतन्त्रता प्राप्ति के बाद अपनाई गई एक बेहतर नीति है। नीति का दीर्घावधिक उद्देश्य वर्ष 2070 तक जनसंख्या स्थिरता के लक्ष्य को प्राप्त करना है।
- राष्ट्रीय जनसंख्या नीति में इन उद्देश्यों को प्राप्त करने के लिए निम्न उपायों की बात की गई है
  - शिशु मृत्युदर को 70 प्रति हजार से घटाकर 30 प्रति हजार से नीचे लाना।
  - मातृत्व मृत्युदर को प्रति एक लाख जीवित जन्मों के अनुपात में 100 से कम करना।
  - 18 वर्ष से कम आयु वाली लड़कियों के विवाह पर अंकुश लगाना।
  - जन्म, मृत्यु, विवाह एवं गर्भधारण का शत-प्रतिशत पंजीकरण लक्ष्य प्राप्त करना।
  - सभी संचरणीय रोगों का उपचार करना और उन्हें फैलने से रोकना।
  - बाल विवाह निरोधक अधिनियम तथा लिंग परीक्षण तकनीक निरोधक अधिनियम के प्रावधानों को सख्ती से लागू किया जाना।
  - कुल उत्पादकता को 2:1 की प्रतिस्थापन दर तक लाना।
  - दो बच्चों वाले छोटे परिवार को प्रोत्साहित करना
  - कम-से-कम 80% जनन को नियमित डिस्पेन्सरियों, अस्पतालों तथा स्वास्थ्य संस्थाओं में प्रशिक्षित स्टाफ द्वारा करवाना तथा शेष 20% जनन को भी प्रशिक्षित स्वस्थ्य कर्मियों द्वारा करवाना।
  - जनसंख्या नियन्त्रण के उपायों को अपनाने के लिए प्रेरित करने वाली पंचायतों, जिला परिषदों को पुरस्कृत करना।

राष्ट्रीय जनसंख्या आयोग

- 11 मई, 2000 को दिल्ली में आस्था नामक शिशु (लड़की) के जन्म के साथ ही भारत की जनसंख्या के एक अरब हो जाने पर भारत सरकार द्वारा प्रधानमन्त्री की अध्यक्षता में जुलाई, 2000 में राष्ट्रीय जनसंख्या आयोग (National Population Commission) का गठन किया गया था।
- इसका प्रमुख उद्देश्य उच्च प्राथमिकता के आधार पर सरकार को जनसंख्या को स्थिर करने के प्रयासों में महत्त्वपूर्ण व ठोस सुझाव देना है।
- प्रधानमन्त्री इस आयोग के अध्यक्ष तथा योजना आयोग (नीति आयोग) के उपाध्यक्ष होते हैं।
- केन्द्र सरकार के विभिन्न मन्त्रालयों के मन्त्री इसके सदस्य हैं; जैसे—वित्त स्वास्थ्य एवं परिवार कल्याण, सूचना एवं प्रसारण, पर्यावरण एवं वन, ग्रामीण विकास, सामाजिक न्याय एवं अधिकारिता, नगर विकास तथा महिला एवं बाल विकास है।

राष्ट्रीय जनसंख्या रजिस्टर

- राष्ट्रीय जनसंख्या रजिस्टर (National Population Register) देश के निवासियों का रजिस्टर है। इसे नागरिकता अधिनियम, 1955 और नागरिकता (नागरिकों का पंजीयन और राष्ट्रीय पहचान) नियम, 2003 के प्रावधानों के आधार पर स्थानीय (ग्राम, कस्बा, तहसील) तथा जिला/राज्य और राष्ट्रीय स्तर पर तैयार किया जाता है।
- राष्ट्रीय जनसंख्या रजिस्टर का उद्देश्य है-देश के सभी नागरिकों के व्यक्तिगत ब्योरों को एकत्र करना तथा ग्रामीण और नगरीय क्षेत्रों के 15 वर्ष के ऊपर के सभी लोगों के फोटोग्राफ व दसों अँगुलियों की छाप लेना।
- देश के नागरिकों की पहचान का डेटाबेस एकत्र करने के लिए वर्ष 2010 में इसकी शुरुआत की गई।
- कोई भी व्यक्ति जो 6 महीने या उससे अधिक समय से भारत में रह रहा है या अगले 6 महीने या उससे अधिक समय तक यहाँ रहने की इच्छा रखता है, उसे राष्ट्रीय जनसंख्या रजिस्टर में अनिवार्य रूप से पंजीकरण कराना होता है।

जनगणना 2011 के राज्यवार अन्तिम आँकड़े

क्रम.	राज्य/केन्द्रशासित प्रदेश	जनसंख्या	%	पुरुष	महिलाएँ	लिंगानुपात	साक्षरता	ग्रामीण जनसंख्या	शहरी जनसंख्या	क्षेत्र किमी	जनघनत्व प्रति वर्ग किमी
राज्य											
1.	उत्तर प्रदेश	199,812,341	16.5	104,480,510	95,331,831	930	67.68	131,658,339	34,539,582	240,928	828
2.	महाराष्ट्र	112,374,333	9.28	58,243,056	54,131,277	929	82.34	55,777,647	41,100,980	307,713	365
3.	बिहार	104,099,452	8.6	54,278,157	49,821,295	918	61.80	74,316,709	8,681,800	94,163	1,106
4.	पश्चिम बंगाल	91,276,115	7.54	46,809,027	44,467,088	950	76.26	57,748,946	22,427,521	88,752	1,030
5.	आन्ध्र प्रदेश	49,386,799	3.5	24,83,000	24,747,799	997	67.41	34,967,389	14,610,410	162,975	304
6.	तेलंगाना	35,003,674	3.2	17,612,000	17,392,674	988	66.46	21,395,000	13,609,674	112,077	307
7.	मध्य प्रदेश	72,626,809	6.00	37,612,306	35,014,503	931	69.32	44,380,878	15,967,145	308,245	236
8.	तमिलनाडु	72,147,030	5.96	36,137,975	36,009,055	996	80.09	34,921,681	27,483,998	130,058	555
9.	राजस्थान	68,548,437	5.66	35,550,997	32,997,440	928	66.11	43,292,813	13,214,375	342,239	200
10.	कर्नाटक	61,095,297	5.05	30,966,657	30,128,640	973	75.36	34,889,033	17,961,529	191,791	319
11.	गुजरात	60,439,692	4.99	31,491,,260	28,948,432	919	78.03	31,740,767	18,930,250	196,024	308
12.	ओडिशा	41,974,218	3.47	21,212,136	20,762,082	979	72.87	31,287,422	5,517,238	155,707	270
13.	केरल	33,406,061	2.76	16,027,412	17,378,649	1084	94.00	23,574,449	8,266,925	38,863	859
14.	झारखण्ड	32,988,134	2.72	16,930,315	16,057,819	948	66.41	20,952,088	5,993,741	79,714	414
15.	असम	31,205,576	2.58	15,939,443	15,266,133	958	72.19	23,216,288	3,439,240	78,438	398
16.	पंजाब	27,743,338	2.29	14,639,465	13,103,873	895	75.84	16,096,488	8,,262,511	50,362	550
17.	छत्तीसगढ़	25,545,198	2.11	12,832,895	12,712,303	991	70.28	16,648,056	4,185,747	135,191	189
18.	हरियाणा	25,351,462	2.09	13,494,734	11,856,728	879	75.55	15,029,260	6,115,304	44,212	573
19.	उत्तराखण्ड	10,086,292	0.83	5,137,773	4,948,519	963	78.82	6,310,275	2,179,074	53,483	189
20.	हिमाचल प्रदेश	6,864,602	0.57	3,481,873	3,382,729	972	82.80	5,482,319	595,581	55,673	123
21.	त्रिपुरा	3,693,917	0.30	1,874,376	1,799,541	960	87.22	2,653,453	545,750	10,486	350
22.	मेघालय	2,966,889	0.25	1,491,832	1,475057	989	74.43	1,864,711	454,111	22,429	132
23.	मणिपुर	2,570,390	0.21	1,290,171	1,280,219	992	79.21	1,590,820	575,968	22,327	122
24.	नागालैण्ड	1,978,502	0.16	1,024,649	953,853	931	79.55	1,647,249	342,787	16,579	119
25.	गोवा	1,458,545	0.12	739,140	719,405	973	88.70	677,091	670,577	3,702	394
26.	अरुणाचल प्रदेश	1,373,727	0.11	713,912	669,815	938	65.38	870,087	227,881	83,743	17
27.	मिजोरम	1,097,206	0.09	555,339	541,867	976	91.33	447,567	441,006	21,081	52
28.	सिक्किम	610577	0.05	323,070	287,507	890	81.42	480,981	59,870	7,096	86
केन्द्रशासित प्रदेश केन्द्र											
29.	दिल्ली	16,787,941	1.39	8,987,326	7,800,615	868	86.21	944,727	12,905,780	1,484	11,320
30.	पुदुचेरी	1,247,953	0.10	612,511	635,442	1037	85.85	325,726	648,619	479	2,598
31.	अण्डमान-निकोबार	380,581	0.03	202,871	177,710	876	86.63	239,954	116,198	8,249	46
32.	चण्डीगढ़	1,055,450	0.09	580,663	474,787	818	86.05	92,120	808,515	114	9,252
33.	लक्षद्वीप	64,473	0.01	33,123	31,350	946	91.85	33,683	26,,967	32	2,013
34.	दादरा एवं नगर हवेली और दमन एवं दीव	585,956	0.45	344,601	242,885	764	87.10	—	—	603	970
35.	जम्मू एवं कश्मीर	12,267,013	0.25	6,484,000	5,783,013	889	67.16	6,640,662	5,900,640	42,241	56
36.	लद्दाख	274,289	0.12	156,756	117,533	889	67.16	212,280	62,009	59,146	4.6

नगरीय अधिवास

- नगरीय अधिवास (Urban Settlement) में जनसंख्या और आवासों का सघन समूहन पाया जाता है। इसके अधिकांश निवासी गैर-प्राथमिक व्यवसायों द्वारा अपना जीविकोपार्जन करते हैं। ये दो प्रकार के होते हैं
  - जनगणना नगर (Census Town)
  - वैधानिक नगर (Statutory Town)
- 1971 की जनगणना के अनुसार, वे अधिवास या स्थान, जो निम्नलिखित शर्तों को पूरा करते हैं, जनगणना नगर की श्रेणी में रखे जा सकते हैं; जैसे-
  - पुरुषों की कार्यशील जनसंख्या का कम-से-कम 75% भाग कृष्योत्तर कार्यों में लगा हो।
  - जनसंख्या का घनत्व 400 व्यक्ति प्रति वर्ग किमी से अधिक हो
  - वैधानिक नगर के अन्तर्गत सभी नगर निगम, नगरपालिका, छावनी और अधिसूचित नगर क्षेत्र आते हैं।

भारत में नगरीकरण

- नगरीकरण (Urbanisation) एक सामाजिक-आर्थिक प्रक्रिया है, जिसके द्वारा किसी क्षेत्र की जनसंख्या का बड़ा भाग कस्बों और नगरों में संकेन्द्रित हो जाता है।
- भारत जैसे विकासशील देश में नगरीकरण वर्तमान शताब्दी की सबसे महत्त्वपूर्ण घटना है, जिसने राष्ट्रीय जीवन के सभी पहलुओं को प्रभावित किया है।
- 1901 के जनगणना के अनुसार, भारत में 10.84% नगरीय जनसंख्या थी, जो वर्ष 2001 में बढ़कर 27.81% हो गई, जबकि 2011 के अनुसार नगरीकरण की प्रतिशतता 31.16% तक पहुँच गई।
- संयुक्त राष्ट्र के वर्ष 2001 की जनसंख्या रिपोर्ट के अनुसार, भारत की 40.76% जनसंख्या वर्ष 2030 तक नगरों में निवास करेगी। इसी क्रम में विश्व बैंक की रिपोर्ट के अनुसार, वर्ष 2050 तक भारत के साथ-साथ चीन, इण्डोनेशिया, नाइजीरिया और संयुक्त राज्य अमेरिका में सर्वाधिक नगरीय जनसंख्या होगी।
- शीर्ष नगरीय जनसंख्या प्रतिशत वाले संघीय क्षेत्र/राज्य क्रमशः दिल्ली (97.5%) तथा लक्षद्वीप (78.1) हैं।

शीर्ष पाँच नगरीय जनसंख्या वाले राज्य/केन्द्रशासित प्रदेश

रैंक	राज्य/केन्द्रशासित प्रदेश	जनसंख्या
1.	महाराष्ट्र	5,08,18,259
2.	उत्तर प्रदेश	4,44,95,063
3.	तमिलनाडु	3,49,17,440
4.	पश्चिम बंगाल	2,90,93,002
5.	आन्ध्र प्रदेश	2,82,19,075

नगरों का वर्गीकरण

भारतीय जनगणना विभाग ने नगरीय केन्द्रों को 6 वर्गों में बाँटा है

वर्ग	जनसंख्या
I.	1,00,000 से अधिक जनसंख्या
II.	50,000-99,999
III.	20,000-49,999
IV.	10,000-19,999
V.	5,000-9,999
VI.	5000 से कम जनसंख्या

- एक लाख से कम जनसंख्या वाले नगर को कस्बा कहते हैं। 1 से 10 लाख की जनसंख्या वाले नगरीय केन्द्रों को नगर कहा जाता है।
- संयुक्त राष्ट्र (United Nations) के अनुसार, 10 से 50 लाख जनसंख्या के नगरीय केन्द्रों को महानगर (Metropolitan City) कहते हैं तथा 50 लाख से अधिक जनसंख्या वाले नगर को वृहत नगर कहते हैं। अधिकांश महानगर तथा वृहत नगर नगरीय संकुल हैं। नगरीय संकुल के उत्कृष्ट उदाहरण वृहत मुम्बई व दिल्ली हैं।

नगरों की संख्या

नगरों के प्रकार	2001	2011
जनगणना नगर	1362	3894
वैधानिक नगर	3799	4041
नगरीय संकुल	384	475
प्रशाखाएँ	962	981
कुल नगर	**5161**	**7935**

भारत के 10 लाख या उससे अधिक (1 मिलियन प्लस) जनसंख्या वाले नगर 2011

- उत्तर प्रदेश—7 (कानपुर, लखनऊ, आगरा, गाजियाबाद, वाराणसी, मेरठ, प्रयागराज)
- केरल—7 (कोच्चि, कोझीकोड, त्रिशूर, मलप्पुरम, तिरुवनन्तपुरम, कन्नूर, कोल्लम)
- महाराष्ट्र—6 (ग्रेटर मुम्बई, नागपुर, पुणे, नासिक, वसई विरार, औरंगाबाद)
- मध्य प्रदेश—4 (इन्दौर, भोपाल, जबलपुर, ग्वालियर)
- गुजरात—4 (अहमदाबाद, सूरत, वडोदरा, राजकोट)
- तमिलनाडु—4 (चेन्नई, कोयम्बटूर, मदुरै, तिरुचिरापल्ली)
- झारखण्ड—3 (जमशेदपुर, धनबाद, राँची)
- राजस्थान—3 (जयपुर, जोधपुर, कोटा)
- आन्ध्र प्रदेश—2 (विशाखापत्तनम, विजयवाड़ा)
- पंजाब—2 (लुधियाना, अमृतसर)
- बिहार—1 (पटना)
- पश्चिम बंगाल—2 (कोलकाता, आसनसोल)
- कर्नाटक—1 (बंगलुरु)
- हरियाणा—1 (फरीदाबाद)
- छत्तीसगढ़—2 (रायपुर, दुर्ग-भिलाईनगर)
- दिल्ली—1 (दिल्ली)
- तेलंगाना 1 (हैदराबाद)
- जम्मू-कश्मीर—1 (श्रीनगर)
- चण्डीगढ़—1 (चण्डीगढ़)

"

भारत एक विशाल देश है, जहाँ प्राचीन काल से ही मध्य एशियाई देशों से विभिन्न जातियों के लोग यहाँ आते रहे हैं और प्रजातियों का सम्मिश्रण होता रहा है। प्रजातियों का वर्गीकरण सामान्यत: शरीर की बनावट, उनके रंग, आवास स्थान आदि के आधार पर किया जाता है।

अध्याय पन्द्रह

भारत की प्रजातियाँ एवं जनजातियाँ

भारत की प्रजातियाँ

- मानव प्रजाति एक जैविक विचार है। इसका अभिप्राय यह है कि मनुष्य के विभिन्न समूहों में शारीरिक रचना, सभ्यता एवं संस्कृति के साथ-साथ प्राणिशास्त्र सम्बन्धी गुणों की एकरूपता रखने वाले मानव समाज को एक प्रजाति विशेष के अन्तर्गत रखा जाता है।
- प्रजातियों का वर्गीकरण मुख्यत: शरीर की बनावट के आधार पर किया जाता है।
- प्रजातीय शारीरिक लक्षण दो प्रकार के होते हैं—बाह्य लक्षण; जैसे—त्वचा का रंग, बालों की बनावट, शरीर का कद, होंठ का आकार आदि और आन्तरिक लक्षण; जैसे—कपाल एवं नासा सूचकांक एवं रुधिर वर्ग आदि।
- प्रजातीय सम्मिश्रण मुख्यत: उत्तरी भारत में ही हुआ, क्योंकि जातियों का आगमन मुख्यत: पश्चिमोत्तर सीमा से ही हुआ।
- दक्षिणी भारत में बाह्य जातियों का आगमन अपेक्षाकृत कम हुआ, इसलिए वहाँ पर मूल जातियाँ पाई जाती हैं।

भारतीय प्रजातियों का वर्गीकरण

- भारतीय प्रजातियों के वर्गीकरण में अनेक मानव वैज्ञानिकों ने योगदान दिया है, जिनमें रिजले, हैडन, ई. वॉन एक्सटैट के नाम प्रमुख हैं, लेकिन सर्वाधिक विश्वसनीय वर्गीकरण वैज्ञानिक डॉ. बीएस गुहा का माना जाता है।
- डॉ. बीएस गुहा भारत सरकार के मानव विज्ञान विभाग के निदेशक थे, उन्होंने 1931 की जनगणना में भारत की कुछ प्रजातियों की एन्थ्रोपोमीट्रिक नाप की और पूर्व के वर्गीकरण के दोषों को दूर करके अपना संशोधित वर्गीकरण वर्ष 1944 में रेसियल एलीमेण्ट्स इन द पॉपुलेशन (Racial Elements in the Population) के नाम से प्रकाशित किया। डॉ. गुहा ने भारतीय उपमहाद्वीप की जनसंख्या को मुख्य रूप से निम्नलिखित छ: जाति समूहों तथा उनके उपभेदों में बाँटा है

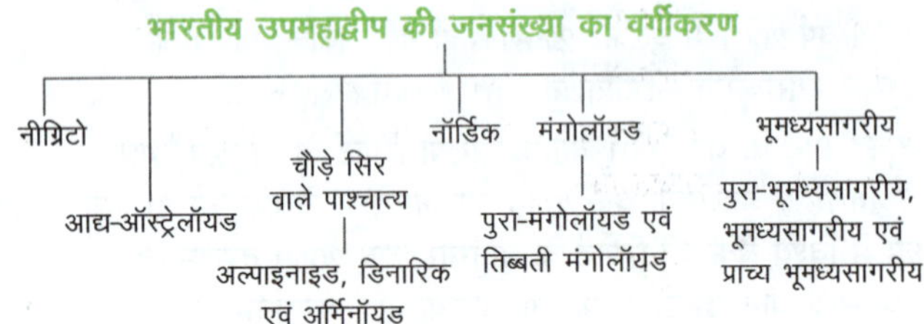

भारतीय प्रजातियों के क्षेत्र एवं विशेषताएँ

प्रजातियाँ	क्षेत्र	विशेषताएँ
नीग्रिटो	अण्डमान-निकोबार द्वीप समूह, कोच्चि, त्रावणकोर	• नीग्रिटो भारत में प्रवेश करने वाला सबसे पहला प्रजाति समूह है। • इनके बाल छल्लेदार, सिर गोल, ठोड़ी बहुत छोटी, सिर लम्बा, त्वचा का रंग पीला-काला और बाहें लम्बी होती हैं। • नीग्रिटो प्रजाति के लक्षण कडार तथा पुलियान प्रजातियों में पाए जाते हैं।
आद्य-ऑस्ट्रेलॉयड	दक्षिण भारत तथा मध्य भारत में	• यह दक्षिण भारत की आदिम प्रजाति है। • मध्य तथा दक्षिणी भारत के अतिरिक्त उत्तरी भारत में भी आद्य-ऑस्ट्रेलॉयड अधिक संख्या में पाए जाते हैं। इनकी त्वचा का रंग भूरा-काला, बाल छल्लेदार, नाक चौड़ी और चपटी तथा होठ मासल होते हैं। चेंचू मलायन, कुरुम्बा, मुण्डा, सन्थाल, कोल जनजातियाँ इसी प्रजाति से सम्बन्धित हैं।
नॉर्डिक	पंजाब, हरियाणा, राजस्थान, पश्चिमी उत्तर प्रदेश	• नॉर्डिक मध्य एशिया से भारत आने वाली अन्तिम प्रजाति है। • इनका शरीर सुगठित, सुडौल, लम्बा, सिर लम्बा, नाक लम्बी, पतली एवं ऊँची तथा रंग गोरा होता है।

प्रजातियाँ	क्षेत्र	विशेषताएँ
मंगोलॉयड	लद्दाख, सिक्किम, अरुणाचल प्रदेश, उत्तर-पूर्वी भारत	• मंगोलॉयड जाति समूह का आदि स्थान पूर्वी एशिया है, जो मालदीव तथा इण्डोनेशिया से होते हुए पूर्वी पर्वतीय दर्रों को पार कर भारत में बस गए। • इनका कद मध्यम, त्वचा का रंग भूरा, शरीर एवं चेहरे पर कम बाल, चेहरा सपाट, कपोल अस्थियाँ उभरी हुई होती हैं। • पुरा-मंगोलॉयड सबसे प्राचीन मंगोलॉयड प्रजाति है। तिब्बती मंगोलॉयड हिमालय के पर्वतीय प्रदेश में निवास करती है।
भूमध्यसागरीय	पंजाब, बंगाल, मध्य प्रदेश, महाराष्ट्र, हरियाणा, राजस्थान एवं उत्तर प्रदेश	• यह काकेशॉयड प्रजाति की एक उपजाति है। इसकी त्वचा का रंग हल्का भूरा, सिर लम्बा, सिर के बाल लहरदार, नासिका चौड़ी और पतली होती है। • इनके तीन उपवर्ग होते हैं। (i) पुरा-भूमध्यसागरीय (ii) भू-मध्यसागरीय (iii) प्राच्य भूमध्यसागरीय
चौड़े सिर वाले पाश्चात्य	उत्तर प्रदेश, बिहार, तमिलनाडु, कर्नाटक, महाराष्ट्र, गुजरात, ओडिशा, आन्ध्र प्रदेश और मुम्बई	• ये प्रजातियाँ पश्चिम की ओर से भारत में आईं। इनके तीन उपवर्ग हैं (i) **अल्पाइनाइड** यह मध्यम कद वाली प्रजाति है, जिसकी त्वचा हल्की भूरी, चेहरा गोल, शरीर सुडौल, नाक, लम्बी, सिर और शरीर पर अधिक बाल होते हैं। (ii) **डिनारिक** यह लम्बे कद वाली प्रजाति है, जिसका चेहरा लम्बा, नाक लम्बी पतली और त्वचा भूरी से काली होती है। (iii) **आर्मिनॉयड** इनका कद मध्यम, सिर चौड़ा, नाक बहुत पतली और शरीर पर अधिक बाल होते हैं। मुम्बई में पारसी लोगों में इसके लक्षण मिलते हैं।

भारत की जनजातियाँ

- जनजातियों को भारत का मूल निवासी माना जाता है। वर्तमान में इनकी जनसंख्या लगभग 8 करोड़ है। देश में लगभग 700 से अधिक जनजातियाँ पाई जाती हैं।
- जनसंख्या के दृष्टिकोण से सर्वाधिक जनसंख्या मध्य प्रदेश में पाई जाती है। उसके बाद ओडिशा, बिहार, गुजरात, छत्तीसगढ़ आदि का स्थान आता है।
- जनजातियों के लिए आदिवासी शब्द का प्रयोग सर्वप्रथम ठक्कर बापा ने किया था। अनुसूचित जाति शब्द संविधान में परिभाषित नहीं है, इसका उल्लेख अनुच्छेद 341 में किया गया है।
- अण्डमान-निकोबार एवं लक्षद्वीप में कुछ विशिष्ट जनजातियाँ पाई जाती हैं, जिनमें कुछ वर्तमान में भी अपने मूल रूप में ही निवास करती हैं तथा सरकार द्वारा उन्हें संरक्षण प्रदान किया जा रहा है। इनमें शोम्पेन, जारवा एवं सेण्टेनिलीज आदि शामिल हैं।
- डॉ. बीएस गुहा ने भारत की सभी जनजातियों को भौगोलिक आधार पर तीन भागों में विभाजित किया है

भौगोलिक आधार पर जनजातियों का विभाजन

उत्तर तथा उत्तर-पूर्वी क्षेत्र

यह क्षेत्र कश्मीर से लेकर पंजाब, हिमाचल प्रदेश, उत्तर प्रदेश से लेकर असोम तक विस्तृत है। इस क्षेत्र में भोटिया, थारू, लेप्चा, नागा, गारो, खासी, डाफला, अबोर, मिकिर, लुसाई, खम्पा, कुकी तथा खस जनजातियाँ निवास करती हैं।

मध्यवर्ती क्षेत्र

यह क्षेत्र गंगा के मैदान से कृष्णा नदी तक है। इसमें बिहार, बंगाल, दक्षिणी उत्तर प्रदेश, मध्य प्रदेश, ओडिशा, महाराष्ट्र, दक्षिणी राजस्थान आदि आते हैं। यहाँ निवास करने वाली सन्थाल, मुण्डा, उराँव, हो, खरिया, बिरहोर, गोण्ड, बैगा, भील, कोल, मीणा आदि प्रमुख जनजातियाँ हैं।

दक्षिणी क्षेत्र

इस क्षेत्र के अन्तर्गत कृष्णा नदी के दक्षिण में मैसूर, त्रावणकोर, कोच्चि, हैदराबाद, आन्ध्र प्रदेश, तमिलनाडु आते हैं। यहाँ कोटा, टोडा, पनियार, कदार, चेंचू, कुरुम्बा, उराली आदि प्रमुख जनजातियाँ निवास करती हैं।

भारत के प्रमुख जनजातीय समूह

भील

- भील कोल समूह की एक स्वदेशी जनजाति है। यह भारत में सबसे पहले बसने वाली तथा भारत की सबसे बड़ी जनजाति है। भील शब्द की उत्पत्ति द्रविड बील से हुई है, जिसका अर्थ तीरधनुष होता है।
- इस जनजाति का विस्तार मध्य प्रदेश, छत्तीसगढ़, गुजरात, महाराष्ट्र, कर्नाटक, त्रिपुरा, आन्ध्र प्रदेश, तेलंगाना और राजस्थान में है
- यह जनजाति प्रोटो-ऑस्ट्रेलॉयड प्रजाति से सम्बन्धित है। भीलों का सर्वाधिक संकेन्द्रण राजस्थान के बाँसवाड़ा जिले में है। इनकी अर्थव्यवस्था का संचालन कृषि से चलता है।

गोण्ड

- यह भारत की दूसरी सबसे बड़ी जनजाति है, जो देश के 13 राज्यों में निवास करती है। गोण्डों की लगभग 60% आबादी मध्य प्रदेश में निवास करती है। शेष अन्य प्रदेशों में यह द्रविड़ परिवार की जनजाति है एवं इसकी भाषा गोण्डी है।
- इनकी त्वचा का रंग काला, बाल काले, होंठ मोटे, नाक बड़ी व फैली हुई होती है। गोण्ड शब्द का अर्थ होता है—पहाड़ी।
- गोण्ड आदिवासी लोगों का कृषि प्रधान व्यवसाय है। ये कृषि से एवं मवेशियों से अपनी आजीविका चलाते हैं। गोण्ड जनजाति के मुख्य देवता बूढ़ादेव, दूल्हादेव एवं नारायणदेव (सूर्य) है।

सन्थाल

- यह भारत की एक प्रमुख जनजाति है। सन्थाल लोग कुशल कृषक एवं उत्तम शिकारी होते हैं । यह भारत की तीसरी सबसे बड़ी जनजाति है।
- सन्थाल लोगों का निवास क्षेत्र मुख्य रूप से झारखण्ड, ओडिशा एवं पश्चिम बंगाल में फैला हुआ है। ये झारखण्ड में मुख्यत: सन्थाल परगना, राँची, सिंहभूम, हजारीबाग एवं धनबाद जिलों में रहते हैं।
- सन्थाल लोग प्राय: छोटे कद के होते हैं, इनका सम्बन्ध प्रोटो-ऑस्ट्रेलॉयड और द्रविड़ प्रजाति से है। सन्थालों की प्रमुख भाषा सन्थाली है, जिसे वर्ष 2004 में संविधान की आठवीं अनुसूची में शामिल किया गया।
- सन्थाल एक अन्तर्जातीय विवाही समूह है। इसमें संगोत्रीय विवाह निषिद्ध होता है। सन्थाल लोगों में ताड़ी नृत्य प्रसिद्ध है।

मुण्डा

- मुण्डा भारत की एक प्रमुख जनजाति है, जो मुख्य रूप से झारखण्ड के छोटानागपुर क्षेत्र में निवास करती है। ये झारखण्ड के अतिरिक्त बिहार, पश्चिम बंगाल, ओडिशा आदि भारतीय राज्यों में रहते हैं।
- इनकी भाषा मुण्डारी, ऑस्ट्रो-एशियाटिक भाषा (Austro-Asiatic Language) परिवार की एक भाषा है। मुण्डाओं के लिए भारतीय जाति व्यवस्था विदेशी है। उनके दफनाए गए पूर्वज परिवार के अभिभावक के रूप में याद किए जाते हैं। मुण्डा लोगों का मुख्य त्योहार सरहुल है।

बोडो

- बोडो जनजाति भारत के गारो पहाड़ियों में पाई जाती है। इनका संकेन्द्रण मुख्य रूप से असोम, मेघालय और मिजोरम है। बोडो कई समूहों; जैसे-गारो, मेच, कछारी, लालुंग तथा डिमासा आदि से मिलकर बना है।
- बोडो जनजाति के लोगों की मातृभाषा बोडो है, जो तिब्बती-बर्मी भाषा परिवार की एक शाखा है। 92वें संविधान संशोधन अधिनियम के द्वारा बोडो भाषा को संविधान की आठवीं अनुसूची में जोड़ा गया है।
- 27 जनवरी, 2020 को केन्द्रीय गृहमन्त्री की उपस्थिति में दशकों पुरानी बोडो समस्या के समाधान के लिए त्रिपक्षीय समझौते पर हस्ताक्षर किए गए।

थारू

- थारू जनजाति मूल रूप से उत्तराखण्ड के विभिन्न जिलों में पाई जाती है। यह जनजाति उत्तराखण्ड के ऊधमसिंह नगर तथा नैनीताल में पाई जाती है। इस राज्य के अतिरिक्त थारू जनजाति नेपाल एवं भारत के सीमावर्ती तराई क्षेत्रों में पाई जाती है।
- यह जनजाति बिहार के चम्पारण जिले व उत्तर प्रदेश के उत्तरी जिलों के तराई क्षेत्र में पाई जाती है। नेपाल की सकल जनसंख्या के लगभग 0.6% लोग थारू जनजाति से हैं।
- इस जनजाति का मुख्य निवास स्थल जलोढ़ मिट्टी वाला हिमालय का सम्पूर्ण उप-पर्वतीय भाग होता है। ये लोग हिन्दू धर्म को मानते हैं तथा सभी हिन्दू त्योहारों को मनाते हैं। ये लोग दिवाली को एक शोक पर्व के रूप में मनाते हैं।

भूटिया/भोटिया

- भूटिया किरात वंशीय एक अर्धघुमन्तू जनजाति (Semi-Nomadic Tribes) है। इस जनजाति के अधिकांश लोग पर्वतीय स्थानों पर ही रहते हैं। इनका संकेन्द्रण उत्तरी क्षेत्रों में मुख्यतः हिमाचल प्रदेश, उत्तराखण्ड तथा सिक्किम राज्यों में पाया जाता है।
- यह जनजाति आर्थिक, शैक्षिक तथा सामाजिक रूप से अन्य जनजातियों की अपेक्षा पिछड़ी हुई है। ये शरद एवं ग्रीष्मकाल में ऋतु प्रवास करते हैं।

नागा

- नागा भारत की एक प्रमुख जनजाति (Semi-Nomadic Tribes) है, इनका संकेन्द्रण मुख्य रूप से नागालैण्ड है। इनका सम्बन्ध इण्डो-मंगोलॉयड प्रजाति से है। नागा लोग कुशल योद्धा होते हैं। इनका पसन्दीदा अस्त्र भाला है।
- यह क्षेत्र नागराज के अधीन था, इसलिए यहाँ के लोगों को नागा के नाम से जाना जाता है।
- इस जनजाति के लोगों ने नगमिस (Nagamese) नामक एक अलग भाषा का विकास किया है, जो विभिन्न नागा एवं असमिया भाषा का मिश्रण है।

मीणा

- मीणा शब्द की उत्पत्ति मीन से हुई है, मीन का शाब्दिक अर्थ मछली होता। यह राजस्थान की सबसे बड़ी जनजाति है। 2011 की जनगणना के अनुसार, राजस्थान में मीणा जनजाति की जनसंख्या 43.46 लाख है, जो राजस्थान की कुल जनजातीय आबादी का लगभग 4.7% है।
- इस जनजाति से नाता प्रथा (Nata Pratha) प्रचलित है तथा यह पितृसत्तात्मक परिवार को मानने वाली जनजाति है। यह राजस्थान की सर्वाधिक शिक्षित जनजाति है।
- पौराणिक मान्यताओं के आधार पर इस जनजाति का सम्बन्ध भगवान के मत्स्यावतार से है। मीणा जनजाति के लोग शिव व शक्ति के उपासक होते हैं।

टोडा

- टोडा जनजातियों का निवास स्थान नीलगिरि पहाड़ियाँ हैं। ये लोग स्वयं को आर्यों का वंशज मानते हैं। इस जनजाति में बहुविवाह प्रथा प्रचलित है, जिसका कारण मुख्यतः कन्या वध है।
- टोडा लोगों की भाषा कन्नड़ है, जिसका सम्बन्ध द्रविड़ भाषा से है। टोडा तीन से लेकर सात छोटी-छोटी झोंपड़ियों वाली ऐसी बस्तियों में रहते हैं, जो चरागाह ढलानों पर दूर-दूर स्थित होती हैं।
- इनकी झोंपड़ियाँ लकड़ी के ढाँचों पर खड़ी होती हैं तथा छतें अर्द्धबेलनाकार व कमानीदार होती हैं।

गद्दी

- गद्दी भारत की जनजातियों में से एक है। गद्दी हिमालय के गडरियों को कहा जाता है। यह जनजाति भारत के उत्तराखण्ड, हिमाचल प्रदेश, जम्मू-कश्मीर तथा लद्दाख में पाई जाती है।
- वर्तमान समय में गद्दी जनजाति के लोग धौलाधर श्रेणी के निचले भागों में हिमाचल प्रदेश के चम्बा एवं काँगड़ा जिलों में निवास करते हैं।
- प्रारम्भिक समय में ये ऊँचे पर्वतीय भागों में आकर बसे थे, किन्तु वर्तमान में धीरे-धीरे धौलाधर पर्वत की निचली श्रेणियों, घाटियों एवं समतल भागों में भी निवास करना शुरू किया। वर्तमान में इन्होंने अपनी बस्तियाँ स्थापित कर ली हैं।

मंगनियार

- यह जनजाति राजस्थान के रेगिस्तानी भागों में निवास करती है। मंगनियार एक मुस्लिम बहुल जनजाति है। इनमें संगीत की परम्परा प्राचीन समय से चली आ रही है।
- यह जनजाति राजस्थान के बाड़मेर और जैसलमेर जिलों में पाकिस्तान सीमा से सटे सिन्ध प्रान्त में पाई जाती है।

बुक्सा

- बुक्सा जनजाति पर्वतीय राज्य उत्तराखण्ड के पौड़ी गढ़वाल जिले में निवास करती है। यह जनजाति उत्तर प्रदेश के बिजनौर जिले में भी निवास करती है, जहाँ इन्हें मेहरा कहा जाता है।
- इस जनजाति में हिन्दुओं की भाँति अनुलोम एवं प्रतिलोम विवाह प्रचलित है। इस जनजाति का सम्बन्ध पटवार राजपूत घराने से है। ये हिन्दी बोलते हैं।

उराँव

- इस जनजाति का सम्बन्ध प्रोटो-ऑस्ट्रेलॉयड प्रजाति से है। यह झारखण्ड की प्रमुख जनजातियों में से एक है। ये लोग कुरुख भाषा बोलते हैं। यह भाषा मुण्डा भाषा से मिलती-जुलती है।
- ये मुख्यत: सन्थाल परगना व रोहतास जिलों में रहते हैं। इनका प्रमुख व्यवसाय शिकार, मछली मारना व कृषि है।

गरासिया

- गरासिया जनजाति भील व मीणा के बाद राजस्थान की तीसरी प्रमुख जनजाति है। इस जनजाति के लोग मुख्यत: दक्षिणी राजस्थान में रहते हैं।
- ये चौहान राजपूत वंश के हैं, परन्तु भीलों के समान आदिम प्रकार का जीवन व्यतीत करते हैं। इनमें पहरावना, मोर बंधिया व ताणना तीन प्रकार के विवाह प्रचलित हैं।

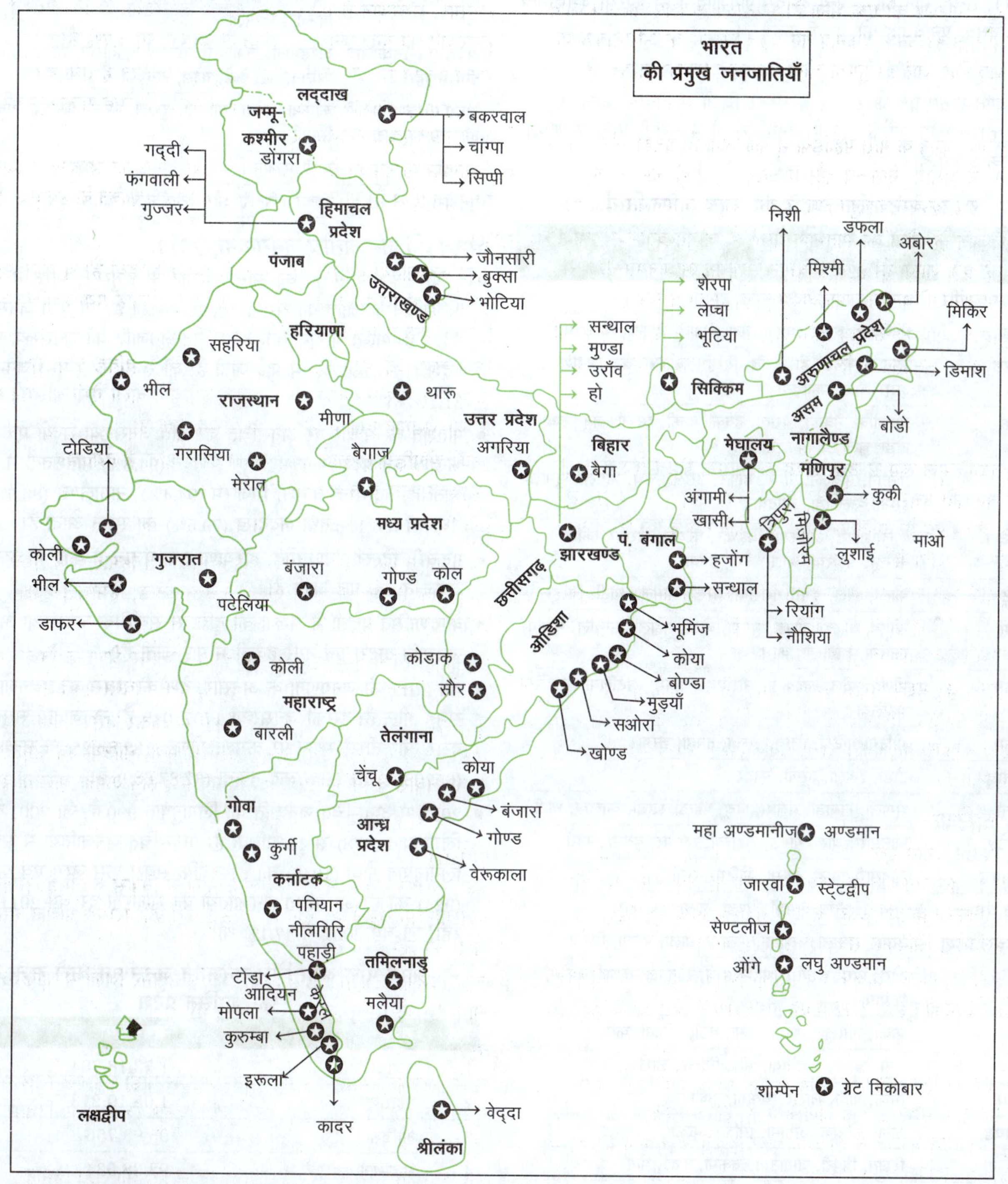

कोरवा

- कोरवा जनजाति मुण्डा प्रजाति समूह से सम्बन्ध रखती है तथा यह मुख्यत: झारखण्ड और छत्तीसगढ़ में पाई जाती है।
- यह जनजाति आदिम प्रकार से अपना जीवनयापन करती है, परन्तु वर्तमान में इस जनजाति में कृषि का प्रचार एवं प्रचलन बढ़ा है।
- झारखण्ड में कोरवा के अतिरिक्त असुर, बिरहोर, बिरजिया, परहिया (बैगा), सबर, मान आदि अन्य आदिम जनजातियाँ हैं। कोरवा जनजातीय लोग विधवा पुनर्विवाह को मैयारी कहते हैं।

हल्बा

यह जनजाति छत्तीसगढ़ के रायपुर व बस्तर जिलों में निवास करने वाली जनजाति है। ये लोग कृषक होते हैं। इनकी बोली में मराठी भाषा के शब्दों का अधिक प्रयोग होता है।

राज्य/केन्द्रशासित प्रदेश की प्रमुख जनजातियाँ

राज्य/केन्द्र शासित प्रदेश	जनजातियाँ
जम्मू और कश्मीर	गुज्जर, चौपान, गद्दी, मौन, डोंगरा
लद्दाख	बकरवाल, बाल्टी, चांग्पा, बेदा, ब्रोकपा, ड्रोकपा, बोट, सिप्पी
झारखण्ड	सन्थाल, मुण्डा, हो, उराँव, बिरहोर, कोरवा, बैगा, नगेशिया, असुर, माल-पहाड़िया
कर्नाटक	वाल्मीकि, नैकड़ा, थेरावा, हक्कीपिवकी, इरूला, जेनुकुरूबा, टोडा, वर्ली, पनियन, मालसार
केरल	पनियन, मविलन, नायर, डाफर, उराली, चेंचू, मोपला, सुमाली, इरूला, उल्लाडा, आदियान
मध्य प्रदेश	भील, गोण्ड, अगरिया, बिंझवार, परधान, खैरवार, कोल, कोरकू, सहरिया, ओझा, बैगा, हल्बा
महाराष्ट्र	कोली, भील, डुंगरी गरसिया, वरली, पोमला, थोटी, बिरहुल
ओडिशा	खोण्ड, कोल्हा, गोण्ड, मुण्डा, बोडा, महाली, सन्थाल, मुआंग, खारिया, डोंगरिया, कोंध
राजस्थान	मीणा, भील, कोकना, गरसिया, खारी, पटेलिया, सहरिया, भटेलिया
सिक्किम	भोटिया/भूटिया, लिम्बू, लेप्चा, तमांग, शेरपा
तमिलनाडु	टोडा, इरूला, उरेली, कादर
तेलंगाना	सुगाली, लंबाडी, बंजारा, चेंचू, पहाड़ी रेड्डी, कुलिया, थोटी
उत्तर प्रदेश	जौनसारी, थारू, गोण्ड, सहरिया, खरवार, बुक्सा, पतरी
उत्तराखण्ड	जौनसारी, थारू, बुक्सा, भोटिया, राजी
पश्चिम बंगाल	सन्थाल, उराँव, भूमजी, मुण्डा, लोधा, हो, कोरा
अरुणाचल प्रदेश	अबोर, डफला, अपातामी, खोवा, गालो, मोम्बा, मिश्मी
असम	बोरो, मिरी, कार्बी, राभा, कछारी, सोनवल, लुशाई चकमा, डिमासा
मणिपुर	कुकी, तांगखुल, थाडो, नागा, मैठी, अंगामी, कोम
मेघालय	गारो, खासी, जयन्तिया, भोई, मिकिर, लाखेर
मिजोरम	मिजो, पावी, लाखर, चकमा, कुकी
नागालैण्ड	नागा, कोन्यक, अंगामी, मिकिर, कुकी
त्रिपुरा	रियांग, त्रिपुरी, जमातिया, चकमा, उचई, मोंग
आन्ध्र प्रदेश	बंजारा, लंबाडा, सुगाली, कुबी, बगाता, सवारा, चेंचू, बकला
बिहार	सन्थाल, बिरहोर, बंजारा, खोण्ड
छत्तीसगढ़	गोण्ड, अगरिया, मुड़िया, अबूझमाड़िया, बैगा, कोरकू, सहरिया, परजा, परधान, खरिया, सौर
गोवा	वलिप, गाँवड़ा, सिद्दी, धोडिया, वर्ली
गुजरात	भील, बरदा, कोली, डबरा, खारी, चारन, रथवा पटेलिया, पोमला, धोड़िया
हिमाचल प्रदेश	गद्दी, गुज्जर, भोटिया, बेदा, लाम्बा, खाम्पा, डोंबा, गारा, किन्नौर, स्वांगला
अण्डमान-निकोबार द्वीप समूह	अण्डमानी, निकोबारी, सेण्टलीज, जारवा, जारना, औंजे, शोम्पेन, येरे, केडे, कोरा, टाबू
दादरा एवं नगर हवेली और दमन एवं दीव	कोकना, वरली, धोडिया, दुबला, वरली, घोड़िया, बैकड़ा, सिद्दी
लक्षद्वीप	वासी मालमिस
पुदुचेरी	इरुलर (पिल्ली और वेट्टईकरवा सहित)

भारत की जनजातीय जनगणना, 2011

- 15वीं जनगणना 2011 की अन्तिम रिपोर्ट के अनुसार, भारत में अनुसूचित जनजाति की संख्या 10,42,81,034 है, जो कुल जनसंख्या का 8.6% है। भारत में सर्वाधिक अनुसूचित जनजाति की जनसंख्या मध्य प्रदेश (1,53,16,784) में पाई जाती है, जो राज्य की समस्त जनसंख्या का 21.1% है।
- प्रतिशत के आधार पर अनुसूचित जनजाति जनसंख्या राज्यों एवं केन्द्रशासित प्रदेश में लक्षद्वीप में सर्वोच्च (94.8%) प्रतिशतता में पाई जाती है, तदुपरान्त क्रमश: मिजोरम (94.4%), नागालैण्ड (86.5%), मेघालय (86.1%) तथा लद्दाख (79.5%) का स्थान आता है।
- पुदुचेरी, दिल्ली, चण्डीगढ़, हरियाणा तथा पंजाब में कोई भी अनुसूचित जनजाति नहीं पाई जाती है।
- केन्द्रशासित प्रदेशों में संख्या की दृष्टि से सर्वाधिक जनसंख्या अनुसूचित जनजाति दादरा एवं नगर हवेली में पाई जाती है।
- वर्ष 2011 की जनगणना के अनुसार, देश का सबसे बड़ा जनजातीय समूह भील है। इसकी जनसंख्या 17071049 है। जनजातीय समूह में दूसरे और तीसरे स्थान पर क्रमश: गोण्ड (13256928) व सन्थाल (6570807) है। इसके बाद नैकदा (37,87,639) है।
- 2011 में अनुसूचित जनजाति का लिंगानुपात 990 है, जो 2001 के लिंगानुपात (978) से 12 अधिक है। अनुसूचित जनजातियों में सर्वाधिक लिंगानुपात गोवा (1046) का है, जबकि सबसे कम जम्मू एवं कश्मीर (924) का है। अनुसूचित जनजातियों की साक्षरता दर वर्ष 2011 में 59% रही, जो वर्ष 2001 में 47.1% थी।

शीर्ष पाँच अनुसूचित जनजाति जनसंख्या वाले राज्य/केन्द्रशासित प्रदेश

रैंक	राज्य	जनसंख्या
1.	मध्य प्रदेश	1,53,16,784
2.	महाराष्ट्र	1,05,10,213
3.	ओडिशा	95,90,756
4.	राजस्थान	92,38,534
5.	गुजरात	89,17,174

"

भारत के सभी राज्यों में विधानसभाओं के माध्यम से मुख्यमन्त्री अपने मन्त्रिपरिषद् की सहायता से शासन का संचालन करते हैं। दिल्ली तथा पुदुचेरी को छोड़कर अन्य केन्द्रशासित प्रदेशों में केन्द्र सरकार प्रशासकों अथवा उपराज्यपालों की सहायता से प्रशासन को नियन्त्रित करती है। केन्द्रशासित प्रदेश का शासन राष्ट्रपति द्वारा संचालित होता है।

अध्याय सोलह

राज्य तथा केन्द्रशासित प्रदेश

भारत के प्रमुख राज्य

आन्ध्र प्रदेश

अक्षांश	12°41′ उत्तर से 22°4′ उत्तर	**जनसंख्या**	49,386,799 (4.93 करोड़)
देशान्तर	77° पूर्व से 84°4′ पूर्व	**साक्षरता**	67.66%
स्थापना	1 नवम्बर, 1956	**जनसंख्या घनत्व**	308 प्रति वर्ग किमी
क्षेत्रफल	1,60,205 वर्ग किमी	**जिलों की संख्या**	26
लिंगानुपात	993	**विधानसभा सीटें**	175
भाषा	तेलुगू, उर्दू, हिन्दी, बंजारा	**विधानपरिषद् सीटें**	58
राजधानी	अमरावती	**लोकसभा सीटें**	25
उच्च न्यायालय	अमरावती	**राज्यसभा सीटें**	11

असम

अक्षांश	24°3′ उत्तर से 27°58′ उत्तर	**जिलों की संख्या**	33
देशान्तर	89°5′ पूर्व से 96° 2′ पूर्व	**विधानसभा सीटें**	126
स्थापना	15 अगस्त, 1947	**लोकसभा सीटें**	14
क्षेत्रफल	78,438 वर्ग किमी	**राज्यसभा सीटें**	7
लिंगानुपात	958		
भाषा	असमिया, बोडो		
राजधानी	दिसपुर		
उच्च न्यायालय	गुवाहाटी		
जनसंख्या	3,12,05,576		
साक्षरता	72.2%		
जनसंख्या घनत्व	398 प्रति वर्ग किमी		

अरुणाचल प्रदेश

अक्षांश	26°30′ उत्तर से 29°30′ उत्तर
देशान्तर	91°20′ पूर्व से 97°30′ पूर्व
स्थापना	20 फरवरी, 1987
क्षेत्रफल	83,743 वर्ग किमी
लिंगानुपात	938
भाषा	मिशिंग, मोनपा, मिजी, अका, अपतानी, तगिन, अदी
राजधानी	ईटानगर
उच्च न्यायालय	गुवाहाटी (ईटानगर खण्डपीठ)
जनसंख्या	13,83,727
साक्षरता	65.38%
जनसंख्या घनत्व	17 (भारत में सबसे कम) प्रति वर्ग किमी
जिलों की संख्या	26
विधानमण्डल	एक सदनीय
विधानसभा सीटें	60
लोकसभा सीटें	2
राज्यसभा सीटें	1

गोवा

अक्षांश	14°53′ उत्तर से 15°40′ उत्तर	**जिलों की संख्या**	2
देशान्तर	73°40′ पूर्व से 74°20′ पूर्व	**विधानसभा सीटें**	40
स्थापना	30 मई, 1987	**लोकसभा सीटें**	2
क्षेत्रफल	3,702 वर्ग किमी	**राज्यसभा सीटें**	1
लिंगानुपात	973		
भाषा	कोंकणी तथा मराठी		
राजधानी	पणजी		
उच्च न्यायालय	मुम्बई (पणजी खण्डपीठ)		
जनसंख्या	14,58,545		
साक्षरता	88.7%		
जनसंख्या घनत्व	394 प्रति वर्ग किमी		

गुजरात

अक्षांश	20°10′ उत्तर से 24°70′ उत्तर	जिलों की संख्या	33
देशान्तर	68°40′ पूर्व से 70°40′ पूर्व	विधानसभा सीटें	182
स्थापना	1 मई, 1960	लोकसभा सीटें	26
क्षेत्रफल	1,96,244 वर्ग किमी	राज्यसभा सीटें	11
लिंगानुपात	919		
भाषा	गुजराती		
राजधानी	गाँधीनगर		
उच्च न्यायालय	अहमदाबाद		
जनसंख्या	6,04,39,692		
साक्षरता	78.03%		
जनसंख्या घनत्व	308 प्रति वर्ग किमी		

कर्नाटक

अक्षांश	11°31′ उत्तर से 18°14′ उत्तर	विधानमण्डल	द्विसदनीय
देशान्तर	74°12′ पूर्व से 78°10′ पूर्व	विधानसभा सीटें	224
स्थापना	15 अगस्त, 1953 को मैसूर राज्य बना तथा 1 नवम्बर, 1973 को कर्नाटक बना	विधानपरिषद् सीटें	75
क्षेत्रफल	1,91,791 वर्ग किमी	लोकसभा सीटें	28
लिंगानुपात	973	राज्यसभा सीटें	12
भाषा	कन्नड़		
राजधानी	बंगलुरु		
उच्च न्यायालय	बंगलुरु		
जनसंख्या	6,10,95,297		
साक्षरता	75.4%		
जनसंख्या घनत्व	319 प्रति वर्ग किमी		
जिलों की संख्या	31		

केरल

अक्षांश	8°7′ उत्तर से 12°47′ उत्तर	जिलों की संख्या	14
देशान्तर	74°27′ पूर्व से 77°37′ पूर्व	विधानसभा सीटें	140
स्थापना	1 नवम्बर, 1956	लोकसभा सीटें	20
क्षेत्रफल	38,852 वर्ग किमी	राज्यसभा सीटें	9
लिंगानुपात	1,084		
भाषा	मलयालम		
राजधानी	तिरुवन्तपुरम		
उच्च न्यायालय	कोच्चि		
जनसंख्या	3,34,06,061		
साक्षरता	94.0%		
जनसंख्या घनत्व	860 प्रति वर्ग किमी		

महाराष्ट्र

अक्षांश	15°5′ उत्तर से 22° उत्तर	जिलों की संख्या	36
देशान्तर	72°5′ पूर्व से 80°9′ पूर्व	विधानमण्डल	द्विसदनीय
स्थापना	1 मई, 1960	विधानसभा सीटें	288
क्षेत्रफल	3,07,713 वर्ग किमी	विधानपरिषद् सीटें	78
लिंगानुपात्त	929	लोकसभा सीटें	48
भाषा	मराठी	राज्यसभा सीटें	19
राजधानी	मुम्बई		
उच्च न्यायालय	मुम्बई		
जनसंख्या	11,23,74,333		
साक्षरता	82.34%		
जनसंख्या घनत्व	365 प्रति वर्ग किमी		

मणिपुर

अक्षांश	23°8′ उत्तर से 25°68′ उत्तर	जिलों की संख्या	16
देशान्तर	93°03′ पूर्व से 94°78′ पूर्व	विधानसभा सीटें	60
स्थापना	21 जनवरी, 1972	लोकसभा सीटें	2
क्षेत्रफल	22,327 वर्ग किमी	राज्यसभा सीटें	1
लिंगानुपात	985		
भाषा	मणिपुरी		
राजधानी	इम्फाल		
उच्च न्यायालय	इम्फाल		
जनसंख्या	28,55,794		
साक्षरता	76.94%		
जनसंख्या घनत्व	128 प्रति वर्ग किमी		

मेघालय

अक्षांश	23°83′ उत्तर से 25°6′ उत्तर	साक्षरता	74.43%
देशान्तर	93°03′ पूर्व से 94°7′ पूर्व	जनसंख्या घनत्व	132 प्रति वर्ग किमी
स्थापना	2 अप्रैल, 1970 तक असम के अन्तर्गत तथा जनवरी, 1972 में अलग राज्य बना।	जिलों की संख्या	12
क्षेत्रफल	22,429 वर्ग किमी	विधानसभा सीटें	60
लिंगानुपात	989	लोकसभा सीटें	2
भाषा	गारो, पनर, खासी तथा अंग्रेजी	राज्यसभा सीटें	1
राजधानी	शिलांग		
उच्च न्यायालय	शिलांग		
जनसंख्या	29,66,889		

मिजोरम

अक्षांश	21°58′ उत्तर से 24°35′ उत्तर	**विधानसभा सीटें**	40
देशान्तर	92°15′ पूर्व से 93°29′ पूर्व	**लाकसभा सीटें**	1
स्थापना	20 फरवरी, 1987	**राज्यसभा सीटें**	1
क्षेत्रफल	21,081 वर्ग किमी		
लिंगानुपात	976		
भाषा	मिजो, लुशाई तथा अंग्रेजी		
राजधानी	आइजोल		
उच्च न्यायालय	गुवाहाटी (आइजोल खण्डपीठ)		
जनसंख्या	10,97,206		
साक्षरता	91.33%		
जनसंख्या घनत्व	52 प्रति वर्ग किमी		
जिलों की संख्या	11		

नागालैण्ड

अक्षांश	26°6′ उत्तर से 27°4′ उत्तर	**जनसंख्या घनत्व**	119 प्रति वर्ग किमी
देशान्तर	98° पूर्व से 96° पूर्व	**जिलों की संख्या**	16
स्थापना	1 दिसम्बर, 1963	**विधानसभा सीटें**	60
क्षेत्रफल	16,579 वर्ग किमी	**लोकसभा सीटें**	1
लिंगानुपात	931	**राज्यसभा सीटें**	1
राजधानी	कोहिमा		
उच्च न्यायालय	गुवाहाटी (कोहिमा खण्डपीठ)		
भाषा	अंग्रेजी, आओ, कोयाक, अंगामी, सेमा, लोथा, चाखेसांग, चांग		
जनसंख्या	19,78,502		
साक्षरता	79.6%		

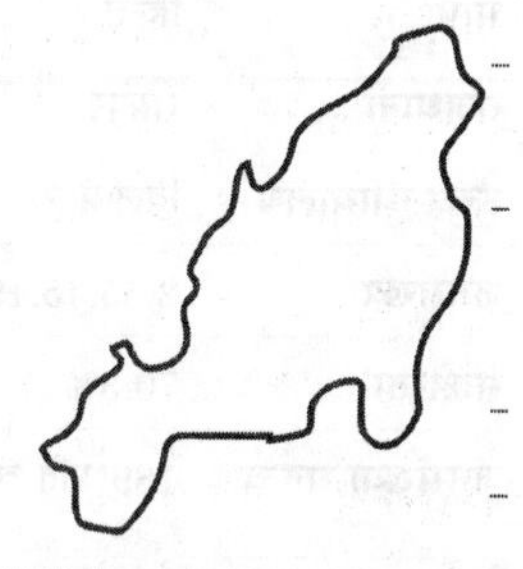

ओडिशा

अक्षांश	17°4′ उत्तर से 22°3′ उत्तर	**जिलों की संख्या**	30
देशान्तर	82°2′ पूर्व से 87°2′ पूर्व	**विधानसभा सीटें**	147
स्थापना	5 अगस्त, 1947	**लोकसभा सीटें**	21
क्षेत्रफल	1,55,707 वर्ग किमी	**राज्यसभा सीटें**	10
लिंगानुपात	979		
भाषा	ओडिया		
राजधानी	भुवनेश्वर		
उच्च न्यायालय	कटक		
जनसंख्या	4,19,74,218		
साक्षरता	72.9%		
जनसंख्या घनत्व	270 प्रति वर्ग किमी		

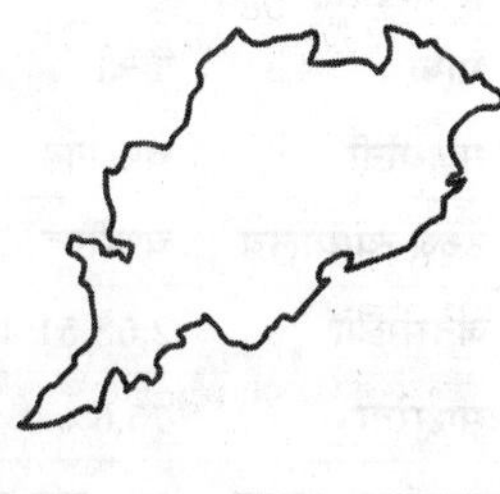

पंजाब

अक्षांश	29°30′ उत्तर से 32°32′ उत्तर	जिलों की संख्या	23
देशान्तर	73°35′ पूर्व से 76°50′ पूर्व	विधानसभा सीटें	117
स्थापना	15 अगस्त, 1947 प्रान्त तथा जनवरी, 1950 राज्य (भाग ए) के अन्तर्गत 1956 तक	लोकसभा सीटें	13
क्षेत्रफल	50,362 वर्ग किमी	राज्यसभा सीटें	7
लिंगानुपात	895		
भाषा	पंजाबी		
राजधानी	चण्डीगढ़		
उच्च न्यायालय	चण्डीगढ़		
जनसंख्या	2,77,44,338		
साक्षरता	75.8%		
जनसंख्या घनत्व	550 प्रति वर्ग किमी		

पश्चिम बंगाल

अक्षांश	21°38′ उत्तर से 27°10′ उत्तर	**जिलों की संख्या**	23
देशान्तर	85°50′ पूर्व से 89°50′ पूर्व	**विधानसभा सीटें**	294
स्थापना	1 नवम्बर, 1956	**लोकसभा सीटें**	42
क्षेत्रफल	88,752 वर्ग किमी	**राज्यसभा सीटें**	16
लिंगानुपात	950		
भाषा	बांग्ला		
राजधानी	कोलकाता		
उच्च न्यायालय	कोलकाता		
जनसंख्या	9,12,76,115		
साक्षरता	76.26%		
जनसंख्या घनत्व	1,028 प्रति वर्ग किमी		

सिक्किम

अक्षांश	27°05′ उत्तर से 28°7′ उत्तर	**जिलों की संख्या**	6
देशान्तर	87°59′ पूर्व से 88°56′ पूर्व	**विधानसभा सीटें**	32
स्थापना	16 मई, 1975	**लोकसभा सीटें**	1
क्षेत्रफल	7,096 वर्ग किमी	**राज्यसभा सीटें**	1
लिंगानुपात	890		
भाषा	लेप्चा, भूटिया, हिन्दी, नेपाली, लिम्बू		
राजधानी	गंगटोक		
उच्च न्यायालय	गंगटोक		
जनसंख्या	6,10,577		
साक्षरता	81.4%		
जनसंख्या घनत्व	86 प्रति वर्ग किमी		

तमिलनाडु

अक्षांश	8°5′ उत्तर से 13°35′ उत्तर	जिलों की संख्या	38
देशान्तर	76°15′ पूर्व से 80°20′ पूर्व	विधानसभा सीटें	234
स्थापना	1 नवम्बर, 1956	लोकसभा सीटें	39
क्षेत्रफल	1,30,060 वर्ग किमी	राज्यसभा सीटें	18
लिंगानुपात	996		
भाषा	तमिल		
राजधानी	चेन्नई		
उच्च न्यायालय	चेन्नई		
जनसंख्या	7,21,47,030		
साक्षरता	80.1%		
जनसंख्या घनत्व	555 प्रति वर्ग किमी		

तेलंगाना

अक्षांश	17° 22′ उत्तर से 17°36′ उत्तर	जिलों की संख्या	33
देशान्तर	78° 28′ पूर्व से 78°47′ पूर्व	विधानपरिषद् सीटें	40
स्थापना	2 जून, 2014	विधानसभा सीटें	119
क्षेत्रफल	1,12,077 वर्ग किमी	लोकसभा सीटें	17
लिंगानुपात	988	राज्यसभा सीटें	07
भाषा	तेलुगू एवं उर्दू		
राजधानी	हैदराबाद		
उच्च न्यायालय	हैदराबाद		
जनसंख्या	3,50,03,674		
साक्षरता	66.46%		
जनसंख्या घनत्व	307 प्रति वर्ग किमी		

त्रिपुरा

अक्षांश	22°56′ उत्तर से 24°32′ उत्तर	जिलों की संख्या	8
देशान्तर	90°09′ पूर्व से 92°10′ पूर्व	विधानसभा सीटें	60
स्थापना	21 जनवरी, 1972	लोकसभा सीटें	2
क्षेत्रफल	10,486 वर्ग किमी	राज्यसभा सीटें	1
लिंगानुपात	960		
भाषा	बांग्ला व काकबरक		
राजधानी	अगरतला		
उच्च न्यायालय	अगरतला		
जनसंख्या	36,73,917		
साक्षरता	87.22%		
जनसंख्या घनत्व	350 प्रति वर्ग किमी		

बिहार

अक्षांश	24°20′ उत्तर से 27°31′ उत्तर	जिलों की संख्या	38
देशान्तर	83°19′ पूर्व से 88°17′ पूर्व	विधानसभा सीटें	243
स्थापना	22 मार्च, 1912	लोकसभा सीटें	40
क्षेत्रफल	94,163 वर्ग किमी	राज्यसभा सीटें	16
लिंगानुपात	918	विधानपरिषद् सीटें	75
भाषा	हिन्दी, उर्दू		
राजधानी	पटना		
उच्च न्यायालय	पटना		
जनसंख्या	10,40,99,452		
साक्षरता	61.8% (अन्तिम 35 वे स्थान पर)		
जनसंख्या घनत्व	1,106 प्रति वर्ग किमी		

छत्तीसगढ़

अक्षांश	17°46′ उत्तर 24°05′ उत्तर	जिलों की संख्या	33
देशान्तर	80°15′ पूर्व से 84°20′ पूर्व	विधानसभा सदस्य	90
स्थापना	1 नवम्बर, 2000	लोकसभा सदस्य	11
क्षेत्रफल	1,35,192 वर्ग किमी	राज्यसभा सदस्य	5
लिंगानुपात	991		
भाषा	हिन्दी		
राजधानी	रायपुर		
उच्च न्यायालय	बिलासपुर		
जनसंख्या	2,55,45,198		
साक्षरता	70.3%		
जनसंख्या घनत्व	189 प्रति वर्ग किमी		

हरियाणा

अक्षांश	27°39′ उत्तर से 30°35′ उत्तर	जिलों की संख्या	22
देशान्तर	74°28′ पूर्व से 77°36′ पूर्व	विधानसभा सीटें	90
स्थापना	1 नवम्बर, 1966	लोकसभा सीटें	10
क्षेत्रफल	44,212 वर्ग किमी	राज्यसभा सीटें	5
लिंगानुपात	879		
भाषा	हिन्दी		
राजधानी	चण्डीगढ़		
उच्च न्यायालय	चण्डीगढ़		
जनसंख्या	2,53,51,462		
साक्षरता	75.6%		
जनसंख्या घनत्व	573 प्रति वर्ग किमी		

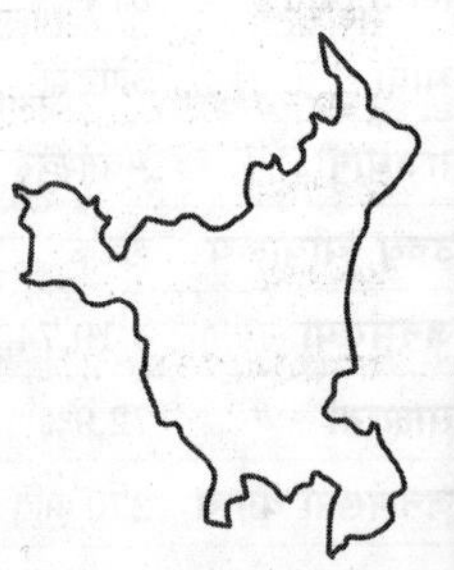

हिमाचल प्रदेश

अक्षांश	30°22′ उत्तर से 33°12′ उत्तर	जिलों की संख्या	12
देशान्तर	75°45′ पूर्व से 79°4′ पूर्व	विधानसभा सीटें	68
स्थापना	25 जनवरी, 1971	लोकसभा सीटें	4
क्षेत्रफल	55,673 वर्ग किमी	राज्यसभा सीटें	3
लिंगानुपात	972		
भाषा	हिन्दी, पहाड़ी व डोगरी		
राजधानी	शिमला		
उच्च न्यायालय	शिमला		
जनसंख्या	68,64,602		
साक्षरता	82.8%		
जनसंख्या घनत्व	123 प्रति वर्ग किमी		

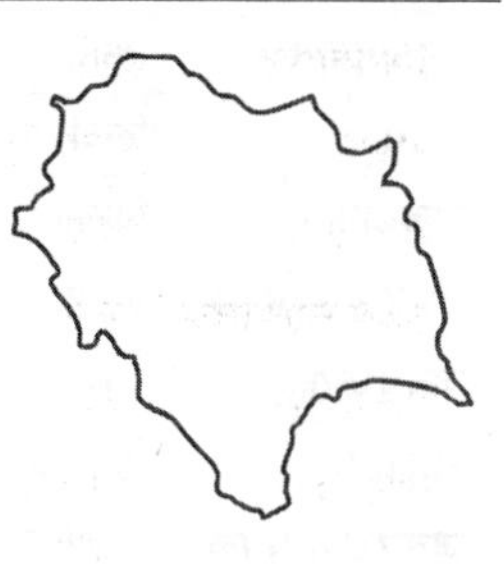

झारखण्ड

अक्षांश	21°59′ उत्तर से 25°45′ उत्तर	**जिलों की संख्या**	24
देशान्तर	83°26′ पूर्व से 87°51′ पूर्व	**विधानसभा सीटें**	81
स्थापना	15 नवम्बर, 2000	**लोकसभा सीटें**	14
क्षेत्रफल	79,716 वर्ग किमी	**राज्यसभा सीटें**	6
लिंगानुपात	948		
भाषा	हिन्दी		
राजधानी	राँची		
उच्च न्यायालय	राँची		
जनसंख्या	3,29,88,134		
साक्षरता	66.4%		
जनसंख्या घनत्व	414 प्रति वर्ग किमी		

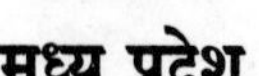

मध्य प्रदेश

अक्षांश	21°6′ उत्तर से 26°5′ उत्तर	**जिलों की संख्या**	55
देशान्तर	74° पूर्व से 83°4′ पूर्व	**विधानसभा सीटें**	230
स्थापना	1 नवम्बर, 1956	**लोकसभा सीटें**	29
क्षेत्रफल	3,08,252 वर्ग किमी	**राज्यसभा सीटें**	11
लिंगानुपात	931		
भाषा	हिन्दी		
राजधानी	भोपाल		
उच्च न्यायालय	जबलपुर		
जनसंख्या	7,26,26,809		
साक्षरता	69.3% (28वें स्थान पर)		
जनसंख्या घनत्व	236 प्रति वर्ग किमी		

राजस्थान

अक्षांश	23°3′ उत्तर से 30°12′ उत्तर	**जिलों की संख्या**	50
देशान्तर	69°3′ पूर्व से 78°17′ पूर्व	**विधानसभा सीटें**	200
स्थापना	1 नवम्बर, 1956	**लोकसभा सीटें**	25
क्षेत्रफल	3,42,239 वर्ग किमी	**राज्यसभा सीटें**	10
लिंगानुपात	928		
भाषा	हिन्दी, राजस्थानी		
राजधानी	जयपुर		
उच्च न्यायालय	जोधपुर		
जनसंख्या	6,85,48,437		
साक्षरता	66.1%		
जनसंख्या घनत्व	200 प्रति वर्ग किमी		

उत्तर प्रदेश

अक्षांश	23°5′ उत्तर से 31°2′ उत्तर	**जिलों की संख्या**	75
देशान्तर	77°3′ पूर्व से 84°3′ पूर्व	**विधानसभा सीटें**	403
स्थापना	15 अगस्त, 1947 (संयुक्त प्रान्त) 24 जनवरी, 1950 (उत्तर प्रदेश)	**विधानपरिषद् सीटें**	100
क्षेत्रफल	2,36,286 वर्ग किमी	**लोकसभा सीटें**	80
लिंगानुपात	912	**राज्यसभा सीटें**	31
भाषा	हिन्दी व उर्दू		
राजधानी	लखनऊ		
उच्च न्यायालय	प्रयागराज		
जनसंख्या	19,98,12,341		
साक्षरता	67.7%		
जनसंख्या घनत्व	829 प्रति वर्ग किमी		

उत्तराखण्ड

अक्षांश	28°43′ उत्तर से 31°27′ उत्तर	**जिलों की संख्या**	13
देशान्तर	77°34′ पूर्व से 81°02′ पूर्व	**विधानसभा सीटें**	70
स्थापना दिवस	9 नवम्बर, 2000	**लोकसभा सीटें**	05
क्षेत्रफल	53,483 वर्ग किमी	**राज्यसभा सीटें**	03
लिंगानुपात	963		
भाषा	हिन्दी, अंग्रेजी, गढ़वाली, कुमाऊँनी		
राजधानी	देहरादून (शीतकालीन), भरारीसैंण (ग्रीष्मकालीन)		
उच्च न्यायालय	नैनीताल		
जनसंख्या	1,00,86,292		
साक्षरता	78.8%		
जनसंख्या घनत्व	189 प्रति वर्ग किमी		

केन्द्रशासित प्रदेश

अण्डमान और निकोबार द्वीप समूह

अक्षांश	6° उत्तर से 14° उत्तर	साक्षरता	86.6%
देशान्तर	92° पूर्व से 94° पूर्व	जनसंख्या घनत्व	46 प्रति वर्ग किमी
स्थापना	1 नवम्बर, 1956	जिलों की संख्या	3
क्षेत्रफल	8,249 वर्ग किमी	लोकसभा सीटें	1
लिंगानुपात	876		
भाषा	हिन्दी, निकोबारी, तमिल, बांग्ला और तेलुगू		
राजधानी	श्री विजयपुरम		
उच्च न्यायालय	कोलकाता (पोर्ट ब्लेयर खण्डपीठ)		
जनसंख्या	3,80,581		

चण्डीगढ़

अक्षांश	30°44′ उत्तर से 30° 74′ उत्तर	साक्षरता	86%
देशान्तर	76°47′ पूर्व से 76°79′ पूर्व	जनसंख्या घनत्व	9252 प्रति वर्ग किमी
स्थापना	1 नवम्बर, 1966	जिलों की संख्या	1
क्षेत्रफल	114 वर्ग किमी	लोकसभा सीटें	1
लिंगानुपात	818		
भाषा	पंजाबी, हिन्दी व अंग्रेजी		
राजधानी	चण्डीगढ़		
उच्च न्यायालय	चण्डीगढ़		
जनसंख्या	10,55,450		

दादरा एवं नगर हवेली और दमन एवं दीव

अक्षांश	20°27′ उत्तर	घनत्व	970
देशान्तर	73°02′ पूर्व	जिलों की संख्या	3
स्थापना	26 जनवरी, 2020	लोकसभा सीटें	2
लिंगानुपात	दादरा एवं नगर हवेली (774) एवं दमन और दीव (618)		
भाषा	गुजराती, हिन्दी, मराठी, अंग्रेजी		
राजधानी	दमन		
उच्च न्यायालय	मुम्बई उच्च न्यायालय		
जनसंख्या	343,709		
साक्षरता	(87.1%)		

दिल्ली (राष्ट्रीय राजधानी क्षेत्र)

अक्षांश	28°24′ उत्तर से 28°53′ उत्तर	जिलों की संख्या	11
देशान्तर	76°50′ पूर्व से 77°20′ पूर्व	विधानसभा सीटें	70
स्थापना	दिसम्बर, 1911	लोकसभा सीटें	7
क्षेत्रफल	1,483 वर्ग किमी	राज्यसभा सीटें	3
लिंगानुपात	868		
भाषा	हिन्दी, उर्दू, पंजाबी और अंग्रेजी		
राजधानी	दिल्ली		
उच्च न्यायालय	दिल्ली		
जनसंख्या	1,67,87,941		
साक्षरता	86.2%		
जनसंख्या घनत्व	11,320 प्रति वर्ग किमी		

लक्षद्वीप

अक्षांश	83° उत्तर से 12°3 उत्तर	जनसंख्या घनत्व	2,149 प्रति वर्ग किमी
देशान्तर	71° पूर्व से 74° पूर्व	जिलों की संख्या	1
स्थापना	1 नवम्बर, 1956	लोकसभा सीटें	1
क्षेत्रफल	30 वर्ग किमी		
लिंगानुपात	946		
भाषा	मलयालम, जेसरी, माहल		
राजधानी	कावारत्ती		
उच्च न्यायालय	कोच्चि		
जनसंख्या	64,473		
साक्षरता	91.8%		

पुदुचेरी

अक्षांश	11°54′ उत्तर से 11°91′ उत्तर	जिलों की संख्या	4
देशान्तर	79°48′ पूर्व से 79°81′ पूर्व	विधानसभा सीटें	30
स्थापना	7 जनवरी, 1963	राज्यसभा सीटें	1
क्षेत्रफल	490 वर्ग किमी	लोकसभा सीटें	1
लिंगानुपात	1,037		
भाषा	तमिल, तेलुगू, मलयालम, अंग्रेजी, फ्रेंच		
राजधानी	पुदुचेरी		
उच्च न्यायालय	चेन्नई		
जनसंख्या	12,47,953		
साक्षरता	85.8%		
जनसंख्या घनत्व	2,547 प्रति वर्ग किमी		

लद्दाख

अक्षांश	32°44′ उत्तर	साक्षरता दर	67.16% (जनगणना-2011)
देशान्तर	80°05′ पूर्व	जनघनत्व	4.6
स्थापना	31 अक्टूबर, 2019	जिलों की संख्या	2 (5 नए जिलों की घोषणा की गई)
क्षेत्रफल	1,68055	लोकसभा सीटें	1
लिंगानुपात	889 (जनगणना-2011)		
भाषा	लद्दाखी, उर्दू		
राजधानी	लेह		
उच्च न्यायालय	जम्मू और कश्मीर		
जनसंख्या	2,90492		

जम्मू-कश्मीर

अक्षांश	32°44′ उत्तर से 35°28′ उत्तर	जनसंख्या घनत्व	124 प्रति वर्ग किमी
देशान्तर	73°30′–76°80′ पूर्व	जिलों की संख्या	20
स्थापना	26 अक्टूबर, 1947	विधान मण्डल	एकसदनीय
क्षेत्रफल	54624 वर्ग किमी	विधानसभा सीटें	90
लिंगानुपात	889	लोकसभा सीटें	5
भाषा	उर्दू, कश्मीरी, डोगरी, बल्टी, गुजरी	राज्यसभा सीटें	4
राजधानी	श्रीनगर (गर्मी), जम्मू (सर्दी)		
उच्च न्यायालय	श्रीनगर		
जनसंख्या	1,22,67,013		
साक्षरता	67.16%		

इस अध्याय के विस्तृत विवरण के लिए दिया गया QR कोड स्कैन करें

विश्व का भूगोल

1. भूगोल : उत्पत्ति एवं विकास

- किसने कहा था–''भूगोल पृथ्वी की सतह के विभिन्न भागों तथा भिन्न प्रवृत्तियों का अध्ययन है''? – ***अल्फ्रेड हेटनर*** *[UPPSC (Pre) 2014]*
- भू–सूचना विज्ञान (Geoinformatics) के अन्तर्गत किन तकनीकों को स्थान दिया जाता है? – ***रिमोट सेंसिंग, जीआईएस, जीपीएस*** *[UPPSC (Pre) 2014]*
- किसने कहा है कि क्षेत्रीय विभेदीकरण मानव भूगोल में क्षेत्रीय भिन्नताओं के अध्ययन को सन्दर्भित करता है? – ***रिचर्ड हार्टशोर्न*** *[BPSC (Pre) 2014]*
- भूगोल के अध्ययन में व्यवस्थित दृष्टिकोण का विकास किसने किया? – ***अलेक्जेण्डर वॉन हम्बोल्ट*** *[UKPSC (Pre) 2011]*
- जनसंख्या वृद्धि, वितरण, घनत्व, लिंगानुपात, प्रवासन इत्यादि का अध्ययन भूगोल की किस शाखा के अन्तर्गत किया जाता है? – ***मानव भूगोल*** *[MPPSC (Pre) 2011]*
- व्यवस्थित भूगोल का विकास किसने किया? – ***हम्बोल्ट*** *[MPPSC (Pre) 2011]*
- किसने क्षेत्रीय भूगोल दृष्टि का विकास भूगोल के अध्ययन में किया? – ***कार्ल रिटर*** *[UPPSC (Pre) 2016]*

2. ब्रह्माण्ड एवं सौरमण्डल

- किस परिकल्पना/सिद्धान्त द्वारा ब्रह्माण्ड की उत्पत्ति की व्याख्या की गई है? – ***महाविस्फोट सिद्धान्त (बिग–बैंग थ्योरी)*** *[UPPSC (Pre) 2016]*
- कभी–कभी समाचारों में इवेण्ट होराइजन, सिंगुलैरिटी, स्ट्रिंग, थ्योरी और स्टैण्डर्ड मॉडल जैसे शब्द किस सन्दर्भ में आते हैं? – ***ब्रह्माण्ड का प्रेक्षण बोध*** *[UPSC (Pre) 2017]*
- एक निश्चित आकृति में व्यवस्थित तारों का समूह कहलाता है – ***नक्षत्र*** *[UPPSC (Pre) 2013]*
- किस सीमा के बाद तारे को मृत अवस्था का तारा माना जाता है? – ***चन्द्रशेखर सीमा*** *[JPSC (Pre) 2006]*
- सुपरनोवा क्या है? – ***एक मृतप्राय तारा*** *[UPPSC (Pre) 2014]*
- श्याम विवर को क्या कहा जाता है? – ***सिमट गया तारा*** *[UPPSC (Pre) 2019]*
- हमारे अन्तरिक्ष में कितने तारामण्डल हैं? – ***88 तारामण्डल*** *[BPSC (Pre) 2006]*
- सूर्य का आकार पृथ्वी के आकार से कितने गुना बड़ा है? – ***109 गुना*** *[MPPSC (Pre) 2015]*
- सूर्य की चमकीली बाह्य परत को जाना जाता है – ***फोटोस्फीयर*** *[UKPSC (Pre) 2024]*
- बृहस्पति, बुध, शनि और यूरेनस में से कौन–सा स्थलीय ग्रह है? – ***बुध*** *[MPPSC (Pre) 2014]*
- बुध का एल्बिडो, पृथ्वी के एल्बिडो से होता है – ***कम होता है।*** *[UPPSC (Pre) 2021]*
- किस ग्रह को भोर का तारा माना जाता है? – ***शुक्र ग्रह*** *[UPPSC (Pre) 2015]*
- पृथ्वी ग्रह किन दो ग्रहों के मध्य अवस्थित है? – ***शुक्र एवं मंगल ग्रह के मध्य*** *[UPPSC (Mains) 2012]*
- किस विद्वान ने सबसे पहले यह कहा था कि पृथ्वी अपने आकार में गोलाकार है? – ***अरस्तू*** *[UPSC (Pre) 2021]*
- बुध, बृहस्पति, शुक्र एवं पृथ्वी ग्रहों में से किस ग्रह का घनत्व सर्वाधिक होता है? – ***पृथ्वी*** *[UPPSC (Pre) 2021]*
- पृथ्वी ग्रह पर जल की मात्रा सबसे अधिक पाई जाती है – ***ध्रुवीय हिमनदों में*** *[UPSC (Pre) 2021]*
- 'गोल्डीलॉक्स जोन' शब्द ज्यादातर किसके सन्दर्भ में समाचारों में देखा जाता है? – ***बाह्य अन्तरिक्ष में पृथ्वी जैसे ग्रहों की खोज*** *[UPSC (Pre) 2015]*
- मंगल के दो उपग्रह कौन–से हैं? – ***फोबोस एवं डेमोस*** *[CGPSC (Pre) 2021]*
- बृहस्पति ग्रह के चन्द्रमाओं की खोज किस वैज्ञानिक ने की थी? – ***गैलीलियो ने*** *[UPPSC (Pre) 2010]*
- नेप्च्यून अपशून्य तापमान वाले किस गैस के वलयों से घिरा रहता है? – ***मीथेन गैस*** *[CGPSC (Pre) 2021]*
- एक देश अपने 'सेलिनी' (सेलेनॉलोजिकल तथा अभियान्त्रिक अन्वेषक) परीक्षणकर्ता को चन्द्रमा की कक्षा में भेजकर एशिया का प्रथम देश बना? – ***जापान*** *[UPPSC (Pre) 2012]*
- पूर्णिमा के चन्द्रमा के सामान्य से अधिक चमकदार होने के लिए मुख्य उत्तरदायी कारक था? – ***उपभू*** *[RPSC (Pre) 2012]*

3. पृथ्वी की गतियाँ

- वह वैज्ञानिक कौन था, जिसने सर्वप्रथम खोज की कि पृथ्वी, सूर्य के चारों ओर घूमती है? – ***कॉपरनिकस*** *[BPSC (Pre) 2015]*
- पृथ्वी पर दिन–रात की अवधि पृथ्वी की किस गति के कारण होती है? – ***पृथ्वी की घूर्णन गति*** *[JPSC (Pre) 2021]*
- पृथ्वी पर मौसम तथा ऋतुओं में परिवर्तन पृथ्वी की किस गति के कारण होता है? – ***पृथ्वी की परिक्रमण गति*** *[JPSC (Pre) 2021]*
- अलग–अलग ऋतुओं में दिन के समय और रात्रि के विस्तार में विभिन्नता किस कारण से होती है? – ***पृथ्वी का नत अक्ष पर परिक्रमण*** *[UPSC (Pre) 2012]*
- ग्रीष्म अयनान्त प्रतिवर्ष किस तिथि को होता है? – ***21 जून*** *[MPPSC (Pre) 2010]*
- मध्य रात्रि के सूर्य का देश किस देश को कहा जाता है? – ***नॉर्वे*** *[BPSC (Pre) 2014]*
- उत्तरी गोलार्द्ध में वर्ष का सबसे लम्बा दिन सामान्यत: कब होता है? – ***जून महीने का दूसरा पखवाड़ा*** *[UPSC (Pre) 2022]*
- 21 जून को सूर्य की अवस्थिति क्या होती है? – ***उत्तर ध्रुवीय वृत्त पर सूर्य क्षितिज के नीचे नहीं डूबता है*** *[UPPSC (Pre) 2019]*
- प्रत्येक चार वर्षों पर अधिवर्ष क्यों होता है? – ***वर्ष की लम्बाई दिनों की पूर्णांक संख्या नहीं है*** *[UPPSC (Pre) 2014]*

4. अक्षांश, देशान्तर एवं मानक समय

- ग्लोब पर 1 डिग्री के अन्तराल पर खींची गई अक्षांश रेखाएँ कितनी हैं? *- 179° अक्षांश रेखा* [BPSC (Pre) 2023]
- सर्वाधिक उत्तरी-दक्षिणी (अक्षांशीय) लम्बाई वाली सीमा वाला देश है *- चिली* [BPSC (Pre) 2019]
- पृथ्वी की भूमध्य रेखा की कुल लम्बाई कितनी है? *- 40000 किमी* [UKPSC (Pre) 2010]
- कोलम्बो, जकार्ता, मनीला एवं सिंगापुर शहरों में से कौन-सा शहर भूमध्य रेखा के सर्वाधिक निकट स्थित है? *- सिंगापुर* [UPSC (Pre) 2008]
- केन्या, मैक्सिको, इण्डोनेशिया और ब्राजील में से किससे होकर विषुवत् रेखा नहीं गुजरती है? *- मैक्सिको से* [UKPSC (Pre) 2022]
- नई सहस्राब्दी के सूर्योदय की प्रथम किरण भारत के किस एक याम्योत्तर में दिखाई देगी? *- 90°30' पूर्वी देशान्तर* [UPPSC (Pre) 2001]
- शून्य डिग्री अक्षांश तथा शून्य डिग्री देशान्तर कहाँ पर अवस्थित है? *- अटलाण्टिक महासागर* [UKPSC (Pre) 2005]
- देशान्तरीय दूरी एक घण्टे के कितने समयान्तराल के समान होती है? *- 15°* [UPPSC (Pre) 2015]
- ध्रुवों पर दो क्रमागत देशान्तरों (91° पूर्वी और 92° पूर्वी) के बीच की दूरी क्या होगी? *- 0 किमी* [UPPSC (Pre) 2016]
- उष्णकटिबन्धीय वर्ष, चन्द्रमास, मानक समय और दिवस (दिन) में से कौन-सी समय की एक प्राकृतिक इकाई नहीं है? *- मानक समय* [UKPSC (Pre) 2016]
- काहिरा का समय ग्रीनविच से दो घण्टे आगे है, यह किस देशान्तर पर अवस्थित है? *- 30° पूर्वी देशान्तर* [BPSC (Pre) 2011]
- ग्रीनविच से दोपहर 12:00 बजे तक तार भेजा गया तथा तार सम्प्रेषित करने में 12 मिनट का समय लगा। वह एक नगर में 6:00 बजे सायं को पहुँचा, तो नगर का देशान्तर क्या होगा? *- 87° पूर्व* [UKPSC (Pre) 2012]
- किसी स्थान का स्थानीय समय 6:00 प्रात: है, जबकि ग्रीनविच मीन टाइम (GMT) 3:00 प्रात: है। उस स्थान की देशान्तर रेखा क्या होगी? *- 45° पूर्वी देशान्तर रेखा* [UPPSC (Pre) 2006]
- एक विमान 30° उत्तरी अक्षांश एवं 50° पूर्वी देशान्तर से उड़ान भरता है और पृथ्वी के विपरीत सिरे पर नहीं उतरता है, तो वह कहाँ उतरेगा? *- 30° दक्षिणी अक्षांश और 50° पश्चिमी देशान्तर* [JPSC (Pre) 2008]
- लन्दन, लिस्बन, अक्रा और आदिस अबाबा नगरों के समूहों में से किस नगर की घड़ी का समय अन्य तीन नगरों से भिन्न होगा? *- आदिस अबाबा* [UPSC (Pre) 2006]
- जब *82°30'* पूर्व देशान्तर पर मध्याह्न हो, तब प्रात: के *6:30* किस देशान्तर या अंश पर बजेंगे? *- 0° पूर्व या पश्चिम पर* [UPSC (Pre) 1994]
- अक्रा, डब्लिन, मैड्रिड और लिस्बन में से किसका समय ग्रीनविच मीन टाइम (*GMT*) के समान है? *- अक्रा, डब्लिन और लिस्बन* [UPSC (Pre) 1993]
- कौन-सा एक जलडमरूमध्य अन्तर्राष्ट्रीय तिथि रेखा के सर्वाधिक निकट अवस्थित है? *- बेरिंग जलडमरूमध्य* [UPSC (Pre) 2008]
- *90°* पूर्वी देशान्तर पर स्थित थिम्पू (भूटान) का स्थानीय समय निर्धारित कीजिए, जब ग्रीनविच (*0°*) में दोपहर 12:00 बजे का समय है *- प्रात: 6: 00 बजे* [BPSC (Pre) 2023]

8. चट्टानें

- ग्रेनाइट, नाइस, झावाँ एवं बेसाल्ट में से कौन-सी एक आग्नेय चट्टान नहीं है? *- नाइस* [UPPSC (Pre) 2018]
- किस आग्नेय चट्टान में सबसे अधिक घनत्व है? *- बेसाल्ट* [HPPSC (Pre) 2017]
- किस चट्टान में जीवाश्म नहीं पाए जाते हैं? *- ग्रेनाइट* [JPSC (Pre) 2013]
- लावा के ठोस होने के फलस्वरूप पृथ्वी के अन्दर निर्मित चट्टानों को क्या कहते हैं? *- प्लूटॉनिक चट्टानें* [UKPSC (Pre) 2008]
- बालुका पत्थर, चूना पत्थर, शैल और नीस में से कौन-सा अवसादी शैल समूह से सम्बन्धित नहीं है? *- नीस* [UKPSC (Pre) 2012]
- चट्टान के किस प्रकार में कोयला एवं पेट्रोलियम पाया जाता है? *- परतदार या अवसादी चट्टान* [MPPSC (Pre) 2022]
- बलकृत रूप से बनी अवसादी शैल कौन-सी है? *- बालुकाश्म* [UPPSC (Pre) 2009]
- पृथ्वी की सतह पर पाई जाने वाली परतदार शैलों के निर्माण में किसकी महत्त्वपूर्ण भूमिका होती है? *- जलीय तन्त्र* [UPSC (Pre) 2001]
- रूपान्तरित चट्टानों की उत्पत्ति किन चट्टानों से होती है? *- आग्नेय या तलछटी चट्टान* [JPSC (Pre) 2011]
- मार्बल, नीस, डोलोमाइट में से कौन-सा कायान्तरित चट्टान का उदाहरण नहीं है? *- डोलोमाइट* [UKPSC (Pre) 2022]
- ग्रेनाइट, डियोराइट, रियोलाइट तथा गैब्रो में से कौन-सा शैल फेनेरिटिक बनावट का उदाहरण नहीं है? *- ग्रैबो* [HPSC (Pre) 2023]
- क्वार्ट्जाइट, मार्बल, नीस और डोलोमाइट में से कौन-सी कायान्तरित चट्टान नहीं है? *- डोलोमाइट* [UKPSC (Pre) 2022]
- संगमरमर क्या है? *- पुनर्वर्गीकृत रूपान्तरित चूना पत्थर* [UKPSC (Pre) 2008]
- क्वार्ट्जाइट किससे कायान्तरित होता है? *- बलुआ पत्थर से* [UPSC (Pre) 2001]
- चट्टानों के अपक्षय के कारणों में कौन शामिल होता है? *- वर्षा* [UPSC (Pre) 2024]

11. भूकम्प, सुनामी एवं ज्वालामुखी

- भूकम्प के उद्गम बिन्दु को क्या कहते हैं? *- भूकम्प मूल (फोकस)* [UP RO/ARO (Pre) 2017]
- एक ही समय पर भूकम्प से प्रभावित स्थानों को जोड़ने वाली रेखाओं को क्या कहा जाता है? *- सहभूकम्प रेखाएँ* [UPPSC (Pre) 2017]
- भारतीय उपमहाद्वीप के उत्तर-पश्चिम प्रदेश के भूकम्प ग्रह मशीन होने का क्या कारण है? *- प्लेट टेक्टोनिक क्रिया* [UPPSC (Mains) 2005]
- भूकम्पों से उत्पन्न प्राथमिक तरंगें किन माध्यमों से होकर गुजरती हैं? *- ठोस, द्रव और गैस माध्यम में* [UPSC (Pre) 2019]
- भूकम्प के समय किन तरंगों का उद्भव होता है? *- पी.एस.एल. (प्राथमिक, द्वितीयक और धरातलीय)* [CGPSC (Pre) 2013]
- भूकम्प की प्राथमिक तरंगों का गमन किन पदार्थों से होकर होता है? *- ठोस, तरल, गैस* [UPPSC (Pre) 2019]
- रिक्टर पैमाने का प्रयोग किसके मापन के लिए किया जाता है? *- भूकम्प की तीव्रता* [UKPSC (Pre) 2022]
- किस यन्त्र के माध्यम से भूकम्पीय तरंगों को मापा जाता है? *- सिस्मोग्राफ* [UPPSC (Mains) 2017]

- भूकम्पीय तरंग कितने-से-कितने डिग्री तक अभिलेखित नहीं होती है, उसे क्या कहते हैं? ***– 105° से 145° और भूकम्पीय छाया क्षेत्र*** *[CGPSC (Pre) 2020]*
- सुनामी की उत्पत्ति किसके द्वारा होती है? ***– समुद्र के अन्दर उत्पन्न होने वाले भूकम्प से*** *[JPSC (Pre) 2013]*
- सुनामी लहरें जब तट की ओर जाती हैं, तब जल की गहराई पर क्या प्रभाव पड़ता है? ***– कम होती है*** *[UPPSC (Pre) 2004]*
- सुनामी आने की प्राथमिक चेतावनी किसे माना जाता है? ***– तट से जल की तीव्रता से अपनयन*** *[UPPSC (Pre) 2007]*
- भारत में सुनामी वार्निंग सेण्टर कहाँ स्थित है? ***– हैदराबाद*** *[UPPSC (Mains) 2012]*
- पृथ्वी के अन्दर पिघले पदार्थ को क्या कहते हैं? ***– मैग्मा*** *[UKPSC (Pre) 2006]*
- ज्वालामुखी में से सबसे अधिक कौन-सी गैस निकलती है? ***– जलवाष्प*** *[UPSC (Pre) 2001, JPSC (Pre) 2013]*
- ज्वालामुखी उद्गारों के उत्पाद हैं ***– पाइरोक्लस्टी, राख, धूल, नाइट्रोजन यौगिक, सल्फर यौगिक*** *[UPPSC (Pre) 2024]*
- किस सागर में ज्वालामुखी उद्गार नहीं होते हैं? ***– बाल्टिक सागर*** *[UPPSC (Pre) 2001]*
- ज्वालामुखी शंकु, अवशिष्ट पर्वत, मोनाडनॉक, अपरदनात्मक जलप्रपात में से कौन-सा एक मूल स्थलरूप है? ***– ज्वालामुखी शंकु*** *[UKPSC (Pre) 2016]*
- किस महासागर के तटीय क्षेत्र को ज्वाला परिधि कहते हैं? ***– प्रशान्त महासागर*** *[UKPSC (Mains) 2007]*
- किस पर्वत में बहिर्वेधी ज्वालामुखी नहीं पाए जाते हैं? ***– हिमालय पर्वत*** *[UPPSC (Pre) 2005]*
- संसार का सर्वाधिक सक्रिय ज्वालामुखी कौन-सा है? ***– किलायू*** *[UPPSC (Mains) 2006]*
- सक्रिय ज्वालामुखी मोना लोआ कहाँ अवस्थित है? ***– हवाई द्वीप में (अमेरिका)*** *[UPPSC (Pre) 2005, BPSC (Pre) 2023]*
- भूमध्य सागर का प्रकाश स्तम्भ किस ज्वालामुखी को कहा जाता है? ***– स्ट्रॉम्बोली*** *[UPPSC (Mains) 2000, MPPSC (Pre) 2017]*
- प्रसिद्ध ज्वालामुखी पर्वत कटाकाटोआ किस देश में अवस्थित है? ***– इण्डोनेशिया*** *[UP RO/ARO (Mains) 2016]*
- मैग्मा में घुली प्रमुख गैसें कौन-सी हैं? ***– जलवाष्प एवं कार्बन डाइऑक्साइड*** *[UPSC (Pre) 2002]*
- प्रशान्त महासागर, भूकम्प एवं ज्वालामुखी किससे सम्बन्धित हैं? ***– रिंग ऑफ फायर से*** *[UPPSC (Pre) 2008]*
- एकांकागुआ, एटना, किलिमंजारो और विसुवियस में से कौन-सा क्रियाशील ज्वालामुखी है? ***– एटना और विसुवियस ज्वालामुखी*** *[UPSC (Mains) 2011, 2017]*
- सबनकाया ज्वालामुखी किस देश में अवस्थित है? ***– पेरू*** *[UPPSC (Pre) 2015]*
- मैक्सिको में कौन-सा ज्वालामुखी पर्वत स्थित है? ***– माउण्ट कोलिमा*** *[UPPSC (Pre) 2015]*

12. भू-पटल के विभिन्न उच्चावच

- कुनलुन, अप्लेशियन, आल्पस तथा एण्डीज में से कौन टर्शियरी पर्वतीकरण का परिणाम नहीं है? ***– अप्लेशियन*** *[UPPSC (Pre) 2014]*
- एटलस पर्वत अफ्रीका के किस भाग में अवस्थित है? ***– उत्तर-पश्चिमी अफ्रीका*** *[UPSC (Pre) 2023]*
- एटलस, किलिमंजारो, चिम्बरोजो तथा पाइरेनीज पर्वत क्रमशः किस देश में अवस्थित हैं? ***– मोरक्को, तंजानिया, इक्वाडोर तथा फ्रांस/स्पेन*** *[UPPSC (Pre) 2020]*
- ब्लैक हिल, ब्लू हिल तथा ग्रीन हिल नामक पहाड़ियाँ निम्न में से किस देश में स्थित हैं? ***– संयुक्त राज्य अमेरिका*** *[UPPSC (Pre) 2010]*
- मिशिगन, सुपीरियर, ओण्टोरियो तथा ईरी में से कौन-सी झील पूर्णतः संयुक्त राज्य अमेरिका में है? ***– मिशिगन*** *[UPPSC (Pre) 2017]*
- पश्चिमी अफ्रीका की कौन-सी एक झील सूखकर मरुस्थल में बदल गई है? ***– लेक फागुबिन*** *[UPSC (Pre) 2022]*
- बोर्नियो, ग्रेट ब्रिटेन, मेडागास्कर तथा सुमात्रा में से कौन-सा द्वीप क्षेत्रफल में सबसे बड़ा है? ***– बोर्नियो*** *[BPSC (Pre) 2018]*
- जापान के द्वीपों में होंशू, क्यूशू, शिकोकू तथा होकैडो का उत्तर से दक्षिण में सही अनुक्रम कौन-सा है? ***– होकैडो, होंशू, शिकोकू, क्यूशू*** *[UPPSC (Pre) 2017]*
- इण्डोनेशिया के द्वीप समूहों में जावा, सुमात्रा, लोमबोक तथा बाली का पश्चिम से पूरब दिशा में सही क्रम कौन-सा है? ***– सुमात्रा, जावा, बाली, लोमबोक*** *[UPPSC (Pre) 2021]*
- ग्रेनाडा, मोण्टसेराट, मडीरा तथा ऐंगुइला में से कौन-सा/से द्वीप कैरेबियन सागर में स्थित नहीं है/हैं? ***– मडीरा*** *[UPPSC (Pre) 2021]*
- किस महाद्वीप में मरुस्थलीकरण की समस्या न्यूनतम है? ***– यूरोप*** *[RAS/RTS (Pre) 2023]*
- राजस्थान अथवा थार मरुस्थल में किसका विस्तार पाया जाता है? ***– प्लीस्टोसीन एवं अभिनव जमाव*** *[UPPSC (Pre) 2015]*

13. धरातल की विभिन्न स्थलाकृतियाँ एवं विकास

- कौन-सी स्थलाकृति कार्स्ट प्रदेशों में पाई जाती है? ***– सिंक होल*** *[JPSC (Pre) 2016]*
- झरनों का निर्माण मुख्यतः किस प्रकार की स्थलाकृतियों में होता है? ***– कार्स्ट स्थलाकृति और संचित शैल*** *[UPPSC (Pre) 2018]*
- टेरारोसा का प्राकृतिक विकास किस भू-भाग में होता है? ***– ग्रेनाइट चट्टान*** *[BPSC (Pre) 1994]*
- इन्सेलबर्ग किस प्रकार के स्थलरूप हैं? ***– अपरदनात्मक स्थलरूप*** *[MPPSC (Pre) 2017]*
- संकुचन की प्रक्रिया किससे सम्बन्धित है? ***– पवन क्रिया से*** *[HPPSC (Pre) 2017]*
- सर्वाधिक तटीय अपरदन किस प्रकार होता है? ***– लहरों से*** *[UKPSC (Pre) 2010]*
- 'लटकती घाटी' स्थलाकृति किस भू-आकृतिक प्रक्रिया से सम्बन्धित है? ***– हिमानी*** *[UKPSC (Pre) 2024]*

14. वायुमण्डल : संघटन एवं संरचना

- वायुमण्डल में कौन-सी गैस की प्रतिशत मात्रा सबसे अधिक है? ***– नाइट्रोजन*** *[UP RO/ARO (Pre) 2014]*
- नोबल गैसों में से कौन-सी नोबल गैस वायु में नहीं पाई जाती है? ***– रेडॉन*** *[UPPSC (Pre) 2005]*
- पृथ्वी के वायुमण्डल में उपस्थित कुल ऑक्सीजन का अमेजन वन में प्रकाश संश्लेषण के द्वारा अनुमानित उत्पादन कितना (%) है? ***– 20%*** *[RAS/RTS (Pre) 2024]*

- वायुमण्डल में कौन-सी एक स्थायी गैस विद्यमान है?
- नाइट्रोजन [UPPSC (Pre) 2017]
- वायुमण्डल में प्रकाश के प्रसार का कारण क्या है?
- धूलकण [UPPSC (Pre) 2021]
- क्षोभमण्डल की औसत ऊँचाई कितनी है? *- 13 किमी* [BPSC (Pre) 2023]
- सूर्य से निकलने वाले विनाशकारी रेडिएशन से कौन-सी परत जीवन को सुरक्षा प्रदान करती है? *- ओजोन की परत* [CGPSC (Pre) 2014]
- वायुमण्डल के ओजोन की परत की मोटाई को किस इकाई के द्वारा मापा जाता है? *- डॉब्सन इकाई* [MPPSC (Pre) 2024, CGPSC (Pre) 2024]
- कौन-सी परत समतापमण्डल में सम्मिलित नहीं है?
- आयनमण्डल [UKPSC (Pre) 2022]
- वायुमण्डल की कौन-सी परत दूरसंचार प्रणाली के लिए प्रयुक्त होती है?
- आयनमण्डल [JPSC (Pre) 2003]
- उत्तरी ध्रुवीय प्रकाश के लिए वायुमण्डल की कौन-सी परत उत्तरदायी है?
- आयनमण्डल [UPPSC (Pre) 2010]
- समतापमण्डल के निचले भाग में जेट विमान बहुत आसानी और निर्विघ्नता के साथ कैसे उड़ान भरते हैं?
- क्योंकि यहाँ बादल एवं जलवाष्प नहीं होते हैं [UPPSC (Pre) 2011]

15. सूर्यातप, ऊष्मा बजट एवं तापमान

- पृथ्वी का वायुमण्डल (वातावरण) मुख्यत: किसके द्वारा तप्त होता है?
- दीर्घ पार्थिव (स्थलीय) विकिरण [UPPSC (Pre) 2022]
- आपतन की तीव्रता किस पर निर्भर करती है?
- अक्षांश पर [UPPSC (Pre) 2015]
- जिस प्रक्रम द्वारा सूर्य से पृथ्वी पर ऊष्मा संचारित होती है, उसे क्या कहते हैं?
- विकिरण [UPSC (Pre) 2008, HPPSC (Pre) 2024]
- संचार शक्ति, अवशोषित शक्ति, उत्सर्जक शक्ति तथा परावर्तक की शक्ति में से कौन एल्बिडो से सम्बन्धित है?
- परावर्तक की शक्ति [UPPSC (Pre) 2019]
- रेत का रेगिस्तान, धान की खेती की भूमि, ताजा बर्फ से ढकी भूमि और प्रेयरी भूमि में से सर्वाधिक मात्रा में सूर्य की रोशनी कौन परावर्तित करती है? *- ताजा बर्फ से ढकी भूमि* [UPPSC (Pre) 2021]
- मेघाच्छादित रातें, स्वच्छ रातों की तुलना में किसके कारण अधिक गर्म होती हैं? *- स्थलीय विकिरण* [UPPSC (Pre) 2001]
- तापीय भूमध्य रेखा कहाँ पाई जाती है?
- भौगोलिक भूमध्य रेखा के उत्तर में [UPPSC (Pre) 2010]
- बादल और गैसें आने वाले सौर विकिरण के लगभग कितने भाग को परावर्तित करते हैं? *- लगभग एक-चौथाई* [CGPSC (Pre) 2024]
- महाद्वीपों के अन्त: स्थलों का वार्षिक ताप-परिसर तटीय क्षेत्रों की अपेक्षा अधिक होता है, इसके क्या कारण हैं?
- भूमि और जल के बीच तापीय अन्तर [UPPSC (Pre) 2013]
- सामान्यत: पृथ्वी की सतह से ऊँचाई बढ़ने के साथ तापमान में गिरावट आती है, क्यों? *- वायुमण्डल पृथ्वी की सतह से केवल ऊपर की ओर गर्म होता है तथा ऊपरी वायुमण्डल में हवा कम होती है* [UPPSC (Pre) 2012]
- वायुमण्डल अधिकांश ऊष्मा परोक्ष रूप से सूर्य से तथा प्रत्यक्ष रूप से किससे प्राप्त करता है? *- पृथ्वी के धरातल से* [UPPSC (Pre) 1997]
- पृथ्वी के धरातल पर सौर लघु तरंगें किस ऊर्जा की लम्बी तरंगों में परिणत होती हैं? *- पार्थिव ऊर्जा की* [UPPSC (Pre) 1997]
- पृथ्वी पर सबसे उच्चतम तापक्रम रिकॉर्ड किया जाता है
- 20° उत्तरी अक्षांश पर [MPPSC (Pre) 2010]

16. वायुदाब एवं पवनें

- वायुदाब सबसे कम किस ऋतु में होता है?
- ग्रीष्म ऋतु में [UPPSC (Pre) 2014]
- उत्तरी गोलार्द्ध में अल्पदाब क्षेत्र के परित: परिसंचरण का प्रतिरूप क्या है?
- वामावर्त और केन्द्र की ओर [UPPSC (Pre) 2015]
- सागरों के ऊपर लगभग 30° से 35° उत्तर और दक्षिण अक्षांश पर विद्यमान दो कटिबन्धों में से प्रत्येक को क्या कहा जाता है?
- हॉर्स अक्षांश [UPSC (Pre) 2007]
- मध्य अक्षांश क्षेत्रों के मौसम में दैनिक परिवर्तन होने का क्या कारण है?
- अधोगामी वायु/चालन [UPPSC (Pre) 2015]
- पवनों का मौसमी उत्क्रमण किसका प्रारूपी अभिलक्षण है?
- मानसूनी जलवायु [UPPSC (Pre) 2019]
- भूमध्य रेखा से 30°-60° उत्तर तथा दक्षिण अक्षांश रेखाओं के मध्य कौन-सी पवनें चलती हैं? *- पछुआ पवनें* [MPPSC (Pre) 2009]
- पवनों के बढ़ते हुए वेग का सही अनुक्रम क्या है?
- मन्द समीर, सबल समीर, झंझा, प्रभंजन [UPPSC (Pre) 2020]
- उष्णकटिबन्धीय क्षेत्रों में व्यापारिक पवनें दोनों गोलार्द्धों में कितने डिग्री अक्षांशों के मध्य चलती हैं?
- 5° से 30° उत्तरी एवं दक्षिणी अक्षांश के मध्य [UPPSC (Pre) 2021]
- किन क्षेत्रों में पछुआ पवनें उपोष्ण उच्च वायुदाब से उपध्रुवीय निम्न वायुदाब के मध्य रहती हैं? *- शीतोष्ण क्षेत्र* [UPPSC (Pre) 2021]
- भारत के उत्तर-पश्चिमी क्षेत्र में शीतकालीन वर्षा लाने वाली आर्द्र वायु- संहतियों को क्या कहा जाता है? *- पछुआ पवनें* [UPSC (Pre) 2015]
- वायु के पैटर्न्स दक्षिणी गोलार्द्ध में घड़ी की सुई की दिशा में (दक्षिणावर्त) एवं उत्तरी गोलार्द्ध में घड़ी की सुई के विपरित दिशा में (वामावर्त) किस कारण से प्रवाहित होते हैं? *- कॉरिऑलिस प्रभाव* [MPPSC (Pre) 2008]
- दक्षिणी गोलार्द्ध में हवा के बाईं ओर विक्षेपित होने का क्या कारण है?
- कोरिऑलिस बल [UPPSC (Pre) 2023]
- कोरिऑलिस बल के सन्दर्भ में सही कथन है
- यह पवन वेग की वृद्धि के साथ बढ़ता है, यह ध्रुवों पर सर्वाधिक तथा भूमध्य रेखा पर विद्यमान नहीं होता है। [UPPSC (Pre) 2024]
- सिरॉक्को नाम किसके लिए प्रयुक्त किया जाता है?
- एक स्थानीय पवन के लिए [UPPSC (Pre) 2018]
- सहारा मरुस्थल में उत्तर-पूर्व व सूर्य से पश्चिम की ओर बहने वाली शुष्क पवनों को जाना जाता है? *- हरमट्टन* [UPPSC (Pre) 2024]
- संयुक्त राज्य अमेरिका के मध्य मैदानों पर चिनूक पवनों का क्या प्रभाव पड़ता है? *- जाड़ो का तापमान बढ़ जाता है* [JPSC (Pre) 2023]
- उत्तरी अमेरिका में पश्चिमी तट से प्रारम्भ होकर रॉकी पर्वत को पार करने वाली गर्म तथा शुष्क पवन क्या कहलाती है?
- चिनूक पवन [JPSC (Pre) 2013]
- फॉन स्थानीय पवन कहाँ प्रवाहित होती है?
- स्विट्जरलैण्ड [UKPSC (Pre) 2022]

- मिस्ट्रल किस प्रकार की पवन है? - ***ठण्डी ध्रुवीय पवन [UPPSC (Pre) 2001]***
- सिरॉक्को पवन का स्थानीय नाम क्या है? - ***खमसिन [UPPSC (Pre) 2016]***
- कौन–सी पवन एड्रियाटिक सागर के पूर्वी किनारों पर चलती है? - ***बोरा पवन [UPPSC (Pre) 2016]***
- इराक व फारस की खाड़ी में चलने वाली गर्म एवं शुष्क पवन क्या कहलाती है? - ***शामल [UPPSC (Pre) 2021]***
- रोन घाटी (फ्रांस) में सर्दी में चलने वाली ठण्डी हवा कौन–सी है? - ***मिस्ट्रल [UPPSC (Pre) 2019]***
- किस पवन धारा का संचरण दोनों गोलार्द्धों में 20° अक्षांश से ध्रुवों के मध्य 7.5 से 14 किमी या 8 से 15 किमी की ऊँचाई के बीच होता है? - ***जेट प्रवाह [UPPSC (Pre) 2017]***
- ब्रिक फील्डर पवन कहाँ प्रवाहित होती है? - ***ऑस्ट्रेलिया [UPPSC (Pre) 2021]***
- ब्लैक रोवर पवन कहाँ की स्थानीय पवन है? - ***उत्तरी अमेरिका [UPPSC (Pre) 2021]***
- लेवेश नामक स्थानीय पवन कहाँ प्रवाहित होती है? - ***स्पेन [UPPSC (Pre) 2021]***
- जापान में चक्रवात को किस नाम से जाना जाता है? - ***टाइफून [HPPSC (Pre) 2024]***
- दक्षिणी कैलिफोर्निया में चलने वाली गर्म शुष्क या धूलभरी पवन को क्या कहते हैं? - ***सन्ता अना [UPPSC (Pre) 2007]***
- एण्डीज पर्वत से अर्जेण्टीना की ओर प्रवाहित उष्ण शुष्क पवन क्या कहलाती है? - ***जोण्डा [UPPSC (Pre) 2007]***

17. आर्द्रता : बादल एवं वर्षण

- आर्द्रता किसका परिणाम है? - ***हवा में नमी की उपस्थिति का [JPSC (Pre) 2016]***
- वायु में नमी की मात्रा को मापने के लिए किस उपकरण का प्रयोग किया जाता है? - ***हाइग्रोमीटर [UPPSC (Pre) 2012]***
- बादल किसका परिणाम है? - ***संघनन का [UPPSC (Pre) 2016]***
- वर्षाधारी मेघ किसे कहा जाता है? - ***वर्षा मेघ को [UPPSC (Pre) 2006]***
- कौन–सा बादल कम वर्षा वाला होता है? - ***पक्षाभ स्तरी [MPPSC (Pre) 2009]***
- कुछ वैज्ञानिक पक्षाभ मेघ विरलन तकनीक तथा समतापमण्डल में सल्फेट वायु विलय अन्त:क्षेपण के उपयोग का सुझाव क्यों देते हैं? - ***भूमण्डलीय तापन को कम करने हेतु [IAS (Pre) 2019]***
- पृथ्वी से 8 किमी की ऊँचाई पर हिम क्रिस्टलों से बने बादलों को क्या कहा जाता है? - ***पक्षाभ मेघ [UPPSC (Pre) 2004]***
- किस मेघ द्वारा स्वच्छ मौसम तथा चक्रवात के आगमन की सूचना मिलती है? - ***पक्षाभ मेघ [UPPSC (Pre) 2022]***
- वर्षा वाहक बादल काले क्यों दिखते हैं? - ***उनके द्वारा सभी रोशनी प्रकीर्ण हो जाती है [UPSC (Pre) 2003]***
- मेघाच्छादित रात में ओस की बूँदे क्यों नहीं बनती हैं? - ***पृथ्वी के विकिरण को बादल परावर्तित कर देते हैं। [UPPSC (Pre) 2019]***
- वृष्टिछाया प्रभाव किससे सम्बद्ध है? - ***पर्वतीय वर्षा से [UPPSC (Pre) 2011]***
- वर्षण के प्रकार के अन्तर्गत किसे सम्मिलित किया जाता है? - ***कोहरा, ओस और वर्षण [UPPSC (Pre) 2012]***
- ओस, कोहरा, तुषार और सहिम वृष्टि में से कौन द्रव का रूप नहीं है? - ***सहिम वृष्टि [UPPSC (Pre) 2017]***
- बादल (मेघ) और गैसें आने वाली सौर विकिरण के लगभग कितने भाग को प्रतिबिम्बित करते हैं? - ***लगभग एक चौथाई भाग को [CGPSC (Pre) 2024]***

18. वायुराशि, वाताग्र, चक्रवात एवं प्रतिचक्रवात

- जब अतिशीतल वायु की संहति के ऊपर अति तप्त और आर्द्र वायु उठती है, तो कौन–सी घटनाएँ घटित होती हैं? - ***तूफान तथा चक्रवाती तूफान एवं गहन वर्षा और ओला [UPPSC (Pre) 2012]***
- उष्णकटिबन्धीय अक्षांशों में दक्षिणी अटलाण्टिक और दक्षिण–पूर्वी प्रशान्त क्षेत्रों में चक्रवात उत्पन्न न होने का क्या कारण है? - ***समुद्री पृष्ठों के ताप निम्न होते हैं [UPSC (Pre) 2015]***
- उत्तर पश्चिमी ऑस्ट्रेलिया में उष्णकटिबन्धीय चक्रवात को किस नाम से जाना जाता है? - ***विली–विली [UPSC (Pre) 1995]***
- चक्रवात के केन्द्र को क्या कहते हैं, जोकि एक शान्त क्षेत्र होता है? - ***वाताक्षी (आँख) [UPPSC (Pre) 2020]***
- जेट प्रवाह पृथ्वी की सतह से 5 से 9 मील की ऊँचाई पर दोनों गोलार्द्धों में किस दिशा से किस ओर प्रवाहित होता है? - ***पश्चिम से पूर्व की ओर [UPSC (Pre) 2020]***
- दक्षिण अटलाण्टिक महासागर में लगभग अनुपस्थित होते हैं और भूमध्य रेखा के सन्निकट विकसित नहीं होते हैं, ये किसका द्योतक है? - ***प्रभंजन [UPPSC (Pre) 2014]***
- दक्षिणी चीन सागर चीन के पूर्वी तथा दक्षिणी तटीय प्रदेशों में आने वाला उष्णकटिबन्धीय चक्रवात क्या कहलाता है? - ***टाइफून [UPPSC (Pre) 2014]***
- जापान में आने वाले चक्रवात को किस नाम से जाना जाता है? - ***टाइफून [HPPSC (Pre) 2024]***
- फिलीपीन्स में आने वाला उष्णकटिबन्धीय चक्रवात क्या कहलाता है? - ***बाग्यो [UPPSC (Pre) 2014]***
- संयुक्त राज्य अमेरिका के किस क्षेत्र को 'टॉरनेडो एली' कहा जाता है? - ***मिसीसिपी मैदान [UPPSC (Pre) 2005]***
- टॉरनेडो की तीव्रता के मापन हेतु कौन–सा मापक प्रयोग किया जाता है? - ***फ्यूजिता स्केल [UPPSC (Pre) 2016]***

19. जलवायु एवं जलवायु प्रदेश

- क्लाइमेट शब्द किस भाषा से लिया गया है? - ***ग्रीक भाषा [CGPSC (Pre) 2013]***
- ''वनस्पति जलवायु का सही सूचक या सही मापदण्ड है'', यह कथन किसका है? - ***कोपेन का [UKPSC (Pre) 2022, UPPSC (Pre) 2018]***
- महाद्वीपों के अन्त:स्थों का वार्षिक ताप परिसर तटीय क्षेत्रों की अपेक्षा अधिक होता है, इसका क्या कारण है? - ***भूमि और जल के बीच तापीय अन्तर [UPPSC (Pre) 2013]***
- किस प्रदेश में औसत वार्षिक तापान्तर बहुत कम पाया जाता है? - ***विषुवतरेखीय प्रदेश [UP UDA/LDA (Pre) 2010]***
- कांगो, इथियोपिया, गैबन और जायरे में से कौन–सा देश भूमध्यरेखीय जलवायु के अन्तर्गत नहीं आता है? - ***इथियोपिया [UPPSC (Pre) 2013]***

- विश्व के किस प्रदेश में खट्टे रसीले फलों का उत्पादन बहुत विकसित है? ***- भूमध्यसागरीय प्रदेश*** [UPPSC (Pre) 2020]
- मध्य चिली, केपटाउन एडिलेड और पम्पास में से किस क्षेत्र में भूमध्यसागरीय जलवायु प्रचलित नहीं है? ***- पम्पास*** [BPSC (Pre) 2019]
- उष्णकटिबन्धीय सवाना प्रदेश की जलवायु की मुख्य विशेषता क्या है? ***- निश्चित शुष्क तथा आर्द्र ऋतु*** [UPPSC (Pre) 2012]
- हैलीफैक्स, शिकागो, सियाचीन और बर्खोयांस्क में से कौन-सा विश्व का सबसे ठण्डा स्थान है? ***- बर्खोयांस्क*** [UPPSC (Pre) 1999, 2004]
- सभी प्रकार के जलवायु कटिबन्ध किस महाद्वीप में पाए जाते हैं? ***- एशिया में*** [UPPSC (Mains) 2016]
- कोष्ण और शुष्क जलवायु, सुहावना और आर्द्र शीतकाल तथा सदाबहार ओक वृक्ष किस भौगोलिक क्षेत्र की सुस्पष्ट विशेषताएँ हैं? ***- भूमध्यसागरीय क्षेत्र*** [UPPSC (Pre) 2010]
- केपटाउन, लॉस एंजिलिस, एडिलेड और सैण्टियागो शहरों में किस प्रकार की जलवायु पाई जाती है? ***- कोष्ण-शीतोष्ण भूमध्यसागरीय जलवायु*** [UPSC (Pre) 2015]
- भूमध्यसागरीय जलवायु के क्षेत्रों में वर्षा किस ऋतु में होती है? ***- शीत ऋतु*** [UPPSC (Pre) 2022]
- गर्मी के मौसम में भूमध्यसागरीय क्षेत्र किसके प्रभाव में रहता है? ***- शुष्क स्थलीय पवनों के*** [UPPSC (Pre) 2022]
- ''जलवायु चरम है, वर्षा कम है और लोग चलवासी पशुचारक हुआ करते थे, ''यह किस जलवायु प्रदेश का वर्णन करता है? ***- मध्य एशियाई स्टेपी*** [IAS (Pre) 2013]
- तापमान की वार्षिक और दैनिक सीमा (रेंज), वर्षभर वर्षण, 50 से 250 सेमी के मध्य वर्षा किस प्रकार की जलवायु की विशेषताएँ हैं? ***- समुद्री पश्चिम तटीय जलवायु*** [IAS (Pre) 2024]

20. महासागरीय नितल के उच्चावच

- हमारे ग्रह में नदियों, झीलों एवं झरनों, महाद्वीपीय एवं पर्वतीय हिमनदियों (स्थायी हिम) और भूमिगत जल में से किसमें मृदुजल की सर्वाधिक मात्रा है? ***- महाद्वीपीय एवं पर्वतीय हिमनदियों/स्थायी हिम में*** [UPPSC (Pre) 2015]
- मिल्वौकी डीप, जावा ट्रेंच तथा चैलेंजर डीप के बीच क्या समानता है? ***- ये सभी क्रमश: अटलाण्टिक, हिन्द तथा प्रशान्त महासागर में सबसे गहरे बिन्दु हैं*** [UPSC (Pre) 2011]
- निम्न स्खलन (सबडक्शन), भूकम्प, समुद्र तल का फैलाव और संवहन में से कौन लगातार नई परत जोड़ने वाली प्रक्रिया है? ***- समुद्रतल का फैलाव*** [BPSC (Pre) 2023]
- मेलॉय गर्त किस महासागर में स्थित है? ***- आर्कटिक महासागर*** [UPPSC (Pre) 2022]
- अटलाण्टिक महासागर का सबसे गहरा स्थान कौन-सा है? ***- प्यूर्टो रिको ट्रेंच*** [UPPSC (Pre) 2017]
- हिन्द महासागर का सबसे गहरा स्थान कौन-सा है? ***- जावा गर्त*** [UPPSC (Pre) 2017]
- यूरेशियन बेसिन किस महासागर का सबसे गहरा स्थान है? ***- आर्कटिक महासागर*** [UPPSC (Pre) 2017]
- समुद्र की गहराई नापने के लिए किसका प्रयोग किया जाता है? ***- अल्ट्रासोनिक तरंगों का*** [HPSC (Pre) 2021]
- महासागरीय नितल का सबसे विस्तृत भाग कौन-सा है? ***- गहरे सागरीय मैदान*** [UKPSC (Pre) 2012, 2014]

21. महासागरीय तापमान, लवणता एवं घनत्व

- दक्षिणी दोलन किन दो महासागरों के मध्य दोलन प्रतिरूप है? ***- प्रशान्त एवं हिन्द महासागर*** [MPPSC (Pre) 2025]
- महासागरीय जल के तापमान के वितरण को कौन-सा कारक प्रभावित नहीं करता है? ***-देशान्तर*** [UPPSC (Pre) 2003]
- सागरीय जल के घनत्व पर तापमान का अधिक प्रभाव कहाँ पड़ता है? ***-निम्न अक्षांशों पर*** [UPPSC (Pre) 2002]
- किस सागर में लवणता सबसे अधिक होती है? ***- मृत सागर*** [MPPSC (Pre) 2016, UKPSC (Mains) 2006, 2002, RAS/RTS 1997, UPPSC (Pre) 2012]
- लाल सागर, उत्तरी सागर, अरब सागर तथा भूमध्य सागर में से लवणता सबसे अधिक किस सागर में होती है? ***-लाल सागर*** [UKPSC (Pre) 2024]
- सागरीय जल की लवणता में किस लवण का योगदान सबसे अधिक होता है? ***-सोडियम क्लोराइड*** [UPPSC (Pre) 2000]
- जल लवणता प्रवणता को किससे दर्शाया जाता है? ***-हेलोक्लाइन*** [UPPSC (Pre) 2015]
- समलवण रेखा एक काल्पनिक रेखा है, जो उन स्थानों को जोड़ती है, जहाँ समान ***- लवणता होती है*** [UPPSC (Pre) 2009]
- महासागरीय औसत तापमान (*OMT-Ocean Mean Time*) जो जनवरी-मार्च के मध्य एकत्रित किया जाता है, के द्वारा किसकी भविष्यवाणी की जाती है? ***- मानसून की वर्षा की मात्रा की*** [UPSC (Pre) 2020]
- कैस्पियन सागर, मृत सागर, भूमध्यसागर और लाल सागर में से किसमें न्यूनतम लवणता पाई जाती है? ***- कैस्पियन सागर*** [UPPSC (Pre) 2000]
- बंगाल की खाड़ी की तुलना में अरब सागर में उच्च लवणता रिकॉर्ड की जाती है, क्यों? ***- अरब सागर वाष्पीकरण की उच्च दर तथा स्वच्छ जल का मन्द अन्तर्वाह प्रदर्शित करता है*** [UPPSC (Pre) 2018]
- महासागर की लवणता किस पर निर्भर करती है? ***- वाष्पीकरण और वर्षण*** [UPSC (Pre) 2005]
- समुद्री लवणता का मुख्य स्रोत क्या है? ***- नदियों द्वारा स्थलीय विसर्जन*** [UPSC (Pre) 2005]
- लाल सागर में अधिक लवणता का क्या कारण है? ***- वाष्पीकरण की उच्च दर*** [UPPSC (Pre) 2010]
- महासागरीय जल के तापमान के वितरण को कौन-सा कारक प्रभावित करता है? ***- अक्षांश, प्रचलित पवनें और महासागरीय धाराएँ*** [UPPSC (Pre) 2003]
- दक्षिणी गोलार्द्ध एवं उत्तरी गोलार्द्ध में से किसमें तापमान का वार्षिक परिसर अधिक होता है? ***- उत्तरी गोलार्द्ध में*** [UPSC (Pre) 2007]
- महासागर की खड़ी काट में तीव्र लवणता परिवर्तन के क्षेत्र के रूप में किसे जाना जाता है? ***- हेलोक्लाइन*** [UKPSC (Pre) 2009]
- कोरल रीफ या जीवाश्म पट्टी प्राय: कहाँ पाई जाती है? ***- कर्क एवं मकर रेखा के बीच तटीय क्षेत्र में*** [RPSC (Pre) 2009]

22. महासागरीय निक्षेप, प्रवाल एवं प्रवाल भित्ति

- विश्व की सबसे बड़ी प्रवाल भित्ति किस देश के तट के निकट पाई जाती है? ***- ऑस्ट्रेलिया*** [UPSC (Pre) 2007]
- अड्डू प्रवाल द्वीप किस महासागर में अवस्थित है? ***- हिन्द महासागर*** [BPSC (Pre) 2020]

- विश्व की सर्वाधिक प्रवाल भित्तियाँ किस प्रकार के सागरों में पाई जाती हैं? ***– उष्णकटिबन्धीय सागर*** **[UPPSC (Pre) 2018]**
- विश्व की एक–तिहाई से अधिक प्रवाल भित्तियाँ किन देशों में पाई जाती हैं? ***– ऑस्ट्रेलिया, इण्डोनेशिया, फिलीपीन्स व मेडागास्कर द्वीप*** **[UPPSC (Pre) 2018]**
- सागरों का उष्णकटिबन्धीय वर्षा वन किसे कहा जाता है? ***– प्रवाल भित्तियों को*** **[UPPSC (Pre) 2018]**
- क्षतिग्रस्त प्रवाल भित्तियों की बहाली से कौन–सा प्रौद्योगिकी सम्बद्ध है? ***– जैवशैल प्रौद्योगिकी*** **[UPSC (Pre) 2022]**
- कोरल रीफ या जीवाश्म पट्टी प्रायः कहाँ पाई जाती है? ***– कर्क एवं मकर रेखा के बीच तटीय क्षेत्रों में*** **[RPSC (Pre) 2009]**
- एटॉल का आकार है ***–घोड़े की नाल/अँगूठी के आकार*** **[UPPSC (Pre) 2024]**
- ग्रेट बैरियर रीफ कहाँ पर स्थित है? ***–प्रशान्त महासागर*** **[MPPSC (Pre) 2015]**

23. महासागरीय तरंगें, ज्वार-भाटा एवं महासागरीय धाराएँ

- वृहत ज्वार कब आता है? ***– जब सूर्य और चन्द्रमा एक सीधी रेखा में होते हैं*** **[UPPSC (Pre) 1999]**
- जिन ज्वारों की ऊँचाई सामान्य ज्वार से 20% अधिक होती है, उन्हें क्या कहते हैं? ***– वृहत ज्वार-भाटा*** **[UPPSC (Pre) 2018]**
- जब ज्वार किसी नदी की संकीर्ण तथा उथली ज्वारनदमुख (एश्च्युरी) में प्रवेश करता है, तो किसका निर्माण होता है? ***– ज्वार भित्ति*** **[UPSC (Pre) 2010]**
- महासागरों और सागरों में ज्वार–भाटा किसके कारण उत्पन्न होते हैं? ***– चन्द्रमा तथा सूर्य के गुरुत्वीय बल और पृथ्वी के अपकेन्द्रीय बल*** **[UPSC (Pre) 2015]**
- विश्व का सबसे ऊँचा ज्वार किस स्थान पर आता है? ***–फण्डी की खाड़ी*** **[HPSC (Pre) 2018]**
- विषुवतीय प्रतिधाराओं के पूर्वाभिमुख प्रवाह की व्याख्या किससे होती है? ***– दो विषुवतीय धाराओं का अभिसरण*** **[UPSC (Pre) 2015]**
- पृथ्वी का ताप सन्तुलन बनाए रखने में कौन–सी धाराएँ सहायक होती हैं? ***– महासागरीय धाराएँ*** **[UPSC (Pre) 2002]**
- पश्चिमी वायु प्रवाह किस महासागर में प्रवाहित होता है? ***– प्रशान्त महासागर*** **[JPSC (Pre) 2013]**
- महासागरीय धाराएँ मुख्यतः किन पवनों द्वारा चलायमान होती हैं? ***– सनातन पवनें*** **[UPSC (Pre) 2002]**
- पृथ्वी का आवर्तन, वायुदाब और हवा, महासागरीय जल का घनत्व तथा पृथ्वी का परिक्रमण में से कौन–सा कारक महासागरीय धाराओं को प्रभावित नहीं करता है? ***– पृथ्वी का परिक्रमण*** **[UPSC (Pre) 2012]**
- क्यूरोशियो, कैलिफोर्निया एवं हम्बोल्ट धारा किस महासागर से सम्बन्धित हैं? ***– प्रशान्त महासागर*** **[UPSC (Pre) 2016]**
- दक्षिणी प्रशान्त महासागर में पेरू–चिली तट के सहारे कौन–सी धारा प्रवाहित होती है? ***– हम्बोल्ट धारा*** **[UPSC (Pre) 2007, MPPSC (Pre) 2014]**
- पूर्वी विषुवतीय प्रशान्त महासागर में असाधारण रूप से गर्म तापमान से किस धारा का सम्बन्ध है? ***– एल–निनो धारा*** **[UPPSC (Pre) 2011]**
- एल–निनो धारा प्रवाहित होती है ***– प्रशान्त महासागर में*** **[BPSC (Pre) 2023]**
- एल–निनो का भारत के दक्षिण–पश्चिमी मानसून पर किस प्रकार प्रभाव पड़ता है? ***– प्रतिकूल प्रभाव व सूखे की स्थिति*** **[UPPSC (Pre) 2011]**
- एल–निनो मोडोकी का निर्माण किस महासागर में होता है? ***– मध्य प्रशान्त महासागर*** **[UPPSC (Pre) 2010]**
- उत्तरी अटलाण्टिक प्रवाह द्वारा सर्वाधिक लाभान्वित होने वाला देश है? ***– नॉर्वे*** **[UPPSC (Pre) 2004]**
- न्यूफाउण्डलैण्ड की किस विशेषता के कारण यहाँ पर अत्यधिक मात्रा में मछलियाँ पाई जाती हैं? ***– गर्म एवं ठण्डी जलधारा के मिलने से*** **[JPSC (Pre) 2006]**
- दक्षिण अटलाण्टिक महासागर में अर्जेण्टीना के पूर्वी तट के सहारे प्रवाहित होने वाली ठण्डी जलधारा कौन–सी है? ***– फॉकलैण्ड धारा*** **[UPPSC (Pre) 2005]**
- बेंगुएला धारा किस प्रकार की महासागरीय धारा है? ***– ठण्डी महासागरीय धारा*** **[MPPSC (Pre) 2009]**
- गल्फ स्ट्रीम, बेंगुएला, नॉर्वेजियन और फ्लोरिडा में से कौन–सी जलधारा उत्तरी अटलाण्टिक महासागर में प्रवाहित नहीं होती है? ***– बेंगुएला धारा*** **[UKPSC (Pre) 2022]**
- हम्बोल्ट धारा, ब्राजील धारा ओयाशियो धारा और केनारी धारा में से कौन–सी ठण्डी समुद्री धाराएँ हैं? ***– हम्बोल्ट, ओयाशियो और केनारी धारा*** **[UPPSC (Pre) 2009]**
- अगुलहास धारा किस महासागर में प्रवाहित होती है? ***– हिन्द महासागर*** **[UPPSC (Pre) 2020]**
- मोजाम्बिक धारा किस महासागर में प्रवाहित होती है? ***– हिन्द महासागर*** **[UPPSC (Pre) 2014]**
- गल्फ स्ट्रीम (गर्म) जलधारा किस महासागर में प्रवाहित होती है? ***– उत्तरी अटलाण्टिक महासागर*** **[UPSC (Pre) 2013]**

25. मृदा एवं प्राकृतिक वनस्पति

- इडेफिक, क्लाइमेटिक, बायोटिक एवं टोपोग्राफी में से किसका सम्बन्ध मृदा से है? ***– इडेफिक*** **[UPPSC (Pre) 2018]**
- हैलोफाइट्स किस मृदा में बेहतर वृद्धि करते हैं? ***– क्षारीय मृदा में*** **[MPPSC (Pre) 2014]**
- विभिन्न प्रकार की मिट्टियों की जलधारण क्षमता का घटता हुआ क्रम क्या है? ***– मृत्तिका, गाद, बालू*** **[UP RO/ARO (Pre) 2017]**
- किस मिट्टी में केशिका (कैपिलरी) सबसे अधिक प्रभावशाली होती है? ***– चिकनी मिट्टी*** **[BPSC (Pre) 2011]**
- शीत–समशीतोष्ण क्षेत्र में किस प्रकार की मृदा पाई जाती है? ***– चेरनोजम मृदा*** **[RPSC (Pre) 2013]**
- उष्ण एवं आर्द्र जलवायु प्रदेश में मुख्यतः किस प्रकार की मृदा पाई जाती है? ***– लैटेराइट मृदा*** **[RPSC (Pre) 2013]**
- लैटेराइट मृदा के सम्बन्ध में सही कथन है ***– यह मिट्टी उच्च तापमान एवं भारी वर्षा वाले क्षेत्रों में विकसित होती है।*** **[UPPSC (Pre) 2023]**
- निम्नलिखित क्षरण के कारण खेत से मिट्टी के नुकसान के क्रम में सही व्यवस्थित क्रम है ***– बौछारी क्षरण-परत क्षरण-नलिका क्षरण-अवनालिका क्षरण (अपरदन)*** **[UP RO/ARO (Pre) 2024]**
- किस प्रकार की मृदाओं का निर्माण मध्य अक्षांशीय क्षेत्रों में ठण्डे एवं आर्द्र भागों के वनाच्छादित क्षेत्रों में होता है? ***– स्पोडोसॉल मृदा*** **[RPSC (Pre) 2013]**

- भू-संरक्षण की 'परिरेखा बन्धन विधि' का प्रयोग किसके लिए होता है? ***- मृदा संरक्षण के लिए*** [UPSC (Pre) 2013]
- कुछ समयावधि तक सिंचाई करने के बाद कुछ कृषि भूमियों में किसका योगदान अधिक होता है? ***- लवणीभवन का*** [UPSC (Pre) 2018]
- जन्तुओं द्वारा यूरिया का उत्सर्जन और वनस्पति की मृत्यु के पश्चात् मृदा में किसकी मात्रा बढ़ जाती है? ***- नाइट्रोजन की*** [UPSC (Pre) 2013]
- विश्व के किस वन को 'पृथ्वी ग्रह के फेफड़ों' के रूप में जाना जाता है? ***- अमेजन वर्षा वन*** [RPSC (Pre) 2015]
- टैगा वन विशिष्टत: किस वनस्पति क्षेत्र में पाए जाते हैं? ***- समशीतोष्ण क्षेत्र में*** [UPPSC (Mains) 2016]
- डेलबर्जिया किस प्रजाति से सम्बन्धित है? ***- शीशम से*** [UPSC (Pre) 2007]
- माक्वी वनस्पति किस क्षेत्र में पाई जाती है? ***- भूमध्यसागरीय तटीय क्षेत्र में*** [UPPSC (Pre) 2019]
- दक्षिण अफ्रीका के दक्षिण-पश्चिमी भाग में बहुतायत मात्रा में कौन-सी वनस्पति पाई जाती है? ***- फिम्बस वनस्पति*** [UPPSC (Pre) 2019]
- कैलिफोर्निया के भूमध्यसागरीय युक्त जलवायु प्रदेश में कौन-सी वनस्पति पाई जाती है? ***- चैपरेल वनस्पति*** [UPPSC (Pre) 2019]
- चिली के भूमध्यसागरीय जलवायु प्रदेश में किस प्रकार की वनस्पति पाई जाती है? ***- मैटोरल वनस्पति प्रकार*** [UPPSC (Pre) 2019]
- अधिजीवी प्राकृतिक वनस्पति किन क्षेत्रों में पाई जाती है? ***- भूमध्यरेखीय क्षेत्र*** [UPPSC (Pre) 2019]
- बेओबाब वनस्पतियाँ किस प्रकार के जलवायु क्षेत्र में पाई जाती हैं? ***- सवाना युक्त जलवायु क्षेत्र*** [UPPSC (Pre) 2019]
- प्राकृतिक वनस्पति किसका सूचकांक मानी जाती है? ***- जलवायु का*** [UPPSC (Pre) 2009]
- शीतोष्ण वनों की तुलना में किस प्रकार के वनों की प्रधान उत्पादकता अत्यधिक होती है? ***- उष्णकटिबन्धीय वर्षा वनों की*** [UPPSC (Pre) 2014]
- मियावाकी पद्धति किसके लिए विख्यात है? ***- शहरी क्षेत्रों में लघु वनों का सृजन*** [UPSC (Pre) 2022]
- यूरेशिया में किस प्रकार के शीतोष्ण घास के मैदान पाए जाते हैं? ***- स्टेपीज घास मैदान*** [UPPSC (Pre) 2014]
- सवाना की वनस्पति में बिखरे हुए छोटे वृक्षों के साथ घास के मैदान भी होते हैं, किन्तु विस्तृत क्षेत्र में कोई वृक्ष नहीं होता है। ऐसे क्षेत्रों में नव विकास सामान्यत: एक या एकाधिक या कुछ परिस्थितियों के संयोजन के द्वारा नियन्त्रित होता है। ऐसी परिस्थितियाँ कौन-सी हैं? ***- अग्नि, चरने वाले तृणभक्षी, प्राणी और मौसमी वर्षा*** [UPSC (Pre) 2021]
- कैम्पोस घास के मैदान किस देश में अवस्थित हैं? ***- ब्राजील*** [UPPSC (Pre) 2010]
- पम्पास घास के मैदान का विस्तार सर्वाधिक किस देश में है? ***- अर्जेण्टीना में*** [UPPSC (Pre) 2010, HPPSC (Pre) 2024]
- दक्षिण अफ्रीका में शीतोष्ण कटिबन्धीय घास के मैदान को क्या कहा जाता है? ***- वेल्ड्स*** [MPPSC (Pre) 2015, 2016, 2021]
- उत्तरी अमेरिका के घास के मैदान को किस नाम से जाना जाता है? ***- प्रेयरीज*** [HPSC (Pre) 2024]

26. कृषि एवं पशुपालन

- मिल्पा और लादांग किस प्रकार की कृषि के अन्य नाम हैं? ***- झूम कृषि*** [UKPSC (Pre) 2022]
- विषुवतरेखीय प्रदेश के उच्च भूमि के क्षेत्र किस प्रकार की खेती (कृषि) के लिए उपयुक्त हैं? ***- बागानी कृषि*** [RPSC (Pre) 2015]
- विश्व के किस प्रदेश में खट्टे रसीले फलों का उत्पादन बहुत विकसित है? ***- भूमध्यसागरीय प्रदेश*** [UPPSC (Pre) 2020]
- किस कृषि क्षेत्र के छोटे क्षेत्रों में अधिक मानव श्रम की आवश्यकता होती है? ***- व्यापारिक बागवानी*** [JPSC (Pre) 2013]
- ट्रक कृषि किससे सम्बन्धित है? ***- साग-सब्जी से*** [MPPSC (Pre) 2022]
- विश्व का द्वितीय कहवा निर्यातक देश कौन-सा है? ***- वियतनाम*** [UPPSC (Mains) 2016]
- विश्व में कौन-सा देश मक्का उत्पादन में द्वितीय स्थान पर है? ***- चीन*** [UPPSC (Mains) 2013]
- सब्जियों की खेती के लिए किस शब्द का प्रयोग किया जाता है? ***- ओलेरीकल्चर*** [UPPSC (Pre) 2015]
- विश्व में कौन-सा देश पिछले पाँच वर्षों के दौरान चावल का सबसे बड़ा निर्यातक रहा है? ***- भारत*** [UPPSC (Pre) 2019]
- खाद्य और कृषि संगठन का मुख्यालय कहाँ स्थित हैं? ***- रोम में*** [MPPSC (Pre) 2023]
- विश्व में चीनी का कटोरा किसे कहा जाता है? ***- क्यूबा*** [UKPSC (Pre) 2022]
- विश्व में कौन-सा देश गन्ने का द्वितीय वृहत्तम उत्पादक देश है? ***- भारत*** [UPPSC (Mains) 2016]
- विश्व के दो सबसे बड़े कोको उत्पादक के रूप में विख्यात हैं ***- कोटे डी आइवर और घाना*** [UPSC (Pre) 2024]
- सर्वाधिक रबर की खेती कहाँ होती है? ***- अमेजन तथा जायरे बेसिन में*** [MPPSC (Pre) 2010]
- लौंग मुख्यत: किसका भाग है? ***- फूल कली का*** [UPPSC (Pre) 2021]
- किस कुल के पौधे से तापा कपड़ा बनाया जाता है? ***- मोरेसी*** [UPPSC (Pre) 2021]
- ताड़ तेल का उपयोग किसके उत्पादन में किया जा सकता है? ***- जैव डीजल*** [UPSC (Pre) 2021]
- वाणिज्यिक अन्न का उत्पादन किस देश में किया जाता है? ***- अर्जेण्टीना*** [MPPSC (Pre) 2021]
- वाणिज्यिक फलों का उत्पादन कहाँ किया जाता है? ***- फ्रांस में*** [MPPSC (Pre) 2021]
- श्रीलंका के कैण्डी बेसिन में किस फसल का उत्पादन होता है? ***- चाय*** [UPPSC (Pre) 2010]
- जैतून की खेती बड़े स्तर पर किस देश में की जाती है? ***- इटली*** [UPPSC (Pre) 2013]
- किस जीव से अंगोरा ऊन प्राप्त होती है ***- खरगोश*** [UPSC (Pre) 2024]

शेष अध्याय के प्रीलिम्स फैक्ट्स के लिए दिया गया QR कोड स्कैन करें

प्रीलिम्स अभ्यास

1. भूगोल : उत्पत्ति एवं विकास

1. "भूगोल धरातल के विभिन्न भागों में कारणात्मक रूप से सम्बन्धित तथ्यों में भिन्नता का अध्ययन करता है।" निम्नलिखित में से किस विद्वान का सिद्धान्त है?

(a) अल्फ्रेड हेटनर (b) रिचर्ड हार्टशोर्न
(c) स्ट्रेबो (d) इनमें से कोई नहीं

2. किसने कहा है कि "भूगोल पृथ्वी की झलक को स्वर्ग में देखने वाला आभामय विज्ञान है?"

(a) कार्ल रिटर (b) टॉलमी
(c) स्ट्रेबो (d) हम्बोल्ट

3. नव-निश्चयवाद के सम्बन्ध में निम्न में से कौन-सा/से कथन सही नहीं है/हैं?

(a) इसे रुको और जाओ निश्चयवाद कहा जाता है।
(b) नव-निश्चयवाद सिद्धान्त को ग्रिफिथ टेलर ने प्रस्तुत किया।
(c) डॉ. टैथम ने नव-निश्चयवाद को क्रियात्मक सम्भववाद का नाम दिया है।
(d) इस सिद्धान्त के अन्तर्गत पृथ्वी की उत्पत्ति व विकास से सम्बन्धी तथ्यों को ही महत्त्व दिया जाता है।

4. निम्नलिखित में से किस भूगोलवेत्ता ने क्रमबद्ध उपागम या सामान्य भूगोल को प्रवर्तित किया है?

(a) अलेक्जेण्डर वॉन हम्बोल्ट
(b) मैकेण्डर
(c) क्रिस्टलर
(d) वेबर

5. प्रसिद्ध भूगोलवेत्ताओं द्वारा परिभाषित मानव भूगोल की कुछ परिभाषाएँ और सम्बद्ध प्रसिद्ध भूगोलवेत्ताओं के नाम नीचे दिए गए हैं। सही मिलान वाले उस जोड़े/उन जोड़ों की पहचान कीजिए **HPSC (Pre) 2023**

1. मानव भूगोल मानव समाज और पृथ्वी की सतह के बीच सम्बन्धों का कृत्रिम अध्ययन है-फ्रेडरिक रेटजेल
2. मानव भूगोल अशान्त मनुष्य और अस्थिर पृथ्वी के बीच बदलते सम्बन्धों का अध्ययन है-एलेन सेम्पल
3. मानव भूगोल पृथ्वी और मानव के बीच अन्तर्सम्बन्धों की एक नई अवधारणा प्रस्तुत करता है—एल्सवर्थ हण्टिंग्टन
4. मानव भूगोल को भौगोलिक पर्यावरण और मानवीय गतिविधियाँ एवं गुणों के बीच सम्बन्धों की प्रकृति और वितरण के अध्ययन के रूप में परिभाषित किया जा सकता है - पॉल विडाल-डी-ला ब्लाश

कूट

(a) 2 और 4 (b) 3 और 4
(c) 1 और 2 (d) 1 और 4

6. अरस्तू ने अपनी प्रसिद्ध पुस्तक ……… में राज्य के गठन पर भौतिक कारकों के प्रभाव को प्रतिपादित किया।

(a) ज्योग्राफिक (b) पॉलिटिक्स
(c) कॉसमॉस (d) इनमें से कोई नहीं

7. निम्न में से कौन-सा युग्म सही सुमेलित नहीं है?

(a) क्षेत्रीय भूगोल का जनक - कार्ल रिटर
(b) वातावरणवाद के प्रणेता - हेरोडोटस
(c) विश्व ग्लोब का निर्माणकर्ता - पीटर हैगेट
(d) विश्व मानचित्र का निर्माणकर्ता - एनेक्सीमेण्डर

8. निम्नलिखित में से किसका नाम प्रवसन सिद्धान्त से सम्बन्धित है? **UPPSC (Mains) 2017**

(a) नोटेस्टीन (b) थॉम्पसन
(c) ली (d) डबुलडे

9. सूची I को सूची II के साथ सुमेलित कीजिए और नीचे दिए गए कूट का प्रयोग कर सही उत्तर चुनिए **UPPSC (Pre) 2023**

	सूची I (जनसंख्या के सिद्धान्त)		सूची II (सिद्धान्तों के प्रतिपादक)
A.	उपयुक्त जनसंख्या सिद्धान्त	1.	थॉम्पसन
B.	सामाजिक अपसमायोजन सिद्धान्त	2.	माल्थस
C.	जनसंख्या संक्रमण सिद्धान्त	3.	एडविन कैनन
D.	जनसंख्या खाद्यान्न आपूर्ति सिद्धान्त	4.	हेनरी जॉर्ज

कूट

	A	B	C	D		A	B	C	D
(a)	1	2	3	4	(b)	4	3	1	2
(c)	2	3	4	1	(d)	3	4	1	2

2. ब्रह्माण्ड एवं सौरमण्डल

10. निम्नलिखित में से कौन-सी परिकल्पना/सिद्धान्त ब्रह्माण्ड की उत्पत्ति की व्याख्या करती है? **UPPSC (Pre) 2016**

(a) निहारिका परिकल्पना (नेबुलर हाइपोथीसिस)
(b) द्विआधारी सिद्धान्त (बाइनरी थ्योरी)
(c) महाविस्फोट सिद्धान्त (बिग-बैंग थ्योरी)
(d) ग्रहाणु परिकल्पना (प्लेनेटोसिमल हाइपोथीसिस)

11. आकाशगंगा मन्दाकिनी के सबसे शीतल तथा चमकीले तारों के क्षेत्र को क्या कहा जाता है?

(a) क्वैसर (b) बल्ज
(c) ओरियन नेबुला (d) लाइमैन अल्फा ब्लॉब्स

12. प्रकाश वर्ष में खगोलीय दूरियाँ मापे जाने का कारण निम्नलिखित में से कौन-सा है? **IAS (Pre) 2021**

(a) तारकीय पिण्डों के बीच की दूरियाँ परिवर्तित नहीं होती हैं
(b) तारकीय पिण्डों का गुरुत्व परिवर्तित नहीं होता है
(c) प्रकाश सदैव सीधी रेखा में यात्रा करता है
(d) प्रकाश की गति (स्पीड) सदैव एकसमान होती है

13. एक खगोलीय एकक औसत दूरी है

(a) पृथ्वी और सूर्य के बीच की **JPSC (Pre) 2011**
(b) पृथ्वी और चन्द्रमा के बीच की
(c) बृहस्पति और सूर्य के बीच की
(d) प्लूटो और सूर्य के बीच की

14. निम्नलिखित युग्मों पर विचार कीजिए **UPPSC (Pre) 2023**

	अन्तरिक्ष में पिण्ड		वर्णन
1.	सेफीड	–	अन्तरिक्ष में धूल और गैस
2.	निहारिकाएँ	–	तारे, जो आवर्ती रूप से जलते-बुझते हैं
3.	पल्सर	–	न्यूट्रॉन तारे, जो तब बनते है, जब विशाल तारों का ईंधन खत्म हो जाता है और उनका निपात हो जाता है

उपरोक्त युग्मों में से कितने युग्म सही सुमेलित हैं?

(a) केवल एक (b) केवल दो
(c) सभी तीन (d) कोई भी नहीं

15. सूर्य की चमकीली बाह्य परत को जाना जाता है **UKPSC (Pre) 2024**

(a) फोटोस्फीयर (b) आयनोस्फीयर
(c) मैसोस्फीयर (d) सूर्य धब्बे

16. निम्नलिखित में से कौन-सा भीतरी (आन्तरिक) ग्रहों को प्रस्तुत करता है? **UPPSC (Pre) 2004**

(a) सूर्य और पृथ्वी के बीच ग्रह
(b) सूर्य और क्षुद्रग्रहों (ऐस्टर सदृश) की मेखला के बीच के ग्रह
(c) पृथ्वी के निकट के ग्रह
(d) सूर्य के चारों ओर के ग्रह

17. निम्नलिखित कथनों पर विचार कीजिए

1. शुक्र ग्रह के वायुमण्डल में कार्बन डाइ-ऑक्साइड की अधिकता पाई जाती है।
2. शुक्र के चारों ओर सल्फर डाइ-ऑक्साइड के बादल पाए जाते हैं।

उपरोक्त में से कौन-सा/से कथन सही है/हैं?

(a) केवल 1 (b) केवल 2
(c) 1 और 2 दोनों (d) न तो 1 और न ही 2

18. निम्नलिखित कथनों पर विचार कीजिए

1. नेप्च्यून ग्रह नीले रंग का दिखता है।
2. नेप्च्यून के वातावरण में मीथेन गैस की उपस्थिति उसके रंग के लिए उत्तरदायी है।

कूट

(a) दोनों कथन व्यष्टित: सत्य हैं तथा कथन 2, कथन 1 का सही स्पष्टीकरण है
(b) दोनों कथन व्यष्टित: सत्य हैं, परन्तु कथन 2, कथन 1 का सही स्पष्टीकरण नहीं है
(c) कथन 1 सत्य है, किन्तु कथन 2 असत्य है
(d) कथन 1 असत्य है, किन्तु कथन 2 सत्य है

19. सौरमण्डल में क्षुद्रग्रह छोटे खगोलीय पिण्ड हैं, जो जिन ग्रहों के मध्य पाए जाते हैं, वे हैं UPPSC (Pre) 2008

(a) बुध और शुक्र
(b) मंगल और बृहस्पति
(c) बृहस्पति
(d) वरुण (नेप्च्यून) और शनि

20. पृथ्वी ग्रह के संदर्भ में, निम्नलिखित कथनों पर विचार कीजिए : IAS (Pre) 2025

I. वर्षा वन, महासागरों द्वारा उत्पादित ऑक्सीजन की तुलना में अधिक ऑक्सीजन उत्पादित करते हैं।
II. समुद्री पादप-प्लवक और प्रकाश-संश्लेषी जीवाणु विश्व में ऑक्सीजन का लगभग 50% उत्पादित करते हैं।
III. वायुमंडलीय हवा में विद्यमान ऑक्सीजन की तुलना में, सुचारू रूप से ऑक्सीकृत पृष्ठ-जल में अनेक गुना अधिक ऑक्सीजन होती है।

उपर्युक्त कथनों में से कौन-सा/कौन-से सही है/हैं?

(a) I और II (b) केवल II (c) I और III
(d) उपर्युक्त कथनों में से कोई भी सही नहीं है

3. पृथ्वी की गतियाँ

21. निम्न में से कौन-सा कथन पृथ्वी की गति के सन्दर्भ में सत्य है? JPSC (Pre) 2021

1. पृथ्वी की अपनी धुरी पर पश्चिम से पूर्व घूर्णन के कारण मौसम परिवर्तन होता है।
2. पृथ्वी का सूर्य के चारों ओर चक्कर लगाने के कारण पृथ्वी पर रात व दिन घटित होते हैं।

कूट

(a) केवल 1 (b) 1 और 2 दोनों
(c) केवल 2 (d) न तो 1 और न ही 2

22. नक्षत्र दिवस वह समय है, जोकि पृथ्वी को अपने अक्ष पर एक बार .... घूमने में लगता है।

(a) 90° (b) 180° (c) 360° (d) 120°

23. घूर्णन/दैनिक गति के क्या प्रभाव होते हैं?

(a) दिन और रात का घटित होना
(b) हवाओं और घटाओं की दिशा में परिवर्तन घूर्णन गति के कारण ही सम्भव है
(c) पृथ्वी की घूर्णन गति से ज्वार-भाटा की दैनिक या अर्द्ध-दैनिक आवृत्ति और इससे उत्पन्न ज्वारीय तरंगों की दिशा प्रभावित होती है
(d) उपरोक्त सभी

24. जून की 21वीं तारीख को सूर्य IAS (Pre) 2019

(a) उत्तरी ध्रुवीय वृत्त पर क्षितिज के नीचे नहीं डूबता है।
(b) दक्षिण ध्रुवीय वृत्त पर क्षितिज के नीचे नहीं डूबता है।
(c) मध्याह्न में भूमध्य रेखा पर ऊर्ध्वाधर रूप से व्योमस्थ चमकता है।
(d) मकर रेखा पर ऊर्ध्वाधर रूप से व्योमस्थ चमकता है।

25. उत्तरी गोलार्द्ध में वर्ष का सबसे लम्बा दिन आमतौर पर कब होता है? IAS (Pre) 2022

(a) जून महीने का पहला पखवाड़ा
(b) जून महीने का दूसरा पखवाड़ा
(c) जुलाई महीने का पहला पखवाड़ा
(d) जुलाई महीने का दूसरा पखवाड़ा

26. प्रत्येक वर्ष 21 जून को निम्नलिखित में से किस अक्षांश/किन अक्षांशों पर 12 घण्टे से अधिक समय तक सूर्य का प्रकाश विद्यमान रहता है? IAS (Pre) 2024

1. भूमध्यरेखा (इक्वेटर)
2. कर्क रेखा
3. मकर रेखा
4. उत्तर ध्रुवीय (आर्कटिक) वृत्त

नीचे दिए गए कूट का प्रयोग कर सही उत्तर चुनिए

(a) केवल 1 (b) केवल 2
(c) 3 और 4 (d) 2 और 4

4. अक्षांश, देशान्तर एवं मानक समय

27. ग्लोब पर 1 डिग्री के अन्तराल पर खींची गईं अक्षांश रेखाएँ कितनी हैं? BPSC (Pre) 2023

(a) 180 (b) 178
(c) 179 (d) इनमें से कोई नहीं

28. एक स्थान की जो सही अक्षांशीय स्थिति हो सकती है, वह है

(a) 91° उत्तर (b) 45° पूर्व
(c) 45° दक्षिण (d) 91° पश्चिम

29. भूमध्य रेखा ग्लोब को विभाजित करती है

(a) क्षैतिज समान अर्द्ध भागों में BPSC (Pre) 2011
(b) तिर्यक अर्द्ध भागों में
(c) दो असमान भागों में
(d) ऊर्ध्ववर्ती समान अर्द्ध भागों में

30. विषुवत् रेखा निम्न में से किस देश से नहीं गुजरती है? UKPSC (Pre) 2022

(a) केन्या (b) मैक्सिको
(c) इण्डोनेशिया (d) ब्राजील

31. निम्नलिखित में से किन देशों से होकर भूमध्य रेखा नहीं गुजरती है? UPPSC (Pre) 2020

1. गैबन 2. सोमालिया
3. भूमध्यरेखीय गिनी 4. रवाण्डा

नीचे दिए गए कूट से सही उत्तर चुनिए

(a) 1 और 4 (b) 2 और 4
(c) 2 और 3 (d) 3 और 4

32. कर्क रेखा के बारे में क्या सही है?

1. कर्क वृत्त, विषुवत् वृत्त से $23\frac{1°}{2}$ उत्तर की कोणीय दूरी पर स्थित है।
2. पश्चिमी भारत की माही नदी, कर्क रेखा को दो बार विभाजित करती है।

कूट

(a) केवल 1
(b) केवल 2
(c) 1 और 2 दोनों
(d) न तो 1 और न ही 2

33. आर्कटिक वृत्त निम्न में से किस देश से होकर नहीं गुजरता है?

(a) स्वीडन (b) फिनलैण्ड
(c) कनाडा (d) यूक्रेन

34. सभी देशान्तर रेखाएँ .... होती हैं, ये समान्तर नहीं होती तथा उत्तरी एवं दक्षिणी ध्रुवों पर अभिसारित होकर मिल जाती हैं।

(a) वृत्ताकार (b) अर्द्धवृत्ताकार
(c) लघुवृत्ताकार (d) इनमें से कोई नहीं

35. देशान्तरीय दूरी एक घण्टे के समयान्तराल के बराबर होती है UPPSC (Pre) 2015

(a) 15° (b) 30°
(c) 45° (d) 60°

36. 90° पूर्वी देशान्तर पर स्थित थिम्पू (भूटान) का स्थानीय समय निर्धारित कीजिए, जब ग्रीनविच (0°) में दोपहर 12:00 बजे का समय है BPSC (Pre) 2023

(a) सायं 6:00 बजे (b) सायं 4:00 बजे
(c) सायं 7:00 बजे (d) सायं 6:00 बजे

5. मानचित्र अध्ययन

37. निम्न में से कौन-सा युग्म सही सुमेलित नहीं है?

(a) वृहत मापनी मानचित्र – भू-सम्पत्ति का मापन
(b) लघु मापनी मानचित्र – भित्ति मानचित्र
(c) भौतिक मानचित्र – उच्चावचों का मापन
(d) सांस्कृतिक मानचित्र – वनस्पति का प्रदर्शन

38. जलयानों व समुद्री यातायात तथा समुद्री धाराओं के सम्बन्ध में किस प्रक्षेप का उपयोग किया जाता है?

(a) शंक्वाकोर प्रक्षेप (b) मरकेटर प्रक्षेप
(c) ज्यावक्रीय प्रक्षेप (d) रूठगत प्रक्षेप

39. ओक्टास मापनी का प्रयोग निम्नलिखित में से किसके मापन हेतु किया जाता है?

(a) वायुमण्डलीय आर्द्रता
(b) ओस-जमाव का स्तर
(c) मेघाच्छादन की मात्रा
(d) सौर प्रकाश की मात्रा

40. उच्चावच दिखाने का सबसे सही तरीका कौन-सा है? JPSC (Pre) 2013

(a) समोच्च रेखा (b) रेखाच्छादन
(c) रंगीन परत (d) पर्वतीय छाया

41. समान सूर्यातप को व्यक्त करने वाली रेखाएँ कहलाती हैं

(a) आइसोबार (b) आइसोहाइट्स
(c) आइसोहेल (d) कण्टूर्स

6. पृथ्वी की उत्पत्ति एवं विकास

42. पृथ्वी की आयु निर्धारित करने में यूरेनियम डेटिंग विधि का प्रयोग किया जाता है, इसे अन्य किस नाम से जानते हैं?

(a) रेडियोमेट्रिक डेटिंग विधि
(b) कार्बनिक डेटिंग विधि
(c) उल्कापिण्डों की अध्ययन विधि
(d) ज्वारीय परिकल्पना विधि

43. निहारिका परिकल्पना के सम्बन्ध में निम्न में से कौन-सा/से कथन सही है/हैं?

1. इस परिकल्पना के अनुसार निहारिका का शेष भाग वर्तमान में विद्यमान सूर्य है।
2. फ्रांसीसी वैज्ञानिक रॉस ने लॉप्लास की परिकल्पना को संशोधित किया।

कूट
(a) केवल 1
(b) केवल 2
(c) 1 और 2 दोनों
(d) न तो 1 और न ही 2

44. थेल्स के अनुसार, "जल से ही समस्त वस्तुओं की उत्पत्ति एवं विकास हुआ है और अन्त में सभी वस्तुएँ जल में समाहित हो जाती हैं" यह सिद्धान्त निम्न में से क्या कहलाता है?

(a) एकतत्त्ववाद (b) बहुतत्त्ववाद
(c) 'a' और 'b' दोनों (d) इनमें से कोई नहीं

45. वायुमण्डल के विकास के सम्बन्ध में दिए गए कथनों में कौन-सा/से कथन सही है/हैं?

1. वायुमण्डल के विकास की आरम्भिक अवस्था में हाइड्रोजन तथा हीलियम अधिक मात्रा में विद्यमान थे।
2. वायुमण्डल में ऑक्सीजन की मात्रा लगभग 200 करोड़ वर्ष पूर्व में पूर्ण रूप से भर गई।

कूट
(a) केवल 1 (b) केवल 2
(c) 1 और 2 दोनों (d) न तो 1 और न ही 2

7. पृथ्वी की आन्तरिक संरचना

46. निम्नलिखित में से कौन-सा कथन सही नहीं है?

(a) पृथ्वी की आन्तरिक संरचना का अध्ययन मुख्यत: भू-गर्भशास्त्र का विषय है
(b) गुरुत्वाकर्षण चुम्बकीय क्षेत्र एवं भूकम्प सम्बन्धी क्रियाएँ भू-गर्भ जानकारी के प्रत्यक्ष स्रोत हैं
(c) विश्व में सबसे गहरा प्रबेधन आर्कटिक महासागर के कोला क्षेत्र में किया गया है
(d) पृथ्वी की गहराई में तापमान एवं दाब बढ़ने पर घनत्व बढ़ता है

47. निम्नलिखित कथनों में से कौन-सा एक सही नहीं है? UPPSC (Pre) 2015

(a) पर्पटी और प्रावार के बीच पृथक्करण-तल को मोहरोविसिक असान्तत्य के रूप में जाना जाता है
(b) प्रावार पृथ्वी के कुल भौतिक द्रव्यमान के दो-तिहाई से अधिक के बराबर हैं
(c) प्रावार पृथ्वी के गुरुतम पदार्थों से संगठित है
(d) पृथ्वी का आन्तरिक क्रोड ठोस अवस्था में है

48. पृथ्वी ग्रह की संरचना में प्रावार के नीचे क्रोड निम्नलिखित में से किस एक से बना है? UPPSC (Pre) 2009

(a) एल्युमीनियम (b) क्रोमियम
(c) लौह (d) सिलिकॉन

49. पृथ्वी के तरल अभ्यन्तर से भिन्न चन्द्रमा का अभ्यान्तर है UPPSC (Mains) 2001

(a) प्लाज्मा (b) वाष्पीकरण गैस
(c) श्यान द्रव (d) ठोस

50. पृथ्वी के गर्भ में दूसरी सबसे ज्यादा पाई जाने वाली धातु कौन-सी है? JPSC (Pre) 2010

(a) लोहा (b) एल्युमीनियम
(c) ताँबा (d) जस्ता

51. "भूपटल के टुकड़े मैण्टल में गति द्वारा निरन्तर धीमी गति से प्रवाहित होते हैं।" इस सिद्धान्त को क्या कहा जाता है? BPSC (Pre) 2023

(a) महाद्वीपीय बहाव सिद्धान्त
(b) पैंजिया सिद्धान्त
(c) प्लेट टेक्टॉनिक्स सिद्धान्त
(d) प्लेट सीमा सिद्धान्त

8. चट्टानें

52. निम्नलिखित में से कौन-सी शैल फेनेरिटिक बनावट का उदाहरण नहीं है? MPPSC (Pre) 2023

(a) ग्रेनाइट (b) डायोराइट
(c) रियोलाइट (d) गैब्रो

53. निम्नलिखित में से कौन-सी विशेषता आग्नेय चट्टानों के सन्दर्भ में सही नहीं है?

(a) आग्नेय चट्टानें स्थूल, पर्वतरहित, कठोर, सघन तथा जीवाश्म रहित होती हैं
(b) सिलिका की मात्रा कम होने पर आग्नेय चट्टानों का रंग गहरा तथा अधिक होने पर हल्का होता है
(c) कम सिलिका की मात्रा वाली आग्नेय चट्टानें अम्लीय होती हैं
(d) ये चट्टानें प्राय: रवेदार होती हैं

54. निम्नलिखित गतिविधियों पर विचार कीजिए UPPSC (Pre) 2023

1. बड़े पैमाने पर बारीक पिसी हुई बेसाल्ट शैल खेतों में बिछाना।
2. चूना मिलाकर महासागरों की क्षारीयता बढ़ाना।
3. विभिन्न उद्योगों द्वारा निर्मुक्त कार्बन डाइऑक्साइड का अभिग्रहण कर उसे कार्बोनेटीकृत जल के रूप में परित्यक्त भूमिगत खानों के अन्दर पम्प करना।

उपरोक्त गतिविधियों में से कितनी कार्बन अभिग्रहण और विविक्ती भवन (सिकेस्ट्रेशन) के लिए प्राय: विचार और चर्चा में लाई जाती हैं?

(a) केवल एक (b) केवल दो
(c) सभी तीन (d) कोई भी नहीं

55. अवसादी शैलों के बारे में निम्न में से क्या सही है?

1. अवसादी चट्टानें, भू-पर्पटी के सम्पूर्ण आयतन का मात्र 5% ही है, फिर भी धरातल के 75% भाग को घेरे हुए है।
2. इन चट्टानों में परतें स्पष्ट दिखाई देती हैं, इसलिए इन्हें स्तरीय चट्टान के रूप में जाना जाता है।

कूट
(a) केवल 1
(b) केवल 2
(c) 1 और 2 दोनों
(d) न तो 1 और न ही 2

56. निम्नलिखित में से किस चट्टान में कोयला एवं पेट्रोलियम पाया जाता है? MPPSC (Pre) 2022
(a) ग्रेनाइट
(b) आग्नेय
(c) कायान्तरित या परिवर्तित
(d) परतदार या अवसादी

57. सूची I को सूची II से सुमेलित कीजिए और सूचियों के नीचे दिए गए कूट का प्रयोग कर सही उत्तर चुनिए

सूची I (शैल के प्रकार)	सूची II (संघटन)
A. बालुकाश्म	1. पीट या अन्य कार्बनिक निक्षेप से बना शैल
B. चूना-पत्थर	2. आसानी से समतल पत्रक प्लेटों में टूटने वाली मृत्तिका
C. कोयला	3. अवक्षेपण से बना कैल्शियम कार्बोनेट
D. शैल	4. संयोजित बालू कण

कूट

	A	B	C	D		A	B	C	D
(a)	4	1	3	2	(b)	2	3	1	4
(c)	2	1	3	4	(d)	4	3	1	2

58. निम्नलिखित कथनों पर विचार कीजिए UPSC (Pre) 2024
कथन I चट्टानों के अपक्षय के कारणों में से एक कारण वर्षा है।
कथन II वर्षा जल में घोल के रूप में कार्बन डाइऑक्साइड विद्यमान होती है।
कथन III वर्षा जल में वायुमण्डलीय ऑक्सीजन विद्यमान होती है।
उपरोक्त कथनों के सम्बन्ध में निम्नलिखित में से कौन-सा सही है?
(a) कथन II और III दोनों सही हैं तथा दोनों कथन, कथन I की व्याख्या करते हैं।
(b) कथन II और III दोनों सही हैं, किन्तु उनमें से केवल एक, कथन I की व्याख्या करता है।
(c) कथन II और कथन III में से केवल एक सही है तथा वह कथन I की व्याख्या करता है।
(d) न तो कथन II और न ही कथन III सही है

9. अन्तर्जात/बहिर्जात बल एवं सम्बन्धित स्थलाकृतियाँ

59. 'भूकम्प' की क्रिया किस बल के अन्तर्गत कार्य करती है?
(a) पटल विरूपणी बल
(b) आकस्मिक अन्तर्जात बल
(c) महादेशजनक बल
(d) पर्वत निर्माणकारी बल

60. ऑस्ट्रेलिया का ग्रेट डिवाइडिंग रेंज किस प्रकार के वलन का उदाहरण है?
(a) असममित वलन (b) समनत वलन
(c) एकदिग्नत वलन (d) परिवलन

61. समपनति वलन के बारे में निम्न में से क्या सही है? UPPSC (Pre) 2004
(a) इस प्रकार के वलन को पंखावलन कहते हैं
(b) इसमें एक वृहद् वलन की वृहद् अपनति में एकसाथ कई प्रकार की अपनतियाँ एवं अभिनतियाँ बनती हैं
(c) 'a' और 'b' दोनों
(d) न तो 'a' और न ही 'b'

62. निम्नलिखित में से क्या 'संवलन' की क्रिया द्वारा घटित होता है?
(a) जब दो या दो से अधिक क्षैतिजिक शक्तियाँ एक-दूसरे के सामने क्रियाशील रहती हैं, तो धरातल पर मोड़ पड़ जाते हैं
(b) कभी-कभी इन क्षैतिजिक शक्तियों में से धरातल का कोई भाग गुम्बद के आकार में उठ जाता है
(c) संवलन के ऊपर उठे हुए भाग को भू-अपनति कहते हैं
(d) उपरोक्त सभी

63. निम्नलिखित में से कौन-सी बलकृत रूप से बनी अवसादी शैल है?
(a) लवण शैल (b) चूनाश्म
(c) बालुकाश्म (d) जिप्सम

64. भौगोलिक अपरदन चक्र की संकल्पना इनमें से किसने प्रस्तुत की है? BPSC (Pre) 2022
(a) ए. होल्म (b) डब्ल्यू.एम.डेविस
(c) एस.डब्ल्यू.उल्टरीज (d) कोबर

10. महाद्वीपीय एवं महासागरीय संचलन

65. महाद्वीपीय बहाव का सिद्धान्त किसके द्वारा विकसित किया गया था? BPSC (Pre) 2021
(a) जेजे विल्सन (b) ए. वेगनर
(c) डु टोइट (d) एच. हेस

66. महाद्वीप अलग कैसे हुए?
(a) ज्वालामुखी फटने से
(b) विवर्तनिक क्रिय से
(c) चट्टानों के वलयन भ्रंशन से
(d) उपरोक्त सभी

67. दृढ़ स्थलमण्डलीय पट्ट 'प्लेट' कहलाते हैं। यदि महासागरीय प्लेट, महाद्वीपीय प्लेट से टकराती हैं, तो क्या परिणाम होगा?
1. महासागरीय प्लेट, महाद्वीपीय प्लेट के नीचे प्रवेश कर जाती है।
2. महाद्वीपीय प्लेट, महासागरीय प्लेट के नीचे प्रवेश कर जाती है।
3. महाद्वीपीय और महासागरीय प्लेटें कभी नहीं टकराती हैं।

कूट
(a) केवल 1 (b) केवल 2
(c) 1 और 2 (d) 1, 2 और 3

68. निम्नलिखित पर विचार कीजिए IAS (Pre) 2013
1. विद्युत चुम्बकीय विकिरण 2. भू-तापीय ऊर्जा
3. गुरुत्वीय बल 4. प्लेट संचलन
5. पृथ्वी का घूर्णन 6. पृथ्वी का परिक्रमण
उपरोक्त में से कौन-से पृथ्वी के पृष्ठ पर गतिक परिवर्तन लाने के लिए उत्तरदायी हैं?
(a) 1, 2, 3 और 4 (b) 1, 3, 5 और 6
(c) 2, 4, 5 और 6 (d) ये सभी

69. 'महासागरीय-महासागरीय संचलन' के अन्तर्गत निम्न में से क्या सही है?
(a) यहाँ अधिकांशत: गहरे गर्त पाए जाते हैं
(b) इस संचलन के फलस्वरूप जापान एवं फिलीपीन्स जैसी द्वीपीय संरचनाओं का निर्माण हुआ है
(c) प्रशान्त महासागर के पश्चिमी किनारों से महासागरीय-महासागरीय संचलन का सम्बन्ध है
(d) उपरोक्त सभी

11. भूकम्प, सुनामी एवं ज्वालामुखी

70. भूकम्प सम्बन्धी निम्नलिखित कथनों में से कौन-सा/से कथन सही है/हैं? UP RO/ARO (Pre) 2017
1. भूकम्प के उद्गम बिन्दु को अधिकेन्द्र कहते हैं।
2. एक ही समय पर भूकम्प से प्रभावित स्थानों को जोड़ने वाली रेखाओं को सह-भूकम्प रेखाएँ कहते हैं।

कूट
(a) केवल 1 (b) केवल 2
(c) 1 और 2 दोनों (d) न तो 1 और न ही 2

71. भूकम्पों की प्राथमिक तरंगों के सम्बन्ध में निम्नलिखित कथनों में से कौन-सा सही नहीं है? UPPSC (Pre) 2019
(a) ये ध्वनि तरंगों जैसी होती हैं
(b) ये केवल ठोस पदार्थों में से होकर गमन कर सकती हैं
(c) ये गैसीय, तरल और ठोस पदार्थों में से होकर गमन करती हैं
(d) ये तेजी से गति करती हैं और सतह पर सबसे पहले पहुँचती हैं

72. अनुप्रस्थ या गौण तरंगों के बारे में निम्न में से क्या सही है?
(a) S तरंगें केवल ठोस माध्यम में गमन कर सकती हैं
(b) ये पृथ्वी के क्रोड से नहीं गुजर पाती हैं

(c) पृथ्वी के क्रोड से न गुजर पाना, इसका मुख्य कारण है कि क्रोड तरल अवस्था में है
(d) उपरोक्त सभी

73. निम्नलिखित कथनों पर विचार कीजिए **UPPSC (Pre) 2023**

1. भूकम्प-लेखी (सिस्मोग्राफ) में S तरंगों से पूर्व P तरंगें अभिलिखित की जाती हैं।
2. P तरंगों में अलग-अलग कण तरंग प्रसार की दिशा में आगे-पीछे कम्पन करते हैं, जबकि S तरंगों में कण तरंग प्रसार की दिशा के समकोणीय ऊपर-नीचे कम्पन करते हैं।

उपरोक्त कथनों में से कौन-सा/से कथन सही है/हैं?
(a) केवल 1 (b) केवल 2
(c) 1 और 2 दोनों (d) न तो 1 और न ही 2

74. निम्नलिखित पर विचार कीजिए **UPSC (Pre) 2024**

1. ज्वलखण्डाश्मी (पाइरोक्लास्टी) मलबा
2. राख और धूल
3. नाइट्रोजन यौगिक
4. सल्फर यौगिक

उपरोक्त में से कितने ज्वालामुखी उद्गारों के उत्पाद हैं?
(a) केवल एक (b) केवल दो
(c) केवल तीन (d) सभी चार

75. निम्नलिखित में से कौन-सा विश्व का सबसे बड़ा ज्वालामुखी है, जो पिछले 38 वर्षों में प्रथम बार फूटा था? **BPSC (Pre) 2023**
(a) हलेअकाला (b) माउण्ट सेण्ट हेलेन्स
(c) मोना लोआ (d) इनमें से एक से अधिक
(e) इनमें से कोई नहीं

76. निम्न में से कौन-सा एक मूल स्थल रूप है? **UKPSC (Pre) 2016**
(a) मोनाडनॉक (b) अवशिष्ट पर्वत
(c) ज्वालामुखी शंकु (d) अपरदनात्मक जलप्रपात

77. ज्वालामुखी उद्गार नहीं होते हैं
(a) बाल्टिक सागर में (b) काला सागर में
(c) कैरीबियन सागर में (d) कैस्पियन सागर में

12. भू-पटल के विभिन्न उच्चावच

78. निम्नलिखित सूचना पर विचार कीजिए **UPSC (Pre) 2024**

क्षेत्र	पर्वत शृंखला का नाम	पर्वत का प्रकार
1. मध्य एशिया	वॉसजेस	वलित पर्वत
2. यूरोप	आल्पस	भ्रंशोत्थ (ब्लॉक) पर्वत
3. उत्तरी अमेरिका	अप्लेशियन	वलित पर्वत
4. दक्षिण अमेरिका	एण्डीज	वलित पर्वत

उपरोक्त सूचना में से कितनी पंक्तियाँ सही सुमेलित हैं?
(a) केवल एक (b) केवल दो
(c) केवल तीन (d) सभी चार

79. सूची I को सूची II से सुमेलित कीजिए तथा नीचे दिए गए कूट से सही उत्तर चुनिए **UPSC (Pre) 2020**

सूची I (पर्वत)	सूची II (देश)
A. एटलस	1. फ्रांस/स्पेन
B. किलिमंजारो	2. इक्वाडोर
C. चिम्बरोजो	3. तंजानिया
D. पाइरेनीज	4. मोरक्को

कूट

	A	B	C	D		A	B	C	D
(a)	4	3	2	1	(b)	4	1	2	3
(c)	2	3	4	1	(d)	1	3	4	2

80. सूची I को सूची II से सुमेलित कीजिए तथा नीचे दिए गए कूट से कीजिए **RAS/RTS (Pre) 2016**

सूची I (पर्वत शिखर)	सूची II (महाद्वीप)
A. कोसिस्को	1. यूरोप
B. मैकिन्ले	2. अफ्रीका
C. अल्ब्रूस	3. ऑस्ट्रेलिया
D. किलिमंजारो	4. उत्तरी अमेरिका

कूट

	A	B	C	D		A	B	C	D
(a)	3	4	1	2	(b)	2	4	3	1
(c)	4	3	2	1	(d)	3	1	2	4

81. पश्चिमी अफ्रीका की निम्नलिखित झीलों में कौन-सी झील, सूखकर मरुस्थल में बदल गई है? **UPSC (Pre) 2022**
(a) लेक विक्टोरिया (b) लेक फागुबिन
(c) लेक ओगुटा (d) लेक वोल्टा

82. इण्डोनेशिया के द्वीप समूहों में पश्चिम से पूरब दिशा की ओर सही क्रम निम्नलिखित में से कौन-सा है? **UPPSC (Pre) 2021**
(a) जावा, सुमात्रा, लोमबोक, बाली
(b) सुमात्रा, जावा, बाली, लोमबोक
(c) सुमात्रा, जावा, लोमबोक, बाली
(d) बाली, सुमात्रा, जावा, लोमबोक

83. सोकोत्रा द्वीप के सन्दर्भ में निम्नलिखित में से कौन-सा/से कथन सही है/हैं? **UPPSC (Pre) 2021**

1. यह ओमान का एक द्वीप है, जो अरब सागर में स्थित है।
2. इसे वर्ष 2008 में यूनेस्को द्वारा विश्व प्राकृतिक विरासत स्थल के रूप में नामित किया गया था।

कूट
(a) केवल 1 (b) केवल 2
(c) 1 और 2 दोनों (d) न तो 1 और न ही 2

84. निम्नलिखित में से कौन-सा द्वीप कैरैबियन सागर में अवस्थित नहीं है? **UPPSC (Pre) 2021**
(a) ग्रेनाडा
(b) मोण्टसेराट
(c) मडीरा
(d) ऐंगुइला

85. निम्नलिखित में से किस महाद्वीप में मरुस्थलीकरण की समस्या न्यूनतम है? **RAS/RTS (Pre) 2023**
(a) यूरोप (b) ऑस्ट्रेलिया
(c) एशिया (d) अफ्रीका

13. धरातल की विभिन्न स्थलाकृतियाँ एवं विकास

86. किसी नदी के ऊपर से निम्न मार्ग की ओर पाए जाने वाले निम्नलिखित स्थलाकृतिक लक्षणों का कौन-सा सही अनुक्रम है? **UPPSC (Pre) 2001**
(a) चाप झील, क्षिप्रिकाएँ, ज्वारनदमुख
(b) क्षिप्रिकाएँ, ज्वारनदमुख, चाप झील
(c) क्षिप्रिकाएँ, चाप झील, ज्वारनदमुख
(d) ज्वारनदमुख, चाप झील, क्षिप्रिकाएँ

87. समप्राय मैदान सम्बन्धित है **MPPSC (Pre) 2017**
(a) वायु से (b) भूमिगत जल से
(c) हिमनद से (d) नदी से

88. निम्नलिखित मैदानों में से कौन-सा एक चूना पत्थर स्थलाकृति से सम्बन्धित है?
(a) बाहादा मैदान (b) जलोढ़ मैदान
(c) कार्स्ट मैदान (d) पेनी मैदान

89. निम्नलिखित में से किन क्षेत्रों में झरनों का होना सामान्य है? **UPPSC (Pre) 2018**

1. सही प्रकार के सन्धित शैल
2. अध:शायी शैलों वाले शुष्क क्षेत्र
3. कार्स्ट स्थलाकृति
4. नत स्तर

कूट
(a) 1 और 3 (b) 1, 3 और 4
(c) 2 और 4 (d) 3 और 4

90. सर्वाधिक तटीय अपरदन होता है **UKPSC (Pre) 2010**
(a) लहरों से (b) ज्वार-भाटा से
(c) धाराओं से (d) सुनामी लहरों से

91. सागर जल के अपरदन से बनी स्थलाकृति है
(a) पुलिन (b) भृगु
(c) लैगून (d) पंक मैदान

92. 'लटकती घाटी' स्थलाकृति निम्न में से किस भू-आकृतिक प्रक्रिया से सम्बन्धित है? **UKPSC (Pre) 2024**
(a) वायु (b) हिमानी
(c) समुद्री तरंगें (d) बहता जल

14. वायुमण्डल : संघटन एवं संरचना

93. पृथ्वी के वायुमण्डल में उपस्थित कुल ऑक्सीजन का अमेजन वन में प्रकाश संश्लेषण के द्वारा अनुमानित उत्पादन है RAS/RTS (Pre) 2024

(a) 40% (b) 50% (c) 70% (d) 20%

94. 'जलवाष्प' के सन्दर्भ में निम्नलिखित में से कौन-सा/से कथन सही है/हैं? IAS (Pre) 2024

1. यह एक गैस है, जिसकी मात्रा ऊँचाई के साथ घटती है।
2. ध्रुवों पर इसका प्रतिशत अधिकतम है।

नीचे दिए गए कूट का प्रयोग कर सही उत्तर चुनिए

(a) केवल 1 (b) केवल 2
(c) 1 और 2 दोनों (d) न तो 1 और न ही 2

95. वायुमण्डल में प्रकाश के प्रसार का कारण है UPPSC (Pre) 2021

(a) कार्बन डाइ-ऑक्साइड
(b) धूलकण
(c) हीलियम
(d) जलवाष्प

96. भू-पृष्ठ से ऊपर की ओर बढ़ते हुए परतों का सही अनुक्रम निम्नलिखित में से कौन-सा है? IAS (Pre) 1998, UPPSC (Pre) 2005

(a) क्षोभमण्डल, समतापमण्डल, बाह्य वायुमण्डल, मध्यमण्डल
(b) क्षोभमण्डल, समतापमण्डल, मध्यमण्डल, बाह्य वायुमण्डल
(c) बाह्य वायुमण्डल, मध्यमण्डल, समतापमण्डल, क्षोभमण्डल
(d) समतापमण्डल, मध्यमण्डल, क्षोभमण्डल, बाह्य वायुमण्डल

97. धूम्र कोहरे (Smog) के निर्माण में एयरोसॉल के साथ किस गैस का मिश्रण होता है?

(a) ऑक्सीजन (b) हाइड्रोजन
(c) नाइट्रोजन (d) सल्फर डाइ-ऑक्साइड

98. क्षोभमण्डल के बारे में निम्नलिखित में से कौन-सा कथन सत्य है? BPSC (Pre) 2023

(a) इसकी औसत ऊँचाई 13 किमी है
(b) यह वायुमण्डल की सबसे ऊपरी परत है
(c) इस परत का तापमान ऊँचाई के साथ बढ़ता है
(d) उपरोक्त में से एक से अधिक
(e) उपरोक्त में से कोई नहीं

99. सूरज से निकले विनाशकारी रेडिएशन से निम्न में से कौन जीवन की सुरक्षा करता है? CGPSC (Pre) 2014

(a) ट्रोपोस्फीयर (b) आइनोस्फीयर
(c) ओजोन की परत (d) धुन्ध

100. जमीन से वायुमण्डल के शीर्ष तक हवा के एक स्तम्भ में ओजोन की मोटाई को .... के रूप में मापा जाता है। MPPSC (Pre) 2024, CGPSC (Pre) 2024

(a) ओजोन इकाई (b) थॉमसन यूनिट
(c) डॉब्सन इकाइयाँ (d) इनमें से कोई नहीं

101. निम्नांकित में से कौन-सी परत समतापमण्डल से सम्मिलित नहीं है? UKPSC (Pre) 2022

(a) आयनमण्डल (b) क्षोभमण्डल
(c) मध्यमण्डल (d) समतापमण्डल

15. सूर्यातप, ऊष्मा बजट एवं तापमान

102. पृथ्वी का वायुमण्डल निम्नलिखित में से मुख्यत: किसके द्वारा तप्त होता है? UPPSC (Pre) 2022

(a) लघु तरंग सौर विकिरण
(b) परावर्तित सौर विकिरण
(c) दीर्घ तरंग पार्थिव (स्थलीय) विकिरण
(d) प्रकीर्ण सौर विकिरण

103. वातावरण मुख्य रूप से किसके द्वारा गर्म होता है? BPSC (Pre) 2023

(a) दीर्घ तरंग स्थलीय विकिरण
(b) लघु तरंग और विकिरण
(c) परावर्तित सौर विकिरण
(d) इनमें से एक से अधिक
(e) इनमें से कोई नहीं

104. आपतन की तीव्रता किस पर निर्भर है? UPPSC (Pre) 2015

(a) तुंगता (b) भू-भाग का स्वरूप
(c) पवन (d) अक्षांश

105. जिस प्रक्रम के द्वारा सूर्य से पृथ्वी पर ऊष्मा संचारित होती है, उसे क्या कहते हैं? IAS (Pre) 2008, HPPSC (Pre) 2024

(a) चालन (b) संवहन
(c) विकिरण (d) अन्तरिक्षी विक्षोभ

106. निम्नलिखित में से कौन-सा 'एल्बिडो' से सम्बन्धित है? UPPSC (Pre) 2019

(a) संचार शक्ति (b) अवशोषित शक्ति
(c) उत्सर्जक शक्ति (d) परावर्तन की शक्ति

107. निम्नलिखित में से कौन अन्य तीनों की तुलना में ज्यादा सूर्य की रोशनी परावर्तित करता है? UPPSC (Pre) 2021

(a) रेत का रेगिस्तान
(b) धान की खेती की भूमि
(c) ताजा बर्फ से ढकी भूमि
(d) प्रेयरी भूमि (समशीतोष्ण)

108. निम्नलिखित कथनों पर विचार करें और नीचे दिए गए सही विकल्पों का चयन कीजिए CGPSC (Pre) 2024

1. पृथ्वी की सतह पराबैंगनी विकिरणों के रूप में ऊष्मा को पुन: उत्सर्जित करती है।
2. बादल और गैसें आने वाले सौर विकिरण के लगभग एक-चौथाई भाग को प्रतिबिम्बित करते हैं।

कूट

(a) केवल कथन 1 सही है
(b) केवल कथन 2 सही है
(c) कथन 1 और 2 दोनों सही नहीं हैं
(d) कथन 1 और 2 दोनों सही हैं

109. महाद्वीपों के अन्त:स्थलों का वार्षिक ताप-परिसर तटीय क्षेत्रों की अपेक्षा अधिक होता है। इसका/इसके क्या कारण है/हैं? UPPSC (Pre) 2013

1. भूमि और जल के बीच तापीय अन्तर
2. महाद्वीपों और महासागरों के बीच तुंगता में अन्तर
3. अन्त:स्थलों में तेज पवनों की विद्यमानता
4. तटों की अपेक्षा अन्त:स्थलों में होने वाली भारी वर्षा

कूट

(a) केवल 1 (b) 1 और 2
(c) 2 और 3 (d) उपरोक्त सभी

16. वायुदाब एवं पवनें

110. वायुदाब सबसे कम होता है UPPSC (Pre) 2024

(a) शीत ऋतु में (b) बसन्त ऋतु में
(c) शरद ऋतु में (d) ग्रीष्म ऋतु में

111. बैरोमीटर में पारे के तल की अचानक गिरावट सूचक है

(a) तूफान का (b) साफ मौसम का
(c) बर्फबारी (d) भारी वर्षा

112. इण्टर ट्रॉपिकल कन्वर्जेन्स जोन (आई.टी.सी.जेड.) वायुदाब पेटी स्थित है UPPSC (Pre) 2021, MPPSC (Pre) 2018

(a) व्यापारिक एवं पछुआ पवनों की पेटी के मध्य
(b) पछुआ एवं ध्रुवीय पवनों की पेटी के मध्य
(c) ध्रुवों के समीपवर्ती क्षेत्र में
(d) भूमध्य रेखा पर

113. **कथन** (A) दोनों गोलार्द्धों के 60°-65° अक्षांशों में उच्च दाब के स्थान पर निम्न दाब पट्टिका होती है।

कारण (R) निम्न दाब क्षेत्र भूमि पर नहीं, बल्कि महासागरों पर स्थायी होते हैं। UPSC (Pre) 2022

कूट

(a) A और R दोनों सही हैं तथा R, A का सही स्पष्टीकरण है
(b) A और R दोनों सही हैं, परन्तु R, A का सही स्पष्टीकरण नहीं है
(c) A सही है, किन्तु R गलत है
(d) A गलत है, किन्तु R सही है

114. कोरिऑलिस बल के सन्दर्भ में, निम्नलिखित में से कौन-सा/से कथन सही है/हैं? UPSC (Pre) 2024

1. यह पवन वेग की वृद्धि के साथ बढ़ता है।
2. यह ध्रुवों पर सर्वाधिक है और भूमध्य रेखा (इक्वेटर) पर विद्यमान नहीं होता है।

नीचे दिए गए कूट का प्रयोग कर उत्तर चुनिए
(a) केवल 1 (b) केवल 2
(c) 1 और 2 दोनों (d) न तो 1 और न ही 2

115. निम्नलिखित में से कौन-सा एक पवन के बढ़ते हुए वेग का सही अनुक्रम है? IAS (Pre) 2020
(a) मन्द समीर, सबल समीर, झंझा, प्रभंजन
(b) सबल समीर, मन्द समीर, प्रभंजन, झंझा
(c) मन्द समीर, झंझा, सबल समीर, प्रभंजन
(d) प्रभंजन, मन्द समीर, झंझा, सबल समीर

116. संयुक्त राज्य अमेरिका के मध्य मैदानों पर चिनूक हवाओं का क्या प्रभाव पड़ता है? JPSC (Pre) 2013
(a) सर्दी का तापमान बढ़ जाता है
(b) गर्मी का तापमान कम हो जाता है
(c) समान तापमान रहता है
(d) तापमान पर कोई प्रभाव नहीं पड़ता है

117. सहारा मरुस्थल में उत्तर-पूर्व व सूर्य से पश्चिम की ओर बहने वाली शुष्क पवनों को जाना जाता है UKPSC (Pre) 2024
(a) बोरा (b) सिराको (c) हरमट्टन (d) मिस्ट्रल

118. सूची I का सूची II से मिलान कीजिए HPSC (Pre) 2024

सूची I	सूची II
A. पर्वत समीर	1. सहारा मरुस्थल
B. चिनूक (पवन)	2. कैटाबेटिक
C. सिमूम	3. स्नो ईटर
D. सिराको	4. एशियाई और अफ्रीकी मरुस्थल

कूट

	A	B	C	D		A	B	C	D
(a)	3	2	4	1	(b)	2	3	4	1
(c)	3	1	2	4	(d)	4	1	3	2

119. निम्नलिखित युग्मों में से कौन-सा युग्म सही सुमेलित नहीं है? UPPSC (Pre) 2001, 2016, UKPSC (Pre) 2022
(a) फोहन — आल्पस पर्वत
(b) बोरा — पोलैण्ड एवं साइबेरिया
(c) मिस्ट्रल — राइन घाटी
(d) खमसिन — मिस्र

120. निम्नलिखित युग्मों में से कौन-सा सही सुमेलित नहीं है? UPPSC (Pre) 2024

स्थानीय पवनों का नाम		स्थान
(a) लेवेश	—	स्पेन
(b) ब्रिकफील्डर	—	ऑस्ट्रेलिया
(c) ब्लैक रोलर	—	उत्तरी अमेरिका
(d) शामल	—	ऑस्ट्रिया

121. निम्नलिखित कथनों पर विचार कीजिए HPSC (Pre) 2024

कथन I जेट स्ट्रीम्स ऊपरी स्तरीय पछुआ पवनों के मजबूत कोर होते हैं, जो विसर्पी पथ का अनुकरण करते हैं।

कथन II जेट स्ट्रीम शब्द को द्वितीय विश्वयुद्ध के दौरान उच्च वेग की ऊपरी स्तरीय हवाओं के लिए पहली बार प्रयोग किया गया था।

उपरोक्त कथनों में से कौन-सा/से कथन सही है/हैं?
(a) कथन I और II दोनों सही हैं
(b) कथन I सही है, किन्तु कथन II गलत है
(c) कथन I सही है, किन्तु कथन II सही है
(d) कथन I और II दोनों गलत हैं

17. आर्द्रता : बादल एवं वर्षण

122. आर्द्रता परिणाम है JPSC (Pre) 2016
(a) वाष्पीकरण का
(b) वाष्पोत्सर्जन का
(c) ऊष्मा की उपस्थिति का
(d) हवा में नमी की उपस्थिति का

123. वायु में नमी की मात्रा मापने हेतु निम्नलिखित में से कौन-सा उपकरण उपयोग में लाया जाता है?
(a) हाइड्रोमीटर (b) हाइग्रोमीटर
(c) हिप्सोमीटर (d) पिक्नोमीटर

124. पृथ्वी के वायुमण्डल के सन्दर्भ में निम्नलिखित कथनों में से कौन-सा एक सही है? IAS (Pre) 2023
(a) भूमध्य रेखा पर प्राप्त होने वाले सूर्यताप की कुल मात्रा, ध्रुवों पर प्राप्त होने वाले सूर्यताप की कुल मात्रा की लगभग 10 गुना है
(b) अवरक्त किरणें सूर्यताप के लगभग दो-तिहाई भाग हैं
(c) अवरक्त तरंगें निचले वायुमण्डल में संकेन्द्रित जलवाष्प द्वारा वृहद् रूप से अवशोषित होती हैं
(d) अवरक्त तरंगें सौर विकिरण की विद्युत चुम्बकीय तरंगों के दृश्यमान स्पेक्ट्रम के भाग हैं

125. निम्नलिखित कथनों में से कौन-सा कथन सही है? IAS (Pre) 2004
(a) पक्षाभ मेघ हिम क्रिस्टलों से बनते हैं
(b) पक्षाभ मेघ समतल आधार दर्शाते हैं तथा उनका स्वरूप आरोही गुम्बद के समान होता है
(c) कपासी मेघ सफेद तथा पतले होते हैं और वे सूक्ष्म धब्बों के रूप में दिखते हैं तथा उनका स्वरूप रेशेदार तथा पंखनुमा होता है
(d) कपासी मेघों का वर्गीकरण उच्च स्तर पर रहने वाले मेघों के रूप में किया जाता है

126. निम्नलिखित कथनों पर विचार कीजिए UPPSC (Pre) 2022

1. उच्च मेघ मुख्यत: सौर विकिरण को परावर्तित कर भू-पृष्ठ को ठण्डा करते हैं।
2. भू-पृष्ठ से उत्सर्जित होने वाली अवरक्त विकिरणों का निम्न मेघ में उच्च अवशोषण होता है और इससे तापन में प्रभाव होता है।

उपरोक्त कथनों में से कौन-सा/से कथन सही है/हैं?
(a) केवल 1
(b) केवल 2
(c) 1 और 2
(d) न तो 1 और न ही 2

127. निम्नलिखित कथनों पर विचार करें और नीचे दिए गए सही विकल्पों पर विचार करें CGPSC (Pre) 2024

1. पृथ्वी की सतह पराबैंगनी विकिरणों के रूप में ऊष्मा को पुन: उत्सर्जित करती है।
2. बादल और गैसें आने वाली सौर विकिरण के लगभग एक-चौथाई भाग को प्रतिबिम्बित करते हैं।

कूट
(a) कथन 1
(b) कथन 2 सही है
(c) कथन 1 और 2 दोनों सही नहीं है
(d) कथन 1 और 2 दोनों सही हैं

18. वायुराशि, वाताग्र, चक्रवात एवं प्रतिचक्रवात

128. निम्नलिखित में से कौन-सा/से क्षेत्र पृथ्वी पर वायुराशियों के प्रमुख उद्गम क्षेत्र है/हैं?
(a) उष्ण व उपोष्ण कटिबन्धीय महासागर
(b) उपोष्ण कटिबन्धीय उष्ण मरुस्थल
(c) उच्च अक्षांशीय अति शीत बर्फ आच्छादित महाद्वीप
(d) उपरोक्त सभी

129. अधिकतम संख्या में शीतोष्ण चक्रवात अधिकांशत: कहाँ शुरू होते हैं? UPPSC (Pre) 2009
(a) हिन्द महासागर
(b) उत्तरी अन्ध महासागर
(c) उत्तरी प्रशान्त महासागर
(d) उत्तर ध्रुवीय महासागर

130. निम्नलिखित कथनों को पढ़कर सही विकल्प चुनिए CGPSC (Pre) 2023

1. समुद्र से दूरी बढ़ने पर उष्णकटिबन्धीय चक्रवात का बल कम हो जाता है
2. उष्णकटिबन्धीय चक्रवात को ऊर्जा समुद्र सतह से प्राप्त जलवाष्प की संघनन क्रिया में छोड़ी गई गुप्त ऊष्मा से मिलती है, जो कि समुद्र सतह से दूर जाने पर कम हो जाती है

कूट
(a) 1 और 2 दोनों सही हैं तथा 2, 1 का सही कारण है
(b) 1 और 2 दोनों सही हैं, परन्तु 2, 1 का सही कारण नहीं है
(c) 1 सही है, किन्तु 2 गलत है
(d) 1 और 2 दोनों गलत हैं

131. निम्नलिखित कथनों पर विचार कीजिए **IAS (Pre) 2020**
1. जेट प्रवाह केवल उत्तरी गोलार्द्ध में होते हैं।
2. केवल कुछ चक्रवात ही केन्द्र में वाताक्षि उत्पन्न करते हैं।
3. चक्रवात की वाताक्षि के अन्दर का तापमान आस-पास के तापमान से लगभग 10°C कम होता है।

उपरोक्त कथनों में से कौन-सा/से कथन सही है/हैं?
(a) केवल 1 (b) केवल 2
(c) 2 और 3 (d) 1 और 3

132. जापान में चक्रवात को जाना जाता है **HPPSC (Pre) 2024**
(a) हरिकेन
(b) टाइफून
(c) विली-विली
(d) वर्लपूल

133. निम्नलिखित कथनों में से कौन-सा/से कथन सही है/हैं?
1. चीन सागर के उष्णकटिबन्धीय चक्रवातों को टाइफून कहते हैं।
2. वेस्टइण्डीज के उष्णकटिबन्धीय चक्रवातों को टॉरनेडो कहते हैं।
3. ऑस्ट्रेलिया के उष्णकटिबन्धीय चक्रवातों को विली-विली कहते हैं।
4. प्रतिचक्रवात सम्भवन के परिणामस्वरूप तूफानी मौसमी दशा होती है।

कूट
(a) केवल 3 (b) 1, 2 और 4
(c) 1 और 3 (d) ये सभी

134. सूची I को सूची II से सुमेलित कीजिए और नीचे दिए गए कूट का प्रयोग कर सही उत्तर चुनिए **UPPSC (Pre) 2020, 2019, 2014**

सूची I	सूची II
A. विली-विली	1. संयुक्त राज्य अमेरिका
B. हरिकेन या प्रभंजन	2. ऑस्ट्रेलिया
C. टाइफून	3. फिलीपीन्स
D. बाग्यो	4. चीन

कूट

	A	B	C	D		A	B	C	D
(a)	2	3	1	4	(b)	2	1	4	3
(c)	4	1	3	2	(d)	4	3	1	2

19. जलवायु एवं जलवायु प्रदेश

135. 'वनस्पति जलवायु का सही सूचक या सही मापदण्ड है' यह कथन सम्बन्धित है **UKPSC (Pre) 2022, UPPSC (Pre) 2018**
(a) थॉर्नथ्वेट (b) कोपेन (c) ट्रिवार्था (d) स्टैम्प

136. विश्व के निम्नलिखित प्रदेशों में से किसमें खट्टे-रसीले फलों का उत्पादन बहुत विकसित है? **UPPSC (Pre) 2020**
(a) मानसूनी प्रदेश
(b) उष्णकटिबन्धीय उच्च भूमि प्रदेश
(c) भूमध्यसागरीय प्रदेश
(d) भूमध्यरेखीय प्रदेश

137. सभी प्रकार के जलवायु कटिबन्ध निम्नलिखित में से किस महाद्वीप में पाए जाते हैं? **UPPSC (Mains) 2016**
(a) दक्षिणी अमेरिका में (b) उत्तरी अमेरिका में
(c) ऑस्ट्रेलिया में (d) एशिया में

138. अफ्रीकी और यूरेशियाई मरुस्थली क्षेत्र के निर्माण का/के मुख्य कारण क्या हो सकता है/सकते हैं? **IAS (Pre) 2011**
1. यह उपोष्ण उच्चदाब कोशिकाओं (हाई प्रेशर सेल) में अवस्थित है।
2. यह उष्ण महासागर धाराओं के प्रभाव क्षेत्र में पड़ता है।

उपरोक्त कथनों में से कौन-सा/से कथन सही है/हैं?
(a) केवल 1 (b) केवल 2
(c) 1 और 2 दोनों (d) न तो 1 और न ही 2

139. कथन (A) भूमध्यसागरीय जलवायु के क्षेत्रों में वर्षा शीत ऋतु में होती है।
कारण (R) गर्मियों में ये क्षेत्र शुष्क स्थलीय हवाओं के प्रभाव में रहते हैं। **UPPSC (Pre) 2022**

कूट
(a) A और R दोनों सही हैं तथा R, A की सही व्याख्या है
(b) A और R दोनों सही हैं, परन्तु R, A की सही व्याख्या नहीं है
(c) A सही है, किन्तु R गलत है
(d) A गलत है, किन्तु सही है

140. निम्नलिखित विवरण पर विचार कीजिए **IAS (Pre) 2024**
1. तापमानों की वार्षिक और दैनिक सीमा (रेंज) निम्न है
2. वर्षभर वर्षण होता है।
3. वर्षण में भिन्नता 50 सेमी से 250 सेमी के मध्य होती है।

यह किस प्रकार की जलवायु है?
(a) विषुवतीय जलवायु
(b) चीन प्रकार जलवायु
(c) आर्द्र उपोष्ण कटिबन्धीय जलवायु
(d) समुद्री पश्चिम तटीय जलवायु

20. महासागरीय नितल के उच्चावच

141. लगातार नई परत जोड़ने वाली प्रक्रिया निम्नलिखित में से कौन-सी है? **BPSC (Pre) 2023**
(a) निम्नस्खलन (सबडक्शन) (b) भूकम्प
(c) समुद्रतल का फैलाव (d) संवहन

142. दी गई भौगोलिक भू-आकृतियों का दक्षिण से उत्तर की ओर सही क्रम क्या है? **HPSC (Pre) 2023**
(a) साउथ सैण्डविच ट्रेंच, प्यूर्टो रिको ट्रेंच, जापान ट्रेंच, क्यूरिल ट्रेंच
(b) साउथ सैण्डविच ट्रेंच, जापान ट्रेंच, प्यूर्टो रिको ट्रेंच, क्यूरिल ट्रेंच
(c) प्यूर्टो रिको ट्रेंच, साउथ सैण्डविच ट्रेंच, क्यूरिल ट्रेंच, जापान ट्रेंच
(d) साउथ सैण्डविच ट्रेंच, प्यूर्टो रिको ट्रेंच, क्यूरिल ट्रेंच, जापान ट्रेंच

143. सुण्डा ट्रेंच किस द्वीप के समान्तर स्थित है? **BPSC (Pre) 2022**
(a) जावा (b) मालदीव (c) सुमात्रा (d) मॉरीशस

144. सूची I को सूची II से सुमेलित कीजिए तथा सूचियों के नीचे दिए गए कूट से सही उत्तर चुनिए **UPPSC (Pre) 2022**

सूची I (महासागर)	सूची II (अधिकतम गहरा बिन्दु)
A. प्रशान्त	1. सुण्डा गर्त
B. आर्कटिक	2. प्यूर्टो रिको गर्त
C. हिन्द	3. मेरियाना गर्त
D. अन्ध (अटलाण्टिक)	4. मोलॉय गर्त

कूट

	A	B	C	D		A	B	C	D
(a)	3	4	1	2	(b)	3	2	1	4
(c)	1	2	3	4	(d)	4	3	2	1

145. निम्नलिखित में से कौन-सा देश काला सागर के तट पर स्थित नहीं है? **UPPSC (Pre) 2021**
(a) सीरिया (b) तुर्किये (c) जॉर्जिया (d) बुल्गारिया

146. सारगैसो सागर एक हिस्सा है **BPSC (Pre) 2022, RAS/RTS (Pre) 1999, MPPSC (Pre) 2021**
(a) हिन्द महासागर का
(b) आर्कटिक महासागर का
(c) उत्तरी अटलाण्टिक महासागर का
(d) दक्षिणी अटलाण्टिक महासागर का

147. भूमध्य सागर निम्नलिखित में से किन देशों की सीमा है? **IAS (Pre) 2017**
1. जॉर्डन 2. इराक 3. लेबनान 4. सीरिया

कूट
(a) 1, 2 और 3 (b) 2 और 3
(c) 3 और 4 (d) 1, 3 और 4

21. महासागरीय तापमान, लवणता एवं घनत्व

148. निम्नलिखित कथनों पर विचार कीजिए
IAS (Pre) 2023

कथन I ग्रीष्म ऋतु में महाद्वीपों और महासागरों के बीच तापमान विपर्यास शीत ऋतु की अपेक्षा अधिक होता है।

कथन II जल की विशिष्ट ऊष्मा, भूपृष्ठ की विशिष्ट ऊष्मा की अपेक्षा अधिक होती है।

उपरोक्त कथनों के बारे में निम्नलिखित में से कौन-सा एक सही है?

(a) कथन I और कथन II दोनों सही हैं तथा कथन II, कथन I की सही व्याख्या है
(b) कथन I और कथन II दोनों सही हैं, परन्तु कथन II, कथन I की सही व्याख्या नहीं है
(c) कथन I सही है, किन्तु कथन II गलत है
(d) कथन I गलत है, किन्तु कथन II सही है

149. महासागर औसत तापमान (OMT) के सन्दर्भ में निम्नलिखित में कौन-सा/से कथन सही है/हैं?
IAS (Pre) 2020

1. OMT को 26°C समताप रेखा की गहराई तक मापा जाता है, जो जनवरी-मार्च में हिन्द महासागर के दक्षिण-पश्चिम में 129 मी पर होती है।
2. OMT, जो जनवरी-मार्च में एकत्रित किया जाता है, उसे यह निर्धारित करने के लिए प्रयोग किया जा सकता है कि मानसून में वर्षा की मात्रा एक निश्चित दीर्घकालीन औसत वर्षा से कम होगी या अधिक।

कूट
(a) केवल 1
(b) केवल 2
(c) 1 और 2 दोनों
(d) न तो 1 और न ही 2

150. निम्नलिखित में से कौन-सा कथन सही है?
UPPSC (Pre) 2023

(a) महासागरीय लवणता कर्क एवं मकर रेखाओं पर अधिकतम होती है
(b) पृथ्वी पर प्रतिदिन ठीक 12 घण्टे 30 मिनट बाद ज्वार आता है
(c) बेंगुला प्रशान्त महासागर की एक ठण्डी धारा है
(d) यदि सूर्य, पृथ्वी तथा चन्द्रमा एक सीध में हो, तो यह स्थिति लघु ज्वार की स्थिति है

151. दक्षिणी दोलन इनमें से कौन-से दो महासागरों के मध्य दोलन प्रतिरूप हैं?
MPPSC (Pre) 2025

(a) प्रशान्त एवं अटलाण्टिक महासागर
(b) प्रशान्त एवं हिन्द महासागर
(c) अटलाण्टिक एवं हिन्द महासागर
(d) उपर्युक्त में से कोई नहीं

152. निम्नलिखित सागरों में से किसमें लवणता सबसे अधिक है?
UKPSC (Pre) 2024

(a) लाल सागर (b) उत्तरी सागर
(c) अरब सागर (d) भूमध्य सागर

153. निम्नतर से उच्चतर लवणीय सान्द्रता के क्रम में जल निकायों का निम्नलिखित में से कौन-सा एक अनुक्रम सही है?
UPPSC (Pre) 2014

(a) कैलिफोर्निया की खाड़ी-बाल्टिक सागर-लाल सागर-उत्तर ध्रुवीय सागर
(b) बाल्टिक सागर-उत्तर ध्रुवीय सागर-कैलिफोर्निया की खाड़ी-लाल सागर
(c) लाल सागर-कैलिफोर्निया की खाड़ी-उत्तर ध्रुवीय सागर-बाल्टिक सागर
(d) उत्तर ध्रुवीय सागर-कैलिफोर्निया की खाड़ी-बाल्टिक सागर-लाल सागर

154. निम्न में से कौन जल लवणता प्रवणता को दर्शाता है?
UPPSC (Pre) 2015

(a) थर्मोक्लाइन (b) हेलोक्लाइन
(c) पाइमनोक्लाइन (d) केमोक्लाइन

22. महासागरीय निक्षेप, प्रवाल एवं प्रवाल भित्ति

155. एटॉल का आकार है
UKPSC (Pre) 2024

(a) आयताकार
(b) दण्डाकार
(c) घोड़े की नाल/अँगूठी के आकार
(d) त्रिभुजाकार

156. अड्डू प्रवालद्वीप किस महासागर में अवस्थित है?
BPSC (Pre) 2020

(a) अटलाण्टिक महासागर (b) आर्कटिक महासागर
(c) हिन्द महासागर (d) पैसिफिक महासागर

157. निम्नलिखित स्थितियों में से किस एक में 'जैवशैल प्रौद्योगिकी (बायोरॉक टेक्नोलॉजी)' की बातें होती हैं?
IAS (Pre) 2022

(a) क्षतिग्रस्त प्रवाल भित्तियों (कोरल रीफ्स) की बहाली
(b) पादप अवशिष्टों का प्रयोग कर भवन-निर्माण सामग्री का विकास
(c) शैल गैस के अन्वेषण/निष्कर्षण के लिए क्षेत्रों की पहचान करना
(d) वनों/संरक्षित क्षेत्रों में जंगली पशुओं के लिए लवण-लेहिकाएँ (साल्ट लिक्स) उपलब्ध कराना

158. निम्नलिखित वक्तव्यों पर विचार कीजिए तथा नीचे दिए गए कूट की सहायता से सही उत्तर का चयन कीजिए
BPSC (Pre) 2023

अभिकथन (A) घाना तट पर सोने के समृद्ध प्लेसर जमाव पाए जाते हैं और ब्राजील में सोने की शिराएँ पाई जाती हैं।

कारण (R) किसी समय ये महाद्वीप अटलाण्टिक तट के साथ एकसाथ संयुक्त थे।

कूट
(a) A और R दोनों सही हैं तथा R, A की सही व्याख्या है
(b) A और R दोनों सही हैं, परन्तु R, A की सही व्याख्या नहीं है
(c) A गलत है, किन्तु R सही है
(d) A सही है, किन्तु R गलत है

159. प्रवाल के निक्षेपण के लिए महत्त्व की दृष्टि से उपयुक्त दशा होती है

(a) गहरा सागर, अवसाद युक्त जल, कम तापक्रम
(b) उथला सागर, अवसाद युक्त जल, सामान्य तापक्रम
(c) उथला सागर, अवसाद युक्त जल, अधिक तापक्रम
(d) गहरा सागर, अवसाद युक्त जल, सामान्य तापक्रम

23. महासागरीय तरंगें, ज्वार-भाटा एवं महासागरीय धाराएँ

160. चिली व पेरू के तट के सहारे चलने वाली शीतधारा का नाम है
MPPSC (Pre) 2014

(a) हम्बोल्ट (b) केनारी
(c) एल-निनो (d) अगुलहास

161. एल-नीनो के सन्दर्भ में निम्नलिखित कथनों में से कौन-सा/से कथन सही है/हैं?
UPPSC (Pre) 2023

1. एल-नीनो में पूर्वी प्रशान्त क्षेत्र में पेरू के तट पर गर्म धाराओं का प्रकट होना शामिल है।
2. यह गर्म धारा पेरू के तट पर जल के तापमान को 10°C तक बढ़ा देती है, जिसमें समुद्र में प्लैंकटन की मात्रा बढ़ जाती है।

कूट
(a) केवल 1 (b) केवल 2
(c) 1 और 2 दोनों (d) न तो 1 और न ही 2

162. विषुवतीय प्रतिधाराओं के पूर्वाभिमुख प्रवाह की व्याख्या किससे होती है?
IAS (Pre) 2015

(a) पृथ्वी का अपने अक्ष पर घूर्णन
(b) दो विषुवतीय धाराओं का अभिसरण (कन्वर्जेन्स)
(c) जल की लवणता में अन्तर
(d) विषुवत् वृत्त के पास प्रशान्त मण्डल मेखला (बेल्ट ऑफ काम) का होना

163. निम्नलिखित में से कौन-सा कथन सही नहीं है?
MPPSC (Pre) 2024

(a) एल-नीनो एक समुद्री जलधारा है, जो पेरू तट पर प्रकट होती है
(b) एल-नीनो भारतीय मानसून को कमजोर करती है

(c) एल-नीनो घटना प्रतिवर्ष घटित होती है
(d) एल-नीनो भारतीय मानसून को मजबूत करती है

164. एल-नीनो धारा कहाँ प्रवाहित होती है? BPSC (Pre) 2023
(a) प्रशान्त महासागर
(b) हिन्द महासागर
(c) बंगाल की खाड़ी
(d) उपरोक्त में से एक से अधिक

165. एक नई प्रकार की एल-निनो, जिसका नाम एल-निनो मोडोकी है, के सन्दर्भ में निम्नलिखित कथनों पर विचार कीजिए UPPSC (Pre) 2010
1. सामान्य एल-निनो मध्य प्रशान्त महासागर में बनती है, जबकि एल-निनो मोडोकी पूर्वी प्रशान्त महासागर में बनती है।
2. सामान्य एल-निनो के परिणामस्वरूप अटलाण्टिक महासागर में ह्रासमान प्रभंजन उत्पन्न होता है, परन्तु एल-निनो मोडोकी के परिणामस्वरूप अधिक संख्या में और अधिक आवृत्ति के प्रभंजन उत्पन्न होते हैं।

उपरोक्त कथनों में से कौन-सा/से कथन सही है/हैं?
(a) केवल 1
(b) केवल 2
(c) 1 और 2 दोनों
(d) न तो 1 और न ही 2

166. निम्न महासागरीय धाराओं में से कौन-सी प्रशान्त महासागर से सम्बन्धित नहीं है? UKPSC (Pre) 2016
(a) केनारी (b) क्यूरोशियो
(c) कैलिफोर्निया (d) हम्बोल्ट

167. निम्नांकित में से कौन-सी जलधारा उत्तरी अटलाण्टिक महासागर में प्रवाहित नहीं होती है? UKPSC (Pre) 2022
(a) गल्फ स्ट्रीम (b) बेंगुएला
(c) नॉर्वेजियन (d) फ्लोरिडा

168. निम्नलिखित में से कौन-सी महासागरीय धारा हिन्द महासागर से सम्बन्धित है? UPPSC (Pre) 2020
(a) फ्लोरिडा धारा (b) केनारी धारा
(c) अगुलहास धारा (d) क्यूराइल धारा

169. निम्नलिखित सागर धाराओं का उनसे मिलान कीजिए, जिनके साथ उनका नाम है HPPSC (Pre) 2018

	सूची I		सूची II
A.	केनारी जलधारा	1.	एक सागर तट
B.	लेब्राडोर जलधारा	2.	एक देश
C.	अगुलहास जलधारा	3.	एक समुद्र
D.	पेरूवियन जलधारा	4.	एक प्रायद्वीप

कूट

	A	B	C	D		A	B	C	D
(a)	1	3	4	2	(b)	3	2	4	1
(c)	4	3	2	1	(d)	4	3	1	2

24. महासागरीय मण्डल एवं संसाधन

170. निम्नलिखित कथनों पर विचार कीजिए
1. क्षेत्रीय सागर की दूरी आधार रेखा से सागर की ओर 24 समुद्री मील होती है।
2. क्षेत्रीय सागर को सागरीय मेखला भी कहते हैं।

नीचे दिए गए कूट से सही उत्तर चुनिए
(a) केवल 1 (b) केवल 2
(c) 1 और 2 दोनों (d) न तो 1 और न ही 2

171. महासागरीय संलग्न मण्डल के सन्दर्भ में कौन-सा/से कथन सही है/हैं?
1. संलग्न मण्डल की सागरवर्ती सीमा आधार रेखा से 24 समुद्री मील से अधिक होती है।
2. इस सीमा के अन्दर सम्बद्ध देश को सीमा शुल्क का अधिकार नहीं होता है।

कूट
(a) केवल 1 (b) केवल 2
(c) 1 और 2 दोनों (d) न तो 1 और न ही 2

172. निम्न (सागर के तट से बढ़ती दूरी के क्रम में) को आरोही क्रम में दर्शाएँ
1. उच्च सागर 2. विशिष्ट आर्थिक मण्डल
3. क्षेत्रीय सागर 4. संलग्न मण्डल

कूट
(a) 1, 2, 3, 4 (b) 3, 4, 2, 1
(c) 3, 2, 1, 4 (d) 4, 2, 1, 3

173. निम्न में से किस क्षेत्र में वैज्ञानिक शोध कार्य किया जाता है?
(a) उच्च सागर में (b) EEZ में
(c) संलग्न मण्डल में (d) क्षेत्रीय सागर में

174. भारत का प्रादेशिक जल विस्तारित है HPSC (Pre) 2012
(a) 5 समुद्री मील (b) 12 समुद्री मील
(c) 15 समुद्री मील (d) 2 समुद्री मील

175. सागरीय संसाधन के सम्बन्ध में कौन-सा/से कथन सही है/हैं?
1. महासागर जैविक, अजैविक तथा खाद्य आदि संसाधनों के मुख्य स्रोत हैं।
2. पश्चिमी यूरोप का सागर जल मत्स्य आखेट हेतु प्रमुख व्यावसायिक क्षेत्र है।

कूट
(a) केवल 1 (b) केवल 2
(c) 1 और 2 दोनों (d) न तो 1 और न ही 2

25. मृदा एवं प्राकृतिक वनस्पति

176. निम्नलिखित में कौन मृदा से सम्बन्धित है? UPPSC (Pre) 2018
(a) इडेफिक (b) क्लाइमेटिक
(c) बायोटिक (d) टोपोग्राफी

177. कृषि मृदाओं के सन्दर्भ में निम्नलिखित कथनों पर विचार कीजिए
1. मृदा में कार्बनिक पदार्थ का उच्च अंश इसकी जल धारण क्षमता को प्रबन्ध रूप में कम करता है।
2. गन्धक चक्र में मृदा की कोई भूमिका नहीं होती है।
3. कुछ समयावधि तक सिंचाई कुछ कृषि भूमियों के लवणीभवन में योगदान कर सकती है। IAS (Pre) 2018

उपरोक्त कथनों में से कौन-सा/से कथन सही है/हैं?
(a) 1 और 2 (b) केवल 3
(c) 1 और 3 (d) 1, 2 और 3

178. निम्नलिखित कथनों में से लैटेराइट मृदा के विषय में कौन-सा कथन सही है? UPPSC (Pre) 2023
1. यह मृदा उच्च तापमान एवं भारी वर्षा वाले क्षेत्रों में विकसित होती है।
2. इस मृदा में लौह-ऑक्साइड एवं एल्युमीनियम की कमी पाई जाती है।

कूट
(a) केवल 1
(b) केवल 2
(c) 1 और 2 दोनों
(d) न तो 1 और न ही 2

179. निम्नलिखित प्रकार के क्षरण पर विचार करें तथा इस प्रकार के क्षरण के कारण खेत से मृदा के नुकसान के बढ़ते क्रम के सन्दर्भ में सही क्रम में व्यवस्थित करें UP RO/ARO (Pre) 2024
1. अवनालिका क्षरण (अपरदन)
2. बौछारी क्षरण
3. नलिका क्षरण
4. परत क्षरण

नीचे दिए गए कूट के प्रयोग से सही उत्तर का चयन कीजिए
(a) 4, 1, 3, 2 (b) 2, 4, 3, 1
(c) 3, 2, 1, 4 (d) 2, 3, 4, 1

180. मृदा के सम्बन्ध में निम्नलिखित कथनों में से कौन-सा/से कथन असत्य है/हैं? HPSC (Pre) 2023
1. उपजाऊ मृदा के अन्दर की पादप जड़ें पौधों को पोषक तत्त्व प्रदान करके जल के संग्राहक

एवं आधार के रूप में कार्य करके पौधों की वृद्धि में सहायता करती हैं।
2. वनस्पति, वृक्ष आच्छादन और वन मृदा अपक्षरण एवं मरुस्थलीकरण को रोककर मृदा के स्थिरीकरण के साथ-साथ जल एवं पोषकों के चक्रण को बनाए रखती हैं।
3. चरागाह पर पाई जाने वाली घास मृदा को मृदा अपक्षरण से नहीं बचा सकती है और जैविक गतिविधियों को भी रोकती है।

कूट
(a) 1 और 3 (b) 2 और 3
(c) केवल 2 (d) केवल 3

181.'पत्ती कूड़ा (लीफ लिटर) किसी अन्य जीवोम (बायोम) की तुलना में तेजी से विघटित होता है और इसके परिणामस्वरूप मिट्टी की सतह प्रायः अनावृत्त होती है। पेड़ों के अतिरिक्त, वन में विविध प्रकार के पौधे होते हैं, जो आरोहण के द्वारा या अधिपादप (एपिफाइट) के रूप में पनपकर पेड़ों के शीर्ष तक पहुँचकर प्रतिस्थ होते हैं और पेड़ों की ऊपरी शाखाओं में जड़ें जमाते हैं' यह किसका सबसे अधिक सटीक विवरण है
IAS (Pre) 2021
(a) शंकुधारी वन (b) शुष्क पर्णपाती वन
(c) मैंग्रोव वन (d) उष्णकटिबन्धीय वर्षावन

182.निम्नलिखित कथनों पर विचार कीजिए
IAS (Pre) 2023
कथन I. उष्णकटिबन्धीय वर्षा वनों की मृदा पोषक तत्त्वों से भरपूर होती है।
कथन II. उष्णकटिबन्धीय वर्षा वनों के उच्च ताप और आर्द्रता के कारण मृदा में विद्यमान मृत जैव पदार्थ का द्रुत अपघटन होता है।
उपरोक्त कथनों के बारे में निम्नलिखित में से कौन-सा एक सही है?
(a) कथन I और कथन II दोनों सही हैं तथा कथन II, कथन I की सही व्याख्या है
(b) कथन I और कथन II दोनों सही हैं, परन्तु कथन II, कथन I की सही व्याख्या नहीं है
(c) कथन I सही है, किन्तु कथन II गलत है
(d) कथन I गलत है, किन्तु कथन II सही है

183.सवाना की वनस्पति में बिखरे हुए छोटे वृक्षों के साथ घास के मैदान होते हैं, किन्तु विस्तृत क्षेत्र में कोई वृक्ष नहीं होते हैं। ऐसे क्षेत्रों में वन विकास सामान्यतः एक या एकाधिक या कुछ परिस्थितियों के संयोजन के द्वारा नियन्त्रित होता है। ऐसी परिस्थितियाँ निम्नलिखित में से कौन-सी हैं?
IAS (Pre) 2021
1. बिलकारी प्राणी और दीमक
2. अग्नि
3. चरने वाले तृणभक्षी प्राणी
4. मौसमी वर्षा
5. मृदा के गुण

कूट
(a) 1 और 2
(b) 4 और 5
(c) 2, 3 और 4
(d) 1, 3 और 5

184.'मियावाकी पद्धति' किसके लिए विख्यात है?
IAS (Pre) 2022
(a) शुष्क और अर्द्ध-शुष्क क्षेत्रों में वाणिज्यिक कृषि का संवर्द्धन
(b) आनुवंशिकतः रूपान्तरित पुष्पों का प्रयोग कर उद्यानों का विकास
(c) शहरी क्षेत्रों में लघु वनों का सृजन
(d) तटीय क्षेत्रों और समुद्री सतहों पर पवन ऊर्जा का संग्रहण

185.सूची I का सूची II से मिलान कीजिए
HPSC (Pre) 2024

सूची I (मृदा)	सूची II (जलवायु प्रदेश)
A. वेल्ड	1. ब्राजील
B. पम्पास	2. दक्षिण-अफ्रीका
C. कम्पोज	3. उत्तर-अमेरिका
D. प्रेयरी	4. दक्षिण-अमेरिका

कूट

	A	B	C	D
(a)	2	1	4	3
(b)	3	4	1	2
(c)	4	2	3	1
(d)	2	4	1	3

26. कृषि एवं पशुपालन

186.मिल्पा और लदांग निम्नलिखित में से किसके अन्य नाम हैं?
UKPSC (Pre) 2022
(a) झूम खेती (b) मिश्रित कृषि
(c) ट्रक कृषि (d) बागान खेती

187.खाद्य और कृषि संगठन (FAO) का मुख्यालय निम्नलिखित में से किस शहर में अवस्थित है?
MPPSC (Pre) 2023
(a) जकार्ता (b) हेग
(c) जेनेवा (d) रोम

188.विश्व के निम्नलिखित प्रदेशों में से किसमें खट्टे रसीले फलों का उत्पादन बहुत विकसित है?
UPPSC (Pre) 2020
(a) मानसूनी प्रदेश
(b) उष्णकटिबन्धीय उच्चभूमि प्रदेश
(c) भूमध्यसागरीय प्रदेश
(d) भूमध्यरेखीय प्रदेश

189.'ट्रक कृषि' सम्बन्धित है MPPSC (Pre) 2022
(a) साग-सब्जी से
(b) दूध से
(c) अनाज से
(d) मुर्गीपालन से

190.आदिम निर्वाहक कृषि पद्धति के सन्दर्भ में कौन-सा/से जोड़ा/जोड़े सही है/हैं?
UP RO/ARO (Pre) 2024

कृषि पद्धति		क्षेत्र
1. झूमिंग	—	दक्षिण-पूर्व एशिया
2. मिल्पा	—	मैक्सिको
3. लदांग	—	श्रीलंका

नीचे दिए गए कूट से सही उत्तर का चयन कीजिए
(a) 1 और 2 (b) केवल 1
(c) केवल 2 (d) 1, 2 और 3

191.कृषि की 'धान गहनता प्रणाली' का, जिसमें धान के खेतों का बारी-बारी से क्लेदन और शुष्कन किया जाता है, क्या परिणाम होता है?
IAS (Pre) 2022
1. बीज की कम आवश्यकता
2. मीथेन का कम उत्पादन
3. बिजली की कम खपत
नीचे दिए गए कूट का प्रयोग कर सही उत्तर चुनिए
(a) 1 और 2 (b) 2 और 3
(c) 1 और 3 (d) 1, 2 और 3

192.स्थायी कृषि (पर्माकल्चर) पारम्परिक रासायनिक कृषि से किस प्रकार भिन्न है?
IAS (Pre) 2021
1. स्थायी कृषि एक धान्य कृषि पद्धति को हतोत्साहित करती है, किन्तु पारम्परिक रासायनिक कृषि में एक धान्य कृषि पद्धति की प्रधानता है।
2. पारम्परिक रासायनिक कृषि के कारण मृदा की लवणता में वृद्धि हो सकती है, किन्तु इस प्रकार की परिघटना स्थायी कृषि में दृष्टिगोचर नही होती है।
3. पारम्परिक रासायनिक कृषि अर्द्धशुष्क क्षेत्रों में आसानी से सम्भव है, किन्तु ऐसे क्षेत्रों में स्थायी कृषि इतनी आसानी से सम्भव नहीं है।
4. मल्च बनाने (मल्चिंग) की प्रथा स्थायी कृषि में काफी महत्त्वपूर्ण है, किन्तु पारम्परिक रासायनिक कृषि में ऐसी प्रथा आवश्यक नहीं है।

नीचे दिए गए कूट का प्रयोग कर सही उत्तर चुनिए
(a) 1 और 3
(b) 1, 2 और 4
(c) केवल 4
(d) 2 और 3

193.निम्नलिखित कथनों पर विचार कीजिए
UPPSC (Pre) 2023
1. चीन की तुलना में भारत के पास अधिक कृषि योग्य क्षेत्र है।
2. चीन की तुलना में भारत में सिंचित क्षेत्र का अनुपात अधिक है।

3. चीन की तुलना में भारत की कृषि में प्रति हेक्टेयर औसत उत्पादकता अधिक है।

उपरोक्त कथनों में से कौन-सा/से कथन सत्य है/हैं?

(a) केवल 1 (b) केवल 2
(c) 1, 2 और 3 (d) इनमें से कोई नहीं

194. निम्नलिखित में से किसे विश्व का चीनी का कटोरा कहा जाता है? UKPSC (Pre) 2022

(a) हवाई द्वीप (b) क्यूबा
(c) भारत (d) फिलीपीन्स

195. निम्नलिखित में से कौन-से देश विश्व के दो सबसे बड़े कोको उत्पादक के रूप में विख्यात हैं? IAS (Pre) 2024

(a) अल्जीरिया और मोरक्को
(b) बोत्सवाना और नामीबिया
(c) 'कोटे डी' आइवर और घाना
(d) मेडागास्कर और मोजाम्बिक

196. निम्नलिखित में से कौन-सा देश अरण्डी के तेल तथा बीज का सबसे बड़ा उत्पादक व निर्यातक है? UKPSC (Pre) 2021

(a) फ्रांस (b) भारत (c) जापान (d) चीन

197. लौंग निम्नलिखित में से किसका निरूपण है? UPPSC (Pre) 2021

(a) अन्तस्थ कली (b) सहायक कली
(c) फूल कली (d) वनस्पति कली

198. निम्नलिखित में से किस कुल के पौधे से टापा कपड़ा बनाया जाता है? UPPSC (Pre) 2021

(a) एस्किलीपिएडेसी (b) मोरेसी
(c) ग्रेमीनी (d) माल्वेसी

199. सूची I को सूची II से सुमेलित कीजिए तथा सूचियों के नीचे दिए गए कूट का प्रयोग करते हुए सही उत्तर का चयन कीजिए MPPSC (Pre) 2021

	सूची I (क्रिया/कृषि प्रदेश)		सूची II (देश)
A.	वाणिज्यिक दुग्ध उत्पादन	1.	अर्जेण्टीना
B.	वाणिज्यिक अन्न उत्पादन	2.	फ्रांस
C.	वाणिज्यिक बागानी कृषि	3.	डेनमार्क
D.	वाणिज्यिक फल उत्पादन	4.	मलेशिया

कूट

	A	B	C	D		A	B	C	D
(a)	3	1	4	2	(b)	1	2	3	4
(c)	4	3	2	1	(d)	2	4	1	3

200. फिलीपीन्स में नारियल एवं गन्ने के कृषि विकास का श्रेय किसको जाता है? UPPSC (Pre) 2023

(a) फ्रांसवासियों को
(b) हॉलैण्डवासियों को
(c) ब्रिटेनवासियों को
(d) स्पेन एवं अमेरिकावासियों को

201. 'ताड़ तेल' के सन्दर्भ में निम्नलिखित कथनों पर विचार कीजिए

1. ताड़ तेल वृक्ष दक्षिणी-पूर्व एशिया में प्राकृतिक रूप में पाए जाते हैं।
2. ताड़ तेल लिपस्टिक और इत्र बनाने वाले कुछ उद्योगों के लिए कच्चा माल है।
3. ताड़ तेल का उपयोग जैव डीजल के उत्पादन में किया जा सकता है।

उपरोक्त कथनों में से कौन-से कथन सही हैं? IAS (Pre) 2021

(a) 1 और 2
(b) 2 और 3
(c) 1 और 3
(d) 1, 2 और 3

27. खनिज एवं ऊर्जा संसाधन

202. निम्न में से कौन-सा लौह धातु का एक अयस्क है? JPSC (Pre) 2021

(a) हेमेटाइट (b) क्रोमाइट
(c) मैलाकाइट (d) बॉक्साइट

203. संयुक्त राज्य अमेरिका में 'मारक्वेत श्रेणी' किस खनिज के लिए विख्यात है? MPPSC (Pre) 2021

(a) यूरेनियम (b) ताँबा
(c) जस्ता (d) लौह-अयस्क

204. माउण्ट न्यूमेन निम्नलिखित में से किस खनिज के लिए प्रसिद्ध है? UPPSC (Pre) 2023

(a) ताँबा (b) बॉक्साइट
(c) लौह-अयस्क (d) मैंगनीज

205. निम्नलिखित युग्मों में से कौन-सा एक युग्म सही सुमेलित नहीं है? UPPSC (Pre) 2020

देश लौह खनिज		उत्पादक क्षेत्र
(a) कजाख़िस्तान	–	कारागण्डा
(b) यूक्रेन	–	क्रिवोई राग
(c) जर्मनी	–	नोरमेण्डी
(d) फ्रांस	–	पाइरेनीज

206. दक्षिण अफ्रीका का पोस्टमासबर्ग और उसका समीपवर्ती क्षेत्र निम्नलिखित में से किस खनिज का प्रमुख उत्पादक है? UPPSC (Pre) 2020

(a) यूरेनियम (b) बॉक्साइट
(c) मैंगनीज (d) अभ्रक

207. संसार का लगभग तीन-चौथाई कोबाल्ट, जो विद्युत मोटरवाहनों की बैटरी के निर्माण के लिए आवश्यक धातु है, किस देश द्वारा उत्पादित किया जाता है? UPPSC (Pre) 2023

(a) अर्जेण्टीना
(b) बोत्सवाना
(c) कांगो लोकतान्त्रिक गणराज्य (डेमोक्रेटिक रिपब्लिक ऑफ द कांगो)
(d) कजाख़िस्तान

208. **कथन** (A) विश्व में अभी भी चिली ताँबे का महत्त्वपूर्ण उत्पादक है।

कारण (R) चिली विश्व के विशालतम पोर्फिरी ताम्र निक्षेपों से सम्पन्न है। UPPSC (Pre) 1999, 2005, 2022

कूट

(a) A और R दोनों सही हैं तथा R, A की सही व्याख्या है
(b) A और R दोनों सही हैं, परन्तु R, A की सही व्याख्या नहीं है
(c) A सही है, किन्तु R गलत है
(d) A गलत है, किन्तु R सही है

209. निम्नलिखित सूची I का सूची II से मिलान कीजिए HPSC (Pre) 2024

	सूची I		सूची II
A.	ताँबा और निकेल	1.	दक्षिण-अफ्रीका
B.	क्रोमाइट और प्लेटिनम	2.	ऑण्टेरियो
C.	फॉस्फेट	3.	काकेशस
D.	चूना पत्थर	4.	अल्जीरिया

कूट

	A	B	C	D		A	B	C	D
(a)	2	1	4	3	(b)	1	2	3	4
(c)	3	4	2	1	(d)	3	1	2	4

210. प्रसिद्ध 'रूर कोयला क्षेत्र' निम्नलिखित में से किस देश में स्थित है? UPPSC (Pre) 2022

(a) फ्रांस (b) जर्मनी
(c) रूस (d) ग्रेट ब्रिटेन (इंग्लैण्ड)

211. एक अनवीनीकृत ऊर्जा का स्रोत है UPPSC (Pre) 2021

(a) सौर ऊर्जा (b) पेट्रोलियम
(c) वायु ऊर्जा (d) बायोगैस

212. म्यांमार का पेगु योमा क्षेत्र किस खनिज का प्रमुख उत्पादक है? UPPSC (Pre) 2022

(a) चाँदी (b) टिन
(c) ताँबा (d) खनिज तेल

213. निम्नलिखित में से कौन-सा बायोमास ऊर्जा का स्रोत नहीं है? UPPSC (Pre) 2022

(a) लकड़ी (b) परमाणु ऊर्जा
(c) गोबर (d) कोयला

214. भट्टी तेल (फर्नेस ऑयल) के सन्दर्भ में निम्नलिखित कथनों पर विचार कीजिए IAS (Pre) 2021

1. यह तेल परिष्करणियों (रिफाइनरी) का एक उत्पाद है।
2. कुछ उद्योग इसका उपयोग ऊर्जा (पावर) उत्पादन के लिए करते हैं।

3. इसके उपयोग से पर्यावरण में गन्धक का उत्सर्जन होता है।

उपरोक्त कथनों में से कौन-से कथन सही हैं?

(a) 1 और 2 (b) 2 और 3
(c) 1 और 3 (d) 1, 2 और 3

215. निम्नलिखित कथनों पर विचार कीजिए तथा नीचे दिए गए कूट की सहायता से सही उत्तर का चयन कीजिए IAS (Pre) 2021

1. वैश्विक सागर आयोग (ग्लोबल ओशन कमीशन) अन्तर्राष्ट्रीय जल क्षेत्र में समुद्र संस्तरीय (सीबेड) खोज और खनन के लिए लाइसेन्स प्रदान करता है।
2. भारत ने अन्तरार्ष्ट्रीय जल क्षेत्र में समुद्र संस्तरीय खनिज की खोज के लिए लाइसेन्स प्राप्त किया है।
3. 'दुर्लभ मृदा खनिज' (रेअर अर्थ मिनरल) अन्तर्राष्ट्रीय जल क्षेत्र में समुद्र अधस्तल पर उपलब्ध है।

कूट

(a) 1 और 2 (b) 2 और 3
(c) 1 और 3 (d) 1, 2 3

28. प्रमुख उद्योग एवं औद्योगिक नगर

216. निम्नलिखित कथनों पर विचार कीजिए तथा नीचे दिए गए कूट से सही उत्तर का चयन कीजिए HPSC (Pre) 2020

1. मियारमी बीच कई विश्व सौन्दर्य प्रतियोगिताओं का केन्द्र है।
2. ग्लासगो को हीरा खनन के लिए जाना जाता है।
3. होनोलूलू वस्त्र उद्योग के लिए प्रसिद्ध है।
4. इस्ताम्बुल को पहले कॉन्स्टेण्टिनोपल के नाम से जाना जाता था।

कूट

(a) 2 और 4 (b) 3 और 4
(c) 1 और 2 (d) 1 और 4

217. निम्नलिखित भारी उद्योगों पर विचार कीजिए। UPPSC (Pre) 2023

1. उर्वरक संयन्त्र 2. तेल शोधक कारखाने
3. इस्पात संयन्त्र

उपरोक्त में से कितने उद्योगों के विकार्बन में हरित हाइड्रोजन की महत्त्वपूर्ण भूमिका होने की अपेक्षा है?

(a) केवल एक (b) केवल दो
(c) सभी तीन (d) कोई भी नहीं

218. निम्नलिखित में से कौन-सा फुट-लूज उद्योग का एक उदाहरण है?

(a) तेल शोधक (b) चीनी
(c) सॉफ्टवेयर (d) एल्युमीनियम

219. निम्नलिखित में से किस देश में बाजार आधारित इस्पात उद्योग है?

(a) जर्मनी (b) इंग्लैण्ड
(c) भारत (d) जापान

220. निम्नलिखित में से कौन-सा एक सही सुमेलित नहीं है? RAS/RTS (Pre) 2021

(a) डेट्रायट – ऑटोमोबाइल
(b) गोरनाया शोरिया – सूती वस्त्र
(c) अंशान – लोहा एवं इस्पात
(d) याकोहामा – जलपोत निर्माण

221. सूची I को सूची II से सुमेलित कीजिए तथा सूचियों के नीचे दिए गए कूट से सही उत्तर चुनिए UPPSC (Pre) 2022

सूची I (केन्द्र)	सूची II (उद्योग)
A. ओसाका	1. सिगार
B. डेट्रायट	2. पोत निर्माण
C. क्यूबा	3. सूती वस्त्र
D. सेण्ट पीट्सबर्ग	4. मोटर वाहन

कूट

	A	B	C	D		A	B	C	D
(a)	3	4	1	2	(b)	4	3	2	1
(c)	1	2	3	4	(d)	2	1	4	3

222. निम्नलिखित में से कौन-सा संयुक्त राज्य अमेरिका का औद्योगिक प्रदेश नहीं है? RAS/RTS (Pre) 2024

(a) सिनसिनाटी-इण्डियानापोलिस प्रदेश
(b) ग्रेट कान्हावा घाटी प्रदेश
(c) मिडलैण्ड्स प्रदेश
(d) मिशिगन झील प्रदेश

223. लायोन्स एक मुख्य औद्योगिक शहर है HPPSC (Pre) 2024

(a) फ्रांस में (b) स्पेन में
(c) जर्मनी में (d) इटली में

224. सूची I तथा सूची II को सुमेलित कीजिए तथा नीचे दिए गए कूट से सही उत्तर चुनिए HPPSC (Pre) 2018

सूची I	सूची II
A. करजस	1. कोयला
B. कालगूर्ली	2. ताँबा
C. सालोबो	3. सोना
D. हारबुसु	4. कच्चा लोहा

कूट

	A	B	C	D
(a)	3	4	1	2
(b)	1	2	3	4
(c)	4	3	1	2
(d)	4	3	2	1

29. परिवहन एवं संचार

225. निम्नलिखित युग्मों में से कौन-सा युग्म सही सुमेलित नहीं है? UPPSC (Pre) 2016, 2023

बन्दरगाह		देश
(a) रॉटरडम	–	नीदरलैण्ड
(b) इगाकी	–	चीन
(c) मोण्टवीडियो	–	उरुग्वे
(d) जकार्ता	–	इण्डोनेशिया

226. भारत की कनेक्टिविटी परियोजनाओं के सन्दर्भ में, निम्नलिखित कथनों पर विचार कीजिए IAS (Pre) 2023

1. स्वर्णिम चतुर्भुज परियोजना के अधीन पूर्व-पश्चिम गलियारा (कॉरिडोर), डिब्रूगढ़ और सूरत को जोड़ता है।
2. त्रिपक्षीय राजमार्ग मणिपुर में मोरेह को म्यांमार से होते हुए, थाईलैण्ड में चियांग माई से जोड़ता है।
3. बांग्लादेश-चीन-भारत-म्यांमार आर्थिक गलियारा (कॉरिडोर) उत्तर प्रदेश में वाराणसी को चीन में कुनमिंग से जोड़ता है।

उपरोक्त में से कितने कथन सही हैं?

(a) केवल एक
(b) केवल दो
(c) सभी तीन
(d) उपरोक्त में से कोई भी नहीं

227. निम्नलिखित युग्मों पर विचार कीजिए IAS (Pre) 2023

पत्तन (पोर्ट)		जिस रूप में सुविख्यात है
1. कामराजर पोर्ट	–	भारत में एक कम्पनी के रूप में पंजीकृत सबसे पहला प्रमुख पत्तन
2. मुन्द्रा पोर्ट	–	भारत में निजी स्वामित्व वाला सबसे बड़ा पत्तन
3. विशाखापत्तनम पोर्ट	–	भारत में सबसे बड़ा आधान पत्तन (कण्टेनर पोर्ट)

उपरोक्त में से कितने युग्म सही सुमेलित हैं?

(a) केवल एक युग्म (b) केवल दो युग्म
(c) केवल तीन युग्म (d) इनमें से कोई नहीं

228. स्वेज नहर क्षेत्र में उत्तर से दक्षिण दिशा की ओर पड़ने वाली झीलों का सही क्रम है UPPSC (Pre) 2019

(a) लेक टिम्सा-लिटिल बिटर लेक-ग्रेट बिटर लेक-लेक मंजला
(b) ग्रेट बिटर लेक-लिटिल बिटर लेक-लेक टिम्सा-लेक मंजला
(c) लेक मंजला-ग्रेट बिटर लेक-लिटिल बिटर लेक-लेक टिम्सा
(d) लेक मंजला-लेक टिम्सा-ग्रेट बिटर लेक-लिटिल बिटर लेक

30. मानव प्रजाति/जनजातियाँ तथा भाषाएँ

229. निम्न में से कौन-सा युग्म सही सुमेलित नहीं है? UPPSC (Pre) 2021

स्थान		जनजाति
(a) अलास्का	–	कोरयाक
(b) बोर्नियो	–	पुनान
(c) अरब मरुस्थल	–	रुवाला
(d) स्वीडन तथा फिनलैण्ड	–	लैप्स

230. निम्नलिखित में से कौन-सा युग्म सुमेलित नहीं है? BPSC (Pre) 2020

(a) मसाई – मध्य पूर्वी अफ्रीका
(b) सकाई – मलेशिया
(c) बेडौइन – अरबी प्रायद्वीप
(d) खिरगीज – मध्य एशिया

231. सूची I को सूची II से सुमेलित कीजिए तथा सूचियों के नीचे दिए गए कूट से सही उत्तर का चयन कीजिए UPPSC (Pre) 2020

सूची I (नृजातीय समूह)	सूची II (देश)
A. यहूदी	1. मिस्र
B. टेडा	2. ईरान
C. बेजा	3. लीबिया
D. लुर	4. इजरायल

कूट

	A	B	C	D
a)	1	2	3	4
b)	4	1	2	3
c)	4	1	3	2
d)	4	3	1	2

32. कुछ अनुसूचित जनजातियों को ी.वी.टी.जी.' के रूप में वर्गीकृत करने का ाधार क्या है? CGPSC (Pre) 2024

. जाति
. घटती जनसंख्या या स्टेटिक जनसंख्या
. साक्षरता का निम्न स्तर
. लिंग अनुपात

ट
) 1 और 2 (b) 3 और 4
) 1 और 4 (d) 2 और 3

33. निम्नलिखित में से कौन-सा युग्म सही मेलित है? UPPSC (Mains) 2012

) एस्किमो – अमेजन बेसिन
) पिग्मी – इरावदी बेसिन
बद्दु – सहारा
) बुशमैन – कालाहारी

234. निम्नलिखित कथनों पर विचार कीजिए HPSC (Pre) 2012

1. मसाई एक बसे हुए किसानों की जनजाति है, जो अपने पशुओं के झुण्ड के साथ पूर्वी अफ्रीका की केन्द्रीय ऊँचाइयों पर घूमते देखे गए हैं।
2. मसाइयों के पास जो पशु थे, वे 'जेबू' थे और उनके कूबड़ तथा लम्बे सींग थे।

उपरोक्त में से कौन-सा/से कथन सही है/हैं?
(a) केवल 1
(b) केवल 2
(c) 1 और 2 दोनों
(d) न तो 1 और न ही 2

31. जनसंख्या तथा नगरीकरण और मानव प्रवास

235. दिसम्बर, 2018 तक के अनुसार, विश्व के निम्न देशों में से किस देश में सबसे अधिक भारतीय आबादी है? BPSC (Pre) 2020
(a) संयुक्त अरब अमीरात
(b) मलेशिया
(c) यूनाइटेड किंगडम
(d) संयुक्त राज्य अमेरिका

236. निम्नलिखित में से किस संगठन द्वारा वर्ल्ड पॉपुलेशन रिपोर्ट, 2021 जारी की गई है?
(a) अन्तर्राष्ट्रीय मुद्रा कोष UPPSC (Pre) 2021
(b) संयुक्त राष्ट्र जनसंख्या कोष
(c) विश्व स्वास्थ्य संगठन
(d) संयुक्त राष्ट्र विकास कार्यक्रम

237. निम्नलिखित में से कौन-सा ग्रामीण समुदाय का तत्त्व नहीं है? UPPSC (Pre) 2021
(a) हम की भावना (b) सांस्कृतिक विविधता
(c) क्षेत्र (d) आत्मनिर्भरता

238. निम्नलिखित में से किसको नगरीकरण वक्र में त्वरित अवस्था कहा जाता है? UPPSC (Pre) 2021
(a) प्रथम अवस्था (b) द्वितीय अवस्था
(c) तृतीय अवस्था (d) चतुर्थ अवस्था

239. 'मेगापोलिस' शब्द का प्रयोग सर्वप्रथम किसने किया? UP RO/ARO (Pre) 2024
(a) जीन गॉटमैन
(b) टेलर
(c) डेविस
(d) उपरोक्त में से कोई नहीं

240. निम्नलिखित कथनों पर विचार कीजिए IAS (Pre) 2021

1. 'शहर का अधिकार' एक समस्त मानव अधिकार है तथा इस सम्बन्ध में संयुक्त राष्ट्र हैबिटेट प्रत्येक देश द्वारा की गई प्रतिबद्धताओं को मॉनिटर करता है।
2. 'शहर का अधिकार' शहर के प्रत्येक निवासी को शहर में सार्वजनिक स्थानों को वापस लेने एवं सार्वजनिक सहभागिता का अधिकार देता है।
3. 'शहर का अधिकार' का आशय यह है कि राज्य, शहर की अनधिकृत बस्तियों को किसी भी लोक सेवा अथवा सुविधा से वंचित कर सकता है।

उपरोक्त कथनों में से कौन-सा/से कथन सही है/हैं?
(a) केवल 1 (b) केवल 3
(c) 1 और 2 (d) 2 और 3

241. **कथन** (A) नगरीकरण औद्योगीकरण का अनुसरण करता है।
कारण (R) विकासशील देशों में नगरीकरण स्वयं में एक आन्दोलन है। UP RO/ARO (Mains) 2016, UPPSC (Pre) 2002, 2014

कूट
(a) A और R दोनों सही हैं तथा R, A की सही व्याख्या है
(b) A और R दोनों सही हैं, परन्तु R, A की सही व्याख्या नहीं है
(c) A सही है, किन्तु R गलत है
(d) A गलत है, किन्तु R सही है

242. निम्नलिखित में से कौन एक दक्षिण एशिया का सर्वाधिक नगरीकृत देश है? UPPSC (Pre) 2014
(a) भारत (b) भूटान
(c) श्रीलंका (d) पाकिस्तान

32. प्रादेशिक भूगोल

243. निम्नलिखित में से किस देश समूह की सीमाएँ इजराइल से लगी हुई हैं? UPPSC (Pre) 2017
(a) लेबनान, सीरिया, जॉर्डन, मिस्र
(b) मिस्र, टर्की, जॉर्डन, साइप्रस
(c) लेबनान, सीरिया, टर्की, जॉर्डन
(d) टर्की, सीरिया, इराक, यमन

244. निम्नलिखित देशों पर विचार कीजिए IAS (Pre) 2022

1. अजरबैजान 2. किर्गिस्तान
3. तजाकिस्तान 4. तुर्कमेनिस्तान
5. उज्बेकिस्तान

उपरोक्त में से किनकी सीमाएँ अफगानिस्तान के साथ लगती हैं?
(a) 1, 2 और 5 (b) 1, 2, 3 और 4
(c) 3, 4 और 5 (d) 1, 2, 3, 4 और 5

245. निम्नलिखित में से किसके द्वारा भारत और पूर्वी एशिया के बीच नौसंचालन समय और दूरी अत्यधिक कम की जा सकती है? **IAS (Pre) 2011**

1. मलेशिया और इण्डोनेशिया के बीच मलक्का जलडमरूमध्य को अधिक गहरा बनाकर।
2. सियाम खाड़ी और अण्डमान सागर के बीच की भू-सन्धि जलडमरूमध्य के पार नई नहर बनाना।

उपरोक्त कथनों में से कौन-सा/से कथन सही है/हैं?

(a) केवल 1 (b) केवल 2
(c) 1 और 2 दोनों (d) न तो 1 और न ही 2

246. निम्नलिखित में से कौन-सा नगर इराक में सुन्नी त्रिकोण का भाग नहीं है? **UPPSC (Pre) 2022**

(a) बगदाद (b) रमादी
(c) बसरा (d) तिकरित

247. मेकांग नदी के सन्दर्भ में निम्नलिखित में से कौन-सा कथन सही है/हैं? **UPPSC (Pre) 2021**

1. मेकांग का उद्भव तिब्बत के पठार से हुआ है।
2. मेकांग का डेल्टा दक्षिण कम्बोडिया में स्थित है।

कूट

(a) केवल 1 (b) केवल 2
(c) 1 और 2 दोनों (d) न तो 1 और न ही 2

248. निम्नलिखित में से कौन-सा/से देश अरब प्रायद्वीप का हिस्सा नहीं है/हैं? **UP RO/ARO (Pre) 2024**

1. ओमान 2. इराक
3. कुवैत 4. सीरिया

नीचे दिए गए कूट की सहायता से सही उत्तर का चयन कीजिए

(a) केवल 4 (b) 2 और 4
(c) 2 और 3 (d) केवल 1

249. काराकुम मरुस्थल निम्नलिखित में से किस देश में स्थित है? **UPPSC (Pre) 2022**

(a) कजाखिस्तान (b) तजाकिस्तान
(c) किर्गिस्तान (d) तुर्कमेनिस्तान

250. दक्षिण-पूर्व एशिया में स्थित बोर्नियो द्वीप के सन्दर्भ में निम्नलिखित में से कौन-सा/से कथन सही है/हैं? **IAS (Pre) 2022**

1. यह तीन देशों में विभाजित है।
2. बोर्नियो मूल रूप से पूरी तरह से ज्वालामुखी नहीं है, इसकी उत्पत्ति आग्नेय चट्टान एवं ज्वालामुखी निक्षेप के द्वारा हुई है।

कूट

(a) केवल 1 (b) 1 और 2 दोनों
(c) केवल 2 (d) न तो 1 और न ही 2

251. सूची I को सूची II से सुमेलित कीजिए और नीचे दिए गए कूट का प्रयोग कर सही उत्तर चुनिए **UPPSC (Pre) 2023**

	सूची I (पर्वत)		सूची II (देश)
A.	किलिमंजारो	1.	मोरक्को
B.	टूबकल	2.	अल्जीरिया
C.	स्टैनली	3.	तंजानिया
D.	हॉगर	4.	युगाण्डा

कूट

	A	B	C	D		A	B	C	D
(a)	4	2	3	1	(b)	3	4	1	2
(c)	4	3	2	1	(d)	3	1	4	2

252. अफ्रीका में 'विक्टोरिया जलप्रपात' के सन्दर्भ में निम्नलिखित में से कौन-सा/से कथन सही है/हैं? **UP RO/ARO (Pre) 2024**

1. यह जाम्बिया और मोजाम्बिक की सीमा पर अवस्थित है।
2. यह जाम्बेजी नदी पर स्थित है।

कूट

(a) केवल 1 (b) केवल 2
(c) 1 और 2 दोनों (d) न तो 1 और न ही 2

253. निम्नलिखित देशों पर विचार कीजिए: **IAS (Pre) 2025**

I. ऑस्ट्रिया II. बुल्गारिया
III. क्रोएशिया IV. सर्बिया
V. स्वीडेन VI. उत्तरी मेसिडोनिया

उपर्युक्त में से कितने उत्तरी अटलांटिक संधि संगठन के सदस्य देश हैं?

(a) केवल तीन (b) केवल चार
(c) केवल पाँच (d) सभी छः

254. निम्नलिखित देशों पर विचार कीजिए: **IAS (Pre) 2025**

I. बोलीविया II. ब्राज़ील
III. इक्वाडोर IV. कोलंबिया
V. पराग्वे VI. वेनेजुएला

एण्डीज़ पर्वत श्रृंखला उपर्युक्त देशों में से कितनों में से होकर गुजरती है?

(a) केवल दो
(b) केवल तीन
(c) केवल चार
(d) केवल पाँच

255. विश्व में किन्हीं दो देशों के मध्य सबसे लम्बी सीमा निम्नलिखित में से किनके मध्य है? **IAS (Pre) 2024**

(a) कनाडा और संयुक्त राज्य अमेरिका
(b) चिली और अर्जेण्टीना
(c) चीन और भारत
(d) कजाखिस्तान और रशियन फेडरेशन

256. गाजा पट्टी के सन्दर्भ में निम्नलिखित कथनों में से कौन-सा/से कथन सही है/हैं? **UP RO/ARO (Pre) 2024**

1. इसकी सीमा मिस्र से लगती है।
2. इसकी सीमा इजरायल से लगती है।

नीचे दिए गए कूट के प्रयोग से सही उत्तर का चयन कीजिए

(a) केवल 2 (b) 1 और 2 दोनों
(c) न तो 1 और न ही 2 (d) केवल 1

257. सूची I को सूची II से सुमेलित कीजिए तथा सूचियों के नीचे दिए गए कूट का प्रयोग कर सही उत्तर चुनिए **HPSC(Pre) 2024**

	सूची I (राजधानी शहर)		सूची II (देश)
A.	एंजेल प्रपात	1.	वेनेजुएला
B.	योसेमिटी प्रपात	2.	कैलिफोर्निया
C.	नियाग्रा प्रपात	3.	दक्षिण अफ्रीका
D.	विक्टोरिया प्रपात	4.	यूएसए और कनाडा

कूट

	A	B	C	D		A	B	C	D
(a)	1	2	4	3	(b)	2	1	3	4
(c)	3	4	2	1	(d)	4	3	1	2

258. निम्नलिखित सूचना पर विचार कीजिए **IAS (Pre) 2024**

क्षेत्र	पर्वत श्रृंखला का नाम	पर्वत के प्रकार
1. मध्य एशिया	वॉसजेस	वलित पर्वत
2. यूरोप	आल्पस	भ्रंशोत्थ (ब्लॉक) पर्वत
3. उत्तर अमेरिका	अप्लेशियन	वलित पर्वत
4. दक्षिण अमेरिका	एण्डीज	वलित पर्वत

उपरोक्त सूचना में से कितनी पंक्तियाँ सही सुमेलित हैं?

(a) केवल एक (b) केवल दो
(c) केवल तीन (d) सभी चार

भारत का भूगोल

1. भारत का भौगोलिक परिचय

259. भारत के राज्यों का निम्नलिखित में से कौन-सा एक युग्म, सबसे पूर्वी और सबसे पश्चिमी राज्य को इंगित करता है? IAS (Pre) 2015
(a) असम और राजस्थान
(b) अरुणाचल प्रदेश और राजस्थान
(c) असम और गुजरात
(d) अरुणाचल प्रदेश और गुजरात

260. निम्नांकित नगरों में से कौन कर्क रेखा से निकटतम दूरी पर स्थित है? UPPSC (Pre) 2017
(a) अगरतला (b) गाँधीनगर
(c) जबलपुर (d) उज्जैन

261. IST की याम्योत्तर $82\frac{1}{2}$°E भारत के अनेक राज्यों से होकर गुजरती है, इस सम्बन्ध में राज्यों के निम्नलिखित समुच्चयों में से कौन-सा एक सही है?
(a) उत्तराखण्ड, उत्तर प्रदेश, छत्तीसगढ़ और आन्ध्र प्रदेश
(b) उत्तर प्रदेश, झारखण्ड, छत्तीसगढ़ और ओडिशा
(c) उत्तराखण्ड, उत्तर प्रदेश, मध्य प्रदेश और छत्तीसगढ़
(d) उत्तर प्रदेश, ओडिशा, आन्ध्र प्रदेश और छत्तीसगढ़

262. भारतीय मानक की याम्योत्तर रेखा किस राज्य से नहीं गुजरती है? UPPSC (Mains) 2010
(a) आन्ध्र प्रदेश से (b) छत्तीसगढ़ से
(c) महाराष्ट्र से (d) उत्तर प्रदेश से

263. निम्नलिखित वाक्यों पर विचार करें JPSC (Pre) 2024
I. मुख्यभूमि भारत का अक्षांशीय और देशान्तरीय विस्तार लगभग 30° है।
II. गुजरात से अरुणाचल प्रदेश के बीच ढाई घण्टे का अन्तर है।
III. 82°30′ पू. भारत की मानक देशान्तर रेखा है।
IV. मानक देशान्तर रेखा के समय को भारत के लिए मानक समय माना जाता है।
नीचे दिए गए विकल्पों में से सही उत्तर का चयन कीजिए
(a) I और IV (b) I, III और IV
(c) I, II और III (d) II और IV

264. किस पठार पर कर्क रेखा तथा भारतीय मानक समय रेखा एक-दूसरे को काटती है? BPSC (Pre) 2023
(a) बुन्देलखण्ड (b) बघेलखण्ड
(c) मालवा (d) इनमें से कोई नहीं

265. भारत के सन्दर्भ में निम्नलिखित कथनों में से कौन-सा/से सही है/हैं? UPPSC (Pre) 2022
1. भारत विश्व का छठा सबसे बड़ा देश है।
2. संसार का लगभग 2.4% क्षेत्र भारत के अन्तर्गत आता है।
3. कर्क रेखा देश के बीच से गुजरती है, जो अक्षांशीय विस्तार को दो बराबर भागों में बाँटती है।
4. भारत पूरी तरह से उष्णकटिबन्धीय क्षेत्र में स्थित है।
कूट
(a) 1 और 2 (b) 2 और 4
(c) 3 और 4 (d) 2 और 3

266. बिना अन्तर्राष्ट्रीय सीमाओं से लगे, स्थलबद्ध राज्यों में कौन-से राज्य भारत में अधिकतम उत्तरी, दक्षिणी, पूर्वी तथा पश्चिमी राज्य हैं? HPSC (Pre) 2021
(a) हिमाचल प्रदेश, तमिलनाडु, असम, गुजरात
(b) हरियाणा, आन्ध्र प्रदेश, असम, मध्य प्रदेश
(c) हिमाचल प्रदेश, केरल, मिजोरम, गुजरात
(d) हरियाणा, तेलंगाना, झारखण्ड, मध्य प्रदेश

267. निम्नलिखित में से कौन भारत की सीमा को स्पर्श करता है? BPSC (Pre) 2014
(a) अरब सागर (b) बंगाल की खाड़ी
(c) हिन्द महासागर (d) ये सभी

268. मैकमोहन रेखा सीमा बनाती है UPPSC (Pre) 2018, MPPSC (Pre) 2022
(a) भारत एवं चीन के मध्य
(b) भारत एवं पाकिस्तान के मध्य
(c) भारत एवं म्यांमार के मध्य
(d) भारत एवं नेपाल के मध्य

269. निम्नलिखित में से कौन-सा राज्य बांग्लादेश और म्यांमार के साथ सीमा साझा करता है? JPSC (Pre) 2024
(a) नागालैण्ड (b) त्रिपुरा
(c) मिजोरम (d) मणिपुर

270. सर क्रीक विवाद किन दो देशों के मध्य है? MPPSC (Pre) 2012, 2023
(a) भारत-पाकिस्तान (b) अफगानिस्तान-पाकिस्तान
(c) चीन-भारत (d) भारत-बांग्लादेश

2. भारत की भू-गर्भिक संरचना

271. निम्नलिखित कथनों पर विचार करें HPSC (Pre) 2023
1. आर्कियन शैल प्रणाली भारत की सबसे पुरानी शैल प्रणाली है।
2. सबसे आम आर्कियन शैल नीस है।
3. धारवाड़ शैल प्रणाली आर्कियन शैल प्रणाली का बाद वाला हिस्सा है।
नीचे दिए गए कथनों में से सही उत्तर चुनें
(a) 1 और 2 (b) 1 और 3
(c) केवल 1 (d) ये सभी

272. भारत का सर्वाधिक खनिज युक्त शैल तन्त्र है CGPSC (Pre) 2012
(a) धारवाड़ शैल तन्त्र (b) विन्ध्यन शैल तन्त्र
(c) गोण्डवाना शैल तन्त्र (d) कुड़प्पा शैल तन्त्र

273. निम्नलिखित में से कौन-सा एक भारत में भू-वैज्ञानिक समूहों के बनने का उनकी आयु के आधार पर सही अनुक्रम है? (प्राचीनतम से प्रारम्भ) UPPSC (Pre) 2012
(a) धारवाड़–अरावली–विन्ध्य–कुड़प्पा
(b) अरावली–धारवाड़–कुड़प्पा–विन्ध्य
(c) विन्ध्य–धारवाड़–अरावली–कुड़प्पा
(d) कुड़प्पा–विन्ध्य–धारवाड़–अरावली

274. गोण्डवाना समूह की दामूदा श्रेणी के तीन चरण हैं, रानीगंज, बैरन रॉक्स और बराकर। मध्य चरण को बैरन कहते हैं, क्योंकि
(a) इसमें कोयला होता है, लोहा नहीं
(b) इसमें लोहा होता है, कोयला नहीं
(c) इसमें न तो कोयला होता है और न ही लोहा
(d) यह शैल और मृत्तिका से बनी हुई अवसादी परत है

275. निम्नलिखित में से किसने भू-सन्नति का सिद्धान्त प्रतिपादित किया था?
(a) मोगेन (b) कोबर
(c) आइजैक (d) वेगनर

276. निम्नलिखित में से कौन-सा कथन असत्य है? UPPSC (Pre) 2004
(a) भौमिकीय दृष्टि से प्रायद्वीप क्षेत्र भारत का सबसे प्राचीन भाग है
(b) हिमालय विश्व में सबसे नवीन वलित पर्वतों को प्रदर्शित करता है
(c) भारत के पश्चिमी समुद्र तट का निर्माण नदियों की जमाव क्रिया द्वारा हुआ है
(d) भारत में गोण्डवाना शिलाओं में कोयले का वृहत्तम् भण्डार है

277. भारत में भू-आकारों की रचना के सम्बन्ध में निम्नलिखित कथनों पर विचार कीजिए BPSC (Pre) 2005
1. संरचनात्मक दृष्टि से मेघालय पठार दक्कन पठार का ही विस्तारित भाग है।
2. कश्मीर घाटी की रचना एक समभिनति में हुई।
3. गंगा मैदान की रचना एक अग्रगर्त में हुई।

4. हिमालय की उत्पत्ति भारतीय प्लेट, यूरोपीय प्लेट तथा चीनी प्लेट के त्रिकोणीय अभिसरण के फलस्वरूप हुई है।

उपरोक्त कथनों में से कौन-से कथन सही हैं?
(a) 1, 2 और 3 (b) 1, 3 और 4
(c) 1 और 3 (d) 2 और 4

278. सूची I को सूची II के साथ सुमेलित कीजिए और सूचियों के नीचे दिए गए कूट का प्रयोग कर सही उत्तर का चयन कीजिए **IAS (Pre) 1997**

सूची I	सूची II
A. दक्कन ट्रैप	1. उत्तर नूतन
B. पश्चिमी घाट	2. प्री-कैम्ब्रियन
C. अरावली	3. क्रिटैशियस आदि नूतन
D. नर्मदा-ताप्ती जलोढ़ निक्षेप	4. कैम्ब्रियन
	5. अत्यन्त नूतन

कूट
A B C D A B C D
(a) 3 5 1 4 (b) 3 1 2 5
(c) 2 1 3 4 (d) 1 4 2 5

3. भारत के भौतिक प्रदेश

279. इनमें से कौन-सी दो श्रेणियों के मध्य नीलगिरि पहाड़ियाँ स्थित हैं? **MPPSC (Pre) 2025**
(a) हिमालय और अरावली
(b) विन्ध्याचल और सतपुड़ा
(c) सह्याद्रि (पश्चिमी घाट) एवं पूर्वी घाट
(d) सतपुड़ा और अरावली

280. सूची I का सूची II से मिलान कीजिए **HPPSC (Pre) 2024**

सूची I (ग्लेशियर)	सूची II (श्रेणी/क्षेत्र)
A. बाल्तोरो	1. पीरपंजाल
B. सोनापानी	2. कंचनजंगा
C. मिलाम	3. काराकोरम
D. जेमू	4. कुमाऊँ-गढ़वाल

कूट
A B C D A B C D
(a) 3 2 1 4 (b) 4 2 1 3
(c) 3 1 4 2 (d) 3 4 1 2

281. निम्नलिखित कथनों पर विचार कीजिए **RAS/RTS (Pre) 2023**
1. कश्मीर हिमालय 'करेवा' निर्माण के लिए प्रसिद्ध है।
2. नालागढ़ दून सभी दूनों में सबसे बड़ा है।
3. नामचा बरवा पर्वत शिखर अरुणाचल हिमालय में स्थित है।
4. 'फूलों की घाटी' हिमाचल और उत्तराखण्ड हिमालय में स्थित है।

उपरोक्त कथनों में कौन-सा/से कथन सही है/हैं?
(a) 1, 2 और 3 (b) 2 और 3
(c) 1, 3 और 4 (d) 1, 2, 3 और 4

282. हिमालय की सबसे बाहरी शृंखला को क्या कहा जाता है? **CGPSC (Pre) 2024**
(a) शिवालिक (b) कुमाऊँ हिमालय
(c) कश्मीर हिमालय (d) इनमें से कोई नहीं

283. निम्नलिखित में से कौन-सा एक युग्म (दर्रा-राज्य/केन्द्रशासित प्रदेश) सही सुमेलित है? **UPPSC (Pre) 2023**
(a) नीति/उत्तराखण्ड
(b) अधिल/अरुणाचल प्रदेश
(c) माना/हिमाचल प्रदेश
(d) दिफू/लद्दाख

284. निम्नलिखित पर्वत चोटियों को उनकी ऊँचाई के आधार पर अवरोही क्रम में क्रमबद्ध कीजिए **MPPSC (Pre) 2024**
1. गुरु शिखर 2. महेन्द्रगिरि
3. अनाईमुड़ी 4. पचमढ़ी

कूट
(a) 3, 1, 2, 4 (b) 1, 3, 4, 2
(c) 2, 1, 3, 4 (d) 4, 2, 1, 3

285. प्रायद्वीपीय पठार के बारे में निम्नलिखित कथनों पर विचार कीजिए **CGPSC (Pre) 2024**
1. नदी के मैदानों से 150 मी की ऊँचाई से 600-900 मी की ऊँचाई तक उठने वाले अनियमित त्रिभुज को प्रायद्वीपीय पठार के रूप में जाना जाता है।
2. उत्तर-पश्चिम में दिल्ली पर्वतमाला, पूर्व में राजमहल की पहाड़ियाँ, पश्चिम में गिर पर्वतमाला और दक्षिण में कार्डेमम पहाड़ियाँ प्रायद्वीपीय पठार की बाहरी सीमा बनाती हैं।

उपरोक्त में से कौन-सा/से कथन सही है/हैं?
(a) केवल 1 (b) केवल 2
(c) 1 और 2 दोनों (d) न तो 1 और न ही 2

286. निम्नलिखित कथनों पर विचार कीजिए **MPPSC (Pre) 2022**
1. मध्य प्रदेश के मालवा पठार में सूती वस्त्र मिलों की स्थापना की गई है।
2. मालवा पठार काली मिट्टी से आवृत्त है।

उपरोक्त कथनों में से कौन-सा/से कथन सही है/हैं?
(a) केवल 1
(b) केवल 2
(c) 1 और 2 दोनों
(d) न तो 1 और न ही 2

287. निम्नलिखित कथनों पर विचार कीजिए **UPPSC (Pre) 2023**
1. अमरकण्टक पहाड़ियाँ विन्ध्य और सह्याद्रि श्रेणियों के संगम पर हैं।
2. बिलीगिरि रंगन पहाड़ियाँ सतपुड़ा श्रेणी का सबसे पूर्वी भाग हैं।
3. शेषाचलम पहाड़ियाँ पश्चिमी घाट का सबसे दक्षिणी भाग है।

उपरोक्त में से कितने कथन सही हैं?
(a) केवल एक (b) केवल दो
(c) सभी तीन (d) इनमें से कोई भी नहीं

288. उत्तर से दक्षिण में पश्चिमी घाटों को स्थानीय रूप से जाना जाता है **JPSC (Pre) 2024**
(a) सह्याद्रि - नीलगिरि - अन्नामलाई - कार्डेमम पहाड़ी
(b) सह्याद्रि - अन्नामलाई - नीलगिरि - कार्डेमम पहाड़ी
(c) नीलगिरि - सह्याद्रि - कार्डेमम पहाड़ी - अन्नामलाई
(d) सह्याद्रि - नीलगिरि - कार्डेमम पहाड़ी - अन्नामलाई

289. निम्नलिखित कथनों पर विचार कीजिए **HPPSC (Pre) 2024**
1. बन्दर घाटी चम्बा में स्थित है।
2. कियारदा दून घाटी काँगड़ा में स्थित है।
3. हिमाचल प्रदेश में वृहत हिमालय को अल्पाइन क्षेत्र के रूप में जाना जाता है।
4. चूड़ाधार हिमाचल प्रदेश में जास्कर श्रेणियों से सम्बन्धित है।

नीचे दिए गए विकल्पों में से सही उत्तर का चुनाव कीजिए
(a) 2 और 3 (b) 1 और 3
(c) 3 और 4 (d) 1 और 2

290. नेलांग घाटी किस राज्य में स्थित है? **UPPSC (Pre) 201**
(a) हिमाचल प्रदेश (b) सिक्किम
(c) जम्मू एवं कश्मीर (d) उत्तराखण्ड

291. भारतीय रेगिस्तान के बारे में निम्नलिखित में से कौन-सा/से कथन सही है/हैं?
(a) भारतीय रेगिस्तान अरावली पहाड़ियों के पश्चिम किनारे पर स्थित है।
(b) इस क्षेत्र में प्रतिवर्ष 150 मिमी से कम वर्षा हो है।
(c) लूनी इस क्षेत्र की एकमात्र बड़ी नदी है।
(d) उपरोक्त सभी

292. लक्षद्वीप द्वीप समूह के बारे में निम्नलिखि कथनों पर विचार करें **CGPSC (Pre) 20**
1. द्वीपों का यह समूह छोटे मूँगा द्वीपों से बना है
2. पहले इन्हें लक्कादीव, मिनिकॉय और अमिनिदिवी के नाम से जाना जाता था।
3. यह तमिलनाडु के कोरोमण्डल तट के नि स्थित एक द्वीप समूह है।

उपरोक्त में से कौन-सा/से कथन सही है/हैं?
(a) केवल 1
(b) 1 और 2
(c) केवल 3
(d) उपरोक्त में से कोई नहीं

293. माजुली, विश्व का सबसे बड़ा आबाद नदी द्वीप है, इसका निर्माण किसके द्वारा हुआ है? CGPSC (Pre) 2024
(a) गंगा नदी (b) नर्मदा नदी
(c) ब्रह्मपुत्र नदी (d) इनमें से कोई नहीं

4. भारत का अपवाह तन्त्र

294. गंगा का मैदान व असम घाटी में सामान्यतः कौन-सा अपवाह प्रतिरूप पाया जाता है, जो विस्तृत मैदान, मन्द ढाल, अधिक वर्षा व अनेक सहायक नदियों की विशेषता रखता है? UKPSC (Pre) 2024
(a) पूर्ववर्ती अपवाह प्रारूप
(b) द्रुमाकृतिक/वृक्षाकार अपवाह प्रारूप
(c) रेडियल/अरीय अपवाह प्रारूप
(d) आयताकार अपवाह प्रारूप

295. निम्नलिखित कथनों पर विचार कीजिए UPPSC (Pre) 2023
1. झेलम नदी, वूलर झील से होकर जाती है
2. कृष्णा नदी सीधे कोलेरू झील का भरण करती है।
3. गण्डक नदी के विसर्पण से काँवर झील निर्मित होती है।

उपरोक्त में से कितने कथन सही हैं?
(a) केवल एक (b) केवल दो
(c) सभी तीन (d) इनमें से कोई भी नहीं

296. निम्नलिखित में से कौन-सी नदी सतलुज नदी की सहायक नदी नहीं है? UKPSC (Pre) 2022
(a) बास्पा (b) स्पीति (c) रावी (d) व्यास

297. निम्नलिखित कथनों में से कौन-सा/से कथन सही है/हैं? UPPSC (Pre) 2023
1. रामगंगा नदी कन्नौज के पास गंगा नदी में मिलती है।
2. बेतवा नदी प्रयागराज के पास यमुना नदी में मिलती है।

कूट
(a) केवल 1
(b) केवल 2
(c) 1 और 2 दोनों
(d) न तो 1 और न ही 2

298. निम्नलिखित में से किस स्थान पर अलकनन्दा एवं भागीरथी नदी मिलती हैं? UPPSC (Pre) 2023
a) देवप्रयाग (b) कर्णप्रयाग
c) विष्णुप्रयाग (d) रुद्रप्रयाग

299. देवप्रयाग, अलकनन्दा और ……… नदियों के संगम पर स्थित है। CGPSC (Pre) 2024
(a) भागीरथी (b) मन्दाकिनी
(c) नन्दाकिनी (d) इनमें से कोई नहीं

300. पश्चिम से पूर्व की ओर प्रयागराज के अनुप्रवाह में गंगा में मिलने वाली हिमालय की नदियों के सन्दर्भ में निम्नलिखित में से कौन-सा अनुक्रम सही है? UPSC (Pre) 2024
(a) घाघरा-गोमती-गण्डक-कोसी
(b) गोमती-घाघरा-गण्डक-कोसी
(c) घाघरा-गोमती-कोसी-गण्डक
(d) गोमती-घाघरा-कोसी-गण्डक

301. निम्नलिखित में से कौन-सी नदी घाटी (बेसिन) क्षेत्रफल की दृष्टि से सबसे बड़ी है? IAS (Pre) 2022
(a) कावेरी
(b) नर्मदा
(c) महानदी
(d) ताप्ती

302. निम्नलिखित प्रायद्वीपीय नदियों में से किस एक की प्रवाह लम्बाई सबसे अधिक (सबसे लम्बी) है? MPPSC (Pre) 2025, UKPSC (Pre) 2024
(a) गोदावरी (b) कृष्णा
(c) नर्मदा (d) कावेरी

303. निम्नलिखित कथनों पर विचार कीजिए HPPSC (Pre) 2024
1. तेल महानदी की दाहिने किनारे की सहायक नदी है।
2. गोदावरी नदी का डेल्टा प्रशक्षिप्त भूखण्ड (लोबेट) प्रकार का है।
3. भीमा नदी राजमहल की पहाड़ियों से निकलती है।
4. पेनगंगा नदी 300 किमी लम्बी है और सतपुड़ा पहाड़ियों से निकलती है।

नीचे दिए गए विकल्पों में से सही उत्तर का चुनाव कीजिए
(a) 1 और 2 (b) 1 और 3
(c) 2 और 4 (d) 1 और 4

304. काबिनी नदी एक सहायक नदी है UKPSC (Pre) 2024
(a) कावेरी की
(b) नर्मदा की
(c) तापी की
(d) गोदावरी की

305. निम्नलिखित में से कौन-सी नदी अरब सागर में नहीं गिरती है? JPSC (Pre) 2024
(a) कृष्णा (b) साबरमती
(c) ताप्ती (d) नर्मदा

306. भारत की प्रमुख नदियों व उनके उद्गम स्थलों के जोड़े बनाइए UPPSC (Pre) 2023

सूची I (नदियाँ)	सूची II (उद्गम स्थल)
A. यमुना	1. सिहावा
B. कृष्णा	2. नासिक
C. गोदावरी	3. महाबलेश्वर
D. महानदी	4. यमुनोत्री

कूट

	A	B	C	D		A	B	C	D
(a)	4	2	3	1	(b)	4	2	1	3
(c)	4	3	2	1	(d)	1	2	3	4

307. निम्नलिखित में से कौन-सा (सहायक नदी-नदी) सही सुमेलित नहीं है? UPPSC (Pre) 2023
(a) मालप्रभा-कृष्णा (b) हेमावती-कावेरी
(c) मंजरा-गोदावरी (d) प्राणहिता-महानदी

308. निम्नलिखित युग्मों का मिलान करते हुए सही कूट की पहचान कीजिए MPPSC (Pre) 2024

नदियाँ	उद्गम क्षेत्र
A. कावेरी	1. सतपुड़ा श्रेणी
B. साबरमती	2. ब्रह्मगिरि पहाड़ियाँ
C. ताप्ती (तापी)	3. मेवाड़ पहाड़ियाँ
D. दामोदर	4. छोटानागपुर का पठार

कूट

	A	B	C	D		A	B	C	D
(a)	1	2	3	4	(b)	3	4	1	2
(c)	2	3	1	4	(d)	4	2	3	1

309. निम्नलिखित सूचना पर विचार कीजिए UPSC (Pre) 2024

	जलप्रपात	क्षेत्र	नदी
1.	धुआँधार	मालवा	नर्मदा
2.	हुण्डरू	छोटानागपुर	सुवर्णरेखा
3.	गरसोप्पा	पश्चिमी घाट	नेत्रावती

उपरोक्त सूचना में से कितनी पंक्तियाँ सही सुमेलित हैं?
(a) केवल एक (b) केवल दो
(c) सभी तीन (d) इनमें से कोई नहीं

310. यायात्सो झील के सन्दर्भ में निम्न में से कौन-से कथन सही हैं? JPSC (Pre) 2024
1. यह लद्दाख में स्थित है।
2. यह जैव-विविधता अधिनियम के तहत लद्दाख का प्रथम विरासत स्थल है।
3. इसे पक्षियों का स्वर्ग भी कहा जाता है।
4. यह सतलज नदी के द्वारा सिंचित है।

नीचे दिए गए विकल्पों में से सही उत्तर का चयन कीजिए
(a) 1 और 2 (b) 1, 2 और 4
(c) 1, 2 और 3 (d) 1, 2, 3 और 4

5. भारत की जलवायु

311. कोपेन ने भारत के विशाल मैदान की जलवायु के लिए निम्नलिखित में से कौन-से शब्दों का प्रयोग किया था? UKPSC (Pre) 2022
(a) Amw (b) As (c) Cwg (d) Aw

312. भारत में मानसून की उत्पत्ति निम्नलिखित पवनों में किसके द्वारा होती है?
(a) दक्षिण-पश्चिम पवन द्वारा
(b) दक्षिण-पूर्व पवन द्वारा
(c) उत्तर-पूर्व पवन द्वारा
(d) उत्तर-पश्चिम पवन द्वारा

313. भारत को उष्णकटिबन्ध और उपोष्ण कटिबन्ध में विभाजन करने के आधार के रूप में मानी गई जनवरी की समताप रेखा है
(a) 21°C (b) 18°C (c) 12°C (d) 15°C

314. भारतीय मानसून का पूर्वानुमान करते समय कभी-कभी समाचारों में उल्लिखित इण्डियन ओशन डाइपोल (IOD) के सन्दर्भ में निम्नलिखित कथनों में से कौन-सा/से कथन सही है/हैं? IAS (Pre) 2017
1. IOD परिघटना, उष्णकटिबन्धीय पश्चिमी हिन्द महासागर एवं उष्णकटिबन्धीय पूर्वी प्रशान्त महासागर के बीच सागर-पृष्ठ तापमान के अन्तर से विशेषित होती है।
2. IOD परिघटना मानसून पर एल-निनो के प्रभाव को प्रभावित कर सकती है।

कूट
(a) केवल 1 (b) केवल 2
(c) 1 और 2 दोनों (d) न तो 1 और न ही 2

315. निम्नलिखित में से कौन-सा कारण भारत के उत्तर-पश्चिम भाग में शीत ऋतु में होने वाली वर्षा के लिए उत्तरदायी है? UPPSC (Pre) 2021
(a) मानसून की वापसी (b) चक्रवातीय अवदाब
(c) पश्चिमी विक्षोभ (d) दक्षिण-पश्चिम मानसून

316. **कथन** (A) हिमाचल प्रदेश की कुल्लू घाटी में शीतकाल में बहुत अधिक हिमपात होता है।
कथन (R) शीतकाल में कुल्लू घाटी में पश्चिमी विक्षोभ से आर्द्रताधारी हवा आती है।

कूट
(a) दोनों कथन व्यष्टितः सत्य हैं तथा R, A का सही स्पष्टीकरण है
(b) दोनों कथन व्यष्टितः सत्य हैं, परन्तु R, A का सही स्पष्टीकरण नहीं है
(c) A सत्य है, किन्तु R असत्य है
(d) A असत्य है, किन्तु R सत्य है

317. भारतीय मानसून ऋतु के दौरान UPPSC (Pre) 2012
(a) भारतीय क्षेत्र में पश्चिम जेट प्रवाह अकेले विद्यमान होता है
(b) भारतीय क्षेत्र में पूर्वी जेट प्रवाह अकेले विद्यमान नहीं होता है
(c) भारतीय क्षेत्र में पश्चिमी और पूर्वी दोनों जेट प्रवाह विद्यमान होते हैं
(d) पश्चिमी और पूर्वी दोनों जेट प्रवाह लुप्त होते हैं

318. आम्रवर्षा भारत के किन राज्यों में सामान्य घटना है? JPSC (Pre) 2024
(a) उत्तर प्रदेश एवं मध्य प्रदेश
(b) मध्य प्रदेश एवं कर्नाटक
(c) उत्तर प्रदेश एवं तमिलनाडु
(d) केरल एवं कर्नाटक

319. भारत के कौन-से क्षेत्र उत्तरी-पूर्वी मानसून से वर्षा प्राप्त करते हैं? RPSC (Pre) 2023
1. तमिलनाडु तट
2. गुजरात तट
3. दक्षिणी आन्ध्र प्रदेश
4. दक्षिण-पूर्व कर्नाटक

कूट
(a) 1, 2, 3 और 4 (b) 1, 3 और 4
(c) 2, 3 और 4 (d) 1, 2 और 3

6. भारत की मृदा

320. जलोढ़ मिट्टी के सन्दर्भ में नीचे दिए गए चार कथनों में से सही कथन को चुनिए CGPSC (Pre) 2021
(a) यह मिट्टी भारत के कुल भू-भाग के लगभग 40% भाग में पाई जाती है
(b) इस मिट्टी में फॉस्फोरिक एसिड अधिक मात्रा में पाया जाता है
(c) यह मिट्टी रेह, थूर, चोपन जैसे नामों से भी जानी जाती है
(d) यह मिट्टी उपजाऊ नहीं होती है

321. जलोढ़ मिट्टी के सन्दर्भ में निम्नलिखित में से कौन-सा/से कथन सही है/हैं? JPSC (Pre) 2024
I. इसमें रेत की मात्रा पश्चिम से पूर्व की ओर घटती है।
II. यह बांगर एवं खादर स्वरूप में होती है।
III. यह मिट्टी देश के कुल क्षेत्रफल का 40% हिस्सा है।
IV. इस मिट्टी में पोटाश की मात्रा अधिक एवं फॉस्फोरस की मात्रा कम होती है।

कूट
(a) केवल I
(b) I और II
(c) I, II और III
(d) I, II, III और IV

322. निम्नलिखित में से कौन-सी विशेषताएँ भारत में लाल और पीली मृदा से सम्बन्धित हैं? HPSC (Pre) 2024
1. यह अति वर्षा वाले क्षेत्रों में क्रिस्टलीय आग्नेय चट्टानों पर विकसित होती है।
2. यह क्रिस्टलीय और कायान्तरित चट्टानों में आयरन के डिफ्यूजन के कारण लाल रंग की हो जाती है।
3. यह हाइड्रेटेड फॉर्म में पीला रंग ले लेती है।
4. यह शुष्क स्थिति में आयरन और सल्फर के कारण लाल और पीला रंग ले लेती है।

उपरोक्त कथनों में से कौन-से कथन सही हैं?
(a) 1 और 2 (b) 2 और 3
(c) 3 और 4 (d) 1, 2 और 4

323. छत्तीसगढ़ की लाल एवं पीली मिट्टियाँ निम्नलिखित में से किस तरह की चट्टानों पर विकसित हुई हैं? CGPSC (Pre) 2021
(a) ग्रेनाइट (शिस्ट) (b) बेसाल्ट
(c) बलुआ-पत्थर (d) चूना-पत्थर

324. निम्नलिखित में से कौन-सी विशेषता भारत में रेगुर मृदा से सम्बन्धित हैं? HPSC (Pre) 2024
1. यह तीव्र लीचिंग के परिणामस्वरूप क्रिस्टलीय आग्नेय चट्टानों पर विकसित होती है।
2. यह आयरन, पोटाश और फॉस्फोरिक सामग्री से भरपूर होती है।
3. यह मुख्य रूप से दक्कन पठार के उत्तर-पश्चिम क्षेत्र में पाई जाती है और यह लावा प्रवाह से निर्मित होती है।
4. इसमें कैल्शियम कार्बोनेट, मैग्नीशियम, पोटाश और चूना भरपूर मात्रा में पाया जाता है

उपरोक्त कथनों में कौन-से कथन सही हैं?
(a) 1 और 2 (b) 2 और 3
(c) 3 और 4 (d) 1, 2 और 4

325. निम्नलिखित कथनों में से लैटेराइट मिट्टी के विषय में कौन-सा कथन सही है? UPPSC (Pre) 2023
1. यह मिट्टी उच्च तापमान एवं भारी वर्षा वाले क्षेत्रों में विकसित होती है।
2. इस मिट्टी में लौह ऑक्साइड एवं एल्युमीनियम की कमी पाई जाती है।

कूट
(a) केवल 1 (b) केवल 2
(c) 1 और 2 दोनों (d) न तो 1 और न ही 2

326. निम्न कथनों में से कौन-सा, भारत में 'लैटेराइट मिट्टी' के सन्दर्भ में सही नहीं है? UKPSC (Pre) 2022
(a) इनमें चूना व नाइट्रोजन की कमी होती है।
(b) यह अच्छी निर्माण सामग्री प्रदान करती है।
(c) यह निक्षालन प्रक्रिया से प्रभावित होती है।
(d) यह नमी पोषक व अधिक चिकनी मृदा कारक (Clay factor) होती है।

327. निम्न में से कौन-सा कथन भारत की लैटेराइट मृदा के सन्दर्भ में सत्य है? JPSC (Pre) 2021

1. लैटेराइट मृदा उच्च ताप व भारी वर्षा वाले क्षेत्रों में विकसित होती है।
2. लैटेराइट मृदा जैविक (ह्यूमस) समृद्ध होती है तथा पश्चिम बंगाल, असम व ओडिशा में पाई जाती है।

कूट

(a) केवल 1 (b) केवल 2
(c) 1 और 2 दोनों (d) न तो 1 और न ही 2

7. भारत : प्राकृतिक वनस्पति

328. निम्नलिखित में से कौन-सा एक वन समूह भारत के सर्वाधिक क्षेत्र में विस्तृत है? UKPSC (Pre) 2022

(a) उष्णकटिबन्धीय आर्द्र सदाबहार
(b) उष्णकटिबन्धीय शुष्क पर्णपाती
(c) उष्णकटिबन्धीय नर्म पर्णपाती
(d) उष्णकटिबन्धीय अर्द्ध-सदाबहार

329. भारत में उष्णकटिबन्धीय शुष्क पर्णपाती वन के सन्दर्भ में निम्न कथनों पर विचार कीजिए UKPSC (Pre) 2022

1. ये उन क्षेत्रों में पाए जाते हैं, जहाँ वर्षा 25 से 75 सेमी के मध्य होती है।
2. ये हिमालय की तलहटी से निकलने वाली एक अनियमित चौड़ी पट्टी में पाए जाते हैं।

नीचे दिए गए कूट से सही उत्तर चुनिए

(a) केवल 1 (b) केवल 2
(c) 1 और 2 दोनों (d) न तो 1 और न ही 2

330. नीचे दो कथन दिए गए हैं HPSC (Pre) 2024

कथन I सागौन भारत के विशाल खारे क्षेत्रों में प्रमुख प्रजाति है।

कथन II बबूल वनस्पति उष्णकटिबन्धीय सदाबहार वर्षा वनों से सम्बन्धित है।

दिए गए कथनों के आधार पर नीचे दिए गए विकल्पों में से सही उत्तर का चुनाव कीजिए।

(a) कथन I और कथन II दोनों सही हैं।
(b) कथन I और कथन II दोनों गलत हैं
(c) कथन I सही और कथन II गलत है
(d) कथन I गलत और कथन II सही है

331. भारत के किस राज्य में सागौन के वन का क्षेत्र सर्वाधिक है? MPPSC (Pre) 2021

(a) झारखण्ड (b) आन्ध्र प्रदेश
(c) उत्तराखण्ड (d) मध्य प्रदेश

332. भारत में मैंग्रोव (ज्वारीय वन) वनस्पति मुख्यत: पाई जाती है CGPSC (Pre) 2012

(a) मालाबार तट (b) सुन्दरवन
(c) कच्छ का रन (d) दण्डकारण्य

333. निम्नलिखित भारत के राज्यों में से कौन-सा राज्य सर्वाधिक वनाच्छादित है? JPSC (Pre) 2021

(a) गुजरात
(b) नागालैण्ड
(c) मिजोरम
(d) असम

334. भारत में उचित पारिस्थितिक सन्तुलन बनाए रखने के लिए कितनी भूमि वनाच्छादित होने की सिफारिश की गई है? JPSC (Pre) 2021

(a) 25% (b) 27%
(c) 30% (d) 33%

335. निम्नलिखित युग्मों में से कौन-सा युग्म सही सुमेलित नहीं है? UPPSC (Pre) 2021

	संस्थान		**अवस्थिति**
(a)	अन्तर्राष्ट्रीय शस्य-वानिकी अनुसन्धान केन्द्र	–	नैरोबी
(b)	भारतीय वन प्रबन्ध संस्थान	–	भोपाल
(c)	केन्द्रीय शस्य-वानिकी अनुसन्धान संस्थान	–	बाँदा
(d)	टाटा ऊर्जा अनुसन्धान संस्थान	–	नई दिल्ली

336. भारतीय चरागाह एवं चारा अनुसन्धान संस्थान कहाँ स्थित है? JPSC (Pre) 2021

(a) जयपुर (b) कोटा
(c) झाँसी (d) लखनऊ

8. कृषि एवं पशुपालन

337. काटकर जलाने वाली कृषि, जिसे आमतौर पर झूम कृषि कहा जाता है CGPSC (Pre) 2023

(a) भारत के उत्तर-पूर्वी राज्यों में प्रचलित है
(b) भारत के उत्तर-पश्चिमी राज्यों में प्रचलित है
(c) भारत के पश्चिमी तट पर प्रचलित है
(d) उपरोक्त में से कोई नहीं

338. झूम कृषि का पोडू रूप भारत के निम्नलिखित में से किस राज्य में लोकप्रिय है? HPSC (Pre) 2024

(a) ओडिशा (b) असम
(c) केरल (d) छत्तीसगढ़

339. सूची I में दी गई स्लैश एण्ड बर्न कृषि को सूची II में दिए गए राज्य/क्षेत्र से सुमेलित कीजिए HPSC (Pre) 2021

सूची I (स्लैश एण्ड बर्न कृषि)	**सूची II** (राज्य/क्षेत्र)
A. झूमिंग	1. ओडिशा
B. खिल	2. दक्षिण-पूर्वी राजस्थान
C. ब्रिंगा (बरिंगा)	3. उत्तरी-पूर्वी क्षेत्र
D. वालरे	4. हिमालयन पट्टी

कूट

	A	B	C	D		A	B	C	D
(a)	1	2	3	4	(b)	3	4	1	2
(c)	2	1	4	3	(d)	4	3	2	1

340. भारत में शुष्क भूमि की खेती उन प्रदेशों तक सीमित है, जहाँ वार्षिक वर्षा JPSC (Pre) 2024

(a) 25 सेमी से कम हो (b) 50 सेमी से कम हो
(c) 75 सेमी से कम हो (d) 100 सेमी से कम हो

341. इनमें से कौन-सा समूह मिलेट्स (श्री अन्न) फसलों का है? RAS/RTS (Pre) 2023

(a) बाजरा, मक्का, कोदो, ज्वार
(b) रागी, बाजरा, कोदो, मूँग
(c) कोदो, बाजरा, मक्का, कांगनी
(d) ज्वार, कोदो, कांगनी, रागी

342. माही कंचन तथा आर.सी.बी. 911 संकर किस्में हैं RPSC (Pre) 2023

(a) क्रमश: मक्का तथा जौ की
(b) क्रमश: मक्का तथा चावल की
(c) क्रमश: मक्का तथा बाजरे की
(d) क्रमश: बाजरा तथा मक्का की

343. 'यह फसल उपोष्ण प्रकृति की है। उसके लिए कठोर पाला हानिकारक है। विकास के लिए उसे कम-से-कम 210 पाला रहित दिवसों और 50-100 सेमी वर्षा की आवश्यकता पड़ती है। हल्की सुअपवाहित मृदा, जिसमें नमी धारण करने की क्षमता है, उसकी खेती के लिए आदर्श रूप से अनुकूल है।' यह फसल निम्नलिखित में से कौन-सी है? IAS (Pre) 2020

(a) कपास (b) जूट
(c) गन्ना (d) चाय

344. भारत किन कृषि उत्पादों में सबसे बड़ा उत्पादक है? MPPSC (Pre) 2025

(a) चावल, गेहूँ और कपास
(b) दूध, दालें और मसाले
(c) चाय, कॉफी और जूट
(d) गन्ना, मक्का और तिलहन

345. निम्नलिखित कथनों पर विचार कीजिए UPPSC (Pre) 2023

1. भारत सरकार काले तिल नाइजर (गुइजोटिया एबिसिनिका) के बीजों के लिए न्यूनतम समर्थन कीमत उपलब्ध कराती है।
2. काले तिल की खेती खरीफ की फसल के रूप में की जाती है।
3. भारत के कुछ जनजातीय लोग काले तिल के बीजों का तेल भोजन पकाने के लिए प्रयोग में लाते हैं।

उपरोक्त में से कितने कथन सही है?

(a) केवल एक (b) केवल दो
(c) सभी तीन (d) इनमें से कोई भी नहीं

346. निम्नलिखित कथनों को पढ़िए तथा सही विकल्प को चुनिए

कथन I वर्तमान में प्रदेश के सभी सिंचाई स्रोतों से लगभग 49% से अधिक क्षेत्रों में सिंचाई सुविधा उपलब्ध है। CGPSC (Mains) 2023

कथन II शाकम्भरी योजना लघु सीमान्त कृषकों को सिंचाई कूप एवं पम्प स्थापना हेतु सहयोग करती है।

कथन III प्रमाणित बीज का उपयोग कृषि उत्पादन एवं उत्पादकता वृद्धि का प्रमुख आधार है।

कूट

(a) कथन I, II और III सभी सही हैं।
(b) कथन I, II और III सभी गलत हैं।
(c) केवल कथन I और III सही हैं।
(d) केवल कथन I गलत है।

9. सिंचाई एवं बहुउद्देशीय परियोजनाएँ

347. निचली गंगा नहर का उद्गम स्थल कहाँ पर है? UPPSC (Pre) 2010

(a) हरिद्वार में (b) नरौरा में
(c) बरेली में (d) कानपुर में

348. निम्नलिखित में से कौन-सा/से ड्रिप सिंचाई पद्धति के प्रयोग का/के लाभ है/हैं? IAS (Pre) 2016

1. खरपतवार में कमी 2. मृदा लवणता में कमी
3. मृदा अपरदन में कमी

कूट

(a) 1 और 2 (b) केवल 3
(c) 1 और 3 (d) इनमें से कोई नहीं

349. निम्नलिखित में से कौन-सी स्वतन्त्र भारत की पहली बहुउद्देशीय नदी घाटी परियोजना है? CGPSC (Pre) 2024

(a) भाखड़ा-नांगल परियोजना
(b) दामोदर घाटी परियोजना
(c) हीराकुड बहुउद्देशीय परियोजना
(d) इनमें से कोई नहीं

350. गोविन्द बल्लभपन्त सागर जलाशय स्थित है CGPSC (Pre) 2016

(a) उत्तर प्रदेश (b) छत्तीसगढ़
(c) झारखण्ड (d) उत्तराखण्ड में

351. निम्नलिखित राज्यों को वहाँ निर्मित बड़े बाँधों की संख्या के आधार पर घटते क्रम में व्यवस्थित कीजिए CGPSC (Pre) 2021

(a) मध्य प्रदेश > गुजरात > राजस्थान > तेलंगाना > आन्ध्र प्रदेश
(b) गुजरात > मध्य प्रदेश > राजस्थान > आन्ध्र प्रदेश > तेलंगाना
(c) गुजरात > मध्य प्रदेश > राजस्थान > तेलंगाना > आन्ध्र प्रदेश
(d) मध्य प्रदेश > गुजरात > तेलंगाना > राजस्थान > आन्ध्र प्रदेश

352. निम्नलिखित युग्मों पर विचार कीजिए IAS (Pre) 2022

जलाशय		राज्य
1. घाटप्रभा	—	तेलंगाना
2. गाँधी सागर	—	मध्य प्रदेश
3. इन्दिरा सागर	—	आन्ध्र प्रदेश
4. मैथान	—	छत्तीसगढ़

उपरोक्त में से कितने युग्म सही सुमेलित नहीं हैं?

(a) केवल एक युग्म (b) केवल दो युग्म
(c) केवल तीन युग्म (d) सभी चारों युग्म

353. माही बजाज सागर परियोजना एक संयुक्त उद्यम है RAS/RTS (Pre) 2023

(a) राजस्थान, पंजाब तथा गुजरात का
(b) गुजरात तथा राजस्थान का
(c) राजस्थान, गुजरात तथा मध्य प्रदेश का
(d) मध्य प्रदेश तथा राजस्थान का

354. सूची I का सूची II से मिलान कीजिए HPSC (Pre) 2023

सूची I (बाँध)	सूची II (नदियाँ)
A. निज़ाम सागर बाँध	1. पेन्नार नदी
B. सोमासिला बाँध	2. शरावती नदी
C. नाथपा झाकड़ी बाँध	3. मंजीरा नदी
D. लिंगनमक्की बाँध	4. सतलुज नदी

कूट

	A	B	C	D		A	B	C	D
(a)	3	1	4	2	(b)	1	2	3	4
(c)	4	1	2	3	(d)	2	4	1	3

10. खनिज संसाधन

355. भारतीय खनिज पदार्थों का भण्डार किसे कहा जाता है? MPPSC (Pre) 2021

(a) छोटानागपुर का पठार (b) बुन्देलखण्ड का पठार
(c) मालवा का पठार (d) बघेलखण्ड का पठार

356. निम्नलिखित में से कौन-सा राज्य बॉक्साइट का सबसे बड़ा भण्डार रखता है? MPPSC (Pre) 2023

(a) आन्ध्र प्रदेश (b) ओडिशा
(c) झारखण्ड (d) गुजरात

357. रॉक फॉस्फेट का उपयोग निम्नलिखित में से किस उद्योग में किया जाता है? MPPSC (Pre) 2021

(a) वस्त्र उद्योग (b) उर्वरक उद्योग
(c) चीनी उद्योग (d) कागज उद्योग

358. कोडरमा किस खनिज के लिए प्रसिद्ध है? UKPSC (Pre) 2022

(a) लौह-अयस्क (b) अभ्रक
(c) जिप्सम (d) बॉक्साइट

359. निम्नलिखित में से कौन-सा खनिज केवल मध्य प्रदेश में पाया जाता है? MPPSC (Pre) 2021

(a) लोहा (b) अभ्रक (c) हीरा (d) ताँबा

360. खनिज सम्पदा के सन्दर्भ में, निम्नलिखित कथनों में से कौन-सा/से कथन सही है/हैं? UPPSC (Pre) 2023

1. जम्मू-कश्मीर के रियासी जिले में लीथियम के अनुमानित सम्पदा भण्डार मिले हैं।
2. भारत अनेक खनिजों; यथा-लीथियम, निकिल तथा कोबाल्ट के लिए आयात पर निर्भर है।

कूट

(a) केवल 1 (b) केवल 2
(c) 1 और 2 दोनों (d) न तो 1 और न ही 2

361. भारत के कतिपय तटीय क्षेत्रों में प्रचुर मात्रा में उपलब्ध इल्मेनाइट और रूटाइल निम्नलिखित में से किसके समृद्ध स्रोत हैं? UPPSC (Pre) 2023

(a) एल्युमीनियम (b) ताम्र
(c) लौह (d) टाइटेनियम

362. सूची I का सूची II से मिलान कीजिए HPSC (Pre) 2024

सूची I	सूची II
A. लौह-अयस्क की खान	(i) बालाघाट
B. ताँबे की खान	(ii) अमरकण्टक पठार
C. बॉक्साइट की खान	(iii) गुआ और नोआमुण्डी
D. अभ्रक की खान	(iv) नेल्लोर

कूट

(a) A-iii, B-ii, C-i, D-iv
(b) A-ii, B-i, C-iii, D-iv
(c) A-iii, B-i, C-ii, D-iv
(d) A-i, B-iii, C-ii, D-iv

11. ऊर्जा संसाधन

363. इनमें से कौन-सा प्राकृतिक संसाधन गैर-नवीकरणीय संसाधन माना जाता है? RAS/RTS (Pre) 2024

(a) इमारती लकड़ी (टिम्बर)
(b) जीवाश्म ईंधन
(c) सौर ऊर्जा
(d) पवन ऊर्जा

364. निम्नलिखित में से भारत के कौन-से दो राज्यों से देश के कुल कोयला निक्षेप का 50% से अधिक प्राप्त होता है? MPPSC (Pre) 2024

1. झारखण्ड 2. मध्य प्रदेश
3. ओडिशा 4. छत्तीसगढ़

कूट

(a) 1 और 2 (b) 1 और 3
(c) 3 और 4 (d) 2 और 3

365. निम्नलिखित में से कहाँ तेलशोधक कारखाना नहीं है?

(a) कोयली (b) नूनमाटी
(c) हटिया (d) बरौनी

366. निम्नलिखित में से किस परमाणु ऊर्जा संयन्त्र की स्थापित क्षमता सर्वाधिक है? JPSC (Pre) 2021

(a) तारापुर (b) काकरापार
(c) कैगा (d) नरौरा

367. निम्नलिखित कथनों पर विचार कीजिए

कथन I भारत अपने पास यूरेनियम निक्षेप (डिपॉजिट) होने के बावजूद, अपने अधिकांश विद्युत उत्पादन के लिए कोयले पर निर्भर करता है।

कथन II विद्युत उत्पादन के लिए कम-से-कम 60% तक समृद्ध (एनूरिच्ड) यूरेनियम का होना आवश्यक है।

उपरोक्त कथनों के बारे में, निम्नलिखित में से कौन-सा एक सही है?

(a) कथन I और कथन II दोनों सही हैं तथा कथन II, कथन I की सही व्याख्या है
(b) कथन I और कथन II दोनों सही हैं, परन्तु कथन II, कथन I की सही व्याख्या नहीं है
(c) कथन I सही है, किन्तु कथन II गलत है
(d) कथन I गलत है, किन्तु कथन II सही है

368. भारत में कोयला-आधारित तापीय शक्ति संयन्त्रों के सन्दर्भ में निम्नलिखित कथनों पर विचार कीजिए? IAS (Pre) 2023

1. उनमें से किसी में भी समुद्र जल का उपयोग नहीं होता।
2. उनमें से कोई भी जल-संकट वाले जिले में स्थापित नहीं है।
3. उनमें से कोई भी निजी स्वामित्व में नहीं है।

उपरोक्त में से कितने कथन सही हैं?

(a) केवल एक (b) केवल दो
(c) सभी तीन (d) कोई भी नहीं

369. शिवसमुद्रम एवं कलपक्कम क्रमश: किस लिए महत्त्वपूर्ण है? UPPSC (Pre) 2023

(a) जल शक्ति एवं नाभिकीय ऊर्जा
(b) ताप ऊर्जा एवं नाभिकीय ऊर्जा
(c) सौर शक्ति एवं नाभिकीय ऊर्जा
(d) नाभिकीय ऊर्जा एवं जल शक्ति

370. किस राज्य में सौर ऊर्जा के विकास की सर्वाधिक क्षमता है? JPSC (Pre) 2021

(a) राजस्थान (b) मध्य प्रदेश
(c) झारखण्ड (d) उत्तर प्रदेश

371. भारत में सर्वाधिक ज्वारीय शक्ति उत्पादक तटीय क्षेत्र निम्नलिखित में से कौन-सा है? UPPSC (Pre) 2022

(a) केरल तट (b) मन्नार तट
(c) खम्भात तट (d) उत्तरी-सरकार तट

372. भारत के निम्नलिखित में से किन राज्यों में पवन ऊर्जा के विकास की सम्भावनाएँ अधिक हैं? MPPSC (Pre) 2021

(a) उत्तर प्रदेश एवं पंजाब
(b) बिहार एवं झारखण्ड
(c) तमिलनाडु एवं गुजरात
(d) राजस्थान एवं उड़ीसा

373. भारत में पवन ऊर्जा क्षमता के सम्बन्ध में निम्नलिखित में से कौन-सा कथन सही नहीं है? MPPSC (Pre) 2023

(a) भारत में पवन ऊर्जा क्षमता में महत्त्वपूर्ण वृद्धि हुई है
(b) गुजरात में देश की कुल पवन ऊर्जा क्षमता का लगभग 22% है
(c) वर्ष 2021 में तमिलनाडु की पवन ऊर्जा क्षमता देश की कुल क्षमता का लगभग 24% थी
(d) पवन ऊर्जा क्षमता में मध्य प्रदेश का देश में तीसरा स्थान है

374. भारत में कोयला खनन की महत्त्वपूर्ण घटनाओं पर विचार कीजिए तथा इन्हें सबसे पहले से लेकर आखिरी गतिविधि तक सही कालानुक्रम में व्यवस्थित कीजिए UP RO/ARO (Pre) 2024

1. रानीगंज में कोयले का प्रथम उत्पादन
2. कोल इण्डिया लिमिटेड (CIL) की स्थापना
3. कोयला खदानों का राष्ट्रीयकरण
4. राष्ट्रीय कोयला विकास निगम (NCDC) की स्थापना

नीचे दिए गए कूट का उपयोग करते हुए सही उत्तर का चयन कीजिए

(a) 1, 2, 3, 4 (b) 1, 3, 2, 4
(c) 1, 4, 3, 2 (d) 3, 1, 2, 4

375. कोयले के सन्दर्भ में निम्नलिखित कथनों पर विचार कीजिए UP RO/ARO (Pre) 2024

1. भारत, विश्व में कोयले के अग्रणी उत्पादकों में से एक है।
2. भारत के झारखण्ड और छत्तीसगढ़ जैसे राज्यों में कोयले के विशाल भण्डार हैं।

नीचे दिए गए कूट से सही उत्तर का चुनाव कीजिए

(a) न तो 1 और न ही 2
(b) 1 और 2 दोनों
(c) केवल 1
(d) केवल 2

376. भारत की निम्नलिखित कोलफील्ड्स को दक्षिण से उत्तर दिशा की ओर व्यवस्थित करे HPSC (Pre) 2023

1. सिंगरेनी कोयला क्षेत्र
2. झिलिमिली कोयला क्षेत्र
3. गिरिडीह कोयला क्षेत्र
4. नैवेली कोयला क्षेत्र

नीचे दिए गए विकल्पों में से सही उत्तर चुनिए

(a) 1, 4, 2, 3 (b) 4, 2, 1, 3
(c) 4, 1, 2, 3 (d) 2, 1, 3, 4

377. वर्ष 2024 में भारत में निम्नलिखित में से कौन-से परमाणु ऊर्जा केन्द्र की स्थापित क्षमता सर्वाधिक थी? MPPSC (Pre) 2025

(a) काकरापार (b) कैगा
(c) कलपक्कम (d) कुडनकुलम

12. उद्योग

378. निम्नलिखित में से कौन-सा एक केन्द्र लौह-इस्पात उद्योग के लिए नहीं जाना जाता है?

(a) भद्रावती (b) सलेम
(c) विशाखापत्तनम (d) रेणुकूट

379. भारत का पिट्सबर्ग है UKPSC (Pre) 2022

(a) भागलपुर (b) वाराणसी
(c) सिन्दरी (d) जमशेदपुर

380. निम्नलिखित युग्मों में से कौन-सा युग्म सही सुमेलित नहीं है? UPPSC (Pre) 2022

	एल्युमीनियम संयन्त्र		अवस्थिति
(a)	इण्डियन एल्युमीनियम कम्पनी लिमिटेड (INDAL)	—	हीराकुड
(b)	भारत एल्युमीनियम कम्पनी लिमिटेड (BALCO)	—	कोरबा
(c)	हिन्दुस्तान एल्युमीनियम कॉर्पोरेशन लिमिटेड (HINDALCO)	—	रेणुकूट
(d)	मद्रास एल्युमीनियम कम्पनी लिमिटेड (MALCO)	—	चेन्नई

381. भारत में सूती वस्त्र उद्योग के निम्नलिखित केन्द्रों को उत्तर से दक्षिण दिशा में व्यवस्थित कीजिए HPSC (Pre) 2024

1. फगवाड़ा 2. कटक
3. गुण्टूर 4. तिरुपति

नीचे दिए गए विकल्पों में से सही उत्तर का चुनाव कीजिए

(a) 1, 2, 3, 4 (b) 4, 3, 2, 1
(c) 2, 4, 1, 3 (d) 1, 3, 2, 4

382. भारत हेवी इलेक्ट्रिकल्स लिमिटेड, भोपाल की स्थापना किस देश की एक कम्पनी के सहयोग से हुई थी? MPPSC (Pre) 2024

(a) जर्मनी (b) फ्रांस
(c) रूस (d) ब्रिटेन

383. उर्वरक उद्योग के लिए कौन-सा कच्चा माल नहीं है? MPPSC (Pre) 2021

(a) नेफ्था (b) जिप्सम
(c) सल्फर (d) कास्टिक सोडा

384. किसी उद्योग के विषय में निम्नलिखित कारकों पर विचार कीजिए

1. पूँजी निवेश 2. व्यवसाय आवर्त
3. श्रम शक्ति 4. बिजली की खपत

उपरोक्त में से कौन-से उद्योग के स्वरूप और आकार को निर्धारित करते हैं?

(a) 1, 3 और 4 (b) 1, 2 और 4
(c) 2, 3 और 4 (d) 2 और 3

385. सूची I को सूची II से सुमेलित कीजिए और नीचे दिए गए कूट का प्रयोग कर सही उत्तर चुनिए

सूची I (कागज उद्योग केन्द्र)	सूची II (राज्य)
A. काम्पटी	1. कर्नाटक
B. राजमहेन्द्रवरम	2. महाराष्ट्र
C. शहडोल	3. आन्ध्र प्रदेश
D. बेलगोला	4. मध्य प्रदेश

कूट

	A	B	C	D		A	B	C	D
(a)	1	4	3	2	(b)	2	3	4	1
(c)	1	3	4	2	(d)	2	4	3	1

386. अमानगर जिस उद्योग के लिए जाना जाता है, वह है **BPSC (Pre) 2022**
(a) सीमेण्ट (b) उर्वरक
(c) हथकरघा (d) अखबारी कागज

13. परिवहन एवं संचार

387. निम्न में से कौन उत्तर-दक्षिण गलियारे पर स्थित है? **RAS/ RTS (Pre) 2021**
(a) लखनऊ (b) आगरा
(c) कोटा (d) कानपुर

388. भारत में सड़कों का घनत्व किस राज्य में सर्वाधिक है? **JPSC (Pre) 2021**
(a) मध्य प्रदेश (b) केरल
(c) उत्तर प्रदेश (d) महाराष्ट्र

389. सूची I को सूची II से सुमेलित कीजिए तथा नीचे दिए गए कूट से सही उत्तर का चयन कीजिए **MPPSC (Pre) 2022**

सूची I (राष्ट्रीय राजमार्ग)	सूची II (गुजरता है)
A. राष्ट्रीय राजमार्ग 30	1. खजुराहो
B. राष्ट्रीय राजमार्ग 39	2. भोपाल
C. राष्ट्रीय राजमार्ग 46	3. सागर
D. राष्ट्रीय राजमार्ग 44	4. जबलपुर

कूट

	A	B	C	D		A	B	C	D
(a)	4	2	1	3	(b)	3	1	2	4
(c)	4	1	2	3	(d)	4	3	2	1

390. पूर्व-पश्चिम कॉरिडोर जोड़ता है ………………। **RAS/RTS (Pre) 2023**
(a) इम्फाल को अहमदाबाद से
(b) दीमापुर को वडोदरा से
(c) सिलचर को पोरबन्दर से
(d) गुवाहाटी को काण्डला बन्दरगाह से

391. भारत में देश के कुल यातायात में सड़क यातायात का भाग है
(a) 100% (b) 80%
(c) 60% (d) 40%

392. त्रिपुरा से बांग्लादेश को जोड़ने वाला, फैनी नदी पर 1.9 किमी लम्बा मैत्री सेतु बनाया गया है। निम्न में से सम्बन्धित सही कथन का चयन कीजिए **HPSC (Pre) 2021**
(a) यह सेतु त्रिपुरा में सबरूम तथा बांग्लादेश में रामगढ़ के मध्य है
(b) यह सेतु त्रिपुरा में रामगढ़ तथा बांग्लादेश में सबरूम के मध्य है
(c) यह सेतु त्रिपुरा में कैलाशाहर तथा बांग्लादेश में चित्तोग्राम के मध्य है
(d) यह सेतु त्रिपुरा में चित्तोग्राम तथा बांग्लादेश में कैलाशाहर के मध्य है

393. निम्न में से कौन-सा/से युग्म का मेल सही नहीं है? **CGPSC (Pre) 2021**
(a) सेण्ट्रल रेलवे - मुम्बई
(b) वेस्टर्न रेलवे - चर्चगेट
(c) नॉर्थ फ्रण्टियर रेलवे - प्रयागराज
(d) साउथ इस्टर्न रेलवे - गार्डेन रीच, कोलकाता

394. हजीरा-विजयपुर-जगदीशपुर (HVJ) प्राकृतिक गैस पाइपलाइन निम्नलिखित में से कौन-सा गैस पम्पिंग स्टेशन नहीं रखती है? **UKPSC (Pre) 2022**
(a) आँवला (b) औरेया
(c) बबराला (d) गुना

395. भारत का वृहत्तम प्राकृतिक बन्दरगाह कौन-सा है? **JPSC (Pre) 2021**
(a) मुम्बई (b) कोच्चि (कोचीन)
(c) चेन्नई (d) तूतीकोरिन

396. विश्व का सबसे बड़ा विखण्डन शिपयार्ड स्थित है
(a) गुजरात में (b) महाराष्ट्र में
(c) ओडिशा में (d) तमिलनाडु में

397. निम्नलिखित कथनों पर विचार कीजिए **HPSC (Pre) 2024**
1. काण्डला पोर्ट सरदार पटेल पोर्ट के नाम से भी जाना जाता है। यह एक ज्वारीय बन्दरगाह है।
2. मार्मागोआ बन्दरगाह आयरन निर्यात के लिए प्रमुख है।
3. चेन्नई देश के पुराने कृत्रिम बन्दरगाहों में से एक है।
4. पारादीप बन्दरगाह देश में माइका के निर्यात के लिए जाना जाता है।

उपरोक्त कथनों में से कितने कथन सही हैं?
(a) 1 और 3 (b) 2 और 3
(c) 3 और 4 (d) 2, 3 और 4
(e) अनुत्तरित प्रश्न

398. भारत में सौर ऊर्जा द्वारा संचालित पहला हवाई अड्डा है **JPSC (Pre) 2022**
(a) नई दिल्ली (b) कोचीन
(c) अहमदाबाद (d) चेन्नई

399. निम्नलिखित में से कौन-सा/से हवाई अड्डा अन्तर्राष्ट्रीय हवाई अड्डा नहीं है/हैं? **MPPSC (Pre) 2022**
1. भोपाल 2. इन्दौर
3. खजुराहो 4. ग्वालियर

कूट
(a) केवल 4 (b) केवल 3
(c) 3 और 4 (d) 1 और 2

14. जनसंख्या एवं नगरीकरण

400. भारत में जनगणना का कार्य सर्वप्रथम कब किया गया था? **UPPSC (Pre) 2023**
(a) 1871 ई. में (b) 1861 ई. में
(c) 1850 ई. में (d) 1881 ई. में

401. किसी देश के जनसांख्यिकीय लाभांश की घटना किससे सम्बन्धित है? **UPPSC (Pre) 2022**
(a) कुल जनसंख्या में तीव्र पतन (गिरावट)
(b) श्रमजीवी काल (कार्यकारी आयु) वाली जनसंख्या में वृद्धि
(c) शिशु मृत्युदर में गिरावट
(d) स्त्री-पुरुष अनुपात में वृद्धि

402. भारतीय जनगणना 2011 के अनुसार, किस भारतीय राज्य में ऋणात्मक जनसंख्या वृद्धि दर दर्ज की गई है? **JPSC (Pre) 2021, MPPSC (Pre) 2021**
(a) केरल (b) नागालैण्ड
(c) गोवा (d) हरियाणा

403. जनगणना 2011 के अनुसार, भारत के निम्नलिखित राज्यों में से कौन-से राज्य में जनसंख्या घनत्व सबसे कम रहा था? **MPPSC (Pre) 2024**
(a) त्रिपुरा (b) अरुणाचल प्रदेश
(c) मिजोरम (d) मेघालय

404. 2011 की जनगणना के अनुसार, भारत में महिलाओं का अन्तर्राज्यीय प्रवास, आखरी आवासीय स्थान के अनुसार निम्न क्रम में है **JPSC (Pre) 2024**
(a) गाँव से शहर, शहर से गाँव, शहर से शहर, गाँव से गाँव
(b) शहर से गाँव, शहर से शहर, गाँव से शहर, गाँव से गाँव
(c) गाँव से गाँव, गाँव से शहर, शहर से गाँव, शहर से शहर
(d) शहर से शहर, गाँव से शहर, गाँव से गाँव, शहर से गाँव

405. निम्नलिखित में से कौन-सा राज्य वर्ष 2011 में सबसे अधिक लिंगानुपात रखता है? UKPSC (Pre) 2022
(a) कर्नाटक
(b) गोवा
(c) तमिलनाडु
(d) आन्ध्र प्रदेश

406. निम्नलिखित में से किस जनगणना दशक में लिंग अनुपात में भारतवर्ष में सबसे अधिक गिरावट दर्ज की गई? MPPSC (Pre) 2020
(a) वर्ष 1931-41 (b) वर्ष 1961-71
(c) वर्ष 1981-91 (d) वर्ष 2001-11

407. भारत में किस धार्मिक समूह का सर्वाधिक भाग नगरीय है? UPPSC (Pre) 2022
(a) जैन (b) बौद्ध
(c) ईसाई (d) हिन्दू

408. जन्मदर के सन्दर्भ में निम्नलिखित कथनों में से कौन-सा/से सही है/हैं? UPPSC (Pre) 2021
1. नगरीकरण जन्मदर को कम करने में सहायक है।
2. ऊँची साक्षरता दर का निम्न जन्मदर से सीधा सम्बन्ध है।

कूट
(a) केवल 1 (b) केवल 2
(c) 1 और 2 दोनों (d) न तो 1 और न ही 2

409. जनसंख्या आकार के आधार पर निम्न में से कौन-सा शहरी संकुलन का आरोही क्रम है? JPSC (Pre) 2024
(a) चेन्नई-बंगलुरु-अहमदाबाद-हैदराबाद
(b) बंगलुरु-हैदराबाद-अहमदाबाद-चेन्नई
(c) अहमदाबाद-हैदराबाद-बंगलुरु-चेन्नई
(d) हैदराबाद-चेन्नई-बंगलुरु-अहमदाबाद

5. भारत की प्रजातियाँ एवं जनजातियाँ

410. भारत की निम्नलिखित में से कौन-सी जनजाति प्रोटो-ऑस्ट्रेलॉयड प्रजाति से सम्बन्धित है?
(a) इरूला (b) खासी
(c) सन्थाल (d) थारू

411. 'धुमकुड़िया' का क्या तात्पर्य है? JPSC (Pre) 2021
(a) पूजास्थल (b) श्मशान
(c) युवागृह (d) नृत्यस्थल

412. भारत में दूसरी सबसे बड़ी जनजाति कौन-सी है? JPSC (Pre) 2021
(a) गोण्ड
(b) सन्थाल
(c) भील
(d) मुण्डा

413. सूची I को सूची II से सुमेलित करें JPSC (Pre) 2016

सूची I (जनजाति)	सूची II (मूल राज्य)
A. थारू	1. राजस्थान
B. भील	2. हिमाचल प्रदेश
C. गद्दी	3. झारखण्ड
D. मुण्डा	4. उत्तर प्रदेश

कूट

	A	B	C	D
(a)	4	2	1	3
(b)	1	3	4	2
(c)	4	1	3	2
(d)	4	1	2	3

414. निम्नलिखित में कौन-सा क्षेत्र टोडा जनजाति का मूल निवास क्षेत्र है? MPPSC (Pre) 2017, JPSC (Pre) 2021
(a) जौनसार पहाड़ियाँ (b) गारो पहाड़ियाँ
(c) नीलगिरि पहाड़ियाँ (d) जयन्तिया पहाड़ियाँ

415. ...... आदिवासियों में विधवा पुनर्विवाह को 'मैयारी' कहते हैं। JPSC (Pre) 2021
(a) हो (b) असुर (c) उराँव (d) कोरवा

416. निम्नलिखित में से कौन-से दो युग्म सही सुमेलित हैं? UPPSC (Pre) 2022

जनजाति		राज्य
1. केरिया	—	ओडिशा
2. कुकी	—	उत्तर प्रदेश
3. यानदी	—	राजस्थान
4. पालियान	—	तमिलनाडु

नीचे दिए गए कूट से सही उत्तर का चयन कीजिए
(a) 1 और 2 (b) 1 और 4
(c) 2 और 3 (d) 3 और 4

417. सूची I को सूची II से सुमेलित कीजिए तथा नीचे दिए गए कूट से सही उत्तर को चुनिए CGPSC (Pre) 2018

सूची I (जनजाति)	सूची II (निवास स्थान)
A. सन्थाल	1. तमिलनाडु
B. भील	2. अण्डमान-निकोबार
C. टोडा	3. झारखण्ड
D. जारवा	4. राजस्थान

कूट

	A	B	C	D
(a)	2	4	1	3
(b)	3	4	1	2
(c)	3	1	4	2
(d)	2	1	4	3

418. निम्नलिखित जनजातियों में से कौन-सी भारत के अण्डमान और निकोबार द्वीप समूहों की मूल निवासी नहीं है? UPPSC (Pre) 2020
(a) हालचू (b) रेंगमा
(c) ओंगे (d) शोम्पेन

419. भारत के सन्दर्भ में 'हल्बी, हो और कुई' पद किससे सम्बन्धित है? IAS (Pre) 2021
(a) पश्चिमोत्तर भारत का नृत्य रूप
(b) वाद्य यन्त्र
(c) प्रागैतिहासिक गुफा चित्रकला
(d) जनजातीय भाषा

16. राज्य तथा केन्द्रशासित प्रदेश

420. सिक्किम से गुजरने वाला अक्षांश निम्नलिखित में से किस एक से होकर गुजरता है? IAS (Pre) 2009
(a) राजस्थान (b) पंजाब
(c) हिमाचल प्रदेश (d) जम्मू-कश्मीर

421. नीचे दिए गए युग्मों में से कितने युग्म सही सुमेलित हैं? UP RO/ARO (Pre) 2024

अनुसन्धान संस्थान		शहर
1. शुष्क वन अनुसन्धान संस्थान	—	जोधपुर
2. हिमालय वन अनुसन्धान संस्थान	—	देहरादून
3. वर्षा वन अनुसन्धान संस्थान	—	जोरहाट
4. उष्णकटिबन्धीय वन अनुसन्धान संस्थान	—	जबलपुर

कूट
(a) केवल 2 (b) केवल 3
(c) केवल 1 (d) केवल 4

422. भौगोलिक क्षेत्र की दृष्टि से भारत के निम्न जिलों में से कौन-सा जिला सबसे बड़ा है? BPSC (Pre) 2020
(a) लेह (b) कच्छ (c) जैसलमेर (d) बाड़मेर

423. नेशनल डिज़ास्टर रिस्पांस फोर्स एकेडमी (राष्ट्रीय आपदा मोचन बल अकादमी) की स्थापना किस शहर में की गई थी? MPPSC (Pre) 2025
(a) नागपुर (b) कानपुर
(c) भरतपुर (d) शिमला

424. राष्ट्रीय पृथ्वी विज्ञान अध्ययन केन्द्र (NCESS) किस राज्य में स्थित है? MPPSC (Pre) 2025
(a) आन्ध्र प्रदेश (b) केरल
(c) तमिलनाडु (d) कर्नाटक

425. भारतीय पेट्रोलियम संस्थान कहाँ स्थित है? MPPSC (Pre) 2025
(a) धनबाद (b) चण्डीगढ़
(c) भावनगर (d) देहरादून

426. क्षेत्रफल की दृष्टि से छत्तीसगढ़ का सबसे छोटा जिला कौन-सा है? CGPSC (Pre) 2023
(a) कोरिया (b) दुर्ग
(c) गौरेला-पेण्ड्रा-मरवाही (d) बेमेतरा

427. छत्तीसगढ़ राज्य कितने राज्यों को छूता है? CGPSC (Pre) 2023
(a) 5 (b) 6 (c) 7 (d) 8

उत्तरमाला

1. (a) 2. (b) 3. (d) 4. (a) 5. (c) 6. (b) 7. (c) 8. (c) 9. (d) 10. (c)
11. (c) 12. (d) 13. (a) 14. (a) 15. (a) 16. (b) 17. (c) 18. (a) 19. (b) 20. (b)
21. (d) 22. (c) 23. (d) 24. (a) 25. (b) 26. (d) 27. (c) 28. (c) 29. (a) 30. (b)
31. (d) 32. (c) 33. (d) 34. (b) 35. (a) 36. (a) 37. (d) 38. (b) 39. (c) 40. (a)
41. (c) 42. (a) 43. (c) 44. (a) 45. (c) 46. (b) 47. (c) 48. (c) 49. (d) 50. (b)
51. (c) 52. (c) 53. (c) 54. (c) 55. (c) 56. (d) 57. (d) 58. (a) 59. (b) 60. (c)
61. (c) 62. (d) 63. (c) 64. (b) 65. (b) 66. (b) 67. (a) 68. (d) 69. (d) 70. (b)
71. (b) 72. (d) 73. (c) 74. (d) 75. (c) 76. (c) 77. (a) 78. (b) 79. (a) 80. (a)
81. (b) 82. (b) 83. (b) 84. (c) 85. (a) 86. (c) 87. (d) 88. (c) 89. (b) 90. (a)
91. (b) 92. (b) 93. (d) 94. (a) 95. (b) 96. (b) 97. (d) 98. (a) 99. (c) 100. (c)
101. (a) 102. (c) 103. (a) 104. (d) 105. (c) 106. (d) 107. (c) 108. (b) 109. (a) 110. (d)
111. (a) 112. (d) 113. (c) 114. (c) 115. (a) 116. (a) 117. (c) 118. (b) 119. (b) 120. (d)
121. (a) 122. (d) 123. (b) 124. (c) 125. (a) 126. (d) 127. (b) 128. (d) 129. (c) 130. (a)
131. (b) 132. (b) 133. (c) 134. (b) 135. (b) 136. (c) 137. (d) 138. (a) 139. (a) 140. (d)
141. (c) 142. (a) 143. (c) 144. (a) 145. (a) 146. (c) 147. (c) 148. (a) 149. (b) 150. (a)
151. (b) 152. (a) 153. (c) 154. (b) 155. (c) 156. (c) 157. (a) 158. (a) 159. (b) 160. (a)
161. (a) 162. (b) 163. (c) 164. (a) 165. (b) 166. (a) 167. (b) 168. (c) 169. (d) 170. (b)
171. (d) 172. (b) 173. (a) 174. (b) 175. (c) 176. (a) 177. (b) 178. (a) 179. (b) 180. (d)
181. (d) 182. (d) 183. (c) 184. (c) 185. (d) 186. (a) 187. (d) 188. (c) 189. (a) 190. (a)
191. (d) 192. (b) 193. (b) 194. (b) 195. (c) 196. (b) 197. (c) 198. (b) 199. (a) 200. (d)
201. (b) 202. (a) 203. (d) 204. (c) 205. (c) 206. (c) 207. (c) 208. (a) 209. (a) 210. (b)
211. (b) 212. (d) 213. (b) 214. (d) 215. (b) 216. (d) 217. (c) 218. (c) 219. (d) 220. (b)
221. (a) 222. (c) 223. (a) 224. (d) 225. (b) 226. (d) 227. (b) 228. (d) 229. (a) 230. (b)
231. (c) 232. (d) 233. (d) 234. (c) 235. (d) 236. (b) 237. (b) 238. (b) 239. (a) 240. (c)
241. (a) 242. (b) 243. (a) 244. (c) 245. (a) 246. (c) 247. (a) 248. (a) 249. (d) 250. (a)
251. (d) 252. (b) 253. (b) 254. (c) 255. (a) 256. (b) 257. (a) 258. (c) 259. (d) 260. (b)
261. (d) 262. (c) 263. (b) 264. (b) 265. (d) 266. (d) 267. (d) 268. (a) 269. (c) 270. (a)
271. (b) 272. (a) 273. (b) 274. (b) 275. (b) 276. (c) 277. (a) 278. (b) 279. (c) 280. (c)
281. (c) 282. (a) 283. (a) 284. (a) 285. (c) 286. (c) 287. (d) 288. (a) 289. (b) 290. (d)
291. (d) 292. (b) 293. (c) 294. (b) 295. (a) 296. (c) 297. (a) 298. (a) 299. (a) 300. (b)
301. (c) 302. (a) 303. (a) 304. (a) 305. (a) 306. (c) 307. (d) 308. (c) 309. (a) 310. (c)
311. (c) 312. (a) 313. (b) 314. (b) 315. (c) 316. (a) 317. (b) 318. (d) 319. (b) 320. (a)
321. (d) 322. (b) 323. (a) 324. (c) 325. (a) 326. (d) 327. (a) 328. (b) 329. (b) 330. (b)
331. (d) 332. (b) 333. (c) 334. (d) 335. (c) 336. (c) 337. (a) 338. (a) 339. (b) 340. (c)
341. (d) 342. (c) 343. (a) 344. (b) 345. (c) 346. (d) 347. (b) 348. (c) 349. (b) 350. (a)
351. (a) 352. (c) 353. (b) 354. (a) 355. (a) 356. (b) 357. (b) 358. (b) 359. (c) 360. (c)
361. (d) 362. (c) 363. (b) 364. (b) 365. (c) 366. (a) 367. (c) 368. (d) 369. (a) 370. (a)
371. (c) 372. (c) 373. (d) 374. (c) 375. (b) 376. (c) 377. (d) 378. (d) 379. (d) 380. (a)
381. (a) 382. (d) 383. (c) 384. (a) 385. (d) 386. (d) 387. (b) 388. (b) 389. (c) 390. (c)
391. (b) 392. (a) 393. (c) 394. (d) 395. (a) 396. (a) 397. (b) 398. (b) 399. (c) 400. (a)
401. (b) 402. (b) 403. (b) 404. (c) 405. (c) 406. (c) 407. (a) 408. (c) 409. (c) 410. (c)
411. (c) 412. (a) 413. (d) 414. (c) 415. (d) 416. (b) 417. (b) 418. (b) 419. (d) 420. (a)
421. (b) 422. (b) 423. (a) 424. (b) 425. (d) 426. (c) 427. (c)

UPSC मुख्य परीक्षा के प्रश्न
(2024-2015)

विश्व के भौतिक भूगोल की मुख्य विशेषताएँ

1. ऑरोरा ऑस्ट्रेलिस और ऑरोरा बोरियालिस क्या हैं? ये कैसे उत्प्रेरित होते हैं?
UPSC 2024 (250 शब्द; 15 अंक)
2. 'बादल फटने' की परिघटना क्या है? व्याख्या कीजिए।
UPSC 2024 (150 शब्द; 10 अंक)
3. समुद्री सतह के तापमान में वृद्धि क्या है? यह उष्णकटिबन्धीय चक्रवातों के निर्माण को कैसे प्रभावित करता है? *UPSC 2024 (150 शब्द; 10 अंक)*
4. फियार्ड कैसे बनते हैं? वे दुनिया के कुछ सबसे सुरम्य क्षेत्रों का निर्माण क्यों करते हैं? *UPSC 2023 (150 शब्द; 10 अंक)*
5. दक्षिण-पश्चिम मानसून भोजपुर क्षेत्र में 'पुरवैया' (पूर्वी) क्यों कहलाता है? इस दिशापरक मौसमी पवन प्रणाली ने क्षेत्र के सांस्कृतिक लोकाचार को कैसे प्रभावित किया है? *UPSC 2023 (150 शब्द; 10 अंक)*
6. प्राथमिक चट्टानों की विशेषताओं एवं प्रकारों का वर्णन कीजिए।
UPSC 2022 (150 शब्द; 10 अंक)
7. क्षोभमण्डल वायुमण्डल की एक महत्त्वपूर्ण परत है, जो मौसम प्रक्रियाओं को निर्धारित करती है। कैसे? *UPSC 2022 (250 शब्द; 15 अंक)*
8. विश्व की प्रमुख पर्वत शृंखलाओं के संरेखण का संक्षिप्त उल्लेख कीजिए तथा उनके स्थानीय मौसम पर पड़े प्रभावों का सोदाहरण वर्णन कीजिए।
UPSC 2021 (250 शब्द; 15 अंक)
9. मरुस्थलीकरण के प्रक्रम की जलवायविक सीमाएँ नहीं होती हैं। उदाहरणों सहित औचित्य सिद्ध कीजिए। *UPSC 2020 (150 शब्द; 10 अंक)*
10. परि-प्रशान्त क्षेत्र के भू-भौतिकीय अभिलक्षणों का विवेचन कीजिए।
UPSC 2020 (150 शब्द; 10 अंक)
11. 'मैण्टल प्लूम' को परिभाषित कीजिए और प्लेट विवर्तनिकी में इसकी भूमिका को स्पष्ट कीजिए। *UPSC 2018 (150 शब्द; 10 अंक)*
12. मानसून एशिया में रहने वाली संसार की 50% से अधिक जनसंख्या के भरण-पोषण में सफल मानसून जलवायु के क्या अभिलक्षण समनुदेशित किए जा सकते हैं? *UPSC 2017 (250 शब्द; 15 अंक)*
13. 'नासा' का जूनो मिशन पृथ्वी की उत्पत्ति एवं विकास को समझने में किस प्रकार सहायता करता है? *UPSC 2017 (150 शब्द; 10 अंक)*
14. वायु संहति की संकल्पना की विवेचना कीजिए तथा विस्तृत क्षेत्री जलवायवी परिवर्तनों में उसकी भूमिका को स्पष्ट कीजिए।
UPSC 2016 (200 शब्द; 12½ अंक)

विश्व भर के मुख्य प्राकृतिक संसाधनों का वितरण (दक्षिण एशिया और भारतीय उपमहाद्वीप को शामिल करते हुए), विश्व (भारत सहित) के विभिन्न घटकों में प्राथमिक, द्वितीयक और तृतीयक क्षेत्र के उद्योग को निर्धारित करने वाले कारक

1. गंगा घाटी की भूजल क्षमता में गम्भीर गिरावट आ रही है। यह भारत की खाद्य-सुरक्षा को कैसे प्रभावित कर सकती है?
UPSC 2024 (250 शब्द; 15 अंक)
2. आज विश्व ताजे जल के संसाधनों की उपलब्धता और पहुँच के संकट से क्यों जूझ रहा है?
UPSC 2023 (150 शब्द; 10 अंक)
3. भारत की लम्बी तटरेखीय संसाधन क्षमताओं पर टिप्पणी कीजिए और इन क्षेत्रों में प्राकृतिक खतरे की तैयारी की स्थिति पर प्रकाश डालिए।
UPSC 2023 (250 शब्द; 15 अंक)
4. अपर्याप्त संसाधनों की विश्व में भूमण्डलीकरण एवं नए तकनीक के रिश्ते को भारत के विशेष सन्दर्भ में स्पष्ट करें।
UPSC 2022 (250 शब्द; 15 अंक)
5. समुद्री धाराओं को प्रभावित करने वाली शक्तियाँ कौन-सी हैं? विश्व के मत्स्य-उद्योग में इनके योगदान का वर्णन करें।
UPSC 2022 (250 शब्द; 15 अंक)
6. रबर उत्पादक देशों के वितरण का वर्णन करते हुए, उनके द्वारा सामना किए जाने वाले प्रमुख पर्यावरणीय मुद्दों को इंगित कीजिए।
UPSC 2022 (250 शब्द; 15 अंक)
7. अन्तर्राष्ट्रीय व्यापार में जलसन्धि व स्थलसन्धि के महत्त्व का उल्लेख कीजिए। *UPSC 2022 (250 शब्द; 15 अंक)*
8. भारत में पवन ऊर्जा की सम्भावना का परीक्षण कीजिए एवं उनके सीमित क्षेत्रीय विस्तार के कारणों को समझाइए। *UPSC 2022 (150 शब्द; 10 अंक)*
9. 'दक्कन ट्रैप' की प्राकृतिक संसाधन-सम्भावनाओं की चर्चा कीजिए।
UPSC 2022 (150 शब्द; 10 अंक)
10. विश्व में खनिज तेल के असमान वितरण के बहुआयामी प्रभावों की विवेचना कीजिए। *UPSC 2021 (250 शब्द; 15 अंक)*
11. गोण्डवाना लैण्ड के देशों में से एक होने के बावजूद भारत के खनन उद्योग अपने सकल घरेलू उत्पाद (जी.डी.पी.) में बहुत कम प्रतिशत का योगदान देते हैं। विवेचना कीजिए। *UPSC 2021 (150 शब्द; 10 अंक)*
12. भारत को एक उपमहाद्वीप क्यों माना जाता है? विस्तारपूर्वक उत्तर दीजिए।
UPSC 2021 (150 शब्द; 10 अंक)
13. भारत में सौर ऊर्जा की प्रचुर सम्भावनाएँ हैं, हालाँकि इसके विकास में क्षेत्रीय भिन्नताएँ हैं। विस्तृत वर्णन कीजिए। *UPSC 2020 (250 शब्द; 15 अंक)*
14. वर्तमान में लौह एवं इस्पात उद्योगों की कच्चे माल के स्रोत से दूर स्थिति का उदाहरणों सहित कारण बताइए। *UPSC 2020 (150 शब्द; 10 अंक)*
15. भारत के वन संसाधनों की स्थिति एवं जलवायु परिवर्तन पर उसके परिणामी प्रभावों का परीक्षण कीजिए। *UPSC 2020 (250 शब्द; 15 अंक)*
16. क्या प्रादेशिक संसाधन-आधारित विनिर्माण की रणनीति भारत में रोजगार की प्रोन्नति करने में सहायक हो सकती है? *UPSC 2019 (150 शब्द; 10 अंक)*
17. उत्तर-पश्चिमी भारत के कृषि-आधारित खाद्य प्रक्रमण उद्योगों के स्थानीयकरण के कारकों पर चर्चा कीजिए। *UPSC 2019 (150 शब्द; 10 अंक)*
18. भारत में औद्योगिक गलियारों का क्या महत्त्व है? औद्योगिक गलियारों को चिह्नित करते हुए उनके प्रमुख अभिलक्षणों को समझाइए।
UPSC 2018 (250 शब्द; 15 अंक)
19. 'नीली क्रान्ति' को परिभाषित करते हुए भारत में मत्स्यपालन की समस्याओं और रणनीतियों को समझाइए। *UPSC 2018 (250 शब्द; 15 अंक)*

20. भारत आर्कटिक प्रदेश के संसाधनों में किस कारण गहन रुचि ले रहा है? *UPSC 2018 (150 शब्द; 10 अंक)*

21. भारतीय प्रादेशिक नौपरिवहन उपग्रह प्रणाली (आई. आर. एन. एस. एस.) की आवश्यकता क्यों है? यह नौपरिवहन में किस प्रकार सहायक है? *UPSC 2018 (150 शब्द; 10 अंक)*

22. भारत में बाढ़ों को सिंचाई के और सभी मौसम में अन्तर्देशीय नौसंचालन के एक धारणीय स्रोत में किस प्रकार परिवर्तित किया जा सकता है? *UPSC 2017 (250 शब्द; 15 अंक)*

23. पेट्रोलियम रिफाइनरियाँ आवश्यक रूप से कच्चा तेल उत्पादक क्षेत्रों के समीप अवस्थित नहीं हैं, विशेषकर अनेक विकासशील देशों में। इनके निहितार्थों को स्पष्ट कीजिए। *UPSC 2017 (250 शब्द; 15 अंक)*

24. दलहन की कृषि के लाभों का उल्लेख कीजिए, जिसके कारण संयुक्त राष्ट्र के द्वारा वर्ष 2016 को अन्तर्राष्ट्रीय दलहन वर्ष घोषित किया गया था। *UPSC 2017 (150 शब्द; 10 अंक)*

25. ''प्रतिकूल पर्यावरणीय प्रभाव के बावजूद, कोयला खनन विकास के लिए अभी भी अपरिहार्य है।'' विवेचना कीजिए। *UPSC 2017 (150 शब्द; 10 अंक)*

26. सिन्धु जल सन्धि का एक विवरण प्रस्तुत कीजिए तथा बदलते हुए द्विपक्षीय सम्बन्धों के सन्दर्भ में उसके पारिस्थितिक, आर्थिक एवं राजनीतिक निहितार्थों का परीक्षण कीजिए। *UPSC 2016 (200 शब्द; 12½ अंक)*

27. भारत में अन्तर्देशीय जल परिवहन की समस्याओं एवं सम्भावनाओं को बताइए। *UPSC 2016 (200 शब्द; 12½ अंक)*

28. भूमि एवं जल संसाधनों का प्रभावी प्रबन्धन मानव विपत्तियों को प्रबल रूप से कम कर देगा। स्पष्ट कीजिए। *UPSC 2016 (200 शब्द; 12½ अंक)*

29. वर्तमान सन्दर्भ में दक्षिणी चीन सागर का भू-राजनीतिक महत्त्व बहुत बढ़ गया है। टिप्पणी कीजिए। *UPSC 2016 (200 शब्द; 12½ अंक)*

30. उत्तरी ध्रुव सागर में तेल की खोज के क्या आर्थिक महत्त्व हैं और उसके सम्भव पर्यावरणीय परिणाम क्या होंगे? *UPSC 2015 (200 शब्द; 12½ अंक)*

31. भारत अलवणजल (फ्रैश वाटर) संसाधनों से सुसम्पन्न है। समालोचनापूर्वक परीक्षण कीजिए कि क्या कारण है कि भारत इसके बावजूद जलाभाव से ग्रसित है? *UPSC 2015 (200 शब्द; 12½ अंक)*

32. पर्यटन की प्रोन्नति के कारण जम्मू और कश्मीर, हिमाचल प्रदेश और उत्तराखण्ड के राज्य अपनी पारिस्थितिक वहन क्षमता की सीमाओं तक पहुँच रहे हैं? समालोचनात्मक मूल्यांकन कीजिए। *UPSC 2015 (200 शब्द; 12½ अंक)*

महत्त्वपूर्ण भू-भौतिकीय घटनाएँ; जैसे-भूकम्प, सुनामी, ज्वालामुखी गतिविधि, चक्रवात आदि भौगोलिक विशेषताएँ एवं उनके स्थान तथा अति महत्त्वपूर्ण भौगोलिक विशेषताओं (जल स्रोत और हिमावरण सहित) और वनस्पति एवं प्राणिजगत में परिवर्तन तथा परिवर्तनों के प्रभाव

1. 'जनसांख्यिकीय शीत (डेमोग्राफिक विण्टर)' की अवधारणा क्या है? क्या यह दुनिया ऐसी स्थिति की ओर अग्रसर है? विस्तार से बताइए। *UPSC 2024 (150 शब्द; 10 अंक)*

2. ट्विस्टर क्या है? मैक्सिको की खाड़ी के आस-पास के क्षेत्रों में अधिकतर ट्विस्टर क्यों देखे जाते हैं? *UPSC 2024 (250 शब्द; 15 अंक)*

3. उष्णकटिबन्धीय देशों में खाद्य सुरक्षा पर जलवायु परिवर्तन के परिणामों की विवेचना कीजिए। *UPSC 2023 (150 शब्द; 10 अंक)*

4. भारतीय मौसम विज्ञान विभाग द्वारा चक्रवात प्रवण क्षेत्रों के लिए मौसम-सम्बन्धी चेतावनियों के लिए निर्धारित रंग-संकेत के अर्थ की चर्चा करें। *UPSC 2022 (150 शब्द; 10 अंक)*

5. आर्कटिक की बर्फ और अण्टार्कटिक के ग्लेशियरों का पिघलना किस प्रकार अलग-अलग ढंग से पृथ्वी पर मौसम के स्वरूप और मनुष्य की गतिविधियों पर प्रभाव डालते हैं? स्पष्ट कीजिए। *UPSC 2021 (250 शब्द; 15 अंक)*

6. हिमालय क्षेत्र तथा पश्चिमी घाटों में भूस्खलनों के विभिन्न कारणों का अन्तर स्पष्ट कीजिए। *UPSC 2021 (150 शब्द; 10 अंक)*

7. वर्ष 2021 में घटित ज्वालामुखी विस्फोटों की वैश्विक घटनाओं का उल्लेख करते हुए क्षेत्रीय पर्यावरण पर उनके द्वारा पड़े प्रभाव को बताइए। *UPSC 2021 (150 शब्द; 10 अंक)*

8. नदियों को आपस में जोड़ना सूखा, बाढ़ और बाधित जल-परिवहन जैसी बहु-आयामी अन्तर्सम्बन्धित समस्याओं का व्यवहार्य समाधान दे सकता है। आलोचनात्मक परीक्षण कीजिए। *UPSC 2020 (250 शब्द; 15 अंक)*

9. हिमालय में हिमनदों के पिघलने का भारत के जल-संसाधनों पर किस प्रकार दूरगामी प्रभाव होगा? *UPSC 2020 (150 शब्द; 10 अंक)*

10. जल प्रतिबल (वाटर स्ट्रैस) का क्या अर्थ है? भारत में यह किस प्रकार और किस कारण प्रादेशिकत: भिन्न-भिन्न है? *UPSC 2019 (250 शब्द; 15 अंक)*

11. वैश्विक तापन का प्रवाल जीवन तन्त्र पर प्रभाव का, उदाहरणों के साथ आकलन कीजिए। *UPSC 2019 (150 शब्द; 10 अंक)*

12. मैंग्रोवों के रिक्तीकरण के कारणों पर चर्चा कीजिए और तटीय पारिस्थितिकी का अनुरक्षण करने में इनके महत्त्व को स्पष्ट कीजिए। *UPSC 2019 (150 शब्द; 10 अंक)*

13. महासागरीय धाराएँ और जल राशियाँ समुद्री जीवन और तटीय पर्यावरण पर अपने प्रभावों में किस-किस प्रकार परस्पर भिन्न हैं? उपयुक्त उदाहरण दीजिए। *UPSC 2019 (250 शब्द; 15 अंक)*

14. समुद्री पारिस्थितिकी पर 'मृतक्षेत्रों' (डैड जोन्स) के विस्तार के क्या-क्या परिणाम होते हैं? *UPSC 2018 (150 शब्द; 10 अंक)*

16. महासागरीय लवणता में विभिन्नताओं के कारण बताइए तथा इसके बहु-आयामी प्रभावों की विवेचना कीजिए। *UPSC 2017 (250 शब्द; 15 अंक)*

17. हिमांक-मण्डल (क्रायोस्फेयर) वैश्विक जलवायु को किस प्रकार प्रभावित करता है? *UPSC 2017 (150 शब्द; 10 अंक)*

18. भारत के सूखा-प्रवण एवं अर्द्धशुष्क प्रदेशों में लघु जलसम्भर विकास परियोजनाएँ किस प्रकार जल संरक्षण में सहायक हैं? *UPSC 2016 (200 शब्द; 12½ अंक)*

19. ''हिमालय भूस्खलनों के प्रति अत्यधिक प्रवण है।'' कारणों की विवेचना कीजिए तथा अल्पीकरण के उपयुक्त उपाय सुझाइए। *UPSC 2016 (200 शब्द; 12½ अंक)*

20. महासागरीय धाराओं की उत्पत्ति के उत्तरदायी कारकों को स्पष्ट कीजिए। ये प्रादेशिक जलवायु, समुद्री जीवन तथा नौचालन को किस प्रकार प्रभावित करती हैं? *UPSC 2015 (200 शब्द; 12½ अंक)*

21. आप कहाँ तक सहमत हैं कि मानवीकारी दृश्यभूमियों के कारण भारतीय मानसून के आचरण में परिवर्तन होता रहा है? चर्चा कीजिए। *UPSC 2015 (200 शब्द; 12½ अंक)*